“先进化工材料关键技术丛书”（第二批）编委会

编委会主任：

薛群基　中国科学院宁波材料技术与工程研究所，中国工程院院士

编委会副主任（以姓氏拼音为序）：

陈建峰　北京化工大学，中国工程院院士
高从堦　浙江工业大学，中国工程院院士
华　炜　中国化工学会，教授级高工
李仲平　中国工程院，中国工程院院士
谭天伟　北京化工大学，中国工程院院士
徐惠彬　北京航空航天大学，中国工程院院士
周伟斌　化学工业出版社，编审

编委会委员（以姓氏拼音为序）：

陈建峰　北京化工大学，中国工程院院士
陈　军　南开大学，中国科学院院士
陈祥宝　中国航发北京航空材料研究院，中国工程院院士
陈延峰　南京大学，教授
程　新　济南大学，教授
褚良银　四川大学，教授
董绍明　中国科学院上海硅酸盐研究所，中国工程院院士
段　雪　北京化工大学，中国科学院院士
樊江莉　大连理工大学，教授
范代娣　西北大学，教授

傅正义　武汉理工大学，中国工程院院士
高从堦　浙江工业大学，中国工程院院士
龚俊波　天津大学，教授
贺高红　大连理工大学，教授
胡迁林　中国石油和化学工业联合会，教授级高工
胡曙光　武汉理工大学，教授
华　炜　中国化工学会，教授级高工
黄玉东　哈尔滨工业大学，教授
蹇锡高　大连理工大学，中国工程院院士
金万勤　南京工业大学，教授
李春忠　华东理工大学，教授
李群生　北京化工大学，教授
李小年　浙江工业大学，教授
李仲平　中国工程院，中国工程院院士
刘忠范　北京大学，中国科学院院士
陆安慧　大连理工大学，教授
路建美　苏州大学，教授
马　安　中国石油规划总院，教授级高工
马光辉　中国科学院过程工程研究所，中国科学院院士
聂　红　中国石油化工股份有限公司石油化工科学研究院，教授级高工
彭孝军　大连理工大学，中国科学院院士
钱　锋　华东理工大学，中国工程院院士
乔金樑　中国石油化工股份有限公司北京化工研究院，教授级高工
邱学青　华南理工大学 / 广东工业大学，教授
瞿金平　华南理工大学，中国工程院院士
沈晓冬　南京工业大学，教授
史玉升　华中科技大学，教授
孙克宁　北京理工大学，教授
谭天伟　北京化工大学，中国工程院院士
汪传生　青岛科技大学，教授
王海辉　清华大学，教授
王静康　天津大学，中国工程院院士
王　琪　四川大学，中国工程院院士
王献红　中国科学院长春应用化学研究所，研究员

王玉忠　四川大学，中国工程院院士
卫　敏　北京化工大学，教授
魏　飞　清华大学，教授
吴一弦　北京化工大学，教授
谢在库　中国石油化工集团公司，中国科学院院士
邢卫红　江苏大学，教授
徐　虹　南京工业大学，教授
徐惠彬　北京航空航天大学，中国工程院院士
徐铜文　中国科学技术大学，教授
薛群基　中国科学院宁波材料技术与工程研究所，中国工程院院士
杨全红　天津大学，教授
杨为民　中国石油化工股份有限公司上海石油化工研究院，中国工程院院士
姚献平　杭州市化工研究院有限公司，教授级高工
袁其朋　北京化工大学，教授
张俊彦　中国科学院兰州化学物理研究所，研究员
张立群　西安交通大学，中国工程院院士
张正国　华南理工大学，教授
郑　强　浙江大学，教授
周伟斌　化学工业出版社，编审
朱美芳　东华大学，中国科学院院士

先进化工材料关键技术丛书（第二批）

中国化工学会 组织编写

高性能弹性体材料

High-performance Elastomeric Materials

吴一弦 张树 朱寒 等著

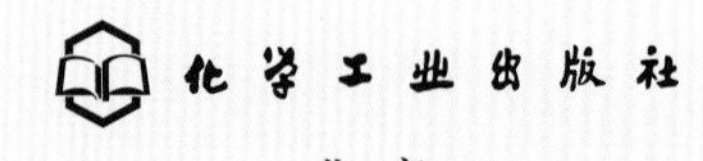

·北京·

内容简介

《高性能弹性体材料》是"先进化工材料关键技术丛书"（第二批）的一个分册。

本书介绍除通用合成橡胶以外的高性能弹性体材料的合成方法、化学结构、微观形态、宏观性能、加工和应用，包括绪论、高性能聚烯烃弹性体、高性能苯乙烯类嵌段共聚物热塑性弹性体、高性能聚异丁烯基特种弹性体、高性能聚氨酯热塑性弹性体、高性能离子型弹性体等。

《高性能弹性体材料》可供化工、材料、化学、环境、能源、生物等专业领域的大学生、研究生、教师、科技人员及相关管理人员阅读和参考。

图书在版编目（CIP）数据

高性能弹性体材料 / 中国化工学会组织编写；吴一弦等著. -- 北京：化学工业出版社，2024. 11.

(先进化工材料关键技术丛书). -- ISBN 978-7-122-46816-1

Ⅰ. TB324

中国国家版本馆CIP数据核字第20241EF161号

责任编辑：王　婧　杜进祥
文字编辑：向　东
责任校对：边　涛
装帧设计：关　飞

出版发行：化学工业出版社（北京市东城区青年湖南街13号　邮政编码100011）
印　　装：中煤（北京）印务有限公司
710mm×1000mm　1/16　印张41¼　字数850千字
2024年11月北京第1版第1次印刷

购书咨询：010-64518888　　售后服务：010-64518899
网　　址：http：//www.cip.com.cn
凡购买本书，如有缺损质量问题，本社销售中心负责调换。

定　　价：298.00元

版权所有　违者必究

作者简介

吴一弦，北京化工大学教授，教育部“长江学者奖励计划”特聘教授，中国化工学会会士，兼任中国化学会高分子学科委员会委员及 *Chinese Journal of Polymer Science*、《科学通报》、《橡胶工业》和《中国塑料》期刊编委等。主要从事引发 / 催化体系、烯烃可控聚合与大分子工程、合成橡胶、热塑弹性体、绿色高分子材料、先进功能材料（生物医用、能源）等研究，多项科研成果已实现数万吨级产业化应用，获国家技术发明二等奖 2 项（2006 年和 2020 年）及省部级科技奖励 9 项，发表论文 160 余篇，已获授权的发明专利 140 余件。获全国新世纪巾帼发明家新秀奖、中国青年科技奖、何梁何利基金科学与技术创新奖、中国石油和化学工业联合会赵永镐科技创新奖、中国青年女科学家奖、侯德榜化工科学技术奖、北京市“三八”红旗奖章等，为“百千万人才工程”国家级人选、国家有突出贡献中青年专家、首都科技领军人才。

张树，北京化工大学教授。主要从事烯烃可控配位聚合与大分子工程、聚烯烃材料等方面研究，近年来主持国家自然科学基金项目 2 项，主持教育部博士点基金项目 1 项，主持企业合作项目 3 项，参与国家自然科学基金重点项目及企业合作项目 10 余项。在 *J. Am. Chem. Soc.*、*Polym. Chem.*、*Dalton Trans*. 等期刊上发表论文 70 余篇，申请 / 授权发明专利 30 余件。

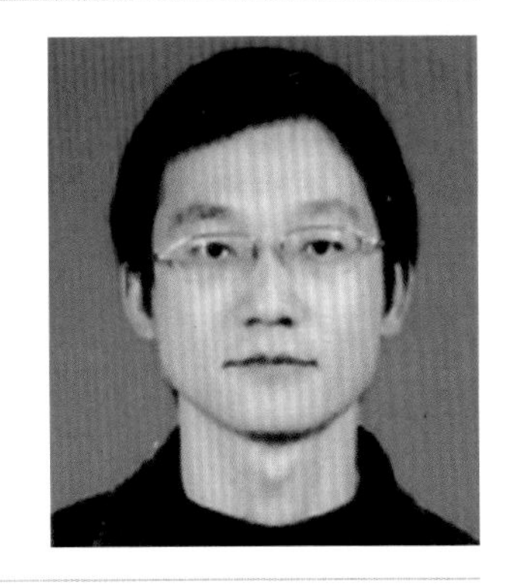

朱寒，北京化工大学教授。长期从事配位聚合、催化剂体系开发和稀土顺丁橡胶、高顺式丁苯共聚弹性体方面的研究工作，承担及参与国家重点研发计划、国家自然科学基金及企业项目十余项，科研成果已实现产业化应用，获国家技术发明二等奖 1 项（第三完成人）及省部级科技奖励多项，在 *Macromolecules*、*Composites Part B：Engineering*、《高分子学报》、《科学通报》等期刊发表论文 30 余篇，申请 / 授权发明专利 40 余件（含国际发明专利 6 件）。

丛书（第二批）序言

材料是人类文明的物质基础，是人类生产力进步的标志。材料引领着人类社会的发展，是人类进步的里程碑。新材料作为新一轮科技革命和产业变革的基石与先导，是“发明之母”和“产业食粮”，对推动技术创新、促进传统产业转型升级和保障国家安全等具有重要作用，是全球经济和科技竞争的战略焦点，是衡量一个国家和地区经济社会发展、科技进步和国防实力的重要标志。目前，我国新材料研发在国际上的重要地位日益凸显，但在产业规模、关键技术等方面与国外相比仍存在较大差距，新材料已经成为制约我国制造业转型升级的突出短板。

先进化工材料也称化工新材料，一般是指通过化学合成工艺生产的、具有优异性能或特殊功能的新型材料。包括高性能合成树脂、特种工程塑料、高性能合成橡胶、高性能纤维及其复合材料、先进化工建筑材料、先进膜材料、高性能涂料与黏合剂、高性能化工生物材料、电子化学品、石墨烯材料、催化材料、纳米材料、其他化工功能材料等。先进化工材料是新能源、高端装备、绿色环保、生物技术等战略性新兴产业的重要基础材料。先进化工材料广泛应用于国民经济和国防军工的众多领域中，是市场需求增长最快的领域之一，已成为我国化工行业发展最快、发展质量最好的重要引领力量。

我国化工产业对国家经济发展贡献巨大，但从产业结构上看，目前以基础和大宗化工原料及产品生产为主，处于全球价值链的中低端。“一代材料，一代装备，一代产业。”先进化工材料因其性能优异，是当今关注度最高、需求最旺、发展最快的领域之一，与国家安全、国防安全以及战略性新兴产业关系最为密切，也是一个国家工业和产业发展水平以及一个国家整体技术水平的典型代表，直接推动并影响着新一轮科技革命和产业变革的速度与进程。先进化工材料既是我国化工产业转型升级、实现由大到强跨越式发展的重要方向，同时也是保障我国制造业先进性、支撑性和多样性的“底盘技术”，是实施制造强国战略、推动制造业高质量发展的重要保障，关乎产业链和供应链安全稳定、绿色低碳发展以及民生福祉改善，具有广阔的发展前景。

“关键核心技术是要不来、买不来、讨不来的。”关键核心技术是国之重器，要靠我们自力更生，切实提高自主创新能力，才能把科技发展主动权牢牢掌握在自己手里。新材料是战略性、基础性产业，也是高技术竞争的关键领域。作为新材料的重要方向，先进化工材料具有技术含量高、附加值高、与国民经济各部门配套性强等特点，是化工行业极具活力和发展潜力的领域。我国先进化工材料领域科技人员从国家急迫需要和长远需求出发，在国家自然科学基金、国家重点研发计划等立项支持下，集中力量攻克了一批“卡脖子”技术、补短板技术、颠覆性技术和关键设备，取得了一系列具有自主知识产权的重大理论和工程化技术突破，部分科技成果已达到世界领先水平。中国化工学会组织编写的“先进化工材料关键技术丛书”（第二批）正是由数十项国家重大课题以及数十项国家三大科技奖孕育，经过 200 多位杰出中青年专家深度分析提炼总结而成，丛书各分册主编大都由国家技术发明奖和国家科技进步奖获得者、国家重点研发计划负责人等担纲，代表了先进化工材料领域的最高水平。丛书系统阐述了高性能高分子材料、纳米材料、生物材料、润滑材料、先进催化材料及高端功能材料加工与精制等一系列创新性强、关注度高、应用广泛的科技成果。丛书所述内容大都为专家多年潜心研究和工程实践的结晶，打破了化工材料领域对国外技术的依赖，具有自主知识产权，原创性突出，应用效果好，指导性强。

创新是引领发展的第一动力，科技是战胜困难的有力武器。科技命脉已成为关系国家安全和经济安全的关键要素。丛书编写以服务创新型国家建设，增强我国科技实力、国防实力和综合国力为目标，按照《中国制造 2025》《新材料产业发展指南》的要求，紧紧围绕支撑我国新能源汽车、新一代信息技术、航空航天、先进轨道交通、节能环保和“大健康”等对国民经济和民生有重大影响的产业发展，相信出版后将会大力促进我国化工行业补短板、强弱项、转型升级，为我国高端制造和战略性新兴产业发展提供强力保障，对彰显文化自信、培育高精尖产业发展新动能、加快经济高质量发展也具有积极意义。

中国工程院院士：薛群基

前言

弹性体材料内涵丰富，包含共价交联型（或称为热固性）弹性体，例如天然橡胶与合成橡胶（例如丁苯橡胶、顺丁橡胶、乙丙橡胶、异戊橡胶、丁基橡胶、丁腈橡胶和氯丁橡胶七大合成橡胶）的硫化胶，也包含热塑性弹性体，例如苯乙烯－丁二烯－苯乙烯嵌段共聚物（SBS）和苯乙烯－异戊二烯－苯乙烯嵌段共聚物（SIS）及其氢化嵌段共聚物等；还包含其他各种具有弹性性能的类橡胶物质。弹性体材料属于典型的有机高分子材料，也是典型的软物质材料，其应用领域宽泛，涉及国民经济、高技术产业和国家安全的各个领域，并且在很多应用领域（例如汽车轮胎、飞机轮胎、高性能耐油密封材料以及人工肌肉等）具有无可替代的重要作用。

随着科技发展和社会进步，对传统弹性体材料提出了更高的要求，不仅要求基本性能（例如力学性能、热性能等）提升，而且要求拓展其功能性（例如电性能、自修复性能、阻隔性能、离子传导性能、生物性能等）。高性能弹性体材料的发展离不开引发剂 / 催化剂体系、新方法和新工艺的发展，也与分子设计、化学改性方法及物理共混方法的发展密切相关。综合利用高分子化学与物理和材料领域的新方法或新工艺，发展高性能弹性体材料是弹性体及其相关行业密切关注的研究方向，也是弹性体材料走向高性能化和功能化，发展高端品种和牌号的主要途径。

本书的部分内容是在国家自然科学基金委员会、科学技术部（科技部）、中国石油化工股份有限公司、中国石化北京燕山分公司、北京市科委等的支持下取得的研究成果，包括国家自然科学基金的重点项目“离子聚合新方法与新工艺”（20934001）和“烯烃可控 / 活性配位聚合及高性能热塑性弹性体合成新方法”（21634002）；国家 863 计划项目“高顺式丁苯共聚弹性体”；国家 973 计划课题“高性能热塑性弹性体制备及加工应用中的科学问题”（2011CB606002）和“高性能轮胎橡胶材料制备科学与关键技术”（2015CB654704）；国家自然科学基金项目“有机无机杂化热塑性弹性体的设计、合成与表征”（50873009）、“钒配合物的合成及其催化乙烯 / 丙烯共聚反应的研究”（21204003）和“催化乙烯 / 丙烯交替共聚的钒配合物的设计合成及其催化性能研究”（21774006）等。本书部分内容曾两次获得国家技术发明二等奖，分别为“异丁烯可控阳离子聚合与丁基橡胶新工艺技术”（2006 年）和“烯烃可控配位聚合方法与高性能弹性体制备技术”（2020 年）。

本书由北京化工大学吴一弦教授设计框架并统稿。内容包括本书著者团队在烯烃聚合、弹性体材料制备及性能等领域的研究工作进展，也包括本领域国内外同行的部分相关工作。本书分为六章，第一章是绪论，简要介绍弹性体材料的概念与分类，其主要应用领域和近期值得关注的发展趋势，并说明本书撰写思路，由吴一弦、徐日炜、张树和朱寒撰写。第二章介绍高性能聚烯烃弹性体的发展趋势，介绍烯烃催化剂、聚烯烃弹性体合成与表征及其功能化方面的工作，由张树和吴一弦撰写。第三章介绍高性能苯乙烯类嵌段共聚物热塑性弹性体，重点介绍了本书著者团队在硬段可结晶软段高顺式丁苯嵌段共聚物热塑性弹性体、软段全饱和嵌段共聚物热塑性弹性体、软段饱和型硬段杂化嵌段共聚物热塑性弹性体等方面的研究工作，由朱寒、吴一弦和徐日炜撰写。第四章主要介绍了高性能聚异丁烯基特种弹性体，由吴一弦、张树和朱寒撰写。第五章总结高性能聚氨酯热塑性弹性体的结构与性能，介绍了本书著者团队在该领域的工作，由吴一弦、张航天撰写。第六章总结了高性能离子型弹性体的概念及其主要品种以及合成与表征方法，重点介绍本书著者团队在苯乙烯类嵌段共聚物离子型弹性体方面的工作，由吴一弦、代培和张树等撰写。

因弹性体材料涉及内容宽泛，限于本书著者团队的学识与理解，书中内容取舍难免存在不足与不妥之处，恳请专家和读者不吝指正。

著者

2024 年 6 月

目录

第五章
高性能聚氨酯热塑性弹性体 427

第六章
高性能离子型弹性体 543

第一章

绪　论

合成树脂、合成橡胶（或弹性体）与合成纤维，作为三大合成材料，是高分子材料工业的核心，是现代社会必不可少的重要材料，与国家安全、国民经济、社会发展和人民日常生活密切相关。其中，合成橡胶（或弹性体）是国际公认的战略物资，在国民经济和社会发展中发挥重要作用，是制造轮胎、防护材料、减振材料、防水卷材、密封材料、胶管、胶带和生物医用材料等不可替代的关键基础材料。我国是全球最大的合成橡胶生产国、消费国与进口国，2022 年主要合成橡胶产量和表观消费量分别达到 484.2 万吨和 545.4 万吨，全球占比分别为 23% 和 35%。弹性材料包括具有高弹特性的天然橡胶、合成橡胶及其共价交联型（包括不可逆交联与动态可逆交联）硫化橡胶以及通过非共价键交联的热塑弹性体，例如：通过微相分离形成物理交联微区的三维网络结构，通过氢键作用、离子聚集体或配位键等形成的可逆交联网络结构等。橡胶需要填充炭黑或白炭黑（SiO_2）等无机纳米颗粒及硫化交联反应，成型加工工艺比塑料加工复杂，耗时耗能，且形成分子链交联网络及有机/无机相互交错网络，导致废旧橡胶制品难以回收，造成污染。热塑性弹性体（thermoplastic elastomer，TPE）被誉为“绿色橡胶”，具有塑料的高温熔融加工性和橡胶的常温弹性，无需化学交联。以苯乙烯嵌段共聚物（SBC）热塑弹性体为例，通过大分子链中间弹性软段与聚苯乙烯（PS）硬段的微观相分离形成物理交联点及网络结构，限制了大分子链的滑移，大幅提高了 SBC 的物理机械性能，无需填充大量的无机纳米粒子及化学的硫化交联反应，因此，TPE 单独使用时，可直接 100% 回收再利用，绿色低碳，这是常规的合成橡胶硫化胶无法比拟的。TPE 广泛应用在汽车（织物涂层、密封组件及保险杠）、建筑、道路沥青改性、制鞋、体育用品、胶黏剂、医疗用品、家电和自动化办公设备等领域。

此外，根据各行业发展和高技术领域的需求，针对性发展了突出某种性能的功能弹性体材料，例如生物医用弹性体、介电弹性体和自修复弹性体等。本书将关注先进弹性体的合成方法、表征方法、制备工艺、性能特点与应用领域。

第一节
弹性体材料基本概念与分类

弹性体与橡胶（天然橡胶和合成橡胶）均指具有高弹性的高分子材料，但其定义存在差异。弹性体（elastomer）是指在常温下能反复拉伸至 200% 以上，除去外力后又能迅速回复到（或接近）原有尺寸或形状的高分子物质[1-4]；橡胶（rubber）是指玻璃化温度低于室温、在环境温度下能显示高弹性的高分子物质。弹性体的概念更加宽泛，泛指具有橡胶弹性的材料，橡胶则是一类典型的弹性体材料[1-4]。

从最早的天然橡胶（第一代弹性体材料）开始，到20世纪30年代开始发展的合成橡胶（第二代弹性体材料），以及60年代出现的热塑性弹性体（第三代弹性体材料），弹性体材料的种类日益丰富，其主要品种按照交联方式分类，如图1-1所示。其中，天然橡胶和合成橡胶通常经过化学交联反应形成三维交联网络来制备弹性体材料，属于共价交联型弹性体材料。非共价交联型弹性体的典型代表是热塑性弹性体，其依靠物理交联点或结晶区交联。共价交联型弹性体材料，通常使用传统的橡胶配方与硫化加工工艺成型，热塑性弹性体通常使用塑料加工工艺成型，易于循环利用。为了拓展合成橡胶的应用，根据应用领域探索动态可逆共价交联型弹性体的制备与性能，发展可自修复或可回收循环再利用的新结构弹性体材料。

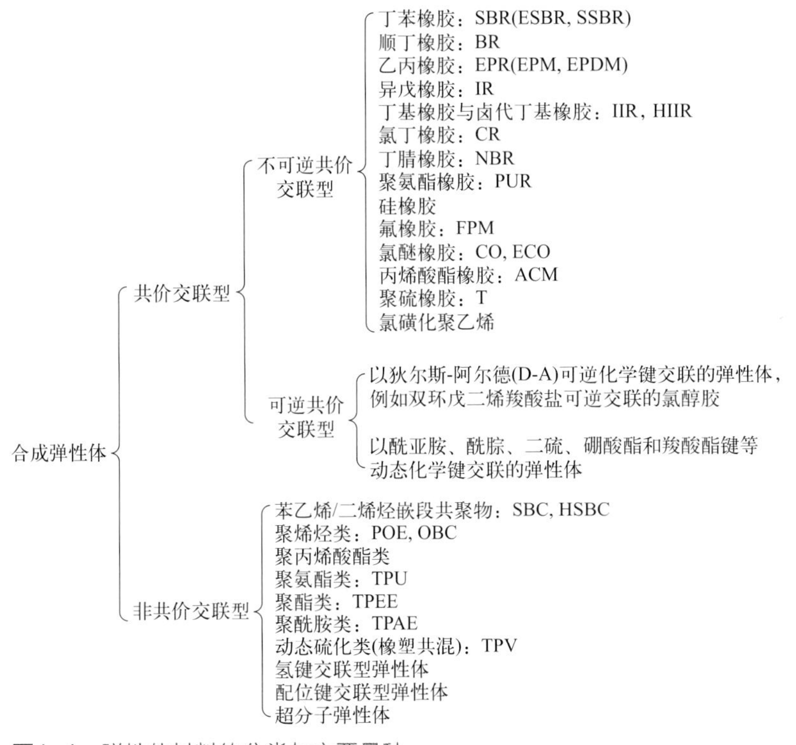

图1-1 弹性体材料的分类与主要品种

第二节
弹性体材料的主要应用领域

弹性体材料的应用领域涉及国民经济所有行业，在诸多领域有不可替代的重要作用，特别是生物医用、交通运输等领域。表 1-1 简要归纳了弹性体材料主要品种及其主要应用领域。

表1-1 弹性体材料主要品种与应用领域

主要品种	主要应用领域
天然橡胶（NR）	航空轮胎、汽车轮胎、传送带、运输带、密封件、减振装置、探测气球、排灌胶管、氨水袋、输血管、避孕套、手套等
丁苯橡胶（SBR）	汽车轮胎、胶带、胶管、电线电缆、医疗器械等
顺丁橡胶（BR）	汽车轮胎、耐寒制品、缓冲材料、胶鞋、胶布、胶带和海绵胶等
异戊橡胶（IR）	替代天然橡胶
丁基橡胶（IIR）	轮胎气密层、轮胎内胎、水胎、贮槽衬里、水坝底层、医用瓶塞和垫圈、气球、电缆绝缘层、蒸汽管、减振材料、密封材料、生物医用材料及口香糖基胶等
乙丙橡胶（EPR）	汽车零部件、防水卷材、密封材料、电线电缆绝缘层、耐热胶管、耐热运输胶带、油品改性剂、聚烯烃改性剂、洗衣机部件、太阳能集热器等
氯丁橡胶（CR）	电缆保护套、胶管、胶带、传动带、牙轮皮带、油封、O形圈、隔膜、垫片、胶黏剂、密封垫等
丁腈橡胶（NBR）与氢化丁腈橡胶（HNBR）	耐油波纹管、密封件、印刷胶辊、医用手套、黏合剂等
高温硫化硅橡胶（HTV）与室温硫化硅橡胶（RTV）	建筑密封剂、黏合剂、垫片、封装材料、电气绝缘材料、玻璃装配物、医疗植入物、管材和软管、带材、电线电缆绝缘材料、穿透密封材料、压花辊筒、导电橡胶等
氟橡胶（FPM）	燃料密封件、气缸盖密封件、进气管垫圈、燃油喷射系统密封件、快速连接O形圈、燃料管路和涡轮增压器软管的密封件和组件；涡轮发动机、辅助动力装置和液压执行器的密封件等
丙烯酸酯橡胶（ACM）	高温油封材料、变速箱或活塞杆材料、火花塞帽、散热器、阀门杆挡油器及高温下与油接触的电线电缆护套等
氯醚橡胶（CO,ECO）	耐油管、黏合剂、衬里、密封垫圈等
聚硫橡胶（T）	密封材料

续表

主要品种	主要应用领域
苯乙烯-丁二烯-苯乙烯三嵌段共聚物（SBS）/苯乙烯-异戊二烯-苯乙烯三嵌段共聚物（SIS）	防水卷材、鞋底、地板、汽车坐垫、地毯底层、电线电缆外皮、玩具、运动器材、隔音材料、改性沥青路面、热熔胶等
氢化苯乙烯-丁二烯-苯乙烯三嵌段共聚物（SEBS）	汽车零部件、电线电缆护套、食品与医疗卫生用品、密封件、黏合剂、树脂改性剂、输液袋等
聚烯烃弹性体（POE）/烯烃嵌段共聚物（OBC）	汽车零部件、电线电缆护套、鞋底、吸尘器软管、洗衣机软管、排水管、热熔胶、增韧塑料、封装材料等
热塑性聚氨酯（TPU）	输气/输油软管、密封件、阻尼元件、驱动单元、滚轮、体育用品、玩具、鞋底、电缆被覆材料、黏合剂、塑料改性剂等
热塑性聚酯弹性体（TPEE）	汽车零部件、天线、压缩弹簧、软硬管、软管套、液压软管带、齿轮、轴承、密封材料等
热塑性聚酰胺弹性体（TPAE）	汽车零部件、运动器材、医疗用品、机械工具、电子电气工业制品等

此外，热塑性硫化橡胶（thermoplastic vulcanizate，TPV），也称为动态硫化热塑性弹性体，通常是采用动态硫化技术制备得到的一类特殊橡塑两相共混型热塑性弹性体，是在橡胶（含量一般在 50% ～ 80% 之间）和热塑性塑料熔融共混过程中橡胶相受到高强剪切作用发生破碎，同时在硫化剂或者交联剂作用下选择性硫化而形成的。它是以大量微米或亚微米级交联的橡胶粒子为分散相，以少量的热塑性塑料为连续相的橡塑两相共混物。TPV 主要品种包括三元乙丙橡胶 / 聚丙烯共混物热塑性弹性体、聚二烯烃橡胶 / 聚烯烃共混物热塑性弹性体、丁基橡胶（包括卤化丁基橡胶）/ 聚丙烯共混物热塑性弹性体、丁基橡胶 / 聚酰胺共混物热塑性弹性体、丙烯酸酯橡胶 / 聚酰胺共混物热塑性弹性体、丁腈橡胶 / 聚氯乙烯共混物热塑性弹性体、热塑性聚氨酯 / 聚氯乙烯共混物热塑性弹性体、有机硅基共混物热塑性弹性体和氟橡胶 / 氟树脂共混物热塑性弹性体等[5-10]。

除了表 1-1 中列出的按照聚合物类型分类的弹性体之外，根据实际使用条件对材料性能的需求发展了不同种类功能性弹性体，例如：可用于制作挤出部件、注塑部件、黏合剂、密封剂、涂料、包装材料、相容剂、形状记忆和自愈合材料的弹性离聚体；可用于电磁屏蔽材料、柔性电子产品、穿戴电子产品、传感器和医疗器械等领域的导电弹性体；可用于柔性机器人、柔性传感器、换能器、人工肌肉、医疗器械等领域的介电弹性体；可用于汽车内饰、家电、卫浴及涉水类消费产品、医疗用品和玩具等领域的抗菌弹性体；可用于医疗器械、组织修复、涂料和涂层等领域的自愈合弹性体。

第三节
弹性体材料现状与发展趋势

2022 年，全世界合成橡胶总产能达 2235 万吨，总产量约为 2089 万吨，主要分布在亚洲（55%）、欧洲（25%）和北美洲（15%），其中丁苯橡胶产能最大，约占总产能的 32%；其次是丁二烯橡胶，约占总产能的 21%；第三是热塑性弹性体，约占总产能的 17%。我国自从 1958 年第一条氯丁橡胶生产线在重庆长寿化工厂建成投产以来，已取得长足发展，目前我国已成为世界第一大合成橡胶生产国。2022 年我国合成橡胶总产能达 678 万吨，其中产能占比最大的是丁苯橡胶（179 万吨），约占总产能的 26%；其次是丁二烯橡胶（172 万吨），约占总产能的 25%。

目前我国传统弹性体品种基本齐全，产能位居世界第一，但是依然存在高端弹性体材料牌号少、高附加值品种少、特种弹性体产能低等问题，高端弹性体材料和特种弹性体材料均具有持续提升的空间 [6]。

进入 21 世纪以来，弹性体材料发展迅速，体现在发展新型引发剂或催化剂体系和聚合方法等核心技术，进而发展新结构高性能弹性体材料；采用传统石油基单体（乙烯 /α- 烯烃、异丁烯、共轭二烯等）制备高性能弹性体一直是备受关注的研究方向，取得了巨大进步；随着可持续发展观的贯彻与执行，生物基弹性体材料受到重视，生物基单体的合成方法与生物基弹性体的应用领域不断发展；为满足工程、信息、生物医学等诸多领域对功能弹性体材料的需求，功能弹性体材料受到重视与发展，例如弹性离聚体和生物医用功能弹性体等，随着对其结构与性能的深入认识，此类弹性体应用领域不断拓展。以下简要总结上述弹性体材料领域的现状及主要进展。

一、先进引发/催化体系进展及其应用

引发剂或催化剂是发展高性能先进弹性体材料的核心和永恒主题。例如以茂金属催化剂催化乙烯 /α- 烯烃无规共聚得到的聚烯烃弹性体（POE）是新型弹性体，美国陶氏化学、美国埃克森美孚、日本三井化学、韩国 LG、沙特 SABIC 等主要生产企业的 POE 产能超过 200 万吨，我国几家公司宣布已完成 POE 中试技术开发；以烯烃链穿梭聚合催化剂为核心，美国陶氏化学公司发展的乙烯 /

α-烯烃嵌段共聚物（OBC）弹性体已经实现万吨级工业化[11]；以丙烯酸酯单体阴离子聚合引发剂为核心，日本可乐丽公司发展的聚丙烯酸酯（LA）类嵌段共聚物热塑弹性体工业化，该弹性体具有优异的透明性和低模量[12]。以上案例说明催化剂 / 引发剂在高性能弹性体材料发展中具有核心地位。以下简要说明阳离子聚合引发体系和配位聚合催化剂在制备弹性体材料方面的进展及其发展趋势。

1．阳离子聚合引发体系

引发体系是阳（正）离子聚合的核心，也是其发展历程中永恒的主题。20 世纪 80 年代中期，美国 Kennedy 研究组和日本 Higashimura 研究组分别实现了异丁烯和乙烯基醚的活性阳离子聚合，成为该领域发展史上重要的里程碑[13-14]。聚异丁烯和丁基橡胶是阳离子聚合中最大的工业化产品。在异丁烯活性阳离子聚合中，共引发剂 Lewis 酸 BCl_3 或 $TiCl_4$ 用量高，由此带来严重腐蚀及难以脱除等一系列问题，是影响其工业化应用的重要因素。美国 Shaffer 和 Faust 研究组分别开发了以甲基氯化铝为 Lewis 酸的引发体系，虽可降低 Lewis 酸用量，但其化学性质活泼、危险性大、价格昂贵[15-16]。针对上述问题，本书著者团队开发了以 $FeCl_3$ 为 Lewis 酸的活性阳离子聚合新引发体系，Lewis 酸用量仅为传统异丁烯活性阳离子聚合体系中其他类型 Lewis 酸用量的 10% 以下，可合成预期分子量和窄分子量分布 ($\overline{M}_w/\overline{M}_n \leqslant 1.2$) 的叔氯端基官能化聚异丁烯，并进一步通过顺序加料方式，直接合成聚 (苯乙烯 -*b*- 异丁烯 -*b*- 苯乙烯) 三嵌段共聚物 (SIBS)，为该领域增加了活性阳离子聚合引发体系新成员[17]。

在异丁烯阳离子聚合中，通常需要在极低温度下进行，以减少副反应，才能合成出高分子量聚合物，如工业上高分子量丁基橡胶需要在约 −100℃下进行异丁烯与少量异戊二烯阳离子共聚合反应。针对工业上合成聚异丁烯 (PIB) 或丁基橡胶 (IIR) 的低温聚合特点，本书著者团队着重研究通过引入特定结构化合物来调节活性中心的离子性及空间位阻，实现了调控阳离子聚合反应动力学，使得在升高温度的情况下仍可减少甚至抑制链转移或链终止副反应，实现了即使在 −60℃下进行异丁烯阳离子聚合也能制备出采用传统体系需在 −100℃下聚合才能得到的高分子量异丁烯聚合物，这 40℃的温差将带来显著的节能降耗效果[17-25]。

本书著者团队还与陈建峰研究团队紧密合作，通过高分子化学与化学工程的学科交叉融合，结合阳离子聚合反应动力学特征和旋转填充床反应器的突出特点，建立了异丁烯在旋转床反应器中进行快速阳离子聚合的连续反应装置（百吨级），在具有微观分子混合特性的旋转填充床反应器中开展异丁烯及其与异戊二烯快速阳离子共聚合反应，打通了连续聚合反应工艺流程，制备出高分子量丁基橡胶和高反应活性聚异丁烯两种产品，生产效率可提高 100 倍以上[26]。

本书著者团队在发明可控阳离子聚合方法与引发体系核心技术的基础上，开发了异丁烯阳离子聚合反应新工艺[20]。研究成果在我国首套3万吨/年丁基橡胶工业装置上得到成功应用，解决了丁基橡胶生产中关键技术难题，使生产装置平稳运行，提高了生产效率，产品质量与国外同类产品相当，使我国成为世界上少数掌握丁基橡胶关键核心技术的国家之一，“异丁烯可控阳离子聚合与丁基橡胶聚合新工艺技术”荣获2006年度国家技术发明奖二等奖。此后，本书著者团队继续开发出新型高活性引发体系核心技术，并在4.5万吨/年丁基橡胶装置上实现工业化应用，降低了引发体系用量，提高了聚合过程的可控性，实现了原位调控聚合产物的分子量分布，以平衡聚合物材料的加工性能与物理机械性能，降低了生产成本，提高了产品质量，进一步提质增效。

本书著者团队在低分子量、中分子量、高分子量及超高分子量不同系列聚异丁烯的合成技术及工程化方面也取得了突破[20-25]，解决了高活性引发中心及快速链增长过程中的关键技术问题，发明了具有自主知识产权的可控聚合方法与成套制备技术，解决了聚合反应放大过程中的工程化难题，特别是建成了超高分子量聚异丁烯全流程中试生产线，包括引发体系制备、聚合反应、聚合物凝聚、分离与回收等化工单元。通过调节引发体系及聚合反应工艺条件，制备出黏均分子量在100万～1400万之间的高分子量系列甚至超高分子量系列的聚异丁烯产品，特别是黏均分子量高于500万的超高分子量聚异丁烯，填补了该领域的合成技术与全饱和特种弹性体产品的空白。

近年来，稀土茂金属配合物与有机硼化合物配合形成的体系用于引发异丁烯阳离子聚合反应制备高分子量聚异丁烯，引发异丁烯与异戊二烯阳离子共聚反应制备丁基橡胶[27]。除了新引发体系的开发，光控活性阳离子聚合及立构选择性阳离子聚合也取得了一些进展。采用三（2,4-二甲氧基苯基）甲基四氟硼酸/磷酸酯体系引发4-甲氧基苯乙烯进行光控活性阳离子聚合反应，有效地避免了催化剂残留造成的污染和副反应[28]。在乙烯基醚单体阳离子聚合过程中，采用手性磷酸-四氯化钛配合的反离子可有效控制链端立体化学环境，实现乙烯基醚单体立体选择性阳离子聚合，合成了一系列具有高全同立构规整度的聚乙烯基醚，全同立构度达到93%[29]。

2．乙烯/*α*-烯烃共聚弹性体用催化剂

催化剂是烯烃配位聚合的核心和关键，用于催化烯烃聚合的催化剂主要包括Ziegler-Natta（齐格勒-纳塔）催化剂、茂金属催化剂和过渡金属配合物催化剂。

Ziegler-Natta催化剂成本低，生产工艺成熟，目前仍是广泛用于烯烃聚合工业的催化剂，分为钛系和钒系两大类。钛系Ziegler-Natta催化剂主要用于生产聚烯烃树脂，如聚乙烯和聚丙烯，钒系Ziegler-Natta催化剂主要用于生产乙烯-丙

烯共聚弹性体。然而，Ziegler-Natta 催化剂的共聚性能差，对极性基团耐受能力也相对差，因此，很难用于制备高共聚单体插入率的烯烃共聚弹性体，也很难用于直接制备含有极性基团的烯烃共聚弹性体。因此，开发具有高共聚性能和耐受极性基团的 Ziegler-Natta 催化剂，对开发高性价比和高性能聚烯烃弹性体具有重要意义。

茂金属催化剂是一种单中心催化剂，可用于制备相对窄分子量分布的烯烃聚合物。通过调控配体的结构，可调控茂金属化合物化学结构的对称性、金属中心的电子效应和空间位阻效应，从而调控催化活性与共聚性能[30-34]。茂金属催化剂的出现和发展有效推动了烯烃配位聚合及聚烯烃产业的不断进步，已成功应用于工业化生产，用于生产高性能、特殊牌号的聚烯烃树脂，如茂金属聚乙烯与茂金属聚丙烯，还能用于催化烯烃聚合生产乙烯 - 丙烯共聚弹性体与聚烯烃弹性体（POE）等[35-37]。然而，茂金属化合物主催化剂合成困难，甲基铝氧烷助催化剂用量大、价格昂贵、受国外控制等，有机硼助催化剂价格昂贵，这些因素制约了茂金属催化剂在我国工业生产中的应用。因此，新型高效及易合成的茂金属化合物主催化剂、助催化剂的国产化和低成本化将是该领域未来的发展方向。

过渡金属配合物催化剂是继茂金属催化剂之后发展的一类新型催化剂，过渡金属种类和配体结构均影响催化剂的催化性能。过渡金属配合物催化剂与茂金属催化剂性能相似，也可通过调控配合物催化剂中的配体结构来有效调控催化活性与共聚性能[38-39]，用于制备烯烃嵌段共聚弹性体[40]。钛、锆或铪为主金属的配合物催化剂具有高催化活性、优良的共聚性能和热稳定性，已广泛应用于烯烃共聚反应，例如：水杨醛亚胺钛催化剂（FI）和铪配合物催化剂是制备聚烯烃弹性体的重要催化剂[41]。采用钒配合物催化剂催化烯烃聚合时，链增长速率快，有助于制备高分子量聚合物[42-43]。铬配合物催化剂性能独特，是催化乙烯选择性三聚和四聚以制备 1- 己烯和 1- 辛烯的主要催化剂[44-45]。镍或钯配合物催化剂既能够催化乙烯聚合，又能够催化乙烯齐聚。荷兰壳牌公司采用镍配合物催化剂和 Shell Higher Olefin Process (SHOP) 工艺工业化生产全分布 *α*- 烯烃[46]。此外，镍或钯配合物催化剂独特的“链行走”机理，能够用于制备聚烯烃弹性体[47-51]；镍或钯配合物催化剂耐受极性单体的特点使其在制备含极性基团的聚烯烃弹性体方面独具优势[52-57]。铁或钴配合物催化剂也是催化乙烯齐聚等方式聚合的催化剂，铁配合物催化剂催化乙烯齐聚时 *α*- 烯烃选择性极高[58-61]，目前我国已开始采用基于该类配合物的催化剂催化乙烯齐聚制备 *α*- 烯烃的工业化进程。过渡金属配合物催化剂独具特色，虽然已开始部分工业应用进程，但工业化应用还有待进一步加强。

本书著者团队开发了系列钒系 Ziegler-Natta 催化剂、钛系茂金属催化剂与钛系或钒系过渡金属配合物催化剂，这些催化剂对于催化乙烯与其它烯烃单体共聚具有优良的催化活性、共聚性能和对不同烯烃结构的选择性。在新催化剂的基础上，开发了烯烃聚合新工艺，实现了连续聚合的规模化应用，生产了系列聚烯烃弹性体新产品。

3．共轭二烯烃聚合催化剂

对于共轭二烯烃（如：丁二烯和异戊二烯）配位聚合，通常采用 Ziegler-Natta 催化剂、茂金属催化剂和过渡金属配合物催化剂三类催化剂，其中 Ziegler-Natta 催化剂仍常用于共轭二烯烃配位聚合中，工业化生产相应的聚丁二烯或聚异戊二烯弹性体，这些催化剂主要为以过渡金属（钛、镍或钴）或稀土金属（如：钕）为主金属的 Ziegler-Natta 催化剂。采用钛系 Ziegler-Natta 催化剂催化丁二烯聚合，得到的聚合物的顺 -1,4 结构含量在 92% 左右；采用钴系、镍系和稀土钕系催化剂催化丁二烯配位聚合，得到高分子量的高顺式聚丁二烯弹性体，可满足轮胎的应用要求。采用稀土钕系催化剂催化丁二烯高效选择性配位聚合，可制备出具有更高顺式结构含量及更加完美分子链结构的高性能聚丁二烯弹性体，使其在拉伸强度、抗撕裂强度及耐磨性、低温性能、低压缩生热性、应变结晶性等方面均优于采用镍系或钴系催化剂制备的聚丁二烯弹性体。除了 Ziegler-Natta 稀土催化剂外，近些年来开发的茂稀土催化剂和非茂稀土配合物催化剂也可用于共轭二烯烃配位聚合的研究[62]。

镍系催化体系用于丁二烯配位聚合至今已有 60 多年的研究和发展历史，镍系催化剂催化丁二烯配位聚合制备高顺式聚丁二烯弹性体（简称：顺丁橡胶）成套技术曾荣获 1985 年度国家科学技术进步奖特等奖。我国生产高顺式聚丁二烯弹性体主要采用镍系催化剂，多年来产品牌号比较单一（牌号为 BR9000）。近些年来，发展镍系催化剂是该领域科技进步的核心与关键，以解决现有镍系顺丁橡胶生产过程中的凝胶、挂胶、冷流性能差的问题，并通过对聚丁二烯的分子量、分子量分布、顺 -1,4 微观结构含量、链结构等的调节，实现合成不同结构和性能特点的聚丁二烯弹性体，开发出高性能新牌号产品，促进行业升级与高质量发展。自 2015 年以来，本书著者团队发展了新结构高定向选择性镍系催化剂并用于丁二烯配位聚合反应，研究成果在与中石化北京燕山分公司共同开展的工程放大与工业化中取得了新进展，实现了先进镍系催化剂及丁二烯高效连续聚合的工业化应用（规模为 6 万吨 / 年），降低了生产过程中的凝胶产生，甚至几乎不发生凝胶现象，提高了生产效率和产品质量，并顺利生产了高耐磨、高回弹、抗撕裂、耐屈挠龟裂的高性能高顺式聚丁二烯弹性体新牌号（BR9008）产品，实现了高顺式聚丁二烯弹性体发展历程上的突出进展[63-64]。2022 年，北京化工大学与中国石油化工股份有限公司进一步通过产学研协同创新，共同完成了两类先进催化剂的制备，并实现了在烯烃配位聚合制备高性能弹性体技术的工程放大与工业化中的应用，在科研成果转化和服务国家重大需求方面又取得了新进展。本书著者团队从催化、聚合及动力学三个维度实现了丁二烯高效配位聚合，实现了调控聚合物分子链微观结构、共聚组成、序列结构及拓扑结构，推进了产业高质量发展。

稀土钕系 Ziegler-Natta 催化剂对于共轭二烯烃聚合具有高活性及高的立构选择性，目前世界上稀土顺丁橡胶工业化生产均采用稀土钕系 Ziegler-Natta 催化剂。在中国石油化工股份有限公司的大力支持下，北京化工大学与中石化北京燕山分公司开展协同创新，共同承担稀土顺丁橡胶工业化技术开发的“十条龙”重大科技攻关项目。本书著者团队长期致力于先进催化剂构筑、烯烃配位聚合及高性能烯烃基聚合物弹性体制备的基础研究与技术开发。2004 年，本书著者团队成功开发了第一代高活性、高选择性的稀土催化剂及其用于丁二烯配位聚合新工艺，并于2012年成功应用于我国首套3万吨/年高性能稀土顺丁橡胶工业化生产，生产出 BR Nd40、BR Nd50 和 BR Nd60 三个牌号产品。2017 年，本书著者团队在高性能顺丁橡胶稀土催化剂技术方面又取得新突破，开发了第二代高活性、高定向性的稀土催化剂及其制备技术，并应用于丁二烯配位聚合制备稀土顺丁橡胶，不仅可以进一步提高稀土顺丁橡胶产品性能，而且可以大幅度降低催化剂用量，单位产品的催化剂消耗量仅为第一代催化剂的 20%，提升了生产效率、提升了稀土顺丁橡胶产量，明显降低了稀土顺丁橡胶的生产成本。近年来，本书著者团队又成功实现第三代高活性、高定向选择性稀土催化剂的开发，并应用于高性能稀土顺丁橡胶的生产，形成具有自主知识产权的高性能稀土顺丁橡胶高效聚合成套工业技术，完成了稀土超高顺式聚丁二烯弹性体系列产品升级，完成了长链支化超高顺式聚丁二烯弹性体的工业化，填补了技术与产品空白。2020 年，基于本书著者团队技术生产的超高顺式聚丁二烯弹性体产品实现了首次批量出口，目前产品已进入国内外主流轮胎制造企业，用于制造高性能绿色轮胎。在同一套聚丁二烯工业装置上，突破了以溶剂共用为目标的关键技术瓶颈，实现了钕系、镍系两种催化剂催化丁二烯配位聚合制备高顺式聚丁二烯弹性体的柔性化生产。

近年来，本书著者团队研究开发了先进催化剂与丁二烯原位高效聚合工艺技术，通过产学研协同创新，实现了高强度、耐屈挠聚丁二烯橡胶（CVBR）连续聚合成套工业化应用，生产装置产能规模为 3 万吨 / 年，填补了技术和产品空白。所生产的高性能聚丁二烯橡胶混炼加工性能优良，硫化胶具有优异的刚性、定伸应力、撕裂强度、回弹性及低滚动阻力、低压缩生热和耐屈挠性，还可与天然橡胶并用和共硫化，适用于缺气保用轮胎和巨型子午线工程轮胎领域[65-67]。

日本普利司通公司采用新型钆催化剂实现了“合成橡胶单体”（例如异戊二烯、丁二烯）和“合成树脂单体”（例如乙烯）的共聚，制成世界上第一种结合“合成橡胶”和“合成树脂”的新型聚合物，其具有优异的抗裂性、耐磨性，同时具备耐穿刺性、可回收性、可修复性和耐低温性等特点。催化共轭二烯烃与苯乙烯共聚合的主催化剂包括单茂钪配合物、双茂钕配合物、环戊二烯基芴基钕配合物，以及双（芳氨基）吡啶钴(Ⅱ)、铁(Ⅱ)、铁(Ⅲ)配合物，当采用单茂钪配合物为主催化剂催化乙烯 / 共轭二烯烃共聚合时，较大空间位阻的配合物倾向于催化两种单体交替共聚。含四氢呋喃配体的单茂钪配合物催化共聚的无规程度更高，当单茂钪配合物没有四氢呋喃配位时，乙烯与共轭二烯的配位能力相当，呈现出多嵌段或交替共聚。丁二烯的空间位阻比异戊二烯的空间位阻小，因而丁二烯与乙烯共聚时更倾向于多嵌段共聚而非无规共聚[68-71]。

二、由石油基和煤基单体制备高性能弹性体

单体的来源日趋多样化，但是基于化石资源的单体，例如石油基和煤基单体，依然是未来弹性体的主要原料来源。传统石油基和煤基单体包括乙烯 /α- 烯烃（例如丙烯、1- 丁烯 / 己烯 / 辛烯、苯乙烯等）、共轭二烯（主要是丁二烯、异戊二烯），以及极性单体［例如乙酸乙烯酯、（甲基）丙烯酸（酯）、丙烯腈等］，是当前合成弹性体主要品种的原料，且具有成本优势（与各种可循环原料相比）。结合前述引发剂 / 催化剂的进步，利用上述单体创制高性能弹性体一直是弹性体领域的推动力。以下简要说明乙烯与 α- 烯烃共聚弹性体、异丁烯基弹性体、聚共轭二烯烃弹性体和苯乙烯基嵌段共聚物热塑性弹性体的进展及其发展趋势。

1．乙烯与 α- 烯烃共聚弹性体

虽然能够通过聚烯烃与橡胶机械共混制备聚烯烃弹性体，但通过烯烃原位聚合或聚合过程中原位共混直接合成聚烯烃弹性体具有明显优势。通过原位共混法制备的高性能聚丙烯“釜内合金”是原位共混法制备聚烯烃弹性体的典型代表；由乙烯与 α- 烯烃等简单烯烃单体直接聚合而成的聚烯烃弹性体附加值高、性能优异，是未来先进聚烯烃弹性体的一个重要领域和研究方向[11,38]。

乙烯是最简单的聚烯烃单体，是一种大宗化工原料，以乙烯为唯一单体通过“链行走”机理聚合得到聚乙烯弹性体具有一定优势，但聚乙烯弹性体目前仅在实验室合成，其工程化放大和产品应用是未来的主要研究方向。乙烯与 1- 丁烯、乙烯与 1- 己烯和乙烯与 1- 辛烯等无规共聚弹性体和乙烯与 1- 辛烯多嵌段共聚弹性体以及丙烯基共聚弹性体等是目前聚烯烃弹性体的主要品种，国内多家公司已布局无规共聚烯烃弹性体（POE）的工业化装置，2023 年 12 月我国贝欧亿公司首次生产出 POE 产品。高活性、高定向性和高共聚性能的催化剂以及高效的聚合工艺就成为未来高端聚烯烃弹性体工业化技术的发展方向。此外，要发展乙烯与 1- 辛烯无规共聚弹性体，原料 1- 辛烯的生产技术开发也是需要解决的关键问题。丙烯也是一种大宗化工原料，采用廉价易得的乙烯和丙烯单体制备高性能高

附加值乙烯 / 丙烯共聚弹性体具有重要经济价值。目前我国已有多套乙烯 / 丙烯无规共聚弹性体的生产装置，但采用的是国外的催化剂及生产工艺技术。在乙烯与丙烯共聚过程中，催化剂起着至关重要的作用。在齐格勒 - 纳塔催化剂、茂金属催化剂和非茂配合物催化剂作用下均可实现乙烯 / 丙烯配位共聚，不同种类催化剂各显特色。催化剂是实现高效可控合成乙烯 / 丙烯共聚物及微观结构、共聚组成、序列分布及拓扑结构等微观结构参数调控的关键。提高催化活性及丙烯插入率，调控共聚物的分子量及其分布，调控共聚物的序列分布与拓扑结构，设计合成特定结构与高性能的乙烯 / 丙烯无规共聚弹性体，是该领域未来的主要发展方向。

通过制备含有极性基团的乙烯 /*α*- 烯烃 / 极性单体三元无规共聚弹性体，可实现聚烯烃弹性体的高端化、高性能化和功能化，主要制备方法包括直接共聚法和含反应基团的共聚物官能化法，但目前的研究还处于起步阶段，使乙烯 / *α*- 烯烃 / 极性单体三元无规共聚弹性体从实验室走向工业化还面临工程化巨大挑战。

本书著者团队从先进催化剂构筑、烯烃配位聚合及高性能烯烃基聚合物弹性体制备三个方面开展基础研究与技术开发，调控聚合物分子链微观结构、共聚组成、序列结构及拓扑结构，实现了烯烃高效配位聚合与烯烃聚合物的结构与性能调控[72-82]，创制了具有高无规序列结构含量的乙丙橡胶、高反应活性的长链支化乙丙橡胶、极性官能化乙丙橡胶、可逆交联乙丙橡胶及新结构的聚烯烃弹性体[83-85]。所开发的先进 Ziegler-Natta 催化剂活性高、共聚性能优，2022年完成了先进催化剂及其用于乙烯、丙烯及环状烯烃的高效连续聚合的工程放大试验（规模：1000t/a），已应用于新型链结构的高性能乙烯 / 丙烯共聚弹性体系列产品的试生产，填补了国内空白。

2．异丁烯基弹性体

异丁烯基弹性体包括聚异丁烯、异丁烯基无规共聚物、异丁烯基嵌段共聚物及异丁烯基接枝共聚物等。聚异丁烯是世界上最早出现的烯烃类聚合物，是由异丁烯经过阳离子聚合方法制得的产物，其分子量可以从几百至几百万。聚异丁烯具有饱和烃类化合物的化学特性，侧链甲基紧密对称分布，具有优异的气密性、水密性等突出特点。本书著者团队在异丁烯阳离子聚合方面开展了系统深入的研究工作，开发了低分子量、中分子量、高分子量及超高分子量等不同分子量系列聚异丁烯制备技术，尤其是在高分子量及超高分子量不同系列聚异丁烯的合成技术及工程化方面，解决了高活性引发中心及快速链增长过程中的关键技术问题，建成了世界上首条超高分子量聚异丁烯全流程中试生产线。一方面，通过调节引发体系及聚合反应工艺条件，制备出黏均分子量在 100 万～ 500 万之间的高分子量系列或超高分子量系列聚异丁烯产品，与国际上同类商业化产品的相应指标相当；另一方面，通过可控聚合方法制备了黏均分子量可达 800 万以上甚至高达 1400 万的超高分子量聚异丁烯产品，引领了该领域相关技术发展，并填补了技术与产品空白。

丁基橡胶具有优异的气密性，是制造飞机和汽车轮胎内胎或气密层不可或缺的关键基础材料，国外已于 1943 年实现工业化生产，其生产技术一直掌握在少数国家手中。本书著者团队研究开发的异丁烯可控阳离子聚合的理论、方法和工艺技术，解决了丁基橡胶生产中的关键技术难题。自 2002 年起，研究成果成功在我国首套 3 万吨 / 年工业装置上应用并顺利生产出丁基橡胶，大幅度提高了丁基橡胶生产效率与产量，有效地调节了丁基橡胶的微观结构参数，产品质量达到国际同类产品水平，从而打破了国外的技术垄断，结束了我国丁基橡胶全部依赖进口的历史，也使我国成为少数掌握了丁基橡胶关键合成技术的国家之一。

3．聚共轭二烯烃弹性体

由于聚共轭二烯烃分子链存在不同的结构，合成立构规整的聚共轭二烯烃弹性体可以赋予聚共轭二烯烃优异的性能。聚共轭二烯烃主要由自由基聚合、阴离子聚合和 Ziegler-Natta 催化配位聚合得到。自由基聚合合成聚共轭二烯烃弹性体成本低、操作简单且工艺成熟，但是存在聚合不可控、微观结构不可控的问题，限制了其在高性能材料领域的应用。阴离子聚合合成聚共轭二烯烃分子量可控，但是在合成立构规整的聚共轭二烯烃上仍较为困难，且阴离子聚合难以实现高顺 -1,4 结构含量的聚共轭二烯烃的合成。共轭二烯烃的 Ziegler-Natta 催化配位聚合对单体的插入具有高度的选择性，可得到具有高立构规整性的聚共轭二烯烃，并且还可以实现共轭二烯烃与乙烯基单体的共聚。

聚共轭二烯烃弹性体具有优异的弹性、低温性能和动态性能，非常适用于制造轮胎。70% 以上的聚共轭二烯烃弹性体成为制造轮胎的关键基础材料。目前常见的聚共轭二烯烃弹性体主要有高顺 -1,4 聚丁二烯（又称顺丁橡胶，BR）、低顺式聚丁二烯、高顺 -1,4 聚异戊二烯、高反 -1,4 聚异戊二烯、3,4- 聚异戊二烯、高顺式丁二烯 - 异戊二烯共聚物、共轭二烯烃 / 苯乙烯共聚弹性体及 SBS 热塑性弹性体等 [86]。

丁二烯在聚合过程中由于加成方式（1,4- 加成和 1,2- 加成）不同，可形成由顺 -1,4 结构、反 -1,4 结构和 1,2- 结构的结构单元无规键接的聚丁二烯大分子链，其中 1,2- 结构又可分为全同立构和间同立构。以反 -1,4 结构为主的聚丁二烯、以 1,2- 结构为主的全同立构聚丁二烯和间同立构聚丁二烯，大分子链规整性好，容易结晶，常温下为结晶体 [87]。顺 -1,4 聚丁二烯分子链具有很好的柔顺性，因单键的内旋转，常温下分子链处于卷曲状态，具有很好的熵弹性。顺 -1,4 聚丁二烯在低温或者应力诱导的条件下容易发生结晶，对材料起到自增强的作用，赋予材料优异的综合性能，顺 -1,4 聚丁二烯的分子链规整性以及顺 -1,4 结构含量对应力诱导结晶有明显的促进作用[88-91]。顺式结构含量是顺丁橡胶性能的重要影响因素，当聚丁二烯的顺 -1,4 结构含量高于 80% 时，顺式结构含量 1% 的提高就会对其硫化胶力学性能和动态力学性能产生显著的提升作用[92-96]。高顺 -1,4 结构含量的聚丁二烯弹性体具有优异的力学性能和动态力学性能、优异的耐低温性能、回弹性好、耐磨、耐曲挠、低压缩生热、低滚动阻力、低滞后损失等优点，被广泛应用在轮胎、胶辊、输送带、高尔夫球球芯等领域[97-99]。高顺式稀土顺丁橡胶，顺式含量大于 98%，大分子链结构规整，分子量及分子量分布可调，加工性能优良，具有更优异的自粘性、耐磨性能、耐疲劳龟裂性能及低压缩生热、低滚动阻力和滞后损失，符合高性能轮胎、绿色轮胎的发展需求，且符合材料在特殊领域的应用需求。由于高顺式稀土聚丁二烯弹性体优异的性能，开发新型高效定向高选择性的稀土催化剂是实现产业升级的一个重要研究方向。

异戊二烯在聚合过程中因加成方式不同可形成不同的微观结构，主要有顺 -1,4 结构、反 -1,4 结构、1,2- 结构和 3,4- 结构，异戊二烯在聚合过程中还存在头头共聚和头尾共聚键接。目前，聚异戊二烯弹性体主要有高顺 -1,4 聚异戊二烯、高反 -1,4 聚异戊二烯和 3,4- 聚异戊二烯。聚异戊二烯弹性体的分子链结构与天然橡胶 (NR) 接近，其中，高顺 -1,4 聚异戊二烯的微观结构与三叶橡胶、银菊橡胶、蒲公英橡胶等天然橡胶相似，高反 -1,4 聚异戊二烯的结构与杜仲胶相似，因而被称为“合成天然橡胶”。高顺 -1,4 聚异戊二烯由于大分子链具有很好的柔顺性，通常情况下呈现出高弹性，在低温或者应力诱导下极易产生结晶，起到自增强的作用，具有优异的力学性能、耐磨耗性能、回弹性、粘接性能，以及耐老化、低压缩生热、低滚动阻力等优点。与天然橡胶相比，高顺 -1,4 聚异戊二烯还具有纯度高、分子量可控、塑炼时间短、颜色较浅、流动性好等优点，但其力学性能、加工性能、耐疲劳性和结晶性能比天然橡胶相对差，这主要是由于聚异戊二烯中顺 -1,4 结构含量还不够高[100]。用于合成高顺 -1,4 聚异戊二烯主要引发剂为烷基锂，主要催化剂包括钛系和稀土催化剂。由烷基锂引发异戊二烯负（阴）离子聚合制备的聚异戊二烯分子量可调控，分子量分布窄，但是顺 -1,4 结构含量相对较低，因而其弹性及力学性能相对较差。由钛系 Ziegler-Natta 催化剂催化异戊二烯配位聚合制备高顺 -1,4 聚异戊二烯弹性体，顺 -1,4 结构含量可高达 98%，但产物存在分子量较低、分子量分布宽、残留的催化剂影响产品性能等缺点。稀土 Ziegler-Natta 催化剂催化异戊二烯配位聚合制备高顺 -1,4 聚异戊二烯，具有催化活性高、顺 -1,4 结构含量可高达 98%、聚合可控、产物分子量高且可调、分子量分布较窄、凝胶含量低等优点[101]。随着对高性能高顺 -1,4 聚异戊二烯弹性体的需求增加，生产具有顺 -1,4 结构含量高、大分子链结构规整、分子量可控、分子量分布相对较窄的高顺 -1,4 聚异戊二烯具有重要意义。高反 -1,4 聚异戊二烯由于分子链较为规整，在温度低于 60℃时发生结晶，具有高拉伸强度、高硬度、耐曲挠性、低压缩生热和动态生热、形状记忆等优点，常用于形状记忆材料、医疗材料、高尔夫球外壳和热熔胶等领域 [102-103]。3,4- 聚异戊二烯弹性体在通常情况下呈无定形，具有低压缩生热和抗湿滑性的特点，用于改善轮胎胎面的抓地性能、树脂的增韧改性及密封材料和减振材料等领域 [104-105]。

通过丁二烯和异戊二烯进行无规配位共聚反应来制备丁二烯 / 异戊二烯共聚弹性体，可以兼具聚异戊二烯和聚丁二烯的性能，同时因丁二烯和异戊二烯无规共聚而破坏了聚合物链结构单元的规整性，可以抑制聚异戊二烯和聚丁二烯本身的低温结晶和应变诱导结晶性能 [106]。目前主要研究的有顺 -1,4 微观结构含量大于 98% 的高顺 -1,4- 丁二烯 / 异戊二烯共聚弹性体和反 -1,4 微观结构含量大于 70% 的高反 -1,4- 丁二烯 / 异戊二烯共聚弹性体。高顺 -1,4- 丁二烯 / 异戊二烯共聚弹性体是由稀土催化剂催化丁二烯和异戊二烯高效选择性配位共聚合反应制备的，具有优异的综合性能，玻璃化转变温度可达 −104℃，具有优异的耐寒性和力学性能，当丁二烯结构单元的连续单元数≤7.9 时，高顺 -1,4- 丁二烯 / 异戊二烯共聚弹性体将不产生结晶 [107-109]。高反式丁异戊橡胶是通过锂系催化剂引发丁二烯和异戊二烯阴离子共聚合或者通过过渡金属催化丁二烯和异戊二烯配位共聚合来制备，具有优异的物理机械性能、耐低温性能、耐撕裂性、耐磨性、抗疲劳性、低压缩生热等优点 [110]。

采用稀土金属羧酸盐的复合催化剂体系，催化苯乙烯与丁二烯、异戊二烯进行配位共聚合，制备高顺式丁二烯 / 异戊二烯 / 苯乙烯的三元无规共聚物，其中的二烯烃结构单元的顺式含量（摩尔分数）大于 95%，苯乙烯结构单元含量（质量分数）在 4% ～ 60% 之间，其余为丁二烯或 / 和异戊二烯结构单元，两者比例可在任意范围内调节。特别是，在丁二烯 / 异戊二烯 / 苯乙烯三元无规共聚物中，异戊二烯及丁二烯结构单元的顺式含量均可达 97% 以上，也就是将高顺式聚丁二烯链段、高顺式聚异戊二烯链段、丁二烯 / 苯乙烯共聚结构、异戊二烯 / 苯乙烯共聚结构通过化学键连接在同一大分子链中，达到分子水平的混合，从而有望将高顺式聚丁二烯橡胶、高顺式聚异戊二烯橡胶、丁苯橡胶三者的优异性能充分发挥出来，还可能赋予这一新材料更优异、更特殊的性能，这是目前在制造轮胎时使用顺丁橡胶、天然橡胶 / 异戊橡胶、丁苯橡胶通过物理机械共混无法比拟的 [111]。

4．苯乙烯基嵌段共聚物热塑性弹性体

高性能热塑性弹性体具有独特的结构与性能，具有优异的加工行为，一直是

弹性体领域中备受关注的品种。聚（苯乙烯-*b*-丁二烯-*b*-苯乙烯）三嵌段共聚物 (SBS) 或者聚（苯乙烯-*b*-异戊二烯-*b*-苯乙烯）三嵌段共聚物 (SIS)，是苯乙烯基嵌段共聚物 (SBC) 热塑性弹性体的重要品种。SBC 的软段在使用温度下处于高弹态，为材料提供韧性和弹性，硬段在使用温度下被冻结，作为物理交联点；在加工温度下，硬段形成的物理交联点解开，材料可加工和回收利用。SBS 和 SIS 通常采用活性阴离子聚合方法合成，但是得到的 SBS 和 SIS 无论是聚苯乙烯 (PS) 段还是聚丁二烯和聚异戊二烯段的立体选择性均较差。为提高 SBC 热塑性弹性体的综合性能，本书著者团队采用可控 / 活性配位聚合方法设计合成了新结构 SBS 和 SIS，可得到顺-1,4 结构含量高的聚丁二烯链段和聚异戊二烯链段以及可结晶的立构规整聚苯乙烯链段，赋予了材料更优异的弹性、耐低温性能和更高的服役温度[112-117]。

为提高氢化苯乙烯嵌段共聚物（HSBC）热塑性弹性体的综合性能，本书著者团队制备了中间含有全饱和的聚异丁烯软段的苯乙烯基三嵌段共聚物 SIBS 热塑弹性体[118-120]；提出并制备了硬段侧基含硅杂化或硬段含氨基甲酸酯结构单元、软段为全饱和聚异丁烯的嵌段共聚物热塑弹性体[121-123]。

三、生物基弹性体

经济的发展离不开能源的消耗，各领域的发展依然是以消耗煤炭资源、石油资源、天然气资源等传统能源为主。随着全球石油资源日益匮乏，温室气体排放问题日趋严重，目前世界各国都在为减少人类对不可再生的石化资源的依赖而努力，利用可再生资源，实现可持续经济发展[124-128]。

生物基弹性体是一种产自可再生资源的绿色高分子，根据其来源，生物基弹性体可分为天然橡胶、由生物基单体合成的弹性体及微生物合成的弹性体[124, 127-128]。生物基单体可由玉米、土豆、甘蔗和秸秆等经发酵得到，如乙烯、丙烯、丁二烯、异丁烯、异戊二烯、己二酸、琥珀酸、戊二酸、天冬氨酸、谷氨酸、衣康酸、2,5-呋喃二羧酸、乙酰丙酸、3-羟基丙酸、葡萄糖二酸、3-羟基丁内酯、甘油、山梨糖醇、木糖醇、己内酰胺、戊二胺等。微生物合成的弹性体是由真菌、细菌等微生物将有机酸、有机醇、单糖等小分子转化成较大分子量的聚合物，其多为聚羟基烷酸酯型的热塑性弹性体[125-126]。

北京化工大学张立群研究团队开发了生物基衣康酸酯弹性体，为利用乳液聚合和功能化改性技术制备新型高性能生物基弹性体纳米复合材料拓宽了思路[128]。德国 Arlanxeo（阿朗新科）公司于 2013 年建立采用生物基原料生产丁基橡胶的工业化装置，2015 年产量达到数万吨规模。2018 年，该公司以从甘蔗提取的生物基乙烯为原料，生产出了世界上首款生物基 EPDM——“Keltan Eco”，其生物基材料的比例为 50% ～ 70%。在评估替代传统聚烯烃热塑性塑料、增塑剂和（补强）填料的可持续方案的潜力后，阿朗新科开发出了基于 Keltan Eco EPDM 的热塑性硫化胶和热固性橡胶，在不影响产品性能的前提下，使可持续成分含量最大化。在 2018 年世界杯足球赛上，该生物基 EPDM 弹性体材料被直接用作赛场人造草坪下面的海绵橡胶层 [129]。

北京化工大学谭天伟研究团队开展了基于二氧化碳固定途径的第三代生物炼制的研究工作，获得了大量成果 [130]。本书著者团队与谭天伟研究团队开展合作研究，开发了先进稀土催化剂并实现了以发酵 - 原位分离 - 化学 (生物) 催化级联技术制备的生物基丁二烯单体进行可控配位聚合，成功制备了高性能超高顺式聚丁二烯弹性体，聚合转化率高，顺式结构含量达到 98% 以上，分子量及分布指数均可调节，与石油基丁二烯单体聚合效果相当。日本 Asahi Kasei（旭化成）公司从 2022 年 11 月起，将一部分原材料改用生物基原料，在其新加坡合成橡胶厂及日本 Kawasaki（川崎）合成橡胶装置生产 Tufdene™ 和 Asadene™ 的溶聚丁苯橡胶和聚丁二烯橡胶 [131]。德国赢创工业集团推出了 Polyvest®eCO 系列可持续生物基液体聚丁二烯橡胶产品，并获得国际可持续发展与碳认证，可将化石原料的使用量减少 99.9%。此外，基于其特有的微观结构，所有 Polyvest®eCO 产品均具有优异的反应性能，可用于汽车部件或在轮胎生产中作为橡胶助剂等 [132]。意大利 Versalis 公司及埃尼集团（Ente Nazionale Idrocarburi，ENI，国家碳化氢公司）与美国生物工程企业 Genomatica 公司于 2013 年展开合作，成功地在中试规模利用生物基丁二烯合成了符合工业标准的生物基聚丁二烯弹性体 [133]。日本味之素（Ajinomoto）公司与普利司通公司于 2012 年 6 月 1 日宣布，双方共同开发使用从生物质原材料采用发酵技术生产的生物基异戊二烯进行聚合反应来生产聚异戊二烯弹性体，并推向商业化 [134]。

我国万华化学集团股份有限公司于 2022 年推出 100% 生物基原料制造的热塑性聚氨酯（TPU）弹性体产品。该生物基 TPU 产品采用玉米秸秆制得的生物基五亚甲基二异氰酸酯作原料，添加剂如米糠蜡等也均来自玉米、蓖麻等可再生资源。该产品具有强度和韧性高、耐油、抗黄变等优异性能，可用于鞋服、薄膜、消费电子产品、食品接触材料等领域，生物基 TPU 还具有低碳环保、可回收、质量轻、坚固耐用等优点 [135]。法国阿科玛公司采用来源于蓖麻油的原料生产生物基聚酰胺弹性体 Pebax Rnew 100P，生物基含量在 20% ～ 90% 之间，邵氏硬度（D 型）为 25 ～ 72，可应用于电器、运动鞋、汽车零部件等领域。瑞士 EMS-Grivory 公司利用来源于蓖麻油或者菜籽油的原料生产 Grilflex 系列的聚醚嵌段酰胺弹性体，其中生物基含量可以在 10% ～ 100% 内变化 [136]。

由于石油资源的不可再生性，使用可再生资源代替石油资源制造相应的生物基弹性体产品是实现全球碳中和以及降低环境污染的手段之一。

四、功能弹性体

功能高分子材料大体可分为物理化学功能、化学功能、生物化学功能和复合功能高分子材料。同样，功能弹性体可分为物理化学功能、化学功能、生物化学功能和复合功能弹性体。功能弹性体材料在新能源、生物医药、5G通信等领域有着不可或缺的应用价值。功能弹性体的制备方法可分为化学键合方法（聚合或后化学改性）和共混复合法（共混、复合和共交联等方法），而本书所述内容以前者为主，即通过聚合或后化学改性制备功能弹性体。

离子型弹性体作为一类化学功能高分子材料，按照主链结构进行分类，主要包括聚烯烃离子型弹性体和苯乙烯类嵌段共聚物离子型弹性体等。聚烯烃离子型弹性体可以通过离子官能团接枝或者含有离子官能团的单体聚合的方法进行制备。聚烯烃离子型弹性体中的离子官能团主要包括磺酸基团、羧酸基团、季铵基团和咪唑鎓离子基团[137-138]。根据其结构特点，聚烯烃离子型弹性体可用作相容剂，提高聚合物共混时的混合效果[139]。还可以作为树脂的增韧剂使用，消除应力过程中的不利因素，以起到提高韧性的作用[140]。

离子型弹性体也适合作为燃料电池用离子交换膜的基体材料。例如，SIBS和SEBS均为三嵌段共聚物，具有微相分离结构，离子基团的引入和离子基团含量的变化会直接导致相分离结构发生变化，会使微观相分离结构变化进而影响力学性能[141-143]。值得注意的是，磺化SIBS中的PIB链段具有优异的气液阻隔能力，可以有效地阻隔氢气、氧气或者醇类液体的渗透[142]。弹性体材料具有很好的柔性和密封阻隔性，在制作膜电极的过程中可以保证与催化剂和碳支撑材料的紧密接触，同时还能有效地阻隔氢气或者甲醇的泄漏，在燃料电池领域可作为离子交换膜使用，具有优异的性能表现[144-146]。

本书著者团队利用磺化反应制备了磺化SEBS和磺化SIBS，并制备成膜，得到了具有良好质子导通能力和优异阻隔性能的弹性质子交换膜材料。该类质子交换膜具有良好的力学加工性能、高的质子传导性、独特的微相结构、低的价格等特点，引起了世人的广泛关注[147-148]。通过氯甲基化反应制备了含氯甲基的SEBS和SIBS，其氯甲基化程度可控，进一步与胺类反应，得到系列的离子化弹性体，其具有良好的氢氧根导通性能，可用作制备碱性阴离子膜的材料。相较于SEBS，通过阳离子聚合的方法制备的SIBS的PIB链段具有优异的阻隔性能，可以有效地阻隔氢气、氧气和醇类（甲醇、乙醇等）的渗透[149]。同时通过控制微相分离结构，形成贯通的亲疏水聚集相，其中亲水相为含有季铵离子基团的聚苯乙烯链段聚集区，为OH^-的快速传递通道；疏水相为聚异丁烯的聚集区，保证离子交换膜具有一定的弹性。采用原位生成的方法，制备的铵化交联型SIBS阴离子交换膜具有较高的气液阻隔性、较高离子导通性和较高弹性模量，且制备方法简便高效[150]。

本书著者团队研究发现，将改性的氧化石墨烯引入官能化 SEBS 或 SIBS 基的离子交换膜中，可以提供更多的离子通道，通过原位反应的方法，简单高效地制备了氧化石墨烯杂化的 SIBS 阴离子交换膜，实现了离子导通率的进一步提高，优化了复合材料的综合性能，其中离子导通率可达 2.1×10^{-2}S/cm[151-152]。

聚异丁烯 (PIB) 具有优异的气密性、水密性、生物相容性、化学稳定性及弹性；天然高分子因其环境友好、绿色无毒的优点引起了广泛关注[153-154]。但是天然高分子材料普遍存在溶解性、韧性和加工性等性能较差的问题，限制了其应用领域。本书著者团队针对聚异丁烯嵌段共聚物类生物弹性体材料开展了大量工作。通过可控 / 活性阳离子聚合法制备出一系列聚异丁烯与聚氨基酸、壳聚糖、葡聚糖、海藻酸钠和纤维素等生物大分子接枝的共聚物材料[155-160]。通过控制聚异丁烯支链长度和接枝密度，实现接枝共聚物材料从微观结构调控到宏观性能调控，赋予了共聚物材料优异的疏水、药物控释、抗菌和抗蛋白吸附等性能，提升了聚氨基酸、壳聚糖、海藻酸钠和葡聚糖等材料的综合利用价值，有望作为一种潜在的生物医用材料应用于药物递送载体、抗菌包装材料、组织工程支架等领域[155-160]。

自愈合弹性体则是将动态化学键引入弹性体，实现材料的自行修复，在工业与医疗等诸多领域具有良好的应用前景[161]。本书著者团队通过配位聚合使丁二烯与含碳碳双键的硅烷共聚，制备了链中或末端硅羟基官能化聚丁二烯。官能化聚丁二烯超分子聚集体中，由于氢键的作用，可以实现材料的快速自修复。通过乙烯、丙烯与含烷氧基硅基环烯烃共聚，制备了侧基含硅氧烷的乙丙橡胶，有望实现乙丙橡胶的自修复功能[162-164]。

另外，物理化学功能弹性体，例如液晶弹性体材料能对磁场外界刺激响应，可在软体机器人、生物医学设备、人工肌肉和航空航天等不同领域应用[165]；导电弹性体在智能穿戴与传感器领域取得实际应用进展[166]；介电弹性体属于电活性聚合物，在能量转换、机电转换、智能机器人等方面具有广阔应用前景[167]。

参考文献

[1] 冯新德，张中岳，施良和. 高分子词典 [M]. 北京：中国石化出版社，1998.

[2] Gooch J W. Encyclopedic dictionary of polymers[M]. New York: Springer Science+Business Media, LLC, 2007: 344-345.

[3] 焦书科．橡胶化学与物理导论 [M]．北京：化学工业出版社，2009: 1-8.

[4] 化学名词审定委员会．化学名词 [M]．2 版．北京：科学出版社，2016: 516.

[5] 中国合成橡胶工业协会秘书处．2021 年中国合成橡胶产业发展回顾及展望 [J]．合成橡胶工业，2022, 45(3): 169-172.

[6] 徐林，曾本忠，王超，等．我国高性能合成橡胶材料发展现状与展望 [J]．中国工程科学，2020，22(5): 128-136.

[7] [美] 霍尔登 G，莱格 N R，夸克 R，等．热塑性弹性体 [M]．傅志峰，等译．北京：化学工业出版社，2000.

[8] 赵旭涛，刘大华．合成橡胶工业手册 [M]. 2 版．北京：科学出版社，2006.

[9] [捷克] 乔治•德罗布尼．热塑性弹性体手册 [M]．2 版．游长江，译．北京：化学工业出版社，2018.

[10] 韩吉彬，陈文泉，张世甲，等．热塑性弹性体的研究与进展 [J]．弹性体，2020，30(3): 70-77.

[11] 李伯耿，张明轩，刘伟峰，等．聚烯烃类弹性体——现状与进展 [J]．化工进展，2017，36(9): 3135-3144.

[12] Hamada K, Morishita Y, Kurihara T, et al. Methacrylate-based polymers for industrial uses[M]// Hadjichristidis N, Hirao A. Anionic polymerization. Heidelberg: Springer, 2015: 1011-1031.

[13] Faust R, Kennedy J P. Living carbocationic polymerization Ⅲ. Demonstration of the living polymerization of isobutylene[J]. Polym Bull, 1986, 15：317-323.

[14] Miyamoto M, Sawamoto M, Higashimura T. Living polymerization of isobutyl vinyl ether with hydrogen iodide/ iodine initiating system [J]. Macromolecules, 1984, 17：265-268.

[15] Bahadur M, Shaffer T D, John R. Dimethylaluminum chloride catalyzed living isobutylene polymerization [J]. Macromolecules, 2000, 33：9548-9552.

[16] Hadjikyriacou S, Acar M, Faust R. Living and controlled polymerization of isobutylene with alkylaluminum halides as coinitiators[J]. Macromolecules, 2004, 37：7543-7547.

[17] Wu Y X, Wu G Y, Sun Y F, et al. Carbocationic polymerization of isobutylene with alkyl aluminum chloride / methyl acrylate as the initiating system [J]. Des Mon Polym, 1999, 2(2): 165-172.

[18] Wu Y X, Wu G Y. Competitive complexation in the cationic polymerization of isobutylene in a nonpolar medium[J]. Journal of Polymer Science Part A: Polymer Chemistry, 2002, 40(13): 2209-2214.

[19] 刘迅，吴一弦，张成龙，等．DCC/$AlCl_3$ 体系引发异丁烯正离子聚合 [J]. 高分子学报，2007(3): 255-261.

[20] Li Y, Wu Y X, Xu X, et al. Electron-pair-donor reaction order in the cationic polymerization of isobutylene coinitiated by $AlCl_3$[J]. Journal of Polymer Science Part A: Polymer Chemistry, 2007, 45: 3053-3061.

[21] Li Y, Wu Y X, Liang L H, et al. Cationic polymerization of isobutylene coinitiated by $AlCl_3$ in the presence of ethyl benzoate[J]. Chinese Journal of Polymer Science, 2010, 28: 55-62.

[22] Huang Q, He P, Wang J, et al. Synthesis of high molecular weight polyisobutylene via cationic polymerization at elevated temperatures[J]. Chinese Journal of Polymer Science, 2013, 31: 1139-1147.

[23] 吴一弦，徐旭，李艳，等．一种异烯烃聚合物或共聚物的制备方法：CN 1966537[P]. 2005-11-18.

[24] 吴一弦，李艳，梁立虎，等．一种阳离子聚合引发体系及其应用：CN 101602823[P]. 2009-12-16.

[25] 吴一弦，黄强，刘强，等．一种乙烯基单体可控阳离子聚合方法：CN 200910089076.5[P]. 2012-07-04.

[26] Chen J F, Gao H, Zou H K, et al. Cationic polymerization in rotating packed bed reactor: Experimental and modeling[J]. AIChE J, 2010, 56: 1053-1062.

[27] Jiang Y, Zhang Z, Li S H, et al. Isobutene (*co*) polymerization initiated by rare-earth metal cationic catalysts[J]. Polymer, 2020, 187.

[28] Wang L, Xu Y P, Zuo Q, et al. Visible light-controlled living cationic polymerization of methoxystyrene[J].

Nature Communications, 2022, 13: 3621.

[29] Teator A J, Leibfarth F A. Catalyst-controlled stereoselective cationic polymerization of vinyl ether[J].Science, 2019, 363: 1439-1443.

[30] Trivedi P M, Gupta V K. Progress in $MgCl_2$ supported Ziegler-Natta catalyzed polyolefin products and applications[J]. Journal of Polymer Research, 2021, 28: 1-20.

[31] 周倩，秦亚伟，李化毅，等. Ziegler-Natta 催化剂的载体技术研究进展 [J]. 高分子通报，2016 (9): 126-139.

[32] 张树，吴一弦. 烯烃可控聚合及其大分子工程 [J]. 中国科学：化学，2018，48：590-600.

[33] 张树，张志乾，吴一弦. 先进催化剂及其用于乙烯 / 丙烯配位共聚的研究进展 [J]. 科学通报，2018，63：3530-3545.

[34] 王笃金. 聚烯烃：创新一直在路上 [J]. 科学通报，2022，67：1851-1852.

[35] Alt H G, Köppl A. Effect of the nature of metallocene complexes of groupⅣmetals on their performance in catalytic ethylene and propylene polymerization[J]. Chemical Reviews, 2000, 100(4): 1205-1222.

[36] Kaminsky W, Laban A. Metallocene catalysis[J]. Applied Catalysis A: General, 2001, 222(1-2): 47-61.

[37] Okuda J. Molecular olefin polymerization catalysts: From metallocenes to half-sandwich complexes with functionalized cyclopentadi enyl ligands[J]. Journal of Organometailic Chemistry, 2023, 1000:e122833.

[38] Zanchin G, Leone G. Polyolefin thermoplastic elastomers from polymerization catalysis: Advantages, pitfalls and future challenges[J]. Progress in Polymer Science, 2021, 113: 101342.

[39] Baier M C, Zuideveld M A, Mecking S. Post-metallocenes in the industrial production of polyolefins[J]. Angewandte Chemie International Edition, 2014, 53(37): 9722-9744.

[40] Arriola D J, Carnahan E M, Hustad P D, et al. Catalytic production of olefin block copolymers via chain shuttling polymerization[J]. Science, 2006, 312(5774): 714-719.

[41] Makio H, Terao H, Iwashita A, et al. FI Catalysts for olefin polymerization—a comprehensive treatment[J]. Chemical Reviews, 2011, 111(3): 2363-2449.

[42] 张树，张笑宇，王毅聪，等. 钒配合物及其催化乙烯与 α- 烯烃共聚的研究进展 [J]. 科学通报，2021，66: 3849-3865.

[43] Nomura K, Zhang S. Design of vanadium complex catalysts for precise olefin polymerization[J]. Chemical Reviews, 2011, 111(3): 2342-2362.

[44] Bariashir C, Huang CB, Solan G A, et al. Recent advances in homogeneous chromium catalyst design for ethylene tri-,tetra-,oligo-and polymerization[J]. Coordination Chemistry Reviews, 2019, 385: 208-229.

[45] Sydora O L. Selective ethylene oligomerization[J]. Organometallics, 2019, 38(5): 997-1010.

[46] Keim W. Oligomerization of ethylene to α-olefins: Discovery and development of the Shell Higher Olefin Process (SHOP)[J]. Angewandte Chemie International Edition, 2013, 52(48): 12492-12496.

[47] Mahmood Q, Sun W H. *N*, *N*-chelated nickel catalysts for highly branched polyolefin elastomers: A survey[J]. Royal Society Open Science, 2018, 5(7): 180367.

[48] Tan C, Chen M, Chen C L. ‘Catalyst plus X’ strategies for transition metal-catalyzed olefin-polar monomer copolymerization[J]. Trends in Chemistry, 2023, 5: 147-159.

[49] Mu H L, Pan L, Song D P, et al. Neutral nickel catalysts for olefin homo-and copolymerization: Relationships between catalyst structures and catalytic properties[J]. Chemical Reviews, 2015, 115(22): 12091-12137.

[50] Mecking S, Schnitte M. Neutral nickel (Ⅱ) catalysts: From hyperbranched oligomers to nanocrystal-based materials[J]. Accounts of Chemical Research, 2020, 53(11): 2738-2752.

[51] Chen C. Designing catalysts for olefin polymerization and copolymerization: Beyond electronic and steric

tuning[J]. Nature Reviews Chemistry, 2018, 2(5): 6-14.

[52] 简忠保. 功能化聚烯烃合成：从催化剂到极性单体设计 [J]. 高分子学报，2018(11): 1359-1370.

[53] Mu H, Zhou G, Hu X, et al. Recent advances in nickel mediated copolymerization of olefin with polar monomers[J]. Coordination Chemistry Reviews, 2021, 435: 213802.

[54] Liu G X, Huang Z. Recent advances in coordination-insertion copolymerization of ethylene with polar functionalized comonomers[J]. Chinese Journal of Chemistry, 2020, 38(11): 1445-1448.

[55] Guo L H, Liu W J, Chen C L. Late transition metal catalyzed α-olefin polymerization and copolymerization with polar monomers[J]. Materials Chemistry Frontiers, 2017, 1(12): 2487-2494.

[56] Keyes A, Basbug Alhan H E, Ordonez E, et al. Olefins and vinyl polar monomers: Bridging the gap for next generation materials[J]. Angewandte Chemie International Edition, 2019, 58(36): 12370-12391.

[57] Chen J Z, Gao Y S, Marks T J. Early transition metal catalysis for olefin-polar monomer copolymerization[J]. Angewandte Chemie, 2020, 132(35): 14834-14843.

[58] Wang Z, Solan G A, Zhang W J, et al. Carbocyclic-fused *N*, *N*, *N*-pincer ligands as ring-strain adjustable supports for iron and cobalt catalysts in ethylene oligo-/polymerization[J]. Coordination Chemistry Reviews, 2018, 363: 92-108.

[59] Zhang W J, Sun W H, Redshaw C. Tailoring iron complexes for ethylene oligomerization and/or polymerization[J]. Dalton Transactions, 2013, 42(25): 8988-8997.

[60] Gibson V C, Redshaw C, Solan G A. Bis (imino) pyridines: Surprisingly reactive ligands and a gateway to new families of catalysts[J]. Chemical Reviews, 2007, 107(5): 1745-1776.

[61] Gibson V C, Spitzmesser S K. Advances in non-metallocene olefin polymerization catalysis[J]. Chemical Reviews, 2003, 103(1): 283-316.

[62] 朱寒，左夏龙，张树，等. 稀土催化剂及其用于合成橡胶 / 弹性体的研究进展 [J]. 高分子通报 , 2014(5): 65-87.

[63] 吴一弦，李德高，赵姜维，等. 一种催化剂体系及丁二烯聚合方法：CN101580560B[P]. 2008-05-16.

[64] 吴一弦，朱寒. 一种镍系催化剂体系、高性能聚丁二烯及其制备方法：CN108929400B[P]. 2017-05-25.

[65] 吴一弦，王慧杰，朱寒，等. 一种共轭二烯烃聚合物基复合物及其制备方法：CN115960398A[P]. 2021-10-11.

[66] 吴一弦，王慧杰，朱寒，等. 一种钴系催化剂及富含 1, 2- 结构的聚丁二烯复合物的制备方法：CN115960289A[P]. 2021-10-11.

[67] 吴一弦，王慧杰，朱寒，等. 一种共轭二烯烃配位聚合体系及应用：CN115960285A[P]. 2021-10-11.

[68] Li X F, Nishiura M, Hu L H, et al. Alternating and random copolymerization of isoprene and ethylene catalyzed by cationic half-sandwich scandium alkyls[J]. Journal of the American Chemical Society, 2009, 131(38): 13870-13882.

[69] Du G X, Xue J P, Peng D Q, et al. Copolymerization of isoprene with ethylene catalyzed by cationic half-sandwich fluorenyl scandium catalysts[J]. Journal of Polymer Science Part A: Polymer Chemistry, 2015, 53(24): 2898-2907.

[70] Wu C J, Liu B, Lin F, et al. *Cis*-1,4-selective copolymerization of ethylene and butadiene: A compromise between two mechanisms[J]. Angewandte Chemie International Edition, 2017, 56(24): 6975-6979.

[71] 田晶，王胤然，付洪然，等. 单茂钪催化乙烯与共轭二烯烃共聚合的研究 [J]. 高分子学报，2019, 50(8): 826-833.

[72] 吴一弦，张志乾，张树，等. 一种用于烯烃聚合的钒基催化剂体系：CN106977633A[P]. 2017-07-25.

[73] 吴一弦，张树，郝小飞，等. 一种钒系催化剂及制备烯烃聚合物的方法：CN109134716B[P]. 2020-11-10.

[74] Zhang Z Q, Qu J T, Zhang S, et al. Ethylene/propylene copolymerization catalyzed by half-titanocenes containing monodentate anionic nitrogen ligands: Effect of ligands on catalytic behaviour and structure of copolymers[J].

Polymer Chemistry, 2018, 9(1): 48-59.

[75] 吴一弦，张志乾，张树，等. 含有茂金属化合物的催化剂体系及其催化烯烃聚合的方法: CN108250341A[P]. 2018-07-06.

[76] 吴一弦，张树，曲俊腾，等. 一种茂金属催化剂体系及其催化烯烃聚合的方法: CN108250340B[P]. 2021-03-19.

[77] Zhang S, Zhang W C, Shang D D, et al. Ethylene/propylene copolymerization catalyzed by vanadium complexes containing *N*-heterocyclic carbenes[J]. Dalton Transactions, 2015, 44(34): 15264-15270.

[78] 张树，吴一弦，查慧，等. 一种含不对称氮杂环卡宾结构的过渡金属配合物及其制备方法、催化剂体系与应用: CN202111678186.2[P]. 2021-12-31.

[79] 张树，吴一弦，张笑宇，等. 一种含单阴离子配体过渡金属配合物及其制备方法和应用: CN202111678155.7[P]. 2021-12-31.

[80] 吴一弦，张树，张笑宇，等. 一种含单阴离子配体过渡金属配合物催化剂及其在烯烃聚合中的应用: CN202111674845.5[P]. 2021-12-31.

[81] 张树，吴一弦，刘相伟，等. 一种含双阴离子配体过渡金属配合物及其制备方法和应用: CN202111678168.4[P]. 2021-12-31.

[82] 吴一弦，刘相伟，张笑宇，等. 一种含双阴离子配体的过渡金属配合物催化剂及其在烯烃聚合中的应用: CN202111678147.2[P]. 2021-12-31.

[83] Zhang S, Zhang W C, Shang D D, et al. Synthesis of ultra-high-molecular-weight ethylene-propylene copolymer via quasi-living copolymerization with *N*-heterocyclic carbene ligated vanadium complexes[J]. Journal of Polymer Science Part A: Polymer Chemistry, 2019, 57(4): 553-561.

[84] 吴一弦，周百青，张树，等. 一种长链支化乙丙橡胶及制备方法: CN201911165171.9[P]. 2019-11-25.

[85] Wang Y C, Cheng P Y, Zhang Z Q, et al. Highly efficient terpolymerizations of ethylene/propylene/ENB with a half-titanocene catalytic system[J]. Polymer Chemistry, 2021, 12(44): 6417-6425.

[86] Zhu Han, Tang Ming, Hao Yan-qin, et al. Novel polybutadiene rubber with long *cis*-1,4 and syndiotactic vinyl segments (CVBR) for high performance sidewall of all-steel giant off-the-road tire[J] Composites Part B: Engineering, 2024, 275: e111349.

[87] 冀翠彦，李杰. 高反式聚丁二烯橡胶的研究进展 [J]. 云南化工，2018，45(9): 4-5.

[88] Nakajima N, Yamaguchi Y. Strain-induced crystallization of *cis*-1,4-polybutadiene containing dispersed 1,2-polybutadiene crystalline particles[J]. Journal of Applied Polymer Science, 1996, 62(13): 2329-2339.

[89] Saijo K, Zhu Y P, Hashimoto T, et al. Oriented crystallization of crosslinked *cis*-1,4-polybutadiene rubber[J]. Journal of Applied Polymer Science, 2007, 105(1): 137-157.

[90] 赵慧，董为民，张学全，等. 用 DSC 研究稀土顺式聚丁二烯的低温结晶与熔融行为 [J]. 应用化学，2008(10): 1233-1236.

[91] Méndez-Hernández M L, Rivera-Armenta J L, Páramo-García U, et al. Synthesis of high *cis*-1,4-BR with neodymium for the manufacture of tires[J]. International Journal of Polymer Science, 2016, 2016: 1-7.

[92] 朱寒，张树，吴一弦. 绿色轮胎用高性能丁二烯基橡胶合成技术进展 [J]. 科学通报，2016，61(31): 3326-3337.

[93] Zhu H, Chen P, Yang C F, et al. Neodymium-based catalyst for the coordination polymerization of butadiene: From fundamental research to industrial application[J]. Macromolecular Reaction Engineering, 2015, 9(5): 453-461.

[94] 朱寒，郝雁钦，段常青，等. 窄分子量分布超高顺式稀土顺丁橡胶的合成与性能 [J]. 合成橡胶工业，2018，41(2): 88-94.

[95] Pires N M T, Ferreira A A, De Lira C H, et al. Performance evaluation of high-*cis* 1,4-polybutadienes[J]. Journal of Applied Polymer Science, 2006, 99(1): 88-99.

[96] Nuyken O, Anwander R. Neodymium based Ziegler catalysts-fundamental chemistry[M]. New York: Springer, 2006.

[97] 陈文启，王佛松．稀土络合催化合成橡胶 [J]．中国科学 (B 辑：化学)，2009，39(10): 1006-1027.

[98] 于琦周，李柏林，张新惠，等．钕系 BR 的性能研究 [J]．橡胶工业，2009，56(9): 551-553.

[99] Kwag G. Ultra high *cis* polybutadiene by monomeric neodymium catalyst and its mechanical and dynamic properties[J]. Macromolecular Research, 2010, 18(6): 533-538.

[100] 严志轩，张孝娟，刘莉，等．聚异戊二烯的合成与改性研究进展 [J]．合成橡胶工业，2022，45(1): 76-82.

[101] 牛忠福，辛欣，郎秀瑞，等．高性能轮胎用聚异戊二烯橡胶的研究进展 [J]．轮胎工业，2018，38(9): 520-527.

[102] Tanaka R, Yuuya K, Sato H, et al. Synthesis of stereodiblock polyisoprene consisting of *cis*-1,4 and *trans*-1, 4 sequences by using a neodymium catalyst: Change of the stereospecificity triggered by an aluminum compound[J]. Polymer Chemistry, 2016, 7(6): 1239-1243.

[103] 吴剑铭．反式 -1,4- 聚异戊二烯结构与性能的研究 [D]．青岛：青岛科技大学，2019.

[104] 葛建宁，毕吉福，董为民，等．3,4- 聚异戊二烯的合成和性能 [C]. 2006 年全国高分子材料科学与工程研讨会论文集，2006：55-56.

[105] 梁敏艳．异戊二烯应用状况及发展趋势 [J]．精细与专用化学品，2017，25(7): 1-3.

[106] 牛忠福，郎秀瑞，厉枝，等．我国稀土丁异戊橡胶的研究进展 [J]．橡胶工业，2018，65: 231-235.

[107] 汪凌燕，杨新飞，刘建超．微观结构对丁异戊橡胶性能的影响 [J]．特种橡胶制品，2020，41(3): 30-33.

[108] Zhao J W, Zhu H, Wu Y X, et al. Effects of chain microstructure of butadiene-isoprene copolymers on their glass transition and crystallization[J]. Chinese Journal of Polymer Science, 2010, 28: 475-482.

[109] Zhao J W, Zhu H, Wu Y X, et al. In situ monitoring of coordination copolymerization of butadiene and isoprene via ATR-FTIR spectroscopy[J]. Chinese Journal of Polymer Science, 2010, 28: 385-393.

[110] 孔春丽．稀土催化合成高顺式聚异戊二烯及丁戊共聚物 [D]．大连：大连理工大学，2012.

[111] 吴一弦，郭鑫，朱寒，等．一种高顺式共轭二烯烃与苯乙烯无规共聚物及其制备方法：CN102268120B[P]. 2010-06-04.

[112] Zhu H, Wu Y X, Zhao J W, et al. Styrene-butadiene block copolymer with high *cis*-1,4 microstructure[J]. Journal of Applied Polymer Science, 2007, 106(1): 103-109.

[113] 朱寒，吴一弦，王和金．硬段可结晶的丁苯嵌段共聚弹性体新材料 [C]. 2009 年全国高分子学术论文报告会论文摘要集 (上册)，2009.

[114] 吴一弦，王和金，朱寒．一种无规 / 立构多嵌段苯乙烯系聚合物及其制备方法：CN102260362B[P]. 2010-05-28.

[115] 吴一弦，周为为，朱寒，等．一种结晶型高顺式共聚弹性体 / 苯乙烯基聚合物复合材料及其制备方法：CN 102766303B[P]. 2011-05-06.

[116] 吴一弦，王洁琼，朱寒，等．立构规整共轭二烯烃 / 苯乙烯共聚物及其制备方法：CN103214621B[P]. 2012-01-19.

[117] 吴一弦，蔡春杨，朱寒，等．一种立构规整苯乙烯类热塑性弹性体及其制备方法：CN106995517B[P]. 2016-01-26.

[118] 吴一弦，邱迎昕，张成龙，等．软段全饱和嵌段共聚物的制备方法：CN100429252C[P]. 2005-12-15.

[119] 吴一弦，李贝特，程虹，等．一种立构聚合物的阳离子聚合方法：CN101987877B[P]. 2009-08-07.

[120] 吴一弦，周琦，杜杰，等．烯烃可控 / 活性正离子聚合新方法与新工艺及其应用 [J]．高分子学报，

2017(7): 1047-1057.

[121] 牛茂善. 基于点击化学 POSS 杂化苯乙烯类热塑性弹性体的制备、表征与性能 [D]. 北京：北京化工大学，2012.

[122] Niu M S, Li T, Xu R W, et al. Synthesis of polystyrene (PS)-*g*-polyhedral oligomeric silsesquioxanes (POSS) hybrid graft copolymer by click coupling via "graft onto" strategy[J]. Journal of Applied Polymer Science, 2013, 129(4): 1833-1844.

[123] Niu M S, Xu R W, Dai P, et al. Novel hybrid copolymer by incorporating POSS into hard segments of thermoplastic elastomer SEBS via click coupling reaction[J]. Polymer, 2013, 54(11): 2658-2667.

[124] 徐炎燕. 生物基热塑聚酯弹性体的设计合成与工艺研究 [D]. 北京：北京化工大学，2022.

[125] Gagnon K D, Lenz R W, Farris R J, et al. Crystallization behavior and its influence on the mechanical properties of a thermoplastic elastomer produced by pseudomonas oleovorans[J]. Macromolecules, 1992, 25(14): 3723-3728.

[126] Doi Y. Microbial synthesis and characterization of poly(3-hydroxybutyrate-*co*-3- hydroxyhexanoate)[J]. Polymer, 1995, 28(22): 4782-4786.

[127] 张立群. 天然橡胶及生物基弹性体 [M]. 北京：化学工业出版社，2014.

[128] 王润国，孙超英，安晓鹏，等. 生物基弹性体的研究进展 [J]. 橡胶工业，2023(9): 675-685.

[129] 阿朗新科提升 EPDM 可持续性 [J]. 橡胶工业，2018,65(9):1050.

[130] 史硕博，王禹博，乔玮博，等. 第三代生物炼制的挑战与机遇 [J]. 科学通报，2023，68(19): 2489-2503.

[131] 合成橡胶工业协会. 日本 Asahi Kasei 公司开始生产和销售生物基溶聚丁苯橡胶和聚丁二烯橡胶 [J]. 合成橡胶工业，2022,45(6):504-504.

[132] 合成橡胶工业协会. 赢创工业基团推出可持续生物基液体聚丁二烯橡胶产品 [J]. 合成橡胶工业，2022,45(5): 422-422.

[133] 于建荣，李祯祺，许丽，等. 全球生物基化学品产业发展态势分析 [J]. 生物产业技术，2016 (4): 13-21.

[134] 钱伯章. 日本味之素公司与普利司通共同开发生物质合成橡胶 [J]. 橡塑技术与装备，2012,38(7):62.

[135] 合成橡胶工业协会. 万华化学推出 100% 生物基热塑性聚氨酯弹性体产品 [J]. 合成橡胶工业，2022,45(4):313.

[136] 张立生，熊竹，朱锦. 生物基弹性体研究进展 [J]. 高分子通报，2012(8):50-57.

[137] 马步勇，谢洪泉. 磺化三元乙丙橡胶离聚体 [J]. 合成橡胶工业，1991，14(3): 227-231.

[138] Aitken B S, Lee M, Hunley M T, et al. Synthesis of precision ionic polyolefins derived from ionic liquids[J]. Macromolecules, 2010, 43(4): 1699-1701.

[139] 孙东成，王志，沈家瑞. 离聚体增容剂研究进展 [J]. 高分子材料科学与工程，2016，18(3): 26-29.

[140] Edmondson C A, Fontanella J J, Chung S H, et al. Complex impedance studies of S-SEBS block polymer proton-conducting membranes[J]. Electrochimica Acta, 2001, 46(10-11): 1623-1628.

[141] Elabd Y A, Walker C W, Beyer F L. Triblock copolymer ionomer membranes: Part Ⅱ. Structure characterization and its effects on transport properties and direct methanol fuel cell performance[J]. Journal of Membrane Science, 2004, 231(1-2): 181-188.

[142] 李笑晖，罗志平，唐浩林，等. 磺化 SEBS 质子交换膜制备和性能的研究 [J]. 功能材料，2005，36(8): 1213-1216.

[143] Dai P, Mo Z H, Xu R W, et al. Cross-linked quaternized poly (styrene-*b*-(ethylene-*co*-butylene)-*b*-styrene) for anion exchange membrane: Synthesis, characterization and properties[J]. ACS Applied Materials & Interfaces, 2016, 8(31): 20329-20341.

[144] Dai P, Mo Z H, Xu R W, et al. Development of a cross-linked quaternized poly(styrene-*b*-isobutylene-*b*-

styrene)/graphene oxide composite anion exchange membrane for direct alkaline methanol fuel cell application[J]. RSC Advances, 2016, 6(57): 52122-52130.

[145] Mo Z, Wu Y. Arc-bridge polydimethylsiloxane grafted graphene incorporation into quaternized poly(styrene-isobutylene-styrene) for construction of anion exchange membranes[J]. Polymer, 2019, 177: 290-297.

[146] Yang R, Dai P, Zhang S, et al. In-situ synthesis of cross-linked imidazolium functionalized poly(styrene-*b*-isobutylene-*b*-styrene) for anion exchange membranes[J]. Polymer, 2021, 224(14): 123682.

[147] Mauricio S, Miroslav O, Libor K, et al. Indirect sulfonation of telechelic poly(styrene-ethylene-butylene-styrene) via chloromethylation for preparation of sulfonated membranes as proton exchange membranes [J]. Express Polymer Letters, 2022, 16: 171-183.

[148] Elabd Y A , Napadensky E, Walker C W, et al. Transport properties of sulfonated poly (styrene-*b*-isobutylene-*b*-styrene) triblock copolymers at high ion-exchange capacities[J]. Macromolecules, 2006, 39(1): 399-407.

[149] 吴一弦，姜伟威，陈建华，等. 侧基官能化聚异丁烯基热塑性弹性体及其制备方法: CN110343205A[P]. 2019-10-18.

[150] 吴一弦，代培，修健，等. 一种含软段和硬段共聚物铵化交联型阴离子交换膜及其制备方法: CN105642136A[P]. 2016-06-8.

[151] Mo Z H, Yang R, Hong S, et al. In-situ preparation of cross-linked hybrid anion exchange membrane of quaternized poly (styrene-*b*-isobutylene-*b*-styrene) covalently bonded with graphene [J]. International Journal of Hydrogen Energy, 2017, 43(3): 1790-1804.

[152] 吴一弦，莫肇华，代培，等. 一种铵化交联型嵌段共聚物石墨烯复合材料及其制备方法: CN106398080A[P]. 2017-02-15.

[153] 林涛，吴一弦，叶晓林，等. $TiCl_4$ 共引发异丁烯正离子聚合合成反应活性聚异丁烯 [J]. 高分子学报，2008 (2): 129-135.

[154] Kennedy J P. From thermoplastic elastomers to designed biomaterials[J].Journal of Polymer Science Part A: Polymer Chemistry, 2005, 43(14): 2951-2963.

[155] 魏梦娟，郭安儒，吴一弦. 聚谷氨酸苄酯 -*g*-(聚四氢呋喃 -*b*- 聚异丁烯) 共聚物的微观结构与形态 [J]. 高分子学报，2017(3): 506-515.

[156] 魏梦娟，章琦，张航天，等. 通过阳离子聚合原位制备聚谷氨酸苄酯 -*g*-(聚四氢呋喃 -*b*- 聚异丁烯)/ 银纳米复合材料及其性能研究 [J]. 高分子学报，2018(4): 464-474.

[157] Chang T X, Wei Z T, Wu M Y, et al. Amphiphilic chitosan-g-polyisobutylene graft copolymers: Synthesis, characterization, and properties[J]. ACS Applied Polymer Materials, 2020, 2(2): 234-247.

[158] Deng J R, Zhao C L, Wei Z T, et al. Amphiphilic graft copolymers of hydroxypropyl cellulose backbone with nonpolar polyisobutylene branches[J]. Chinese Journal of Polymer Science, 2021, 39(8): 1029-1039.

[159] Gao Y Z, Chang T X, Wu Y X. *In-situ* synthesis of acylated sodium alginate-*g*-(tetrahydrofuran(5)-*b*-polyisobutylene) terpolymer/Ag-NPs nanocomposites[J]. Carbohydrate Polymers, 2019, 219: 201-209.

[160] Zhao C L, Gao Y Z, Wu M Y, et al. Biocompatible, hemocompatible and antibacterial acylated dextran-*g*-polyisobutylene graft copolymers with silver nanoparticles[J]. Chinese Journal of Polymer Science, 2021, 39(12): 1550-1561.

[161] 张志菲，赵树高，杨琨. 本征型自修复弹性体的研究进展 [J]. 高校化学工程学报，2018，32(4): 758-766.

[162] Zheng Y Y, Zhu H, Huang X C, et al. Amphiphilic silicon hydroxyl-functionalized *cis*-polybutadiene: Synthesis, characterization, and properties[J]. Macromolecules, 2021, 54: 2427–2438.

[163] Zheng Y Y, Zhu H, Tan Y, et al. Rapid self-healing and strong adhesive elastomer via supramolecular aggregates from core-shell micelles of silicon hydroxyl-functionalized *cis*-polybutadiene[J]. Chinese J Polym Sci, 2023, 41: 84-94.

[164] 吴一弦，王毅聪，张树，等. 一种侧基硅氧烷官能化聚烯烃弹性体及其制备方法: CN202411065025.X[P]. 2024-11-06.

[165] 张帅，杨洋，吉岩，等. 磁响应液晶弹性体材料研究进展 [J]. 应用化学，2021，38(10): 1299-1309.

[166] 谢安，张亦旸，张明. 大形变条件下的导电弹性体研究进展 [J]. 中国材料进展，2018，37(10): 811-816.

[167] Opris D M. Polar elastomers as novel materials for electromechanical actuator applications[J]. Advanced Materials, 2018, 30(5): 1703678.

第二章

高性能聚烯烃弹性体

聚烯烃是指由乙烯、丙烯或 α- 烯烃等烯烃聚合而成的高分子。聚烯烃是高分子材料的最大品种，是石油化工、煤化工和天然气化工等领域下游的支柱产品。目前，我国聚烯烃产能超过 5000 万吨，接近全球产能的 25%，成为最大的聚烯烃生产国 [1]。聚烯烃材料性能优异，应用广泛。其中，聚烯烃弹性体是一类具有弹性特征的聚烯烃，是由烯烃类单体聚合而成的一类高性能弹性体，附加值高、应用广泛。

第一节
聚烯烃弹性体基本概念

聚乙烯是聚烯烃的典型品种，主要包括低密度聚乙烯 (LDPE)、高密度聚乙烯 (HDPE) 和线型低密度聚乙烯（LLDPE）。HDPE 是采用 Ziegler-Natta 催化剂或茂金属催化剂等催化乙烯配位聚合得到的聚合物，是一种结晶度高、非极性的热塑性合成树脂，支化度小，分子能紧密地堆砌，密度大。HDPE 有较高的刚性及韧性，有良好的力学性能及较高的使用温度。LLDPE 是乙烯与少量 α- 烯烃共聚制得的合成树脂。通过引入少量的共聚单体，局部破坏 PE 结晶，从而使 LLDPE 具有优异的加工性能、光泽度、抗撕裂强度、拉伸强度、耐穿刺性能和耐环境应力开裂性能。随着 α- 烯烃结构单元含量的继续提高，得到聚烯烃塑性体 (POP)、聚烯烃弹性体 (POE) 和无定形的聚烯烃基橡胶，如图 2-1 所示。α- 烯烃结构单元含量会对共聚物结晶性能产生很大的影响。在 HDPE 中，链段结构规整，分子链折叠堆积，能很好地形成结晶，而结晶又会阻碍分子链运动，因此具有高结晶度的 HDPE 是一种热塑性树脂。当 α- 烯烃结构单元随机插入到聚乙烯链段中时，会将部分具有高规整度的聚乙烯链段打乱形成无定形态，为链段的运动提供了空间。伴随着 α- 烯烃插入率的提高，可结晶的聚乙烯链段逐渐减少，乙烯与 α- 烯烃无规共聚链段所形成的无定形链段逐渐增多，聚合物逐渐由树脂向弹性体转变，如图 2-2 所示 [2]。聚合物的密度、耐热性能也会随着 α- 烯烃插入率的提高而降低。

在乙烯与 α- 烯烃共聚过程中，α- 烯烃除了无规插入到聚合物链中，还可以按一定规律插入到聚合物链中，形成如图 2-1 所示的烯烃嵌段共聚物（OBC）。

聚烯烃弹性体是一类具有弹性特征的聚烯烃，是由烯烃类单体聚合而成的一类弹性体，主要包括乙烯与丙烯以及乙烯与其他 α- 烯烃（如 1- 丁烯、1- 己烯、1- 辛烯等）共聚而成的弹性体。与聚烯烃树脂相比，聚烯烃弹性体中共聚单体含量较高，共聚单体的引入破坏了部分聚乙烯链段的结晶，从而使其具有弹性。聚烯烃弹性体主要包括乙烯基无规共聚弹性体、丙烯基无规共聚弹性体和乙烯基嵌段共聚弹性体。其中，乙烯基无规共聚弹性体主要包括聚乙烯弹性体、乙烯与丙烯或其它 α- 烯烃（如 1- 丁烯、1- 己烯、1- 辛烯等）无规共聚弹性体、乙烯与极性单体无规共聚弹性体以及乙烯 / 丙烯 / 第三单体三元共聚弹性体；丙烯基共聚弹性体主要包括丙烯与少量乙烯的无规共聚弹性体，聚丙烯链段可以结晶，乙烯结构单元的引入破坏聚丙烯链段结晶，形成热塑性弹性体；乙烯基嵌段共聚弹性体主要包括乙烯与丙烯的多嵌段共聚弹性体以及乙烯与 1- 辛烯的多嵌段共聚弹性体。

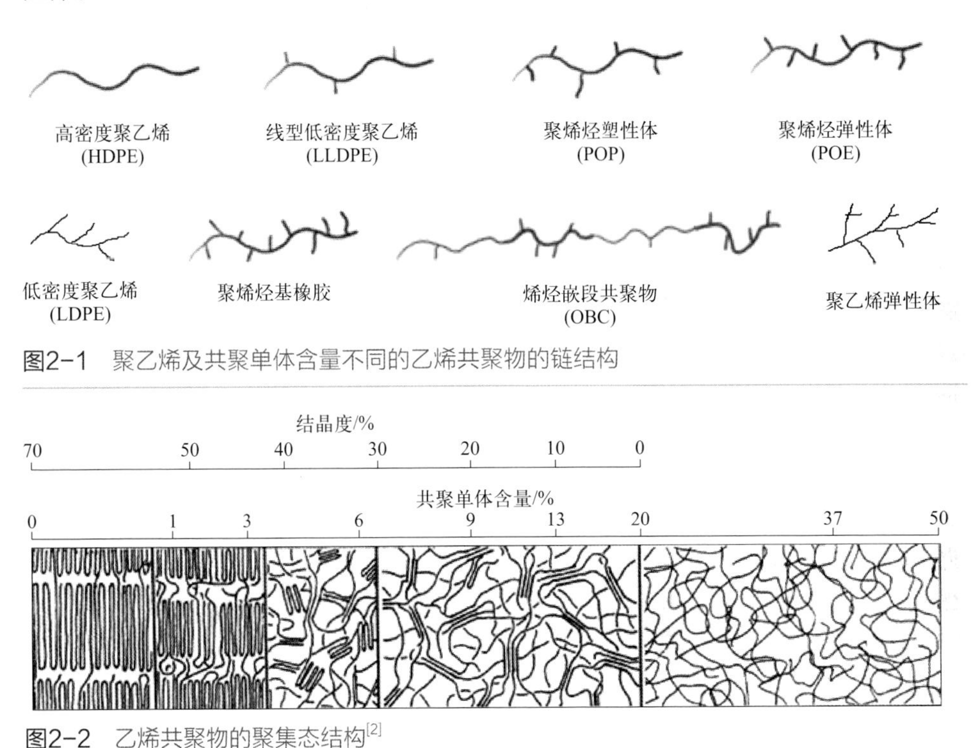

图2-1　聚乙烯及共聚单体含量不同的乙烯共聚物的链结构

图2-2　乙烯共聚物的聚集态结构[2]

第二节 乙烯基无规共聚弹性体

以乙烯为主要单体制备的弹性体称为乙烯基弹性体。通常情况下，乙烯与其它单体共聚，共聚单体的插入破坏聚乙烯链段的结晶，增加聚合物的弹性[1]。因此，常见的乙烯基弹性体通常为乙烯基无规共聚弹性体。但采用一些特殊的催化剂催化乙烯均聚时，在聚合过程中通过“链行走”机理产生短支链，相当于形成乙烯与 *α*- 烯烃的无规共聚物，但并没有使用 *α*- 烯烃单体，称为聚乙烯弹性体，并将其归入到本节进行介绍。

一、聚乙烯弹性体

随着烯烃配位聚合技术的发展与进步以及新型催化剂的发现，通过调控催化剂的结构可以调控烯烃的聚合以及烯烃聚合物的化学结构。1995 年，Brookhart 等发现了 *α*- 二亚胺配体的镍、钯配合物催化乙烯聚合反应，使后过渡金属配合物烯烃聚合催化剂受到广泛关注[2]。近年来，随着镍配合物和钯配合物催化剂的发展以及“链行走”机理的提出，仅用乙烯单体，通过调控链增长和“链行走”的速率，可以调控聚乙烯产物的支链数量。对于支链数量多的聚乙烯，具有弹性体的性能，是一种仅用一种乙烯单体制备的聚烯烃弹性体，也可以看作是乙烯与 *α*- 烯烃的无规共聚物，但由“链行走”机理随机形成的 *α*- 烯烃结构单元的化学结构难以控制[3]。

1．聚乙烯弹性体的合成原理

采用 *α*- 二亚胺镍配合物催化剂或钯催化剂，催化的乙烯聚合在活性链增长过程中会发生 *β*-H 消除反应，之后形成的双键会反向插入到金属 - 氢键中，形成支化聚乙烯，即“链行走”聚合机理，如图 2-3 所示[4-5]。通过控制“链行走”的程度，可以调节支化度及支链长度，从而调节聚合物的物理性能。

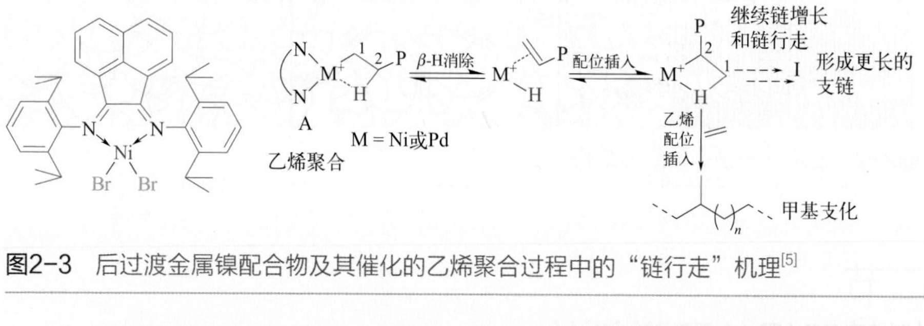

图2-3　后过渡金属镍配合物及其催化的乙烯聚合过程中的“链行走”机理[5]

α- 二亚胺配体结构在镍或钯配合物催化乙烯聚合中具有至关重要的作用。采用如图 2-4 所示的含不对称 *α*- 二亚胺配体的镍配合物（**Ni1** ～ **Ni6**）催化乙烯聚合时，得到高支化度聚乙烯[6-7]，平均支化度为 78 ～ 179 个支链 /1000 个碳原子。所形成的支链以甲基支链为主，还含有乙基、丙基、丁基等更长的支链。

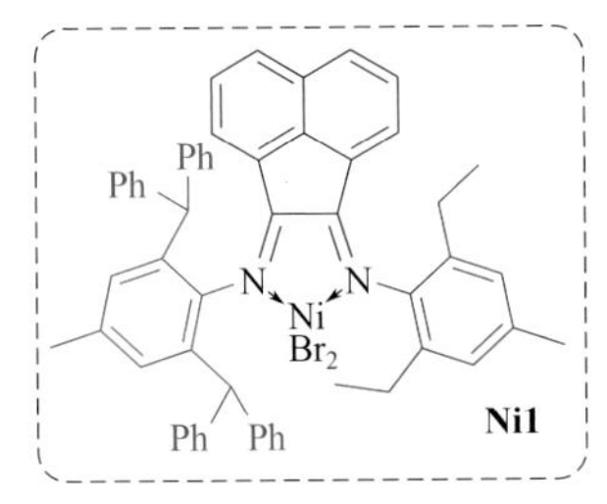

R^1 = Me, R^2 = H(**Ni2**)
R^1 = Et, R^2 = H(**Ni3**)
R^1 = *i*Pr, R^2 = H(**Ni4**)
R^1 = Me, R^2 = Me(**Ni5**)
R^1 = Et, R^2 = Me(**Ni6**)

图2-4 用于合成聚乙烯弹性体的镍配合物催化剂的化学结构[6-7]

通过设计合成新结构 *α*- 二亚胺配体，用于合成新型镍配合物催化剂，通过配体结构调控“链行走”，控制形成的支链以甲基支链为主，只采用乙烯为单体聚合，得到类似于乙烯 / 丙烯无规共聚弹性体的聚乙烯弹性体，所用催化剂的结构及其聚合机理如图 2-5 所示 [8]。

Brookhart 等进一步构建“三明治”结构的镍配合物催化剂（**1**，图 2-6），通过两个苯环对活性中心的保护作用，抑制了分子链的解离，制备了高支化度聚乙烯，平均支化度达到 152 个支链 /1000 个碳原子 [9]。Guan 等通过将亚胺基团桥连（**2**，图 2-6），提高催化活性，得到平均约 100 个支链 /1000 个碳原子的支化 PE 弹性体；通过大位阻基团，提高高温稳定性，提高支化聚乙烯的分子量（$\overline{M}_n$ > 29 万）[10]。通过在苯环的对位引入大位阻取代基，制备的镍配合物催化剂（**3**，图 2-6）催化乙烯聚合得到平均约 100 个支链 /1000 个碳原子的支化聚乙烯弹性体，该弹性体具有高弹性和弹性回复率 [11]。本书著者团队设计合成了含有供电子基团的 *α*- 二亚胺配体及其镍配合物，催化乙烯聚合得到平均约 105 个支链 /1000 个碳原子的高度支化的聚乙烯弹性体。

2．聚乙烯弹性体的结构特点、表征方法与性能

（1）聚乙烯弹性体的结构特点

在乙烯聚合过程中“链行走”的可控难度大，一般采用“链行走”机理制备的聚乙烯弹性体的支链为不同长度的烷基。支链结构的引入，破坏了部分聚乙烯链段的结晶，使其结晶度下降，得到热塑弹性体。聚乙烯弹性体的性能主要受支链数量和支链化学结构影响。

（2）聚乙烯弹性体的表征方法与性能

聚乙烯弹性体中，支链的化学结构和数量是影响其性能的主要因素，可以通过 ^{13}C NMR 表征聚乙烯弹性体的微观序列结构，计算支链的化学结构和数量，图 2-7 给出了聚乙烯弹性体的典型 ^{13}C NMR 谱图，表 2-1 给出了每个特征峰的归属，通过积分面积计算平均支链数和不同支链的含量。对 3 种不同支链数的聚乙烯弹性体的分析，用不同的支链中特征碳原子峰的积分面积除以所有碳原子的

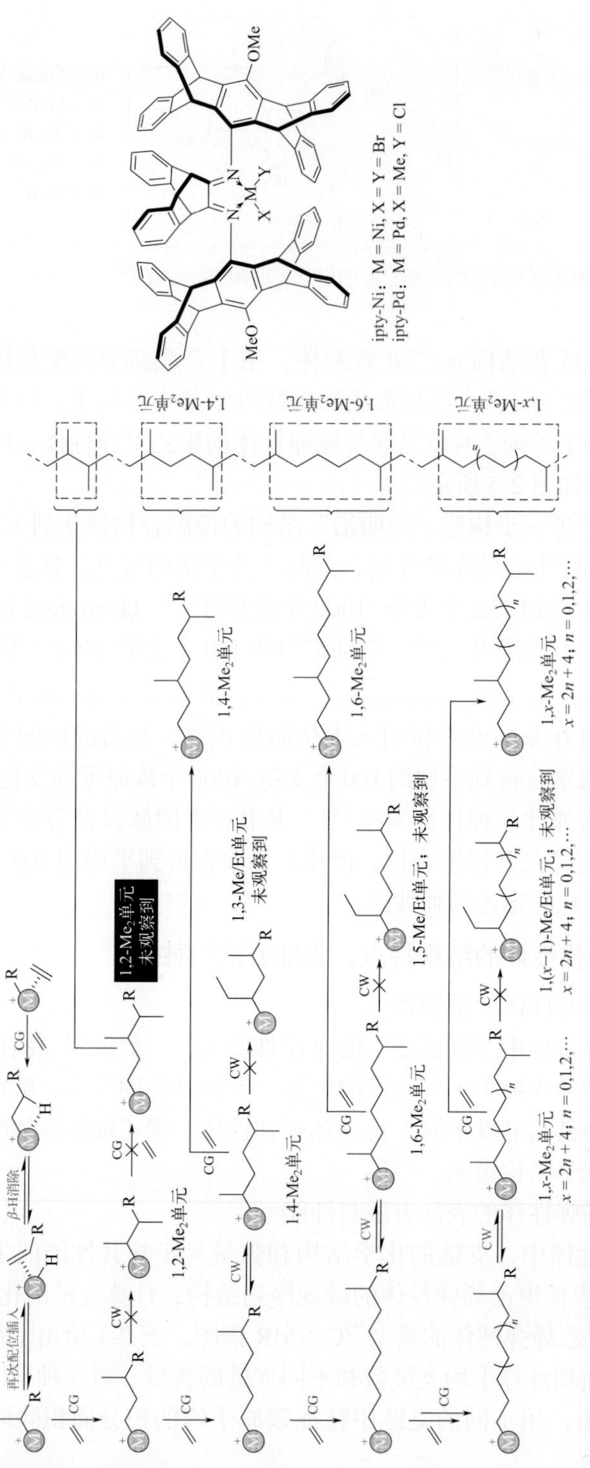

图2-5 合成类似于乙烯/丙烯无规共聚弹性体所用催化剂及聚合机理[8]

CG—链增长；CW—链行走

积分面积再乘以 1000，即可得出 1000 个碳原子中各种支链的数目，计算结果如表 2-2 所示。从表中数据可以看出，产生的支链主要是甲基支链，占支链总数的一半以上。

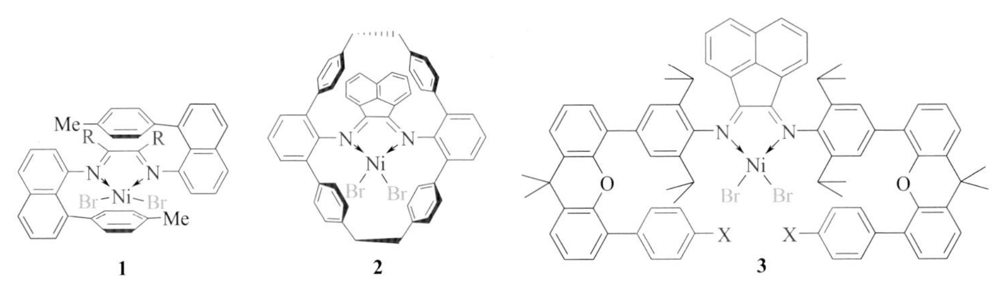

图2-6 用于合成聚乙烯弹性体的 α-二亚胺镍配合物的化学结构

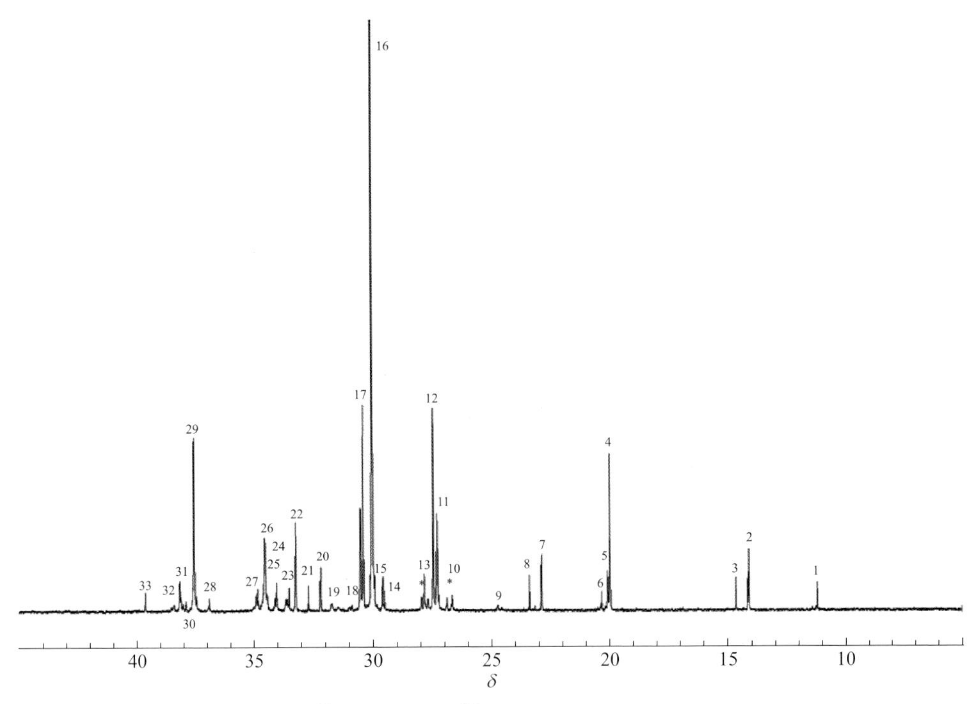

图2-7 聚乙烯弹性体的典型 ^{13}C NMR谱图[6]

表2-1 聚乙烯弹性体的 ^{13}C NMR 谱图中各特征峰的归属[6]

峰编号	化学位移	归属	峰编号	化学位移	归属
1	11.19	1B2	4	19.97	1B1
2	14.10	1B4	5	20.07	1,4-1B1
3	14.63	1B3	6	20.31	2B3

续表

峰编号	化学位移	归属	峰编号	化学位移	归属
7	22.86	2B5+	21	32.68	3B5
8	23.38	2B4	22	33.20	brB1
9	24.71	1,5-β'B1	23	33.55	1,4-brB1
10	26.65	2B2	24	34.00	αB2
11	27.28	βB2+, 5(+)B6+	25	34.08	4B4
12	27.44	βB1	26	34.50	αB4+, 6(+)B6+
13	27.82	1,6-β'B1	27	34.86	1,4-α'B1
14	29.49	3B4	28	36.89	3B3
15	29.56	4S, 4B7+	29	37.52	αB1
16	30.00	$\delta\delta$	30	37.88	brB3
17	30.38	γB1	31	38.13	brB4+
18	30.49	γB2+, (n−2)B7+	32	38.39	1,4-brBn
19	31.70	1,4-α'Bn	33	39.61	brB2
20	32.17	3S			

注：

βB1 brB1 βB1 γB1 αB1 αB1 γB1 1B1

βB3 brB3 βB3 γB3 αB3 αB3 γB3 3B3 2B3 1B3

sEt sMe

βB2 brB2 βB2 γB2 αB2 αB2 γB2 2B2 1B2

βBn brBn βBn γBn αBn αBn γBn 4Bn 3Bn 2Bn 1Bn

S3 S1 S4 S2

表2-2 三种不同的聚乙烯弹性体的微观结构[6]

样品	$\overline{M}_w \times 10^{-3}$	$\overline{M}_w/\overline{M}_n$	支化度/（个支链数/1000个碳原子）						
			甲基	乙基	丙基	丁基	戊基	己基及以上	合计
RHBLPE-1	530	2.24	49.6	6.4	4.5	3.6	4.0	10.8	78.9
RHBLPE-2	340	2.06	57.8	6.5	6.1	5.2	4.8	14.6	95.0
RHBLPE-3	160	2.20	64.0	8.9	7.2	7.4	6.0	20.8	114.3

聚乙烯弹性体的支链数主要影响聚合物的结晶性能和力学性能。如图 2-8 所示[6]，从不同支链数的聚乙烯弹性体的 DSC 曲线可以看出，支化度低的 RHBLPE-1 样品具有两个熔融峰，熔点高，分别为 47.5℃和 123.8℃；当平均支化度约为 95.0 个支链 /1000 个碳原子时，RHBLPE-2 样品的熔点降低到 21.7℃；平均支化度约为 114.3 个支链 /1000 个碳原子时，RHBLPE-3 样品的熔点为 −24℃。随着支化度的增加，聚乙烯弹性体的熔点降低。三种样品的玻璃化转变

温度（T_g）均较低，在 −62.0 ～ −51.6℃之间。

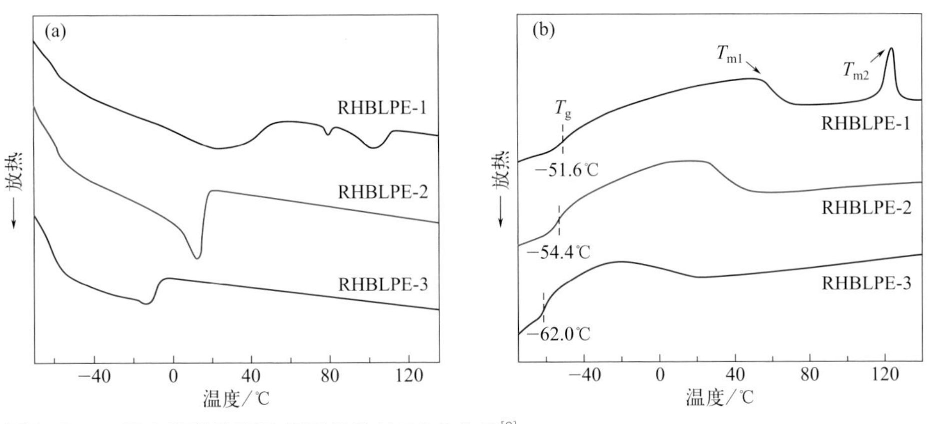

图2-8　不同支链数的聚乙烯弹性体的DSC曲线[6]

不同支链数的聚乙烯弹性体的应力 - 应变曲线如图 2-9 所示[6]，RHBLPE-3 样品的拉伸强度非常低，主要是因为分子量低、支化度高、聚乙烯结晶链段少。RHBLPE-1 和 RHBLPE-2 样品具有较高的拉伸强度和断裂伸长率，尤其是 RHBLPE-2 样品，在具有一定的拉伸强度的情况下，断裂伸长率可达 2125%。

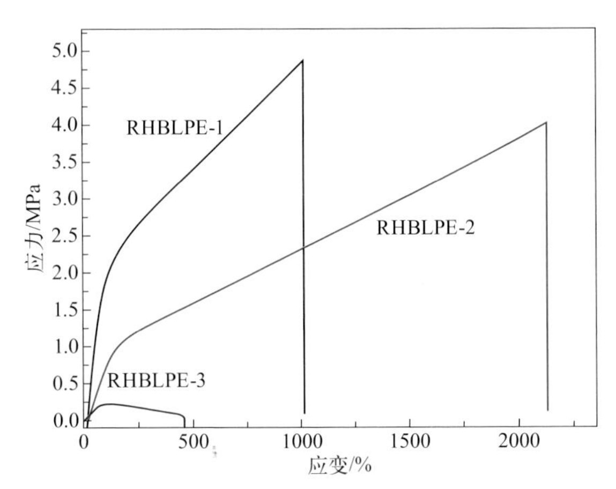

图2-9　不同支链数聚乙烯弹性体的应力-应变曲线[6]

3．聚乙烯弹性体的应用领域

根据聚乙烯弹性体的性能特点，对于含有可结晶聚乙烯链段的聚乙烯弹性体，可与聚乙烯树脂共混，提高聚乙烯树脂的柔韧性[6]。对于支化度高、不含结晶聚乙烯链段的聚乙烯弹性体，其性能与乙丙橡胶类似，有与乙丙橡胶相近的应用领域[8]。

聚乙烯弹性体是以 α- 二亚胺镍或钯配合物为催化剂，以乙烯为唯一单体，通过“链行走”机理聚合得到的弹性体。通过调控催化剂的结构可以调控聚乙烯的支化度和支链化学结构，目前报道的聚乙烯弹性体中，支链以甲基为主。聚乙烯弹性体目前仅在实验室小试规模，中试正在建设中，因此其的推广是未来的主要研究方向。

二、乙烯/丙烯无规共聚弹性体

乙烯 / 丙烯无规共聚弹性体是由乙烯与丙烯为单体通过无规共聚合成的一种无定形聚合物[12-16]，其结构式如下所示。

$$\left[CH_2-CH_2-co-CH_2-\underset{\displaystyle CH_3}{\underset{|}{CH}} \right]_n$$

在乙烯 / 丙烯无规共聚弹性体中，乙烯和丙烯两种结构单元的含量及序列结构对其性能有明显的影响。当乙烯含量较高时，易挤出，挤出表面光滑，挤出件停放后不易变形；当丙烯含量较高时，对其低温性能有所改善。乙烯 / 丙烯无规共聚弹性体的主链为饱和的烷基链，具有完全饱和性、高度柔顺性及化学结构稳定性，表现出优良的耐化学品（耐臭氧）性、冲击弹性、耐屈挠性、电绝缘性、回弹性、高填充性、耐候性（耐低温性、耐热性）和耐水蒸气性及耐热氧性能等，广泛应用于汽车部件、密封材料、建筑材料、电线电缆及其他制品[13-15]。

1．乙烯 / 丙烯无规共聚弹性体的合成原理与工艺流程

以乙烯和丙烯为单体，在催化剂体系和有机溶剂存在下，在适宜压力和温度下进行二元共聚反应，生成乙烯 / 丙烯无规共聚弹性体，如下所示。此外，为了硫化交联，往往在二元共聚的基础上引入少量第三单体非共轭二烯进行三元共聚，得到乙烯 / 丙烯 / 非共轭二烯三元共聚物。

$$H_2C=CH_2+H_2C=CH-CH_3 \xrightarrow{\text{催化剂}} \left[CH_2-CH_2-co-CH_2-\underset{\displaystyle CH_3}{\underset{|}{CH}} \right]_n$$

在既可溶解产品，又可溶解单体和催化剂的溶液聚合体系中，经均相聚合反应来制备乙烯 / 丙烯无规共聚弹性体是溶液聚合工艺的显著特点。工艺过程主要由原料制备、聚合反应、催化剂脱除、凝聚、单体和溶剂的回收与精制、后处理等工序组成。采用的催化体系和生产工艺条件不同，影响产品的门尼黏度、分子量、分子量分布、共聚物组成及序列分布等技术指标。根据催化剂的不同，溶液

聚合工艺通常可以分为齐格勒 - 纳塔催化溶液聚合和茂金属催化溶液聚合工艺。前者的优点是技术成熟、操作稳定，产品牌号较多，质量均匀，灰分含量较少，电绝缘性能好，应用范围广泛；缺点是因聚合反应在溶液中进行，传质传热受到限制，聚合物质量分数一般控制在 6% ～ 9%，最高仅达 11% ～ 14%，聚合效率低 [13]。后者特点是采用高温溶液聚合，使用高效的限定几何构型钛或锆等茂金属催化剂体系，聚合反应液中聚合物浓度相对高 (16.4%)，热能利用率高，产品中催化剂残留量低，不需要脱除工序，减少了该工序的设备投资，但催化剂成本高 [13]。

（1）乙烯 / 丙烯无规共聚催化剂

在乙烯与丙烯配位共聚反应制备乙烯 / 丙烯无规共聚弹性体的过程中，催化剂起着至关重要的作用。催化剂的结构对催化活性和共聚产物的共聚组成、分子量、分子量分布、序列结构及拓扑结构均具有重要的影响，也直接影响生产工艺的选择。能够催化乙烯与丙烯无规共聚的催化剂主要包括齐格勒 - 纳塔 (Ziegler-Natta，Z-N) 催化剂、茂金属催化剂及非茂金属配合物催化剂，本书著者团队对这三大类催化剂进行了详细的总结 [16-17]。

① 齐格勒 - 纳塔催化剂　20 世纪 50 年代末，德国科学家齐格勒（K. Ziegler）和意大利科学家纳塔（G. Natta）发明了 Z-N 催化剂，用于催化乙烯、丙烯配位聚合，制备聚乙烯和聚丙烯，促进了塑料工业的革命性发展，成为烯烃配位聚合发展史上的里程碑。Z-N 催化剂主要是由元素周期表中第ⅣB ～Ⅷ族过渡金属化合物和第ⅠA ～ⅢA 族金属有机化合物组成。乙烯 / 丙烯无规共聚弹性体的开发有赖于 Z-N 催化剂的发明，主要包括钛系催化剂和钒系催化剂。钛系催化剂的主催化剂通常为负载的 $TiCl_3$ 或 $TiCl_4$，该类催化剂催化活性高，但由于乙烯的竞聚率远大于丙烯的竞聚率，制得的共聚物中含有较长的聚乙烯链段，影响乙烯 / 丙烯无规共聚弹性体的性能。Natta 等最先采用钒系催化剂，如 $VOCl_3/Al(C_6H_{13})_3$，合成了乙烯 / 丙烯无规共聚弹性体 [18]。钒系催化剂是目前工业生产乙烯 / 丙烯无规共聚弹性体的主要催化剂。与钛系催化剂相比，钒系催化剂组分易溶于烃类溶剂，且所制备的乙烯 / 丙烯无规共聚弹性体具有分子量高、共聚物链段无规度高、不易结晶、共聚物易加工等特点，同时催化剂成本低，工艺成熟。

用于催化乙烯 / 丙烯共聚的钒系催化剂通常包括主催化剂和助催化剂，还可加入添加剂，以进一步提高催化剂活性，调节聚合物的分子量、分子量分布或序列结构。

a. 主催化剂　钒系催化剂的主催化剂通常为可溶于烷烃的钒化合物，例如 $VOCl_3$、$VO(OR)_3$、$VOCl(OR)_2$、$VOCl_2(OR)$ 和 $V(acac)_3$ 等，其中 R 为烷基，acac 为乙酰丙酮 [19]。中心金属钒具有多个价态，但并不是所有价态的钒都具有催化活性，因此，选择主催化剂时还要考虑中心金属钒的价态。通常认为三价态的钒是催化烯烃聚合的活性中心，二价态的钒不能够催化烯烃配位聚合[20-21]。在钒系催化剂催化烯烃配位聚合中，在助催化剂烷基铝或氯化烷基铝作用下中心金属钒高价态容易被还原为低价态。在相同聚合条件下，主催化剂的催化活性由大到小的顺序为：$VOCl_3$＞VCl_4＞$V(acac)_3$[22]。目前，工业上通常使用 $VOCl_3$ 为主催化剂。

b. 助催化剂　助催化剂的主要作用是与主催化剂反应形成活性中心，因此活性中心的特性除了与主催化剂密切相关外，还受助催化剂的种类和用量的影响。对于钒系催化体系，常用的助催化剂为烷基铝和卤化烷基铝，如 $AlEt_3$、Al^iBu_3、$AlEt_2Cl$、Al^iBu_2Cl 及 $AlEt_{1.5}Cl_{1.5}$ 等。在钒系催化体系中，主催化剂与助催化剂反应形成活性中心的过程非常复杂，除了烷基化反应外，还往往伴随着助催化剂对高价态钒的还原反应。卤化烷基铝的还原能力弱于相应的烷基铝，卤素含量越高，还原能力越弱。烷基铝中烷基取代基碳数越多，还原能力越弱[23]。助催化剂的选择通常与主催化剂的结构有关，通常需要保证主催化剂和助催化剂中至少有一个含有卤素，例如：不含卤素的钒化合物 $VO(OEt)_3$、$V(acac)_3$ 或 $VO(acac)_2$ 与 $AlEt_3$ 助催化剂配伍时不具有催化活性，而与 $AlEt_2Cl$ 助催化剂配伍时才具有催化活性[24]。在钒系催化体系中，工业上通常采用氯化烷基铝为助催化剂。

除了助催化剂种类外，助催化剂用量（通常以助催化剂中的 Al 物质的量与主催化剂中金属钒物质的量之比值来表示，即 Al/V 摩尔比）对聚合性能也有较大影响，一定比例的助催化剂用量是必要的。通常情况下，助催化剂的用量直接影响活性中心数量，而对活性中心性质影响较小，也就是说，Al/V 摩尔比主要对催化活性及聚合物分子量影响较大。若助催化剂对主催化剂有较强的还原作用，则过高的助催化剂用量也会使活性中心数目减少。

有些催化体系中主催化剂和助催化剂反应极快，将组分按顺序加入聚合体系中便可催化配位聚合反应，但有些催化体系需要一个预先形成活性中心的过程。在配位聚合中，主催化剂与助催化剂混合后发生反应形成活性中心，这一过程称为陈化。陈化温度和陈化时间对活性中心的数目与催化活性具有重要影响。对于钒系催化剂，陈化温度越高、陈化时间越长，高价态钒化合物越容易被还原成低价态，使催化活性降低甚至失去活性。此外，不同陈化条件下得到的催化剂对乙烯和丙烯的竞聚率（r_E，r_P）影响不大。因此，催化剂体系的陈化温度和陈化时间主要影响了活性中心的数目，基本不改变催化剂活性中心性质，对共聚组成几乎没有影响[25]。

c. 添加剂　在钒系催化剂中引入给电子化合物，通过其与中心金属钒的配位作用来稳定活性中心，同时改变活性中心的配位环境，影响活性中心的催化性能、乙烯 / 丙烯共聚特性及共聚产物的微观结构。以 $VO(OR)_mX_{3-m}$(其中 R 为烷基，X 为卤素，m 为 0 ～ 3 的整数）为主催化剂及氯化烷基铝为助催化剂，通过加入脂肪族二醇，可高效催化乙烯 / 丙烯共聚，并得到相对窄分子量分布（分布指数 $\overline{M}_w/\overline{M}_n \approx 2.2$）的乙烯 / 丙烯无规共聚弹性体 [25]。

除了加入给电子体稳定活性中心外，还可加入具有氧化性的化合物（活化剂），将不具催化活性的低价钒氧化成具有催化活性的高价钒，最常用的活化剂为含卤素有机化合物 [26]。

本书著者团队采用含活化 C—Cl 键的卤素化合物为活化剂调节催化活性中心结构及电子特性，在乙烯 / 丙烯共聚中起到有益作用，如表 2-3 所示。除了提高催化活性外，还提高了丙烯插入率，使丙烯投料量降低（降低幅度达 23%），助催化剂的用量可降低 54%，所得共聚物中无规序列含量提高幅度达 10%[27]。本书著者团队进一步采用复合添加剂，如在 Z-N 钒系催化剂中加入醇、酚、α- 二亚胺和卤代烷烃等化合物，提高了聚合反应活性、丙烯和少量非共轭二烯烃的转化率及插入率，减少了未参与共聚单体的回收量，提高了单体利用率；在共聚反应中还可提高共聚物中无规序列分布的含量，提高共聚物的分子量，提高产品质量 [28]。

表2-3　加入活化剂对乙烯/丙烯聚合反应的影响[27]

主催化剂	活化剂	相对催化活性	丙烯结构单元摩尔分数/%	无规序列含量/%
$VOCl_3$	2-氯-2-甲基丙烷	21	53	67
$VOCl_3$	—	14	53	63
$VOCl_3$	三氯乙烷	52	34	55
$VOCl_3$	—	41	35	49
$VOCl_3$	三氯乙醇	16	45	69
$VOCl_3$	—	14	45	65
$VOCl_2(Me_2C_6H_3O)$	三氯乙烷	20	45	72
$VOCl_2(Me_2C_6H_3O)$	—	15	42	68
$VOCl_2[CCl_3(CH_3)_2CO]$	三氯叔丁醇	22	53	59
$VOCl_2(Me_2C_6H_3O)$	—	12	52	55

② 茂金属催化剂　在 Z-N 催化剂之后，新的催化体系，如茂金属催化剂和非茂金属配合物催化剂，以及聚合工艺的发展，进一步推动了烯烃配位聚合及聚烯烃产业的不断进步。茂金属催化剂通常由茂金属化合物（主催化剂）和烷基铝氧烷或有机硼化合物助催化剂组成。其中，茂金属化合物通常是至少含有一个环戊二烯基 (Cp) 或其衍生物［如茚基（Ind）、芴基（Flu）等］配体的过渡金属（如钛、锆、铪等）或稀土金属的化合物，烷基铝氧烷通常为甲基铝氧烷（MAO）或改性甲基铝氧烷（MMAO），有机硼化合物通常为 $B(C_6F_5)_3$、$[Ph_3C][B(C_6F_5)_4]$

或 $[PhNHMe_2][B(C_6F_5)_4]$。自 20 世纪 80 年代 Kaminsky 等发现茂金属催化剂高效催化烯烃聚合以来，茂金属催化剂已成为高分子科学界和工业界关注的主要方向之一[29-30]。与 Z-N 催化剂相比，茂金属催化剂是单中心催化剂，采用茂金属催化剂制备的聚合物分子量分布较窄（$\overline{M}_w/\overline{M}_n \approx 2.0$），还可通过改变配体结构来调节茂金属化合物的对称性、电子性能及金属中心周围的空间位阻，从而大范围地调控聚合物的微观结构，设计合成出具有不同链结构的乙烯 / 丙烯共聚物[29]。茂金属化合物的结构对催化性能和产物微观结构具有很大影响。按照主催化剂茂金属化合物的结构不同，可分为双茂非桥连型茂金属催化剂、双茂桥连型茂金属催化剂、限制几何构型茂金属催化剂和单茂非桥连型茂金属催化剂。

a. 双茂非桥连型茂金属催化剂　Kaminsky 等[31-33]首次采用双茂非桥连型茂金属催化体系实现了在高温和低催化剂用量条件下进行乙烯 / 丙烯高效共聚，如在 60℃下，催化活性可达 $4\times10^5 \sim 4\times10^6$g/(mol·h)，通过改变单体比例可以得到丙烯含量（质量分数）为 20% ～ 50% 的乙烯 / 丙烯无规共聚弹性体，$\overline{M}_w$ 为 $4.3\times10^4 \sim 1.6\times10^5$，$\overline{M}_w/\overline{M}_n$ 约为 1.7[33]。与传统的 Z-N 钒系催化剂 $VOCl_3/AlEt_2Cl$ 相比，相同聚合条件下，图 2-10 中 **1a** /MAO 催化体系具有明显高的催化活性，所制备的共聚物中具有更高的无规序列含量[34]。改变配体的结构对双茂非桥连型茂金属催化剂的催化性能有较大影响，图 2-10 给出了常见的双茂非桥连型茂金属化合物的化学结构[17]。

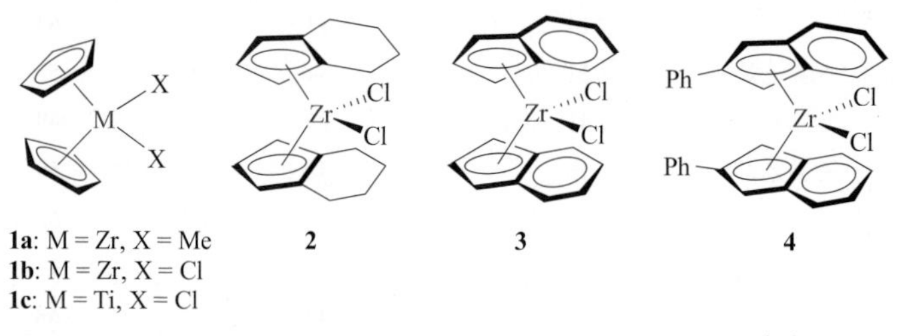

图2-10　典型的双茂非桥连型茂金属化合物的化学结构[17]

b. 双茂桥连型茂金属催化剂　在双茂桥连型茂金属化合物中，桥连基团会使得两个茂环更加靠近，在过渡金属的一侧会具有更加开阔的单体配位空间。与双茂非桥连型茂金属催化剂相比，桥连型茂金属催化剂活性中心会具有更优异的丙烯单体插入能力，在相同的聚合条件下，可以得到含有更高丙烯结合量的乙烯 / 丙烯共聚物[35]。茂环上取代基的位阻对乙烯 / 丙烯共聚时单体竞聚率有较大影响，一般情况下增大茂环上的空间位阻有利于提高乙烯的反应性。图 2-11 给出了常见的双茂桥连型茂金属化合物的化学结构[33-38]。

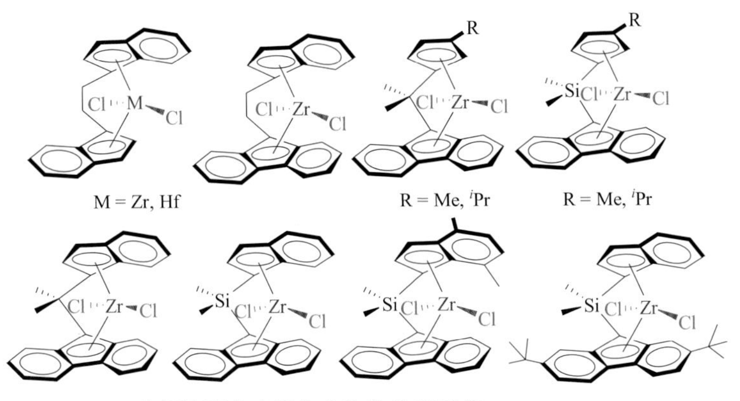

图2-11 双茂桥连型茂金属化合物的化学结构

双茂桥连型茂金属催化剂在催化乙烯/丙烯共聚反应时的另一个显著特点，是能够实现乙烯/丙烯的交替共聚，主要归因于：ⅰ. 采用碳原子将两个含有双环戊二烯基的配体桥连，限制环状配体的旋转；ⅱ. 活性中心两侧的空间位阻有较大的差异。这类催化剂催化乙烯/α-烯烃尤其是乙烯/丙烯共聚时，在空间位阻大的一侧很难与丙烯配位，丙烯仅可在空间位阻小的一侧配位并插入到聚合物链中；乙烯体积小，既可在空间位阻大的一侧插入，又可在空间位阻小的一侧插入，因此为了避免乙烯在空间位阻小的一侧插入，形成乙烯均聚链段，需调控丙烯的浓度远大于乙烯的浓度，从而实现交替共聚[36-42]。

c. 限制几何构型茂金属催化剂　陶氏化学公司在20世纪80年代末开发出了一类新型茂金属催化剂，即限制几何构型茂金属催化剂（constrained geometry metallocene catalyst），它的结构特点是用氮负离子配体取代了双茂桥连茂金属催化剂中的一个环戊二烯基或其衍生物，氮负离子配体与另一个环戊二烯或其衍生物的桥连结构，一方面使金属活性中心具有很好的稳定性，另一方面使金属活性中心只在一个方向上具有更开阔的空间，从而具有限制几何构型的作用。由于其结构的特殊性，使其在催化烯烃聚合时具有很高的催化活性，同时有利于α-烯烃的插入，得到较窄分子量分布的聚合物[43]。图2-12给出了典型的限制几何构型茂金属化合物的化学结构[44-45]。

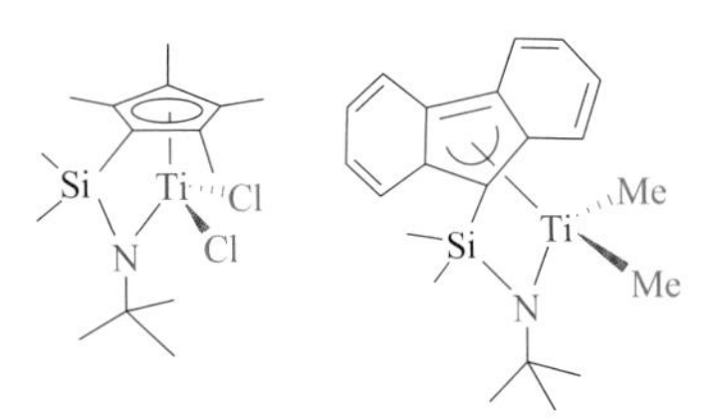

图2-12 限制几何构型茂金属化合物的化学结构[44-45]

d. 单茂非桥连型茂金属催化剂　与双茂金属催化剂相比，单茂金属催化剂的配位空间更开阔，具有更好的共聚性能。对于只含有一个环戊二烯基配体的单茂钛化合物，金属中心的缺电子性使催化剂的稳定性相对差，因此需要再引入一个阴离子配体。引入的阴离子配体一般可提供 4 个甚至 6 个电子，在稳定活性中心的同时不会带来大的空间位阻，如引入含氮负离子的配体，如图 2-13 所示 [46-53]。

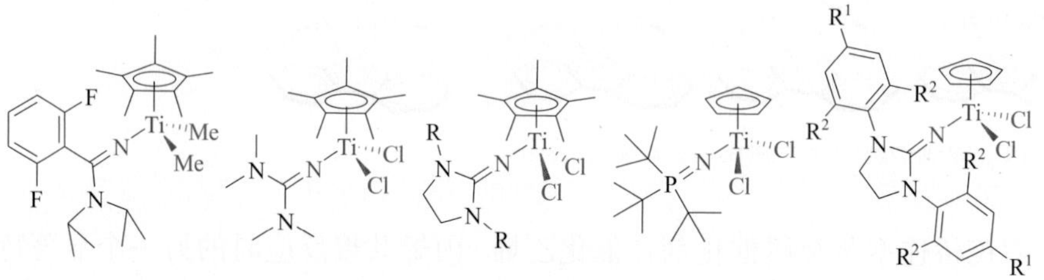

图2-13　单茂非桥连型钛化合物的化学结构[46-53]

荷兰 DSM 公司开发了一系列含单阴离子配体的单茂钛催化剂。含脒基配体的单茂钛催化剂催化乙烯 / 丙烯 / 非共轭二烯（少量）三元共聚时具有高催化活性 { 以聚合物质量计，约 4.7×10^7g/[mol (Ti)•h•bar]，1bar=10^5Pa}[46-47]。基于此类催化剂，Lanxess 公司开发了先进催化弹性体技术（ACE 技术），成功应用于高品质乙丙橡胶的工业化生产 [46,49-50]。对氮原子相连的取代基进行进一步修饰，可得到含有胍 [50]、咪唑啉亚胺 [51] 和膦亚胺 [52] 配体的单茂钛配合物，在 MAO 或有机硼助催化剂作用下，这些单茂钛化合物均对催化乙烯 / 丙烯 / 非共轭二烯（少量）三元共聚具有高催化活性。在配位聚合中，配体的结构对催化性能和聚合产物的微观结构影响很大，研究配体结构的影响对高效催化剂设计具有重要意义。为了研究氮负离子结构对单茂钛催化剂的催化性能和乙烯 / 丙烯无规共聚弹性体的微观结构的影响，本书著者团队设计合成了系列含有氮负离子配体的单茂钛配合物，如图 2-14 所示 [53-56]。配体的结构对金属中心钛原子周围的环境有较大影响，**T5** 中 Ti—N 键最短，说明配体与 Ti 的作用最强，起到更好地稳定钛配合物的作用。为了提高催化剂在己烷中的溶解性，进一步合成了含有异辛酸配体的单茂钛配合物 **T6**[53]。

在 MAO 或 MMAO 助催化剂作用下，用上述单茂金属配合物催化乙烯 / 丙烯共聚，结果表明配体结构对催化活性、共聚产物中丙烯含量以及序列结构有较大影响。由于单茂钛配合物 **T1** 中配体的给电子能力弱，其催化乙烯 / 丙烯共聚时催化活性非常低。增加配体的给电子能力可提高催化活性。**T2**、**T4**、**T5** 中配体的给电子能力依次增强，催化活性依次提高，同时，所得共聚物中丙烯含量

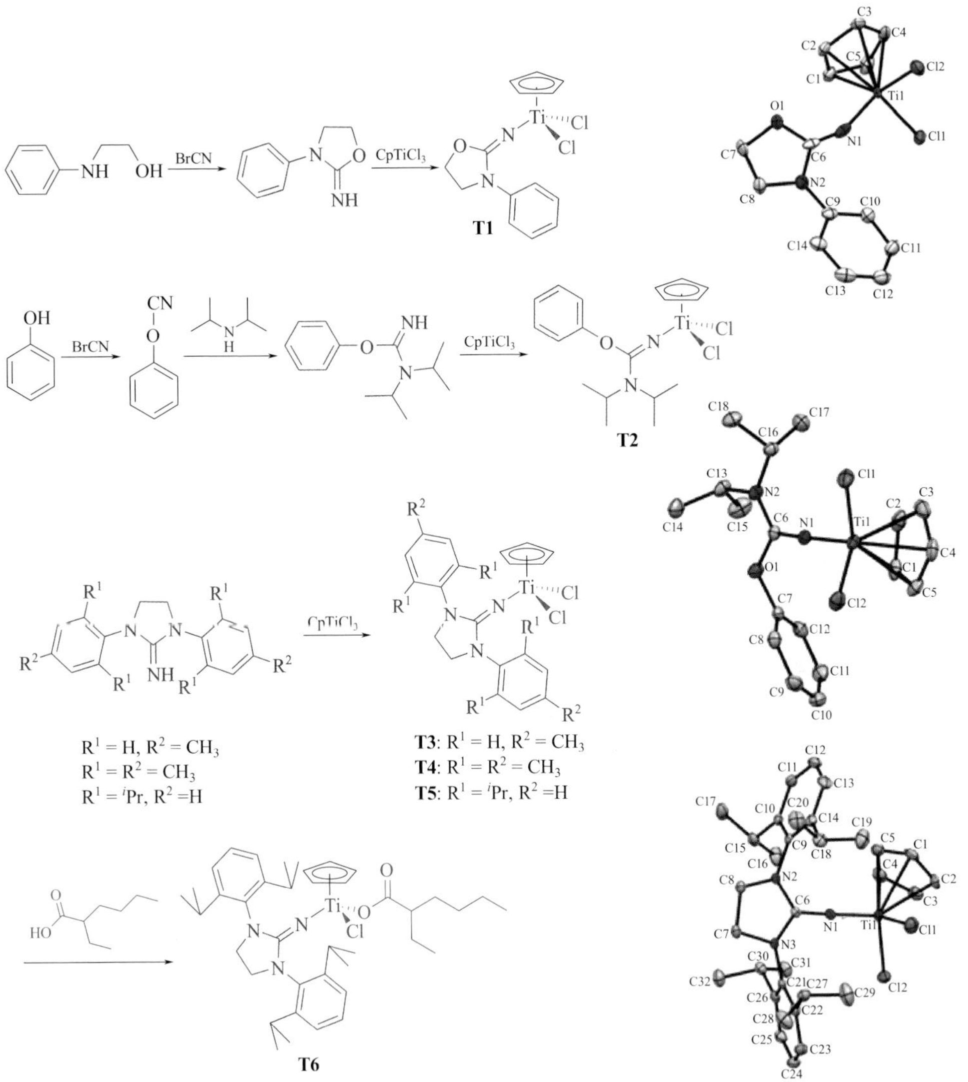

图2-14 含不同氮负离子配体的单茂钛配合物的合成及其晶体结构[53-56]

依次增加。在配体电子效应和位阻效应的共同作用下，以 **T5** 为主催化剂时，乙烯单体的竞聚率低，丙烯单体的竞聚率高，如图 2-15（a）所示，从而使共聚物中 EEE 序列含量大大降低，PPP 序列含量略有提高，EEP、EPE、PEP 和 PPE 四种无规序列含量提高，如图 2-15（b）所示。通过引入异辛酸配体可提高催化剂 **T6** 在己烷中的溶解性，得到可溶于己烷的催化剂。以 **T6** 为主催化剂可达到与 **T5** 相似的催化活性，得到的共聚物的分子量分布较窄（$\overline{M}_w/\overline{M}_n=2.3$），丙烯含量较高，如图 2-16 所示。此外，以 **T6**/MMAO 为催化剂得到的共聚物的分子量比 **T5**/MAO 催化体系得到的聚合物的分子量要高得多，且 **T6**/MMAO 催化体系制

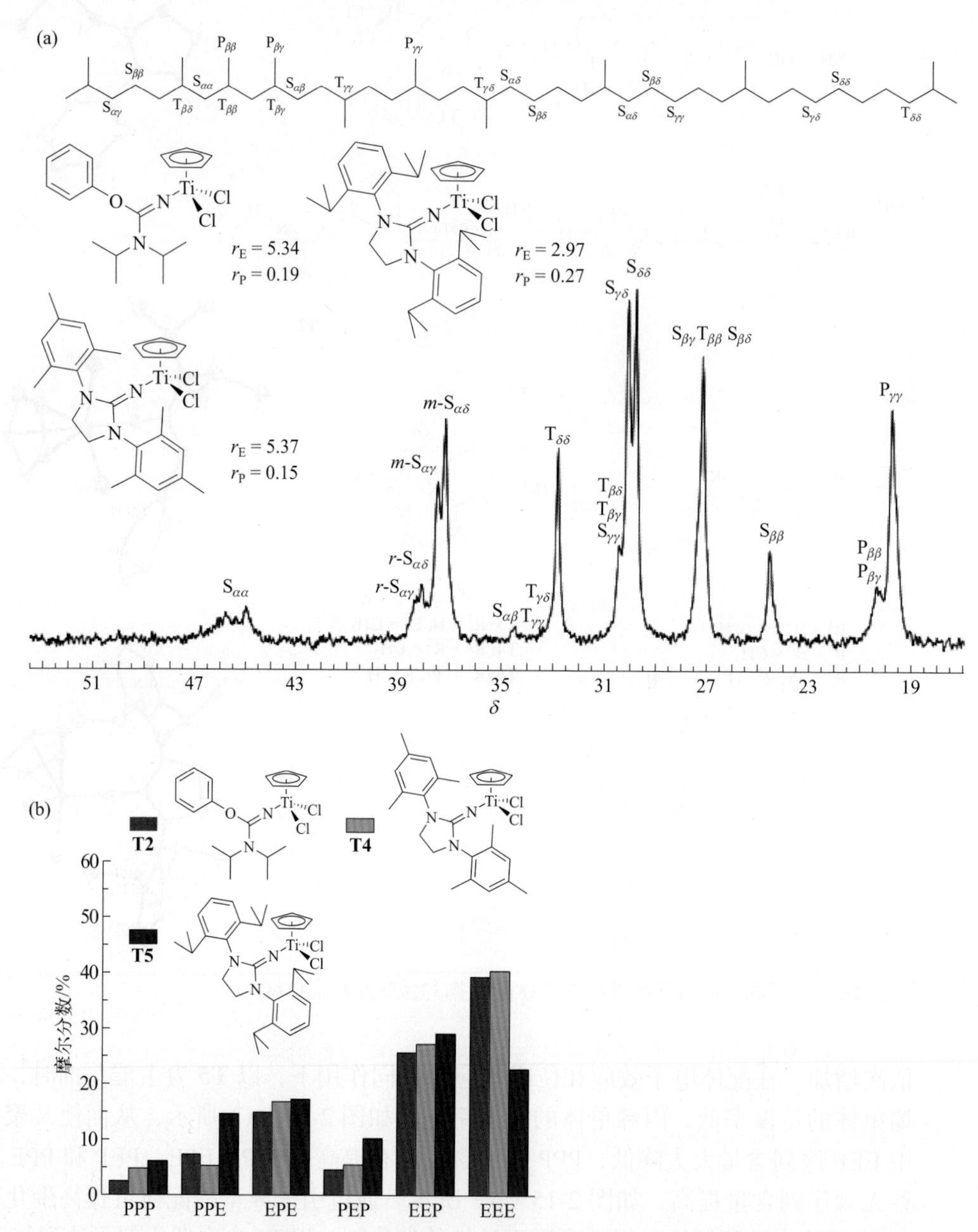

图2-15　典型的乙烯/丙烯共聚弹性体的^{13}C NMR谱图及不同催化剂体系下的单体竞聚率（a）；不同催化剂制备的乙烯/丙烯共聚弹性体的序列分布情况及含量（b）[53]

备的共聚物中交替序列含量高。**T6**/MMAO 催化体系的另一显著特点在于聚合反应过程可控性更好，在较长时间内单体转化率缓慢增加，共聚物组成变化不大[53]。

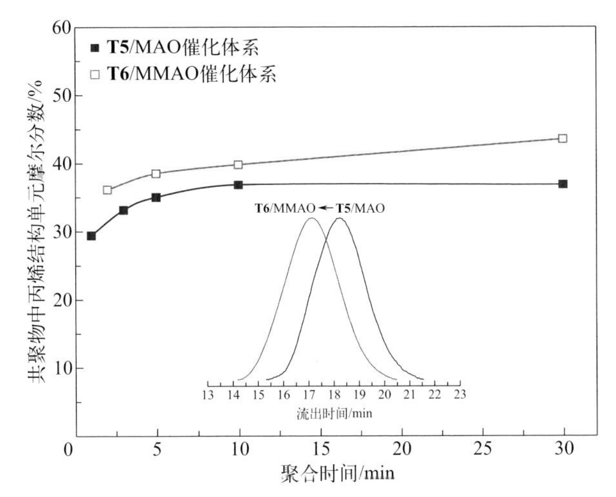

图2-16　T5/MAO和**T6**/MMAO催化体系得到乙烯/丙烯共聚弹性体的丙烯含量以及典型GPC曲线[53]

③ 非茂金属配合物催化剂　在单茂钛催化剂中，无论是限制几何构型茂金属催化剂还是单茂非桥连茂金属催化剂，用一个含杂原子的负离子配体取代环戊二烯基可稳定活性中心。若用含杂原子的负离子配体取代两个环戊二烯基，则可形成不含双环戊二烯基配体的非茂金属配合物。非茂金属配合物催化剂在烯烃配位聚合中起到与茂金属催化剂相似的作用，是单中心催化剂，催化剂的中心金属和配体都对催化性能有明显影响，下面将按照金属中心种类介绍各类非茂金属配合物催化剂。

a. 非茂钛或锆配合物催化剂　水杨醛亚胺配体含有一个亚胺氮原子和一个氧负离子，可与钛或锆形成 L_2MCl_2（L 为水杨醛亚胺配体，M 为钛或锆）型配合物，这类配合物广泛应用于催化乙烯聚合、*α*- 烯烃聚合以及乙烯与 *α*- 烯烃共聚合[57]。采用水杨醛亚胺锆配合物 **1**（图 2-17 所示）作为催化剂催化乙烯 / 丙烯共聚时，催化活性（以聚合物质量计）与 Cp_2ZrCl_2 相当，达到 2.2×10^7g/[mol（Zr）• h]，但由于两个水杨醛亚胺配体的空间位阻较大，丙烯单体插入率低，共聚物中丙烯摩尔分数为 10.7%，明显低于在相同聚合条件下采用 Cp_2ZrCl_2/MAO 催化体系制备的乙烯 / 丙烯共聚物中丙烯的摩尔分数（25.6%）[58]。在水杨醛亚胺配体不同位置引入取代基得到的锆配合物 **2**，通过引入大位阻的三乙基硅基减少链转移和链终止反应的发生，使 **2**/$^{i}Bu_3Al/Ph_3CB(C_6F_5)_4$ 体系催化乙烯 / 丙烯共聚时催化活性高 {3.6×10^7g/[mol(Zr)·h]}，得到的无规共聚物的分子量高（$\overline{M}_w$ = 1.0×10^7），同时三乙基硅基并没有影响丙烯的插入，共聚产物中丙烯摩尔分数（23.7%）变化不大[59]。与水杨醛亚胺锆配合物相比，图 2-17 中所示的水杨醛亚胺钛配合物（**3** 和 **4**）催化乙烯 / 丙烯共聚时催化活性略低，配体的结构对催化活性和共聚产物的共聚组成影响更明显[60-62]。

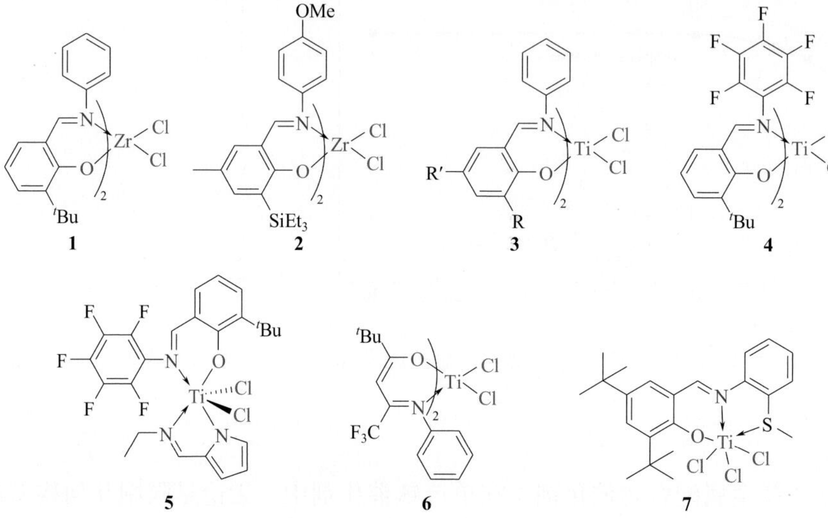

图2-17　锆配合物与钛配合物的化学结构[57-65]

若用吡咯亚胺配体取代一个水杨醛亚胺配体，则得到混合配体钛配合物 **5**（见图 2-17）。在 MAO 作用下催化乙烯 / 丙烯共聚，催化活性为 1.8×10^6g/(mol·h)，所得的乙丙共聚物中丙烯摩尔分数较高（30%），$\overline{M}_w$ 为 1.2×10^5，$\overline{M}_w/\overline{M}_n$ 为 2.1[63]。以 *β*- 酮亚胺钛配合物 **6** 和含有三齿 [O⁻NS] 配体的三氯化钛配合物 **7**（见图 2-17）为主催化剂催化乙烯 / 丙烯共聚时，具有较高的催化活性，但丙烯插入率较低[64-65]。

b. 非茂钒配合物催化剂　由于传统的 Ziegler-Natta 钒催化剂活性中心稳定性差，因此引入配体与钒配位后可稳定活性中心，得到非茂钒配合物催化剂。钒配合物在乙烯均聚、乙烯与高级 *α*- 烯烃或环烯烃共聚方面有很多应用[66-67]，用于乙烯 / 丙烯共聚的钒配合物相对较少。在钒原子上引入胺类配体得到不同价态的钒配合物 **1** ～ **5**（如图 2-18 所示）。对于含有氮负离子配体的钒 (Ⅳ) 配合物 **1** ～ **3**，在 $AlEt_{1.5}Cl_{1.5}$ 作用下催化乙烯 / 丙烯共聚，催化活性可达 8.6×10^5g/

(mol • h)，乙烯 / 丙烯共聚产物中乙烯质量分数约为 71%[68]，两个含氮负离子配体被桥连后得到的钒配合物 **3** 的催化活性低于钒配合物 **2** 的催化活性[69]。对于亚胺钒配合物 **4** 和 **5**，在 $AlEt_{1.5}Cl_{1.5}$ 的作用下催化乙烯 / 丙烯共聚，催化活性为 5.9×10^5 ～ 6.8×10^5g/(mol • h)，共聚产物中丙烯摩尔分数可达 43%[70]。在钒配合物 **4a** 的基础上进一步引入酚负离子配体得到钒配合物 **6** 和 **7**，酚负离子的引入可使催化活性提高到 9.2×10^5g/(mol • h)，共聚产物中丙烯含量变化不大[70]。通过在钒 (Ⅲ) 和钒 (Ⅳ) 中引入氨基苯酚类配体得到钒配合物 **8** 和 **9**，在 $AlEt_{1.5}Cl_{1.5}$ 作用下，钒 (Ⅳ) 配合物 **9** 的催化活性 [1.8×10^6g/(mol • h)] 略高于钒 (Ⅲ) 配合物 **8** 的催化活性 [1.3×10^6g/(mol • h)]，但采用配合物 **8** 为主催化剂得到的共聚物中丙烯质量分数（37.5%）高于采用配合物 **9** 为主催化剂得到的共聚物的丙烯含量（32.3%）[71]。含有 β- 酮亚胺配体和水杨醛亚胺配体的钒配合物 **10** ～ **12** 在 $AlEt_2Cl$ 作用下催化乙烯 / 丙烯共聚具有相近的催化活性 [1.26×10^7 ～ 1.48×10^7g/(mol • h)]，但由于共聚物中丙烯摩尔分数过低（6.2% ～ 7.4%）使得聚合物有明显的结晶[72]。含有多个酚羟基的配体可与钒形成单核或双核配合物 **13** ～ **16**（如图 2-18）[73-77]，这类钒配合物在催化乙烯 / 丙烯共聚时催化活性高，但所得乙烯 / 丙烯共聚物产物中丙烯含量低，例如钒配合物 **15** 在 $AlMe_2Cl$ 作用下，催化乙烯 / 丙烯共聚的催化活性可达到 1.44×10^8g/（mol • h），但是共聚物中丙烯摩尔分数仅为 8.5%[75]。

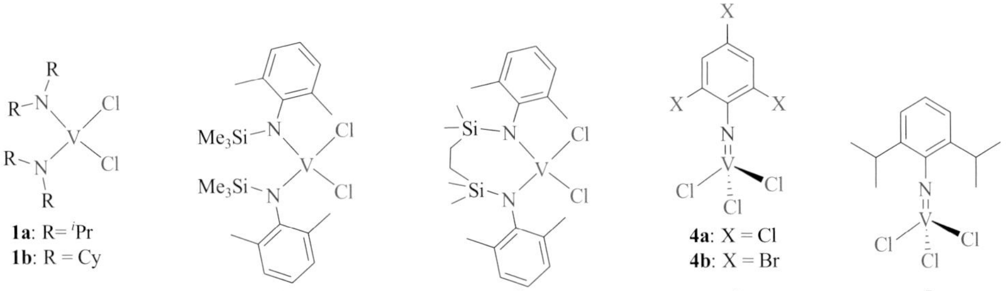

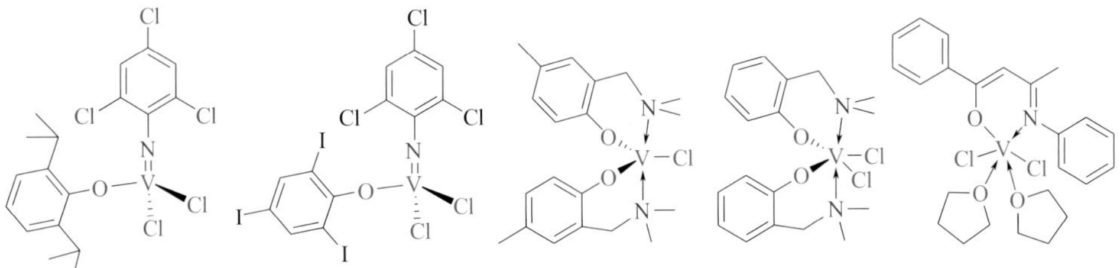

图2-18

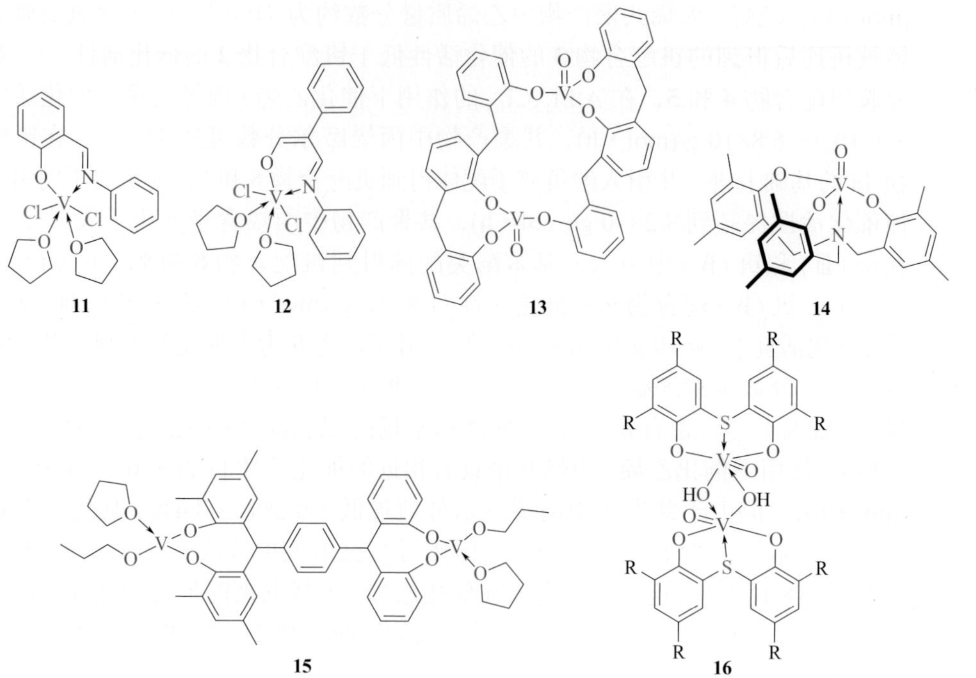

11　12　13　14

15　16

图2-18　非茂钒配合物的化学结构[67-77]

本书著者团队采用空间位阻和电子效应容易调节的氮杂环卡宾（NHC）配体与 $VOCl_3$ 反应形成在空气中能够稳定存在的钒配合物[78-79]，如图 2-19 所示。配体的结构影响钒配合物的结构，配体的供电子性增强，钒配合物的紫外 - 可见光谱图中的配体 - 金属电子转移跃迁的吸收峰波长向长波长方向移动，如图 2-20 所示，说明给电子配体有稳定钒配合物的作用[78]。

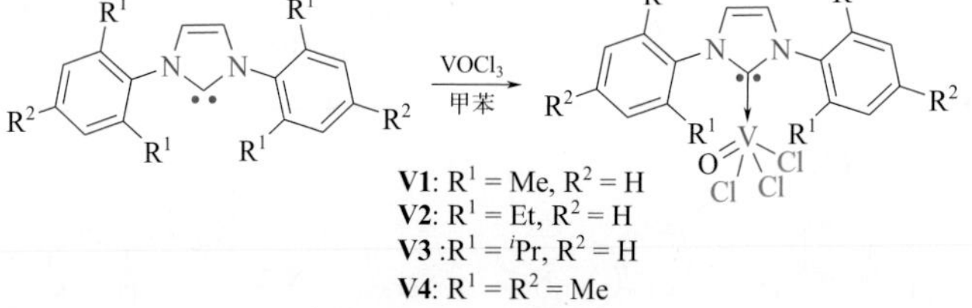

$VOCl_3$ 甲苯

V1: R^1 = Me, R^2 = H
V2: R^1 = Et, R^2 = H
V3: R^1 = ^{i}Pr, R^2 = H
V4: R^1 = R^2 = Me

图2-19　含NHC配体的钒配合物的合成[78]

在 $AlEt_{1.5}Cl_{1.5}$ 作用下，含 NHC 配体的钒配合物 **V1** ～ **V4** 催化乙烯 / 丙烯共聚反应，可制备无规乙丙共聚物。**V2** 在低助催化剂用量（Al/V = 30）下即可得到高催化活性，而 **V4** 需要较高助催化剂用量才能达到高催化活性，体现了配体的电子效应和位阻效应对催化性能的影响，如图 2-21 所示。在 Al/V＞100 的助催化剂用量下，**V3** 和 **V4** 催化乙烯 / 丙烯共聚的催化活性没有明显降低，说明这两种催化剂稳定性好，不容易被过量的助催化剂还原。此外，在 Al/V = 125 的助催化剂用量下，**V4** 催化乙烯 / 丙烯共聚得到的乙丙共聚物的重均分子量为 732000，$\overline{M}_w/\overline{M}_n$ 为 2.5，体现了该催化体系单活性中心的特点，且聚合反应过程中向助催化剂链转移并不明显。与传统的 $VOCl_3$ 相比，该催化体系的另一特点是制备的乙丙共聚物中长序列乙烯结晶链段含量明显降低。**V1** ～ **V4** 作为主催化剂制备的乙丙共聚物的 DSC 谱图中没有明显的结晶熔融峰，通过 ^{13}C NMR 表征定量计算各三元组序列含量，如图 2-22 所示，表明由 **V2** 和 **V4** 制备的乙丙共聚物中无规序列含量明显高于以 $VOCl_3$ 为主催化剂制备的乙丙共聚物中无规序列含量[78]。

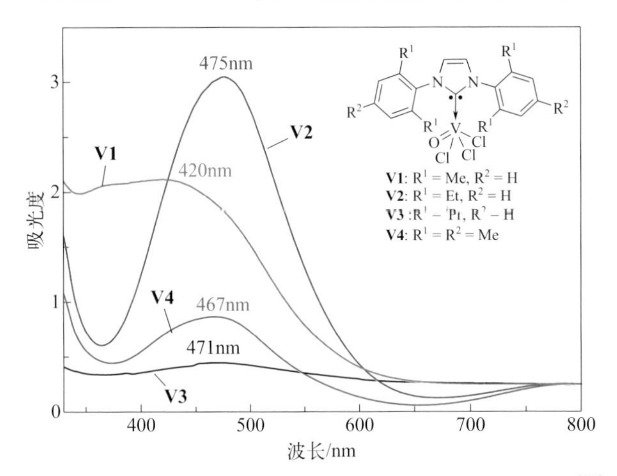

图2-20　含NHC配体的钒配合物的紫外-可见光谱图[78]

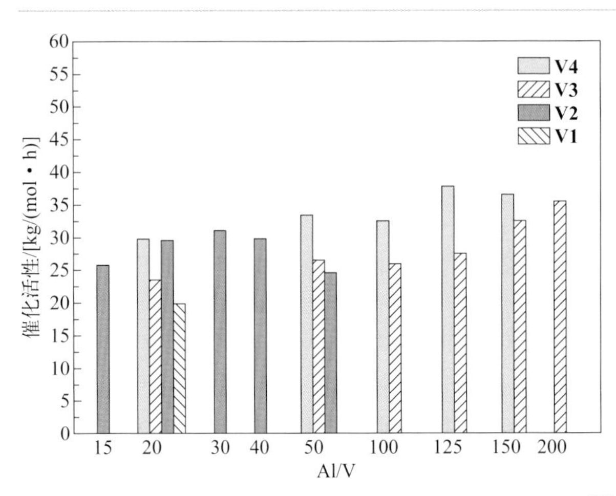

图2-21　不同钒配合物催化乙烯/丙烯共聚的催化活性[78]

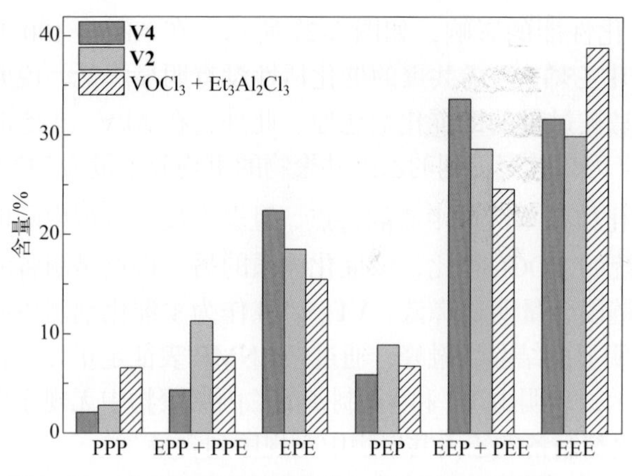

图2-22　典型的乙丙共聚物中三元组序列含量[78]

大位阻配体可以减少或抑制链终止和链转移副反应，得到高分子量共聚物。以 **V1**、**V2** 和 **V3** 为主催化剂，得到的乙丙共聚物分子量（$\overline{M}_w$）分别为 552000、1007000 和 1427000，分子量呈较窄的单峰分布。配合物 **V3** 还可实现乙烯与丙烯的拟活性配位共聚合，可通过延长反应时间提高共聚产物分子量，得到 $\overline{M}_w$ 高达 1612000 的超高分子量乙烯 / 丙烯无规共聚弹性体 [80]，如图 2-23 所示。

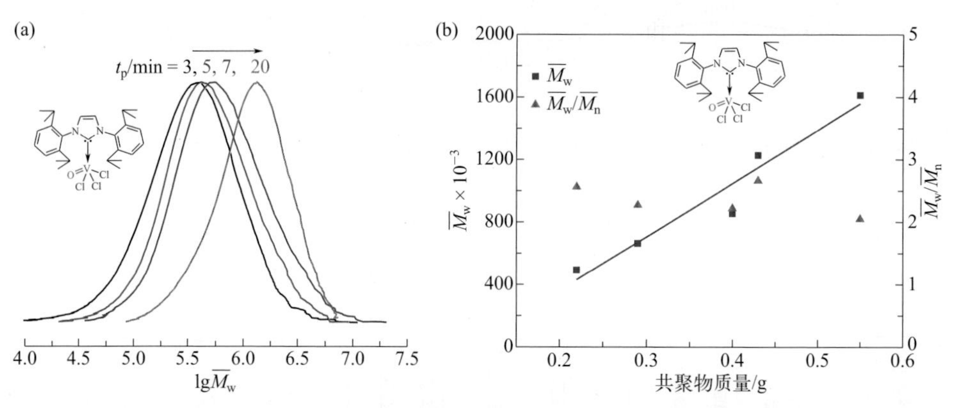

图2-23　**V3**为主催化剂制备的乙烯/丙烯共聚物的GPC曲线（a）和分子量与分子量分布（b）[80]

大空间位阻配体的引入降低了催化剂的共聚性能，因此，设计合成兼具高催化活性和高共聚性能的催化剂具有重要意义。本书著者团队设计了含不对称 NHC 配体的钒配合物，然而这种配合物很难通过 NHC 配体与 $VOCl_3$ 反应制备。为此，发展了转金属反应合成新方法，以含 NHC 配体的银配合物为原料，高效合成了含对称 NHC 配体的钒配合物 **V4**，产率可达 86%，远高于直接配位法的产率（48%）。采用转金属反应的方法，还合成了用直接配位的方法不能合成的含不对称 NHC 配体的钒配合物 **V5′** ～ **V7′**，如图 2-24 所示[81]。

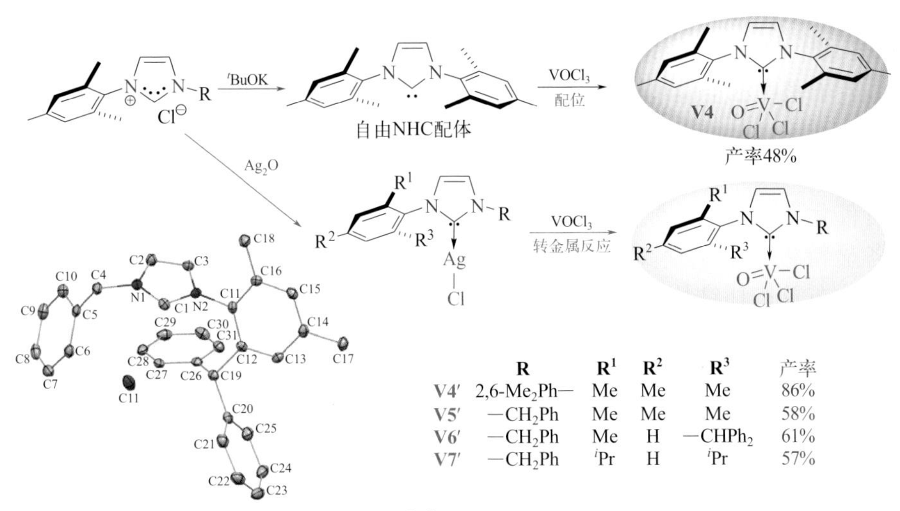

图2-24　含NHC配体的钒配合物合成[81]

设计合成的钒配合物催化乙烯与丙烯共聚具有优异的催化活性和共聚性能。与含有对称的 NHC 配体的钒配合物 **V4** 相比，含不对称 NHC 配体的钒配合物 **V5′** 具有高催化活性和共聚性能，如图 2-25 所示。**V5′** 催化乙烯与丙烯共聚的活性为 3.7×10^5g/[mol（V）• h]，共聚产物中丙烯结构单元插入率（摩尔分数）可达 40.6%[81]。

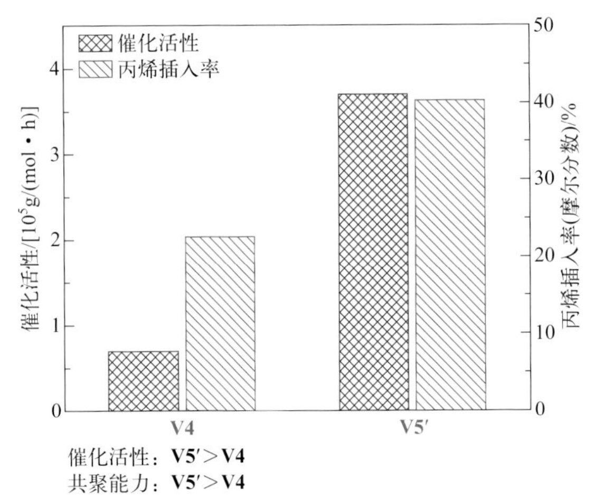

图2-25　含不对称NHC配体的钒配合物催化乙烯与丙烯共聚的性能[81]

本书著者团队还设计合成了含氮负离子的钒(Ⅲ)配合物，在共聚合反应中具有优异的共聚性能，得到的共聚物具有分子量高和分子量分布窄的特点[82-83]。设计合成了一种含氮负离子配体和氧负离子的钒配合物，将两种不同给电子性和空间位阻的非桥连配体引入钒配合物中，通过强弱配体的配合，有效调整钒金属中心电子密度和空间位阻，得到钒金属中心电子密度和空间位阻可调的含氮和含氧负离子的稳定的钒配合物[84-85]。

综上所述，齐格勒 - 纳塔催化剂、茂金属催化剂和非茂金属配合物催化剂均可催化乙烯 / 丙烯配位共聚及其与少量二烯烃配位共聚，其中不同种类催化剂各显特色，是实现高效可控合成乙烯 / 丙烯共聚物及微观结构、共聚组成、序列分布及拓扑结构等微观结构参数调控的关键。主催化剂中金属的种类与价态、主催化剂中配体的结构、助催化剂、添加剂等均可调节催化活性、共聚组成、分子量、分子量分布及序列分布等微观结构参数。齐格勒 - 纳塔催化剂和茂金属催化剂均已实现产业化应用，目前齐格勒 - 纳塔催化剂占更大的产业份额。进一步发展先进催化剂，提高催化活性及丙烯插入率，调控共聚物的分子量及其分布，调控共聚物的序列分布与拓扑结构，设计合成特定结构的高性能的乙烯 / 丙烯无规共聚弹性体是本领域永恒的主题，也是未来的主要发展方向。

（2）乙烯 / 丙烯无规共聚弹性体的制备工艺

① 齐格勒 - 纳塔催化剂溶液聚合工艺　齐格勒 - 纳塔催化剂溶液聚合法工艺技术成熟、产品质量稳定、应用范围广泛，是工业生产的主导技术。

溶液聚合生产工艺通常以饱和烃为溶剂，将乙烯、丙烯充分溶解于溶剂（如己烷）中，加入一定量的催化剂进行共聚反应。在一定的温度和压力下，进行单釜或多釜连续聚合，平均聚合时间约为 0.5 ～ 1h。乙烯和丙烯的共聚反应为强放热反应，反应热必须高效地从反应体系中除去。工业上，可利用产生的部分热量使聚合反应釜中的己烷和丙烯汽化，即将聚合反应产生的显热转化为己烷和丙烯的相变潜热。汽化后的己烷和丙烯从聚合反应釜的顶部排出并带走聚合反应所产生的部分热量。采用齐格勒 - 纳塔催化剂溶液聚合工艺制备乙烯 / 丙烯无规共聚弹性体的典型聚合反应工序流程示意图如图 2-26 所示[13]。

聚合反应是乙烯 / 丙烯无规共聚弹性体制备的核心和关键，直接影响产品的微观结构和宏观性能。影响聚合反应的因素主要包括：

a. 催化体系：随主催化剂浓度的提高，共聚反应速率、共聚物产量增加，单位质量催化剂的共聚物产量（即催化剂的催化活性）、分子量则降低，而共聚物组成则不变。随 Al 与 V 的摩尔比的提高，分子量降低。少量分批加入或连续滴加与全部一次加入方式相比，聚合反应过程比较均衡，温度比较容易控制。

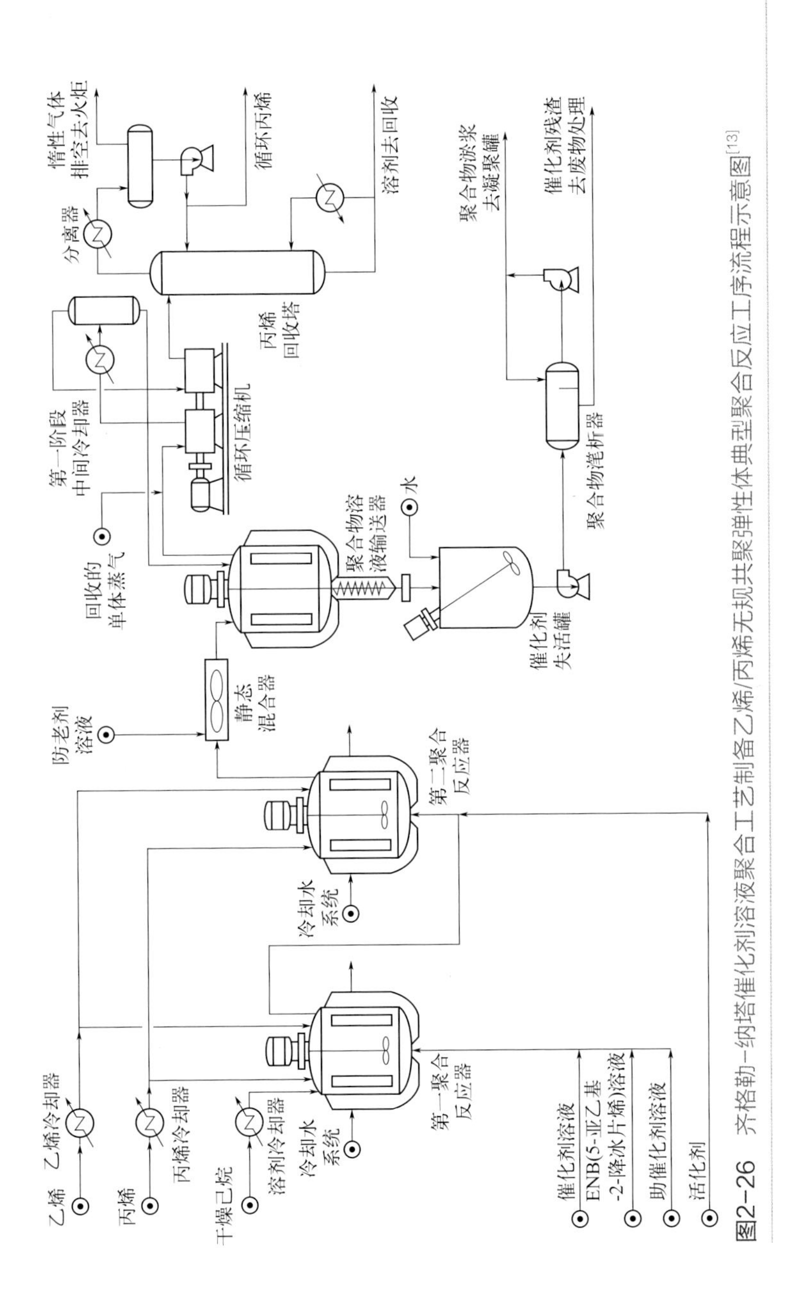

图2-26 齐格勒-纳塔催化剂溶液聚合工艺制备乙烯/丙烯无规共聚弹性体典型聚合反应工序流程示意图[13]

b. 单体浓度及配比：共聚反应速率、共聚物产量、催化剂的催化活性、分子量都随单体乙烯、丙烯总浓度的提高而增加，共聚物的乙烯结构单元含量、分子量、结晶度随乙烯和丙烯摩尔比的提高而增加。

c. 工艺条件：齐格勒 - 纳塔催化剂在温度升高时稳定性变差，催化活性随反应时间的延长而逐渐降低，故聚合温度不宜过高、聚合反应时间不宜过长。

d. 分子量调节剂：氢或二烷基锌等是乙烯 / 丙烯溶液共聚合反应必不可少的分子量调节剂，调节效果明显。共聚物分子量随调节剂用量的增加明显降低，但不影响共聚物的产量及其他特性。

生产乙烯 / 丙烯无规共聚弹性体的反应器一般为釜式反应器。为解决反应过程中的物料分散、温度控制和清理釜壁凝胶等问题，一般要求聚合反应釜具有适宜的传热方式和搅拌方式。其传热方式有夹套冷却、单体或溶剂蒸发、物料预冷和内部辅助冷却装置等。聚合反应釜为带有刮刀透平搅拌器的反应釜，如图 2-27 所示。

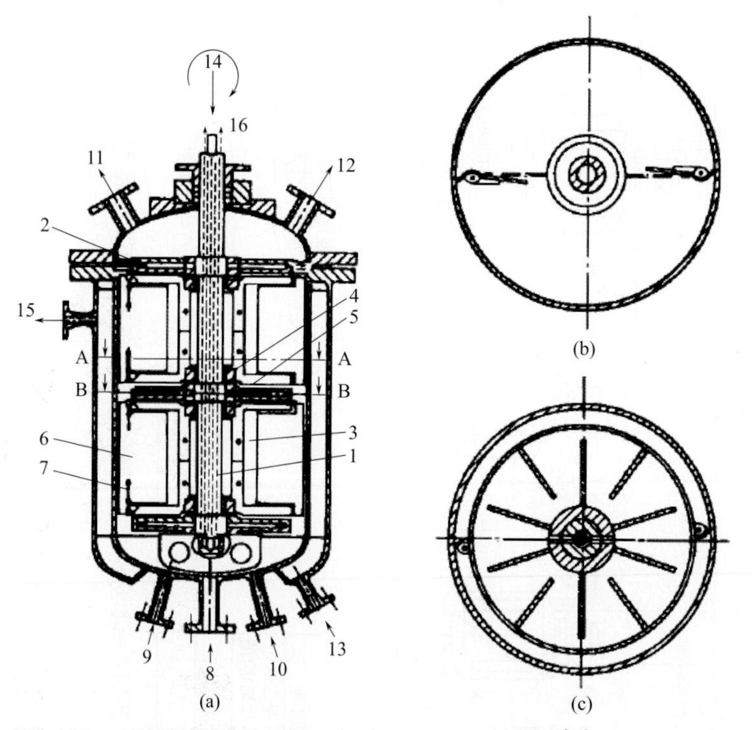

图2-27　乙烯/丙烯溶液共聚合反应用釜式反应器结构[13]

1—搅拌器轴；2—圆盘；3—挡板；4—轴承套；5—轮臂；6—刮刀；7—轮轴；8 ～ 10—物料入口；11, 12—物料出口；13, 14—冷剂入口；15, 16—冷剂出口聚合物溶液经过失活剂使其中剩余的催化剂失去活性，通过闪蒸工艺脱除未反应的单体，再经过碱水和脱盐水的洗涤后脱除残留的催化剂，然后与过热水混合后在汽提塔内进行汽提，以回收溶剂或过量的未反应的第三单体；被提浓后的聚合物溶液，进行压缩、加热，同时向聚合物溶液中通蒸汽以防止聚合物溶液黏附在管壁上。经闪蒸干燥后，形成屑状聚合物，再挤压切粒后即得乙烯 / 丙烯无规共聚弹性体成品。闪蒸出来的未反应的单体再经压缩、回收精制后循环使用。汽提出来的溶剂和第三单体经分离、脱水和精制后循环使用。齐格勒 - 纳塔催化剂溶液聚合工艺制备乙烯 / 丙烯无规共聚弹性体的典型聚合物处理工序流程示意图如图 2-28 所示。

② 茂金属催化剂溶液聚合工艺　20 世纪末将茂金属催化剂成功地应用于乙烯 / 丙烯 / 非共轭二烯烃的共聚反应中，并实现了工业化。此项技术的优点：催化效率高、用量少、催化剂残余物少，不用脱除残留催化剂、产品颜色浅，聚合物结构均匀、分子量分布较窄，物理机械性能优异，尤其通过改变茂金属催化剂结构可以有效地调节共聚组成，在很大范围内调控聚合物的微观结构，合成出新型链结构的不同用途的多种产品牌号。目前世界上采用茂金属催化剂生产乙烯 / 丙烯无规共聚弹性体的生产商主要有陶氏化学公司、埃克森公司、Lion 公司和三井化学公司等。典型的茂金属催化剂溶液聚合法是采用高温（110 ～ 120℃）溶液聚合，使用高效钛或锆等茂金属催化体系。美国陶氏公司采用茂金属溶液聚合工艺，用于生产乙烯 / 丙烯 / 非共轭二烯三元共聚物、乙烯 / 丙烯二元共聚物等实现了对共聚物分子量及分子量分布、门尼黏度、乙烯和 ENB 的含量等的有效控制，从而保证了产品均匀性。

下面将以陶氏化学公司的 Insite™ 乙烯 / 丙烯无规共聚弹性体生产工艺（如图 2-29 所示）为例对茂金属催化剂溶液聚合工艺进行介绍。

乙烯和丙烯分别通过乙烯干燥器和丙烯干燥器提纯和干燥。ENB 先用苛性钠溶液洗涤，再用水洗涤以脱除阻聚剂，最后经过装有分子筛的干燥器进行干燥，储存于 ENB 缓冲槽中。来自 ENB 缓冲槽的 ENB 与来自丙烯缓冲槽的丙烯和来自两台分离器的循环液体物料在静态混合器中进行混合。混合后的液体作为原料加入聚合反应釜中。乙烯与来自一台分离器的循环气体经由静态混合器混合后一起进入聚合反应釜中。在催化剂配制罐中制备的茂金属催化剂溶液被送到催化剂原料储罐中，与来自循环单体缓冲罐的循环单体溶液经过静态混合器混合后一起连续地向聚合反应釜进料。聚合反应于 120℃、3.4MPa 下在聚合反应釜中进行。聚合反应釜是一种卧式反应釜，内部安装有一套外螺形叶片，在斜对位方向上安装一套内螺形叶片；通过预冷液体和汽化原料液体移出部分反应热，另一部分反应热则通过蒸发部分挥发性反应混合物脱除。来自反应釜的蒸气在换热器中冷凝，最后的混合物在分离器中被分离。来自分离器的气体通过第二循环压缩机被压缩到 4.1MPa 后在热交换器中被冷却到 49℃以进一步

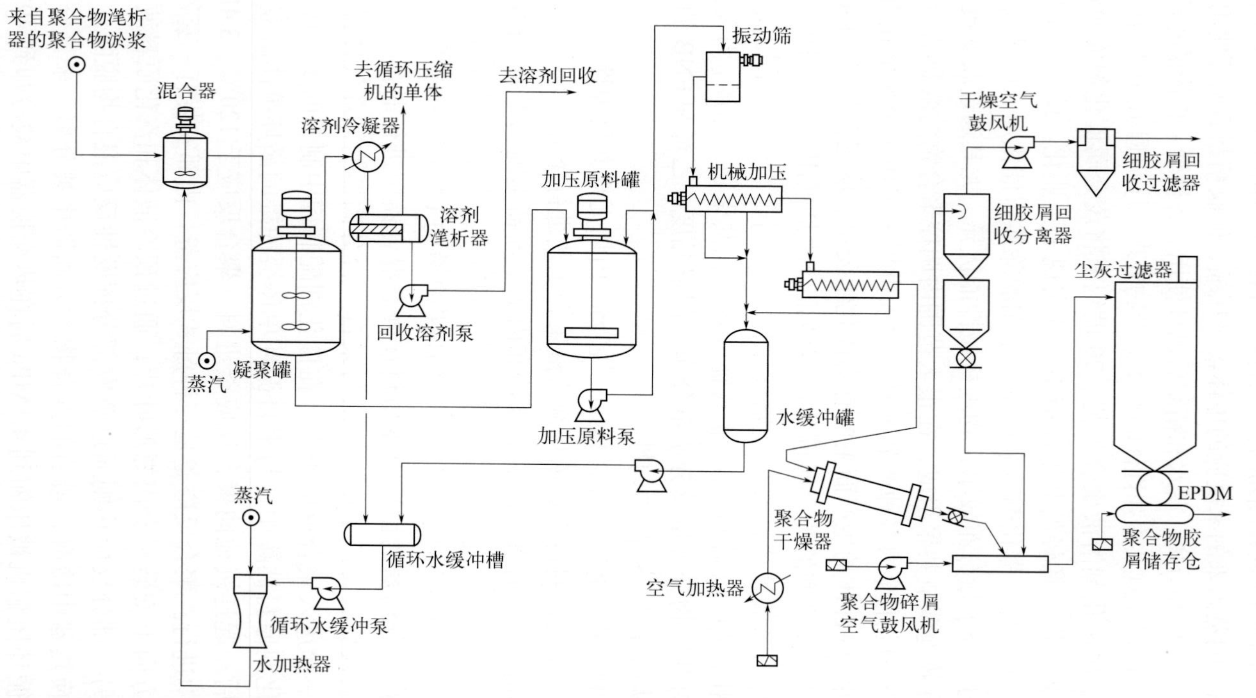

图2-28　齐格勒-纳塔催化剂溶液聚合工艺制备乙烯/丙烯无规共聚弹性体典型聚合处理工序流程示意图[13]

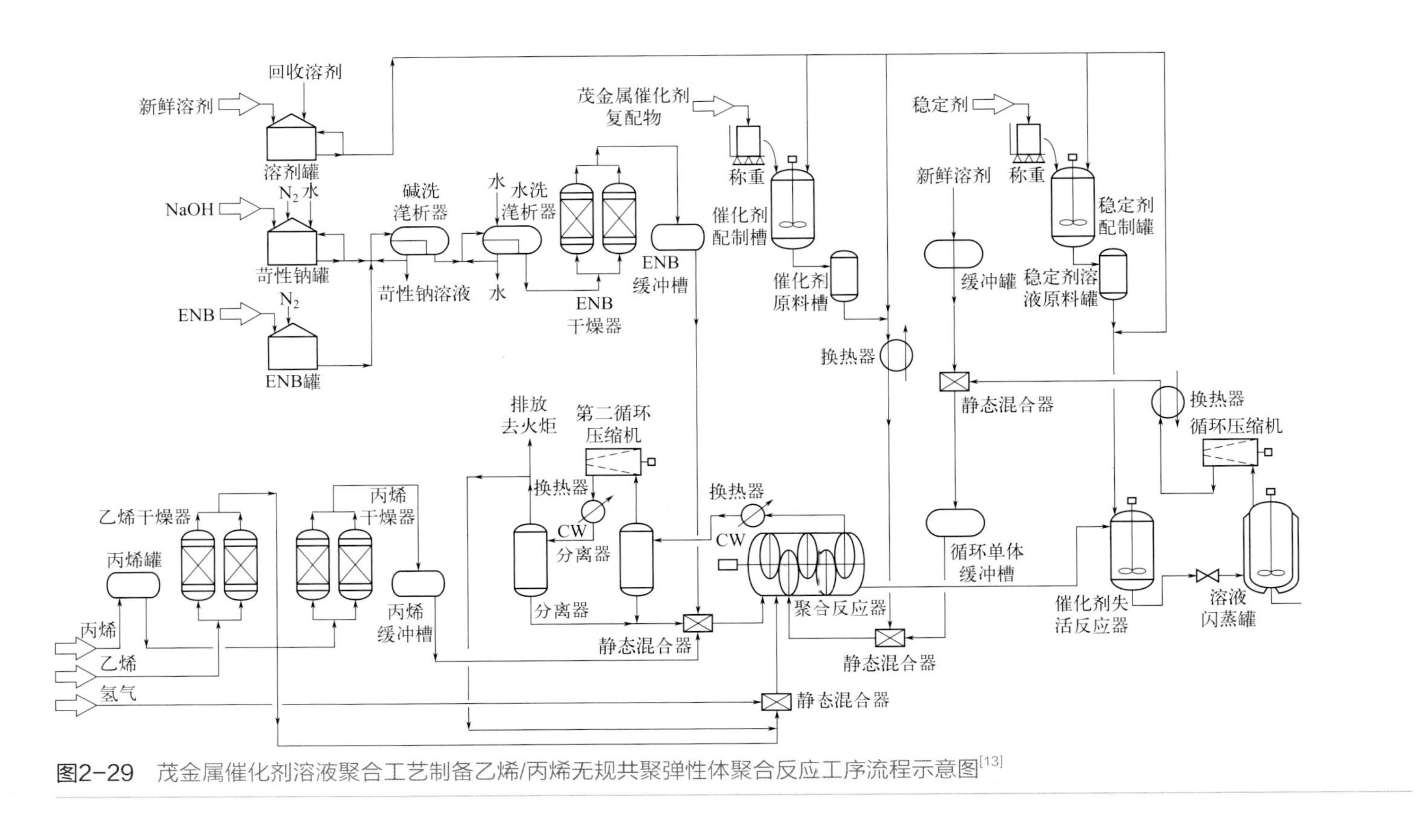

图2-29 茂金属催化剂溶液聚合工艺制备乙烯/丙烯无规共聚弹性体聚合反应工序流程示意图[13]

冷凝部分在分离器中分离的混合物。不凝气体和分离的液体被循环到反应釜中。来自聚合反应釜的溶液为约含有 16.4% 共聚产物、未反应单体和正己烷的混合物。对该溶液用一种稳定剂溶液在催化剂失活器中处理以使催化剂失去活性，之后在溶液闪蒸罐中闪蒸使压力降到 1MPa 以脱除绝大部分烯烃和烷烃溶剂。在循环压缩机中被压缩冷凝，并在热交换器中冷却，储存于循环单体缓冲槽中。

溶液闪蒸罐中的溶液固含量约为 19.7%。将此溶液用泵加压至 6.8MPa，并在热交换器中被加热到 238℃，之后被送到一个双液相区中减压到 3 ～ 4MPa，再在滗析器中被分离。滗析器上部富溶剂层含有一些单体和溶解的痕量聚合物以及重组分，将其送至缓冲罐中用于蒸馏；滗析器下部富聚合物层含有少量单体，将此部分送至挤出机 / 造粒机的一个闪蒸室中，残留的单体在真空条件下于闪蒸室内与剩余的溶剂一起被脱除，挤出的胶粒通过挤出机 / 造粒机干燥，然后进入存储仓。最终产品经包装成袋送至装置外的仓库中。

粗溶剂中含有未反应单体和少量溶解的聚合物及重组分。绝大部分的烯烃在蒸馏塔中与约 52% 的溶剂一起被蒸馏出去，被循环到缓冲罐中。剩余的溶剂在连接一个薄膜蒸发器的蒸馏塔中进一步蒸馏，分离出聚合物和重组分。回收的溶剂被送回到溶剂储罐，少量的聚合物和重组分的混合物被送去焚烧。

本书著者团队与企业通过产学研用深度合作，采用自主开发的催化剂和溶液聚合工艺，完成了乙烯 / 丙烯无规共聚弹性体的千吨级中试试验及中试产品的应用评价，生产了长链支化乙烯 / 丙烯无规共聚弹性体和超高分子量长链支化乙烯 / 丙烯无规共聚弹性体新产品。乙烯 / 丙烯无规共聚弹性体的门尼黏度在 30 ～ 160 范围内可调，乙烯结构单元质量含量在 45% ～ 65% 范围内，丙烯结构单元质量含量在 30% ～ 55% 范围，第三单体结构单元质量含量在 1.5% ～ 10% 范围内。

2．乙烯 / 丙烯无规共聚弹性体的结构特点与表征方法

（1）乙烯 / 丙烯无规共聚弹性体的结构特点

在乙烯 / 丙烯无规共聚弹性体中，乙烯和丙烯的含量可以在一个较宽的范围内变化，均可使之保持良好的弹性。一般认为，当乙烯含量（摩尔分数）在 20% ～ 80% 范围内时，聚合物具有普通橡胶的弹性。乙烯 / 丙烯无规共聚弹性体的性能不仅取决于共聚物的组成、分子量及分子量分布，而且依赖于共聚物中共聚单体的序列分布及链结构。

（2）乙烯 / 丙烯无规共聚弹性体的表征方法

乙烯 / 丙烯无规共聚弹性体的共聚组成是决定其性能的主要因素之一，表征其共聚组成的方法主要包括两种，一种是红外光谱法，另一种是核磁共振波谱法。采用核磁共振波谱法，还可以定量计算乙烯 / 丙烯无规共聚弹性体中不同三元组序

列的含量。

采用红外光谱分析乙烯 / 丙烯共聚物组成：将乙烯 / 丙烯共聚物按照 12mg/mL 的浓度溶于已烷中，待样品完全溶解后将溶液涂在 KBr 片上烘干成膜，然后采用傅里叶变换红外光谱仪进行测试，测试范围为 400 ～ 2000cm^{-1}，分辨率为 4cm^{-1}，扫描次数 24 次，得到样品的红外光谱图。根据测试样品特征峰的校正峰高，按照 ASTM D3900-95（2000）标准，即可计算出乙烯、丙烯结构单元的质量分数。

采用核磁共振波谱法分析乙烯 / 丙烯无规共聚弹性体的共聚组成、序列分布及三元组序列含量：将乙烯 / 丙烯无规共聚弹性体溶于氘代试剂中（如氘代氯仿、氘代邻二氯苯等）进行定量 ^{13}C NMR 表征，典型的共聚物谱图如图 2-30 所示，不同化学位移的峰代表不同种类的碳原子，如图 2-30 中所标注。其中各三元组序列对应的吸收峰为：PPP = $P_{\beta\beta}$，PPE = $T_{\beta\gamma}$，EPE = $T_{\delta\delta}$，PEP = $S_{\beta\beta}$ = 0.5 $S_{\alpha\gamma}$，EEP = $S_{\alpha\delta}$ = $S_{\beta\delta}$，EEE = 0.5 $S_{\delta\delta}$ +0.25 $S_{\gamma\delta}$。用代表各序列峰的积分面积除以所有序列碳原子峰的积分面积，得到 6 种三元组序列的含量[86-87]。

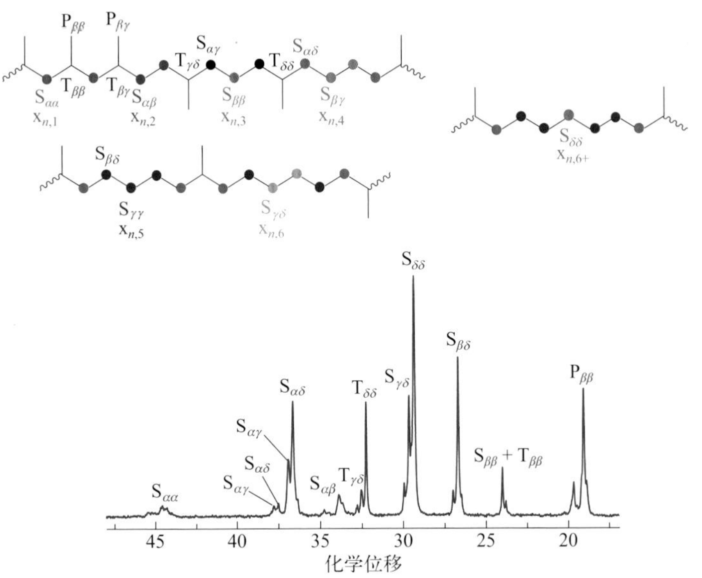

图2-30 典型的乙烯/丙烯无规共聚物的^{13}C NMR谱图 ($CDCl_3$, 25℃)[81]

乙烯 / 丙烯无规共聚弹性体的重均分子量（$\overline{M}_w$）、数均分子量（$\overline{M}_n$）以及分子量分布（$\overline{M}_w$ / $\overline{M}_n$）可通过凝胶渗透色谱仪测定，使用的淋洗剂为 1,3,5- 三氯苯，测试温度为（150 ± 0.1）℃。

3．乙烯 / 丙烯无规共聚弹性体的应用领域

乙烯 / 丙烯无规共聚弹性体的主要应用领域包括聚烯烃改性剂和油品添加剂。聚烯烃尤其是聚丙烯韧性差，乙烯 / 丙烯无规共聚弹性体与聚烯烃具有很强的亲和性和相容性，能均匀分散到聚烯烃基体中。聚烯烃与乙烯 / 丙烯无规共聚弹性体的共混物具有优良的耐候、耐臭氧、耐紫外线性能，以及良好的耐高温和抗冲击性，主要用于生产汽车保险杠和仪表板。低分子量的乙烯 / 丙烯无规共聚物具有较好的增稠效果、抗剪切稳定性、耐低温性和抗氧化性，是制备多级发动机齿轮油的主要添加剂之一，作为齿轮油的黏度改性剂，使油品在较宽范围内保持较好的黏度以满足应用要求。

采用乙烯和丙烯大宗化工原料为单体制备高性能、高附加值的乙烯 / 丙烯共聚弹性体具有重要意义。在乙烯与丙烯共聚过程中，催化剂及聚合工艺都起着至关重要的作用。在齐格勒 - 纳塔催化剂、茂金属催化剂或非茂金属配合物催化剂作用下，均可催化乙烯 / 丙烯高效配位共聚，有效调节乙烯 / 丙烯共聚物的微观结构、分子量、分子量分布、共聚组成、序列分布及拓扑结构等微观结构参数。齐格勒 - 纳塔催化剂和茂金属催化剂两类催化剂均已实现产业化应用，目前齐格勒 - 纳塔催化剂占更大的产业份额。进一步发展先进催化剂，提高催化活性及丙烯插入率，调控共聚物的分子量及其分布，调控共聚物的序列分布与拓扑结构，设计合成特定结构与高性能功能化的乙烯 / 丙烯无规共聚弹性体，是本领域未来的主要发展方向。

三、乙烯/1-丁烯无规共聚弹性体

乙烯 /α- 烯烃无规共聚弹性体简称聚烯烃弹性体（polyolefin elastomer，POE），是乙烯与高级 α- 烯烃的无规共聚弹性体，主要包括乙烯 /1- 辛烯、乙烯 /1- 己烯和乙烯 /1- 丁烯的无规共聚物。POE 特殊的分子结构使其具有良好的流变性能、力学性能、低温韧性、抗紫外线性能，以及与聚烯烃良好的亲和性，优异的刚韧平衡性能，应用于汽车保险杠、热熔胶、电缆护套料、光伏胶膜等领域 [1]。POE 主要生产企业有埃克森美孚化工公司、陶氏化学公司、三井化学公司、沙特基础工业公司、北欧化工公司、LG 化学公司等国外公司。经过多年的发展，POE 已经成为应用广泛、附加值高的一种聚烯烃材料 [1]。

不同公司生产的典型牌号的乙烯 /1- 丁烯无规共聚弹性体产品的性能指标如表 2-4 所示。从表中可以看出，乙烯 /1- 丁烯无规共聚弹性的密度在 0.860 ～ 0.885g/cm^3 之间，其熔点（T_m）在 34 ～ 69℃之间，玻璃化转变温度（T_g）为 −58 ～ −41℃，熔体流动速率（MFR）为 0.5 ～ 35.0g/10min，拉伸强度为 2 ～ 37MPa，断裂伸长率为 440% ～ 1000%。

表2-4　商业化乙烯/1-丁烯无规共聚弹性体典型牌号及性能①

公司名称	牌号	密度/(g/cm³)	MFR/(g/10min)	T_m/℃	T_g/℃	拉伸强度/MPa	断裂伸长率/%
陶氏化学公司	7447	0.865	5.0	35	−53	2.4	550
	7467	0.862	1.2	34	−58	2.0	600
	HM7387	0.870	<0.5	50	−52	9.1	810
	HM7487	0.860	<0.5	37	−57	2.4	>600
	7457	0.862	3.6	40	−56	1.8	>600
埃克森美孚化工公司	9061	0.863	0.5	37	−58	2.9	510
	9071	0.870	0.5	49	−48	5.2	480
	9182	0.885	1.2	69	−41	9.7	440
	9371	0.872	4.5	55	−49	3.7	800
三井化学公司	DF605	0.861	0.5	<50		>5	>1000
	DF610	0.862	1.2	<50		>3	>1000
	DF640	0.864	3.6	<50		>3	>1000
	DF710	0.870	1.2	55		>15	>1000
	DF740	0.870	3.6	55		>8	>1000
	DF350	0.870	35.0	55		>2	>1000
	DF810	0.885	1.2	66		>37	>1000
	DF840	0.885	3.6	66		>27	>1000
	DF8200	0.885	18.0	66		>12	>950
	A4070s	0.870	3.6	55		>8	>1000
	A1085s	0.885	1.2	66		>37	>1000
	A4085s	0.885	3.6	66		>27	>1000
	A20085s	0.885	18.0	66		>12	>950

①数据来源：陶氏化学公司、埃克森美孚化工公司和三井化学公司网站。

1．乙烯/1-丁烯无规共聚弹性体的合成原理与工艺流程

以1-丁烯为共聚单体的POE是由乙烯与1-丁烯在催化剂作用下通过配位共聚反应制备的。在乙烯与1-烯烃共聚过程中，催化剂起着至关重要的作用。催化剂不仅影响聚合工艺的选择，还影响聚合产物的分子量、分子量分布、共聚组成和序列结构。从理论上讲，能够催化乙烯与1-己烯以及乙烯与1-辛烯共聚的催化剂均能够催化乙烯与1-丁烯共聚。1-丁烯的空间位阻更小，比1-己烯和1-辛烯更容易参与配位聚合反应。下面将主要介绍陶氏化学公司的催化剂和制备工艺。

陶氏化学公司开发了一种桥连型单茂钛催化剂，其结构如图2-31所示，该类催化剂是在双茂桥连型催化剂的基础上，将一个环戊二烯基用氮负离子取代，氮负离子的空间位阻小于环戊二烯基，中心金属有更开阔的空间供单体配位和插

入，从而有利于位阻较大的 α- 烯烃插入，更利于共聚反应，陶氏化学公司将其命名为限制几何构型茂金属催化剂（CGC）。陶氏化学公司采用该类催化剂，结合其自身的溶液聚合工艺，形成了陶氏化学公司所谓的 Insite 技术，用于催化乙烯与 1- 丁烯共聚制备聚烯烃弹性体。聚合反应采用 Isopar^{TM} E（美国埃克森美孚化工公司的混合烷烃溶剂）为溶剂，聚合温度为 80 ～ 150℃，压力为 1.0 ～ 4.9MPa。此外，CGC 的稳定性好，能实现在高于聚合物熔点的温度下进行高温溶液聚合，并保持高活性。由于 β-H 消除形成的长链烯烃能再进行配位插入，最终产物除了含有 1- 丁烯结构单元的短支链外还有少量长支链，有利于改善聚合产物的加工性，提高其透明度[9]。

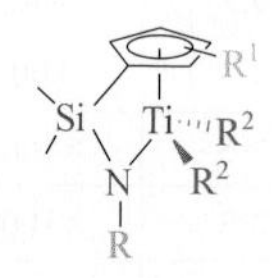

图2-31　桥连型单茂钛催化剂的化学结构 (R = 烷基；R^1 = 烷基，芳基；R^2 = 烷基，卤素)

本书著者团队与企业合作，采用自主开发的催化剂和溶液聚合工艺，完成了乙烯 /1- 丁烯无规共聚弹性体的千吨级中试，共聚弹性体中 1- 丁烯结构单元含量（摩尔分数）为 12% ～ 25%，$\overline{M}_w$ 可在 150000 ～ 800000 范围内调控。

2. 乙烯 /1- 丁烯无规共聚弹性体的结构特点与表征方法

乙烯 /1- 丁烯无规共聚弹性体中，由于 1- 丁烯结构单元的引入破坏了聚乙烯结构单元的结晶，得到柔软的无定形链段，柔软的无定形共聚物形成橡胶相；不同大分子链上较长的聚乙烯“硬”链段聚集在一起形成硬的热塑性微区（或称物理交联区），如图 2-32 所示。较硬的热塑性微区限制了橡胶相微区内的链运动，相当于交联的作用；当温度加热到硬相微区的熔点以上时，硬相微区内链段作用被破坏，大分子链间可相对滑移，共聚物成为熔融的黏性流体。因此，乙烯 /1- 丁烯无规共聚弹性体是一种典型的热塑性聚烯烃弹性体（POE）。

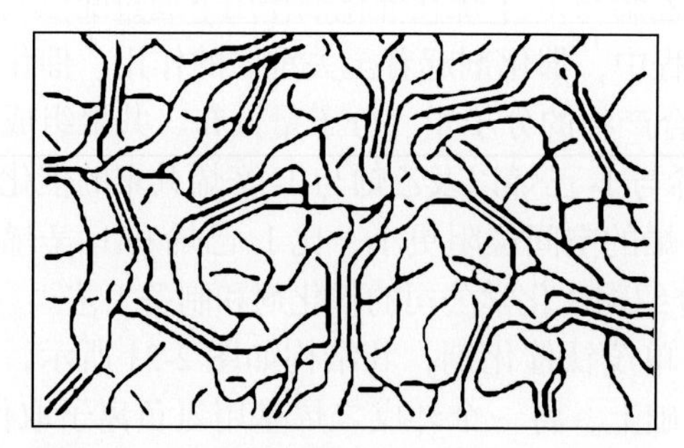

图2-32　POE的微相分离结构

POE 的性能与其结构密切相关，POE 的结构主要包括共聚单体种类、含量、序列分布及分子量和分子量分布，因此，需要多种表征方法综合使用来确定 POE 的结构。

核磁共振法是表征聚合物结构和共聚组成的重要方法。聚烯烃弹性体中含有长序列聚乙烯链段，在常温下，聚乙烯链段通过结晶形成物理交联点，很难溶于氘代试剂中，因此，乙烯 /1- 丁烯无规共聚弹性体的核磁共振表征通常在高温下进行，所用氘代试剂通常为氘代邻二氯苯、氘代 1,1,2,2- 四氯乙烷和氘代苯等，测试温度与乙烯 /1- 丁烯无规共聚弹性体中 α- 烯烃结构单元含量和所用氘代试剂用量有关，通常在 100℃以上。

通过 ^{13}C NMR 表征，也能够计算乙烯 /1- 丁烯无规共聚弹性体的共聚组成，同时，^{13}C NMR 能够区分不同序列中的 C 原子，在不同化学位移处出峰，从而能够通过 ^{13}C NMR 分析乙烯 /1- 丁烯无规共聚弹性体的序列分布，图 2-33 给出了典型的乙烯 /1- 丁烯无规共聚弹性体的 ^{13}C NMR 谱图。通过 ^{13}C NMR 谱图中化学位移在 20 ～ 24 处是否有明显的特征峰判断 POE 中共聚单体的类别，若在 δ=20 ～ 24 没有明显的 C 原子的峰，则共聚单体为 1- 丁烯。

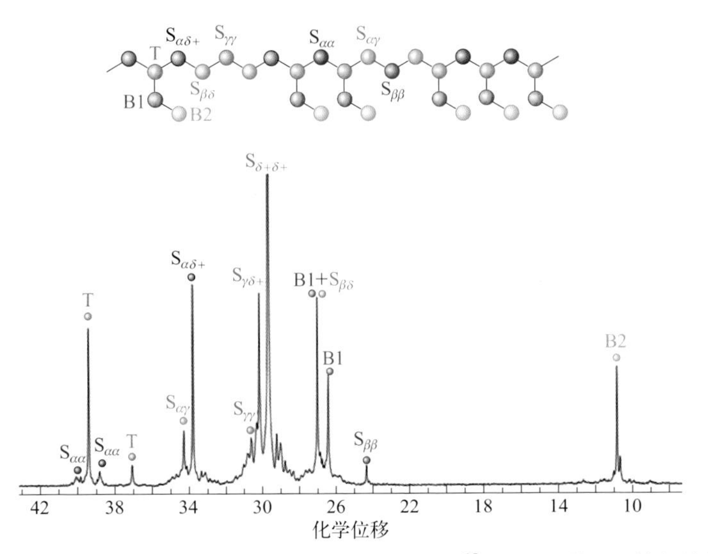

图2-33　典型的乙烯/1-丁烯无规共聚物的^{13}C NMR谱图及特征峰归属

^{13}C NMR谱图中各峰代表不同序列的碳原子，可通过各峰的积分面积计算POE的共聚组成和不同三元组序列的含量。对^{13}C NMR谱图中的各峰分组，并对其积分。乙烯与1-丁烯共聚物中各峰的分组情况如图2-34所示。

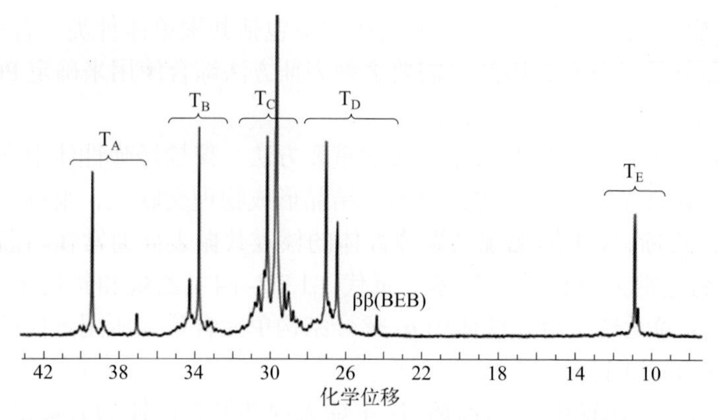

图2-34 典型的乙烯/1-丁烯无规共聚物的^{13}C NMR谱图及分组

共聚物中不同三元组序列情况可通过不同峰的积分面积表示，按照如下公式计算：

$$BBE = 0.667T_A - 1.333T_B + 0.667T_D + 0.667\beta\beta(BEB)$$
$$BBB = 0.667T_A + 1.667T_B - 1.333T_D - 1.333\beta\beta(BEB)$$
$$BEE = 1.333T_D - 0.667T_A - 0.667T_B - 0.667\beta\beta(BEB)$$
$$EEE = 0.1667T_A + 0.1667T_B + 0.5T_C - 0.333T_D + \beta\beta(BEB)$$
$$EBE = 0.333T_B - 0.667T_A + 0.333T_D + 0.333\beta\beta(BEB)$$
$$BEB = \beta\beta(BEB)$$

3．乙烯 /1- 丁烯无规共聚弹性体的应用领域

乙烯 /1- 丁烯无规共聚弹性体与各种聚烯烃，如聚丙烯、聚乙烯和乙烯 - 醋酸乙烯酯共聚物（EVA）等有很好的相容性，因此，乙烯 /1- 丁烯无规共聚弹性体广泛用于聚乙烯、聚丙烯和 EVA 等树脂的改性，提高树脂的韧性以及与填料的相容性。经改性后的聚烯烃树脂可用于制作汽车保险杠、高性能运动鞋和电线电缆等。

与 1- 己烯和 1- 辛烯相比，1- 丁烯价格更低，且更容易参与烯烃配位聚合反应，要进行乙烯 /1- 丁烯无规共聚弹性体这类高端产品的自主开发，应加强高活性、耐高温、共聚能力强的适用于均相高温溶液聚合的高性能催化剂及烯烃高温溶液共聚工艺的研究。此外，高温溶液聚合生产工艺工序长、投资大、产品成本高，开发绿色、高效的聚合工艺也是未来乙烯 /1- 丁烯无规共聚弹性体工业化技术的发展方向。

四、乙烯/1-己烯无规共聚弹性体

与 1- 丁烯相比，1- 己烯多两个碳原子，在与乙烯共聚时形成的共聚物的支链更长，更容易破坏聚乙烯的结晶。然而，采用 1- 己烯为共聚单体生产 POE 的不多。埃克森美孚化工公司采用 1- 己烯为共聚单体生产热塑性弹性体。

1．乙烯/1-己烯无规共聚弹性体的合成原理与工艺流程

乙烯/1-己烯无规共聚弹性体的合成原理及工艺流程与乙烯/1-丁烯无规共聚弹性体相似，采用的催化剂也相似。目前，用于催化乙烯与1-己烯共聚的催化剂不断涌现，主要包括茂金属催化剂和非茂过渡金属配合物催化剂。

与催化乙烯与丙烯共聚的茂金属催化剂相似，催化乙烯与1-己烯共聚的茂金属催化剂也主要包括双茂非桥连型茂金属催化剂、双茂桥连型茂金属催化剂和限制几何构型茂金属催化剂及单茂非桥连型茂金属催化剂。

（1）双茂非桥连型茂金属催化剂

Exxon公司对茂金属催化剂的研发较早，开发的图2-35所示的双茂非桥连茂金属催化剂在聚烯烃弹性体工业化生产中具有重要作用[13]。

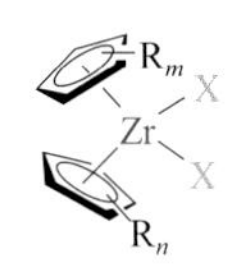

图2-35　Exxon公司的双茂非桥连茂金属催化剂结构（R_m和R_n为烷基，X为卤素或甲基）

除了环戊二烯基配体外，环戊二烯基衍生物，如茚基、芴基等也可以作为茂金属催化剂的配体，且配体的结构对催化性能有很大影响。例如，在茚基的不同位置引入甲基，改变甲基数目得到图2-36所示的茂金属化合物**a**～**c**。这些茂金属化合物在助催化剂作用下催化乙烯与1-己烯共聚反应具有不同的催化性能[88]。在50℃下，采用茚基的2,4-位引入甲基的茂金属化合物**a**为主催化剂，催化活性为1.15×10^6g/[mol(Zr)・h]，共聚单体插入率（摩尔分数）为12.5%。相同的聚合条件下，在茚基的2,4,6-位引入甲基的配合物**b**的催化活性为4.25×10^6g/[mol(Zr)・h]，1-己烯的插入率（摩尔分数）为13.7%。由于强的空间位阻效应，若用茂金属化合物**c**，1-己烯的插入率（摩尔分数）在1.0%～6.2%之间[88]。

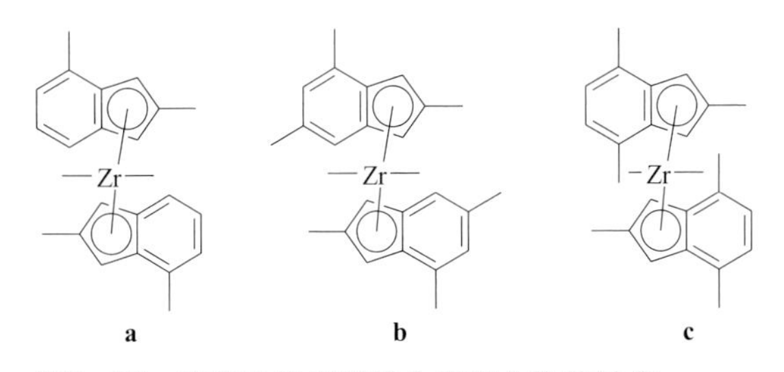

图2-36　双茂非桥连型茂金属配合物的结构

（2）双茂桥连型茂金属催化剂

两个环戊二烯基或取代环戊二烯基之间通过桥基键连得到双茂桥连型茂金属

化合物。桥键的存在可以调节两个茂环之间的夹角、金属中心与茂环的距离以及配体的电子效应等，使活性中心的空间更开阔，提高催化剂的共聚性能。例如，$Et[Ind]_2ZrCl_2$ 催化乙烯和 1- 己烯共聚时，催化活性为 1.7×10^7g/[mol(Zr) • h]，1- 己烯结构单元含量（摩尔分数）为 11.6%。相同条件下，非桥连双茂金属配合物 $[Ind]_2ZrCl_2$ 的催化活性为 7.8×10^6g/[mol(Zr) • h]，共聚性能不如桥连双茂金属配合物 $Et[Ind]_2ZrCl_2$，1- 己烯的插入率（摩尔分数）为 6.3%[89]。

通过改变环戊二烯基结构，也可以调节活性中心的空间位阻和电子效应，从而调控烯烃聚合活性、聚合产物的分子量及其分布。将环戊二烯基换为体积更大的芴基得到如图 2-37 所示的双茂桥连型茂金属配合物，其具有更高的热稳定性，可在 170℃下催化乙烯与 1- 己烯共聚，催化活性为 1.5×10^8g/[mol(Zr) • h]，共聚物中 1- 己烯结构单元含量（摩尔分数）为 6.6%，分子量为 48000[90]。

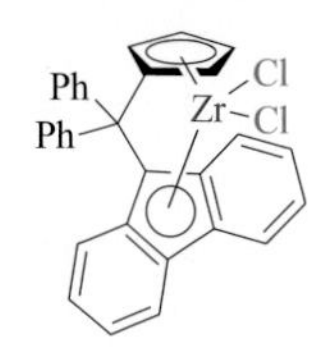

图2-37　双茂桥连型茂金属配合物的分子结构

（3）限制几何构型茂金属催化剂

在乙烯 /1- 丁烯无规共聚弹性体部分已介绍陶氏化学公司开发的催化剂 CGC 在制备 POE 中的应用，本节不再做详细介绍。

基于 CGC 的优异性能，很多研究者开始对 CGC 进行结构修饰，以期获得性能更优异的催化剂。用 2- 甲基苯并茚基取代环戊二烯基得到图 2-38 所示的 CGC，

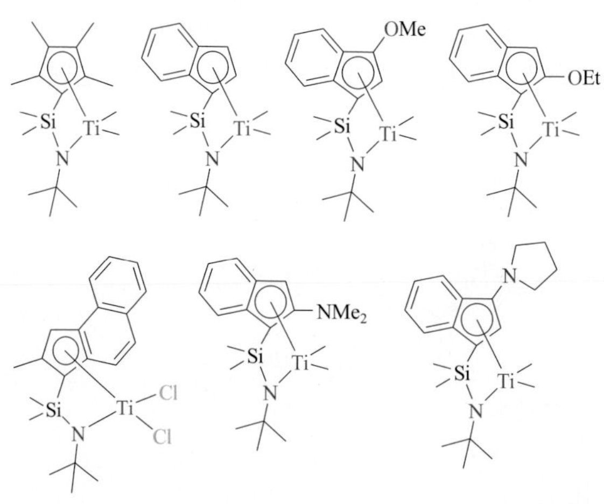

图2-38　含不同取代基的CGC的结构

催化乙烯与 α- 烯烃共聚时催化活性高，共聚性能好，催化剂热稳定性好 [91-92]。

（4）单茂非桥连型茂金属催化剂

与双茂非桥连型茂金属配合物相比，单茂非桥连型茂金属配合物少一个环戊二烯基，用一个负离子配体取代，使活性中心有更大的配位空间，有利于大位阻的烯烃单体配位插入。按照负离子配体配位原子不同，主要包括含氧负离子配体的单茂非桥连茂金属催化剂和含氮负离子配体的单茂非桥连茂金属催化剂。

① 含氧负离子配体的单茂非桥连茂金属催化剂　在含氧负离子配体的单茂非桥连茂金属配合物中，芳氧基和烷氧基是两类常用的含氧负离子配体。如图 2-39 所示的含芳氧基配体的单茂钛配合物中，改变环戊二烯基的结构和氧负离子的结构均对催化性能和聚合物微观结构有明显影响 [93-95]。如表 2-5 所示 [94-100]，含有五甲基环戊二烯基的配合物 **1** 催化乙烯与 1- 己烯的共聚时，催化活性可达 1.76×10^8g/[mol(Ti) • h]，高于相同条件下 CGC 的催化活性。同时，该类催化剂共聚性能好，1- 己烯的插入率（摩尔分数）可达 43.6%[93]。根据配合物 **1** 的晶体结构可知配体中五甲基环戊二烯基与酚氧配体上的异丙基取代基互相排斥，Ti—O—C 的键角为 173° [94]，使得活性中心更为开放。单体配位插入的空间大，有利于提高催化剂的催化活性和共聚性能。此外，酚负离子可为活性中心提供 π 电子，提高催化剂的稳定性。

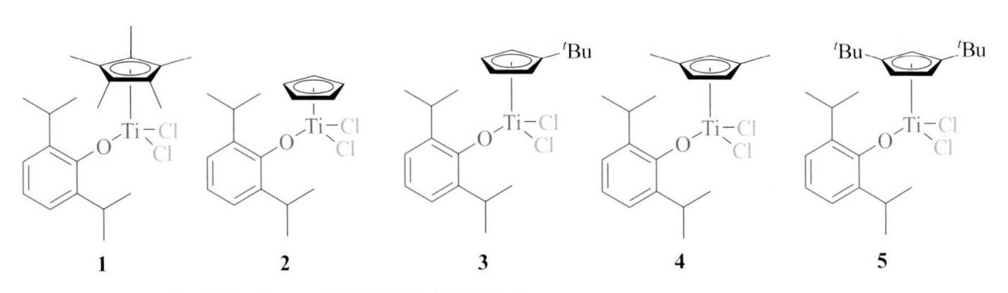

图2-39　芳氧基负离子配体的单茂钛配合物 **1** ~ **5**

表2-5　含氧负离子配体的单茂钛催化剂催化乙烯与 1- 己烯共聚的结果 [94-100]

催化剂（图2-39中编号）	T/℃	催化活性/{10^7g/[mol(Ti) • h]}	1-己烯插入率（摩尔分数）/%	$\overline{M}_w$	$\overline{M}_w/\overline{M}_n$
1	50	17.6	43.6	259000	1.81
2	40	0.0019		146000	10.8
3	40	1.5	41.4	130000	1.60
4	40	1.0		109000	3.07
5	40	1.8	23.5	248000	1.71

环戊二烯基取代基对催化剂的催化活性及共聚性能均有影响。如表 2-5 所示，环戊二烯基上不含取代基的配合物 **2** 催化活性很低，引入两个甲基得到的配合物

4 催化乙烯和 1- 己烯共聚时的催化活性显著提升至 1.0×10^{7}g/[mol(Ti) • h]。引入五个甲基的配合物 **1** 催化活性又提升了 17 倍，共聚性能优异。引用一个叔丁基的配合物 **3** 的催化活性不及含五个甲基的配合物 **1**，但共聚性能相当，1- 己烯的插入率（摩尔分数）为 41.4%。在此基础上，再引入一个叔丁基得到配合物 **5** 比仅含一个叔丁基的配合物 **3** 的催化活性高，为 1.8×10^{7}g/[mol(Ti) • h]，但由于空间位阻的影响 1- 己烯结构单元的插入率（摩尔分数）降低至 23.5%[94-96]。因此，在环戊二烯基上引入供电子取代基有利于提高催化活性和共聚性能，然而，若供电子取代基空间位阻过大，会影响大位阻单体的配位与插入，降低共聚性能。

② 含氮负离子配体的单茂非桥连茂金属催化剂　CGC 在催化乙烯与 *α*- 烯烃共聚方面的成功应用，促进了含氮负离子配体的单茂钛催化剂的进一步发展。在催化剂设计时，去掉 CGC 中的桥连基团，得到含环戊二烯基和氮负离子的单茂非桥连茂金属配合物，这类催化剂在乙烯均聚和乙烯与 *α*- 烯烃共聚中表现出了十分优异的催化性能。

图 2-40 中所示的含氮负离子的单茂钛配合物 **1** ～ **8** 能够催化乙烯与 1- 己烯制备聚烯烃弹性体 [101-103]。环戊二烯基上甲基取代基越多，催化活性越高，共聚性能越好，如：与配合物 **6** 相比，配合物 **7** 的催化活性高出 50 倍，达到 3.6×10^{6}g/[mol(Ti) • h]，而氮离子连接甲基的配合物则表现出了更高的共聚单体插入率，1- 己烯插入率（摩尔分数）达到 31.8%[101]。很明显，含有五甲基环戊二烯基的催化剂的催化活性要高于含环戊二烯基的茂金属催化剂，同时，配体上的给电子取代基能够在聚合过程中稳定金属活性中心来提高催化活性。而且大体积的环戊二烯基和苯胺配体结构形成的立体位阻会减弱金属活性中心和助催化剂反离子的相互作用，这几个方面的共同作用提高了催化剂的催化活性 [102]。

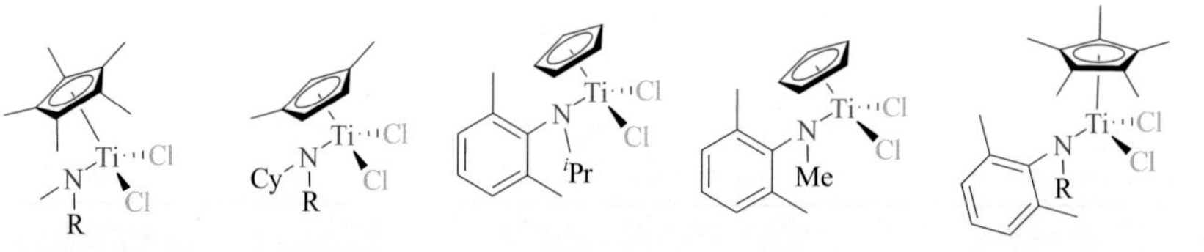

1 R = Me　**2** R = Cy　**3** R = Me　**4** R = Cy　**5**　**6**　**7** R = Me　**8** R = ^{i}Pr

图2-40　含氮负离子配体的单茂非桥连茂金属配合物**1**～**8**

含氮负离子配体对催化剂的催化活性和共聚性能也有明显影响，在胺负离子配体中引入供电子取代基，能够有效提高催化剂的催化活性和共聚性能。例如配合物 **6** 催化乙烯和 1- 己烯共聚的催化活性仅为 7.2×10^{4}g/[mol(Ti) • h]，1- 己烯的插入率（摩尔分数）为 8.7%。将与氮原子相连的甲基换成供电子能力更强的异丙基，得到配合物 **5**，催化活性大幅度提高，达到 1.4×10^5g/[mol(Ti) • h]，同时由于异丙基取代基可以自由旋转，能够提供更多的空间供 1- 己烯配位插入，使得 1- 己烯结构单元的插入率（摩尔分数）也随之增加至 9.5%[103]。在氮负离子配体上引入合适的供电子基团，能够有效改善催化剂的催化活性，提高共聚单体的利用率。

与胺的氮负离子相比，亚胺的氮负离子中存在 C═N 双键，可以通过共轭作用为金属中心提供更多电子，提高活性中心的稳定性，提高催化活性。图 2-41 给出了目前文献报道的典型的含亚胺的氮负离子的单茂钛配合物。表 2-6 给出了其催化乙烯与 1- 己烯共聚的结果 [104-109]。

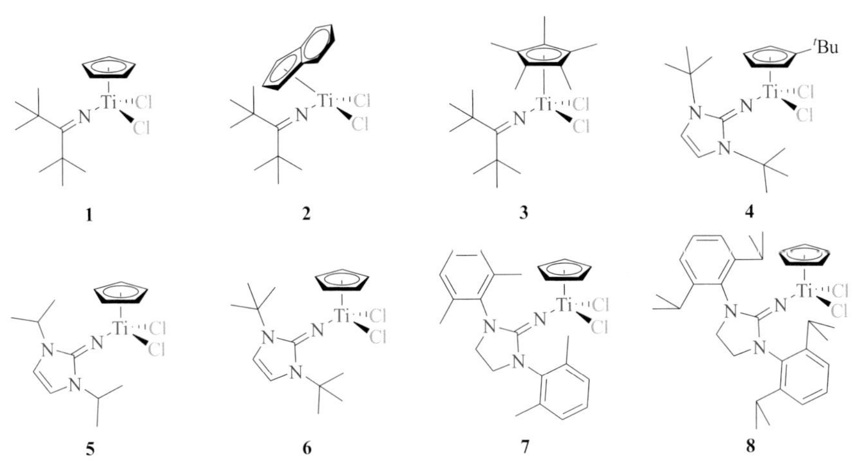

图2-41　含氮负离子配体的单茂非桥连茂金属配合物**1**～**8**

表2-6　含氮负离子配体的单茂非桥连茂金属催化剂催化乙烯与1-己烯共聚的结果 [104-109]

催化剂（图2-41中编号）	T/℃	催化活性/{10^7g/[mol(Ti) • h]}	1-己烯插入率（摩尔分数）/%	$\overline{M}_w\times10^{-3}$	$\overline{M}_w/\overline{M}_n$
1	40	16.2	25	1110	2.1
2	40	73.8	19.1	1030	2.6
3	40	1.97	25.8	894	1.9
4	40	1.8	24.5	1240	2.4
5	25	0.039	—	12.6	2.0
6	25	3.78	17.0	1978.1	1.51
7	25	0.03	—	290.6	4.39
8	25	0.247	36.2	111	2.0

从表 2-6 可以看出，环戊二烯基结构对催化性能有明显影响，体积更大的茚基单茂钛配合物 **2** 相比于环戊二烯基单茂钛配合物 **1** 活性更高，达到 7.38×10^8g/[mol(Ti) • h]，且具有优异的共聚能力，1- 己烯插入率（摩尔分数）达 19.1%[104-105]。

除了对环戊二烯基进行修饰以改善催化剂的催化活性外，也可以对氮负离子配体进行改变。配合物 **5** 的亚胺配体中含有异丙基，其催化活性为 3.9×10^5g/[mol(Ti) • h]，配合物 **6** 相比于配合物 **5** 引入了电子效应更强的叔丁基取代基，使催化活性得到了显著提高，达 3.78×10^7g/[mol(Ti) • h]，1- 己烯结构单元的含量（摩尔分数）为 17.0%，得到的共聚物分子量较高（$\overline{M}_w$ =1978100）[106]。

咪唑啉亚胺配体具有良好的稳定活性中心的作用，含咪唑啉亚胺的钛配合物 **8** 能够有效催化乙烯与 1- 己烯共聚，催化活性达 2.47×10^6g/[mol(Ti) • h]，1- 己烯的插入率（摩尔分数）为 36.2%[107]。

（5）过渡金属配合物催化剂

含有 O、N、S、P 等杂原子的有机配体与环戊二烯基有相同的作用，通过与金属中心配位，稳定活性中心。近年来，采用有机配体与过渡金属配位制备的非茂过渡金属配合物催化剂催化乙烯与 1- 己烯的共聚产物具有优异性能。下面主要介绍钛、锆、铪配合物和钒配合物催化剂。

① 钛、锆、铪配合物催化剂　含水杨醛亚胺配体的钛、锆、铪催化剂（FI 催化剂）催化活性高，钛、锆、铪分别作为活性中心时，其催化活性呈现 Zr＞Hf＞Ti 的大小关系。但是这类催化剂对于乙烯与 *α*- 烯烃的共聚能力却远不如茂金属催化剂，因此通过改变取代基修饰 FI 催化剂的配体结构，可用于合成不同结构聚合物 [110]。如图 2-42 中配合物 **1** ～ **5** 催化乙烯与高级 *α*- 烯烃（即 1- 己烯、1- 辛烯和 1- 癸烯）共聚时 [111]，高级 *α*- 烯烃的插入能力高度依赖于邻位取代基的位阻大小，具有空间位阻较小的邻位取代基的 Ti 配合物能够插入更多高级 *α*- 烯烃结构单元。如 H 取代的位阻最小的配合物 **5**，在催化乙烯与 1- 己烯共聚时，共聚单体插入率（摩尔分数）为 22.6%，由叔丁基取代的配合物 **1** 作为主催化剂得到的乙烯和 1- 己烯共聚物中的 1- 己烯插入率（摩尔分数）仅有 3.2%[111]。

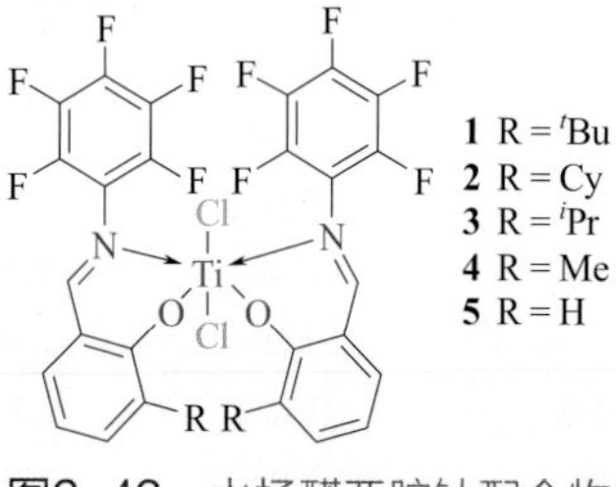
F
F
F
F
F
F
F
F
F
F
N
Cl
Ti
N
O
Cl
O
R R
1 R = ^{t}Bu
2 R = Cy
3 R = ^{i}Pr
4 R = Me
5 R = H

图2-42　水杨醛亚胺钛配合物的化学结构

以图 2-43 所示的双酚胺金属配合物为主催化剂，以烷基铝氧烷，或烷基铝与有机硼化合物的混合物为助催化剂，可催化乙烯与 1- 己烯共聚反应，1- 己烯结构单元的摩尔分数为 10.3%。催化剂具有耐热性能好、寿命长等优点 [112]。

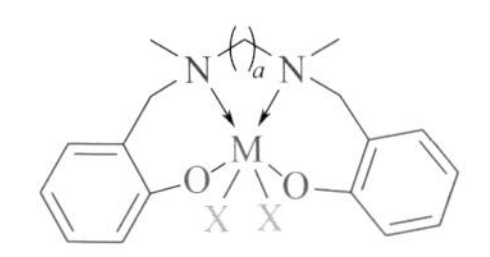

图2-43　双酚胺金属配合物的化学结构

② 钒配合物催化剂　钒配合物是一类能够用于催化烯烃聚合的催化剂，本书著者团队曾总结了钒配合物催化剂催化乙烯聚合及乙烯与 α- 烯烃共聚的相关研究成果 [113]。

催化乙烯与 1- 己烯共聚的钒配合物如图 2-44 所示。含有 β- 酮亚胺配体的钒 (Ⅲ) 配合物 **1a** ～ **1e**（如图 2-44 所示）能够催化乙烯与 1- 己烯共聚［助催化剂：Et_2AlCl, Al/V=3000, ETA（三氯乙酸乙酯）/V = 300, $p_{乙烯}$ = 0.1MPa, 1- 己烯浓度为 0.27mol/L, T = 25℃ , t = 10min］得到分子量高（$\overline{M}_w$ = 138×10^3 ～ 182×10^3）、分子量分布窄（$\overline{M}_w$ / $\overline{M}_n$ = 2.2 ～ 2.3) 的乙烯 /1- 己烯共聚物 [114]。配体中 R^1 取代基为苯基、R^2 取代基为 CH_3 或 CF_3 时，钒 (Ⅲ) 配合物 **1a** 和 **1d** 的催化活性 [分别为 5820kg/(mol • h) 和 5520kg/(mol • h)] 高于其它钒 (Ⅲ) 配合物的催化活性，但略低于 VCl_3 • 3THF(四氢呋喃) 的催化活性 [6000kg/(mol • h)]。配体结构对共聚产物中 1- 己烯结构单元含量影响不大，相同条件下采用 **1a** ～ **1e** 为主催化剂催化乙烯与 1- 己烯共聚得到的产物中 1- 己烯结构单元含量（摩尔分数）在 4.9% ～ 5.3% 范围内，比采用 VCl_3 • 3THF 为主催化剂制备的共聚物中 1- 己烯结构单元含量高 1.3 ～ 1.5 倍，说明引入 β- 酮亚胺配体可提高 1- 己烯在共聚过程中的插入率 [114]。

在 Et_2AlCl 助催化剂作用下，含水杨醛亚胺配体的钒 (Ⅲ) 配合物 **2a** ～ **2f**（如图 2-44 所示）催化乙烯与 1- 己烯共聚（Al/V=4000, ETA/V =300, $p_{乙烯}$ = 0.1MPa, 1- 己烯浓度为 0.27mol/L, T = 25℃ , t = 10min）的催化活性为 5700 ～ 6840kg/（mol•h），得到的共聚物中 1- 己烯结构单元含量（摩尔分数）为 3.5% ～ 4.0%，$\overline{M}_w$ 为（33 ～ 46）×10^3，$\overline{M}_w$ / $\overline{M}_n$ 为 1.9 ～ 2.5[115]。在苯酚基团的邻位引入大位阻的叔丁基得到的配合物 **2f** 的催化活性比配合物 **2d** 的催化活性略低，但共聚产物的 $\overline{M}_w$ 提高至 60×10^3[115]。对于含有两个水杨醛亚胺配体的钒 (Ⅲ) 配合物 **3a** ～ **3f**（如图 2-44 所示），配体结构对催化性能的影响规律与 **2a** ～ **2f** 不同 [115]，在与氮原子相连的苯环上引入大位阻取代基有利于提高催化活性：**3d**[8820kg/(mol • h)]＞**3c** [5220kg/(mol • h)]＞**3a** [3180kg/(mol • h)]，主要因为大位阻的取代基促使 THF 分子和 Cl 原子处于对位的构型。大位阻的取代基的引入对 1- 己烯的插入率和共聚产物的分子量及分子量分布影响不大，以 **3a**、**3c** 和 **3d** 为主催化剂制备的乙烯与 1- 己烯的共聚物中 1- 己烯结构单元含量（摩尔分数）在 3.1% ～ 3.3% 范围内，

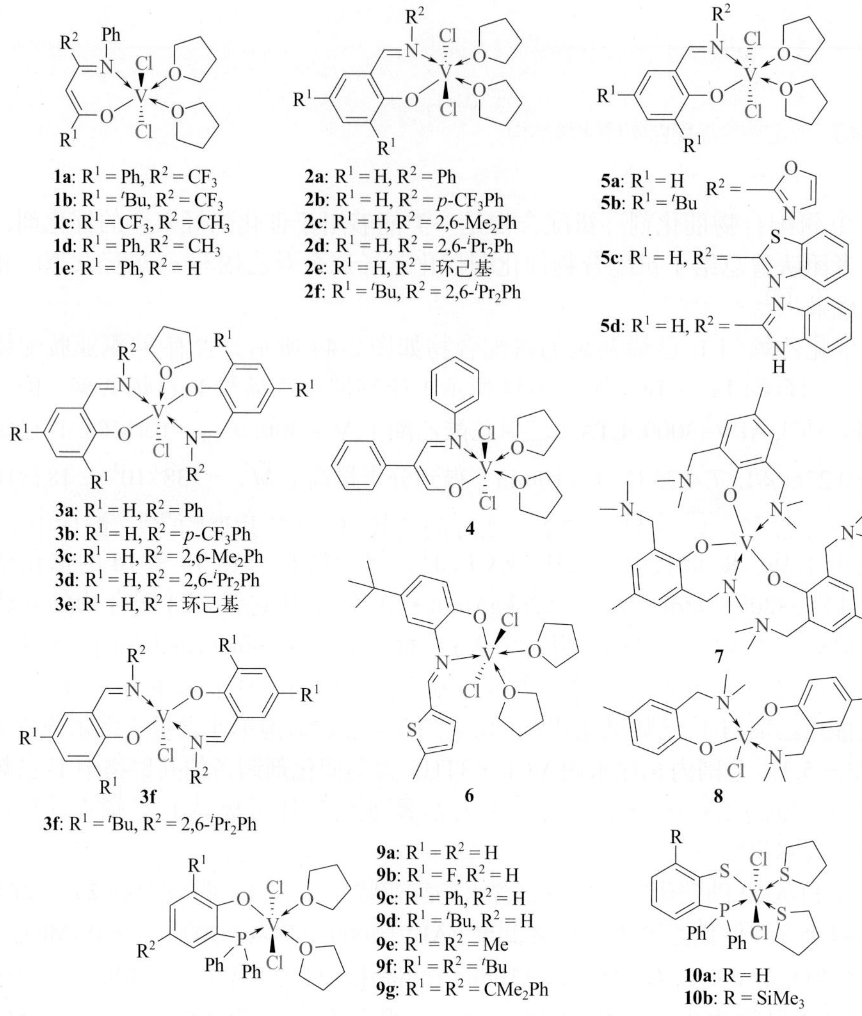

1a: R^1 = Ph, R^2 = CF_3
1b: R^1 = ^{t}Bu, R^2 = CF_3
1c: R^1 = CF_3, R^2 = CH_3
1d: R^1 = Ph, R^2 = CH_3
1e: R^1 = Ph, R^2 = H

2a: R^1 = H, R^2 = Ph
2b: R^1 = H, R^2 = *p*-CF_3Ph
2c: R^1 = H, R^2 = 2,6-Me_2Ph
2d: R^1 = H, R^2 = 2,6-^{i}Pr_2Ph
2e: R^1 = H, R^2 = 环己基
2f: R^1 = ^{t}Bu, R^2 = 2,6-^{i}Pr_2Ph

5a: R^1 = H
5b: R^1 = ^{t}Bu
5c: R^1 = H
5d: R^1 = H

3a: R^1 = H, R^2 = Ph
3b: R^1 = H, R^2 = *p*-CF_3Ph
3c: R^1 = H, R^2 = 2,6-Me_2Ph
3d: R^1 = H, R^2 = 2,6-^{i}Pr_2Ph
3e: R^1 = H, R^2 = 环己基

3f: R^1 = ^{t}Bu, R^2 = 2,6-^{i}Pr_2Ph

9a: R^1 = R^2 = H
9b: R^1 = F, R^2 = H
9c: R^1 = Ph, R^2 = H
9d: R^1 = ^{t}Bu, R^2 = H
9e: R^1 = R^2 = Me
9f: R^1 = R^2 = ^{t}Bu
9g: R^1 = R^2 = CMe_2Ph

10a: R = H
10b: R = $SiMe_3$

图2-44 含N,O双齿配体、含P,O双齿配体和含P,S双齿配体的钒(Ⅲ)配合物(**1**～**10**)的化学结构

共聚物的 $\overline{M}_w$ 为（28 ～ 36）×10^3，$\overline{M}_w$ / $\overline{M}_n$ 为 2.0 ～ 2.3。在与氮原子相连的苯环的对位引入吸电子的 CF_3 基团可使催化剂的活性明显提高至 7800kg/(mol・h)，1- 己烯的插入率（摩尔分数为 4.6%）略有提高，同时吸电子基团的引入会加快链转移反应和链终止反应，使聚合产物的 $\overline{M}_w$ 大幅降低至 4.8×10^3。由于过大的空间位阻完全阻碍了单体的配位与插入，在苯酚基团的邻位和与氮原子相连的苯环的邻位均引入大位阻取代基得到的钒 (Ⅲ) 配合物 **3f** 对乙烯与 1- 己烯共聚没有催化活性 [115]。在水杨醛亚胺配体的氮原子上引入咪唑或噻唑基团，得到钒 (Ⅲ) 配合物 **5a** ～ **5d**，咪唑或噻唑基团上的 N 原子和 S 原子不与钒配位 [116-117]。与 N 原子

相连取代基为苯基的**2a**相比，在N原子上引入咪唑基团或噻唑基团得到的钒(Ⅲ)配合物**5a**～**5d**催化乙烯与1-己烯共聚时，催化活性明显降低[1620～3900kg/(mol·h)]，得到的共聚物中，1-己烯结构单元含量（摩尔分数，2.7%～3.7%）变化不大[116-117]。亚胺苯酚配体中引入噻唑基团后，噻唑基团上的硫原子也不与钒配位，仅氮原子和氧原子与钒配位，形成钒(Ⅲ)配合物**6**。**6**/MAO催化体系催化乙烯与1-己烯共聚催化活性为762kg/（mol·h），共聚产物中1-己烯结构单元含量（摩尔分数）为4.0%[118]。

磷原子比氮原子的给电子能力更强，更能够稳定钒活性中心，含有磷原子配位的钒配合物热稳定性好。如图2-44所示的含有O,P双齿配体的钒(Ⅲ)配合物**9a**～**9g**在70℃下催化乙烯聚合时仍具有较高催化活性，具有较好的热稳定性[119]。**9a**～**9g**催化乙烯与1-己烯共聚时，**9f**的催化活性最高，可达5340kg/(mol·h)(助催化剂：Et_2AlCl, Al/V =4000, ETA/V = 300, $p_{乙烯}$ = 0.1MPa, 1-己烯浓度为0.1mol/L，T = 25℃, t = 10min), 共聚产物中1-己烯结构单元含量（摩尔分数）为1.7%，$\overline{M}_w$为67×10^3。苯酚基团的邻位和对位取代基的空间位阻和供电子性减小使催化活性降低，几种配合物催化活性[kg/(mol·h)]的大小顺序为：**9a**(840)<**9c**(1980)<**9d**(2580), **9e**(2340)<**9f**(4560)；且共聚产物中1-己烯的插入率（摩尔分数）降低：**9a**(3.8%)>**9c**(3.1%)>**9d**(2.9%)，**9e**(3.0%)>**9f**(2.5%)[119]。以**9f**为主催化剂，当聚合温度从25℃提高到50℃时，催化活性从4560kg/(mol·h)提高到5100kg/(mol·h)，1-己烯插入率（摩尔分数）从2.5%提高到3.5%。若用供电子性更强的硫原子取代氧原子，则得到含有S,P双齿配体的钒(Ⅲ)配合物**10**[120]。在Et_2AlCl作用下，配合物**10**可催化乙烯与1-己烯共聚(Al/V = 4000, ETA/V = 300, $p_{乙烯}$ = 0.1MPa, 1-己烯浓度为0.2mol/L，T = 25℃, t = 10min)。**10a**和**10b**的催化活性相差不大，分别为4680kg/(mol·h)和4440kg/(mol·h)，高于含有O,P双齿配体的钒(Ⅲ)配合物**9a**[840kg/(mol·h)]的催化活性。采用**10a**为主催化剂制备的乙烯与1-己烯共聚物中1-己烯结构单元含量（摩尔分数为4.0%）与采用**9a**制备的共聚物中1-己烯结构单元含量（摩尔分数分别为3.8%和3.9%）相差不大。**10a**/Et_2AlCl催化体系催化乙烯与1-己烯共聚时，乙烯竞聚率r_E为28.8，1-己烯竞聚率r_H为0.14，低于**10b**/Et_2AlCl催化体系催化乙烯与1-己烯共聚时的单体竞聚率（r_E=42.1，r_H=0.18），说明采用**10b**/Et_2AlCl_2催化体系时单体均聚的倾向性大，易生成长序列聚乙烯链段。配合物**10a**具有较好的热稳定性，当聚合温度为70℃时，其催化活性[4440kg/(mol·h)]与聚合温度为25℃时的催化活性[4680kg/(mol·h)]相差不大，但共聚产物的$\overline{M}_w$随着聚合温度的升高而明显降低（由51×10^{3}降低到17×10^3）[120]。

2．乙烯/1-己烯无规共聚弹性体的结构特点与表征方法

通过^{13}C NMR表征，也能够计算乙烯/1-己烯无规共聚弹性体的共聚组成，同

时，^{13}C NMR 能够区分不同序列中的碳原子，在不同化学位移处出峰，从而能够通过 ^{13}C NMR 分析乙烯 /1- 己烯无规共聚弹性体的序列分布，图 2-45 给出了典型的乙烯 /1- 己烯无规共聚弹性体的 ^{13}C NMR 谱图，化学位移 20 ～ 24 处的明显特征峰为与甲基碳原子相连的亚甲基碳原子的峰，是乙烯 /1- 己烯无规共聚弹性体的特征峰。

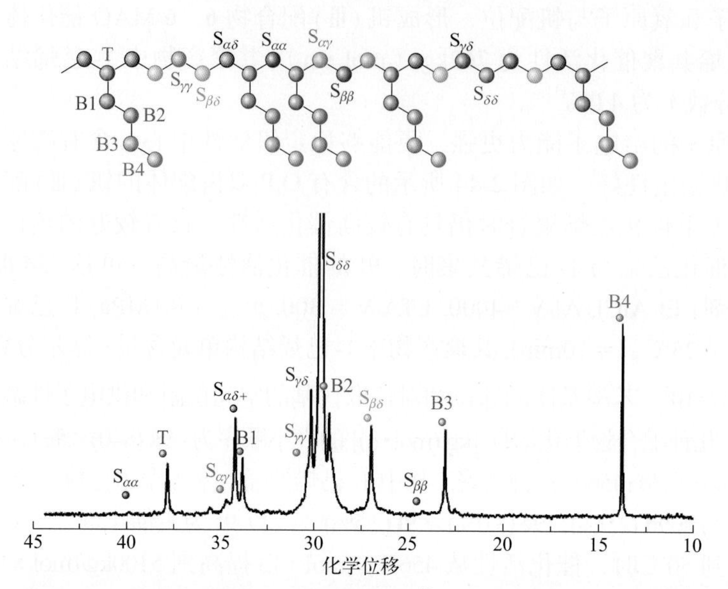

图2-45　典型的乙烯/1-己烯共聚物的^{13}C NMR谱图及特征峰归属

^{13}C NMR谱图中各峰代表不同序列的碳原子，可通过各峰的积分面积计算POE的共聚组成和不同序列的含量。计算之前，先对^{13}C NMR谱图中的各峰分组，并对其积分。乙烯与1-己烯共聚物中各峰的分组情况如图2-46所示。

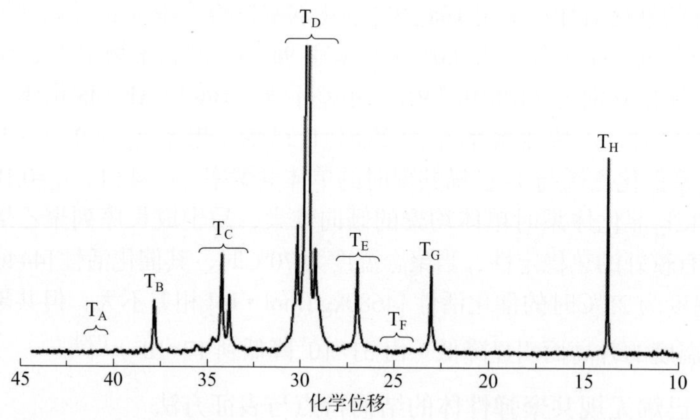

图2-46　典型的乙烯/1-己烯共聚物的^{13}C NMR谱图及分组

共聚物中不同序列情况可通过不同峰的积分面积表示，按照如下公式计算：

$$EHE = T_B$$

$$EHH = 2(T_G - T_A - T_B)$$

$$HHH = 2T_A + T_B - T_G$$

$$HEH = T_F$$

$$HEE = 2(T_G - T_A - T_F)$$

$$EEE = T_A + T_D + T_F - 2T_G$$

3．乙烯 /1- 己烯无规共聚弹性体的应用领域

目前 POE 的工业化产品以乙烯 /1- 丁烯无规共聚弹性体和乙烯 /1- 辛烯无规共聚弹性体为主，乙烯 /1- 己烯无规共聚弹性体的工业化产品较少，其可能的应用领域与乙烯 /1- 丁烯无规共聚弹性体相似。

与 1- 辛烯相比，1- 己烯价格更低，更容易参与烯烃配位聚合反应。与国内 1- 辛烯单体缺少工业化产品，受国外原材料垄断相比，国内已有 1- 己烯工业化产品，不受国外原料垄断，更适合国内开展工业化。同样，目前国内缺少工业化技术及产品，尤其是缺少适用于工业化生产的具有自主知识产权的高性能催化剂。

五、乙烯/1–辛烯无规共聚弹性体

陶氏化学公司于 1993 年率先工业化生产 POE，商品名为 Engage^{TM}。目前，陶氏化学公司是世界排名第一的 POE 供应商，其产能最大、牌号齐全，其中乙烯与 1- 辛烯无规共聚弹性体是其主要工业化产品。随后，韩国 LG 化学有限公司、沙特基础工业公司与韩国 SK 集团的合资公司 SABIC SK Nexlene 以及北欧化工公司也实现了乙烯与 1- 辛烯无规共聚弹性体的工业化生产。不同公司生产的典型牌号的乙烯与 1- 辛烯无规共聚弹性体产品的性能指标如表 2-7 所示。从表中可以看出，乙烯与 1- 辛烯无规共聚弹性体的密度在 0.857 ～ 0.910g/cm^3 之间，熔点在 38 ～ 106℃之间，玻璃化转变温度为 −58 ～ −31℃，熔体流动速率为 0.5 ～ 30.0g/10min，拉伸强度为 2.3 ～ 36MPa，断裂伸长率为 400% ～ 1200%。

表2–7　商业化乙烯/1–辛烯共聚弹性体典型牌号及性能

公司	牌号	密度/(g/cm^3)	MFR/(g/10min)	T_m/℃	T_g/℃	拉伸强度/MPa	断裂伸长率/%
陶氏化学公司	8180	0.863	0.5	47.0	−55.0	6.30	910
	8003	0.885	1.0	77.0	−46.0	18.20	640
	8100	0.870	1.0	60.0	−52.0	9.76	810
	8200	0.870	5.0	59.0	−53.0	5.70	1100
	8842	0.857	1.0	38.0	−58.0	3.00	1200

续表

公司	牌号	密度/(g/cm³)	MFR/(g/10min)	T_m/℃	T_g/℃	拉伸强度/MPa	断裂伸长率/%
陶氏化学公司	8150	0.868	0.5	55.0	−52.0	9.50	810
	8402	0.902	30.0	96.0	−36.0	11.30	910
	8401	0.885	30.0	80.0	−47.0	8.50	940
	8480	0.902	1.0	99.0	−31.0	24.80	660
	8407	0.870	30.0	60.0	−54.0	3.30	1000
	8450	0.902	3.0	97.0	−32.0	22.40	750
	8207	0.870	5.0	59.0	−53.0	5.70	1100
	8411	0.880	18.0	76.0	−50.0	7.30	1000
	8540	0.908	1.0	104.0	−32.0	27.90	750
	8187	0.863	0.5	47.0	−55.0	6.30	910
	PV 8669	0.873	14.0	76.0	−53.0	5.95	＞1100
	PV 8660	0.872	4.8	72.0	−53.0	5.70	1100
	8137	0.864	13.0	56.0	−55.0	2.40	800
沙特基础工业公司	C0570	0.868	0.5	59	−54	10.3	800
	C0570D	0.868	0.5	59	−54	10.3	800
	C1055D	0.857	1.0	37	−59	3.1	＞1000
	C1070	0.868	1.0	62	−52	9.3	850
	C1070D	0.868	1.0	62	−52	9.3	850
	C1085	0.885	1.0	74	−47	16.7	700
	C13060	0.863	13.0	42	−56	3.1	＞1000
	C13060D	0.863	13.0	42	−56	2.3	＞1000
	C30070D	0.868	30.0	62	−52	3.1	＞1000
	C3080	0.880	3.0	68	−49	11.8	900
	C5070	0.868	5.0	62	−52	6.0	1100
	C5070D	0.868	5.0	62	−52	6.0	1100
北欧化工公司	0201FX	0.902	1.1	95		33	710
	0201	0.902	1.1	97		36	715
	0203	0.902	3.0	96		31	820
	0207LA	0.902	6.6	96		22	943
	0210LA	0.902	10.0	96		16	930
	0219	0.902	19.0	97		13	930
	0230	0.902	30.0	97		11	875

续表

公司	牌号	密度/(g/cm³)	MFR/(g/10min)	T_m/℃	T_g/℃	拉伸强度/MPa	断裂伸长率/%
北欧化工公司	1001	0.910	1.1	106		35	750
	1007	0.910	6.6	105		17	900
	6201LA-P	0.862	1.0	49			＞800
	6800LA	0.868	0.5	47			＞400
	7001LA	0.870	0.1g/min	56			＞400
	7007LA	0.870	6.6	48			＞400
	8201	0.883	1.1	73		23	750
	8201LA	0.883	1.1	75		23	730
	8203	0.883	3.0	74		22	820
	8207LA	0.883	6.6	76		23	560
	8210	0.883	10.0	75		13	1000
	8230	0.883	30.0	76		7	980

1．乙烯 /1- 辛烯无规共聚弹性体的合成原理与工艺流程

乙烯 /1- 辛烯无规共聚弹性体的合成原理及工艺流程与乙烯 /1- 丁烯无规共聚弹性体相似，采用的催化剂也相似。但对于同一种催化剂，一般情况下 1- 辛烯的插入率低于 1- 丁烯和 1- 己烯，因此制备高 1- 辛烯结构单元含量的乙烯 /1- 辛烯共聚物，需要共聚性能更好的催化剂。

茂金属催化剂因其催化活性高、生成的聚合物分子量分布窄、聚合物结构可控等优点，在烯烃聚合中具有广泛应用。茂金属催化剂也是目前工业生产乙烯 /1- 辛烯无规共聚弹性体所采用的主要催化剂。本书著者团队构建了一种含有茂金属化合物的催化剂体系及其催化烯烃聚合的方法，催化体系由茂金属化合物、烷基铝化合物、铝氧烷或改性铝氧烷以及含有羟基、氨基或巯基的有机化合物四部分组成。该催化体系催化活性高、共聚性能好，催化乙烯与 1- 辛烯共聚的催化活性为 1.7×10^6g/[mol（Ti）•h]，1- 辛烯转化率为 73%，共聚物中 1- 辛烯结构单元含量（质量分数）可达 61%[55]。进一步调整工艺条件，1- 辛烯转化率提高，达到 90% 以上。

如前所述，钒配合物在催化乙烯与 α- 烯烃共聚方面也具有优异性能。目前报道的钒配合物催化剂中，含有双齿配体的钒 (Ⅲ) 配合物中配体空间位阻的增大阻碍 α- 烯烃的插入，使乙烯的竞聚率提高、α- 烯烃的竞聚率降低，从而使 α- 烯烃的插入率降低。氮负离子配体是一类强给电子配体，例如：咪唑啉亚胺配体可以提供 6 个电子。含咪唑啉亚胺配体的亚胺钒配合物只有在高助催化剂用量下（Al/V 摩尔比为 500 ～ 2500）催化乙烯聚合才具有高催化活性，由于亚胺配体和咪唑

啉亚胺配体两个大空间位阻配体的存在，该类催化剂催化乙烯与其它烯烃共聚时催化活性明显降低。为此，本书著者团队设计合成了含单阴离子和双阴离子配体的过渡金属配合物催化剂[82-85]，其中含双阴离子配体过渡金属配合物的通式为 L_1 L_2 (V═O)X，其中 L_1 为氮负离子配体；L_2 为氧负离子配体；X 为卤素和/或烷氧基。该钒配合物催化剂在烷基铝或卤化烷基铝作用下催化乙烯与1-辛烯共聚，催化活性在 1.7×10^5 ～ 1.4×10^6g/[mol (V) · h]；聚合物的重均分子量高，可达 1748×10^3；1-辛烯结构单元质量分数在10.8% ～ 39.4%范围内[84-85]。

2．乙烯/1-辛烯无规共聚弹性体的结构特点与表征方法

通过 ^{13}C NMR表征，也能够计算乙烯/1-辛烯无规共聚弹性体的共聚组成，同时，^{13}C NMR能够区分不同序列中的碳原子，在不同化学位移处出峰，从而能够通过 ^{13}C NMR分析POE的序列分布，图2-47给出了典型的乙烯/1-辛烯无规共聚弹性体的 ^{13}C NMR谱图，首先，确定 ^{13}C NMR谱图中化学位移20 ～ 24处和32处的峰为乙烯/1-辛烯无规共聚弹性体的特征峰。

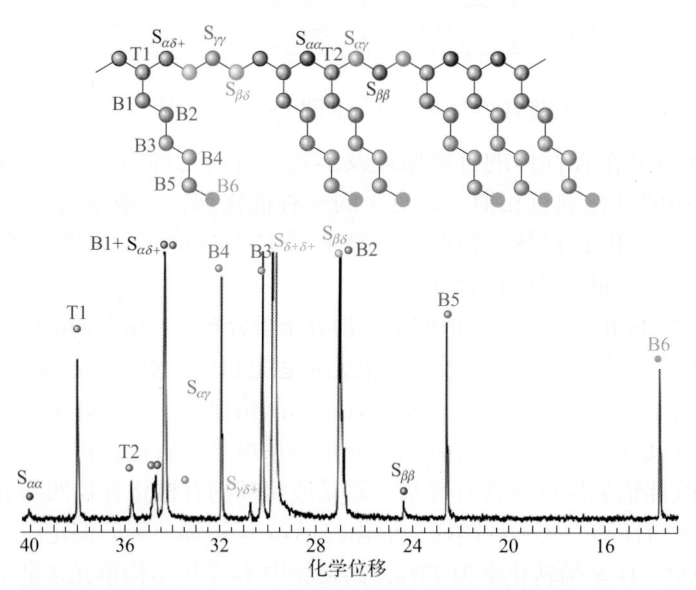

图2-47 典型的乙烯/1-辛烯共聚物的 ^{13}C NMR谱图（o-$C_6D_4Cl_2$为溶剂，135℃下测试）及特征峰归属

^{13}C NMR谱图中各峰代表不同序列的碳原子，可通过各峰的积分面积计算POE的共聚组成和三元组序列的含量。计算之前，先对 ^{13}C NMR谱图中的各峰分组，并对其积分。

乙烯与1-辛烯共聚物中各峰的分组情况如图2-48所示。

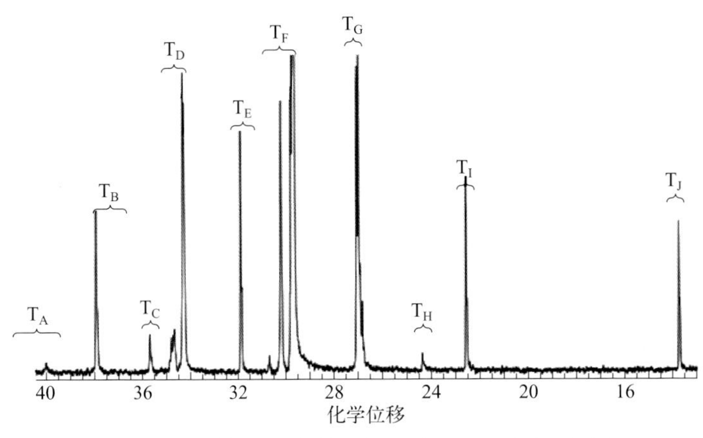

图2-48 典型的乙烯/1-辛烯共聚物的^{13}C NMR谱图及分组

共聚物中不同三元组序列情况可通过不同峰的积分面积表示，按照如下公式计算：

$$EOE = T_B$$
$$EOO = T_C$$
$$OOO = T_A - 0.5T_C$$
$$OEO = T_H$$
$$OEE = T_G - T_E$$
$$EEE = 0.5T_F - 0.25T_E - 0.25T_G$$

3．乙烯 /1- 辛烯无规共聚弹性体的应用领域

乙烯 /1- 辛烯无规弹性体具有优异的透明性、填充性、耐开裂性、耐压缩变形性、低温韧性、高熔体流动性以及与聚烯烃材料的高相容性，可用于聚烯烃材料的改性剂、柔性抗裂膜、热熔胶等，广泛应用在汽车、鞋材、电线电缆、包装物、聚合物改性剂、密封件、医疗设备等领域。

与乙烯 /1- 己烯无规共聚弹性体和乙烯 /1- 丁烯无规共聚弹性体相比，乙烯 /1- 辛烯无规共聚弹性体的性能更优异、应用更广泛，是目前 POE 产品的主要品种。但目前国内缺少工业化技术及产品，尤其是缺少适用于工业化生产的具有自主知识产权的高性能催化剂。要进行乙烯 /1- 辛烯无规共聚弹性体这类高端产品的自主开发，必须加强高活性、耐高温、共聚能力强的适用于均相高温溶液聚合的高性能催化剂、烯烃高温溶液共聚工艺的研究。高温溶液聚合生产工艺的工序长、投资大、产品成本高，开发绿色、高效的聚合工艺也是未来乙烯 /1- 辛烯无规共聚弹性体工业化技术的发展方向。

六、乙烯或乙烯/丙烯与极性单体无规共聚弹性体

（一）乙烯与极性单体无规共聚弹性体

1．乙烯与极性单体无规共聚弹性体的合成原理

乙烯与含极性基团的乙烯基单体可以共聚制备极性官能化聚乙烯，通常采用自由基聚合和配位聚合的方法。自由基聚合需要极高的温度和压力，目前已实现工业化生产。在催化剂作用下，通过乙烯与极性单体的配位聚合合成乙烯与极性单体无规共聚弹性体是目前的研究热点，本书主要介绍由配位聚合合成乙烯与极性单体无规共聚弹性体。极性基团对催化剂有毒化作用以及对链增长反应有阻碍作用，如图 2-49 所示[121-122]。

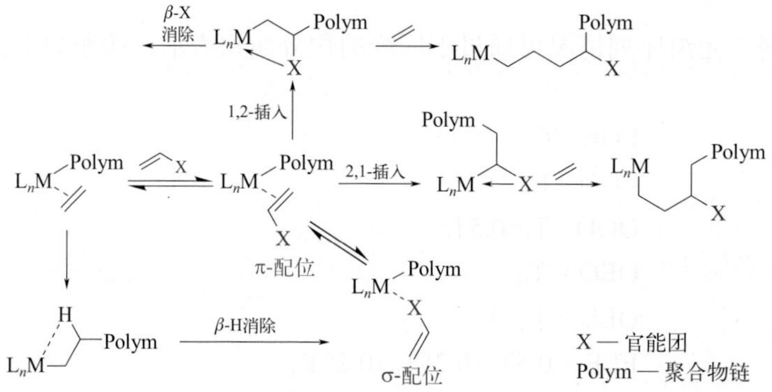

图2-49　乙烯与极性单体无规共聚过程中对活性中心毒化的示意图[121-122]

乙烯与极性单体共聚过程中极性基团对催化剂活性中心的毒化作用，使共聚产物中极性单体的插入率不高，极性单体的插入不足以破坏聚乙烯链段的结晶，使其形成热塑弹性体材料。但在采用后过渡金属镍或钯配合物为催化剂催化乙烯与含极性基团的乙烯基单体共聚时，由于“链行走”机理会产生支链，在支链和极性单体结构单元共同作用下，大幅降低材料的结晶度，形成乙烯与极性单体无规共聚弹性体，典型的结构如图 2-50 所示[123]。

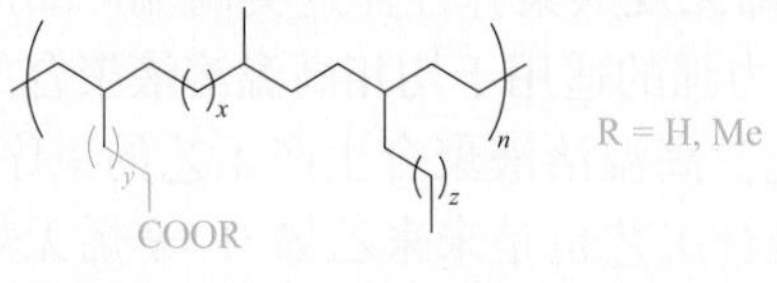

图2-50　乙烯与极性单体无规共聚弹性体的典型化学结构式[123]

在乙烯与极性单体无规共聚过程中，催化剂起着至关重要的作用。目前能够催化乙烯与极性单体无规共聚的催化剂主要是后过渡金属镍和钯催化剂，常用的极性单体中的极性基团有酯基、羧基、羟基、醚和卤素等，如图 2-51 所示[122]。

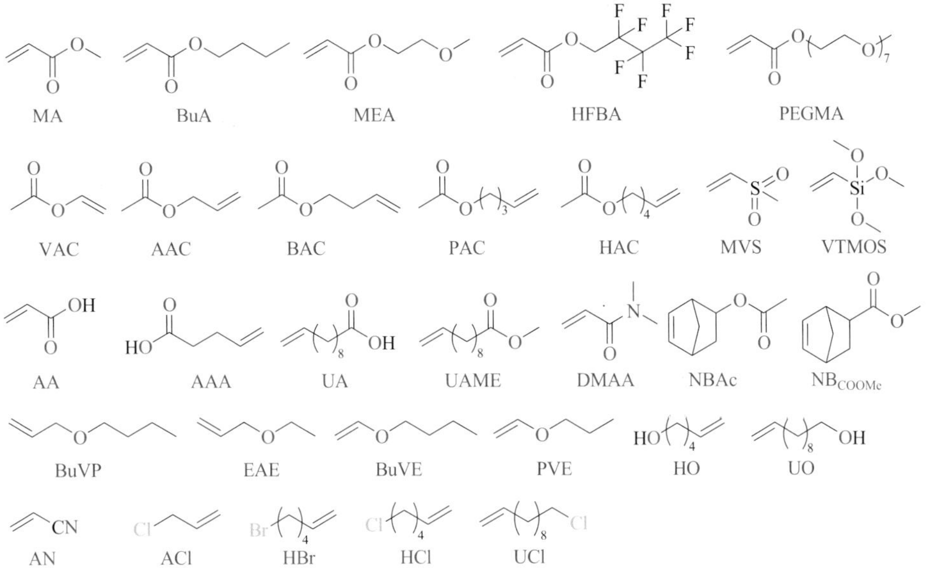

图2-51　用于与乙烯共聚的常见极性单体

MA—丙烯酸甲酯；BuA—丙烯酸丁酯；MEA—2-丙烯酸-2-甲氧基乙酯；HFBA—2,2,3,3,4,4,4-七氟丁基丙烯酸酯；PEGMA—聚(乙二醇)甲基丙烯酸酯；VAC—醋酸乙烯酯；AAC—醋酸烯丙酯；BAC—乙酸-3-丁烯酯；PAC—乙酸-4-戊烯酯；HAC—乙酸-5-己烯基酯；MVS—甲基乙烯基砜；VTMOS—乙烯基三甲氧基硅烷；AA—丙烯酸；AAA—4-戊烯酸；UA—十一烯酸；UAME—10-十一烯酸甲酯；DMAA—*N*,*N*-二甲基丙烯酰胺；NBAc—乙酸-5-降冰片烯-2-醇酯；NB_{COOMe}—5-降冰片烯-2-甲酸甲酯；BuVP—烯丙基丁基醚；EAE—烯丙基乙醚；BuVE—乙烯基丁醚；PVE—烯丙基乙醚；HO—5-己烯-1-醇；UO—10-十一烯-1-醇；AN—丙烯腈；ACl—丙烯基氯；HBr—6-溴-1-己烯；HCl—6-氯-1-己烯；UCl—11-氯-1-十一碳烯

催化剂的结构对乙烯与极性单体的共聚反应有重要影响，目前报道的催化剂按照结构不同可分为 *α*-二亚胺镍 / 钯催化剂和中性镍 / 钯催化剂。

（1）*α*-二亚胺镍 / 钯催化剂催化乙烯与极性单体共聚

自 *α*-二亚胺镍 / 钯催化剂发现以来，广泛用于催化乙烯与极性单体共聚，通过改变 α-二亚胺配体的结构，调节催化剂的催化性能，可用于制备不同分子量、共聚组成和支化度的共聚物，图 2-52 给出了典型的 *α*-二亚胺镍催化剂[122]，表 2-8 给出了这些催化剂催化乙烯与极性单体共聚制备的共聚物及其结构参数。

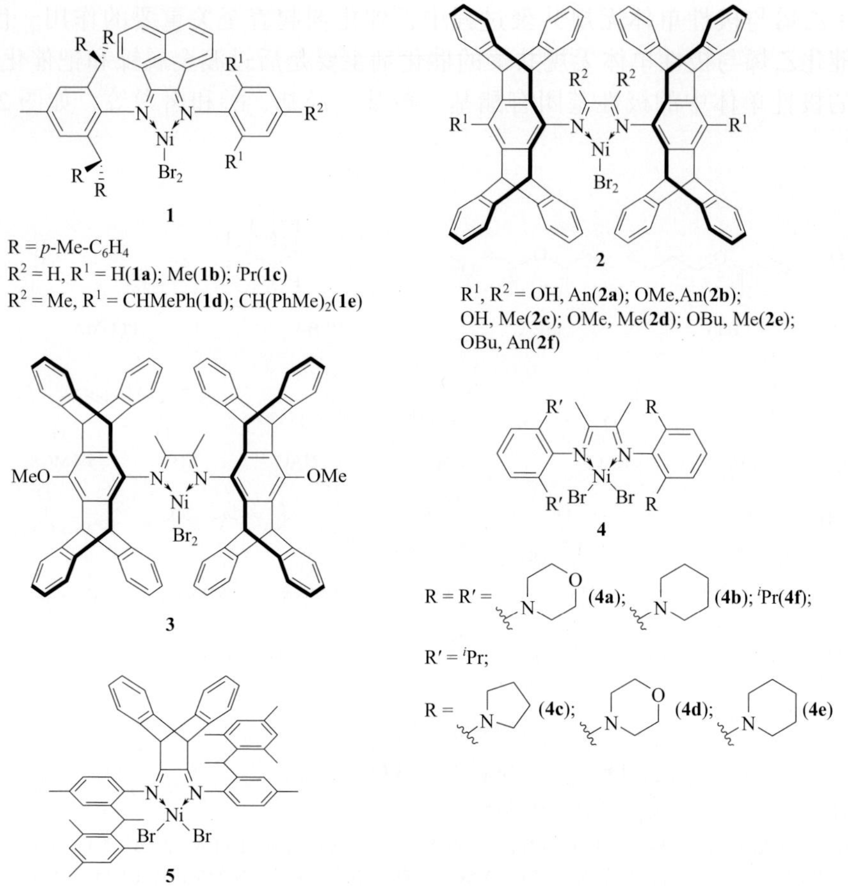

R = p-Me-C_6H_4
R^2 = H, R^1 = H(**1a**); Me(**1b**); ^{i}Pr(**1c**)
R^2 = Me, R^1 = CHMePh(**1d**); $CH(PhMe)_2$(**1e**)

R^1, R^2 = OH, An(**2a**); OMe,An(**2b**); OH, Me(**2c**); OMe, Me(**2d**); OBu, Me(**2e**); OBu, An(**2f**)

R = R′ = 吗啉基 (**4a**); 哌啶基 (**4b**); ^{i}Pr(**4f**);
R′ = ^{i}Pr;
R = 吡咯烷基 (**4c**); 吗啉基 (**4d**); 哌啶基 (**4e**)

图2-52 用于催化乙烯与极性单体共聚的典型α-二亚胺镍催化剂

表2-8 乙烯与极性单体共聚制备的共聚物及其结构参数

编号	催化剂	共聚单体	催化活性①	X②	$\overline{M}_n\times10^{-3}$	T_m③/℃	文献
1	**1c**	UAME	1048	0.43	85.8	—	[124]
2	**2e**	UA	110	4.2	19.4	77	[125]
3	**3**	UAME	540	0.1	114	—	[126]
4	**4a**	HCl	371	0.5	5.8	130	[128]
5	**5**	UAME	25	0.7	74	100	[129]

① 催化活性单位 kg/(mol・h)。
② 极性单体插入率（摩尔分数），%；
③ 共聚物熔点。

与α-二亚胺镍配合物相比，α-二亚胺钯配合物催化乙烯聚合时“链行走”速率更快，更容易形成高支化度的聚乙烯。此外，α-二亚胺钯配合物对极性单体的耐受性更强，更容易合成乙烯与极性单体无规共聚弹性体，其聚合机理如图 2-53 所示。

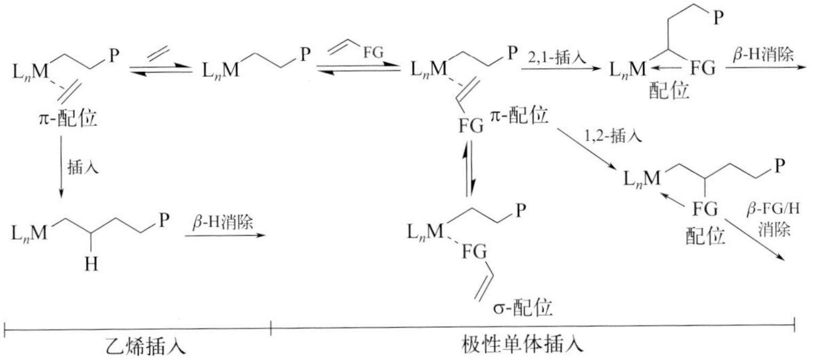

图2-53　乙烯与极性单体无规共聚的聚合机理示意图

如图 2-54 所示的 α- 二亚胺钯配合物催化乙烯与癸烯酸或癸烯酸酯共聚时可得到乙烯与极性单体无规共聚弹性体。通过调控聚合反应时间，可调节聚合物的分子量；通过调控聚合反应压力，可调节支化度；通过调控共聚单体浓度，可调节极性基团的含量。

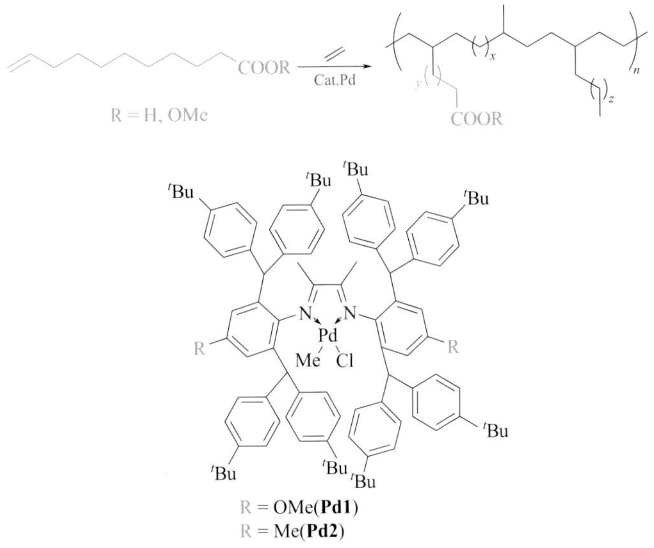

图2-54　α-二亚胺钯配合物及其催化乙烯与癸烯酸或癸烯酸酯共聚

（2）中性镍/钯催化剂催化乙烯与极性单体共聚

用于催化乙烯与极性单体共聚的中性镍/钯催化剂主要包括水杨醛亚胺镍/钯催化剂和酮亚胺镍/钯催化剂[129-131]。典型的催化剂结构如图 2-55 所示[122]，这些催化剂催化乙烯与极性单体共聚制备的共聚物及其结构参数如表 2-9 所示[122]。

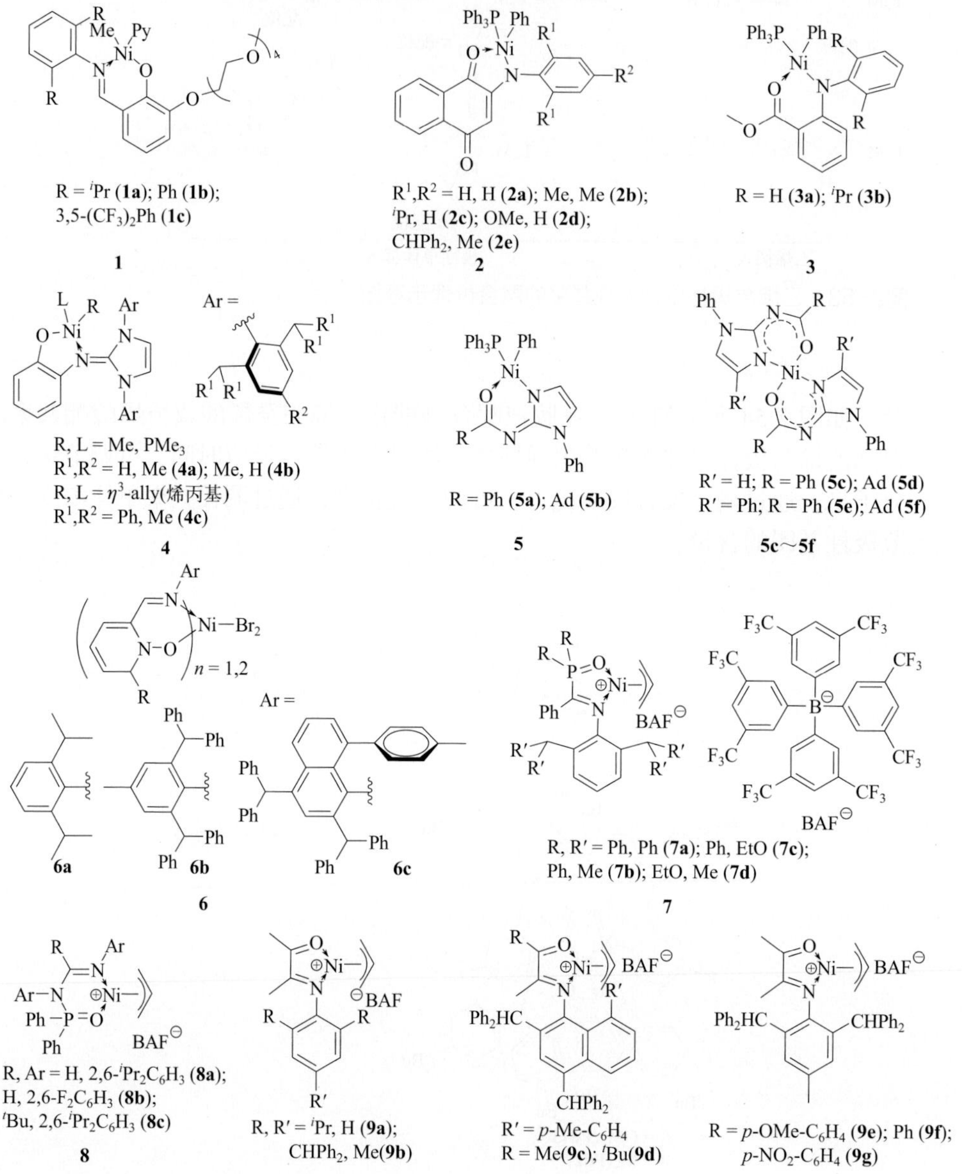

R = ^{i}Pr (**1a**); Ph (**1b**); 3,5-$(CF_3)_2$Ph (**1c**)

1

R^1,R^2 = H, H (**2a**); Me, Me (**2b**); ^{i}Pr, H (**2c**); OMe, H (**2d**); $CHPh_2$, Me (**2e**)

2

R = H (**3a**); ^{i}Pr (**3b**)

3

R, L = Me, PMe_3
R^1,R^2 = H, Me (**4a**); Me, H (**4b**)
R, L = η^3-ally(烯丙基)
R^1,R^2 = Ph, Me (**4c**)

4

R = Ph (**5a**); Ad (**5b**)

5

R′ = H; R = Ph (**5c**); Ad (**5d**)
R′ = Ph; R = Ph (**5e**); Ad (**5f**)

5c～5f

n = 1,2

6a **6b** **6c**

6

R, R′ = Ph, Ph (**7a**); Ph, EtO (**7c**); Ph, Me (**7b**); EtO, Me (**7d**)

7

R, Ar = H, 2,6-$^i Pr_2C_6H_3$ (**8a**); H, 2,6-$F_2C_6H_3$ (**8b**); ^{t}Bu, 2,6-$^i Pr_2C_6H_3$ (**8c**)

8

R, R′ = ^{i}Pr, H (**9a**); $CHPh_2$, Me(**9b**)

R′ = p-Me-C_6H_4
R = Me(**9c**); ^{t}Bu(**9d**)

R = p-OMe-C_6H_4 (**9e**); Ph (**9f**); p-NO_2-C_6H_4 (**9g**)

图2-55 用于催化乙烯与极性单体共聚的典型中性镍催化剂

表2-9　乙烯与极性单体共聚制备的共聚物及其结构参数

催化剂（图2-55中编号）	共聚单体	催化活性①	X②	$\overline{M}_n \times 10^{-3}$	T_m③/℃	文献
2e	HAC	740	1.31	7.63	115	[135]
2e	AAC	50	0.14	8.15	125	[135]
3b	NBAc	114	3.20	15.2	67	[136]
7b	UAME	8	3.4	2.2	99	[137]
8a	VTMOS	26	0.7	10.3	96	[138]
9b	MA	2.5	0.6	17.9	104	[139]
9b	VTMOS	220	10.8	8.3	96	[139]

① 催化活性，单位 kg/(mol · h)。
② 极性单体插入率（摩尔分数），%。
③ 共聚物熔点。

2．乙烯与极性单体无规共聚弹性体的结构特点、表征方法与性能

通过 ^{13}C NMR 表征乙烯与极性单体无规共聚弹性体的共聚组成及支化结构，图 2-56 给出了典型的 ^{13}C NMR 谱图及各峰归属，通过峰的积分面积计算支化度和共聚单体含量[123]。

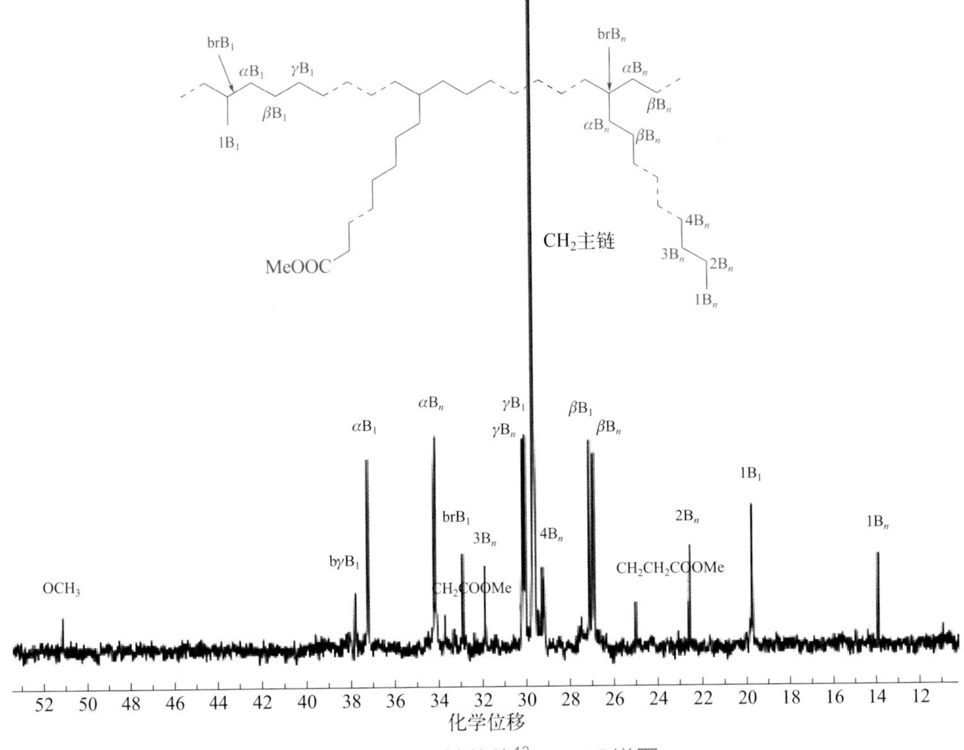

图2-56　典型乙烯与极性单体无规共聚弹性体的 ^{13}C NMR谱图

由于聚合物的支化度较高，其熔点较低（28 ～ 42℃）甚至没有熔点，成为无定形聚合物。根据共聚组成不同，乙烯与极性单体无规共聚弹性体的拉伸强度为 3.3 ～ 17.6MPa，断裂伸长率为 450% ～ 1850%，弹性回复率（SR）为 68% ～ 83%。典型的力学性能曲线如图 2-57 所示 [123]。

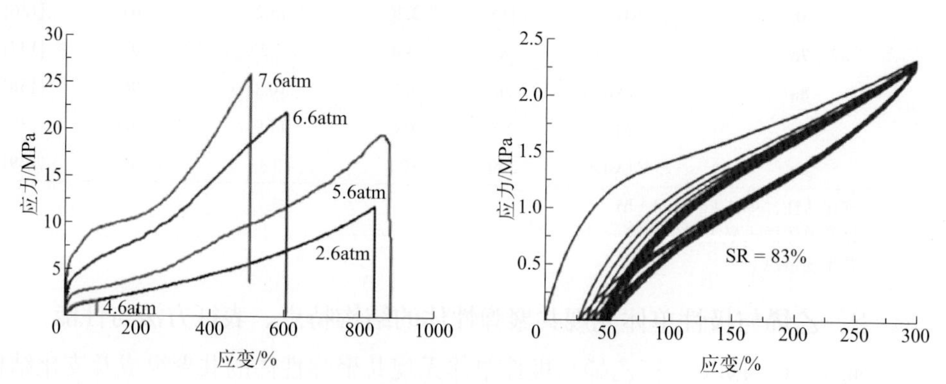

图2-57　典型的乙烯与极性单体无规共聚弹性体力学性能曲线

1atm=101325Pa

3．乙烯与极性单体无规共聚弹性体的应用领域

与 POE 相比，乙烯与极性单体无规共聚弹性体中含有极性基团，可增加其与极性聚合物的相容性、与极性填料的相容性以及与染料的亲和性等，其应用领域有待进一步研究。

聚烯烃弹性体的高端化、高性能化和功能化是未来发展方向之一，通过乙烯与极性单体无规共聚制备聚烯烃弹性体是发展高性能、功能聚烯烃弹性体的有效方法之一，目前研究处于起步阶段，从催化剂设计、极性单体设计到功能化聚烯烃弹性体的合成仍任重而道远。金属催化剂 - 聚合物结构 - 聚合物性能三者之间的关系有待进一步探索。解决工程化问题，使乙烯与极性单体无规共聚弹性体从实验室走向工业化也面临巨大挑战。

（二）乙烯/丙烯/极性单体三元共聚弹性体

对于热塑性弹性体，可通过可结晶的“硬段”或具有高玻璃化转变温度的“硬段”通过物理相互作用形成交联点，而对于不含“硬段”的弹性体，需要引入化学交联点，用于交联反应。引入化学交联点的方法主要分为两种，一种是引入可反应的双键，用于硫化交联；另一种是引入官能团，通过官能团间的化学作用进行交联。

乙烯 / 丙烯 / 非共轭二烯三元无规共聚弹性体是在乙烯 / 丙烯二元无规共聚弹性体的基础上引入非共轭二烯第三单体形成的，简称 EPDM[13-17]。与乙烯 / 丙烯二元无规共聚弹性体相比，乙烯 / 丙烯 / 非共轭二烯三元无规共聚弹性体可用硫黄硫化交联，用途更为广泛，其产能远高于乙烯 / 丙烯二元无规共聚物。在乙烯 / 丙烯 / 非共轭二烯三元无规共聚物中，非共轭二烯烃第三单体主要包括双环戊二烯（DCPD）、5- 亚乙基 -2- 降冰片烯（ENB）、1,4- 己二烯（1,4-HD）。不同第三单体的三元共聚弹性体的结构式如图 2-58 所示。

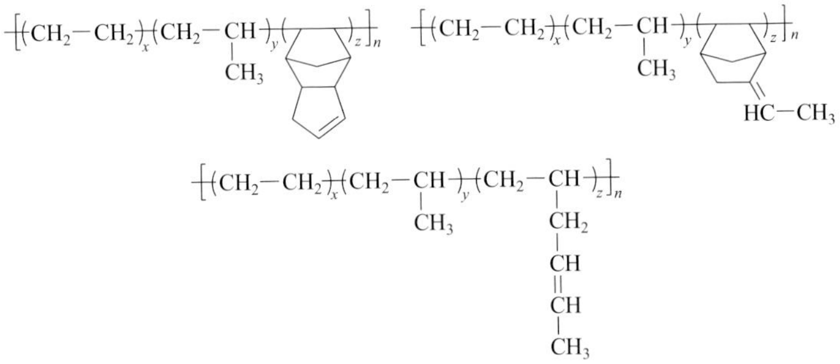

$$\left[(CH_2-CH_2)_x (CH_2-\underset{CH_3}{CH})_y (\ \ )_z \right]_n \qquad \left[(CH_2-CH_2)_x (CH_2-\underset{CH_3}{CH})_y (\ \ )_z \right]_n \ \ HC-CH_3$$

$$\left[(CH_2-CH_2)_x (CH_2-\underset{CH_3}{CH})_y (CH_2-\underset{CH_2-CH=CH-CH_3}{CH})_z \right]_n$$

图2-58 不同第三单体的三元共聚弹性体的结构式

5- 亚乙基 -2- 降冰片烯，属降冰片烯类，是一种非共轭环状二烯烃，有两个双键，其中环上的双键较为活泼，参与乙烯、丙烯共聚反应进入乙烯 / 丙烯无规共聚弹性体分子主链，环外双键很难参与聚合反应，保留于聚合物侧链，用于硫化交联。双环戊二烯的分子内含有一个带甲基桥的六元环和一个五元环，两环中各有一个非共轭双键。双环戊二烯的两个双键中，带甲基桥的六元环中的双键更为活泼，参与共聚反应进入弹性体分子主链，剩余五元环中双键保留于聚合物侧链，用于硫化交联。三元无规共聚弹性体中，第三单体所提供的双键悬挂在侧链上，这样的双键既提供了硫化的反应点，又不影响主链是饱和烃（不含双键）的特点[13-15]。

乙烯 / 丙烯无规共聚弹性体的主链由非极性基团组成，虽然这一特点为其带来了耐水、耐酸、耐碱和极性溶剂腐蚀等性能，但其亲水性、可染性、与极性聚合物的相容性，以及与极性无机填料的相容性等性能差，限制了其应用范围。此外，对于乙烯 / 丙烯无规共聚弹性体，通过引入极性基团，可通过极性基团间的化学作用进行交联，提高力学性能。含极性官能团的乙烯 / 丙烯 / 第三单体三元共聚弹性体的结构式如图 2-59 所示。

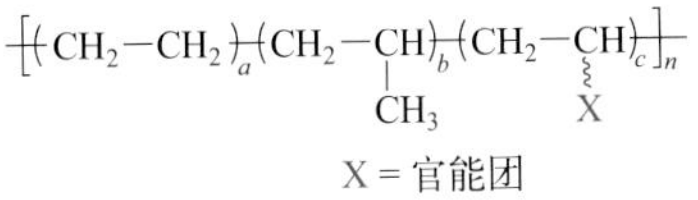

$$\left[(CH_2-CH_2)_a (CH_2-\underset{CH_3}{CH})_b (CH_2-\underset{X}{CH})_c \right]_n$$

X = 官能团

图2-59 含极性官能团的乙烯/丙烯/第三单体三元共聚弹性体的结构式

1．乙烯 / 丙烯 / 极性单体三元共聚弹性体的合成原理

（1）乙烯、丙烯与极性单体共聚法

通过非极性的烯烃和极性单体的配位共聚[140-141]，可直接获得极性官能化聚烯烃，相比于后官能化法，这一方法不受原料限制，可获得结构可控的官能化聚烯烃，是官能化聚烯烃制备中最为直接的方法。采用特定的催化剂催化乙烯与极性烯烃共聚制备官能化聚烯烃，通过调节催化剂结构可调节聚合物的分子量、极性单体插入率和拓扑结构等聚合物的重要结构参数[141-145]。后过渡金属催化剂对极性单体的耐受能力强，广泛应用于催化乙烯与极性单体共聚制备性能优异的极性官能化聚烯烃弹性体。但由于镍和钯配合物催化剂在催化烯烃聚合时存在“链行走”[146-148]，通过乙烯、丙烯与极性烯烃单体共聚很难得到极性基团官能化乙烯 / 丙烯无规共聚弹性体。因此，目前用于催化乙烯、丙烯与极性单体共聚的催化剂主要有齐格勒 - 纳塔催化剂、茂金属催化剂和稀土配合物催化剂。

由于前过渡金属路易斯酸性较强，对极性单体耐受性能差，所用极性单体具有较长间隔基，同时极性基团具有较弱路易斯碱性，以减少对活性中心的影响。例如在制备呋喃基团官能化的乙烯 / 丙烯无规共聚弹性体时，以 $MgCl_2/TiCl_4$/9,9-双羟甲基芴为催化剂，以 $AlEt_3$ 为助催化剂，进行了乙烯、丙烯和 8- 呋喃基 -1- 辛烯共聚，合成了呋喃基为侧基的官能化三元共聚物，如图 2-60 所示。所得三元共聚物呋喃基团含量（摩尔分数）为 1.1% ～ 9.7%，分子量为（35 ～ 68）$\times10^3$，并且呋喃基团含量可通过 8- 呋喃基 -1- 辛烯加入量而调节[149]。

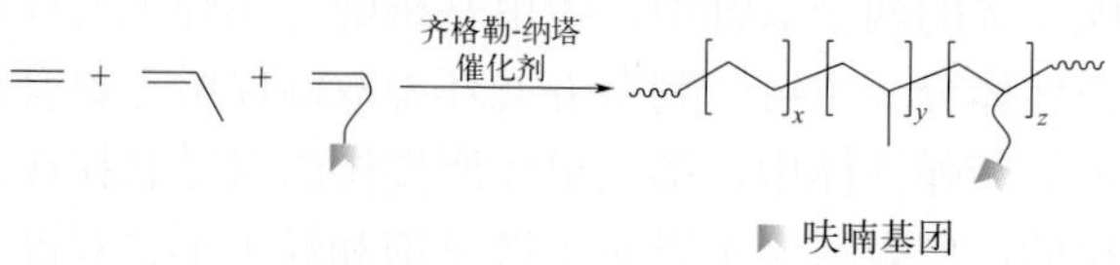

齐格勒-纳塔催化剂

呋喃基团

图2-60　乙烯/丙烯/8-呋喃基-1-辛烯共聚反应式

卤素原子虽然会通过“回咬”影响聚合反应，但通过增加卤素原子和烯烃单体之间的距离和采用特殊的催化剂等方法可实现乙烯、丙烯与含卤素的烯烃单体的三元共聚，制备卤素官能化的乙烯 / 丙烯无规共聚弹性体。以单茂钪配合物为主催化剂，在有机硼助催化剂作用下催化乙烯、丙烯与 10- 溴 -1- 癸烯共聚可制备极性溴基团官能化乙烯 / 丙烯无规共聚弹性体，如图 2-61 所示[150]。通过改变乙烯与丙烯单体比例、10- 溴 -1- 癸烯浓度，可制备丙烯结构单元含量（摩尔分数）为 14% ～ 59%、10- 溴 -1- 癸烯结构单元含量（摩尔分数）为 2% ～ 11%、分子量为（101 ～ 257）$\times10^3$ 和分子量分布指数窄（$\overline{M}_w/\overline{M}_n\approx2.0$）的溴化乙烯 / 丙烯无规共聚弹性体。由于丙烯结构单元含量高且可调，所制备聚合物的玻璃化转变温度低，在 −67 ～ −51℃范围内。催化剂的催化活性较高，在

$1.0\times10^6 \sim 4.0\times10^6$g/[mol(Sc)·mol] 范围内[150]。然而，随着极性单体加入量的提高，催化活性明显降低。

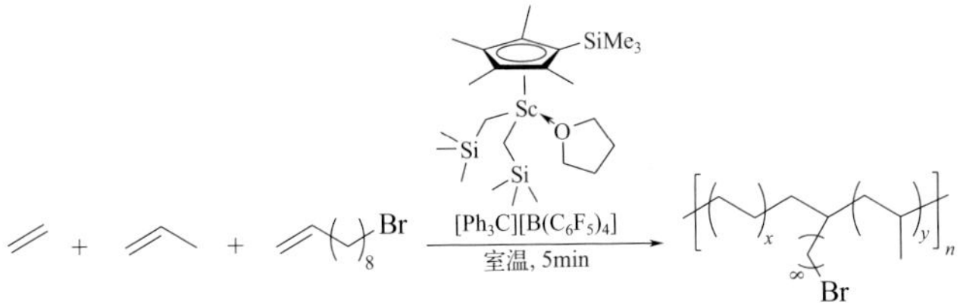

图2-61　乙烯、丙烯与10-溴-1-癸烯共聚制备溴化乙烯/丙烯无规共聚弹性体

以含羟基或羧基的烯烃单体为原料，通过其与三甲基铝反应，可将影响烯烃配位聚合的活泼氢除去，得到极性基团被三甲基铝保护的烯烃单体，再通过该类单体与乙烯和丙烯共聚制备乙烯 / 丙烯 / 极性单体三元共聚弹性体，如图 2-62 所示[151]。采用茂金属催化剂，极性单体的加入使得催化剂的催化活性大幅降低，且极性基团距离双键较远的烯烃单体更容易插入到聚合物链中。采用这种方法得到的共聚物中极性官能团的摩尔分数可达 8.9%，但催化剂的催化活性较低，助催化剂 MAO 用量大（Al/Zr = 4200），极性单体的转化率低[151]。

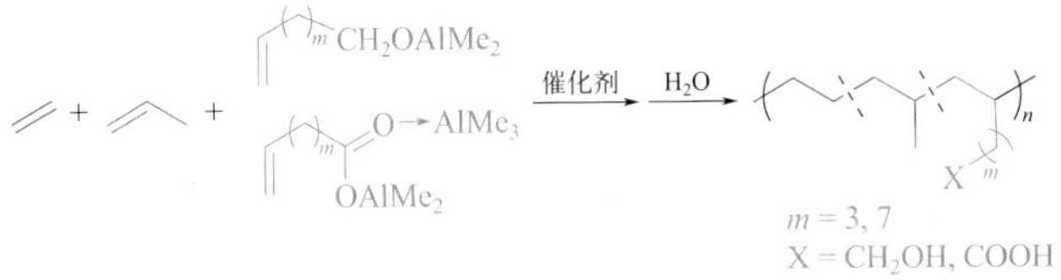

图2-62　乙烯、丙烯与三甲基铝保护的极性烯烃单体共聚制备乙烯/丙烯/极性单体三元共聚弹性体[151]

（2）乙烯 / 丙烯 / 非共轭二烯三元共聚物官能化法

① 乙烯 / 丙烯 / 非共轭二烯三元共聚物的环氧化　聚合物中的双键很容易被环氧化，得到环氧官能化聚合物。虽然乙烯 / 丙烯 / 非共轭二烯三元共聚物中 C═C 键的含量不高，但还是能够通过环氧化反应将环氧基团引入到三元乙丙橡胶聚合物链上。将三元乙丙橡胶溶解在甲苯中，然后向溶液中加入丙酮、MoO_3 和过硫酸氢钾复合盐 ($2KHSO_5 \cdot KHSO_4 \cdot K_2SO_4$) 溶液，利用原位生成的二甲基二氧杂环戊烷（DMD）和 MoO_3（如图 2-63 所示）对乙烯 / 丙烯 / 非共轭二烯三元共聚物进行环氧化反应。该反应的优势在于不产生副产物，环氧化度也能够达到 90% 以上，但是需要的反应时间长，一般大于 60h。若将氧化剂换成过氧叔丁醇，同样在 MoO_3 催化剂作用下，仅需 6h 即可达到 90% 以上的环氧化度等[152]。

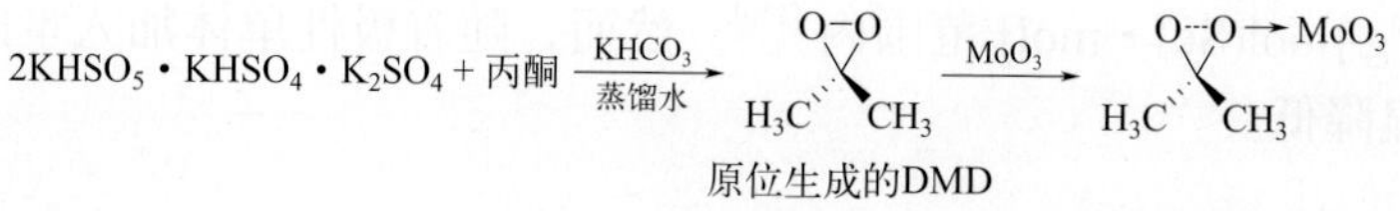
2KHSO₅ · KHSO₄ · K₂SO₄ + 丙酮
KHCO₃
蒸馏水
MoO₃
MoO₃
原位生成的DMD

图2-63 用于乙烯/丙烯/ENB三元共聚弹性体环氧官能化的DMD/ MoO_3氧化体系

以价廉易得的双氧水为氧化剂也可制备环氧官能化乙烯/丙烯共聚弹性体，如图2-64所示。将甲酸（相对于C═C双键的100%）加入到50℃的EPDM溶液中，再加入过量双氧水（相对于C═C双键的300%）滴加到混合溶液中，通过原位环氧化反应合成环氧官能化的乙烯/丙烯共聚弹性体，如图2-64所示。这种环氧化反应以双氧水为原料，通过其与甲酸反应生成过氧甲酸，利用过氧甲酸的氧化作用将C═C键转化为环氧基团[153]。

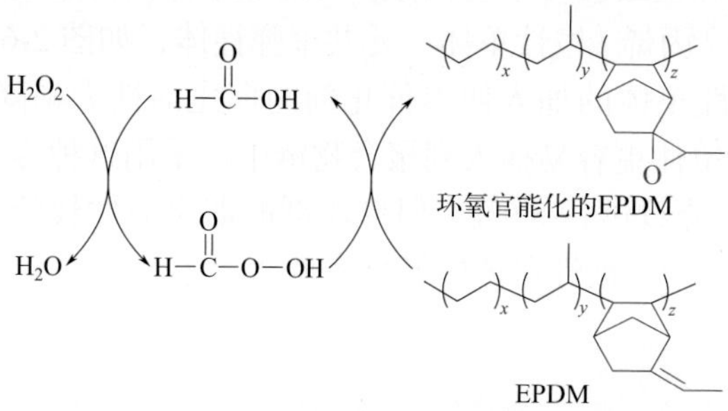
环氧官能化的EPDM
EPDM

图2-64 H_2O_2环氧化三元乙丙橡胶的反应机理

以甲酸和双氧水为氧化剂，不仅可以氧化ENB结构单元上的C═C，还可以氧化含其它类型第三单体的C═C。例如，以单茂钪配合物为主催化剂催化乙烯、丙烯和月桂烯三元共聚制备的三元共聚物也可以被甲酸/双氧水氧化体系氧化，制备环氧官能化乙烯/丙烯共聚弹性体，如图2-65所示。无论是主链上还是侧链上的三取代双键，均可以被环氧化，但1,1-二取代的双键不易被环氧化[154]。

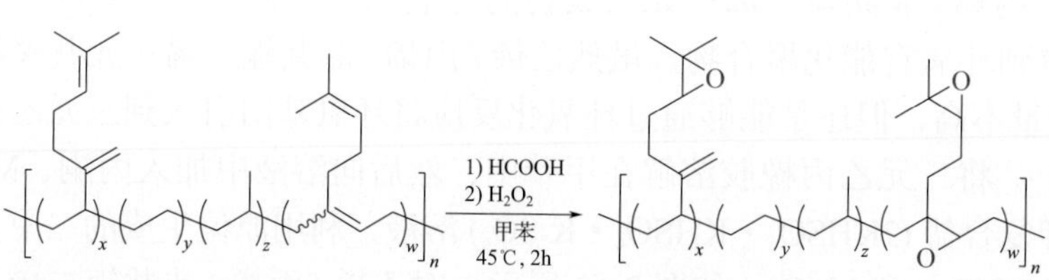
1) HCOOH
2) H₂O₂
甲苯
45℃, 2h

图2-65 含月桂烯结构单元的乙丙橡胶的制备及其环氧化反应

另一种常用的环氧化试剂为间氯过氧苯甲酸，也可高效将三元乙丙橡胶中的

C═C 键转化为环氧官能团。例如：Li 等[155]采用单茂钪催化剂催化乙烯、丙烯与异戊二烯共聚制备了主链和侧链均含 C═C 的乙丙橡胶，以与 C═C 等当量的间氯过氧苯甲酸为氧化剂，在四氯化碳溶液中进行环氧化反应，1,4- 聚异戊二烯结构单元上的双键完全转化为环氧基团，而 1,2- 聚异戊二烯结构单元上的双键不反应，如图 2-66 所示。

② 乙烯 / 丙烯 / 非共轭二烯三元共聚物的卤化　通过在乙丙橡胶中引入卤素可增加其对各种材料的黏附能力，提高聚合物玻璃化转变温度，从而扩大应用范围。同时溴化后的三元乙丙橡胶可作为大分子引发剂，进而制备出多种基于聚烯烃的嵌段和接枝共聚物。

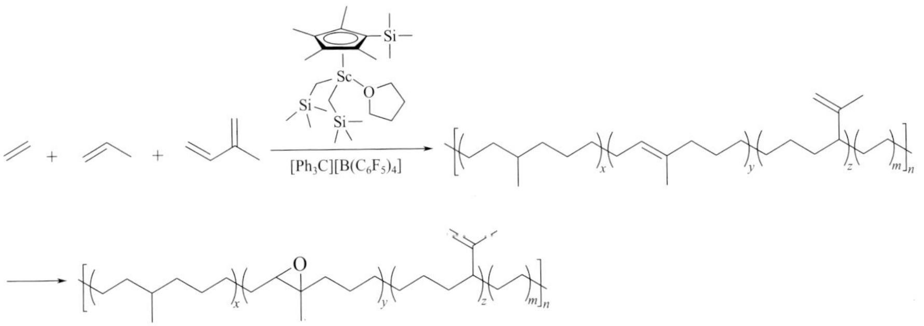

图2-66　含异戊二烯结构单元的乙丙橡胶的合成及其环氧化反应

在自由基引发剂存在下，溴代琥珀酰亚胺 (NBS) 与三元乙丙橡胶中 ENB 结构单元上的双键反应，如图 2-67 所示。烯丙基氢被初始自由基夺氢后，与 NBS 反应生成产物。在三元乙丙橡胶中加入等当量的 NBS 和 0.2g 过氧化二苯甲酰（BPO）反应 1h，产物中 77% 的烯丙基发生反应，烯丙基氢被溴取代[24]。而当以偶氮二异丁腈（AIBN）为引发剂，在 CCl_4 中引发三元乙丙橡胶与 NBS 反应获得溴化三元乙丙橡胶时，约 90% 的 ENB 结构单元上烯丙基氢被溴取代[156]。

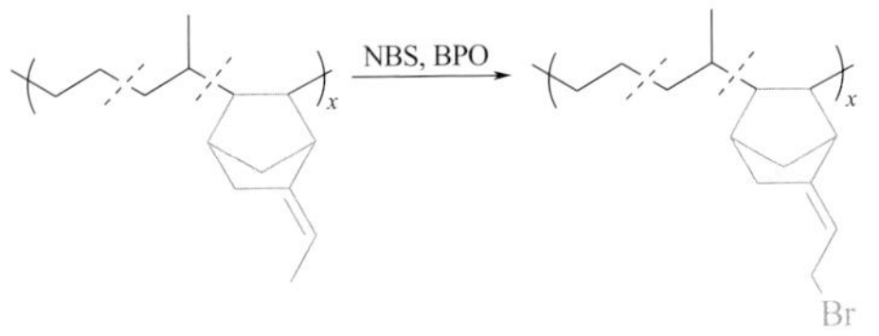

图2-67　溴官能化三元乙丙橡胶的合成反应式

还可通过将氯气直接加入三元乙丙橡胶溶液中进行反应的方法制备氯化乙丙橡胶。通过改变氯气通入体积，可改变聚合物的玻璃化转变温度和热稳定性，氯化后的产物具有更好的阻燃性[13]。

③ 乙烯 / 丙烯 / 非共轭二烯三元共聚物的点击化学反应　2011 年，诺贝尔奖获得者 Sharpless[157] 提出“点击化学”概念。“点击化学”是一类简单快捷的反应，主要包含炔基与叠氮化合物发生的环加成反应[158]、烯烃之间发生的 Diels-Alder（D-A）反应[159]、巯基化合物与双键的自由基加成反应[160-161]、巯基化合物与三键的自由基加成反应[162-163]。这一类反应条件简单、反应速度快，同时可获得较高产率。

在巯基 - 烯反应中，包含链引发、链增长和链转移三个阶段，如图 2-68 所示[162-163]。首先引发剂分解后生成初始的自由基，随后与巯基反应生成硫自由基。硫自由基与聚合物上双键通过自由基加成反应，生成不稳定的中间体。随后这一中间体通过链转移反应，从附近的巯基化合物中夺取一个氢原子，生成产物和另一个硫自由基。所得硫自由基可与另一双键进行反应。不稳定的中间体在与巯基试剂结合的同时，有一定概率与其他双键结合，导致产物分子量增加或凝胶生成。

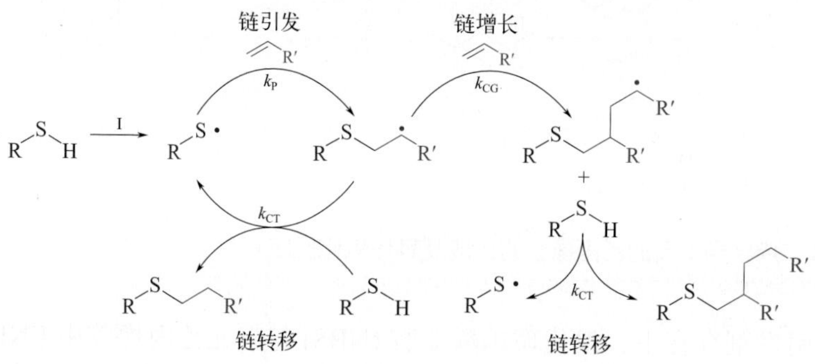

图2-68　自由基引发的巯基-烯“点击化学”机理示意图

在含有 ENB 结构单元的三元乙丙橡胶官能化中，可通过 ENB 结构单元中碳碳双键与巯基试剂反应引入不同极性基团。但由于 ENB 结构单元中双键反应活性低，因此产物中官能化度较低。同时采用热引发剂引发巯基 - 烯反应对三元乙丙橡胶官能化时，产物官能化度均处于较低水平。如图 2-69 通过 ENB 结构单元和糠基硫醇之间的自由基反应，可将呋喃基团引入聚合物链[164]。

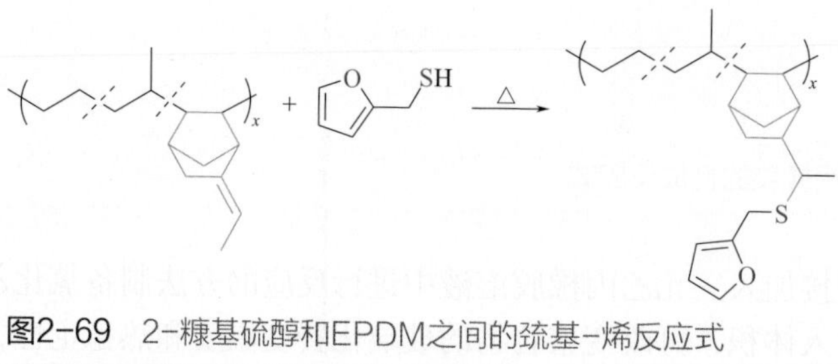

图2-69　2-糠基硫醇和EPDM之间的巯基-烯反应式

ENB 结构单元中双键与硫代乙酸的反应，在溶液中硫代乙酸浓度∶双键浓度∶AIBN 浓度 =1∶1∶0.1 的条件下，70℃反应 48h 后，三元乙丙橡胶官能化度为 49%。进一步提高 AIBN 加入量无法提高产物官能化度。经乙酰基官能化的乙丙橡胶可进一步在水解后获得含有巯基的乙烯 / 丙烯共聚弹性体，反应如图 2-70 所示[165]。

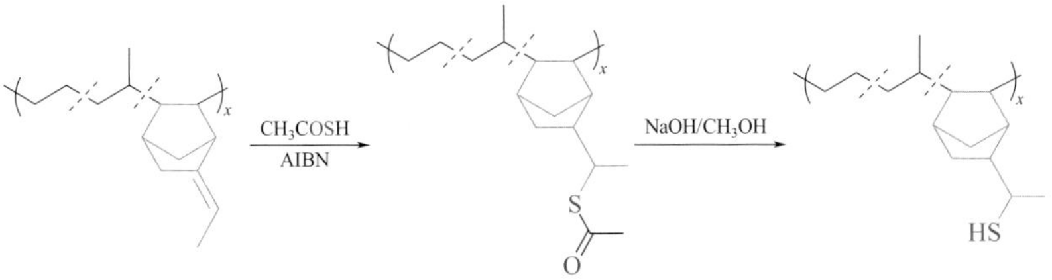

CH_3COSH / AIBN → NaOH/CH_3OH → HS

图2-70 巯基官能化EPDM的合成[165]

当三元乙丙橡胶中改用其他具有较高反应活性的第三单体，并通过光引发剂引发反应时，可获得高官能化度的乙丙橡胶。如图 2-71 所示，可通过钪配合物催化月桂烯与乙烯和丙烯共聚合获得具有 5% ～ 23% 月桂烯含量（摩尔分数）的三元乙丙橡胶。相比于商业化 EPDM 中 ENB 结构单元，月桂烯结构单元具有较高反应活性。其可在紫外线（UV）照射下，与糠基硫醇或硫代乙酸反应，可引入呋喃基团或乙酰基团，所得产物分子量略有增大，仍保持窄分布的特点[156]。在与糠基硫醇反应中，月桂烯的亚乙烯基和主链上的双键不参与反应。

④ 乙烯 / 丙烯 / 非共轭二烯三元共聚物的烯烃复分解反应　烯烃复分解反应是一种在含有 C═C 键的化合物之间，通过双键两侧基团交换而生成新的不饱和有机物的反应，这一反应可用于聚合物官能化领域。通过聚合物侧链的乙烯基与含有极性基团和乙烯基的有机化合物发生烯烃复分解反应获得官能化聚合物。例如，采用含有 VNB（乙烯基降冰片烯）结构单元的乙烯 / 丙烯共聚物弹性体为原料，基于烯烃复分解反应进行官能化反应，如图 2-72 所示，其中，R* 为含有 Si、P、O、S、N、Cl、F、I 和 Br 等杂原子的官能团，官能化度最高可达 100%，同时产物中凝胶含量少，一般在 0.3% 以下[166]。

⑤ 长链支化乙丙橡胶的官能化　除了线型的乙烯 / 丙烯 / 非共轭二烯无规共聚弹性体外，还可在其分子链上引入长链支化结构得到长链支化乙烯 / 丙烯 / 非共轭二烯无规共聚弹性体。具有长链支化结构的弹性体有以下优点：在生产过程中，相近分子量时，长链支化乙丙橡胶的溶液黏度低于线型乙丙橡胶的溶液黏度，因此，在生产长链支化乙丙橡胶时可提高胶液浓度，提高生产效率；生产长链支化乙丙橡胶时采用的 VNB 单体是生产线型乙丙橡胶采用的单体 ENB 的前体，VNB 的生产成本低于 ENB，生产长链支化乙丙橡胶可节约成本；因 VNB 的双键更容易发生硫化反应，达到相同硫化速率时，采用 VNB 为第三单体制备的长链支化

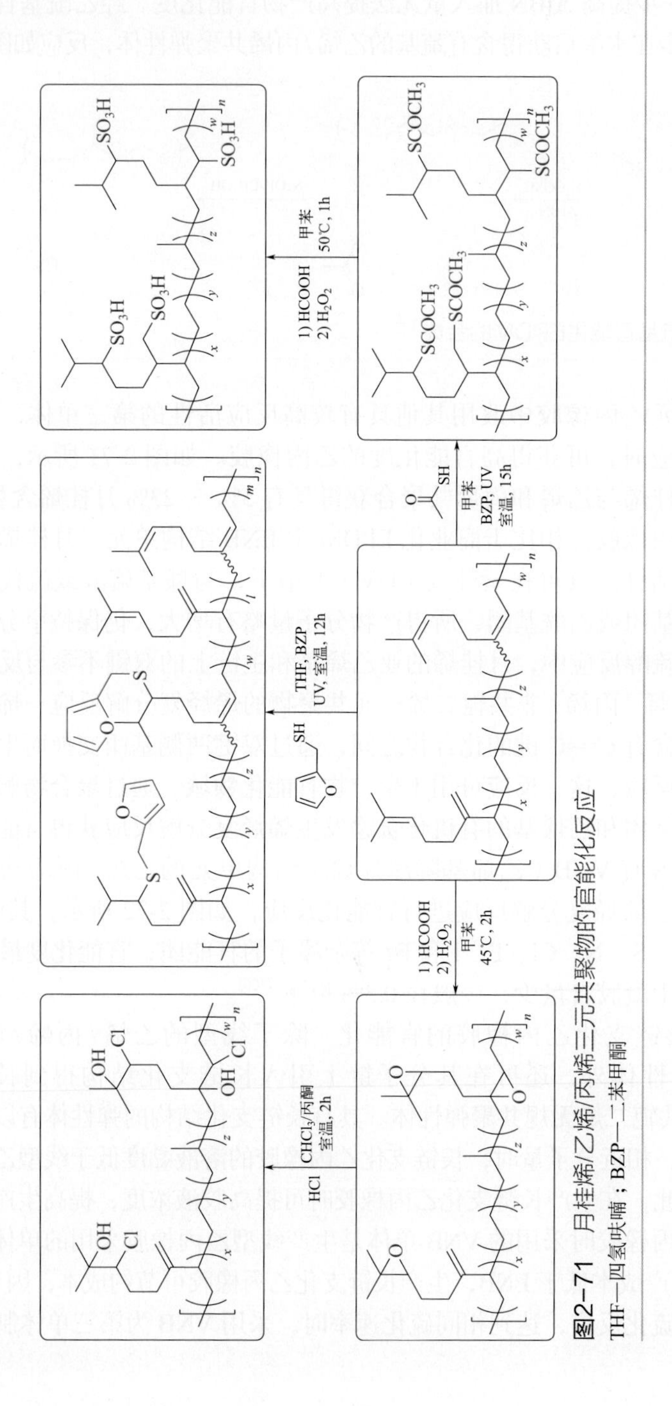

图2-71 月桂烯/乙烯/丙烯三元共聚物的官能化反应

THF—四氢呋喃；BZP—二苯甲酮

乙丙橡胶中第三单体的含量低于线型乙丙橡胶中第三单体 ENB 的含量，进一步节约了第三单体的成本。在加工过程中，长链支化乙丙橡胶加工过程中混炼时间短，炭黑分散性好；长链支化乙丙橡胶能在分子量较高时仍保持较低的门尼黏度，有利于加工；采用长链支化乙丙橡胶制备的制品具有较高的表面光滑度及稳定的力学性能；具有高熔体强度，表现出“应变软化”效应，有优异的物理性能。

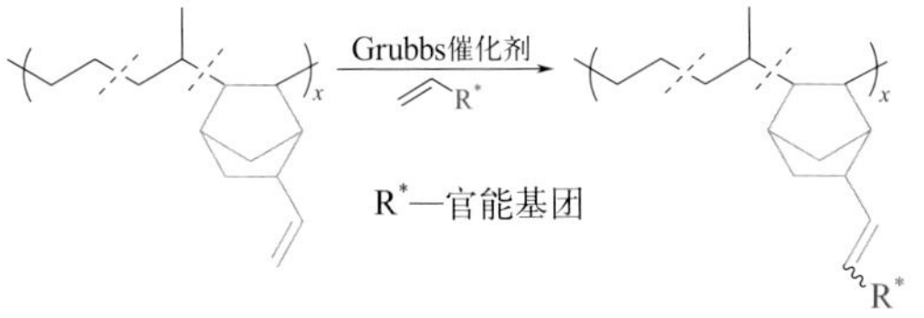

图2-72　基于烯烃复分解反应对EPDM官能化的反应式

长链支化乙丙橡胶的制备一般有两种方法，一是采用特殊的催化剂，通过 β-H 消除得到的大分子单体插入到聚合物链中得到长链支化乙丙橡胶，如图 2-73 所示；二是采用含两个可反应性双键的单体（通常选用 VNB），通过控制两个双键的反应，控制凝胶，得到长链支化乙丙橡胶，如图 2-74 所示。

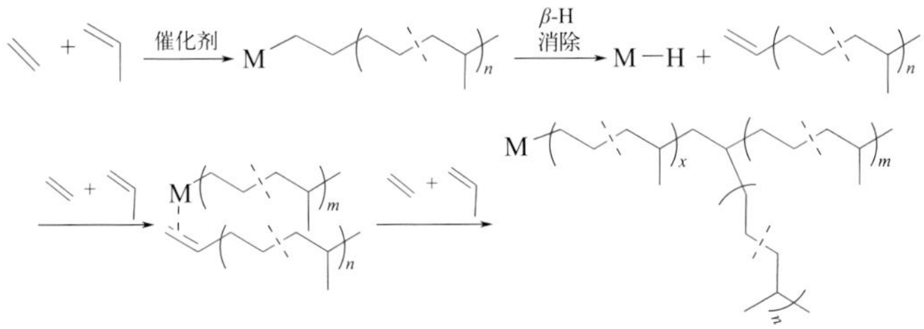

图2-73　通过 β -H消除反应制备长链支化乙丙橡胶的机理图

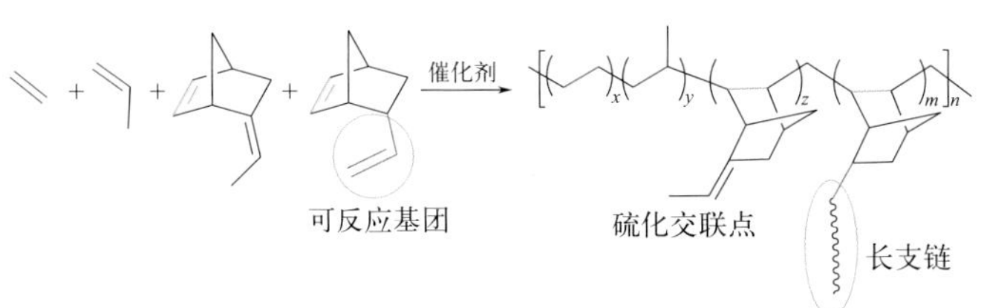

图2-74　通过两个可反应性双键的单体制备长链支化乙丙橡胶的反应式

通过乙烯、丙烯、5- 亚乙基 -2- 降冰片烯（ENB）与乙烯基降冰片烯（VNB）共聚的方法可合成长链支化乙丙橡胶，通过 VNB 产生长链支化结构，通过 ENB 产生硫化交联点，但仍无法解决乙丙橡胶硫化速度慢的难题。通过乙烯、丙烯与

VNB 共聚的方法合成这类侧链含有乙烯基的三元长链支化乙丙橡胶，例如：采用茂金属催化剂制备的乙烯 / 丙烯 /VNB 三元长链支化乙丙橡胶，当 VNB 含量较高时，会产生凝胶。采用 Ziegler-Natta 钒系催化剂催化乙烯 / 丙烯 /VNB 共聚时，需要催化剂具有一定的选择性，即催化剂对于 VNB 环上的双键选择性高，对于 VNB 环外的双键选择性低。以 $VOCl_2OR^1$ 和 $VOCl(OR^1)(OR^2)$ 含钒化合物中的至少一种，为主催化剂，可控制 VNB 类单体中乙烯基的反应，既能够得到长链支化乙丙橡胶，又不容易发生交联，从而得到侧链乙烯基含量高、长链支化度高、凝胶含量低甚至没有凝胶的长链支化乙丙橡胶，可大大提高乙丙橡胶的硫化速度和官能化反应的效率[167]。

乙烯 / 丙烯 / 非共轭二烯中非共轭二烯的引入，不仅为硫化交联反应提供了反应位点，还为其官能化改性提供了反应位点，目前，结构可控的乙丙橡胶的官能化反应多以第三单体结构单元中未参与聚合反应的 C═C 为可反应性基团进行官能化反应，主要包括环氧化反应、卤化反应、磺化反应、接枝反应、巯基 - 烯点击反应等，制备官能化乙烯 / 丙烯无规共聚弹性体。

由于 VNB 结构单元中侧链乙烯基的存在，容易发生官能化反应，可采用巯基 - 烯点击反应法、环氧化反应法和硼氢化氧化反应法引入不同的官能团。本书著者团队采用含 VNB 结构单元的聚烯烃弹性体为原料，通过乙烯基的官能化反应，可高效制备官能化长链支化聚烯烃弹性体，在乙烯 / 丙烯 / 非共轭二烯三元共聚弹性体侧链上引入羧基、羟基、环氧基、氨基等极性官能团。该反应效率高，产物中无凝胶形成，显著提高了产品的质量和性能；未反应的 VNB 结构单元还可用于交联反应，VNB 中乙烯基反应活性高、反应速率快；支链中也含有极性官能团，通过氢键形成网络结构，具有更好的力学强度。

2．乙烯 / 丙烯 / 第三单体三元共聚弹性体的结构特点、表征方法与性能

可通过 ^1H NMR 对乙烯 / 丙烯 / 第三单体三元共聚弹性体的结构进行表征，图 2-75 给出了乙烯 / 丙烯 /ENB 三元共聚弹性体的 ^1H NMR 谱图，在化学位移 5.0 ～ 5.4 处的峰是 ENB 结构单元上未反应的环外双键上质子的特征峰，通过各峰的积分面积（I），按照以下公式可以计算共聚组成（摩尔分数）[168]。

$$x(\mathrm{E})=\frac{(I_\mathrm{c}+I_\mathrm{d}+I_\mathrm{e}+I_\mathrm{f}+I_\mathrm{g}-I_\mathrm{b}-I_\mathrm{a}\times 11)/4}{I_\mathrm{b}/3+(I_\mathrm{c}+I_\mathrm{d}+I_\mathrm{e}+I_\mathrm{f}+I_\mathrm{g}-I_\mathrm{b}-I_\mathrm{a}\times 11)/4+I_\mathrm{a}}\times 100\%$$

$$x(\mathrm{P})=\frac{I_\mathrm{b}/3}{I_\mathrm{b}/3+(I_\mathrm{c}+I_\mathrm{d}+I_\mathrm{e}+I_\mathrm{f}+I_\mathrm{g}-I_\mathrm{b}-I_\mathrm{a}\times 11)/4+I_\mathrm{a}}\times 100\%$$

$$x(\mathrm{ENB})=\frac{I_\mathrm{a}}{I_\mathrm{b}/3+(I_\mathrm{c}+I_\mathrm{d}+I_\mathrm{e}+I_\mathrm{f}+I_\mathrm{g}-I_\mathrm{b}-I_\mathrm{a}\times 11)/4+I_\mathrm{a}}\times 100\%$$

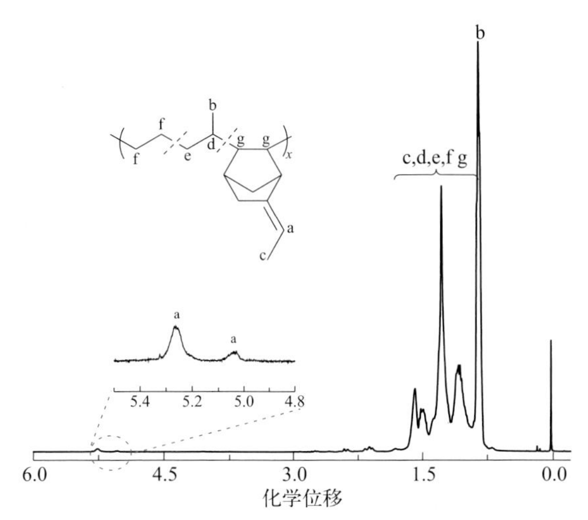

图2-75 乙烯/丙烯/ENB三元共聚弹性体的¹H NMR谱图

图 2-76 给出了乙烯 / 丙烯 /VNB 三元共聚弹性体的 ¹H NMR 谱图，在化学位移 4.8 ～ 6.0 处的峰是 VNB 结构单元上未反应的环外双键上质子的特征峰，通过各峰的积分面积，按照以下公式可以计算共聚组成（摩尔分数）。

$$x(\mathrm{E})=\frac{[I_{\mathrm{d}}+I_{\mathrm{e}}+I_{\mathrm{f}}+I_{\mathrm{g}}-I_{\mathrm{b}}-(I_{\mathrm{a}}+I_{\mathrm{b}})/3\times 9]/4}{I_{\mathrm{c}}/3+[I_{\mathrm{d}}+I_{\mathrm{e}}+I_{\mathrm{f}}+I_{\mathrm{g}}-I_{\mathrm{b}}-(I_{\mathrm{a}}+I_{\mathrm{b}})/3\times 9]/4+(I_{\mathrm{a}}+I_{\mathrm{b}})/3}\times 100\%$$

$$x(\mathrm{P})=\frac{I_{\mathrm{c}}/3}{I_{\mathrm{c}}/3+[I_{\mathrm{d}}+I_{\mathrm{e}}+I_{\mathrm{f}}+I_{\mathrm{g}}-I_{\mathrm{b}}-(I_{\mathrm{a}}+I_{\mathrm{b}})/3\times 9]/4+(I_{\mathrm{a}}+I_{\mathrm{b}})/3}\times 100\%$$

$$x(\mathrm{VNB})=\frac{(I_{\mathrm{a}}+I_{\mathrm{b}})/3}{I_{\mathrm{c}}/3+[I_{\mathrm{d}}+I_{\mathrm{e}}+I_{\mathrm{f}}+I_{\mathrm{g}}-I_{\mathrm{b}}-(I_{\mathrm{a}}+I_{\mathrm{b}})/3\times 9]/4+(I_{\mathrm{a}}+I_{\mathrm{b}})/3}\times 100\%$$

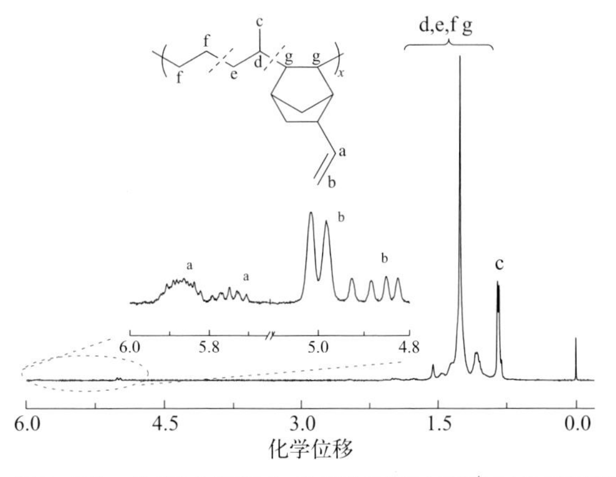

图2-76 含有VNB结构单元的EPDM的¹H NMR谱图

通过对所得羧基官能化乙丙橡胶的表面水接触角的研究发现，随着官能化度的提高，表面水接触角降低，聚合物的极性增加，如图 2-77 所示，将有利于提高乙丙橡胶与无机填料的共混性能[168]。

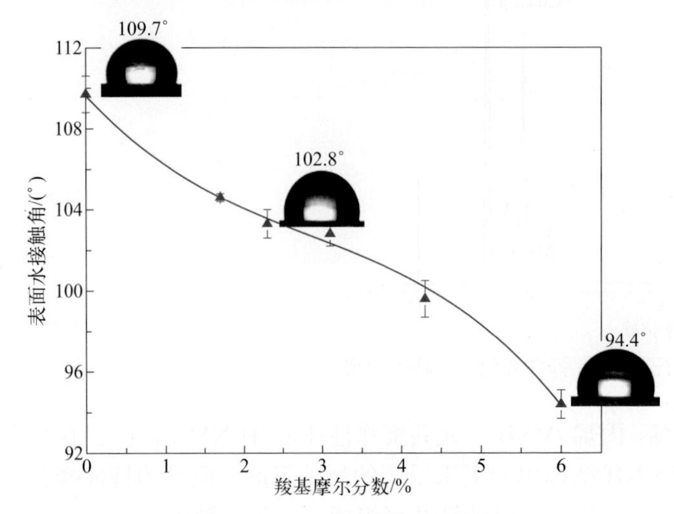

图2-77　不同羧基官能化乙丙橡胶的水接触角

（三）乙烯/丙烯/第三单体三元共聚弹性体的应用领域

乙烯 / 丙烯 / 第三单体三元共聚弹性体的主链是全饱和的，只有侧链含有少量用于硫化交联的双键，具有优异的耐臭氧性能、耐候性、耐化学腐蚀性能、电绝缘性能以及高填充性等，在密封条、胶带胶管、防水材料、电线电缆及汽车部件等方面得到广泛应用。在乙烯 / 丙烯 / 第三单体三元共聚弹性体分子链上引入极性官能团，可以在保持原有优良性能的同时，改善其部分物理化学性能，获得新的特性，如赋予其亲水性、可染性、与极性聚合物的相容性、与极性无机填料的相容性，增大制品的表面张力和对极性物质的黏附力等，可拓宽应用范围，提高其附加值。

乙烯 / 丙烯 / 第三单体三元无规共聚弹性体以价廉易得大宗化工产品乙烯和丙烯为原料制备高性能高附加值弹性体具有重要经济价值。第三单体的价格相对昂贵，因此开发能够高效共聚第三单体的催化剂具有重要意义。此外，含有极性基团的乙烯 / 丙烯 / 第三单体三元无规共聚弹性体可实现聚烯烃弹性体的高端化、高性能化和功能化，但目前的研究还处于起步阶段。此外，解决工程化问题，使乙烯 / 丙烯 / 第三单体三元无规共聚弹性体从实验室走向工业化也面临巨大挑战。

第三节
丙烯基无规共聚弹性体

丙烯基弹性体是以丙烯为主要原料，加入少量乙烯或其它 α- 烯烃经溶液聚合而得到的含有无定形链段的低结晶聚合物。与传统的乙烯 / 丙烯无规共聚弹性体不同，丙烯基弹性体中的乙烯质量分数通常低于 20%，聚丙烯链段为等规结构，可结晶。乙烯结构单元插入到等规聚丙烯链段，形成无定形乙烯 / 丙烯无规共聚物链段，使得丙烯基弹性体具有热塑弹性体的性能。丙烯基无规共聚弹性体具有高弹性、高透明性和低温韧性等优异性能，并且与烯烃聚合物尤其是聚丙烯的相容性好，被广泛应用于改善聚烯烃的光学性能、密封性、热黏性能、弹性、韧性及柔软性等[169]。

目前，世界范围内生产丙烯基弹性体的公司主要包括埃克森美孚化工公司、三井化学公司和陶氏化学公司，其商品分别为 Vistamaxx™、Tafmer™ PN 和 Versify，表 2-10 给出了埃克森美孚化工公司的丙烯基弹性体的主要产品牌号和性能参数。

表2-10 埃克森美孚化工公司的丙烯基弹性体主要产品牌号和性能参数

牌号	第二单体（质量分数/%）	密度/(g/cm³)	MFR/(g/10min)	拉伸强度/MPa	断裂伸长率/%
6102	乙烯(16)	0.862	1.4	>7.6	>800
6202FL	乙烯(15)	0.862	9.1	>5.5	>800
7810	乙烯(—)	0.859	1.8	>4.8	>800
6502	乙烯(13)	0.865	1.8	>7.6	>800
3020FL	乙烯(12)	0.874	1.2	>14	>800
3000	乙烯(11)	0.873	3.7	>14	>800

一、丙烯基无规共聚弹性体的合成原理与工艺流程

丙烯基无规共聚弹性体分子链中含有一定量结晶的等规聚丙烯链段，通常通过茂金属催化剂制备。例如，埃克森美孚公司的 Vistamaxx™ 产品就是通过 Exxpol 催化技术，采用图 2-78 所示的催化剂制备的，其制备工艺流程与乙烯 /1- 丁烯无规共聚弹性体的工艺流程相似[13]。

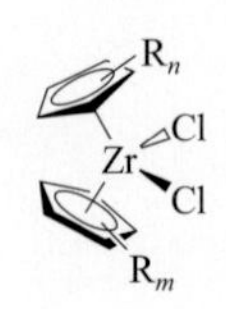

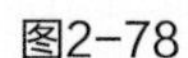
图2−78
埃克森美孚化工公司的Exxpol催化技术所用茂金属催化剂结构[13]

二、丙烯基无规共聚弹性体的结构特点、表征方法与性能

丙烯基无规共聚弹性体的表征方法与聚烯烃弹性体表征方法相似，用 ^{13}C NMR 表征聚合物的共聚组成序列结构，用高温 GPC 表征聚合物的分子量。丙烯基无规共聚弹性体中丙烯的摩尔分数不少于 70%，分子链中含有一定量结晶的等规聚丙烯链段，是一种以聚丙烯为主的特殊半结晶结构弹性体，其组成与结晶性介于无定形的乙丙橡胶与结晶性的聚丙烯之间，是一种柔软且有弹性的聚烯烃材料。非晶相的共聚结构链段填补了富含等规聚丙烯链段的细微结晶之间的空白，细微结晶构成物理交联点，使其在常温下具有一定的强度，不易发生形变或蠕变，而当温度超过结晶熔融温度后，物理交联点解离，材料易加工。丙烯基无规共聚弹性体利用大分子链间的链段结晶形成交联点，并不依靠化学交联。丙烯基无规共聚弹性体的结晶度较低，其结晶具有聚丙烯 α- 型晶体结构特点，分子链中较短的链段可在室温以下结晶，表现出二次结晶现象。丙烯基无规共聚弹性体的结构特点使其具有高的弹性、柔软性、韧性、屈挠性、透明性和易加工性。

三、丙烯基无规共聚弹性体的应用领域

丙烯基无规共聚弹性体（PBE）的主要应用领域为聚烯烃材料改性剂，例如 PP/PBE 共混改性的弹性无纺布主要用于吸水卫生用品，PP/PBE 共混改性在提高 PP 熔喷布质量方面有明显效果。PBE 还可与氢化苯乙烯 - 丁二烯 - 苯乙烯三嵌段共聚物（SEBS）、热塑性弹性体、橡胶等共混改性。对橡胶改性时，可降低胶料的门尼黏度，从而改善加工性能（如挤出性能）。PBE 还可作为软质聚氯乙烯替代品用于环保制品和玩具，以及用作高填充色母料载体，用于制备薄膜和发泡制品等。PBE 在鞋材方面手感好、高填充、止滑性佳，容易制备硬度低至邵氏 C 型硬度为 10 的发泡材料，无气味 [170]。

乙烯是最简单的烯烃单体，乙烯和丙烯都是大宗化工原料，采用廉价易得的乙烯和丙烯单体制备高性能高附加值丙烯基无规共聚弹性体具有重要经济价值。在乙烯与丙烯共聚过程中，催化剂起着至关重要的作用。与乙烯 /1- 丁烯无规共聚弹性体、乙烯 /1- 己烯无规共聚弹性体和乙烯 /1- 辛烯无规共聚弹性体相比，

丙烯基无规共聚弹性体分子链中含有一定量结晶的等规聚丙烯链段，需要采用能够催化丙烯等规聚合的催化剂。但目前国内尚无工业化技术及产品，尤其是没有适用于工业化生产的具有自主知识产权的高性能催化剂。因此，要加强高活性、耐高温、具有立构选择性的高性能催化剂和烯烃高温溶液共聚工艺的研究。

第四节 乙烯基嵌段共聚弹性体

一、乙烯/丙烯嵌段共聚弹性体

乙烯是最简单的烯烃单体，是世界上产量最大的化学品之一，可用于合成众多化工产品，乙烯工业已成为世界石油化工产业的核心之一。乙烯聚合得到的聚乙烯是应用最为广泛的一类高分子材料，聚乙烯具有优良的耐低温性能和化学稳定性等优点，被广泛应用于工业、农业和日常生活等方面。以乙烯为单体，可制备高密度聚乙烯（HDPE），HDPE 易结晶，链段难以运动，具有高强度和硬度。

丙烯也是常用的烯烃单体，丙烯聚合得到聚丙烯。根据甲基在聚丙烯分子链空间排布的不同，聚丙烯分为等规聚丙烯（^{i}PP）、间规聚丙烯（^{s}PP）和无规聚丙烯（^{a}PP）。与可结晶、熔点高的热塑性塑料 ^{i}PP 和 ^{s}PP 不同，^{a}PP 为无定形聚合物，是一类饱和的弹性材料。

乙烯与丙烯无规共聚，得到无定形的乙烯 / 丙烯无规共聚物——二元乙丙橡胶（EPR），如前所述。以乙烯和丙烯为单体，可制备无定形聚合物 ^{a}PP 和 EPR，也可制备可结晶的聚合物 HDPE、^{i}PP 和 ^{s}PP。将可结晶聚合物作为“硬段”、无定形聚合物作为“软段”，可得到嵌段共聚物热塑弹性体 [171]，例如 AB 型两嵌段共聚物，ABA、ABC 型三嵌段共聚物和（AB）$_n$ 型多嵌段共聚物，如图 2-79 所示，其中 A 或 C 代表“硬”段，B 代表“软”段。已报道的乙烯 / 丙烯嵌段共聚弹性体主要包括聚乙烯 -*b*- 聚 (乙烯 -*r*- 丙烯)、聚乙烯 -*b*- 聚 (乙烯 -*r*- 丙烯)-*b*- 聚乙烯、间规聚丙烯 -*b*- 聚 (乙烯 -*r*- 丙烯)-*b*- 间规聚丙烯、聚乙烯 -*b*- 聚 (乙烯 -*r*- 丙烯) 多嵌段共聚物等。

AB 软 硬　ABA　$(AB)_n$　ABC

图2-79　不同类型的嵌段共聚物

自 20 世纪 50 年代 Ziegler-Natta 催化剂发现以来，通过配位聚合合成的聚烯烃材料已经成为目前重要的聚合物材料之一。但是相较于 1956 年出现的活性阴离子聚合，活性配位聚合直到 23 年后的 1979 年才被发现。Doi 等以乙酰丙酮钒为催化剂，Et_2AlCl 为助催化剂催化丙烯的聚合首次实现了具有活性特征的配位聚合反应，得到间规聚丙烯[172-174]。此后，活性配位聚合取得系列进展，已经实现了乙烯、丙烯以及 α- 烯烃的活性配位聚合。活性聚合制备的聚合物分子量分布窄、分子量可控，通过不同单体顺序加料的方式可以合成多嵌段共聚物。烯烃活性配位聚合的关键还是催化剂，虽然目前报道的对于某一种烯烃单体的活性配位聚合较多，但能够催化两种不同的烯烃单体活性配位聚合的催化剂较少，以下是目前报道的采用烯烃配位活性聚合制备乙烯 / 丙烯嵌段共聚弹性体的例子。

水杨醛亚胺钛配合物催化剂是一类催化烯烃配位聚合的高效催化剂，在亚氨基苯环上引入吸电子的氟原子，在聚合过程中与聚合物活性链上的 β-H 形成氢键，抑制 β-H 消除反应的发生，可实现烯烃的配位活性聚合。在甲基铝氧烷（MAO）作用下，催化丙烯聚合得到等规聚丙烯（^{i}PP），聚合物的分子量分布窄，分子量随产量的增加呈线性增长，证明该催化体系可以实现丙烯活性聚合。在此基础上，通过顺序通入丙烯气体和乙烯 / 丙烯混合气体的方法，得到含聚丙烯与乙烯 / 丙烯无规共聚物链段的多嵌段共聚物，如图 2-80 所示[175]。

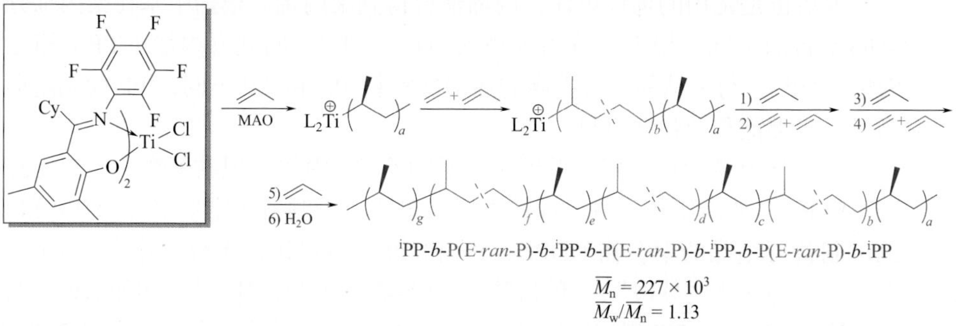

^{i}PP-*b*-P(E-*ran*-P)-*b*-^{i}PP-*b*-P(E-*ran*-P)-*b*-^{i}PP-*b*-P(E-*ran*-P)-*b*-^{i}PP

$\overline{M}_n = 227 \times 10^3$

$\overline{M}_w/\overline{M}_n = 1.13$

图2-80 采用顺序加入单体的方法制备乙烯/丙烯多嵌段共聚物的反应式

由于水杨醛亚胺配合物的共聚性能差，很难得到丙烯含量高的乙烯 / 丙烯无规共聚物“软段”的多嵌段共聚弹性体。为了提高软段中丙烯结构单元含量，本书著者团队采用具有高共聚性能的催化剂来催化乙烯 / 丙烯活性配位共聚；通过顺序加入乙烯 / 丙烯混合单体以及乙烯单体的方法，可制备乙烯 / 丙烯无规共聚物“软段”丙烯结构单元摩尔分数高于 20% 的多嵌段共聚物，如图 2-81 所示。

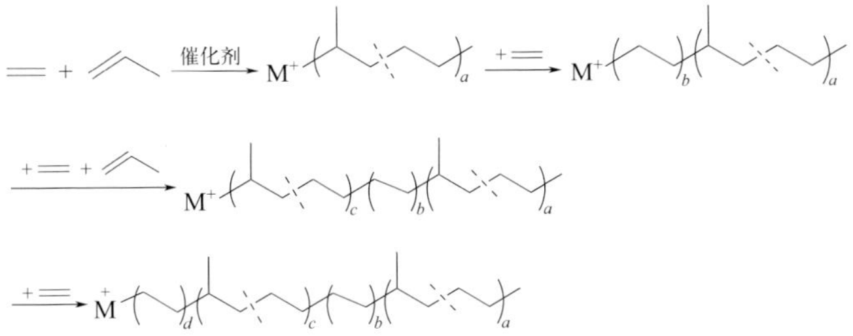

图2-81　采用高共聚性能催化剂、顺序加入单体方法制备乙烯/丙烯多嵌段共聚物的反应式

镍系催化剂是一类特殊的催化剂，在催化丙烯或 α- 烯烃共聚时可得到不同结构的聚合物，且聚合物的结构可通过单体浓度和聚合温度等反应条件调节。如图 2-82 所示，采用对称的 α- 二亚胺 Ni(Ⅱ) 配合物催化丙烯聚合时，在不同聚合温度下得到不同的聚合产物。在 −60℃的低温下进行丙烯聚合反应，抑制了 β-H 消除及“链行走”反应，得到等规聚丙烯；当聚合温度提高至 0℃时，存在着“链行走”反应，丙烯聚合得到的产物类似于乙烯 / 丙烯无规共聚物。此外，在两种聚合温度下，聚合产物的分子量随产量的增加线性增加，属于活性配位聚合。因此，通过改变聚合反应温度，仅用丙烯一种单体，可以得到等规聚丙烯和乙烯 / 丙烯无规共聚物链段交替的多嵌段共聚物，如图 2-82 所示 [176]。

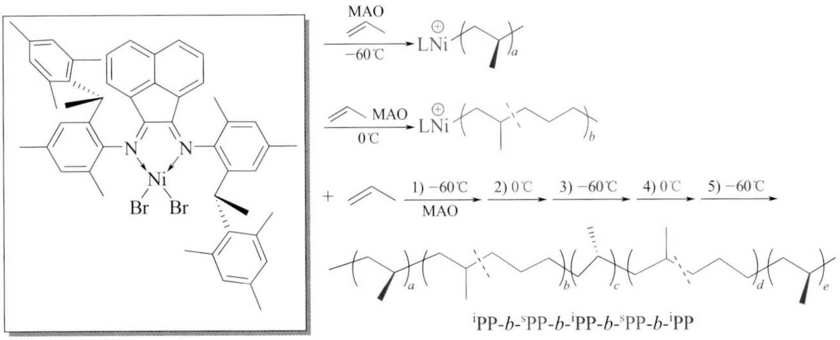

图2-82　α-二亚胺Ni(Ⅱ)配合物催化丙烯聚合反应制备等规聚丙烯、乙烯/丙烯无规共聚物及多嵌段共聚物的反应式

二、乙烯/1-辛烯嵌段共聚弹性体

2006 年，陶氏化学公司提出“链穿梭聚合”的概念，在一个聚合体系中采用两种催化剂和一种链穿梭剂催化乙烯和 1- 辛烯共聚制备“硬段”和“软段”交替的烯烃嵌段共聚物（OBC）[177-178]，其主要产品牌号如表 2-11 所示。

表2-11 OBC产品的典型牌号及性能

牌号	密度/(g/cm³)	MFR①	T_m/℃	T_g/℃	硬度(Shore A)	拉伸强度/MPa	断裂伸长率/%	压缩形变(21℃)/%
9000	0.877	0.5	120	−62	71	6.3	370	23
9010	0.877	0.5	122	−54	77	13.2	>750	24
9007	0.866	0.5	119	−62	64	4.1	400	18
9077	0.869	0.5	118	−65	51	3.0	>750	20
9100	0.877	1.0	120	−62	75	6.6	480	19
9107	0.866	1.0	121	−62	60	5.1	600	16
9500	0.877	5.0	122	−62	69	5.0	1150	22
9507	0.866	5.0	119	−62	60	2.9	1210	22
9530	0.887	5.0	119	−62	83	7.4	1000	20
9807	0.866	15.0	118	−62	55	1.2	1200	16

① 2.16kg@190℃，单位 g/10min。

1．乙烯 /1- 辛烯嵌段共聚弹性体的合成原理与工艺流程

本章所介绍的 OBC 是指含有可结晶的聚烯烃“硬段”和无定形的聚烯烃“软段”的多嵌段共聚物，“硬段”和“软段”交替出现，使得 OBC 具有热塑弹性体的特点。OBC 的合成方法主要包括聚丁二烯与聚异戊二烯嵌段共聚物还原法、烯烃复分解反应法、烯烃可控 / 活性配位聚合法和链穿梭聚合法，其中链穿梭聚合法已成功应用于工业化生产。

（1）烯烃复分解反应法

在有机金属催化条件下，以含有碳碳双键烯烃的聚合物为原料，实现碳碳双键两端基团交换。一些双键含量低的聚合物之间直接发生烯烃复分解反应比较困难，需要先与小分子物质发生烯烃复分解反应，得到双端乙烯基聚合物，然后再通过非环二烯烃易位聚合（ADMET）反应，得到多嵌段共聚物，如图 2-83 所示，得到的共聚物中每条分子链平均含有 12 ～ 17 个嵌段，半结晶嵌段（1- 丁烯含量低）和无定形嵌段（1- 丁烯含量高）交替排列。与相应的物理共混物相比，由于半结晶嵌段和无定形嵌段间的共价键，多嵌段共聚物的力学性能显著改善，断裂伸长率达 580%[179]。

（2）烯烃可控 / 活性配位聚合法

采用含氟的水杨醛亚胺钛配合物催化乙烯均聚以及乙烯与 1- 辛烯共聚均能够实现活性配位聚合。在此基础上，通过脉冲式加入乙烯的方法，可制备乙烯 /1- 辛烯嵌段共聚弹性体。如图 2-84 所示，在乙烯压力高时，聚合体系中乙烯单体浓度高，共聚产物中乙烯结构单元含量高，得到乙烯 /1- 辛烯共聚物“硬段”；在乙烯压力低时，聚合体系中乙烯单体浓度变低，共聚产物中乙烯结构单元含量降低，1- 辛烯结构单元含量增加，得到了乙烯 /1- 辛烯共聚物“软段”。因此，

通过乙烯单体的脉冲式加入，且控制脉冲式加入乙烯的时间、次数，可控制多嵌段共聚物“硬段”和“软段”的长度和数量[180]。

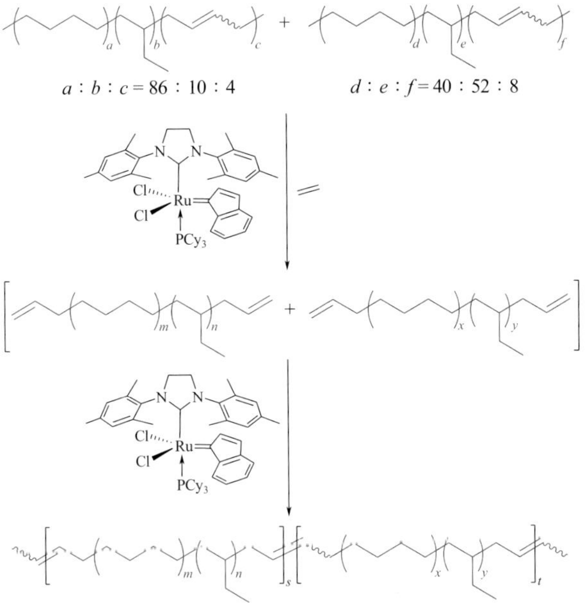

$a:b:c=86:10:4$　　$d:e:f=40:52:8$

图2-83　烯烃复分解反应合成乙烯/α-烯烃嵌段共聚物反应式

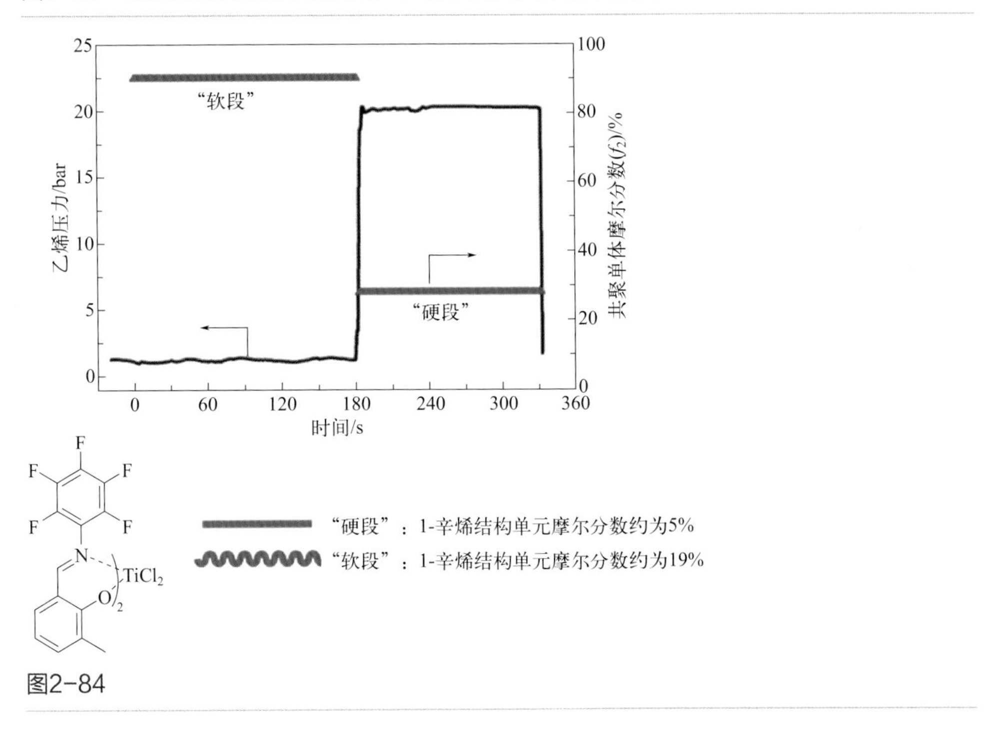

图2-84

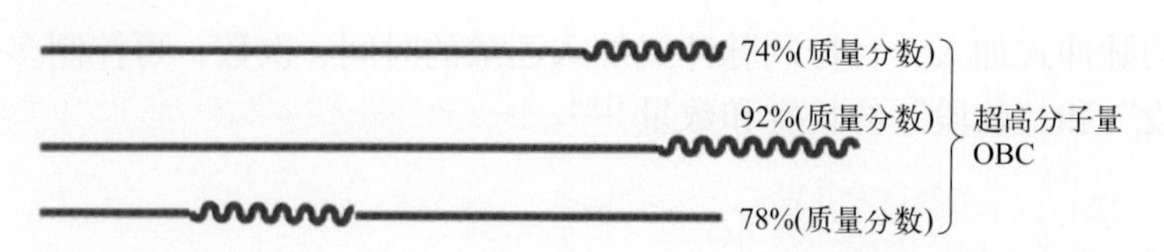

图2-84 脉冲式加入乙烯制备乙烯/1-辛烯嵌段共聚弹性体示意图

利用α-二亚胺镍配合物催化剂的“链行走”机理也可以制备烯烃嵌段共聚弹性体。Coates等[181]采用一种具有“三明治”结构的镍配合物催化剂催化低浓度（0.2mol/L）的1-癸烯聚合时，1-癸烯进行配位插入的速率慢，链增长速率远低于“链行走”速率，活性中心可以“行走”至链末端，如图2-85所示，得到低支化度的聚乙烯，熔点可以达到106℃，结晶度达到34%。在0.2mol/L的1-癸烯溶液中通入乙烯，在镍催化剂作用下可以得到高支化度聚乙烯（熔点为34℃，结晶度为1%，支化度为75个支链/1000个碳原子）。基于此，先以α-二亚胺镍配合物催化剂催化低浓度的1-癸烯聚合，得到低支化度聚乙烯“硬段”，然后通入乙烯得到高支化度聚乙烯“软段”，将乙烯单体从体系中除去，又可得到低支化度聚乙烯“硬段”，这样重复操作，合成了具有“软段”和“硬段”交替结构的嵌段共聚热塑性弹性体，如图2-85所示。合成的两嵌段、三嵌段、五嵌段和七嵌段共聚物具有优异性能，其中三嵌段共聚物的断裂伸长率可达750%，弹性回复率为85%。嵌段数目大于等于3的共聚物比两嵌段共聚物及无规共聚物具有更强的抗形变能力。Brookhart等[182]和Leone等[183]采用普通的α-二亚胺镍催化剂也合成了类似的三嵌段共聚物。

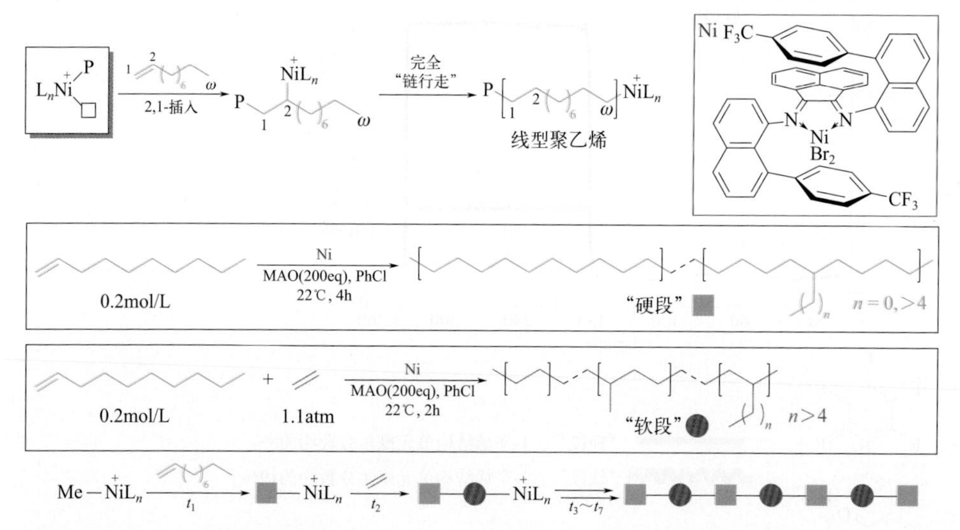

图2-85 α-二亚胺镍配合物催化剂催化1-癸烯聚合制备聚乙烯及催化乙烯与1-癸烯共聚制备烯烃多嵌段共聚弹性体的反应式

（3）链穿梭聚合法

2006 年，陶氏化学公司提出了链穿梭聚合（chain shuttling polymerization）的概念，并成功制备了烯烃多嵌段共聚物。链穿梭聚合是基于配位链转移聚合发展起来的在烯烃配位可逆链转移聚合中，通常使用单一活性中心的过渡金属催化剂和链转移剂（CTA，通常为烷基金属化合物）。聚合过程中，活性中心上的聚合物链通过转金属反应能够从活性中心转移到链转移剂，形成休眠种。休眠种上的聚合物链还能够通过转金属反应转移到活性中心上，继续进行链增长反应。在这一过程中，如果可逆链转移反应速率远远大于链增长速率，且没有其他链终止反应（如向单体的链转移和 β- 氢消除反应等），则该聚合反应具有活性聚合的特征，得到聚合物链末端为金属的产物，如图 2-86 所示。与真正的活性聚合中每个催化剂分子只能生成一条聚合物链相比，在烯烃可逆配位链转移聚合中，每个催化剂分子可生成多条聚合物链，从而降低价格昂贵的主催化剂的用量。

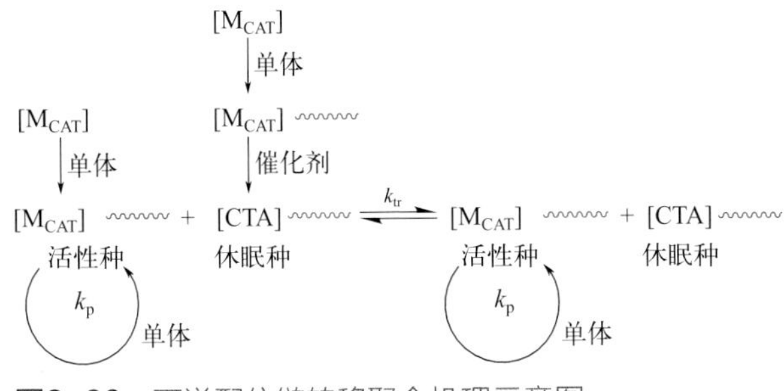

图2-86 可逆配位链转移聚合机理示意图

链穿梭聚合体系中含有两种单体（乙烯和 1- 辛烯）、两个催化性能不同的单活性中心催化剂（M_{CAT-1} 和 M_{CAT-2}）和一种链穿梭剂（CSA）。在乙烯和 1- 辛烯两种单体存在的情况下，催化剂 M_{CAT-1} 催化乙烯 /1- 辛烯共聚得到 1- 辛烯含量极低的聚合物（硬段），而催化剂 M_{CAT-2} 催化乙烯 /1- 辛烯共聚得到 1- 辛烯含量高的聚合物（软段）。两种活性中心均能够快速地与 CSA 发生转金属反应，从而能使硬段和软段在两种活性中心间进行交换，最终得到烯烃嵌段共聚物（OBC），如图 2-87 所示 [177]。然而，与活性配位聚合得到的烯烃多嵌段共聚物相比，链穿梭聚合得到的烯烃多嵌段共聚物中，每根聚合物链的嵌段数目和嵌段长度不一定相同，如图 2-88 所示 [177]。

目前商业化的乙烯 /1- 辛烯嵌段共聚弹性体仅有陶氏化学公司采用链穿梭聚合制备的产品，因此，简要介绍一下其制备工艺流程。OBC 中含有可结晶的“硬段”，在常温下结晶聚合物会析出。为防止聚合过程中聚合物析出，保证聚合体

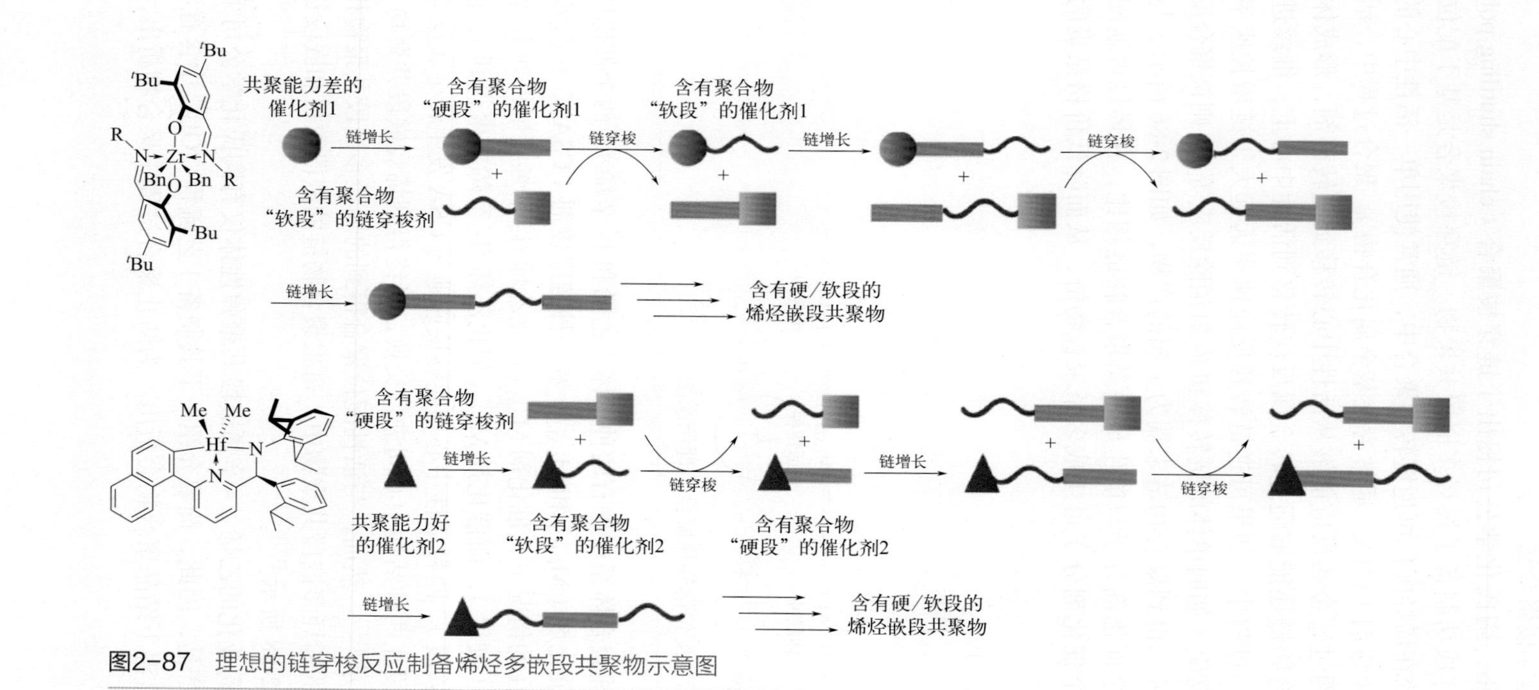

图2-87 理想的链穿梭反应制备烯烃多嵌段共聚物示意图

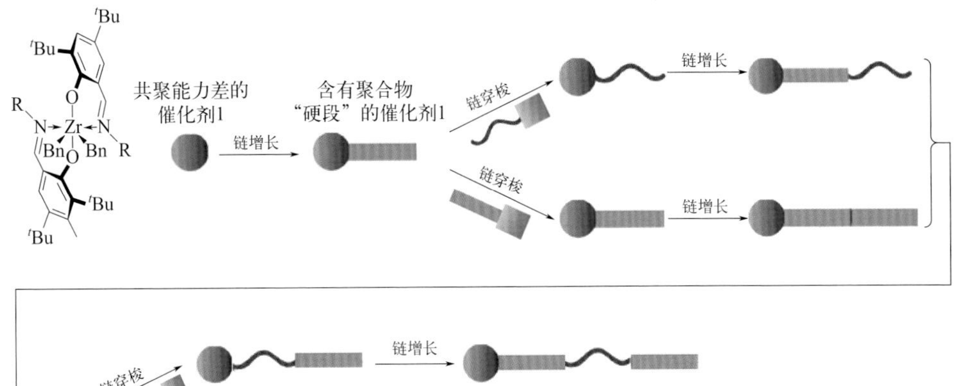

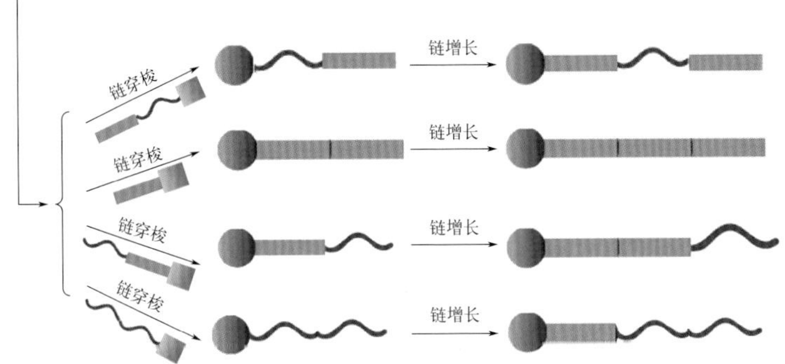

图2-88 链穿梭反应制备烯烃多嵌段共聚物过程中不同嵌段数目和嵌段长度的形成机理示意图[177]

系的传质和传热，聚合温度一般高于 120℃。陶氏化学公司开发了一种高温连续溶液聚合方法来生产 OBC。通过连续地加入新的催化剂活性中心，并将失活的催化剂移出聚合体系，维持聚合体系中活性中心的浓度不变，以排除杂质对反应过程以及产物组成的影响。在连续溶液聚合中，主要通过以下几种方法来调控 OBC 的微观结构：改变催化乙烯与 1- 辛烯共聚制备“软段”和“硬段”的催化剂的比例来控制 OBC 各嵌段的比例；改变催化剂种类或单体浓度控制聚合物链中共聚单体的插入率；改变链穿梭剂与单体的比例来控制聚合物的嵌段长度。

陶氏化学公司采用链穿梭聚合制备 OBC 的工业流程示意图如图 2-89 所示[184]，反应器为环管式反应器，配有循环泵 1，使反应器内的溶剂、单体、催化剂和聚合物等通过管道在换热器 2a 和 2b、流量计 3 以及静态混合器 4a、4b 和 4c 之间流动。反应器操作系统中，包括用于注入单体的进料口 5、用于注入催化剂的进料口 6、用于注入助催化剂和链转移剂的进料口 7，以及用于注入单体、可循环溶剂（包括未反应的单体或共聚单体）的进料口 8。反应器出口 9 用于聚合产物排出，并与聚合物回收区相连。离开反应器后，聚合物在回收区与溶剂和未反应的单体分离。回收溶剂和未反应的单体在进料口 5 或 8 重新注入反应器。

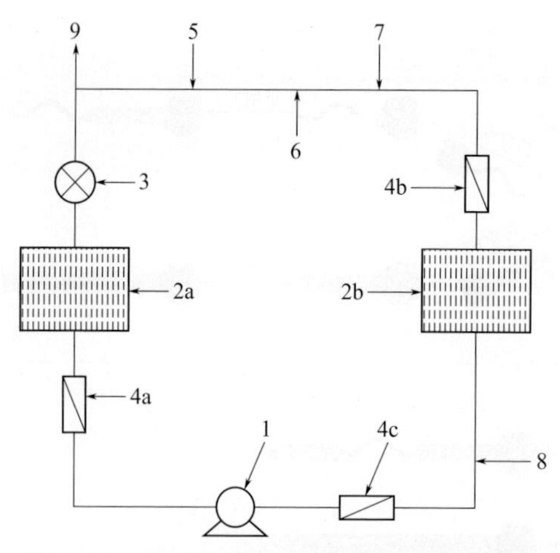

图2-89　陶氏化学公司采用链穿梭聚合制备OBC的工业流程示意图

1—循环泵；2a,2b—换热器；3—流量计；4a~4c—静态混合器；5~8—进料口；9—反应器出口

2．乙烯 /1- 辛烯嵌段共聚弹性体的结构特点、表征方法与性能

乙烯 /1- 辛烯嵌段共聚物包括“硬段”和“软段”，如图 2-90 所示，其中“硬段”为线型低密度聚乙烯，含有极少量的 1- 辛烯结构单元，有较高的熔融温度，一般大于 118℃；“软段”为乙烯与 1- 辛烯的共聚链段，其玻璃化转变温度为 −65 ～ −54℃ [178]。OBC 具有明显软硬段交替的多嵌段结构，且聚乙烯链段较长，所以 OBC 既有高的熔点，又有低的玻璃化转变温度，且结晶度比 POE 高，结晶形态更规则，耐热性能强于 POE，在拉伸强度、断裂伸长率和弹性回复率等方面均表现出更优越的性能，且克服了无规共聚物密度和耐热性能无法平衡的问题，在低密度的情况下还能保持高的耐热性能。OBC 比其他常规的聚烯烃弹性体具有明显优势，从结晶性能来看，低辛烯含量的共聚物“硬段”使得 OBC 具有结晶性、高熔点和高杨氏模量；而高辛烯含量的共聚物“软段”，一般为非晶态，具有较高的柔韧性，玻璃化转变温度低，使得 OBC 具有高弹性。在力学性能上，OBC 比 POE 有更高的拉伸强度、撕裂强度、抗磨性、断裂伸长率和弹性回复率，更低的压缩形变。

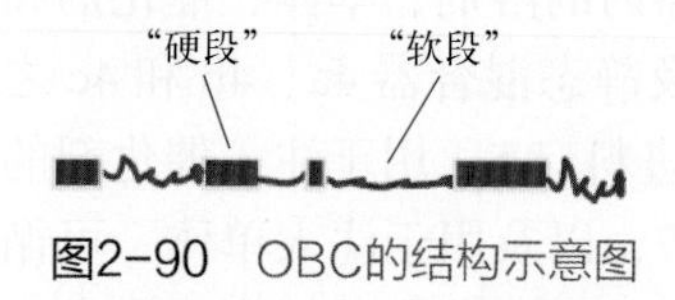

图2-90　OBC的结构示意图

通过 DSC 可测得 OBC 的熔点、熔融焓等热性能参数，OBC 的 DSC 曲线上有明显的熔融峰。随着 1- 辛烯结构单元含量的增加，熔融温度略有变化，但

变化不大，如图 2-91 所示，当 1- 辛烯结构单元摩尔分数从 2.7% 增加到 14.2% 时，OBC 的熔点仅从 124℃降低到 114℃，主要是因为增加 1- 辛烯结构单元含量，“软段”含量增加，硬段中 1- 辛烯结构单元含量变化不大。1- 辛烯的含量增加，软段中 1- 辛烯结构单元含量增加，共聚物的玻璃化转变温度 (T_g) 降低，如图 2-91 所示，当 1- 辛烯结构单元摩尔分数从 2.7% 增加到 14.2% 时，OBC 的 T_g 从 −19℃降低到 −43℃，耐低温性能提高。此外，1- 辛烯结构单元摩尔分数增加，OBC 中无定形的“软段”含量增加，可结晶的“硬段”含量降低，熔融焓 (ΔH_m) 降低，如图 2-92 所示，当 1- 辛烯结构单元摩尔分数从 2.7% 增加到 14.2% 时，OBC 的 ΔH_m 从 137J/g 显著降低到 19J/g[185]。

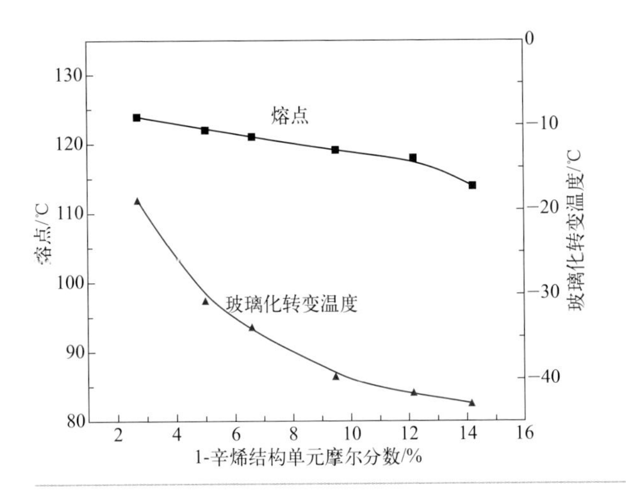

图2-91
OBC的熔点和玻璃化转变温度与1-辛烯结构单元含量的关系

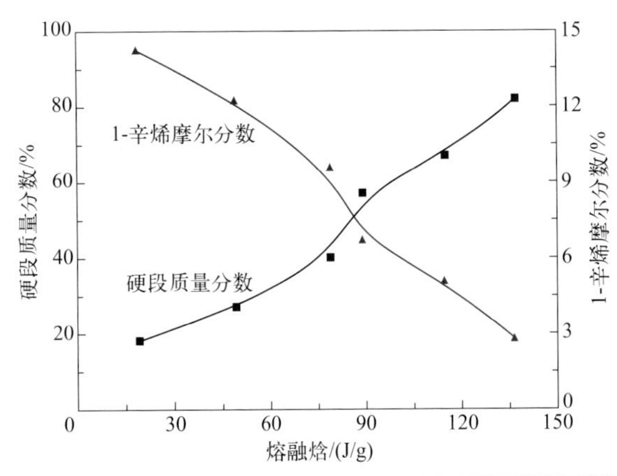

图2-92
OBC熔融焓与1-辛烯结构单元含量和“硬段”含量的关系

3. 乙烯 /1- 辛烯嵌段共聚弹性体的应用领域

乙烯 /1- 辛烯多嵌段共聚物烯烃嵌段共聚物具有耐热性高、耐磨性好、高弹性、加工速度快、压缩永久变形性等优点，因此可应用于柔性成型产品、挤压型材、软管、管材、发泡材料、弹性纤维、弹性薄膜等，以及在软管、塑料胶管、汽车中的软性材料（如汽车内部组件）、汽车车身门窗密封件以及工业交联泡沫塑料、电气设备、鞋类等领域具有广泛的用途，甚至广泛应用于我们生活中常见的家电、家具、建筑材料垫片等。

乙烯 /1- 辛烯多嵌段共聚物是目前仅有的实现工业化生产的乙烯基嵌段共聚物，主要依赖陶氏化学公司的链穿梭聚合技术，该技术的催化体系复杂，需要两种具有不同性能的催化剂及一种链穿梭剂，且被陶氏化学公司的专利技术所垄断。因此，开发新型乙烯基嵌段共聚物及其制备技术具有重要意义。此外，国内还缺少 1- 辛烯工业化产品，生产原料受制于人，要发展乙烯 /1- 辛烯无规共聚弹性体，原料 1- 辛烯的生产技术开发也是需要解决的关键问题。也可以另辟蹊径，不用 1- 辛烯为共聚单体，以丙烯、1- 丁烯等丰富的化工原料为共聚单体，开发新催化剂及聚合工艺，制备乙烯基多嵌段共聚物。

第五节 结论与展望

乙烯是最简单的烯烃单体，以乙烯为主要单体，通过可控均聚反应或与其它单体的共聚反应，可制备系列聚烯烃弹性体。

以 *α*- 二亚胺镍或钯配合物为催化剂，以乙烯为唯一单体，通过“链行走”机理，聚合得到聚乙烯弹性体。通过催化剂可调节支链数目，但缺少长支链，因此，要实现聚乙烯弹性体的工业化，乙烯“链行走”聚合反应的可控性研究，以及工程化放大和应用是未来的主要研究方向。

在催化剂作用下，乙烯与 *α*- 烯烃无规共聚制备的乙烯基无规共聚弹性体主要包括乙烯 / 丙烯无规共聚弹性体、乙烯 /1- 丁烯无规共聚弹性体、乙烯 /1- 己烯无规共聚弹性体和乙烯 /1- 辛烯无规共聚弹性体。目前工业化生产的乙烯 / 丙烯无规共聚弹性体为无定形聚合物。在乙烯与丙烯共聚过程中，催化剂起着至关重要的作用。齐格勒 - 纳塔催化剂、茂金属催化剂和非茂配合物催化剂三类催化剂均可催化乙烯 / 丙烯配位共聚，其中不同种类催化剂各具特色，是实现高效可控合成乙烯 / 丙烯共聚物及共聚组成、序列分布及拓扑结构等微观结构参数调控的关键。我国已实现乙烯 / 丙烯无规共聚弹性体的工业化生产，在现有基础上，进一步提高产品质量或开发新产品是目前主要发展方向，因此，进一步发展先进催化剂，提高催化活性及丙烯插入率，调节共聚物的分子量及其分布，调节共聚物的序列分布与拓扑结构，设计合成高性能乙烯 / 丙烯无规共聚弹性体是未来的主要发展方向。商业化生产的乙烯 /1- 丁烯无规共聚弹性体、乙烯 /1- 己烯无规共聚弹性体和乙烯 /1- 辛烯无规共聚弹性体中含有可结晶聚乙烯链段和乙烯 /α- 烯烃无规共聚弹性链段，是一种热塑性弹性体，但目前国内尚缺工业化技术及产品，尤其是缺少适用于工业化生产的具有自主知识产权的高性能催化剂。要进行这类高端产品的自主开发，必须加强高活性、耐高温、共聚能力强的适用于均相高温溶液聚合的高性能催化剂、烯烃高温溶液共聚工艺的研究。此外，高温溶液聚合的生产工艺工序长、投资大、产品成本高，开发绿色、高效的聚合工艺也是未来工业化技术的发展方向。

聚烯烃弹性体的高端化、高性能化和功能化是未来发展方向之一，通过乙烯与极性单体无规共聚制备聚烯烃弹性体是发展高性能、功能化聚烯烃弹性体的有效方法之一，目前研究处于起步阶段，从催化剂设计、极性单体设计到功能化聚烯烃弹性体的合成仍任重而道远。制备含有极性基团的乙烯 / 丙烯 / 第三单体三元无规共聚弹性体也可实现聚烯烃弹性体的高端化、高性能化和功能化，但目前的研究还处于起步阶段。解决工程化问题，使乙烯与极性单体无规共聚弹性体和乙烯 / 丙烯 / 第三单体三元无规共聚弹性体从实验室走向工业化均面临较大挑战。

丙烯基无规共聚弹性体是丙烯与少量乙烯的无规共聚物，与乙烯 / 丙烯无规共聚弹性体不同的是丙烯基无规共聚弹性体分子链中含有一定量结晶的等规聚丙烯链段，这就需要采用能够催化丙烯等规聚合的催化剂催化丙烯与乙烯共聚反应。目前国内尚无工业化技术及产品，尤其是缺少适用于工业化生产的具有自主知识产权的高性能催化剂。因此，需加强高活性、耐高温、具有立构选择性的高性能催化剂和烯烃高温溶液共聚工艺的研究，才能实现丙烯基无规共聚弹性体的工业化。

乙烯 /1- 辛烯多嵌段共聚物是目前仅有的已实现工业化生产的乙烯基嵌段共聚物，而陶氏化学公司的链穿梭聚合技术的催化体系复杂，需要两种具有不同性能的催化剂及一种链穿梭剂，且被陶氏化学公司的专利技术所垄断，较难被突破。因此，开发新型乙烯基嵌段共聚物及其制备技术具有重要意义。

参考文献

[1] 王笃金．聚烯烃：创新一直在路上 [J]．科学通报，2022，67(17): 1851-1852.

[2] Johnson L K, Killian C M, Brookhart M. New Pd(Ⅱ)- and Ni(Ⅱ)-based catalysts for polymerization of ethylene

and α-olefins[J]. J Am Chem Soc, 1995, 117: 6414-6415.

[3] Mahmood Q, Sun W-H. *N,N*-chelated nickel catalysts for highly branched polyolefin elastomers: A survey[J]. R Soc Open Sci, 2018, 5: e180367.

[4] Ittel S D, Johnson L K, Brookhart M. Late-metal catalysts for ethylene homo-and copolymerization[J]. Chem Rev, 2000, 100: 1169-1203.

[5] Zanchin G, Leone G. Polyolefin thermoplastic elastomers from polymerization catalysis: Advantages, pitfalls and future challenges[J]. Prog Polym Sci, 2021, 113: e101342.

[6] He Z, Liang Y, Yang W, et al. Random hyperbranched linear polyethylene: One step production of thermoplastic elastomer[J]. Polymer, 2015, 56: 119-122.

[7] Wang X, Fan L, Ma Y, et al. Elastomeric polyethylenes accessible: via ethylene homo-polymerization using an unsymmetrical α-diimino-nickel catalyst[J]. Polym Chem, 2017, 8: 2785-2795.

[8] Yuxing Zhang, Xiaohui Kang, Zhongbao Jian. Selective branch formation in ethylene polymerization to access precise ethylenepropylene copolymers[J]. Nature Commun, 2022, 13: e725.

[9] Zhang D, Nadres E T, Brookhart M, et al. Synthesis of highly branched polyethylene using "sandwich" (8-*p*-tolyl naphthyl α-diimine)nickel(Ⅱ) catalysts. Organometallics, 2013, 32: 5136-5143.

[10] Camacho D H, Salo E V, Ziller J W, et al. Cyclophane-based highly active late transition-metal catalysts for ethylene polymerization[J]. Angew Chem Int Ed, 2004, 43: 1821-1825.

[11] Lian K B, Zhu Y, Li W M, et al. Synthesis of thermoplastic polyolefin elastomers from nickel catalyzed ethylene polymerization[J]. Macromolecules, 2017, 50: 6074-6080.

[12] 李伯耿，张明轩，刘伟峰，等. 聚烯烃类弹性体——现状与进展 [J]. 化工进展，2017，36：3135-3143.

[13] 蔡小平，陈文启，关颖. 乙丙橡胶及聚烯烃类热塑性弹性体 [M]. 北京：中国石化出版社，2011.

[14] Noordermeer J W M. Ethylene-propylene elastomer, encyclopedia of polymer science and technology[M]. New York: John Wiley & Sons Inc, 2002.

[15] Ravishankar P S. Treatise on EPDM[J]. Rubber Chem Technol, 2012, 85: 327-349.

[16] 张树，吴一弦. 烯烃可控聚合及其大分子工程 [J]. 中国科学：化学，2018，48：590-600.

[17] 张树，张志乾，吴一弦. 先进催化剂及其用于乙烯 / 丙烯配位共聚的研究进展 [J]. 科学通报，2018，63：3530-3545.

[18] Natta G, Mazzanti G, Valvassori A, et al. Kinetics of ethylene-propylene copolymerization[J]. J Polym Sci, 1961, 51: 429-454.

[19] Hagen H, Boersma J, van Koten G. Homogeneous vanadium-based catalysts for the Ziegler-Natta polymerization of α-olefins[J]. Chem Soc Rev, 2002, 31: 357-364.

[20] Strate G V, Cozewith C, Ju S. Near monodisperse ethylene-propylene copolymers by direct Ziegler-Natta polymerization: Preparation, characterization, properties[J]. Macromolecules, 1988, 21: 3360-3371.

[21] Lehr H M. The active oxidation state of vanadium in soluble monoolefin polymerization catalysts[J]. Macromolecules, 1968, 1: 178-184.

[22] Ma Y, Reardon D, Gambarotta S, et al. Vanadium-catalyzed ethylene-propylene copolymerization: The question of the metal oxidation state in Ziegler-Natta polymerization promoted by (β-diketonate)$_3$V[J]. Organometallics, 1999, 18: 2773-2781.

[23] Datta S, Morrar F T. Reaction of vanadium tetrachloride with aluminum trialkyls/alkyl chlorides: Formation of intermediates in Ziegler polymerization[J]. Macromolecules, 1992, 25: 6430-6440.

[24] Natta G, Mazzanti G, Valvassori A, et al. Ethylene-propylene copolymerization in the presence of catalysts

prepared from vanadium triacetylacetonate[J]. J Polym Sci, 1961, 51: 411-427.

[25] Saba H, Yamamoto K, Imai A, et al. Catalyst for olefinic hydrocarbon polymerization and process for producing olefinic hydrocarbon polymer: US05191041A[P]. 1993-03-02.

[26] Cooper T A. Reductive coupling of aralkyl halides by vanadium(Ⅱ) [J]. J Am Chem Soc, 1973, 95: 4158-4162.

[27] 吴一弦，张志乾，张树，等. 一种用于烯烃聚合的钒基催化体系：CN 106977633B[P]. 2019-08-20.

[28] 吴一弦，张树，郝小飞，等. 一种钒系催化剂及制备烯烃聚合物的方法：CN 109134716B[P]. 2020-11-10.

[29] Kaminsky W, Laban A. Metallocene catalysis[J]. Appl Catal A Gen, 2001, 222: 47-61.

[30] 王伟，范志强，封麟先. 茂金属催化乙丙共聚进展 [J]. 合成橡胶工业，2000，23：123-127.

[31] Kaminsky W, Schlobohm M. Elastomers by atactic linkage of α-olefins using soluble Ziegler catalysts[J]. Makromol Chem Macromol Symp, 1986, 4: 103-118.

[32] Kaminsky W, Miri M. Ethylene propylene diene terpolymers produced with a homogeneous and highly active zirconium catalyst[J]. J Polym Sci Polym Chem Ed, 1985, 23: 2151-2164.

[33] Kaminsky W, Drögemüller H. Terpolymers of ethylene, propene and 1,5-hexadiene synthesized with zirconocene/methylaluminoxane[J]. Makromol Chem Rapid Commun, 1990, 11: 89-94.

[34] Koivumäki J, Seppälä J V. Comparison of ethylene-propylene copolymers obtained with Ti, V and Zr catalyst systems[J]. Polym Bull, 1993, 31: 441-448.

[35] 姚晖，肖士镜，陆宏兰. 锆茂均相催化剂对乙烯 / 丙烯和乙烯 /1- 丁烯共聚合研究 [J]. 高分子学报，1996(2): 253-256.

[36] Jin J, Uozumi T, Sano T, et al. Alternating copolymerization of ethylene and propene with the [ethylene(1-indenyl)(9-fluorenyl)]zirconium dichloride methylaluminoxane catalyst system[J]. Macromol Rapid Commun, 1998, 19: 337-339.

[37] Amdt M, Kaminsky W, Schauwienold A M, et al. Ethene/propene copolymerisation by [Me_2C(3-RCp)(Flu)]$ZrCl_2$/MAO (R=H, Me, ^{iso}Pr, ^{tert}Bu) [J]. Macromol Chem Phys, 1998, 199: 1135-1152.

[38] Leclerc M K, Waymouth R M. Alternating ethene/propene copolymerization with a metallocene catalyst[J]. Angew Chem Int Ed, 1998, 37: 922-925.

[39] Fan W, Waymouth R M. Alternating copolymerization of ethylene and propylene: Evidence for selective chain transfer to ethylene[J]. Macromolecules, 2001, 34: 8619-8625.

[40] Fan W, Waymouth R M. Sequence and stereoselectivity of the C_1-symmetric metallocene Me_2Si(1-(4,7-Me_2Ind))(9-Flu)$ZrCl_2$[J]. Macromolecules, 2003, 36(9): 3010-3014.

[41] Kaminsky W, Heuer B. Alternating ethene/propene copolymers by C_1-symmetric metallocene/MAO catalysts[J]. Macromolecules, 2005, 38: 3054-3059.

[42] Fan W, Leclerc M K, Waymouth R M. Alternating stereospecific copolymerization of ethylene and propylene with metallocene catalysts[J]. J Am Chem Soc, 2001, 123: 9555-9563.

[43] Zaccaria, Ehm C, Budzelaar P H M, et al. Accurate prediction of copolymerization statistics in molecular olefin polymerization catalysis: The role of entropic, electronic, and steric effects in catalyst comonomer affinity[J]. ACS Catal, 2017, 7: 1512-1519.

[44] Galimberti M, Mascellani N, Piemontesi F, et al. Random ethene/propene copolymerization from a catalyst system based on a “constrained geometry” half-sandwich complex[J]. Macromol Rapid Commun, 1999, 20: 214-218.

[45] Tanaka R, Kamei I, Cai Z, et al. Ethylene-propylene copolymerization behavior of ansa-dimethylsilylene (fluorenyl)(amido)dimethyltitanium complex: Application to ethylene-propylene-diene or ethylene-propylene-norbornene terpolymers[J]. J Polym Sci A Polym Chem, 2015, 53: 685-691.

[46] van Doremaele G, van Duin M, Valla M, et al. On the development of titaniumκ^1-amidinate complexes,

commercialized as Keltan ACE™ technology, enabling the production of an unprecedented large variety of EPDM polymer structures[J]. J Polym Sci Part A: Polym Chem, 2017, 55: 2877-2891.

[47] Collins R A, Russell A F, Scott R T W, et al. Monometallic and bimetallic titaniumκ^1-amidinate complexes as olefin polymerization catalysts[J]. Organometallics, 2017, 36: 2167-2181.

[48] Baier M C, Zuideveld M A, Mecking S. Post-metallocenes in the industrial production of polyolefins[J]. Angew Chem Int Ed, 2014, 53: 9722-9744.

[49] Ijpeij E G, Windmuller P J H, Arts H J, et al. Polymerization catalyst comprising an amidine ligand: WO 2005090418[P]. 2005-09-29.

[50] van Doremaele G H J, Zuideveld M A, Leblanc A, et al. Catalyst component for the polymerization of olefins having a guanidinate ligand: EP 2319874A1[P]. 2011-05-11.

[51] Windmuller P H, Van Doremaele G. Process for the production of a polymer comprising monomeric units of ethylene, an α-olefin and a vinyl norbornene: US2006205900Al[P]. 2006-09-14.

[52] von Haken S R E, Stephan D W, Brown S J, et al. Cyclopentadienyl/phosphinimine catalyst with one and only one activatable ligand: EP1112276A1[P]. 2001-07-04.

[53] Zhang Z Q, Qu J T, Zhang S, et al. Ethylene/propylene copolymerization catalyzed by half-titanocenes containing monodentate anionic nitrogen ligands: Effect of ligands on catalytic behaviour and structure of copolymers[J]. Polym Chem, 2018, 9: 48-59.

[54] Pan D D, Fan K X, Zhang S, et al. Syndiospecific polymerization of styrene catalyzed by half-titanocenes containing monodentate anionic nitrogen ligands[J]. Chin J Chem, 2021, 39: 2815-2822.

[55] 吴一弦，张志乾，张树，等.含有茂金属化合物的催化剂体系及其催化烯烃聚合的方法: CN108250341B[P]. 2020-12-11.

[56] 吴一弦，张树，曲俊腾，等. 一种茂金属催化剂体系及其催化烯烃聚合的方法: CN108250340B[P]. 2021-03-19.

[57] Makio H, Terao H, Iwashita A, et al. FI catalysts for olefin polymerization-a comprehensive treatment[J]. Chem Rev, 2011, 111: 2363-2449.

[58] Matsui S, Mitani M, Saito J, et al. A family of zirconium complexes having two phenoxy-imine chelate ligands for olefin polymerization[J]. J Am Chem Soc, 2001, 123: 6847-6856.

[59] Ishii S, Saito J, Matsuura S, et al. A bis(phenoxy-imine) Zr complex for ultrahigh-molecular-weight amorphous ethylene/propylene copolymer[J]. Macromol Rapid Commun, 2002, 23: 693-697.

[60] Terao H, Iwashita A, Matsukawa N, et al. Ethylene and ethylene/α-olefin (*co*)polymerization behavior of bis(phenoxy-imine)Ti catalysts: Significant substituent effects on activity and comonomer incorporation[J]. ACS Catal, 2011, 1: 254-265.

[61] Nakayama Y, Bando H, Sonobe Y, et al. Olefin polymerization behavior of bis(phenoxy-imine) Zr, Ti, and V complexes with $MgCl_2$ -based cocatalysts[J]. J Mol Cata A: Chem, 2004, 213: 141-150.

[62] Tian J, Hustad P D, Coates G W. A new catalyst for highly syndiospecific living olefin polymerization: homopolymers and block copolymers from ethylene and propylene[J]. J Am Chem Soc, 2001, 123: 5134-5135.

[63] Kojoh S, Matsugi T, Saito J, et al. New monodisperse ethylene-propylene copolymers and a block copolymer created by a titanium complex having fluorine-containing phenoxy-imine chelate ligands[J]. Chem Lett, 2001, 30: 822-823.

[64] Broomfield L M, Sarazin Y, Wright J A, et al. Mixed-ligand iminopyrrolato-salicylaldiminato group 4 metal complexes: Optimising catalyst structure for ethylene/propylene copolymerisations[J]. J Organomet Chem, 2007, 692: 4603-4611.

[65] Tang L M, Li Y G, Ye W P, et al. Ethylene-propylene copolymerization with bis (β-enaminoketonato) titanium complexes activated with modified methylaluminoxane[J]. J Polym Sci Part A: Polym Chem, 2006, 44: 5846-5854.

[66] Yao Z, Ma D F, Xiao Z X, et al. Solution copolymerization of ethylene and propylene by salicylaldiminato-derived [O-NS] $TiCl_3$/MAO catalysts: Synthesis, characterization and reactivity ratio estimation[J]. RSC Adv, 2017, 7: 10175-10182.

[67] Nomura K, Zhang S. Design of vanadium complex catalysts for precise olefin polymerization[J]. Chem Rev, 2010, 111: 2342-2362.

[68] Desmangles N, Gambarotta S, Bensimon C, et al. Preparation and characterization of $(R_2N)_2VCl_2$ [R=Cy, *i*-Pr] and its activity as olefin polymerization catalyst[J]. J Organomet Chem, 1998, 562: 53-60.

[69] Cuomo C, Milione S, Grassi A. Olefin polymerization catalyzed by amide vanadium (Ⅳ) complexes: The stereo- and regiochemistry of propylene insertion[J]. J Polym Sci Part A: Polym Chem, 2006, 44: 3279-3289.

[70] MichaelA R, Martin H, Jörg S, et al. Novel vanadium-imidoaryl compounds with electron-withdrawing groups on the aryl group are useful together with organo-metallic compounds as olefin polymerization catalysts: EP1284269-A[P]. 2002-08-05.

[71] Hagen H, Boersma J, Lutz M, et al. Vanadium (Ⅲ) and-(Ⅳ) complexes with *O,N*-chelating aminophenolate ligands: Synthesis, characterization and activity in ethene/propene copolymerization[J]. Eur J Inorg Chem, 2001: 117-123.

[72] 穆景山，李悦生. 乙丙共聚物的微结构测定及调控 [J]. 高分子学报，2013(12): 1492-1500.

[73] Redshaw C, Rowan M A, Homden D M, et al. Vanadyl C and *N*-capped tris(phenolate) complexes: Influence of pro- catalyst geometry on catalytic activity[J]. Chem Commun, 2006: 3329-3331.

[74] Homden D, Redshaw C, Warford L, et al. Synthesis, structure and ethylene polymerisation behaviour of vanadium (Ⅳand Ⅴ) complexes bearing chelating aryloxides[J]. Dalton Trans, 2009: 8900-8910.

[75] Redshaw C, Walton M J, Elsegood M R J, et al. Vanadium (Ⅴ) tetra-phenolate complexes: Synthesis, structural studies and ethylene homo-(*co*-) polymerization capability[J]. RSC Adv, 2015(5): 89783-89796.

[76] Redshaw C, Walton M J, Michiue K, et al. Vanadyl calix[6]arene complexes: Synthesis, structural studies and ethylene homo-(*co*-)polymerization capability[J]. Dalton Trans, 2015, 44: 12292.

[77] Redshaw C, Walton M J, Lee D S, et al. Vanadium(Ⅴ) oxo and imido calix[8]arene complexes: Synthesis, structural studies, and ethylene homo/copolymerisation capability[J]. Chem Eur J, 2015, 21: 5199-5210.

[78] Zhang S, Zhang W C, Shang D D, et al. Ethylene/propylene copolymerization catalyzed by vanadium complexes containing *N*-heterocyclic carbenes[J]. Dalton Trans, 2015, 44: 15264-15270.

[79] 张树，吴一弦，查慧，等. 一种含不对称氮杂环卡宾结构的过渡金属配合物及其制备方法、催化剂体系与应用: CN202111678186.2[P]. 2021-12-31.

[80] Zhang S, Zhang W C, Shang D D, et al. Synthesis of ultra-high-molecular-weight ethylene-propylene copolymer via quasi-living copolymerization with *N*-heterocyclic carbene ligated vanadium complexes[J]. J Polym Sci Part A: Polym Chem, 2019, 57: 553-561.

[81] Wang Y C, Zha H, Cheng P Y, et al. Vanadium(Ⅴ) complexes containing unsymmetrical *N*-heterocyclic carbene ligands: Highly efficient synthesis and catalytic behavior towards ethylene/propylene copolymerization[J]. Chinese J Polym Sci, 2024,42(1): 32-41.

[82] 张树，吴一弦，张笑宇，等 . 一种含单阴离子配体过渡金属配合物及其制备方法和应用: CN 202111678155.7[P]. 2021-12-31.

[83] 吴一弦，张树，张笑宇，等 . 一种含单阴离子配体过渡金属配合物催化剂及其在烯烃聚合中的应用: CN 202111674845.5[P]. 2021-12-31.

[84] 张树，吴一弦，刘相伟，等. 一种含双阴离子配体过渡金属配合物及其制备方法和应用: CN 202111678168.4[P]. 2021-12-31.

[85] 吴一弦，刘相伟，张笑宇，等. 一种含双阴离子配体的过渡金属配合物催化剂及其在烯烃聚合中的应用: CN 202111678147.2[P]. 2021-12-31.

[86] Wang W J, Zhu S P. Structural analysis of ethylene/propylene copolymers synthesized with a Constrained Geometry Catalyst[J]. Macromolecules, 2000, 33:1157-1162.

[87] Randall J C. Methylene sequence distributions and number average sequence lengths in ethylene-propylene copolymers[J]. Macromolecules, 1978, 11: 33-36.

[88] Wei W, Fan Z Q, Feng L X, et al. Substituent effect of bisindenyl zirconene catalyst on ethylene/1-hexene copolymerization and propylene polymerization[J]. Europ Polym J, 2005, 41: 83-89.

[89] Quijada R, Dupont J, Miranda M S L, et al. Copolymerization of ethylene with 1-hexene and 1-octene: Correlation between type of catalyst and comonomer incorporated[J]. Macromol Chem Phys, 1995, 196: 3991-4000.

[90] Yano A, Hasegawa S, Kaneko T, et al. Ethylene/1-hexene copolymerization with $Ph_2C(Cp)(Flu)ZrCl_2$ derivatives: Correlation between ligand structure and copolymerization behavior at high temperature[J]. Macromol Chem Phys, 1999, 200: 1542-1553.

[91] Klosin J, Kruper W J, Nickias P N, et al. Heteroatom-substituted constrained-geometry complexes. Dramatic substituent effect on catalyst efficiency and polymer molecular weight[J]. Organometallics, 2001, 20: 2663-2665.

[92] Klosin J, Fontaine P P, Figueroa R. Development of groupⅣ molecular catalysts for high temperature ethylene-α-olefin copolymerization reactions[J]. Acc Chem Res, 2015, 48: 2004-2016.

[93] Nomura K, Naga N, Miki M, et al. Olefin polymerization by (cyclopentadienyl)(aryloxy)titanium(Ⅳ) complexes–cocatalyst systems[J]. Macromolecules, 1998, 31: 7588-7597.

[94] Nomura K, Naga N, Miki M, et al. Synthesis of various nonbridged titanium(Ⅳ) cyclopentadienyl-aryloxy complexes of the type $CpTi(OAr)X_2$ and their use in the catalysis of alkene polymerization. Important roles of substituents on both aryloxy and cyclopentadienyl groups[J]. Organometallics, 1998, 17: 2152-2154.

[95] Nomura K. Half-titanocenes containing anionic ancillary donor ligands as promising new catalysts for precise olefin polymerization[J]. Dalton Trans, 2009: 8811-8823.

[96] Nomura K, Komatsu T, Imanishi Y. Syndiospecific styrene polymerization and efficient ethylene/styrene copolymerization catalyzed by (cyclopentadienyl)(aryloxy)titanium(Ⅳ) complexes—MAO system[J]. Macromolecules, 2000, 33: 8122-8124.

[97] Nomura K, Oya K, Imanishi, Y. Ethylene/α-olefin copolymerization by various nonbridged (cyclopentadienyl)(aryloxy)titanium(Ⅳ) complexes—MAO catalyst system[J]. J Mol Catal A: Chem, 2001, 174: 127-140.

[98] Kim T J, Kim S K, Kim B J, et al. Half-metallocene titanium(Ⅳ) phenyl phenoxide for high temperature olefin polymerization: Ortho-substituent effect at ancillaryo-phenoxy ligand for enhanced catalytic performance[J]. Macromolecules, 2009, 42: 6932-6943.

[99] Li H C, Niu Y S. Ethylene/α-olefin copolymerization by nonbridged (cyclopentadienyl)(aryloxy)titanium(Ⅳ) dichloride/$Al^iBu_3/Ph_3CB(C_6F_5)_4$ catalyst systems[J]. J Appl Polym Sci, 2011, 121: 3085-3092.

[100] Nomura K, Liu J Y. Half-titanocenes for precise olefin polymerisation: Effects of ligand substituents and some mechanistic aspects[J]. Dalton Trans, 2011, 40: 7666-7682.

[101] Nomura K, Fujita K. Effect of cyclopentadienyl and amide fragment in olefin polymerization by nonbridged (amide)(cyclopentadienyl)titanium(Ⅳ) complexes of the type $Cp'TiCl_2[N(R^1)R^2]$-methylaluminoxane (MAO) catalyst systems[J]. Macromolecules, 2003, 36: 2633-2641.

[102] Nomura K, Fujita K, Fujiki M. Olefin polymerization by (cyclopentadienyl)(ketimide)titanium(Ⅳ) complexes of the type, $Cp'TiCl_2(N=CtBu_2)$-methylaluminoxane (MAO) catalyst systems[J]. J Mol Catal A: Chem, 2004, 220: 133-144.

[103] Liu K, Wu Q, Gao W, et al. Half-titanocence anilide complexes $Cp'TiCl_2[N(2,6\text{-}R^1_2C_6H_3)R^2]$: Synthesis, structures and catalytic properties for ethylene polymerization and copolymerization with 1-hexene[J]. Eur J Inorg Chem, 2011, 2011: 1901-1909.

[104] Nomura K, Fukuda H, Apisuk W, et al. Ethylene copolymerization by half-titanocenes containing imidazolin-2-iminato ligands-MAO catalyst systems[J]. J Mol Catal A: Chem, 2012, 363-364: 501-511.

[105] Nomura K, Patamma S, Matsuda H, et al. Synthesis of half-titanocenes containing 1,3-imidazolidin-2-iminato ligands of type, $Cp^*TiCl_2[1,3\text{-}R_2(CH_2N)_2C]N]$: Highly active catalyst precursors in ethylene (*co*) polymerization[J]. RSC Adv, 2015, 5: 64503-64513.

[106] Stelzig S H, Tamm M, Waymouth R M. Copolymerization behavior of titanium imidazolin-2-iminato complexes[J]. J Polym Sci Part A: Polym Chem, 2008, 46: 6064-6070.

[107] Nomura K, Nagai G, Nasr A, et al. Synthesis of half-titanocenes containing anionic *n*-heterocyclic carbenes that contain a weakly coordinating borate moiety, $Cp'TiX_2$(WCA-NHC), and their use as catalysts for ethylene (*co*) polymerization[J]. Organometallics, 2019, 38: 3233-3244.

[108] Nomura K, Fukuda H, Matsuda H, et al. Synthesis and structural analysis of half-titanocenes containing 1,3-imidazolidin-2-iminato ligands: Effect of ligand substituents in ethylene (*co*)polymerization[J]. J Organomet Chem, 2015, 798: 375-383.

[109] Nomura K, Fukuda H, Katao S, et al.. Effect of ligand substituents in olefin polymerisation by half-sandwich titanium complexes containing monoanionic iminoimidazolidide ligands-MAO catalyst systems[J]. Dalton Trans, 2011, 40: 7842-7849.

[110] Matsui S, Mitani M, Saito J, et al. Post-metallocenes: A new bis(salicylaldiminato) zirconium complex for ethylene polymerization[J]. Chem Lett, 1999, 28: 1263-1264.

[111] Furuyama R, Mitani M, Mohri J I, et al. Ethylene/higher *α*-olefin copolymerization behavior of fluorinated bis(phenoxy-imine)titanium complexes with methylalumoxane: Synthesis of new polyethylene-based block copolymers[J]. Macromolecules, 2005, 38: 1546-552.

[112] Faler C A, Ramirez K P. Bis(aminophenylphenol) ligands and transition metal compounds prepared therefrom: CA2983739A1[P]. 2016-11-03.

[113] 张树，张笑宇，王毅聪，等. 钒配合物及其催化乙烯与 *α*- 烯烃共聚的研究进展 [J]. 科学通报，2021，66：3849-3865.

[114] Tang L M, Wu J Q, Duan Y Q, et al. Ethylene polymerizations, and the copolymerizations of ethylene with hexene or norbornene with highly active mono (*β*-enaminoketonato) vanadium (Ⅲ) catalysts[J]. J Polym Sci Part A: Polym Chem, 2008, 46: 2038-2048.

[115] Wu J Q, Li Y G, Li B X. Ethylene/1-hexene copolymerization by salicylaldiminato vanadium (Ⅲ) complexes activated with diethylaluminum chloride[J]. Chinese J Polym Sci, 2011, 29: 627.

[116] Wu J Q, Li Y S. Well-defined vanadium complexes as the catalysts for olefin polymerization[J]. Coord Chem Rev, 2011, 255: 2303-2314.

[117] Wu J Q, Pan L, Liu S R. Ethylene polymerization and ethylene/hexene copolymerization with vanadium(Ⅲ) catalysts bearing heteroatom-containing salicylaldiminato ligands[J]. J Polym Sci Part A: Polym Chem, 2009, 47: 3573-3582.

[118] do Prado N T, Ribeiro R R L, Casagrande O L. Vanadium (Ⅲ) complexes containing phenoxy-imine-thiophene ligands: Synthesis, characterization and application to homo-and copolymerization of ethylene[J]. Appl Organomet Chem,

2017, 31: e3678.

[119] Zhang S W, Lu L P, Li B X. Synthesis, structural characterization, and olefin polymerization behavior of vanadium(Ⅲ) complexes bearing bidentate phenoxy-phosphine ligands[J]. J Polym Sci Part A: Polym Chem, 2012, 50: 4721-4731.

[120] Zhang S W, Li Y G, Lu L P. Ethylene polymerization and ethylene/hexene copolymerizaion with vandium catalysts bearing thiophenolphosphine ligands[J]. Chinese J Polym Sci, 2013, 31: 885-893.

[121] 简忠保. 功能化聚烯烃合成：从催化剂到极性单体设计 [J]. 高分子学报，2018（11）: 1359-1370.

[122] Mu H L, Zhou G L, Hua X Q, et al. Recent advances in nickel mediated copolymerization of olefin with polar monomers[J]. Coord Chem Rev, 2021, 435: e213802.

[123] Dai S Y, Li S K, Xu G Y, et al. Direct synthesis of polar functionalized polyethylene thermoplastic elastomer[J]. Macromolecules, 2020, 53: 2539-2546.

[124] Gong Y, Li S, Gong Q, et al. Systematic investigations of ligand steric effects on α-diimine nickel catalyzed olefin polymerization and copolymerization[J]. organometallics, 2019, 38: 2919-2926.

[125] Liao Y, Zhang Y, Cui L, et al. Pentiptycenyl substituents in insertion polymerization with α-diimine nickel and palladium species[J]. Organometallics, 2019, 38: 2075-2083.

[126] Hu X Q, Zhang Y X, Zhang Y X, et al. Unsymmetrical strategy makes significant differences in α-diimine nickel and palladium catalyzed ethylene (*co*)polymerizations[J]. Chem Cat Chem, 2020, 12: 2497-2505.

[127] Li M, Wang X, Luo Y, et al. A second-coordination-sphere strategy to modulate nickel- and palladium-catalyzed olefin polymerization and copolymerization[J]. Angew Chem Int Ed, 2017, 56: 11604-11609.

[128] Long B K, Eagan J M, Mulzer M, et al. Semi-crystalline polar polyethylene: Ester-functionalized linear polyolefins enabled by a functional-group-tolerant, cationic nickel catalyst[J]. Angew Chem Int Ed, 2016, 55: 7106-7110.

[129] Mu H L, Pan L, Song D P, et al. Neutral nickel catalysts for olefin homo- and copolymerization: Relationships between catalyst structures and catalytic properties[J]. Chem Rev, 2015, 115: 12091-12137.

[130] Mecking S, Schnitte M. Neutral nickel(Ⅱ) catalysts: From hyperbranched oligomers to nanocrystal-based materials[J]. Acc Chem Res, 2020, 53: 2738-2752.

[131] Chen C L. Designing catalysts for olefin polymerization and copolymerization: Beyond electronic and steric tuning[J]. Nature Rev, 2018, 2: 6-14.

[132] Guo L, Chen C L. (α-Diimine)palladium catalyzed ethylene polymerization and (*co*)polymerization with polar comonomers[J]. Sci. China Chem. 2015, 58, 1663-1673.

[133] Guo L, Dai S, Sui X, et al. Palladium and nickel catalyzed chain walking olefin polymerization and copolymerization[J]. ACS Catal. 2016, 6, 428-441.

[134] Guo L, Liu W, Chen C L. Late transition metal catalyzed α-olefin polymerization and copolymerization with polar monomers[J]. Mater. Chem. Front. 2017, 1, 2487-2494.

[135] Fu X, Zhang L, Tanaka R, et al. Highly robust nickel catalysts containing anilinonaphthoquinone ligand for copolymerization of ethylene and polar monomers[J]. Macromolecules, 2017, 50: 9216-9221.

[136] Cheng H, Su Y, Hu Y, et al. Ethylene polymerization and copolymerization with polar monomers using nickel complexes bearing anilinobenzoic acid methyl ester ligand[J]. Polymers, 2018, 10: 754-763.

[137] Gao J, Yang B, Chen C L. Sterics versus electronics: Imine/phosphine-oxide-based nickel catalysts for ethylene polymerization and copolymerization[J]. J Catal, 2019, 369: 233-238.

[138] Zou C, Tan C, Pang W, et al. Amidine/phosphine-oxide-based nickel catalysts for ethylene polymerization and copolymerization[J]. Chem Cat Chem, 2019, 11: 5339-5344.

[139] Liang T, Goudari S B, Chen C L. A simple and versatile nickel platform for the generation of branched high molecular weight polyolefins[J]. Nat Commun, 2020, 11: 372-379.

[140] 齐兴国，王进. 化学改性三元乙丙橡胶在聚合物中的应用概况 [J]. 弹性体，2006，16（6）: 69-73.

[141] Birajdar R S, Chikkali S H. Insertion copolymerization of functional ethylene: Quo Vadis? [J]. Eur Polym J, 2021, 143: e110183.

[142] Tan C, Chen M, Chen C L. Catalyst + X strategies for transition metal-catalyzed olefin-polar monomer copolymerization[J]. Trends Chem, 2023, 5: 147-159.

[143] Liu G X, Huang Z. Recent advances in coordination insertion copolymerization of ethylene with polar functionalized comonomers[J]. Chinese J Chem, 2020, 38: 1445-1448.

[144] Tan C, Chen C L. Emerging palladium and nickel catalysts for copolymerization of ethylene with polar monomers[J]. Angew Chem Int Ed, 2019, 58: 7192-7200.

[145] Keyes A, Basbug Alhan H E, Ordonez E, et al. Ethylene and vinyl polar monomers: Bridging the gap for next generation materials[J]. Angew Chem Int Ed, 2019, 58: 12370-12391.

[146] Zou C, Chen C L. Polar-functionalized, crosslinkable, self-healing, and photoresponsive polyolefins[J]. Angew Chem Int Ed, 2020, 59: 395-402.

[147] Tan C, Zou C, Chen C L. Material properties of functional polyethylenes from transition-metal-catalyzed ethylene-polar monomer copolymerization[J]. Macromolecules, 2022, 55:1910-1922.

[148] Chen M, Chen, C L. Nickel catalysts for the preparation of functionalized polyolefin materials[J]. Chinese Sci Bull, 2022, 67: 1881-1894.

[149] Wang A, Niu H, He Z, et al. Thermoreversible cross-linking of ethylene/propylene copolymer rubbers[J]. Polym Chem, 2017, 8: 4494 - 4502.

[150] Wang Y, Jiang L, Ren X, et al. Synthesis of bromine-functionalized polyolefins by scandium-catalyzed copolymerization of 10-bromo-1-decene with ethylene, propylene, and dienes[J]. J Polym Sci, 2021, 59: 2324 - 2333.

[151] Marques M M, Correia S G, Ascenso J R, et al. Polymerization with TMA-protected polar vinyl comonomers. Ⅰ. Catalyzed by group 4 metal complexes with η5-type ligands[J]. J Polym Sci Part A: Polym Chem, 1999, 37: 2457 - 2469.

[152] Nikje M A, Motahari S, Haghshenas M, et al. Epoxidation of ethylene propylene diene monomer (EPDM) rubber by using *in-situ* generated dimethyldioxirane (DMD) and MoO_3[J]. J Macromol Sci Part A: Pure Appl Chem, 2006, 43: 1205 - 1214.

[153] Zhang G G, Zhou X X, Liang K, et al. Mechanically robust and recyclable EPDM rubber composites by a green cross-linking strategy[J]. ACS Sustainable Chem Eng, 2019, 7(13): 11712-11720.

[154] Ren X R, Guo F, Fu H R, et al. Scandium-catalyzed copolymerization of myrcene with ethylene and propylene: Convenient syntheses of versatile functionalized polyolefins[J]. Polym Chem, 2018, 9: 1223 - 1233.

[155] Tan R, Shi Z H, Guo F, et al. The terpolymerization of ethylene and propylene with isoprene via THF-containing half-sandwich scandium catalysts: A new kind of ethylene-propylene-diene rubber and its functionalization[J]. Polym Chem, 2017, 8(32): 4651 - 4658.

[156] Kim I, Kang P S, Ha C. Efficient graft-from functionalization of ethylene-propylene-diene rubber (EPDM) dissolved in hexane[J]. React Func Polym, 2005, 64: 151 - 156.

[157] Kolb H C, Finn M G, Sharpless K B. Click chemistry: Diverse chemical function from a few good reactions[J]. Angew Chem Int Ed, 2001, 40: 2004 - 2021.

[158] Deraedt C, Pinaud N, Astruc D. Recyclable catalytic dendrimer nanoreactor for part-per-million CuI catalysis of “Click” chemistry in water[J]. J Am Chem Soc, 2014, 136: 12092 - 12098.

[159] Franc G, Kakkar A. Diels-Alder "Click" chemistry in designing dendritic macromolecules[J]. Chem Eur J, 2009, 15: 5630 - 5639.

[160] Zhang Y, Li H, Dong J, et al. Facile synthesis of chain end functionalized polyethylenes via epoxide ring-opening and thiol-ene addition click chemistry[J]. Polym Chem, 2014, 5: 105 - 115.

[161] Stamenović M M, Espeel P, Camp W V, et al. Norbornenyl-based RAFT agents for the preparation of functional polymers via thiol-ene chemistry[J]. Macromolecules, 2011, 44: 5619 - 5630.

[162] Chan J W, Shin J, Hoyle C E, et al Synthesis, thiol-yne "Click" photopolymerization, and physical properties of networks derived from novel multifunctional alkynes[J]. Macromolecules, 2010, 43: 4937 - 4942.

[163] Ogawa A, Ikeda T, Kimura K, et al. Highly regio- and stereocontrolled synthesis of vinyl sulfides via transition-metal-catalyzed hydrothiolation of alkynes with thiols[J]. J Am Chem Soc, 1999, 121: 5108 - 5114.

[164] Bétron C, Cassagnau P, Bounor-Legaré V. EPDM crosslinking from bio-based vegetable oil and Diels-Alder reactions[J]. Macromol Chem Phys, 2018, 211: 361 - 374.

[165] Oliveira M G, Soares B G, Santos C F, et al. Mercapto-modified copolymers in polymer blends, 1. Functionalization of EPDM with mercapto groups and its use in NBR/EPDM blends[J]. Macromol Rapid Commun, 1999, 20: 526 - 531.

[166] Matthias H. Functionalized olefinic copolymers: EP 2835381[P].2013-08-09.

[167] 吴一弦，周百青，张树，等. 一种长链支化乙丙橡胶及制备方法：CN201911165171.9[P]. 2019-11-25.

[168] Wang Y C, Cheng P Y, Zhang Z Q, et al. Highly efficient terpolymerizations of ethylene/ propylene/ENB with a half-titanocene catalytic system[J]. Polym Chem, 2021, 12(44): 6417 - 6425.

[169] 王国栋，方园园，宋文波. 丙烯基弹性体催化剂的研究进展 [J]. 石油化工，2021，50：960-966.

[170] 谢忠麟，吴淑华，马晓. 高性能特种弹性体的拓展（一）——三元乙丙橡胶、丙烯基弹性体和乙丁橡胶 [J]. 橡胶工业，2021，68: 705-717.

[171] Wang W, Lu W, Goodwin A, et al. Recent advances in thermoplastic elastomers from living polymerizations: Macromolecular architectures and supramolecular chemistry[J]. Prog Polym Sci, 2019, 95: 1-31.

[172] Doi Y, Ueki S, Keii T. Living coordination polymerization of propene initiated by the soluble V(acac)$_3$-Al$(C_2H_5)_2$Cl system[J]. Macromolecules, 1979, 12(5): 814-819.

[173] Doi Y, Ueki S, Keii T. Preparation of "living" polypropylenes by a soluble vanadium- based Ziegler catalyst[J]. Macromol Chem Phys, 1979, 180(5): 1359-1361.

[174] Doi Y, Suzuki S, Soga K. Living coordination polymerization of propene with a highly- active vanadium-based catalyst[J]. Macromolecules, 1986, 19(12): 2896-2900.

[175] Edson J B, Wang Z G, Kramer E J. Fluorinated bis(phenoxyketimine)titanium complexes for the living, isoselective polymerization of propylene: Multiblock isotactic polypropylene copolymers via sequential monomer addition[J]. J Am Chem Soc, 2008, 130: 4968-4977.

[176] Hotta A, Cochran E, Ruokolainen J, et al. Semicrystalline thermoplastic elastomeric polyolefins: Advances through catalyst development and macromolecular design[J]. PNAS, 2006, 103: 15327-15332.

[177] Arriola D J, Carnahan E M, Hustad P D, et al. Catalytic production of olefin block copolymers via chain shuttling polymerization[J]. Science, 2006, 312: 714-719.

[178] Chum P S, Swogger K W. Olefin polymer technologies—History and recent progress at The Dow Chemical Company[J]. Prog Polym Sci, 2008, 33: 797-819.

[179] Patil V B, Saliu K O, Jenkins R M, et al. Efficient synthesis of α,ω-divinyl-functionalized polyolefins[J]. Macromol Chem Phys, 2014, 215: 1140-1145.

[180] Liu W, Wang W-J, Fan H, et al. Structure analysis of ethylene/1-octene copolymers synthesized from living coordination polymerization[J]. Eur Polym J, 2014, 54: 160-171.

[181] O'Connor K S, Watts A, Vaidya T, et al. Controlled chain walking for the synthesis of thermoplastic polyolefin elastomers: Synthesis, structure, and properties[J]. Macromolecules, 2016, 49: 6743-6751.

[182] Killian C M, Tempel D J, Johnson L K, et al. Living polymerization of α-olefins using Ni(Ⅱ)-α-diimine catalysts. Synthesis of new block polymers based on α-olefins[J]. J Am Chem Soc, 1996, 118: 11664-11665.

[183] Leone G, Mauri M, Bertini F. Ni(Ⅱ) α-diimine-catalyzed α-olefins polymerization: Thermoplastic elastomers of block copolymers[J]. Macromolecules, 2015, 48: 1304-1312.

[184] Arriola D J, Bokota M, Carnahan E M, et al. Pseudo-block copolymers and process employing chain shuttling agent: WO 2006/101597[P]. 2006-01-30.

[185] Wang H P, Khariwala D U, Cheung W, et al. Characterization of some new olefinic block copolymers[J]. Macromolecules 2007, 40: 2852-2862.

[180] Liu W, Wang W J, Pan H, et al. Structure analysis of ethylene-1-octene copolymers synthesized from living coordination polymerization[J]. Eur Polym J, 2014, 54: 160-170.

[181] [illegible] S, Wang S, Vaidya T, et al. Controlled chain walking for the synthesis of thermoplastic polyolefin elastomers: Synthesis, structure, and properties[J]. Macromolecules, 2016, 49(6): 2[illegible].

[182] Killian C M, Tempel D J, Johnson L K, et al. Living polymerization of α-olefins using Ni(II)-α-diimine catalysts. Synthesis of new block polymers based on α-olefins[J]. J Am Chem Soc, 1996, 118: 11664-11665.

[183] Leone G, Mauri M, Bertini F, et al. Ni(II) α-diimine-catalyzed α-olefins polymerization: Thermoplastic elastomers of block copolymers[J]. Macromolecules, 2015, 48: [illegible]

[184] Arriola D J, Bokota M, Carnahan E M, et al. Pseudo-block copolymers and process employing chain shuttling agent: WO 2006/101595[P]. 2006-[illegible].

[185] Wang H P, Khariwala D U, Cheung W, et al. Characterization of some new olefinic block copolymers[J]. Macromolecules, 2007, 40: 2852-2862.

第三章

高性能苯乙烯类嵌段共聚物热塑性弹性体

热塑性弹性体（thermoplastic elastomer，TPE）是指使用温度下具有类似硫化橡胶性能、温度升高后能塑化成型的聚合物或聚合物共混物。在加工及应用方面，可用标准的通用热塑性塑料加工设备和工艺对 TPE 进行加工成型，工艺简便，加工周期短，生产效率高。TPE 作为介于橡胶与塑料之间的高分子材料，受到了广泛关注[1-14]。

TPE 分为化学合成型 TPE 与橡塑共混型 TPE，其中化学合成型 TPE 主要包括苯乙烯嵌段共聚物（SBC）热塑性弹性体、氢化苯乙烯嵌段共聚物（HSBC）热塑性弹性体、热塑性聚氨酯（TPU）弹性体、聚烯烃类热塑性弹性体（POE）和烯烃嵌段共聚物（OBC）热塑性弹性体等，橡塑共混型 TPE 主要包括聚烯烃类热塑性弹性体（TPO）和热塑性硫化橡胶（TPV）。其中，SBC 与 HSBC 是 TPE 中产能最大的品种，约占 TPE 总产能的 50%，主要商业化品种为聚苯乙烯 -*b*- 聚丁二烯 -*b*- 聚苯乙烯三嵌段共聚物（SBS）、聚苯乙烯 -*b*- 聚异戊二烯 -*b*- 聚苯乙烯三嵌段共聚物（SIS）、氢化 SBS（SEBS）、氢化 SIS（SEPS）以及聚苯乙烯 -*b*- 聚异丁烯 -*b*- 聚苯乙烯三嵌段共聚物等。

化学合成型 TPE 中最典型的分子结构特点是聚合物分子链串联或接枝某些化学组成不同的树脂硬段和橡胶软段，其中硬段在常温下起着约束大分子和补强的作用，这种约束作用具有可逆性，即在高温下丧失约束能力，使材料呈现塑性；温度降至常温时，硬段又聚集恢复约束作用，起到类似硫化胶交联点的作用。橡胶软段则体现高弹性、高回复性的弹性体特性。

化学合成型 TPE 中，聚合物分子链串联化学组成不同的树脂硬段和橡胶软段的 TPE 称为嵌段共聚物热塑性弹性体，是典型的热塑性弹性体。

第一节
嵌段共聚物热塑性弹性体基本概念

嵌段共聚物是指聚合物大分子链中键合了两种或两种以上性质不同的聚合物链段而形成的共聚物，不同链段之间的键合以共价键为主。嵌段共聚物热塑性弹性体则是嵌段共聚物的一大类，其特点是存在可塑性加工的硬链段和低玻璃化转变温度的软链段，且至少含有两段硬链段。软链段与硬链段之间存在化学不相容或热力学不相容性质，有利于形成微观相分离结构形态，嵌段共聚物热塑性弹性体的分子结构示意图如图 3-1 所示[3]。

工业化的嵌段共聚物热塑性弹性体按照分子链硬段可分为两类：一是聚合物

分子结构中的硬段在相分离后依然为无定形结构的微区，其典型品种包括 SBC、HSBC 和丙烯酸酯类热塑性弹性体；二是聚合物分子结构中的硬段在相分离后形成结晶性的微区，其典型品种包括 TPU、共聚酯类热塑性弹性体（TPEE）、共聚酰胺类热塑性弹性体（TPAE）和部分 POE 或 OBC。苯乙烯类嵌段共聚物热塑性弹性体微观结构及微观相分离模型示意图如图 3-2 所示。

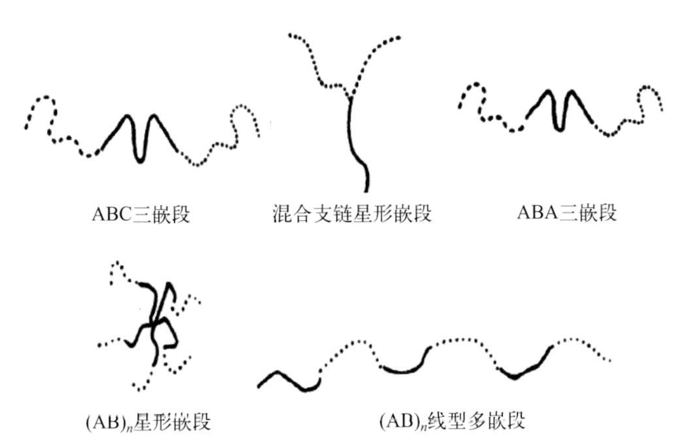

图3-1　嵌段共聚物热塑性弹性体的主要分子结构示意图

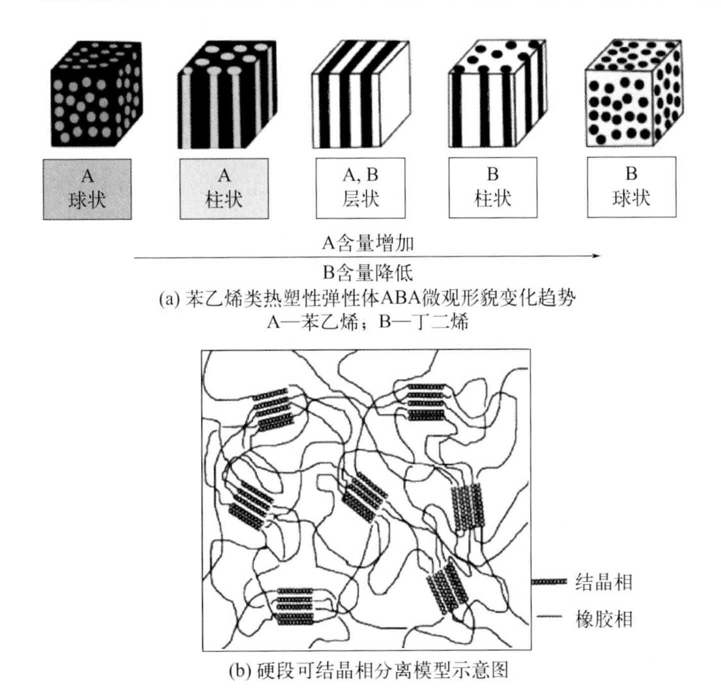

图3-2　苯乙烯类嵌段共聚物热塑性弹性体典型的微观结构及微观相分离模型示意图

从碳碳键主链型嵌段共聚物热塑性弹性体的发展来看，单体结构、共聚组成及分子构造是影响其性能的三个重要方面。

首先考虑单体的选择原则。选择合适的单体需要考虑聚合物之间的 Flory-Huggins 相互作用参数 χ，尽量选择所得聚合物的 Flory-Huggins 相互作用参数 χ 大的单体，这样链段之间相容性差，容易形成相分离，更利于硬段聚合物形成物理交联微区，而且形成微区所需聚合物的重复单元数量会更少。其次考虑使用温度范围，软段单体需要符合要求的尽量低的玻璃化转变温度，硬段单体则需要能够形成物理交联点且玻璃化转变温度高于预期使用温度范围。常见的硬链段结构单元是苯乙烯及其衍生物和甲基丙烯酸甲酯（或大位阻侧基的甲基丙烯酸酯类单体），常见的软链段结构单元是共轭二烯烃（如丁二烯、异戊二烯）或异丁烯、乙烯 / 丙烯共聚单元、乙烯 / 丁烯共聚单元、丙烯酸丁酯、甲基丙烯酸丁酯、丙烯酸异辛酯、甲基丙烯酸异辛酯及有机硅氧烷等。需要指出的是聚合物链段（软段或硬段）的玻璃化转变温度受到诸多因素影响，包括链段的分子量及其分布、序列分布、立构规整性及共聚链段的组成等 [15]。

单体确定后，其分子量、共聚组成和分子构造直接影响聚合物的微观相分离，并且对其力学性能等具有重要影响。热塑性弹性体的分子构造如前述图 3-1 所示，其中线型分子构造 AB 两嵌段共聚物、线型 ABA 三嵌段共聚物、$(AB)_n$ 星形嵌段共聚物和（AB）$_n$ 线型多嵌段共聚物是最为常见的嵌段共聚物热塑性弹性体。分子结构及共聚组成直接影响其微观相分离结构与微观形貌，如图 3-2 所示。以 SBS 为例，随着苯乙烯结合量的增加，其微观相分离结构与微观形貌也随之变化，聚合物的性能也随之改变。随着苯乙烯含量的增加，材料性质从弹性体转变为树脂。作为苯乙烯类热塑性弹性体，苯乙烯结合质量分数通常低于 50%，在 25% ～ 45% 之间；如果苯乙烯含量超过 50%，则成为具有优异韧性的树脂。嵌段共聚物热塑性弹性体的分子量对其性能也有显著影响。硬链段形成物理交联点存在一个临界分子量，例如在 SBS 中聚苯乙烯（PS）作为硬链段的临界分子量为 7000，当 PS 链段分子量大于临界分子量时，才能确保硬段与软段之间存在足够的不相容性，以便形成硬段微区 [10]。综合考虑 SBC 加工性能与弹性体模量，PS 硬链段分子量通常在 10000 ～ 15000，聚二烯烃软链段分子量通常在 50000 ～ 70000[10]。

对于不同聚合物软链段，存在缠结分子量（M_e）的影响。与嵌段共聚物中软段聚合物链段的分子量不同，M_e 是软段聚合物缠结点之间的分子量，如表 3-1 所示 [1,15-16]。聚丁二烯（PB）的平均链缠结分子量最低，聚丙烯酸酯的平均链缠结分子量普遍偏高，这就导致聚丙烯酸酯热塑性弹性体的机械强度普遍低于 SBC 热塑性弹性体的机械强度，如图 3-3 所示。本节后续就苯乙烯类嵌段共聚物热塑性弹性体相关工作进行介绍，为发展高性能苯乙烯类嵌段共聚物热塑性弹性体提供思路。

表3-1 常见软段聚合物的缠结分子量[1,15-16]

聚合物	M_e
聚异丁烯	8900
聚异戊二烯	6100
聚丁二烯	1700
聚丙烯酸乙酯	11000
聚丙烯酸正丙酯	16000
聚丙烯酸正丁酯	28000
聚丙烯酸异辛酯	60000

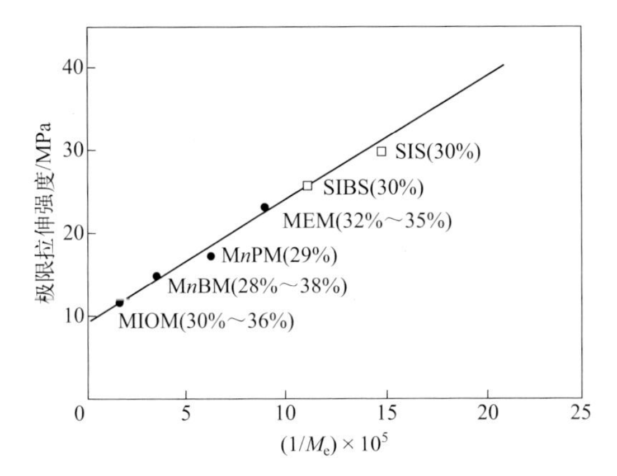

图3-3 极限拉伸强度与$1/M_e$的关系

M—聚甲基丙烯酸甲酯链段；S—聚苯乙烯链段；IO—聚丙烯酸异辛酯链段；*n*B—聚丙烯酸正丁酯链段；*n*P—聚丙烯酸正丙酯链段；E—聚丙烯酸乙酯链段；IB—聚异丁烯链段；I—聚异戊二烯链段。括号内为硬段所占质量分数

苯乙烯类嵌段共聚物弹性体如SBS、SIS、SEBS、SIBS和SEPS，通过大分子链中间弹性软链段与聚苯乙烯硬链段的微观相分离作用形成物理交联点及三维网络结构，限制了大分子链的滑移，大幅提高了其力学性能，无需填充大量的无机纳米粒子及化学硫化交联反应，可单独使用，单独使用后可直接100%回收再循环利用，绿色低碳。苯乙烯类热塑性弹性体在室温下与硫化胶性能相似，SBS的典型拉伸强度为30MPa，断裂伸长率为800%，明显高于未补强的硫化丁苯橡胶或顺丁橡胶。其应用领域包括黏合剂、聚合物改性剂、沥青改性剂、挤出成型制品、黏度指数调节剂和鞋类制品。

SBS和SIS的合成及工业化生产有赖于活性负（阴）离子聚合的实现。1956年，美国Szwarc教授首次实现了苯乙烯的活性阴离子聚合[17]，并提出在活性聚合过程中不存在链转移和链终止的概念。通过活性聚合方法，可以实现聚合物微观结构参数，如分子量、分子量分布、序列结构及官能化等的精准调控，设计合成预期聚合物。

合成 SBS 的聚合机理属于典型的活性阴离子聚合，典型的引发剂多为有机锂化合物，其中使用最多的是正丁基锂或仲丁基锂作为单端引发剂，也可采用双锂有机化合物作为双端引发剂。

SBS 的生产工艺有采用单锂引发剂的三步加料法、两步加料法和偶联法以及采用双锂引发剂的两步加料法等。以三步加料法为例，采用单官能团引发剂，在烃介质中首先进行苯乙烯活性阴离子聚合，在第一段苯乙烯单体聚合完成后加入丁二烯单体继续活性阴离子聚合，在第二段丁二烯单体聚合完成后，再加入另一部分苯乙烯单体继续进行活性阴离子聚合反应。

然而，在上述活性阴离子聚合中，立构选择性难以调控。丁二烯阴离子聚合过程中，无法做到高立构选择性，通常情况下，聚丁二烯（PB）弹性链段中含有约 40% 的顺 -1,4 结构单元、约 50% 的反 -1,4 结构单元和约 10% 的 1,2- 结构单元。通过调节溶剂极性的大小调控有机锂化合物的缔合状态，可以适当提高丁二烯顺 -1,4- 聚丁二烯结构单元含量，但仍难以达到丁二烯配位聚合能够达到的高顺 -1,4 选择性。高顺 -1,4- 聚丁二烯可赋予其更好的拉伸强度、撕裂强度、耐磨性、低温性能、低生热性及应变结晶性等。苯乙烯阴离子聚合时，得到无规聚苯乙烯硬段，难以得到具有结晶性能的间规聚苯乙烯或等规聚苯乙烯链段。无规聚苯乙烯链段的玻璃化转变温度约为 100℃，由无规聚苯乙烯链段形成均匀理想的交联网络及“物理交联”区域，但是当其使用温度超过 60℃时，其力学性能会大幅下降，当达到 PS 的玻璃化转变温度 100℃时，将完全丧失力学性能，因而限制了其应用领域。因此，为了提高传统 SBS 的性能，一方面提高软段聚丁二烯中顺 -1,4 结构单元的含量，提高软段的弹性；另一方面提高聚苯乙烯衍生物硬段的玻璃化转变温度或引入间规 / 等规聚苯乙烯链段，利用更高的玻璃化转变温度或熔点，提高耐热性，得到高性能新型苯乙烯嵌段共聚热塑性弹性体。

第二节 软段为高顺式结构的 SBS 热塑性弹性体

一、软段为高顺式结构的SBS嵌段共聚物热塑性弹性体的合成

配位聚合在立构选择性方面具有优势。本书著者团队 [18-19] 通过可控 / 活性配

位聚合方法和三步单体顺序加料方式，可以制备软段为顺 -1,4 微观结构含量在 96% 以上的新结构 SBS 热塑性弹性体（SB^{cis}S），将高顺式聚丁二烯软链段具有的优异柔韧性、弹性、弹性回复及耐磨性等性能赋予新结构 SBS 热塑性弹性体中。典型的合成软段为高顺式聚丁二烯的 SB^{cis}S 三嵌段共聚物热塑性弹性体的具体步骤如下：选择高活性、高定向选择性的稀土金属羧酸盐复合催化剂，首先在苯乙烯与溶剂的混合溶液中加入催化剂，在 30 ～ 60℃下聚合 1 ～ 30h，再加入丁二烯与溶剂的混合溶液，混合均匀后，在 30 ～ 60℃下聚合 1 ～ 80h，之后再加入苯乙烯与溶剂的混合溶液，在 50 ～ 80℃下聚合 5 ～ 30h，终止反应后制得 SB^{cis}S。上述每一步反应中，聚合温度越高，所需要的聚合反应时间越短。高顺式丁苯三嵌段共聚物（SB^{cis}S）的合成反应式如图 3-4 所示。

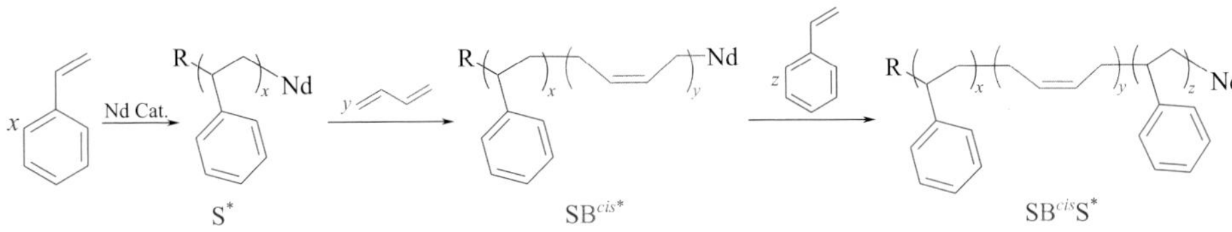

图3-4　高顺式丁苯三嵌段共聚物（SB^{cis}S）热塑性弹性体的合成反应式

所得高顺式丁苯三嵌段共聚物，其中聚丁二烯链段中顺 -1,4 结构单元摩尔分数为 96% 以上，少量反 -1,4 和 1,2- 结构单元分布在其中，苯乙烯质量分数为 8% ～ 50%，嵌段共聚物的重均分子量为 $(1.0 \sim 5.8)\times10^{5}$[18-19]。

二、软段为高顺式结构的SBS嵌段共聚物热塑性弹性体的表征方法与性能

苯乙烯类嵌段共聚物热塑性弹性体以 SBS 为典型代表，其分子构造包括线型和星形（支化）结构。以 SBS 为例，随着苯乙烯和丁二烯含量的变化，其微观相分离形态呈现规律变化，如图 3-2 所示 [10]。随苯乙烯含量的增加，通过微相分离和自组装形成的聚苯乙烯微相逐步从球状演变为柱状、层状，最后成为连续相，材料性质从弹性体过渡到韧性的树脂。用于热塑性弹性体的 SBC 中苯乙烯质量分数需低于 50%，聚苯乙烯微相通常呈球状分散于聚丁二烯相中。以线型 SBS 为例，其物理交联的形态学模型如图 3-5 所示，其中给出了硬段（聚苯乙烯）的分子量和软段（聚丁二烯）的分子量 [6]。

1．结构表征

傅里叶红外光谱法（FTIR）及核磁共振波谱法（NMR）是表征和测定 SBS 化学结构、序列分布及共聚组成的快速有效的方法。

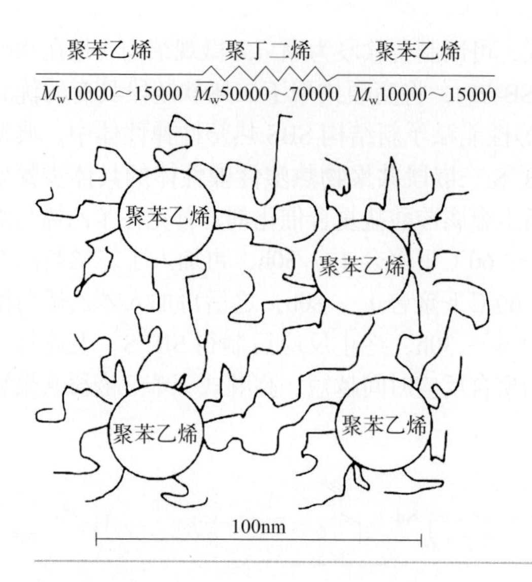

图3-5
SBS物理交联的形态学模型[6]

对采用配位聚合方法制备的丁二烯-苯乙烯共聚物（$SB^{cis}S$）进行FTIR表征，FTIR谱图如图3-6所示[18]。从图3-6可以看出，在1654cm^{-1}处的特征吸收峰对应于丁二烯单元双键的伸缩振动，在738cm^{-1}处的特征吸收峰对应于顺-1,4结构的较强特征吸收峰，在967cm^{-1}和911cm^{-1}处的很弱特征吸收峰分别对应于反-1,4结构及1,2-结构，这表明共聚物中聚丁二烯段主要由顺-1,4结构的丁二烯单元组成，而反-1,4结构及1,2-丁二烯结构含量很低。在1600cm^{-1}、1492cm^{-1}、1452cm^{-1}和1404cm^{-1}处一组特征吸收峰对应于苯乙烯单元的苯环伸缩振动特征峰。此外，可以明显观察到丁二烯与苯乙烯嵌段共聚物的特征吸收峰540cm^{-1}，而没有观察到在563cm^{-1}处的无规丁苯序列的特征吸收峰。因此，通过可控/活性配位聚合方法制备得到由高顺-1,4结构的聚丁二烯软链段与聚苯乙烯硬链段组成的嵌段共聚物。

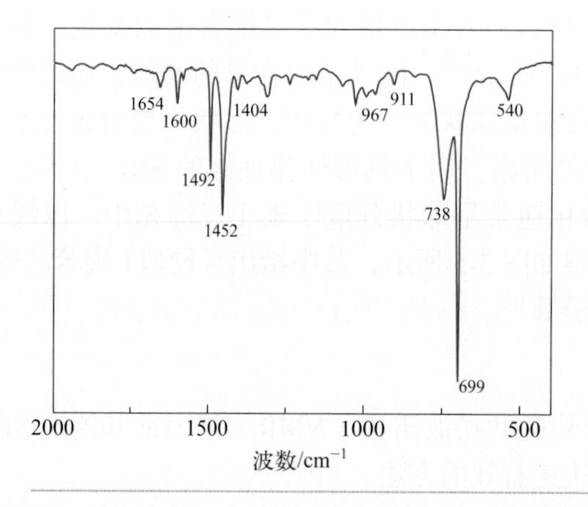

图3-6
典型的通过可控/活性配位聚合方法制备的$SB^{cis}S$的FTIR谱图

通过可控／活性配位聚合方法制备的 $SB^{cis}S$ 嵌段共聚物典型 ^{1}H NMR 谱图如图 3-7 所示[18]。在 $SB^{cis}S$ 共聚物中，包括四种微观结构单元，即顺 -1,4- 丁二烯（C）、反 -1,4- 丁二烯（T）、1,2- 丁二烯（V）和苯乙烯（S）。由图 3-7 可见，化学位移（δ）在 5.38 处的强特征峰对应于顺 -1,4 微观结构，化学位移在 4.98 处的非常弱特征峰对应于 1,2- 丁二烯微观结构，且没有观察到对应于反 -1,4 微观结构的特征峰（化学位移 δ= 5.43），这说明在上述共聚物中丁二烯结构单元中顺 -1,4 结构含量很高，反 -1,4 结构单元很少，以至于在 ^{1}H NMR 谱图中很难分辨出来并观察到反 -1,4 结构单元的特征峰。化学位移在 7.04 和 6.57 处的特征峰的面积比为 3∶2，表明了共聚物中存在较长的聚苯乙烯链段，这是由于苯乙烯结构单元中苯环上两个邻位氢效应所致。上述 ^{1}H NMR 表征结果进一步表明该共聚物是由高顺式聚丁二烯软链段和聚苯乙烯硬链段组成的。

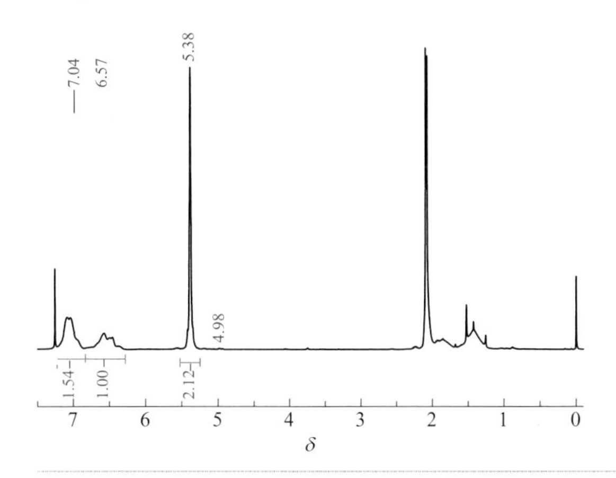

图3-7
典型的通过可控/活性配位聚合方法制备的 $SB^{cis}S$ 的 ^{1}H NMR谱图

典型的通过可控／活性配位聚合方法制备的 $SB^{cis}S$ 的 ^{13}C NMR 谱图如图 3-8 所示，共聚物中各种碳及序列的特征峰归属列于表 3-2[18]。

由图 3-8 可见，化学位移在 27.43 处非常强的特征峰对应于 $CC_{1*}C$ 和 $CC_{4*}C$ 碳链序列结构，表明聚丁二烯链段中主要由顺 -1,4 结构与顺 -1,4 结构的丁二烯单元相互连接。化学位移在 32.71 处的特征峰对应于 CT_{1*} 和 $T_{4*}C$ 序列结构，化学位移在 38.15 处的特征峰对应于 $CV_{1*}T$ 结构，这表明 T 结构单元主要与 V 结构单元和 C 结构单元连接。少量 V 和 T 两种结构单元分布在聚丁二烯大分子链中。在图 3-8 中没有观测到与 $T_{4*}S$ 和 $T_{4*}V$ 序列结构相对应的特征峰（化学位移 δ= 30.4 和 30.6）。此外，化学位移在 40.35 和 43.69 处的特征峰对应于 $SS_{2*}S$ 结构，进一步表明共聚物中存在聚苯乙烯链段，而且化学位移在 25.21 处对应于 $C_{1*}S$ 序列结构，这表明苯乙烯结构单元与顺 -1,4- 丁二烯结构单元相连接。

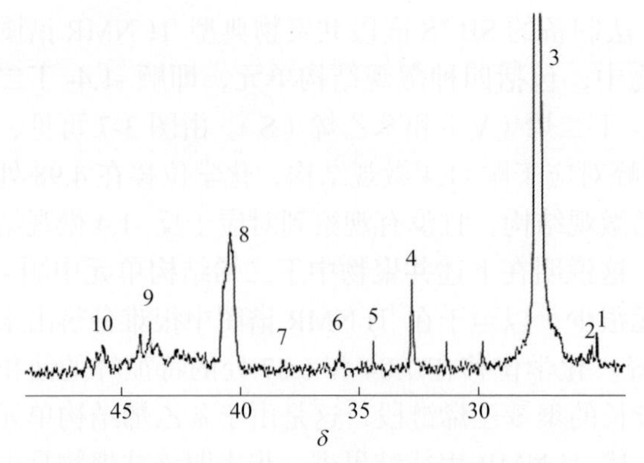

图3-8　典型的通过可控/活性配位聚合方法制备的SB^cis^S的^{13}C NMR谱图

表3-2　SB^cis^S 中脂肪碳的化学位移归属

峰（图3-8）	归属	δ 实测值	δ参考值		结构式
			参考文献[5]	参考文献[4]	
1	C_1*V	25.00	24.95	24.92	C —C(1)—C(2)=C(3)—C(4)—
2	C_1*S	25.21	25.17	25.12	
3	C(T)C_1*C(T)	27.43	27.38	27.34	T —C(1)—C(2)=C(3)—C(4)—
4	C(T)T_1*C(T)	32.71	32.5	32.64	
5	CV_1*，TV_1*	34.31	34.26	34.22	
6	SC_1*，C_1S*，T_1S*	35.72	35.7	35.62	V —C(1)—C(2)—, C(2)—C(3)=C(4)
7	CV_1*T	38.15	38.2	—	
8	V_2*S，S_2*V，S_2*S	40.35	40.6	40.17～40.47	S —C(1)—C(2)—（苯基）
9	V_2*C，V_2*T	43.69	43.7	43.7	
10	S_2*C，S_2*T	45.70	45.7	45.69	

注：*—被检测单元。

根据 ^1H NMR 和 ^{13}C NMR 的定量分析结果，可以测定 SB^cis^S 嵌段共聚物中含量。

利用 ^1H NMR 谱图中四种结构单元 C、T、V、S 所对应特征峰积分值，可以计算出 1,4- 丁二烯，1,2- 丁二烯以及苯乙烯单元结合量，计算方法如下列公式所示：

$$n_{C+T} = I_{C,T} / [2 (I_V/3 + I_S/5)]$$
$$n_V = I_V / [3 (I_{C+T}/2 + I_S/5)]$$
$$n_S = I_S / [5(I_{C+T}/2 + I_V/3)]$$

式中，n_{C+T}、n_V 和 n_S 分别代表1,4-丁二烯、1,2-丁二烯和苯乙烯结构单元的摩尔分数；I_{C+T}、I_V 和 I_S 分别代表1,4-丁二烯结构、1,2-丁二烯结构和苯乙烯单元所对应特征峰积分值。

根据典型 ^{1}H NMR 谱图计算结果得出：SB^{cis}S 嵌段共聚物中1,4-丁二烯结构单元总含量（摩尔分数）为99.6%，1,2-丁二烯结构单元含量（摩尔分数）为0.4%，苯乙烯结构单元的结合量（摩尔分数）为21.8%。

因顺-1,4结构与反-1,4结构在 ^{1}H NMR 谱图中的化学位移接近，故单独使用 ^{1}H NMR 表征方法难以计算出共聚物中顺-1,4结构与反-1,4结构的含量。饱和碳部分的各峰常比烯碳部分的各峰有更高的分辨率，借助于化学位移20～50区域的 ^{13}C NMR 谱图，利用定量 ^{13}C NMR 谱图以及相应特征峰积分值，可测定共聚物微观结构和序列结构，计算出丁二烯结构单元中顺-1,4结构单元与反-1,4结构单元的摩尔分数。聚丁二烯 ^{13}C NMR 谱图中饱和碳部分各谱带的归属见表3-2，标明了10组谱带的位置和两单元的连接点以及化学位移的计算值[18]。

CC、TT、CT、TC、CV、VC、VT和TV等二元组序列结构的摩尔分数按如下公式计算：

$$n_{CC} = 0.5(I_b)^2/(I_d+I_b)$$

$$n_{TT} = 0.5(I_d)^2/(I_d+I_b)$$

$$n_{CT} = I_{TC} = 0.5 I_d I_b/(I_d+I_b)$$

$$n_{CV} = 0.5(I_a+I_e-I_c) \pm 0.5(I_e-I_c-I_a)$$

$$n_{VC} = 0.5(I_d+I_h-I_f) \pm 0.5(I_h-I_f-I_d)$$

$$n_{VT} = 0.5(I_f + I_h-I_d) \pm 0.5(I_h-I_f-I_d)$$

$$n_{TV} = 0.5(I_c+ I_e-I_a) \pm 0.5(I_e-I_c-I_a)$$

式中，I_a～I_h 代表a～h各单元所对应特征峰积分值。±号之后的部分基本为0，可以忽略不计。聚丁二烯链段中的顺-1,4结构单元、反-1,4结构单元及1,2-结构单元的摩尔分数分别记为：n_C、n_T 和 n_V，计算公式如下：

$$n_C = [n_{CC} +0.5(n_{CT}+n_{CV}+n_{TC}+n_{VC})]/(n_C+n_V+n_T)$$

$$n_T = [n_{TT} +0.5(n_{TV}+n_{TC}+n_{VT}+n_{CT})] /(n_C+n_V+n_T)$$

$$n_V =[n_{VV}+0.5(n_{VT}+n_{VC}+n_{TV}+n_{CV})] /(n_C+n_V+n_T)$$

由图3-8所示的 ^{13}C NMR的测定结果表明：共聚物的聚丁二烯链节中顺-1,4结构单元、反-1,4结构单元和1,2-结构单元的含量（摩尔分数）分别为97.0%、1.4%和1.6%。

2．微观形态

ABA嵌段共聚物的微相分离、形态结构和微相尺寸决定于热焓和熵两种相反因素的平衡，即处于体系自由能最低的状态。因嵌段共聚物中不同嵌段间的热力学不相容特性，组分将产生微相分离，其形态结构依赖于[20]：

① A、B 嵌段间总的推拒力，可由 $\chi_{AB}N$ 来衡量，其中 χ_{AB} 为 A、B 嵌段之间的 Flory-Huggins 相互作用参数，N 为嵌段共聚物的聚合度；

② 嵌段共聚物的组成，即各组分的体积分数为 ϕ_A 和 ϕ_B；

③ 嵌段共聚物的分子量以及 A、B 嵌段分子链的均方根半径 $<r_A^2>^{1/2}$ 和 $<r_B^2>^{1/2}$ 的相对关系。

采用透射电子显微镜（TEM）及原子力显微镜（AFM）可研究嵌段共聚物微相分离结构及微观形态。丁苯嵌段共聚物 $SB^{cis}S$ 可形成明显的微相分离状态，经四氧化锇染色后浅色的聚苯乙烯相的尺寸为 20 ～ 40nm（图 3-9）[18]。

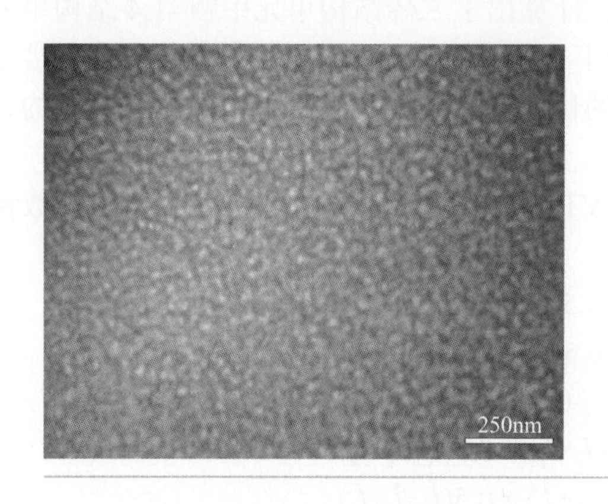

图3-9
高顺式丁苯嵌段共聚物 $SB^{cis}S$的TEM照片

3．基本性能

苯乙烯结合量对 SBS 三嵌段共聚物宏观性能有很大的影响。若 PS 链段过长且 PB 链段过短，则 SBS 产物在常温下显示耐冲击的树脂性质；反之 PS 链段则失去聚集态而使产物产生冷流。当苯乙烯结合量为 30% ～ 45% 时，PS 链段充分分散于 PB 链段的连续相中，起物理交联作用，形成三维网络结构，在常温下具高拉伸强度的特性。不同共聚组成的 SBS 的应力 - 应变曲线随着苯乙烯含量的变化如图 3-10 所示[9,15]。聚苯乙烯链段体积分数超过 53%，则成为典型的橡胶增韧的聚苯乙烯树脂，SBS 的起始模量和硬度均随着苯乙烯含量的增大而提高。为了获得综合性能优良的热塑性弹性体，通常苯乙烯 / 丁二烯质量比为 30/70 ～ 40/60。

对于采用配位聚合法合成的 $SB^{cis}S$ 进行拉伸性能的测试，并与采用阴离子方法合成的商业化产品 SBS 进行对比，其拉伸强度和 300% 定伸应力更高，应力 - 应变曲线如图 3-11[18]。上述 SBS 相比，$SB^{cis}S$ 的断裂伸长率相近，说明其有更强的交联点强度和力学性能，这是由于聚苯乙烯链段的结晶对物理交联点的稳定性有增强作用。

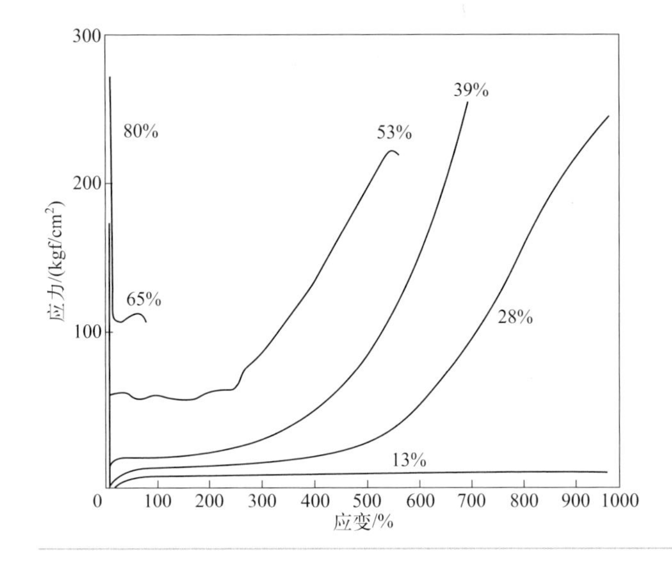

图3-10
不同共聚组成的SBS的应力-应变曲线
13%～80%为SBS中苯乙烯结构单元的质量分数；1kgf/cm²=98.0665kPa

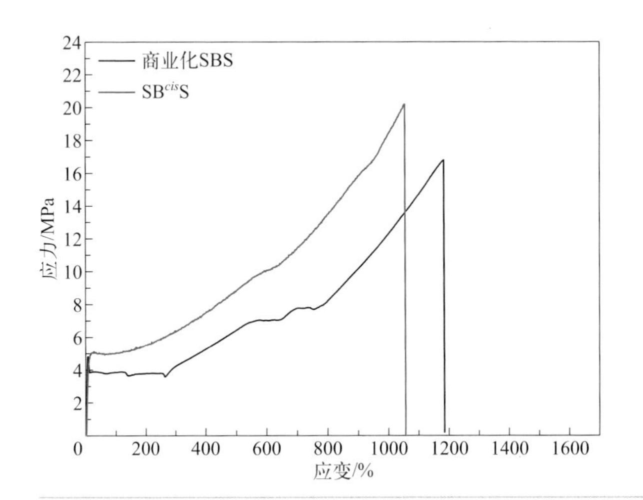

图3-11
商业化SBS和SB^{cis}S的应力-应变曲线对比图

三、软段为高顺式结构的SBS嵌段共聚物热塑性弹性体的应用领域

SBS应用领域包含黏合剂、密封胶、涂料、聚合物改性剂、沥青改性剂、挤出成型制品、鞋类以及油品添加剂等。我国是世界上最大的鞋制造国和出口国，目前约占SBS消费量的60%。软段为高顺式结构的新型SBS三嵌段共聚

物热塑性弹性体也将在上述领域具有应用价值，并赋予更加优异的弹性和耐磨性。

第三节
软段全饱和苯乙烯类嵌段共聚物热塑性弹性体

SBS 三嵌段共聚物中软段聚丁二烯每个结构单元存在不饱和双键，导致其耐候性、耐老化性、耐化学性等性能相对较差。在茂金属催化剂（例如二氯二茂钛）或过渡金属盐催化剂（例如环烷酸镍或环烷酸钴）作用下，通过聚丁二烯中间链段的加氢反应来饱和双键，制备氢化 SBS 嵌段共聚物，即 SEBS 热塑性弹性体，如图 3-12 所示。

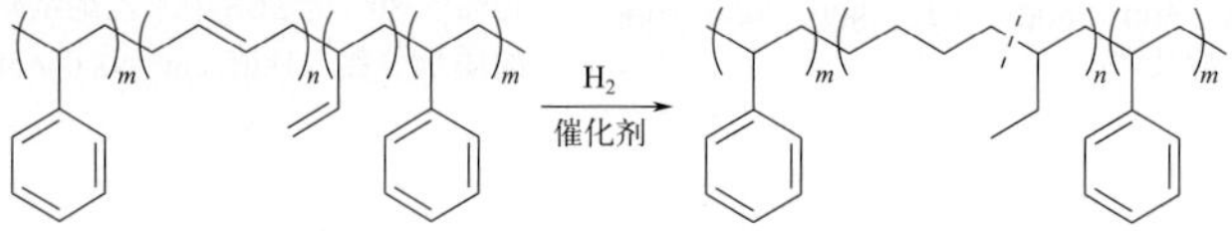

H_2

催化剂

图3-12 SBS通过氢化反应制备SEBS的合成反应式

加氢用 SBS 嵌段共聚物与一般生产的 SBS 在结构上要求是不同的。加氢用的 SBS 一般为线型三嵌段共聚物，分子量一般为 8 万～ 15 万，聚苯乙烯链段质量分数为 30% 或 40%，聚丁二烯链段含有 45% ～ 65% 的 1,4- 结构单元和 35% ～ 55% 的 1,2- 结构单元，其中 1,4- 丁二烯结构单元高于普通 SBS 中的含量。

同样，SIS 中软段聚异戊二烯也存在相同的问题，对 SIS 加氢得到氢化 SIS 嵌段共聚物，即 SEPS 热塑性弹性体。加氢用的 SIS 嵌段共聚物也需要特殊结构，要求聚异戊二烯链段具有高 1,4- 结构单元含量。

SEBS 和 SEPS 具优异的耐热性、耐臭氧、耐紫外线、耐候性、耐黄变和耐酸碱、耐磨性、柔韧性等，无毒环保，与聚烯烃塑料相容性好，可以用注塑、挤出、吹膜、纺丝等加工方法进行加工。

SEBS 广泛应用于胶黏剂、密封剂、热熔胶和涂料等，特别是用于使用期长的热熔胶、密封剂和暴露于紫外线的涂层，还在医疗卫生、食品等诸多涉及卫生和食品安全的领域将逐步替代软质 PVC 及其制品；SEPS 还可以用作人体接触性材料和医用材料。

若能直接通过聚合反应制备软段全饱和、硬段为聚苯乙烯的三嵌段共聚物热塑性弹性体，则无需聚合物氢化反应，可简化工艺流程，降低生产成本。通过阳离子聚合方法制备的软段全饱和苯乙烯类热塑性弹性体，即聚（苯乙烯 -*b*- 异丁烯 -*b*- 苯乙烯）三嵌段共聚物（SIBS），其化学结构式为：

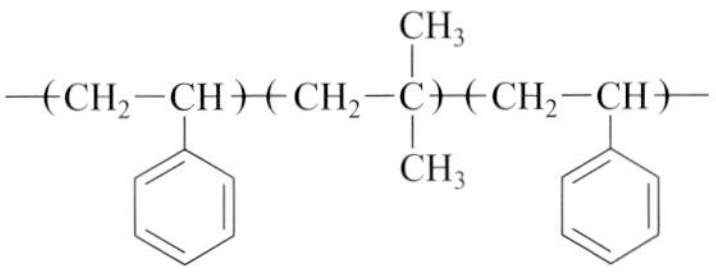

$$-\!\!\left(CH_2-\underset{C_6H_5}{CH}\right)\!\!\left(CH_2-\underset{CH_3}{\overset{CH_3}{C}}\right)\!\!\left(CH_2-\underset{C_6H_5}{CH}\right)\!\!-$$

与 SBS 相比，三嵌段共聚物热塑性弹性体 SIBS 更具优势，主要体现在：①中间链段化学结构完全饱和，赋予 SIBS 优异的热氧稳定性和耐老化性；② SIBS 还具有优异的减振性能，以及对水和气体的阻隔性能。SIBS 是一类高性能软段全饱和聚苯乙烯嵌段共聚物热塑性弹性体。

一、软段全饱和线型苯乙烯类三嵌段共聚物

（一）软段全饱和线型SIBS的合成原理与工艺流程

由于异丁烯单体的化学结构特点，决定了聚（苯乙烯 -*b*- 异丁烯 -*b*- 苯乙烯）三嵌段共聚物（SIBS）只能通过可控 / 活性阳离子聚合方法或与其他聚合方法相结合来合成。在 SIBS 基础上，可以将硬段聚苯乙烯转化为聚苯乙烯衍生物，如聚 α- 甲基苯乙烯 ($P^{\alpha}MS$)、聚对甲基苯乙烯、聚对叔丁基苯乙烯等，形成具有更高耐热性的三嵌段共聚物热塑性弹性体。通过可控 / 活性阳离子聚合方法合成的 $P^{\alpha}MS$-*b*-PIB-*b*-$P^{\alpha}MS$）三嵌段共聚物（$T_{g,PIB}$=−65℃；$T_{g,P^{\alpha}MS}$=180℃），比 SIBS 使用温度明显提高。以 SIBS 为例，主要合成策略有：通过可控 / 活性阳离子聚合方法；通过阳离子聚合方法与自由基聚合方法相结合的方法。

1．通过可控 / 活性阳离子聚合方法

在实现可控 / 活性碳阳离子聚合之前，研究学者就已开始致力于采用大分子引发阳离子聚合方法合成三嵌段共聚物 [21-22]。20 世纪 80 年代中期先后发现异丁烯活性阳离子聚合、苯乙烯及其衍生物的活性阳离子聚合 [23-24]，为采用可控 / 活性碳阳离子聚合方法设计合成热塑性弹性体 SIBS 奠定基础和创造更好的实施条件。

一般来说，只有在两种单体具有相近的反应活性或第一单体的反应活性高于第二单体的反应活性时，才能发生活性中心的转化，从而实现嵌段共聚反应。对于异丁烯与苯乙烯两种单体阳离子嵌段共聚反应，两种单体的反应活性相近，

采用先加异丁烯或先加苯乙烯的加料顺序均可实现高效共聚反应。通过可控/活性阳离子聚合方法合成 SIBS，主要有三种合成方式：①单端引发剂的三步单体顺序加料方式；②双端引发剂两步单体加料方式；③两嵌段共聚物的偶联反应方式。

（1）单端引发剂的三步单体顺序加料

通过单端引发剂三步单体顺序加料方式，如图 3-13 所示，先引发苯乙烯阳离子聚合生成聚苯乙烯（PS）活性链，再引发异丁烯阳离子聚合形成聚苯乙烯-*b*-聚异丁烯（PIB）活性链，然后引发苯乙烯阳离子聚合形成聚苯乙烯-*b*-聚异丁烯-*b*-聚苯乙烯活性链，最后加入终止剂终止活性链。

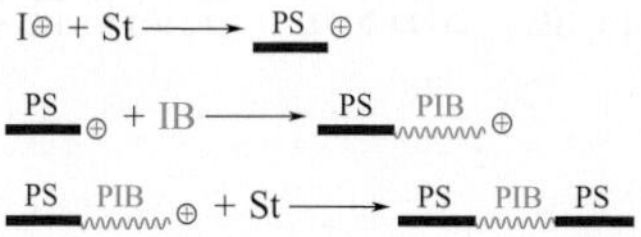

I⊕ + St ⟶ PS⊕

PS⊕ + IB ⟶ PS–PIB⊕

PS–PIB⊕ + St ⟶ PS–PIB–PS

图3-13　通过单端引发剂的三步单体顺序加料方式合成SIBS路线

Kennedy 研究小组[25] 选择 2-氯-2,4,4-三甲基戊烷（TMPCl）为模型化合物引发剂，在 $TiCl_4$ 共引发作用下，在添加合适的亲核试剂和质子捕获剂条件下，引发苯乙烯在氯甲烷/甲基环己烷 (40/60，体积比) 溶剂中可控/活性阳离子聚合，这为可控/活性阳离子聚合方法合成 SIBS 奠定了基础。

本书著者团队[26-27] 以水为引发剂、路易斯酸为共引发剂，形成引发活性中心，第一段引发苯乙烯单体进行可控/活性阳离子聚合；第二段加入含有添加剂的异丁烯单体继续进行阳离子聚合，得到聚（苯乙烯-*b*-异丁烯）两嵌段共聚物活性链；第三段进一步加入苯乙烯单体进行阳离子聚合，得到聚（苯乙烯-*b*-异丁烯-*b*-苯乙烯）三嵌段共聚物活性链，终止后得到聚（苯乙烯-*b*-异丁烯-*b*-苯乙烯）三嵌段共聚物。如图 3-14 所示。

$$H_2O + 2TiCl_4 \xrightleftharpoons[CH_2Cl_2/nHex]{DMA} H^{\delta\oplus\delta\ominus}[Ti_2Cl_8OH] \xrightarrow[\text{第一段}]{St([St]=0.2mol/L)} PS^{\delta\oplus\delta\ominus}[Ti_2Cl_8OH]$$

$$\xrightarrow[TiCl_4,\text{第二段}]{IB(\text{滴加})} PS\text{-}PIB^{\delta\oplus\delta\ominus}[Ti_2Cl_8OH]$$

$$\xrightarrow[\text{第三段}]{St([St]=2mol/L)} PS\text{-}PIB\text{-}PS^{\delta\oplus\delta\ominus}[Ti_2Cl_8OH]$$

图3-14　通过单端引发剂三步单体顺序加料方式合成SIBS的反应式

在这一合成 SIBS 过程中，不需要加入结构复杂的叔（芳）烷基有机化合物为引发剂，而是直接使用反应体系中的微量水为引发剂实现了苯乙烯或异丁烯的可控/活性阳离子聚合，不需要在第二种单体进行嵌段共聚时使用封端剂技术和引入新的路易斯酸的技术[26-27]。

（2）双端引发剂两步单体加料

通过双端引发剂两步单体加料方式，采用双官能团引发剂与路易斯酸配伍生成双端碳正离子活性中心，首先引发异丁烯可控 / 活性阳离子聚合反应，得到聚异丁烯双端活性链 $^{+}PIB^{+}$，再加入苯乙烯继续进行可控 / 活性阳离子聚合反应，得到一定分子量和组成含量的三嵌段共聚物 SIBS 双端活性链 $^{+}PS\text{-}b\text{-}PIB\text{-}b\text{-}PS^{+}$，加入终止剂终止反应后，即可得到 SIBS，如图 3-15 所示。在利用活性阳离子聚合方法合成嵌段共聚物中，影响嵌段效率和共聚物质量的因素通常包括引发剂、共引发剂、溶剂、添加剂、聚合温度和适宜的单体加料顺序等[28-29]。

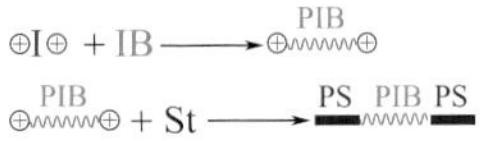

⊕I⊕ + IB ⟶ ⊕ PIB ⊕

⊕ PIB ⊕ + St ⟶ PS PIB PS

图3-15 通过双端引发剂两步单体加料方式合成PS-*b*-PIB-*b*-PS（SIBS）路线

采用可控 / 活性阳离子聚合与单体顺序加入方法首次成功地合成了 SIBS 热塑性弹性体。采用 5- 叔丁基 -1,3- 二枯基氯 (m-^{t}Bu-DCC) /$TiCl_4$ 引发体系，在质子捕获剂 2,6- 二叔丁基吡啶（D^{t}BP）存在下，或在添加亲核试剂吡啶 (Py)、六氢吡啶和质子捕获剂 D^{t}BP 的条件下，通过顺序加入异丁烯和苯乙烯单体，实现了异丁烯与苯乙烯的可控 / 活性阳离子聚合，聚合物分子量分布窄（$\overline{M}_w$ / $\overline{M}_n$ = 1.1 ～ 1.2）。消除了体系中的微量杂质或活性中心脱除 β-H 产生的 H^{+} 所可能引起的不可控引发，实现可控 /活性阳离子聚合，减少了均聚物生成，提高了嵌段效率，得到的聚（苯乙烯 -*b*- 异丁烯 -*b*- 苯乙烯）三嵌段共聚物，其中 PIB 段的数均分子量（$\overline{M}_n$）为 23000 ～ 78900，三嵌段共聚物的分子量为 39200 ～ 109900，分子量分布较窄，表现出热塑性弹性体特征[30-37]。

在合成 SIBS 的过程中，发现嵌段共聚物中约含有 70% ～ 75%（质量分数）的目标产物 SIBS 和大约 20% 的二联或高联共聚体[38-39]。这种二联共聚体的产生主要是由于溶剂 CH_2Cl_2 不能很好地溶解聚苯乙烯增长链导致分子间的亲电芳香取代反应。随着聚苯乙烯链段长度的不断增加，这种不能溶解的劣势会导致聚苯乙烯活性链的局部浓度在短时间里很快增加，扩散相对困难，活性链端碳阳离子与大分子链上苯环之间的反应概率增加，因而可能产生更多的联苯共聚体。以二枯基甲醚 /$TiCl_4$ 为引发体系，在二甲基乙酰胺（DMA）与质子捕获剂 D^{t}BP 存在下，于 CH_3Cl/ 甲基环己烷（40/60, 体积比）混合溶剂中通过顺序加入异丁烯和对甲基苯乙烯单体进行可控 / 活性阳离子聚合的方法，可以直接合成 P^{p}MS-*b*-PIB-*b*-P^{p}MS 三嵌段共聚物，嵌段共聚效率接近 100%[40-42]。同样，可以合成异丁烯与对叔丁基苯乙烯（*p*-BuSt，^{p}BS）的三嵌段共聚物 P^{p}BS-*b*-PIB-*b*-P^{p}BS，嵌段效率接近 100%[40,43]。上述共聚物中对甲基苯乙烯或对叔丁基苯乙烯的结构单元中对位烷基的存在，可抑制二联或高联共聚体的生成。

本书著者团队首次研究 $AlCl_3$ 共引发体系双端引发异丁烯与苯乙烯阳离子聚合制备三嵌段共聚物 SIBS，并揭示引发剂含量、催化剂用量、给电子试剂（如 DMA、2,6- 二甲基吡啶），以及加料方式对可控 / 活性阳离子聚合的影响规律 [44-47]。

本书著者团队 [48] 还首次采用 DCC/$FeCl_3$/^{i}PrOH 引发体系引发异丁烯与苯乙烯可控 / 活性阳离子聚合，通过对二枯基氯双端引发剂的双端引发和两步单体顺序加料方式，设计合成了预期分子量和窄分子量分布（$\overline{M}_w/\overline{M}_n \leqslant 1.3$）的三嵌段共聚物 SIBS，其合成反应式如图 3-16 所示。非常有意义的是，在该聚合反应体系中，无需加入昂贵的质子捕获剂 2,6- 二叔丁基吡啶，可以大幅降低原料成本。

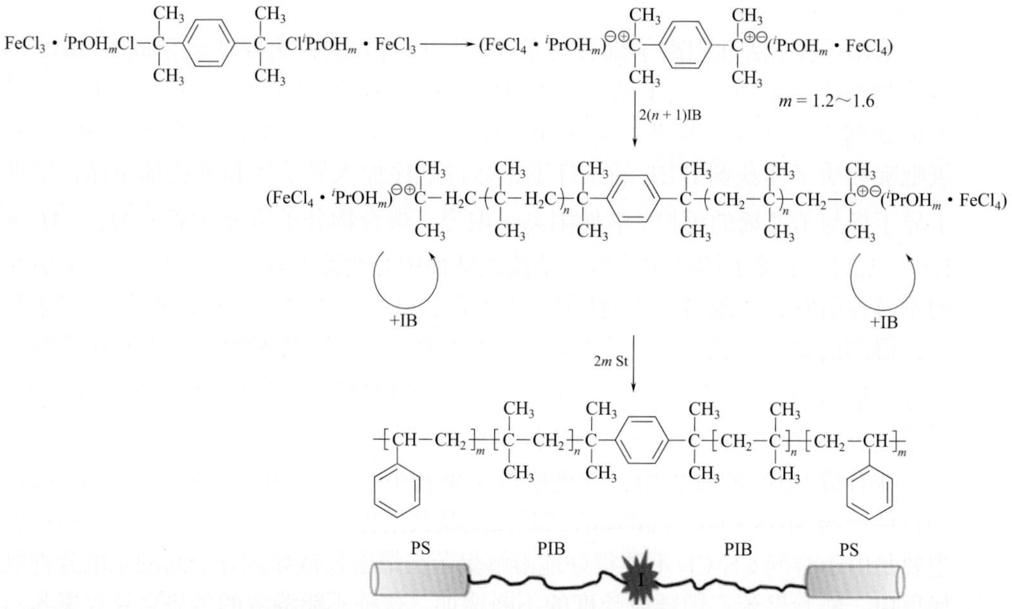

图3-16　通过双端引发剂两步单体顺序加料方式合成SIBS的反应式

采用上述方法可以合成聚 (苯乙烯 -*co*- 对甲基苯乙烯)-*b*- 聚异丁烯 -*b*- 聚 (苯乙烯 -*co*- 对甲基苯乙烯) 三嵌段共聚物 [49-50]。

本书著者团队 [48] 采用示差折光（RI）和紫外（UV）双检测器对两个典型的 SIBS 进行 GPC 双检测，其 GPC 双检测（UV/RI）曲线如图 3-17 所示，并与相对应的软段 PIB 的 GPC 曲线（RI）进行对比[48]。由图 3-17 可见：①软段 PIB 呈现单峰分子量分布，其数均分子量（$\overline{M}_n$）为 10600，分子量分布窄（$\overline{M}_w/\overline{M}_n=1.1$）；②在双端 PIB 活性链聚合液中，进一步加入不同量苯乙烯进行可控 / 活性阳离子聚合，制备出两种 PS-*b*-PIB-*b*-PS 三嵌段共聚物（$SIBS_1$ 和 $SIBS_2$），其 GPC 曲线均呈对称的单峰窄分子量分布，分布指数（$\overline{M}_w/\overline{M}_n$）分别为 1.28 和 1.22；③ $SIBS_1$ 和 $SIBS_2$ 的 GPC 曲线向高分子量方向移动，$SIBS_1$ 和 $SIBS_2$ 中硬段的 $\overline{M}_n$ 分别为 3000 及 6000。

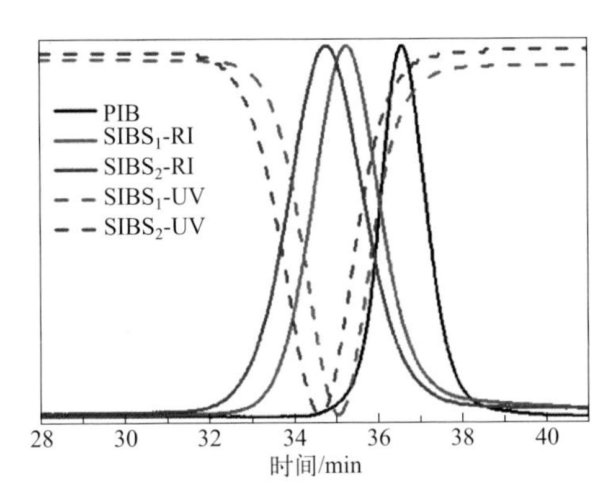

图3-17　PS-*b*-PIB-*b*-PS三嵌段共聚物的GPC双检测（UV/RI）谱图

PS-*b*-PIB-*b*-PS 三嵌段共聚物的典型 ^1H NMR 谱图和 ^{13}C NMR 谱图分别如图 3-18 和图 3-19 所示。化学位移 δ = 4.4 处峰归属于末端基团—CH_2—$CH(C_6H_5)Cl$ 中—CH—的很强的特征峰，证明苯乙烯的活性阳离子聚合特征。化学位移 δ=1.6 处峰归属于聚苯乙烯段上亚甲基的质子峰；在 δ=7.0 左右出现的一组峰归属于苯环上的质子峰，表明聚苯乙烯嵌段的存在；在 δ=1.1 左右的特征峰归属于聚异丁烯段的—CH_3 的质子峰，在 δ=1.4 的特征峰归属于聚异丁烯段的亚甲基峰，表明聚异丁烯段的存在。在 δ=1.1 处的峰面积与 δ=7.0 处的峰面积比值可确定嵌段共聚物中聚苯乙烯段的质量分数。

（3）两嵌段共聚物的偶联反应

采用对甲基苯乙烯 -HCl 加成物 /$TiCl_4$ 引发体系顺序引发苯乙烯和异丁烯在正己烷（或甲基环己烷）与氯甲烷或二氯甲烷的混合溶剂中进行阳离子聚合，得到带有叔氯末端官能基的两嵌段共聚物 PS-PIB^{t}Cl，再与偶联剂，如 2,2-二 [4-(1- 苯乙烯基）苯基] 丙烷（BDPEP）进行偶联反应（其中：[BDPEP]/[PS-PIB^{t}Cl]=0.5），可得到 SIBS 三嵌段共聚物[51-52]。与相应条件下采用双官能团引发剂两步加入单体的方法得到的 SIBS 的拉伸强度（23 ~ 25MPa）相比，采用偶联反应方法制得的 SIBS 的拉伸强度降至 16 ~ 20MPa。

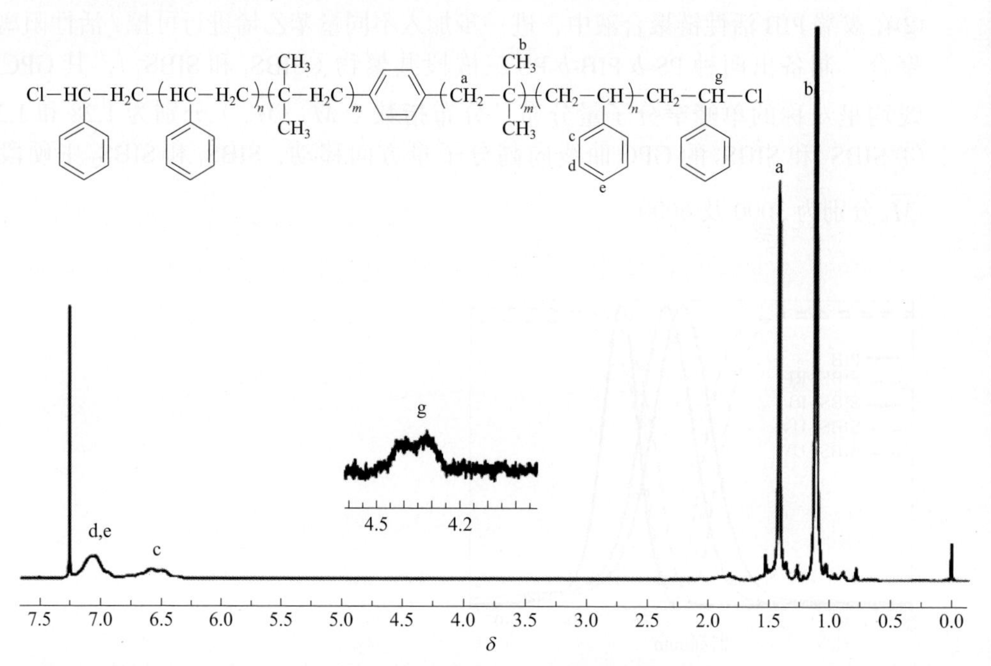

图3-18 PS-*b*-PIB-*b*-PS三嵌段共聚物的典型¹H NMR谱图

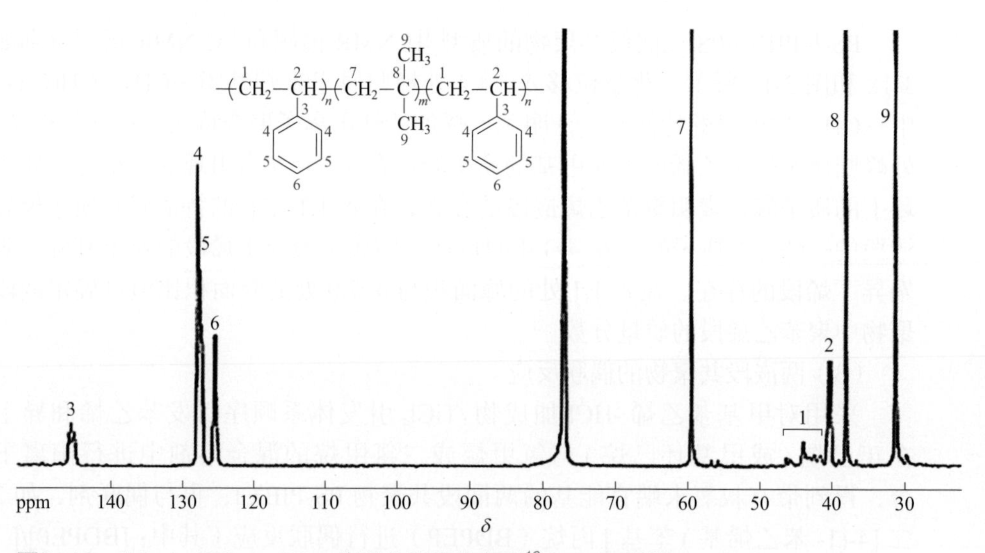

图3-19 PS-*b*-PIB-*b*-PS三嵌段共聚物的典型¹³C NMR谱图

采用与合成 P^{p}MS-*b*-PIB-*b*-P^{p}MS 相似的方法，P^{p}BS-*b*-PIB-*b*-P^{p}BS 三嵌段共聚物的两个玻璃化转变温度分别为：$T_{g,PIB}$=−65℃，T_{g,P^pBS}=144℃。因此，三嵌段共聚物 P^{p}BS-*b*-PIB-*b*-P^{p}BS 比 SIBS 具有更高的使用温度。

若先合成具有适当分子量（$\overline{M}_n$ =5000 ～ 70000）和窄分子量分布（$\overline{M}_w/\overline{M}_n$ = 1.1）的双端活性聚异丁烯碳阳离子 $^+$PIB$^+$，然后加入对叔丁基苯乙烯与茚（In）的混合物进行阳离子共聚反应，则可合成 P(^{p}BS-*co*-In)-*b*-PIB-*b*- P(^{p}BS-*co*-In) 三嵌段三元三嵌段共聚物热塑性弹性体 [53]。在该热塑性弹性体中，玻璃态嵌段链段为 *p*-^{t}BuSt 与 In 的无规共聚物，该共聚物的玻璃化转变温度决定于两种单体的共聚组成比例，因此，该共聚物硬链段的玻璃化转变温度可以在 115 ～ 194℃之间调节。

2．通过阳离子聚合方法与自由基聚合方法相结合的方法

通过双端引发剂引发异丁烯可控 / 活性阳离子聚合，生成 $^+$PIB$^+$ 双端活性链，再用少量苯乙烯封端，生成 *α*,*ω*-1- 氯 -1- 苯基乙烷端基的遥爪聚异丁烯，进一步将该遥爪聚异丁烯作为大分子引发剂，在氯化亚铜（CuCl）/4,4- 二 (5- 壬基)-2,2-联二吡啶催化下，引发苯乙烯进行原子转移自由基聚合（ATRP），得到高嵌段效率和窄分子量分布（$\overline{M}_w/\overline{M}_n$ = 1.31）的 SIBS[54-56]。

本书著者团队与北京大学周其凤院士团队合作 [57-59]，通过异丁烯可控 / 活性阳离子聚合与 ATRP 相结合的方法，设计合成了软段为全饱和结构聚异丁烯、硬段为甲壳型液晶取代聚苯乙烯衍生物的三嵌段共聚物 PMPCS-*b*-PIB-*b*-PMPCS 液晶弹性体，其合成反应式如图 3-20 所示，液晶弹性体的微观结构参数见表 3-3 所示，共聚物的分子量可调，分子量分布窄（$\overline{M}_w/\overline{M}_n$ = 1.33 ～ 1.39），共聚组成可调，PMPCS 液晶链段含量在 42% ～ 78% 之间。PMPCS-*b*-PIB-*b*-PMPCS 液晶弹性体的 ^{13}C NMR 谱图如图 3-21 所示。

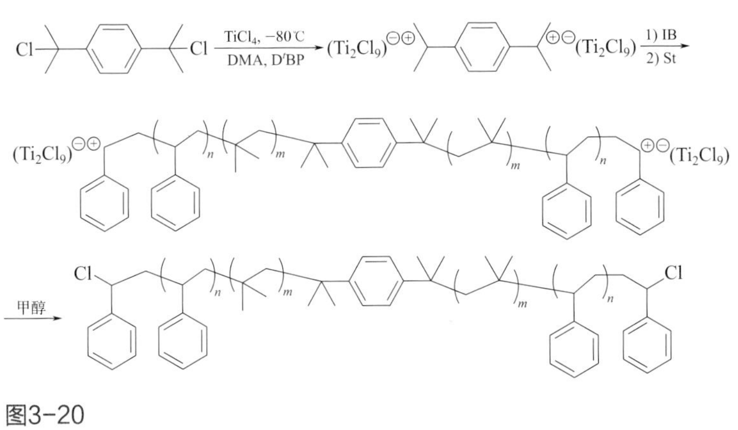

图3-20

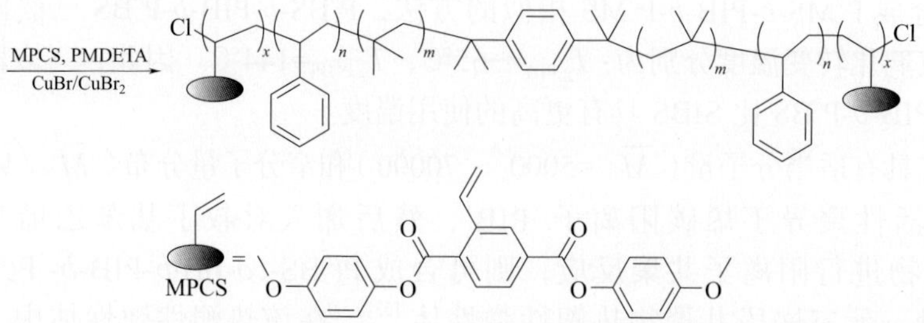

图3-20　三嵌段共聚物PMPCS-*b*-PIB-*b*-PMPCS液晶弹性体的合成反应式

MPCS—2-乙烯基-1,4-二甲酸二(4′-甲氧基)苯酯；PMDETA—*N,N,N′,N′,N′*-5-甲基二乙基三胺

表3-3　三嵌段共聚物PMPCS-*b*-PIB-*b*-PMPCS液晶弹性体的微观结构参数

样品名称	$\overline{M}_w \times 10^{-3}$ ①	PDI①	ΦPMPCS②	T_g1/℃③	T_g2/℃④	*d*-Spacing/nm⑤	*d*-Spacing/nm⑥	LC⑦
Tri42	24.1	1.34	0.42	−63.2	110.3	27.1	39.8	是
Tri52	24.8	1.38	0.52	−64.9	110.0	29.1	42.1	是
Tri59	29.3	1.33	0.59	−64.2	111.8	31.1	43.6	是
Tri69	36.0	1.39	0.69	−65.8	112.8	46.5	61.4	是
Tri78	36.7	1.38	0.78	−65.2	118.4	47.3	62.5	是

① GPC 计算值。

② ^{1}H NMR 计算值，PIB 及 PMPCS 溶液浓度分别为 0.92g/cm³ 及 1.28g/cm³。

③ PIB 链段的 T_g（DSC 测试结果）。

④ PMPCS 链段的 T_g（DSC 测试结果）。

⑤ 室温下晶格间距。

⑥ 160℃下晶格间距。

⑦ POM 测试结果。

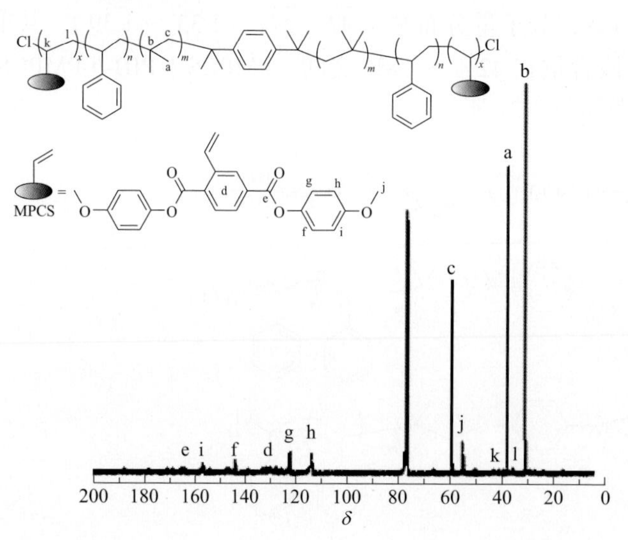

图3-21　三嵌段共聚物PMPCS-*b*-PIB-*b*-PMPCS液晶弹性体的^{13}C NMR谱图

（二）极性官能化聚（苯乙烯-*b*-异丁烯-*b*-苯乙烯）三嵌段共聚物（SIBS-OH）的设计合成

聚（苯乙烯 -*b*- 异丁烯 -*b*- 苯乙烯）(SIBS) 是一种通过阳离子聚合得到的软段全饱和热塑性弹性体，具有生物稳定性和生物相容性，可用作冠状动脉支架涂层及治疗青光眼的导流微管。SIBS 中硬段极性化改性（如羟基官能化），有利于提高载药量。现有的合成羟基官能化 SIBS 的合成工艺复杂，所用聚合单体需通过多步有机反应制得。通过异丁烯和对叔丁基二甲基硅氧基苯乙烯（TBDMS）在 −80℃下于甲基环己烷 / 氯甲烷混合溶剂中进行可控 / 活性阳离子嵌段共聚反应，制备 PTBDMS-*b*-PIB-*b*-PTBDMS 三嵌段共聚物，进一步通过水解反应得到聚（羟基苯乙烯 -*b*- 异丁烯 -*b*- 羟基苯乙烯）[60]。

本书著者团队 [61] 直接采用商业化单体，通过可控 / 活性阳离子聚合方法及官能化反应，设计合成不同官能度的乙酰氧基官能化 SIBS 热塑性弹性体和羟基官能化 SIBS 热塑性弹性体，合成反应式如图 3-22 所示。

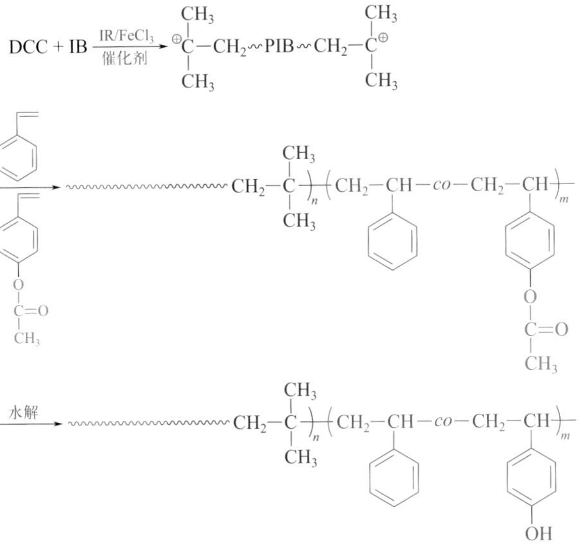

图3-22　乙酰氧基官能化SIBS和羟基官能化SIBS两种热塑性弹性体的合成反应式

采用 $TiCl_4$ 为共引发剂，TMPCl 为单官能团引发剂，引发 St 与 AcOSt 进行阳离子共聚合反应，合成两者的无规共聚物 P(S-*co*-AS)；以 DCC 为双官能团引发剂引发异丁烯活性阳离子聚合及后续的 St 与 AcOSt 的活性阳离子无规共聚合，设计合成了中间段为聚异丁烯（PIB）全饱和链段（软段）、两端为 St 与 AcOSt

无规共聚物链段(硬段)的聚(乙酰氧基苯乙烯-*co*-苯乙烯)-*b*-聚异丁烯-*b*-聚(苯乙烯-*co*-乙酰氧基苯乙烯)三嵌段共聚物，即P(AS-*co*-S)-*b*-PIB-*b*-P(S-*co*-AS)。

与上述$TiCl_4$共引发体系相比，采用TMPCl/IPOH/$FeCl_3$引发体系具有明显的优越性，Lewis酸用量较低，几乎抑制了体系中微量水的不可控引发，首次实现了St与AcOSt的可控/活性阳离子共聚合反应，设计合成无规共聚物P(S-*co*-AS)，聚合反应表观速率常数与[$FeCl_3$]呈近一级动力学关系，共聚物数均分子量与转化率呈线性关系，分子量分布指数在1.5左右，当AcOSt单体比例在20%(摩尔分数)以内时，P(S-*co*-AS)的共聚组成与单体投料比相近；实现了由DCC/IPOH/ $FeCl_3$引发体系设计合成不同分子量的PIB，分子量分布指数最窄可达1.15，当[$FeCl_3$]=0.03mol/L，[IB]=1.5mol/L时，反应在25min内转化率可接近100%，所得PIB数均分子量接近40000。采用DCC/IR/ $FeCl_3$引发体系，通过双官能团引发剂DCC引发异丁烯可控/活性阳离子聚合及后续的St与AcOSt可控/活性阳离子无规共聚合，设计合成了中间段为聚异丁烯(PIB)全饱和链段、两端为St与AcOSt无规共聚物链段(硬段)的三嵌段共聚物P(AS-*co*-S)-*b*-PIB-*b*-P(S-*co*-AS)，分子量分布指数在1.4左右，软段PIB含量可设计，当AcOSt单体比例在20%(摩尔分数)以内时，硬段中共聚组成与单体投料比相近。P(AS-*co*-S)-*b*-PIB-*b*-P(S-*co*-AS)三嵌段共聚物典型的FTIR谱图如图3-23所示，典型的RI/UV双检测GPC曲线如图3-24所示。

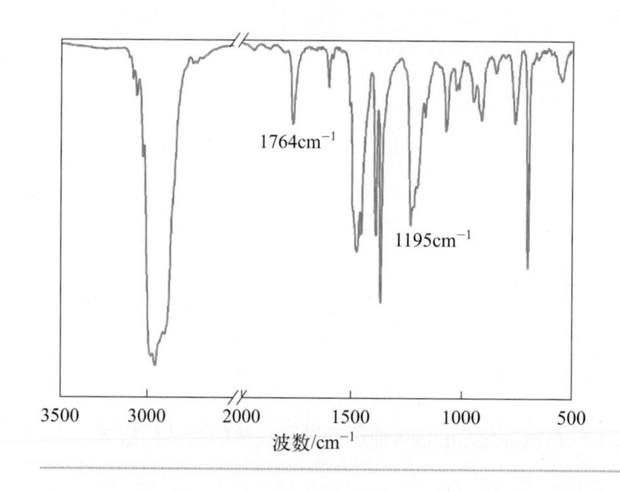

图3-23
P(AS-*co*-S)-*b*-PIB-*b*-P(S-*co*-AS)三嵌段共聚物典型的FTIR谱图

在四氢呋喃/水体系中，以氢氧化钾为碱性催化剂，实现了P(AS-*co*-S)-*b*-PIB-*b*-P(S-*co*-AS)三嵌段共聚物的高效水解反应，水解程度可达100%，制备出硬段含羟基官能团的三嵌段共聚物聚(羟基苯乙烯-*co*-苯乙烯)-*b*-聚异丁烯-*b*-聚(苯乙烯-*co*-羟基苯乙烯)[P(HS-*co*-S)-*b*-PIB-*b*-P(S-*co*-HS)]，即羟基官能化

SIBS。P(AS-*co*-S)-*b*-PIB-*b*-P(S-*co*-AS) 三嵌段共聚物及其水解后的 P(HS-*co*-S)-*b*-PIB-*b*-P(S-*co*-HS) 的 FTIR 对比图如图 3-25 所示。

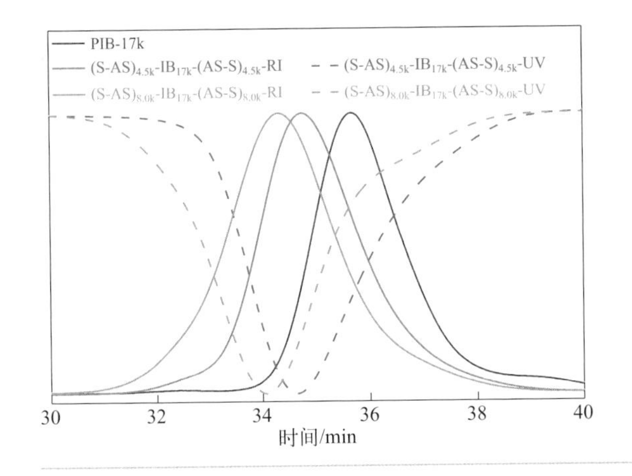

图3-24 P(AS-*co*-S)-*b*-PIB-*b*-P(S-*co*-AS) 三嵌段共聚物典型的RI/UV双检测GPC曲线

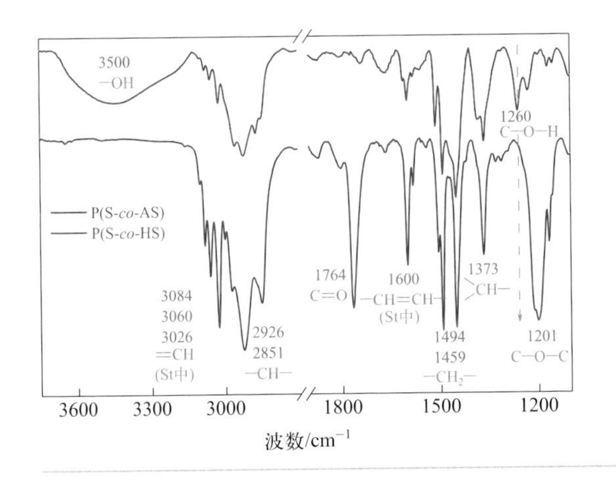

图3-25 P(AS-*co*-S)-*b*-PIB-*b*-P(S-*co*-AS)及其水解产物P(HS-*co*-S)-*b*-PIB-*b*-P(S-*co*-HS)的FTIR谱图比较

在 P(AS-*co*-S)-*b*-PIB-*b*-P(S-*co*-AS) 三嵌段共聚物的 FTIR 谱图中，在 1764cm^{-1} 处有尖锐且强度较大的乙酰氧基特征吸收峰，在 1201cm^{-1} 处有很强的苯环上碳原子与乙酰氧基中的氧原子之间的醚键（C—O—C）的伸缩振动特征峰。但是，在 P(AS-*co*-S)-*b*-PIB-*b*-P(S-*co*-AS) 水解后，在 1764cm^{-1} 处的特征峰完全消失；对应地，在 3500cm^{-1} 处出现较宽且强的吸收峰，对应于羟基的伸缩振动特征峰；在 1201cm^{-1} 处醚键（C—O—C）的伸缩振动特征峰也几乎完全消失，在 1260cm^{-1} 处出现窄而尖锐的碳氧（C—OH）特征峰，说明 P（AS-*co*-S）-*b*-PIB-*b*-P(S-*co*-AS) 在碱性条件下乙酰氧基完全水解，成为 P(HS-*co*-S)-*b*-PIB-*b*-P(S-

co-HS)。

由^{1}H NMR谱图（图3-26）比较可见，P(AS-*co*-S)-*b*-PIB-*b*-P(S-*co*-AS)三嵌段共聚物在δ=2.27处有很明显的乙酰氧基中甲基上的质子峰，在水解后消失，说明乙酰氧基全部发生了水解，生成侧基带有酚羟基的P(HS-*co*-S)-*b*-PIB-*b*-P(S-*co*-HS)三嵌段共聚物。

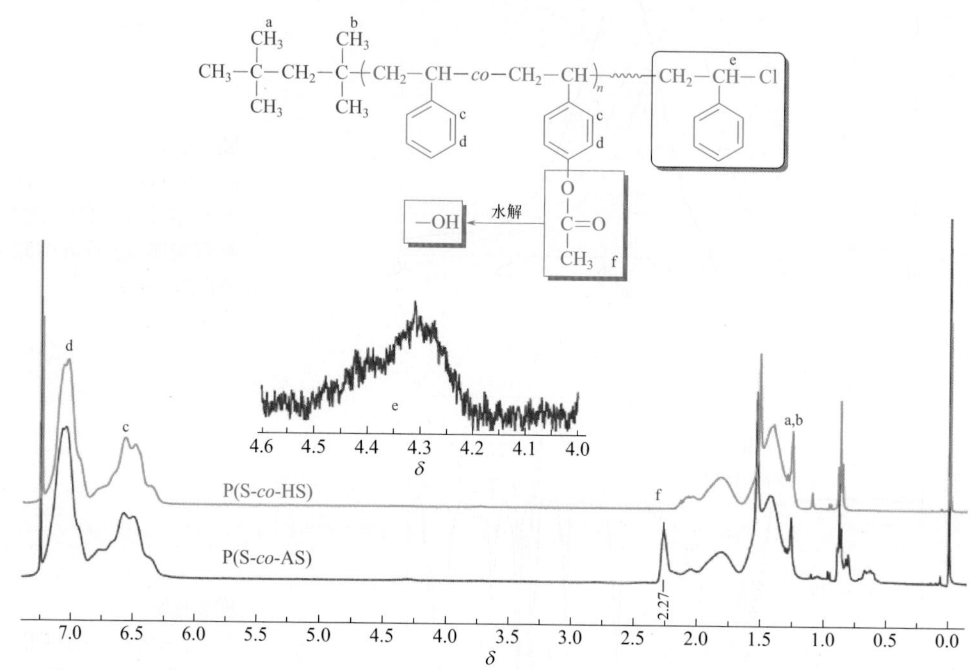

图3-26　P(AS-*co*-S)-*b*-PIB-*b*-P(S-*co*-AS)及其水解产物P(HS-*co*-S)-*b*-PIB-*b*-P(S-*co*-HS)的^{1}H NMR谱图比较

本书著者团队[62]采用DCC/$FeCl_3$/^{i}PrOH引发体系，通过首先加入IB进行可控/活性阳离子聚合，加入St形成活性末端，继续加入St与*t*-BOS（对叔丁氧基苯乙烯）实现可控/活性阳离子聚合，直接设计合成了聚(对叔丁氧基苯乙烯-*co*-苯乙烯)-*b*-聚异丁烯-*b*-聚(苯乙烯-*co*-对叔丁氧基苯乙烯)[P(^{t}BOS-*co*-St)-*b*-PIB-*b*-P(St-*co*-^{t}BOS)]三嵌段共聚物，进一步酸性条件下水解，去除叔丁基保护基团，得到聚(对羟基苯乙烯-*co*-苯乙烯)-*b*-聚异丁烯-*b*-聚(苯乙烯-*co*-对羟基苯乙烯)酚羟基官能化的三嵌段共聚物[P(HS-*co*-St)-*b*-PIB-*b*-P(St-*co*-HS)]，其合成反应式如图3-27所示。

在第一段异丁烯阳离子聚合过程中，通过ATR-FTIR在线监测聚合反应过程、特征峰随聚合时间的 FTIR 瀑布图、特征峰随聚合时间的变化图及单体聚合转化率随聚合时间的关系图，如图 3-28 和图 3-29 所示。在异丁烯聚合完成后加入苯乙烯与叔丁氧基苯乙烯混合单体继续阳离子共聚合，得到 P(^{t}BOS-*co*-St)-*b*-PIB-*b*-P(St-*co*-^{t}BOS) 三嵌段共聚物，其典型的 RI/UV 双检测 GPC 曲线如图 3-30 所示，RI 与 UV 曲线相对应，说明三嵌段共聚物的成功合成。

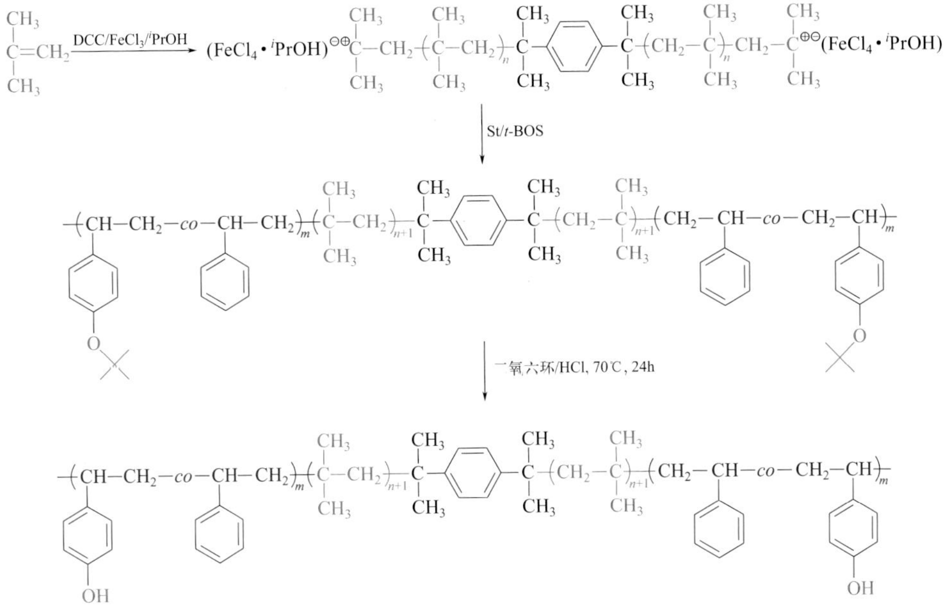

CH_3—C(=CH_2)—CH_3 —DCC/$FeCl_3$/^{i}PrOH→ ($FeCl_4$·^{i}PrOH)$^{\ominus\oplus}$C(CH_3)$_2$—CH_2—(C(CH_3)$_2$—CH_2)$_n$—C(CH_3)$_2$—C_6H_4—C(CH_3)$_2$—(CH_2—C(CH_3)$_2$)$_n$—CH_2—C(CH_3)$_2$$^{\oplus\ominus}$($FeCl_4$·^{i}PrOH)

↓ St/*t*-BOS

—(CH—CH_2—*co*—CH—CH_2)$_m$—(C(CH_3)$_2$—CH_2)$_{n+1}$—C(CH_3)$_2$—C_6H_4—C(CH_3)$_2$—(CH_2—C(CH_3)$_2$)$_{n+1}$—(CH_2—CH—*co*—CH_2—CH)$_m$—
（侧基：C_6H_4—O—C(CH_3)$_3$；C_6H_5）

↓ 二氧六环/HCl, 70℃, 24h

—(CH—CH_2—*co*—CH—CH_2)$_m$—(C(CH_3)$_2$—CH_2)$_{n+1}$—C(CH_3)$_2$—C_6H_4—C(CH_3)$_2$—(CH_2—C(CH_3)$_2$)$_{n+1}$—(CH_2—CH—*co*—CH_2—CH)$_m$—
（侧基：C_6H_4—OH；C_6H_5）

图3-27　叔丁氧基官能化SIBS和羟基官能化SIBS两种热塑性弹性体的合成反应式

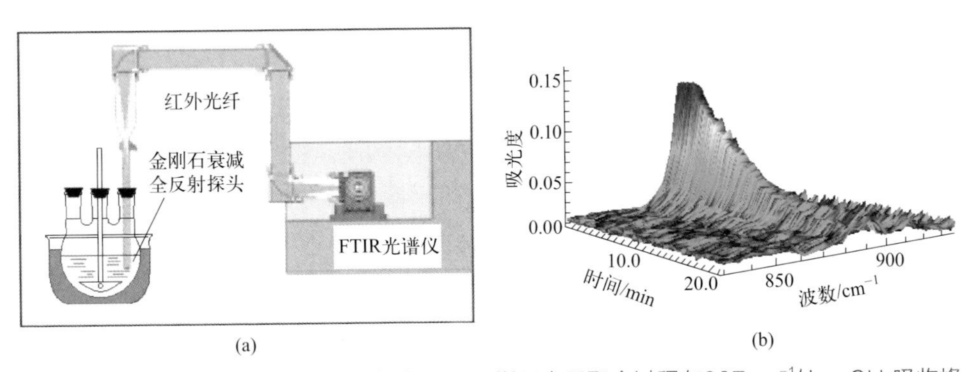

图3-28　ATR-FTIR装置示意图（a）及异丁烯阳离子聚合过程在887cm^{-1}处═CH_2吸收峰FTIR瀑布图（b）

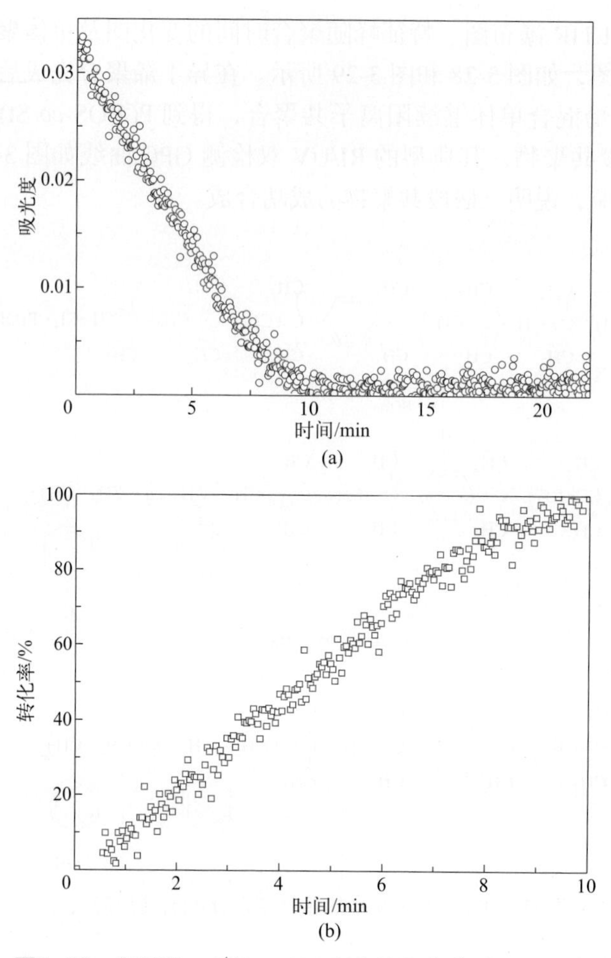

图3-29 在887cm^{-1}处═CH_2吸收峰强度（a）和异丁烯单体聚合转化率（b）随反应时间的变化

以1,4-二氧六环作为溶剂，使用5倍*t*-BOS摩尔分数的浓HCl溶液作为酸性介质，在60℃进行P(^{t}BOS-*co*-St)-*b*-PIB-*b*-P(St-*co*-^{t}BOS)三嵌段共聚物脱除叔丁氧基的反应，制备侧基含酚羟基的SIBS三嵌段共聚物P(HS-*co*-St)-*b*-PIB-*b*-P(St-*co*-HS)，其典型的FTIR谱图如图3-31所示。

（三）星形SIBS热塑性弹性体

星形聚合物和线型聚合物不同，是由三个或更多的线型聚合物链交会一处并以此为核心向外辐射分布，其结构示意如图3-32。

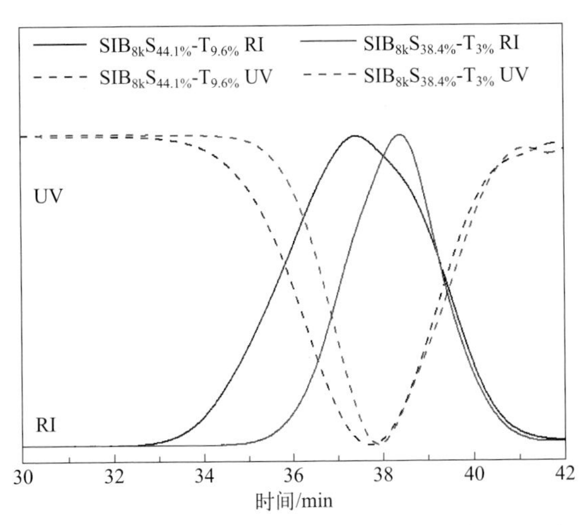

图3-30 P(^{t}BOS-*co*-St)-*b*-PIB-*b*-P(St-*co*-^{t}BOS)三嵌段共聚物典型的RI/UV双检测GPC曲线

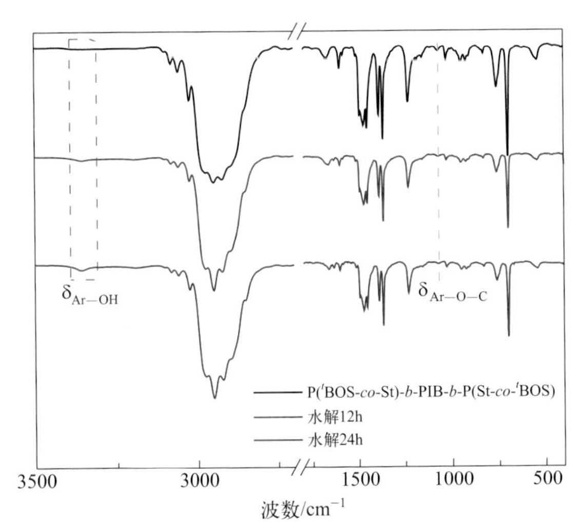

图3-31 P(^{t}BOS-*co*-St)-*b*-PIB-*b*-P(St-*co*-^{t}BOS)及其水解产物P(HS-*co*-St)-*b*-PIB-*b*-P(St-*co*-HS)的FTIR谱图比较

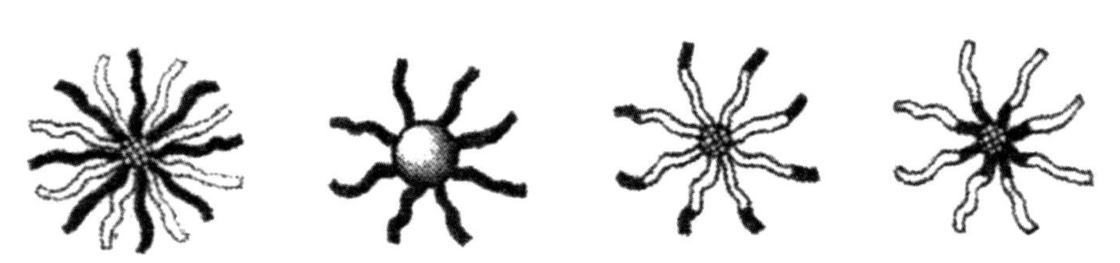

图3-32 星形嵌段共聚物的结构示意图

通过顺序可控/活性阳离子聚合方法来制备星形嵌段共聚物的两种合成方法为：先核法 (core-first) 和先臂法 (arm-first)。

先核法是使用多官能团引发剂来引发聚合，然后通过顺序单体添加得到两嵌段共聚物，合成出以橡胶段为核、以玻璃段为臂的具有良好加工性能的热塑性弹性体，这是直接合成星形聚合物的方法。臂数可由引发剂的官能度决定，臂的分子量由阳离子聚合方法决定，即由单体浓度 [M] 和引发剂浓度 [I] 的比值来调节。这一方法的最大优点在于臂的末端依然保持活性，可以引发第二种单体聚合以制备星形嵌段聚合物。

先臂法是先用单官能团引发剂合成两嵌段的聚合物活性链（臂），再与多官能团单体或聚合物（核）进行反应，生成星形支化结构的嵌段共聚物。在反应过程中，活性点周围的空间位阻较大，反应慢（10 ～ 100h），而且大分子链与官能团物质之间的反应难以定量进行，因而，这一方法难以精确调节所形成核的结构和设计臂的个数及其分布。

线型和三臂星形嵌段共聚物属于第一代热塑性弹性体，多臂星形嵌段共聚物属于第二代热塑性弹性体，星形支化和树枝状嵌段共聚物属于第三代热塑性弹性体[63]。

1．先核法

通过使用三官能团引发剂，如：三枯基甲氧醚和三枯基氯，相继引发异丁烯和苯乙烯及其衍生物进行可控/活性阳离子聚合，直接合成出 $(PIB\text{-}P^{p}ClS)_3$、$(PIB\text{-}PS)_3$ 和 $(PIB\text{-}PIn)_3$ 等星形三臂嵌段共聚物[32,64]。

以 1,3,5- 三 (2- 氯 -2- 丙基) 苯 (三枯基氯，TCC)/$TiCl_4$ 为引发体系合成 $(PIB\text{-}PS)_3$ 星形三臂嵌段共聚物，其中臂的长度和组成几乎相同，PIB 链段的分子量为 12500，PS 链段的分子量为 4200，并得到较好的相分离结构[65]。以杯芳烃（calix[8]arene）衍生物为引发剂，BCl_3 或 $TiCl_4$ 为共引发剂，合成八臂的聚（异丁烯 -*b*- 对氯甲基苯乙烯）嵌段共聚物[66]。这种星形八臂嵌段聚合物表现出热塑性弹性体的特征和性能，拉伸强度达到 26MPa，断裂伸长率超过 500%。

采用新型多官能团引发剂六环氧角鲨烯（HES）与 $TiCl_4$ 共引发剂配合，在亲核试剂 DMA 和质子捕获剂 D^tBP 共同作用下，于甲基环己烷/MeCl 混合溶剂中 −80℃下引发异丁烯和苯乙烯进行可控/活性阳离子聚合，合成星形多臂的嵌段共聚物 $(PIB\text{-}PS)_n$[67]。

2．先臂法

采用 CumCl（枯基氯）/$TiCl_4$/Py/ 甲基环己烷 : MeCl（60 : 40，体积比）体系于 −80℃合成聚 (苯乙烯 -*b*- 异丁烯) 两嵌段共聚物活性链，然后与二乙烯基苯（DVB）反应，形成以 PDVB 为核的星形多臂嵌段共聚物[68]。

采用活性碳阳离子聚合方法合成两嵌段共聚物活性链 PS-*b*-PIB^+，然后使用烯丙基三甲基硅烷（ATMS）在活性链 PS-*b*-PIB$^+$ 链端定量引入烯丙基进行端基官能化，得到带有烯丙基官能端基的两嵌段共聚物 PS-*b*-PIB—CH_2—CH═CH_2，这样，具有反应性的烯丙基与环硅氧烷上的多个 Si—H 反应，形成以环硅氧烷为核的星形嵌段共聚物[65]。

同样，采用 CumCl/$TiCl_4$ 或 CumOMe/$TiCl_4$ 引发茚和异丁烯的顺序可控 / 活性阳离子聚合，得到两嵌段共聚物活性链 PInd-*b*-PIB$^+$，再用烯丙基三甲基硅烷终止得到带有烯丙基官能端基的两嵌段共聚物 P(In-*b*-IB)。在 Pt 催化剂作用下与六甲基环硅氧烷 (D6) 发生硅氢化反应得到星形多臂 P(In-*b*-IB) 嵌段共聚物[69]。聚茚的玻璃化转变温度高，因此星形多臂 P(In-*b*-IB) 嵌段共聚物在高温依然能保持强度。

二、SIBS型热塑性弹性体的微观形态与性能特点

（一）微观相分离与微观形态

嵌段共聚物的宏观力学性能取决于其微观结构及微观形态。当 SIBS 三嵌段共聚物中 PS 链段的分子量大于 5000 时，才开始出现微观相分离现象，PS 为分散相，PIB 为连续相，但要得到较好的相分离和优良的力学性能，PS 链段的分子量应达到 8000 以上。SIBS 三嵌段共聚物所兼有热塑性弹性和高弹回复的特点，与微观相分离有关[29]。在 SIBS 微观相分离中，分散相 PS 相的形态与其分子量和组成含量有关[39]，当 PS 体积分数小于 20% 时，PS 呈球状微区分布于 PIB 基体中，当 PS 体积分数在 20% ～ 42% 时可得到柱状与层状共存或柱状与球状共存的微区。由于共聚物中存在组成分布，而且合成过程中不可避免地产生少量两嵌段共聚物和均聚物，在含有两嵌段共聚物的区域，其中 PS 的含量相对较少，致使层状结构退化到柱状结构，而柱状结构退化到球状结构，从而出现这种不同微区共存的现象。

用透射电子显微镜（TEM）研究 SIBS 的微观相态结构[63,70-71]，SIBS 样品经过热处理（115℃）后，其微观形态结构变得更加有序。本书著者团队设计合成不同共聚组成的 SIBS 三嵌段共聚物，采用 TEM 观察其微观相分离结构及微观形态，如图 3-33（a）所示。当 SIBS 中 PS 质量分数为 22.6% 时，PS 相形成直径为 25 ～ 35nm 的纳米微区，并均匀地分散在 PIB 连续相中；当 SIBS 中 PS 质量分数为 36.6% 时，PS 相形成尺寸为 30 ～ 36nm 的柱状 / 层状混合微区，两相比较规则分布；当 SIBS 中 PS 质量分数为 40.2% 时，显示互穿网络结构或半连续相的柱状和球状共存的微观形态；当 SIBS 中 PS 质量分数为 46.1% 时，显示

互穿网络结构或双连续相的微观形态。因此，SIBS中的聚苯乙烯链段含量明显影响其自组装行为、微观相分离结构和微观形态。

进一步通过原子力显微镜（AFM）观察SIBS样品的表面形貌及微观相分离情况，从图3-33（b）所示的SIBS的AFM照片，也可以看出其明显的微观相分离的双连续结构。

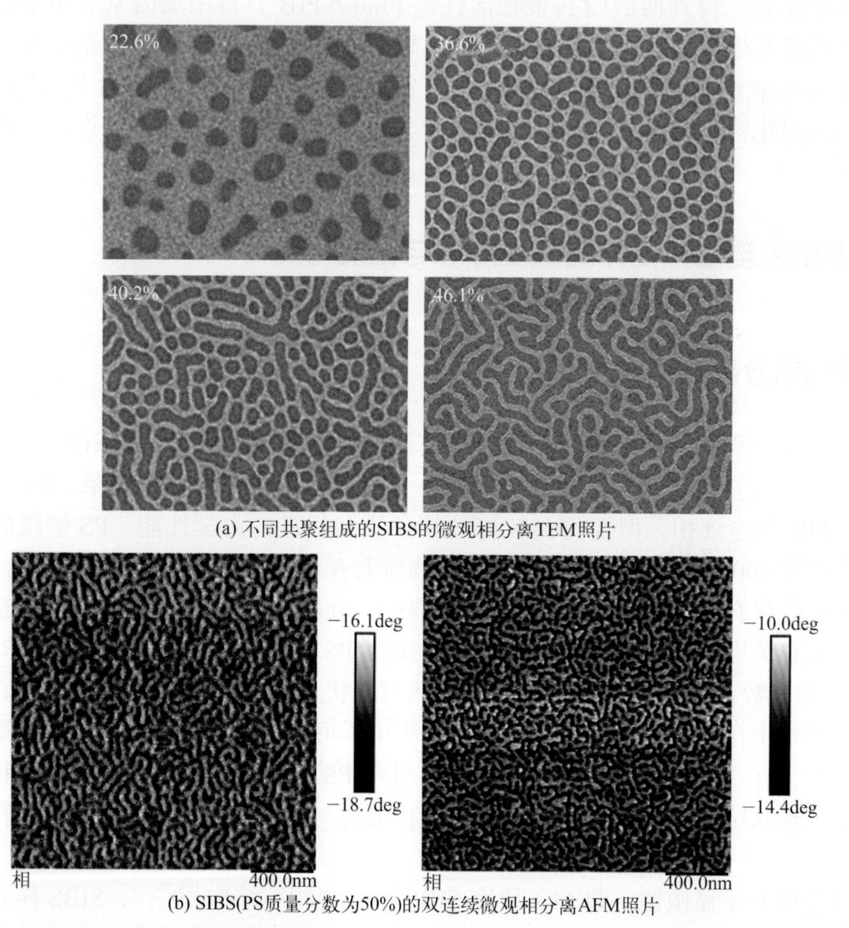

(a) 不同共聚组成的SIBS的微观相分离TEM照片

(b) SIBS(PS质量分数为50%)的双连续微观相分离AFM照片

图3-33　SIBS的微观相分离

此外，在SIBS硬段侧基上引入极性官能基团，由于极性侧基的相互作用，有利于促进分子自组装过程和加快相分离过程，明显影响微观相分离结构。本书著者团队设计合成不同侧基官能度（1.4%、1.2%）的叔丁氧基官能化SIBS和酚羟基官能化SIBS，并研究官能基团对官能化SIBS微观相分离的影响，TEM表征结果如图3-34所示。

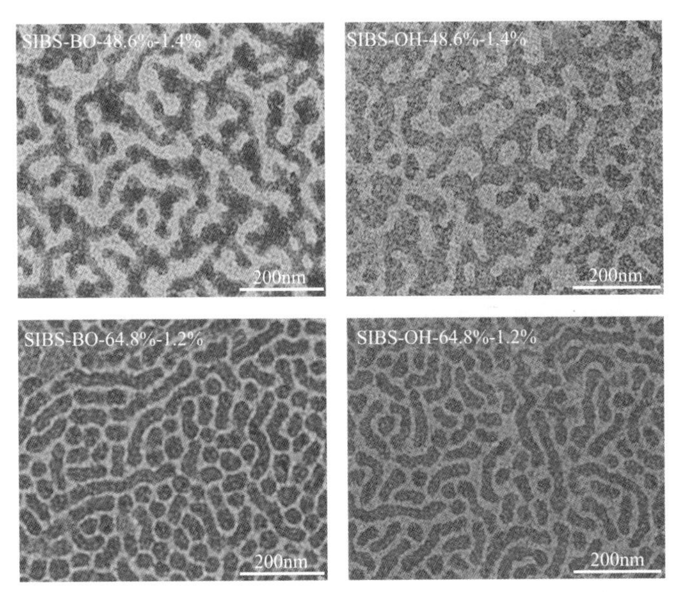

图3-34 叔丁氧基官能化SIBS（SIBS-BO）和羟基官能化SIBS（SIBS-OH）的TEM照片

在确定软段 PIB 分子量为 20000 的前提下，叔丁氧基官能化 SIBS(SIBS-BO)中硬段含量和叔丁氧基含量对 SIBS-BO 微观相分离、相分离尺寸及微观形态均有显著影响；当将叔丁氧基官能团转换为羟基基团，在其他不变的情况下，相分离尺寸有所增加。

进一步通过 AFM 观察上述 SIBS-BO-48.6%-1.4% 样品的表面形貌及微观相分离情况，如图 3-35 所示，可以看到均匀分散的近似双连续微观相分离，表面形貌的高度差为 11.9nm。

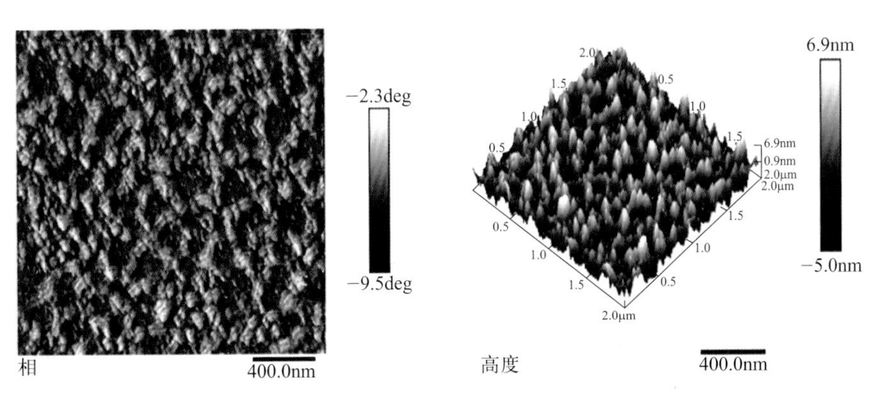

图3-35 叔丁氧基官能化SIBS（SIBS-BO）的AFM照片

（二）性能特点

1．热稳定性

SIBS 三嵌段共聚物热塑性弹性体的分子主链的高度饱和性，使其具有优良的热稳定性，优于 SBS 和 SEBS。典型的 SIBS 三嵌段共聚物热塑性弹性体的热失重分析曲线如图 3-36 所示，在 350℃以上才开始出现失重现象，1% 失重的温度约在 379℃，5% 失重的温度约在 402℃。

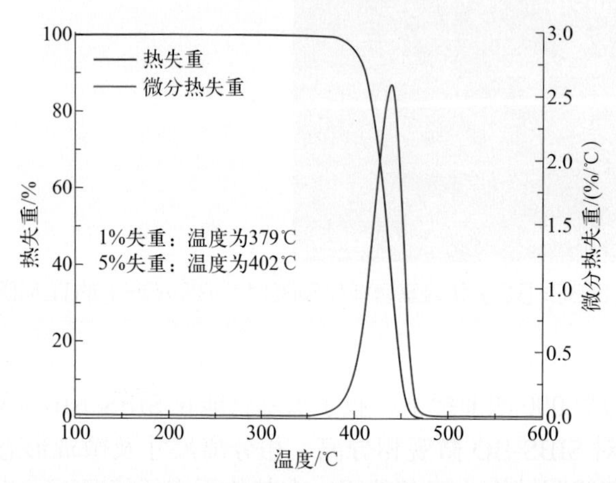

图3-36 SIBS三嵌段共聚物样品典型的TGA与DTGA曲线

SIBS 热稳定性优于 SBS 和 SEBS，SIBS 的最大失重速率温度为 417℃，比 SEBS 要高出 100℃。

2．热塑加工性能

SIBS 熔体黏度的主要影响因素是 PIB 链段的分子量大小，随着 PIB 链段的分子量增加，SIBS 的熔体黏度增加，而 PS 的含量和微相分离形态对熔体黏度影响不大[39]。与氢化 SBS（SEBS）相比，SIBS 的熔体黏度相对低，具有更好的加工性能[29]。

SIBS 型热塑性弹性体在一定的温度下具有像树脂一样成型加工的性能，例如可以熔融热压成膜，SIBS 三嵌段共聚物及其熔融热压成膜样品照片如图 3-37 所示。SIBS 热塑性弹性体，易于加工成型、挤出造粒、吹塑成膜、成膜后透明、柔韧性好。

SIBS 由于其分子链的高度饱和性，热氧稳定性好，即使在不加稳定剂的情况下，SIBS 三嵌段共聚物热塑性弹性体经过重复加工成型，其物性也基本不衰减。

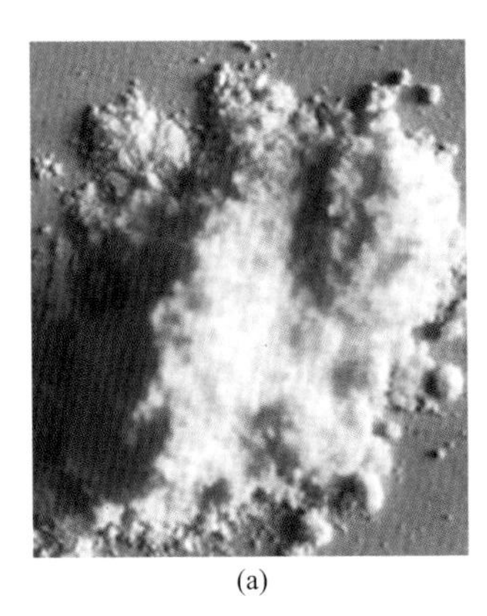
(a)

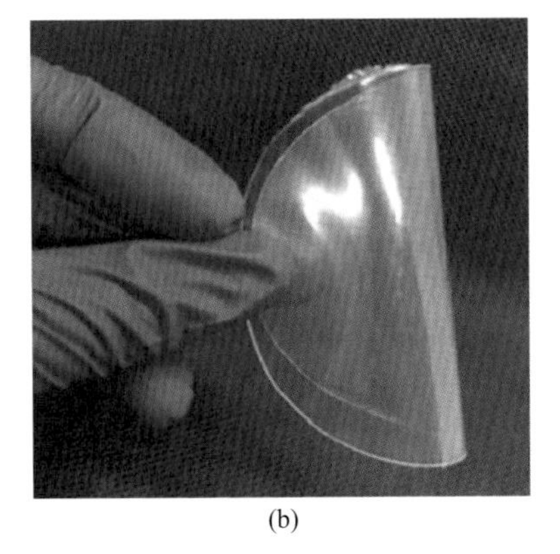
(b)

图3-37 SIBS三嵌段共聚物（a）及其熔融热压成膜样品（b）照片

星形嵌段共聚物熔体黏度要低于同 PS 含量的线型嵌段共聚物，加工性能也优于线型嵌段共聚物。因此，星形嵌段共聚物比线型嵌段共聚物表现出更多的优点和发展潜力。

3．力学性能

SIBS 三嵌段共聚物是通过微观相分离和 PS 硬相微区物理交联形成三维网络结构的热塑性弹性体，具有优良的力学性能。要得到较好的微观相分离和优良的力学性能，PS 链段的分子量应达到 8000 以上。

SIBS 的邵氏硬度在 42 ～ 54，硬度与 PS 含量成正比。SIBS 三嵌段共聚物的分子量、共聚组成、热处理过程及微观形态是影响其材料性质和力学性能的重要因素。未经热处理的 SIBS 样品具有高的起始模量和屈服点，体系中存在半连续的层状 PS 相，经过热处理后的 SIBS 样品，其微观形态未达到平衡态，显示出典型的弹性特征，没有出现屈服点，并具有更好的力学性能[39]。随着 SIBS 三嵌段共聚物中 PS 体积分数的不同，SIBS 呈现不同的弹性、塑性或脆性性质。当 w(PS)=20% ～ 37%，SIBS 呈弹性状态；当 w(PS)=37% ～ 45%，SIBS 呈塑性状态；当 w（PS）=45% ～ 55%，SIBS 呈脆性状态。要获得最佳弹性体性能，PS 质量分数应在 22% ～ 25% 之间。当 PIB 链段的分子量在 40000 ～ 160000 时，拉伸强度与 PIB 链段的分子量无关，随 PS 链段的分子量增加而增加，但 PS 链段分子量增加到 15000 时，拉伸强度达到最大值（20 ～ 25MPa），且不再随 PS 链段分子量的增加而增加[39,72]。在 SIBS 三嵌段共聚物中，当 PIB 链段分子量在 50000 ～ 80000 之间、PS 质量分数在 27.9% ～ 53.0%，拉伸强度在 13 ～ 19MPa；当 PIB 链段的分子量为 39000 ～ 156000，PS 段的分子量为 10000 ～ 19000，拉伸强度可达到 23 ～ 26MPa[38]。图 3-38 显示典型的 SIBS 三嵌段共聚物的力学性能。

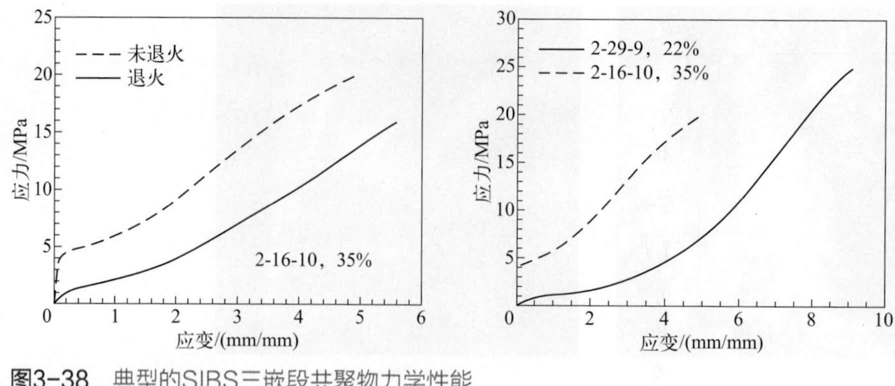

图3-38 典型的SIBS三嵌段共聚物力学性能

PIB 链段的分子量大小是影响 SIBS 断裂伸长率的主要因素，PIB 链段的分子量升高，断裂伸长率增加，如当 PIB 分子量从 25000 增加到 60000 时，断裂伸长率从 150% 升高到 900%。SIBS 的撕裂强度随 PS 含量的上升而增加，当 PS 质量分数从 12% 增长到 52%，撕裂强度从 9kN/m 增加到 78kN/m。

P($^{\alpha}$MS-*b*-IB-*b*-$^{\alpha}$MS）三嵌段共聚物的力学性能与其组成有关，当 P$^{\alpha}$MS 质量分数为 16% ～ 45% 时，拉伸强度在 12 ～ 24.5MPa，并随 P$^{\alpha}$MS 含量增加而增加，而与 PIB 段分子量无关，邵氏 A 硬度在 25 ～ 90 范围之内，断裂伸长率为 320% ～ 830%。

P(^{p}MS-*b*-IB-*b*-^{p}MS) 三嵌段共聚物的组成对其拉伸性能和硬度的影响很大，当共聚物的数均分子量 $\overline{M}_n$ =100000 和 P^{p}MS 质量分数为 40% 时，拉伸强度为 16MPa，断裂伸长率为 550%，邵氏 A 硬度为 76，并具有典型热塑性弹性体的应力 - 应变行为。当共聚物的数均分子量 $\overline{M}_n$ =178300 和 P^{p}MS 质量分数为 49% 时，其拉伸强度为 18.1MPa，断裂伸长率为 400%。本书著者团队[73] 采用阳离子聚合方法合成 P(^{p}MS-*b*-IB-*b*-^{p}MS) 三嵌段共聚物，其拉伸强度可达 17MPa。

在线型三嵌段共聚物中，含有 5% 的两嵌段共聚物，就会对其力学性能产生明显的影响。对比相同组成的三臂星形 P(IB-*b*-St) 和线型三嵌段 SIBS 共聚物（PS 质量分数约 40%；PIB 的 $\overline{M}_n$ =30000）的应力 - 应变曲线，三臂星形嵌段共聚物在橡胶相内部存在由星形核提供的永久共价键连接，这相当于增加了额外的交联点，使得三臂星形嵌段共聚物的模量和剪切稳定性明显高于线型嵌段共聚物，而断裂伸长率低于线型嵌段共聚物。

多臂星形 P(IB-*b*-St) 嵌段共聚物的力学性能始终高于对应的线型三嵌段共聚物。60℃，$(D6)_8[PIB (33)-PS (12)]_{16}$ 的拉伸强度为 10MPa，而相同分子量的线型三嵌段共聚物 PS (13)-PIB (80)-PS (13) 的拉伸强度 则小于 3MPa。与线型三嵌段共聚物相比，在达到相同强度的条件下，星形聚合物中的苯乙烯含量相对较低。

随着臂数的增加，星形嵌段共聚物的拉伸强度在一定范围内增加，如

$(D6)_8[PIB(30)-PInd(10)]_{15}$ 和（D6）$[PIB(30)-PInd(10)]_5$ 的拉伸强度分别为 17MPa 和 13MPa。随着硬段含量的增加，星形嵌段共聚物的拉伸强度和硬度增加，如 $(D6)_6[PIB(28)-PInd(13)]_{11}$ 拉伸强度和邵氏 D 硬度分别为 19MPa 和 58，而 $(D6)_6[PIB(35)-PInd(8)]_{12}$ 拉伸强度和邵氏 D 硬度分别为 12MPa 和 31。

4. 动态力学性能

不同共聚物组成的 SIBS 三嵌段共聚物具有不同的动态力学性能，其储能模量及损耗角（tanδ）对温度的依赖关系也会有所差异[74]。所有 SIBS 膜的储能模量在 −55℃附近出现明显降低，低温下的损耗角 tanδ（内耗）峰对应于 PIB 相的玻璃化转变温度；在 −55 ～ 100℃ 范围存在橡胶态平台，橡胶态模量随 PS 含量增加而增大，在 100℃左右的损耗角 tanδ（内耗）峰对应于 PS 相的玻璃化转变温度。

当热塑性弹性体 SIBS 中 PS 质量分数≥35% 时，通过溶剂铸膜热处理（110℃，24h）后，其弹性明显提高，储能模量明显下降，对应于 PS 微区玻璃化转变温度 T_g 的损耗角 tanδ 峰的强度减弱，对应于 PIB 的 T_g 的 tanδ 峰的强度增大。

本书著者团队合成的 SIBS 三嵌段共聚物熔融热压成膜样品的动态力学性能如图 3-39 所示，表明 SIBS 三嵌段共聚物热塑性弹性体具有优良的动态力学性能。

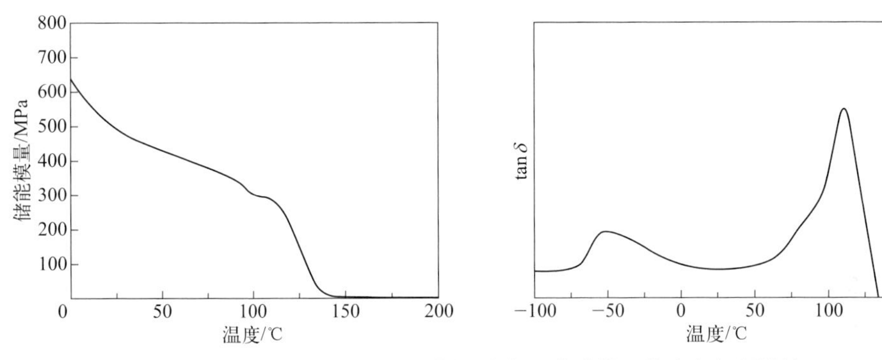

图3-39 实验室合成的SIBS三嵌段共聚物熔融热压成膜样品的动态力学性能

此外，SIBS 三嵌段共聚物中 PIB 软段两端受 PS 硬段牵制，且因具有两个对称甲基，使 PIB 链段运动时内摩擦阻力大；在相近的聚苯乙烯含量的情况下，在很宽温度范围内，实验室合成的 SIBS 三嵌段共聚物热塑性弹性体的 tanδ 值都明显高于商业化 SEBS 的 tanδ 值（如图 3-40 所示），且在 −50 ～ 42℃温度范围内，SIBS 三嵌段共聚物的 tanδ 值≥0.3，明显宽于 SEBS（−40 ～ −10℃）且最大 tanδ 值可达 1.30 左右，明显高于 SEBS 的最大 tanδ 值（0.6），因此 SIBS 三嵌段共聚物热塑性弹性体更适合于用作宽温域阻尼减振材料。

Koshimura 等[72] 将 SIBS 与 SBS、氢化 SBS（SEBS）和硫化丁基橡胶（IIR）

动态力学性能进行比较。SBS 和 SIBS 都具有两个损耗角 tanδ（内耗）峰，但 SIBS 的 tanδ 值在整个温度范围内均高于 SBS 的 tanδ 值，在不同的频率（1Hz、10Hz、100Hz）下分别测定了 SIBS、SBS、SEBS 和硫化 IIR 的 tanδ 值，由于含有具有两个对称甲基的 PIB 链段运动时内摩擦阻力大，SIBS 的 tanδ 值比 SBS、SEBS 和硫化 IIR 的 tanδ 值都高，说明 SIBS 适合于用作减振阻尼材料。

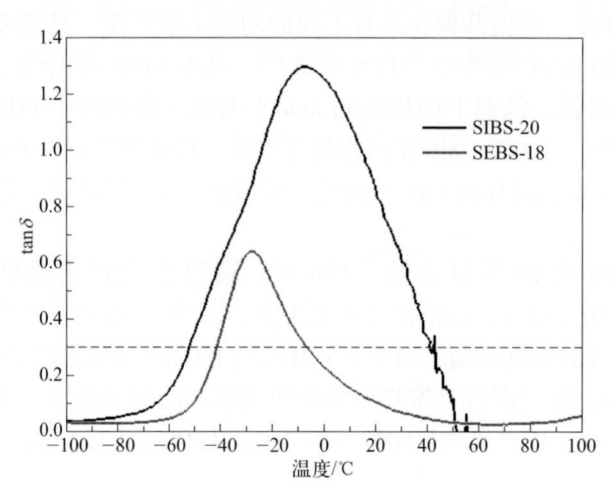

图3-40　实验室合成的SIBS三嵌段共聚物膜的动态力学性能（与商业化SEBS比较）

随着温度升高，线型 SIBS 三嵌段以及多臂星形 P(IB-*b*-St) 和 P(IB-*b*-In) 嵌段共聚物的拉伸强度均呈现不同程度下降，对于星形支化嵌段共聚物 P(IB-*b*-In)，其拉伸强度随温度升高而下降的幅度明显小于星形支化嵌段共聚物 P(IB-*b*-St)。随着频率增加，线型 SIBS 三嵌段以及多臂星形 P(IB-*b*-St) 和 P(IB-*b*-In) 嵌段共聚物的动态黏度均呈现下降趋势，在 210℃时，支化嵌段共聚物 $(D6)_9$[PIB(30)-PS(9)$]_{18}$ 的动态黏度明显低于 PS(13)-PIB(80)-PS(13) 的动态黏度。

5．气体阻隔性能

聚异丁烯是优异的阻隔材料，在 SIBS 三嵌段共聚物热塑性弹性体中，PIB 贡献弹性特征，在共聚物微观相分离形态中，聚异丁烯是连续相，占主导地位，因此，SIBS 三嵌段共聚物热塑性弹性体也具有优异的气体阻隔性能。SIBS 对氧气和二氧化碳等气体的透过率都远低于 SBS 或 SEBS 的相应透过率[72]。

在相近聚苯乙烯含量的情况下，本书著者团队设计合成 SIBS 三嵌段共聚物热塑性弹性体，其氧气透过系数明显低于 SEBS 的氧气透过系数（如图 3-41 所示），SIBS 氧气透过率只有 SEBS 氧气透过率的 3.8%，因此 SIBS 三嵌段共聚物热塑性弹性体具有优异的气体阻隔性能。

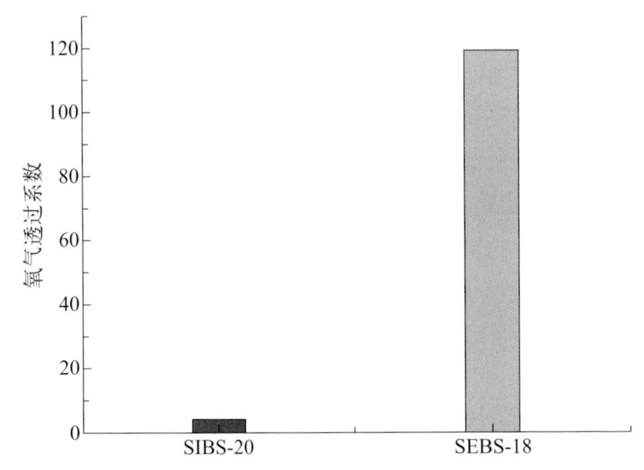

图3-41　实验室合成的SIBS三嵌段共聚物膜的氧气透过系数（与商业化SEBS比较）

三、SIBS嵌段共聚物热塑性弹性体的应用

聚 (苯乙烯 -*b*- 异丁烯 -*b*- 苯乙烯) 三嵌段共聚物是一类以全饱和聚异丁烯 (PIB) 为软段的苯乙烯类嵌段共聚物热塑性弹性体，中间链段聚异丁烯化学结构完全饱和，赋予其优异的气密性、水密性、热氧稳定性、耐酸碱性、减振阻尼性、化学稳定性、生物相容性和生物稳定性，可用于很多领域，包括黏合剂、共混聚合物组分增容剂、分散剂、增韧剂，以及生物医用材料等。

第四节
硬段可结晶的嵌段共聚物

聚苯乙烯硬段通常为无规聚苯乙烯，玻璃化转变温度 (T_g) 为 80 ～ 100℃ [31-32]。此外，在 SBS、SIS 或 SIBS 嵌段共聚物形成的微观相分离中，聚苯乙烯链段提供了物理交联微区，对 SIBS 的力学性能起着极其重要的作用。然而，当使用温度高于聚苯乙烯链段的软化温度 (60 ～ 80℃) 后，物理交联区域将被破坏，导致嵌段共聚物的使用温度低、力学性能明显下降，在软化温度以上甚至丧失了力学性能，无法作为材料正常使用，限制了这类 TPE 的应用范围和领域。为了提高这种热塑性弹性体的使用温度和材料性能，通常可采用苯乙烯的衍生物，如甲基苯乙烯或叔丁基苯乙烯，能将硬段的 T_g 提高到 100 ～ 120℃或 130℃左右 [75-76]，这样虽可以一定程度上提高使用温度，但 T_g 提高的幅度是有限的。

聚苯乙烯的结晶性能与其立构规整程度有密切关系，等规立构或间规立构聚苯乙烯具有高热变形温度、高熔融温度、高结晶度、高拉伸强度、高模量及优良电绝缘性能和耐腐蚀性能。目前等规立构或间规立构聚苯乙烯主要通过配位（定向）聚合和离子立构聚合方法来制备。因此，制备具有可结晶 PS 硬段的 SIBS 或 SBS 热塑性弹性体，聚苯乙烯类链段的立构规整性使得嵌段共聚物中硬段具有一定的结晶性，在产生相分离的同时还可产生结晶，增强物理交联微区，提高物理交联微区的耐温性，结晶微区还可以起到自增强作用，稳固物理交联微区，进而提高嵌段共聚物的模量、强度、耐热性、制品尺寸稳定性等性能。

一、硬段可结晶软段全饱和热塑性弹性体

1．软段全饱和硬段可结晶三嵌段共聚物的合成原理

对于苯乙烯类单体及其衍生物实现阳离子立构聚合，一直是本领域的研究目标之一。

以二草酸硼酸 (HBOB) 共引发苯乙烯在离子液体 [*N*- 丁基 -*N*- 甲基吡咯烷][双 (三氟甲磺酰) 亚胺] 中进行阳离子聚合，得到部分间规立构聚苯乙烯，但催化剂用量较大（催化剂 / 单体摩尔比＞0.03），产物分子量很低（重均分子量 $\overline{M}_w$ ＜3000）[77]。以 $AlCl_3$ 共引发苯乙烯在离子液体 [1- 正丁基 -3- 甲基咪唑][六氟磷酸] 或二氯甲烷中进行阳离子聚合，在单体转化率接近 100% 情况下，主要得到无规聚苯乙烯产物，其中只含有很少量的等规序列和间规序列结构，难以提高立构规整度，且聚合产物分子量也较低（ $\overline{M}_w$ ＜25000），难以作为材料使用 [78]。

采用 BCl_3、$SnCl_4$ 或 $TiCl_4$ 共引发剂可以实现苯乙烯及其衍生物（如苯乙烯、对甲基苯乙烯）的活性阳离子聚合，但是均得到无规聚苯乙烯及其衍生物 [24,79-80]。

本书著者团队 [81-83] 提出调节活性中心离子对松紧程度及空间位阻的研究思路，通过引入不同化学结构化合物参与活性中心的形成，调节活性中心离子对松紧程度及空间位阻，实现了由 $AlCl_3$ 共引发苯乙烯或对甲基苯乙烯（*p*-MS）高效阳离子立构聚合，单体主要自背面进攻、插入增长及进一步构象重组，生成等规立构链段，如图 3-42 所示。在聚合过程中形成兼无规链段和等规立构链段的多嵌段长链大分子 ([m] ≈ 80%，[mm] ≈ 60%，[mmmm] ≈ 40%)，分子量为 5×10^4 ～ 9×10^5，溶解性优良。这样的大分子链在流动诱导下发生取向和排列，等规立构链段可以规整排列进入晶区，无规链段形成无定形区，一条长分子链可能经过多个不同尺寸晶区和无定形区，形成明显的结晶现象，在 150 ～ 250℃范围出现多个结晶熔融峰，如图 3-43 所示。这是阳离子聚合领域第一个可结晶立构聚合物的例子。

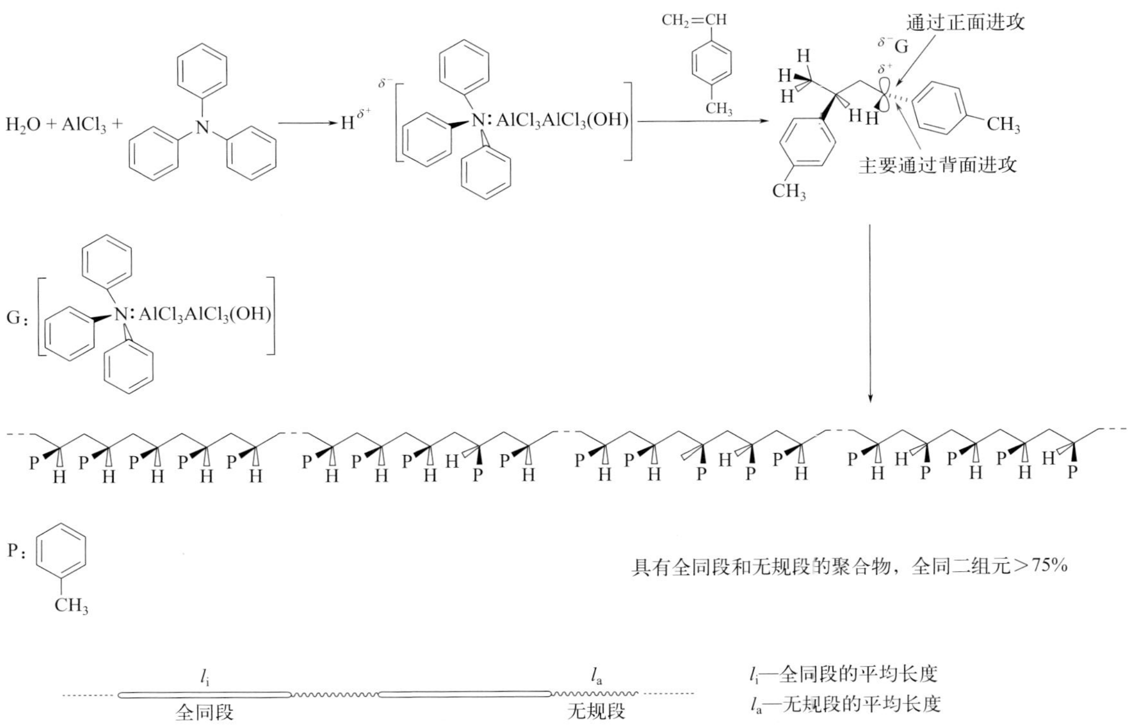

$H_2O + AlCl_3 +$ $N(C_6H_5)_3$ $\longrightarrow$ $H^{\delta+}$ δ^-[$(C_6H_5)_3N{:}AlCl_3AlCl_3(OH)$]

$CH_2{=}CH{-}C_6H_4{-}CH_3$

通过正面进攻

主要通过背面进攻

具有全同段和无规段的聚合物，全同二组元>75%

G：[$(C_6H_5)_3N{:}AlCl_3AlCl_3(OH)$]

P：$C_6H_4{-}CH_3$

l_i 全同段　l_a 无规段

l_i—全同段的平均长度

l_a—无规段的平均长度

图3-42　p-MS立构阳离子聚合机理及聚合形成长链富含等规立构聚合物的过程

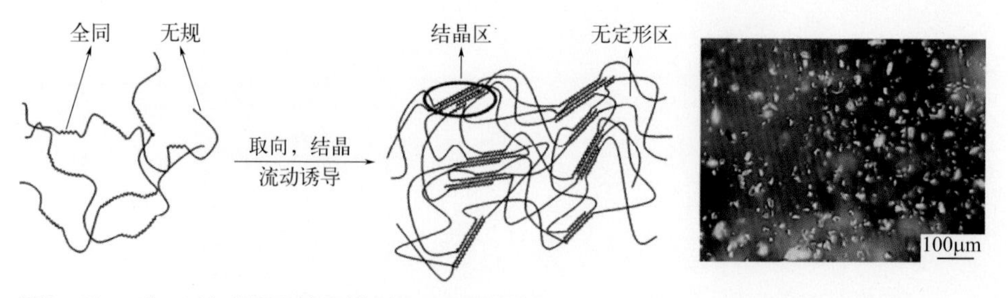

图3-43 P^{p}MS流动诱导结晶模型及POM照片

由于分子量和等规序列结构含量高，聚合产物具有良好的结晶性能，结晶相直径约几微米大小，赋予材料较高的使用温度和优良的力学性能[81-83]。

本书著者团队在合成线型富含等规立构聚苯乙烯的基础上，进一步选择异戊二烯 (IP) 为共聚单体，以共聚大分子链上嵌入的异戊二烯结构单元为支化点，使共聚物活性链端正离子与支化点发生烷基化反应，形成支链结构，分子主链 / 支链上存在的支化点产生不断的支化反应，其可能的反应机理如图 3-44 所示，随着 IP 用量增加，形成支化结构的高分子量级份逐渐增加，出现明显的高分子量峰 (峰 b)，如图 3-45 所示[84]。聚合反应与支化反应几乎同时进行，制备出富含等规立构的长链支化甚至超支化聚苯乙烯，聚合物绝对重均分子量可达 10^6，在聚合物立构规整性相近的情况下，高分子长链支化或超支化结构导致加快结晶及提高结晶度，因而从分子链拓扑结构方面解决了等规立构聚苯乙烯结晶速率过慢的问题。随着长链支化聚苯乙烯中 IP 含量 (F_{IP}) 或单体投料中 IP 单体含量 (f_{IP}) 增加，聚合物支化度增加，结晶更加明显，如图 3-46 所示。高分子量富含等规立构的长链支化或超支化聚苯乙烯具有更优异的力学性能，通过在商业化无规聚苯乙烯（^{a}PS）中加入质量分数为 16.7% 的长链支化富含等规立构聚苯乙烯（b^iPS），可将 ^{a}PS 的拉伸强度由 41.4MPa 提升至 55.7MPa，这是由于富含等规立构聚苯乙烯链段结晶增强的贡献（图 3-47）。

在上述研究基础上，本书著者团队发明了一种软段全饱和硬段可结晶的嵌段共聚物及其制备方法，采用阳离子聚合方法制备软段为饱和化学结构的聚异丁烯、硬段为可结晶的聚苯乙烯类的嵌段共聚物[85]。

首先以水、氯化氢、氯代叔丁烷、2,4,4- 三甲基 -2- 氯戊烷、1,4- 双 (2- 氯 -2- 丙基) 苯、1- 氯乙基苯、苄基氯或 5- 叔丁基 -1,3- 双 (2- 氯 -2- 丙基) 苯为引发剂，路易斯酸为共引发剂，将引发剂与共引发剂加入含有异丁烯、溶剂和位阻添加剂的聚合体系中进行阳离子聚合，反应温度为 −80℃，反应时间为 60min，终止反应后，经提纯、干燥得到双末端基为叔氯基团的具有引发活性的聚异丁烯大分子引发剂。在含有第二单体苯乙烯或烷基取代苯乙烯、溶剂、可选择性支化剂和位阻添加剂的体系中，在路易斯酸共引发下，以所合成的聚异丁烯大分子引发剂引发第二单体进行阳离子立构聚合，在反应温度 −80℃下反应 40min 后终止反应，经凝

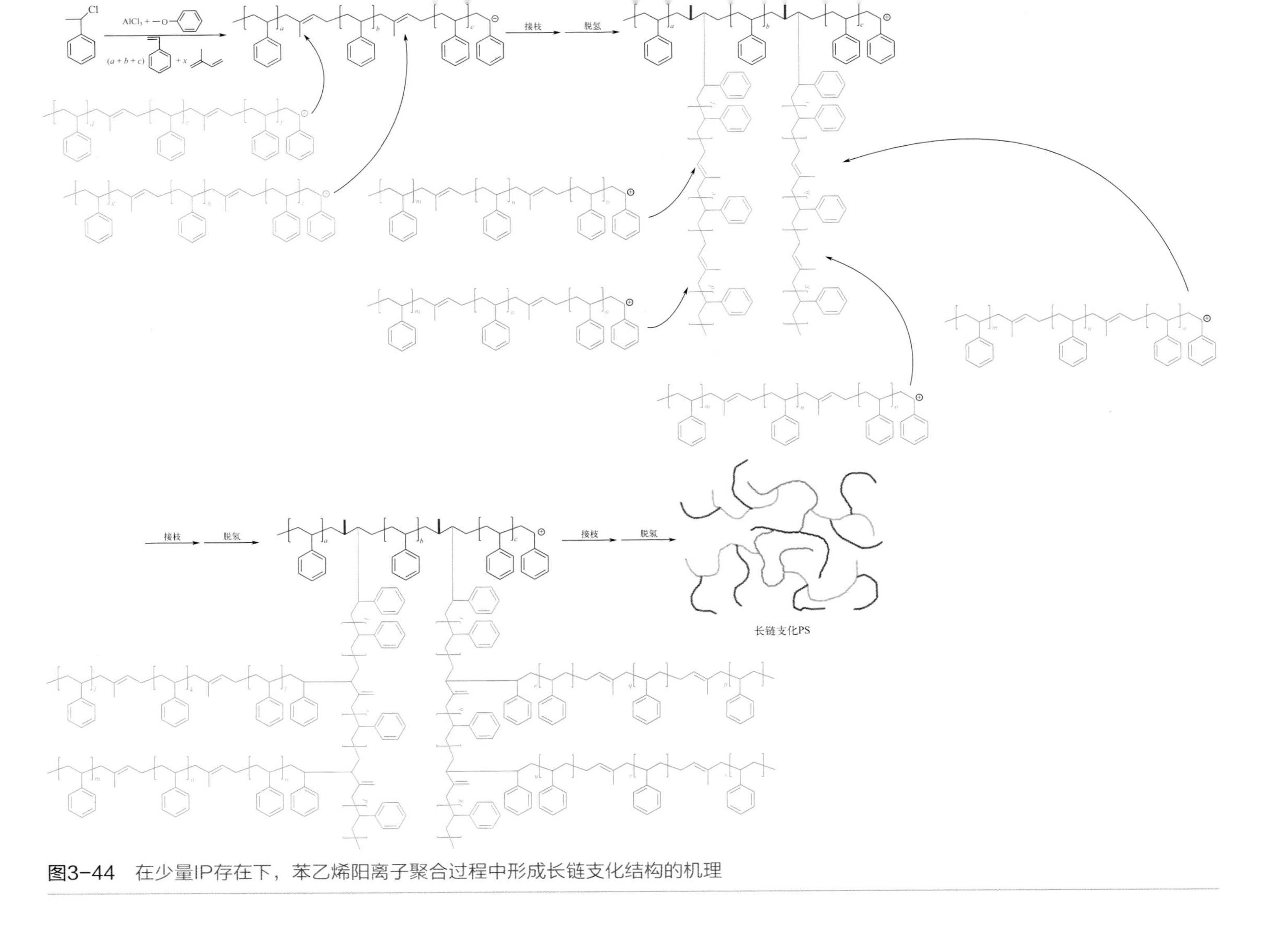

图3-44 在少量IP存在下，苯乙烯阳离子聚合过程中形成长链支化结构的机理

聚、洗涤得到软段全饱和硬段可结晶的两嵌段或三嵌段共聚物。

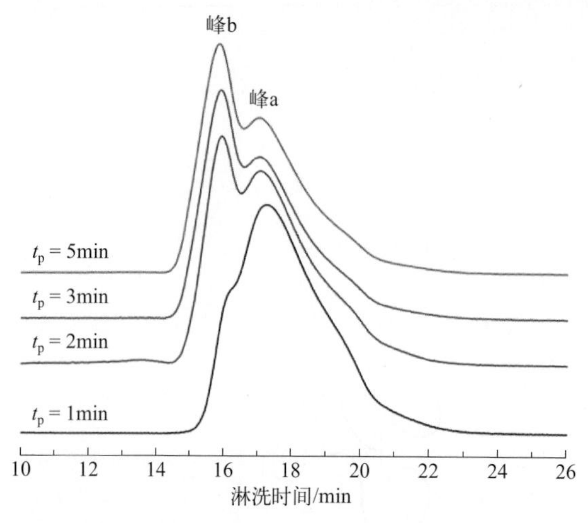

图3-45 在不同聚合时间（t_p）下所得聚苯乙烯的RI/Vis、MALLS三检测GPC曲线（f_{IP}=2.93%）

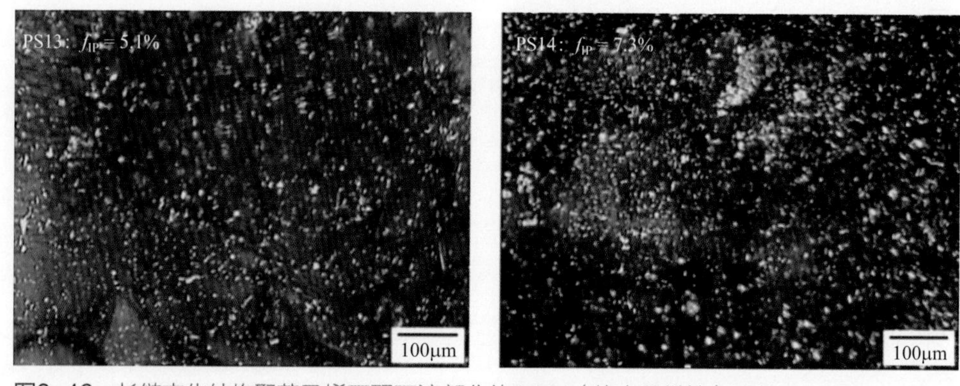

图3-46 长链支化结构聚苯乙烯丁酮不溶部分的POM（偏光显微镜）照片

PS13：f_{IP}=5.1%（摩尔分数）；PS14：f_{IP}=7.3%（摩尔分数）

也可采用顺序加料法连续进行，首先将异丁烯单体作为第一单体，在含有溶剂和位阻添加剂的体系中，以水、氯化氢、氯代叔丁烷、2,4,4- 三甲基 -2- 氯戊烷、1,4- 双 (2- 氯 -2- 丙基) 苯、1- 氯乙基苯或 5- 叔丁基 -1,3- 双 (2- 氯 -2- 丙基) 苯为共引发剂，进行阳离子聚合，于 −80℃下聚合 30min 后，得到聚异丁烯活性链；然后在同一反应装置中直接继续加入第二单体苯乙烯或烷基取代苯乙烯或第二单体与支化剂及溶剂的混合溶液，于 −80℃聚合 40min 后加入终止剂，终止聚合反应，经凝聚、洗涤得到软段全饱和硬段可结晶的两嵌段或三嵌段共聚物。

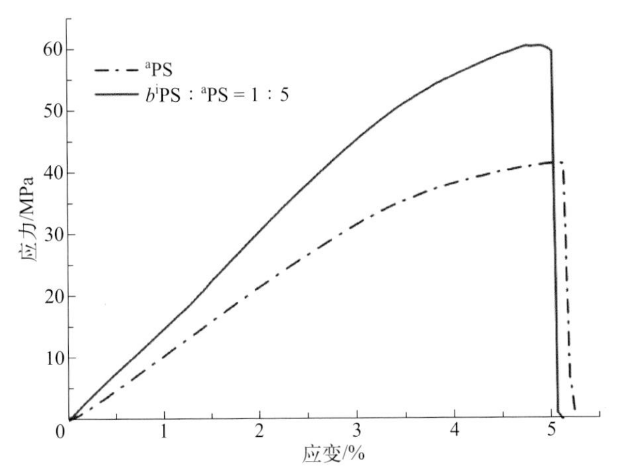

图3-47　商业化无规聚苯乙烯（aPS）与b^{i}PS：aPS(1：5)共混物的应力-应变曲线

采用上述方法所得软段全饱和硬段可结晶的嵌段共聚物的微观结构参数及聚苯乙烯链段结晶熔融温度范围如表 3-4 所示[85]。

表3-4　软段全饱和硬段可结晶的嵌段共聚物的微观结构参数及聚苯乙烯链段结晶熔融温度范围

实施例	引发剂	嵌段共聚物	$\overline{M}_w \times 10^{-3}$	分子量分布指数	苯乙烯质量分数/%	聚苯乙烯链段结晶熔融温度范围/℃
1	叔氯端基聚异丁烯	聚（异丁烯-*b*-苯乙烯）	94	2.3	68	173～206
2	双端叔氯聚异丁烯	聚（苯乙烯-*b*-异丁烯-*b*-苯乙烯）	240	5.1	79	160～187
3	叔氯端基聚异丁烯	聚（异丁烯-*b*-苯乙烯）	49	1.4	73	150～175
4	双端叔氯聚异丁烯大分子引发剂	聚（苯乙烯-*b*-异丁烯-*b*-苯乙烯）	59	1.4	84	160～175
5	聚异丁烯活性链的制备方法同实施例1步骤A，只是将DMA替换成TPP（三苯基膦），且加入D^{t}BP	聚（异丁烯-*b*-聚苯乙烯）	62	1.4	55	163～201
6	嵌段共聚物的制备方法同实施例5所述制备方法，只是将TMPCl替换成DCC	聚（苯乙烯-*b*-异丁烯-*b*-苯乙烯）	45	1.3	63	163～203
7	嵌段共聚物制备方法同实施例6，St替换成对甲基苯乙烯 (*p*-MS)	聚（对甲基苯乙烯-*b*-异丁烯-*b*-对甲基苯乙烯）	120	1.8	62	200～210

2．软段全饱和硬段可结晶三嵌段共聚物的结构特点、表征方法与性能

（1）微观结构

采用 GPC 测定聚合产物的数均分子量与分子量分布指数，采用 ^{13}C NMR 表征聚合物聚苯乙烯段或聚烷基取代苯乙烯段的等规含量，采用 ^{1}H NMR 表征聚合物中

聚苯乙烯段或聚烷基取代苯乙烯段的质量分数，采用POM表征聚合物硬段结晶性，采用差示扫描量热仪测定聚合物硬段熔点及结晶性。软段全饱和硬段可结晶的嵌段共聚物重均分子量为3.0×10^4 ~ 4.0×10^5，分子量分布指数为1.2 ~ 5.2，其中硬段质量分数为20% ~ 85%，软段质量分数为15% ~ 80%。

（2）微观形态

采用异丁烯可控/活性阳离子聚合与苯乙烯或烷基取代苯乙烯阳离子立构聚合相结合，设计合成了软段为全饱和聚异丁烯链段和硬段为可结晶的聚苯乙烯或聚烷基取代苯乙烯链段的嵌段共聚物，结晶性如图3-48所示，结晶相直径为5 ~ 10μm，使物理交联区域更加稳固，不仅起到了自增强的作用，而且有效地提高了嵌段共聚物的软化温度，熔点范围在150 ~ 210℃之间，使该嵌段共聚物材料的使用温度提高了50 ~ 110℃，材料的耐热性、材料尺寸稳定性及力学性能也得到提高，如在共聚物组成相近的条件下，拉伸强度可提高近一倍。嵌段共聚物的结晶性，可通过调节位阻添加剂、路易斯酸、溶剂极性、聚合反应条件及硬段的立构规整性、分子量和支化度等方法来调节，如适当降低溶剂极性、提高分子量或通过引入少量共轭二烯烃支化剂（如丁二烯、异戊二烯或环戊二烯等）来提高支化度，均可实现提高聚苯乙烯或聚烷基取代苯乙烯链段的可结晶性。

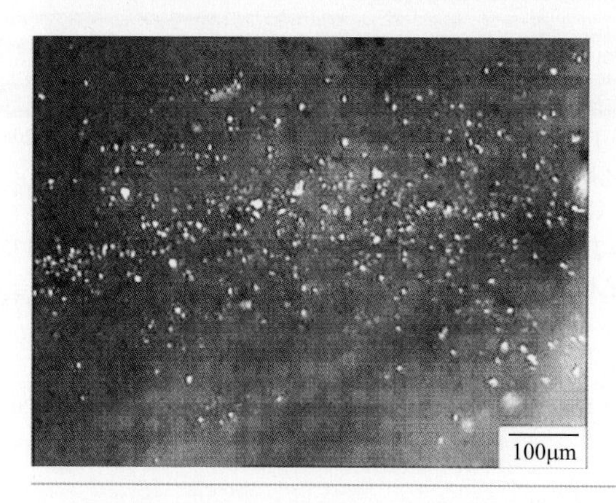

图3-48
硬段可结晶聚（苯乙烯-*b*-异丁烯-*b*-苯乙烯）三嵌段共聚物的POM照片

（3）性能

软段全饱和硬段可结晶的嵌段共聚物的聚苯乙烯链段结晶熔融温度范围如表3-4所示。硬段富含立构规整性聚苯乙烯链段在产生相分离的同时还可产生结晶，提高物理交联区的耐温性，使服役温度提高了50 ~ 110℃，结晶微区还可以起到自增强作用，稳固物理交联区域，进而提高了嵌段共聚物的耐热性能、尺寸稳定性及力学性能[85]。

3．软段全饱和硬段可结晶三嵌段共聚物的应用领域

软段全饱和硬段可结晶的嵌段共聚物可适用于SIBS的应用领域，如要求

优异的热氧稳定性、减振性能、气体阻隔性能以及生物相容性的领域，并可在不加稳定剂的情况下重复加工。此外，由于硬段结晶使物理交联区域更加稳固，不仅起到了自增强的作用，而且有效地提高了嵌段共聚物的软化温度，熔点范围在150 ～ 210℃之间，使得软段全饱和硬段可结晶的嵌段共聚物材料可应用于比 SIBS 的使用温度更高且对材料的耐热性、材料尺寸稳定性及力学性能要求更高的场所。

二、硬段可结晶软段高顺式丁苯嵌段共聚物热塑性弹性体

聚（苯乙烯 -*b*- 丁二烯 -*b*- 苯乙烯）三嵌段共聚物（SBS）是采用活性阴离子聚合的方法合成的，有利于控制共聚物的分子量及共聚组成，但传统阴离子聚合的方法难以控制苯乙烯及丁二烯链节的微观结构，硬段为无定形的聚苯乙烯链段，当使用温度超过 60℃时，材料的力学性能就会有明显的降低。而且，其中聚丁二烯软链段的顺式含量仅为 35% ～ 40%，其低温性能及回弹性、耐磨性等均不如高顺式聚丁二烯橡胶（顺式含量＞94%）。通过可控 / 活性配位聚合方法直接制备出含立构规整聚苯乙烯硬段和高顺式聚丁二烯软段的新型 SBS 热塑性弹性体，不仅可以改善软段橡胶的弹性、耐磨性及耐低温性能，赋予 SBS 更加优异的弹性和使用寿命，而且可以提高 SBS 的耐热性及服役温度，拓展应用领域，利用其可 100% 回收的特点，解决废旧轮胎的“黑色污染”及难以回收利用的难题。

因此，研究开发催化剂体系及聚合新方法制备高性能化 SBS 已成为该技术领域的重要方向。近些年来，SBS 高性能化的根本方法主要体现在调节硬段与软段的微观结构与立体规整性。

对于制备含立构规整聚苯乙烯硬段和高顺式聚丁二烯软段的新型 SBS 的研究引起了关注，所采用的催化剂体系主要有茂金属催化剂及 Ziegler-Natta 型稀土催化剂。茂金属催化剂体系，如 $CpTiX_3/MAO$（$Cp = C_5H_5$, X = Cl, F; $Cp = C_5Me_5$, X = Me）用于制备间规聚苯乙烯具有较高的活性，但对于丁二烯的聚合活性较低 [86-89]。当催化丁二烯 (Bd) 及苯乙烯在 25 ～ 70℃条件下共聚合时，少量丁二烯的引入（Bd/St 摩尔比为 0.1）会导致聚合活性由苯乙烯均聚合时的 570kg/[mol(Ti) • h] 迅速降低至 2.7kg/[mol(Ti) • h]，所得共聚物的分子量及聚苯乙烯段的立构规整度均降低，仅得到含有间规立构聚苯乙烯链段与 1,4- 结构含量约 80% 聚丁二烯链段的丁苯嵌段共聚物（^{s}PS-*b*-PB），共聚物的 $\overline{M}_w$ 仅为 $5.5{\times}10^3$，不能够作为弹性体材料使用。采用改进的茂金属催化剂体系 $CpTiX_3/B(C_6F_5)_3/Al(oct)_3$（$Cp = C_5Me_5$, X = Me），在聚合温度为 −25℃及 −40℃的条件下进行苯乙烯及丁二烯的嵌段共聚合，可制备聚苯乙烯段间规度（[rrrr]）＞95%、PB 段 1,4- 结构含量约 80%、$\overline{M}_n$ 分别为 $1.1{\times}10^5$ ～ $2.4{\times}10^5$ 及 $2.0{\times}10^5$ ～ $2.9{\times}10^5$ 的两嵌段及三嵌段共聚物 [90-92]，但催化剂体系对于丁二烯聚合的活性仍然很低，导致共聚合

反应单位转化率仅约为 10%，所得共聚物中丁二烯含量通常在 40%（质量分数）以下，不能作为弹性体材料使用。

采用 Ziegler -Natta 型过渡金属催化剂（如钴、钛、镍、钨等），难以合成丁苯嵌段共聚物。通常 Ziegler-Natta 型稀土催化剂催化共轭二烯烃在苯乙烯存在条件下聚合时，共轭二烯烃链节随苯乙烯含量的增加而降低，如何实现在苯乙烯中的共轭二烯烃的选择性聚合是制备硬段可结晶软段高顺式嵌段共聚物的前提。采用 $Nd(P_{507})_3$/ $Al(i\text{-}Bu)_2H$/ $Al_2Et_3Cl_3$ 在苯乙烯中催化丁二烯聚合，当聚合温度在 50℃以下时，丁二烯转化率在 90% 以上，聚合物组成中苯乙烯结构单元含量 <4%（摩尔分数），但丁二烯结构单元顺式 -1,4 结构含量 90% 左右 [93]。采用稀土羧酸盐 / 烷基铝 / 含卤素的烃类化合物、含卤素的羧酸酯类化合物或两者的混合物 /C_6 ～ C_{10} 的羧酸 /C_1 ～ C_{10} 的醇 / 共轭烯烃催化剂体系通过分段聚合的方法可制备具有较高分子量（$[\eta]\approx 1.9$dL/g）、顺 -1,4 结构含量约 94%、苯乙烯含量约 16%（摩尔分数）的丁苯两嵌段共聚物 [94-96]。

采用对于丁二烯具有聚合活性的催化剂体系 $(C_5Me_5)_2Sm(\mu\text{-}Me)_2AlMe_2$ /$Al(i\text{-}Bu)_3$/$[Ph_3C][B(C_6F_5)_4]$ 在催化丁二烯均聚后将苯乙烯单体引入，$\overline{M}_n$ 由 45000 继续增大至 46000，但仅可制备丁苯两嵌段共聚物，共聚物中苯乙烯含量较低，仅为 5.5%（摩尔分数）、顺 -1,4 结构含量为 99%[97]。

因此，采用配位聚合方法，虽可以解决丁二烯或苯乙烯在聚合过程中立体化学选择性的问题，但难以达到同时兼顾调控丁二烯和苯乙烯共聚合活性及立体化学选择性。通过一种催化剂难以协调丁二烯及苯乙烯两种不同类型单体立构规整的高效嵌段共聚；在提高顺式含量的同时也难以达到提高聚苯乙烯的立构规整性；在提高聚苯乙烯立构规整性的同时也难以达到提高聚丁二烯的顺式结构含量；两种单体聚合时活性链端难以互相转化。

（一）硬段可结晶软段高顺式丁苯嵌段共聚物的合成原理与工艺流程

要制备硬段可结晶软段高顺式丁苯嵌段共聚物首先需要实现丁二烯及苯乙烯可控 / 活性聚合，所制备的聚丁二烯链段为高顺式结构，聚苯乙烯链段含有一定的规整结构，如图 3-49 所示。

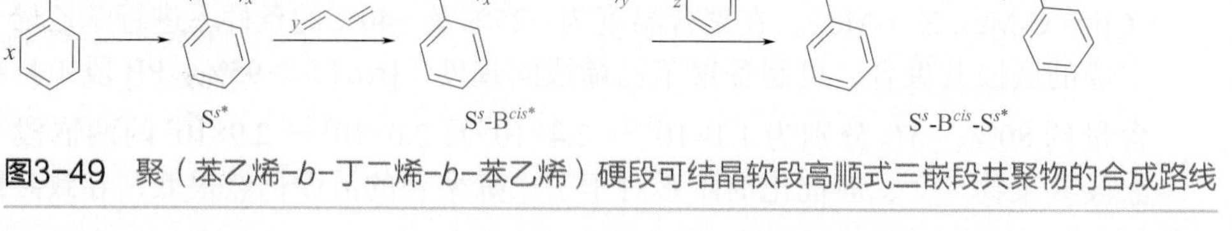

S^{s*}　　$S^s\text{-}B^{cis*}$　　$S^s\text{-}B^{cis}\text{-}S^{s*}$

图3-49　聚（苯乙烯-*b*-丁二烯-*b*-苯乙烯）硬段可结晶软段高顺式三嵌段共聚物的合成路线

1. 苯乙烯可控 / 活性配位聚合

聚苯乙烯 (PS) 是以苯乙烯 (St) 为单体，采用自由基聚合、阴离子聚合、配位聚合等方法制备的聚合物。根据聚合物主链两侧苯环的空间位置不同，可将其分为：无规聚苯乙烯 (^{a}PS)、等规聚苯乙烯 (^{i}PS) 和间规聚苯乙烯 (^{s}PS)。

目前苯乙烯系聚合物仍存在如下的不足：无规聚苯乙烯的耐热性不佳，立构规整聚苯乙烯（如间规聚苯乙烯）的生产成本高，且立构规整度难以调节，过高的立构规整度导致加工困难。

用于合成立构规整聚苯乙烯的催化剂主要包括茂金属催化剂体系和稀土类催化剂体系。例如 Ishihara[98-99] 等采用 $CpTiCl_3$/MAO 催化体系首次合成间规聚苯乙烯，为苯乙烯的立构选择性聚合奠定了基础。$CpTiCl_3$/MAO 催化体系催化苯乙烯聚合产率可达约 99.2%，催化活性为 1.6×10^4g(^{s}PS)/[mol(Ti) • h]，间规聚苯乙烯的 $\overline{M}_n$ 为 3.18×10^4，分子量分布相对较窄 ($\overline{M}_w/\overline{M}_n = 1.99$)。

催化剂结构对苯乙烯聚合有显著影响，Nomura 等 [100] 使用含酚负离子配体单茂钛配合物 **1a** ～ **1g**/MAO 催化体系催化苯乙烯间规聚合（图 3-50），催化活性为 4270kg/[mol（Ti）• h]。环戊二烯基上的供电子取代基稳定活性中心，催化活性高。但过多的取代基使活性中心空间位阻增加，催化活性降低。**6c** 所得的聚合物具有相对较高的分子量（ $\overline{M}_w = 2.83\times10^5$ ），分子量分布相对较窄（ $\overline{M}_w/\overline{M}_n = 1.83$ ），间规立构选择性高。

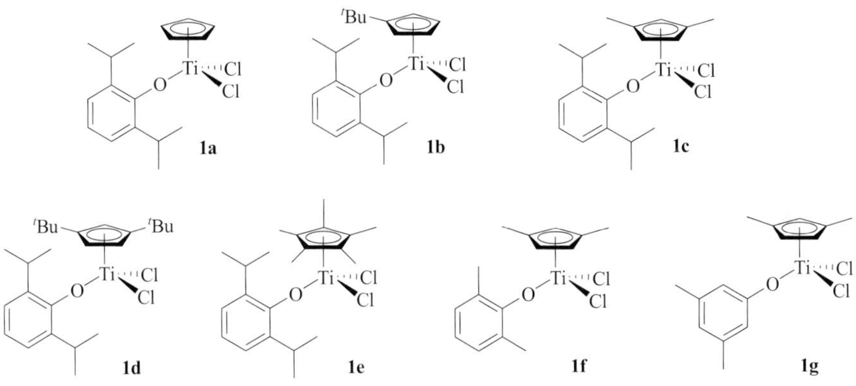

图3-50　用于催化苯乙烯间规聚合的含酚负离子的单茂钛配合物的化学结构

改变阴离子的配体结构会对催化活性产生较大影响。Nomura 等 [101] 使用含单阴离子咪唑啉亚胺配体的单茂钛配合物 **2a** ～ **2d**/MAO 催化剂体系研究配体取代基对苯乙烯间规聚合的影响（图 3-51）。活性 {kg(^{s}PS)/[mol(Ti) • h]} 按以下顺序递增：50(**2d**)＜80(**2a**)＜200(**2c**)＜260(**2b**)，**2a** ～ **2c**/MAO 催化体系合成的聚苯乙烯分子量较低（$\overline{M}_n = 1.9 \times 10^4 \sim 2.28 \times 10^4$）呈单峰分布（$\overline{M}_w / \overline{M}_n = 2.27 \sim 2.84$），而 **2d** 制得的聚苯乙烯分子量较高（$\overline{M}_n = 4.06 \times 10^4$），但分子量分布较宽（$\overline{M}_w / \overline{M}_n = 4.09$）。

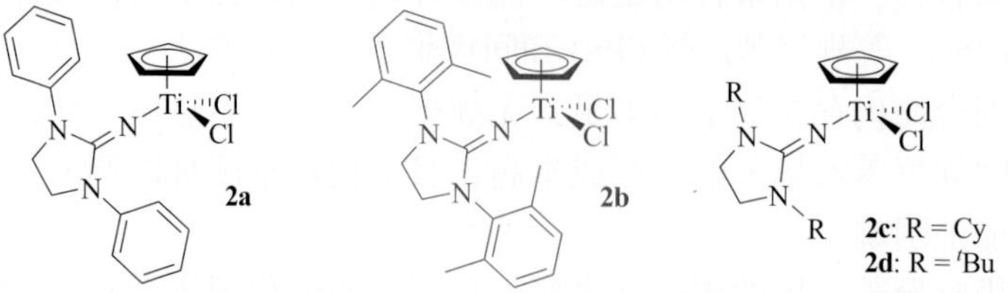

图3-51　用于催化苯乙烯间规聚合的含咪唑啉亚胺负离子的单茂钛配合物的化学结构

用一个负离子配体取代 Cl 原子得到的单茂钛配合物 $LCpTiCl_2$ 在催化苯乙烯聚合时具有高催化活性和立构选择性。配体 L 的结构对催化剂的催化性能有很大影响，设计合成具有不同负离子配体 L 的单茂钛配合物对于制备间规聚苯乙烯和含有间规聚苯乙烯链段的嵌段共聚物具有重要意义。本书著者团队采用了 5 种含 *N*- 离子配体的单茂钛配合物（图 3-52），即含噁唑啉亚胺配体的 **3a**、含异脲配体的 **3b** 和含咪唑啉亚胺配体的 **3c** ～ **3e** 用于催化苯乙烯间规聚合。

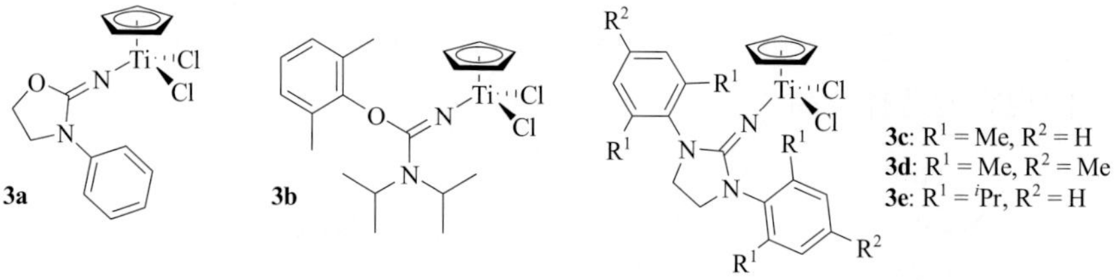

图3-52　用于催化苯乙烯间规聚合的含*N*-离子配体的单茂钛配合物的化学结构

含咪唑啉亚胺配体的 **3c** 可以催化苯乙烯间规聚合，但催化活性较低，这可能是由于 **3c** 配体的供电子能力低，在催化苯乙烯间规聚合时催化活性不如含酚负离子配体的单茂钛配合物。为了提高含咪唑啉亚胺配体的单茂钛的催化活性，在 **3c** 的基础上，增加了配体的给电子能力，得到单茂钛配合物 **3d** 和 **3e**。在不同 MAO 用量下，不同催化剂结构对苯乙烯单体转化率的影响如图 3-53（a）所示，可以看出在 [Al]/[Ti] 为 600 ～ 1000 的宽范围内，转化率按 **3e**＞**3d**＞**3c** 的顺序递减。对产物用丁酮萃取，得到丁酮不溶级分。将间规含量（SI/%）定义为丁酮不溶级分质量与聚合物总产量的比值。图 3-53（b）给出了不同 Al/Ti 摩尔比下不同催化剂结构对聚苯乙烯间规含量的影响变化，可以看出，随着 [Al]/[Ti] 的增加，不同催化剂结构得到的聚苯乙烯间规含量均呈上升趋势，并且 SI 按 **3e**＞**3d**＞**3c** 的顺序递减，说明配体结构对聚苯乙烯的间规含量有较大影响，**3e**/MAO

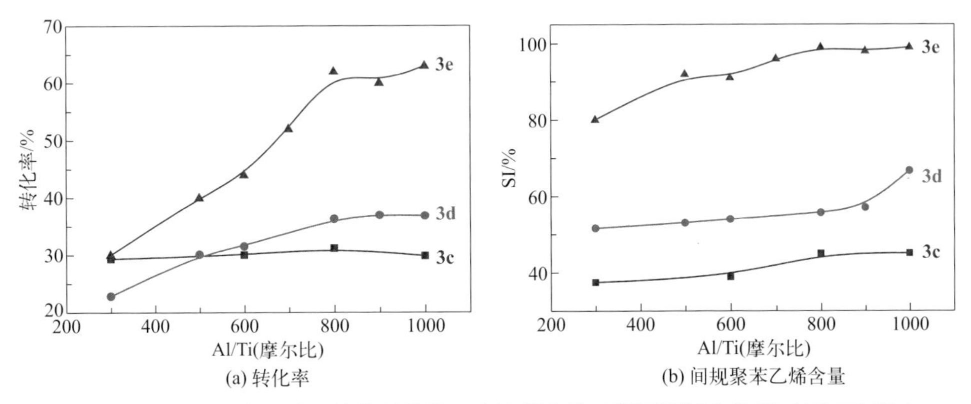

图3-53 含不同咪唑啉亚胺配体的单茂钛配合物催化苯乙烯间规聚合性能对Al/Ti的影响

催化体系得到的聚苯乙烯的间规含量高达 99%。

将丁酮不溶级分溶于氘代邻二氯苯中，在 135℃进行 ^{13}C NMR 表征。图 3-54 为 **3c**、**3d** 及 **3e**/MAO 催化体系合成的聚苯乙烯丁酮不溶级分的 ^{13}C NMR 谱图，在 δ=145.6 处的峰为苯环上 c 碳的峰，为间规聚苯乙烯的特征峰。δ=129 ～ 123 为苯环 d,e,f 碳的峰，δ=45.5 ～ 41 为亚甲基 a 碳的峰，δ=40.5 ～ 39 为次甲基 b 碳的峰，说明该催化体系合成的聚苯乙烯丁酮不溶级分为间规聚苯乙烯。间规度由 rrrrrr 序列的含量计算，**3c**、**3d** 和 **3e**/MAO 催化体系催化苯乙烯聚合所得间规聚苯乙烯 rrrrrr 序列的含量分别为 91%、87% 和 92%。可以看出，在苯环上含异丙基的咪唑啉亚胺配体的 **3e** 配合物得到的 ^{s}PS 间规度最高。

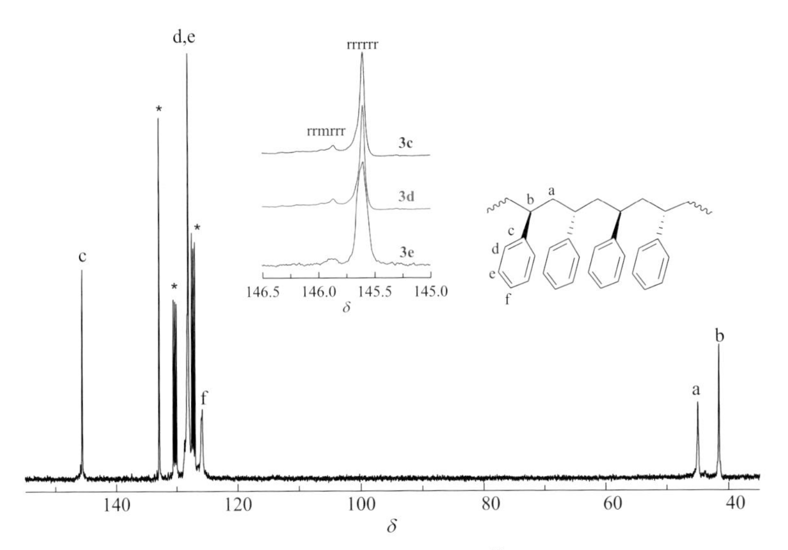

图3-54 **3c**～**3e**/MAO催化体系下制得^{s}PS的^{13}C NMR谱图（*为氘代邻二氯苯的峰）

本书著者团队研究了在150℃下不同催化剂结构对 ^{s}PS 结晶的影响，偏光显微镜照片（POM）如图3-55所示，可以看出，不同结构催化剂制得的间规聚苯乙烯在冷却结晶过程中形成球晶，有明显的黑十字消光图像。

图3-55　**3c**～**3e**/MAO催化体系制得的间规聚苯乙烯的POM照片

为了进一步探究配体结构在催化性能上对苯乙烯聚合的影响，将咪唑啉亚胺配体上的一个N原子替换为O原子，即使用含噁唑啉亚胺配体的配合物**3a**和含异脲配体的**3b**催化苯乙烯聚合，并与**3c**～**3e**的催化性能进行对比，结果如图3-56所示。虽然含噁唑啉亚胺配体的配合物**3a**催化苯乙烯的转化率高于含咪唑啉亚胺配体的配合物**3c**，但仍低于含咪唑啉亚胺配体的配合物**3e**，说明通过改变配体结构能够提高苯乙烯聚合转化率，但需要配体上的给电子取代基来稳定活性中心。

稀土催化苯乙烯进行配位聚合，大多数情况下只能制备低分子量无规聚苯乙烯[102-106]。通过改变传统的稀土催化剂体系中的组成和配比可得到立构规整聚苯乙烯或高分子量聚苯乙烯，如采用 $Nd(P_{204})_3/(MgBu_2，AlEt_3)$/六甲基磷酰胺(HMPA)体系催化苯乙烯配位聚合可得到重均分子量为(40～120)×10^4的高分子

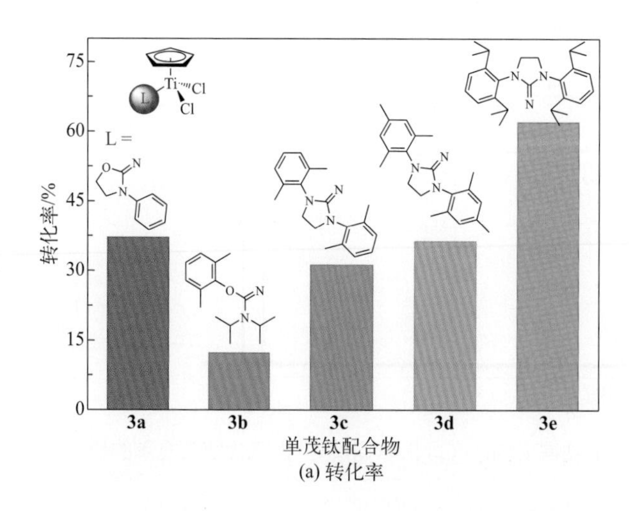

(a) 转化率

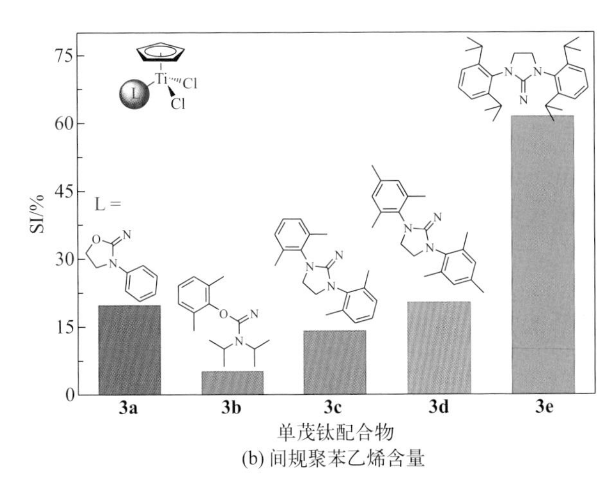

图3-56　含不同*N*-离子配体的单茂钛配合物催化苯乙烯间规聚合

量无规聚苯乙烯[107-108]。采用磷酸酯钕 $Nd(P_{507})_3/Al(i\text{-}Bu)_3/H_2O$ 体系催化苯乙烯配位聚合，得到等规度为 4% ～ 56% 的部分等规聚苯乙烯[109]。

本书著者团队[110] 采用 $Nd(oct)_3/Al(i\text{-}Bu)_3$/ 氯代烃的催化剂体系对苯乙烯进行聚合，可以合成重均分子量为 43.5×10^4 的聚苯乙烯。使用 ^{13}C NMR 对聚合产物进行表征发现其以无规结构为主，同时含有少量间规立构。采用氯代正丁烷（C_4H_9Cl）[111] 作为新的第三组分可以制得重均分子量达 76×10^4 的聚苯乙烯。通过偏光显微镜（POM）对聚苯乙烯产物的结晶性进行表征，其中可溶于丁酮部分的聚苯乙烯是部分可结晶的，不溶于丁酮的聚苯乙烯产物则含有更多结晶，且熔点在 240℃以上，甚至高达 268℃，与 100% 的间规聚苯乙烯的熔点几乎相近，说明该体系可应用于合成立构聚苯乙烯。采用以三氯乙烷（CL）为主要第三组分的 $Nd/Al(i\text{-}Bu)_3/CL$ 的稀土催化剂体系，合成了数均分子量高达 43×10^4 的聚苯乙烯产物，且聚合体系在聚合前期聚苯乙烯的分子量随着转化率的增加而增加，说明该体系是有准活性聚合的特征的，^{13}C NMR 测试显示其聚苯乙烯产物是以间规结构为主，兼含有无规和等规结构（图 3-57）[112]。

采用稀土羧酸盐 - 烷基铝 - 含氯活化剂的高效复合催化剂，可以合成富含间规结构的聚苯乙烯[113-114]。该体系可以得到数均分子量为 $(28\sim68)\times10^4$ 的可结晶聚苯乙烯产物，典型的 GPC 曲线见图 3-58[113]，其数均分子量为 64×10^4，分子量分布指数为 2.5。通过 ^{13}C NMR 测试发现可结晶的高分子量聚苯乙烯的间规度为 59.2%（以 [rrrr] 计算）。

2．丁二烯可控 / 活性配位聚合

自 20 世纪 60 年代以来，基于镧系元素的 Ziegler-Natta 催化体系在高效合成

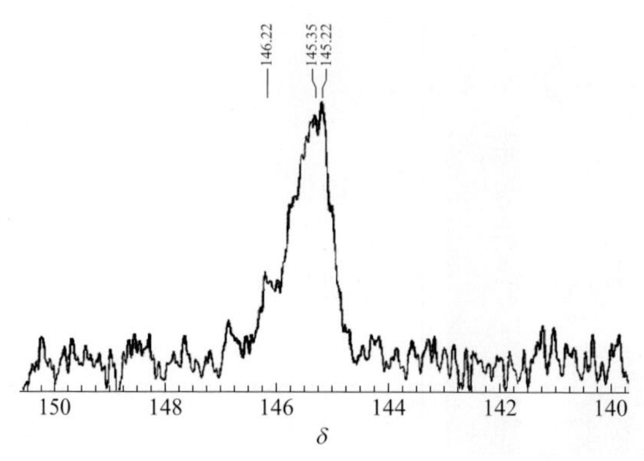

图3-57　聚苯乙烯产物^{13}C NMR谱图（苯环上C1）[112]

高顺-1,4结构含量的聚共轭二烯烃方面表现出明显的优势。配位聚合在聚合过程中存在β-氢消除、向烷基金属链转移、向单体链转移等链转移和链终止反应，会发生自终止，难以实现活性聚合。大多数采用Ziegler-Natta催化剂的聚合反应都不具有活性聚合的特征，而镧系催化剂则表现出活性聚合的特征，大量的研究为稀土催化聚合的准活性特征提供了证据[115-129]。实现基于镧系元素的Ziegler-Natta催化体系的活性聚合，设计合成高顺式含量的聚共轭二烯烃。欧阳均等[121]在极低的温度（−70℃）下使用氯化钕•异丙醇络合物/三乙基铝（$NdCl_3$•3^{i}PrOH/$AlEt_3$）实现了钕系催化剂催化丁二烯活性聚合，该聚合反应无链转移和链终止反应，但随着温度的升高链转移剧烈，且所得产物具有很高的分子量[$\overline{M}_n$ = (41～149)×10^4]。使用氯化钕•2-乙基己醇络合物/三乙基铝（$NdCl_3$•3EHOH/$AlEt_3$）体系可在较为温和的条件下（50℃）实现异戊二烯的准活性聚合，但分子量分布相对较窄（约2.0）[116]。

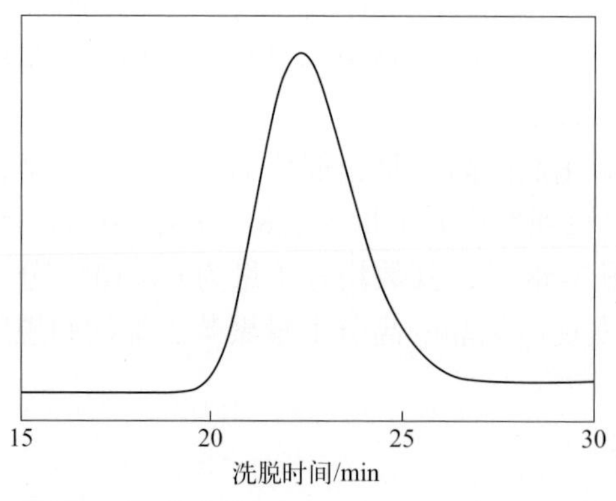

图3-58　富含间规结构的聚苯乙烯的GPC曲线

如果聚合过程中向烷基金属链转移在链转移和链终止反应中占主导地位，并且链转移速率远大于链增长速率，则活性种与末端为烷基金属的休眠种之间可以随机地、反复地交换，所有聚合物链均可实现链增长，这就是配位可逆链转移聚合 (CCTP) [123-125]。2002 年，Nuyken 等 [126] 使用新癸酸钕 / 二异丁基氢化铝 / 乙基倍半氯化铝 [$Nd(vers)_3/Al(^iBu)_2H$/EASC] 催化体系成功地实现了丁二烯的配位可逆链转移聚合，可以有效地降低聚合物的分子量，提高催化剂的利用效率，并且实现了活性聚合。不同 $Al(^iBu)_2H$/Nd 比例 (n_{DIBAH}/n_{Nd}) 下分子量与转化率的关系如图 3-59 所示 [123]，在不同 $Al(^iBu)_2H$/Nd 比例下分子量均随转化率增加而线性增加，随着 $Al(^iBu)_2H$/Nd 比例的增加，分子量降低，分子量随转化率增长的速率降低。

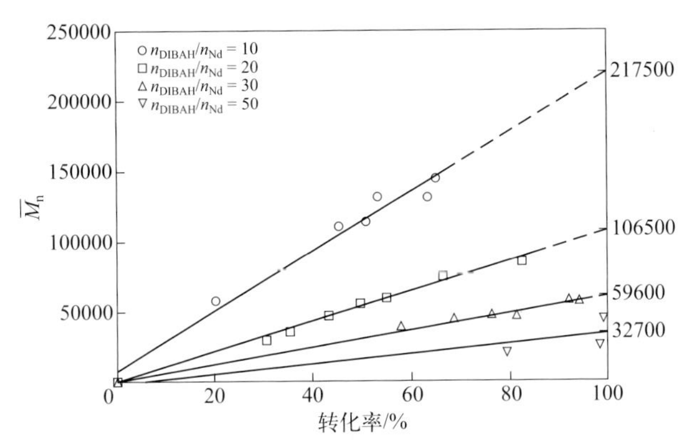

图3-59　不同$Al(^iBu)_2H$/Nd比例下分子量与转化率的关系

聚合物链在 Nd 和 $Al(^iBu)_2H$ 间的可逆链转移如图 3-60 所示 [123]。H—Al 的链转移速率为 *i*-Bu—Al 的 22 倍，活性中心向烷基铝的链转移更容易发生在 H—Al 处，$Al(^iBu)_2H$ 是一种高效的链转移剂 (CTA)，$Al(^iBu)_2H$ 的链转移效率是 $Al(^iBu)_3$ 的 8 倍 [123-124]。

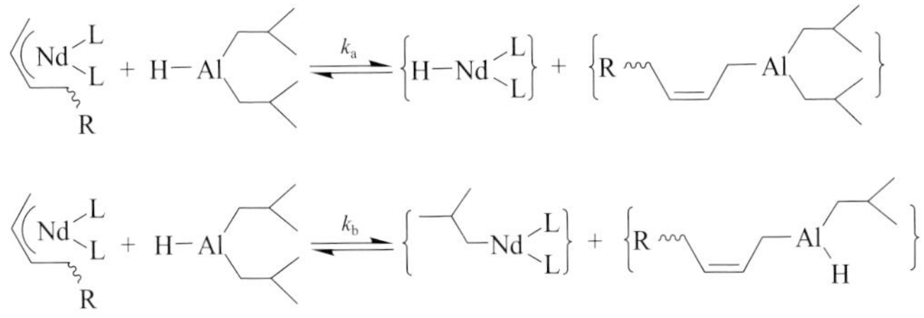

图3-60　聚合物链在Nd和$Al(^iBu)_2H$间的可逆链转移

采用几种传统的 Ziegler-Natta 型钕系催化体系时，作为 CTA 的烷基铝和作为第三组分的氯化物供体对 CCTP 体系的链转移特性都有显著的影响 [125]，聚合反应中的链转移和链增长过程如图 3-61 所示[125]。在所考察的催化体系中，$Nd(O^iPr)_3/Al(^iBu)_2H/Me_2SiCl_2$ 和 $Nd(O^iPr)_3/Al(^iBu)_2H/Al_2Et_3Cl_3$ 体系的催化效率最高，在 20eqCTA 存在下，每 1 个 Nd 原子生成 6 ～ 10 个聚合物链。动力学研究表明，$Nd(O^iPr)_3/Al(^iBu)_2H/Me_2SiCl_2$ 和 $Nd(O^iPr)_3/Al(^iBu)_2H/Al_2Et_3Cl_3$ 催化体系分别进行了全可逆和半可逆的链转移反应。在丁二烯聚合结束后继续加入丁二烯单体进行聚合，聚合继续进行，并且每一步得到的聚合物的分子量都与转化率成正比，表明了两种催化体系具有活性聚合的特征。

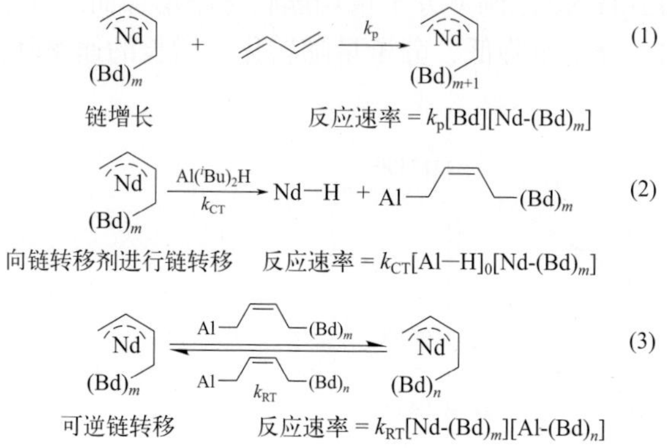

Nd
(Bd)m
+
kp
Nd
(Bd)m+1
(1)
链增长
反应速率 = kp[Bd][Nd-(Bd)m]
Nd
(Bd)m
Al(iBu)2H
kCT
Nd—H
+ Al
(Bd)m
(2)
向链转移剂进行链转移
反应速率 = kCT[Al—H]0[Nd-(Bd)m]
Nd
(Bd)m
Al
(Bd)m
Al
kRT
(Bd)n
Nd
(Bd)n
(3)
可逆链转移
反应速率 = kRT[Nd-(Bd)m][Al-(Bd)n]

图3-61　二烯聚合反应中的链转移和链增长过程

本书著者团队研究了丁二烯在 Ziegler-Natta 型钕系催化剂作用下的配位聚合，得到聚合过程中转化率、聚合物分子量与分子量分布的变化情况以及聚合物分子量与单体聚合转化率的关系[130-132]。

钕系催化剂催化丁二烯可控 / 活性配位聚合的合成路线如图 3-62 所示[130-131]。催化剂先与丁二烯单体络合形成烯丙基活性中心完成链引发，之后引发丁二烯链增长得到聚丁二烯活性链，使用醇类终止聚合可得到聚丁二烯产物。

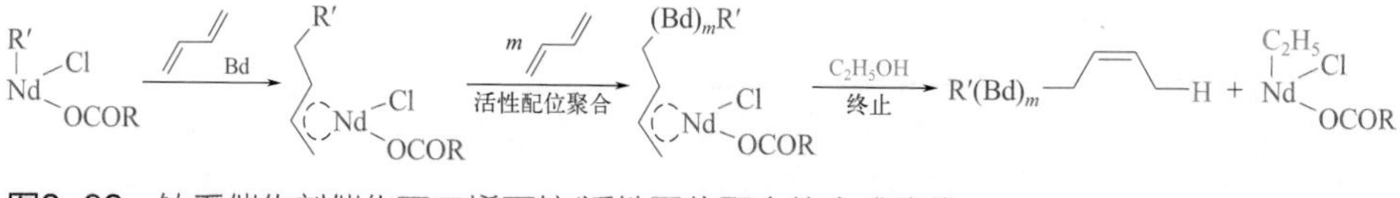

R′
Cl
Nd
OCOR
Bd
R′
Nd
Cl
OCOR
m
活性配位聚合
(Bd)mR′
Nd
Cl
OCOR
C2H5OH
终止
R′(Bd)m
H
+
C2H5
Cl
Nd
OCOR

图3-62　钕系催化剂催化丁二烯可控/活性配位聚合的合成路线

图 3-63（a）为单体聚合转化率和 $\ln([M]_0/[M])$ 与聚合时间 (t_p) 的关系图[130-131]。从图 3-63（a）可以看出，在这一聚合条件下，随着聚合时间的延长，单体聚合转化率逐渐增加，$\ln([M]_0/[M])$ 随着聚合时间的延长而线性增加并通过原点，表明单体转化速率与单体浓度呈现一级动力学关系，聚合过程中可链增长的活性中心的浓度保持不变。不同聚合时间下得到的聚合物 GPC 曲线及分子量与丁二烯

转化率的关系如图 3-63（b）所示。从图 3-63（b）可以看出，所有的聚丁二烯的 GPC 曲线均呈现出单峰分子量分布，并且随着单体聚合转化率的增加，聚丁二烯的 GPC 曲线逐渐向高分子量区域移动。如图 3-63（b）所示，聚丁二烯的 $\overline{M}_n$ 随单体聚合转化率的增加呈线性增加，表明体系中的不可逆链终止反应可以忽略。聚合反应的动力学结果以及分子量与单体聚合转化率的线性关系表明，在钕系催化剂作用下丁二烯在己烷中进行的溶液配位聚合呈现出活性聚合特征。

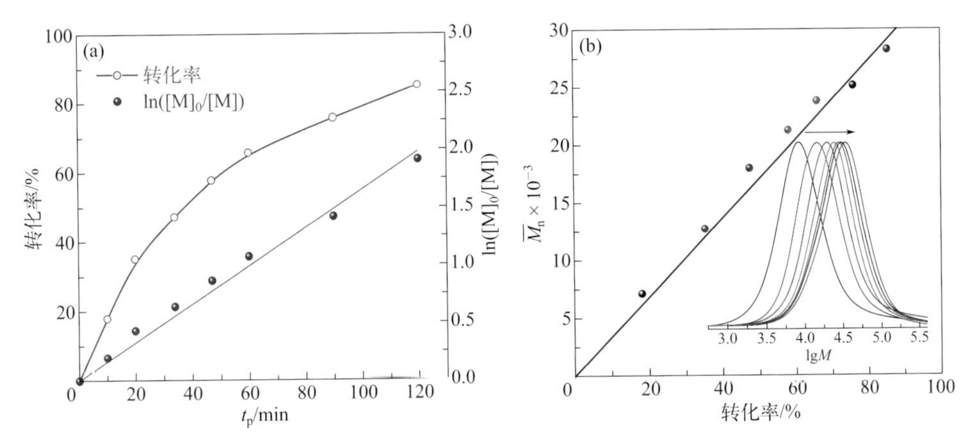

图3-63 丁二烯转化率和ln([M]$_0$/[M])与聚合时间的关系曲线（a），聚丁二烯的数均分子量（$\overline{M}_n$）与丁二烯转化率的关系曲线，以及不同转化率下的聚丁二烯的GPC曲线（b）

为了进一步证实钕系催化剂催化丁二烯配位聚合的活性聚合特征，在丁二烯单体耗尽后，向反应体系中添加新的单体。不同单体添加阶段得到的聚丁二烯的 GPC 曲线如图 3-64（a）所示。

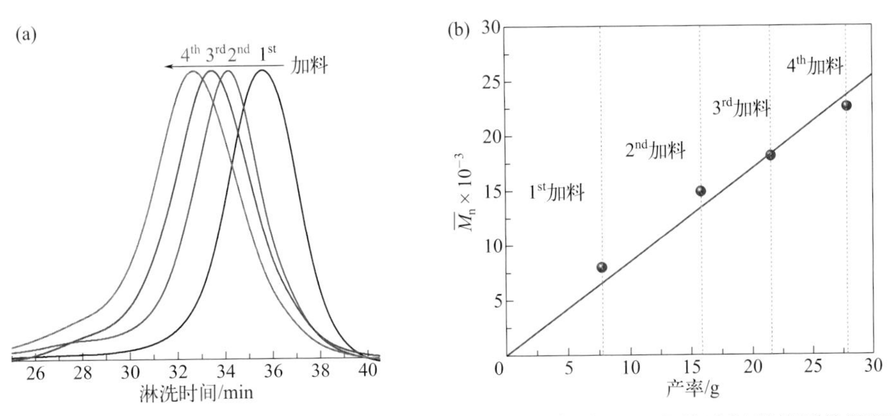

图3-64 不同聚合阶段得到的聚丁二烯的GPC曲线（a），不同聚合阶段得到的聚丁二烯的 $\overline{M}_n$ 与聚丁二烯产率的关系曲线（b）

从图 3-64（a）可以看出，不同聚合阶段得到的聚丁二烯的 GPC 曲线呈现出单峰分子量分布，并且随着单体继续投入，得到的聚丁二烯的 GPC 曲线逐渐向高分子量区域移动。不同聚合阶段得到的聚丁二烯的 $\overline{M}_n$ 与聚丁二烯产率的关系曲线如图 3-64（b）所示 [130-131]：聚丁二烯的 $\overline{M}_n$ 随聚丁二烯的产率的增加呈线性增加，进一步验证了所使用的钕系催化剂催化丁二烯配位聚合的活性聚合特征 [130-131]。

本书著者团队 [30] 采用钕系催化剂催化丁二烯的聚合反应速率与单体浓度呈一级动力学关系，并且聚丁二烯产物分子量随转化率增大线性增加，在聚合反应结束后，继续加入单体，反应继续进行，且聚丁二烯产物分子量与产率成正比，具有活性聚合的特征。

采用钕系催化剂催化丁二烯可控 / 活性配位聚合方法，通过改变单体的投料量可以设计合成不同分子量的聚丁二烯。不同单体投料量所得到的聚丁二烯的 GPC 曲线如图 3-65（a）所示。不同单体投料量得到的聚丁二烯的 GPC 曲线均呈现出单峰分子量分布，并且随着单体投料的增加，聚丁二烯的 GPC 曲线逐渐向高分子量区域移动。不同单体投料量得到的聚丁二烯的 $\overline{M}_n$ 与聚丁二烯产率的关系如图 3-65（b）所示 [130-131]。聚丁二烯的数均分子量与消耗单体呈线性增加关系，进一步验证了活性聚合特征。

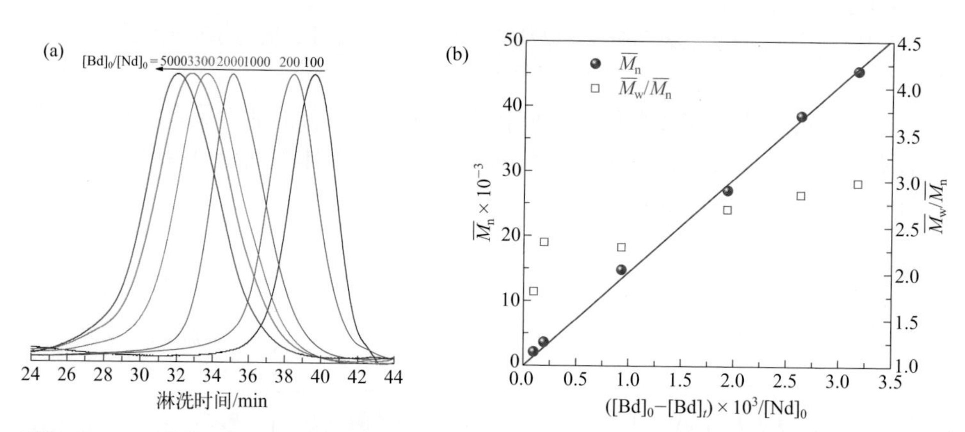

图3-65　不同单体投料量得到的聚丁二烯的GPC曲线（a），不同单体投料量得到的聚丁二烯的 $\overline{M}_n$ 与聚丁二烯产率的关系曲线（b）

聚丁二烯的分子量与微观结构含量包括顺 -1,4 结构、反 -1,4 结构和 1,2- 结构的关系如图 3-66 所示 [130-131]。对于 $\overline{M}_n$ 范围为 $(1.7 \sim 45.5) \times 10^3$ 的聚丁二烯产物，其 1,2- 结构含量都非常低，均小于 2.3%；对于 $\overline{M}_n$ 范围为 $(14.8 \sim 45.5) \times 10^3$ 的聚丁二烯产物，其 1,2- 结构含量均小于 0.7%。，当聚丁二烯的 $\overline{M}_n$ 在 $(1.7 \sim 14.8) \times 10^3$

范围时，顺 -1,4 结构含量变化小，在 80.8%~81.6%，不随聚丁二烯分子量的降低而降低。当聚丁二烯的 $\overline{M}_n$ 低于 14.8×10^3 时，其顺 -1,4 结构的含量仅与金属配位的聚合物链末端烯丙基结构有关，不受分子量的影响。随着聚丁二烯的 $\overline{M}_n$ 从 14.8×10^3 增加到 45.5×10^3，顺 -1,4 结构的含量从 81.6% 大幅增加到 97.0%，这是由于聚合物长链的大空间位阻导致对式 -π- 烯丙基末端结构和同式 -π- 烯丙基末端结构之间的转变难以进行，使得高分子量聚丁二烯的顺 -1,4 结构含量增加。

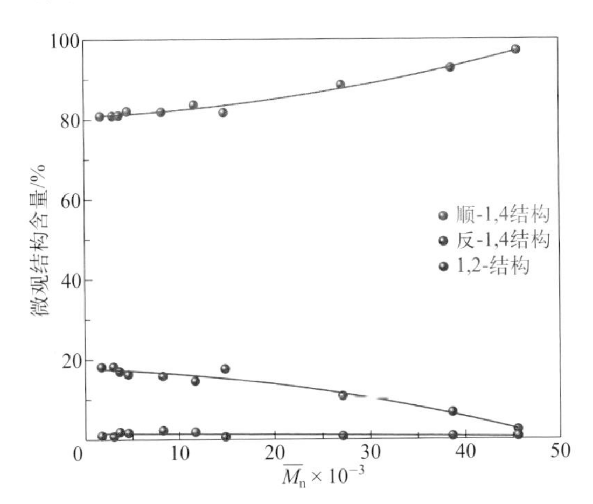

图3-66　聚丁二烯的分子量与微观结构含量的关系

通过调控单体投料 $[Bd]_0/[Nd]_0$ 由 100 增加到 5000，成功合成一系列 $\overline{M}_n$ 范围为 $(1.7\sim45.5)\times10^3$ 的聚丁二烯，分子量分布指数在 1.8 ～ 3.0 范围内，顺 -1,4 结构含量在 80.8% ～ 97.0% 之间。

将原位 ATR-FTIR 技术用于在线研究稀土催化丁二烯配位聚合过程中转化率及聚合反应动力学 [133]，丁二烯聚合反应速率对单体浓度呈现一级动力学关系，表观增长活化能为 56.5kJ/mol，说明提高聚合温度有利于加速聚合反应。在聚合过程中，聚丁二烯的分子量随单体转化率呈线性增加，其 GPC 曲线显示单峰分子量分布，分子量分布较窄，分子量分布指数约为 2.5，聚丁二烯产物的微观结构中顺 -1,4 结构含量大于 98%, 玻璃化转变温度约为 −109℃，并产生明显的低温结晶现象。

上述钕系催化剂对丁二烯的聚合具有活性聚合的特征，这表明如果聚合体系中只要存在单体，聚合就可不断进行。在丁二烯聚合完成后加入一种极性共聚单体乙烯基三甲氧基硅烷 [V-Si$(OMe)_3$]，得到末端三甲氧基硅烷官能化的高顺式聚丁二烯 [*cis*-PB-Si$(OMe)_3$]。*cis*-PB-Si$(OMe)_3$ 的合成反应式如图 3-67 所示 [130-131]。在聚合体系中的丁二烯耗尽后，往聚丁二烯活性链体系中加入共聚单体 V-Si$(OMe)_3$，可以实现聚丁二烯活性链末端与共聚单体 V-Si$(OMe)_3$ 的配位共聚，得到具有—$Si(OMe)_3$ 末端的活性链。使用乙醇或者甲醇终止反应后可得到 *cis*-PB-$Si(OMe)_3$。如果 *cis*-PB-$Si(OMe)_3$ 中聚丁二烯段的数均分子量为 8.2×10^3，则样品表示为 *cis*-$PB_{8.2k}$-$Si(OMe)_3$。

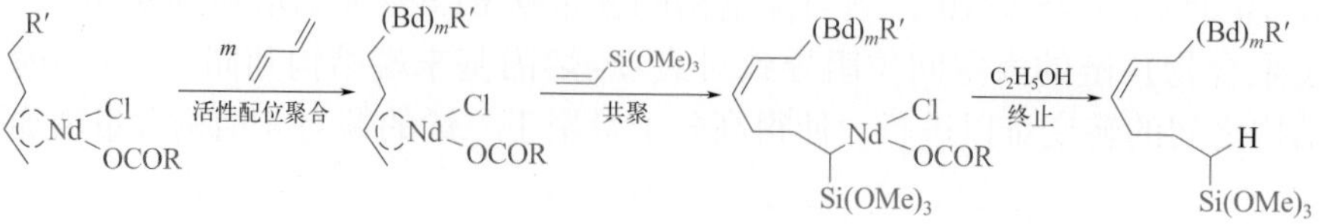

图3-67　通过共聚单体V-$Si(OMe)_3$和聚丁二烯活性链末端共聚合成*cis*-PB-$Si(OMe)_3$的合成反应式

为了研究 *cis*-PB-$Si(OMe)_3$ 的化学结构，对 *cis*-PB-$Si(OMe)_3$ 进行 FTIR 表征，以聚丁二烯作为参照[130-131]。*cis*-$PB_{8.2k}$ 和 *cis*-$PB_{8.2k}$ -$Si(OMe)_3$ 的 FTIR 谱图如图 3-68（a）所示。从图 3-68（a）可以看出，738cm^{-1}、967cm^{-1} 和 911cm^{-1} 处吸收峰分别归属于聚丁二烯的顺 -1,4 结构 ($\delta_{C—H}$)、反 -1,4 结构 ($\delta_{C—H}$) 和 1,2- 结构 (δ_{CH_2}) 双键中的 C—H 平面外弯曲振动。在 1082cm^{-1} 处的吸收峰归属于—$Si(OMe)_3$ 中 Si—O 伸缩振动 ($\nu_{Si—O}$)，在 812cm^{-1} 处的吸收峰归属于—$Si(OMe)_3$ 中 C—H 面内摇摆振动 (γ_{CH_2})。*cis*-$PB_{8.2k}$-$Si(OMe)_3$ 的 FTIR 谱图上未观察到归属于 V-$Si(OMe)_3$ 中双键伸缩振动的吸收峰 ($\nu_{C=C}$, 1600cm^{-1})，表明 V-$Si(OMe)_3$ 与带有活性链末端的聚丁二烯前驱体发生共聚反应。通过 *cis*-$PB_{8.2k}$-$Si(OMe)_3$ 的 FTIR 谱图还可以证明 *cis*-$PB_{8.2k}$-$Si(OMe)_3$ 中不含未反应的 V-$Si(OMe)_3$。

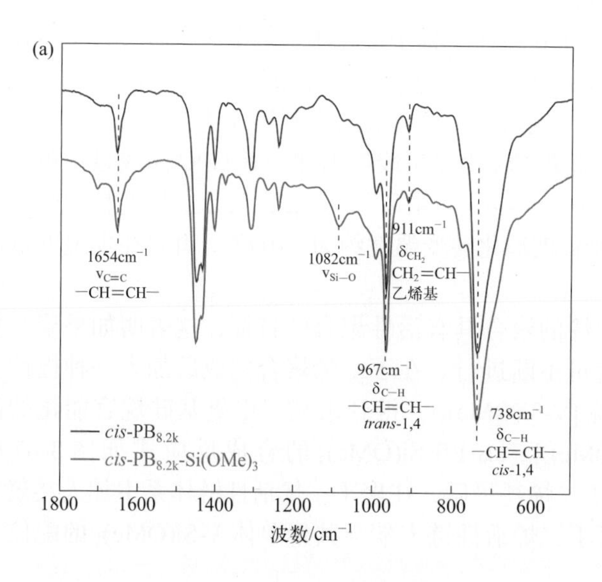

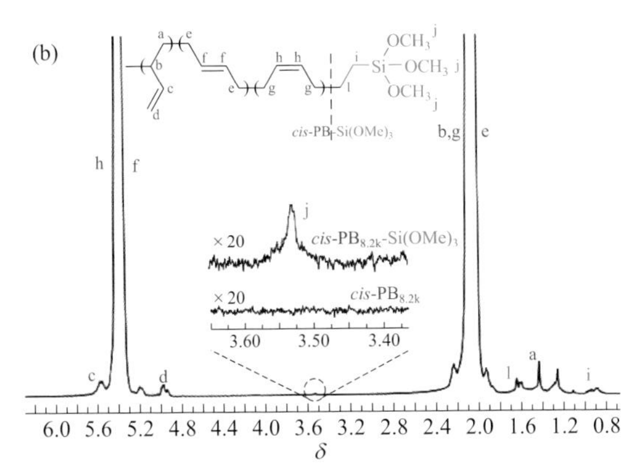

图3-68 *cis*-PB$_{8.2k}$和*cis*-PB$_{8.2k}$-Si(OMe)$_3$的FTIR谱图（a），*cis*-PB$_{8.2k}$和*cis*-PB$_{8.2k}$-Si(OMe)$_3$的^{1}H NMR谱图（b）

为了进一步研究 *cis*-PB-Si(OMe)$_3$ 的化学结构，对 *cis*-PB-Si(OMe)$_3$ 进行了 ^{1}H NMR 表征，以聚丁二烯作为参照。*cis*-PB$_{8.2k}$ 和 *cis*-PB$_{8.2k}$ -Si(OMe)$_3$ 的 ^{1}H NMR 谱图如图 3-68（b）所示 [130-131]。聚丁二烯的 ^{1}H NMR 谱图中各谱峰的化学位移如表 3-5 所示 [130-131]。δ=5.42 和 5.37 的特征峰分别归属于聚丁二烯的顺 -1,4 结构和反 -1,4 结构双键上的氢。δ=5.56 和 4.96 的特征峰归属于聚丁二烯的 1,2- 结构双键上的氢。δ=3.53 的特征峰归属于 *cis*-PB-Si(OMe)$_3$ 的—Si(OMe)$_3$ 的甲氧基上的氢。未见归属于 V-Si(OMe)$_3$ 双键上氢的 δ=5.88、6.05 和 6.17 的信号峰，未见归属于 V-Si(OMe)$_3$ 甲氧基上氢的 δ=3.58 处信号峰。结果表明，V-Si(OMe)$_3$ 与带有活性链末端的聚丁二烯前驱体发生共聚反应，并且得到的 *cis*-PB-Si(OMe)$_3$ 产物中不含未反应的 V-Si(OMe)$_3$ 单体。

表3-5 聚丁二烯的^{1}H NMR各谱峰的化学位移

项目	归属	化学位移 δ	结构式中位置
丁二烯结构单元	*cis*-1,4, **CH**═**CH**, 2H	5.42	h
	trans-1,4, **CH**═**CH**, 2H	5.37	f
	1,2-, CH$_2$═**CH**—, 1H	5.56	c
	1,2-, **CH$_2$**═CH—, 2H	4.96	d
	1,2-, CH$_2$═CH—**CH**—, 1H *trans*-1,4, —**CH$_2$**—CH═CH—**CH$_2$**—, 4H	2.08	b,e
	cis-1,4, —**CH$_2$**—CH═CH—**CH$_2$**—, 4H	2.04	g
	1,2-, CH$_2$═CH—CH—**CH$_2$**, 2H	1.43	a

cis-PB-Si(OMe)$_3$ 的官能度 [$F_{\text{—Si(OMe)}_3}$] 是评价端基官能化聚合物的重要指标之一，设计合成高官能度的端基官能化聚合物具有重要意义。通过归属于 1082cm^{-1} 处 *cis*-PB-Si(OMe)$_3$ 的—Si(OMe)$_3$ 上 Si—O 伸缩振动 ($\nu_{\text{Si—O}}$) 和归属于聚丁二烯

中双键伸缩振动 ($\nu_{C=C}$) 的吸光度的比值可以计算出 *cis*-PB-Si(OMe)$_3$ 的官能度 [$F_{—Si(OMe)_3}$]。在聚合温度为 50℃、$n(Bd_0)/n(Nd) = 2000$、$n(H)/n(Nd) = 6.5$ 的条件下首先合成数均分子量 ($\overline{M}_{n,PB}$) 为 20.0×10^3 的 *cis*-PB$_{20.0k}$ 活性链。在共聚温度 (T_{p2}) 为 50℃，共聚时间 (t_p) 为 3h 的条件下探究 n[V-Si(OMe)$_3$]/n(Nd) 在 1~25 范围内对 *cis*-PB-Si(OMe)$_3$ 的官能度 [$F_{—Si(OMe)_3}$] 的影响。如图 3-69（a）所示 [130-131]，当 n[V-Si(OMe)$_3$]/n(Nd) = 1 时，*cis*-PB-Si(OMe)$_3$ 的官能度为 51.8%；当 n[V-Si(OMe)$_3$]/n(Nd) = 25 时，*cis*-PB-Si(OMe)$_3$ 的官能度为 95.6%，*cis*-PB-Si(OMe)$_3$ 的官能度随共聚单体 V-Si(OMe)$_3$ 用量的增加而提高。增加共聚单体 V-Si(OMe)$_3$ 的用量可以有效提高 *cis*-PB-Si(OMe)$_3$ 的官能度，并且可以实现接近 100% 的官能度。在 $\overline{M}_{n,PB} = 20.0\times10^3$、$n$[V-Si(OMe)$_3$]/$n$(Nd) = 10、共聚时间为 3h 的条件下探究共聚温度对 *cis*-PB-Si(OMe)$_3$ 官能度的影响，共聚温度为 30 ～ 60℃。共聚温度对 *cis*-PB-

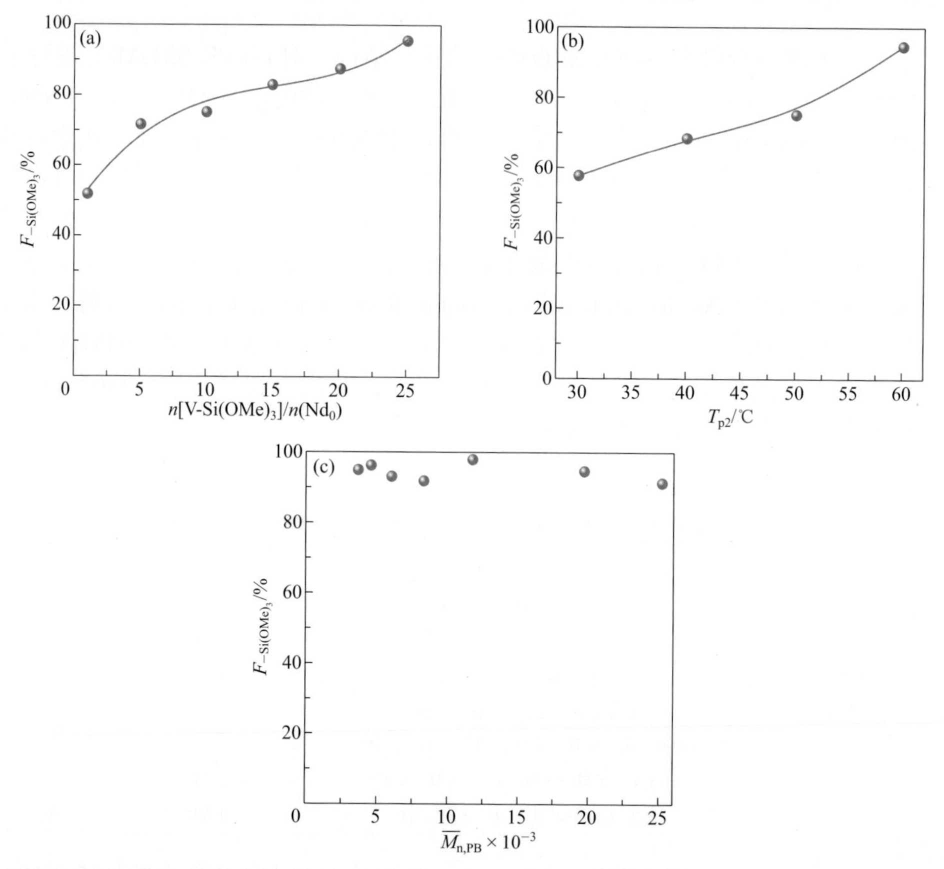

图3-69　共聚单体用量 {n[V-Si(OMe)$_3$]/n(Nd$_0$)}（a）、反应温度 (T_{p2})（b）和聚丁二烯活性链的数均分子量($\overline{M}_{n,PB}$)（c）对*cis*-PB-Si(OMe)$_3$官能度 [$F_{—Si(OMe)_3}$] 的影响

Si(OMe)$_3$ 官能度的影响如图 3-69（b）所示，*cis*-PB-Si(OMe)$_3$ 的官能度随共聚温度的增加从 57.7% 增加到 94.7%。因此，在优化条件下，在共聚温度为 60℃下，使用较低的共聚单体用量 {n[V-Si(OMe)$_3$]/n(Nd) = 10} 就可以得到官能度高于 95% 的 *cis*-PB-Si(OMe)$_3$。在优化条件下 {T_{p2} = 60℃，n[V-Si(OMe)$_3$]/n(Nd) = 10, t_p = 3h}，使用 $\overline{M}_{n,PB}$ 为（3.6 ～ 25.2）×10^3 的聚丁二烯活性链与共聚单体 V-Si(OMe)$_3$ 配位共聚反应，成功合成了一系列官能度高于 91% 的不同分子量系列 *cis*-PB-Si(OMe)$_3$，如图 3-69（c）所示，其中顺 -1,4 结构含量大于 80%。

3．硬段可结晶软段高顺式丁苯嵌段共聚物的合成

（1）聚（苯乙烯 -*b*- 丁二烯）两嵌段共聚物

聚（苯乙烯 -*b*- 丁二烯）两嵌段共聚物的合成反应式如图 3-70 所示[134-135]。首先合成带有活性链末端的富含间规立构聚苯乙烯链段，之后加入丁二烯单体，使得丁二烯在聚苯乙烯活性链末端进行顺 -1,4 加成聚合，进而制备聚（苯乙烯 -*b*- 丁二烯）两嵌段共聚物 S^sB^{cis}[134-135]。

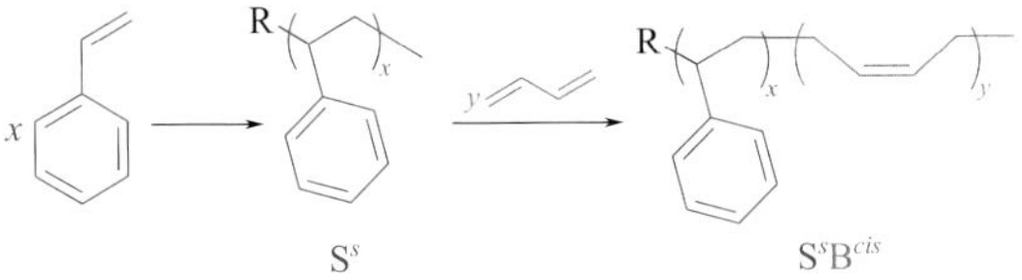

图3-70 聚（苯乙烯-*b*-丁二烯）两嵌段共聚物的合成反应式

S^sB^{cis} 两嵌段共聚物典型的 GPC 双检测曲线如图 3-71 所示[132]，可见紫外曲线与示差曲线有着较好的对应关系，说明苯乙烯单元分布于 S^sB^{cis} 两嵌段共聚物大分子链中。

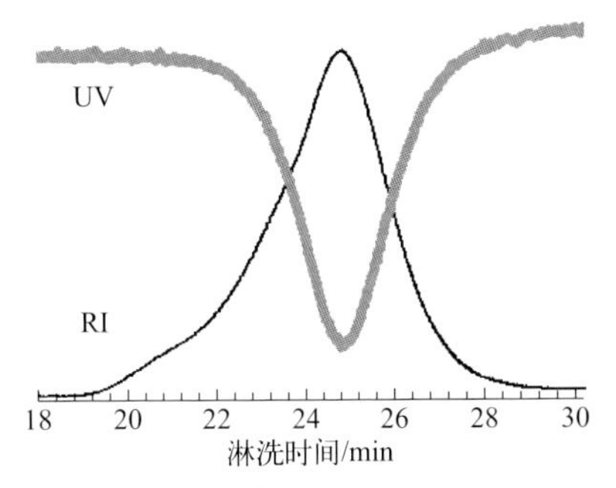

图3-71 S^sB^{cis}两嵌段共聚物的GPC曲线（UV和RI）

共聚物微观结构包括四种结构单元，分别为顺 -1,4 (C)、反 -1,4 (T)、1,2- (V) 和 St(S) 单元。由图 3-72 可见[134-135]，在 δ=5.40 处对应于顺 -1,4 结构的特征峰较强，而在 δ=4.98 处对应于 1,2- 结构的特征峰非常的弱，没有观察到对应于反 -1,4

结构的 δ=5.43 处的特征峰，这说明了在共聚物中丁二烯结构单元中顺 -1,4 结构含量很高，反 -1,4 结构单元很少，在 ^{1}H NMR 谱图中很难分辨出反式结构的特征峰。在 δ=7.07 和 6.52 处观测到的特征峰的面积积分比值为 3/2，表明了共聚物中存在较长的 PS 链段，这是 St 结构单元中苯环上两个邻位氢效应所致。因此，^{1}H NMR 表征结果说明该共聚物是由高顺式聚丁二烯链段和聚苯乙烯链段组成。共聚物中苯乙烯含量（摩尔分数）为 18.1% ～ 29.8%，在高苯乙烯含量的情况下，聚丁二烯链段顺 -1,4 结构含量仍保持在约 97%。

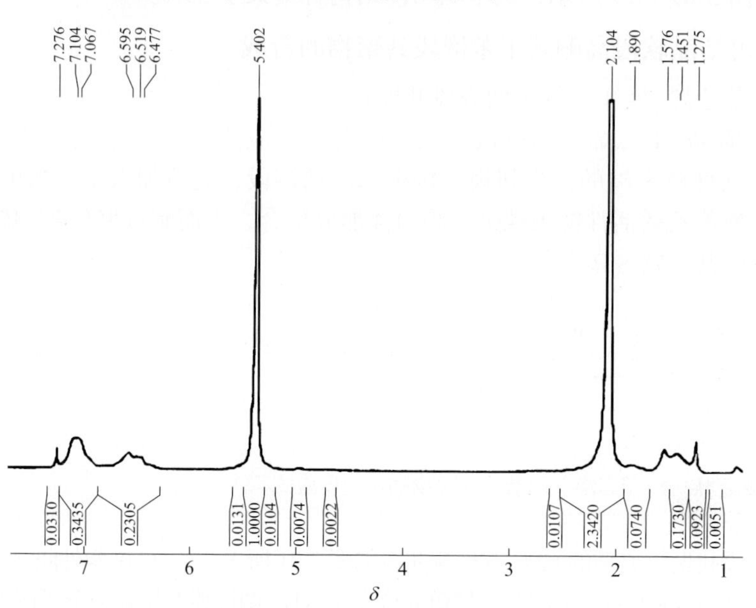

图3-72　S^{s}B^{cis}两嵌段共聚物的^{1}H NMR谱图

S^{s}B^{cis} 两嵌段共聚物可形成明显的微相分离状态，浅色的聚苯乙烯相的尺寸约为 40nm（图 3-73），均匀分散于深色的聚丁二烯相中 [134]。

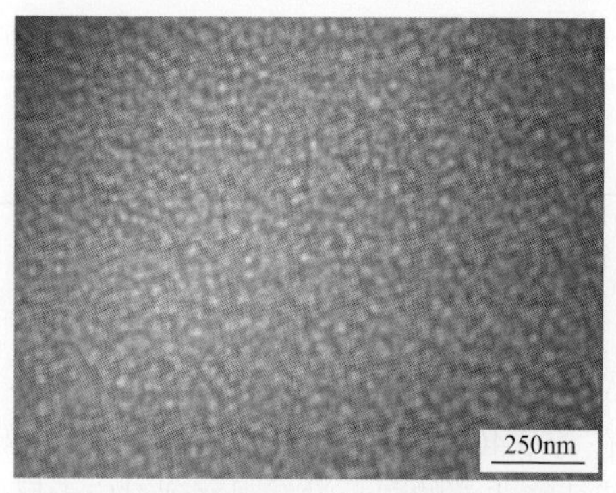

图3-73　S^{s}B^{cis}两嵌段共聚物的TEM照片

将 S^sB^{cis} 两嵌段共聚物与聚苯乙烯及顺丁橡胶共混，如图 3-74 所示[134]，尺寸较大（100 ～ 300nm）的椭圆形聚丁二烯相 -5 聚苯乙烯相不相容，两相边界清晰；若在上述共混体系中加入 8% 的两嵌段共聚物后，尺寸为 10 ～ 50nm 的聚丁二烯相均匀分散在聚苯乙烯相中，且两相边界模糊，表明丁苯嵌段共聚物可以作为非常有效的聚丁二烯 -5 聚苯乙烯共混的增容剂。

采用羧酸钕 / 三异丁基铝 / 含氯化合物催化剂及顺序聚合的方法，首先合成带有活性链端的高顺式聚丁二烯链段，之后加入苯乙烯单体，使得苯乙烯在丁二烯活性链端继续立构聚合，进而制备 $B^{cis}S^s$ 两嵌段共聚物，合成反应式如图 3-75 所示[136]。可得到丁二烯链段顺 -1,4 含量为 90% ～ 96%（摩尔分数），结合苯乙烯含量为 10% ～ 15%（摩尔分数），特性黏度为 0.8 ～ 1.2dL/g 的 $B^{cis}S^s$ 两嵌段丁苯共聚物。

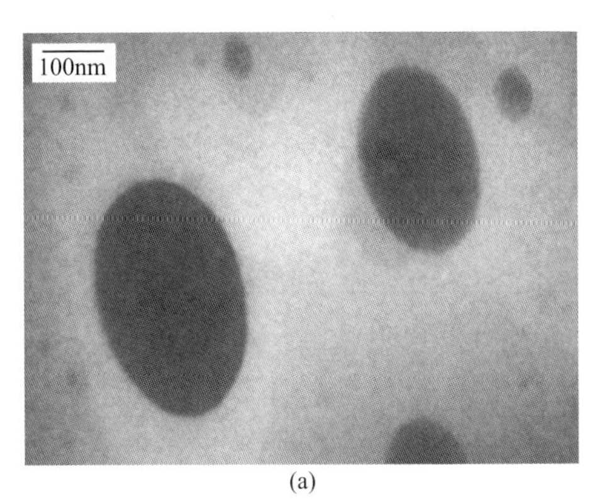

(a)

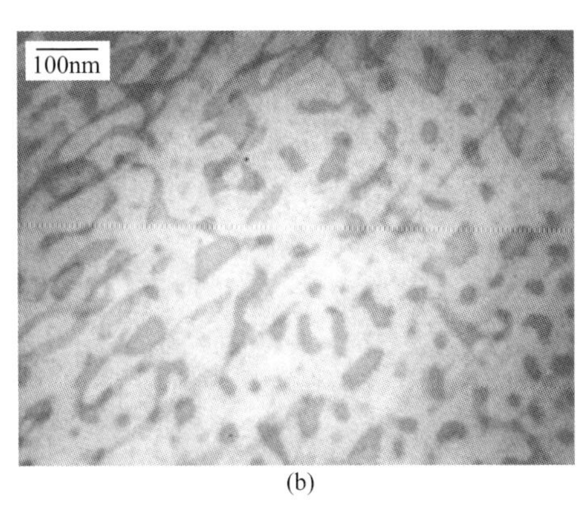

(b)

图3-74　PB及PS共混物PS/*cis*-PB(90%/10%)（a）及PS/*cis*-PB/SB (75%/17%/8 %)（b）的TEM照片

$B^{cis}S^s$

图3-75　$B^{cis}S^s$两嵌段共聚物的合成反应式

本书著者团队为了进一步证明上述体系聚合反应的活性特征，在聚丁二烯活性链末端与共聚单体 V-Si(OMe)$_3$ 的配位共聚反应之后，加入苯乙烯进一步进行共聚反应，合成反应式如图 3-76 所示[131]。

本书著者团队[131] 在聚合温度为 60℃、n(Bd)/n(Nd) = 200、n(H)/n(Nd) = 6.5 的条件下合成聚丁二烯活性链，在共聚温度 (T_{p2}) 为 60℃、n[V-Si(OMe)$_3$]/n(Nd) =

10、共聚时间 (t_p) 为 3h 的条件下合成 *cis*-PB-Si(OMe)$_3$ 活性链。在共聚温度 (T_{p3}) 为 60℃、n(St)/n(Nd) = 50、共聚时间 (t_p) 为 3h 的条件下合成 *cis*-PB-*b*-Si(OMe)$_3$-*b*-PS。聚合过程中体系逐渐由透明变成乳液状，说明存在不溶于正己烷的聚苯乙烯 (PS) 段，得到的 *cis*-PB-*b*-Si(OMe)$_3$-*b*-PS 经丁酮萃取，去除可能存在的均聚 PS，实验结果表明，无均聚 PS 生成。*cis*-PB$_{6.6k}$-Si(OMe)$_3$ 和 *cis*-PB$_{6.6k}$-*b*-Si(OMe)$_3$-*b*-PS$_{0.9k}$ 的 GPC 曲线如图 3-77（a）所示。*cis*-PB-Si(OMe)$_3$ 的数均分子量为 6.6×10^3，分子量分布指数为 2.81；*cis*-PB-*b*-Si(OMe)$_3$-*b*-PS 的数均分子量为 7.5×10^3，分子量分布为 2.43。结果表明，丁二烯活性链与 V-Si(OMe)$_3$ 共聚后的聚合物链仍具有活性，分子链仍能继续增长。*cis*-PB$_{6.6k}$-*b*-Si(OMe)$_3$-*b*-PS$_{0.9k}$ 的 RI 谱图和 UV 谱图如图 3-77（b）所示，UV 信号与 RI 信号完全对应，说明得到的聚合物为聚丁二烯与聚苯乙烯的共聚物。

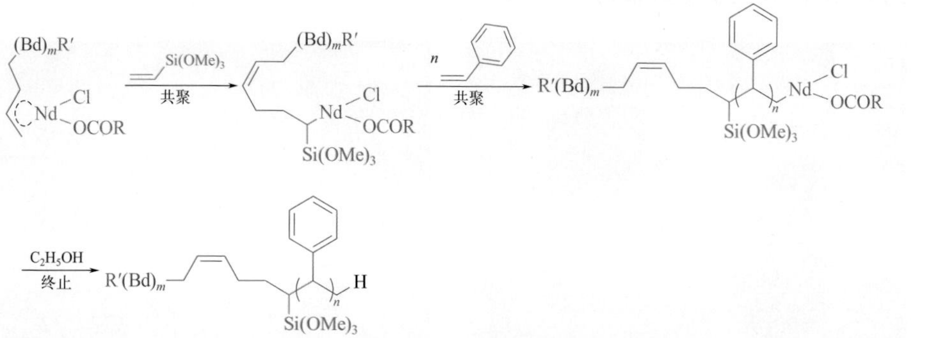

图3-76 通过共聚单体苯乙烯和*cis*-PB-Si(OMe)$_3$活性链末端共聚合成*cis*-PB-*b*-Si(OMe)$_3$-*b*-PS的合成反应式

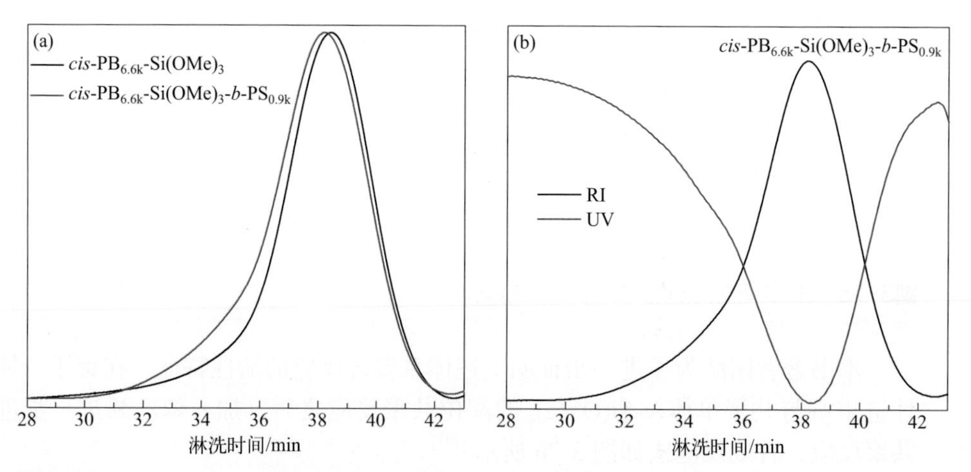

图3-77 *cis*-PB$_{6.6k}$-Si(OMe)$_3$和*cis*-PB$_{6.6k}$-*b*-Si(OMe)$_3$-*b*-PS$_{0.9k}$的GPC曲线（a），*cis*-PB$_{6.6k}$-*b*-Si(OMe)$_3$-*b*-PS$_{0.9k}$的RI和UV曲线（b）

为了进一步研究 *cis*-$PB_{6.6k}$-*b*-$Si(OMe)_3$-*b*-$PS_{0.9k}$ 的化学结构，对 *cis*-$PB_{6.6k}$-*b*-$Si(OMe)_3$-*b*-$PS_{0.9k}$ 进行 FTIR 表征，并以 *cis*-$PB_{6.6k}$ -$Si(OMe)_3$ 作为对比样，其 FTIR 谱图如图 3-78 所示[131]。在 *cis*-$PB_{6.6k}$-$Si(OMe)_3$ 和 *cis*-$PB_{6.6k}$-*b*-$Si(OMe)_3$-*b*-$PS_{0.9k}$ 的 FTIR 谱图中都可以观察到 738cm^{-1}、967cm^{-1} 和 911cm^{-1} 处吸收峰归属于 *cis*-PB 的顺 -1,4 结构 (Υ_{C-H})、反 -1,4 结构 (Υ_{C-H}) 和 1,2- 结构 (Υ_{CH_2}) 的双键中的 C—H 的平面外弯曲振动。FTIR 分析表明 V-$Si(OMe)_3$ 与带有活性链末端的聚丁二烯发生共聚反应，并且用于测试的样品中不存在未反应的 V-$Si(OMe)_3$。通过红外谱图计算可得，*cis*-$PB_{6.6k}$-$Si(OMe)_3$ 的顺 -1,4 结构含量为 81.5%，1,2- 结构的含量为 2.0%，官能度为 97.5%。*cis*-$PB_{6.6k}$-*b*-$Si(OMe)_3$-*b*-$PS_{0.9k}$ 的微观结构含量、官能度与 *cis*-$PB_{6.6k}$-$Si(OMe)_3$ 一致，PS 的质量分数为 5.4%。结果表明，聚丁二烯活性链与 V-$Si(OMe)_3$ 共聚后得到的 *cis*-PB-$Si(OMe)_3$ 聚合物链具有活性，分子链仍能继续增长，成功合成 *cis*-PB-*b*-$Si(OMe)_3$-*b*-PS 嵌段共聚物。

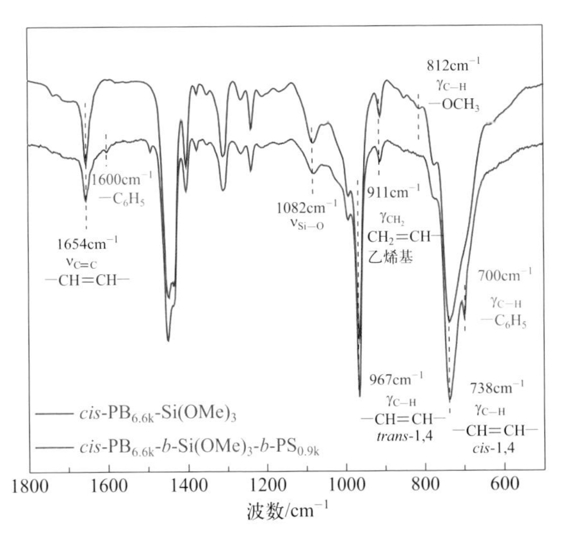

图3-78 *cis*-$PB_{6.6k}$-$Si(OMe)_3$和*cis*-$PB_{6.6k}$-*b*-$Si(OMe)_3$-*b*-$PS_{0.9k}$的FTIR谱图

综上所述，在得到 *cis*-PB-$Si(OMe)_3$ 活性链后，向聚合体系中加入苯乙烯进行共聚可以得到 *cis*-PB-*b*-$Si(OMe)_3$-*b*-PS，说明 V-$Si(OMe)_3$ 与聚丁二烯活性链共聚后 *cis*-PB-$Si(OMe)_3$ 聚合物链具有活性特征，可以用于合成不同单体结构单元的嵌段共聚物。

两嵌段丁苯共聚物 $B^{cis}S^{s}$ 对通用聚苯乙烯 (GPPS) 有明显的改性作用，添加少量 $B^{cis}S^{s}$ 两嵌段共聚物时，共混物的拉伸强度及冲击强度随用量增加而逐渐提高，当用量为 8% ～ 12% 时，二者均佳；当用量超过一定量后，力学性能下降。在苯乙烯结合量相近的情况下，分子量大的两嵌段共聚物的增韧效果比分子量小的共聚物的增韧效果好[111]。将 3% ～ 5%（质量分数）的丁苯嵌段共聚物 [$\overline{M}_w$ = 3.6×10^5 ～ 5.9×10^5、St 含量为 14.3% ～ 35.9%（质量分数）] 加入至 GPPS 中，对于力学性能的影响如图 3-79 所示，加入少量丁苯嵌段共聚物后，GPPS 的韧性得到明显改善，特别是有些样品的强度也有所增加，达到了增强增韧的效果[136-138]。

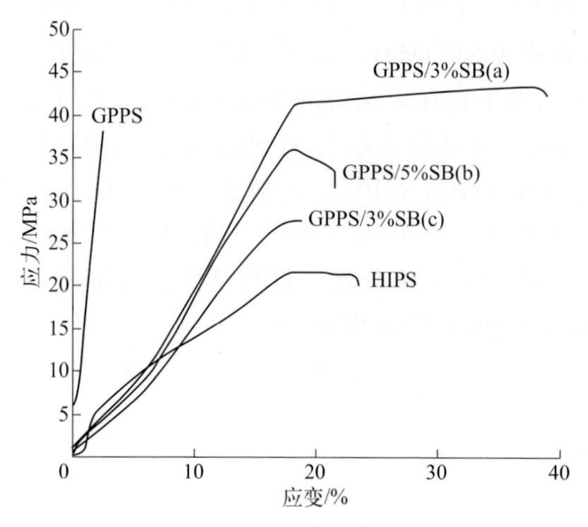

图3-79　GPPS、HIPS（高抗冲聚苯乙烯）及GPPS/SB的应力-应变曲线

为了进一步研究丁苯嵌段共聚物对 GPPS 力学性能的改善，对嵌段共聚物进行了 TEM 表征（图 3-80）[137]。HIPS 中形成明显的“海岛”结构，尺寸约 2μm 的 PB 相包藏结构分布在 PS 相中，两相之间界面比较清晰。与之不同的是 GPPS/SB 共混物中 10 ～ 30nm 的 PB 相均匀分布在 PS 相中，且两相之间界面模糊，这是能够达到增强增韧效果的重要因素。

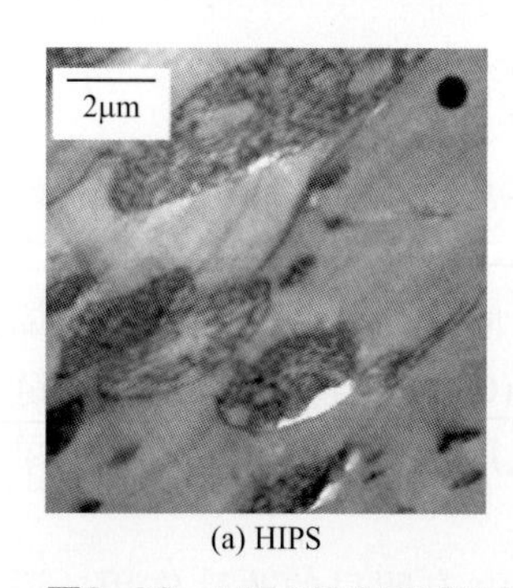

(a) HIPS

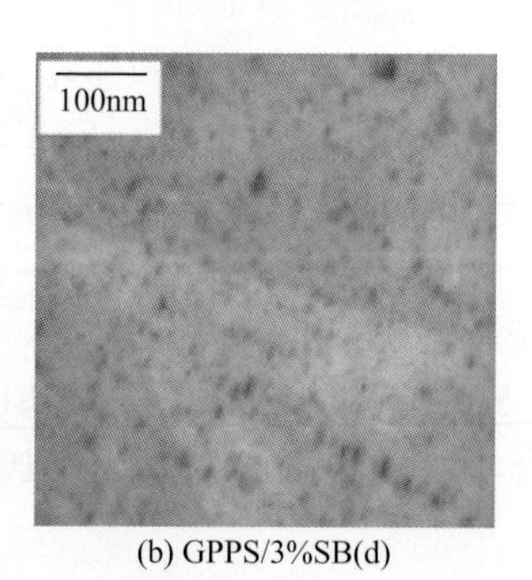

(b) GPPS/3%SB(d)

图3-80　HIPS及GPPS/SB的TEM照片

由于 *cis*-PB-$Si(OH)_3$ 末端的—$Si(OH)_3$ 基团间可以形成可逆的氢键，可发生自组装形成超分子结构。为此，本书著者团队[130-132] 探究了 *cis*-PB-$Si(OH)_3$ 的本

体自组装及其演变过程以及 *cis*-PB-Si$(OH)_3$ 前驱体分子量对自组装的影响。线型 *cis*-PB-Si$(OH)_3$ 前驱体本体自组装得到星形 *cis*-PB-Si$(OH)_3$ 的示意图如图 3-81 所示。—Si$(OH)_3$ 通过氢键作用聚集形成硬核，柔软的聚丁二烯段朝向外，得到一个硬核 - 软壳的星形结构。

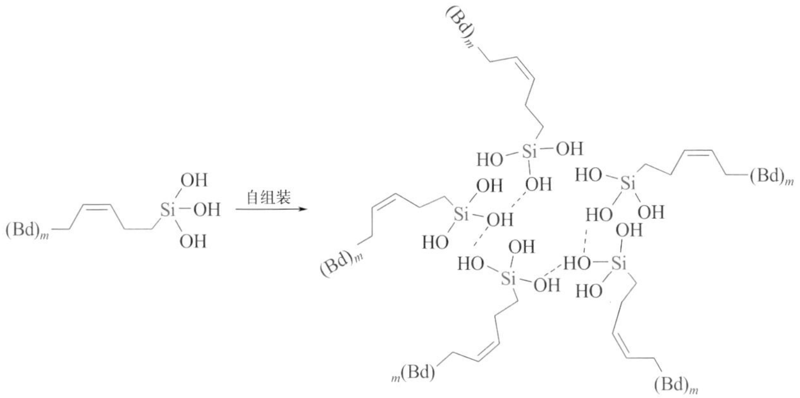

图3-81　末端硅羟基官能化聚丁二烯本体自组装得到星形*cis*-PB-Si$(OH)_3$

为了验证线型 *cis*-PB-Si$(OH)_3$ 前驱体本体自组装过程，本书著者团队 [130-132] 通过 GPC-MALS 对 *cis*-$PB_{34.7k}$ 和在 25℃下放置 12h、35h 和 60h 的 *cis*-$PB_{34.7k}$-Si$(OH)_3$ 进行表征，对 *cis*-$PB_{34.7k}$ 和在 25℃下放置不同时间的 *cis*-$PB_{34.7k}$-Si$(OH)_3$ 的构象进行分析。*cis*-$PB_{34.7k}$ 和在 25℃下放置 60h 的 *cis*-$PB_{34.7k}$-Si$(OH)_3$ 的 GPC-RI 曲线如图 3-82（a）所示。与 *cis*-$PB_{34.7k}$ 相对比，在 25℃下放置 60h 的 *cis*-$PB_{34.7k}$-Si$(OH)_3$ 的 GPC-RI 曲线在高分子量部分出现了明显的淋洗峰，表明 *cis*-$PB_{34.7k}$-Si$(OH)_3$ 组装成分子量更大的聚合物。同时，与 *cis*-$PB_{34.7k}$ 相对比，低分子量部分的峰向高分子量部分移动，说明 *cis*-$PB_{34.7k}$-Si$(OH)_3$ 全都参与组装。

为了探究不同分子量的 *cis*-PB-Si$(OH)_3$ 前驱体对自组装的影响，通过 GPC-MALS 对在 25℃下放置 35h 的 $\overline{M}_n$ 从（20.9 ～ 87.4）×10^3 的 *cis*-PB-Si$(OH)_3$ 进行表征，以线型聚丁二烯作为对照样，对在 25℃下放置 35h 的 *cis*-$PB_{20.9k}$-Si$(OH)_3$、*cis*-$PB_{34.7k}$-Si$(OH)_3$ 和 *cis*-$PB_{87.4k}$-Si$(OH)_3$ 的构象进行分析。在 25℃下放置 35h 的 *cis*-$PB_{20.9k}$-Si$(OH)_3$、*cis*-$PB_{34.7k}$-Si$(OH)_3$ 和 *cis*-$PB_{87.4k}$-Si$(OH)_3$ 的 Mark-Houwink 曲线如图 3-83 所示 [130-132]。不同分子量的 *cis*-PB-Si$(OH)_3$ 在 25℃下放置 35h 后，*cis*-$PB_{20.9k}$-Si$(OH)_3$、*cis*-$PB_{34.7k}$-Si$(OH)_3$ 在相同分子量下的特性黏度都小于线型样品，表明样品完全参与组装形成星形 *cis*-PB-Si$(OH)_3$。*cis*-$PB_{87.4k}$-Si$(OH)_3$ 的 Mark-Houwink 曲线在低分子量部分与线型样重合，而在高分子量部分的特性黏度都低于线型样品，表明此部分样品参与组装形成星形 *cis*-PB-Si$(OH)_3$。在 25℃下放置

35h 后的 *cis*-PB-Si$(OH)_3$ 随着 $\overline{M}_n$ 从 20.9×10^3 增大到 87.4×10^3，α 值从 0.405 逐渐上升至 0.497，且均小于线型样的 0.677，表明 *cis*-PB-Si$(OH)_3$ 的分子量越大在相同储存时间下支化程度越小，所形成的星形 *cis*-PB-Si$(OH)_3$ 的臂的数目更少。*cis*-PB-Si$(OH)_3$ 的分子量增大使得聚合物链的空间位阻增大，减慢了自组装的速度，使得在相同组装时间下所形成的星形 *cis*-PB-Si$(OH)_3$ 的臂的数目更少。

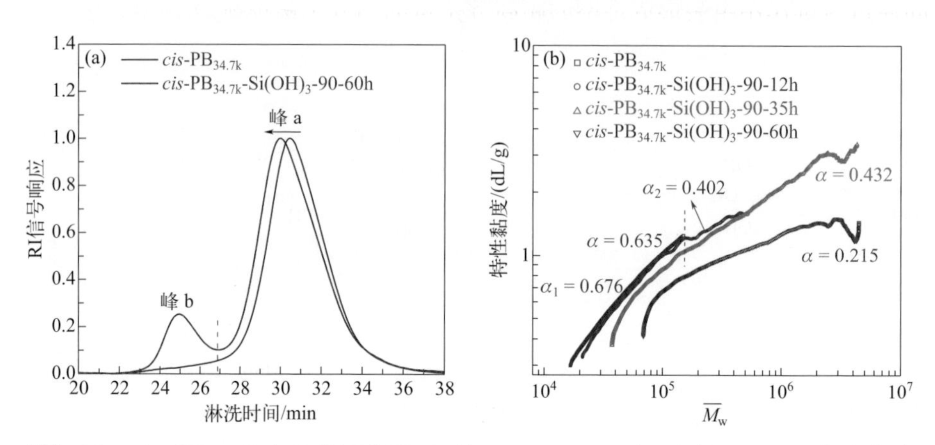

图3-82 *cis*-$PB_{34.7k}$和在25℃下放置60h的*cis*-$PB_{34.7k}$-Si$(OH)_3$的GPC-RI曲线（a），*cis*-$PB_{34.7k}$和在25℃下放置12h、35h和60h的*cis*-$PB_{34.7k}$-Si$(OH)_3$的Mark-Houwink曲线（b）

编号中90代表分子链末端官能基团占所有链末端基团的含量为90%；α是反映高分子在溶液中形态的参数

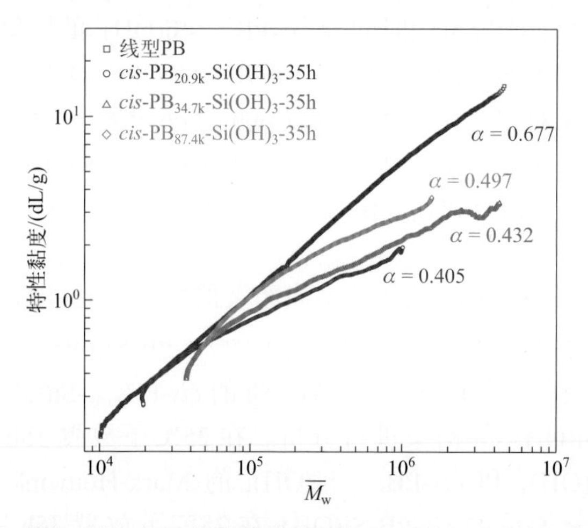

图3-83 在25℃下放置35h的*cis*-$PB_{20.9k}$-Si$(OH)_3$、*cis*-$PB_{34.7k}$-Si$(OH)_3$和*cis*-$PB_{87.4k}$-Si$(OH)_3$的Mark-Houwink曲线

线型 *cis*-PB-Si$(OH)_3$ 前驱体的自组装演变过程如图 3-84 所示 [130-132]，线型 *cis*-PB-Si$(OH)_3$ 前驱体的自组装过程经历了三个阶段。在第一阶段中，部分 *cis*-

$PB-Si(OH)_3$ 前驱体通过自组装形成星形聚合物，体系中仍然存在未组装的线型 *cis*-$PB-Si(OH)_3$ 前驱体，体系为自组装形成星形聚合物与线形 *cis*-$PB-Si(OH)_3$ 前驱体的混合物。在第二阶段，所有的线型 *cis*-$PB-Si(OH)_3$ 前驱体都通过自组装形成星形 *cis*-$PB-Si(OH)_3$，体系中几乎没有线型 *cis*-$PB-Si(OH)_3$ 前驱体存在。在第三阶段，自组装形成的星形 *cis*-$PB-Si(OH)_3$ 发生二次组装，星形 *cis*-$PB-Si(OH)_3$ 间通过氢键作用组装形成不溶的超高分子量的超分子聚集体。

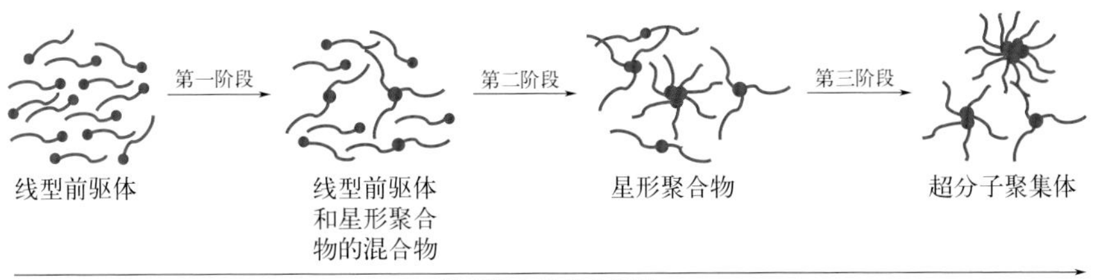

图3-84　线型*cis*-$PB-Si(OH)_3$前驱体的自组装演变过程

为了进一步研究自组装所形成的超分子结构的稳定性，对储存在 25℃下 6 个月的 *cis*-PB_{21k}-$Si(OH)_3$ 进行溶解性实验。*cis*-$PB-Si(OH)_3$ 在二甲苯中的溶解性实验验证线型 *cis*-$PB-Si(OH)_3$ 前驱体与 *cis*-$PB-Si(OH)_3$ 超分子聚集体的可逆转变过程如图 3-85 所示。在 25℃下放置 12h 的 *cis*-PB_{21k}-$Si(OH)_3$ 可在室温下完全溶解于二甲苯［图 3-85（a）］[130-131]，在 25℃下放置 6 个月的 *cis*-PB_{21k}-$Si(OH)_3$ 在二甲苯中 7d 后仅溶胀不溶解［图 3-85（b）］。将在二甲苯中仅溶胀不溶解的 *cis*-PB_{21k}-$Si(OH)_3$ 在 140℃下加热 30min，样品完全溶解［图 3-85（c）］，此时 *cis*-PB_{21k}-$Si(OH)_3$ 间的氢键被解开。为了验证不溶的 *cis*-PB_{21k}-$Si(OH)_3$ 在 140℃下加热 30min 完全溶解是因为氢键解开而非样品降解，将已经溶解的 *cis*-PB_{21k}-$Si(OH)_3$ 在 25℃下放置 6 个月，之后使用二甲苯进行溶解性实验。已经溶解的 *cis*-PB_{21k}-$Si(OH)_3$ 在 25℃下放置 6 个月后在二甲苯中 7d 后仅溶胀不溶解，说明 *cis*-PB_{21k}-$Si(OH)_3$ 间的氢键已经再次形成，得到超分子结构［图 3-85（d）］。将在二甲苯中仅溶胀不溶解的 *cis*-PB_{21k}-$Si(OH)_3$ 在 140℃下加热 30min，样品完全溶解［图 3-85（c）］，此时 *cis*-PB_{21k}-$Si(OH)_3$ 间的氢键再次被解开。由于氢键具有可逆性，线型 *cis*-$PB-Si(OH)_3$ 前驱体与 *cis*-$PB-Si(OH)_3$ 超分子聚集体间可以发生可逆转变。*cis*-$PB-Si(OH)_3$ 超分子聚集体在可回收弹性体和自愈合材料中具有潜在的应用前景。

（2）硬段可结晶软段高顺式聚（苯乙烯 -*b*- 丁二烯 -*b*- 苯乙烯）三嵌段共聚物

在制备苯乙烯 - 丁二烯两嵌段共聚物基础上，进一步催化苯乙烯单体在丁二烯活性链端继续增长，进而制备苯乙烯 - 丁二烯 - 苯乙烯三嵌段共聚物，合成反应式如图 3-86 所示 [138-142]。

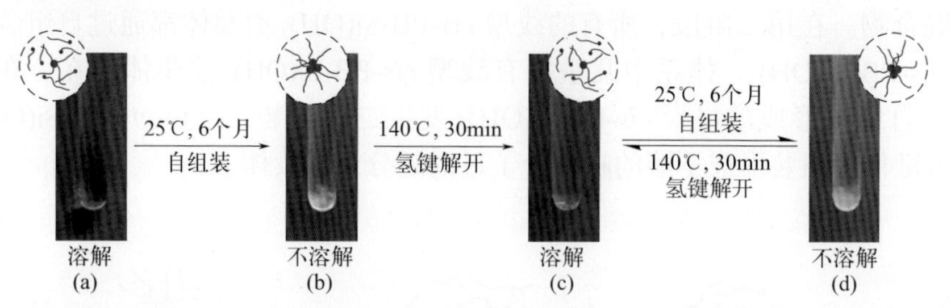

图3-85 *cis*-PB-Si(OH)$_3$在二甲苯中的溶解性实验验证线型*cis*-PB-Si(OH)$_3$前驱体与*cis*-PB-Si(OH)$_3$超分子聚集体的可逆转变过程

（a）25℃下放置12h可溶的*cis*-PB$_{32.4k}$-Si(OH)$_3$的照片；（b）25℃下放置6个月后不溶的*cis*-PB$_{32.4k}$-Si(OH)$_3$的照片；（c）不溶的*cis*-PB$_{32.4k}$-Si(OH)$_3$在140℃下加热30min后完全溶解的照片；（d）溶解后的*cis*-PB$_{32.4k}$-Si(OH)$_3$在25℃下放置6个月后不溶的*cis*-PB$_{32.4k}$-Si(OH)$_3$的照片

S^s　　S^sB^{cis}　　$S^sB^{cis}S^s$

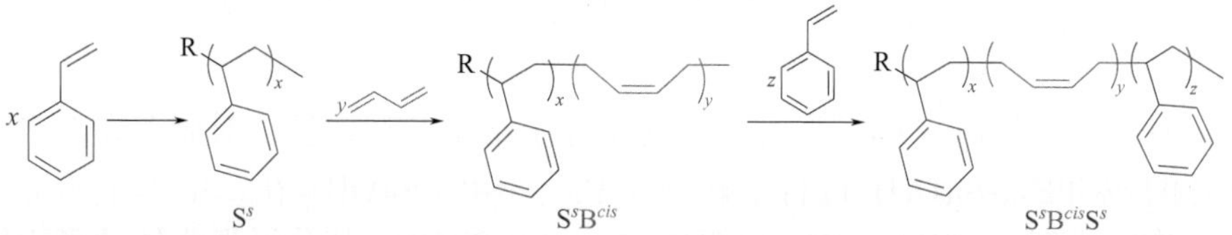

图3-86 聚（苯乙烯-*b*-丁二烯-*b*-苯乙烯）三嵌段共聚物$S^sB^{cis}S^s$的合成反应式

不同丁二烯 / 苯乙烯 (Bd/St) 单体配比条件下所得聚苯乙烯及三嵌段共聚物 $S^sB^{cis}S^s$ 的 GPC 曲线如图 3-87 所示。

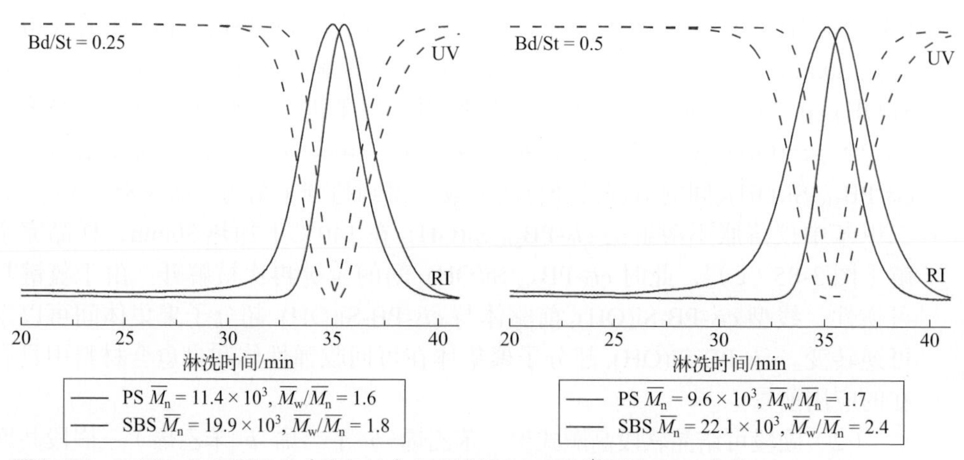

图3-87 Bd/St=0.25及0.5（摩尔比）时所得PS与$S^sB^{cis}S^s$的GPC曲线

当丁二烯 / 苯乙烯单体摩尔比由 0.25 增加至 0.5 时，$S^sB^{cis}S^s$ 的数均分子量与分子量分布指数分别为 (19.9 ～ 22.1)×10^3 及 1.8 ～ 2.4，随着丁二烯 / 苯乙烯单体摩尔比值增加，所得 $S^sB^{cis}S^s$ 的分子量有所升高，通过调节丁二烯 / 苯乙烯单体摩尔比值，可获得不同分子量且相对较窄分子量分布（$\overline{M}_w/\overline{M}_n<2.5$）的丁苯三嵌段共聚物。

（二）硬段可结晶软段高顺式丁苯嵌段共聚物的结构特点、表征方法与性能

Zigeler-Natta 稀土催化合成的丁苯三嵌段共聚物 $S^sB^{cis}S^s$ 与传统阴离子合成的丁苯嵌段共聚物相比起来，由于丁二烯链段顺式含量高，苯乙烯链段的规整性高、结晶性好，因此使用温度和力学性能均会大幅度提高，是一种性能非常优良的热塑性弹性体。

对 $S^sB^{cis}S^s$-48.7-50.4（$\overline{M}_n$ =48.7×10^3，St 质量分数 =50.4%）进行 ^{13}C NMR 测试，聚苯乙烯段的苯环上 C1 的化学位移如图 3-88 和表 3-6 所示 [138]，用芳香族的碳信号（δ=145.0 ～ 147.0）进行数据处理计算立构规整度。[rr] 介于 145.0 和 145.7 之间；[mr] 介于 145.8 和 146.2 之间；[mm] 介于 146.2 和 146.9 之间；三元间规结构 [rr] 占比为 63%。

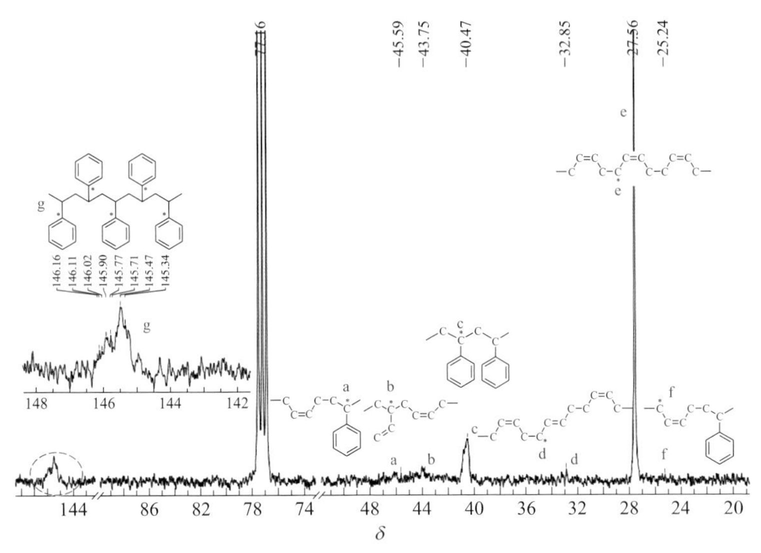

图3-88　$S^sB^{cis}S^s$-48.7-50.4的^{13}C NMR谱图

表3-6 聚苯乙烯链段苯环上C1的化学位移归属

峰	序列	化学位移δ	化学位移参考值	
			参考1[81]	参考2[133]
1	mmmm	146.16	146.2	146.24
2	mmmr, mmrm, rmmr	146.11	146.1	—
3		146.02	146.0	
4	rmrm, rrmm, mrrm	145.90	145.9	—
5		145.77	145.8	
6	rrrm, rrmr	145.71	145.7	—
7	rrrr	145.34	145.3	145.13

化学位移 27.56 处的特征峰对应于 C—C_1*—C 结构的特征峰，峰强最高，表明共聚合物丁二烯结构单元中 *cis*-1,4 含量较高；化学位移 40.47 处特征峰为 S_2*S 结构，表明 $S^sB^{cis}S^s$-48.7-50.4 中具有长链聚苯乙烯结构；S_2*-C、S_2*-T 结构和 C_1*-S 结构的特征峰分别在化学位移 45.60 及 25.23 处，表明聚苯乙烯链段与聚丁二烯链段通过化学键相互连接在一起，同时，谱图中也观测到了 C(T)-T_1*-C(T) 结构的特征峰，化学位移为 32.80，但不存在 CV_1*T 结构的特征峰，表明 T 主要与 C 连接，^{13}C NMR 结果表明形成了 $S^sB^{cis}S^s$ 三嵌段共聚物，软段为高顺式结构聚丁二烯、硬段为富含间规立构的聚苯乙烯，三元间规结构 [rr] 占比为 63.0%（表 3-7）[138]。

表3-7 $S^sB^{cis}S^s$-48.7-50.4 样品中脂肪碳的化学位移归属

峰	序列	化学位移	化学位移参考值[138]	
			参考1	参考2
1	C_1*-V	24.83	24.95	24.92
2	C_1*-S	25.23	25.17	25.12
3	C(T)-C_1*-C(T)	27.55	27.38	27.34
4	C(T)-T_1*-C(T)	32.80	32.5	32.64
5	C-V_1*, T-V_1*	—	34.26	34.22
6	S-C_1*, C_1-S*	—	35.7	35.62
7	CV_1*T	—	38.2	—
8	S_2*-S, V_2-S*,S_2*-V	40.47	40.6	40.17～40.47
9	V_2*-C, V_2*-T	43.75	43.7	43.7
10	S_2*-C, S_2*-T	45.60	45.7	45.69
	C	T	V	S
式	—C(1)—C(2)=C(3)—C(4)—	—C(1)—C(2)=C(3)—C(4)—	—C(1)—C(2)(—C(3)=C(4))—	—C(1)—C(2)(苯环)—

注：*—标注单元。

对 $S^sB^{cis}S^s$-48.7-50.4 三嵌段共聚物进行 TEM 表征及 AFM 表征，如图 3-89 所示[141]。TEM 照片［图 3-89（a）］中浅色为聚苯乙烯相，深色为聚丁二烯相，

$S^sB^{cis}S^s$-48.7-50.4 三嵌段共聚物中苯乙烯质量分数升高至 51.4%，可以发现浅色的聚苯乙烯相比例增大，深色的聚丁二烯相均匀分布于其中。在 AFM 照片［图 3-89（b）］中，深色为聚丁二烯相，浅色为聚苯乙烯相，在高度图中由于聚丁二烯相容易运动，浅色的高度较高的为聚丁二烯相，深色为聚苯乙烯相，聚丁二烯相均匀分布于聚苯乙烯相中，这与 TEM 表征结果相符。

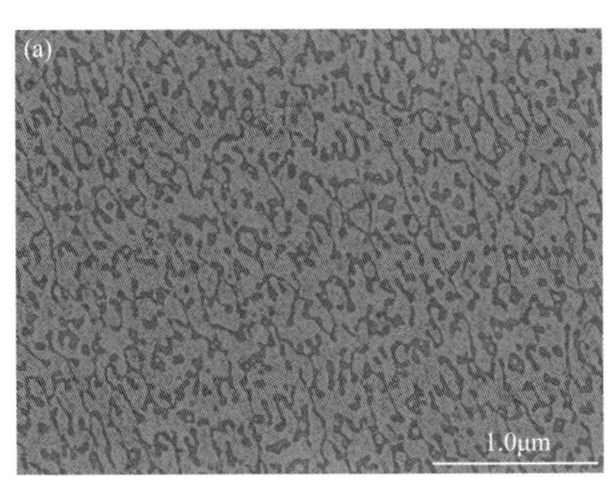

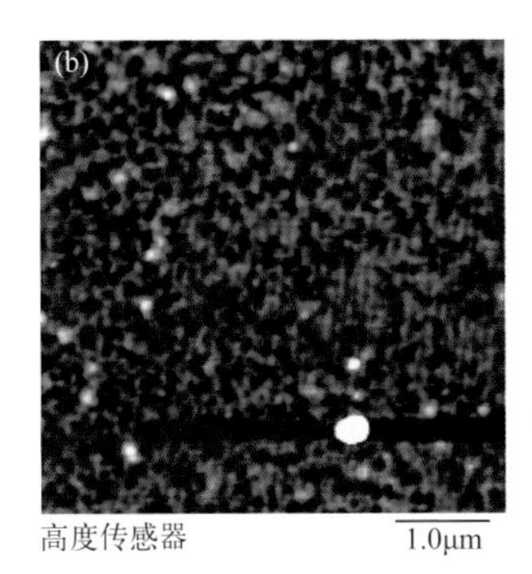

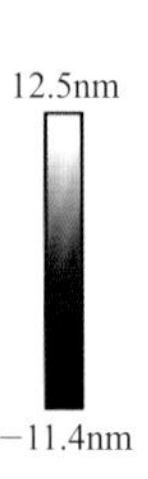

图3-89　$S^sB^{cis}S^s$-48.7-50.4的TEM（a）及AFM（b）照片

将阴离子聚合商业化 SBS-100-30 与所制备的 $S^sB^{cis}S^s$-48.7-50.4 进行 DSC 对比测试，DSC 曲线如图 3-90 所示[141]。在阴离子聚合制备的 SBS-100-30 中，低顺聚丁二烯软段及无规聚苯乙烯硬段的 T_g 分别为 −94℃和 90℃；在 $S^sB^{cis}S^s$-48.7-50.4 中，由于顺式结构含量的提升，高顺式聚丁二烯软段对应的 T_g 降低至 −105℃，且低温下可结晶，在 −9.9℃观测到了熔融峰，键合 VSi 的富含间规立构的聚苯乙烯段的 T_g 为 90℃，且 PS 链段可产生结晶，在 T_m 为 175℃检测到了熔融峰，这有利于提升 $S^sB^{cis}S^s$-48.7-50.4 的使用温度范围。

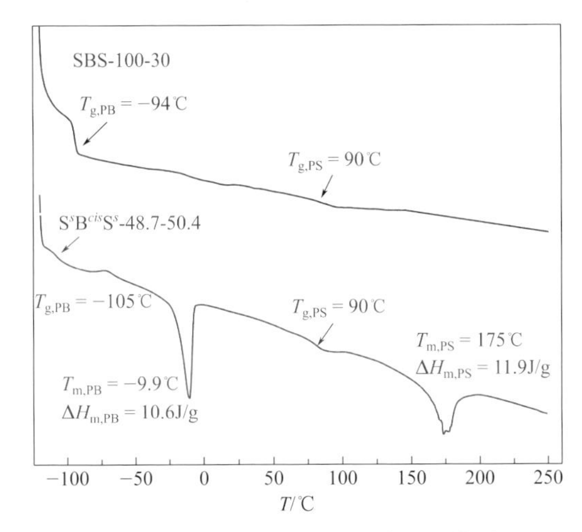

图3-90　商业化SBS-100-30与$S^sB^{cis}S^s$-48.7-50.4的DSC曲线

将阴离子聚合 SBS-100-30 及配位聚合 $S^sB^{cis}S^s$-48.7-50.4 进行动态力学性能 DMA 测试，储能模量与温度关系曲线如图 3-91 所示[141]。储能模量（G'）代表材料的刚性及硬度，在阴离子聚合 SBS-100-30 的 G'- 温度关系曲线上出现了两个储能模量的转折区，分别对应于软段聚丁二烯及硬段聚苯乙烯的 T_g，分别约为 −94℃及 90℃，当温度超过 −94℃及 90℃时，材料的储能模量迅速降低。与 SBS-100-30 不同的是，$S^sB^{cis}S^s$-48.7-50.4 的 G'- 温度关系曲线上出现了三个模量转变区，且在 −110 ～ 150℃范围内的 G' 均高于阴离子聚合的 SBS，三个储能模量转变区分别对应于软段高顺式聚丁二烯的 T_g（约 −105℃）、软段高顺式聚丁二烯的 T_m（−9.9℃）及结晶聚苯乙烯的 T_m（175℃，熔限为 125 ～ 189℃），因此，$S^sB^{cis}S^s$-48.7-50.4 在较宽的温度范围内保持高的储能模量，尤其在温度为 100℃时仍能保持高的储能模量。在 25℃及 100℃下，SBS-100-30 的储能模量分别为 8.6MPa 及 2.7MPa；$S^sB^{cis}S^s$-48.7-50.4 的储能模量分别为 224MPa 及 128.6MPa，分别提高了 25.0 倍及 46.6 倍。这表明聚苯乙烯链段间规立构规整性的提升可有效提升材料模量、回弹性和耐热变形性。据此提出微观结构模型如图 3-92 所示。

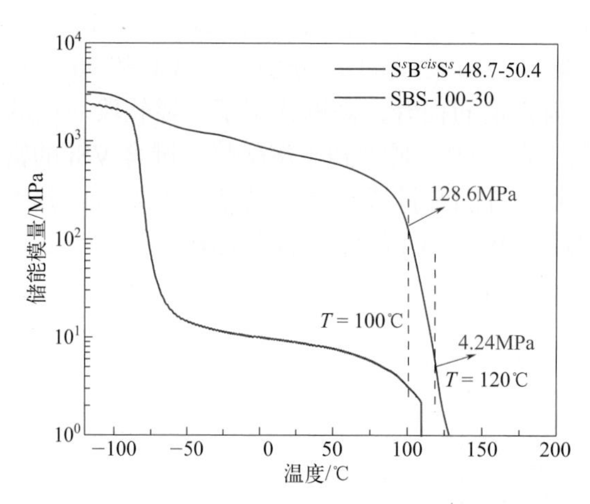

图3−91 商业化SBS−100−30与$S^sB^{cis}S^s$−48.7−50.4的DMA曲线

对 $S^sB^{cis}S^s$-145.7-11.1 进行拉伸性能的测试，并且和阴离子聚合方法合成的 SBS-100-30 进行比较，应力 - 应变曲线如图 3-93 所示[139-140]。和 SBS-100-30 相比，$S^sB^{cis}S^s$-145.7-11.1 的拉伸强度和 300% 定伸应力更高，断裂伸长率相近，说明其有更强的交联区域和力学性能，这是由于聚苯乙烯链段的结晶对物理交联点的稳定有增强作用。

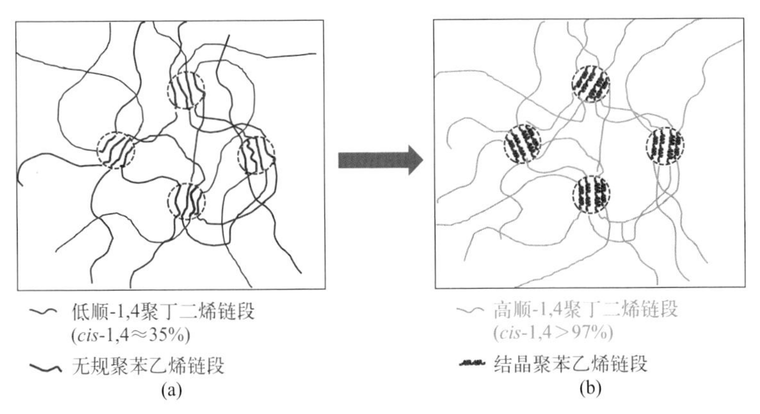

图3-92 阴离子聚合SBS（a）与配位聚合$S^sB^{cis}S^s$（b）相分离形态模型图的对比

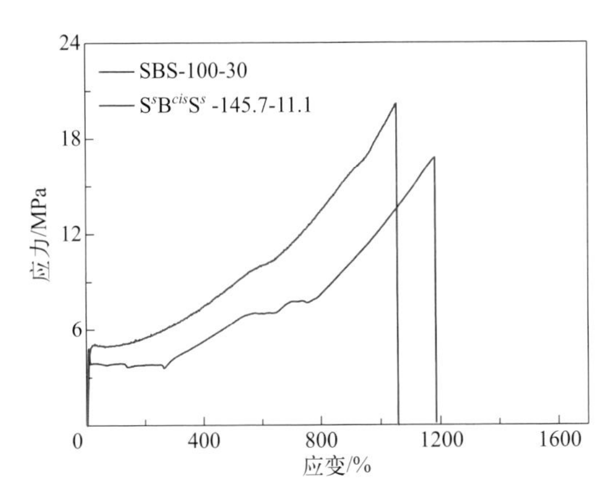

图3-93 商业化SBS-100-30与$S^sB^{cis}S^s$-145.7-11.1的应力-应变曲线

与采用阴离子聚合方法制备的商业化普通线型SBS-100-30相比，$S^sB^{cis}S^s$三嵌段共聚物中软段PB链段的顺-1,4结构含量可提高58%以上，$T_{g,PB}$可降低14℃，耐低温性能提高；硬段PS链段富含间规立构，使共聚物产生相分离的同时还可以产生结晶，其结晶的熔融范围可达120～210℃，在100℃时储能模量可提高170%以上，赋予该材料有更好的弹性和耐磨性，在120℃时储能模量可提高280%以上，赋予该材料有更好的弹性和耐磨性，服役温度明显提高，其最大热失重速率温度相比可提高16℃，热稳定性能提高。立构规整苯乙烯类热塑性弹性体$S^sB^{cis}S^s$-145.7-11.1中聚苯乙烯链段微区熔点在苯乙烯类热塑性弹性体材料的加工温度以下，避免了高间规聚苯乙烯熔点过高而难以加工的问题。此外，在断裂伸长率相近的情况下，拉伸强度相比可提高20%，300%定伸应力可提高50%。

（三）硬段可结晶软段高顺式丁苯嵌段共聚物的应用领域

通过新型催化体系的构建及可控/活性配位聚合方法，协调丁二烯及苯乙烯两种不同类型单体立构规整的高效嵌段共聚；在提高顺式含量的同时达到提高聚苯乙烯的立构规整性，且实现两种单体聚合时活性链端高效互相转化，设计合成了软段高顺式硬段可结晶的高性能新结构热塑性弹性体（绿色橡胶），其中高顺式聚丁二烯软段赋予优异的回弹性、耐磨性、低滚动阻力及低温性能；可结晶聚苯乙烯硬段赋予可循环利用，服役温度高，优异的抗湿滑性及力学性能；无需硫化，作为绿色橡胶（热塑性弹性体），有望作为轮胎原材料使用[138-142]。

硬段可结晶软段高顺式丁苯嵌段共聚物中结晶聚苯乙烯硬段有利于改进沥青的高温永久变形性和降低对温度的敏感性，高顺式聚丁二烯链段有利于提高耐温耐屈挠性、改善耐疲劳性并提高拉伸强度，有望作为高性能沥青改性聚合物使用。

第五节
硬段杂化苯乙烯类嵌段共聚物热塑性弹性体

为了提高苯乙烯嵌段共聚物（SBC）的综合性能，针对软段的化学改性具有学术与工业价值，例如前述的氢化 SBC 产品 HSBC，以及已经工业化生产的环氧化 SBS/SIS，氢化后得到的 SEBS 与马来酸酐经反应挤出接枝，得到马来酸酐接枝 SEBS 是极性聚合物常用的增韧剂或共混改性材料[6,10-11]。

纳米材料改性弹性体材料得到了广泛的应用，其中最典型的纳米材料是炭黑与白炭黑；其他各种纳米材料改性弹性体材料的研究层出不穷。除了传统的共混工艺之外，能够将纳米材料准确接枝于弹性体侧基的聚合方法和后改性方法受到了关注。

考虑嵌段共聚物热塑性弹性体分子结构与软硬段的作用，提出了发展杂化热塑性弹性体的思路，分别采用聚合与后改性两条技术路线，总体合成路线如图 3-94 所示。根据图 3-94 的合成路线，提出了针对硬段（苯乙烯段）进行杂化改性，引入有机无机杂化纳米单元作为侧基，以改善其力学性能和耐热性能，软段不予改变，以保持其弹性性能，发展了基于商业化 SEBS 的硬段杂化软段饱和型嵌段共聚物热塑性弹性体［路径（1）］；采用配位聚合，通过官能化二氧化硅与苯乙烯共聚，将杂化单元引入硬段侧基，制备了硬段杂化的热塑性弹性体［路径（2）］；发展了基于商业化 SEBS 的软段杂化热塑性弹性体［路径（3）］；通过官能化二氧化硅与丁二烯共聚，将杂化单元引入软段侧基，制备了软段杂化的热塑性弹性体，改善了二氧化硅的分散性 [路径 (4)]；通过官能化二氧化硅与丁二烯及苯乙烯共聚，将杂化单元引入软段及硬段侧基，制备了软硬段混合杂化的热塑性弹性体 [路径（5）]。

一、软段饱和型硬段杂化嵌段共聚物热塑性弹性体

为实现图 3-94 所提出的合成路线，本书著者团队设计了图 3-95 的合成反应式，开展了以下工作，设计并制备了单炔基的笼状聚倍半硅氧烷（POSS），以通用聚苯乙烯（GPPS）为模型聚合物进行了氯甲基化、叠氮化反应，进而通过点击反应将 POSS 接枝于聚苯乙烯的侧基，得到了 POSS 接枝的聚苯乙烯（PS-*g*-POSS），研究其结构与性能，以此验证了思路的可行性。选择 SEBS 为典型饱和嵌段共聚物热塑性弹性体，通过氯甲基化制备了结构可控的氯甲基化 SEBS，并对其进行叠氮化修饰得到叠氮化 SEBS，再通过点击反应将 POSS 接枝于 SEBS 硬段的侧基（SEBS-*g*-POSS），对其结构与性质进行了研究[13-14,143-145]。

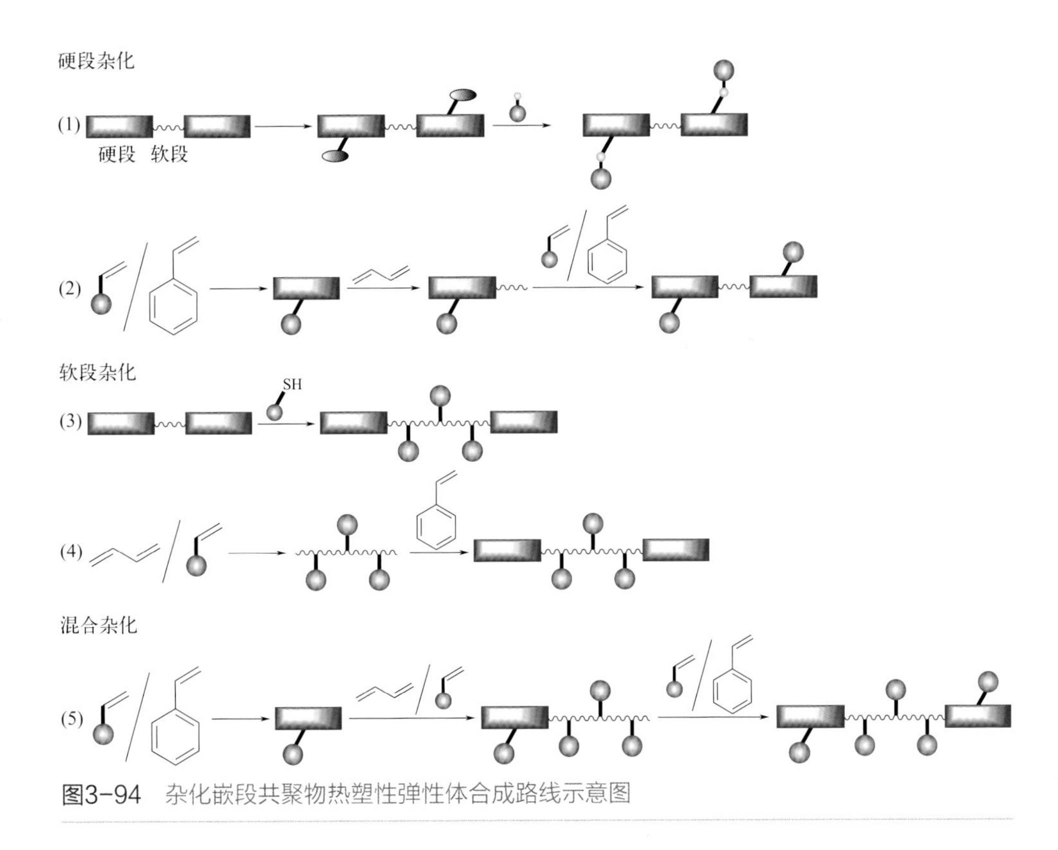

图3-94　杂化嵌段共聚物热塑性弹性体合成路线示意图

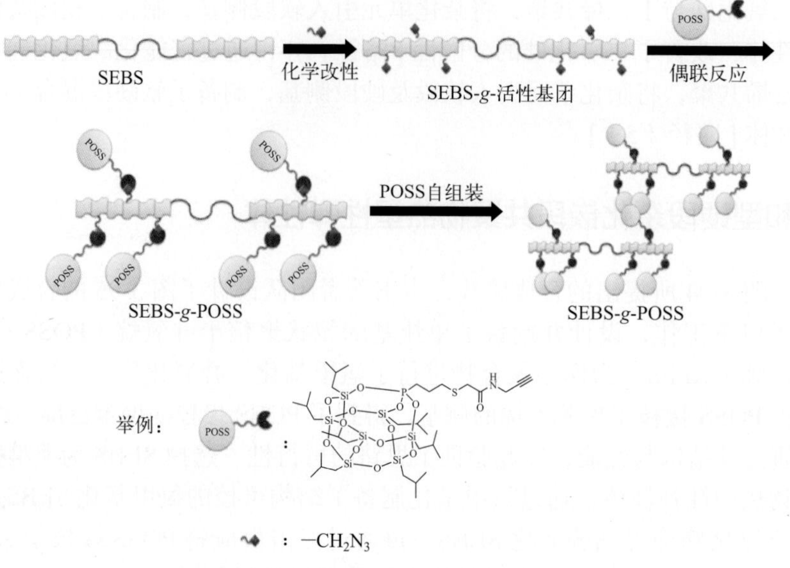

图3-95 硬段杂化的饱和嵌段共聚物热塑性弹性体合成反应式

以下按照软段饱和型硬段杂化嵌段共聚物热塑性弹性体的制备与表征、结构特点、表征方法与性能及应用等内容分别介绍。

（一）叠氮化SEBS制备与表征

氯甲基化 SEBS 和叠氮化 SEBS 的制备路线如图 3-96 所示[14,143]。

$$\left[\overset{H_2}{C}-\overset{H}{C}\right]_x\left[\overset{H_2}{C}-\overset{H_2}{C}\right]_m\left[\overset{H_2}{C}-\overset{H}{C}\right]_n\left[\overset{H_2}{C}-\overset{H}{C}\right]_y$$

CH_2 CH_3

TMCS, 三聚甲醛　$SnCl_4$, CH_2Cl_2　rt

$$\left[\overset{H_2}{C}-\overset{H}{C}\right]_{x-a}\left[\overset{H_2}{C}-\overset{H}{C}\right]_a\left[\overset{H_2}{C}-\overset{H_2}{C}\right]_m\left[\overset{H_2}{C}-\overset{H}{C}\right]_n\left[\overset{H_2}{C}-\overset{H}{C}\right]_b\left[\overset{H_2}{C}-\overset{H}{C}\right]_{y-b}$$

CH_2 CH_3 CH_2Cl CH_2Cl

(a) 制备氯甲基化SEBS

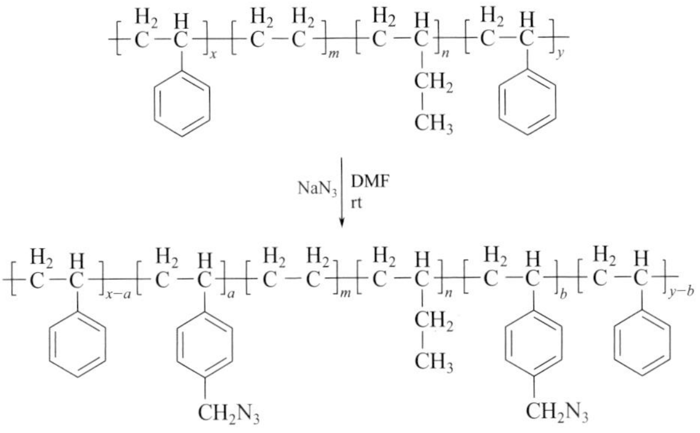

$$\left[\overset{H_2}{C}-\overset{H}{C}\right]_x\left[\overset{H_2}{C}-\overset{H_2}{C}\right]_m\left[\overset{H_2}{C}-\overset{H}{C}\right]_n\left[\overset{H_2}{C}-\overset{H}{C}\right]_y$$

CH_2

CH_3

NaN_3 DMF rt

$$\left[\overset{H_2}{C}-\overset{H}{C}\right]_{x-a}\left[\overset{H_2}{C}-\overset{H}{C}\right]_a\left[\overset{H_2}{C}-\overset{H_2}{C}\right]_m\left[\overset{H_2}{C}-\overset{H}{C}\right]_n\left[\overset{H_2}{C}-\overset{H}{C}\right]_b\left[\overset{H_2}{C}-\overset{H}{C}\right]_{y-b}$$

CH_2 CH_3

CH_2N_3 CH_2N_3

(b) 制备叠氮化SEBS

图3-96 氯甲基化SEBS（a）和叠氮化SEBS（b）的合成反应式

选取了三甲基氯硅烷（TMCS）和三聚甲醛作为氯甲基化试剂的氯甲基化方法，以溶液反应方法制备了氯甲基化 SEBS；随后将制备的线型氯甲基化 SEBS 在 THF（四氢呋喃）/DMF（二甲基甲酰胺）混合溶剂（5∶1，体积比）中充分溶解，通过 ^{1}HNMR 计算得到氯甲基化 SEBS 官能化程度，加入过量（1.2eq）的 NaN_3，室温（rt）搅拌反应 24h，反应结束后，沉淀、过滤，通过 THF-H_2O 洗涤沉淀两次，得到白色沉淀，产物在 40℃真空干燥箱干燥 24h，即得叠氮化 SEBS。为验证和优化反应条件，首先采用了通用聚苯乙烯树脂为模型聚合物，对其氯甲基化与叠氮化进行研究。

氯甲基化聚苯乙烯与叠氮化聚苯乙烯的合成反应式如图 3-97[143-144]。首先选择并优化了基于三聚甲醛 / 三甲基氯硅烷作为氯甲基化试剂制备氯甲基化聚苯乙烯的方法，进一步通过与叠氮化钠的反应制备了叠氮化聚苯乙烯，其 FTIR 谱图

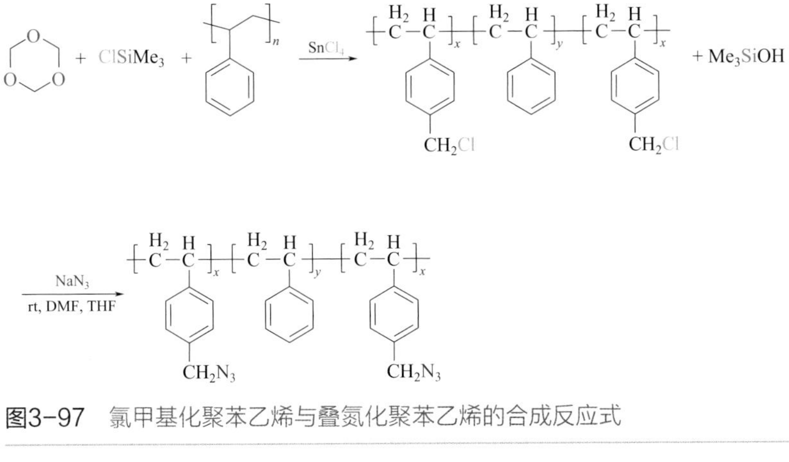

O O O + $ClSiMe_3$ + $[\;]_n$ $\xrightarrow{SnCl_4}$ $$\left[\overset{H_2}{C}-\overset{H}{C}\right]_x\left[\overset{H_2}{C}-\overset{H}{C}\right]_y\left[\overset{H_2}{C}-\overset{H}{C}\right]_x$$ + Me_3SiOH

CH_2Cl CH_2Cl

$\xrightarrow[\text{rt, DMF, THF}]{NaN_3}$ $$\left[\overset{H_2}{C}-\overset{H}{C}\right]_x\left[\overset{H_2}{C}-\overset{H}{C}\right]_y\left[\overset{H_2}{C}-\overset{H}{C}\right]_x$$

CH_2N_3 CH_2N_3

图3-97 氯甲基化聚苯乙烯与叠氮化聚苯乙烯的合成反应式

如图 3-98[143-144]。可以看出叠氮化产物红外谱图中，671cm^{-1} 处 C—Cl 的伸缩振动峰以及 1265cm^{-1} 处氯甲基特征峰位明显降低，另外出现 2095cm^{-1} 处的 C—N_3 特征峰。

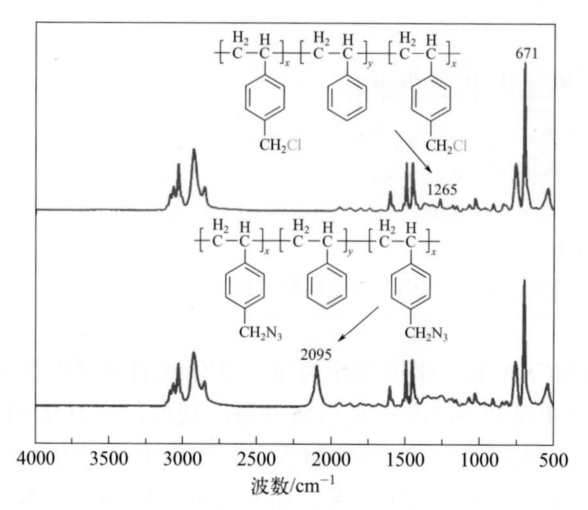

图3-98 氯甲基化聚苯乙烯与叠氮化聚苯乙烯的FTIR谱图

采用模型反应研究聚对氯甲基苯乙烯（PVBCl）叠氮化反应前后 GPC 曲线（图 3-99）[143-144]，可以看出分子量分布没有明显变化，即叠氮化反应过程在体系中比较均匀。

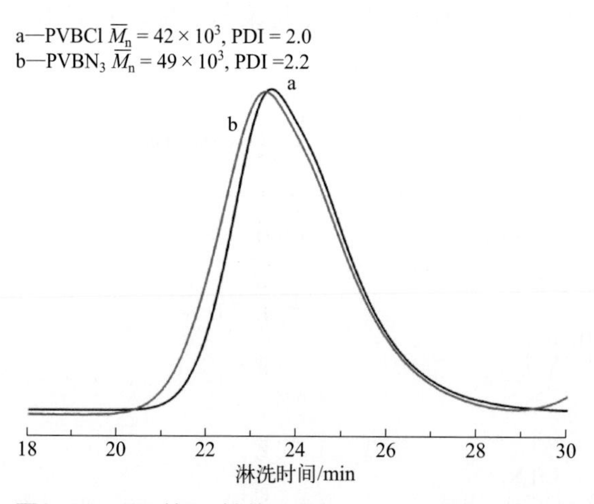

图3-99 聚对氯甲基苯乙烯(PVBCl)与叠氮化聚对氯甲基苯乙烯(PVBN$_3$)的GPC曲线

对比反应前后聚对氯甲基苯乙烯与叠氮化聚对氯甲基苯乙烯的 ^{1}H NMR 谱图（图 3-100）[143-144]，可以看出，δ= 4.5 处氯甲基氢残余峰完全转化为 δ= 4.2 处表征—CH_2N_3 的特征峰，表明按照设计反应条件，PVBCl 中苄基氯完全被叠氮基团取代。

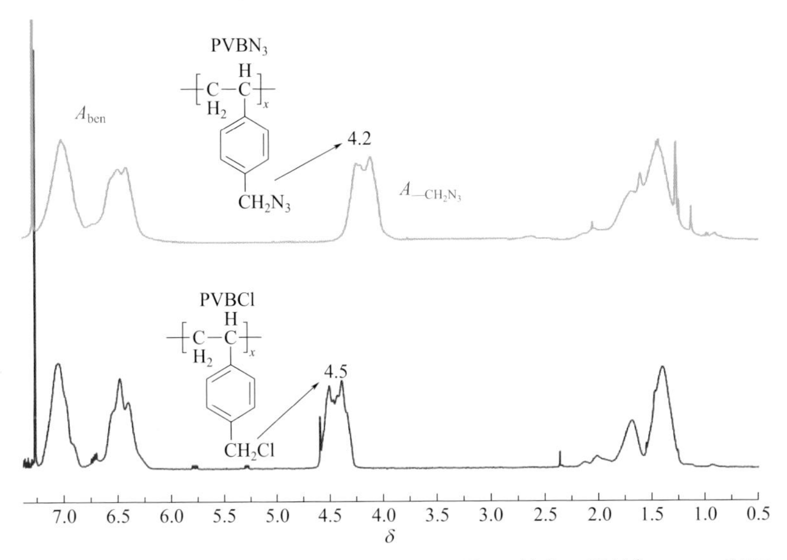

图3-100 聚对氯甲基苯乙烯与叠氮化聚对氯甲基苯乙烯的 ^{1}H NMR谱图

通过控制对氯甲基聚苯乙烯中氯甲基含量，得到不同氯甲基化的聚对氯甲基苯乙烯 / 苯乙烯无规聚合物，再进一步通过叠氮化反应，可以制备不同叠氮化系列的聚苯乙烯，其 ^{1}H NMR 谱图如图 3-101 所示 [143-144]，叠氮化程度（摩尔分数）在 5% ～ 25% 范围内。

采用上述研究所得的优化反应条件制备了氯甲基化 SEBS 和叠氮化 SEBS，其 FTIR 谱图如图 3-102 所示 [14,143]。可以很明显看出，氯甲基化 SEBS 在 1265cm^{-1} 处氯甲基特征峰十分明显；叠氮化反应后，氯甲基特征峰显著降低，另外在 2097cm^{-1} 出现 C—N_3 特征振动峰，也证实叠氮化反应的发生。

从 ^{1}H NMR 谱图（图 3-103）中可以看出，氯甲基化 SEBS 在 δ=4.5 处出现氯甲基的质子峰；叠氮化后，转移到 δ=4.2 苄叠氮基团质子峰，叠氮化反应进行完全，且相连氢的面积与苯环氢面积积分可以对应。

另外，对产物进行 GPC 测试（图 3-104）[14,143]，发现分子量及分子量分布并没有受到氯甲基化或叠氮化反应的影响，其 GPC 峰形对称，可见氯甲基化或叠氮化反应对于引入所需的氯甲基或叠氮基官能团具有可控性。

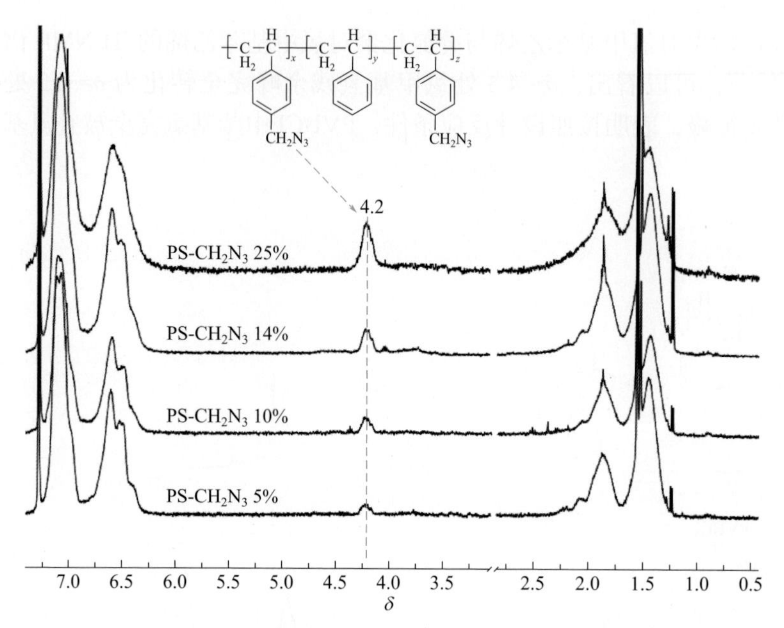

图3-101　不同叠氮化程度聚苯乙烯的^{1}H NMR谱图

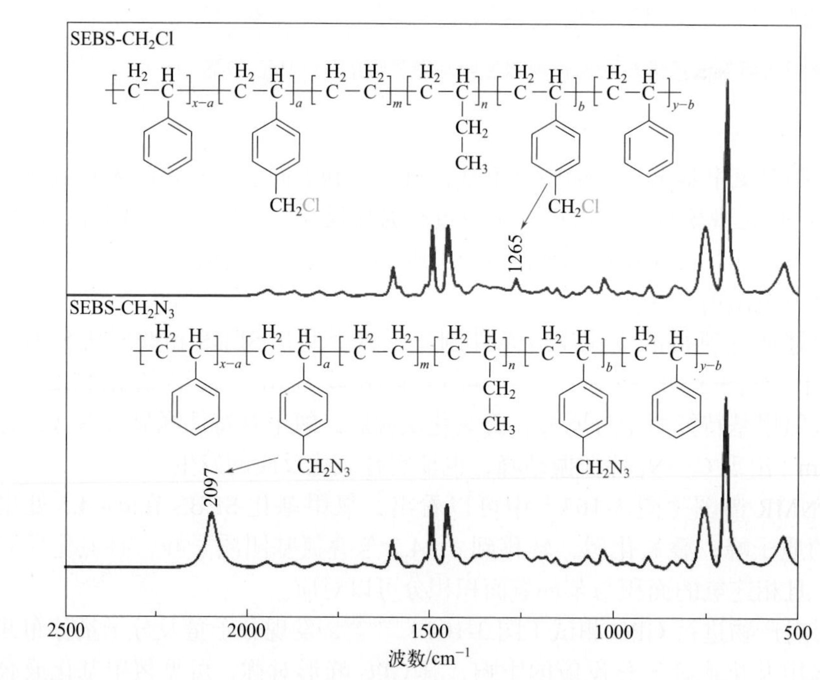

图3-102　氯甲基化SEBS和叠氮化SEBS的FTIR谱图

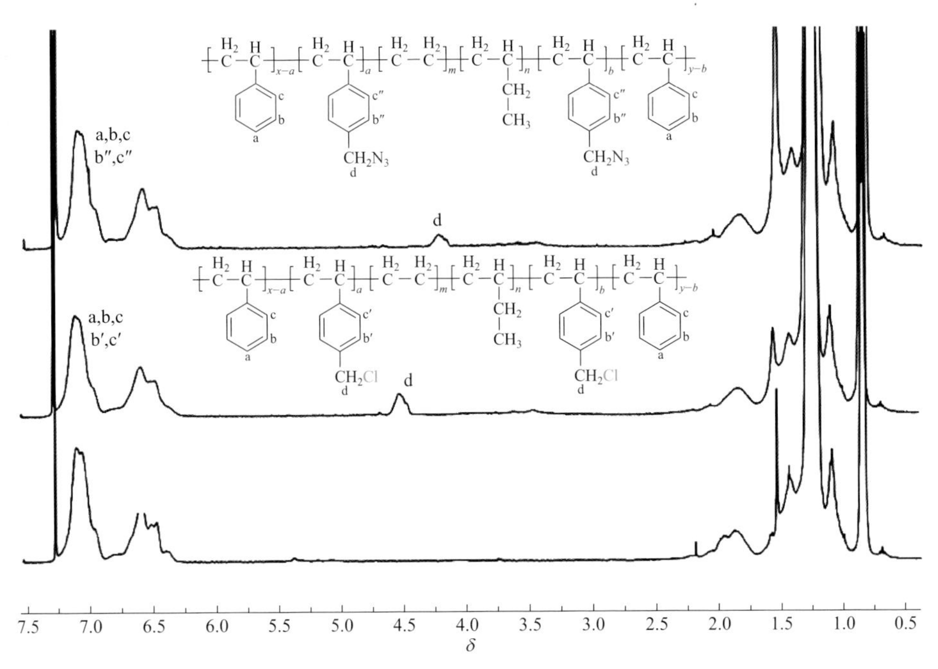

图3-103 叠氮化SEBS与氯甲基化SEBS的[1]H NMR谱图

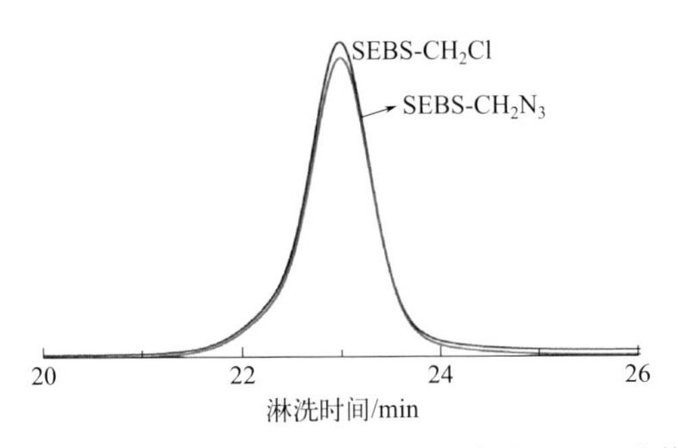

图3-104 氯甲基化SEBS和叠氮化SEBS产物GPC曲线

（二）单炔基笼状聚倍半硅氧烷（POSS）的制备与表征

炔基笼状聚倍半硅氧烷（alkyne-POSS）的合成反应式如图 3-105 所示 [14,143-145]。以单烯丙基 - 七异丁基 POSS（allyl-isobutyl POSS）为起始原料，利用巯基乙酸与双键的巯烯加成反应，该反应可以通过 DMPA（安息香二甲醚）紫外线引发或 AIBN（偶氮二异丁腈）热引发进行，即可高收率地制备单羧基 -POSS（carboxyl-

POSS）；再以单羧基-POSS与炔丙胺或炔丙醇进行酰胺化或酯化反应，即可制备单炔基笼状聚倍半硅氧烷（alkyne-POSS）。

HS OH +

DMPA, UV, CH_2Cl_2
或AIBN, THF, 回流

R = 异丁基
allyl-isobutyl POSS

R = 异丁基
carboxyl-POSS

+ H_2N
+ OH
DCC或EDCI, DMAP

R = 异丁基

R = 异丁基
alkyne-POSS

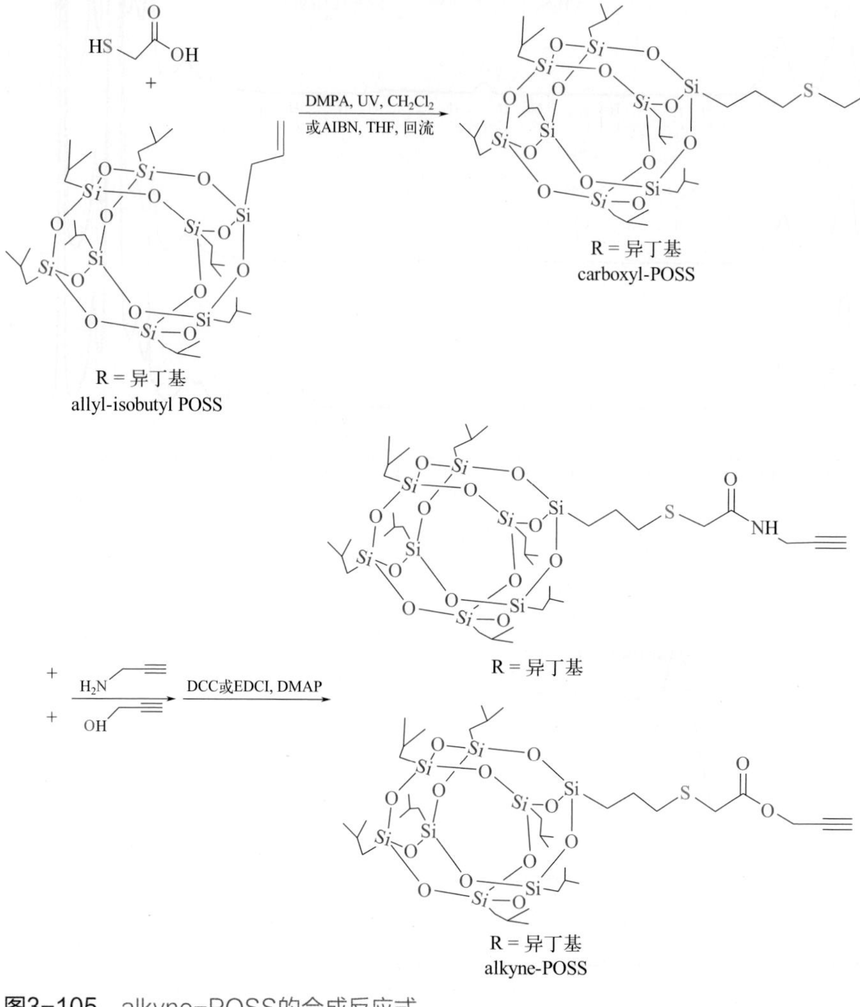

图3-105 alkyne-POSS的合成反应式

DMPA—安息香二甲醚；EDCI—1-(3-二甲氨基丙基)-3-乙基碳二亚胺；DMAP—对二甲氨基吡啶

单烯丙基-七异丁基POSS（allyl-isobutyl POSS）与巯基乙酸反应前后的FTIR谱图如图3-106所示[14,143-145]，羧基化产物中表征烯丙基的双键伸缩振动峰在1634cm^{-1}都已完全消失，并且在1710cm^{-1}处出现C═O的特征峰，证实目标产物中存在羧基官能团；此外反应前后，1110cm^{-1}处Si—O—Si特征峰形没有变化，表明官能团取代后没有破坏POSS对称的笼性结构。

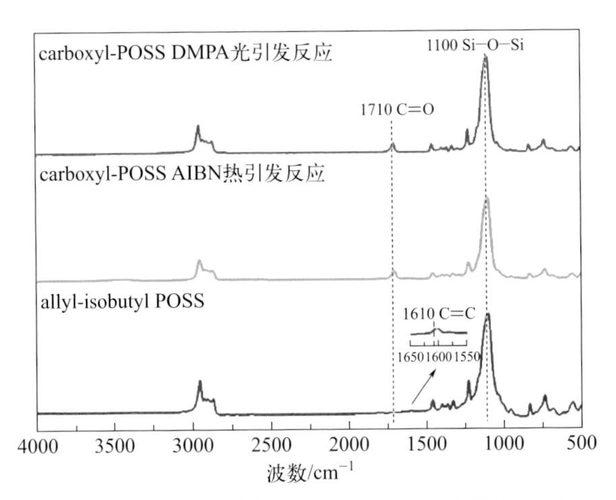

图3-106 分别通过光或热引发得到的单羧基官能化POSS的FTIR谱图

对比 POSS 反应前后的 ^{1}H NMR 谱图（图 3-107）[14,143-145]，可以看出，在 allyl-isobutyl POSS 中，δ=4.94（f）和 5.78（e）分别为烯丙基双键上 CH_2═CH— 的信号峰，δ=0.62（c）、1.88（b）和 0.96（a）分别为—CH_2—CH—$(CH_3)_2$ 上氢环境信号峰，对比通过热引发和光引发后产物的核磁谱图，双键的信号峰完全消

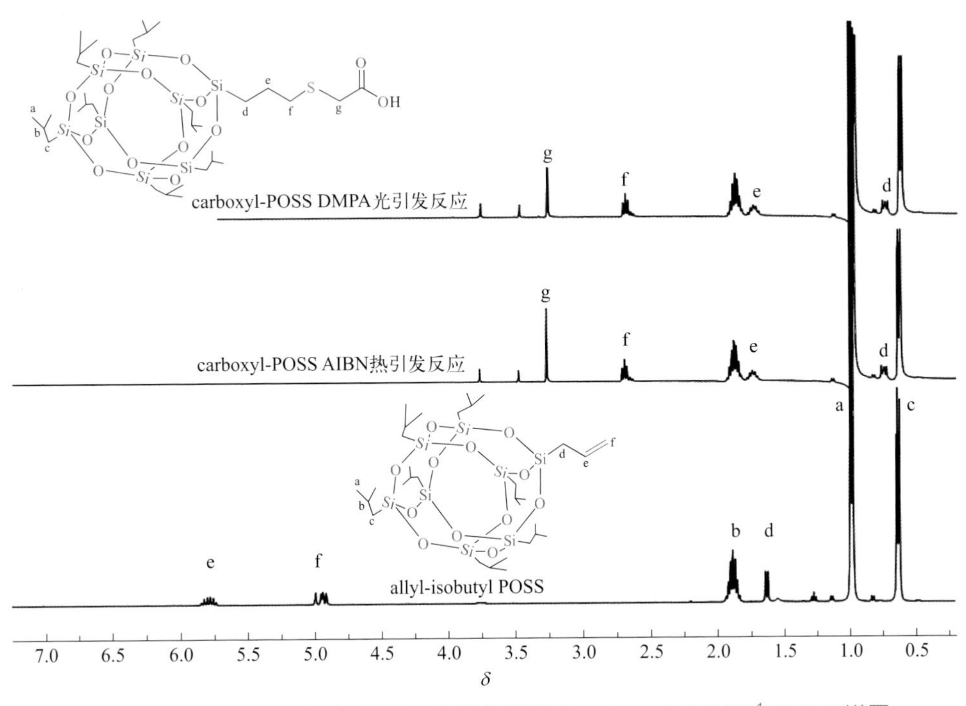

图3-107 烯丙基POSS和分别通过光、热引发得到的carboxyl-POSS^{1}H NMR谱图

失，相应在 δ=3.26（g）出现 —S—CH$_2$—CO—亚甲基氢信号峰，在 δ=2.67（f）和 1.71（e）分别出现—S—CH$_2$—CH$_2$—的质子信号峰，表明 carboxyl-POSS 的结构。

图 3-108 为 carboxyl-POSS 及两种炔基 POSS 的 ^{1}H NMR 谱图 [14,143-145]，含酰胺键的炔基 POSS 在 δ=2.26（j）处为 ≡CH 上氢环境信号峰，在 δ=7.1（h）处出现较弱的 N—H 质子信号峰。另外，在 δ=4.1（i）处为与酰胺键的亚甲基信号峰，呈现四重峰位，在 δ=3.24（g）和 2.58（f）分别为硫醚键两侧亚甲基（—CH$_2$—S—CH$_2$—）质子信号峰，其峰面积计算与分子式符合，从而确认了含酰胺键炔基 POSS 的分子结构。

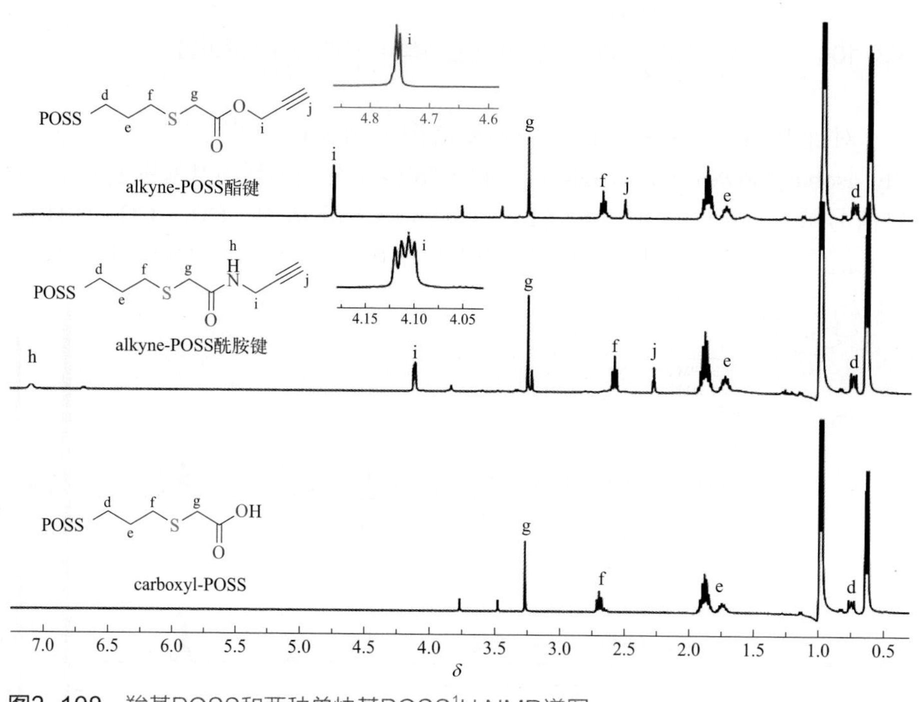

图3-108　羧基POSS和两种单炔基POSS^{1}H NMR谱图

在含酯键的炔基 POSS 的 ^{1}H NMR 谱图中于 δ=2.51（j）处为 ≡CH 上氢环境信号峰；在 δ=4.76（i）处为与酯键连接的亚甲基氢信号峰，呈现二重峰位；在 δ=3.24（g）和 2.69（f）分别为硫醚键两侧（—CH$_2$—S—CH$_2$—）亚甲基质子信号峰，通过峰面积计算与分子式符合，确认了含酯键炔基 POSS 的结构。考虑酰胺基更耐水解，且热分解温度更高，后续研究均采用含酰胺基的炔基 POSS。

（三）PS-*g*-POSS的制备与表征、性能及其应用

1．PS-*g*-POSS 的制备与表征

为验证前述路线的可行性，以商业通用聚苯乙烯为模型聚合物进行了接枝 POSS 的合成与表征。PS-*g*-POSS 制备方法如下：将叠氮化聚苯乙烯和等物质的量的炔基 POSS 完全溶解在 THF/DMF 中，在 35℃下加入等物质的量 CuI/PMDETA（五甲基二乙烯三胺），搅拌反应 24h，反应结束后经过洗涤、沉淀，在 40℃真空干燥即得 PS-*g*-POSS。其合成反应式如图 3-109[143-144]。

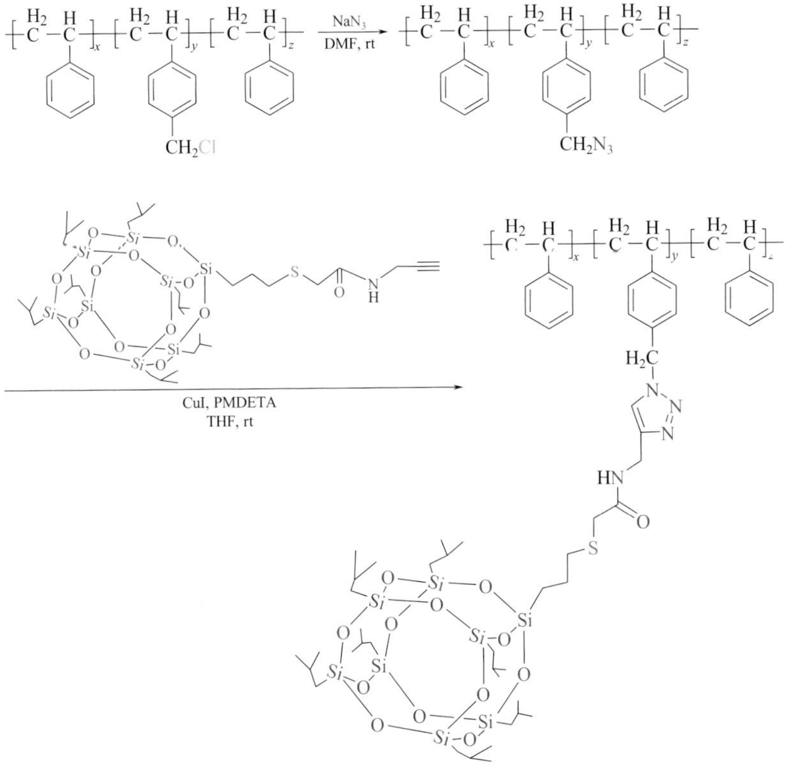

CH_2Cl

NaN_3

DMF, rt

CH_2N_3

CuI, PMDETA

THF, rt

H_2C

HN

图3-109　叠氮-炔基反应制备PS-*g*-POSS杂化材料合成反应反应式

选取典型的接枝含量（摩尔分数）为 10%POSS 的 PS-*g*-POSS 进行 FTIR、^{1}H NMR 以及 GPC 表征，分别如图 3-110～图 3-112[143-144]。

从图 3-110 的 FTIR 谱图中可以看出，氯甲基化 PS 在 1265cm^{-1} 处出现苄基氯特征峰，而叠氮后，苄基氯消失，同时在 2096cm^{-1} 处出现明显的叠氮吸收峰，证实苄基氯完全参与反应（与 ^{1}H NMR 相对应）。在进行叠氮 - 炔基反应

后，产物中叠氮峰完全消失，并在 1100cm^{-1} 处出现典型的硅氧硅的特征峰，在 1675cm^{-1} 处出现连接 N 三唑环的调整峰位，证实产物为 PS-*g*-POSS。

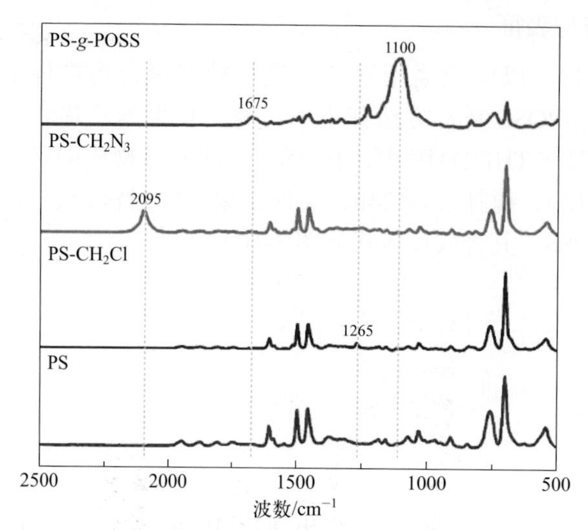

图3-110　原料PS、氯甲基化PS（PS-CH_2Cl）、叠氮化PS（PS-CH_2N_3）以及PS-*g*-POSS的FTIR谱图

从 ^{1}H NMR 谱图（图 3-111）[143-144] 中可以看出，在进行叠氮 - 炔基反应生成 PS-*g*-POSS 后，δ=4.2 叠氮峰位消失，表明此反应的高效。在 δ=0.62（c）、1.88（b）和 0.96（a）出现分别为 POSS 的七异丁基上—CH_2—CH—$(CH_3)_2$ 氢环境信号峰。另外，在 δ=4.55（h）和 5.38（i）出现两个很明显的特征峰，分别代表产物接枝后，与三唑环相连两个亚甲基氢的特征峰。δ=2.5（f）和 3.2（g）分别为硫醚键两侧亚甲基质子（—CH_2—S—CH_2—）特征峰，进行峰面积计算，可以得出 i∶h∶f∶g 接近为 1∶1∶1∶1，证明目标产物的结构。

PS-*g*-POSS 产物的 GPC 测试结果如图 3-112，可以看到在氯甲基化及叠氮化前后，产物的分子量及分子量分布变化不大，很好地控制了分子量的变化，接枝 POSS 后，峰位分子量明显移向高分子量方向，说明接枝共聚物分子量增加。

2. PS-*g*-POSS 的结构与性能

（1）PS-*g*-POSS 杂化材料相行为

纯 GPPS 原料、50%（质量分数）的 PS/POSS 共混物，以及分别为 10% 和 25%POSS 含量（摩尔分数）的 TEM 未染色照片如图 3-113 所示 [143-144]。从图 3-113 可以看出，三者的相形态完全不同，在未染色状态下，聚苯乙烯呈现均匀的一相；当将 PS 与 POSS 按照 50% 共混时，POSS 自身很强的自聚集能力，在体系中 POSS 呈现较大的聚集态，甚至接近 1μm，并且可以比较清晰地看到 POSS 在体系中的结晶聚集态。通过点击化学将 POSS 键合到聚苯乙烯链段上后，可以看出 POSS 在基体中呈现均匀组装形态，且聚集形态在 10 ～ 50nm，这说明 POSS 在分子水平上均匀分布于聚苯乙烯基体中。另外，随着接枝 POSS 含量的增加，POSS 聚集体中有少部分存在尺寸变大现象，这是由于 POSS 在局部尺寸内含量较高，形成较大组装形态。

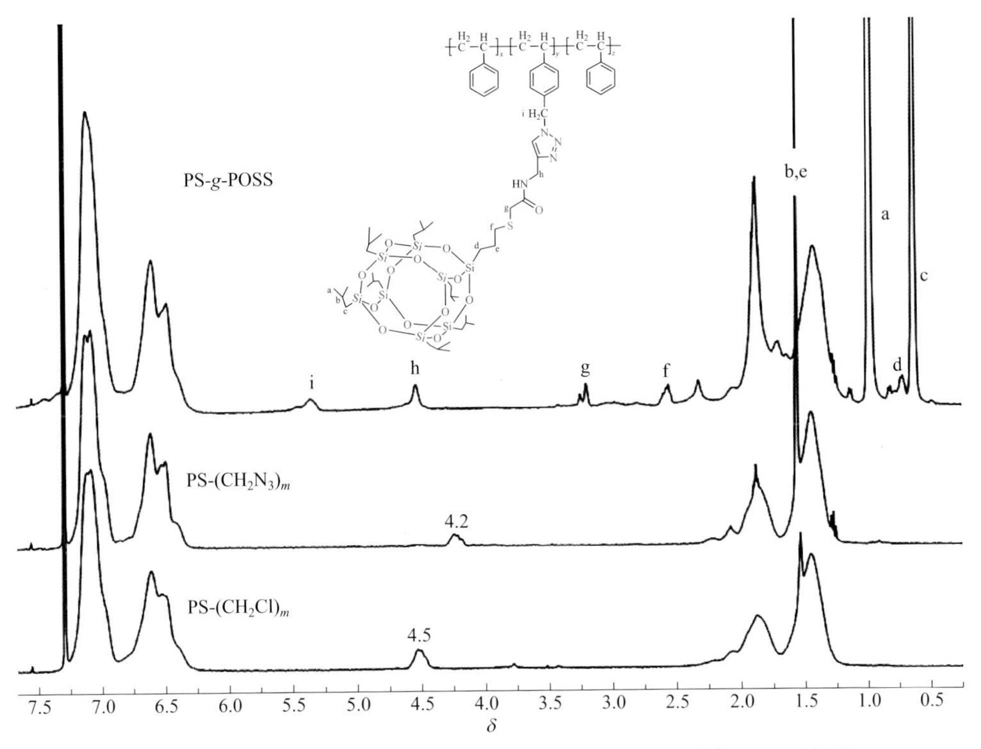

图3-111 原料PS、氯甲基化PS、叠氮化PS以及PS-g-POSS的^{1}H NMR谱图

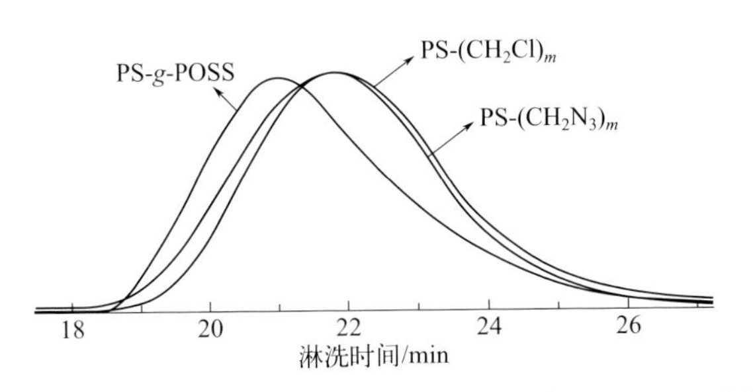

图3-112 氯甲基化PS、叠氮化PS以及PS-g-POSS的GPC曲线

PS-$(CH_2Cl)_m$: $\overline{M}_n$ =96×10^3, PDI=2.5; PS-$(CH_2N_3)_m$: $\overline{M}_n$ =90×10^3, PDI=2.5; PS-g-POSS $\overline{M}_n$ =150×10^3, PDI=3.1, $F_{—CH_2Cl}$（摩尔分数）=10%

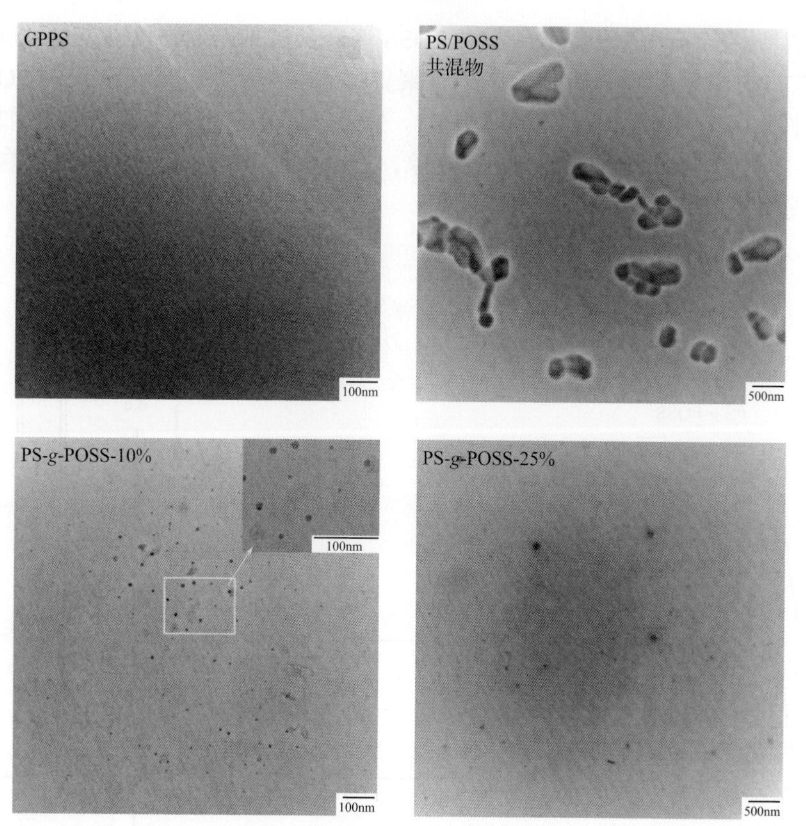

图3-113　GPPS、PS/POSS共混物及不同POSS含量PS-*g*-POSS的TEM照片（未染色）

对聚苯乙烯、炔基 POSS 原料及不同 POSS 接枝含量（摩尔分数）的 PS-*g*-POSS 杂化材料进行 XRD 分析，如图 3-114[143-144]。可以看出，单炔基 POSS 的晶体衍射特征峰位于 2θ=8.0°、9.1° 以及 10.2°，而聚苯乙烯在 19.1° 处有宽而大的非晶弥散峰。通过叠氮 - 炔基反应后将 POSS 接枝到 PS 基体上，位于 2θ=8.3° ～ 8.9° 内出现 POSS 特征衍射峰，但与炔基 POSS 不同，接枝含量在 10% 以下，在 PS 基体的 POSS 特征峰呈现较宽的衍射峰形，这说明 POSS 是较均匀分散到基体中，而没有出现结晶体，而在接枝含量达到 25% 时，主峰形明显尖锐，这是由于部分 POSS 局部尺寸含量较大，形成较大的团聚体造成的，这与 TEM 照片中观察的现象一致。

（2）PS-*g*-POSS 杂化材料热性能研究

PS-*g*-POSS 的 DSC 曲线如图 3-115[143-144]。可以看出，玻璃化转变温度受自由体积和空间位阻这两种因素的共同作用，导致 PS-*g*-POSS 产物的玻璃化转变温度出现随着接枝含量的增加呈现先降低后升高的过程。在 POSS 含量较少时，POSS 纳米粒子间相互作用及空间位阻限制了 PS 链段的运动，但同时增加了体系的自由体积，使得局部范围内分子链运动得到释放，从而降低了 T_g 温度。但随着接枝含量的增加，分子间的作用力及空间位阻效应开始体现，阻碍分子链运动，在POSS含量大于10%后，体系的 T_g 温度逐渐升高，在接枝25%的POSS时，体系 T_g 温度提高了 10℃左右。

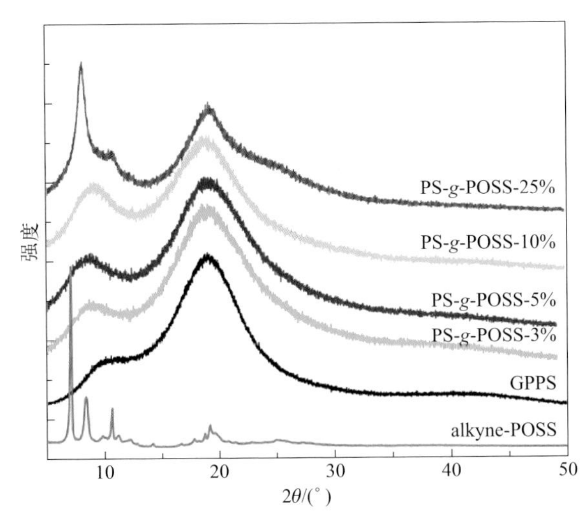

图3-114　GPPS、炔基POSS及不同POSS含量PS-*g*-POSS的XRD谱图

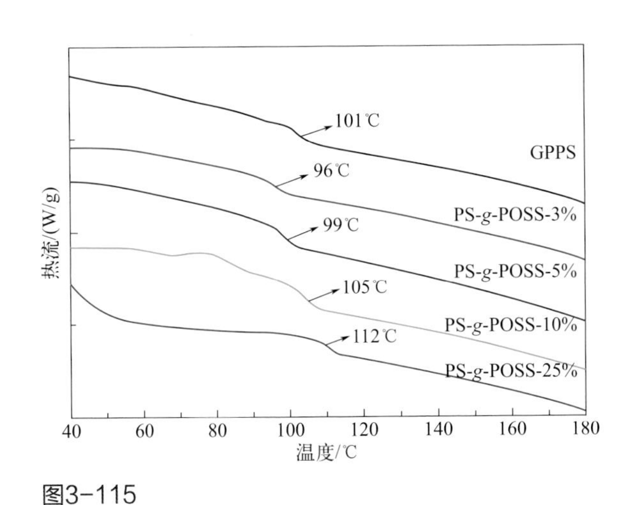

图3-115

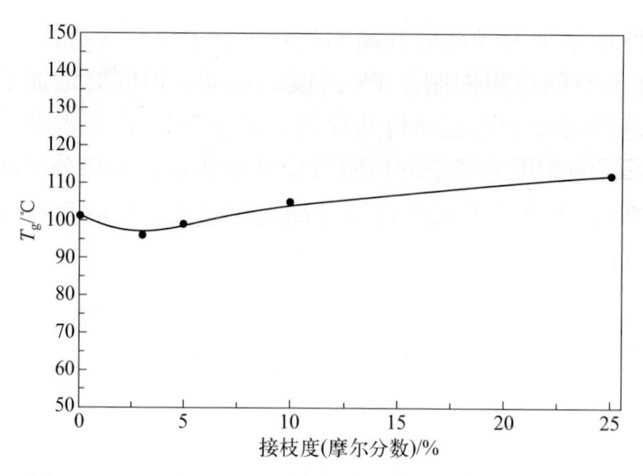

图3-115 PS和不同POSS含量（摩尔分数）PS-g-POSS的DSC曲线和玻璃化转变温度与接枝度的关系

（3）PS-g-POSS 杂化材料表面性能

通过XPS分析材料表面元素结果如图3-116[143-144]。与GPPS相比，接枝POSS后，在谱图相应位置出现特征峰位，其中101eV为Si 2p峰位，163eV为S 2p，401eV为N 1s峰位，从峰位变化及成分分析可知，随着接枝含量的增加，C含量明显下降，而O、N、S和Si都相应增加，但由于S元素含量较少，在谱图中并不明显。通过计算，发现表面组成均稍高于理论值，这是由于POSS的迁移及富集造成的。

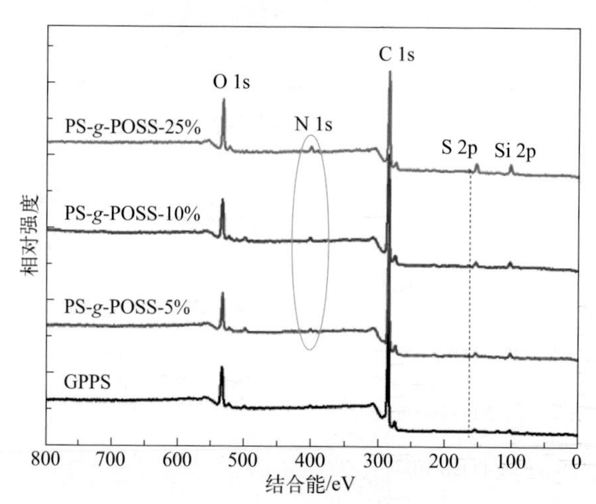

图3-116 GPPS及PS-g-POSS杂化材料XPS表面元素分析

水接触角测试结果如图3-117[143-144]，发现接枝POSS后，接触角有明显的增加，这是由于POSS部分迁移至表面降低了材料表面能，并且随着接枝POSS含量增大，接触角越大，同时这与前面的XPS及EDS结果相对应。

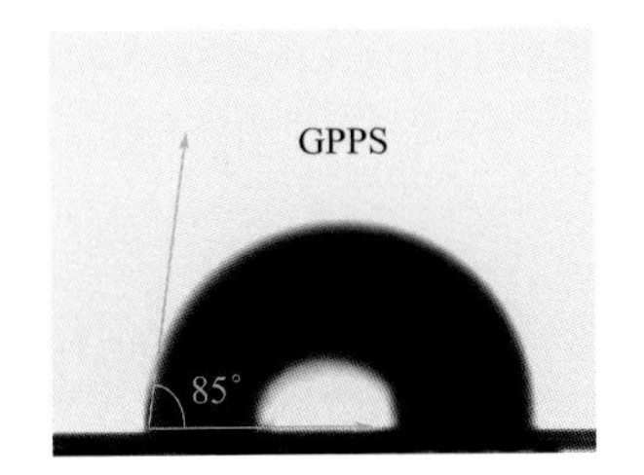

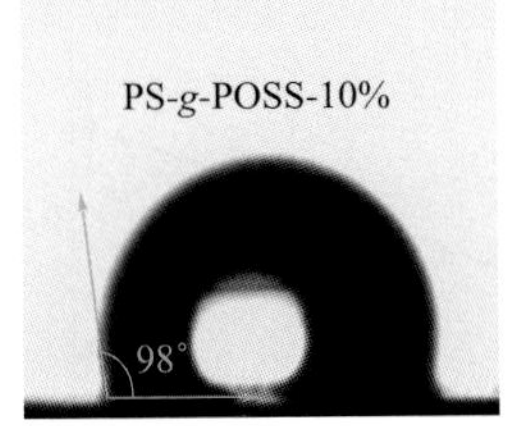

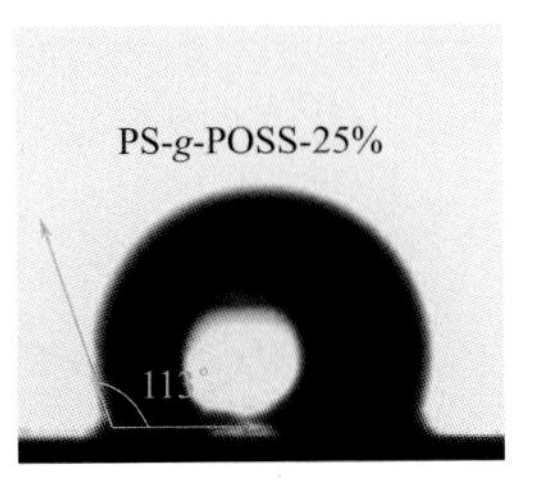

图3-117　GPPS及PS-*g*-POSS杂化材料水接触角测试

3. PS-*g*-POSS 的应用

POSS 作为典型的有机无机杂化材料是增强聚合物材料的优良填料，但是 POSS 在聚合物基体中依然存在分散问题。以 PS-*g*-POSS 为改性剂，通过简单共混改性，可以显著提高通用聚苯乙烯的力学性能。

例如将制备的 PS-*g*-POSS 作为添加剂（5%，质量分数）共混改性通用聚苯乙烯（GPPS），其应力 - 应变曲线如图 3-118（a）。可以看出，添加少量 PS-*g*-POSS 后，材料的拉伸强度有了明显的提高，在图 3-118（b）中，可以看出，随接枝 POSS 的引入，拉伸强度从 45MPa 提高到 56MPa，材料断裂伸长率从 3.2% 提高到 4.4%[143-144]。其原因是 PS-*g*-POSS 与 GPPS 基体间较好的相容性，使得黏附力和界面相互作用力增强，另外 POSS 的聚集态可以大大抵消拉伸应力，从而提高拉伸强度；POSS 在基体中的均匀分散，使得材料两种组分间发生有效的应力转移，POSS 起到部分增塑剂的效果，使得断裂伸长率有部分提高。

对上述材料的拉伸断面进行了 SEM 观察。从图 3-119 中可以看出[143-144]，加入 5%（质量分数）PS-*g*-POSS 后，材料的拉伸断裂面有一个明显的变化，出现层状及拉伸扭曲的粗糙面，这些形貌可以在拉伸过程中大大抵抗和分散拉伸力，增强材料的机械强度。

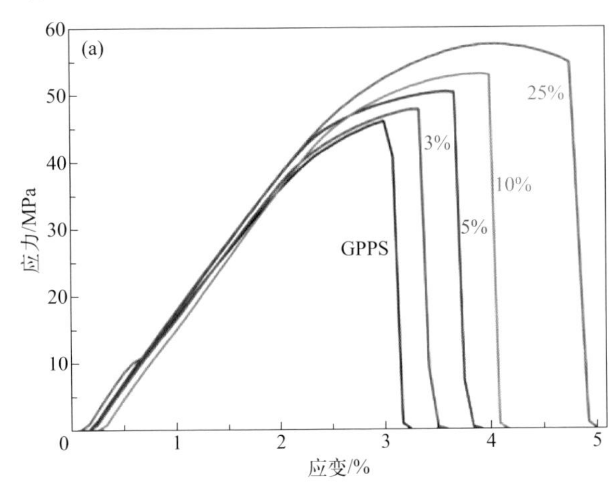

图3-118

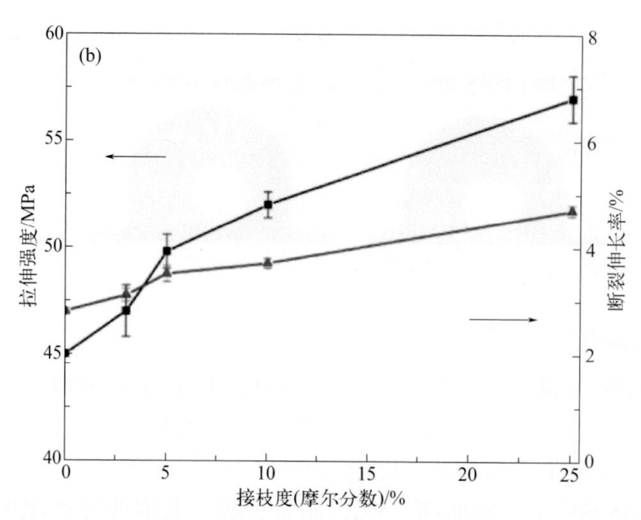

图3-118 GPPS及GPPS共混PS-*g*-POSS（3%～25%，质量分数）的应力-应变曲线（a）；POSS接枝度对拉伸强度及断裂伸长率的影响（b）

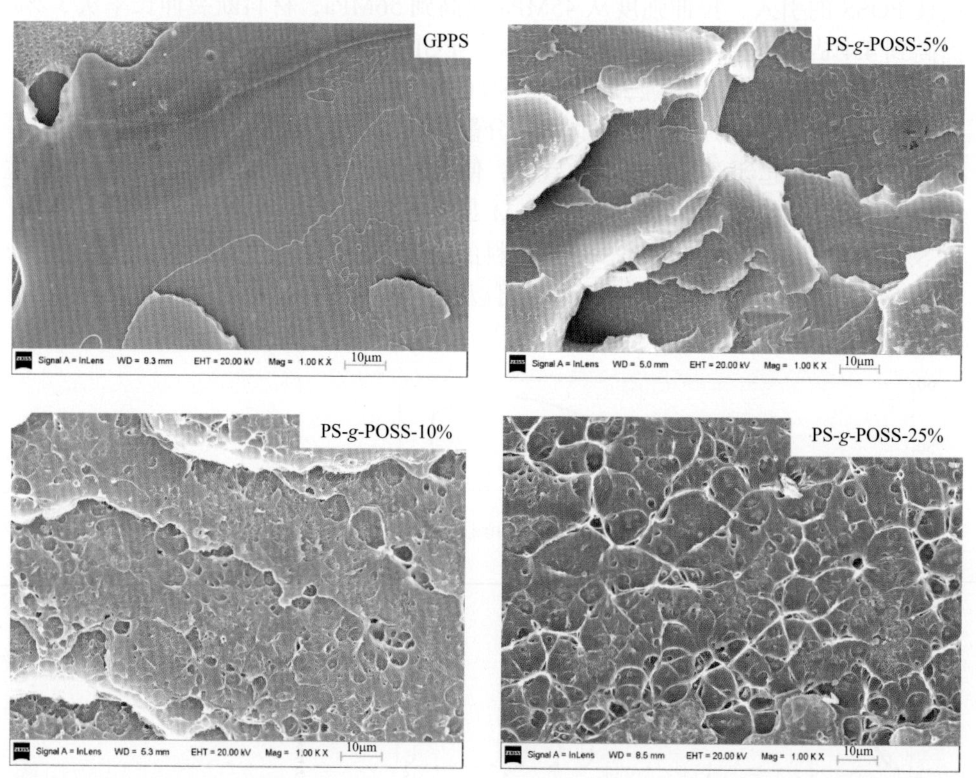

图3-119 GPPS及GPPS共混PS-*g*-POSS（5%～25%，质量分数）拉伸断面SEM照片

（四）SEBS-*g*-POSS合成与表征、性能与应用前景

1．SEBS-*g*-POSS 合成与表征

SEBS-*g*-POSS 的制备反应式如图 3-120 所示[13-14,143]。其具体方法是：将叠氮化 SEBS、等物质的量炔基 POSS 完全溶解在 THF/DMF 中，在 35℃或室温下加入等物质的量 CuI/PMDETA，搅拌反应 24h，反应后经过洗涤、沉淀，在 40℃真空干燥即得 SEBS-*g*-POSS。

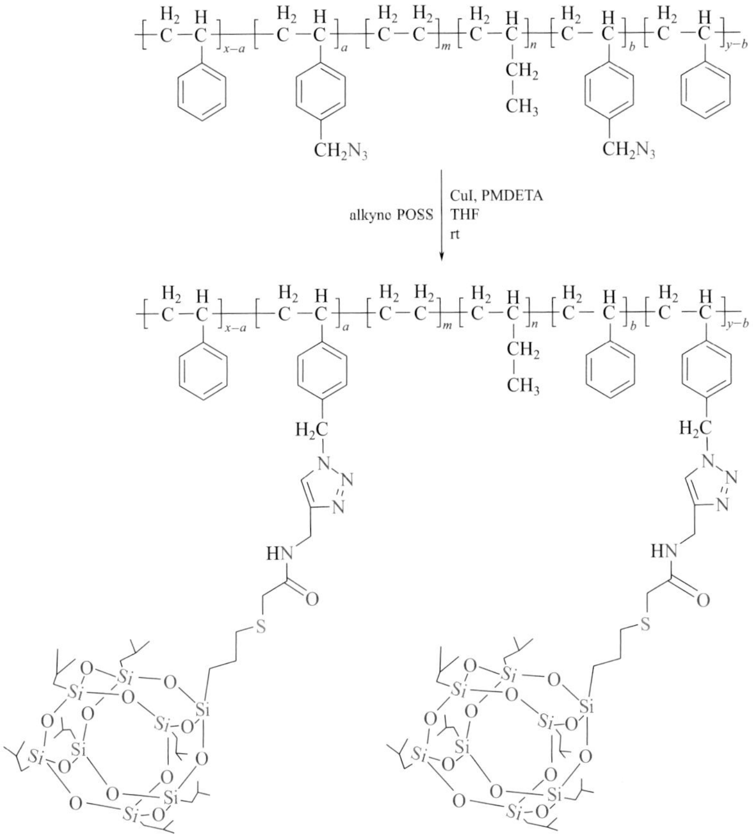

$$\text{SEBS-CH}_2\text{N}_3 \xrightarrow[\text{CuI, PMDETA, THF, rt}]{\text{alkyne POSS}} \text{SEBS-}g\text{-POSS}$$

图3-120　通过叠氮-炔基反应制备SEBS-*g*-POSS的反应式

为考察不同 POSS 接枝含量对材料性能及结构的影响，制备了系列氯甲基化、叠氮化 SEBS，进而得到不同含量 POSS 杂化 SEBS，如表 3-8[14-143]。

表3-8 不同官能化程度产物及GPC结果表征

样品		F_{-CH_2Cl}/%	$F_{-CH_2N_3}$/%	POSS的接枝含量/%	$\overline{M}_n$	PDI
SEBS		0	0	0	72000	1.1
SEBS-CH_2Cl	Ⅰ	6	0	0	72000	1.1
	Ⅱ	10	0	0	72000	1.1
	Ⅲ	17	0	0	73000	1.1
SEBS-CH_2N_3	Ⅰ	0	6	0	75000	1.1
	Ⅱ	0	10	0	72000	1.2
	Ⅲ	0	17	0	73000	1.1
SEBS-*g*-POSS	Ⅰ	0	0	12	80000	1.1
	Ⅱ	0	0	20	83000	1.2
	Ⅲ	0	0	35	92000	1.3

选取典型接枝POSS含量（摩尔分数）为10%的SEBS-*g*-POSS产物进行FTIR、^{1}H NMR和GPC分析。图3-121中从上到下依次为反应原料、中间产物及目标产物的FTIR谱图。通过特征官能团的变化，可以清晰看出反应的进程，1265cm^{-1}和2095cm^{-1}分别为氯甲基和叠氮甲基特征峰；在接枝POSS后，1100cm^{-1}处出现明显的POSS峰位，在1670cm^{-1}出现三唑环的特征峰位，证实了反应的进行。

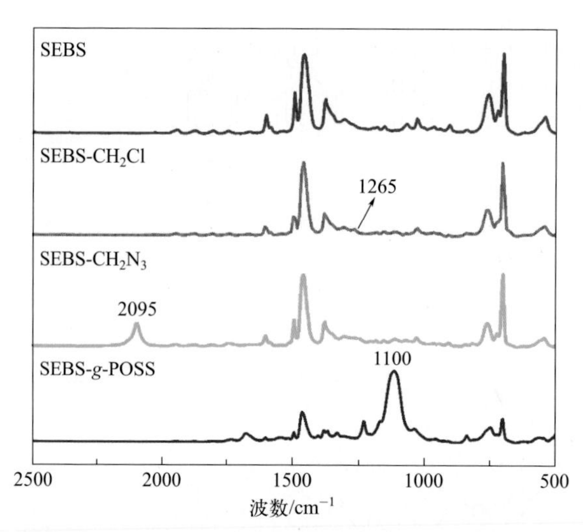

图3-121 原料SEBS、氯甲基化SEBS、叠氮化SEBS以及SEBS-*g*-POSS的FTIR谱图

对产物进行^{1}H NMR分析，如图3-122，可以看出δ=0.62（l）为POSS的七异丁基上—CH_2—氢环境信号峰。另外，在δ=4.55（g）和5.41（f）出现两个很明显的峰位，分别代表产物接枝后，与三唑环相连两个亚甲基氢的信号峰。同时观测到δ=2.5（i）和3.2（h）分别为硫醚键两侧（—CH_2—S—CH_2—）亚甲基质子信号

峰。在其他 POSS 含量杂化 SEBS 产物的核磁中，同样发现相同的特征峰位。

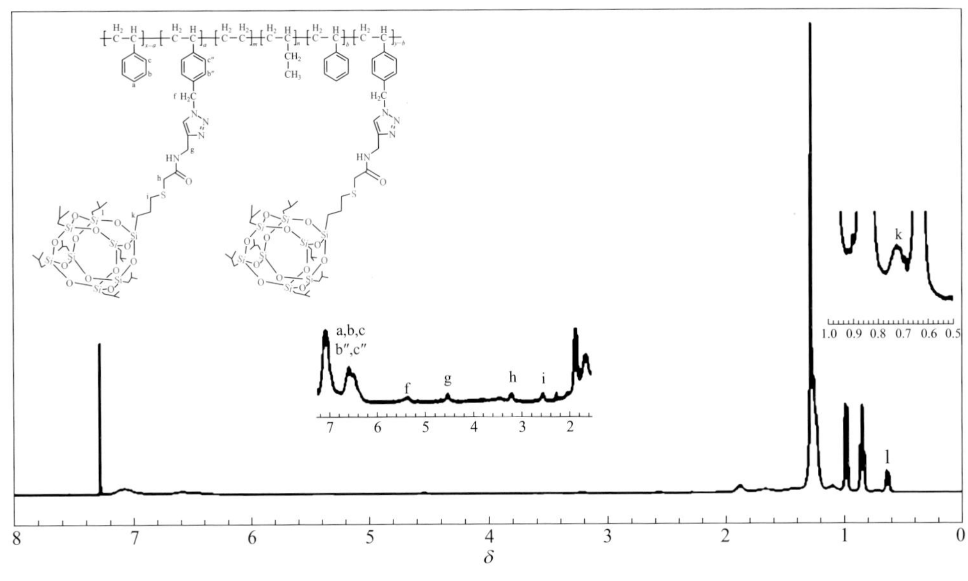

图3-122　SEBS-g-POSS的^{1}H NMR谱图（F_{-CH_2Cl}=10%）

图 3-123 为含量（摩尔分数）10%POSS 杂化 SEBS 产物及氯甲基化、叠氮化 SEBS 原料的 GPC 曲线 [14,143]，可以看出，反应前后峰位分子量出现明显的前移，说明产物结构 POSS 后，分子量变大，同时分子量分布没有明显变化。

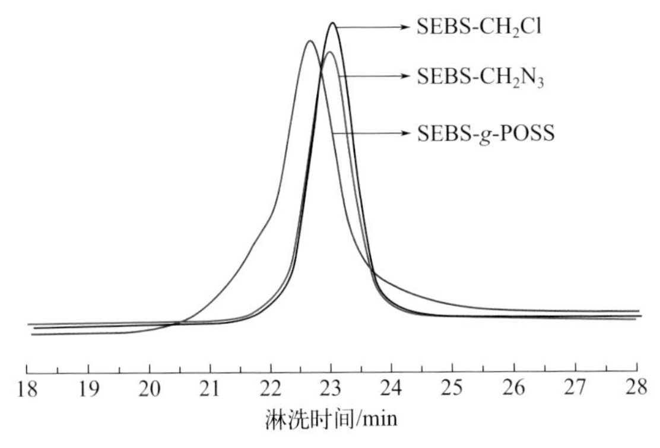

图3-123　氯甲基化SEBS、叠氮化SEBS以及SEBS-g-POSS的GPC曲线（F_{-CH_2Cl}=10%）

不同 POSS 接枝含量（6%、10% 和 17%，摩尔分数）的 SEBS-g-POSS 分别为 SEBS-g-POSSⅠ，SEBS-g-POSSⅡ，SEBS-g-POSSⅢ，以下对其形态和性能进行讨论。

2．SEBS-*g*-POSS 形态

SEBS 和不同 POSS 接枝含量的 SEBS-*g*-POSS 的未染色 TEM 照片如图 3-124[14,143]。其制样过程如下：将样品分别溶解于甲苯中，配成 5%（质量分数）溶液进行铜网滴膜，缓慢挥发进行观察，发现未染色的 SEBS 样品呈现均匀的相态，而在得到不同 POSS 含量的 SEBS-*g*-POSS 样品中，都观察到呈现不规则相对均匀组装的 POSS，聚集尺寸在 20 ～ 40nm 之间，并随 POSS 含量增加，聚集体增多。这同在 PS-*g*-POSS 电镜照片中观察的现象基本一致，只是 POSS 组装形态出现不规则，这是由于 SEBS 自身含有大量饱和碳链及聚苯乙烯两相，POSS 的组装形态受到两相的影响。

为进一步研究 POSS 在体系中的分散及相行为，对上述样品进行 XRD 分析，如图 3-125[14,143]。可以看出，单炔基 POSS 的晶体衍射特征峰位于 2θ=8.0°、9.1° 以及 10.2°，SEBS-*g*-POSS 在 8.4° 处出现 POSS 特征峰，但与炔基 POSS 不同，在 SEBS 基体中的 POSS 特征峰呈现较宽的衍射峰形，这说明 POSS 是较均匀分散到基体中，但在接枝含量超过 10% 时，SEBS-*g*-POSS 出现较为尖锐的 POSS 特征峰形，这可能是由于接枝含量较高的产物中，POSS 自聚集能力较强且区域较大，导致产生尖锐峰形。

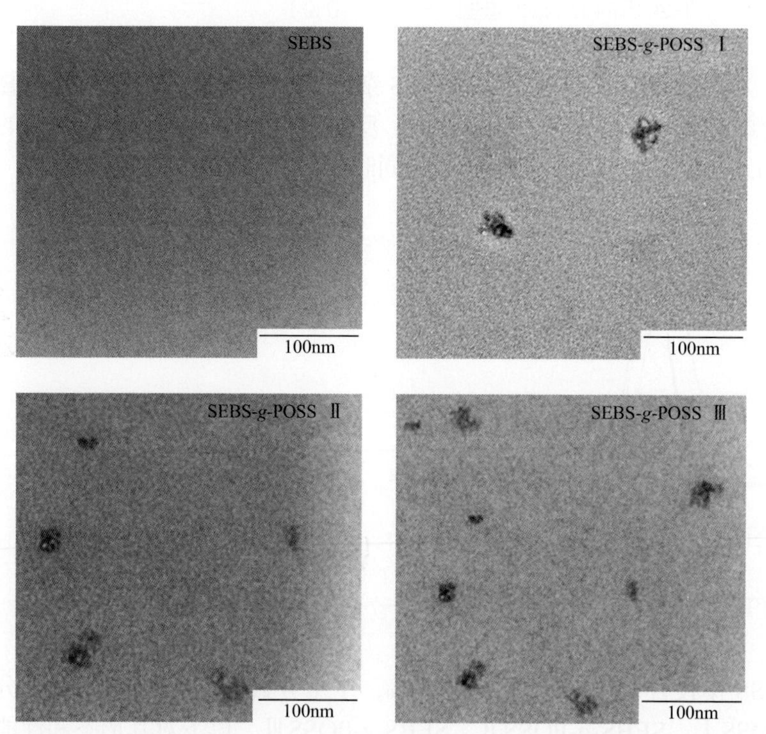

图3-124　SEBS及不同POSS含量SEBS-*g*-POSS的TEM照片（未染色）

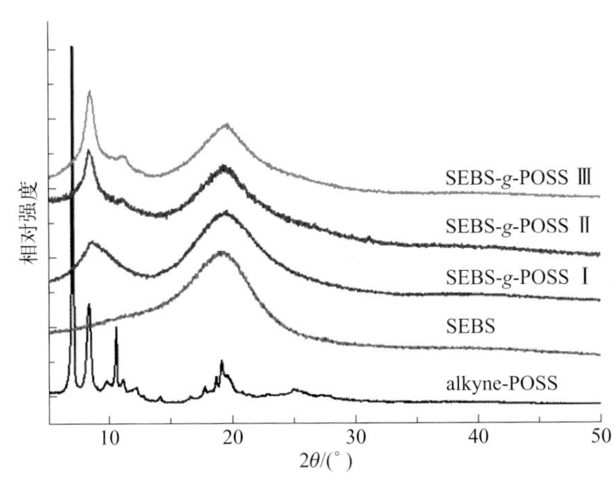

图3-125　SEBS和不同POSS含量SEBS-*g*-POSS的XRD谱图

3．SEBS-*g*-POSS 性能

（1）SEBS-*g*-POSS 的热性能

采用 DSC 和 TGA 分析 SEBS-*g*-POSS 的热性能，其中 SEBS 和不同 POSS 含量 SEBS-*g*-POSS 的 DSC 曲线如图 3-126 所示[14,143]。

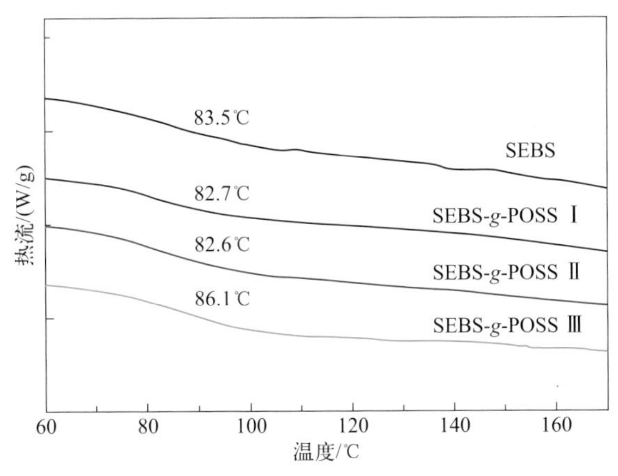

图3-126　SEBS和不同POSS含量SEBS-*g*-POSS的DSC曲线

如图 3-127 所示，SEBS-*g*-POSS 产物的玻璃化转变温度随着接枝含量的增加呈现先降低后升高的趋势，这可以通过 POSS 引入增加分子链段自由体积，局部范围内分子链运动得到释放，从而降低了 T_g 温度；以及 POSS 纳米粒子间相互作用以及空间位阻阻碍分子链运动提高 T_g 温度这两个因素的拮抗

作用来分析。可以看出，在 POSS 含量为 17% 时，体系的 T_g 升高了接近 3℃，考虑到 SEBS 每一 PS 段的数均分子量为 10000，这一提高幅度已经相对较为明显。

对 SEBS 及 SEBS-*g*-POSS 进行了热失重分析，如图 3-127[14,143]。可以看出，随着 POSS 含量的增加，材料的最大分解温度以及最终分解温度也逐渐提高，分别提高了 19℃和 18℃。这是由于随着 POSS 结构的烧蚀，硅氧硅骨架延缓了材料的分解速度，起到保护基体的作用，从而提高材料的热稳定性。在热失重初期，由于三唑环（分解温度大约 240℃）的部分分解导致。另外，材料的灰分随着 POSS 含量的增加，逐渐升高。

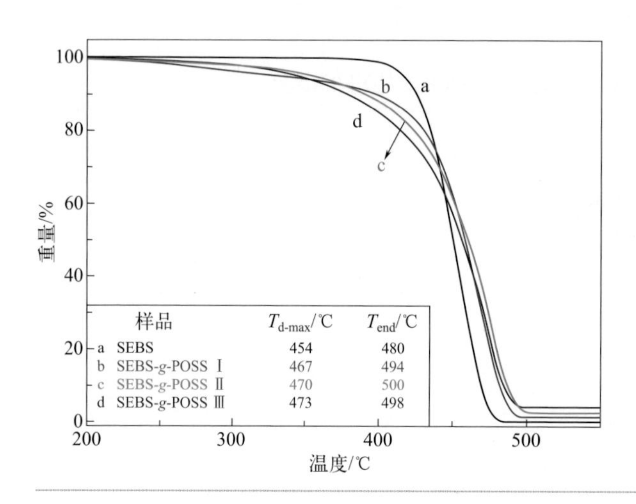

图3-127
SEBS和不同POSS含量SEBS-*g*-POSS的TGA曲线

基于上述合成路线和具体实施方法，考虑 POSS 的侧基种类对其性能的影响，设计了以下合成路线，制备了三种侧基的 POSS 接枝 SEBS，其合成路线和 POSS 的侧基如图 3-128 所示，其中 POSS 侧基包括异丁基、环己基和苯基 [145]。

通过三种侧基 SEBS-*g*-POSS 材料的动态力学（DMA）（图 3-129）分析得知 [145]，POSS 引入到 SEBS 的硬相（PS 相）后，一定程度上影响了材料的动态力学性能，材料的 G' 上升，材料软相的 T_g 基本不变，为 −53℃。而材料的硬段 T_g 增加比较明显，端基不同的 POSS 对材料有着不一样的性能影响。顺序为 SEBS-*g*-Ph-POSS＞SEBS-*g*-Ch-POSS＞SEBS-*g*-Ib-POSS＞SEBS，说明 ph-POSS 的引入，因其自身苯环的刚性和硬段侧链苯环之间的分子作用力使其严重阻碍了硬段分子链的运动导致 T_g 升高最为明显。而另外两种主要是由于 POSS 引入到硬段，使得 PS 相的刚性增加，再加之其较大的体积，阻碍了链段运动，从而升高了 T_g。

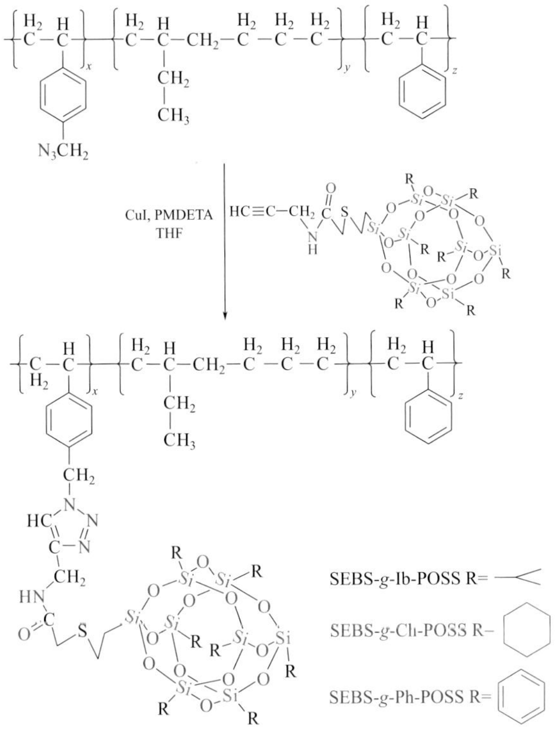

CuI, PMDETA
THF

SEBS-*g*-Ib-POSS R=

SEBS-*g*-Ch-POSS R=

SEBS-*g*-Ph-POSS R=

图3-128　不同侧基的POSS制备SEBS-*g*-POSS的路线图

其中氯甲基化SEBS的氯甲基化程度为15%（摩尔分数），且此路线中POSS前驱体为乙烯基POSS

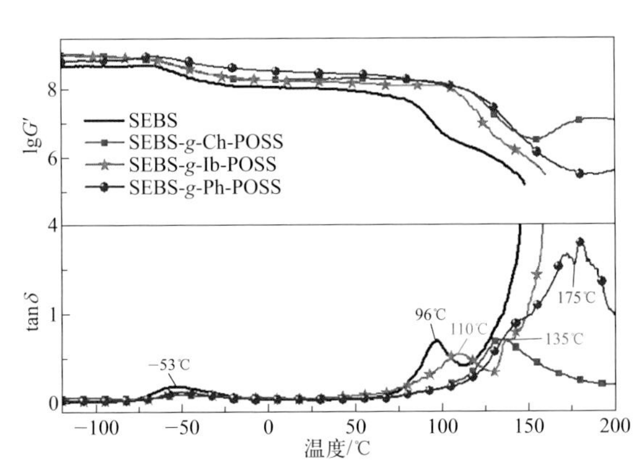

图3-129　三种SEBS-*g*-POSS的DMA曲线

和纯的SEBS相比，POSS的引入使得材料5%热失重温度（$T_{5\%}$）整体降低，最大分解温度和残炭率提高比较明显，三种材料的趋势依次是SEBS-*g*-Ib-POSS＜SEBS-*g*-Ch-POSS＜SEBS-*g*-Ph-POSS，如图3-130所示[145]。侧基为苯基POSS的材料，由于其余SEBS上的苯环有着很大的分子间相互作用力，使得其热性能更好。但POSS和SEBS链接的三唑环可在240℃分解，使得材料的$T_{5\%}$降低，与前述类似。而POSS的无机骨架，在高温下烧蚀，形成SiC或SiO_2等保护层，对材料进行包裹作用，阻止内部结构的分解。提高了材料的最大分解速率温度（T_{max}）和残炭率。

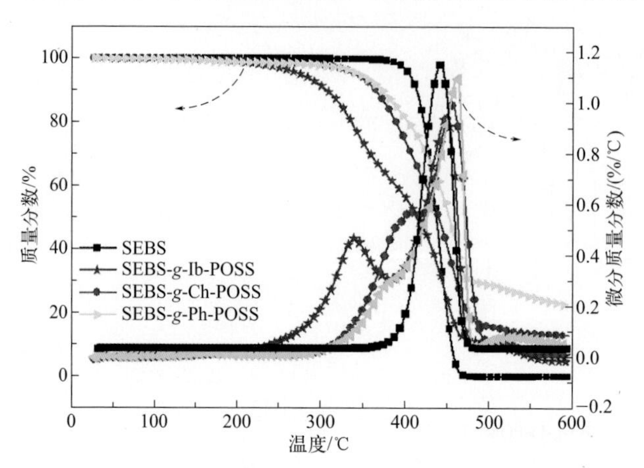

图3-130 POSS侧基对SEBS-g-POSS的TGA曲线的影响

（2）SEBS-g-POSS的表面性能

通过XPS能谱对SEBS-g-POSS进行表面元素表征，另外通过水接触角对材料的疏水性能进行表征。通过XPS分析材料表面元素结果如图3-131[14,143]。与SEBS相比，接枝POSS后，在谱图相应位置同样出现各种元素特征峰，其中101eV及154eV分别为Si 2p及Si 2s峰位，163eV为S 2p，401eV为N 1s峰位。随接枝含量的增加，C含量明显下降，而O、N、S、Si都相应增加，且表面组成均高于理论值，这可能是由于SEBS中存在极性更弱的饱和碳链软段，使得体系中POSS更容易迁移及在表面进行富集造成。

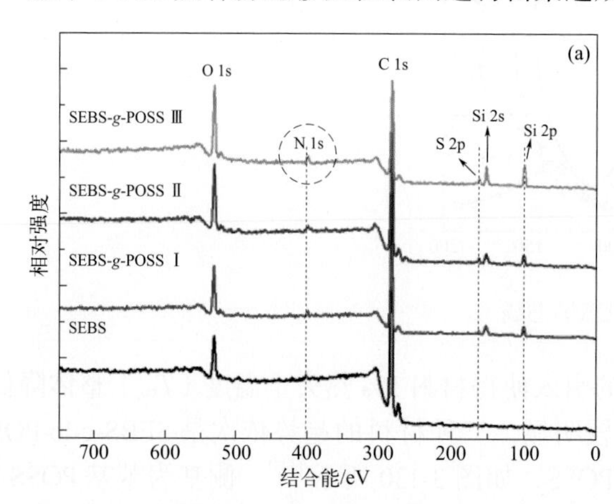

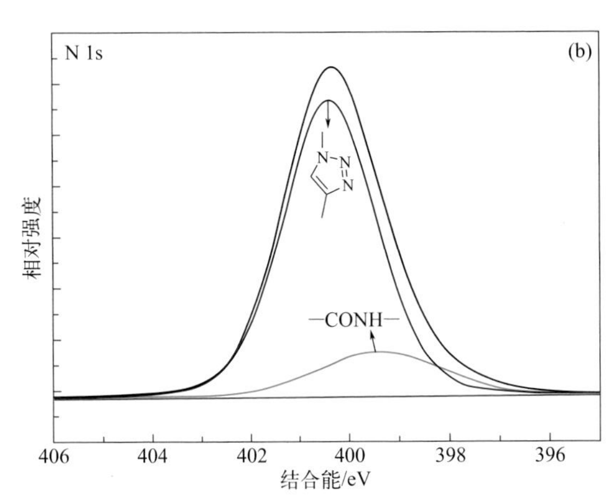

图3-131　SEBS和不同POSS含量SEBS-*g*-POSS的XPS分析（a），N 1s元素的分析（b）

通过对 N 1s 的高分辨分析，可以得到两种不同价键的 N 原子，分别为三唑环N原子（400.4eV）和酰胺键中N原子（399.4eV），进一步证实了目标产物结构。

水接触角表征结果如图 3-132，发现接枝 POSS 后，水接触角有了明显的增加，这是由于 POSS 部分迁移至表面降低了材料表面能，并且随接枝 POSS 含量提高，接触角增大，同时这与前面的 XPS 及 EDS 结果相对应。

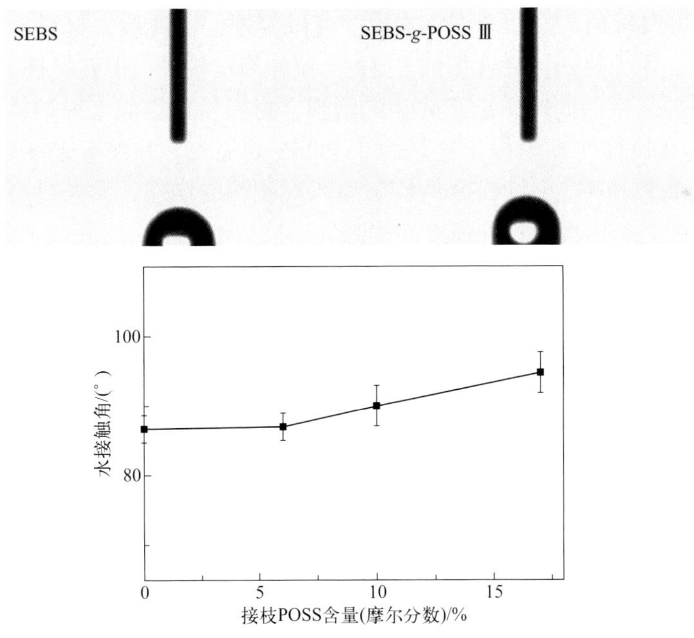

图3-132　SEBS及SEBS-*g*-POSS杂化材料表面的水接触角及其随接枝含量变化

（3）SEBS-*g*-POSS 的力学性能

通过对官能化含量为 10% 的 SEBS-*g*-POSS 及 SEBS 进行拉伸性能测试对比，结果如图 3-133 所示 [14,143]。

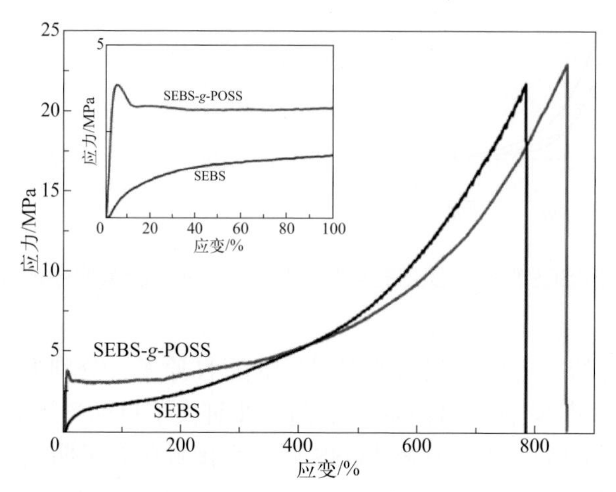

图3-133　SEBS及SEBS-*g*-POSS杂化材料应力-应变曲线

在图 3-133 中可以看出 [14,143]，对比 SEBS，可以发现，接枝后，材料的力学性能有了显著变化，作为热塑性弹性体的 SEBS，拉伸模量较低，但在接枝 POSS 后，在保持高断裂伸长率的同时，由于硬相的增强，材料呈现类似工程塑料的一些拉伸现象，尤其在拉伸初期阶段，这是由于 POSS 的加入，并没有破坏软段，即不会影响材料断裂伸长率，而 POSS 的均匀引入对硬相的增强，大大提高了硬相抵抗外力变形的能力，体现为拉伸强度的提高。

4．SEBS-*g*-POSS 应用前景

软段饱和型硬段杂化嵌段共聚物热塑性弹性体可以满足 SEBS 各类用途，且具有更优的耐热性能和憎水性，可作为耐高温热塑性弹性体使用；也可以作为改性剂，提高通用聚苯乙烯的综合力学性能。

例如将 10%（质量分数）的 SEBS 和不同 POSS 含量的 SEBS-*g*-POSS 分别共混增强 GPPS，结果如图 3-134 所示 [14,143]，可以看出相比 SEBS 改性 GPPS，SEBS-*g*-POSS 显著提高了共混材料的拉伸强度和拉伸模量，但断裂伸长率略有降低。这是因为 SEBS-*g*-POSS 与 GPPS 可以达到较好的相容，使得 POSS 在基体中分散较好，但由于 POSS 的聚集作用，同样将 SEBS 的硬相和 GPPS 链段紧密相连，保证了拉伸强度但降低了断裂伸长率。

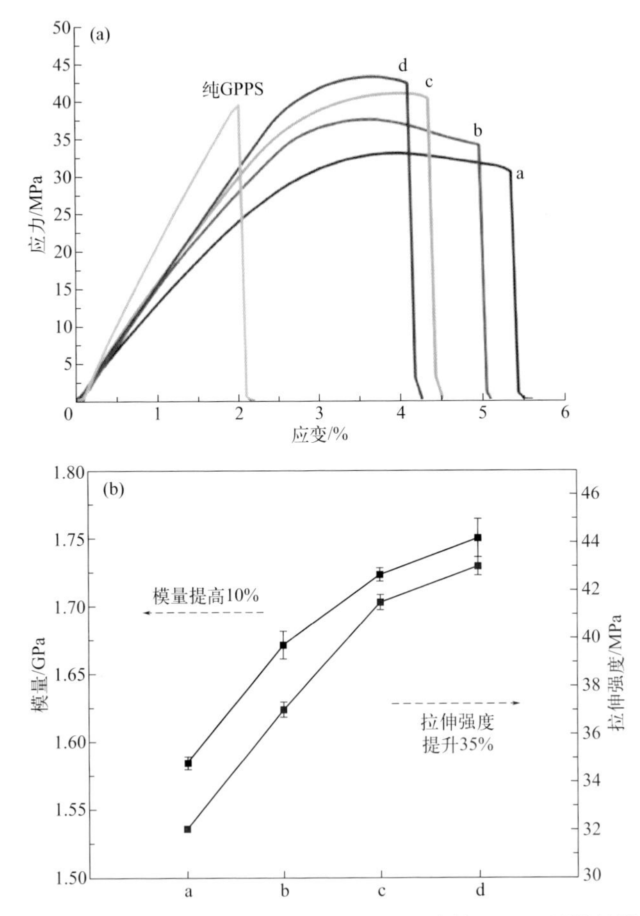

图3-134　SEBS及SEBS-*g*-POSS改性GPPS所得共混材料的应力-应变曲线及力学性能

a—PS/SEBS; b—PS/SEBS-*g*-POSS Ⅰ; c—PS/SEBS-*g*-POSS Ⅱ; d—PS/SEBS-*g*-POSS—Ⅲ

二、软段硬段共杂化嵌段共聚物

（一）$S^sB^{cis}S^s$-*co*-Si硬段软段共杂化嵌段共聚物合成原理与制备工艺

本书著者团队在苯乙烯溶液中加入少量的官能化二氧化硅进行共聚反应，按照顺序聚合的方法合成 $S^sB^{cis}S^s$-*co*-Si 硬段软段共杂化嵌段共聚物，合成反应式如图 3-135 所示 [142,146-149]。

1．PB-*co*-Si 合成与表征

采用配位聚合催化剂催化丁二烯与官能化二氧化硅共聚合，制备了新型高顺式

聚丁二烯键合纳米二氧化硅杂化新材料(PB-*co*-Si)[146-148]。合成反应式如图3-136所示。

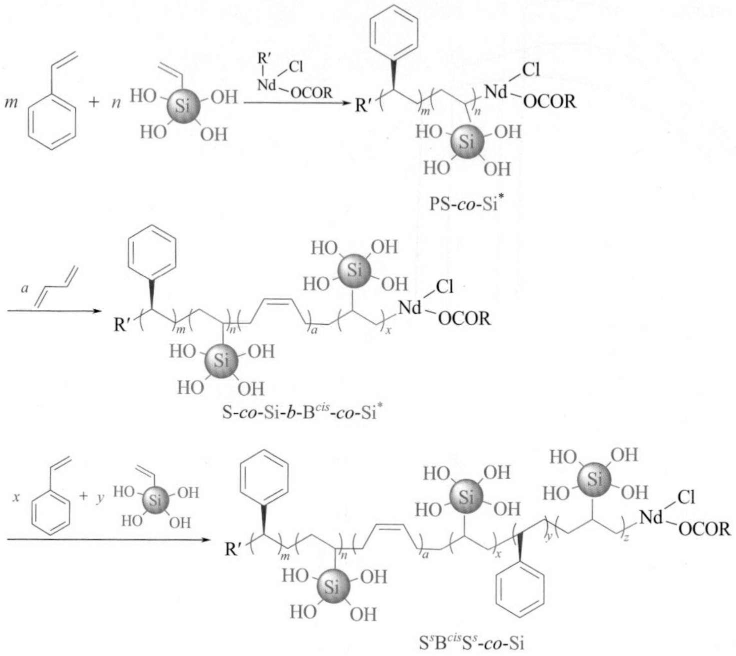

PS-*co*-Si*

S-*co*-Si-*b*-B^{cis}-*co*-Si*

S^{s}B^{cis}S^s-*co*-Si

图3-135 通过顺序聚合法制备S^{s}B^{cis}S^s-*co*-Si硬段软段共杂化嵌段共聚物的合成反应式

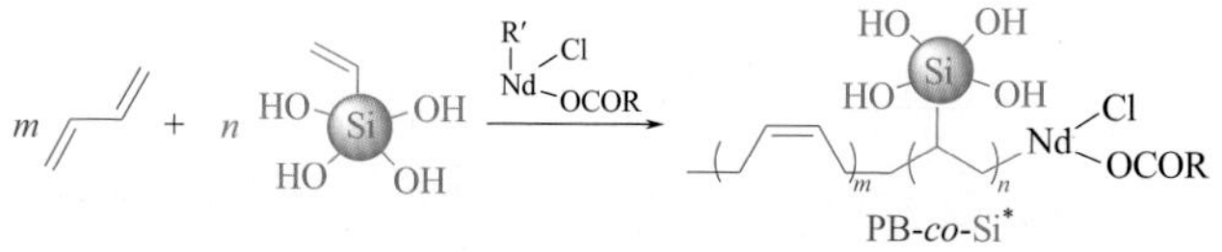

PB-*co*-Si*

图3-136 丁二烯与官能化二氧化硅共聚合制备PB-*co*-Si软段杂化材料的合成反应式

研究了键合 SiO_2 含量对 PB-*co*-Si 杂化材料等温结晶特点的影响，将相同质量分数（1.45%；2.46%）的纳米 SiO_2 与 PB 进行溶液法共混（以 PB/Si 来表示）进行对比。若含有短链支化结构的 PB-*co*-Si 杂化材料中键合 SiO_2 质量分数为 2.46%，顺 -1,4 结构含量为 96.7%，则可表示为 PB-Si-Ni-96.7-2.46；若线型结构的 PB-Si 杂化材料中键合 SiO_2 质量分数为 1.77%，顺 -1,4 结构含量为 99.0%，则可表示为 PB-Si-Nd-99.0-1.77。在确定顺 -1,4 微观结构含量 (约 96.6%) 及 SiO_2 质量分数 (1.45%; 2.46%) 的前提下，对比 SiO_2 采用键合方式 (PB-*co*-Si) 及采用共混方式 (PB/Si) 对结晶过程的影响差异。采用 DSC 测试结晶焓，同时应用 Avrami 结晶动力学来研究键合 SiO_2 含量对 PB-*co*-Si 杂化材料等温结晶速率的影响，根据 Avrami 方程：

$$X_c = 1 - \exp(-Kt^n)$$

式中，X_c 为相对结晶度；K 为总结晶速率常数；n 为 Avrami 指数，它与成核及结晶生长方式有关；t 为结晶时间，某时刻 t 的相对结晶度可以用式 $X_c(t)$ 表示：

$$X_c = \frac{X_c(t)}{X_c(t=\infty)} = \frac{\int_0^t \frac{dH(t)}{dt}dt}{\int_0^{t=\infty} \frac{dH(t)}{dt}dt}$$

$X_c(t)$ 和 $X_c(t=\infty)$ 分别代表 t 时刻的相对结晶度及结晶完成时的结晶度；$dH(t)/dt$ 为 t 时刻结晶热流率（放热）。根据 DSC 测试结果，求得在 −22℃条件下 PB-*co*-Si 杂化样品与共混样品 PB/Si-Ni 等温结晶过程中相对结晶度 (X_c) 随时间的变化规律并将两者的结果进行对比，结果如图 3-137 所示 [146-148]。

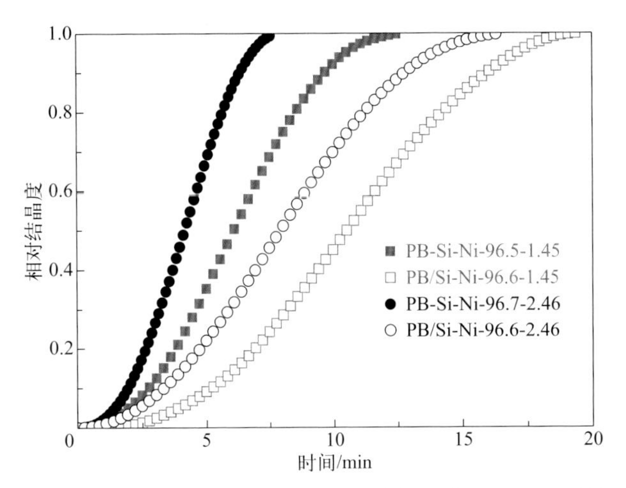

图3-137　杂化材料PB-Si-Ni与共混样品PB/Si-Ni等温（−22℃）结晶过程中相对结晶度(X_c)随时间的变化规律[141]

由图 3-137 可以看出，在 SiO_2 质量分数分别为 1.45% 和 2.46% 的情况下，在相同条件下进行等温结晶，与 PB/Si 共混物相比，PB-*co*-Si 杂化材料的结晶速率均明显加快，说明在高顺式聚丁二烯大分子链上通过化学键合 SiO_2 可以明显提高 PB-*co*-Si 杂化材料的结晶速率，这是仅通过 PB 与 SiO_2 共混方法所不能达到的。

为了比较二氧化硅在共价键合杂化材料 PB-*co*-Si 与共混物 PB/Si 中的相容性，共混物 PB/Si 和杂化材料 PB-*co*-Si 的透射电镜照片分别如图 3-138（a）和（b）所示。可见，在 PB-*co*-Si 杂化材料中，深色 SiO_2 纳米粒子均匀分散在 PB 基体中，而采用溶液法共混方式制备的共混物 PB/Si 中，纳米 SiO_2 出现明显的团聚现象，且分散不均匀 [146-148]。

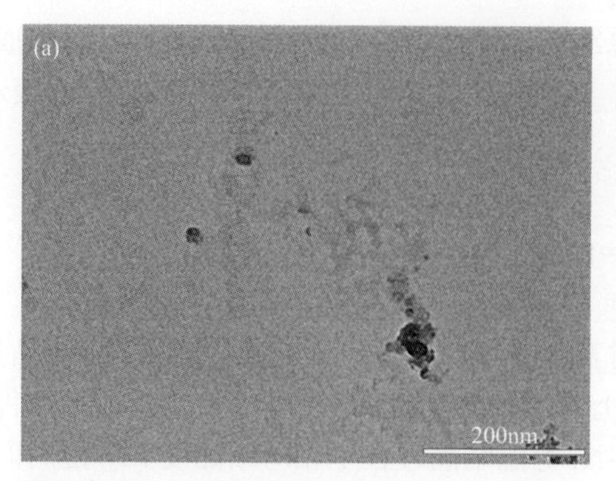

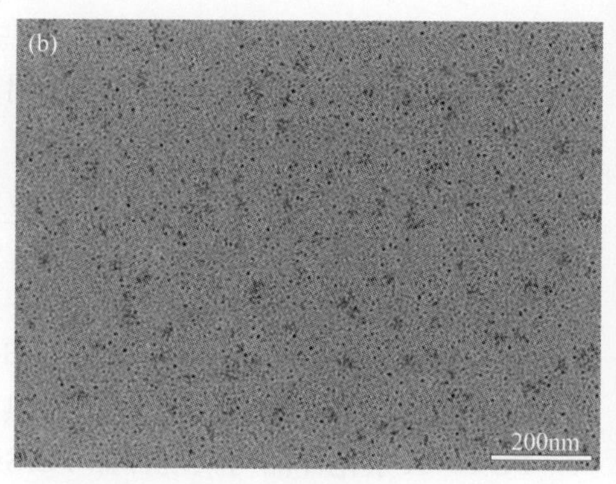

图3-138　共混样品PB/Si-Ni（a）与PB-*co*-Si杂化材料（b）的TEM照片

通过 DSC 测试来分析 PB-*co*-Si 杂化材料的玻璃化转变及结晶行为，图 3-139 为典型的 PB 及 PB-*co*-Si 杂化材料 DSC 曲线。

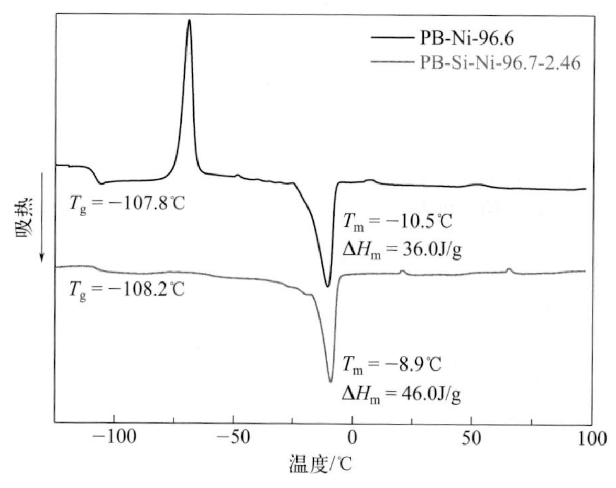

图3-139　PB-Si-Ni -96.7-2.46杂化材料与聚丁二烯PB-Ni-96.6的DSC曲线

由图 3-139 可见，PB-Ni-96.6 具有高顺 -1,4 结构，开始出现玻璃化转变时的温度为 −112.9℃，玻璃化转变温度 (T_g) 为 −107.8℃，在 −69.2℃出现冷结晶峰，这是由于其结晶速率较慢而在快速降温过程中结晶不够完善，在升温过程中结晶逐渐完善所导致的。PB-Ni-96.6 的熔融温度 (T_m) 为 −10.5℃，熔融焓 (ΔH_m) 为 36.0J/g。相比之下，对于 PB-Si -Ni-96.7-2.46 杂化材料，开始出现玻璃化转变时的温度为 −109.8℃，T_g 为 −108.2℃，但未观察到冷结晶峰，说明其结晶速率较快，在快速降温过程中已经产生较为完善的结晶，其结晶熔限较宽，熔融温度 (T_m) 升高至 −8.9℃，熔融焓提高到 46.0J/g，结晶度提高。

本书著者团队进一步研究键合 SiO_2 含量对杂化材料 PB-Si 等温结晶的影响，对于不同键合 SiO_2 含量的 PB-*co*-Si 杂化材料，其在一定温度下等温结晶过程中相对结晶度 (X_c) 随时间变化的典型曲线如图 3-140 所示[146-148]。

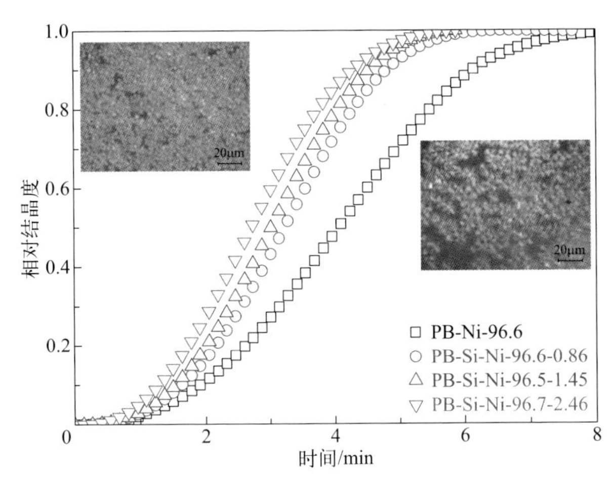

图3-140 不同键合 SiO_2 含量的PB-Si-Ni杂化材料在一定温度下等温结晶过程中（-26℃）相对结晶度(X_c)随时间变化的典型曲线

由图 3-140 可见，在确定顺 -1,4 微观结构含量约为 96.6% 的情况下，与不含 SiO_2 的高顺式 PB 相比，杂化材料 PB-*co*-Si 的结晶速率大幅度提高，并随着其中键合 SiO_2 含量的增加而逐渐加快。在高顺式 PB 中键合少量 SiO_2 后形成的杂化材料，其结晶形态也发生明显改变，在 -26℃下 PB-Ni-96.6 和 PB-Si-Ni-96.5-1.45 样品的 POM 照片对比如图 3-140 所示。杂化材料 PB-Si 形成的球晶尺寸减小，且更加完善，导致结晶熔融焓增加。

在顺式含量相近（约 97.2%）及键合 SiO_2 含量相近（约 0.64%）的前提下，比较具有短支链结构杂化材料（PB-Si -Ni）与具有高度线型链结构的杂化材料 (PB-Si -Nd) 的等温结晶速率，在 -26℃下两者的相对结晶度 (X_c) 随时间的变化规律曲线如图 3-141 所示。结果表明，对于具有高度线型结构的杂化材料，其结晶速率明显快于含有短支链结构的杂化材料的结晶速率，这说明链结构是影响 PB 结晶速率的关键因素之一，具有高度规整线型链结构的 PB-Si-Nd 具有更快的结晶速率，并在更短的结晶时间内形成了更加致密的、完善的小碎晶形态，如图 3-141 所示[146-148]。

在本书著者团队前期的研究中，发现顺 -1,4 结构含量是影响聚丁二烯结晶速率的关键因素，提高聚合物顺 -1,4 结构含量，有利于提高 PB 的结晶速率。对于高度线型链结构的杂化材料 PB-Si -Nd，进一步研究其顺式结构含量及键合 SiO_2

含量对其结晶动力学的影响。在同时增加顺式微观结构含量及键合 SiO_2 含量得到不同的杂化材料，其与聚丁二烯在相同条件下等温结晶过程中相对结晶度 (X_c) 随时间变化的典型曲线如图 3-142 所示 [146-148]。由图 3-142 可见，当顺 -1,4 含量由 98.3% 增加至 99.3%，且键合 SiO_2 含量由 0 增加至 4.36% 时，顺式含量及 SiO_2 结合量的同时增加，导致结晶速率明显加快，形成比较完善的结晶时间大幅缩短，结晶形态与顺式含量和 SiO_2 结合量有关，形成的球晶尺寸明显减小。

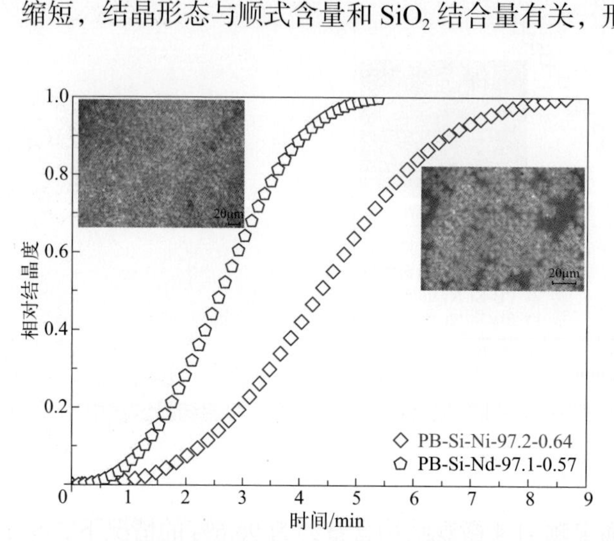

图3-141　具有短支链结构杂化材料 (PB-Si -Ni) 与具有高度线型链结构的杂化材料 (PB-Si-Nd)在-26℃下两者的相对结晶度(X_c)随时间的变化曲线

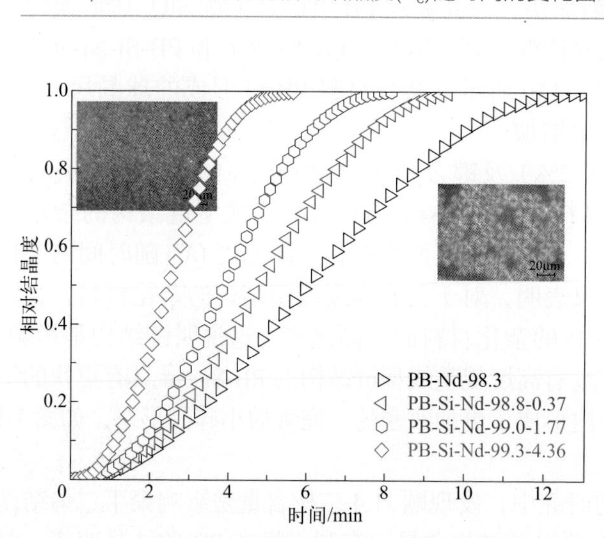

图3-142　增加顺式微观结构含量及键合SiO_2含量得到不同的杂化材料与聚丁二烯在相同条件下等温（-18℃）结晶过程中相对结晶度(X_c)随时间变化的典型曲线

采用配位共聚合方法制备了新型高顺式聚丁二烯键合纳米二氧化硅杂化新材料 (PB-*co*-Si)，通过对两个系列产品 PB-Si -Ni 和 PB-Si -Nd 杂化材料的微观结构与微观形态研究，发现少量的通过化学键合的纳米 SiO_2 可以均匀分散在聚丁二烯基体中，克服了纳米 SiO_2 与聚丁二烯两相不相容体系的分散难题，并对材料的热稳定性改善、结晶过程促进起到有益作用。在 PB-*co*-Si 杂化材料中，随着键合 SiO_2 含量的增加，结晶速率加快，呈现三维球晶的生长方式增长，快速形成致密的、细碎的结晶形态，熔融焓增加。同时，研究发现 PB-*co*-Si 杂化材料中微观结构及分子链的拓扑结构对等温结晶速率也有明显影响，具有更高的顺 -1,4 微观结构含量或更加完美的线型链结构，均有助于加快结晶速率。具有高度线型链结构的高顺式聚丁二烯键合纳米二氧化硅杂化材料，具有良好的微观相分离及两相均匀分散形态，具有快速的结晶与熔融过程，对顺丁橡胶与白炭黑复合材料制备中的分散难题及提高复合材料性能有重要的指导意义，为制造高性能绿色轮胎提供新思路。

2. PS-*co*-Si 合成与表征

在 Ziegler-Natta 型钕系催化剂基础上进一步调节其对极性基团的耐受性，将 $S^sB^{cis}S^s$ 中的硬段聚苯乙烯大分子链上键合纳米二氧化硅，以期制备硬段大分子链侧基悬挂无机 SiO_2 纳米粒子的新型 SBS 型有机 / 无机杂化热塑性弹性体。首先探索 Ziegler-Natta 型钛系催化剂用于苯乙烯与表面含有双键的 SiO_2（VSi）配位共聚合时对于羟基的耐受性，即引入 VSi 后，对于引发苯乙烯与 VSi 配位的共聚合的影响。反应式如图 3-143 所示 [142,149]。

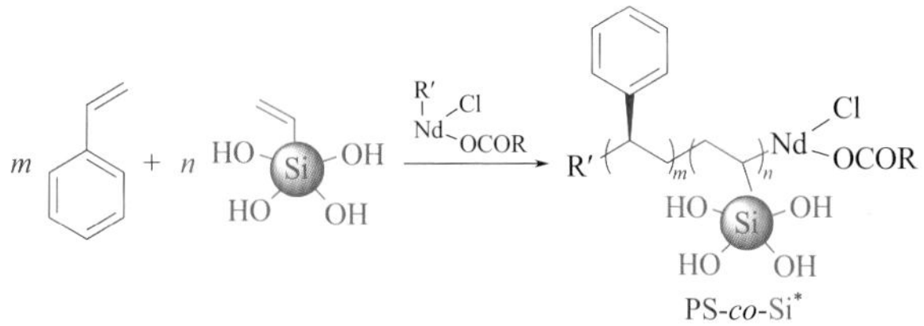

图3-143　通过苯乙烯与共聚单体VSi制备PS-*co*-Si合成反应式

对 PS-*co*-Si 进行 FTIR 表征，如图 3-144 所示 [149]。在 $1600cm^{-1}$、$1493cm^{-1}$、$1453cm^{-1}$ 和 $1405cm^{-1}$ 处的一组吸收峰对应于苯乙烯单元的苯环伸缩振动，在 $700cm^{-1}$ 处对应于单取代苯的特征峰。此外，在 $471cm^{-1}$、$807cm^{-1}$ 及 $1098cm^{-1}$ 处的特征峰对应于 Si—O—Si 伸缩振动，随着 VSi 含量的增加，吸收峰强度更加明显。因此，由 FTIR 结果表明可得到聚苯乙烯大分子链上键合 SiO_2 的共聚物。

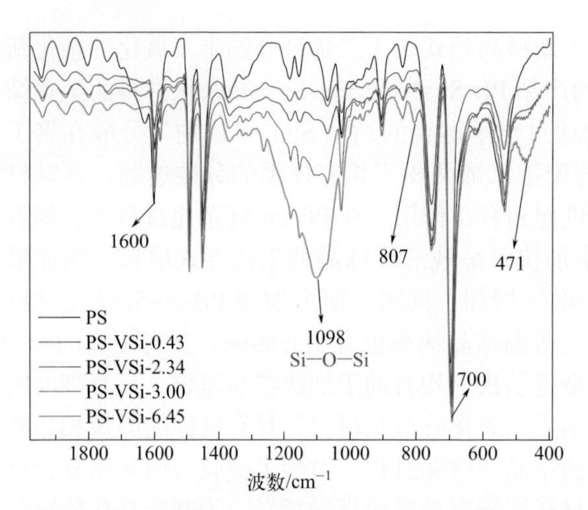

图3-144 不同键合VSi含量的PS-*co*-Si的FTIR谱图

将PS-*co*-Si在N_2环境下测试TGA，可得到最大失重速率温度及键合VSi含量，典型的聚苯乙烯及PS-*co*-Si的TGA-DTG曲线如图3-145所示，可见当SiO_2含量增加至6.45%时，其最大失重速率温度为431℃，相比均聚苯乙烯的410℃提高了21℃。因此，在聚苯乙烯大分子链上键合SiO_2可明显提升聚苯乙烯的热分解温度，且随着键合SiO_2含量的增加，耐热性提升。

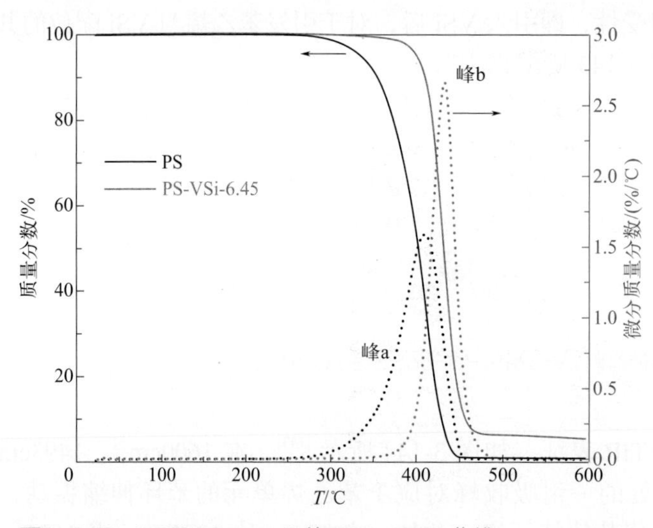

图3-145 PS及PS-*co*-Si的TGA-DTG曲线

由聚苯乙烯及PS-*co*-Si的POM照片（图3-146）可以看出，在前期的研究中，采用钛系催化剂体系可制备富含间规立构的PS，可产生少量结晶，当PS大分子链上键合少量 VSi 后，结晶明显增多。

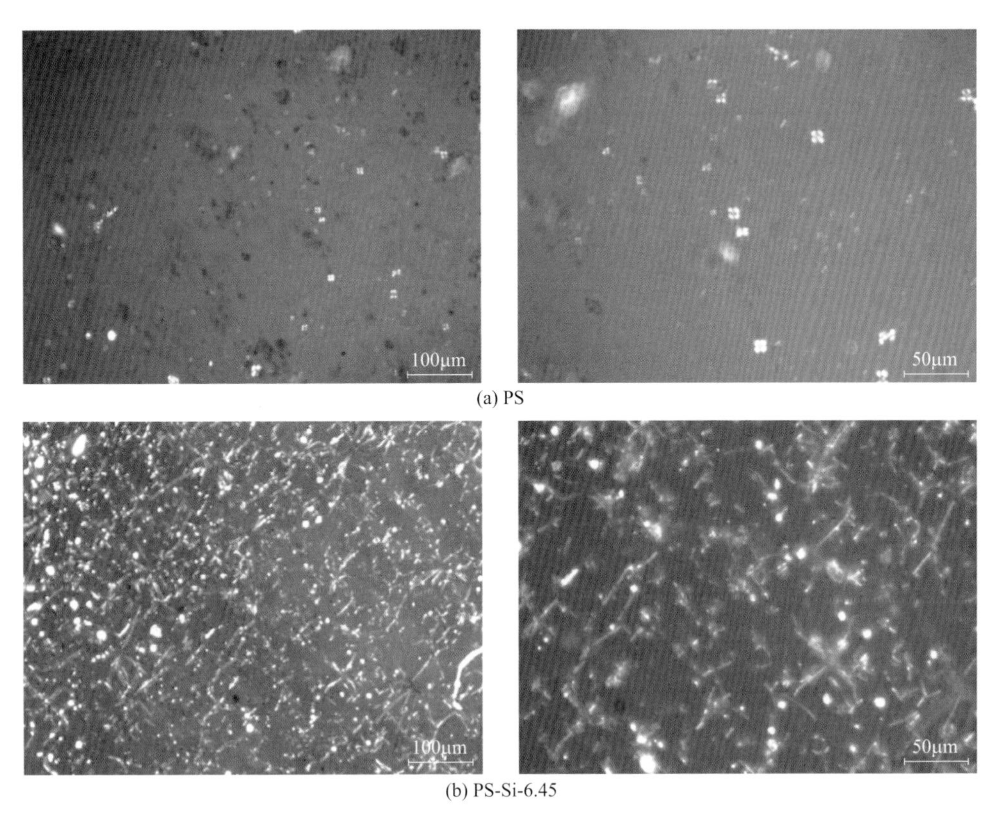

(a) PS

(b) PS-Si-6.45

图3-146 聚苯乙烯及PS-*co*-Si的POM照片

3. $S^sB^{cis}S^s$-co-Si 杂化材料的制备

对顺序聚合产物进行离心分离，去除未反应的 SiO_2 后得到 $S^sB^{cis}S^s$-*co*-Si 杂化材料，对其进行 FTIR 表征，如图 3-147 所示 [142]。

可见，1654cm^{-1} 处的吸收峰对应于丁二烯单元中碳碳双键的伸缩振动，在 967cm^{-1}、911cm^{-1} 和 738cm^{-1} 处的吸收峰分别对应于聚丁二烯的 *trans*-1,4 结构、1,2- 结构和 *cis*-1,4 结构的特征吸收峰，且 *cis*-1,4 结构的特征吸收峰明显强于 *trans*-1,4 结构及 1,2- 结构的特征吸收峰，这说明共聚物中聚丁二烯段主要单元组成是 *cis*-1,4 结构，可计算得到 *cis*-1,4 结构、*trans*-1,4 结构和 1,2- 结构含量分别为 96.5%、2.1% 及 1.4%。在 1600cm^{-1}、1493cm^{-1} 和 1453cm^{-1} 处的吸收峰为苯环骨架伸缩振动吸收峰。此外，从 FTIR 谱图中可以观察到苯乙烯与丁二烯的嵌段共聚物在 540cm^{-1} 处的特征吸收峰，没有出现无规丁苯在 563cm^{-1} 处的特征峰，在 1080cm^{-1} 处观测到了对应于 Si—O—Si 的特征峰。从红外结果的初步分析可以知道，共聚物是由聚苯乙烯链段、含高 *cis*-1,4 结构、少量 *trans*-1,4 结构和 1,2-结构聚丁二烯链段及少量 VSi 组成的杂化材料。对其进行 TGA 测试，发现残留量为 0.75%，这表明杂化材料中键合 VSi 的含量为 0.75%。

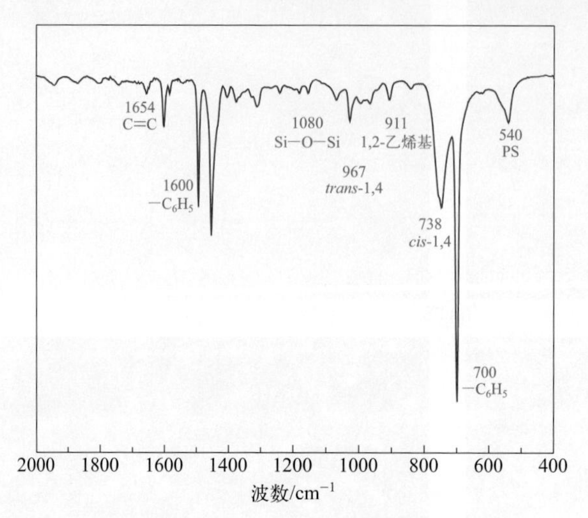

图3-147　$S^sB^{cis}S^s$-*co*-Si杂化材料的FTIR谱图

对阴离子聚合 SBS 及苯乙烯含量接近的 $S^sB^{cis}S^s$-*co*-Si（SiO_2=0.75%，质量分数）杂化材料（St=31.7%，质量分数）进行拉伸性能及动态力学性能对比测试，拉伸应力-应变曲线如图 3-148 所示[142]。$S^sB^{cis}S^s$-*co*-Si（SiO_2=0.75%，质量分数）

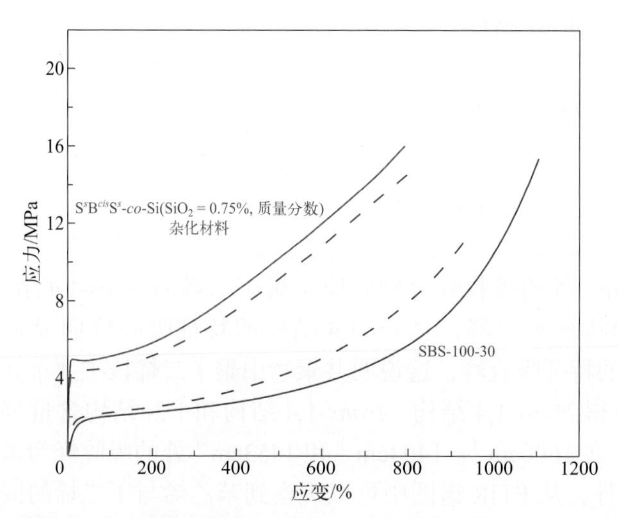

图3-148　阴离子聚合SBS-100-30与$S^sB^{cis}S^s$-*co*-Si（SiO_2=0.75%，质量分数）杂化材料的应力-应变曲线对比

杂化材料的拉伸强度（15.3MPa）略高于阴离子聚合 SBS（13.2MPa），$S^sB^{cis}S^s$-*co*-Si（SiO_2=0.75%，质量分数）杂化材料的 300% 定伸应力（6.6MPa）明显高于阴离子聚合 SBS（2.7MPa），纳米 SiO_2 颗粒与富含间规立构聚苯乙烯链段对于物理交联点的自增强作用。$S^sB^{cis}S^s$-*co*-Si（SiO_2=0.75%，质量分数）杂化材料的断裂伸长率（794%）低于阴离子聚合 SBS（1016%）。

（二）$S^sB^{cis}S^s$-*co*-Si硬段软段共杂化嵌段共聚物应用前景

$S^sB^{cis}S^s$-*co*-Si（SiO_2=0.75%，质量分数）杂化材料中纳米二氧化硅有利于促进聚苯乙烯硬段结晶，因此赋予材料更优异的刚性和强度，有利于改进沥青的高温永久变形和降低对温度的敏感性，高顺式聚丁二烯链段有利于提高耐温耐屈挠性、改善耐疲劳性并提高拉伸强度，有望作为高性能沥青改性聚合物使用，也可作为热塑性弹性体材料使用。

第六节
结论与展望

嵌段共聚物热塑性弹性体品种繁多、性能各异，其中作为热塑性弹性体最典型的代表是苯乙烯类（SBC）热塑性弹性体，国内产量超过 100 万吨，应用领域不断拓展。SBC 弹性体的高性能化与功能化持续受到关注，例如以氢化苯乙烯类（HSBC）热塑性弹性体为代表，已经实现大规模工业化生产。本书著者团队通过发展新的催化剂和合成方法，开展新型杂化分子结构设计，探索了新型热塑性弹性体的制备方法及其结构与性能的关系，在设计合成新结构苯乙烯类热塑性弹性体方面取得一些成果。通过可控阳离子聚合制备了一系列基于聚异丁烯饱和软段等规立构 PS 和硬段交联的苯乙烯类（SIBS）热塑性弹性体，进一步提升其阻隔性能和耐老化性能；通过发展新型配位聚合催化剂体系，实现对分子结构的调控，制备了硬段具有结晶性质、软段为饱和聚异丁烯或高顺式聚丁二烯的新型热塑性弹性体；通过对纳米二氧化硅表面处理，引入可反应官能团，进而通过配位聚合制备了新型硬段杂化二氧化硅的苯乙烯类热塑性弹性体；通过化学改性，将 POSS 引入聚苯乙烯侧基，进而制备了硬段杂化的氢化苯乙烯类热塑性弹性体。上述工作通过提高结晶能力或引入杂化结构提升硬段的耐热性能和力学性能，保持软段赋予材料优异的耐低温性、回弹性和耐磨性，从而得到高性能苯乙烯基热塑性弹性体，为苯乙烯类热塑性弹性体的高性能化提供新的途径。

基于极性聚合物的嵌段共聚物热塑性弹性体包括聚丙烯酸酯嵌段共聚物、聚酯类嵌段共聚物和聚酰胺类嵌段共聚物热塑性弹性体等品种。这些极性的嵌段共聚物热塑性弹性体具有较高的耐热性能、优良的黏结性能和耐油性能，拓展热塑性弹性体的应用领域，值得关注和发展。

此外，嵌段共聚物热塑性弹性体受益于嵌段共聚物合成方法的发展、分子构造调控方法的发展和单体种类与来源的进展，明确结构与性能的关系，发展或优化合成方法或合成工艺，实现嵌段共聚物热塑性弹性体的高性能和绿色化[150]，并不断拓展其广阔的应用领域。

参考文献

[1] 化工名词审定委员会. 化工名词（七）高分子化工 [M]. 北京：科学出版社，2022.

[2] Hadjichristidis N, Pispas S, Floudas G. Block copolymers: Synthetic strategies, physical properties, and applications[M]. New Jersey: John Wiley & Sons, 2003.

[3] Hamley I W. Developments in block copolymer science and technology[M]. Chichester: J Wiley, 2004.

[4] Bhowmick Anil K, Stephens Howard L. 弹性体手册 [M]. 2 版. 吴棣华，等译. 北京：中国石化出版社，2005.

[5] Fakirov S. Handbook of condensation thermoplastic elastomer[M]. Weinheim: Wiley-VCH Verlag GmbH & Co KGaA, 2005.

[6] 赵旭涛，刘大华. 合成橡胶工业手册 [M]. 2 版. 北京：科学出版社，2006.

[7] 王德充，梁爱民，韩丙勇，等. 锂系合成橡胶及热塑性弹性体 (第二分册)[M]. 北京：中国石化出版社，2008.

[8] 焦书科. 橡胶弹性物理及合成化学 [M]. 北京：中国石化出版社，2008.

[9] Grady B P, Cooper S L. 13-Thermoplastic Elastomers[M]. Boston : Elsevier Academic Press, 2005: 555-617.

[10] [捷克] 乔治德罗布尼. 热塑性弹性体手册 [M]. 2 版. 游长江，译. 北京：化学工业出版社，2018.

[11] 孟跃中，邱廷模，王栓紧，等. 热塑性弹性体 [M]. 北京：化学工业出版社，2018.

[12] 徐林，曾本忠，王超，等. 我国高性能合成橡胶材料发展现状与展望 [J]. 中国工程科学，2020，22(5): 128-136.

[13] 牛茂善，徐日炜，吴一弦，等. 多面体低聚倍半硅氧烷改性的含双键弹性体及其制备方法: ZL201110442084.0[P]. 2011-12-26.

[14] Niu M S, Xu R W, Dai P, et al. Novel hybrid copolymer by incorporating poss into hard segments of thermoplastic elastomer sebs via click coupling reaction[J]. Polymer, 2013, 54: 2658-2667.

[15] Wang W, Lu W, Goodwin A, et al. Recent advances in thermoplastic elastomers from living polymerizations: Macromolecular architectures and supramolecular chemistry[J]. Progress in Polymer Science, 2019, 95: 1-31.

[16] Tong J D, Jerôme R. Dependence of the ultimate tensile strength of thermoplastic elastomers of the triblock type on the molecular weight between chain entanglements of the central block [J]. Macromolecules, 2000,33(5):1479-1481.

[17] Szwarc M. ‘Living’ polymers[J]. Nature, 1956, 178(4543): 1168-1169.

[18] 朱寒，吴一弦，郭青磊，等 . 一种新型丁二烯和苯乙烯嵌段共聚物的结构表征. 北京化工大学学报 (自然科学版) [J].2004(6): 47-51.

[19] 吴一弦，朱寒，赵姜维. 一种高顺式丁苯嵌段共聚物的制备方法：CN 101153069B[P]. 2006-09-25.

[20] 徐种德，王薛琴，Thomas E L，et al. 用透射电镜法研究聚 (苯乙烯 - 异戊二烯) 二嵌段共聚物微相分离的微区尺寸 [J]. 功能高分子学报，1991(2):96-102.

[21] Kennedy J P, Smith R A. New telechelic polymers and sequential copolymers by polyfunctional initiator-transfer agents (inifers). Ⅲ. Synthesis and characterization of poly(α-methylstyrene-*b*-isobutylene-*b*-α-methylstyrene)[J]. Journal of Polymer Science: Polymer Chemistry Edition, 1980, 18(5): 1539-1546.

[22] Kennedy J P, Guhaniyogi S C, Ross L R. Carbocationic polymerization in the presence of sterically hindered bases. Ⅸ. High efficiency blocking of poly(α-methylstyrene) from linear and radial polyisobutylenes carrying tert-chlorine termini in the presence of proton traps [J]. Journal of Macromolecular Science—Chemistry, 1982, 18(1): 119-128.

[23] Kennedy J P, Faust R. Living catalysts, complexes and polymers therefrom: US 4910321[P]. 1990-5-20.

[24] Faust R, Kennedy J P. Living carbocationic polymerization XVI. Living carbocationic polymerization of styrene[J]. Polymer Bulletin, 1988, 19(1): 21-28.

[25] Kaszas G, Puskas J E, Kennedy J P, et al. Polyisobutylene-containing block polymers by sequential monomer addition. Ⅰ. The living carbocationic polymerization of styrene[J]. Journal of Polymer Science Part A: Polymer Chemistry, 1991, 29(3): 421-426.

[26] 吴一弦，邱迎昕，张成龙，等. 软段全饱和嵌段共聚物的制备方法：CN100429252C[P]. 2005 12 15.

[27] 邱迎昕. $H_2O/TiCl_4$ 体系引发异丁烯与苯乙烯控制阳离子聚合及制备嵌段共聚物研究 [D]. 北京：北京化工大学，2006.

[28] Li D, Hadjikyriacou S, Faust R. Living carbocationic polymerization of α-methylstyrene using tin halides as coinitiators[J]. Macromolecules, 1996, 29(18): 6061-6067.

[29] Puskas J E, Kaszas G. Polyisobutylene-based thermoplastic elastomers: A review[J]. Rubber Chemistry and Technology, 1996, 69(3): 462-475.

[30] Gyor M, Fodor Z S, Wang H C,et al. Living carbocationic polymerization and sequential block copolymerization of styrene with isobutylene[J]. Polymer Preprints, 1993, 34(2): 562-563.

[31] Kaszas G, Puskas J E, Kennedy J P. Polyisobutylene-containing block polymers by sequential monomer addition. Ⅱ. Polystyrene-polyisobutylene-polystyrene triblock polymers: Synthesis, characterization, and physical properties[J]. Journal of Polymer Science Part A: Polymer Chemistry, 1991, 29(3): 427-435.

[32] Storey R F, Chisholm B J, Lee Y K. Synthesis and characterization of linear and three-arm star radial poly(styrene-*b*-isobutylene-*b*-styrene) block copolymers using blocked dicumyl chloride or tricumyl chloride/$TiCl_4$/pyridine initiating system[J]. Polymer, 1993, 34(20): 4330-4335.

[33] Storey R F, Chisholm B J. Aspects of the synthesis of poly(styrene-*b*-isobutylene-*b*-styrene) block copolymers using living carbocationic polymerization[J]. Macromolecules, 1993, 26(25): 6727-6733.

[34] Storey R F, Chisholm B J, Choate K R. Synthesis and characterization of PS-PIB-PS triblock copolymers[J]. Journal of Macromolecular Science—Pure and Applied Chemistry, 1994, 31(8): 969-987.

[35] Gyor M, Fodor Z, Wang H C, et al. Polyisobutylene-based thermoplastic elastomers. Ⅰ. Synthesis and characterization of polystyrene-polyisobutylene-polystyrene triblock copolymers[J]. Journal of Macromolecular Science Part A: Pure and Applied Chemistry, 1994, 31(12): 2055-2065.

[36] Fodor Z, Faust R. Polyisobutylene-based thermoplastic elastomers. Ⅳ. Synthesis of poly(styrene-block-

isobutylene-block-styrene) triblock copolymers using *n*-butyl chloride as solvent[J]. Journal of Macromolecular Science Part A: Pure and Applied Chemistry, 1996, 33(3): 305-324.

[37] Faust R, Fodor Z. Production of block copolymers with polyolefin mid-blocks and styrenic end blocks with high capping efficiency, producing strong and flexible thermoplastic elastomers: WO 9510554[P]. 1995-01-06.

[38] Storey R F, Baugh D W, Choate K R. Poly (styrene-*b*-isobutylene-*b*-styrene) block copolymers produced by living cationic polymerization: Ⅰ. Compositional analysis[J]. Polymer, 1999, 40(11): 3083-3090.

[39] Storey R F, Chisholm B J, Masse M A. Morphology and physical properties of poly (styrene-*b*-isobutylene-*b*-styrene) block copolymers[J]. Polymer, 1996, 37(14): 2925-2938.

[40] Puskas J E, Kaszas G, Kennedy J P, et al. polyisobutylene-containing block polymers by sequential monomer addition. Ⅳ. New triblock thermoplastic elastomers comprising high T_g styrenic glassy segments: Synthesis, characterization and physical properties[J]. Journal of Polymer Science Part A: Polymer Chemistry, 1992, 30(1): 41-48.

[41] Everland H, Kops J, Nielsen A, et al. Living carbocationic polymerization of isobutylene and synthesis of ABA block copolymers by conventional laboratory techniques[J]. Polymer Bulletin, 1993, 31(2): 159-166.

[42] Fodor Z S, Faust R. Polyisobutylene-based thermoplastic elastomers. Ⅱ. Synthesis and characterization of poly(*p*-methylstyrene-block-isobutylene-block-*p*-methylstyrene) triblock copolymers[J]. Journal of Macromolecular Science Part A: Pure and Applied Chemistry, 1995, 32(3): 575-591.

[43] Kennedy J P, Meguriya N, Keszler B. Living carbocationic polymerization. XLVII. Polyisobutylene-containing block copolymers by sequential monomer addition. 5. Synthesis, characterization, and select properties of poly(*p-tert*-butylstyrene-*b*-isobutylene-*b*-*p-tert*-butylstyrene) [J]. Macromolecules, 1991, 24(25): 6572-6577.

[44] 刘迅．Al 系共引发合成异丁烯和苯乙烯嵌段共聚物 [D]．北京：北京化工大学，2006.

[45] 刘迅，吴一弦，张成龙，等．DCC/$AlCl_3$ 体系引发异丁烯正离子聚合 [J]．高分子学报，2007(3): 255-261.

[46] 张蓓．DCC/$AlCl_3$ 体系引发异丁烯与苯乙烯正离子聚合研究 [D]．北京：北京化工大学，2007.

[47] 张蓓，吴一弦，李艳，等．含氮试剂对 *p*-DDC/$AlCl_3$ 引发异丁烯正离子聚合的影响 [J]．高分子学报，2007(11):1040-1046.

[48] Yan P F, Guo A R, Liu Q, et al. Living cationic polymerization of isobutylene coinitiated by $FeCl_3$ in the presence of isopropanol[J].Journal of Polymer Science Part A: Polymer Chemistry, 2012, 50(16): 3383-3392.

[49] Taylor S J, Storey R F, Kopchick J G, et al. Poly[(styrene-*co*-*p*-methylstyrene)-*b*-isobutylene-*b*-(styrene-*co*-*p*-methylstyrene)] triblock copolymers. 1. Synthesis and characterization[J]. Polymer, 2004, 45(14): 4719-4730.

[50] 吴一弦，魏志涛，张航天 . 一种苯乙烯类嵌段共聚物及其制备方法：ZL202011435277.9[P]. 2020-12-10.

[51] Crawford D M, Napadensky E, Tan N C B, et al. Structure/property relationships in polystyrene-polyisobutylene-polystyrene block copolymers[J]. Thermochimica Acta, 2001, 367-368: 125-134.

[52] Cao X Y, Faust R. Polyisobutylene-based thermoplastic elastomers. 5. Poly (styrene-*b*-isobutylene-*b*-styrene) triblock copolymers by coupling of living poly (styrene-*b*-isobutylene) diblock copolymers[J]. Macromolecules, 1999, 32(17): 5487-5494.

[53] Tsunogae Y, Majoras I, Kennedy J P. Living carbocationic polymerization. Li. Living carbocationic copolymerization of indene and *p*-methylstyrene. 1. Demonstration of the living and random copolymerization of indene and *p*-methylstyrene[J]. Journal of Macromolecular Science Part A: Pure and Applied Chemistry, 1993, 30(4): 253-267.

[54] Vanden Eynde X, Matyjaszewski K, Bertrand P. Static SIMS spectra of polystyrene obtained by "living" radical polymerization. Part Ⅰ: Molecular weight-dependent fragmentation[J]. Surface and Interface Analysis, 1998, 26(8): 569-578.

[55] Matyjaszewski K, Teodorescu M, Acar M H, et al. Novel segmented copolymers by combination of controlled

ionic and radical polymerizations[C]//Macromolecular Symposia. Weinheim: Wiley-VCH Verlag, 2000, 157(1): 183-192.

[56] Matyjaszewski K. Macromolecular engineering by controlled/living ionic and radical polymerizations[J]. Macromolecular Symposia, 2001, 174(1): 51-67.

[57] Gao L C, Zhang C L, Liu X, et al. ABA type liquid crystalline triblock copolymers by combination of living cationic polymerizaition and ATRP: Synthesis and self-assembly[J]. Soft Matter, 2008, 4: 1230-1236.

[58] Gao L C, Yao J, Shen Z H, et al. Self-assembly of rod-coil-rod triblock copolymer and homopolymer blends[J]. Macromolecules, 2009, 42: 1047-1050.

[59] Zhang Z Y, Zhang Q K, Shen Z H, et al. Synthesis and characterization of new liquid crystalline thermoplastic elastomers containing mesogen-jacketed liquid crystalline polymers[J]. Macromolecules, 2016, 49: 475-482.

[60] Sipos L, Som A, Faust R. Controlled delivery of paclitaxel from stent coatings using poly (hydroxystyrene-*b*-isobutylene-*b*-hydroxystyrene) and its acetylated derivative[J]. Biomacromolecules, 2005:2570-82.

[61] 苗媛．羟基官能化 SIBS 的设计合成与表征 [D]．北京：北京化工大学，2017.

[62] 孔波．异丁烯基共聚物自修复材料设计合成及性能研究 [D]．北京：北京化工大学，2020.

[63] Puskas J E, Antony P, Kwon Y, et al. Study of the surface morphology of polyisobutylene-based block copolymers by atomic force microscopy[J]. Macromolecular Symposia, 2002, 183(1): 191-197.

[64] Kennedy J P, Kurian J. Living carbocationic polymerization of *p*-halostyrenes. Ⅲ. Syntheses and characterization of novel thermoplastic elastomers of isobutylene and *p*-chlorostyrene[J]. Journal of Macromolecular Science, Part A: Pure and Applied Chemistry, 1990, 28(13): 3725-3738.

[65] Shim J S, Asthana S, Omura N, et al. Novel thermoplastic elastomers. Ⅰ. Synthesis and characterization of star-block copolymers of PSt-*b*-PIB arms emanating from cyclosiloxane cores[J].Journal of Polymer Science Part A: Polymer Chemistry, 1998, 36(17): 2997-3012.

[66] Jacob S, Majoros I, Kennedy J P. New polyisobutylene stars Ⅺ. Synthesis and characterization of allyl-telechelic octa-arm polyisobutylene stars[J]. Polymer Bulletin, 1998, 40(2-3): 127-134.

[67] Kwon Y, Puskas J E. Investigation of the effect of reaction conditions on the synthesis of multiarm-star polyisobutylene-polystyrene block copolymers[J]. European Polymer Journal, 2004, 40(1): 119-127.

[68] Storey R F, Shoemake K A. Poly(styrene-*b*-isobutylene) multiarm star-block copolymers[J]. Journal of Polymer Science Part A: Polymer Chemistry, 1999, 37(11): 1629-1641.

[69] Shim J S, Kennedy J P. Novel thermoplastic elastomers. Ⅲ. Synthesis, characterization, and properties of star-block copolymers of poly(indene-*b*-isobutylene) arms emanating from cyclosiloxane cores[J]. Journal of Polymer Science Part A: Polymer Chemistry, 2000, 38(2): 279-290.

[70] Puskas J E, Antony P, Kwon Y, et al. Macromolecular engineering via carbocationic polymerization: Branched structures, block copolymers and nanostructures[J]. Macromolecular Materials and Engineering, 2001, 286(10): 565-582.

[71] Puskas J E, Antony P, Fray M E, et al. The effect of hard and soft segment composition and molecular architecture on the morphology and mechanical properties of polystyrene-polyisobutylene thermoplastic elastomeric block copolymers[J]. European Polymer Journal, 2003, 39(10): 2041-2049.

[72] Koshimura K, Sato H. Application study of styrene-isobutylene-styrene block copolymer as a new thermoplastic elastomer[J]. Polymer Bulletin, 1992, 29(6): 705-711.

[73] 周淑芹，杨治伟，武冠英．对甲基苯乙烯和异丁烯三嵌段共聚物的分析与表征 [J]．北京化工大学学报（自然科学版），2003，30(4): 52-54，59.

[74] Storey R F, Baugh D W. Poly(styrene-*b*-isobutylene-b-styrene) block copolymers produced by living cationic polymerization. Part Ⅲ. Dynamic mechanical and tensile properties of block copolymers and ionomers therefrom [J].

Polymer, 2001, 42(6): 2321-2330.

[75] Mehringer K D, Davis B J, Kemp L K, et al. Synthesis and morphology of high-molecular-weight polyisobutylene-polystyrene block copolymers containing dynamic covalent bonds [J]. Macromolecular Rapid Communications, 2022, 43: e2200487.

[76] Gyor M, Faust R. Polyisobutylene-based thermoplastic elastomers. Ⅱ. Synthesis and characterization of poly(*p*-methylstyrene-block-isobutylene-block-*p*-methylstyrene) triblock copolymers[J]. Journal of Macromolecular Science Part A: Pure and Applied Chemistry, 1995, 32(3): 575-591.

[77] Vijayaraghavan R, MacFarlane D R. Organoborate acids as initiators for cationic polymerization of styrene in an ionic liquid medium [J].Macromolecules, 2007, 40(18): 6515-6520.

[78] Bueno C, Cabral V F, Cardozo-Filho L, et al. Cationic polymerization of styrene in $scCO_2$ and [bmim][PF_6] [J]. The Journal of Supercritical Fluids, 2009, 48(2): 183-187.

[79] Nagy A, Majoros I, Kennedy J P. Living carbocationic polymerization. LXII. Living polymerization of styrene, *p*-methylstyrene and *p*-chlorostyrene induced by the common ion effect[J]. Journal of Polymer Science Part A: Polymer Chemistry, 1997, 35(16): 3341-3347.

[80] Kostjuk S V, Yu A, Dubovik A Y, et al. Kinetic and mechanistic study of the quasiliving cationic polymerization of styrene with the 2-phenyl-2-propanol/$AlCl_3 \cdot OBu_2$ initiating system[J]. European Polymer Journal, 2007, 43(3): 968-979.

[81] 吴一弦，李贝特，程虹，等. 一种立构聚合物的阳离子聚合方法：CN101987877B[P]. 2009-08-07.

[82] Li B T, Wu Y X, Cheng H, et al. Synthesis of linear isotactic-rich poly(*p*-methylstyrene) via cationic polymerization coinitiated with $AlCl_3$[J]. Polymer, 2012, 53(17): 3726-3734.

[83] 吴一弦，周琦，杜杰，等. 烯烃可控 / 活性正离子聚合新方法与新工艺及其应用 [J]. 高分子学报，2017(7): 1047-1057.

[84] Li B T, Liu W H, Wu Y X. Synthesis of long-chain branched isotactic-rich polystyrene via cationic polymerization[J]. Polymer, 2012, 53(15): 3194-3202.

[85] 吴一弦，邹宇田，程虹. 一种软段全饱和硬段可结晶的嵌段共聚物及其制备方法：CN103122052B[P]. 2011-11-18.

[86] Zambelli A, Caprio M, Grassi A. Syndiotactic styrene-butadiene block copolymers synthesized with $CpTiX_3$/MAO (Cp = C_5H_5, X = Cl, F ; Cp = C_5Me_5, X = Me) and TiX_n/MAO(n = 3, X = acac; n = 4, X = *O-tert*-Bu)[J]. Macromolecular Chemistry and Physics, 2000, 201(4): 393-400.

[87] Caprio M, Serra M C, Bowen D E. Structural characterization of novel styrene-butadiene block copolymers containing syndiotactic styrene homosequences[J]. Macromolecules, 2002, 35(25): 9315-9322.

[88] Naga N, Imanishi Y. Copolymerization of styrene and conjugated dienes with half-sandwich titanium (Ⅳ) catalysts: The effect of the ligand structure on the monomer reactivity, monomer sequence distribution, and insertion mode of dienes[J]. Journal of Polymer Science Part A: Polymer Chemistry, 2003, 41(7): 939-946.

[89] Buonerba A, Cuomo C, Speranza V, et al. Crystalline syndiotactic polystyrene as reinforcing agent of *cis*-1, 4-polybutadiene rubber[J]. Macromolecules, 2010, 43(1): 367-374.

[90] Ban H T, Tsunogae Y, Shiono T. Synthesis and characterization of *cis*-polybutadiene-block-syn-polystyrene copolymers with a cyclopentadienyl titanium trichloride/modified methylaluminoxane catalyst[J]. Journal of Polymer Science Part A: Polymer Chemistry, 2004, 42(11): 2698-2704.

[91] Ban H T, Tsunogae Y, Shiono T. Stereospecific sequential block copolymerizations of styrene and 1,3-butadiene with a $C_5Me_5TiMe_3/B(C_6F_5)_3/Al(oct)_3$ catalyst[J]. Journal of Polymer Science Part A: Polymer Chemistry, 2005, 43(6): 1188-1195.

[92] Ban H T, Kase T, Kawabe M. A new approach to styrenic thermoplastic elastomers: synthesis and characterization of crystalline styrene-butadiene-styrene triblock copolymers[J]. Macromolecules, 2006, 39(1): 171-176.

[93] 贾忠明，张学全，李杨，等. 酸性膦酸酯钕盐催化丁二烯在苯乙烯溶剂中的选择性聚合 [J]. 合成橡胶工业，2010 (1): 11-15.

[94] 吴一弦，朱寒，零萍，等. 一种稀土催化剂及共轭二烯烃在芳烃介质中的可控聚合方法: CN102532356[P]. 2010-12-10.

[95] 吴一弦，武冠英，戚银城，等. 改性稀土催化丁苯共聚合——用稀土丁苯共聚物增韧聚苯乙烯 [J]. 合成橡胶工业，1993，16(5): 302-304.

[96] 胡雁鸣，孔春丽，李扬，等. 苯乙烯存在下稀土催化合成窄分布高顺式聚丁二烯 [J]. 高分子材料科学与工程，2011，27(12): 9-11.

[97] Kaita S, Hou Z M, Wakatsuki Y. Random- and block-copolymerization of 1,3-butadiene with styrene based on the stereospecific living system: $(C_5Me_5)_2Sm(\mu\text{-}Me)_2AlMe_2/Al(i\text{-}Bu)_3/[Ph_3C][B(C_6F_5)_4]$[J]. Macromolcules, 2001, 34: 1539-1541.

[98] Ishihara N, Seimiya T, Kuramoto M, et al. Crystalline syndiotactic polystyrene[J]. Macromolecules, 1986, 19: 2464-2465.

[99] Ishihara N, Kuramoto M, Uoi M. Stereospecific polymerization of styrene giving the syndiotactic polymer[J]. Macromolecules, 1988, 21: 3356-3360.

[100] Nomura K, Komatsu T, Imanishi Y. Syndiospecific styrene polymerization and efficient ethylene/styrene copolymerization catalyzed by (cyclopentadienyl)(aryloxy) titanium (Ⅳ) complexes-MAO system[J]. Macromolecules, 2000, 33: 8122-8124.

[101] Nomura K, Fukuda H, Katao S, et al. Effect of ligand substituents in olefin polymerisation by half-sandwich titanium complexes containing monoanionic iminoimidazolidide ligands-MAO catalyst systems[J]. Dalton Transactions, 2011, 40: 7842-7849.

[102] Oehme A, Gebauer U, Gehrke K. The influence of the catalyst preparation on the homo-and copolymerization of butadiene and isoprene[J]. Macromolecular Chemistry and Physics, 1994, 195(12): 3773-3781.

[103] 杨慕杰，郑豪，赵健，等. 稀土络合催化苯乙烯均聚及其与二乙烯基苯共聚 [J]. 高分子学报，1990，4(3): 441-446.

[104] 杨慕杰，郑豪，赵健，等. 稀土络合催化——苯乙烯，二乙烯基苯均聚及共聚 [J]. 浙江大学学报 (工学版)，1989，23(3): 459-461.

[105] Zhao J, Yang M J, Zheng Y, et al. Polymer-supported rare-earth catalysts for polymerization of styrene[J]. Die Makromolekulare Chemie, 1991, 192(2): 309-315.

[106] Yang M, Cha C, Shen Z. Polymerization of styrene by rare earth coordination catalystst[J]. Polymer Journal, 1990, 22(10): 919-923.

[107] Jiang L M, She Z Q, Yang Y H. Synthesis of ultra-high molecular weight polystyrene with rare earth-magnesium alkyl catalyst system: general features of bulk polymerization[J]. Polymer International, 2001, 50(1): 63-66.

[108] 杨宇辉，江黎明，张一峰. 稀土催化体系合成聚苯乙烯研究 [J]. 上海铁道大学学报，2000，21(8): 44-47.

[109] Liu L, Gong Z, Zheng Y, et al. The effect of preparation conditions on the catalyst $Nd(P507)_3/H_2O/Al(i\text{-}Bu)_3$ for the polymerization of styrene[J]. Macromolecular Chemistry and Physics, 1999, 200(4): 763-767.

[110] 吴一弦，武冠英，戚银城，等. 改性稀土催化丁苯共聚合——催化剂中第三组分结构对聚合的影响 [J]. 合成橡胶工业 ,1993(3):149-151.

[111] 赵姜维，吴一弦，王静，等. 用稀土催化剂合成高分子量聚苯乙烯 [J]. 高分子化学，2007，3(3): 204-245.

[112] Wang J, Wu Y X, Xu X, et al. An activated neodymium-based catalyst for styrene polymerization[J]. Polymer International , 2005, 54: 1320-1325.

[113] 朱寒，王合金，蔡春杨，等. 稀土催化苯乙烯配位聚合制备富含间规聚苯乙烯 [J]. 化工学报，2015，66(8): 3084-3089.

[114] 吴一弦，王和金，朱寒. 一种无规 / 立构多嵌段苯乙烯系聚合物及其制备方法：ZL 201010185644.4[P]. 2010-05-28.

[115] Shen Z Q, Ouyang J, Wang F S, et al. The characteristics of lanthanide coordination catalysts and the *cis*-polydienes prepared therewith [J]. Journal of Polymer Science: Polymer Chemistry Edition, 1980, 18(12): 3345-3357.

[116] Ren C Y, Li G L, Dong W M, et al. Soluble neodymium chloride 2-ethylhexanol complex as a highly active catalyst for controlled isoprene polymerization[J]. Polymer, 2007, 48(9): 2470-2474.

[117] Kwag G, Lee H, Kim S. First in-situ observation of pseudoliving character and active site of Nd-based catalyst for 1,3-butadiene polymerization using synchrotron X-ray absorption and UV-Visible Spectroscopies[J]. Macromolecules, 2001, 34(16): 5367-5369.

[118] Fan C L, Bai C X, Cai H G, et al. Preparation of high *cis*-1,4 polyisoprene with narrow molecular weight distribution via coordinative chain transfer polymerization[J]. Journal of Polymer Science Part A: Polymer Chemistry, 2010, 48(21): 4768-4774.

[119] Kwag G, Lee J G, Bae C, et al. Living and non-living Ziegler-Natta catalysts: Electronic properties of active site[J]. Journal of Polymer Science Part A: Polymer Chemistry, 2010, 48(21): 4768-4774.

[120] Liu L, Zheng Y L, Gong Z, Quasi-living polymerization of isoprene catalyzed by neodymium phosphonate $Nd(P_{507})_3$[J]. China Synthetic Rubber Industry, 1997, 20(3): 179.

[121] 嵇显忠，逄束芬，李玉良，等. 丁二烯在稀土配位催化剂下的“活性”聚合 [J]. 中国科学 B 辑，1985(2): 120-127.

[122] Samsel E G. Catalyzed chain growth process: EP0539876[P]. 1992-10-23.

[123] 毛炳权，刘振杰，王世波. 烯烃配位链转移聚合研究进展 [J]. 高分子通报，2013(9): 1-8.

[124] Wang F, Liu H, Hu Y M, et al. Lanthanide complexes mediated coordinative chain transfer polymerization of conjugated dienes[J]. Science China Technological Sciences, 2018, 61(9): 1286-1294.

[125] 王凤，张贺新，白晨曦，等. 双烯烃配位链转移聚合研究进展 [J]. 高分子通报，2014(5): 57-64.

[126] Friebe L, Nuyken O, Windisch H, et al. Polymerization of 1,3-butadiene initiated by neodymium versatate/ diisobutylaluminium hydride/ethylaluminium sesquichloride: Kinetics and conclusions about the reaction mechanism [J]. Macromolecular Chemistry and Physics, 2002, 203(8): 1055-1064.

[127] Friebe L, Windisch H, Nuyken O,et al. Polymerization of 1,3-butadiene initiated by neodymium versatate/ triisobutylaluminum/ethylaluminum sesquichloride: Impact of the alkylaluminum cocatalyst component[J]. Journal of Macromolecular Science, Part A: Pure and Applied Chemistry, 2004, 41(3): 245-256.

[128] Wang F, Liu H, Zheng W J, et al. Fully-reversible and semi-reversible coordinative chain transfer polymerizations of 1,3-butadiene with neodymium-based catalytic systems[J]. Polymer, 2013, 54(25): 6716-6724.

[129] Tang Z W, Liang A M, Liang H D, et al. Reversible coordinative chain transfer polymerization of butadiene using a neodymium phosphonate catalyst[J]. Macromolecular Research, 2019, 27(8): 789-794.

[130] Zheng Y Y, Zhu H, Huang X C, et al. Amphiphilic silicon hydroxyl-functionalized *cis*-polybutadiene: Synthesis, characterization, and properties[J]. Macromolecules, 2021, 54(5): 2427-2438.

[131] 郑颖盈. 官能化聚共轭二烯烃弹性体的设计合成与性能研究 [D]. 北京：北京化工大学 ,2022.

[132] Zheng Y Y，Zhu H, Tan Y, et al. Rapid self-healing and strong adhesive elastomer via supramolecular

aggregates from core-shell micelles of silicon hydroxyl-functionalized *cis*-polybutadiene[J]. Chinese Journal of Polymer Science, 2023, 41: 84-98.

[133] 赵姜维，朱寒，吴一弦，等. 原位 ATR-FTIR 法研究丁二烯配位聚合反应动力学 [J]. 高分子学报，2010(2): 211-216.

[134] Zhu H, Wu Y X, Zhao J W, Guo Q L, Huang Q G, Wu G Y. Styrene-butadiene block copolymer with high cis-1, 4 microstructure[J]. Journal of Applied Polymer Science, 2007, 106(1): 103-109.

[135] 朱寒，吴一弦，王和金. 硬段可结晶的丁苯嵌段共聚弹性体新材料 [C]. 2009 年全国高分子学术论文报告会论文摘要集 (上册)，天津：2009.

[136] 吴一弦，武冠英，戚银城，等. 改性稀土催化丁苯共聚合——共聚物的合成、表征及反应机理 [J]. 合成橡胶工业，1992(3): 154-159.

[137] Zhu H, Wu Y X, Zhao J W, et al. A novel GPPS/*cis*-SB blend with high performance[C]. Macromolecular Symposia, 2008, 261(1): 130-136.

[138] 朱寒. 立构规整丁苯嵌段共聚物的合成及其性能研究 [D]. 北京：北京化工大学，2008.

[139] 蔡春杨. 软段高顺式硬段可结晶丁苯嵌段共聚物的合成与表征 [D]. 北京：北京化工大学，2016.

[140] 吴一弦，蔡春杨，朱寒，等. 一种立构规整苯乙烯类热塑性弹性体及其制备方法：CN106995517B[P]. 2016-01-26.

[141] 黄贤臣，高顺式丁苯嵌段共聚弹性体的合成及性能研究 [D]. 北京：北京化工大学，2021.

[142] 唐锡烛. 稀土催化丁苯热塑性弹性体的制备及性能研究 [D]. 北京：北京化工大学，2022.

[143] 牛茂善. 基于点击化学 POSS 杂化苯乙烯类热塑性弹性体的制备、表征与性能 [D]. 北京：北京化工大学，2012.

[144] Niu M S, Li T, Xu R W, et al. Synthesis of polystyrene (PS)-*g*-polyhedral oligomeric silsesquioxanes (POSS) hybrid graft copolymer by click coupling via “graft onto” strategy[J]. Journal of Applied Polymer Science, 2013, 129(4): 1833-1844.

[145] 李滔. 官能化 POSS 的合成及对 SEBS 的改性研究 [D]. 北京：北京化工大学，2014.

[146] 朱寒，答迅，卢晨，等. 聚丁二烯 / 二氧化硅杂化新材料等温结晶动力学及结晶形态的研究 [J]. 高分子学报，2018(5): 656-664.

[147] 吴一弦，朱寒，答迅. 键合型聚合物 / 二氧化硅杂化材料及其制备方法：CN 108250371 B[P]. 2016-12-28.

[148] 答迅. SiO_2 键合聚丁二烯纳米杂化材料的制备与表征 [D]. 北京：北京化工大学，2018.

[149] 谭怡. 含硅羟基官能化聚苯乙烯新材料的合成及性能研究 [D]. 北京：北京化工大学，2023.

[150] Steube M, Johann T, Barent R D, et al. Rational design of tapered multiblock copolymers for thermoplastic elastomers[J]. Progress in Polymer Science, 2022, 124: 101488.

第四章

高性能聚异丁烯基特种弹性体

第一节
聚异丁烯

聚异丁烯是由异丁烯经过阳（正）离子聚合制得的产物，具有饱和烃类化合物的化学特性，侧链甲基紧密对称分布，是一种性能独特的聚合物。聚异丁烯的聚集态和性质取决于其分子量和分子量分布，分子量小于 2000 的聚异丁烯是一种可流动的黏性液体，分子量在 5000 ～ 50000 范围的聚异丁烯是一种黏性流体，分子量大于 70000 的聚异丁烯是一种具有冷流和拉伸结晶特性的弹性体。

一、聚异丁烯的合成原理与工艺流程

（一）聚异丁烯的合成原理

异丁烯单体结构特点决定聚异丁烯只能通过异丁烯阳离子聚合方法来合成。最早报道的异丁烯在 BF_3 作用下进行阳离子聚合，得到低聚物。1933 年，德国 BASF 公司实现了异丁烯在 BF_3 作用下进行阳离子聚合并得到不同分子量的聚异丁烯[1]。20 世纪 80 年代中期，美国 Kennedy 研究组和日本 Higashimura 研究组分别实现了异丁烯和乙烯基醚的活性阳离子聚合，开始了活性阳离子聚合及其与大分子工程结合的新纪元，成为碳阳离子聚合领域发展史上的重要里程碑[2-3]。

活性聚合被描述为一种不存在链转移和链终止的聚合反应，即链转移速率 $(R_{tr})=0$，链终止速率 $(R_t)=0$[4]。如果在一定反应条件下检测不出链终止和链转移过程，则这样的聚合体系实际上也就具有活性聚合特征。在许多情况下，由于还缺乏链转移和链终止反应的定量数据，曾用表观活性或“活性”聚合来描述可制备预定结构聚合物而且可能存在链转移和链终止的聚合体系[5]。1996 年，Matyjaszewski[6] 提出用可控 / 活性聚合（controlled/living polymerization）这一名词来描述这些体系中可能存在的不确定性。所谓可控 / 活性聚合，定义为一种制备预定分子量、窄分子量分布、控制官能团和嵌段共聚物等的合成方法[6]。在可控 / 活性聚合中，链转移反应和链终止反应可以发生，但要通过选择合适的反应条件使之减少到足够小。对于可控 / 活性碳阳离子聚合，其主要特征[7-11]为：

① 聚合反应体系中碳阳离子活性中心浓度 $[C^+]$ 低，仅为 10^{-8} ～ 10^{-5}mol/L。

② 不同反应活性和不同寿命的活性中心之间快速交换，并处于热力学平衡之中。

③ 引发剂的活化能力与大分子休眠种的活化能力相似；碳阳离子转化为休

眠种的速率至少必须与链增长速率相当，碳阳离子与休眠种之间处于热力学平衡中。

④ 继续加入单体后，聚合物分子量增加，加入另一种单体进行聚合，可以得到嵌段共聚物。

⑤ 大多数情况下，采用可控/活性阳离子聚合可以合成出具有较窄分子量分布（分子量分布指数，MWD 或 $\overline{M}_w/\overline{M}_n<1.2$）和设计分子量（$\overline{M}_n<20000$）的聚合物。在特殊情况下，选择某些特别引发体系或聚合反应体系，这个分子量极限可以提高。

通过可控/活性阳离子聚合方法合成遥爪聚合物、嵌段共聚物、接枝共聚物、接枝嵌段共聚物、支化聚合物、超支化聚合物、树枝形聚合物、聚合物网络等一些新型聚合物，显示了可控/活性阳离子聚合与大分子工程相结合的勃勃生机。

在碳阳离子聚合中，引发体系是异丁烯阳离子聚合的核心，也是其发展历程中永恒的主题[12]。从科学研究和应用出发，最重要的引发体系是阳离子源/路易斯酸（Lewis 酸）体系。常用的路易斯酸有：$BeCl_2$、$ZnCl_2$、$CdCl_2$、$HgCl_2$、BF_3、BCl_3、$AlCl_3$、$AlBr_3$、R_3Al、R_2AlX、$RAlX_2$（R 为烷基或芳烷基，X 为卤素）、$SnCl_4$、$TiCl_4$、$TiBr_4$、$ZrCl_4$、VCl_4、SbF_5、$SbCl_5$、WCl_5 和 $FeCl_3$ 等。大多数路易斯酸（MtY_n）共引发剂，需要与阳离子源（RX，如 H_2O、羧酸叔酯、叔醇、叔醚、叔卤化物、叔烷基过氧化物及环氧衍生物等）引发剂来配合。对于这样的引发体系，引发反应过程是离子产生和阳离子化的总和。

第一步：离子产生

$$\underset{\substack{\text{极性共价键}\\(\text{I})}}{RX + MtY_n} \rightleftharpoons \underset{\substack{\text{络合物}\\(\text{II})}}{RX \cdot MtY_n} \rightleftharpoons \underset{\substack{\text{紧密离子对}\\(\text{III})}}{R^+MtY_nX^-} \rightleftharpoons \underset{\substack{\text{溶剂隔开离子对}\\(\text{IV})}}{R^+/MtY_nX^-} \rightleftharpoons \underset{\substack{\text{自由离子}\\(\text{V})}}{R^+ + MtY_nX^-}$$

引发剂具有足够的极性，在共引发剂作用下才能促进反应平衡向右移动，促进离子和离子对的产生。

第二步：阳离子化

离子或离子对一旦产生，从热力学和动力学角度都需要完成阳离子化过程：

$$R^{\delta^+}MtY_{n+1}^{\delta^-} + M \longrightarrow RM^{\delta^+}MtY_{n+1}^{\delta^-}$$

根据量子化学计算，离子或离子对中的阳离子与第一个单体分子作用，阳离子 R^+ 进攻单体分子中电子密度最高的位置，并使之阳离子化，形成引发活性中心，完成链引发过程。

1. $BCl_3/TiCl_4$ 共引发体系

Kennedy 和 Faust 等首次实现了乙酸叔丁酯/BCl_3 体系引发异丁烯活性阳离子聚合，提出聚合反应机理[13]。Kennedy 研究小组在此基础上进行了大量的异丁烯活性阳离子聚合研究工作，所用的 Lewis 酸为 BCl_3 或 $TiCl_4$，引发剂为叔酯、叔醚、叔醇和叔氯等有机化合物。在这样的引发体系基础上加入亲核试剂（Nu），提高引发效率，减少极性杂质对聚合反应的影响，甚至可将非活性聚合特征转化为具有活性聚合特征，并得到设计分子量和窄分子量分布的聚合产物[13]。以 BCl_3 为共引发剂时，一般是用较大量的、高活性的、化学结构特别的引发剂（叔醇、叔酯、叔醚、叔烷基过氧化物）或添加昂贵的质子捕获剂来抑制或消除体系中微量 H_2O 对 IB 聚合反应的不利影响。

关于亲核试剂在可控 / 活性阳离子聚合体系中的作用机理，主要有四种观点：

① 碳阳离子稳定化[13-16]，即 Nu 对活性中心碳阳离子有稳定化作用，途径有三种：Nu 可与碳阳离子增长点直接产生络合，分散碳阳离子的正电荷；Nu 或 ED 先与 Lewis 酸（LA）反应生成 Nu•LA 或 ED•LA 络合物后，再调节增长链末端；Nu 或 ED 参与引发过程，以与 Lewis 酸的络合物 Nu • LA 或 ED • LA 形式，形成一种具有较低反应活性、较高稳定性的链增长中心。

② 质子捕获[17-21]，即对质子的捕获作用，抑制质子的不可控引发，消除“诱导”的链转移反应，只保持可逆链终止反应。

③ 增长链表观稳定化[5,6,22-24]，即瞬时的碳阳离子浓度减小而导致增长链端的“表观”稳定，增加 R_i/R_p 比值（链引发与链增长速率的比值），有效地改善聚合反应，使聚合产物的分子量分布变窄。

④ 抑制自由离子增长[25-26]，即 Nu 捕获质子杂质，并生成鎓盐，在过量的 $TiCl_4$ 存在下，形成反阴离子 $Ti_2Cl_9^-$，通过同离子盐效应抑制自由离子生成增长作用机理来调节聚合反应。

本书著者团队[27-28]在研究亲核试剂调节 $TiCl_4$ 或 AlR_mCl_{3-m} 共引发异丁烯阳离子聚合反应的基础上，提出亲核试剂在异丁烯阳离子聚合中具有双重作用：①稳定活性中心碳阳离子；②影响活性中心周围的微环境，增加亲核性，阻碍亲核性单体异丁烯的插入增长，降低反应速率，使聚合物的分子量分布变窄。

（1）引发剂结构及其影响

以烷基化卤化物 RX 为引发剂，与二烷基卤化铝、三烷基铝、BCl_3 和 $TiCl_4$ 等 Lewis 酸组成的引发体系，可以产生高效链引发。引发效率取决于所形成碳阳离子的反应性和稳定性或浓度。引发效率与 R 基团结构密切相关，当采用叔烷基氯为引发剂时，它生成的叔烷基阳离子与增长种末端二甲基烷基阳离子的结构基本相同，引发效率达到最大。

为了提高引发速率与引发效率，通常使用增长链休眠种的模型化合物来引发反应，使得在引发和增长阶段，碳阳离子与其休眠种之间建立相似的平衡，即引发剂 RX 中 R 基团的化学结构与聚合物链休眠种的结构相似，如：2- 氯 -2,4,4- 三甲基戊烷（TMPCl）可用作异丁烯阳离子聚合的高效引发剂。与 TMPCl 或叔丁基氯相比，2- 氯 -2,4,4,6,6- 五甲基庚烷、枯基氯或 1,4- 二 (2- 氯 -2- 丙基) 苯的引发效率也很高[29]。

对于 2,4,4- 三甲基戊基取代羧酸酯引发剂，R 取代基吸电子性增大，引发效率提高。C_6H_5—CH═CH—、C_6H_5—、$(CH_3)_3$C—、$(CH_3)_2$HC—、CH_3—取代的 2,4,4- 三甲基戊基羧酸酯，因其共轭或超共轭效应，降低了酯基中 C—O 键的极化程度，表观聚合速率低；CH_2Cl—、CCl_3—取代的羧酸酯，氯原子的强吸电子效应使得聚合反应速率过快，难以控制，导致聚异丁烯产物的分子量分布变宽[30]。

本书著者团队[31-32]研究不同程度氯取代的乙酸叔丁酯与三氯化硼组成的引发体系对异丁烯阳离子聚合反应的影响，通过乙酸根上的氢被吸电子的氯原子取代，影响羰基上氧原子与三氯化硼的络合能力（图 4-1），从而影响叔酯与三氯化硼组成的引发体系的活性和引发剂效率以及对杂质水引发的抑制程度。

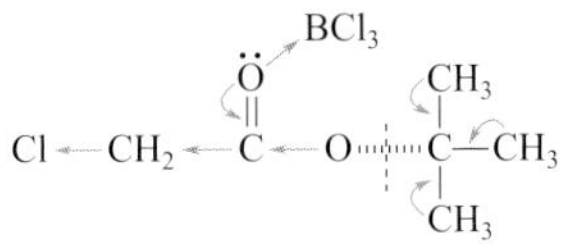

图4-1
一氯乙酸叔丁酯与BCl_3的络合反应结构式

随着乙酸叔丁酯中氯取代的程度增大，聚合反应转化率降低，聚合物分子量下降，分子量分布明显变宽。当乙酸叔丁酯中的乙酸根上一个氢被氯取代时，氯原子的吸电子效应使得酯中羰基上氧原子上的电子云密度降低，使之与 BCl_3 的络合能力减弱。此外，氯原子的引入，产生电子云的迁移，促使酯中烷氧键的拉伸和极化，更容易产生碳阳离子活性中心，使活性中心数目增多，在其他条件相同的情况下导致聚合物分子量下降。然而，乙酸叔丁酯中乙酸根上三个氢全部被氯原子取代，则三个氯原子同时具有强吸电子效应和大的空间位阻作用，使得酯中羰基上的氧原子与三氯化硼的络合作用明显减弱，聚合产物的分子量分布变得更宽。引入三个氯原子以促进酯中烷氧键的极化和形成活性中心，但是反阴离子空间位阻效应使得单体的插入链增长速率减慢，说明引发效率降低，导致聚合转化率和分子量明显下降。

因此，引发剂在碳阳离子聚合中起着极其重要的作用，它首先是产生可控引发活性中心的来源，通过活性中心的碳阳离子和反阴离子的双重作用呈现出来，而且也是抑制体系中杂质水产生不可控引发的重要手段之一。

（2）共引发剂

在碳阳离子聚合中，共引发剂 Lewis 酸（MtY_n）活化引发剂 RX，促进离子对 / 离子活性中心的生成。Lewis 酸的酸性必须足够强，才能与引发剂 RX 反应，生成碳阳离子 R^+ 和具有足够亲核性的反阴离子 MtY_nX^-。

共引发剂 Lewis 酸 MtY_n 与引发剂 RX 合适匹配组合，形成碳阳离子与反阴离子合适匹配的离子对活性中心，以达到可控引发反应。在 $TiCl_4$ 共引发的异丁烯可控 / 活性碳阳离子聚合反应中，表观活化能为负值；在 BCl_3 共引发的异丁烯可控 / 活性碳阳离子聚合反应中，表观活化能略显正值，这是由于 BCl_3 的酸性比 $TiCl_4$ 强 [33]，形成的反阴离子稳定性差，导致快速终止反应的缘故 [34]。

在异丁烯阳离子聚合体系中，通常共引发剂 $TiCl_4$ 初始浓度 ($[TiCl_4]_0$) 高于引发剂 RX 的初始浓度（$[RX]_0$），即 $[TiCl_4]_0>[RX]_0$。共引发剂的反应动力学级数与异丁烯阳离子聚合反应体系有关。对于 5- 叔丁基 -1,3- 二枯基甲醚 /$TiCl_4$/2,6- 二叔丁基吡啶 (D^tBP) 体系引发异丁烯阳离子聚合，$TiCl_4$ 反应级数为 1.905[19]；对于 1,4- 二 (2- 氯 -2- 丙基) 苯 (DCC)/$TiCl_4$/Py 体系引发异丁烯阳离子聚合，聚合反应速率与 $[TiCl_4]_0$ 呈 2.05 级关系 [35]；对于 5- 叔丁基 -1,3- 二枯基氯 /$TiCl_4$/2,4- 二甲基吡啶体系引发异丁烯阳离子聚合，聚合反应速率与 $[TiCl_4]_0$ 呈 2.3 级关系 [36]。

在 Lewis 酸（如 $TiCl_4$）共引发异丁烯阳离子聚合中，体系中含有的微量 H_2O 本身是引发剂，可与 Lewis 酸络合形成质子活性中心，通常产生不可控引发聚合反应，导致慢引发、快增长的传统阳离子聚合特征，并伴有严重的链转移和链终止副反应，聚合产物的分子量和分子量分布都难以控制。实验室研究装置难以完全除尽体系中杂质水，不影响聚合反应的水浓度为小于 10^{-9}mol/L，通常经过常规精制处理后的体系微量杂质水的浓度也高达 10^{-3}mol/L，这与对聚合反应不起作用的杂质水浓度要求相差甚远。为此，本书著者团队 [27,37-39] 在体系中存在微量水的条件下，采用 $TiCl_4$ 和醚、羧酸酯、酰胺、砜或酮类化合物等给电子体（ED），实现了异丁烯可控阳离子聚合，直接合成预期分子量及窄分子量分布的聚异丁烯产物。如图 4-2（a）所示 [27]，由 $H_2O/TiCl_4$ 体系引发异丁烯阳离子聚合，反应过程难以控制，得到的聚异丁烯产物的分子量分布非常宽，分布指数（$\overline{M}_w/\overline{M}_n$）达到 11.04。当聚合反应体系中加入少量不同结构的给电子体，如：苯甲酸甲酯（MB）、二甲基亚砜（DMSO）、二甲基乙酰胺（DMA）、环丁砜（HDF）、丙烯酸甲酯（MA）、乙酸乙酯（MAC）、三乙胺（TEA）或吡啶（Py），通过其与活性中心碳正离子或活性链端碳正离子的作用来降低正电性，有利于提高活性中心或活性链端碳正离子稳定性，提高引发速率；同时影响活性中心周围的微环境，可调控活性中心电子性质和空间位阻，降低链增长速率，在相同聚合反应时间内单体聚合转化率有不同程度的降低，但聚合反应过程可控性增加，可实现可控 / 活性阳离子聚合。在不同 ED 存在下得到的聚异丁烯产物的 GPC 曲线峰形均为很窄的单峰分子量分布，分布指数（$\overline{M}_w/\overline{M}_n$）可低至 1.11。

在不同 ED（DMA、Py 和 TEA）的情况下，聚合反应对异丁烯单体均显现一级动力学关系，见图 4-2（b）所示，不同化学结构和给电子特性的 ED 对聚合反应速率的调节效果不同，顺序为：TEA＞DMA＞Py。

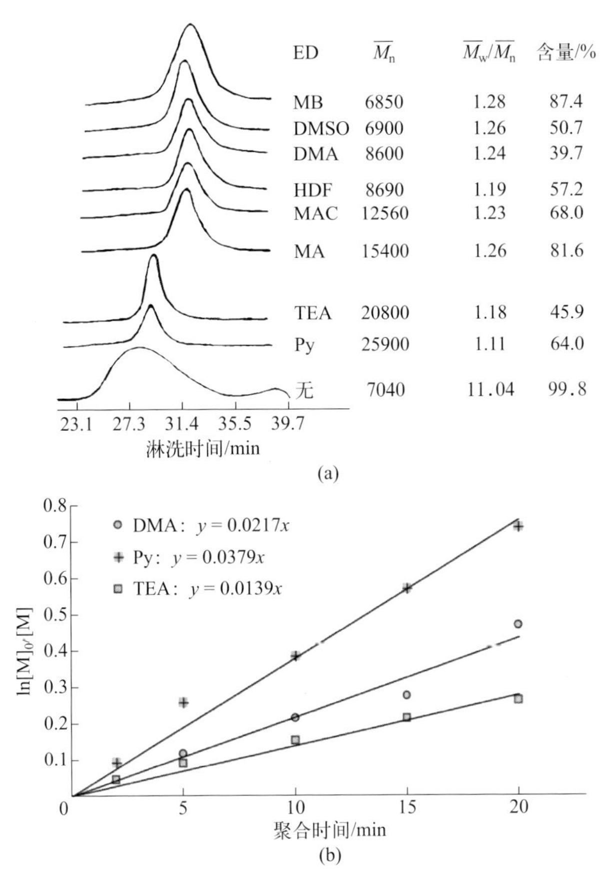

图4-2 由$H_2O/TiCl_4$/ED引发异丁烯聚合得到聚异丁烯的GPC曲线（a）；聚合反应一级动力学关系（b）

亲核试剂给电子能力对$TiCl_4$反应级数也有明显的影响，见图4-3所示[27]。对于添加强给电子能力亲核试剂的异丁烯阳离子聚合体系，聚合速率与$TiCl_4$之间表现为近一级动力学关系，即$TiCl_4$反应动力学级数分别为1.14（DMA）、1.05（TEA）、1.27（DMSO）和1.05（Py）；对于添加弱给电子能力亲核试剂的异丁烯阳离子聚合体系，聚合速率与$TiCl_4$之间表现为近二级动力学关系，即$TiCl_4$反应动力学级数分别为2.17（MAC）、2.11（MA）、2.22（MB）和1.89（HDF）。

聚合温度对$H_2O/TiCl_4$/DMA体系引发异丁烯阳离子聚合有明显的影响，如图4-4所示。由$\ln[M]_0/[M]-t_p$作图得到通过原点的线性关系，说明在−40 ~ −70℃范围内聚合反应对单体浓度均显现一级动力学关系，从线性关系的斜率求出链增长表观速率常数k_p^A值。值得注意的是，随着聚合温度降低，k_p^A值增加，说明聚合反应速率随聚合温度降低反而加快。依据Arrhenius方程，以

$\ln k_p^A$与$1/T_p$作图，求出链增长反应表观活化能为负值，即−12.0kJ/mol。

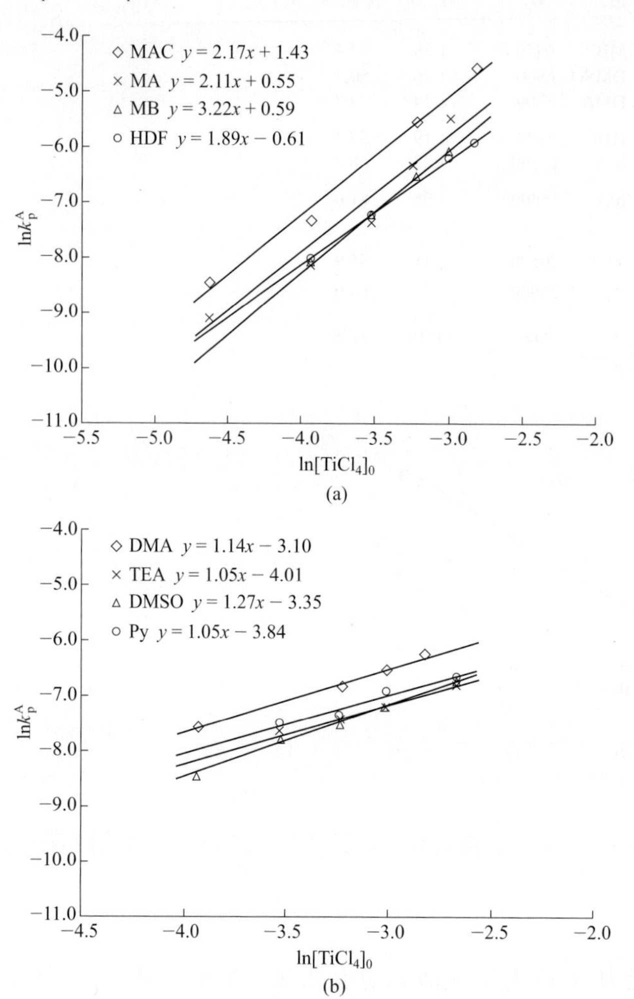

图4-3 由$H_2O/TiCl_4$/ED体系引发异丁烯阳离子聚合反应中$TiCl_4$的反应级数

不同化学结构的亲核试剂可有效调节活性中心及聚合反应过程，进一步证明了ED通过稳定活性中心碳正离子和影响活性中心周围的微环境来实现异丁烯可控/活性阳离子聚合。

本书著者团队[40-45]研究含有不同杂原子的给电子体对$H_2O/TiCl_4$引发异丁烯阳离子聚合的影响规律，实现了异丁烯可控/活性阳离子聚合，调控聚合物的分子量和分子量分布，制备不同分子量系列、不同拓扑结构的聚异丁烯。由环氧化角鲨烷（HES）/$H_2O/TiCl_4$/DMP体系引发异丁烯阳离子聚合（图4-5），6个官能基团均可作为引发位点引发异丁烯聚合，在δ=1.69和δ=1.96的特征峰归属于聚异丁烯链末端叔氯基团上—CH_3 和—CH_2—，表明聚合过程中活性链端未发生 β-H 脱除或异构化反应，制备出六臂星形链末端带有叔氯基团的遥爪聚异丁烯产物[44]。

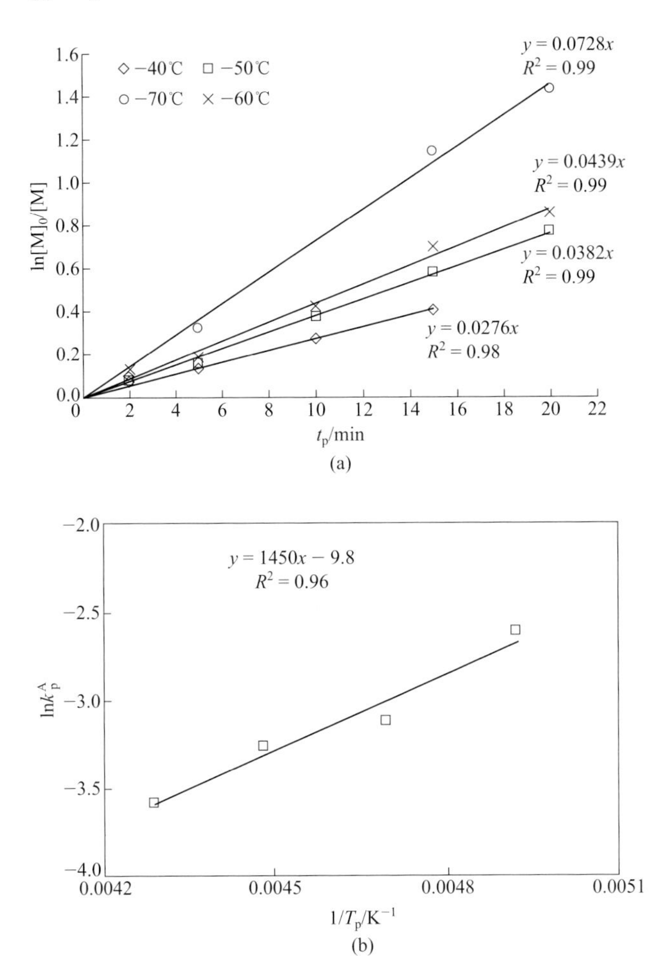

图4-4 $H_2O/TiCl_4$/DMA体系引发异丁烯阳离子聚合一级动力学关系（a）及表观链增长活化能（b）

本书著者团队[46]以 TMPCl 为引发剂、$TiCl_4$ 为共引发剂，在 ^{i}PrOH 或 ^{i}AmOH 以及 2,6- 二叔丁基吡啶的作用下可实现异丁烯可控 / 活性阳离子聚合，制备叔氯端基官能化聚异丁烯。通过提高聚合反应温度和降低溶剂极性，可以提高 β-H 消除反应的概率，且聚异丁烯末端双键（α- 烯烃）含量均随着 ^{i}AmOH 浓度增加而增加。通常，当聚异丁烯链末端 α- 双键含量达 70% 时，称为高反应活性聚异丁烯（HRPIB）。α- 双键含量和窄分子量分布是 HRPIB 的重要指标，α- 双键含量越

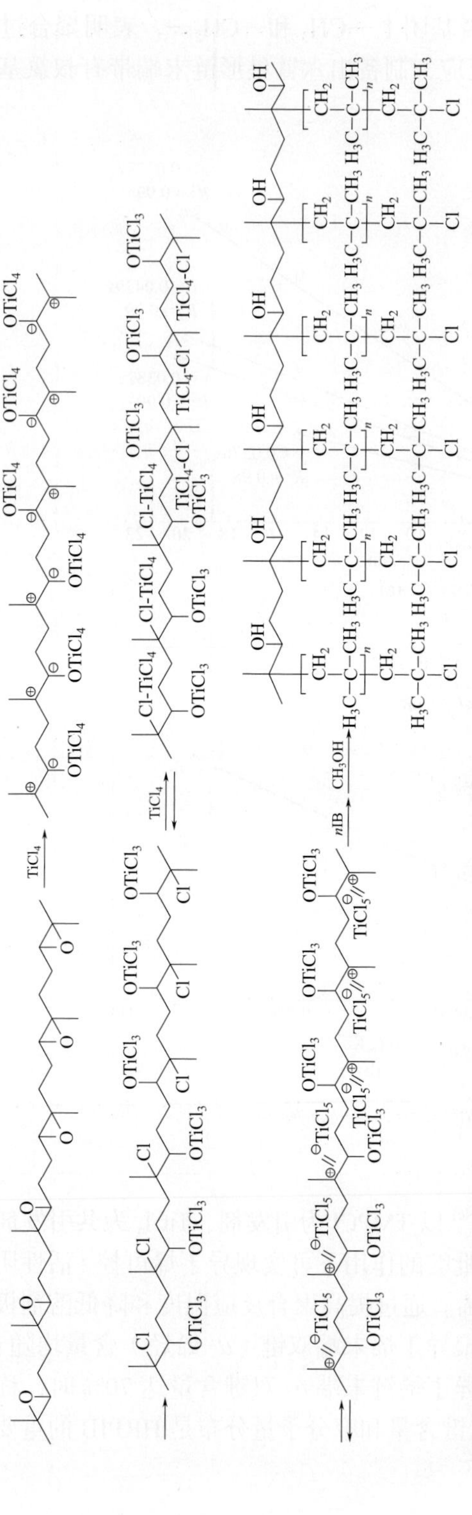

图4-5 HES/H_2O/$TiCl_4$/DMP体系引发异丁烯阳离子聚合制备六臂星形遥爪聚异丁烯

高，分子量分布越窄，反应效率越高，产品质量越好。

本书著者团队[46]发现在醇、酚、醚或其任意两种或三种混合物存在下，由 $TiCl_4$ 与水或 / 和 HX（X=Cl 或 Br）共同引发异丁烯阳离子聚合，通过调节醇、酚或醚的用量配比，增加醇、酚或醚的碳链长度或支链结构来增加反离子的空间位阻，可一步法制备高反应活性聚异丁烯。以微量水为引发剂、$TiCl_4$ 为共引发剂，通过加入不同量甲醇或乙醚来调节异丁烯阳离子聚合反应，稳定碳正离子活性中心，降低链增长速率，减少活性链端的副反应，调节聚合产物的分子量和分子量分布，分子量分布指数（$\overline{M}_w/\overline{M}_n$）可降至 1.35，并可调节大分子链末端基结构及其含量，制备出末端双键结构达 70% 以上的 HRPIB[47]。在合适的聚合条件下，采用 $H_2O/TiCl_4/^iAmOH$ 体系引发混合 C_4 中的异丁烯聚合具有高选择性，可制备分子量为 1200 ～ 1600、窄分子量分布（$\overline{M}_w/\overline{M}_n$ = 1.5 ～ 1.9）以及末端双键（*exo*-olefin）含量高于 80%（摩尔分数）的 HRPIB，如图 4-6 和图 4-7 所示，其可能的机理如图 4-8 所示[47]。

（3）引发反应中的络合竞争

在 BCl_3 或 $TiCl_4$ 共引发异丁烯阳离子聚合中，微量水本身是引发剂，可与 BCl_3 或 $TiCl_4$ 络合形成质子活性中心，但产生不可控的阳离子聚合。本书著者团队[47-48]研究在乙酸叔丁酯 /BCl_3 体系引发异丁烯阳离子聚合中引发剂与共引发剂的比值（[酯]/[BCl_3]）对聚合反应分子量和分子量分布的影响，提出引发剂乙酸叔丁酯和体系中的微量杂质 H_2O 都可同时与 BCl_3 发生络合作用，络合竞争的结果，产生两种不同活性的中心引发异丁烯聚合反应，所得聚合物 GPC 曲线的分子量分布呈双峰，H_2O • BCl_3 络合物引发异丁烯聚合得到高分子量产物（峰 a），而酯 • BCl_3 络合物引发异丁烯聚合得到低分子量产物（峰 b），见图 4-9 所示。

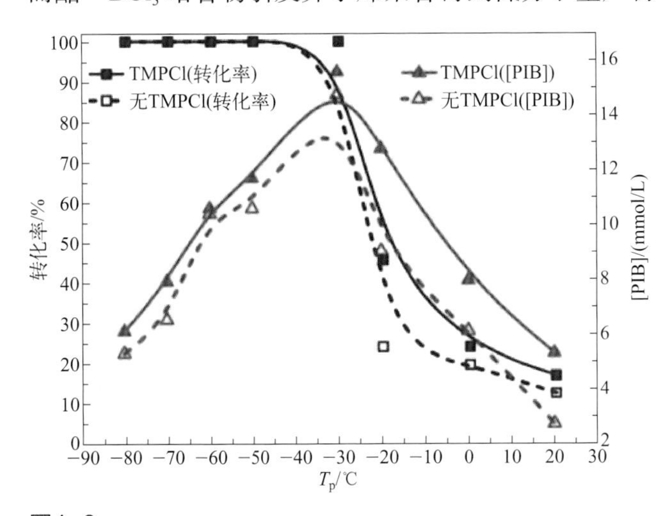

图4-6

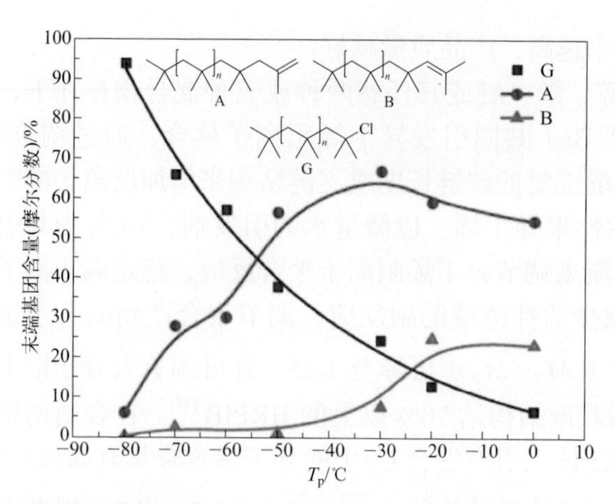

图4-6 聚合温度（T_p）对TMPCl/H_2O/$TiCl_4$/^{i}AmOH体系引发异丁烯聚合及聚异丁烯结构参数的影响

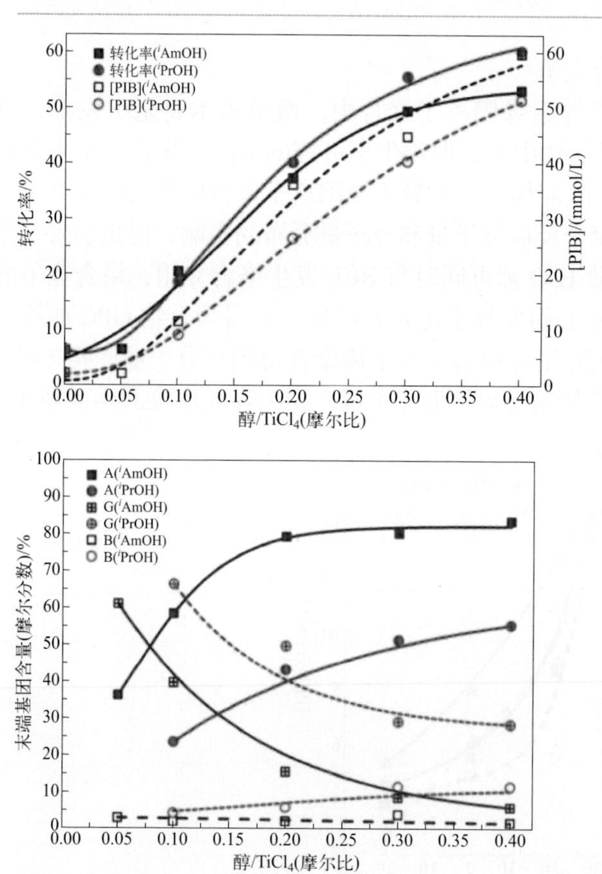

图4-7 醇对H_2O/$TiCl_4$/ROH体系引发异丁烯聚合反应及聚异丁烯微观结构参数的影响

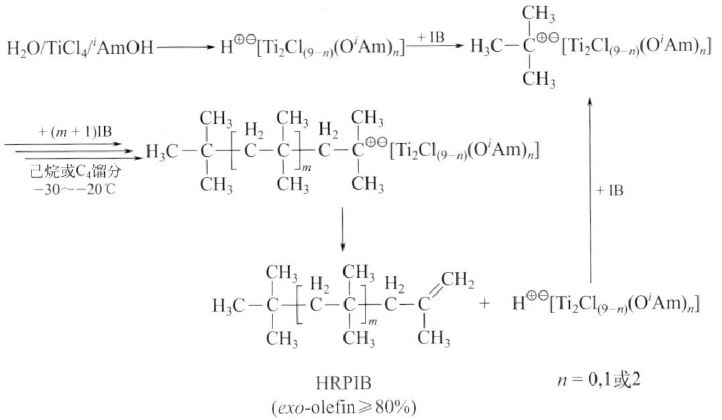

$$H_2O/TiCl_4/{}^iAmOH \longrightarrow H^{\oplus\ominus}[Ti_2Cl_{(9-n)}(O^iAm)_n] \xrightarrow{+IB} H_3C-\overset{CH_3}{\underset{CH_3}{C^{\oplus\ominus}}}[Ti_2Cl_{(9-n)}(O^iAm)_n]$$

$$\xrightarrow[\text{己烷或}C_4\text{馏分},\ -30\sim-20℃]{+(m+1)IB} H_3C-\overset{CH_3}{\underset{CH_3}{C}}\!\left[-\overset{H_2}{C}-\overset{CH_3}{\underset{CH_3}{C}}-\right]_m\!-\overset{H_2}{C}-\overset{CH_3}{\underset{CH_3}{C^{\oplus\ominus}}}[Ti_2Cl_{(9-n)}(O^iAm)_n]$$

$$\downarrow \qquad\qquad \uparrow +IB$$

$$H_3C-\overset{CH_3}{\underset{CH_3}{C}}\!\left[-\overset{H_2}{C}-\overset{CH_3}{\underset{CH_3}{C}}-\right]_m\!-\overset{H_2}{C}-\underset{CH_3}{C}=CH_2 + H^{\oplus\ominus}[Ti_2Cl_{(9-n)}(O^iAm)_n]$$

HRPIB
(*exo*-olefin≥80%)

n = 0,1或2

图4-8 $H_2O/TiCl_4/{}^iAmOH$体系引发异丁烯聚合反应机理

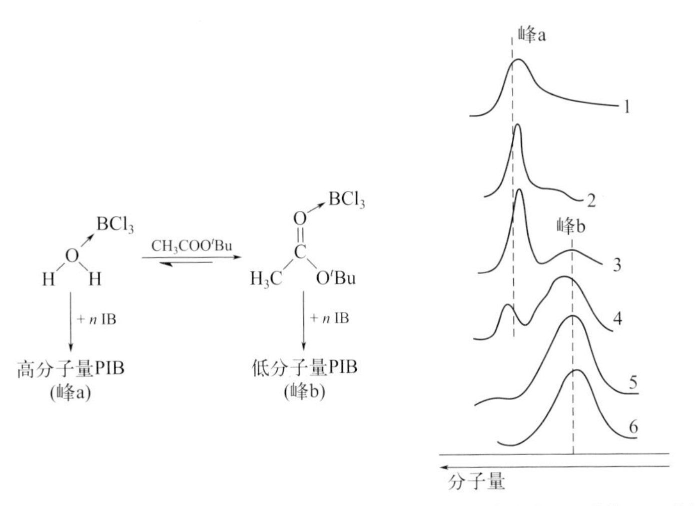

图4-9 乙酸叔丁酯和微量杂质H_2O与BCl_3络合竞争及引发异丁烯阳离子聚合（a）；不同$[CH_3COO^tBu]/[BCl_3]$比值（R）下聚异丁烯产物的GPC曲线（b）

1—R=0: 转化率=36.7%, $\overline{M}_n$=7500, $\overline{M}_w/\overline{M}_n$=4.2; 2—$R$=0.0285: 转化率=24.7%, $\overline{M}_n$=104000, $\overline{M}_w/\overline{M}_n$=3.6; 3—$R$=0.0568: 转化率=11.6%, $\overline{M}_n$=33000, $\overline{M}_w/\overline{M}_n$=9.5; 4—$R$=0.1136: 转化率=34.2%, $\overline{M}_n$=13000, $\overline{M}_w/\overline{M}_n$=7.6; 5—$R$=0.2273: 转化率=94.2%, $\overline{M}_n$=5300, $\overline{M}_w/\overline{M}_n$=2.1; 6—$R$=0.4545: 转化率=97.5%, $\overline{M}_n$=2900, $\overline{M}_w/\overline{M}_n$=1.6

根据酯中羰基上氧原子和H_2O中氧原子的电荷密度及引发反应中产生离子的稳定性，酯与BCl_3的络合作用应强于H_2O与BCl_3的络合作用，为此适当增加引发剂乙酸叔丁酯的用量可以逐渐使络合平衡向酯·BCl_3络合物方向移动，相应得到聚合产物的GPC曲线（图4-9）中峰a减弱而峰b增强，当[酯]/[BCl_3]比值（R）等于0.4545时，可完全抑制H_2O与BCl_3产生的络合物及相应引起的不可控引发，此时体系中仅存在单一活性种，即完全由酯·BCl_3络合物产生的阳离子活性中心引发聚合，得到聚合物的 GPC 曲线呈单峰分布，分子量分布较窄。若继续增大酯的用量，即当 [酯]/[BCl_3] 比值等于 1 时，酯与 BCl_3 的络合反应转化为不可逆的化学反应，生成不具引发活性的其他化合物 $Cl_2BOCOCH_3$，导致聚合反应不发生。

为深入研究聚合反应机理，本书著者团队[31-32]又对不同 [CH_3COO^tBu]/[BCl_3] 比值（R）下引发体系组分间的相互作用分别进行 FTIR 表征（图 4-10），结果表明：

① 在 BCl_3/ 二氯甲烷溶液中，BCl_3 与体系中的微量杂质水形成络合物，其 B←O 的振动吸收峰为 884cm^{-1} 和 645cm^{-1}；

② 乙酸叔丁酯在二氯甲烷中，酯上的羰基特征峰为 1724cm^{-1}；

③ 当 [CH_3COO^tBu]/[BCl_3] 比值为 0.06 ～ 1.0 时，羰基特征峰由 1724cm^{-1} 移向 1710cm^{-1}，表明酯与 BCl_3 发生明显的络合作用；

④ 随着酯的用量增加，代表 $H_2O \cdot BCl_3$ 络合物的特征吸收峰 884cm^{-1} 和 645cm^{-1} 逐渐减弱，直至完全消失，说明体系中微量水与 BCl_3 络合受到抑制；

⑤ 当 [酯]/[BCl_3]＞1 时，代表酯 · BCl_3 络合物的特征吸收峰 1710cm^{-1} 又逐渐移向 1722cm^{-1}，但此吸收峰的峰形比纯酯的羰基吸收峰窄，并出现新的吸收峰 1371cm^{-1}，归属于 ν_{O-B-Cl}，证明了当酯过量时将会生成无引发活性的化合物。

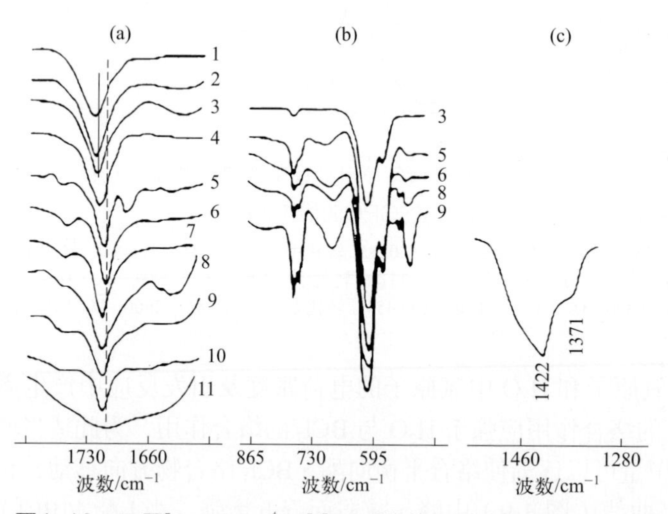

图4-10 不同[CH_3COO^tBu]/[BCl_3]比值下引发体系的FTIR谱图

1—CH_3COO^tBu；2—R=5.88；3—R=4.0；4—R=2.0；5—R=1.0；6—R=0.45；7—R=0.23；8—R=0.11；9—R=0.09；10—R=0.06；11—R=0.03

在乙酸叔丁酯/四氯化钛体系和丙烯酸叔丁酯/四氯化钛体系引发异丁烯聚合反应中[49]，当[乙酸叔丁酯]≥$1.0×10^{-2}$mol/L，[乙酸叔丁酯]/[四氯化钛]=0.25～0.5时，乙酸叔丁酯能较大程度地抑制四氯化钛与体系中杂质水的络合，因而得到聚合物的GPC曲线为单峰窄分子量分布；当[丙烯酸叔丁酯]为$1.5×10^{-2}$mol/L和$3.0×10^{-2}$mol/L时，聚合产物的GPC曲线中在较高分子量处出现肩峰，说明此时丙烯酸叔丁酯与四氯化钛形成的络合物尚未能完全抑制体系中杂质水与四氯化钛络合物的形成，体系中同时存在两种活性中心，而当[丙烯酸叔丁酯]＞$6.0×10^{-2}$mol/L时，杂质水与四氯化钛形成的络合物趋于消失，此时体系中仅存在丙烯酸叔丁酯与四氯化钛形成的络合物这一种引发活性中心，得到聚合物的GPC曲线为单峰分子量分布，体现活性中心络合竞争机制。

本书著者团队[31-32]提出了引发体系中杂质水和引发剂同时与Lewis酸之间的络合竞争观点，当引发剂用量足以抑制杂质水的引发时，引发剂发挥其定量引发作用，由此可以解释许多碳阳离子聚合反应的实验现象及结果。

2．BF_3共引发体系

BF_3共引发异丁烯阳离子聚合时，反应速度极快，反应过程很难控制。德国BASF公司用它以其特有的工艺技术和设备生产出不同分子量系列的PIB产品。通过有机配体与BF_3配位，可降低BF_3路易斯酸酸性，配合物的溶解性提高，有机配体还可起到调节剂的作用。

采用合适ED与BF_3组成的配合物是工业生产低分子量HRPIB工艺比较成熟的体系。国外BSAF[49-54]，BP[55]，TEXAS Petrochemical[56]等公司分别提供了不同的BF_3体系引发IB阳离子聚合的方法。这些方法基本相同，大都采用三氟化硼和醇或/和醚组成的配合物，制备出数均分子量为500～5000、末端*α*-双键含量大于80%的高反应活性聚异丁烯。三氟化硼与至少一种含氧化合物，选自水、醇、二烷基醚、羧酸和酚类化合物配合组成制备出数均分子量5000～80000、分子量分布指数在2～4之间、末端*α*-双键含量至少50%的中高分子量聚异丁烯[57]。由BF_3与1～10个C原子的醇和苯烷基醚C_6H_5—OR组成(R可为甲基、乙基、丁基)的络合催化体系，在液相体系中，引发异丁烯聚合，可制备出数均分子量为500～3000、分子量分布为1.8～2.5、末端双键含量90%～95%的高活性聚异丁烯，且异丁烯转化率能达到90%以上[58]。三氟化硼络合物稳定性高，可在0℃以下环境中保存更长时间。中国石油天然气股份有限公司以BF_3/2～20个C原子的叔醇或1～4个C原子的醇组成引发体系，在一类特殊结构的络合稳定剂的存在下，制备出黏均分子量500～8000、末端外双键含量大于80%、分子量分布≤2.0的高反应活性聚异丁烯[59]。

本书著者团队[60-61]采用含羰基或酯基结构的有机化合物与 BF_3 组成络合催化体系，制备出末端 α- 双键含量大于 50%（摩尔分数），特别高达 80%（摩尔分数）的反应活性聚异丁烯。采用 BF_3 和含氧有机化合物配体，其中含氧有机化合物配体采用酮或酯化合物与环醇或烷基取代酚化合物的复配，制备出数均分子量 500 ～ 5000、分子量分布可达 1.5、末端 α- 双键含量甚至可达 90%(摩尔分数）以上的高反应活性聚异丁烯。本书著者团队[60]采用酮或酯配位 BF_3 引发体系，用于原料为异丁烯、异丁烯烃类混合物或含异丁烯的混合 C_4 馏分中的异丁烯高效选择性聚合，尤其是不需要对混合 C_4 馏分进行特别处理，直接进行聚合反应，对异丁烯具有选择性聚合的特征，异丁烯的转化率可达 100%。制备的聚异丁烯数均分子量为 300 ～ 5000，分子量分布窄（可低至 1.55），聚异丁烯链末端双键含量大于 80%。

在此基础上，于引发体系中引入环醇或烷基取代酚化合物，在与 BF_3 配位时可形成均相的引发体系，不需要加含较长碳链的醚化合物或醇化合物，节约成本；环醇或烷基取代酚化合物与酮或酯化合物在与 BF_3 配位时起到协同作用，调节反离子的空间位阻，提高选择性脱除聚异丁烯长链碳阳离子末端甲基上 β-H 的概率，提高聚合物链末端 α- 双键含量，并使聚合物分子量分布变窄。该引发体系对异丁烯聚合具有高选择性和高活性，即使在未对混合 C_4 馏分进行处理的情况下，直接采用含异丁烯的混合 C_4 馏分为聚合原料时，也能直接制备出高反应活性聚异丁烯，端基 α- 双键含量可达 90%[61]。若以 BF_3、质子供体（水、醇、酚或酸）和电子供体（氧杂环、氮杂环或硫杂环化合物）组成引发体系引发异丁烯聚合反应，引发效率高、引发体系用量低，可制备中分子量（$\overline{M}_w$ 为 5×10^4 ～ 1.5×10^5）聚异丁烯和高分子量（$\overline{M}_w$ 为 2×10^5 ～ 1.5×10^6）聚异丁烯[62]。

本书著者团队[63]还以 $MeOH/H_2O/BF_3/IB/CH_2Cl_2$ 阳离子聚合反应体系为研究对象，同时考察影响 IB 阳离子聚合的两个重要因素，即体系中 $[H_2O]$ 和聚合反应温度 T_p 的影响。不同水含量的情况下，IB 阳离子聚合反应的聚合度活化能 E_p 均为负值，聚合反应速率和产物的分子量均随 T_p 降低而增大。随体系中 $[H_2O]$ 的增加，E_p 增大，E_p 的绝对值减小，T_p 对分子量影响的程度减小。在 $[H_2O]$ 较低时，T_p 明显影响着聚合产物的分子量及分子量分布，T_p 越低，分子量越高，分子量分布越窄。体系中微量的 H_2O 对 IB 阳离子聚合反应呈现不利的作用，它促进副反应和阻碍链增长反应，随着 $[H_2O]$ 增大，水的负面效应更加明显，链增长活化能增大，聚合物分子量降低，分子量分布变宽。

本书著者团队[64]还以 BF_3 与环己醇（CL）形成的络合物引发混合 C_4 馏分

中异丁烯阳离子聚合，该聚合反应具有高选择性，制备了分子量为 900 ～ 3600、末端双键含量约为 90% 的高反应活性聚异丁烯。

采用 BF_3 催化剂体系合成 HRPIB，活性高、聚合速率快、选择性好、转化率高，所得聚异丁烯产品分子量分布相对较窄。但是，BF_3 价格较贵、对设备腐蚀严重等缺点大大增加了设备投资和生产成本。此外，氟离子可从活性链端反阴离子上转移至聚异丁烯链端，形成聚异丁烯基氟化物，使其在用于合成燃料添加剂或润滑油添加剂，以及在进一步应用到发动机中时，放出 HF 腐蚀和破坏设备。

3．$AlCl_3$（AlR_mCl_{3-m}）共引发体系

$AlCl_3$ 活性高、用量较少，是工业生产中常用的共引发剂，但以 $AlCl_3$ 为共引发剂引发的异丁烯可控 / 活性正离子聚合较难。

在工业上 $AlCl_3$ 共引发体系用于生产聚异丁烯产量大，但是一般用于生产 α-双键含量低于 10% 的普通聚异丁烯，如 BP-Amoco 公司采用 HCl/ $AlCl_3$ 与烃类溶剂的复合物引发混合 C_4 馏分中异丁烯阳离子聚合；美国 ExxonMobil 公司采用 $AlCl_3$ 悬浮分散于正己烷中的共引发体系引发异丁烯阳离子聚合；锦州锦联润滑油添加剂有限公司和日本日石公司采用 $AlCl_3$ 共引发异丁烯聚合生产普通聚异丁烯。

本书著者团队[65] 研究以 $AlCl_3$ 为共引发剂时，水和 DCC 引发剂对异丁烯阳离子聚合的影响。体系中微量水与 $AlCl_3$ 共同作用产生活性中心，引发异丁烯进行传统的不可控阳离子聚合，聚合速率快，反应瞬间完成，分子量分布宽；当聚合体系中加入高活性引发剂 DCC 时，DCC 与微量水可与 $AlCl_3$ 产生络合竞争，并形成两种不同结构的活性中心（A 和 B），两者产生竞争引发，得到双峰分子量分布的聚合物，通过增加 DCC 用量来提高 DCC 引发和减少微量水引发，但难以完全消除或抑制微量水引发。在该引发体系中引入少量 2,6- 二甲基吡啶或三苯胺时，通过氮原子上的孤对电子与质子络合形成稳定的季铵盐，可有效地减少微量水的不可控引发，提高 $AlCl_3$ 引发效率，减少活性链向单体发生链转移副反应，从而提高了聚合产物分子量，并使分子量分布变窄。

不同给电子体对 $AlCl_3$ 共引发异丁烯阳离子聚合有较大影响。本书著者团队研究了含氮试剂[66-67]，含氧试剂苯甲酸酯、烷基醚[68] 和藜芦醚 (VE)[67, 69-72] 等或上述试剂的复合物[73-74] 对 $AlCl_3$ 共引发异丁烯聚合的影响，下面以 VE 为例进行详细介绍。

采用新型高效引发体系 $H_2O/AlCl_3/$ 藜芦醚 (VE) 引发异丁烯阳离子聚合反应，可降低聚合物链末端的阳离子正电性，从而抑制链转移和链终止副反应的发生，得到高分子量、窄分子量分布的聚异丁烯产物（图 4-11）[71]。

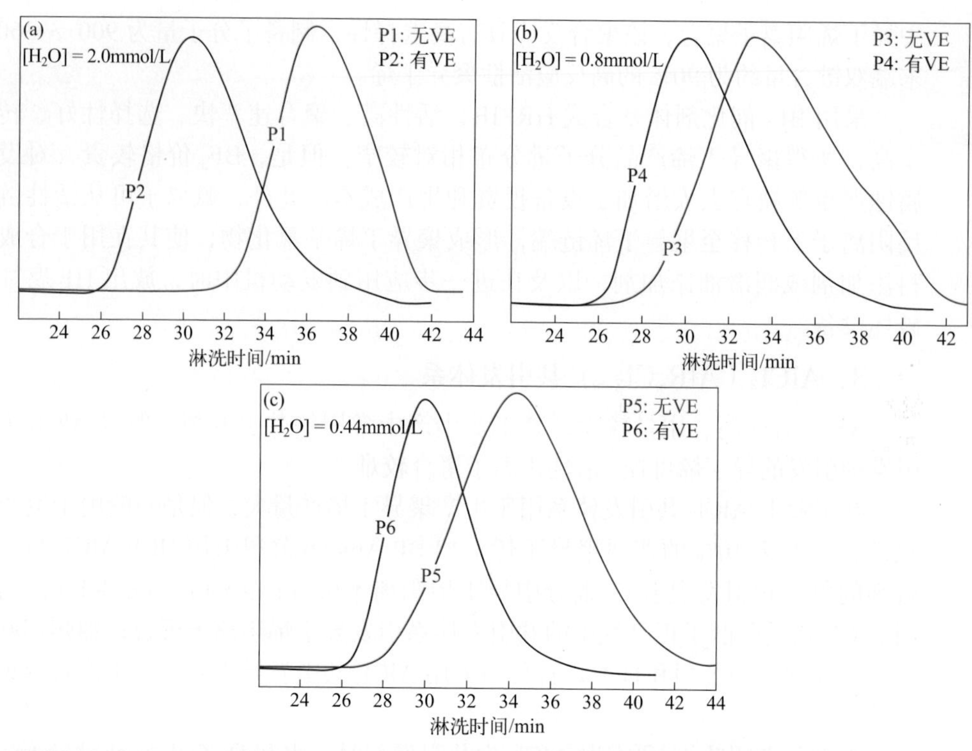

图4-11 $H_2O/AlCl_3$引发体系与$H_2O/AlCl_3/VE$引发体系制备聚异丁烯的GPC曲线对比

通过调控 VE 浓度可调控聚异丁烯产物的分子量（图 4-12），当 VE 浓度从 4.0mmol/L 增加到 6.0mmol/L 时，聚异丁烯的重均分子量（$\overline{M}_w$）从 128000 明显增加到 354000，而异丁烯转化率变化不大，仍能达到 90% 以上。进一步通过提

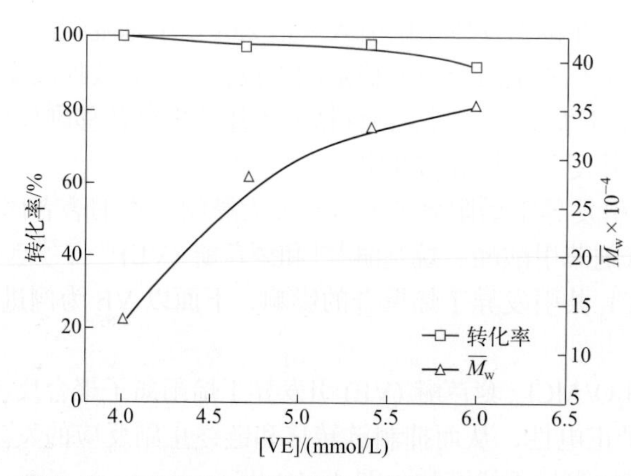

图4-12 VE浓度对异丁烯聚合转化率和聚异丁烯分子量的影响

高 VE 浓度，可以降低聚合反应速率，提高聚合反应的可控性。在适当的聚合反应条件下，可制备 $\overline{M}_w$ 高达 1117000 的聚异丁烯 [71]。

除了控制分子量，还可通过引发体系的设计控制聚合物链末端的结构，制备高反应活性聚异丁烯。本书著者团队 [75] 通过调节活性链端反离子结构、活性中心周围微环境、聚合温度及反应介质极性，在 Lewis 酸共引发的阳离子聚合反应中，实现由无链转移的活性阳离子聚合向链转移主导的可控阳离子聚合转化，动力学链没有终止。率先采用 $AlCl_3$ 共引发异丁烯可控阳离子聚合来实现原位高效制备 HRPIB 取得突出进展，在链转移主导的可控阳离子聚合中，通过活性链端 β-H 高选择性脱除，制备链末端 α- 双键含量高的聚异丁烯产物。采用邻甲酚 / $AlCl_3$ 体系引发异丁烯阳离子聚合，揭示聚合产物末端结构和分子量的影响规律，如图 4-13 所示 [75]，随着邻甲酚浓度从 0 增加到 2.5mmol/L，聚合产物的分子量略有增加，但末端 α- 双键结构含量明显增加，从 5% 增加到 80%；继续增加邻甲酚浓度，α- 双键结构含量可增加至 90%。本书著者团队提出在邻甲酚作用下通过异丁烯阳离子聚合制备高 α- 双键末端含量的聚异丁烯的可能机理如图 4-14 所示 [75]。

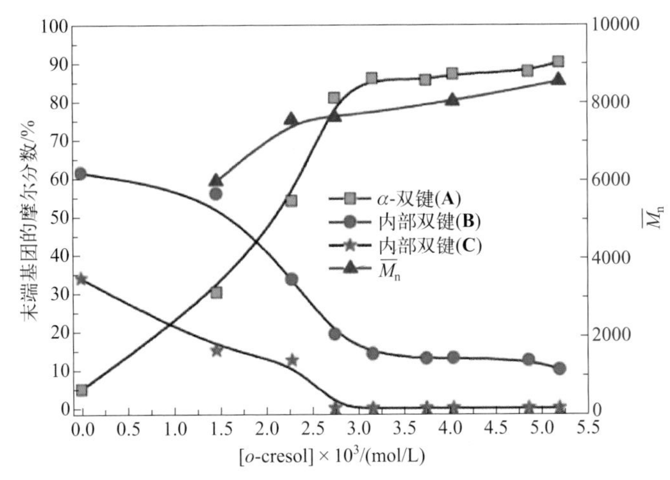

图4-13 邻甲酚浓度对聚合产物末端结构和分子量的影响

A,B,C—见图 4-14 中结构式

本书著者团队 [76] 采用 $AlCl_3$ 与含氮、磷或 / 和含氧的有机化合物配合，引发含异丁烯的烃类物料或含异丁烯的混合 C_4 馏分进行阳离子聚合，制备末端 α- 双键含量大于 50%（较优大于 70%）、数均分子量 4100 ～ 12700、分子量分布相对较宽（约 2.5）的反应活性聚异丁烯，随着产物分子量提高，α- 双键含量降低。其中含氮、磷或 / 和含氧的有机化合物配合剂选自醇类 (C_1 ～ C_5)、酮类

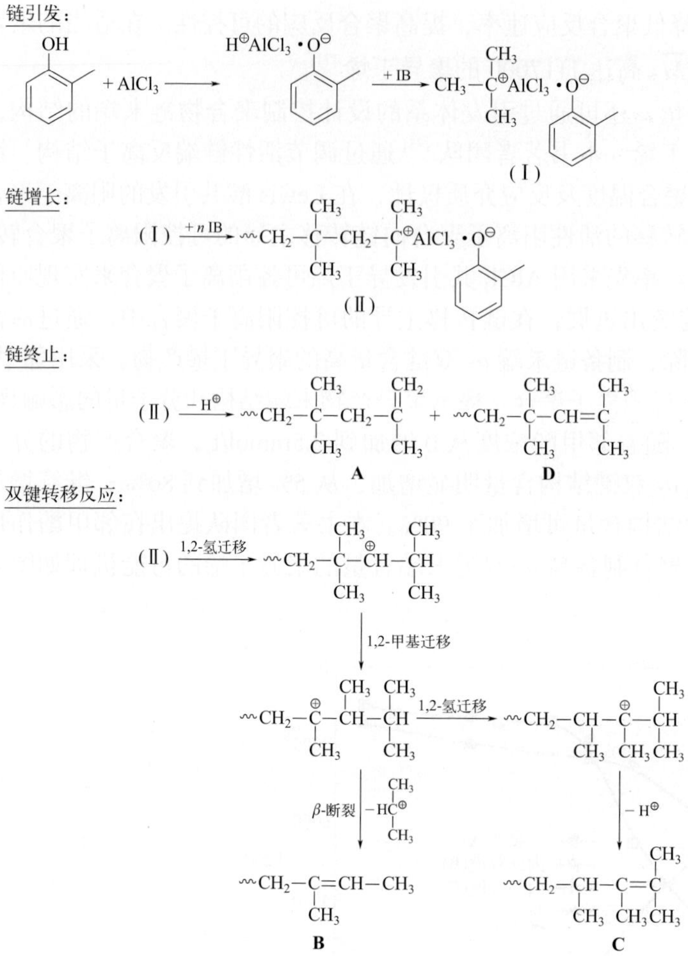

链引发：

链增长：

链终止：

双键转移反应：

图4-14　通过异丁烯阳离子聚合合成HRPIB的反应机理

(C_3 ～ C_6)、醚类 (<C_4)、胺类、酰胺类、醇胺类 (C_4 ～ C_8)、吡咯烷酮类、磷酸酯类 (C_1 ～ C_4)。采用酚类、吡啶类或较长碳链（6 ～ 16 个 C）的烷基醚与 $AlCl_3$ 组成引发体系，制备数均分子量 500 ～ 15000 的高反应活性聚异丁烯，但无法解决高 *α*- 双键含量与窄分子量分布的统一 [77]。对于数均分子量为 1300 ～ 2200 的聚异丁烯产物，当 *α*- 双键含量达到 92% 时，分子量分布指数达到 3.0，而当分子量分布指数降至 1.6 时，*α*- 双键含量却低至 76%；对于数均分子量为 7500 ～ 12300 的聚异丁烯产物，分子量分布均大于 2.2。采用 $AlCl_3$ 与较长碳链（6 ～ 12 个 C）的醇类化合物组成配合物，制备出 *α*- 双键含量大于 80%、数均分子量 800 ～ 5000、分子量分布指数可低至 1.8 的高反应活性聚异丁烯 [78]。

本书著者团队[79]首先发现醚类给电子体也可调控聚异丁烯聚合产物的末端结构，以丁醚（OB）/$AlCl_3$ 或丙醚（OP）/$AlCl_3$ 引发体系引发异丁烯聚合时，$AlCl_3$ 浓度和聚合反应时间对单体转化率和末端结构有明显影响，典型的聚异丁烯产物的单峰窄分子量分布 GPC 曲线见图 4-15 所示，典型的聚异丁烯产物的 ^1H NMR 谱图见图 4-16 所示，在合适的条件下可以高效制备 HRPIB。

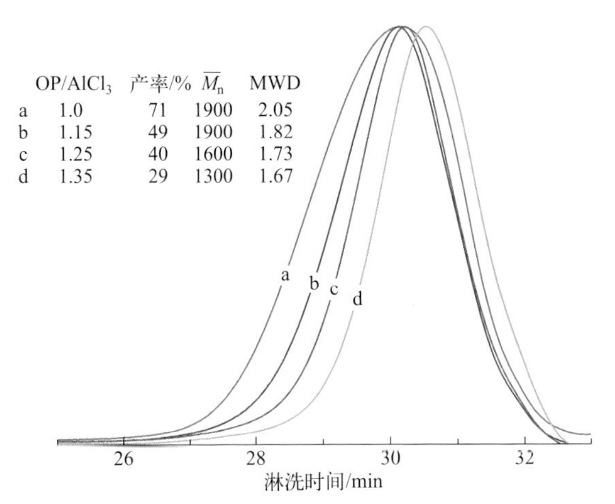

图4-15 不同OP/$AlCl_3$比值下得到的聚异丁烯产物的GPC曲线

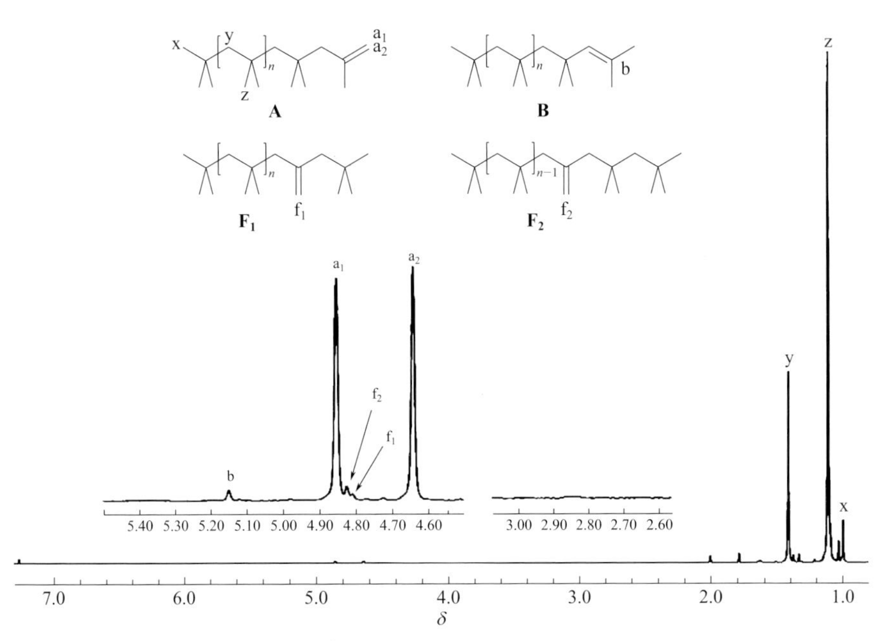

图4-16 典型聚异丁烯产物的^1H NMR谱图（OB/$AlCl_3$体系）

由 OB/$AlCl_3$ 体系引发异丁烯聚合得到的聚异丁烯产物具有很高的外双键含量，在 δ = 4.64 和 4.85 处出现强而尖锐的特征峰，显示聚合产物具有高含量的外双键结构（**A**）；在 δ = 4.80 和 4.82 处出现了两个单峰（f_1、f_2），归属于通过碳正离子重排形成的内亚乙基结构 $\mathbf{F_1}$ 和 $\mathbf{F_2}$；在 δ = 5.15 处仅出现了微弱的单峰，这归属于三取代内双键— $CH_2C(CH_3)_2$ — C**H**═$C(CH_3)_2$（**B**）；在 δ = 2.85 处四取代结构— $CH_2C(CH_3)$═$C(CH_3)$ — C**H**$(CH_3)_2$（**E**）的吸收峰也十分微弱，几乎观察不到在 δ = 5.17 和 5.37 处归属于三取代双键— $C(CH_3)$═C**H**(CH_3)(**C**) 的特征峰，这说明烷基醚对抑制双键异构化反应起到重要作用，提出聚合反应过程中可能的端基结构形成及异构化反应机理，见图 4-17 所示。

1,2-氢迁移

1,2-甲基迁移

$-C_3H_7^{\oplus}$

$-H^{\oplus}$

质子化作用

1,2-氢迁移

1,3-甲基迁移

$\downarrow$ 1,3-甲基迁移

$$\mathrm{R{\sim}CH_2-\overset{\oplus}{\underset{CH_3}{C}}-CH_2-\overset{CH_3}{\underset{CH_3}{C}}-CH_2-\overset{CH_3}{\underset{CH_3}{C}}-CH_3}\ (\mathrm{V}) \xrightarrow{-H^{\oplus}} \mathrm{R{\sim}CH_2-\underset{\|\atop CH_2}{C}-CH_2-\overset{CH_3}{\underset{CH_3}{C}}-CH_2-\overset{CH_3}{\underset{CH_3}{C}}-CH_3}\quad \mathbf{F_2}$$

图4-17 可能的聚合反应过程中端基结构形成及异构化反应机理

采用在线 ATR-FTIR 技术［图 4-18（a）］监测在不同 $OP/AlCl_3$ 比值下异丁烯聚合反应过程中转化率随聚合时间的变化［图 4-18（b）］。随着 $OP/AlCl_3$ 比值增大，可以有效地控制聚合反应速率，使聚合反应能够较为温和地进行，异丁烯聚合转化率随聚合时间延长逐渐增加。当 $OP/AlCl_3 > 1.0$ 时，过量的 OP 以游离分子存在，集聚在活性中心周围，影响活性中心周围微环境，起到溶剂化作用，与活性中心发生亲核作用，对单体的插入增长起到一定的阻滞作用，导致 k_p^A 随 OP 用量增大而逐渐减小。

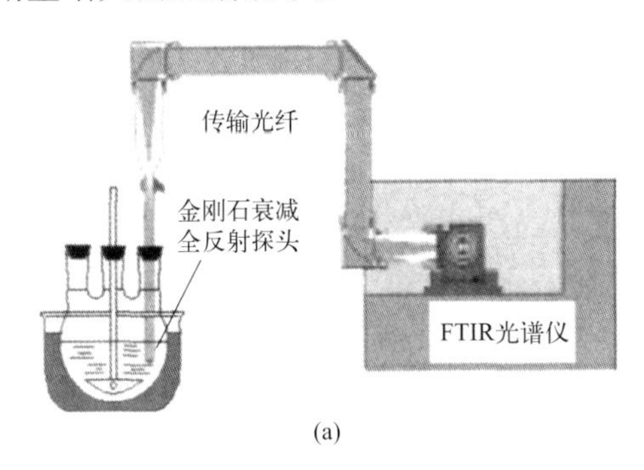

(a)

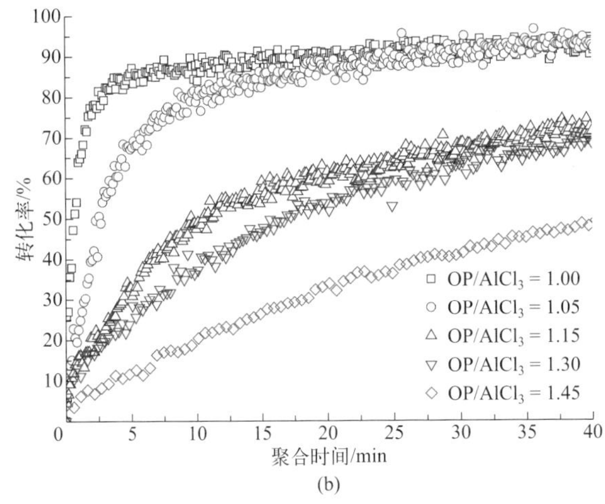

(b)

图4-18 在线ATR-FTIR技术监测异丁烯聚合过程（a）；不同$OP/AlCl_3$比值下聚合转化率与聚合时间关系（b）

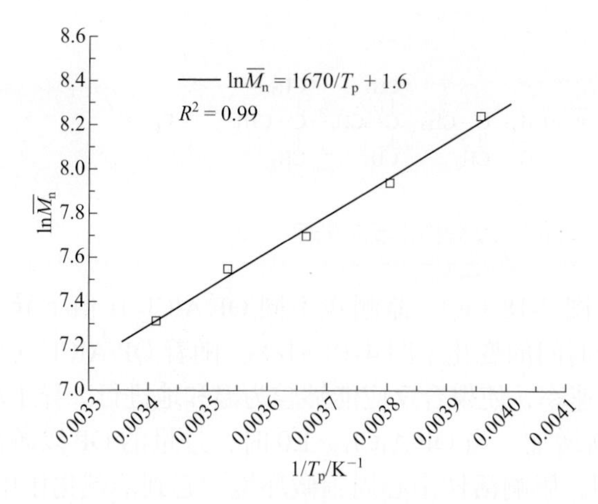

图4-19 聚异丁烯$\ln\overline{M}_n$与$1/T_p$的Arrhenius关系（OB/$AlCl_3$体系）

在异丁烯正离子聚合体系中，活性中心的产生、活性中心离子对的松紧程度以及活性中心的稳定性都与聚合温度关系密切。根据 Arrhenius 方程，以$\ln\overline{M}_n$与$1/T_p$作图（图 4-19），从线性关系斜率求出 OB/$AlCl_3$ 体系引发异丁烯阳离子聚合的聚合度活化能为负值，即 −13.9kJ/mol。

在优化的条件下，采用 $AlCl_3$ 共引发体系制备分子量在 800 ～ 10000 之间、链末端 α- 双键含量（摩尔分数）可达 98% 的 HRPIB，^{13}C NMR 谱图如图 4-20 所示[75]。很有意义的是，本书著者团队通过高效选择性阳离子聚合方法，实现了直接采用混合 C_4 馏分（含有正丁烷、异丁烷、丁烯 -1、丁烯 -2）为原料，使其中的异丁烯组分参与可控阳离子聚合，制备出纯净 HRPIB，其分子链结构与采用纯异丁烯 / 己烷体系得到的 HRPIB 几乎相同，从而发展了一种资源高效利用、无需外加溶剂的 HRPIB 可控制备新方法，工艺流程简单，节能降耗。

以 TMPCl 为引发剂，本书著者团队[27]及 Faust 等[80-82]分别以 AlR_mCl_{3-m}（$AlEtCl_2$ 和 $AlMe_2Cl$）作为共引发剂，在 −80℃下引发异丁烯阳离子聚合，聚异丁烯产物分子量达到 1.5×10^5、分子量分布指数为 1.2，$AlEtCl_2$ 共引发的聚合反应速率比 $AlMe_2Cl$ 共引发的聚合反应速率快。

4．$FeCl_3$ 共引发体系

$FeCl_3$ 具有低毒性和环境友好性，是一种具有工业应用潜质的共引发剂。本书著者团队首次开发了以 $FeCl_3$ 为 Lewis 酸的异丁烯活性阳离子聚合新引发体系，Lewis 酸用量仅为传统体系的 10% 以下，合成预期分子量和窄分子量分布（$\overline{M}_w/\overline{M}_n\leqslant1.2$）叔氯端基官能化聚异丁烯[83]以及聚异丁烯末端 α- 双键含量高于 75% 的高反应活性聚异丁烯[84]。

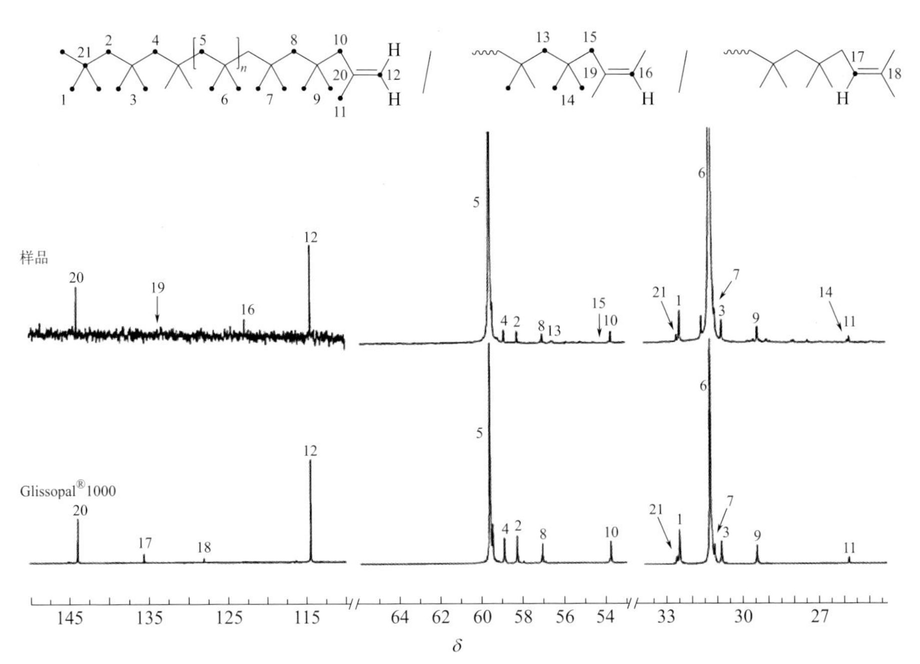

图4-20　本书著者团队合成的HRPIB（样品）与商业化HRPIB（Glissopal®1000）的^{13}C NMR对比图[75]

对于 $H_2O/FeCl_3$/ 醚引发体系，通过红外光谱研究了给电子体醚与 $FeCl_3$ 的相互作用。图 4-21 给出了异丙醚、$FeCl_3$ 以及异丙醚（$^iPr_2O$）/$FeCl_3$ = 1∶1 的络合物的红外谱图，从图中可以看出，异丙醚的 C—O—C 伸缩振动峰出现在 $1010cm^{-1}$、$1106cm^{-1}$、$1126cm^{-1}$ 和 $1167cm^{-1}$ 处，而 $FeCl_3$ 在 800 ～ $1200cm^{-1}$ 范围内没有吸收峰。当异丙醚与 $FeCl_3$ 络合后，异丙醚所有的特征峰消失，形成了络合物[83]。

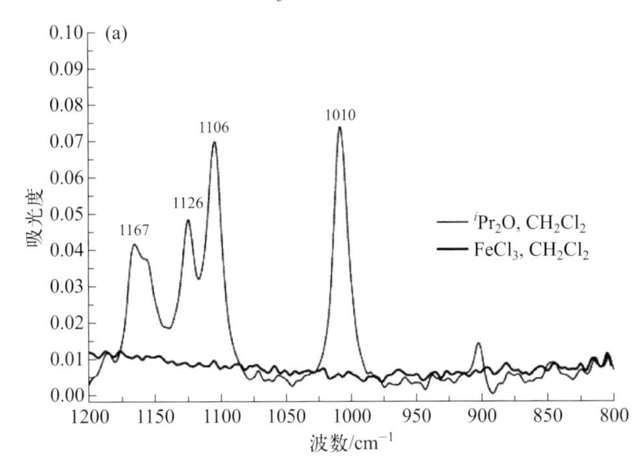

图4-21

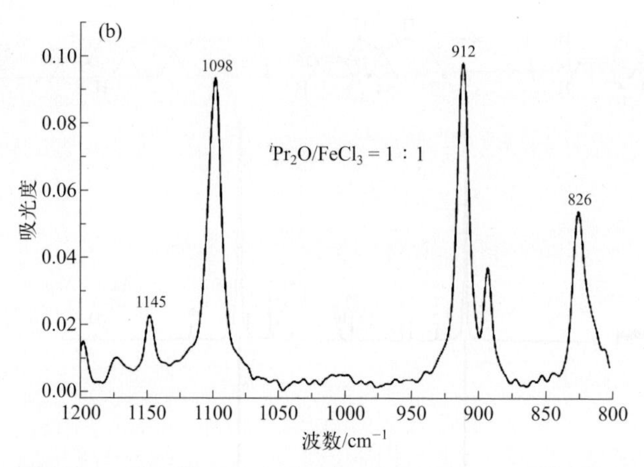

图4-21 异丙醚、$FeCl_3$以及$^iPr_2O/FeCl_3$ = 1：1的络合物的红外谱图

为了验证 $^iPr_2O$ 与 $FeCl_3$ 反应形成络合物的结构，对不同 $^iPr_2O/FeCl_3$ 比例络合物进行红外光谱表征，结果如图 4-22 所示。从图 4-22 中可以看出，无论加入多少异丙醚，异丙醚与 $FeCl_3$ 的络合物（比例为 1∶1）$^iPr_2O \cdot FeCl_3$ 在 826cm^{-1} 和 912cm^{-1} 处的特征峰的强度基本不变，说明 $^iPr_2O \cdot FeCl_3$ 络合物稳定存在，不再进一步与异丙醚络合。随着异丙醚加入量增加，代表游离的异丙醚的特征峰强度增加，说明过量的异丙醚以游离分子存在于体系中，可以提高 β-H 消除的选择性，从而得到高反应活性聚异丁烯，如图 4-23 所示 [83]。

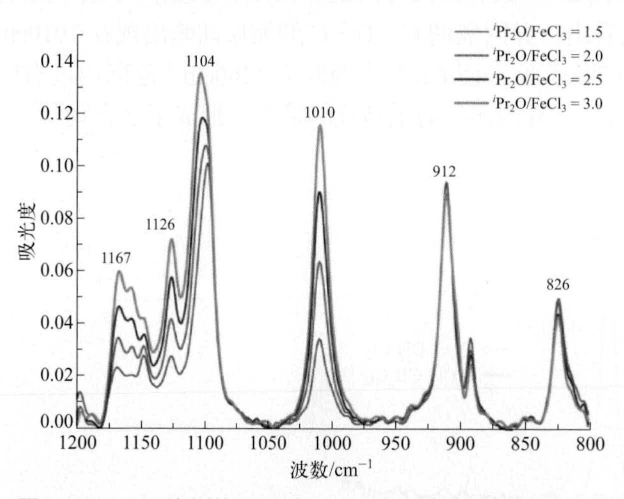

图4-22 不同比例的异丙醚/$FeCl_3$络合物的红外谱图

^iPrOH也能够与$FeCl_3$配位形成络合物，影响异丁烯阳离子聚合反应[85-86]。该类引发体系能够引发异丁烯在己烷溶剂中聚合制备高反应活性聚异丁烯。

$$H_2O + FeCl_3 + {}^iPr_2O \longrightarrow H^{\oplus}\left[{}^iPr_2O \cdot FeCl_3(OH)\right]^{\ominus} \xrightarrow{IB} CH_3-\overset{CH_3}{\underset{CH_3}{C^{\oplus}}}\left[{}^iPr_2O \cdot FeCl_3(OH)\right]^{\ominus}$$

$$\downarrow n\,IB$$

$$CH_3-\overset{CH_3}{\underset{CH_3}{C}}\left(CH_2-\overset{CH_3}{\underset{CH_3}{C}}\right)_{n-1}CH_2-\overset{CH_3}{\underset{CH_3}{C^{\oplus}}}\left[{}^iPr_2O \cdot FeCl_3(OH)\right]^{\ominus}\ ({}^iPr_2O/FeCl_3>1.0)$$

⊘：自由异丙醇分子

$$\downarrow \beta\text{-H消除}$$

$$CH_3-\overset{CH_3}{\underset{CH_3}{C}}\left(CH_2-\overset{CH_3}{\underset{CH_3}{C}}\right)_{n-1}CH_2-\underset{CH_3}{C}=CH_2 + H^{\oplus}\left[{}^iPr_2O \cdot FeCl_3(OH)\right]^{\ominus} + {}^iPr_2O \cdot H^{\oplus}$$

外双键含量约90%

+IB

图4-23　$H_2O/FeCl_3/{}^iPr_2O$体系引发异丁烯聚合反应机理

以 $DCC/FeCl_3/{}^iPrOH$ 为引发体系，通过改变异丁烯单体与 DCC 引发剂的摩尔比（$[M]_0/[DCC]$），制备不同分子量的聚异丁烯。对得到的聚异丁烯进行 GPC 表征，GPC 曲线如图 4-24（a）中可以看出，随着 $[M]_0/[DCC]$ 比例的增大，聚异丁烯的 GPC 曲线向高分子量移动。以转化的异丁烯单体与 DCC 的摩尔比 ($[M]_{0,转化}/[DCC]_0$) 为横坐标，得到的聚异丁烯的 $\overline{M}_n$ 为纵坐标作图［图 4-24（b）］，发现两者呈线性关系，同时，得到的聚异丁烯的分子量分布在 1.13 ～ 1.21 范围内，说明 $DCC/FeCl_3/{}^iPrOH$ 引发体系可实现异丁烯活性阳离子聚合[86]。

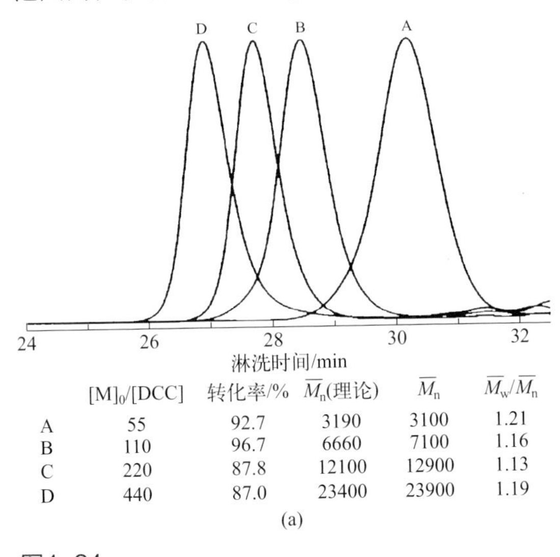

	$[M]_0/[DCC]$	转化率/%	$\overline{M}_n$(理论)	$\overline{M}_n$	$\overline{M}_w/\overline{M}_n$
A	55	92.7	3190	3100	1.21
B	110	96.7	6660	7100	1.16
C	220	87.8	12100	12900	1.13
D	440	87.0	23400	23900	1.19

(a)

图4-24

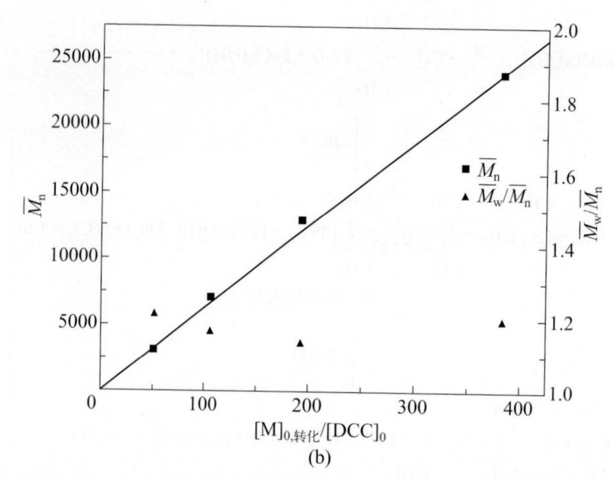

图4-24 DCC/$FeCl_3$/^{i}PrOH为引发体系制备的聚异丁烯GPC曲线（a）以及分子量与分子量分布（b）（AMI技术）

以 DCC/$FeCl_3$/^{i}PrOH 为引发体系，加入一定量（m_p）的异丁烯单体进行聚合反应，当异丁烯几乎全部转化时，再加入异丁烯单体，发现再次加入异丁烯单体后，聚合反应继续进行，得到的聚异丁烯产量增加。通过 5 次加入异丁烯的聚合反应，得到不同分子量的聚异丁烯，其 GPC 曲线如图 4-25（a）所示。随着异丁烯单体的不断加入，聚异丁烯GPC曲线向高分子量移动。以聚异丁烯产量（m_{PIB}）为横坐标，得到的聚异丁烯的 $\overline{M}_n$ 为纵坐标作图 [图 4-25（b）]，发现两者呈线

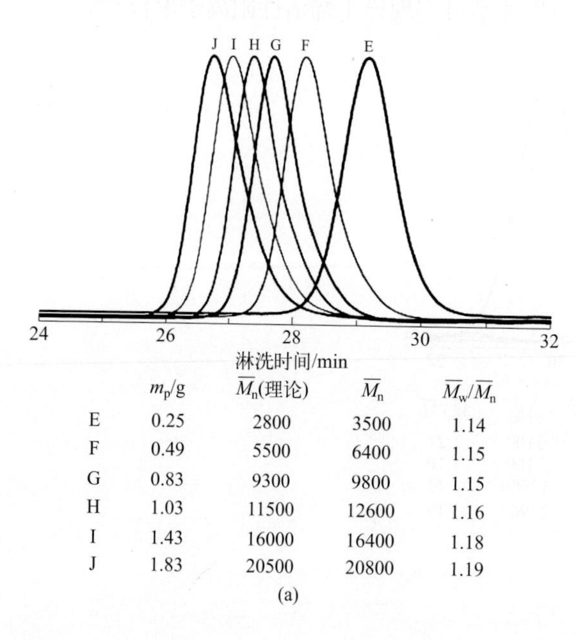

	m_p/g	$\overline{M}_n$(理论)	$\overline{M}_n$	$\overline{M}_w/\overline{M}_n$
E	0.25	2800	3500	1.14
F	0.49	5500	6400	1.15
G	0.83	9300	9800	1.15
H	1.03	11500	12600	1.16
I	1.43	16000	16400	1.18
J	1.83	20500	20800	1.19

(a)

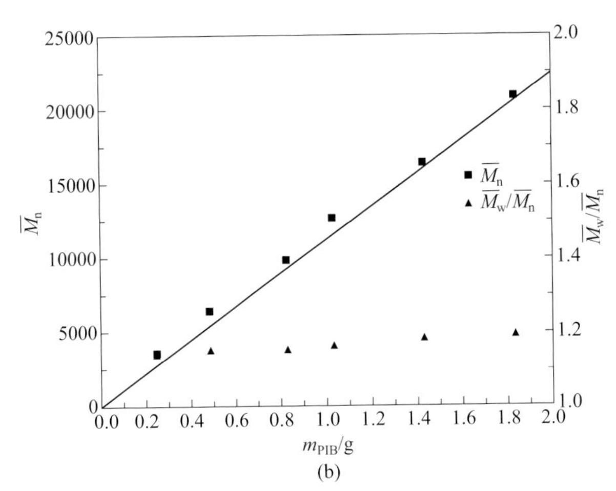

图4–25 DCC/FeCl$_3$/^{i}PrOH为引发体系制备的聚异丁烯GPC曲线（a）以及分子量与分子量分布（b）（IMA技术）

性关系，同时，得到的聚异丁烯的分子量分布在 1.14 ～ 1.19 范围内，进一步说明 DCC/FeCl$_3$/^{i}PrOH 引发体系可实现异丁烯活性阳离子聚合，并提出 DCC/FeCl$_3$/^{i}PrOH 体系引发异丁烯活性阳离子聚合可能的反应机理（图 4-26）。

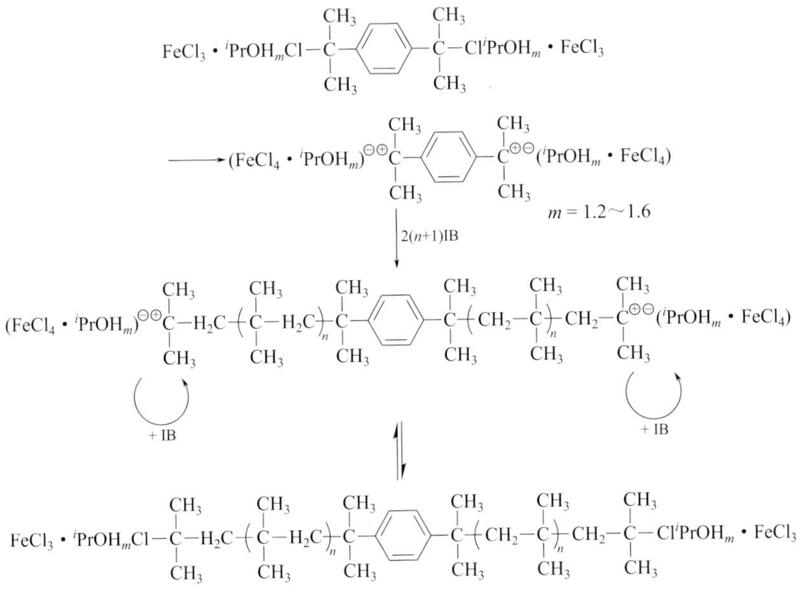

$FeCl_3 \cdot {}^iPrOH_mCl-C(CH_3)_2-C_6H_4-C(CH_3)_2-Cl{}^iPrOH_m \cdot FeCl_3$

$\longrightarrow (FeCl_4 \cdot {}^iPrOH_m)^{\ominus\oplus}C(CH_3)_2-C_6H_4-C(CH_3)_2{}^{\oplus\ominus}({}^iPrOH_m \cdot FeCl_4)$

$m = 1.2\sim1.6$

2(n+1)IB

$(FeCl_4 \cdot {}^iPrOH_m)^{\ominus\oplus}C(CH_3)_2-H_2C-(C(CH_3)_2-H_2C)_n-C(CH_3)_2-C_6H_4-C(CH_3)_2-(CH_2-C(CH_3)_2)_n-CH_2-C(CH_3)_2{}^{\oplus\ominus}({}^iPrOH_m \cdot FeCl_4)$

+ IB　　+ IB

$\rightleftharpoons$

$FeCl_3 \cdot {}^iPrOH_mCl-C(CH_3)_2-H_2C-(C(CH_3)_2-H_2C)_n-C(CH_3)_2-C_6H_4-C(CH_3)_2-(CH_2-C(CH_3)_2)_n-CH_2-C(CH_3)_2-Cl{}^iPrOH_m \cdot FeCl_3$

图4–26 DCC/FeCl$_3$/^{i}PrOH体系引发异丁烯活性阳离子聚合反应机理

5. $SnCl_4$ 共引发体系

无水 $SnCl_4$ 广泛应用于合成有机锡化合物、染料的媒染剂、制造蓝晒图纸和感光纸、润滑油添加剂、玻璃表面处理。$SnCl_4$ 是相对于 $TiCl_4$、$AlCl_3$ 较弱的一种 Lewis 酸，在阳离子聚合中，特别适用于乙烯基醚、苯乙烯及其衍生物的活性阳离子聚合。

由 $SnCl_4$/ 共引发含有异丁烯的混合 C_4 馏分进行阳离子聚合，得到末端 α-双键含量 60% 以上的 HRPIB，分子量分布较宽（分布指数约 2.5）[87-89]。但是，$SnCl_4$ 共引发 IB 正己烷溶剂中低温下聚合缓慢，聚合速率随着温度升高而加快，且聚合物分子量由 35℃的 1500 ～ 2500 降到 60℃的 600[90]。

本书著者团队 [91] 研发了 $H_2O/SnCl_4$/YB 体系引发异丁烯可控阳离子聚合，成功制备了 HRPIB，产物典型的 ^1H NMR 谱图见图 4-27 所示。

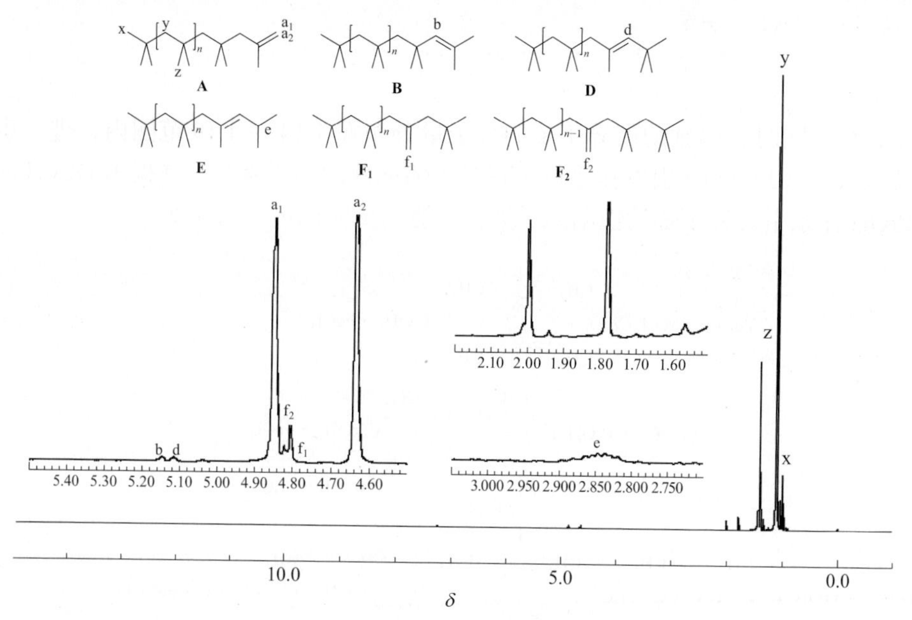

图4-27 $H_2O/SnCl_4$/YB体系引发异丁烯阳离子聚合的产物^1H NMR谱图（$YB/SnCl_4$=0.4）

在 δ = 4.64 和 4.85 处的特征峰归属于末端 α- 双键—$CH_2C(CH_3)$=CH_2(**A**) 中的 CH_2，根据 ^1H NMR 积分值，定量计算出聚异丁烯中 α- 双键 (**A**) 含量为 90.9%；在 δ = 5.15 处单峰归属于内双键— C**H**═$C(CH_3)_2$ (**B**) 中的 C**H**，其明显较弱，含量为 0.9%；在 δ =5.17 和 5.37 处归属于异构化三取代双键— $C(CH_3)$═C**H**(CH_3) 的特征峰基本消失；在 δ=5.11 处较宽的多重峰归属于— $CH_2C(CH_3)_2CH_2C(CH_3)$═C**H**$C(CH_3)_3$ (**D**) 中的 CH，其含量为 0.9%；在 δ=2.85 处归属于— $CH_2C(CH_3)_2CH_2C(CH_3)$ ═CC**H**$(CH_3)_2$(**E**)

中的 CH 的多重峰十分微弱，其含量仅为 0.9%；$\delta = 4.80(f_1)$ 和 $4.82(f_2)$ 处的单峰归属于内亚乙基结构— $CH_2C(CH_3)_2CH_2C(=\mathbf{CH_2})CH_2C(CH_3)_3$ ($\mathbf{F_1}$) 中的 $\mathbf{CH_2}$，以及— $CH_2C(=\mathbf{CH_2})CH_2C(CH_3)_2\ CH_2C(CH_3)_3$ ($\mathbf{F_2}$) 中的 $\mathbf{CH_2}$，其总含量为 6.4%；没有观察到叔氯端基的特征峰 ($\delta = 1.68$ 和 1.96)。

（二）聚异丁烯的制备工艺流程

聚异丁烯是以异丁烯为原料通过阳离子聚合反应制备的聚合物。用于合成聚异丁烯的原料可以是高纯异丁烯、异丁烯 - 异丁烷混合物，也可以是含有异丁烯的混合 C_4 馏分。从技术上来看，聚异丁烯工业生产主要由以下几个单元组成：①原材料的提纯与精制；②引发体系配制；③聚合反应；④引发活性中心的破坏和清除；⑤脱气与聚合物纯化；⑥未反应组分（单体、溶剂）的回收再利用。其中，最关键的单元是聚合反应工序。聚异丁烯分子量不同，其生产工艺也不同，下面将重点介绍高分子量聚异丁烯的工艺流程。

生产高分子量聚异丁烯通常采用两种工艺过程，即由 BASF 公司开发的以三氟化硼共引发于蒸发的乙烯介质中在移动链带上进行异丁烯聚合的工艺以及 ExxonMobil 公司开发的以三氯化铝淤浆聚合的工艺。以 BF_3 为共引发剂的异丁烯低温聚合的主要设备是链带式聚合装置，其生产工艺流程如图 4-28 所示 [92]。该装置是一条连续运转的环状不锈钢带，两根滚轴从两头将钢带拉紧，前轴由电动机带动。绕滚轴转动的钢带与水平面成 5° 倾斜，钢带上部带有 0.1m 深的槽，以防液体从链带上溢出。为防止气体损失，整个聚合装置置于封闭箱内。

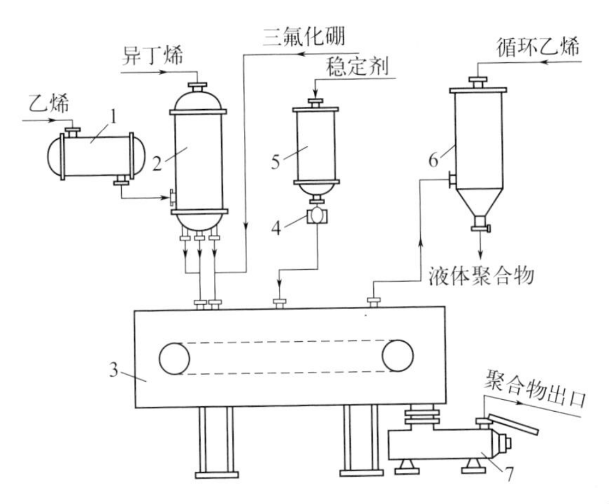

图4-28 BASF公司三氟化硼共引发异丁烯低温聚合生产工艺流程[92]

1—乙烯收集槽；2—蛇管冷却器；3—聚合装置；4—视镜；5—稳定剂计量槽；6—吸收塔；7—混炼/塑炼机

聚合过程在链带式聚合装置上完成。将一定量的分子量调节剂预先加至精异丁烯内，其加入量应以控制聚合时间为 15 ～ 20s 和聚合物分子量在规定范围内为度。将添加了调节剂的异丁烯配料预冷至 −40 ～ −30℃，送至蛇管冷却器 2，借部分液体乙烯的蒸发冷却到 −95 ～ −90℃。然后与液态乙烯以 1∶1 的比例混合，再送至链带聚合装置 3 上。定量的 BF_3 在另一管线内用液态乙烯稀释后，也送至链带聚合装置上。两股物料一经混合，异丁烯立即发生剧烈的聚合反应，放出大量热，聚合热通过液态乙烯蒸发带出。为预防聚合物在脱气和加工过程中降解，由稳定剂计量槽 5 通过视镜 4 将稳定剂溶液连续滴加到随链带移动的聚合物上。乙烯蒸发后，链带上的聚合物被刮刀刮下，送至以蒸汽加热的塑炼机 7 的热辊筒（130 ～ 140℃）上，混匀并脱除易挥发杂质。从塑炼机出来的聚异丁烯，用专门刀具切成小块，冷却后压块装袋。未反应的异丁烯和乙烯以及残余 BF_3，由聚合装置送至吸收塔 6 吸收 BF_3，经处理后仍含少量异丁烯等杂质的乙烯则送往精馏系统[92]。

美国 ExxonMobil 公司开发的以 $AlCl_3$ 为共引发剂、氯甲烷为稀释剂的异丁烯聚合工艺与丁基橡胶生产工艺相同，$AlCl_3$ 共引发异丁烯聚合制备高分子量聚异丁烯的生产工艺流程见图 4-29[92] 所示。

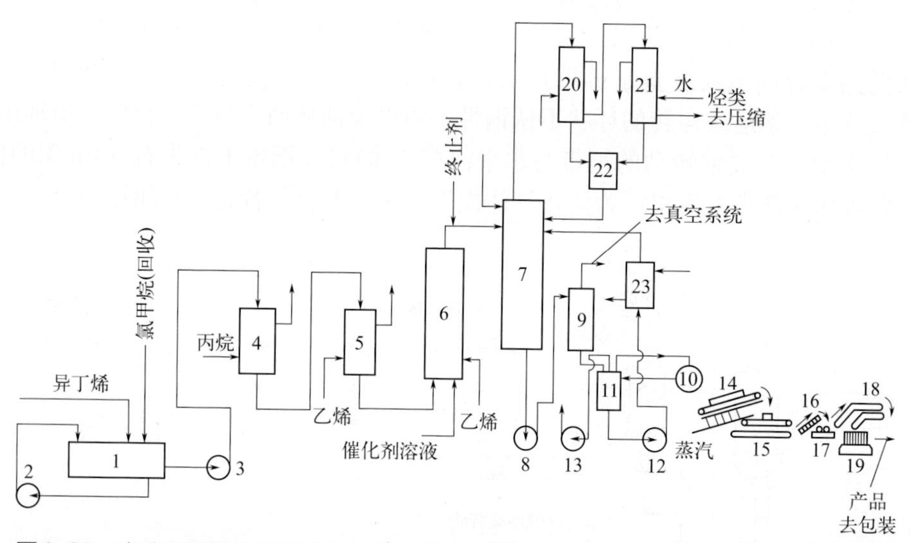

图4-29 高分子量聚异丁烯生产工艺流程示意[92]

1—制备槽；2,3,8,12—泵；4,5—冷却器；6—聚合反应器；7—脱气器；9—真空脱气器；10—真空过滤器；11—真空接收器；13—真空泵；14—干燥器；15—注射机；16—输送机；17—辊；18—冷却输送机；19—切块机；20,21—冷凝器；22—分离器；23—加热器

在异丁烯聚合制备聚异丁烯的工艺流程中，聚合反应单元是核心和关键。因此，通过聚合反应单元的优化与改进，强化传质与传热，解决后处理的难题，制

备不同牌号聚异丁烯产品。

1．淤浆聚合工艺

采用淤浆法技术制备聚异丁烯时，以路易斯酸引发体系于氯代烷烃稀释剂中在低温、强烈搅拌下进行聚合反应，得到的聚合产物不溶于稀释剂而呈淤浆状，胶粒的直径一般为 10^{-4} ～ 10^{-3}m。由于异丁烯在稀释剂中进行阳离子聚合时，反应速率极快，放热集中，若未及时有效地撤热，则易产生聚合物集聚结块现象。例如，当聚合温度高于 −90℃时或 / 和聚合体系中胶粒浓度达到一定值时，淤浆颗粒聚集成块迅速增加，这些集聚物会黏在反应设备的表面，造成传质传热困难，甚至引起严重的挂胶和堵塞现象，影响设备正常运转。同时由于聚合物集聚，活性中心被聚合物包裹，聚合物团中的反应热不易散出引起局部过热而导致所不期望的副反应，聚合产物分子量不易控制，分子量分布变宽。本书著者团队采用常用的路易斯酸引发体系，配以合适的分散剂（如酯、酮、醚、胺、苯乙烯或烷基取代苯乙烯等），进行异烯烃阳离子聚合或共聚合反应，聚合反应体系黏度仍较低，不溶于稀释剂的聚合物颗粒分散均匀，在 −20℃的反应温度下，仍可得到稳定的分散聚合体系，有效地改善了传热传质问题，所加入的分散剂易得，聚合生产工艺简单、成本较低，同时还可将所得聚合物的分子量分布控制在较窄的范围内[93]。

2．溶液聚合工艺

溶液聚合工艺中，通常选用异丁烯与烃类溶剂的聚合体系，烃类溶剂包括 C_4 ～ C_{10} 的烷烃、环烷烃或烯烃以及它们的混合物。常用己烷为溶剂，或者直接选用混合 C_4 馏分聚合体系。

3．超重力聚合工艺

超重力技术是一种能够极大强化传质和微观混合过程的技术，它通过旋转填充床转子提供超重力环境，使物料在多孔介质或孔道中流动接触，产生快速更新的相界面，极大地强化了传质和微观混合过程。将超重力旋转填充床反应器应用于聚异丁烯的制备中，结果表明，旋转床转速增加，单体转化率和聚异丁烯数均分子量先逐渐增加，当旋转床转速高于 1800r/min，再增加转速，单体转化率和聚异丁烯数均分子量略有减小；旋转床转速增加，聚异丁烯分子量分布和末端 α- 烯烃摩尔分数基本不变化。单体与催化剂流量比增加，或者单体浓度增加，单体转化率逐渐减小，聚异丁烯数均分子量逐渐增加，分子量分布有增加趋势，末端 α- 双键含量基本不变。采用该工艺制备的聚异丁烯产品数均分子量为 1500 ～ 2400，分子量分布系数为 2.4 ～ 3.0，末端 α- 双键摩尔分数在 85% 左右，聚合反应单程单体转化率可达 84%[94]。超重力聚合工艺，极大地强化了反应的微观混合与传质、传热过程，与传统的搅拌聚合方法相比，物料在超重力反应器中的平均停留时间至少缩短至 1/30 ～ 1/20，并且大大缩小了设备体积，降低了运行成本 [95]。

4．超高分子量聚异丁烯的制备工艺

聚合反应过程中，聚异丁烯的分子量受引发体系种类和聚合温度的影响，聚异丁烯的分子量随聚合温度升高而显著降低，因此制备高分子量和超高分子量聚异丁烯十分困难。本书著者团队 [73] 在异丁烯阳离子聚合方面开展了系统深入的研究工作，从基础研究到技术创新再到产业化应用，通过产学研紧密结合，将研究成果转化为生产力。在超高分子量聚异丁烯的合成技术及工程化方面，解决了高活性引发中心及快速链增长过程中的关键科学问题，发明了具有自主知识产权的可控聚合方法与成套制备技术，解决了聚合反应放大过程中的工程化难题，建成了世界上首条超高分子量聚异丁烯全流程中试生产线，包括引发体系、聚合反应、凝聚分离及回收精制等化工单元。聚异丁烯产品的黏均分子量高达 500×10^4 甚至 600×10^4 以上，而且通过调节引发体系和聚合工艺得到黏均分子量达到 1200×10^4 以上的超高分子量聚异丁烯，明显超过目前国际上最高分子量聚异丁烯商业化产品的相应指标（约 400×10^4），引领了该领域相关技术发展，填补了产品空白。

二、聚异丁烯的结构特点与性能

聚异丁烯具有全饱和线型烃类聚合物的基本特性。聚异丁烯还具有优异的气密性和水密性，具有优异的化学稳定性、热稳定性、抗氧化性、抗臭氧性、耐辐射性能和耐紫外线（UV）性能，此外还具有生物相容性及非炎性。表 4-1 列出中分子量和高分子量聚异丁烯的特性参数与性能指标。

表4-1 中分子量及高分子量聚异丁烯弹性体的特性参数与性能指标(298K)

特性参数	性能指标	特性参数	性能指标
外观	弹性固体	折射率（253K）	1.5070～1.5089
颜色	白色至浅黄色	D.C.电阻率（293K）/Ω・cm	1×10^{15}
气味	无臭，无味	功率因子	
无定形聚合物密度/(g/cm³)	0.84	1kHz	0.0007
结晶聚合物密度/(g/cm³)	0.91～0.93	1300MHz	0.0004
玻璃化温度/K	199～212		
脆化温度/K	208	溶解度参数/(J/cm³)$^{1/2}$	16.0～16.6
比热容/[kJ/(kg・K)]	1.948	水蒸气渗透系数/[g/(m・h・mbar)]	2.5×10^{-7}

续表

特性参数	性能指标	特性参数	性能指标
固态聚合物比热容/[J/(g·K)]	1.94	表面张力/(mN/m)	27～34
热导率λ/[W/(K·m)]	0.19	邵氏硬度	25～35
玻璃态热膨胀率/[$10^{-4}cm^3/(g·K)$]	1.6～2.0	拉伸强度/MPa	＜14
体积膨胀系数(296K)/K^{-1}	$6.2×10^{-6}$	伸长率/%	＞1000
介电损耗tanδ(10^3Hz)	0.0004	PIB球从1m高落下的回弹性	25℃　8%
介电常数(298K)	2.4～2.9		
绝缘强度/(V/mm)	24000	耐旋光性	在散射光照射下储存，聚异丁烯的性质基本不变
击穿电压（293K）/(MV/m)	23		

注：1mbar=100Pa。

由于聚异丁烯结构单元中两个取代甲基的存在，导致分子链运动缓慢和自由体积较小，因而导致具有低的扩散系数和气体渗透性，优异的气密性是聚异丁烯的突出特点之一。高分子量聚异丁烯的气体扩散系数与气体透过系数见表 4-2 所示。

表4-2　高分子量聚异丁烯的气体扩散系数与气体透过系数

气体	温度/℃	气体透过系数 $×10^3$/[cm^2/(d·bar)]	气体扩散系数/（cm^2/s）
N_2	20	0.13	—
	25	—	$4.3×10^{-8}$
	40	0.50	—
	43	—	$15.0×10^{-8}$
O_2	20	0.6	—
	25	—	$7.8×10^{-8}$
	40	1.9	—
	43	—	$24.0×10^{-8}$
H_2	25	—	$1.4×10^{-6}$
	43	—	$3.1×10^{-6}$
CO_2	20	2.6	—
	40	6.9	—

聚异丁烯可溶于脂肪烃、芳香烃、汽油、环烷烃、矿物油、氯代烃、二硫化碳中；部分溶于高级的醇类（如正丁醇）和酯类，或在醇、醚、酯、酮类等溶剂以及动植物油和油脂中溶胀，溶胀程度随溶剂碳链长度增加而增大；不溶于低碳的醇类（如甲醇、乙醇、异丙醇、乙二醇和三甘醇）、酮类（如丙酮、甲乙酮）和冰醋酸。

聚异丁烯在正己烷、环己烷、甲苯和四氯化碳中溶解后的溶液黏度不同，在四氯化碳中溶液黏度最高，在正己烷中溶液黏度最低。

在玻璃化转变温度以上，分子链缠结而形成分子网络，因而高分子量聚异丁烯在拉伸强度、弹性、回弹性、弹性记忆、电性能、溶解性能等方面与天然橡胶类似。此外，聚异丁烯的饱和结构，赋予它比天然橡胶更好的热稳定性和化学稳定性。聚异丁烯网络不是通过化学键连接，在持续的负荷下，因分子链解缠而产生屈服现象，呈现塑性变形，在 170℃下延长时间至 1h 以上，聚异丁烯的扭矩迅速下降。

聚异丁烯的流动温度 T_f 依赖于聚异丁烯的分子量。在高分子量聚异丁烯的情况下，T_f 与分子量遵循关系式：

$$\lg T_f = 3.3\lg M + c$$

在零剪切速率下，聚异丁烯的本体黏度 η_0 依赖于分子量：

当 $M > 17000$ 时，$\lg\eta_0 = 2.4\lg M + 5.6\times10^5/T^2 - 15.85$

当 $M < 17000$ 时，$\lg\eta_0 = 1.75\lg M + 5.6\times10^5(1/T^2 - 1/490^2)\exp(-163/M)$

聚异丁烯的化学惰性很强，耐酸碱物质，如氨水、盐酸、60% 氢氟酸、乙酸铅水溶液、85% 磷酸、40% 氢氧化钠、饱和食盐水、80% 硫酸、38% 硫酸 +14% 硝酸的侵蚀，但不能抵抗强氧化剂、热的弱氧化剂（如 60℃高锰酸钾）、某些热的浓有机酸（如 373K 的乙酸）和卤素（氟、氯、溴）的侵蚀。

聚异丁烯热稳定性好，可在 140 ～ 200℃下加工，分子量基本不变。低温下加工，大分子易发生机械降解，聚异丁烯的分子量越高，降解越剧烈。当加工温度为 120 ～ 150℃时，断链降解可以减少到最低程度。在 347℃以上，聚异丁烯发生热降解和热分解，产生 20% ～ 30% 的异丁烯和 65% ～ 70% 的 C_5 烃类化合物。

在太阳光直射或紫外线照射下，聚异丁烯相对稳定，但长期光照会使部分大分子降解，物理机械性能变差。在聚异丁烯中加入少量酚类稳定剂和填料（炭黑、滑石粉、白垩、树脂）时，能明显提高其对光的稳定性。

三、聚异丁烯的应用

根据聚异丁烯制备方法、工艺条件的不同，可以获得不同分子量范围及分布的聚异丁烯。聚异丁烯是一类具有气密性、耐老化性、电绝缘性、耐热性（可在 140 ～ 200℃下加工）、耐寒性（在 −50℃下仍保持弹性）和低介电性质等一系列卓越性能的高分子材料，有着广泛的应用领域。目前世界上聚异丁烯的产能已经超过 170 万吨 / 年。美国 Infineum 公司、Taxas PC 公司、Lubrizol 公司聚异丁烯的产能约为 51.3 万吨 / 年，德国 BASF 公司聚异丁烯的产能约为 29.5 万吨 / 年，英国 Ineos Group 公司聚异丁烯的产能约为 20.0 万吨 / 年，韩国 Daelin 公司聚异丁烯产能为22万吨/年，根据分子量的大小划分品种牌号。中国的聚异丁烯总产能约15万吨/年，主要生产厂家有南京扬子-巴斯夫公司、锦州精联润滑油添加剂有限公司、吉林石化精细化学品厂、山东玉皇化工有限公司、山东鸿瑞石油化工公司、兰州路博润兰炼添加剂有限公司等，主要产品为低分子量聚异丁烯和中分子量聚异丁烯。其中，低分子量聚异丁烯的生产厂家主要有南京扬子-巴斯夫公司、吉林石化公司和兰州路博润兰炼添加剂有限公司；中分子量聚异丁烯的生产厂家主要有山东玉皇化工有限公司、山东鸿瑞石油化工公司和杭州顺达集团高分子材料有限公司。北京化工大学吴一弦教授研究团队建成世界首条超高分子量聚异丁烯中试生产线，制备出黏均分子量在100×10^4～1300×10^4的高分子量系列或超高分子量系列的聚异丁烯产品，填补了我国该系列聚异丁烯的技术和产品空白。

聚异丁烯的应用领域与其分子量密切相关。通常，低分子量和中分子量聚异丁烯可以用于油品添加剂、胶黏剂、密封剂、涂料、润滑剂、增塑剂和电缆浸渍剂。高分子量聚异丁烯可用作抗辐射材料、减振阻尼材料以及塑料、生胶及热塑性弹性体的抗冲击添加剂等。我国聚异丁烯产品绝大部分应用于润滑油无灰分散剂、燃油清净剂方面，用作油品添加剂、生产无灰分散剂、口香糖基料、胶黏剂、密封剂等[92]。

1．密封剂与密封材料

聚异丁烯具有优异的气密性、水密性、抗老化性和黏合性能，是制备高质量嵌缝和密封材料的粘接组分。低分子量聚异丁烯作为热流动密封剂，其表面形成漆膜，内部仍然保持柔软性和弹性，广泛用于建筑、车辆、冰箱等领域，特别是可作为穿甲弹的密封剂[96]。使用聚异丁烯生产的自粘绝缘黑胶带，在水张力环境下迅速自粘，具有优异的抗热、抗老化性能和绝缘性能。聚异丁烯易与各种填料混合，所用填料有炭黑、石墨、白垩、板岩粉、石英粉、硅质白垩、高岭土、滑石粉及石棉等，可塑性大，耐水、耐候性好。高分子量聚异丁烯与填料、油、树脂混合，可以生产塑料密封剂。高分子量聚异丁烯与一种或几种填料混炼后，可利用冷粘或高压工艺制成涂布、管材、板材等所需性能的原材料。低分子量聚异丁烯、聚丁烯与增塑剂在捏和机中混合均匀后，加入填充剂和其他配合剂，形成灰色膏状无溶剂型不干密封胶。丁基橡胶35%、低分子量聚异丁烯15%、炭黑20%、黏土10%、干燥剂10%、溴化烷基酚醛树脂8%与硅烷偶联剂2%，制成具有优良的隔热、保温和防凝霜性能的中空玻璃用复合物。

聚异丁烯优异的气密性、柔韧性和优异的耐候性[96]，作为边缘密封和密封剂材料能够很好地解决薄膜光伏技术中的水蒸气腐蚀性问题[97]；在金属卤化物钙钛矿太阳能电池中使用高性能聚异丁烯作为防潮层或边缘密封层，能够有效地防止湿气进入[98]；可自修复的聚异丁烯密封剂，用于防止有机光伏器件在使用环境条件下降解，显示出优异的抗腐蚀性能[99]。

2．黏结剂与黏结材料

具有天然黏性和稳定性的浅色聚异丁烯是胶黏剂的理想组分，其中低分子量聚异丁烯贡献黏性，高分子量聚异丁烯贡献强度和抗流动性。将高分子量聚异丁烯与低分子量聚异丁烯一起使用来生产压敏胶黏剂，可使其在快速渗移与更为持久的稳定黏着之间达到最理想的平衡状态，获得性能优异的胶黏剂。通常，可在含有聚异丁烯的胶黏剂中加入树脂来改进黏性和强度的平衡，最常用的树脂包括烃类树脂、烷基酚、萜烯树脂、萜烯 - 酚醛树脂和松脂胶等。基于聚异丁烯的胶黏剂，可用于粘接木材、金属、玻璃、纤维、纸张和皮革等。聚异丁烯是增强 LDPE 和 LLDPE 薄膜黏着性能的最常用胶黏剂。由聚异丁烯制备的捕蝇胶、捕鼠胶，黏附力强，在大型仓库中广泛使用。由聚异丁烯和无定形聚烯烃或 SIS 配制的胶黏剂，可以改善低温性能。由聚异丁烯制备的不干胶带、不干胶标签，黏性好，稳定性好。由聚异丁烯制备的医用胶布、黏性绷带材料，无毒，不刺激人体皮肤，可长期使用。由 5 ～ 35 份低分子量聚异丁烯、0.5 ～ 5 份高分子量聚异丁烯、5 ～ 35 份丁基橡胶、1 ～ 7 份甲基苯基硅氧烷、1 ～ 15 份添加剂和 0.5 ～ 4 份增塑剂及溶剂混合制成粘接带，具有良好的粘接力和内聚力。将聚异丁烯、糖精、脂肪酸酯、聚氧化乙烯山梨糖醇、脂肪酸等混合，形成无毒的聚异丁烯乳液，用于医疗领域，提供保湿和对皮肤较弱的粘接。

利用具有化学和电化学惰性的柔性超高分子量聚异丁烯 / 庚烷作为黏合剂配方，用于制备锂电极涂层，比用 *N*- 甲基吡咯烷酮或四氢呋喃 / 聚偏二氟乙烯制成的电极表现出更好的电化学性能[100]；利用聚异丁烯化学和电化学惰性的材料性能替代聚偏二氟乙烯作为锂空气电池的黏合剂，具有良好的应用前景[101]。

3．试剂载体与智能器件涂层

聚异丁烯作为试剂或催化剂载体，有利于分离和循环利用[102-107]。聚异丁烯网络用作光伏器件智能弹性涂层，对氧气 [1.9×10^{-16}mol/(mm^2 • s • Pa)] 和水 [46×10^{-16}mol/(mm^2 • s • Pa)] 具有高阻隔性[108]。聚异丁烯官能化氮化铝（AlN）薄膜压电硅晶体谐振器对甲苯和对二甲苯显示线性灵敏度[109]。聚异丁烯膜涂覆的压电传感器用于检测水溶液中的碳氢化合物（如：甲苯）具有较好的敏感性[110]。由聚异丁烯涂层改性的表面硒化锌波导组成的中红外传感器，用于检测水中多种挥发有机化合物（VOC）和多环芳烃（PAHs）浓度[111]。含聚异戊二烯末端链节的支化聚异丁烯与抗增殖剂紫杉醇结合，在血管支架涂层和控制药物释放方面有应用价值[112-113]。

第二节
异丁烯基无规共聚弹性体

一、异丁烯与异戊二烯无规共聚物——丁基橡胶

丁基橡胶（butyl rubber，BR）是由异丁烯和少量异戊二烯共聚合制成的无规共聚物，是第四大合成橡胶，具有优良的气密性、水密性、化学稳定性、抗老化性、抗腐蚀性、电绝缘性、抗刺扎性等特点，主要用于轮胎内胎、轮胎气密层、电绝缘材料、防水卷材、密封制品、黏合材料、口香糖辅料和医用瓶塞等医疗用品等，其中轮胎内胎或气密层几乎已全部由丁基橡胶制成。

（一）丁基橡胶的合成原理与工艺流程

1. 合成原理

异丁烯和异戊二烯共聚合成丁基橡胶（IIR）是典型的阳离子聚合过程：

$$(m+n+1)H_2C{=}C(CH_3)_2 + H_2C{=}C(CH_3){-}CH{=}CH_2$$

$$\xrightarrow{-100℃} H_3C{-}\underset{CH_3}{\overset{CH_3}{C}}{-}\left[CH_2{-}\underset{CH_3}{\overset{CH_3}{C}}\right]_m{-}CH_2{-}\underset{CH_3}{C}{=}CH{-}CH_2{-}\left[CH_2{-}\underset{CH_3}{\overset{CH_3}{C}}\right]_n$$

$$(0.5\%\sim3.0\%)$$

异丁烯（M_1）与异戊二烯（M_2）共聚遵循一般的共聚组成方程式：

$$\frac{d[M_1]}{d[M_2]}=\frac{[M_1]}{[M_2]}\times\frac{r_1[M_1]+[M_2]}{r_2[M_2]+[M_1]}$$

式中，$[M_1]$、$[M_2]$ 分别为两种单体的浓度；r_1、r_2 分别为两种单体的竞聚率。

在 −100℃下，三氯化铝引发异丁烯与异戊二烯共聚时，测得竞聚率分别为：$r_1=2.5\pm0.5$，$r_2=0.4\pm0.1$，异戊二烯链节在大分子链上呈统计分布，其中

异戊二烯结构单元中约 90% 为反 -1,4 结构。在阳离子聚合中，异戊二烯的反应活性明显低于异丁烯，随着反应的进行，异丁烯浓度降低更快，随着单体转化率提高，异戊二烯积累量增大，在混合料中的含量增加，导致丁基橡胶不饱和度随转化率增加而增大，因而在不同聚合阶段共聚物组成可能出现不均匀性。

此外，异戊二烯是较强的链转移剂（链转移系数 TC=60）和毒物（毒化系数 PC=140），其用量明显影响单体聚合转化率、聚合物的分子量及分子量分布，随着起始投料中异戊二烯浓度增加，共聚产物的不饱和度增加，但分子量下降并可能产生凝胶。因此在丁基橡胶工业生产中，异戊二烯浓度相对于异丁烯浓度不超过 4%。

改性丁基橡胶的主要工业化方法是卤化反应，卤化反应包括氯化和溴化，相应地生成氯化丁基橡胶（chlorobutyl rubber）和溴化丁基橡胶（bromobutyl rubber），总产量约 75% 的丁基橡胶用于生产卤化丁基橡胶。在卤化反应过程中，分子链中异戊二烯结构单元中的 H 原子发生取代反应，约 75% 的不饱和键保留下来，卤素主要以烯丙基卤的结构存在，基本上是每一个双键伴有一个烯丙基卤原子，增加了双键的反应性。工业品级的卤化丁基橡胶结合氯含量为 1.1% ～ 1.3%（质量分数），结合溴含量为 1.9% ～ 2.1%（质量分数）。

本书著者团队[74]开发了一种阳离子聚合复合体系，通过路易斯酸与醇类或酚类、酰胺类、胺类或吡啶类、羧酸酯类和酮类添加剂引发异烯烃阳离子聚合时，在聚合体系中原位生成新的活性中心，共同引发聚合反应，分别形成较低分子量级分（占 5% ～ 25%，质量分数）和较高分子量级分（占 5% ～ 25%，质量分数）的聚合产物，从而得到兼具优良力学性能和加工性能的橡胶材料。

丁基橡胶的力学性能与其分子量关系密切。低分子量产品，其抗张强度不够，只有当分子量大于 3.0×10^5，才能获得足够高的拉伸强度，特别是具有足够抗张强度的高分子量丁基橡胶才能满足汽车轮胎内胎及气密层材料的使用要求，不仅要保证气密性而且要保证安全性。丁基橡胶的工业化生产采用三氯化铝引发体系，氯代烷为稀释剂，在强烈搅拌下，于 −100℃左右进行异丁烯与异戊二烯共聚合，得到不溶于稀释剂的聚合产物——丁基橡胶（重均分子量约 4.5×10^5），使聚合体系呈现淤浆状态。通常，在低温下进行阳离子聚合才能得到较高分子量丁基橡胶产品。要达到如此低的聚合温度，需要液态丙烯（或丙烷）和液态乙烯进行两级冷冻来实现，这就大大增加了能源消耗，提高了生产成本。但是，当聚合反应温度高于 −85℃时，淤浆体系中微粒集聚成块，阻碍传质传热，引起严重的挂胶和堵塞，影响设备正常生产运转。升高聚合温度还会导致副反应增加，聚合产物分子量下降，分子量分布变宽，性能变差。为了提高聚合温度，进一步来延长反应器运转时间，人们一直在研究和开发新的丁基橡胶反应体系，如：矾、锌、锆等共引发体系，烷基卤化铝引发体系或茂金属衍生物基引发剂体系等，但还只是处于研究阶段。因此，要获得高分子量的具有足够抗张强度的丁基橡胶，聚合反应需在很低的聚合温度下进行。

本书著者团队[73]开发了一种阳离子聚合体系，基于路易斯酸共引发剂，采用水或HCl或叔氯化合物（RCl）为引发剂，通过引入含氟芳烃化合物或同时引入含氟芳烃化合物与含氧、硫、氮原子的有机化合物，可以达到在一定范围内调节活性中心碳阳离子的反应活性与稳定性，减少链转移或链终止等副反应，实现聚合反应产物在反应体系中的均匀分散，有效地改善了聚合反应体系的传质、传热，所得聚合物的分子量和分子量分布可以在一定范围内调节，并在适当提高聚合温度的条件下（如 −60℃左右）达到提高聚合产物分子量及改善分子量分布的目的。

异烯烃共聚物中不饱和结构单元（如：共聚二烯烃）含量超过 2.5%（摩尔分数）的异烯烃共聚物一般称为高不饱和度异烯烃共聚物。为了和其他高不饱和的二烯烃橡胶（如天然橡胶、异戊橡胶、顺丁橡胶或丁苯橡胶）更好地并用和提高交联网络密度，希望提高异烯烃共聚物中不饱和结构单元含量。通常，通过加大多烯烃（第二单体）的投料量可以提高异烯烃共聚物的不饱和度，然而由于共轭二烯烃通常被认为是一种链转移剂和毒物，会对聚合反应产生不利影响。可能会导致聚合转化率下降、分子量下降或凝胶含量增加等问题。本书著者团队[114]开发了一种阳离子聚合体系，包括异烯烃单体、多烯烃共聚单体（如丁二烯、异戊二烯、2,3- 二甲基丁二烯等）、质子源化合物（如水、卤化氢、羧酸、醇或酚化合物）、路易斯酸、活化剂（卤代羧酸酯化合物）及有机稀释剂或溶剂。能够达到异烯烃与多烯烃单体的高效共聚合反应，单体转化率可高达 100%，而且能够制备出同时具有高双键含量、基本无凝胶的高分子量异烯烃共聚物。其重均分子量（$\overline{M}_w$）甚至大于 6×10^5，多烯烃结构单元含量（不饱和度）高于商业化产品，多烯烃含量大于 2.5%（摩尔分数），甚至达到 20%（摩尔分数）以上。通过提高多烯烃单体的共聚反应活性，使得共聚物中不饱和度明显提高，甚至可达到共聚物中多烯烃结构单元含量大于单体投料含量，从而可以高效地利用多烯烃共聚单体，简化分离回收等后处理过程有助于降低能耗、降低成本，具有潜在的工业应用价值。

2．工艺流程

全世界现有 20 余套丁基橡胶生产装置，大多采用淤浆法生产工艺，只有俄罗斯的 Togliatti 工业装置使用溶液法生产工艺[115-116]。

（1）淤浆聚合工艺

丁基橡胶生产的聚合反应速率 [$k_p \approx 10^{5\pm1}$L/(mol • s)] 极快，瞬间发生爆炸式聚合，单位时间内放热量大而且集中，因此，丁基橡胶聚合过程一般采用淤浆法工艺及与之相配套的聚合反应设备。使用氯代烷为稀释剂，单体在一定范围内能较好地与之混溶，但在 −100℃的低温条件下进行异丁烯和异戊二烯的共聚，反应生成的丁基橡胶在低温下不溶于稀释剂而以颗粒形式析出，因而，聚合体系呈现淤浆状态。采用淤浆法聚合工艺有以下优点：淤浆体系黏度相对较低，易于反应体系中物料的强制循环和聚合物从釜内导出，有利于导出聚合热；适应快速聚合特点，使反应迅速达到所需的平衡和终止，确保聚合物具有较为理想的分子量和分子量分布，产品品质优良且稳定；聚合反应体系聚合物浓度较高，可达 30% 以上；聚合反应器的生产效率高，可达 3t/h 以上；综合能耗相对较低。淤浆聚合法生产工艺流程示意图见图 4-30 所示。目前丁基橡胶装置使用的聚合反应器关键设备有 3 种：ExxonMobil 和 Lanxess 公司的导流桶式反应器；ExxonMobil 公司的改进型导流桶式反应器；中国燕山石化、俄罗斯和意大利 PI 公司的内冷管束式反应器。

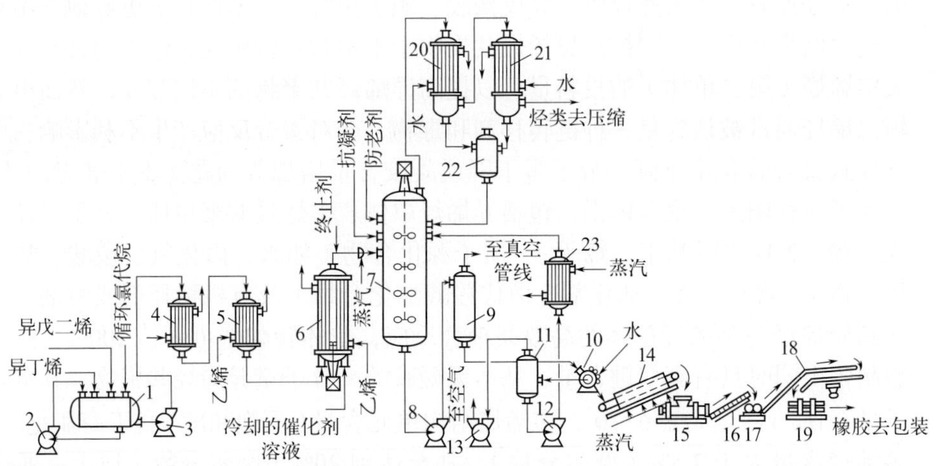

图4-30 淤浆聚合工艺生产丁基橡胶的工艺流程

1—配制槽；2,3,8,12,13—泵；4,5,20,21—冷却器；6—聚合反应器；7—脱气器；9—真空脱气器；10—真空过滤器；11—真空接收器；14—干燥器；15—挤出机；16—输送机；17—辊；18—冷却输送机；19—切块机；22—分离器；23—加热器

采用淤浆聚合工艺生产丁基橡胶的主要缺点是：聚合反应器的运转周期较短，一般在 60h 左右；含水氯代烷溶剂在较高的温度下容易分解，产生盐酸腐蚀设备；氯代烷溶剂容易污染环境；聚合反应速率太快，放热过于集中，给工程带来一个传热问题，使得聚合反应器的设计从宏观和微观上要求聚合系统的温度均

能保持尽可能的均匀；此外，还带来局部温度不均的问题，导致聚合产物质量不均匀，并带来严重的结块、堵塞等后果。美国 ExxonMobil 公司开发了由氯代烷和氟代烷组成混合溶剂体系生产丁基橡胶，可减轻聚合物粒子在反应器壁上的黏附，延长聚合反应器运转周期。

本书著者团队[117-119]通过高分子化学与化学工程的学科交叉融合以及研究团队紧密合作，结合阳离子聚合反应和旋转填充床各自的突出特点，在实验室建立了异丁烯和异戊二烯在旋转填充床（RPB）反应器中进行快速阳离子聚合的连续反应装置（规模：百吨级），工艺流程示意图如图 4-31 所示，首次在具有微观分子混合特性的旋转填充床反应器中进行快速阳离子聚合反应，打通连续聚合反应工艺流程，制备高分子量丁基橡胶和高反应活性聚异丁烯产品，生产效率可提高 100 倍以上。根据聚并 - 分散混合模型及聚合反应区域模型，在相对较低的转子转速范围内，随着旋转床转速增加，填料的线速度相应增加，进入的物料与填料之间的相对速度也增加，填料对液体的剪切破碎作用加强，液体被分割成一个个更小的微元，提高了物料之间的微观混合均匀程度，使得单体和催化剂在填料内迅速实现均匀混合并在均匀的环境下进行聚合反应，聚合产物分子量增大、分子量分布变窄。如当转子转速由 600r/min 提高到 1200r/min，丁基橡胶的分子量由 1.58×10^5 增加至 2.89×10^5；当转子转速达到一定值后，再继续增加转速对提高液体在填料内的微观混合效果不太明显，对聚合产物的分子量和分子量分布影响不大（图 4-32）。

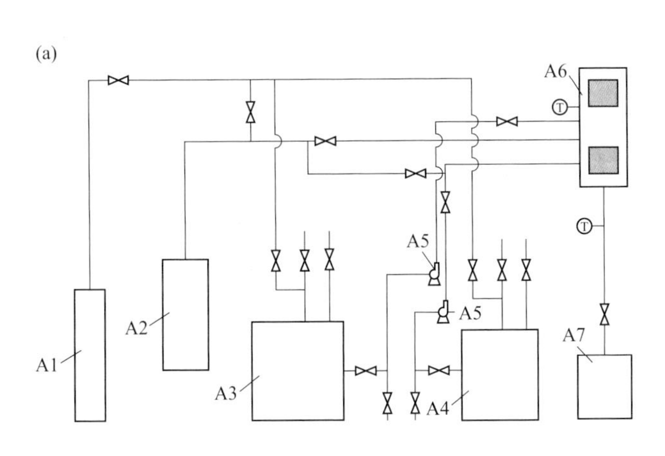

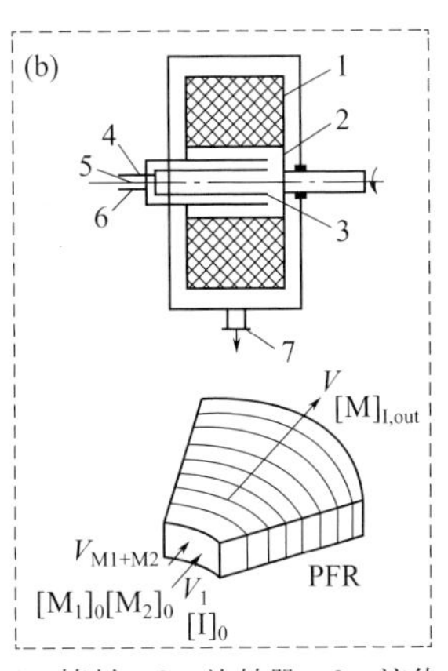

图4-31　采用旋转床反应器合成丁基橡胶工艺流程示意图（a）；RPB及填料内液体流动示意图（b）

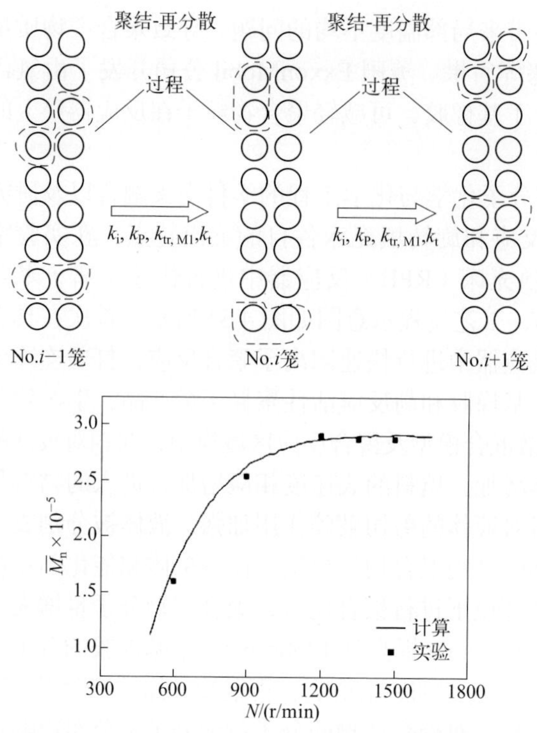

图4-32　滴在笼上的聚结-再分散、相邻笼间的聚合及旋转速率（N）对共聚物分子量的影响

（2）溶液聚合工艺

溶液聚合工艺生产丁基橡胶技术，即在烷烃和烷烃与氯代烷烃的混合溶剂中，以 $R_nAlCl_{3-n}\cdot H_2O$ 络合物为引发体系于（−85 ± 5）℃下引发异丁烯与异戊二烯进行共聚反应，竞聚率分别为：r_1=0.99，r_2=0。图 4-33 显示溶液聚合法生产丁基橡胶的工艺流程示意图。

溶液法生产丁基橡胶工艺过程及技术具有以下特点：聚合温度（−90 ～ −80℃）相对较高；合成反应速率较慢，换热比较容易，温度波动小，反应过程更容易控制；减少了挂胶现象，反应器运转周期增加 8 ～ 12 倍；催化剂残渣更易脱除。但是，低温下聚合体系均相溶液的黏度很高，为保证聚合体系的传热传质，聚合转化率通常控制在 20% ～ 30%，聚合液中含有小于 10% 的聚合物，这样使单位体积的溶剂和未反应单体的回收量增加，降低了丁基橡胶的生产效率；丁基橡胶产品的分子量分布宽，制品收缩率较高，加工性能相对差，其性能比淤浆法工艺得到的丁基橡胶的产品性能相对差。

（3）悬浮聚合工艺

本书著者团队[120-121] 提出保护活性中心、快速链增长、抑制失活反应及构建

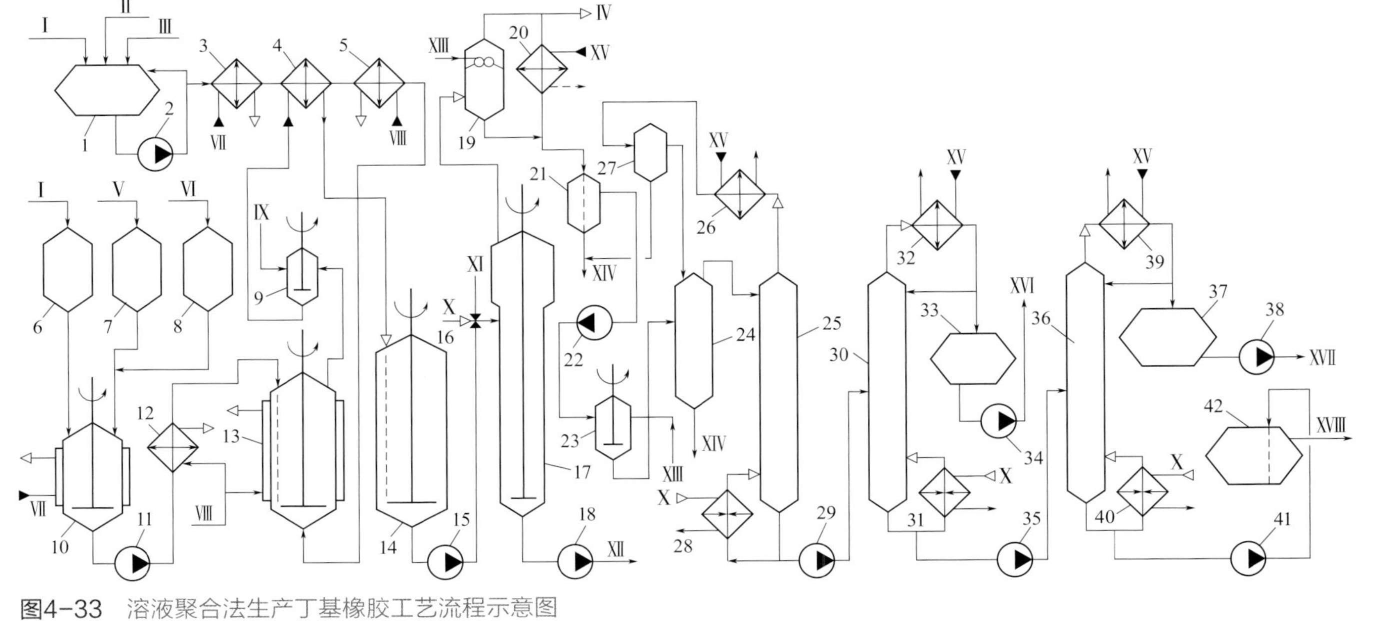

图4-33　溶液聚合法生产丁基橡胶工艺流程示意图

1—配制槽；2,11,15,18,22,29,34,35,38,41—泵；3~5,12—冷却器；6~8—进料计量器；9,23—强力搅拌器；10—催化剂配制装置；13—聚合反应器；14—混料机；16—注射机；17—脱气器；19—分离器；20,26,32,39—冷凝器；21—液封；24,27—初步沉淀箱；25,30,36—精馏塔；28,31,40—锅炉；33,37,42—收集器；Ⅰ—烷烃；Ⅱ—异戊二烯；Ⅲ—异丁烯；Ⅳ—去压缩；Ⅴ—催化剂；Ⅵ—改进剂；Ⅶ—液态丙烷；Ⅷ—液态乙烯；Ⅸ—终止剂；Ⅹ—蒸汽；Ⅺ—稳定剂，抗凝剂，循环水；Ⅻ—去浓缩；ⅩⅢ—水；ⅩⅣ—用于脱除有机化合物的水；ⅩⅤ—盐水；ⅩⅥ—浓缩；ⅩⅦ—异丁烯去储罐；ⅩⅧ—异戊烷去储罐反应微区的研究思路，通过构筑基于常规 Lewis 酸的合适电子特性及空间位阻的高活性引发体系，实现了乙烯基单体（如异丁烯、苯乙烯及其衍生物等）在水相反应介质中的高效非均相阳离子聚合体系，传质传热效果好，单体聚合转化率高，聚合产物分子量高（比相关文献报道值提高了 8 ～ 20 倍），重均分子量可高达 9.0×10^5 以上，突破了基于常规 Lewis 酸用于烯烃单体在水相介质中进行高效阳离子聚合的理论与技术的双重瓶颈，发展了非极性烯烃单体在极性水相介质中的非均相聚合新方法与新工艺（图 4-34）。

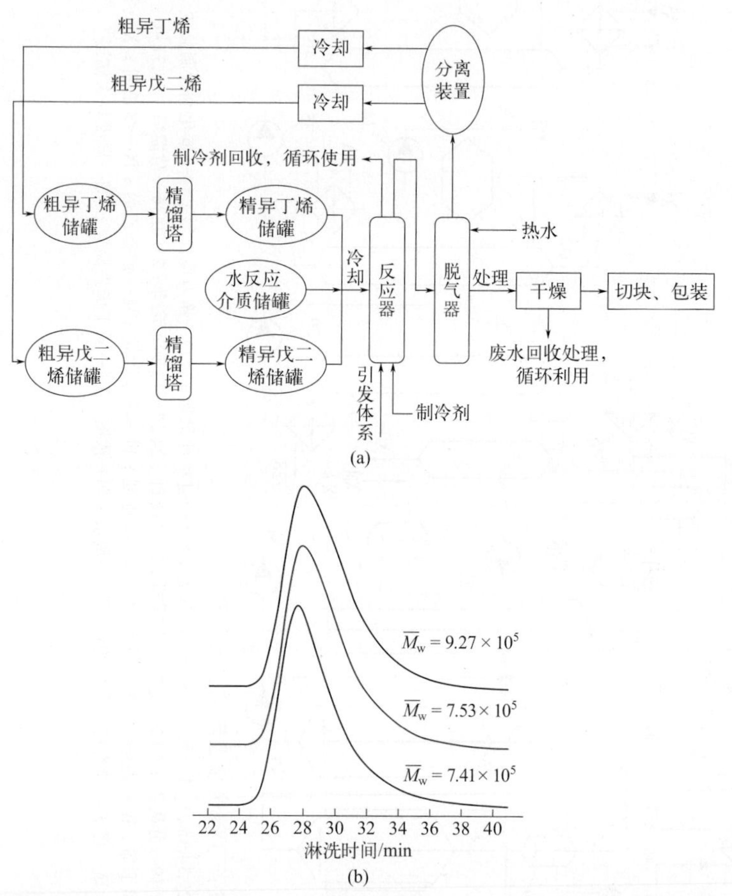

图4-34　异丁烯悬浮聚合工艺流程示意图（a）及聚异丁烯产物的GPC曲线（b）

（二）丁基橡胶的结构特点、表征方法与性能

异丁烯链节中两个对称取代的甲基使得丁基橡胶分子链成为随意卷曲的无定

形状态，侧甲基的密集排列限制了聚合物分子的热运动，因而具有优异的气密性和吸收能量的特性，在拉伸时形成结晶，有自补强作用。丁基橡胶的基本性质和特点：优异的气密性、耐候性、耐臭氧与耐热性、耐水性、耐化学品性，聚合物的韧性好，回弹性小，冲击吸收性能好。

在合成橡胶中，丁基橡胶具有最优的气密性，其透气率远小于天然橡胶，是制造轮胎内胎及气密层不可替代的优异材料。

丁基橡胶硫化胶具有优良的耐热老化性，用硫黄硫化的丁基橡胶可在 100℃空气中长期使用，明显优于三元乙丙橡胶和天然橡胶；采用树脂硫化体系的丁基橡胶使用温度可达 150 ～ 200℃。

丁基橡胶的玻璃化转变温度 T_g 为 −65℃，分子结构中有较少的双键和大量紧密排列的侧甲基，对弹性运动造成很大的位阻，因此硫化胶具有非常低的回弹性，在很宽的范围内（−30 ～ 50℃）回弹性（落球法）均小于 20%，即具有吸收振动及冲击能量的特性，充分表现出优良的阻尼性。

丁基橡胶分子链的高度饱和赋予其优异的化学稳定性，如良好的耐臭氧及耐天候性，对多数无机酸和有机酸均有优良的抗侵蚀性；仅浓硫酸、浓硝酸、铬酸、氯磺酸、冰醋酸和不饱和油酸有侵蚀作用；耐碱和氨的作用。

卤化丁基橡胶保持了普通丁基橡胶的气密性、高减振性、耐老化性、耐天候性、耐臭氧性及耐化学品性等，还增加了普通丁基橡胶所不具备的以下特性：硫化速率加快；与天然橡胶、丁苯橡胶相容性好，可进行共硫化；与天然橡胶、丁苯橡胶的粘接性改善；可单独用氧化锌硫化；有更好的耐热性。

（三）丁基橡胶的应用

丁基橡胶及卤化丁基橡胶具有优良的气密性、抗老化性、抗腐蚀性、电绝缘性、抗刺扎性等特点，70% 以上用于制造轮胎内胎及轮胎气密层，还可用于电绝缘材料、防水卷材、密封制品和医疗用品等行业。

在制造轻型内胎、硫化水胎、口香糖胶料、非硫化密封剂等制品时，普通丁基橡胶完全满足性能要求，星形支化丁基橡胶主要用于内胎、药用瓶塞、胶黏剂和密封制品。卤化丁基橡胶主要用于内胎、无内胎轮胎气密层、耐热软管及输送带、贮槽内衬、胶黏剂、医用瓶塞、防震垫等。星形支化卤化丁基橡胶一般用于无内胎轮胎气密层、屋顶防水卷材、胶黏剂和密封材料。

利用丁基橡胶具有优异的气密性、水密性、耐热老化性、耐候性和耐臭氧性等特性，可以制备防水卷材、水池衬里、下水管填缝材料和耐蒸汽胶管等。丁基橡胶具有高度的吸收能量特性，可用作减振制品，如码头防震板。

卤化丁基橡胶具有优异的气密性、耐热老化性、生物惰性和对硫化体系有广泛的适应性等，当针刺入时良好的抗破碎性能和低毒性，使得卤化丁基橡胶非常适合用作医用密封材料，如注射液的密封、冻干制品的密封、胰岛素容器的密封、注射器活塞等。

丁基橡胶具有优异的化学稳定性，可用于制造耐酸碱和耐化学腐蚀的容器衬里，成为化工设备防腐蚀衬里的首选材料。卤化丁基橡胶比普通丁基橡胶相比具有更快的硫化速率和更好的粘接性能。

丁基橡胶衬里还常用作硬质煤燃烧和发电站气体脱硫装置的防腐材料；用于制造绝缘电缆层和电缆护套，耐电压可达 30kV。

利用丁基橡胶的屈挠性来改性聚烯烃。丁基橡胶可与聚乙烯、聚丙烯、聚丁烯、聚戊烯、聚已烯、聚 2- 甲基 -1- 丙烯、聚 3- 甲基 -1- 戊烯、聚 4- 甲基 -1- 戊烯和聚 5- 甲基 -1- 己烯等聚烯烃共混制成弹性体。由氯化丁基橡胶与乙烯 - 乙酸乙烯共聚物通过动态硫化（硫化剂为氧化锌）制成的弹性体是一种较好的热收缩材料，热收缩率为 22%，可用于物品的包装。

二、异丁烯基无规共聚特种弹性体

（一）异丁烯基无规共聚特种弹性体的合成原理与工艺流程

1. 异丁烯与对甲基苯乙烯无规共聚物

异丁烯与对甲基苯乙烯无规共聚物（IMS）特种弹性体，是由异丁烯与 2.5% ～ 11%（质量分数）的对甲基苯乙烯（^{p}MS）进行阳离子无规共聚合反应得到的。

$$CH_3-\overset{\displaystyle CH_3}{\overset{|}{C}}=CH_2 + CH_2=CH-C_6H_4-CH_3 \xrightarrow[CH_3Cl]{\text{Lewis酸}} \sim\!CH_2-\underset{\displaystyle CH_3}{\overset{\displaystyle CH_3}{C}}-CH_2-\underset{\displaystyle C_6H_4-CH_3}{CH}\!\sim$$

当 ^{p}MS 含量≤20%（质量分数）时，上述共聚物是一种弹性体，其玻璃化转变温度 T_g≤−45℃；当 ^{p}MS 含量较高时，上述共聚物是一种热塑性塑料。共聚物 IMS 中，大分子主链上没有不饱和双键，因而其耐光降解性显著提高，耐臭氧性优异。IMS 生产工艺与普通丁基橡胶的生产工艺相同。

与普通丁基橡胶不同，异丁烯与对甲基苯乙烯共聚物的溴化反应发生在苯环对位的甲基上，反应活性相对较低，不能采用普通丁基橡胶的溴化反应条件。在溶液中可通过热、光或自由基引发剂引发，均可进行苯环对位甲基的选择性自由基溴化反应，制备溴化异丁烯与甲基苯乙烯无规共聚物（BIMS）特种弹性体：

$$\sim CH_2-C(CH_3)_2-CH_2-CH(C_6H_4CH_3)\sim \xrightarrow[AIBN]{Br_2/己烷} \sim CH_2-C(CH_3)_2-CH_2-CH(C_6H_4CH_2Br)\sim\sim CH_2-C(CH_3)_2-CH_2-CH(C_6H_4CH_3)\sim$$

BIMS 保持了卤代丁基橡胶的独特物理性能，并具有更好的硫化性能。

2．异丁烯与极性官能基取代苯乙烯无规共聚物

烯烃与极性单体共聚是烯烃聚合的热点和难点。将异丁烯和含极性基团的单体进行共聚，得到含反应性官能团的异丁烯基无规共聚物，这是一种简单方便的策略，但是受到极性基团的影响，含有 N、O 或 P 等元素的官能团具有一定的亲核性，可能对正离子活性中心造成影响。

Binder 等 [122-123] 报道了异丁烯与极性官能基取代苯乙烯单体（取代基包括吡啶基、哌啶基、胸腺嘧啶基和三唑基等）直接进行阳离子共聚合，得到含反应性官能团的异丁烯基无规共聚物，其中吡啶基取代的苯乙烯共聚组成含量可达 2%（摩尔分数）。

本书著者团队 [124] 制备了具有异丁烯与 4- 乙酰氧基苯乙烯无规共聚物 [P(IB-*co*-ACS)]、异丁烯与 4- 叔丁氧基苯乙烯无规共聚物 [P(IB-*co*-TBO)] 和酚羟基侧基的异丁烯与 4- 羟基苯乙烯的无规共聚物 [P(IB-*co*-POH)]，合成反应式如图 4-35 所示。采用 *t*-BuCl/$FeCl_3$/*i*-PrOH 为引发体系分别进行异丁烯与 4- 乙酰氧基苯乙烯和 4- 叔丁氧基苯乙烯阳离子共聚反应，设计合成 P(IB-*co*-ACS) 和 P(IB-*co*-TBO) 无规共聚物，分别通过在碱性催化剂和酸性催化剂作用下进行水解反应，制备含有 4- 羟基苯乙烯的无规共聚物 [P(IB-*co*-POH)]。采用在线红外检测技术研究了 IB 与 ACS 共聚合及 IB 均聚合的动力学特征，在线红外瀑布图及动力学曲线如图 4-36 所示。随着聚合反应的进行，在 887cm^{-1} 处对应于异丁烯分子中 $=CH_2$ 摇摆振动的特征峰逐渐减弱，由 $\ln([M]_0/[M])$ 与时间关系的斜率计算 IB 聚合的表观增长速率常数 (k_p^A)，可得到 IB 均聚及 IB 与 ACS 共聚合的 k_p^A 分别

为 $0.00304s^{-1}$ 及 $0.00122s^{-1}$，极性基团的存在导致 IB 与 ACS 共聚合速率低于 IB 均聚速率。

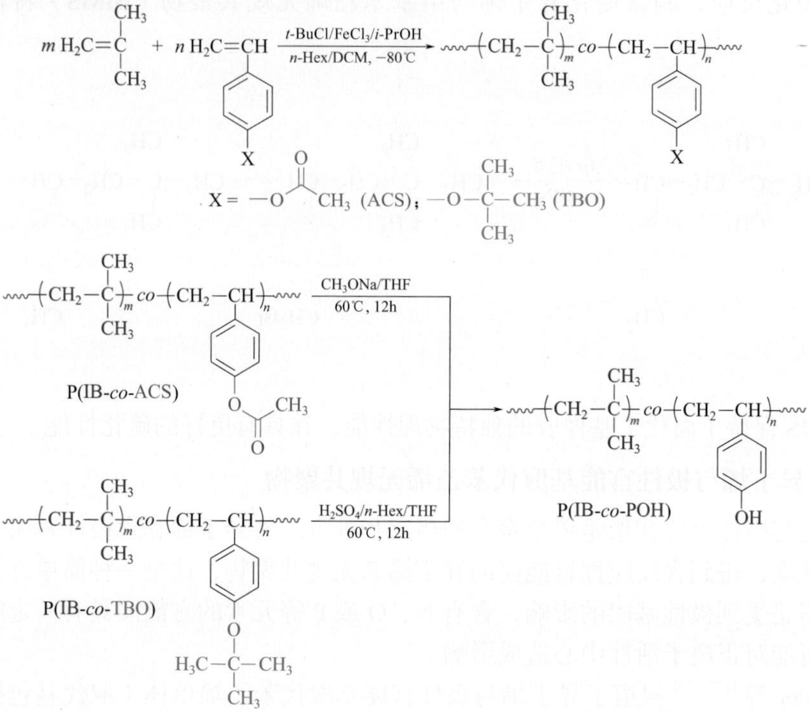

$$m\,H_2C{=}C(CH_3)_2 + n\,H_2C{=}CH(C_6H_4X) \xrightarrow[n\text{-Hex/DCM, }-80^\circ C]{t\text{-BuCl/FeCl}_3/i\text{-PrOH}} \sim\!\!\sim\!\!\left(CH_2-C(CH_3)_2\right)_m co \left(CH_2-CH(C_6H_4X)\right)_n\!\!\sim\!\!\sim$$

$X = -O-C(=O)-CH_3$ (ACS)；$-O-C(CH_3)_3$ (TBO)

P(IB-*co*-ACS) $\xrightarrow[60^\circ C,\ 12h]{CH_3ONa/THF}$ P(IB-*co*-POH)

P(IB-*co*-TBO) $\xrightarrow[60^\circ C,\ 12h]{H_2SO_4/n\text{-Hex/THF}}$ P(IB-*co*-POH)

$$\sim\!\!\sim\!\!\left(CH_2-C(CH_3)_2\right)_m co \left(CH_2-CH(C_6H_4OH)\right)_n\!\!\sim\!\!\sim$$

图4-35　异丁烯与4-乙酰氧基苯乙烯、4-叔丁氧基苯乙烯和4-羟基苯乙烯的三种无规共聚物合成反应式

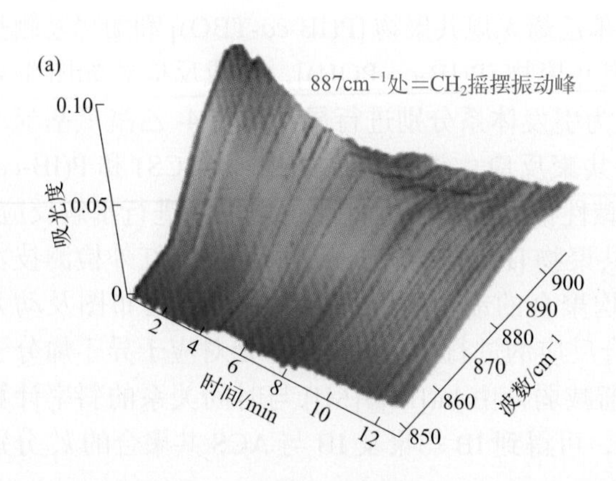

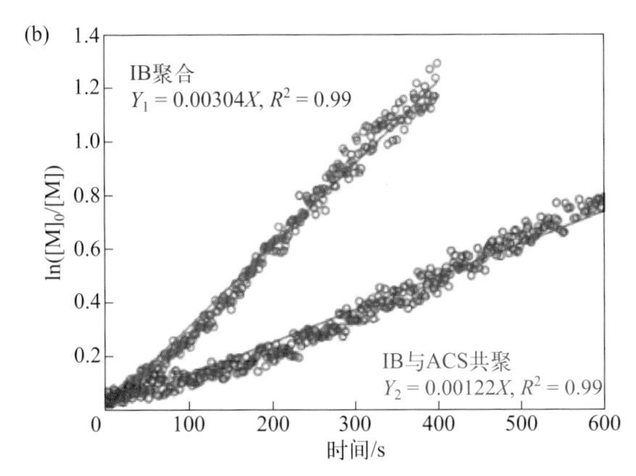

图4-36 IB聚合的在线红外瀑布图(═CH_2在887cm^{-1}处的特征峰)（a）；IB与ACS共聚合的动力学曲线（b）

典型的共聚物P(IB-*co*-ACS)和P(IB-*co*-TBO)的GPC双检测（紫外和示差）谱图如图4-37所示。P(IB-*co*-ACS)和P(IB-*co*-TBO)共聚物呈单峰分布，分子量分布指数为1.47～1.81。在280nm及254nm处分别对应于酯基及苯环的紫外特征吸收峰，通过UV/RI双检测器得到的GPC曲线很好地对应，表明ACS及TBO结构单元分布于P(IB-*co*-ACS)和P(IB-*co*-TBO)共聚物中。

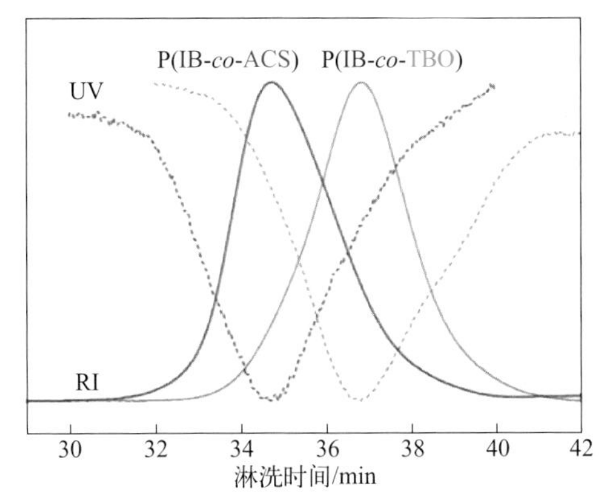

图4-37 典型的GPC双检测（紫外/示差）谱图

P(IB-*co*-ACS)—$\overline{M}_n = 25.8\times10^3$, $\overline{M}_w/\overline{M}_n = 1.47$, ACS = 0.39%(摩尔分数); P(IB-*co*-TBO)—$\overline{M}_n = 12.6\times10^3$，$\overline{M}_w/\overline{M}_n = 1.48$, TBO = 0.38%(摩尔分数)

典型P(IB-*co*-ACS)及P(IB-*co*-TBO)的^{1}H NMR谱图如图4-38所示，在$\delta = 2.27$处观测到了对应于乙酰氧基侧链的—CH_3特征峰，在$\delta = 1.31$处观测到了对应于叔丁氧基侧链的—CH_3特征峰，表明了两种共聚物的成功合成。通过对共聚物P(IB-*co*-ACS)（$\overline{M}_n = 25.8\times10^3$；$\overline{M}_w/\overline{M}_n = 1.47$; ACS = 0.39%）和P(IB-*co*-TBO)（$\overline{M}_n =$

14.6×10^3; $\overline{M}_w/\overline{M}_n = 1.81$; TBO = 0.79%) 进行水解反应，将乙酰氧基或叔丁氧基脱保护后得到酚羟基，进而可以得到酚羟基官能化异丁烯基共聚物 P(IB-*co*-POH)，其 ^{1}H NMR 谱图及其与相应的先驱体的对比如图 4-38 所示。在 $\delta = 2.27$ 处对应于乙酰氧基侧链的—CH_3 特征峰及在 $\delta = 1.31$ 处对应于叔丁氧基侧链的—CH_3 特征峰均消失，表明 P(IB-*co*-ACS) 和 P(IB-*co*-TBO) 均可以完全水解，制备得到 P(IB-*co*-POH) 共聚物。

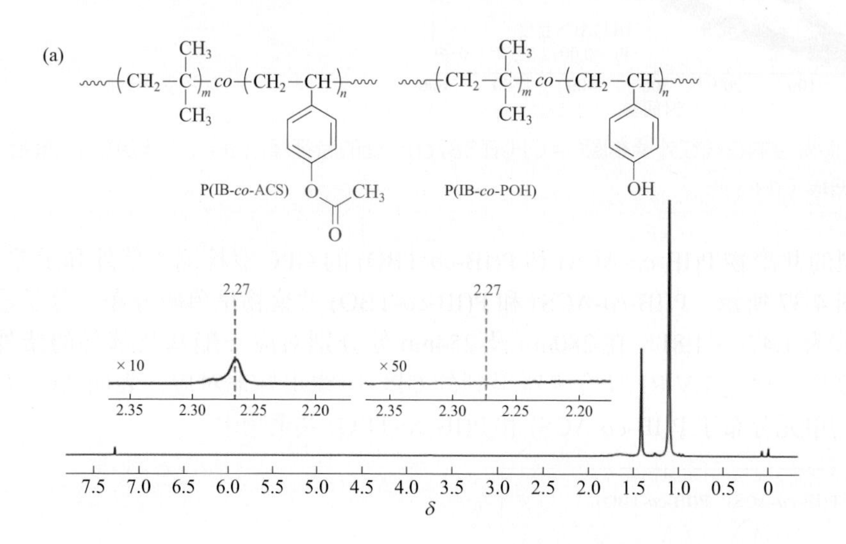

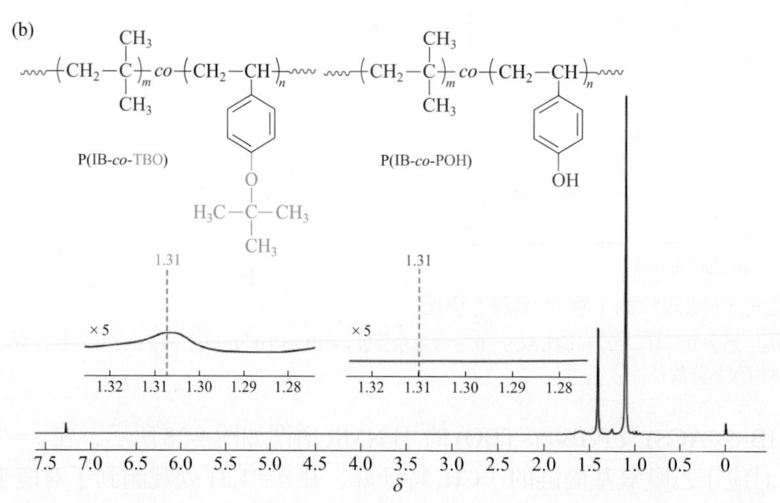

图4-38 由P(IB-*co*-ACS)（a）及P(IB-*co*-TBO)（b）所制备的P(IB-*co*-POH)的^{1}H NMR谱图对比

在上述研究基础上，本书著者团队[125]进一步通过阳离子共聚反应制备了具有异丁烯与4-乙酰氧基苯乙烯和苯乙烯的P(IB-*co*-St-*co*-ACS)三元无规共聚物，再在碱性催化剂作用下合成P(IB-*co*-St-*co*-POH)三元无规共聚物，其合成反应式见图4-39所示。

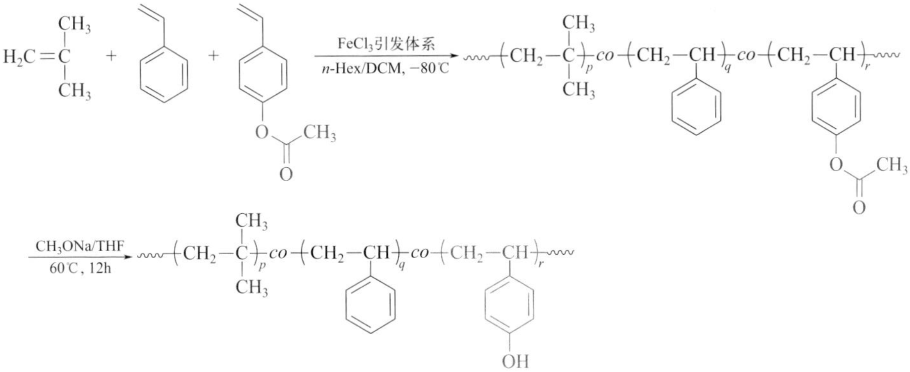

$H_2C{=}C(CH_3)_2$ + 苯乙烯 + 4-乙酰氧基苯乙烯 $\xrightarrow[n\text{-Hex/DCM, }-80℃]{FeCl_3引发体系}$ ～～$\{CH_2-C(CH_3)_2\}_p$-*co*-$\{CH_2-CH(C_6H_5)\}_q$-*co*-$\{CH_2-CH(C_6H_4OCOCH_3)\}_r$～～

$\xrightarrow[60℃,\ 12h]{CH_3ONa/THF}$ ～～$\{CH_2-C(CH_3)_2\}_p$-*co*-$\{CH_2-CH(C_6H_5)\}_q$-*co*-$\{CH_2-CH(C_6H_4OH)\}_r$～～

图4-39　异丁烯与苯乙烯、4-乙酰氧基苯乙烯或4-羟基苯乙烯两种三元无规共聚物的合成反应式

（二）异丁烯基无规共聚特种弹性体的性能特点

1．异丁烯与乙酰氧基官能基苯乙烯无规共聚物

（1）表面亲疏水及诱导自组装行为

乙酰氧基二元共聚物P(IB-*co*-ACS)中的乙酰氧基极性基团含量较低，其表面水接触角约为110°，与PIB差别不大，说明少量的乙酰氧基极性基团在共聚物的材料表面基本被共聚物中大量的PIB结构单元所覆盖。然而，有意义的是，如图4-40所示，通过P(IB-*co*-ACS)样品进行表面诱导自组装后，亲水的ACS极性结构单元经过表面诱导自组装和链段运动至样品表面，其表面水接触角降低幅度达33°，材料表面可由疏水性转变为亲水性。

（2）热稳定性

P(IB-*co*-ACS)二元共聚物与P(IB-*co*-St-*co*-ACS)三元共聚物的TGA曲线如图4-41所示，并与PIB对比。相比PIB（$T_{d,5\%}$ = 349.5℃），两种共聚物的热稳定性提高，并与共聚组成有关，对于P(IB-*co*-$St_{1.12}$-*co*-$ACS_{0.68}$-7.6k-1.51)，其$T_{d,5\%}$为373.6℃，提高幅度达24.1℃。

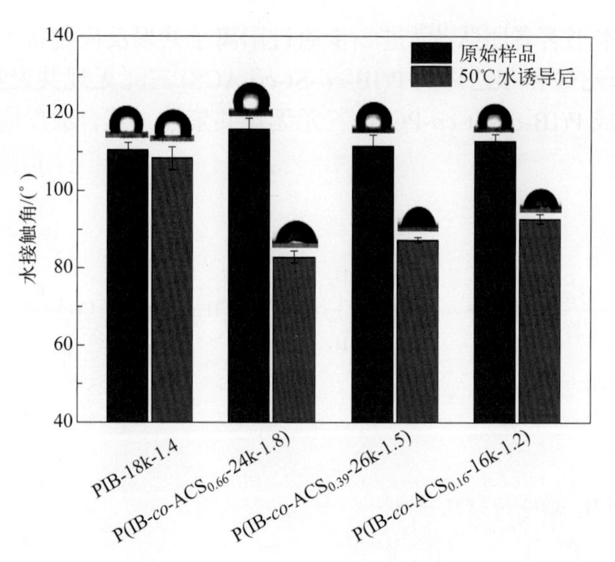

图4-40 共聚物P(IB-*co*-ACS)与经表面诱导自组装处理后的水接触角

2．异丁烯与羟基官能基苯乙烯无规共聚物

（1）自组装行为与超分子 PIB 网络

P(IB-*co*-POH) 共聚物分子链侧基中少量酚羟基的存在，在分子链间形成氢键相互作用及动态物理交联点，结构示意图见图 4-42，形成三维超分子聚异丁烯网络。

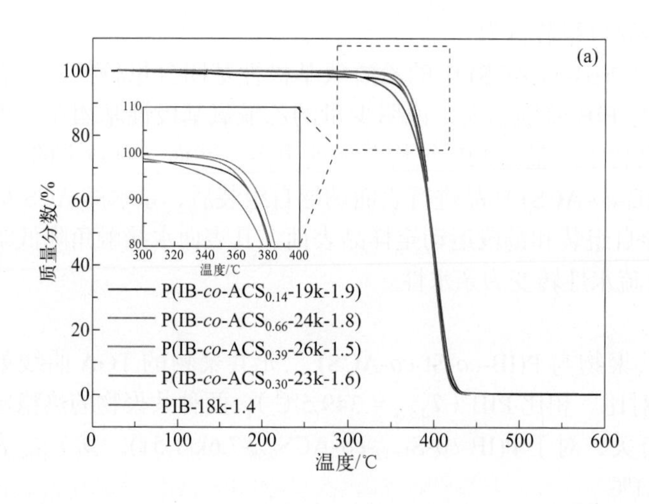

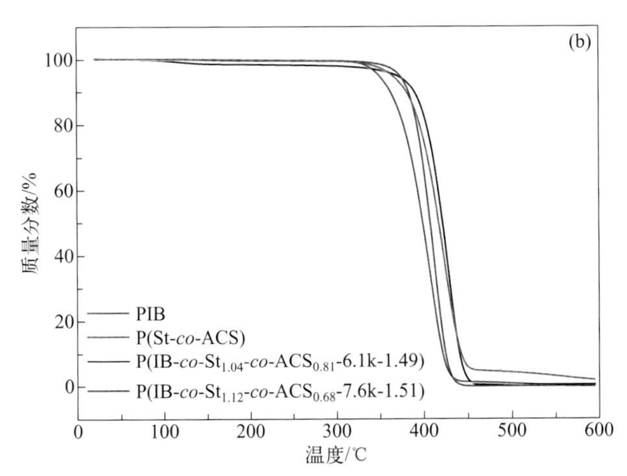

图4-41 P(IB-*co*-ACS) 二元共聚物与P(IB-*co*-St-*co*-ACS)三元共聚物的TGA曲线（与PIB对比）

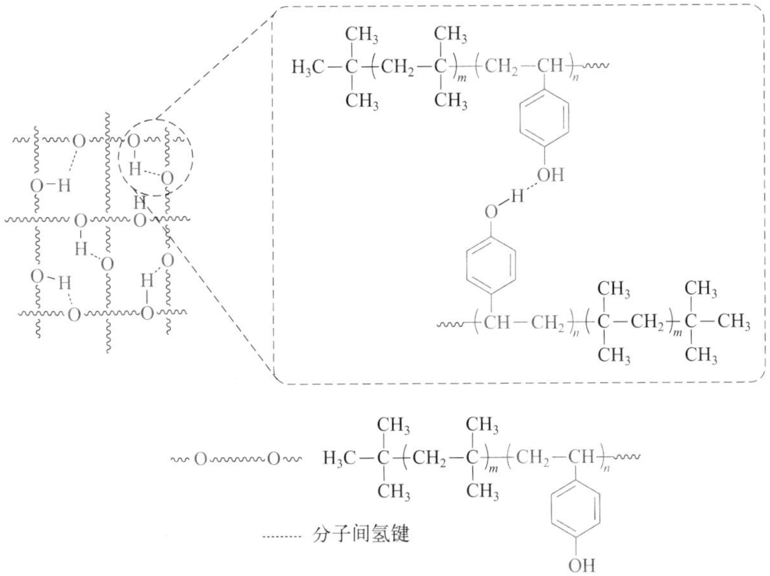

分子间氢键

图4-42 共聚物P(IB-*co*-POH)分子链间氢键作用与聚异丁烯超分子网络结构示意图

通过 P(IB-*co*-POH) 共聚物动态机械分析（DMA）方法研究其超分子网络结构，在 25℃下的 DMA 频率扫描曲线见图 4-43 所示，共聚物 P(IB-*co*-POH) 的模量 - 频率曲线均出现模量平台。对于样品 P(IB-*co*-$POH_{0.13}$-24.8k-1.88)，在低频区，储能模量 G' 大小低于损耗模量 G''；在高频区，储能模量又高于损耗模量，两条曲线在中间区域有一个相交点（凝胶点）。凝胶点的出现意味着材料从低频区的黏流态转变成高频区的玻璃态，标志着超分子键的聚集与解聚的平衡，这里表示材料氢键网络的形成，通过计算 G' 与 G'' 交点所对应的横坐标频率的倒数，可得转变时间 τ (lifetime)，τ 在 0.001 ～ 60s 范围，代表不同的氢键类型及响应时间。P(IB-*co*-$POH_{0.13}$-24.8k-1.88) 和 P(IB-*co*-$POH_{0.42}$-19.7k-1.80) 的 τ 值分别为 4.2s 和 2.9s。

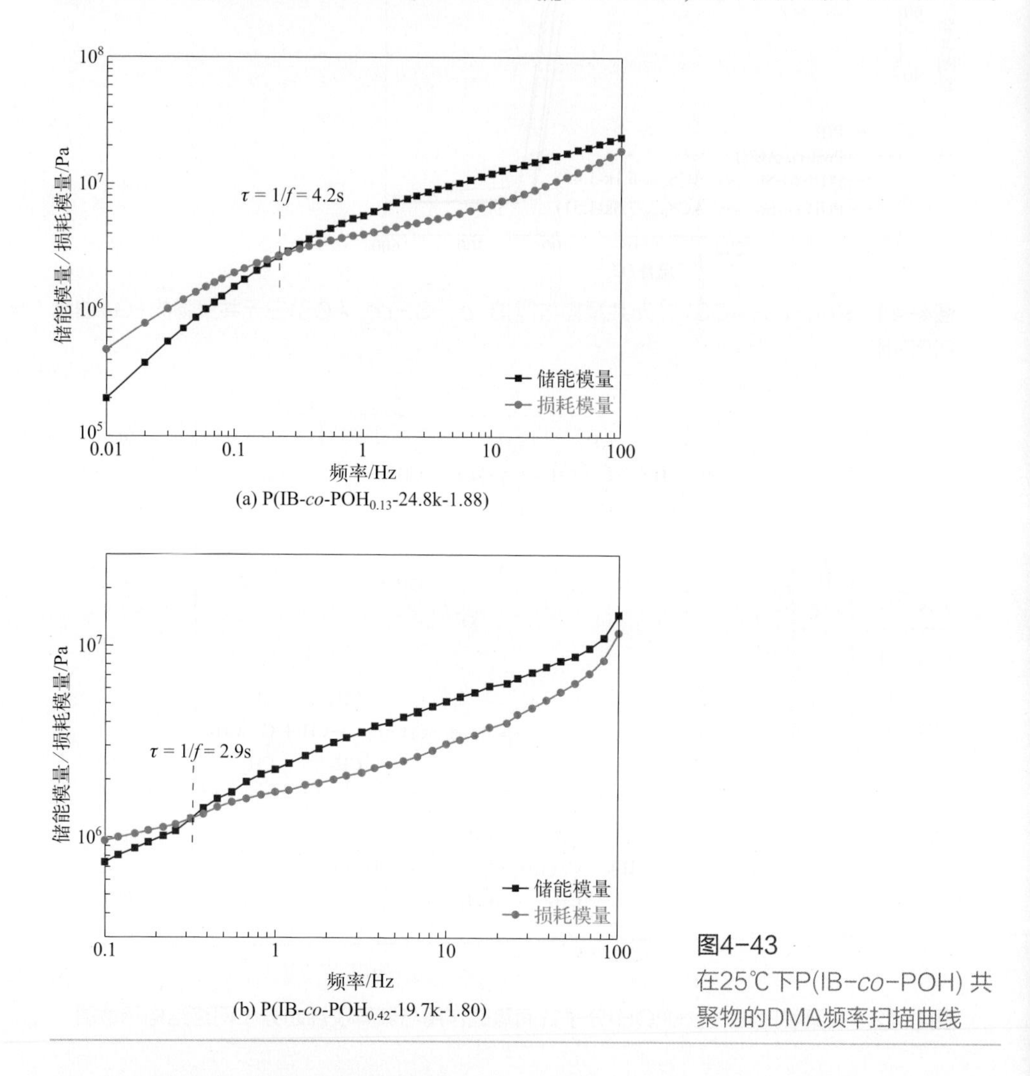

图4-43
在25℃下P(IB-*co*-POH) 共聚物的DMA频率扫描曲线

（2）表面亲疏水及诱导自组装行为

含酚羟基基团的共聚物 P(IB-*co*-POH) 的表面水接触角与 PIB 相比差别不大，均在 110° 左右，如图 4-44 所示，P(IB-*co*-POH) 共聚物中极性基团含量低，在共聚物的材料表面亲水的极性基团基本被共聚物中大量疏水的 PIB 结构单元所覆盖。通过对所有的共聚物 P(IB-*co*-POH) 样品进行诱导表面自组装处理，说明亲水性的酚羟基可经过水诱导后迁移至共聚物材料表面，通过 SEM 及 EDS 分析表明共聚物材料表面氧元素含量由 1.1% 增加至 3.4%，使表面水接触角明显减小，降低幅度可达约 31°，材料表面由疏水性转化为亲水性。

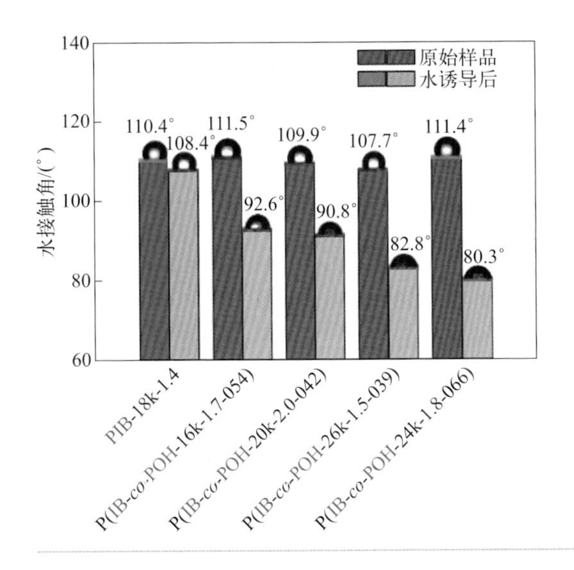

图4-44
PIB及P(IB-*co*-POH)共聚物在水中诱导(50℃×5h)前后的水接触角对比

（3）热稳定性

与共聚物 P(IB-*co*-ACS) 相比，P(IB-*co*-POH) 中的酚羟基在分子链间形成弱氢键作用，进一步提高了材料的热稳定性。与 PIB 相比，即使共聚物中酚羟基仅为 0.14%，热分解温度也可提高 20℃。

（4）自修复性能

含有极性基团的酚羟基异丁烯基共聚物能够在聚合物的分子链间形成氢键，使材料具有自修复性质。PIB 与 P(IB-*co*-POH) 共聚物在 25℃下的自修复性能如图 4-45 所示。PIB 上的划痕在 120min 依然难以愈合，P(IB-*co*-POH) 划痕分别在 60min 和 40min 内可以完全愈合，且随着酚羟基含量增加，自愈合速率加快。

（三）异丁烯基无规共聚特种弹性体的应用领域

采用 30% ～ 50% 的溴化丁基橡胶或溴化异丁烯 - 对甲基苯乙烯共聚物与 20% ～ 80% 的尼龙共混，并加入填充剂炭黑、氧化硅、碳酸钙、加工油、石蜡、抗氧剂以及硫化剂氧化锌、二乙基二硫代氨基甲酸锌或硬脂酸锌共硫化，得到的弹性体维卡软化温度可达 200℃左右，在高温下表现出优良的抗压缩变形以及较高的抗冲击强度，在 150℃温度条件下 22h 后的压缩变形仅为 49%，拉伸强度为 12MPa[126]。

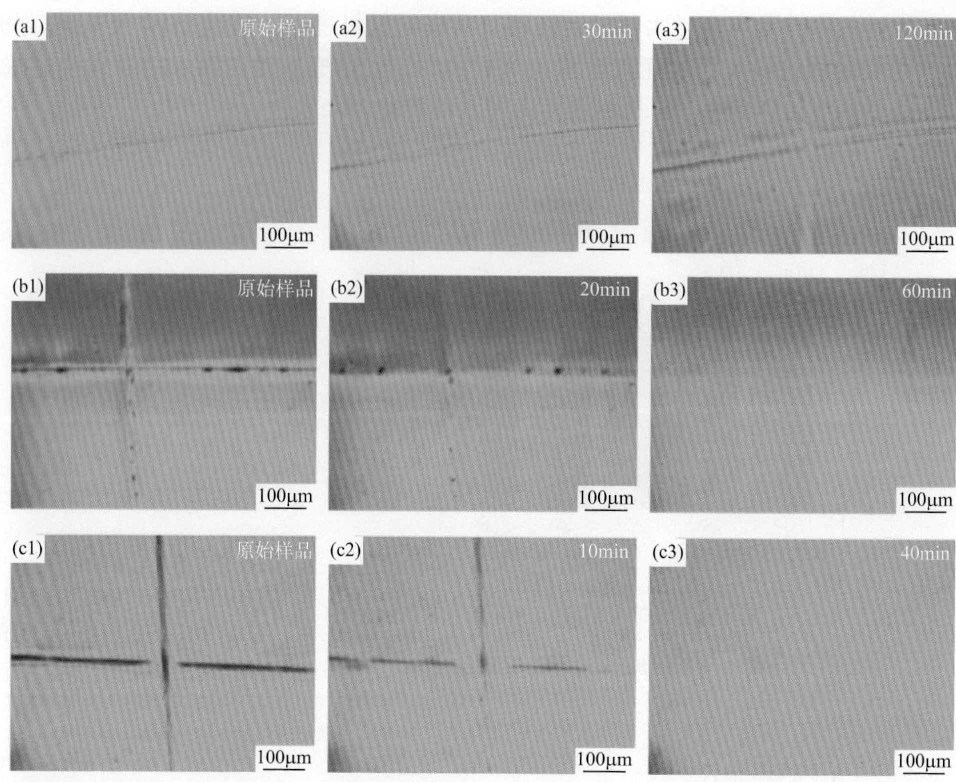

图4-45 25℃下不同聚合物的自修复性能

(a1) ~ (a3) PIB ($\overline{M}_n$ = 18.0×10³; $\overline{M}_w$ / $\overline{M}_n$ = 1.39) ; (b1) ~ (b3) P(IB-*co*-POH) [P(IB-*co*-ACS) : $\overline{M}_n$ = 24.8×10³; $\overline{M}_w$ / $\overline{M}_n$ = 1.88; ACS = 0.13%(摩尔分数)] ; (c1) ~ (c3) P(IB-*co*-POH) [P(IB-*co*-TBO) : $\overline{M}_n$ = 19.7×10³; $\overline{M}_w$ / $\overline{M}_n$ = 1.80; TBO = 0.42%(摩尔分数)]

P(IB-*co*-POH) 共聚物可作为生物医用弹性体、自修复材料，以及作为无机填料的增容剂和分散剂的潜在应用前景。

第三节
聚异丁烯与聚醚嵌段共聚物弹性体

聚异丁烯是一种链结构完全饱和的聚烯烃材料，具有优良的生物相容性、化学稳定性及非炎性，为其在生物医用材料领域的应用奠定了基础。但聚异丁烯的分子链是非极性的，不利于与含有极性基团的药物作用[127]。聚醚是一种主链含有醚键、全饱和结构的、无毒的极性高分子材料，分子链具有可结晶性。将聚异丁烯分子链与聚醚分子链相结合，一方面可以形成物理交联的结晶微区，起到自增强作用，有利于提高材料的性能；另一方面，聚醚分子链中氧原子能够与药物的极性基团相互作用，有利于拓宽聚异丁烯材料在生物医用材料领域的应用。

一、聚异丁烯与聚醚嵌段共聚物弹性体的合成原理

（一）聚异丁烯与聚乙二醇嵌段共聚物弹性体

聚异丁烯 (PIB) 是一种黏性高分子，有优良的耐热、抗紫外线、抗氧化性能，可制成新型热塑性弹性体 [128-130]、自愈合材料 [131]，以及制备具有良好生物相容性和非发炎性的生物材料 [132]。聚乙二醇 (PEG) 具有低毒性、无刺激性、良好的水溶性和抗蛋白吸附能力等 [133], 是经过美国食品药品管理局 (FDA) 认证的一种具有低毒性的亲水性材料，广泛应用于生物医学领域，如聚合物药物载体、亲水性抗凝血聚氨酯等。文献已报道包括线型 [134]、星形 [135-138]、环状 [139] 等多种拓扑结构的 PIB/PEG 共聚物。

结合官能化反应与点击化学反应是合成聚异丁烯 -*b*- 聚乙二醇嵌段共聚物常用的方法。通过聚异丁烯丁二酸酐与不同分子量的单甲氧基聚乙二醇之间的缩合反应，合成聚异丁烯 -*b*- 聚乙二醇嵌段共聚物 (PIB-*b*-PEG) [140]。以三臂星形叠氮官能基团遥爪 PIB 与炔基聚环氧乙烷 (PEO) 通过叠氮基团与炔的点击化学反应，合成 PIB 与 PEO 的三臂星形嵌段共聚物 [141]。通过双端羟基官能化聚环氧乙烷亲水链与末端羟基官能化三臂星形 PIB 疏水链通过六亚甲基二异氰酸酯 (HDI) 进行偶联反应，制备 PEO-PIB 两亲性交联网络 [141]。

本书著者研究合作者 [142] 先通过在聚乙二醇单甲醚 (mPEG) 链末端引入叠氮基团和酸敏感缩醛基团，制备叠氮封端聚乙二醇单甲醚（mPEG-acetal-N_3）；由双键封端的高反应活性聚异丁烯 (HRPIB) 经过硼氢化氧化反应制备羟基封端聚异丁烯（PIB-OH），由 PIB-OH 分子链末端羟基与丙炔酸进行酯化反应制备炔基封端聚异丁烯（PIB-alkyne）。通过 mPEG-acetal-N_3 与 PIB-alkyne 进行点击化学反应，制备酸敏感型两亲性嵌段共聚物 mPEG-acetal-PIB，其合成反应式见图 4-46 所示。

（二）聚异丁烯与聚四氢呋喃嵌段共聚物弹性体

1．采用活性阳离子聚合方法合成聚四氢呋喃

聚四氢呋喃 (PTHF)，也称为聚四亚甲基醚二醇 (PTMEG)，是通过四氢呋喃

(THF) 进行可控 / 活性阳离子开环聚合得到的脂肪族聚醚饱和弹性体，具有优异的抗吸水性、水解稳定性、链段柔韧性、弹性、透气性、抗冲击性、耐腐蚀性、耐老化性、耐磨性、抗凝血性、耐菌性、生物相容性及生物惰性等。如图 4-47 所示，THF 阳离子开环聚合存在链增长 - 逆增长平衡，单体聚合反应转化率难以达到 100%，具有平衡反应特征，其平衡单体浓度（$[M]_e$）与链增长速率（k_p）和解聚速率（k_d）有关，即：

$$[M]_e = k_d/k_p$$

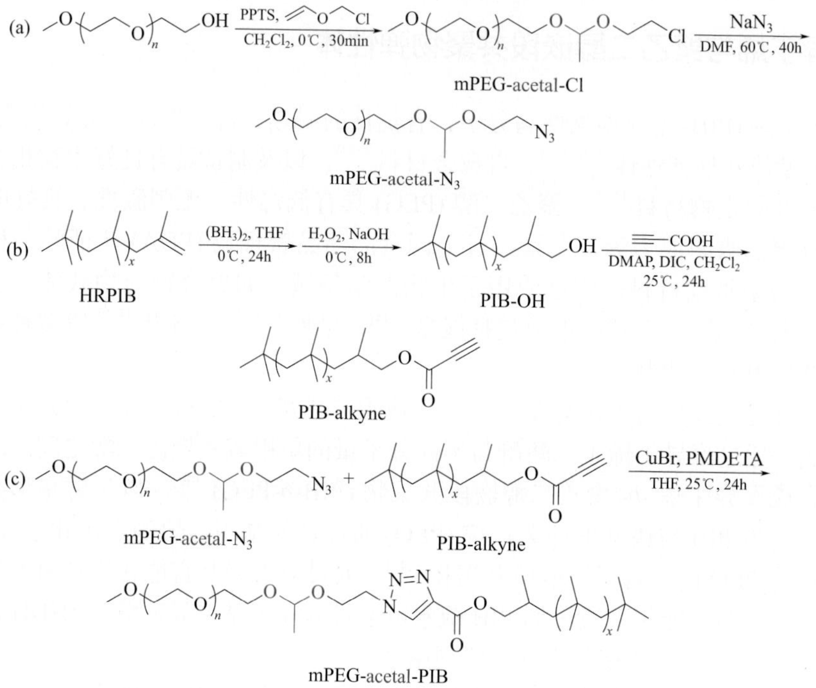

(a) OH PPTS, O Cl CH_2Cl_2, 0℃, 30min Cl NaN_3 DMF, 60℃, 40h

mPEG-acetal-Cl

N_3

mPEG-acetal-N_3

(b) $(BH_3)_2$, THF 0℃, 24h H_2O_2, NaOH 0℃, 8h OH COOH DMAP, DIC, CH_2Cl_2 25℃, 24h

HRPIB PIB-OH

O O

PIB-alkyne

(c) N_3 + O O CuBr, PMDETA THF, 25℃, 24h

mPEG-acetal-N_3 PIB-alkyne

N=N N O O

mPEG-acetal-PIB

图4-46　两亲性嵌段共聚物mPEG-acetal-PIB的合成反应式

THF 可控 / 活性阳离子开环聚合形成的活性增长链的末端含有氧鎓离子，可与含质子化合物（例如：水、含质子胺类、醇类化合物等）发生亲核取代反应，合成出具有特定端基结构的官能化 PTHF 或嵌段共聚物。以酸为终止剂，得到端酯基聚四氢呋喃；以水为终止剂，得到端羟基聚四氢呋喃；以醇为终止剂，得到烷氧基封端的聚四氢呋喃；以双端含有氨基官能团的聚二甲基硅氧烷为终止剂，得到聚四氢呋喃 -*b*- 聚二甲基硅氧烷 -*b*- 聚四氢呋喃三嵌段共聚物 [143]。

本书著者团队 [144] 研究三氟甲磺酸甲酯引发四氢呋喃活性阳离子开环聚合，如图 4-48 所示，不同 $([M]_0-[M]_t)/[I]_0$（$[I]_0$ 为引发剂浓度）条件下制备聚四氢呋喃的 GPC 曲线均呈现较窄的单峰分子量分布，聚四氢呋喃的数均分子量（$\overline{M}_n$）

与 $([M]_0-[M]_t)/[I]_0$ 显现通过原点的线性关系。

图4-47 四氢呋喃阳离子开环聚合合成聚四氢呋喃及活性链终止反应机理

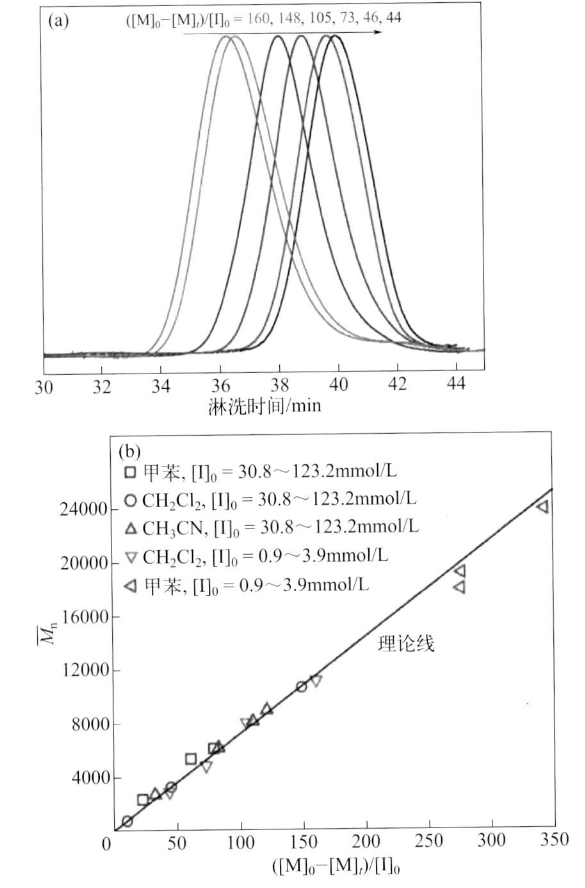

图4-48 不同$([M]_0-[M]_t)/[I]_0$条件下制备聚四氢呋喃的GPC曲线（二氯甲烷中）（a）；不同溶剂中合成聚四氢呋喃的分子量与$([M]_0-[M]_t)/[I]_0$的关系（b）

$[M]_0=[THF]_0 = 6.16mol/L$, $T_p = 0℃$, $t < t_e$

采用傅里叶变换衰减全反射红外光谱法 (ATR-FTIR) 原位监测聚合过程中 THF 单体浓度的降低和 PTHF 聚合物浓度的增加，如图 4-49 所示，在 $1065cm^{-1}$ 和 $908cm^{-1}$ 的 THF 处相应吸收强度随着聚合时间的延长而逐渐降低，在 $1105cm^{-1}$ 处归属于聚四氢呋喃中 C—O 键的反对称拉伸振动峰强度随聚合时间延长而逐渐增加。不同引发剂浓度下 THF 活性阳离子开环聚合转化率 - 时间曲线见图 4-50 所示，聚合反应一定时间后达到平衡，单体转化率基本不再随反应时间延长而改变。不同溶剂中 THF 活性阳离子开环聚合平衡单体浓度与达到平衡的反应时间见图 4-51 所示，建立了平衡单体浓度 ($[M]_e$) 及平衡聚合时间 (t_e) 与初始单体浓度 ($[M]_0$) 的定量线性关系。

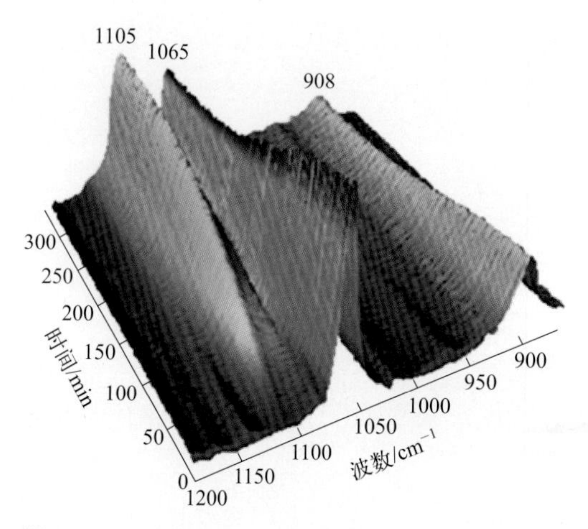

图4-49 甲苯中THF活性阳离子开环聚合过程中THF和PTHF的FTIR光谱瀑布图
$[THF]_0 = 6.16mol/L$, $[I]_0 = 2.9mmol/L$, $T_p = 0℃$

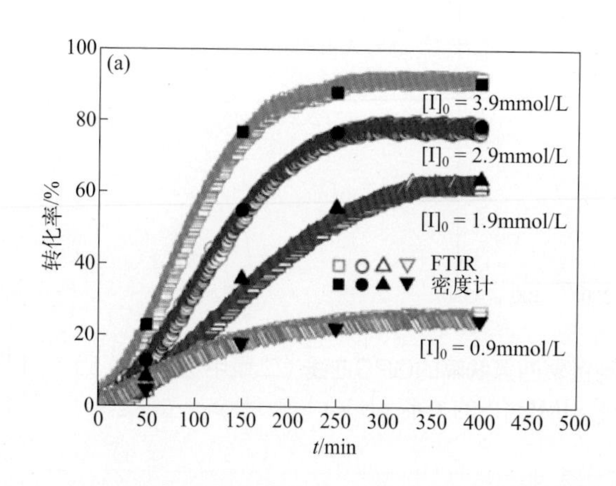

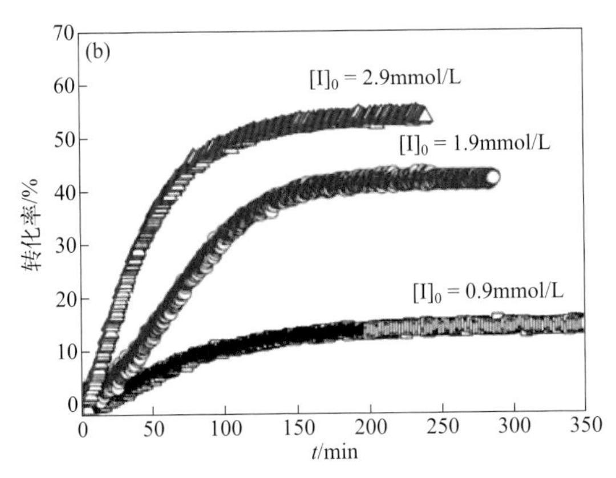

图4-50 不同引发剂浓度下THF阳离子开环聚合转化率-时间曲线

（a）甲苯溶剂；（b）二氯甲烷溶剂

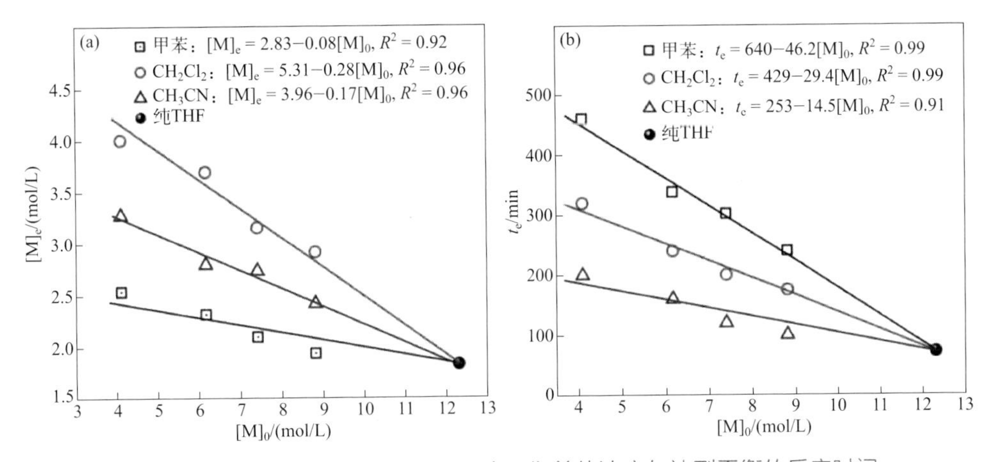

图4-51 不同溶剂中THF活性阳离子开环聚合平衡单体浓度与达到平衡的反应时间

在 $t<t_e$ 的情况下，以 $\ln([M]_0-[M]_e)/([M]-[M]_e)$ 对时间作图，得到通过原点的线性关系，聚合反应对单体浓度呈现一级动力学特征，见图 4-52 和图 4-53 所示。根据线性关系的斜率，求得表观链增长速率常数 (k_p^A)，进一步以 $\ln k_p^A$ 与 $\ln[I]_0$ 作图，得到线性关系，斜率为 0.92(甲苯溶剂中) 或 0.94(二氯甲烷溶剂中)，说明聚合反应对引发剂浓度呈现一级动力学关系。

对于 THF 阳离子开环聚合中的基元反应，聚合温度（T_p）和溶剂极性是重要的影响因素，对可逆增长、副反应和终止反应产生明显影响。为了考察 T_p 的影响，在 0 ～ 20℃下，采用 MeOTf 为引发剂分别在甲苯、二氯甲烷和乙腈三种溶剂中引发 THF 阳离子开环聚合。在不同温度下，在 CH_3CN 中 $\ln([M]_0-[M]_e)/([M]-[M]_e)$ 与 t 的关系如图 4-54 所示。在上述三种溶剂中 $\ln([M]_0-[M]_e)/([M]-$

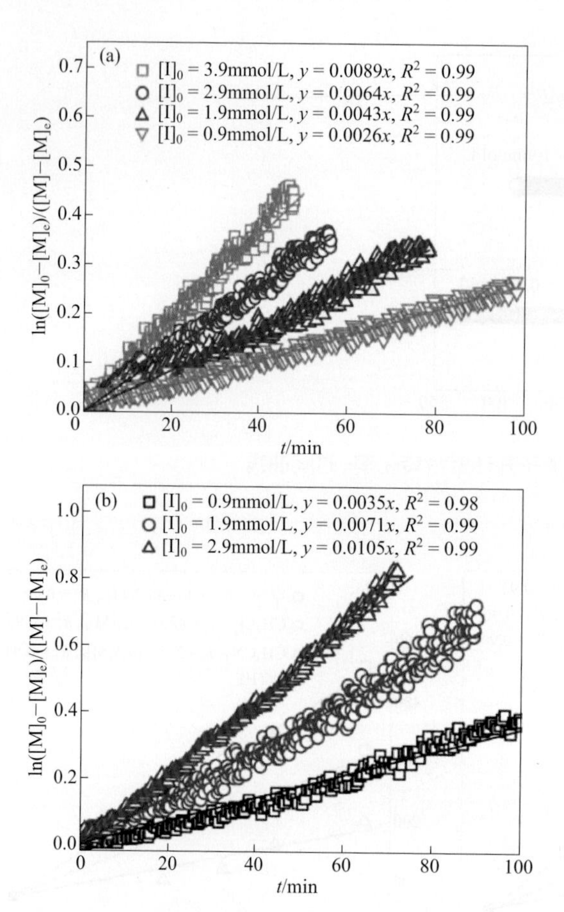

图4-52　不同引发剂浓度下THF活性阳离子开环聚合一级动力学关系

（a）甲基；（b）二氯甲烷

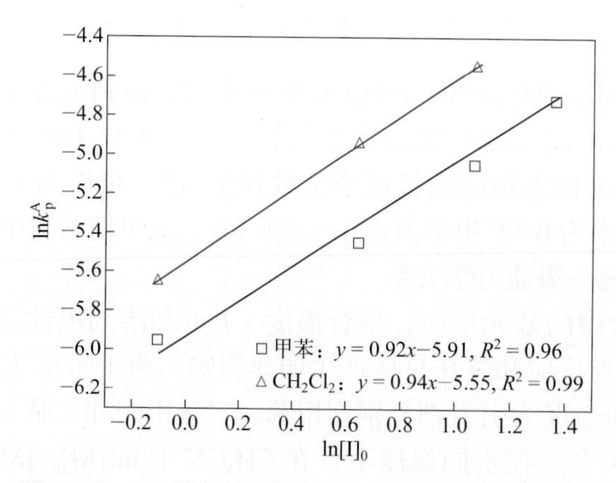

图4-53　不同引发剂浓度下THF活性阳离子开环聚合$\ln k_p^A$与$\ln[I]_0$关系

$[M]_e$) 与 T_p 均呈线性关系，说明在不同的聚合温度下 THF 聚合反应速率对单体浓度均呈一级动力学关系。由一级动力学直线的斜率，得到 THF 阳离子开环聚合的表观增长速率常数 k_p^A。随着温度由 0℃升高到 20℃，k_p^A 从 0.0055min^{-1} 增加到 0.0797min^{-1}。

T_p 对 k_p^A 影响的定量关系可以通过 Arrhenius 方程来表达，即：

$$\ln k_p^A = -E_a/(RT_p)$$

其中，$R = 8.314$J/(mol・K)。

由相应的 $\ln k_p^A$ 与 $1/T_p$ 的线性定量关系和直线斜率得出 THF 在甲苯、二氯甲烷和乙腈三种溶剂中聚合的表观活化能（$E_{a,Tol}$，E_{a,CH_2Cl_2} 和 E_{a,CH_3CN}）分别为 77.6kJ/mol、72.5kJ/mol 和 71.3kJ/mol，升高温度均有利于提高 THF 聚合反应速率。

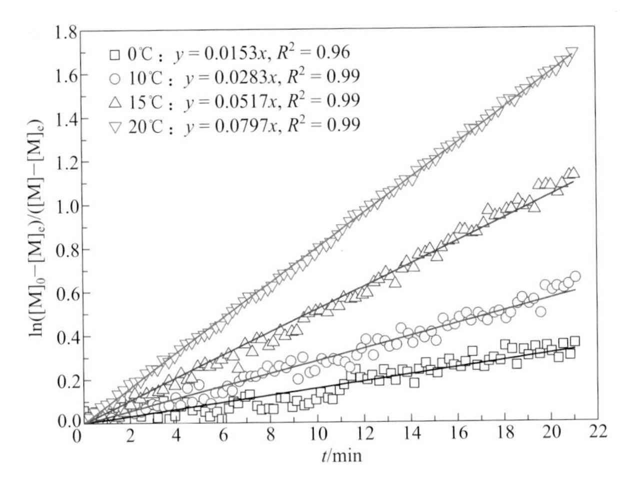

图4-54 THF在乙腈中不同温度下聚合反应一级动力学关系

然而，升高温度，会加剧解聚速率（k_d）和导致聚合终止的副反应，从而影响 k_p、k_d 和 k_d/k_p，见图 4-55。反应平衡状态强烈依赖于反应介质的极性，在二氯甲烷中对应的 $[M]_e$ 均高于相同温度下甲苯和乙腈溶剂中对应的 $[M]_e$。k_d/k_p 或 $[M]_e$ 均随着聚合温度升高而增大，致使在较高温度下得到的平衡转化率降低。平衡聚合时间 t_e 随着聚合温度升高而线性下降，且溶剂极性越高，t_e 越短。

通过改变单体浓度、溶剂极性和温度等聚合条件来预测和控制 THF 的平衡活性正离子开环聚合过程。以此计算出平衡单体浓度，提出 PTHF 分子量的预测方法，根据 $M_{n,e} = 72.1/(0.14-0.04[M]_e)$ 来预测 THF 在 0℃下活性正离子开环聚合中处于平衡状态的 PTHF 的数均分子量 ($M_{n,e}$)，见图 4-56 所示。

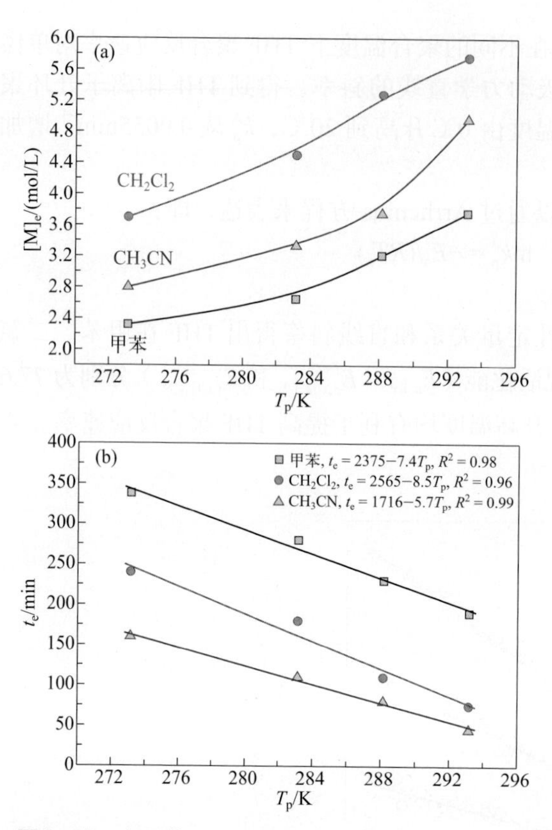

图4-55 在甲苯、CH_2Cl_2和CH_3CN溶剂中，T_p对$[M]_e$或k_d/k_p的影响（a）和对k_d的影响（b）

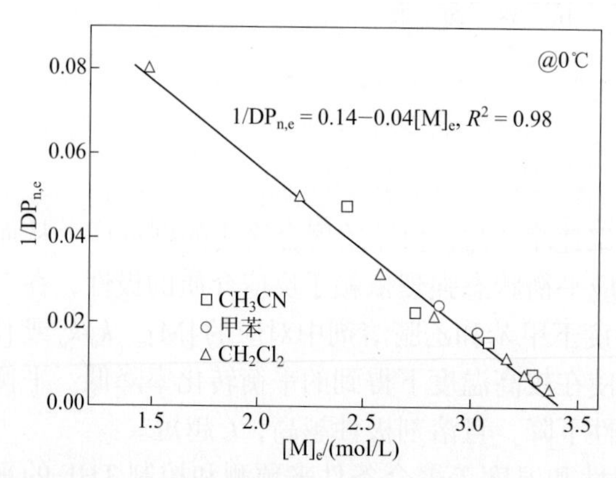

图4-56 THF活性阳离子开环聚合平衡时$1/DP_{n,e}$与$[M]_e$的线性关系图($12 < DP_{n,e} < 227$，PS为标样)

$DP_{n,e}$—聚合度，$DP=M_{n,e}/M_0$；M_0—单体分子量

在三氟甲酸三甲酯引发剂作用下进行 THF 与环氧氯丙烷（ECH）阳离子开环共聚合反应，合成含氧鎓离子端基聚 (四氢呋喃 -*co*- 环氧氯丙烷) 共聚醚活性链 [P(THF-*co*-ECH)]$^+$，加水终止后生成末端羟基共聚醚 [P(THF-*co*-ECH)-OH][145]：

THF + ECH —MeOTf, 活性阳离子开环共聚合→ 活性共聚物链 P(THF-*co*-ECH)$^+$ —H_2O→ 共聚物 P(THF-*co*-ECH)-OH

2．聚四氢呋喃 -*b*- 聚异丁烯 -*b*- 聚四氢呋喃三嵌段共聚物的合成方法

（1）双端羟基官能化聚四氢呋喃 -*b*- 聚异丁烯 -*b*- 聚四氢呋喃三嵌段共聚物

本书著者团队 [146] 采用烯丙基溴 (allyl-Br)/$AgClO_4$ 体系引发 THF 阳离子开环聚合反应，改变 THF 单体浓度与聚合反应时间，设计合成了不同链长的 PTHF$^+$ 活性链。通过烯丙基溴官能化聚异丁烯 (PIB-Br) 大分子引发剂引发 THF 阳离子开环聚合，得到 PIB-*b*-PTHF$^+$ 活性链。以去离子水为终止剂，得到末端含有羟基的两嵌段共聚物 PIB-*b*-PTHF-OH。通过 ^{1}H NMR 表征，在 $\delta = 1.11$ 和 $\delta = 1.41$ 处的特征峰分别归属于 PIB 链段中的甲基质子特征峰 (b，—CH_3) 和亚甲基质子特征峰 (a，—CH_2—)，在 $\delta = 1.61$ 和 $\delta = 3.41$ 处出现的质子特征峰分别归属于 PTHF 链段中不与氧原子相邻的两个亚甲基上的质子特征峰 (d，—CH_2—CH_2—CH_2—CH_2—O—) 和连接氧原子的两个亚甲基上的质子特征峰 (c，—CH_2—O—CH_2—)。根据 a 与 c 两处特征峰的积分值，可以计算出 PTHF 链段的分子量和共聚组成含量。

在上述研究基础上，为了合成聚四氢呋喃 -*b*- 聚异丁烯 -*b*- 聚四氢呋喃 (PTHF-*b*-PIB-*b*-PTHF) 三嵌段共聚物，本书著者团队 [146] 结合异丁烯阳离子聚合与官能化反应设计合成了双端含有羟基或氨基的官能化聚异丁烯大分子引发剂。采用对二枯基氯为引发剂和 $TiCl_4$ 或 $FeCl_3$ 为共引发剂，引发异丁烯可控 / 活性阳离子聚合，设计合成不同分子量及窄分子量分布的双端聚异丁烯活性链，通过丁二烯封端反应，生成双端烯丙基氯官能化聚异丁烯（Cl-PIB-Cl），进一步与溴化锂进行高效卤素交换取代反应，反应效率可达 100%，实现官能端基转化，制备

双端烯丙基溴官能化聚异丁烯 (Br-PIB-Br)，见图 4-57 所示。

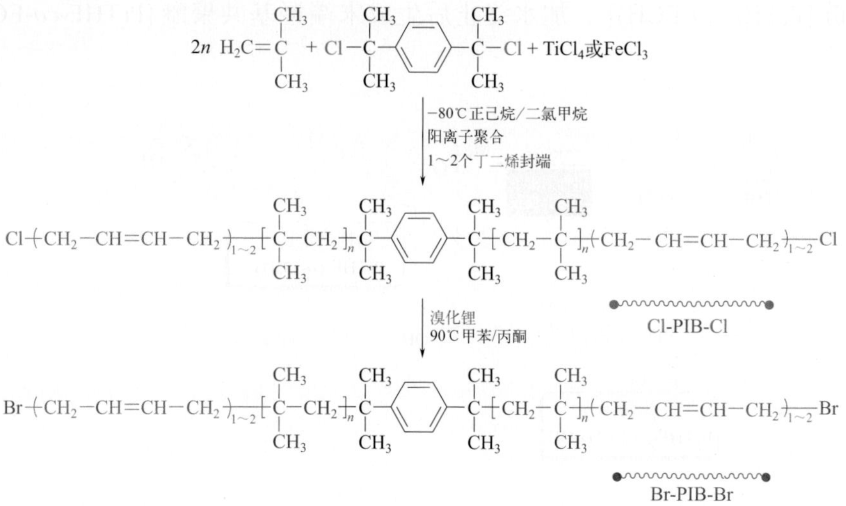

$$2n\ H_2C{=}C(CH_3)_2 + Cl{-}C(CH_3)_2{-}C_6H_4{-}C(CH_3)_2{-}Cl + TiCl_4\text{或}FeCl_3$$

−80℃正己烷/二氯甲烷
阳离子聚合
1～2个丁二烯封端

$$Cl{+}CH_2{-}CH{=}CH{-}CH_2{+}_{1\sim2}{[}C(CH_3)_2{-}CH_2{]}_n{-}C(CH_3)_2{-}C_6H_4{-}C(CH_3)_2{-}{[}CH_2{-}C(CH_3)_2{]}_n{+}CH_2{-}CH{=}CH{-}CH_2{+}_{1\sim2}Cl$$

Cl-PIB-Cl

溴化锂
90℃甲苯/丙酮

$$Br{+}CH_2{-}CH{=}CH{-}CH_2{+}_{1\sim2}{[}C(CH_3)_2{-}CH_2{]}_n{-}C(CH_3)_2{-}C_6H_4{-}C(CH_3)_2{-}{[}CH_2{-}C(CH_3)_2{]}_n{+}CH_2{-}CH{=}CH{-}CH_2{+}_{1\sim2}Br$$

Br-PIB-Br

图4-57　双端烯丙基溴官能化聚异丁烯(Br-PIB-Br)的合成反应式

通过将异丁烯可控 / 活性阳离子聚合与四氢呋喃可控 / 活性阳离子开环聚合相结合，采用大分子引发剂（macroinitiator）方法，以上述合成的双端烯丙基溴官能化聚异丁烯（Br-PIB-Br）为大分子引发剂，在 $AgClO_4$ 作用下引发 THF 进行活性阳离子开环聚合，生成 $^+$PTHF-*b*-PIB-*b*-PTHF$^+$ 双端活性链，进一步采用水终止活性链端，设计合成了双端羟基官能化三嵌段共聚物 HO-PTHF-*b*-PIB-*b*-PTHF-OH（简称：FIBF-OH），合成反应式如图 4-58 所示。

典型的 HO-PTHF-*b*-PIB-*b*-PTHF-OH 双端羟基官能化三嵌段共聚物 (FIBF-OH) 的 FTIR 谱图和 ^{1}H NMR 谱图见图 4-59 所示。如图 4-59（a）所示，在 2951cm^{-1} 处的特征峰归属于 PTHF 与 PIB 链段中 C—H 的伸缩振动峰，在 1467cm^{-1} 与 1365cm^{-1} 处的特征峰归属于 PTHF 与 PIB 链段中 C—H 的弯曲振动峰，在 1113cm^{-1} 处的特征峰归属于 PTHF 链段中醚键 (C—O—C) 的伸缩振动峰，3400cm^{-1} 处的吸收峰归属于羟基 (O—H) 振动峰。如图 4-59（b）所示，在 δ = 1.11 和 δ = 1.41 处的特征峰分别对应 PIB 上的甲基质子特征峰 (a_3, —CH_3) 和亚甲基质子特征峰 ((b_3, —CH_2—)，在 δ = 1.62 和 δ = 3.41 处出现质子特征峰分别对应 PTHF 链段中不与氧原子相邻的两个亚甲基上的质子 (e_3, —CH_2—CH_2—CH_2—CH_2—O—) 和连接氧原子的两个亚甲基上的质子 (f_3, —CH_2—O—CH_2—)。因此，通过 Br-PIB-Br 大分子引发剂可以高效引发 THF 活性阳离子开环聚合，设计合成出 HO-PTHF-*b*-PIB-*b*-PTHF-OH 三嵌段共聚物。

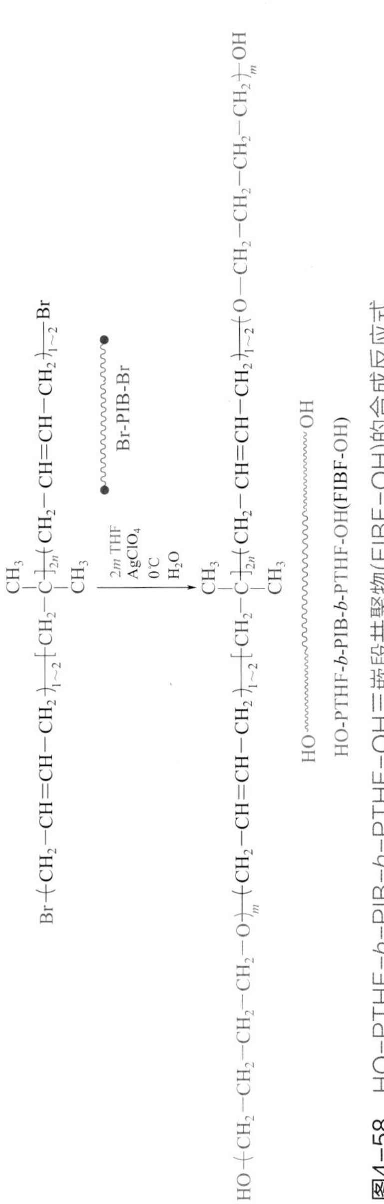

图4-58　HO-PTHF-*b*-PIB-*b*-PTHF-OH三嵌段共聚物(FIBF-OH)的合成反应式

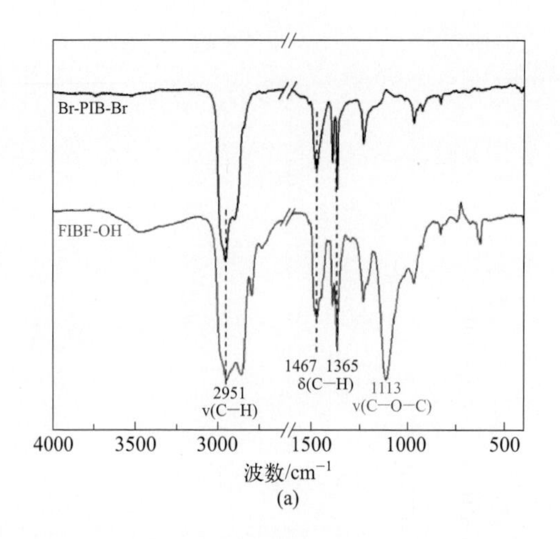

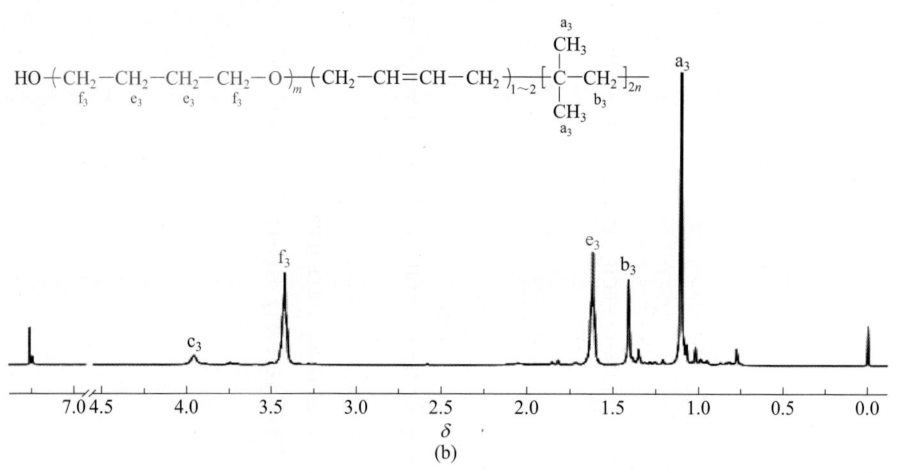

图4-59 典型的HO-PTHF-*b*-PIB-*b*-PTHF-OH FTIR谱图（a）和^{1}H NMR谱图（b）

（2）链中氨基官能化聚四氢呋喃 -*b*- 聚异丁烯 -*b*- 聚四氢呋喃三嵌段共聚物

以上述双端烯丙基溴官能化聚异丁烯 (Br-PIB-Br) 为原料，与酞酰亚胺钾进行取代反应，再与水合肼进行还原反应，制备双端烯丙基胺官能化聚异丁烯 (H_2N-PIB-NH_2)，见图 4-60 所示。

通过大分子终止剂的方法，先采用烯丙基溴 (allyl-Br)/$AgClO_4$ 体系引发 THF 活性阳离子开环聚合反应，设计合成不同链长的 $PTHF^+$ 活性链，进一步与 H_2N-PIB-NH_2 链端氨基进行高效亲核取代反应，设计合成中间链段连接点含—NH—官能团的 PTHF-*b*-HN-PIB-NH-*b*-PTHF 三嵌段共聚物（简称：FIBF-NH），反应式见图 4-61 所示。

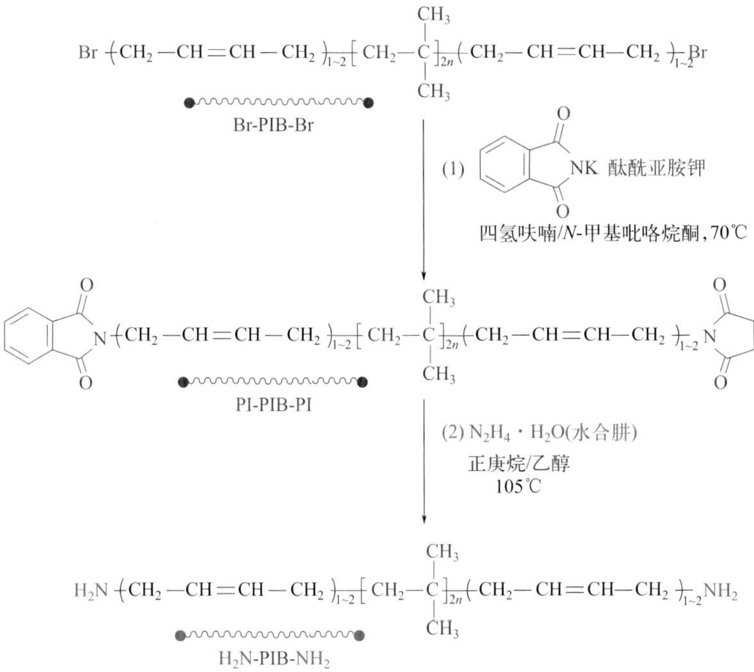

$Br \leftarrow CH_2-CH=CH-CH_2 \rightarrow_{1\sim2} [CH_2-C(CH_3)_2]_{2n} \leftarrow CH_2-CH=CH-CH_2 \rightarrow_{1\sim2} Br$

Br-PIB-Br

(1) NK 酞酰亚胺钾

四氢呋喃/N-甲基吡咯烷酮，70℃

PI-PIB-PI

(2) $N_2H_4 \cdot H_2O$(水合肼)

正庚烷/乙醇

105℃

$H_2N \leftarrow CH_2-CH=CH-CH_2 \rightarrow_{1\sim2} [CH_2-C(CH_3)_2]_{2n} \leftarrow CH_2-CH=CH-CH_2 \rightarrow_{1\sim2} NH_2$

H_2N-PIB-NH_2

图4-60 双端烯丙基胺官能化聚异丁烯(H_2N-PIB-NH_2)的合成反应式

典型的PTHF-*b*-HN-PIB-NH-*b*-PTHF三嵌段共聚物FTIR谱图和^{1}H NMR谱图见图4-62所示。如图4-62（a），在2951cm^{-1}处的特征峰归属于PTHF与PIB链段中C—H的伸缩振动峰，在1467cm^{-1}与1365cm^{-1}处的特征峰归属于PTHF与PIB链段中C—H的弯曲振动峰，在1113cm^{-1}处的特征峰归属于PTHF链段中醚键(C—O—C)的伸缩振动峰。与H_2N-PIB-NH_2大分子终止剂相比，FIBF-NH中出现C—O—C的伸缩振动峰，表明通过H_2N-PIB-NH_2终止$PTHF^+$活性链的亲核取代反应可以设计合成PTHF-*b*-HN-PIB-NH-*b*-PTHF三嵌段共聚物。

如图4-62（b）所示，在δ = 1.11和1.41处的特征峰分别对应H_2N-PIB-NH_2大分子终止剂上的甲基质子特征峰(a_4，—CH_3)和亚甲基质子特征峰(b_4，—CH_2—)，在δ = 1.62和3.41处出现的质子特征峰分别对应着PTHF链段中不与氧原子相邻的两个亚甲基上的质子特征峰(e_4，—CH_2—C**H**$_2$—C**H**$_2$—CH_2—O—)和连接氧原子的两个亚甲基上的质子特征峰(f_4，—CH_2—O—CH_2—)，在δ = 8.09处出现新的质子特征峰对应于PTHF链段和PIB链段之间的连接点所含的亚氨基质子特征峰(g_4，—NH—)。这说明末端烯丙基胺官能化PIB (H_2N-PIB-NH_2)能高效终止$PTHF^+$活性链，从而设计合成了PTHF-*b*-HN-PIB-NH-*b*-PTHF三嵌段共聚物。

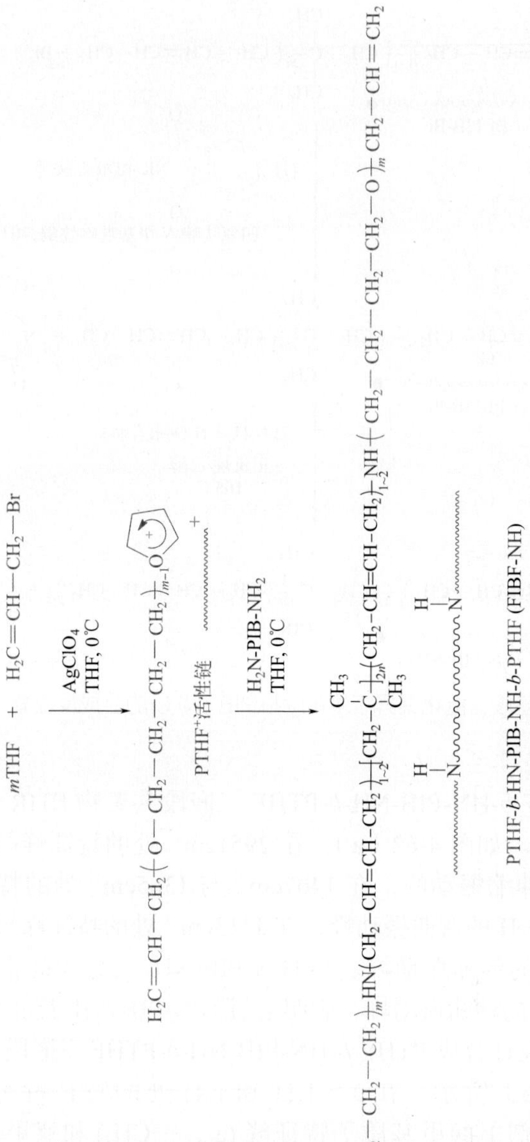

$$m\text{THF} + H_2C{=}CH{-}CH_2{-}Br \xrightarrow[\text{THF, 0℃}]{AgClO_4} H_2C{=}CH{-}CH_2{+}O{-}CH_2{-}CH_2{-}CH_2{-}CH_2{+}_{m-1}O^{+}(\text{ring})$$

PTHF^{+}活性链

$$\xrightarrow[\text{THF, 0℃}]{H_2N\text{-PIB-}NH_2}$$

$$CH_2{=}CH{-}CH_2{+}O{-}CH_2{-}CH_2{-}CH_2{-}CH_2{+}_m HN{+}CH_2{-}CH{=}CH{-}CH_2{+}_{1\sim2}{+}CH_2{-}C(CH_3)_2{+}_{2n}{+}CH_2{-}CH{=}CH{-}CH_2{+}_{1\sim2}NH{+}CH_2{-}CH_2{-}CH_2{-}CH_2{-}O{+}_m CH_2{-}CH{=}CH_2$$

PTHF-*b*-HN-PIB-NH-*b*-PTHF (FIBF-NH)

图4-61 PTHF-*b*-HN-PIB-NH-*b*-PTHF三嵌段共聚物(FIBF-NH)的合成反应式

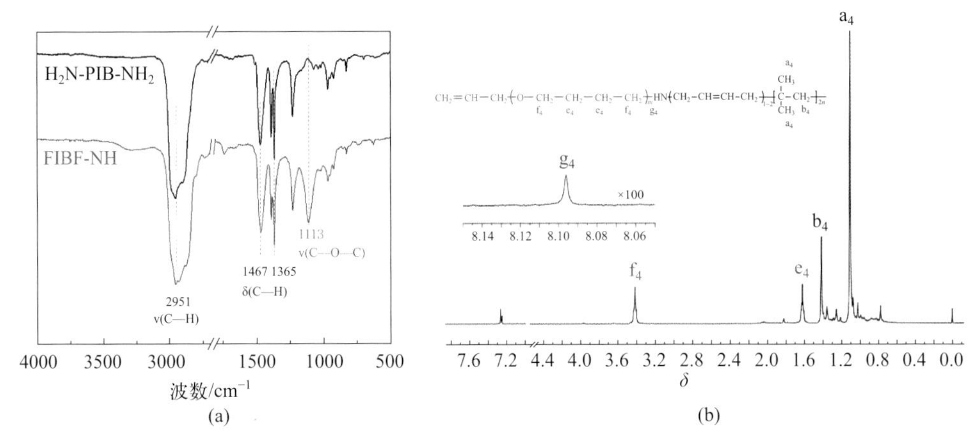

图4-62　典型PTHF-*b*-HN-PIB-NH-*b*-PTHF的FTIR谱图（a）和^{1}H NMR谱图（b）

（三）聚异丁烯-*b*-聚四氢呋喃-*b*-聚硅氧烷-*b*-聚四氢呋喃-*b*-聚异丁烯五嵌段共聚物弹性体

通过 PIB-allyl-Br 大分子引发剂引发 PTHF 活性阳离子开环聚合，设计合成 PIB-*b*-PTHF$^+$ 活性链，再结合双端氨基官能化聚二甲基硅氧烷（H_2N-PDMS-NH_2）亲核取代反应来终止活性链端的方法，设计合成 PIB-*b*-PTHF-*b*-PDMS-*b*-PTHF-*b*-PIB 五嵌段共聚物，反应式如图 4-63 所示。

二、聚异丁烯与聚醚嵌段共聚物弹性体的结构特点、表征方法与性能

（一）聚异丁烯与聚醚嵌段共聚物弹性体的聚集态结构及其表征

1．聚异丁烯 -*b*- 聚乙二醇嵌段共聚物

聚异丁烯为疏水性链段，聚乙二醇为亲水性链段，聚异丁烯与聚乙二醇形成的嵌段共聚物具有两亲性，在水溶液中其浓度大于某个特定值时，可以自组装形成胶束，这个浓度被称为临界聚集浓度 (CAC)，可通过芘荧光探针法测定 [142]。如图 4-64 所示，两亲性嵌段共聚物水溶液在 0.025g/L 处发生芘荧光强度的比值 (I_3/I_1,@383nm /@372nm) 突变，说明 CAC 值为 0.025g/L，通过 TEM 观察 mPEG-acetal-PIB 两亲性嵌段共聚物自组装形成球形纳米胶束（干燥的聚集体状态）；通过激光粒度分析仪 (DLS) 测定球形胶束的粒径分布呈单峰分布，平均粒径为 103nm，比 TEM 照片中的粒径略大。

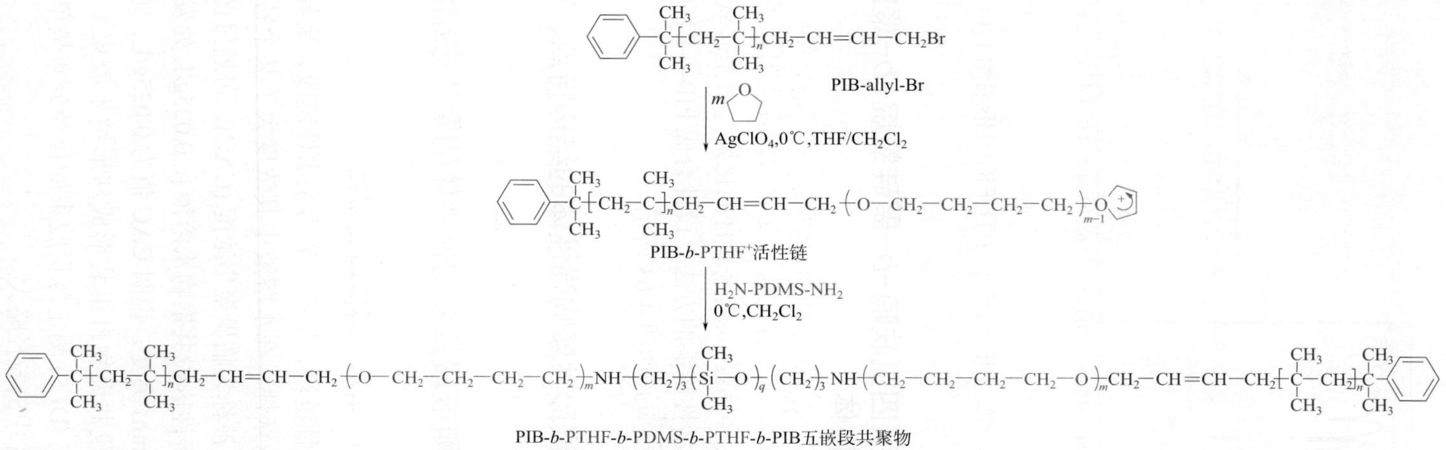

$C_6H_5-C(CH_3)_2-[CH_2-C(CH_3)_2]_n-CH_2-CH=CH-CH_2Br$

PIB-allyl-Br

$\xrightarrow[AgClO_4,0℃,THF/CH_2Cl_2]{m\ \text{THF}}$

$C_6H_5-C(CH_3)_2-[CH_2-C(CH_3)_2]_n-CH_2-CH=CH-CH_2-[O-CH_2-CH_2-CH_2-CH_2]_{m-1}-O^+(\text{THF})$

PIB-*b*-PTHF$^+$活性链

$\xrightarrow[0℃,CH_2Cl_2]{H_2N\text{-}PDMS\text{-}NH_2}$

$C_6H_5-C(CH_3)_2-[CH_2-C(CH_3)_2]_n-CH_2-CH=CH-CH_2-[O-CH_2-CH_2-CH_2-CH_2]_m-NH-(CH_2)_3-[Si(CH_3)_2-O]_q-(CH_2)_3-NH-[CH_2-CH_2-CH_2-CH_2-O]_m-CH_2-CH=CH-CH_2-[C(CH_3)_2-CH_2]_n-C(CH_3)_2-C_6H_5$

PIB-*b*-PTHF-*b*-PDMS-*b*-PTHF-*b*-PIB五嵌段共聚物

图4-63 PIB-*b*-PTHF-*b*-PDMS-*b*-PTHF-*b*-PIB五嵌段共聚物的合成反应式

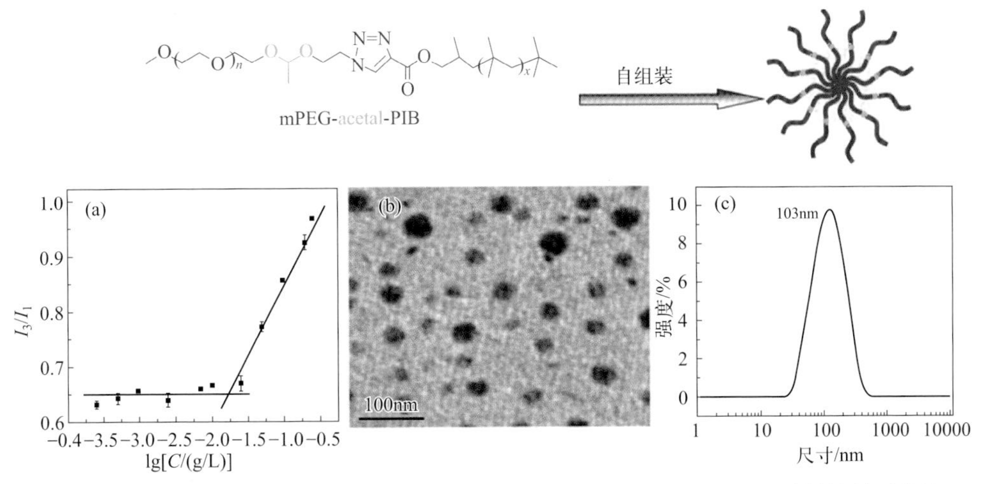

图4-64　芘荧光发射谱中荧光强度比值(I_3/I_1)对聚合物mPEG-acetal-PIB水溶液的对数浓度的曲线（a）；mPEG-acetal-PIB胶束的TEM照片（b）；mPEG-acetal-PIB胶束的DLS测试结果（c）

2．双端羟基官能化聚四氢呋喃-*b*-聚异丁烯-*b*-聚四氢呋喃三嵌段共聚物

为了研究双端羟基官能化聚四氢呋喃-*b*-聚异丁烯-*b*-聚四氢呋喃（HO-PTHF-*b*-PIB-*b*-PTHF-OH)三嵌段共聚物(FIBF-OH)的聚集态结构，在未染色的情况下对FIBF-OH样品进行TEM表征，其TEM照片如图4-65所示，并与空铜网的TEM照片进行对比。三嵌段共聚物FIBF-OH中极性PTHF链段与非极性PIB链段的热力学不相容性，PTHF链段的可结晶性会促进微相分离结构，即通过规整排列形成结晶的硬段微区，导致PIB链段的两端被固定，促进三嵌段共聚物发生微相分离现象。

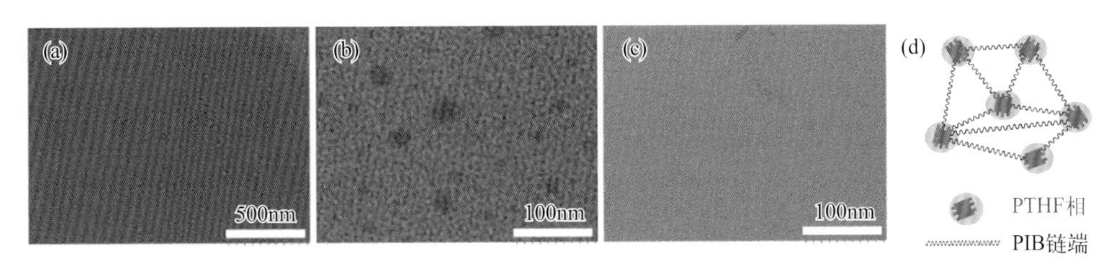

图4-65　FIBF-OH的TEM照片

（a）500nm；（b）100nm；（c）空铜网；（d）微相分离结构示意图

为了进一步研究FIBF-OH双端羟基官能化三嵌段共聚物凝聚态结构，$F_{1.0k}IB_{3.4k}F_{1.0k}$-OH（$\overline{M}_{n,PTHF}=1.0\times10^3$，$\overline{M}_{n,PIB}=3.4\times10^3$）及其对应的$PTHF_{1.0k}$（$\overline{M}_n=$

$1.0×10^3$）的 DSC 曲线如图 4-66 所示。PTHF 的结晶熔点为 18.3℃，结晶熔融焓为 79.5J/g；FIBF-OH 中 PTHF 链段结晶熔点为 16.3℃，结晶熔融焓为 26.7J/g，相当于PTHF链段的结晶熔融焓为72.2J/g，在PTHF链段单端受限的FIBF-OH中，链段的结晶熔融温度与熔融焓均略有降低。

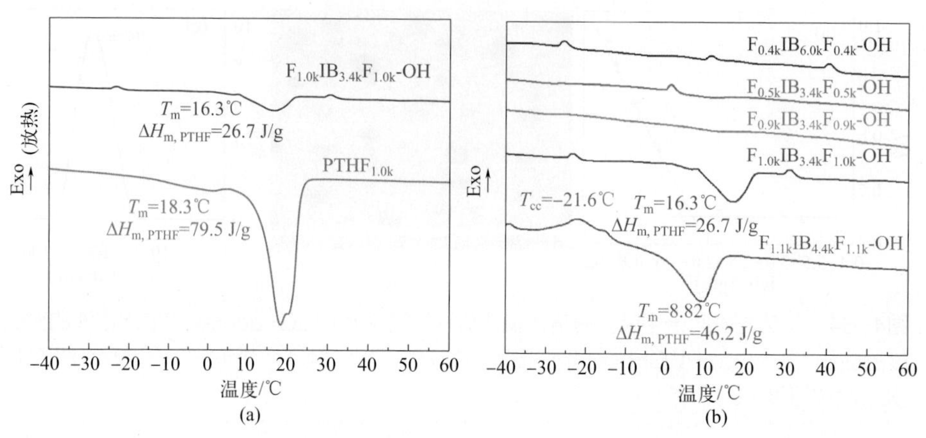

图4-66 纯PTHF与FIBF-OH的DSC曲线（a）；不同共聚组成的FIBF-OH样品的DSC曲线（b）

当 PTHF 链段分子量低于 $0.9×10^3$ 时，FIBF-OH 型三嵌段共聚物不能结晶，且与 PIB 链段分子量无关。当 PTHF 分子量增大到 $1.0×10^3$ 时，FIBF-OH 型三嵌段共聚物可以结晶。随着 PIB 链段分子量的增大，阻碍 PTHF 链段规整排列，在降温过程中结晶速率慢，未能完全结晶，从而在升温达到玻璃化转变温度以上时链段发生重排，导致冷结晶现象的发生，且结晶熔融温度降低。

3．链中氨基官能化聚四氢呋喃 -*b*- 聚异丁烯 -*b*- 聚四氢呋喃三嵌段共聚物

在中间链段连接点含—NH—官能团的 PTHF-*b*-HN-PIB-NH-*b*-PTHF 三嵌段共聚物（简称 FIBF-NH）中，由于链中氢键的存在，对其聚集态结构产生明显影响，不同链段长度的 FIBF-NH 进行表征，DSC 曲线和 POM 照片如图 4-67 所示。当 PTHF 链段分子量为 $1.0×10^3$ 时，纯 PTHF 的结晶熔融温度为 18.3℃，熔融焓为 79.5J/g；对于 $F_{1.0k}IB_{3.4k}F_{1.0k}$-OH 的 DSC 曲线，三嵌段共聚物的结晶熔融温度为 16.3℃，结晶熔融焓为 26.7J/g，对应于其中 PTHF 链段的结晶熔融焓为 72.2J/g；对于 $F_{1.0k}IB_{6.4k}F_{1.0k}$-NH 三嵌段共聚物的结晶熔融温度为 22.0℃，结晶熔融焓为 46.6J/g，对应于其中 PTHF 链段的结晶熔融焓为 195.7J/g，说明链中氨基官能团产生分子链间氢键相互作用，促进 PTHF 链段链间成核结晶，结晶熔融温度也有所提高；对于 $F_{0.7k}IB_{4.4k}F_{0.7k}$-NH 三嵌段共聚物的结晶熔融温度为 23.2℃，结晶熔融焓为 41.9J/g，对

应于其中 PTHF 链段的结晶熔融焓为 173.5J/g，进一步证明了链中氨基官能团产生分子链间氢键作用对促进 PTHF 链段链间成核结晶的效果，即使在 PTHF 链段分子量仅为 0.7×10^3 的情况下，这一点也与双端羟基官能化 FIBF-OH 完全不同。

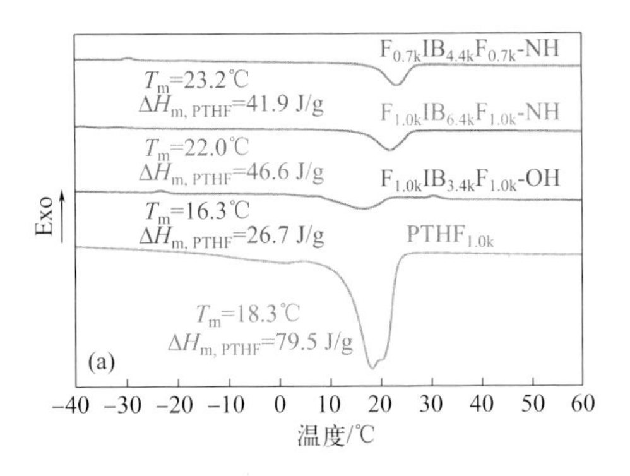

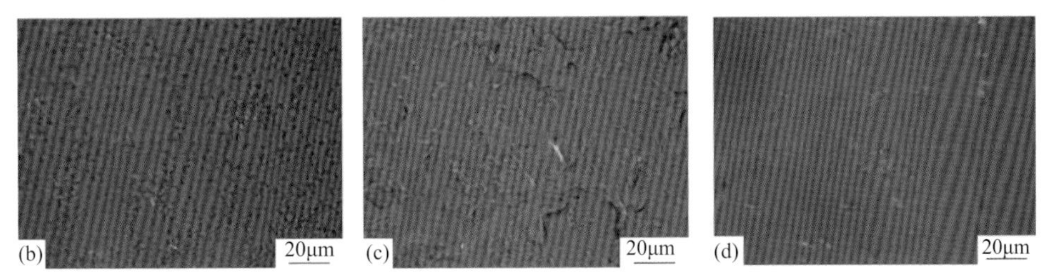

图4-67 $PTHF_{1.0k}$，$F_{1.0k}IB_{3.4k}F_{1.0k}$-OH，$F_{1.0k}IB_{6.4k}F_{1.0k}$-NH和$F_{0.7k}IB_{4.4k}F_{0.7k}$-NH的DSC升温曲线（a）；$F_{1.0k}IB_{6.4k}F_{1.0k}$-NH（b）、$F_{0.7k}IB_{4.4k}F_{0.7k}$-NH（c）和$PTHF_{1k}$（d）在17℃下的POM照片[145]

有意义的是，在 $F_{1.0k}IB_{6.4k}F_{1.0k}$-NH 大分子链中，由于 FIBF-NH 通过分子链之间较强的氢键作用形成超分子网络结构，促进 PTHF 分子链重排，提高排列规整度，从而使其更容易结晶，使得 PTHF 链段即使单端受限，其结晶熔融温度也升高，且 FIBF-NH 的结晶熔融焓也明显高于 FIBF-OH。特别是，即使当 PTHF 链段分子量降低到 0.7×10^3 时，$F_{0.7k}IB_{4.4k}F_{0.7k}$-NH 仍具有较高的熔融温度，这进一步证明通过分子链间氢键形成超分子网络对结晶具有明显的促进作用。FIBF-NH 具有较好的结晶性能，且结晶形态随 PIB 和 PTHF 链段分子量的变化呈现出碎片化和短棒状等不同的形态，而不受限的纯 PTHF 结晶形态为球形，这是由于 FIBF-NH 中 PIB 链段阻碍了 PTHF 链段的运动，影响其规整排列，导致其在受限的状态下无法形成规整球晶。

FIBF-NH 三嵌段共聚物的流变曲线如图 4-68 所示。FIBF-NH 材料的储能模量 (G') 与损耗模量 (G'') 随着频率升高而升高，且 $G'<G''$，表现为黏性；当频率提高到一定数值时，储能模量与损耗模量曲线相交，$G' = G''$，根据交点处对应的频率可计算

出氢键簇的解离时间 (τ，$\tau=\dfrac{1}{f}$) 为 0.014 ～ 0.019s。τ 在 0.001 ～ 60s 范围内，表明在 PTHF-*b*-NH-PIB-NH-*b*-PTHF 三嵌段共聚物中存在氢键的生成与解离的平衡，说明通过氢键、微观相分离及结晶方式形成了 FIBF-NH 三维超分子网络结构。

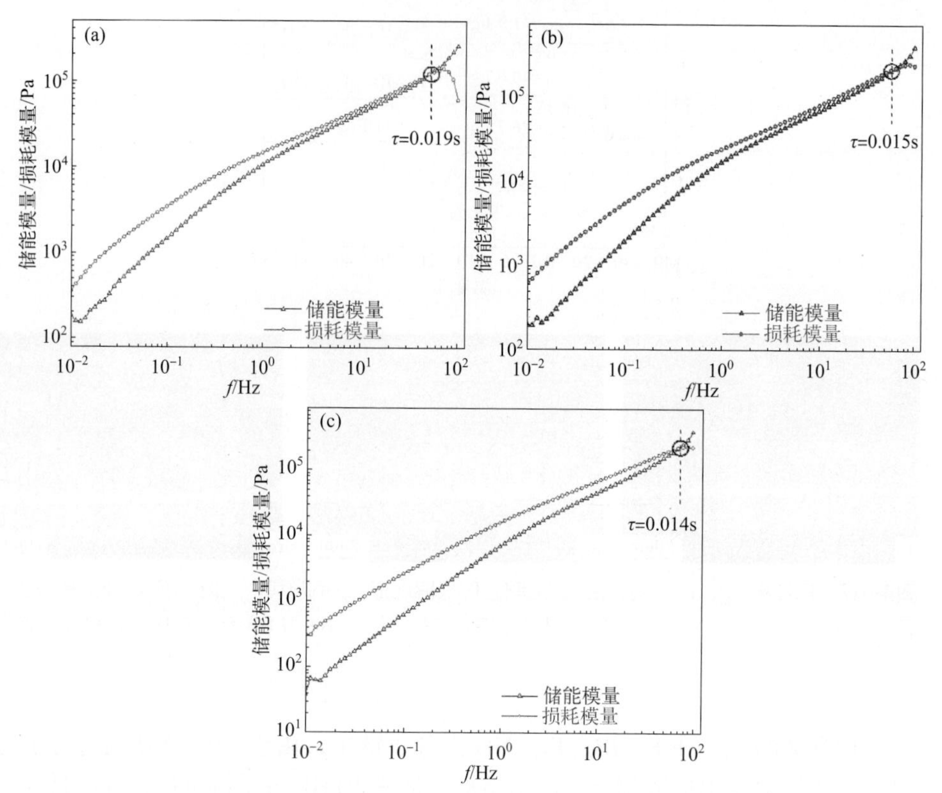

图4-68 不同共聚组成的FIBF-NH样品的储能/损耗模量随频率变化曲线（30℃）

（a）$F_{1.0k}IB_{6.4k}F_{1.0k}$-NH；（b）$F_{1.2k}IB_{6.4k}F_{1.2k}$-NH；（c）$F_{0.8k}IB_{4.4k}F_{0.8k}$-NH

（二）聚异丁烯与聚醚嵌段共聚物弹性体的性能特点

1．聚异丁烯 -*b*- 聚乙二醇嵌段共聚物

在聚异丁烯 -*b*- 聚乙二醇嵌段共聚物体系中引入 α- 环糊精 (α-CD)，诱导形成超分子水凝胶，具有 PEG 与 α-CD 的包结络合作用，水凝胶的凝胶化时间和黏弹性。通过体外细胞毒性试验 (MTT 法) 证明嵌段共聚物 mPEG-acetal-PIB 及水凝胶均具有良好的生物相容性。这种水凝胶能够保持创面湿润，具有温和的冷却

作用，并且由于其带有酸敏感基团，能够在偏酸性环境降解，减少炎症发生率。

2．双端羟基官能化聚四氢呋喃 -*b*- 聚异丁烯 -*b*- 聚四氢呋喃三嵌段共聚物

（1）热稳定性

本书著者团队[146]为了研究三嵌段共聚物 FIBF-OH 与 FIBF-NH 的热稳定性，对样品进行热重分析，在 N_2 气氛下，以 20℃ /min 的升温速率至 600℃，得到 TGA 曲线，如图 4-69 所示。三嵌段共聚物 FIBF-OH 表现出明显的两段失重：100 ～ 200℃对应 PTHF 链段失重，350 ～ 450℃对应 PIB 链段失重。失重量与 PTHF 分子量有关：PIB 分子量相同，PTHF 分子量增加，对应第一段失重量明显增多，这与 GPC 表征结果一致。PTHF 分子量增大，对应 $T_{5\%}$ 降低，这可能是由于 FIBF-OH 的端羟基结构具有一定的不稳定性。FIBF-NH 三嵌段共聚物的失重曲线也表现出两段失重：100 ～ 300℃对应 PTHF 链段失重，350 ～ 470℃对应 PIB 链段失重。与三嵌段共聚物 FIBF-OH 相比，三嵌段共聚物 FIBF-NH 三维超分子网络结构的热稳定性明显提高。

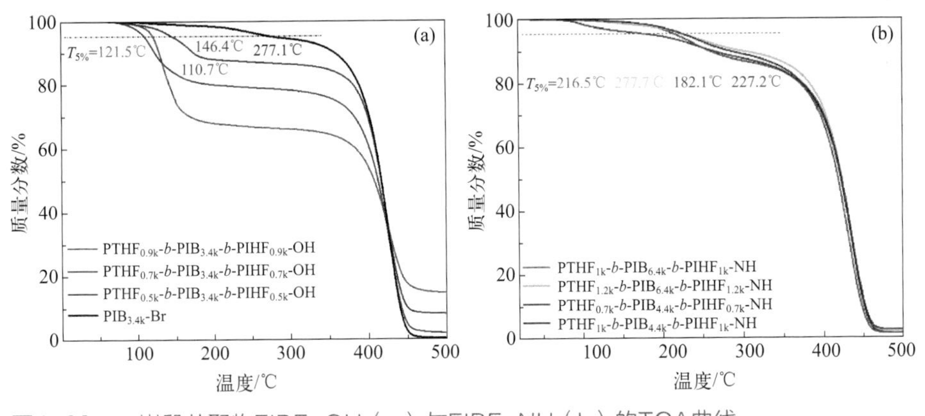

图4-69　三嵌段共聚物FIBF-OH（a）与FIBF-NH（b）的TGA曲线

（2）自修复性能

三嵌段共聚物 FIBF-NH 通过氢键形成超分子网络结构，表现出优异的自修复性能。本书著者团队[146]通过 PCM 观察 PTHF-*b*-PIB-*b*-PTHF 三嵌段共聚物材料表面切痕在 25℃或 30℃条件下放置不同时间的自修复状态，如图 4-70 所示。其中，$F_{0.7k}IB_{4.4k}F_{0.7k}$-NH 与 $F_{1.0k}IB_{6.4k}F_{1.0k}$-NH 在 25℃放置 10min 后均可完全自愈合，而 FIBF-OH 在 30℃下经过 3d 后仍没有很好的修复效果。分子链中氢键作用强，赋予了 FIBF-NH 优异的快速自修复性能。

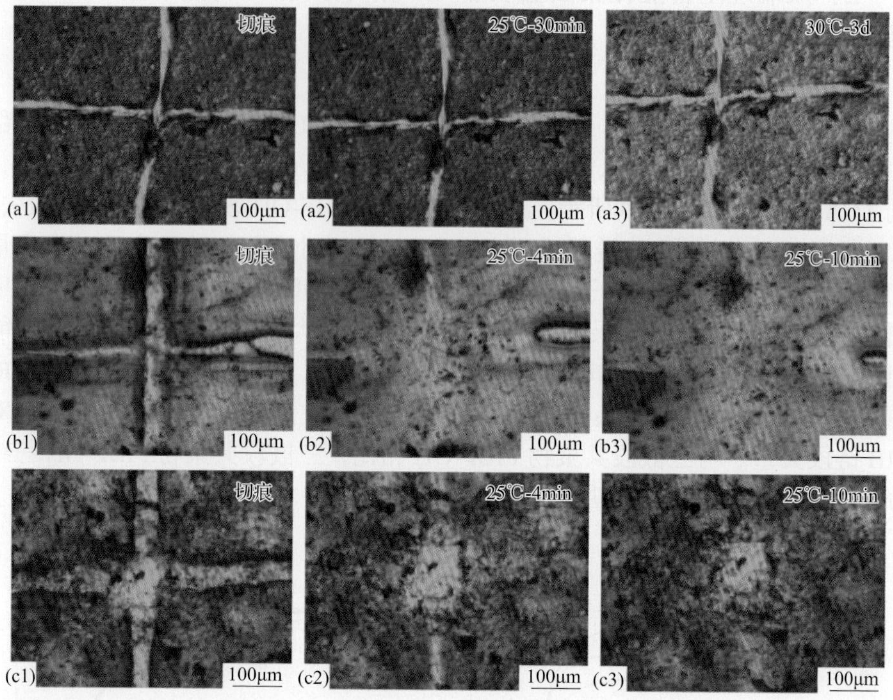

图4-70 PTHF-*b*-PIB-*b*-PTHF三嵌段共聚物的自修复过程

(a1)～(a3) 30℃，$F_{0.8k}IB_{5.7k}F_{0.8k}$-OH($\overline{M}_n$ = 7300)；(b1)～(b3) 25℃，$F_{0.7k}IB_{4.4k}F_{0.7k}$-NH($\overline{M}_n$ = 5800)；(c1)～(c3) 25℃，$F_{1.0k}IB_{6.4k}F_{1.0k}$-NH($\overline{M}_n$ = 8400)

（3）载药 / 释药性能

PTHF-*b*-PIB-*b*-PTHF 三嵌段共聚物中 PTHF 分子链上存在醚键 (—O—) 以及分子链间存在氢键相互作用，能与某些带有官能团的药物小分子，如布洛芬 (IBU) 上存在羧基 (—COOH)，通过化学键以及氢键等相互作用，从而作为药物载体。

本书著者团队[146]所合成的三嵌段共聚物 FIBF-OH 负载布洛芬所形成的载药微球的 TEM 照片及其示意图如图 4-71（a）所示，IBU 均匀地包裹在 FIBF-OH 形成的微球中。根据累积释药量对应的紫外吸光度计算累积释药率 (drug release rate，DRR)。在水溶液中，IBU 与 FIBF-OH 之间的相互作用减弱，产生释药效果。同一类载药微球在不同 pH 值 PBS 缓冲溶液中的药物释放速率如图 4-71（b）所示，FIBF-OH 形成的载药微球在 pH = 7.4 的 PBS 缓冲溶液中整体释放速率最快。

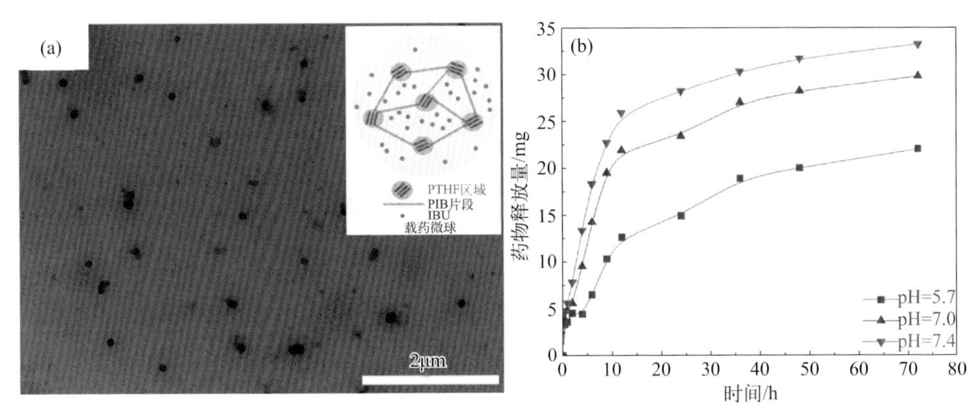

图4-71 三嵌段共聚物FIBF-OH负载布洛芬的载药微球的TEM照片和示意图（a）；三嵌段共聚物FIBF-OH/布洛芬载药微球在37℃、不同pH环境下随时间的药物缓释曲线（b）

三、聚异丁烯与聚醚嵌段共聚物弹性体的应用领域

将合成的 PIB-*b*-PEG 两嵌段共聚物用于制备聚合物囊泡，实现无氧条件下从红光到蓝光的三线态 - 三线态湮灭上转换 (TTA-UC)，并通过亲油性蓝色荧光探针 2,5,8,11- 四叔丁基苝 (TBP) 与水溶性橙色荧光探针磺酰罗丹明 B(SRB) 进行标记制备无毒的双荧光聚合物生物医用纳米囊泡 [147-148]。这种纳米囊泡被肺癌细胞迅速内吞后，异常缓慢地运输到细胞核周围的溶酶体内，在溶酶体内保持完整并发光至少 90h 而不被外吞。在细胞内吞后的 7 ～ 11d 内，纳米囊泡最终降解，表明 PIB-*b*-PEG 有望用于体内生物成像和药物缓释。聚异丁烯 -*b*- 聚乙二醇嵌段共聚物用于制备在无氧的情况下将红光上升到蓝光的聚合物，用于生物成像，可以消除自体荧光，增加成像对比度，减少辐射损伤，并增加体内的激发穿透深度 [149]。PTHF-*b*-PIB-*b*-PTHF 三嵌段共聚物弹性体在生物医学及自修复材料领域具有潜在应用价值。

第四节
聚异丁烯基接枝共聚物弹性体

基于可控 / 活性阳离子接枝共聚合方法，可以构建不同化学结构主链和支链、不同支链数目、不同支链长度的接枝共聚物，具有独特的分子链结构与微观形态，从而综合主链和支链分子链段的性能，使得接枝共聚物得到广泛应用，可用作聚合物共混体系增容剂、气液分离膜、凝胶、药物载体、热塑性弹性体等。

一、聚异丁烯基接枝共聚物弹性体的合成原理

目前，常用的接枝共聚物的合成方法主要有三种[150]，如图 4-72 所示。

① 接出接枝法 (grafting from)，即指在聚合物主链上或固体表面上引入具有反应活性的官能团，产生活性位点引发另一种单体进行聚合，从而在聚合物主链上或固体表面上“生长”出另一聚合物支链。根据链增长过程活性中心的不同，可以分为自由基接枝聚合、阴离子接枝聚合和阳离子接枝聚合等。

② 接入接枝法 (grafting onto)，即指通过化学结合的嫁接方法，将端基含有官能团的聚合物分子链作为支链，引入到另一种侧基含有官能团的大分子链上或含有官能团的固体表面上。

③ 大分子单体法 (macromonomer)，即指末端含有可进一步聚合的官能团的大分子单体与小分子单体进行共聚，形成以大分子单体为支链、小分子单体形成的聚合物链为主链的接枝共聚物。

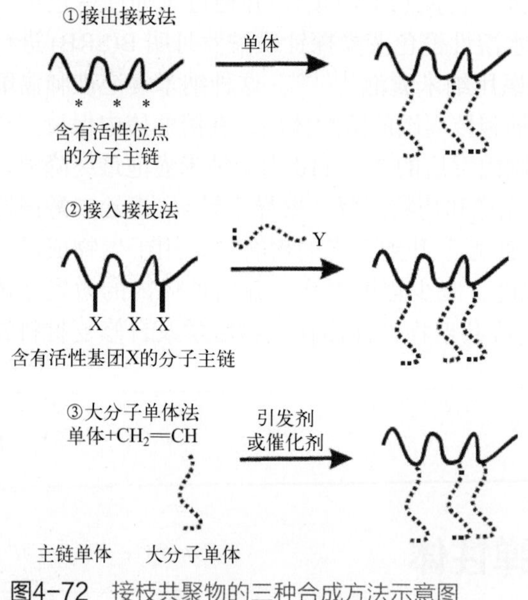

图4-72 接枝共聚物的三种合成方法示意图

聚异丁烯可以作为主链或是支链，通过“grafting onto”“grafting from”“macromonomer”的方法，以不同结构的聚合物作为主链或支链，综合不同材料

的性能，制备具有独特性能的接枝共聚物材料。

（一）聚异丁烯为主链的接枝共聚物

1．接出接枝法 (grafting from)

在 BCl_3 共引发剂存在下，通过羟基官能化聚合物引发异丁烯或茚阳离子聚合，合成聚异丁烯 -*g*- 聚茚、聚苯乙烯 -*g*- 聚异丁烯等接枝共聚物[151]。通过异丁烯与对氯甲基苯乙烯（CMS）阳离子共聚合成含有苄基氯引发活性点的 P(IB-*co*-CMS) 无规共聚物大分子引发剂，再分别引发 2- 甲基噁唑啉与 2- 壬基噁唑啉进行阳离子开环聚合反应，制备两种分别具有亲水性和疏水性支链的聚异丁烯 -*g*- 聚噁唑啉接枝共聚物[152]。通过异丁烯与 2.5% ～ 11%（质量分数）对甲基苯乙烯（*p*-MS）进行阳离子共聚合，得到异丁烯与对甲基苯乙烯的共聚物，进一步进行溴化反应，得到含有苄基溴官能团的 P（IB-*co*-BMS），以苄基溴官能团为引发活性点，引发甲基丙烯酸甲酯或苯乙烯进行原子转移自由基聚合，合成聚异丁烯 -*g*- 聚甲基丙烯酸甲酯或聚异丁烯 -*g*- 聚苯乙烯的接枝共聚物[153]。对于富含 PIB 的聚合物，玻璃态的支链作为物理交联区域，形成热塑性弹性体；对于富含玻璃态支链的聚合物，PIB 段会作为增韧或耐冲击改性部分，形成抗冲击性聚合物。

本书著者团队[154]采用接出接枝法设计合成了聚异丁烯 -*g*- 聚异戊二烯接枝共聚物 (PIB-*g*-PIP)。以侧基含苄基卤素或烯丙基卤素的聚异丁烯为大分子引发剂，引发异戊二烯 (IP) 阳离子聚合，采用普通的、廉价的 Lewis 酸共引发剂，实现同时提高 PIP 链段分子量和降低 IP 结构单元中环化结构含量，并制得不同支链数及支链长度的 PIB-*g*-PIP 接枝共聚物，重均分子量 $\overline{M}_w$ 为（200 ～ 3000）$\times10^3$，分子量分布指数为 1.3 ～ 4.0，如图 4-73（a）所示；以接枝共聚物的总质量为 100% 计，其中聚异戊二烯链段的质量分数为 3% ～ 40%。因支链聚异戊二烯链段中高反 -1,4 结构（可达 92% 以上）产生可结晶性［如图 4-73（b）所示］，赋予材料牢固的物理交联点及自增强特性，进一步增强材料性能。PIB-*g*-PIP 接枝共聚物不仅可以直接作为高分子材料使用，而且可用于丁基橡胶与天然橡胶的相容剂使用。

2．接入接枝法 (grafting onto)

通过胺端基官能化聚己内酯或聚 (D, L- 丙交酯)，再与异丁烯和异戊二烯的共聚物主链上双键反应制备 PIB-*g*- 聚酯接枝共聚物。采用接入接枝法设计合成并比较了树枝状聚异丁烯 -*g*- 聚环氧乙烷接枝共聚物 (*arb*-PIB-*g*-PEO) 和线型聚异丁烯 -*g*- 聚环氧乙烷接枝共聚物 (*lin*-PIB-*g*-PEO) 的性能[155-156]。

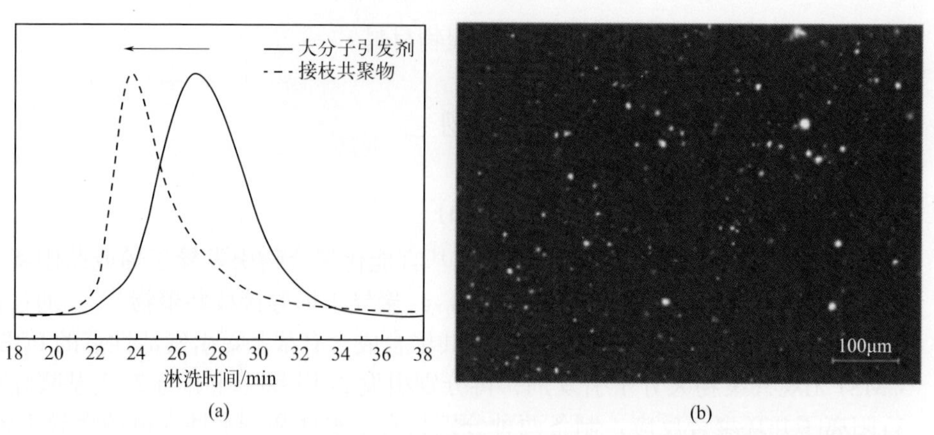

图4-73 聚异丁烯-*g*-聚异戊二烯接枝共聚物的GPC曲线（a）和偏光显微镜照片（b）

（二）聚异丁烯为支链的接枝共聚物

1．接出接枝法 (grafting from)

（1）主链含醋酸乙烯酯或乙烯醇结构单元的接枝共聚物

本书著者团队[157-158]采用接出接枝法设计合成了聚 (醋酸乙烯酯 -*co*- 醋酸异丙烯酯)-*g*- 聚异丁烯接枝共聚物 (PVIPA-*g*-PIB)。如图 4-74 所示，以 AIBN 为引发剂，引发醋酸乙烯酯 (VAc) 与醋酸异丙烯酯 (IPA) 自由基共聚，合成 VAc 与 IPA 的无规共聚物 (PVIPA)。以 PVIPA 为大分子引发剂，以 $TiCl_4$ 为共引发剂，引发 IB 阳离子聚合，得到 PVIPA-*g*-PIB 接枝共聚物。将 PVIPA 与 $TiCl_4$ 预先进

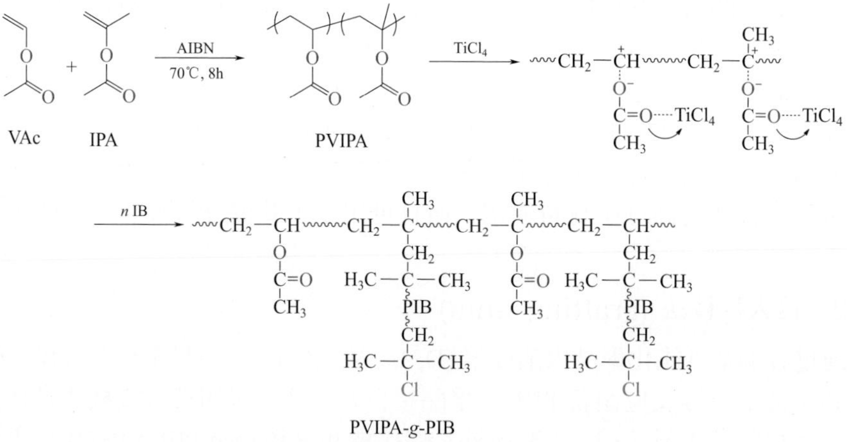

VAc IPA PVIPA

PVIPA-*g*-PIB

图4-74 PVIPA-*g*-PIB接枝共聚物的合成方法

行充分络合形成活性中心，可以提高 PVIPA 大分子引发剂的引发效率。在合适的实验条件下，大分子引发剂 PVIPA 的引发效率可达到 90% 以上，可制备出数均分子量 ($\overline{M}_n$) 为 163700、分子量分布指数 ($\overline{M}_w/\overline{M}_n$) 为 2.17 的 PVIPA-*g*-PIB 极性 / 非极性接枝共聚物。

本书著者团队[157-158]进一步将上述 PVIPA-*g*-PIB 接枝共聚物的主链侧基进行水解反应，得到主链为聚乙烯醇、侧链为聚异丁烯的新型两亲性接枝共聚物。

本书著者团队[160]采用自由基聚合与阳离子聚合相结合的方法，设计合成了聚 (对氯甲基苯乙烯 -*co*- 醋酸乙烯酯)-*g*- 聚异丁烯接枝共聚物 [P(VBC-*co*-VAC)-*g*-PIB]。如图 4-75 所示，将对氯甲基苯乙烯结构单元引入聚醋酸乙烯酯的大分子链上，即醋酸乙烯酯与对氯甲基苯乙烯通过自由基共聚得到聚 (对氯甲基苯乙烯 -*co*- 醋酸乙烯酯) 共聚物 [P(VBC-*co*-VAC)]，将不同共聚组成、不同分子量的 P(VBC-*co*-VAC) 作为大分子引发剂，在 $TiCl_4$ 共引发作用下，P(VBC-*co*-VAC) 大分子支链的对氯甲基苯乙烯形成苄基碳阳离子活性中心，引发异丁烯阳离子聚合反应，得到 P(VBC-*co*-VAC)-*g*-PIB 接枝共聚物。所制备的 P(VBC-*co*-VAC)-*g*-PIB 接枝共聚物呈现单峰分子量分布，分子量分布指数≤2.5。该接枝共聚物呈现均匀的微观相分离形态，主链集聚形成 20 ～ 100nm 的分散相均匀分散在接枝聚异丁烯链形成的连续相中。

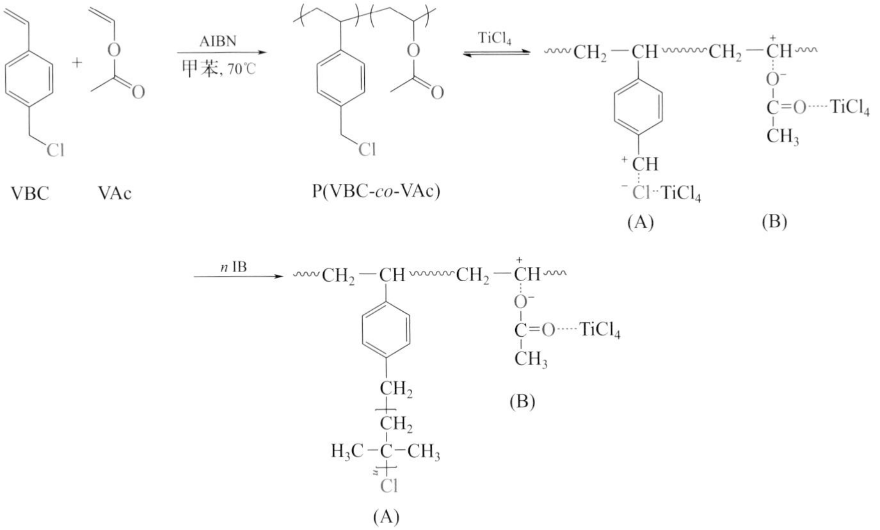

图4-75　P(VBC-*co*-VAC)-*g*-PIB接枝共聚物的合成反应式

本书著者团队将 P(VBC-*co*-VAC)-*g*-PIB 接枝共聚物的主链侧基进行水解反应，也可以得到主链为聚乙烯醇、侧链为聚异丁烯的新型两亲性接枝共聚物。

（2）主链含苯乙烯结构单元的接枝共聚物

本书著者团队[161-162]采用类似的方法设计合成了聚(苯乙烯-*co*-醋酸异丙烯酯)-*g*-聚异丁烯接枝共聚物(SIPA-*g*-PIB)。如图4-76所示，通过自由基共聚合反应将醋酸异丙烯酯结构单元引入聚苯乙烯大分子链中，形成苯乙烯与醋酸异丙烯酯的无规共聚物（SIPA），然后以此共聚物为大分子引发剂，在 $TiCl_4$ 共引发作用下，在大分子主链上产生叔烷基碳阳离子引发活性中心，引发异丁烯阳离子接枝共聚反应，从而制得主链为聚苯乙烯、支链为聚异丁烯的接枝共聚物，大分子引发剂引发效率及接枝效率均可达接近100%，聚异丁烯支链的分子量在3900～47300范围内可调节。

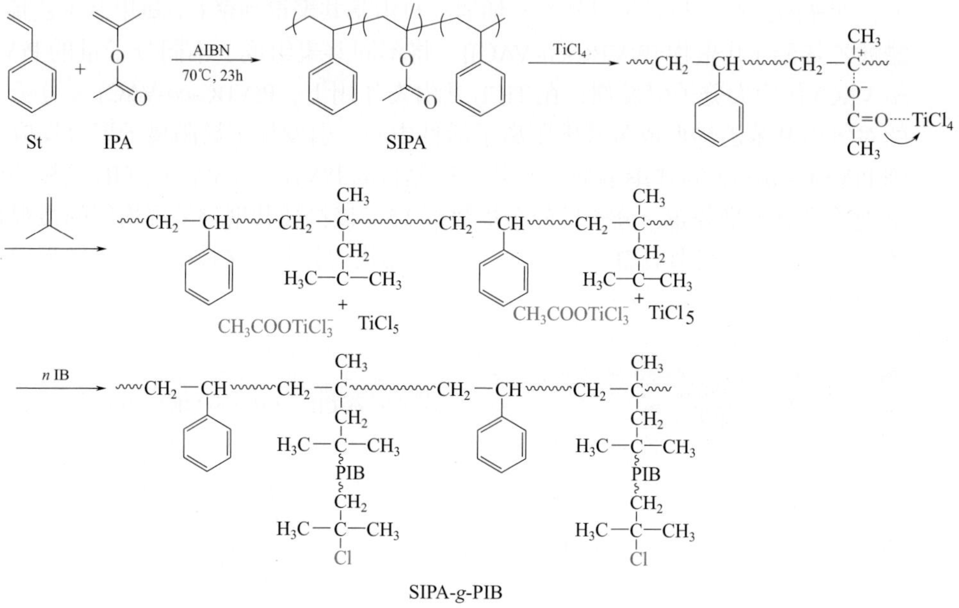

图4-76　SIPA-*g*-PIB接枝共聚物的合成反应式

本书著者团队[163]采用具有苄基氯侧基活性引发位点的大分子引发剂，如聚对氯甲基苯乙烯或苯乙烯与对氯甲基苯乙烯共聚物，通过接出接枝(grafting from)方法，分别引发异丁烯单体和噁唑啉单体进行聚合，制备出一种以苯乙烯基聚合物为主链、聚异丁烯和聚噁唑啉分别为支链的双接枝共聚物，充分发挥聚噁唑啉的亲水性、生物相容性、抗菌性等优势性能，而苯乙烯基聚合物主链、聚异丁烯支链的存在改善了聚噁唑啉性能单一、热稳定性差的不足，同时，聚异丁烯柔性链的存在，还可以提高材料韧性。

通过自由基聚合合成一系列大分子引发剂，如聚[苯乙烯-*co*-2-乙酰氧-2-(4-乙烯基苯)丙烷]、聚[苯乙烯-*co*-2-乙酰氧-2-(4-乙烯基苯)丙烷-*co*-丁二烯]

和聚[苯乙烯-*co*-2-乙酰氧-2-(4-乙烯基苯)丙烷-*co*-异戊二烯]，将可以引发乙烯基单体进行阳离子聚合的官能基团2-乙酰氧-2-(4-乙烯基苯)丙烷引入含有聚苯乙烯的大分子链中，并进一步以BCl_3为共引发剂，在含2-乙酰氧-2-(4-乙烯基苯)丙烷的结构单元上产生引发活性点，引发异丁烯阳离子聚合或异丁烯与异戊二烯阳离子共聚合的接枝反应，从而得到聚[苯乙烯-*co*-2-乙酰氧-2-(4-乙烯基苯)丙烷]-*g*-聚异丁烯、聚[苯乙烯-*co*-2-乙酰氧-2-(4-乙烯基苯)丙烷]-*g*-聚(异丁烯-*co*-异戊二烯)、聚[苯乙烯-*co*-2-乙酰氧-2-(4-乙烯基苯)丙烷-*co*-丁二烯]-*g*-聚异丁烯和聚[苯乙烯-*co*-2-乙酰氧-2-(4-乙烯基苯)丙烷-*co*-异戊二烯]-*g*-聚异丁烯等接枝共聚物。以甲基丙烯酸甲酯(MMA)、苯乙烯(St)和4-氯甲基苯乙烯(CMS)的嵌段/无规共聚物PMMA-*b*-P(St-*co*-CMS)为大分子引发剂，在共引发剂$AlEt_2Cl$作用下可产生苄基碳阳离子活性中心，引发IB阳离子接枝聚合，得到窄分子量分布的[PMMA-*b*-P(St-*co*-CMS)]-*g*-PIB接枝共聚物，接枝效率接近100%[166]。在半夹心钪配合物$[(C_5Me_4SiMe_3)Sc(CH_2C_6H_4NMe_2\text{-}o)_2]/[Ph_3C][B(C_6F_5)_4]$作用下合成苯乙烯与4-异丙烯基苯乙烯的间规共聚物，进一步在半夹心钪配合物$[(C_5Me_4SiMe_3)Sc(CH_2SiMe_3)_2THF]/[Ph_3C][B(C_6F_5)_4]$作用下引发异丁烯阳离子聚合，得到间规聚苯乙烯-*g*-聚异丁烯接枝共聚物[167]。

（3）主链含氯乙烯结构单元的接枝共聚物

氯乙烯树脂是以氯乙烯聚合得到聚氯乙烯或以氯乙烯为主与一种或多种其他不饱和化合物共聚制得的聚合物的统称。聚氯乙烯(PVC)是目前世界五大通用树脂之一，具有难燃性、透明性好、耐化学腐蚀及耐磨损等突出优点，但其热稳定性、韧性、冲击强度及加工性能还有不足，制约了其在性能要求较高领域的应用。通过PIB与PVC物理共混，虽可对PVC材料的缺陷进行一定的改善，提升其韧性和力学阻尼性能，但是二者的共混相容性差，难以均匀混合，共混物性能大大降低。PVC与PIB以化学键相连，是将两者优异性能相结合的有效方法。

以聚氯乙烯(PVC)大分子链中存在的少量不稳定氯原子(如烯丙基氯)为引发活性点，引发异丁烯阳离子聚合，设计合成了聚氯乙烯-*g*-聚异丁烯接枝共聚物(PVC-*g*-PIB)[168]。用柔性聚异丁烯大分子支链来代替PVC上的活泼氯原子，可以提高PVC的热稳定性和增强PVC韧性，成为韧性工程塑料。

本书著者团队[169-170]将氯乙烯树脂与异丁烯或者与异丁烯和其他共聚单体的混合物在共引发剂和电子给体的存在下进行非均相聚合反应，制备了一种氯乙烯树脂复合物。其中，该氯乙烯树脂复合物包括固态的氯乙烯树脂固体以及包覆在所述氯乙烯树脂固体表面的氯乙烯树脂接枝共聚物，得到了集改善的力学性能、增塑性能、热稳定性和气密性于一身的新型综合性能优异的氯乙烯树脂复合物，且生产工艺简单，节约了生产成本。该氯乙烯树脂复合物具有优异的力学性能，拉伸强度为46MPa，与对应的氯乙烯树脂相比，达到了增强增韧的效果；氯乙烯树脂复合物具有较好的加工性能和改善的热稳定性能，其分解温度比相应的氯乙烯树脂分解温度提高达 44℃，拓宽了加工窗口；所制备的氯乙烯树脂复合物还具有优异的气体阻隔性能，比相应的氯乙烯树脂提高幅度高达 20 倍。

本书著者团队[163,171]进一步通过接出接枝的方法，在聚氯乙烯 -*g*- 聚异丁烯的基础上，将聚醚分子链引入聚氯乙烯侧链，制备了一种以含氯乙烯结构单元链段为主链，分别以含非极性异烯烃结构单元链段和极性醚结构单元链段为支链的三元双接枝共聚物，非极性的含异烯烃结构单元聚合物链段接入主链后，使得氯乙烯树脂的疏水性能提高。极性的含醚结构单元聚合物链段接入主链后，材料的极性提高。双接枝共聚物赋予材料优异的抗蛋白吸附性，在不加入有害添加剂的同时赋予了材料的功能性。

2．接入接枝法 (grafting onto)

本书著者团队[172-179]通过活性阳离子聚合结合官能化反应制备窄分子量分布、预定分子量的烯丙基溴官能化聚异丁烯 (PIB-allyl-Br)，以 PIB-allyl-Br 为大分子引发剂引发四氢呋喃 (THF) 开环聚合，制备含有 THF 链节数较少的聚异丁烯 -*b*- 聚四氢呋喃活性链 (PIB-b-$PTHF^+$)，其链端氧鎓离子分别与聚氨基酸苄酯主链上亚胺基团、壳聚糖上的氨基、羟丙基纤维素上的羟基、海藻酸钠上的羟基或葡聚糖上的羟基反应，将 PIB 支链键接到这些生物大分子主链上，得到一系列生物大分子接枝聚异丁烯两亲性接枝共聚物。

（1）聚氨基酸 -*g*- 聚异丁烯接枝共聚物

聚肽具有良好的生物相容性和生物降解性，对人体和环境无毒，具有生态友好性，在生物医药领域应用前景广阔，如组织工程支架和药物载体等材料。但是聚肽还存在诸如降解周期不可控、降解速率不可控和力学性能较差等缺点，从而限制了聚肽类生物材料的广泛应用。

A. 聚氨基酸 -*g*- 聚异丁烯接枝共聚物

聚谷氨酸苄酯 (PBLG) 具有良好的生物相容性、生物降解性和生态友好性，由于 α- 螺旋二级结构的聚谷氨酸苄酯链段可与药物结合而具有良好的载药性，可用作制备生物可降解载药微球的药物缓释载体。

本书著者团队[173-174,179]采用活性阴离子开环聚合与活性正离子开环聚合相结合，将 PTHF 支链接到聚谷氨酸苄酯 (PBLG) 主链 -N 官能团上，设计合成了具有 α- 螺旋二级结构的刚性主链 PBLG 和 PTHF 支链的 PBLG-*g*-PTHF 接枝共聚物，如图 4-77 所示。典型的 ^{1}H NMR 谱图和 ^{13}C NMR 谱图见图 4-78 所示。

支链 PTHF 的质子特征峰与化学位移 δ 的对应关系为：δ = 1.62(4H, 2×—CH_2—, PTHF) 和 δ = 3.42 (4H,—CH_2—O—CH_2—, PTHF)；主链 PBLG 的质子特征峰与 δ 的对应关系为：δ = 3.92 (1H, —CH—CO—, PBLG) 和 δ = 5.05 (2H, —

CO—CH_2—, PBLG)。由于接枝反应的发生，主链和支链键接处，支链 PTHF 亚甲基在 $\delta = 2.13$ 处产生了 7″ 较弱的质子特征峰 (2H, —CH_2—N— , PTHF)，主链 PBLG 的次甲基在 $\delta = 2.62$ 处产生了 2′ 质子特征峰 (1H, —N—CH— , PBLG)，连接点处上述 7″ 和 2′ 质子特征峰的出现，表明了接枝共聚物的成功合成。在 ^{13}C NMR 谱图中，在 $\delta = 58.33$、175.99、24.56、30.97、172.21、66.22、136.22 和 127 ～ 128 处的特征峰，分别对应主链 PBLG 上相应的碳原子 C_a、C_b、C_c、C_d、C_e、C_f、C_g 和 C_h；化学位移在 $\delta = 70.96$ 和 24.78 处的特征峰，分别对应支链 PTHF 上相应的碳原子 C_i、$C_{i'}$ 和 C_j。接枝反应的发生使得在 $\delta = 72.43$ 和 22.24 处产生与 PBLG 主链相连的 PTHF 结构单元的特征峰 $C_{i''}$ 和 $C_{j''}$，说明了主链 PBLG 结构单元中的—NH—对 PTHF 活性链进行可控终止，得到的 PBLG-*g*-PTHF 结构明确，进一步确认 PBLG-*g*-PTHF 的成功制备。

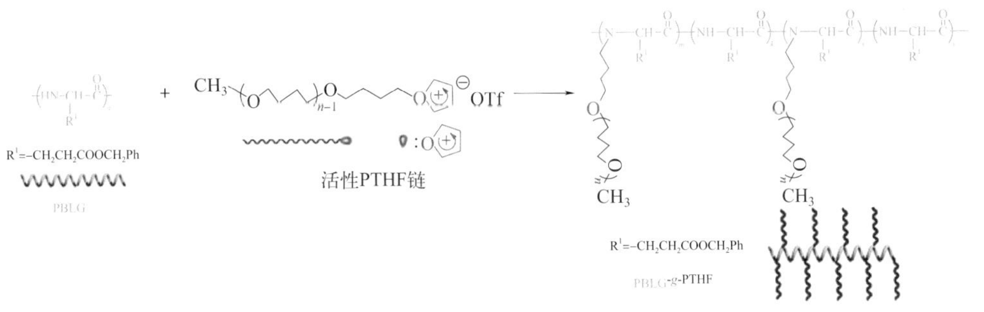

图4-77 PBLG-*g*-PTHF接枝共聚物的合成反应式

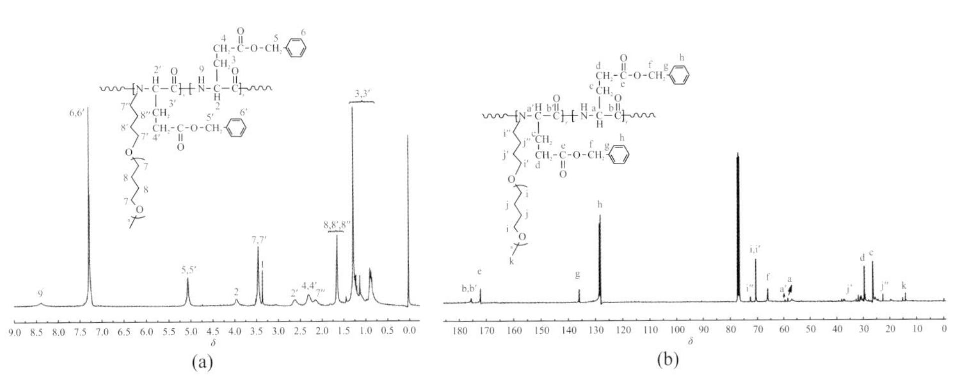

图4-78 典型的PBLG-*g*-PTHF接枝共聚物^{1}H NMR谱图（a）和^{13}C NMR谱图（b）

由图 4-79 所示，在合成 PBLG-*g*-PTHF 接枝共聚物时，投料中 PTHF 活性链含量（摩尔分数）与 PBLG-*g*-PTHF 接枝共聚物中 PTHF 实际含量（摩尔分数）

的关系，在很宽的投料范围（1% ～ 90%，摩尔分数）内都是接近，即投料比与组成比接近，说明 PTHF 活性链基本上通过亲核取代反应接枝到 PBLG 主链上，反应效率接近 100%，即 PTHF 活性链的接枝效率 (G_E) 接近 100%。不同的接枝共聚物 PBLG-*g*-PTHF 其支链的长度和数目的调控，可以分别通过调节 PTHF 活性链的聚合度和改变 [PTHF]/[—NH—] 的摩尔比实现。因此，通过上述方法实现了一系列不同主链长度、支链长度及接枝数目的接枝共聚物 PBLG-*g*-PTHF 的可控制备，其主链（PBLG）长度的聚合度可在 10 ～ 207 之间进行调节，支链（PTHF）长度的聚合度可在 10 ～ 147 之间进行调节，支链的数目可在 8 ～ 165 之间进行调节。因此，通过该可控终止的方法，可简单高效地实现由“支化”到“分子刷”不同拓扑结构的接枝共聚物的制备。

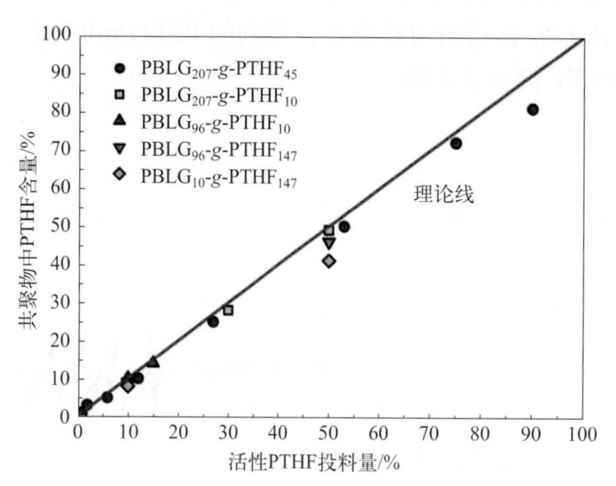

图4-79 投料中PTHF活性链含量（摩尔分数）与PBLG-*g*-PTHF接枝共聚物中PTHF含量（摩尔分数）的关系

典型的 PBLG、PTHF 和 PBLG-*g*-PTHF 样品的圆二色谱（CD）如图 4-80 所示。PTHF 本身没有螺旋结构信号，$PBLG_{207}$ 在 238nm 处出现特征吸收峰，归属于其分子链的 α- 螺旋结构，这与文献报道的相似[180-182]。PBLG-*g*-PTHF 接枝共聚物，在 238nm 处仍存在特征吸收峰，峰强与共聚组成有关，随着支链 PTHF 数目增多，在 238nm 处的峰强逐渐减弱，说明接枝共聚物主链 PBLG 仍然保持其 *α*- 螺旋的二级结构。

在上述研究基础上，为了合成 PBLG-*g*-PIB 接枝共聚物，本书著者团队[178]先采用 TMPCl/$FeCl_3$/^{i}PrOH 体系引发异丁烯活性阳离子聚合，通过调节 [IB]/[TMPCl] 制备不同分子量、窄分子量分布（$\overline{M}_w/\overline{M}_n<1.2$）的系列末端叔氯端基官能化聚异丁烯（PIB-Cl）和末端烯丙基氯端基官能化聚异丁烯（PIB-allyl-Cl）。通过卤素置换反应将不同分子量的 PIB-allyl-Cl 置换为 PIB-allyl-Br，利用溴原子更强的离去能力以提高形成活性中心碳正离子的反应速率和反应效率。以 PIB-allyl-Br 为引发剂，以 $AgClO_4$ 为共引发剂，进行 THF 阳离子开环聚合形成末端含有氧鎓离子的活性链 PIB-THF_x^+（$x \leqslant 5$）。将 PIB-THF_x^+ 活性链溶液加入 PBLG 的 THF 溶液中，通过 grafting onto 合成策略制备接枝共聚物 PBLG-*g*-PIB/Ag 纳米复合材料（如图 4-81 所示）。由于 $AgClO_4$ 的引入在有机反应过程中会产生溴化银，溴化银在光照下会原位生成纳米银，得到 PBLG-*g*-PIB/Ag 纳米复合材料。通过改变 [PIB-THF_x^+]/[−NH−] 摩尔比和主链 PBLG 分子量设计合成了一系列不同接枝密度及主链长度的接枝共聚物 PBLG-*g*-PIB/Ag 纳米复合材料。

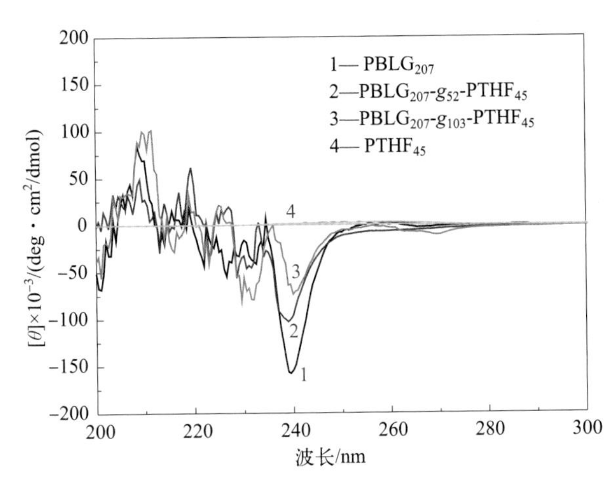

图4-80　PBLG、PTHF和PBLG-*g*-PTHF的CD谱图（$CHCl_3$中）

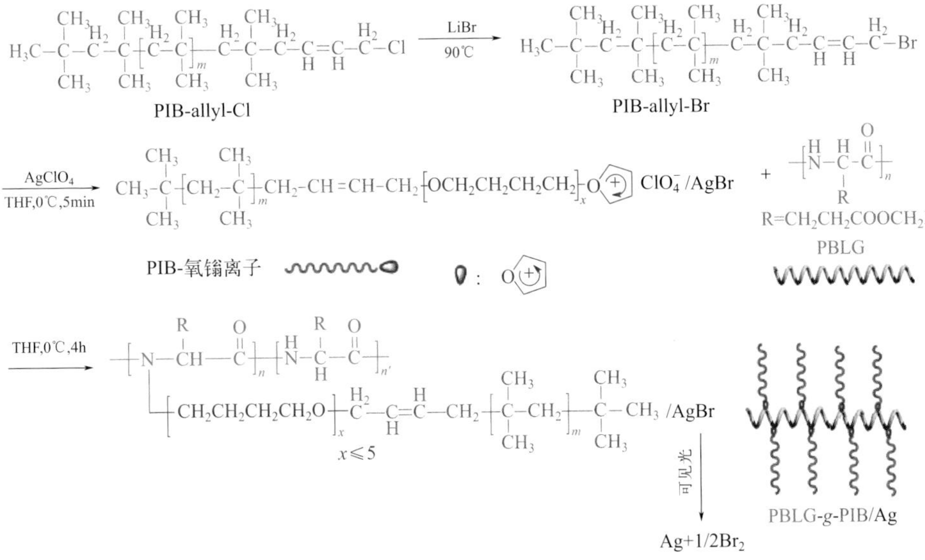

PIB-allyl-Cl
LiBr
90℃
PIB-allyl-Br
$AgClO_4$
THF,0℃,5min
ClO_4^-/AgBr
$R=CH_2CH_2COOCH_2Ph$
PBLG
PIB-氧鎓离子
THF,0℃,4h
/AgBr
$x \leqslant 5$
可见光
$Ag+1/2Br_2$
PBLG-*g*-PIB/Ag

图4-81　通过“grafting onto”路线合成PBLG-*g*-PIB/Ag纳米复合材料（$x \leqslant 5$）

典型的PBLG、PIB和PBLG-*g*-PIB的红外光谱图如图4-82（a）所示，PBLG-*g*-PIB共聚物的红外特征峰位对应如下：746cm^{-1}和697cm^{-1}为PBLG主链的侧基的苯环面外变形振动特征吸收峰，1733cm^{-1}是PBLG侧基的羰基C═O伸缩振动特征吸收峰，1452cm^{-1}为PBLG主链的C—N的弯曲振动特征吸收峰，3292cm^{-1}处为PBLG主链N—H的伸缩振动特征吸收峰。在波长1655cm^{-1}和1548cm^{-1}处可以观察到PBLG主链的骨架结构上的α-螺旋酰胺基团Ⅰ和Ⅱ的特征吸收峰，说明接枝反应前后PBLG主链的α-螺旋二级结构能很好地保持。在2951cm^{-1}处出现了PIB的特征吸收峰，1100cm^{-1}处出现了PBLG与PIB-THF$_n^+$接枝点—N<的伸缩振动峰，证明PBLG-*g*-PIB接枝共聚物的成功合成。通过改变[PIB$^+$]/[—NH—]摩尔比和PBLG链段长度合成了一系列不同接枝密度和主链长度的接枝共聚物。在主链和支链长度一定时，随着[PIB$^+$]/[—NH—]摩尔比或接枝密度的增加，如图4-82（b）所示，在3292cm^{-1}处的PBLG主链的N—H伸缩振动特征吸收峰强度逐渐降低，而1100cm^{-1}处接枝点—N<的伸缩振动特征吸收峰强度逐渐升高，1655cm^{-1}和1548cm^{-1}处α-螺旋酰胺基团特征吸收峰强度有所降低。在接枝密度和支链长度一定的情况下，随着PBLG主链长度的增加，在3292cm^{-1}处酰胺N—H伸缩振动峰强度增强，在1100cm^{-1}处的—N<的伸缩振动峰强度随主链长度的增加而增强，在1655cm^{-1}和1548cm^{-1}处α-螺旋酰胺基团特征吸收峰强度有一定的增强。

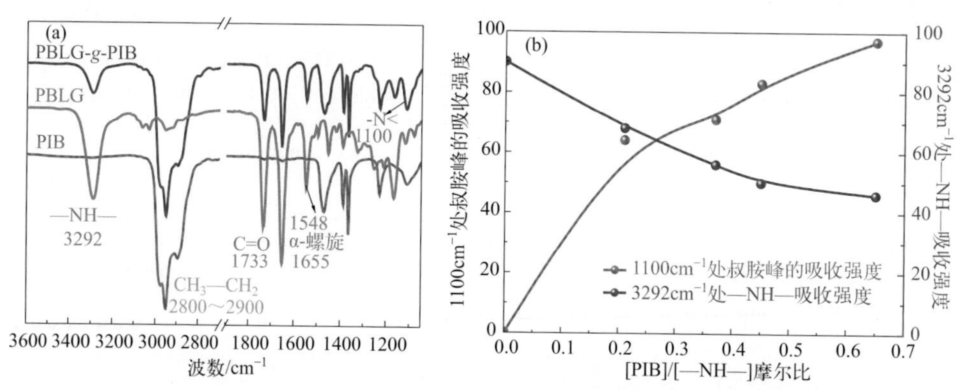

图4-82 PBLG-*g*-PIB，PBLG和PIB的代表性FTIR光谱（a）；—N<基团在1100cm^{-1}处的特征峰强度和—NH—基团在3292cm^{-1}处的特征峰强度与[PIB$^+$]/[—NH—]的摩尔比的关系（b）

本书著者团队[173-174]进一步采用活性阴离子开环聚合与活性阳离子聚合相结合的方法设计合成聚谷氨酸苄酯-*g*-(聚四氢呋喃-*b*-聚异丁烯)嵌段接枝共聚物[PBLG-*g*-(PTHF-*b*-PIB)]。通过大分子引发剂PIB-allyl-Br引发THF活性阳离子开环聚合得到末端含有氧鎓离子的 PIB-*b*-PTHF$^+$ 活性链。再与 PBLG 链段的亚氨基 (—NH—) 发生亲核取代反应，得到 PBLG-*g*-(PTHF-*b*-PIB) 嵌段接枝共聚物，如图 4-83 所示。

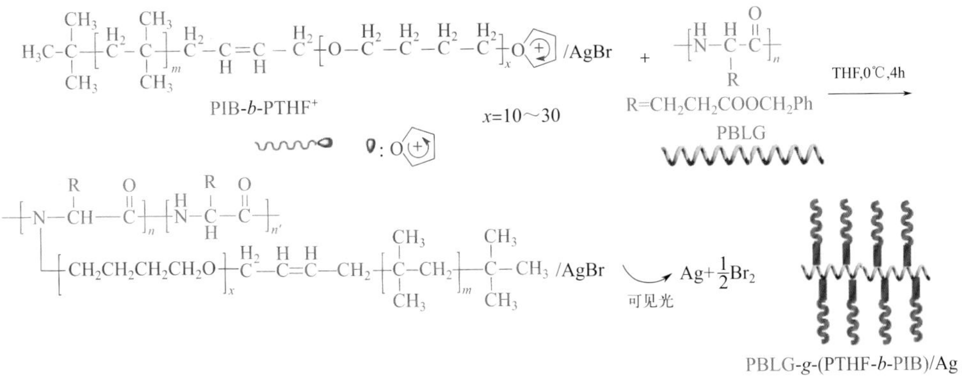

CH_3　CH_3　H_2　H_2　H_2　H_2　H_2　H_2　O

$H_3C-C-[C-C]_m-C-C=C-C-[O-C-C-C-C]_x-O^{+}$ /AgBr　+　$[N(H)-C(H)(R)-C(=O)]_n$

CH_3　CH_3　H　H　R

PIB-*b*-PTHF$^+$　　x=10～30　　R=$CH_2CH_2COOCH_2Ph$　　THF,0℃,4h

PBLG

R　O　R　O

$[N-CH-C]_n[N(H)-C(H)(R)-C]_{n'}$

CH_3　CH_3

$[CH_2CH_2CH_2CH_2O]_x-C(H_2)-C(H)=C(H)-CH_2-[C-CH_2]_m-C-CH_3$ /AgBr　可见光　Ag+$\frac{1}{2}Br_2$

CH_3　CH_3

PBLG-*g*-(PTHF-*b*-PIB)/Ag

图4-83　PBLG-*g*-(PTHF-*b*-PIB)/Ag的合成反应式

典型的 PBLG-g-(PTHF-*b*-PIB) 嵌段接枝共聚物的 ^{1}H NMR 谱图和各质子特征峰及其归属如图 4-84 所示。在 PBLG 结构单元中，质子特征峰与 δ 的对应关

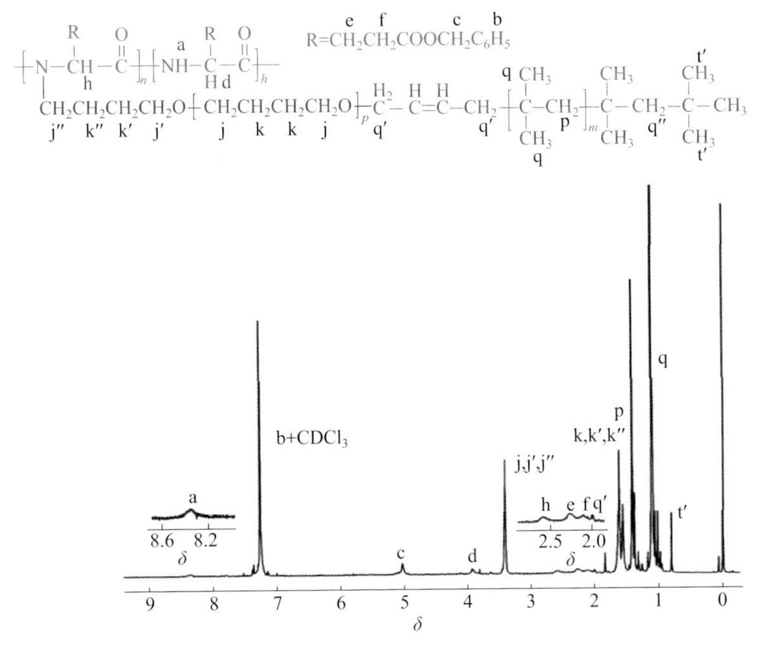

图4-84　PBLG-*g*-(PTHF-*b*-PIB)嵌段接枝共聚物的^{1}H NMR谱图

系为：δ = 3.92(1H, d, —CH—CO—, PBLG)；5.05(2H, c, —CO—CH_2—, PBLG)；8.35(1H, a, —CO—NH—, PBLG)。在 PBLG-*g*-(PTHF-*b*-PIB) 嵌段接枝共聚物中，主链 PBLG 在接枝反应之后的结构单元中产生新的质子特征峰 (1H, h, ＞N—CH—, PBLG)，对应于 δ = 2.62。在 PBLG-*g*-(PTHF-*b*-PIB) 嵌段接枝共聚物中，主链 PBLG 与支链中 PTHF 链段连接处产生新的质子特征峰 (2H, j″, ＞N—CH_2—)，对应于 δ = 2.13。在 PBLG-*g*-(PTHF-*b*-PIB) 嵌段接枝共聚物中，支链上 PTHF 链段的质子特征峰与化学位移 δ 的对应关系为：δ = 1.62(4H, k, 2×—CH_2—, PTHF) 和 3.42(4H, j, —CH_2—O—CH_2—, PTHF)。在 PBLG-*g*-(PTHF-*b*-PIB) 嵌段接枝共聚物中，支链上 PIB 链段的质子特征峰与化学位移 δ 的对应关系为：δ = 1.41(2H, p, —CH_2—, PIB) 和 1.11(6H, q, 2×—CH_3, PIB)。

共聚物中支链的接枝密度 (G_D) 及支链中 PTHF 的数均分子量 ($\overline{M}_{n,PTHF}$) 均可由 ^{1}H NMR 测出。此外，根据 ^{1}H NMR 特征峰积分值，可以计算共聚物中 PIB 质量分数。

B. 聚赖氨酸 -*g*- 聚异丁烯接枝共聚物

聚赖氨酸主要组成部分赖氨酸是人体必需氨基酸之一。在适当 pH 环境下，聚赖氨酸侧基的氨基易质子化，进而通过静电作用破坏细菌膜致其死亡，具有优秀的广谱抗菌能力，对革兰氏阴性、阳性菌包括各种耐药性细菌都具有显著的抑菌、灭菌效果，并且因其独特的抗菌机制而不易引发耐药性。但因其对哺乳动物细胞也具有较高的毒性，故限制了其在生物医药领域的应用。单独的聚赖氨酸有时难以满足生物医用材料复杂多变的要求，接枝改性是改善聚赖氨酸性能及拓展应用的重要途径之一[180-181]。

通过官能化聚乙二醇上的琥珀酰亚胺官能团与聚赖氨酸上的伯胺间的反应，结合“grafting onto”方法制备聚赖氨酸 -*g*- 聚乙二醇接枝共聚物 (PLL-*g*-PEG)，可通过静电作用自组装成纳米粒子封装蛋白质药物[182]。

本书著者团队[183]设计合成聚赖氨酸苄酯 -*g*- 聚四氢呋喃接枝共聚物，首先采用经典的三光气法制备苄氧羰基赖氨酸 -*N*- 羧酸酐 (ZLL-NCA) 单体，在三乙烯四胺（TETA）引发剂作用下实现 ZLL-NCA 高效活性阴离子开环聚合，制备聚赖氨酸苄酯（PZLL）。进一步将合成的 $PTHF^+$ 活性链与聚赖氨酸苄酯（PZLL）链上的—NH—基团进行亲核取代反应，制备 PZLL-*g*-PTHF 接枝共聚物，如图 4-85 所示。且通过改变 PZLL 中—NH 和 $PTHF^+$ 活性链的摩尔比可以调节 PZLL-*g*-PTHF 接枝共聚物的 G_N。聚赖氨酸苄酯中每个结构单元具有两个—NH—基团作为接枝位点，$PTHF^+$ 活性链有多种连接方式：连接在 PZLL 主链的—NH—上，或连接在侧基的—NH—上，或两者兼有，但侧基的—NH—位阻小，反应活性高、反应概率大。

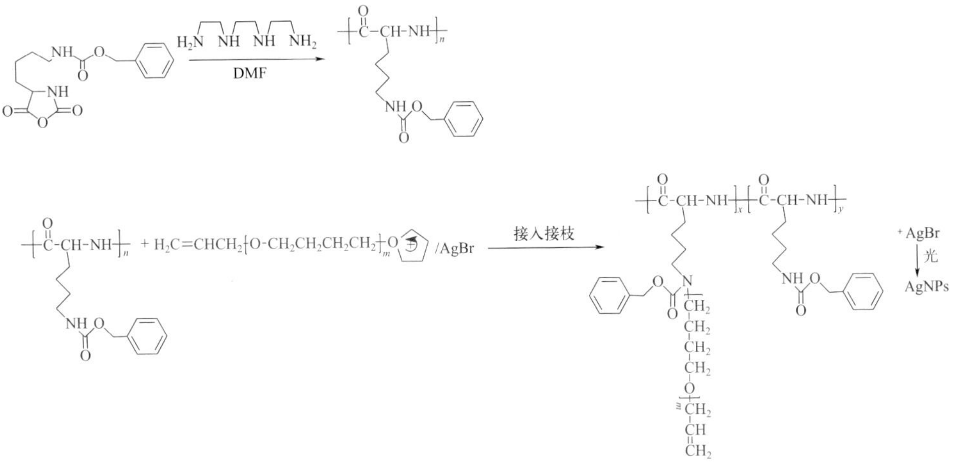

图4-85 聚苄氧羰基赖氨酸-*g*-聚四氢呋喃的合成反应式

典型的 PZLL-*g*-PTHF 接枝共聚物 FTIR 谱图和 ^{1}H NMR 谱图如图 4-86 所示。在 PZLL-*g*-PTHF 接枝共聚物 FTIR 谱图中，在 3340cm^{-1} 处的特征峰归属于 PZLL 中的—NH—基团，3060cm^{-1} 和 3030cm^{-1} 处两个尖峰归属于 PZLL 中苯环的—CH—的伸缩振动，2940cm^{-1} 和 2860cm^{-1} 处的峰归属于 PZLL 中—CH_2—的伸缩振动，1690cm^{-1} 处峰归属于 PZLL 侧基苄氧羰基上的—C═O 特征峰，1650cm^{-1} 与 1540cm^{-1} 处的峰分别是 PZLL 中酰胺Ⅰ带与酰胺Ⅱ带，意味着聚肽的 α- 螺旋结构，在 1100cm^{-1} 处出现了归属于聚四氢呋喃中醚键 C—O—C 的特征峰，表明 $PTHF^+$ 活性链成功接枝到 PZLL 主链上。

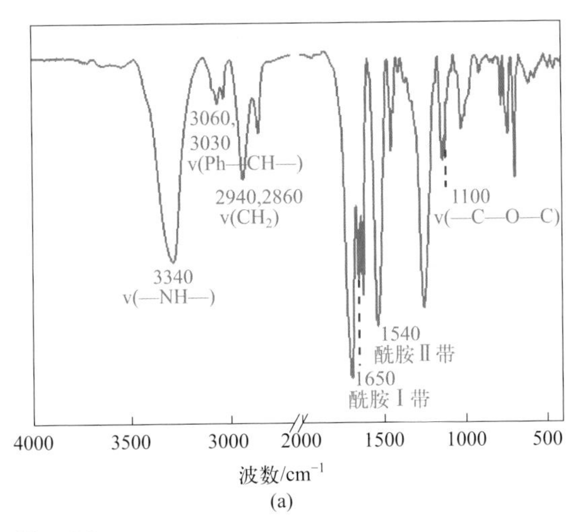

图4-86

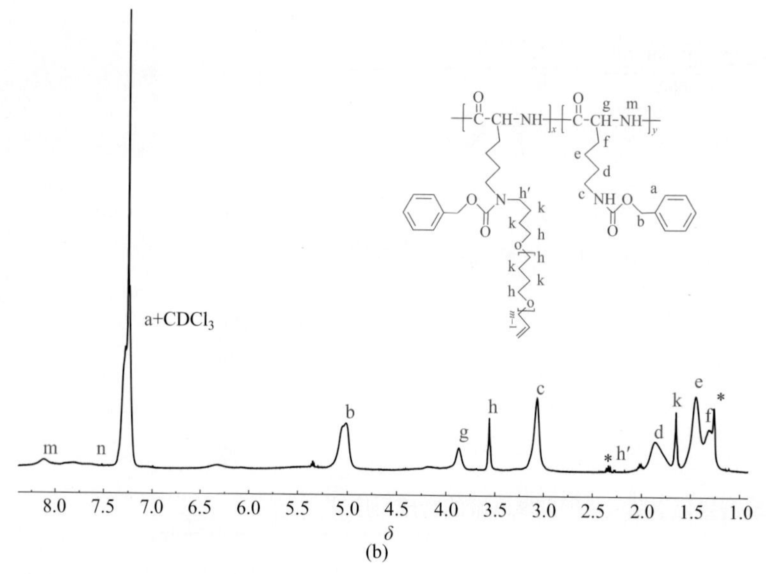

图4-86 典型的聚苄氧羰基赖氨酸-*g*-聚四氢呋喃FTIR谱图（a）；^{1}H NMR谱图($CDCl_3$)（b）

*为助溶剂 CF_3COOH 中杂质

在PZLL-*g*-PTHF的^{1}H NMR谱图中，在$\delta=7.26$(5H, a, —Ph)，$\delta=5.02$(2H, b, —O—C$\underline{H}_2$—Ph)，$\delta=3.07$(2H, c, —C$\underline{H}_2$—NH—)，$\delta=1.88$(2H, d, —$CH_2CH_2C\underline{H}_2CH_2NH$—)，$\delta=1.46$(2H, e, —$CH_2C\underline{H}_2CH_2CH_2NH$—)，$\delta=1.27$(2H, f, —$C\underline{H}_2CH_2CH_2CH_2NH$—)，$\delta=3.88$(1H, g, —OC—C$\underline{H}$—NH—)，$\delta=8.09$(1H, m, —OC—CH—N$\underline{H}$—) 处的化学位移分别归属于PZLL的对应质子，$\delta=7.52$(1H, n, —$CH_2CH_2N\underline{H}CO$—) 处的化学位移归属于PZLL中引发剂TETA的对应质子，在$\delta=3.56$(4H, h, —$OC\underline{H}_2CH_2CH_2C\underline{H}_2O$—)，$\delta=2.27$(2H, h′, >N—$C\underline{H}_2CH_2$—)，$\delta=1.65$(4H, k, —$OCH_2C\underline{H}_2C\underline{H}_2CH_2O$—) 处出现的新的化学位移峰归属于支链PTHF的对应质子。

由PZLL-*g*-PTHF在HBr/CH_3COOH及CF_3COOH作用下进行脱除PZLL的苄酯基反应，制备聚赖氨酸-*g*-聚四氢呋喃两亲性接枝共聚物，如图4-87所示。

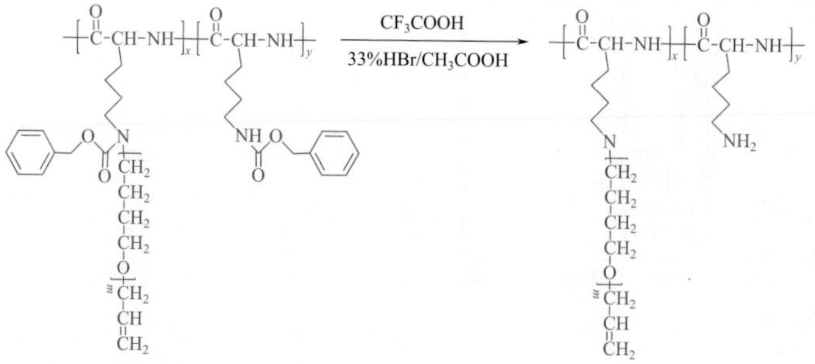

图4-87 聚赖氨酸-*g*-聚四氢呋喃的合成反应式

以 PIB-allyl-Br 大分子引发剂和 $AgClO_4$ 为共引发剂，引发 THF 开环，使得 PIB 链末端带上氧鎓离子的 $PIB\text{-}THF_m^+$ 活性链（$m \leqslant 3$），再通过“grafting onto”法和亲核取代反应制备聚赖氨酸苄酯 -*g*- 聚异丁烯（PZLL-*g*-PIB）接枝共聚物，进一步在酸催化下脱除苄基酯基团，得到聚赖氨酸 -*g*- 聚异丁烯（PLL-*g*-PIB）接枝共聚物，其合成反应式如图 4-88 所示。

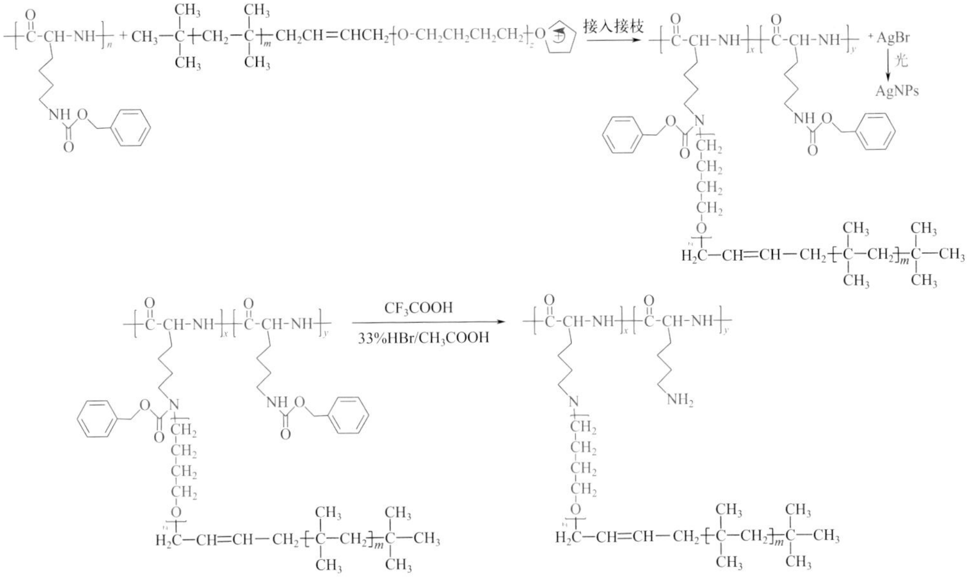

图4-88 聚苄氧羰基赖氨酸-*g*-聚异丁烯与聚赖氨酸-*g*-聚异丁烯接枝共聚物的合成反应式

（2）生物质多糖 -*g*- 聚异丁烯共聚物

生物质多糖是一种绿色可再生资源，多糖类化合物是当今世界上仅次于煤炭、石油和天然气的第四大资源，是生命有机体的重要组成部分，具有良好的血液相容性、组织相容性和免疫性，同时在生物体内易被酶解，是一类生物降解吸收型高分子材料，可应用于手术缝合线、伤口涂敷剂、人造皮肤、人工透析膜以及药物缓释材料等生物医用领域。多糖高分子链间存在氢键，导致其溶解性和熔融性差，其物性和加工性能难以满足要求，因而使其应用受到局限。通过共聚方法改性多糖材料，可有效改善它们的溶解、熔融等性能，更重要的是可使性能迥异、分子结构不同的材料优势得到最大发挥，并使改性后的新材料高性能化，具有特殊的功能。纤维素是地球上最为丰富、可再生、安全无毒、可生物降解的天然聚合物，约占生物质的 50%，年产量为 10^{11}t 左右 [184]。纤维素是 *β*-D- 脱水吡喃葡萄糖单元 (*β*-D-anhydroglucopyranose units，AGU 单元) 通过 *β*-1,4′- 糖苷键连接形成的多糖，*β*-D- 葡萄糖通过头碳 C1 和 C4 碳氧原子之间的键共价结合在一起，形成 β-1,4- 糖苷键 [184]。纤维素结构上的主要特征是两个氢键网络：位于纤维素链内的分子内氢键和位于纤维素链与链间的分子间氢键网络。纤维素的反应性源自脱水吡喃葡萄糖单元中的羟基，在 C2 和 C3 位上存在两种仲醇，在 C6 位上存在一种伯醇，其中—OH 反应活性顺序为：—OH (C6)≫—OH (C2)＞—OH (C3)[185-186]。羟丙基纤维素是一种重要的纤维素醚衍生物，具有在水和有机溶剂中良好的溶解性、可生物降解性和无毒性，还具温度敏感性，其最低临界溶解温度大于 40℃，已经被美国食品药品管理局（FDA）批准，可用于食品和药品制剂 [187-188]。

A. 纤维素 -*g*- 聚异丁烯接枝共聚物

本书著者团队 [175,178] 选择 PIB-allyl-Br/$AgClO_4$ 引发体系，在 0℃下引发 THF 阳离子开环加成反应，控制聚合反应条件，得到链末端为氧鎓离子的 $PIB\text{-}THF_m^+$ 活性链（m＜5）。采用“接入接枝”策略及亲核取代反应设计合成纤维素 -*g*- 聚异丁烯（HPC-*g*-PIB）极性 / 非极性接枝共聚物，合成反应式见图 4-89 所示。在 HPC-*g*-PIB 接枝共聚物的制备过程中，共引发剂 $AgClO_4$ 产生的副产物银盐在光照条件下可以原位生成银纳米粒子 (AgNPs)，可原位制备 HPC-*g*-PIB/AgNPs 纳米复合材料。

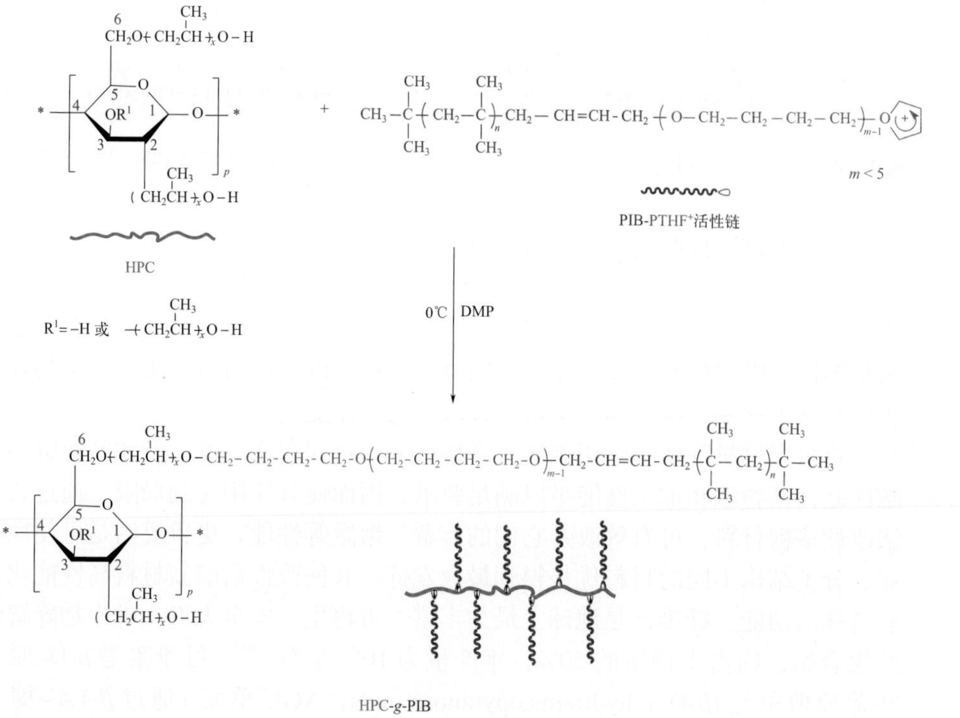

图4-89 HPC-*g*-PIB极性/非极性接枝共聚物的合成反应式

典型的PIB-PTHF、HPC-*g*-PIB和HPC的FTIR谱图和^{1}H NMR谱图见图4-90。在3430cm^{-1}、1123cm^{-1}和2970～2868cm^{-1}处的特征吸收峰，分别归属于HPC分子链上羟基—OH、醚键C—O—C和HPC及PIB分子链上的碳氢CH_3、CH_2、

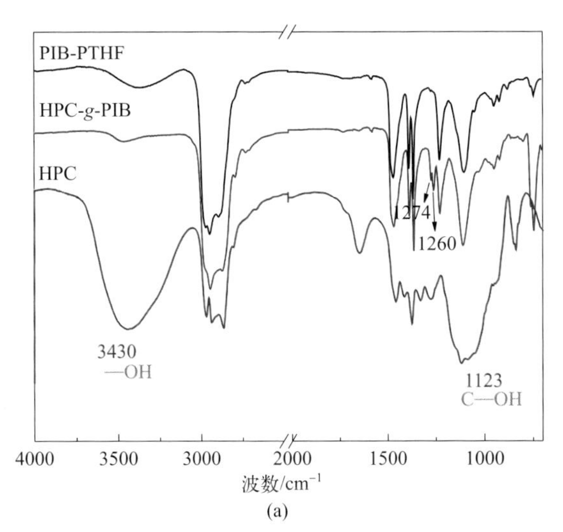

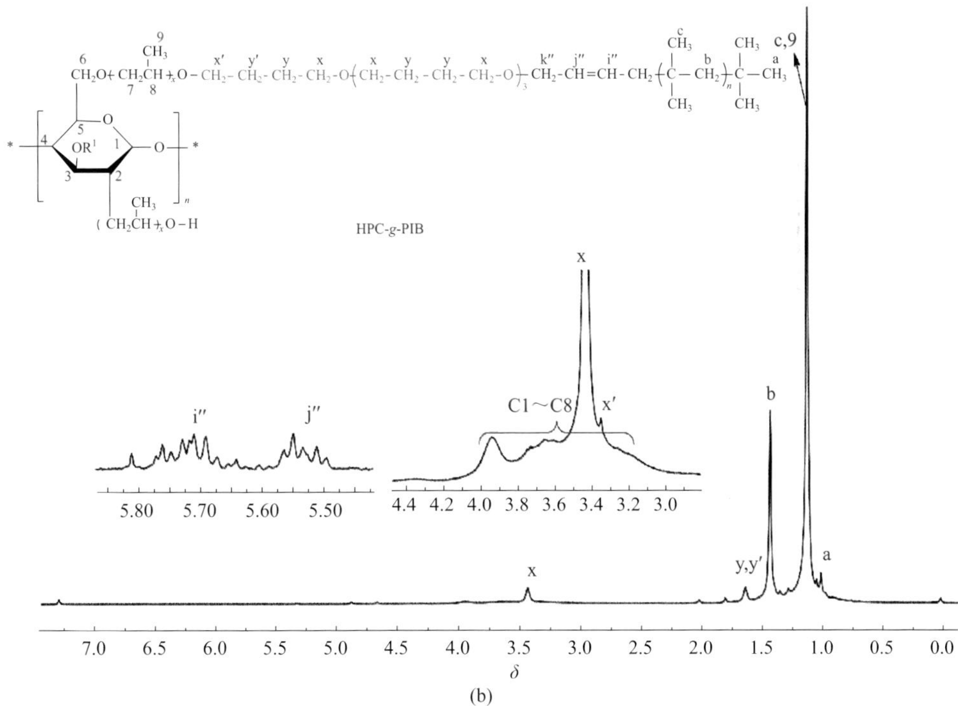

图4-90 HPC-*g*-PIB接枝共聚物FTIR谱图（a）（与PIB-PTHF和HPC对比）和^{1}H NMR谱图（b）

CH 的伸缩振动；1105cm^{-1} 处的吸收峰归属于 THF 结构单元中 C—O—C 的反对称伸缩振动；在 HPC-*g*-PIB 接枝共聚物中，出现 1260cm^{-1} 和 1274cm^{-1} 两处新的特征吸收峰，其中 1260cm^{-1} 归属于 THF 结构单元中连接点旁的—CH_2—面外剪切振动，1274cm^{-1} 归属于 THF 结构单元与主链直接相连的 C—O 不对称伸缩振动，表明 HPC-*g*-PIB 接枝共聚物的成功合成。

化学位移 δ = 0.99、1.11 和 1.41 (a、c 和 b 峰) 为支链 PIB 的质子特征峰；主链 HPC 中，化学位移 δ = 3.10 ～ 4.40 对应多糖分子链上 C1 ～ C8 连接的 CH_2 和 CH 质子特征峰，δ = 1.09 对应多糖分子链上 C9 连接的 CH_3(与 PIB 的 c 峰重合)；化学位移 δ = 1.62 和 3.42（ y 和 x 峰 ）为（ THF ）$_m$ 过渡段的质子特征峰，δ = 5.71 和 5.53（ i″ 和 j″ ）为（ THF ）$_m$ 与 PIB 连接段相应的质子特征峰。接枝反应发生后，靠近主链 O 原子的连接过渡段（ THF ）$_m$ 的亚甲基在 δ = 3.36(x′ 峰，—O—CH_2—，PTHF) 处出现了新的质子吸收峰，并相对于 x 峰向高场移动；与 x′ 峰相邻的亚甲基的 y′ 质子特征峰则基本与 y 峰重合，说明 PIB 通过（ THF ）$_m$ 过渡键接到了 HPC 分子链上。

同样，采用 PIB-*b*-$PTHF^+$ 活性链与主链 HPC 中的—OH 进行高效亲核取代反应，可以直接合成 HPC-*g*-(PTHF-*b*-PIB) 接枝嵌段共聚物。

本书著者团队 [176] 将生物质多糖溶于极性溶剂中，利用巯基羧酸中羧基与多糖中羟基官能团进行酯化反应，将巯基基团引入到生物质多糖分子链上，得到巯基官能化多糖。进一步在自由基引发剂存在下，采用热引发或光引发，巯基官能化多糖与末端含有乙烯基的聚异丁烯进行巯基 - 乙烯基 (thiol-ene) 点击反应，将 PIB 链末端直接键接到 HPC 主链上，高效制备 HPC-*g*-PIB 接枝共聚物，HRPIB 的 α- 双键质子特征峰的 δ = 4.64 (m_1 峰) 和 4.85 (m_2 峰) 消失，说明 α- 双键几乎全部参与 thiol-ene 点击反应。其合成反应式见图 4-91 所示。

B. 壳聚糖 -*g*- 聚异丁烯接枝共聚物

壳聚糖是甲壳质的一级衍生物，其化学结构为带阳离子的天然高分子碱性多糖聚合物，具有独特的理化性能和生物活化功能。壳聚糖是一种来源广泛、绿色无毒的天然高分子，是自然界中唯一存在的碱性多糖，具有良好的生物相容性、可降解性以及抗菌活性。但是其自身溶解性较差、韧性较低、较难加工的问题而限制了其应用范围。本书著者团队 [175] 通过活性阳离子聚合与接入接枝相结合的方式，将壳聚糖天然高分子与聚异丁烯合成高分子通过化学键方式有机结合起来，得到壳聚糖 -*g*- 聚异丁烯接枝共聚物。

每个壳聚糖 (CS) 单元环上均存在游离的氨基 (—NH_2) 和羟基 (—OH)，羟基与氨基之间相互作用可以形成分子间及分子内部纵横交错的氢键，造成了壳聚糖溶解性较差的缺陷。壳聚糖不溶于一般有机溶剂，如二氯甲烷、四氢呋喃等，难以进行均相共聚反应来改性。为了解决壳聚糖溶解性较差这一问题并保证基于壳

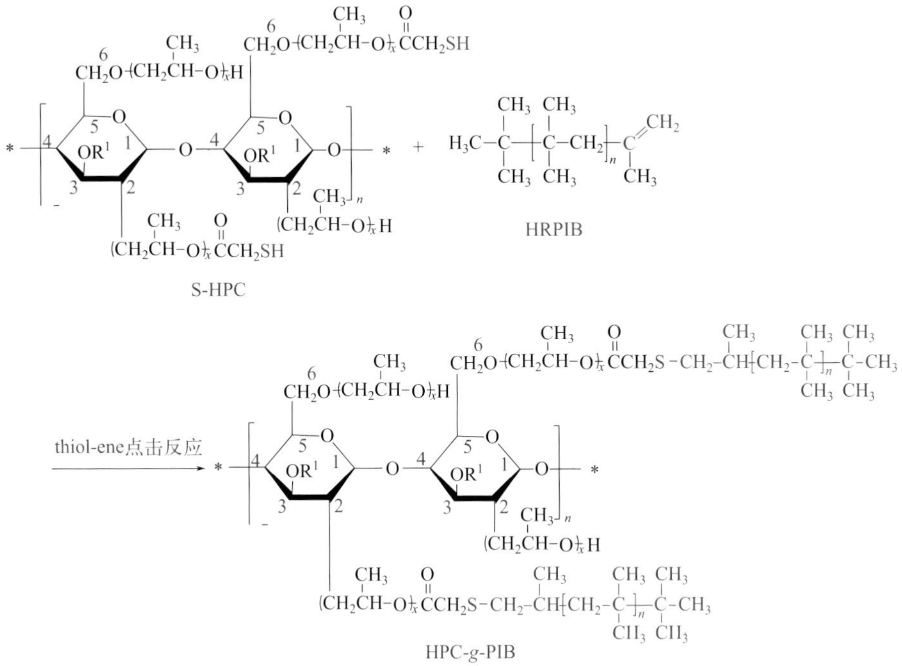

S-HPC: $*-[C_6$ ring (positions 1–6), OR^1, 6-$CH_2O(CH_2CH(CH_3)-O)_xH$, 2-$(CH_2CH(CH_3)-O)_xC(=O)CH_2SH$; 6-$CH_2O(CH_2CH(CH_3)-O)_xC(=O)CH_2SH$, 2-$(CH_2CH(CH_3)-O)_xH]_n-*$

\+ HRPIB: $H_3C-C(CH_3)_2-[CH_2-C(CH_3)_2]_n-C(CH_3)=CH_2$

thiol-ene点击反应 →

HPC-*g*-PIB: $*-[$ ring, OR^1, 6-$CH_2O(CH_2CH(CH_3)-O)_xH$, 2-$(CH_2CH(CH_3)-O)_xC(=O)CH_2S-CH_2-CH(CH_3)[CH_2-C(CH_3)_2]_n-C(CH_3)_2-CH_3$; 6-$CH_2O(CH_2CH(CH_3)-O)_xC(=O)CH_2S-CH_2-CH(CH_3)[CH_2-C(CH_3)_2]_n-C(CH_3)_2-CH_3$, 2-$(CH_2CH(CH_3)-O)_xH]_n-*$

图4-91 通过thiol-ene点击反应合成HPC-*g*-PIB接枝共聚物

聚糖的共聚反应顺利进行，需要提前对壳聚糖进行长链烷基酯化改性，如图 4-92 所示。由于癸酰氯具有链段较长的烷基，将其引入壳聚糖之后可以部分打破氢键相互作用达到提高溶解度的目的。壳聚糖与癸酰氯的反应条件较为温和，在室温条件下即可发生反应。在反应过程中不断有 HCl 生成，会导致酰化壳聚糖水解。为了防止水解反应的发生，需在反应过程中加入三乙胺作为缚酸剂，使得反应持续正向进行，高效制备酰化壳聚糖 (ACS) 产物。

采用烯丙基溴官能化聚异丁烯 (PIB-allyl-Br)/ 高氯酸银 ($AgClO_4$) 作为引发体系，引发 THF 开环加成形成末端活性链，同时结合接入接枝方法将不同分子量的 PIB 活性链通过均相反应接枝到壳聚糖 (ACS) 刚性主链上，原位制备壳聚糖 -*g*- 聚异丁烯接枝共聚物 (ACS-*g*-PIB)/ 银纳米复合材料。通过改变大分子引发剂的分子量，改变活性链与主链 ACS 上活性基团的摩尔比，即可调节接枝共聚物中的接枝链长度和接枝链平均数目，如图 4-92 所示。

ACS-*g*-PIB 接枝共聚物的 FTIR 谱图及特征吸收峰归属如图 4-93 所示。壳聚糖中 O—H 与 N—H 伸缩振动峰出现在 $3440cm^{-1}$ 处。随着接枝反应的进行，在 $3440cm^{-1}$ 处的收缩振动峰移动到 $3346cm^{-1}$ 处，说明反应进行后氢键作用力降低，引起振动峰的位置迁移。在 $3346cm^{-1}$ 处的宽峰归属于主链壳聚糖上活泼羟

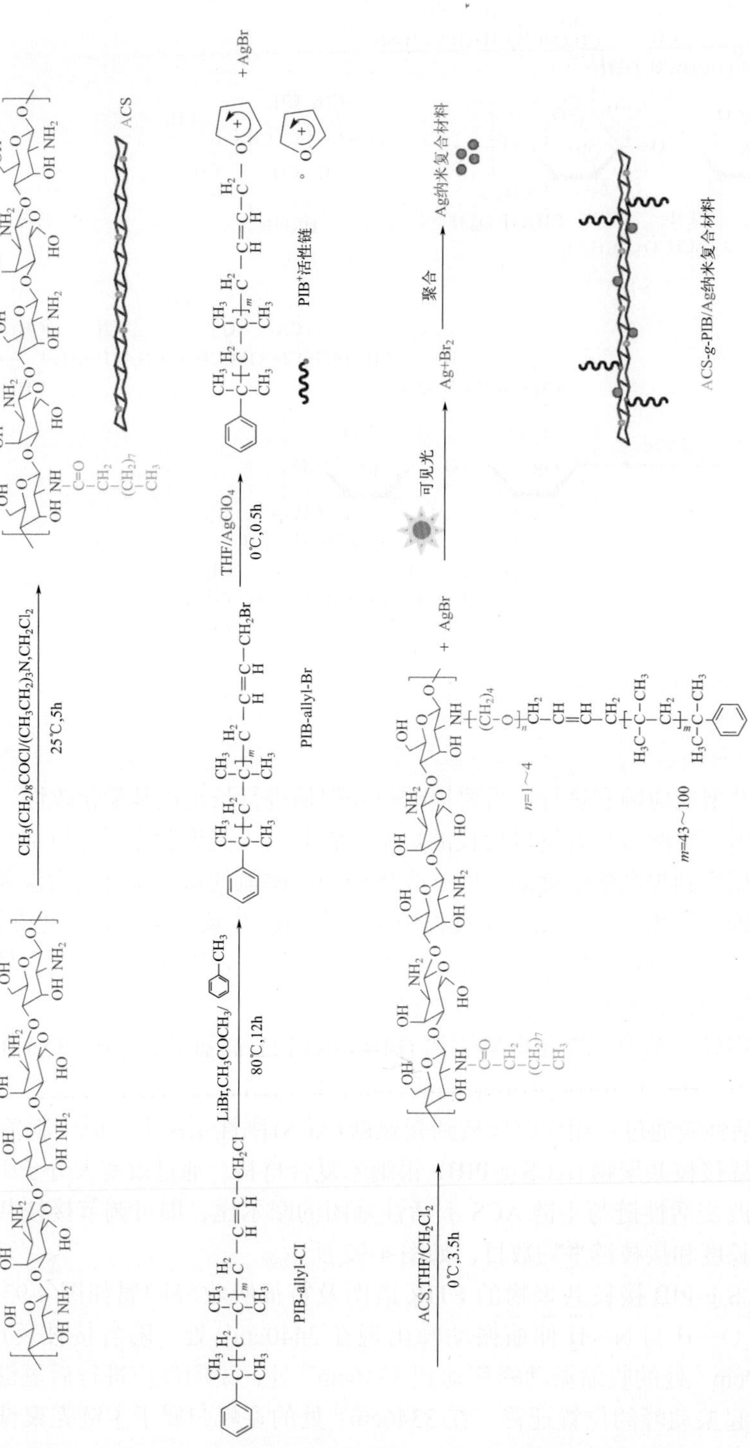

图4-92 ACS-g-PIB/Ag纳米复合材料的合成反应式

基 (—OH) 和氨基 (—NH_2) 的伸缩振动峰，宽峰的形成与—OH 和—NH_2 两个活泼基团形成的分子间与分子内的氢键有关。在 ACS-g_{11}-$PIB_{4.8k}$ 接枝共聚物中，在 1388cm^{-1} 和 1365cm^{-1} 处归属于 PIB 的结构特征峰。

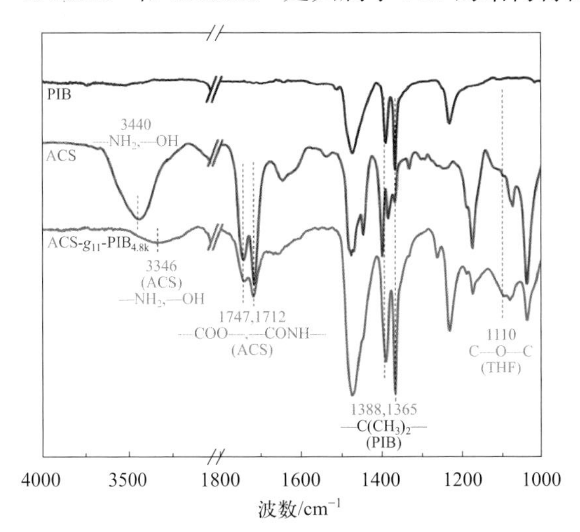

图4-93　ACS-*g*-PIB接枝共聚物的FTIR谱图

ACS-*g*-PIB 接枝共聚物的 ^{1}H NMR 谱图和各质子特征峰及其归属如图 4-94 所示。在主链 ACS 链段结构单元中，质子特征峰与化学位移的对应关系为：壳聚糖主链结构单元的质子峰在 δ = 3.10 ～ 3.14 处出现四重峰 (6H, d_2 ～ d_6, 4×—CH, —CH_2—)，4.19 (1H, d_1, —CH<)，δ = 2.38(2H, a, —CO—CH_2—)，1.27、1.42 (14H, b_1, b_2, 7×—C$\underline{H_2}$—CH_2—)，0.89(3H, c, —CH_3)。在 PIB 链段结构单元中，质子特征峰与

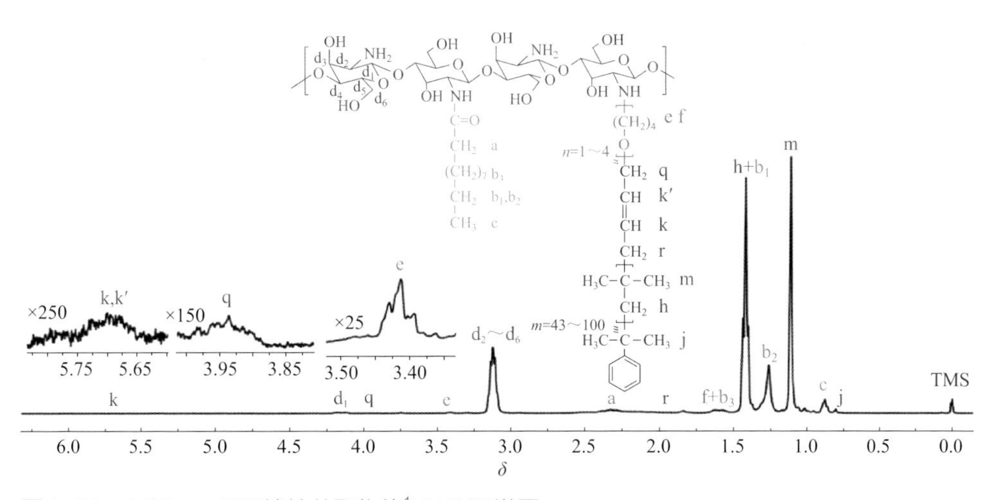

图4-94　ACS-*g*-PIB接枝共聚物的^{1}H NMR谱图

δ的对应关系为：δ = 1.42 (2H, h, —CH$_2$—, PIB)、1.11(6H, m, 2×—CH$_3$, PIB)、5.69 (1H, k, —CH$_2$C<u>H</u>═CH—CH$_2$—O—, PIB)；在过渡链段的 THF 结构单元中，质子特征峰与 δ 的对应关系为：δ = 3.41 (4H, e, —CH$_2$OCH$_2$—, THF) 和 1.62 (4H, f, 2×—CH$_2$, THF)。

为了观察纳米 Ag 颗粒在 ACS-*g*-PIB 接枝共聚物中的存在状态，将 ACS-*g*-PIB 接枝共聚物 /Ag 纳米复合材料进行高分辨透射电镜 (HR-TEM) 表征，见图 4-95。在接枝反应过程中生成的 AgBr 在太阳光的照射下转变为银单质，纳米 Ag 颗粒存在形态为球形并且存在相互交叉的晶格条纹。可以观察到纳米 Ag 的衍射点，并且在衍射点周围可以发现共聚物的弥散环，说明纳米 Ag 颗粒被共聚物包覆。纳米 Ag 颗粒尺寸均一，平均尺寸为 2.4nm。为了测定 ACS-*g*-PIB/Ag 纳米复合材料中 Ag 的质量含量，在空气气氛下进行 TGA［图 4-95（d）］测试，主链 ACS 与支链 PIB 在

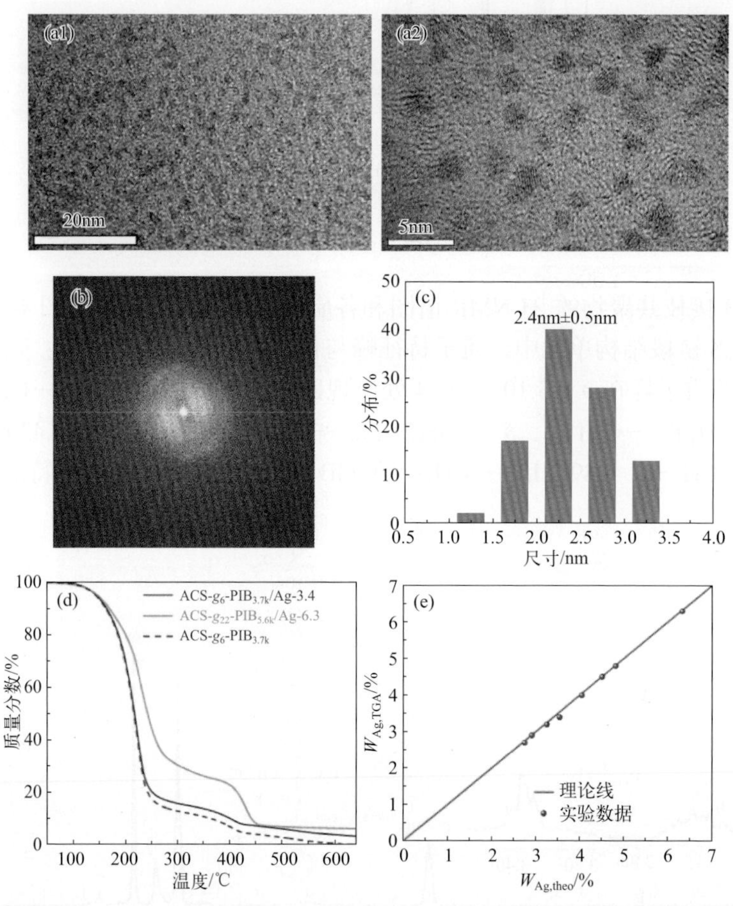

图4-95 ACS-*g*-PIB/Ag纳米复合材料中Ag纳米微球的高分辨TEM图片[(a1),(a2)]、FFT衍射点（b）和尺寸分布（c）、TGA曲线（d），以及理论Ag含量（$W_{Ag,theo}$）与实际Ag含量（$W_{Ag,TGA}$）的关系（e）

空气氛围下可以完全燃烧，ACS-*g*-PIB 接枝共聚物 /Ag 纳米复合材料完全燃烧后的残余量为复合材料中 Ag 的质量分数，为 2.7% ～ 6.3%。经过计算得出：在 ACS-*g*-PIB/Ag 纳米复合材料中理论 Ag 含量与实际 Ag 含量相吻合，如图 4-95（e）所示。

C. 葡聚糖 -*g*- 聚异丁烯接枝共聚物

葡聚糖是一种天然的中性多糖，具有良好的血液相容性、生物相容性、蛋白质吸附性和低细胞毒性，因此广泛应用于人造血浆、伤口愈合、涂层和药物输送 [189-191]。葡聚糖已被 FDA 批准为生物兼容材料，并成为各种生物医学应用的常见生物聚合物。然而，葡聚糖在水中的溶解性差，需通过对羟基官能团进行化学修饰，以提高其溶解性，有利于在生物医药领域的应用。

本书著者团队 [178] 通过接入接枝的方法，以分子链末端溴化的聚异丁烯为大分子引发剂，与 $AgClO_4$ 配伍，引发 THF 开环加成反应形成末端含氧鎓离子的 PIB 活性链，进一步与葡聚糖的—OH 进行亲核取代反应，设计合成酰化葡聚糖 -*g*- 聚异丁烯接枝共聚物 (AcyDex-*g*-PIB) 及其纳米银复合物，如图 4-96 所示。

平均接枝数目（G_N）可以通过 AcyDex 中活性基团—OH 和 PIB-（THF）$_m^+$ 活性链的摩尔比进行调控，G_N 为每 1000 个葡萄糖糖环上接枝 5 ～ 28 个 PTHF 支链。PIB 和 AcyDex 之间的短连接链段中的 THF 单体的数量（m）约为 3 ～ 5，与 PIB 长链（$\overline{M}_{n,PIB}$ = 2600 ～ 5800）相比，THF 连接段很短，将 AcyDex-*g*-(THF_4-*b*-PIB) 接枝共聚物可以简化为 AcyDex-*g*-PIB 接枝共聚物。

PIB、AcyDex 和 AcyDex-*g*-PIB 接枝共聚物的 FTIR 谱图如图 4-97（a）所示。在 $1730cm^{-1}$ 处的峰属于 AcyDex 主链中—C═O 基团的伸缩振动峰，在 $1365cm^{-1}$ 和 $1390cm^{-1}$ 处的两个峰属于 PIB 支链中—$C(CH_3)_2$—的特征吸收峰，在 $1110cm^{-1}$ 处的特征峰归属于（THF）$_4$ 连接段中的 C—O—C 基团的伸缩振动峰。$2850cm^{-1}$ 和 $2940cm^{-1}$ 的峰归属于 AcyDex-*g*-PIB 接枝共聚物中—CH_2—和—CH_3 基团的伸缩振动峰，$1465cm^{-1}$ 和 $1475cm^{-1}$ 的峰归属于接枝共聚物中—CH_2—和—CH_3 基团的弯曲振动峰，在接枝改性后明显加宽并增强。

如图 4-97（b）所示的 ^1H NMR 谱图中，在 δ = 0.88（3H, b, —CH_3, AcyDex），δ = 1.26、1.42、1.62（14H, d3、d2、d1, 7×—CH_2—, AcyDex），δ = 2.35（2H, h, —CO—CH_2—, AcyDex），δ = 3.07 ～ 3.14（5H, i3 ～ i6, 1×—CH_2—, 3×—CH<, AcyDex），δ = 4.69（1H, i2, —COO—CH<, AcyDex）和 δ = 5.35（1H, i1, —CH<, AcyDex）处的化学位移归属于 AcyDex 主链上相应的质子。对于 THF 连接段，在 δ = 1.62（4H, f, —$CH_2\underline{CH_2}\underline{CH_2}CH_2O$—, THF）和 δ = 3.41（4H, j, 2×—CH_2—O—, THF）处有两个特征峰。δ = 1.11[6H, c, —CH_2—$C(\underline{CH_3})_2$—, PIB]，δ = 1.42[2H, e, —$\underline{CH_2}$—$C(CH_3)_2$—, PIB] 和 δ = 5.40（2H, l, —CH═CH—, PIB）处的化学位移归属于 PIB 支链。此外，AcyDex 不溶于正己烷，而 PIB 可溶于正己烷，所得接枝共聚物不溶于正己烷。

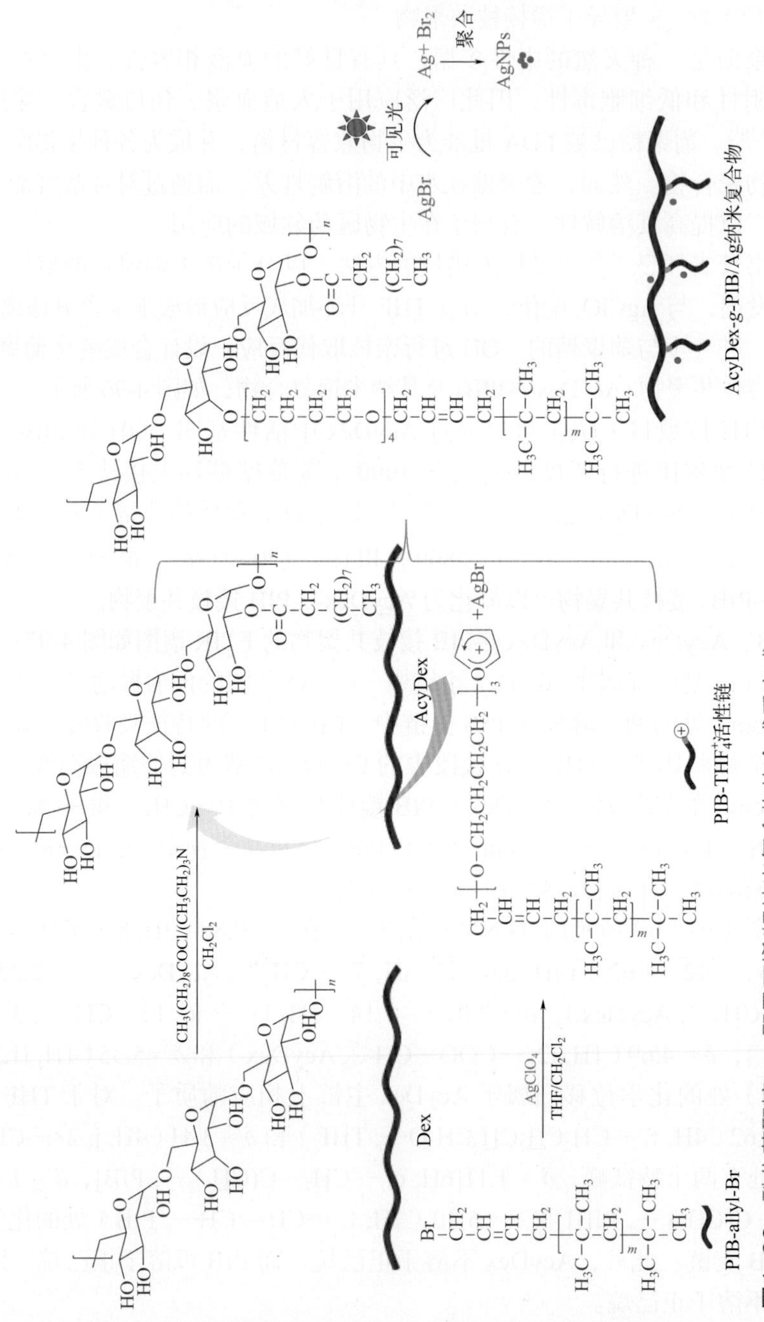

图4-96 酰化葡聚糖-g-聚异丁烯/银纳米复合物的合成反应式

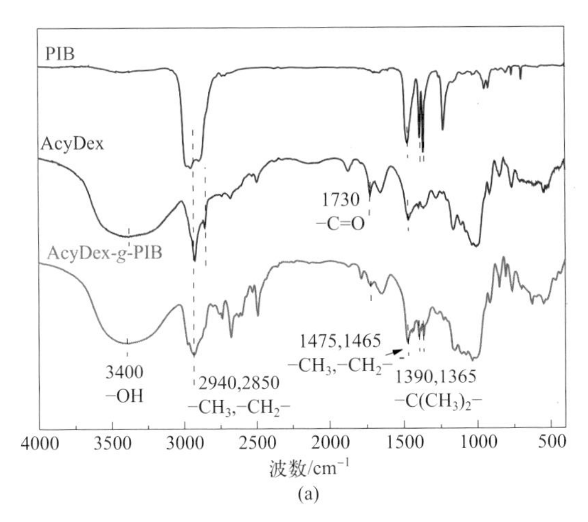

(a)

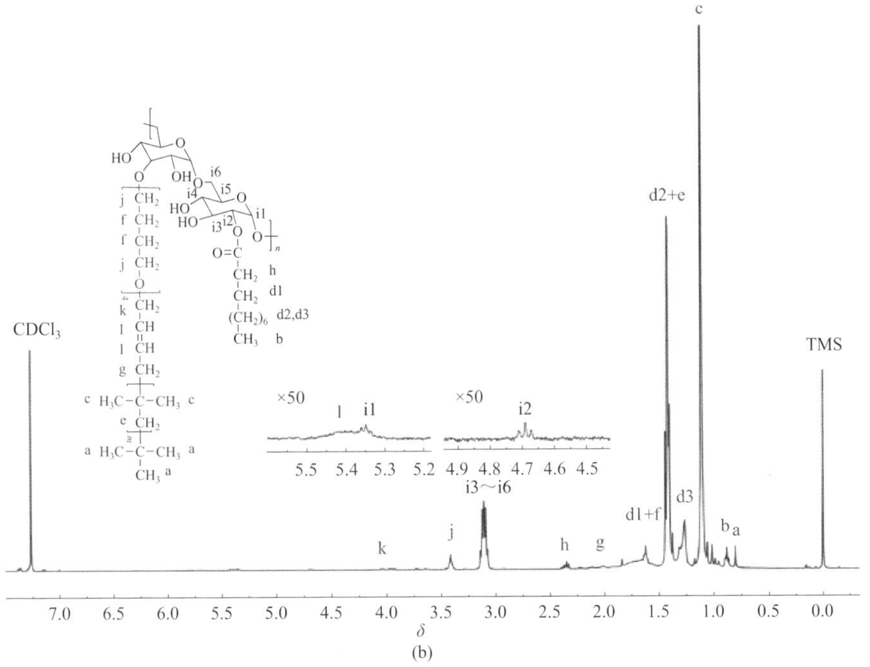

(b)

图4-97 AcyDex-*g*-PIB接枝共聚物FTIR谱图（a）和[1]H NMR谱图（$CDCl_3$）（b）

接枝共聚物 AcyDex-*g*-PIB/Ag 纳米复合物的未染色 TEM 照片及尺寸分布等见图 4-98。AgNPs（4.5 ～ 9.5nm）均匀地分散在聚合物基体中，AgNPs 的晶格间距为 0.23nm，其对应于 Ag 的（111）晶面。AcyDex-*g*-PIB 接枝共聚物中 AgNPs 的质量分数和 $AgClO_4$ 投料的理论质量分数一一对应，说明 AgNPs 由共引发剂 $AgClO_4$ 原位生成，体现了原子经济性和绿色化学特性。

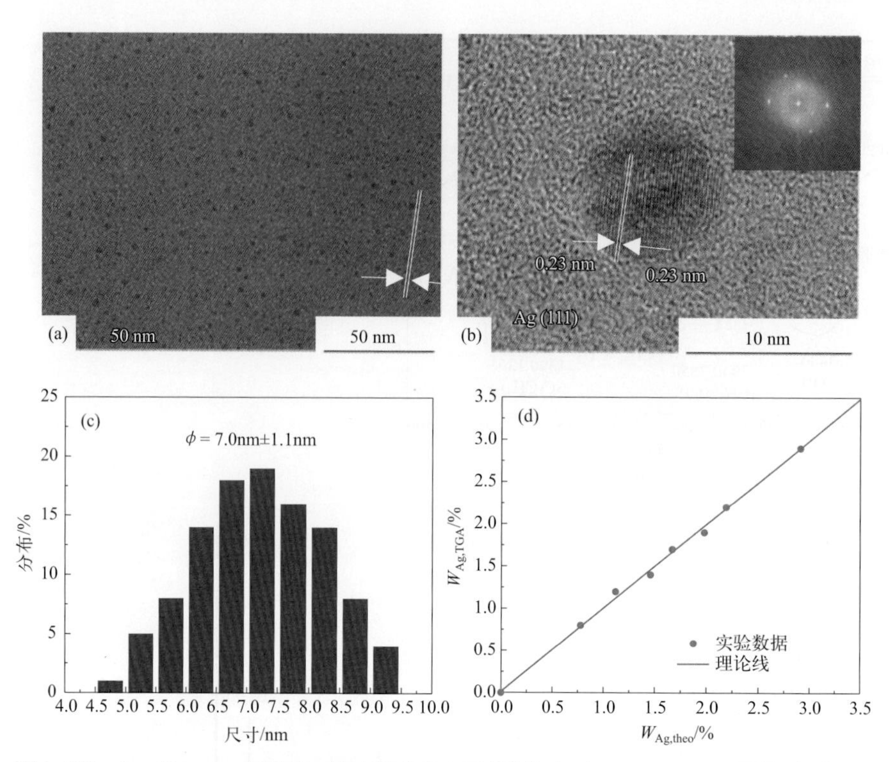

图4-98 AcyDex-*g*-PIB/Ag纳米复合物TEM图像（a）、HR-TEM图像（b）和AgNPs的尺寸分布（c），以及Ag质量分数与相应的理论质量分数的关系（d）

D. 海藻酸钠 -*g*- 聚异丁烯两亲性接枝共聚物

海藻酸钠 (SA) 是一种提取自海洋褐藻或某些特定细菌 (固氮菌、假单胞菌等) 分泌的可再生、来源广泛的天然线型水溶性多糖，具有优异的生物相容性、生物降解性、离子交换性、pH 响应 (敏感) 性、可凝胶性和独特的生物活性等，广泛应用于药物载体、组织工程材料、包装材料、吸附材料、储能材料、伤口敷料、化妆品和食品添加剂等领域。

本书著者团队[177]通过“接入接枝 (grafting onto)”的方法，采用末端官能化聚异丁烯 /$AgClO_4$ 体系引发 THF 开环反应形成末端含氧鎓离子的聚异丁烯活性链，进一步进行亲核取代反应，设计合成酰化海藻酸钠 -*g*- 聚异丁烯（ASA-*g*-PIB）接枝共聚物及其与 AgNPs 的原位复合材料，合成过程如图 4-99 所示[176]。

通过 ^{1}H NMR 对 ASA-*g*-PIB 接枝共聚物的分子结构进行表征分析，如图 4-100 所示[176]。接枝共聚物中癸酰基单元的质子特征峰与 δ 的对应关系为：δ = 0.88 (3H, a, —CH_3, ASA)；1.25、1.42、1.62 (14H, b2、b1、b3, 7×—CH_2—, ASA)；2.29(2H, c, —CO—CH_2—, ASA)；在支链 PIB 单元中质子峰归属为：1.11[6H, i, —CH_2—($\underline{CH_3}$)$_2$—, PIB]，1.42[2H, h, —$\underline{CH_2}$—(CH_3)$_2$—, PIB]；SA 主链在 δ = 3.08 ～ 3.15(4H，d2 ～ d5,

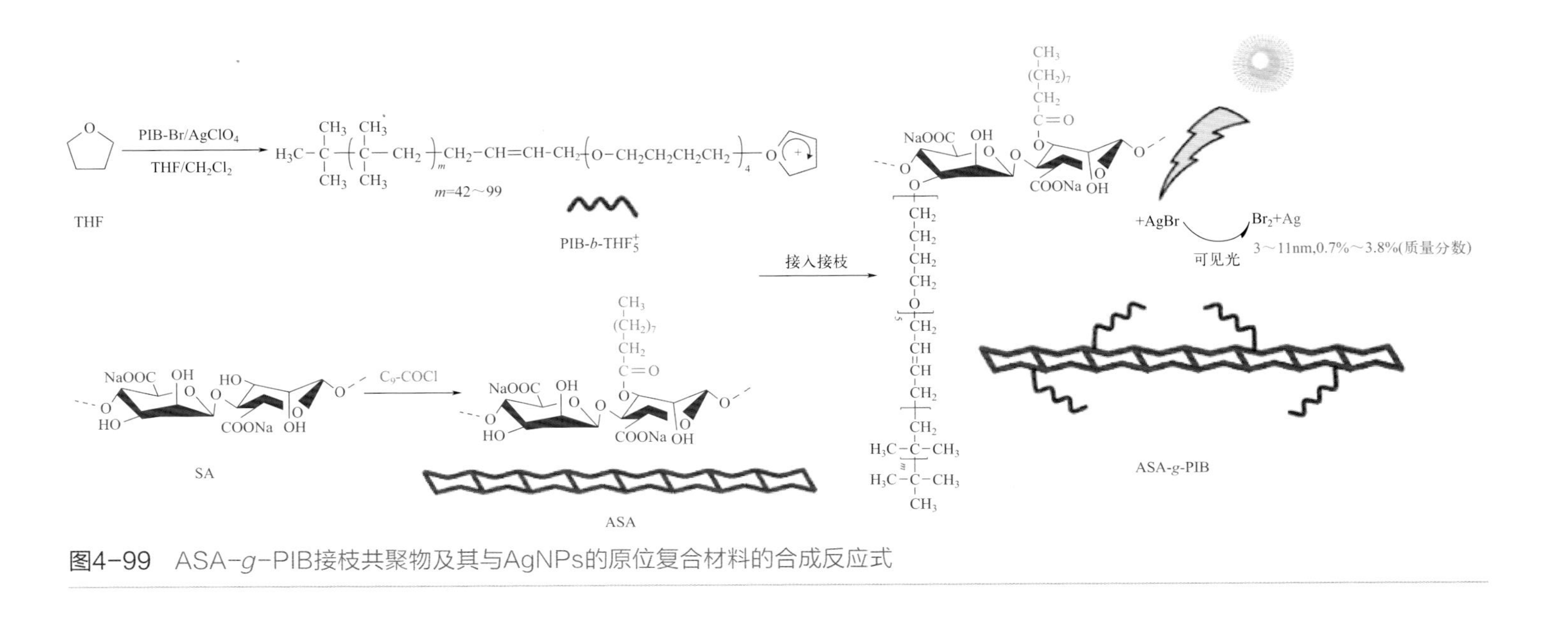

图4-99 ASA-*g*-PIB接枝共聚物及其与AgNPs的原位复合材料的合成反应式

4×—CH<, SA) 和 4.12(1H, d1,—CH<, SA) 处各有一个特征质子峰；改变 PIB-THF_5^+ 活性链与 SA 主链官能团—OH 的摩尔比，可以设计支链 PIB 的接枝数目 (G_N)，进而制备系列化 PIB 含量的 ASA-*g*-PIB 接枝共聚物。

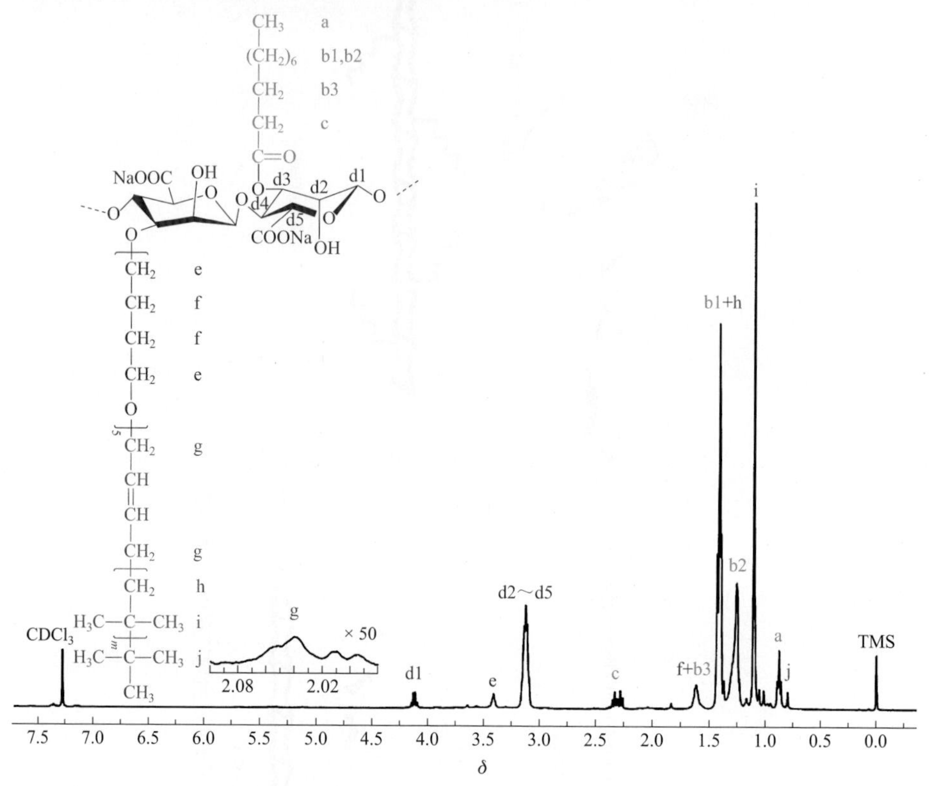

图4-100 ASA-*g*-PIB接枝共聚物的^{1}H NMR谱图

3．大分子单体技术 (macromonomer)

首先通过异丁烯阳离子聚合结合官能化反应制备带有甲基丙烯酸酯官能化聚异丁烯 (PIB-MA)，然后将 PIB-MA 与甲基丙烯酸甲酯进行自由基共聚，实现采用大分子单体技术来设计合成聚甲基丙烯酸甲酯-*g*-聚异丁烯接枝共聚物(PMMA-*g*-PIB)[192]。

通过 3,3,5- 三甲基 -5- 氯 -1- 己基甲基丙烯酸引发 IB 活性阳离子聚合得到带有甲基丙烯酸酯官能化聚异丁烯 (PIB-MA) 大分子单体，然后在二乙酸四丁基胺的催化作用下，PIB-MA 与 MMA 进行基团转移共聚 (GTP) 反应，制备了 PMMA-*g*-PIB 接枝共聚物 [193]。

采用表氯醇 (ECH) 与苯酚定量封端聚异丁烯反应得到末端环氧的 *α*-(对苯基缩水甘油醚)-*ω*- 氯化聚异丁烯 (PGE-PIB) 大分子单体，进一步使用 Et_3Al/H_2O 催化 PGE-PIB 与环氧乙烷 (EO) 开环共聚合反应，得到聚环氧乙烷 -*g*- 聚异丁烯两

亲性接枝共聚物 (PEO-*g*-PIB)[194]。

采用过氧化苯甲酰引发马来酸酐 (MAH) 与低分子量高反应性聚异丁烯自由基共聚反应，制备聚异丁烯 -*g*- 聚马来酸酐接枝共聚物[195]。

二、聚异丁烯基接枝共聚物弹性体的结构特点、表征方法与性能

（一）聚异丁烯基接枝共聚物弹性体的聚集态结构与表征方法

1．聚氨基酸 -*g*- 聚异丁烯接枝共聚物

（1）聚谷氨酸苄酯 -*g*- 聚异丁烯接枝共聚物

PBLG-*g*-PTHF 接枝共聚物的聚集态结构与微观形态的 AFM 照片如图 4-101 所示[173-174,179]。PTHF 的 AFM 照片呈现球晶里的片层结构，相对应的球晶尺寸较大；PBLG 观察不到晶体结构，呈现出因微观二级结构导致的宏观麻绳状结构。在支链数目较多的接枝共聚物 $PBLG_{207}$-g_{52}-$PTHF_{45}$、$PBLG_{207}$-g_{103}-$PTHF_{45}$ 和 $PBLG_{207}$-g_{150}-$PTHF_{45}$ 中，PBLG 的存在会使支链 PTHF 结晶受限，AFM 中没有 PTHF 球晶的片层结构，分别出现了明显的海岛状、蜂窝状和网状的相分离形态。PBLG-*g*-PTHF 接枝共聚物具有优异的生物相容性，PTHF 支链的接枝密度对主链 α- 螺旋二级结构、

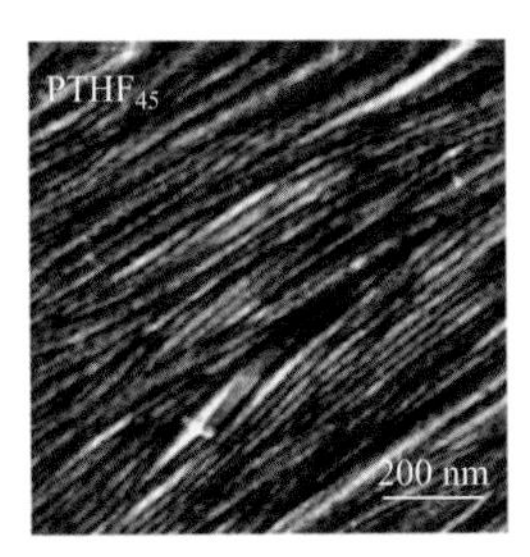

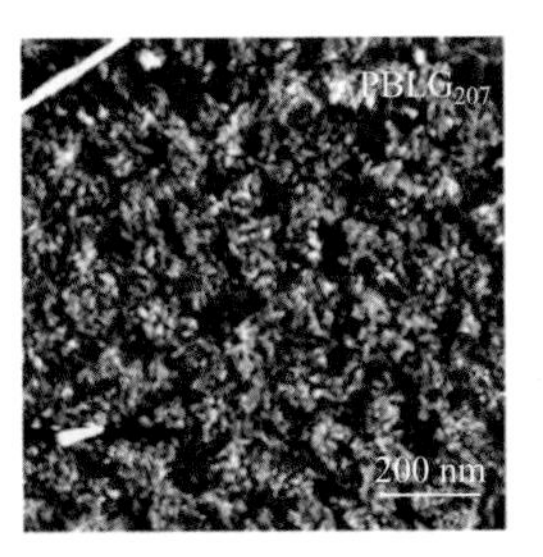

(a) PTHF和PBLG

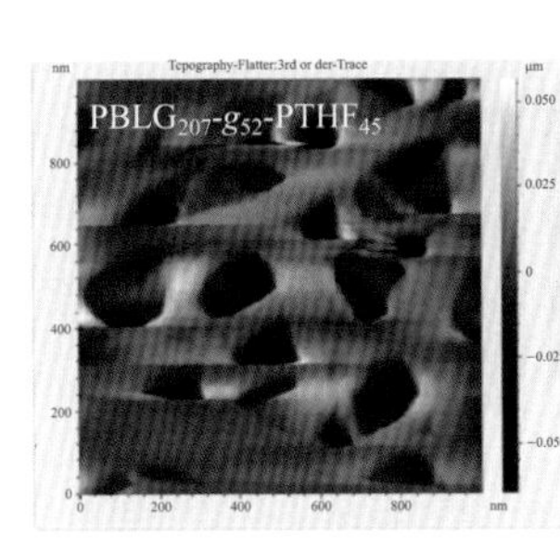

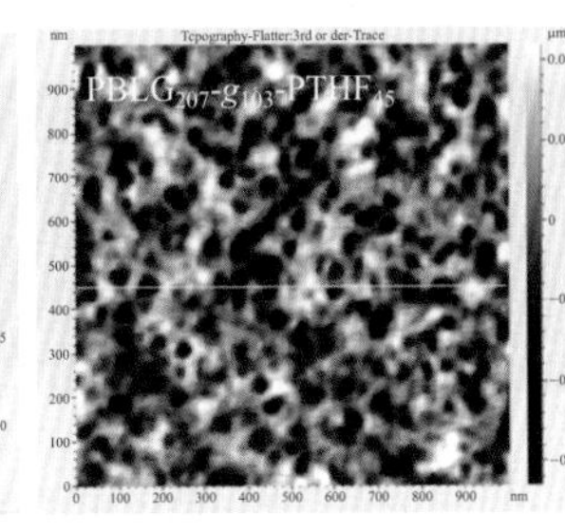

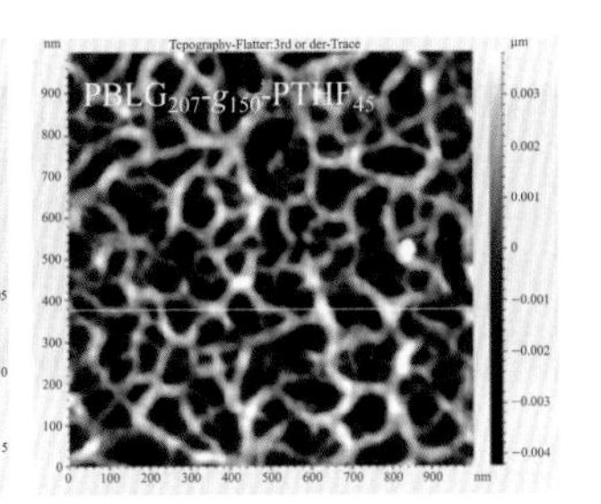

(b) PBLG-*g*-PTHF

图4-101　PTHF、PBLG及PBLG-*g*-PTHF接枝共聚物的AFM照片

PBLG 玻璃化转变温度、表面形貌和 PTHF 单端受限结晶行为均有一定的影响。

PTHF 为结晶聚合物，但关于含有 PTHF 的共聚物的结晶行为研究较少，为此详细研究 PBLG-*g*-PTHF 的结晶及凝聚态结构。在主链（$PBLG_{207}$）和支链（$PTHF_{45}$）均相同的条件下，调节支链 PTHF 的数目从 0 逐渐增加至 150，研究支链数目对 PBLG-*g*-PTHF 结晶的影响。图 4-102（a）给出了不同支链数目 (N_b) $PBLG_{207}$-*g*-$PTHF_{45}$ 的 DSC 曲线。PTHF 和 PBLG 的玻璃化转变温度（T_g）分别为 −83℃和 18℃，且在生成的 PBLG-*g*-PTHF 中存在两个不同的 T_g。随着支链数目 N_b 从 0 增加到 100，主链 PBLG 的 T_g 逐渐从 18℃升至 22℃。PTHF 均聚物的结晶温度（T_m）为 23℃，熔融焓（ΔH）为 69.2J/g。在形成接枝共聚物后，仅在支链数目 $N_b = 2$ 时，$PBLG_{207}$-*g*$_2$-$PTHF_{45}$ 中 PTHF 的结晶温度就降至 10.4℃，熔融焓降至 10.95J/g。图 4-102（b）给出了 PBLG-*g*-PTHF 中，PTHF 的熔点和熔融焓随支链数目的变化规律，随着支链数目从 2 增加至 52，对应的熔点从 10.4℃降至 4.1℃，熔融焓从 10.95J/g 降至 0J/g。进一步通过偏光显微镜（POM）观察了接枝共聚物 PBLG-*g*-PTHF 的结晶现象，如图 4-102（c）所示。$PTHF_{45}$ 表现出明显的结晶性，且球晶尺寸很大，但是在接枝共聚物 $PBLG_{207}$-*g*-$PTHF_{45}$ 中结晶受限，

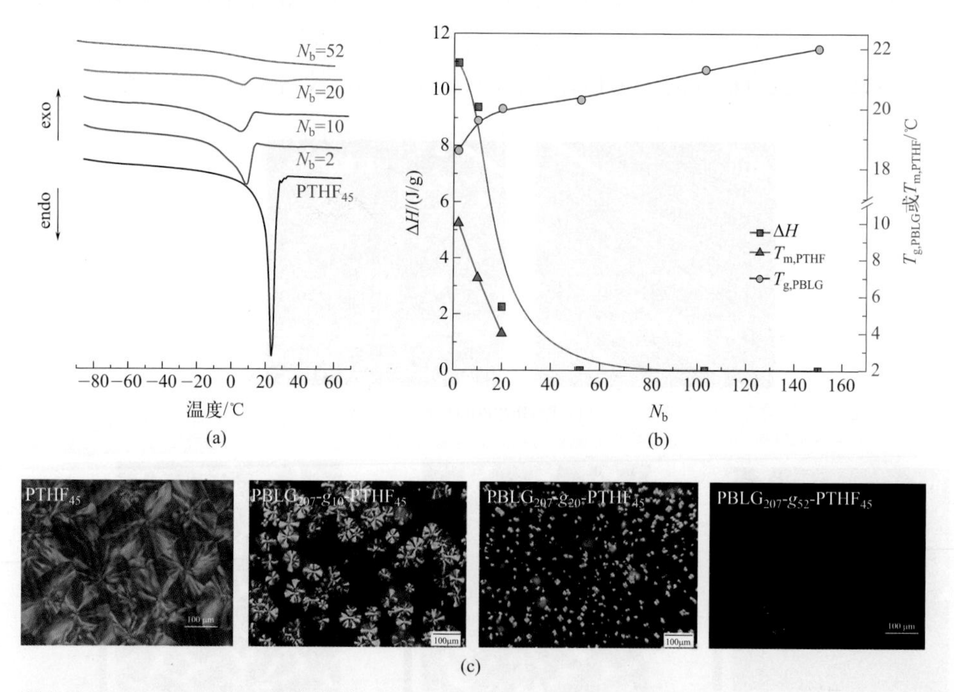

图4-102　$PTHF_{45}$和不同支链数$PBLG_{207}$-*g*-$PTHF_{45}$接枝共聚物的DSC曲线（a），接枝共聚物PBLG-*g*-PTHF的$T_{g,PBLG}$，$T_{m,PTHF}$和ΔH随N_b的变化趋势（b）及PTHF与PBLG-*g*-PTHF接枝共聚物的POM照片（c）

晶粒的尺寸减小。具体地，随着 $PBLG_{207}$-*g*-$PTHF_{45}$ 中支链数目 N_b 的增加，球晶尺寸逐渐减小，当 $N_b \geqslant 52$ 时，结晶现象消失。这可能是随着 N_b 增加，一方面使支链数目增加，不同的支链间更易于整齐排列形成晶片，但同时 PTHF 作为柔性链，分子链易于缠结，过多的支链数目加剧了这种缠结作用，反而使分子链的运动能力下降，表现出结晶减弱现象。在接枝率较低时，PTHF 链运动较为自如，通过分子链的运动更容易折叠形成晶片，结晶性能较好。

为了更好地理解接枝共聚物的受限结晶过程，以均聚物 PTHF 作对比，通过在线原位 POM 的方法在 T_c = 10℃和 15℃下进一步研究 PTHF 和接枝共聚物 PBLG-*g*-PTHF 球晶生长动力学。图 4-103 给出分别在 10℃和 15℃下，$PTHF_{45}$ 和 $PBLG_{207}$-g_{10}-$PTHF_{45}$ 的球晶半径随结晶时间的变化关系。在四种情况下，球晶半径均随结晶时间延长而线性增加，直线斜率表示球晶生长速率（G）。显然，PBLG 主链的存在很大程度上降低了 PTHF 支链的球晶生长速率（1/14 ～ 1/7），导致在相同时间下观察到 $PBLG_{207}$-g_{10}-$PTHF_{45}$ 的球晶尺寸相对于 $PTHF_{45}$ 有较大程度的减小。此外，$PBLG_{207}$-g_{10}-$PTHF_{45}$ 与 $PTHF_{45}$ 类似，结晶温度 T_c 升高，球晶生长速率下降。

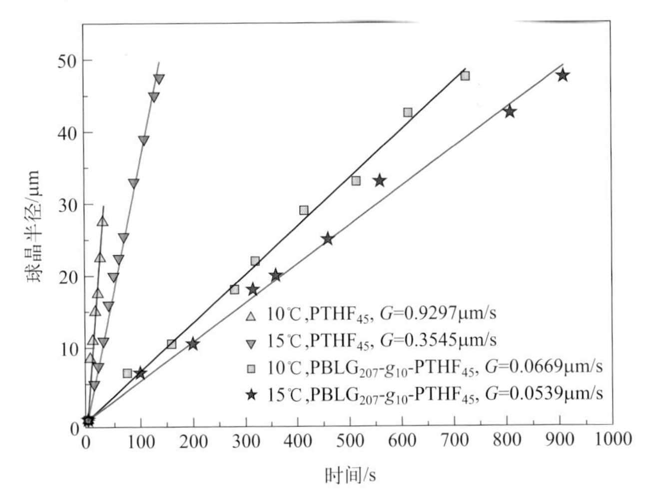

图4-103　球晶半径随结晶时间的变化关系

（2）聚赖氨酸 -*g*- 聚异丁烯接枝共聚物

极性 PZLL 刚性主链与非极性 PIB 柔性支链的热力学不相容性导致两者微观相分离，从图 4-104 所示的 TEM 照片可以看到，PZLL-*g*-PIB 接枝共聚物可以形成微观相分离结构，且受到 PIB 支链接枝密度和分子量的显著影响。随 PIB 支链接枝数目 (G_N) 从 4 增加到 18，PZLL-*g*-PIB 接枝共聚物的微相分离愈明显，代表 PIB 的浅色区域逐渐增加，G_N 为 18 时部分浅色区域聚集成团。当固定接枝量数目（G_N）在18附近时，随PIB支链分子量$\overline{M}_n$从2700增加到5600，接枝共聚物的微相分离结构也逐渐清晰明显，PIB浅色区域增加。

聚赖氨酸-*g*-聚异丁烯（PLL-*g*-PIB）两亲性接枝共聚物微相分离更为明显（图4-105），与上述PZLL-*g*-PIB相比，PLL-*g*-PIB微观相分离尺寸增大，与PLL中形成氢键密切相关。氢键的形成促进微观相分离，增大聚赖氨酸相的尺寸。随PIB支链接枝数目（G_N）从4增加到18，PLL-*g*-PIB两亲性接枝共聚物的微相分离结构逐渐清晰，微相分离结构也与共聚组成密切相关。

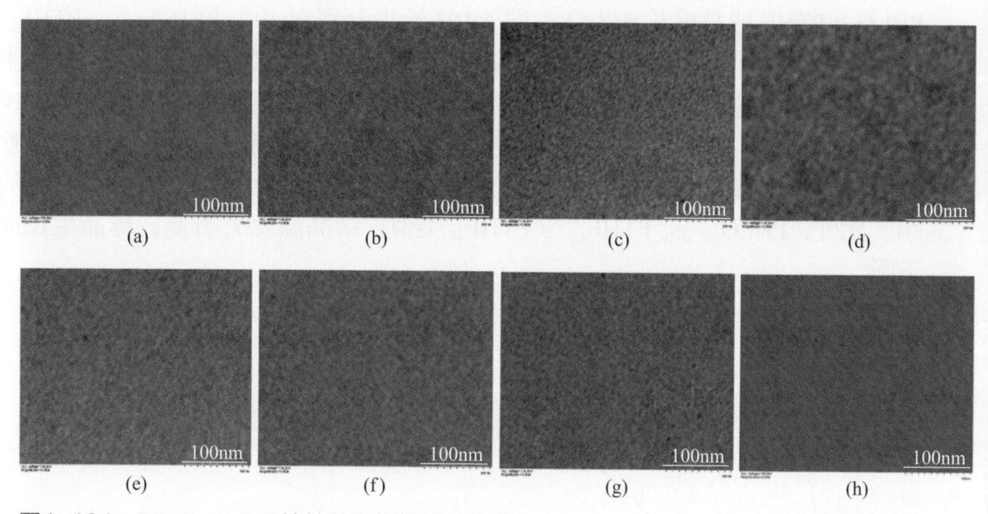

图4-104 PZLL-*g*-PIB接枝共聚物的TEM照片

（a）PZLL-g_4-PIB_{3500}；（b）PZLL-g_9-PIB_{3500}；（c）PZLL-g_{13}-PIB_{3500}；（d）PZLL-g_{18}-PIB_{3500}；（e）PZLL-g_{16}-PIB_{2700}；（f）PZLL-g_{17}-PIB_{4500}；（g）PZLL-g_{15}-PIB_{5600}；（h）空铜网

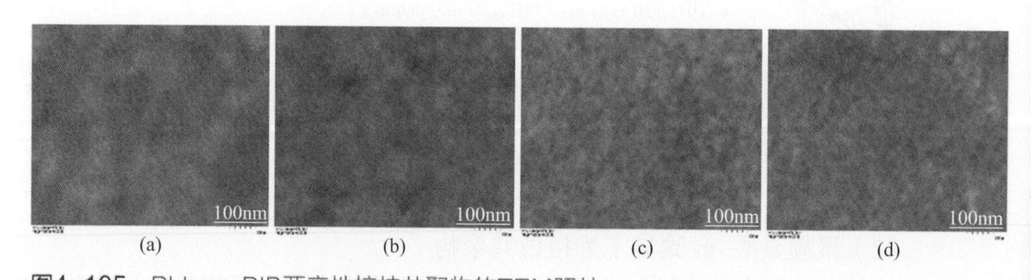

图4-105 PLL-*g*-PIB两亲性接枝共聚物的TEM照片

（a）PLL-g_4-PIB_{3500}；（b）PLL-g_9-PIB_{3500}；（c）PLL-g_{13}-PIB_{3500}；（d）PLL-g_{18}-PIB_{3500}

采用AFM研究PZLL-*g*-PIB接枝共聚物和相应的PLL-*g*-PIB接枝共聚物的微相分离表面形貌。如图4-106所示，PZLL-*g*-PIB接枝共聚物的AFM相图显示出明显的相分离结构。AFM 相图清楚地显示微球状的微相分离结构，其中背景深黄色为 PZLL 相，亮黄色为 PIB 相，并且随着 PIB 支链接枝数目（G_N）的增加，PIB 团聚相尺寸在 50nm 左右，而数量明显增加。PZLL 不溶于 THF，而 PIB 可溶于 THF，故使用 THF 氛围诱导 PIB 运动，进一步观察样品微观结构。经 THF 诱导后的 PZLL-*g*-PIB 接枝共聚物微观结构发生显著变化，PIB 支链团聚体数量明显增多，尺寸增大，尺寸分布均匀性下降。随着接枝数目增加，PIB 相尺寸增加到 500nm，且形状逐渐不规则，高度明显增大，表面粗糙度明显增加。

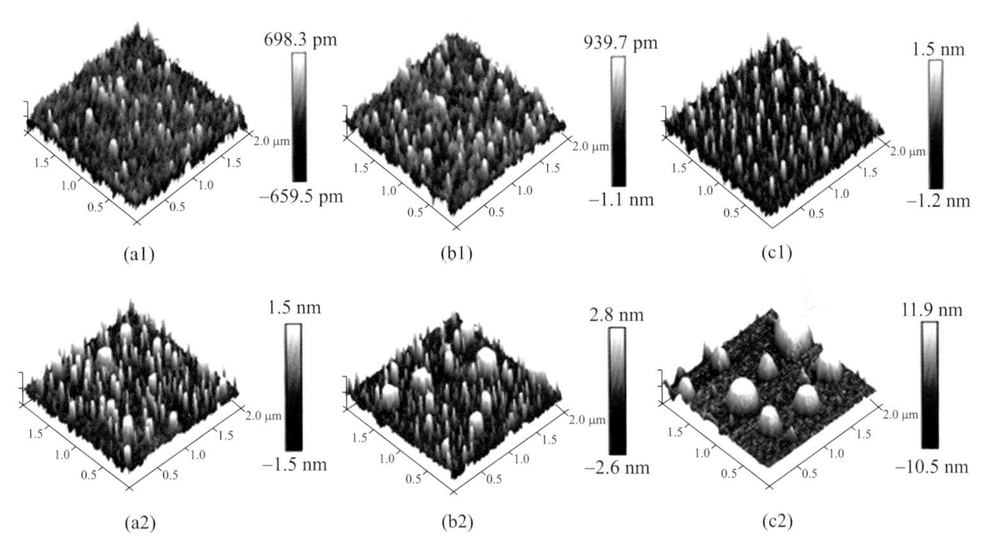

图4-106 PZLL-*g*-PIB接枝共聚物的AFM照片

（a）PZLL-g_9-PIB_{3500}；（b）PZLL-g_{13}-PIB_{3500}；（c）PZLL-g_{18}-PIB_{3500}

1—初始样品；2—经 THF 蒸气诱导样品

PLL-*g*-PIB 两亲性接枝共聚物的 AFM 照片如图 4-107 所示，可以看出 PLL-*g*-PIB 接枝共聚物同样形成了微观相分离结构，其中背景深褐色为 PLL 相，亮黄色为 PIB 相。随 PIB 接枝数目（G_N）从 9 增加到 18，PIB 微相的数量并未明显增加，但其形状不规则度略有上升，尺寸逐渐增大。通过加热至 60℃，并在 THF 蒸气下诱导 PIB 链运动到膜表面，PLL-*g*-PIB 两亲性接枝共聚物的表面微观形态也发生明显变化，PIB 支链聚集，尺寸在 150 ～ 300nm，数量随 G_N 的增加而明显增加，并且 G_N 越高，PIB 微相分布越均匀。在经 THF 蒸气诱导后 PLL-*g*-PIB 的粗糙度略有上升，但增加幅度不如 PZLL-*g*-PIB 那样明显，这主要是由于 PLL 链段聚集并形成氢键从而降低 PIB 链段运动的缘故。

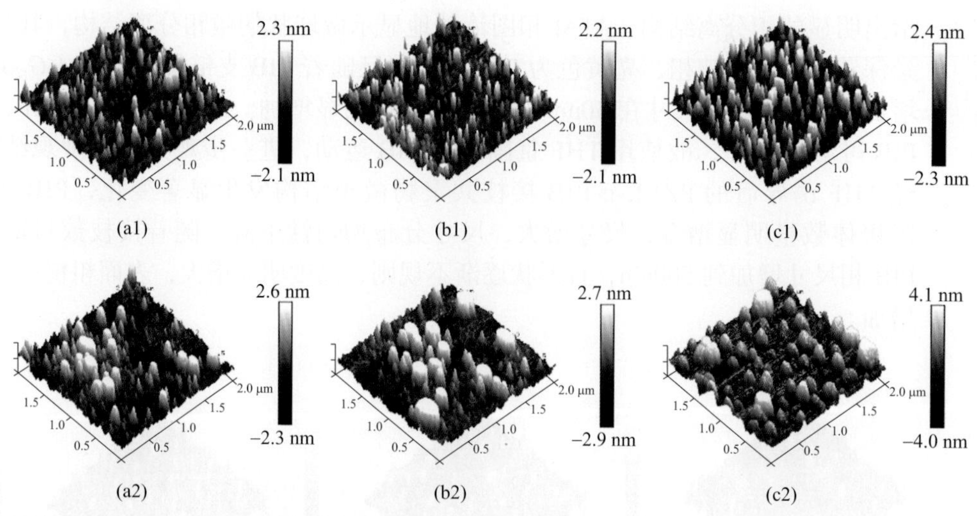

图4-107 PLL-*g*-PIB两亲性接枝共聚物的AFM照片

(a) PLL-g_9-PIB_{3500}；(b) PLL-g_{13}-PIB_{3500}；(c) PLL-g_{18}-PIB_{3500}

1—初始样品；2—经THF蒸气诱导样品

2．生物质多糖-*g*-聚异丁烯共聚物

(1) 纤维素-*g*-聚异丁烯接枝共聚物

由于HPC-*g*-(THF_5-PIB)接枝共聚物中非极性、柔性的PIB支链与极性、刚性的HPC主链热力学不相容，HPC-*g*-PIB接枝共聚物可以形成明显的微相分离结构。使用染色剂RuO_4对退火后的样品进行染色，通过TEM研究具有不同PIB支链长度和接枝数目的HPC-*g*-PIB接枝共聚物的微观形态。染色剂RuO_4优先氧化HPC-*g*-PIB接枝共聚物中HPC主链上的羟基，从而产生高度散射的RuO_2。如图4-108所示[176]，TEM照片中亮区对应着未被染色的支链PIB相区，暗区对应着被染色的主链HPC相区，与空白的含有碳支持膜铜网对比，HPC-*g*-PIB接枝共聚物均表现出明显的微相分离结构。对比HPC-g_{22}-$PIB_{2.4k}$、HPC-g_{23}-$PIB_{3.7k}$和HPC-g_{22}-$PIB_{4.8k}$三种接枝共聚物的TEM照片，可以清楚地看到，当接枝共聚物中G_N几乎相等时，随着支链PIB长度的增加，亮区的面积逐渐增大，暗区的面积逐渐减小，这与接枝共聚物中支链PIB的含量变化趋势相一致；对比HPC-g_{22}-$PIB_{2.4k}$和HPC-g_{22}-$PIB_{4.8k}$两种接枝共聚物，HPC-g_{23}-$PIB_{3.7k}$接枝共聚物的微相分离尺寸更小形貌更为均一，这可能是因为链段长度较小的PIB在退火过程中容易运动，并且链段之间相互缠结的作用较弱，导致形成尺寸更小、形貌更为均一的微相分离结构。TEM照片结果进一步表明，HPC-*g*-PIB接枝共聚物中主链HPC和支链PIB可以自组装形成明晰的微相分离结构。

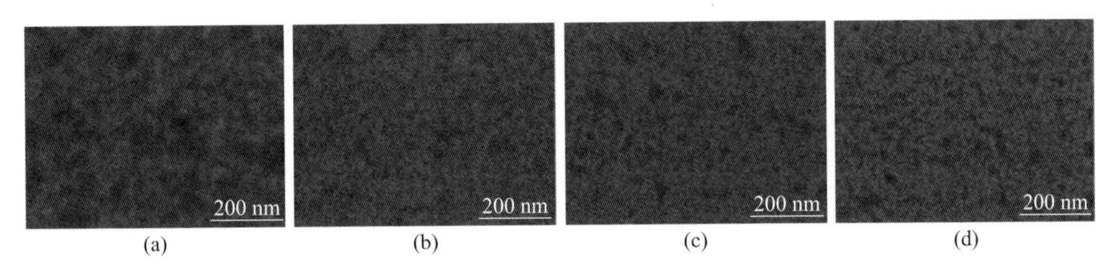

图4-108　HPC-g-PIB接枝共聚物TEM照片（RuO_4染色）

（a）HPC-g_{22}PIB$_{2.4k}$；（b）HPC-g_{23}-PIB$_{3.7k}$；（c）HPC-g_{11}-PIB$_{4.8k}$；（d）HPC-g_{22}-PIB$_{4.8k}$

（2）壳聚糖 -g- 聚异丁烯接枝共聚物

① 微相分离结构与微观形态　ACS-g_3-PIB$_{2.4k}$ 接枝共聚物中存在明显的微观相分离结构，如图 4-109 所示。当支链分子量增加到 3.7×10^3 时，不同接枝数目的 ACS-g-PIB$_{3.7k}$ 接枝共聚物均可以形成微相结构，并且微相尺寸随着接枝数目的增大而增大。对比 ACS-g_3-PIB$_{2.4k}$ 与 ACS-g_3-PIB$_{4.8k}$ 的微观结构，可发现当支链长度增长一倍后，微观形态的微观相分离结构发生明显转变。ACS-g_3-PIB$_{4.8k}$ 接枝共聚物形成的微相细小而均匀。当接枝数目增加到 4 时，ACS-g_4-PIB$_{4.8k}$ 接枝共聚物的微球状尺寸明显加大，在深色部分之外具有细小的浅色外壳。ACS-g_3-PIB$_{5.6k}$ 接枝共聚物在微相尺寸明显增大的同时，外部浅色壳状结构也变宽，并且微相内部也具有微观相分离结构。综上可以说明当 PIB 支链足够长时，会对壳聚糖相起到包覆作用。

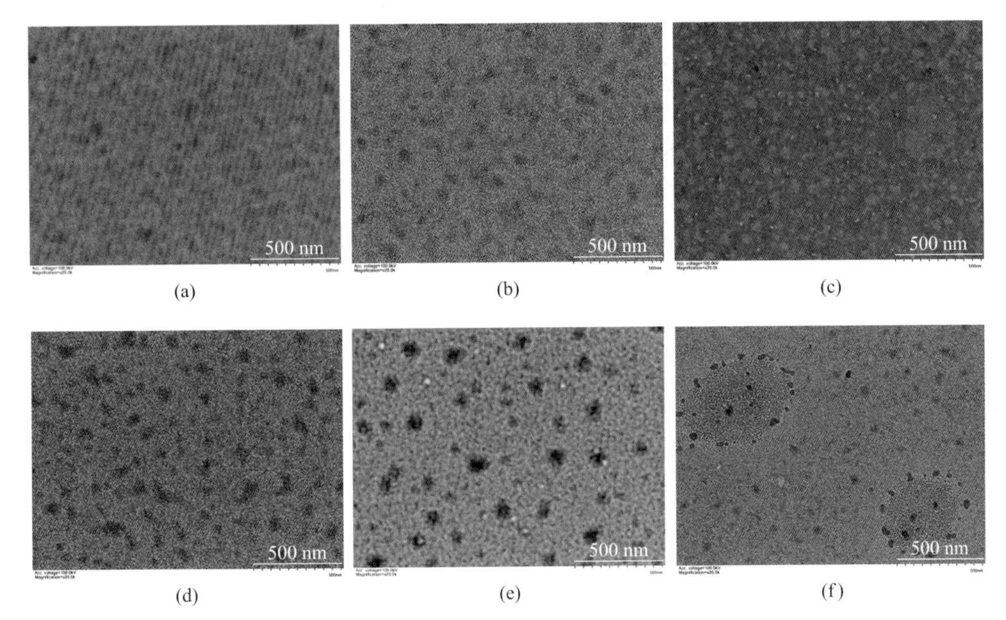

图4-109　典型ACS-g-PIB接枝共聚物的TEM照片

（a）ACS-g_3-PIB$_{2.4k}$；（b）ACS-g_4-PIB$_{3.7k}$；（c）ACS-g_6-PIB$_{3.7k}$；（d）ACS-g_3-PIB$_{4.8k}$；（e）ACS-g_4-PIB$_{4.8k}$；（f）ACS-g_3-PIB$_{5.6k}$

为了观察 ACS-*g*-PIB 接枝共聚物在室温下自组装后的表面形貌并且探究接枝数目对表面形貌的影响，对不同接枝数目的 ACS-*g*-PIB 接枝共聚物进行 SEM 和 EDS 表征，如图 4-110 所示。当接枝数目较小 (G_N = 3) 时，ACS-g_3-$PIB_{5.6k}$ 接枝共聚物自组装成尺寸较大的微相。随着接枝数目的逐渐增大，微相尺寸逐渐缩小。这有可能是由于接枝数目较小时，空间位阻较小有利于支链 PIB 的舒展，自组装成的微相尺寸较大。随着支链 PIB 的逐渐增大，支链 PIB 的链段运动范围受到限制，形成的微球尺寸较小。为了定量测定 ACS-*g*-PIB 接枝共聚物表面的元素分布，对不同接枝数目的 ACS-*g*-PIB 接枝共聚物进行 EDS 表征。主链 ACS 主要由 C、N、O 和 H 元素组成；支链 PIB 主要由 C 和 H 元素组成。随着 G_N 从 3

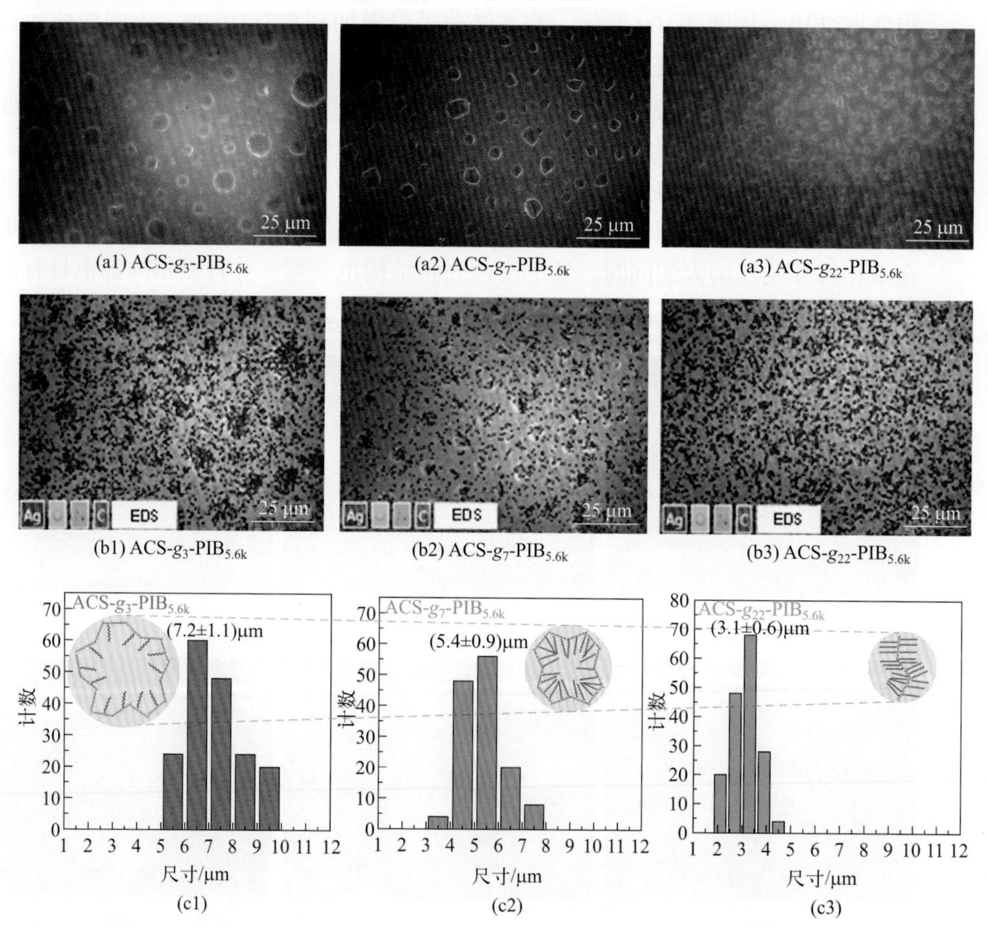

图4-110　典型ACS-*g*-PIB的SEM照片（a）和EDS照片（b），以及微相尺寸分布（c）

(a1) ACS-g_3-$PIB_{5.6k}$；(a2) ACS-g_7-$PIB_{5.6k}$；(a3) ACS-g_{22}-$PIB_{5.6k}$ (b1) ACS-g_3-$PIB_{5.6k}$；(b2) ACS-g_7-$PIB_{5.6k}$；(b3) ACS-g_{22}-$PIB_{5.6k}$；(c1) ACS-g_3-$PIB_{5.6k}$，(c2) ACS-g_7-$PIB_{5.6k}$；(c3) ACS-g_{22}-$PIB_{5.6k}$

增大到 22，ACS-g-$PIB_{5.6k}$ 表面中的 C 元素从 54.11% 增大到 87.06%。分别统计 ACS-g-$PIB_{5.6k}$ 接枝共聚物自组装形成微相分离的尺寸，发现随着接枝数目从 3 增大到 22，微相尺寸从 7.2μm 减小到 3.1μm，并且微相尺寸的标准差从 1.1μm 降低到 0.6μm。由统计结果发现随着接枝数目的增大，所形成 PIB 微相在尺寸变小的同时，尺寸更加均一化。

为了进一步观察支链数目对 ACS-g-PIB 接枝共聚物表面形貌的影响，对不同 ACS-g-$PIB_{4.8k}$ 接枝共聚物进行 AFM 表征，接枝数目对材料表面高度及表面粗糙度的影响见图 4-111 所示。主链 ACS 与支链 PIB 具有不同的运动能力，在退火时柔性支链 PIB 更容易运动，会使得 ACS 相与 PIB 相起到分离的效果。当接枝数目较低时，微观相分离结构在 ACS-$g_{0.2}$-$PIB_{4.8k}$ 接枝共聚物中明显地展现出来。在保持支链长度不变的条件下，随着接枝数目的逐渐增大，ACS-g-PIB 接枝共聚物自组装形成的相结构尺寸也逐渐增大，表面高度逐渐增大，当 G_N 从 3 增加到 11 时，高度差从 35.4nm 增长到 72.0nm，表面粗糙度从 3.5nm 增大到 8.5nm，共聚物表面高度与粗糙度也随之增大。

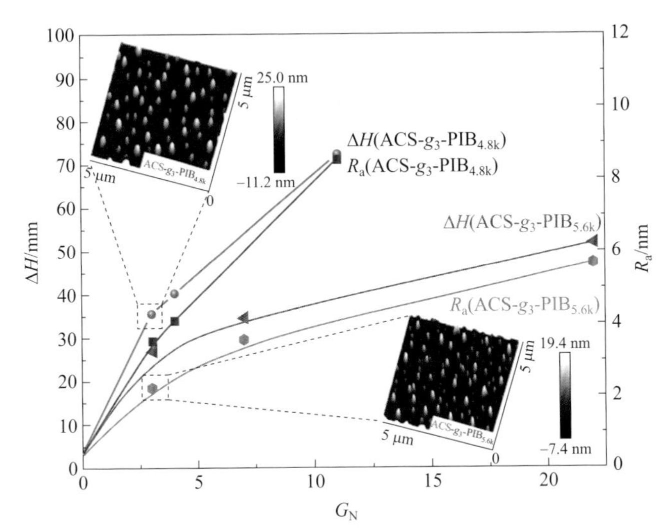

图4-111　ACS-g-$PIB_{4.8k}$接枝共聚物中接枝数目对表面高度及表面粗糙度的影响

② 凝聚态结构　为了探究不同接枝数目和不同支链长度对 ACS-g-PIB 接枝共聚物结晶行为的影响，对一系列 ACS-g-PIB 接枝共聚物进行 POM 表征，如图 4-112 所示。

ACS 本身具有良好的结晶性，结晶形状为纤维状。将不同长度的 PIB 链段接枝到 ACS 骨架之后，ACS 的结晶形态发生明显变化。当支链长度较长时，ACS-g_3-$PIB_{5.6k}$ 接枝共聚物的结晶形态变为大小均一的圆片晶。在保持支链长度不变的条件下，随着支链 PIB 接枝数目的逐渐增大，ACS-*g*-$PIB_{5.6k}$ 接枝共聚物的结晶规整性被破坏，结晶形态变为大小不一的片状晶。当接枝数目增大约 7 倍时，ACS-g_{22}-$PIB_{5.6k}$ 中的 ACS 结晶受到明显的限制，结晶区域明显下降。说明当支链长度相同的条件下，接枝数目越多主链 ACS 分子链排列的有序性被打破得越严重，则主链 ACS 的受限结晶情况体现得越明显。当支链 PIB 分子量为 2.4×10^3 时，ACS-*g*-$PIB_{2.4k}$ 接枝共聚物形成的结晶尺寸较小，并且随着接枝数目从 7 增大到 15 后，ACS-*g*-$PIB_{2.4k}$ 接枝共聚物中结晶降低。比较 ACS-g_7-$PIB_{5.6k}$ 与 ACS-g_7-$PIB_{2.4k}$ 的结晶情况，当接枝数目相同时，结晶尺寸随着支链长度的增大而增大。

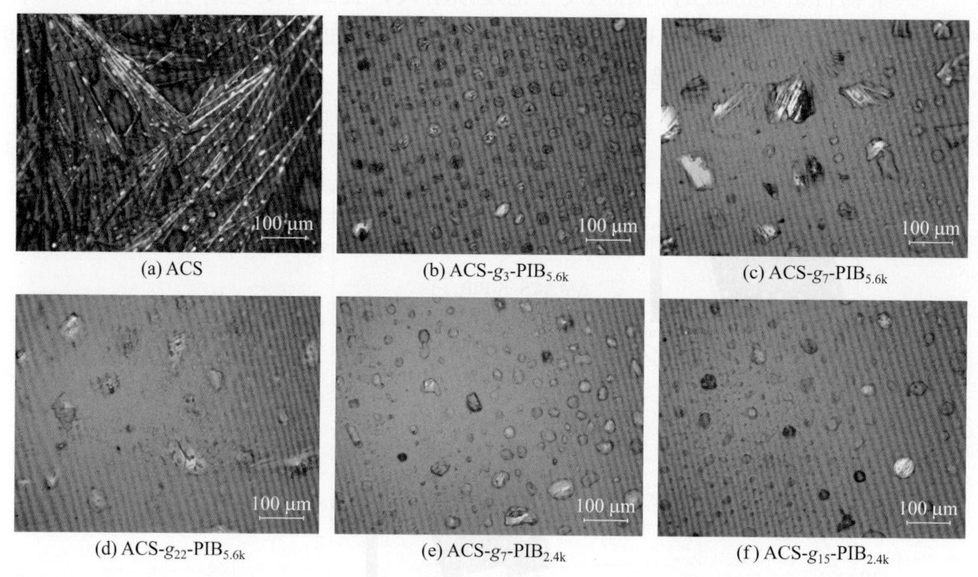

(a) ACS　(b) ACS-g_3-$PIB_{5.6k}$　(c) ACS-g_7-$PIB_{5.6k}$

(d) ACS-g_{22}-$PIB_{5.6k}$　(e) ACS-g_7-$PIB_{2.4k}$　(f) ACS-g_{15}-$PIB_{2.4k}$

图4-112　酰化壳聚糖（ACS）与不同支链长度的ACS-*g*-PIB接枝共聚物的POM照片

经过不同时间的“热诱导”之后，ACS-*g*-PIB 接枝共聚物中的分子链运动导致结晶形态发生明显变化，见图 4-113 所示。ACS-g_{11}-$PIB_{4.8k}$、ACS-g_3-$PIB_{5.6k}$ 和 ACS-g_7-$PIB_{5.6k}$ 三种接枝共聚物在热诱导过程中，软段 PIB 的运动程度加大导致其对主链 ACS 的结晶行为影响大，均发生结晶逐渐变小的现象。

将 ACS 与 ACS-*g*-PIB 接枝共聚物进行“溶液诱导”实验，观察自组装行为导致的结晶变化，见图 4-114 所示。所选取的溶剂正己烷为 PIB 的良溶剂，支链 PIB 会充分舒展。正己烷为 ACS 的不良溶剂，并且 ACS 分子链较为刚性，在溶液诱导下的运动能力较弱，即使经过20h的溶液诱导后，主链ACS未发生明显的结晶变化，仍然保持纤维状。ACS-*g*-PIB接枝共聚物在溶液诱导之后结晶形态变化明显。ACS-g_7-$PIB_{2.4k}$本身结晶形态为碎片状，在溶液诱导下，主链ACS的纤维状晶体随诱导时间延长而增多。当支链分子量增加到$5.6×10^3$时，ACS-g_3-$PIB_{5.6k}$接枝共聚物的晶形变化与ACS-g_7-$PIB_{2.4k}$相似，由大小均匀的片状结晶转变为酰化壳聚糖相的纤维状结晶。当支链长度不变而接枝数目增大时，ACS-g_7-$PIB_{5.6k}$与ACS-g_{22}-$PIB_{5.6k}$均未出现纤维状结晶，这是由于当接枝数目较大后，ACS主链之间的氢键被破坏，随着溶液诱导的进行即使支链PIB向同一方向舒展也不能使主链分子间相互靠近重新形成结晶。在溶液诱导下，ACS-g_7-$PIB_{5.6k}$与ACS-g_{22}-$PIB_{5.6k}$两种接枝共聚物的结晶均更具有均一性，支链与主链重新进行排布使得结晶形态更加细小。

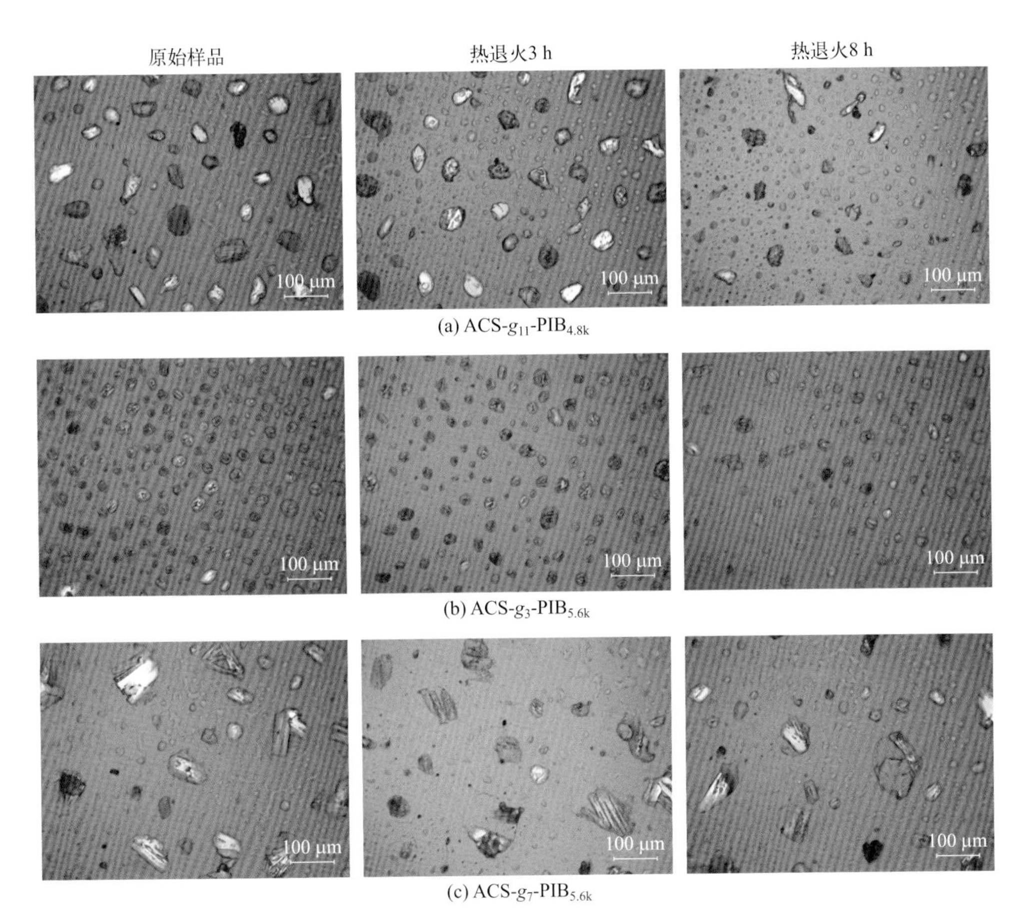

图4-113 热诱导条件下ACS-*g*-PIB接枝共聚物的结晶行为变化

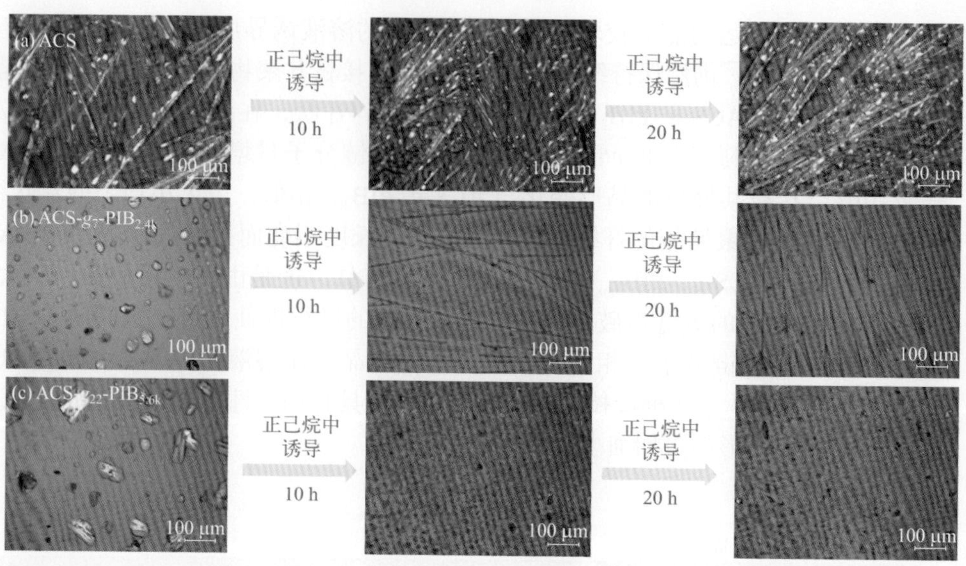

图4-114 溶液诱导下ACS-*g*-PIB接枝共聚物的结晶行为变化

将 ACS-g_7-PIB$_{5.6k}$ 与 ACS-g_{22}-PIB$_{5.6k}$ 两种接枝共聚物热诱导 3h 与置于正己烷溶液中进行 24h 的溶液诱导，观察在热诱导与溶液诱导同时作用下共聚物中分子链运动导致的结晶形态变化，如图 4-115 所示。在双重诱导下，两种接枝共聚物均形成一种连续规整的结晶态结构。在热诱导的前提下，支链获得较大的运动能力，为后续的分子链重排作铺垫。在正己烷溶液中，已获得较大动能的 PIB 支链再舒展开来，增大了分子链排布的有序性，导致最终形成了连续而均一的结晶结构。ACS-g_{22}-PIB$_{5.6k}$ 接枝共聚物的结晶尺寸明显低于 ACS-g_7-PIB$_{5.6k}$，说明接枝数目较多时，对主链 ACS 结晶起到限制作用。

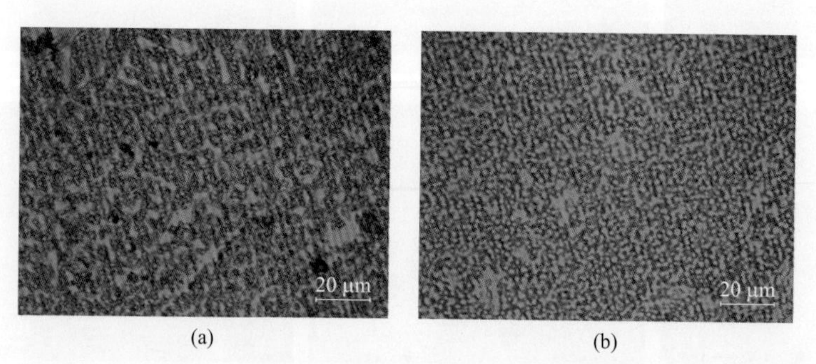

图4-115 ACS-g_7-PIB$_{5.6k}$热诱导3h（a）与ACS-g_{22}-PIB$_{5.6k}$溶液诱导24h（b）后的结晶形态

（3）葡聚糖 -g- 聚异丁烯接枝共聚物

① 微相分离结构与微观形态　刚性主链 AcyDex 和柔性支链 PIB 的热力学不相容性导致形成微观相分离结构，如图 4-116 所示，由 AcyDex（RuO_4 染色，深灰色相）和 PIB（浅灰色相）组成。随着 PIB 支链的 $\overline{M}_{n,PIB}$ 从 2.6×10^3 增加到 3.6×10^3，PIB 相的浅灰色区域含量明显增加；当 $\overline{M}_{n,PIB}$ 为 3.6×10^3 时，PIB 相的浅灰色部分随着 PIB 支链的 G_N 的增加而增加。

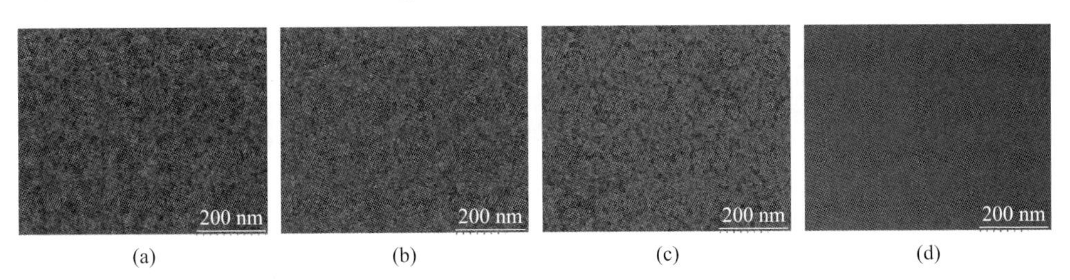

图4-116　AcyDex-*g*-PIB接枝共聚物和空铜网的TEM照片

（a）AcyDex-g_{21}-$PIB_{2.6k}$；（b）AcyDex-g_{20}-$PIB_{3.6k}$；（c）AcyDex-g_{26}-$PIB_{3.6k}$；（d）空铜网

AcyDex-*g*-PIB 接枝共聚物的微相分离结构、表面形貌和表面粗糙度，接枝共聚物的 R_a、ΔH 和 PIB 支链的 $\overline{M}_{n,PIB}$、G_N 之间的关系曲线，见图 4-117（a）。$\overline{M}_{n,PIB}$ 从 2.6×10^3 增加到 4.7×10^3，浅棕色部分随 PIB 支链的 $\overline{M}_{n,PIB}$ 的增加而增加，图 4-117（b）中球形结构的尺寸逐渐增大。较长的 PIB 支链导致重排较困难，趋向于不规则的相分离形态。当 $\overline{M}_{n,PIB}$ 为 4.7×10^3 时，浅棕色部分随 PIB 支链的 G_N 的增加而增加，球形数目逐渐增多。AcyDex-*g*-PIB 接枝共聚物的表面粗糙度（R_a）和高度差（ΔH）均随着 PIB 支链的 $\overline{M}_{n,PIB}$ 和 G_N 的增加而增加。

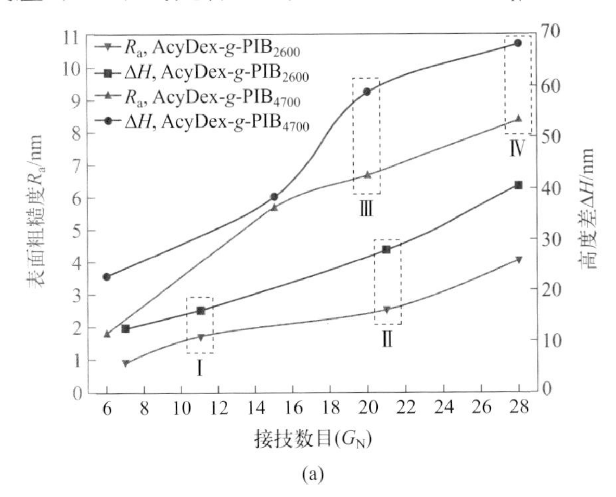

图4-117

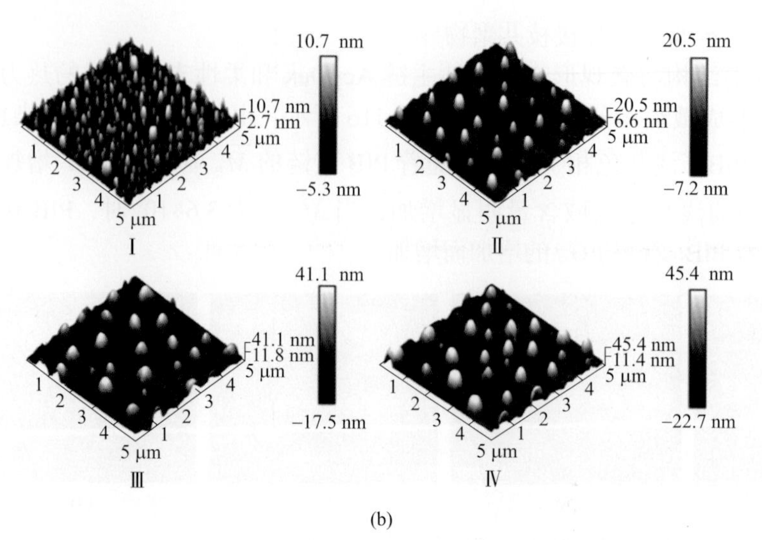

图4-117 PIB接枝链数目和支链长度对AcyDex-*g*-PIB接枝共聚物表面粗糙度和高度差的影响（a）及AFM三维高度图（b）

Ⅰ—AcyDex-g_{11}-$PIB_{2.6k}$; Ⅱ—AcyDex-g_{21}-$PIB_{2.6k}$；Ⅲ—AcyDex-g_{20}-$PIB_{4.7k}$；Ⅳ—AcyDex-g_{28}-$PIB_{4.7k}$

② 凝聚态结构　通过 POM 表征 AcyDex-*g*-PIB 接枝共聚物的结晶性能及凝聚态结构，并与 AcyDex 对比，见图 4-118 所示。AcyDex 本身表现出明显的结晶性，可以形成一系列长条状晶体；当 AcyDex-*g*-$PIB_{2.6k}$ 接枝共聚物的 PIB 支链的 G_N 从 7 增加到 21，AcyDex-*g*-$PIB_{4.7k}$ 接枝共聚物的 PIB 支链的 G_N 从 6 增加到

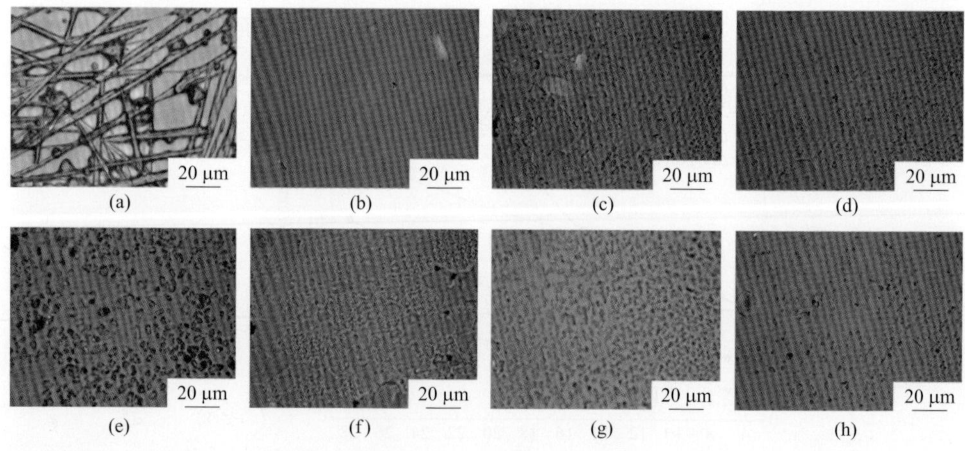

图4-118 AcyDex-*g*-PIB接枝共聚物的POM照片（与AcyDex对比）

（a）AcyDex；（b）AcyDex-g_7-$PIB_{2.6k}$；（c）AcyDex-g_{21}-$PIB_{2.6k}$；（d）AcyDex-g_{28}-$PIB_{2.6k}$；（e）AcyDex-g_{20}-$PIB_{3.6k}$；（f）AcyDex-g_6-$PIB_{4.7k}$；（g）AcyDex-g_{20}-$PIB_{4.7k}$；（h）AcyDex-g_{28}-$PIB_{4.7k}$

28 时，晶体形态从短棒状结晶向碎片状结晶转变。当 PIB 支链的 G_N 固定时，与具有较长 PIB 支链的 AcyDex-g_{20}-PIB$_{4.7k}$ 接枝共聚物相比，AcyDex-g_{20}-PIB$_{3.6k}$ 接枝共聚物倾向于形成更大尺寸的晶体。AcyDex-*g*-PIB 接枝共聚物中 AcyDex 主链的结晶随着 PIB 支链的 $\overline{M}_{n,PIB}$ 和 G_N 的增加而受到限制，形成短棒状甚至碎片状晶体。因此，较长和较密的 PIB 支链限制接枝共聚物中 AcyDex 主链的结晶性。

（4）海藻酸钠 -*g*- 聚异丁烯两亲性接枝共聚物的结构表征

刚性的 ASA 亲水主链和柔性的 PIB 疏水支链在热力学上是不相容的，常温下柔性的 PIB 支链就可自发运动，通过自组装实现主链和支链的微观相分离，因而 ASA-*g*-(THF$_5$-*b*-PIB) 接枝共聚物会表现出明显微观相分离现象。然而，ASA 骨架主要由 C、H 和 O 元素构成，PIB 也仅含有 C 和 H 元素，C、H、O 等低电子云密度的原子在 TEM 观察下相差并不明显，无法区分 ASA 主链和 PIB 支链，通过选用含重金属的染色剂 RuO_4 对 ASA-*g*-PIB 接枝共聚物进行选择性染色可以解决这个问题，染色剂 RuO_4 优先与 ASA 主链的侧基官能团—OH 发生氧化反应，从而将重金属 Ru 固定到主链 ASA 上，并显著提高 ASA 的电子云密度，呈现清晰的微相分离结构 [176]，如图 4-119 所示，其中 TEM 图片的深色区域归属于染色后的 ASA 主链，浅色区域归属于 PIB 支链，AgNPs 分散在聚合物基体中。随着 PIB 接枝数目 G_N 从 8 增大到 16，微相分离结构更加明显，浅色区域的面积和尺寸也随之增大，这与 PIB 支链的含量增加是一致的。

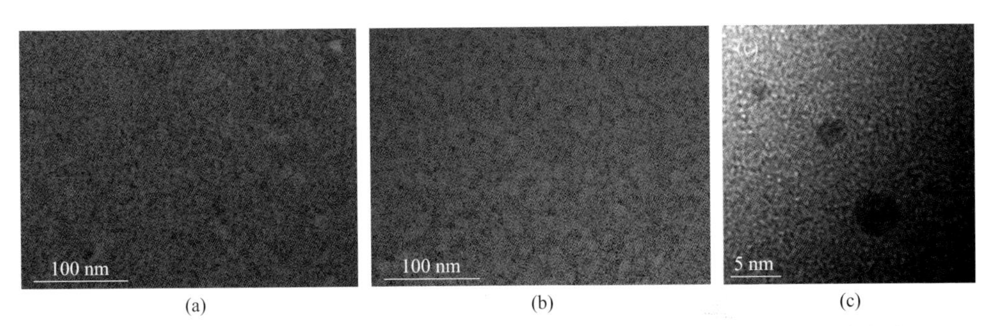

图4-119　经RuO_4染色的ASA-g_8-PIB$_{3.7k}$（a）、ASA-g_{16}-PIB$_{3.7k}$（b）和未染色的ASA-g_{16}-PIB$_{3.7k}$（c）接枝共聚物TEM照片[176]

刚性的 ASA 主链引入柔性的 PIB 支链会影响聚合物膜的表面粗糙度 (R_a)，从图 4-120 可以看出，SA 和 ASA 所形成的膜均具有光滑的表面，R_a 分别为 0.16nm 和 0.28nm，随着 PIB 支链的引入，接枝共聚物的表面粗糙度显著提升；在保持 PIB 支链分子量为 3.7×10^3 时，当将接枝数目 G_N 从 3 提高到 16，R_a 从 1.25nm 增加到 4.19nm。这说明接枝共聚物的 R_a 随 G_N 的增加而增大，强疏水的柔性 PIB 链段在热诱导下可以自组装到接枝共聚物材料的表面，提高 R_a，上述结果表明通过引入 PIB 支链可以有效调节接枝共聚物的表面微结构[177]。

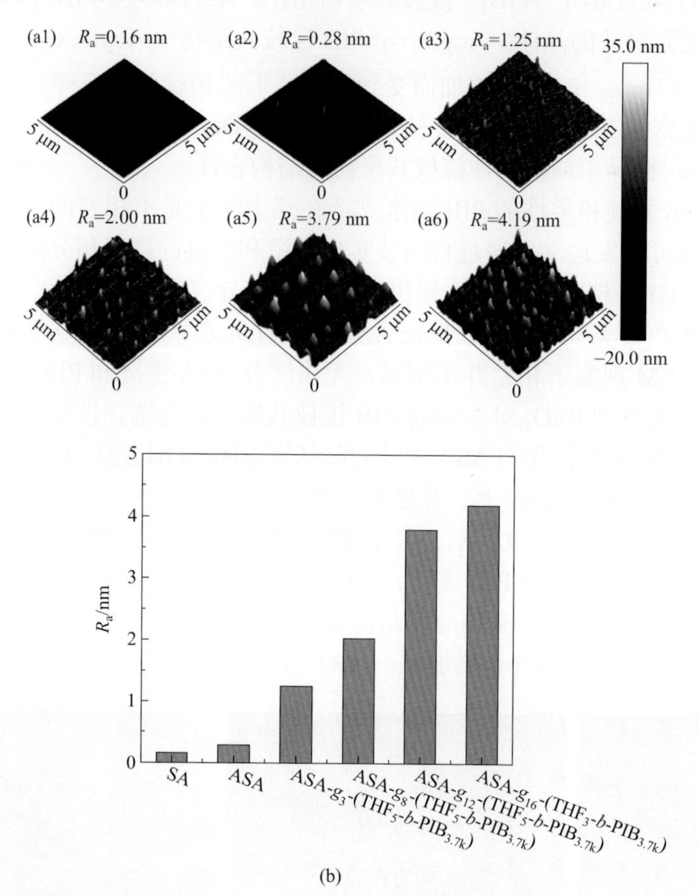

图4-120　聚合物三维AFM高度图（a）和表面粗糙度（b）

(a1)SA；(a2)ASA；(a3)ASA-g_3-PIB$_{3.7k}$；(a4) ASA-g_8-PIB$_{3.7k}$；(a5)ASA-g_{12}-PIB$_{3.7k}$；(a6)ASA-g_{16}-PIB$_{3.7k}$

（二）聚异丁烯基接枝共聚物弹性体的性能

1. 聚赖氨酸 -*g*- 聚异丁烯接枝共聚物

（1）亲疏水性

通过水接触角 (WCA) 评估 PLL-*g*-PIB 两亲性接枝共聚物的亲 / 疏水性，如图 4-121 所示。PLL 为亲水性链段，WCA 约为 52°，是亲水材料。当疏水性的 PIB 支链接枝到 PLL 亲水性主链上时，显著增强 PLL-*g*-PIB 的疏水性，当 G_N 从 4 增加到 18 时，WCA 从 54° 提高到 88°。考虑到 PLL-*g*-PIB 内更强的氢键作用对 PIB 运动的限制使得 PIB 支链大多被束缚在聚合物膜内部。在 60℃下热诱导 6h，促进柔性 PIB 链段运动到材料表面，可以显著提高材料表面的疏水性，当 G_N 从 4 增加到 18，WCA 从 75° 逐渐提高到 109°，接近纯 PIB 的 WCA。在同一 G_N 下，热诱导前后 WCA 普遍提高约 20°，表明热诱导可以有效促进 PIB 支链的链段运动，使聚合物膜表面疏水性增强。因此，PLL-*g*-PIB 两亲性接枝共聚物的亲疏水性可以通过调节支链 PIB 接枝数目（G_N）和热诱导链段运动进行有效调控。

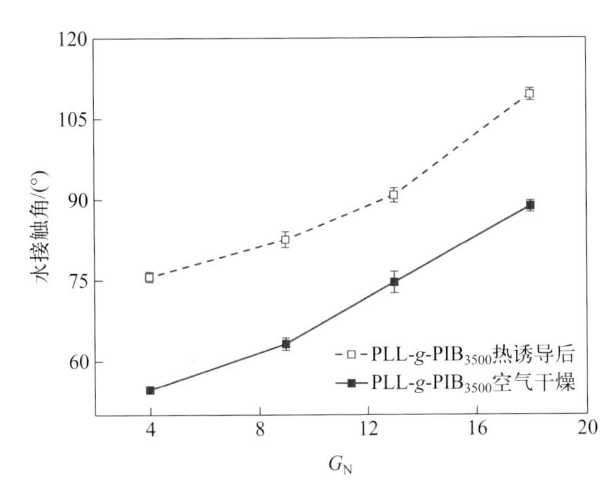

图4-121 G_N对热诱导前后的聚赖氨酸-*g*-聚异丁烯接枝共聚物水接触角的影响

（2）生物相容性

PLL 对动物细胞具有极强的细胞毒性，而 PIB 具有良好的生物相容性。对于 PLL-*g*-PIB 接枝共聚物，与不同浓度 PLL-*g*-PIB 接枝共聚物共孵育的 Hela 细胞存活率如图 4-122（a）所示。在 20μg/mL 和 50μg/mL 的低浓度下，PLL 共培养的细胞存活率仅为 35% 和 15%。然而，在 PLL 接枝 PIB 后，细胞存活率明显上升，在 20μg/mL 和 50μg/mL 的低浓度下，细胞存活率均高于 80%，具有良好生物相容性（国际医学标准规定）。即使在高浓度 500μg/mL 的情况下，细胞存活率约为 27%，也明显高于相同条件下 PLL 细胞存活率（约 10%）。在 20μg/mL 和 50μg/mL 的低浓度下，PIB 接枝量越高，细胞存活率越高，生物相容性改善效果越明显。

PTHF 与 PIB 链段都具有良好的生物相容性，因此作为支链接枝到具有一定细胞毒性的 PLL 主链上后，可以有效改善接枝共聚物的生物相容性。如图 4-122（b）所示，与各浓度的 PLL-g_5-$PTHF_{1500}$ 和 PLL-g_4-PIB_{3500} 共孵育的 Hela 细胞的存活率均远高于与 PLL 共孵育细胞的存活率，两种接枝共聚物可提高约 60%。PIB 支链对 PLL 生物相容性的改善效果明显优于 PTHF，最高相差达 34%，说明 PLL-*g*-PIB 的生物相容性明显优于 PLL-*g*-PTHF 的生物相容性。

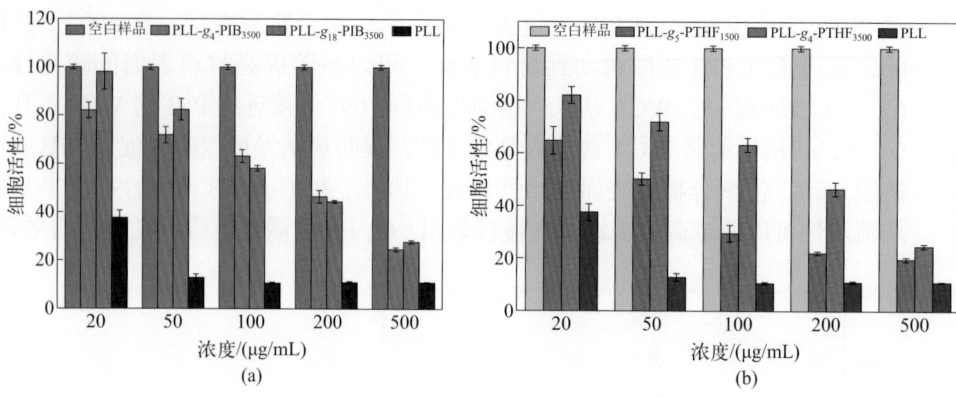

图4-122　PLL-*g*-PIB（a）及PLL-*g*-PTHF（b）接枝共聚物共孵育后Hela细胞的存活率

（3）抗蛋白吸附性能

优异的抗蛋白吸附性能可以有效预防血栓的形成，是生物医用材料重要的指标之一。使用绿色荧光标记的牛血清蛋白作为吸附蛋白模型，使用激光共聚焦显微镜 (CLSM)TCS-SP8 在无光环境下观察聚合物膜表面的荧光强度，研究接枝共聚物的抗蛋白吸附能力。PLL-*g*-PIB 接枝共聚物样品的 CLSM 照片如图 4-123 所示。

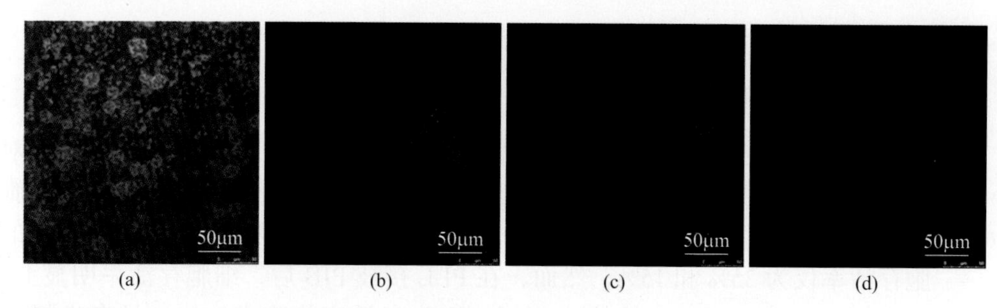

图4-123　PLL-*g*-PIB接枝共聚物CLSM照片

（a）PLL；（b）PLL-g_9-PIB_{3500}；（c）PLL-g_{13}-PIB_{3500}；（d）PLL-g_{18}-PIB_{3500}

对于聚赖氨酸苄酯（PZLL）和聚赖氨酸（PLL），两者的荧光强度均比较大，以 PLL 荧光强度为 100% 计，PZLL 为 18.8%，说明聚赖氨酸抗蛋白吸附性能很差，聚赖氨酸苄酯的抗蛋白吸附性能有所改善。对于 PLL-*g*-PIB 两亲性接枝共聚物，在 PLL 接枝 PIB 后，通过空间位阻避免了蛋白质的靠近和排斥作用，即使 G_N 仅为 4，PLL-*g*-PIB 绿色荧光强度急剧下降，荧光强度已从 PLL 的 100% 大幅降至 PLL-g_4-PIB 的 3.5%，甚至低于相同 G_N 的 PZLL-*g*-PIB 的荧光强度，表明 PLL-*g*-PIB 两亲性接枝共聚物抗蛋白吸附能力显著提高。当 G_N 提高至 18 时，绿色荧光强度进一步降至 1.0%，表明 PLL-g_{18}-PIB 几乎不吸附蛋白，显示极强的抗蛋白吸附能力。

（4）抗菌性能

以革兰氏阳性菌金黄色葡萄球菌 (*S. aureus*) 和革兰氏阴性菌大肠杆菌 (*E. coli*) 为细菌代表测试 PZLL-*g*-PIB 和 PLL-*g*-PIB 接枝共聚物 /Ag 纳米复合材料的抗菌性能。根据样品抗菌特性采用了两种抗菌表征方法，一是抑菌圈法：将样品配制成 20mg/mL 溶液，并滴到直径 5.5mm 的滤纸圆片上，烘干备用。在 TSA 固体培养基上均匀涂抹 50μL 细菌悬液，并将干燥后的滤纸片放在培养基上。在 37℃恒温培养箱中培养 24h，观察滤纸片周围有无细菌生长，对其拍照并测量抑菌圈直径。二是平板涂布法：将样品与少量细菌悬液均匀混合后在 37℃恒温振荡培养器中振荡培养 6h，对照组为原始细菌悬液，使用涂布棒将 20μL 细菌悬液均匀涂抹在 TSA 固体培养基上。在 37℃恒温培养箱中培养 24h 后，观察细菌增殖情况并拍照保存。

以典型的革兰氏阴性菌大肠杆菌 (*E. coli*) 和革兰氏阳性菌金黄色葡萄球菌 (*S. aureus*) 进行抗菌测试，使用抑菌圈法研究 PZLL-*g*-PIB 接枝共聚物的抗菌性能，见图 4-124[183]。与 PZLL-g_4-PIB$_{3500}$Ag-1.48 共孵育的 *E. coli* 和 *S. aureus* 上出现明显的抑菌圈，直径分别为 7.6mm 和 7.7mm，抑菌率分别为 1.38 和 1.40。当 AgNPs 含量增加后，如 PZLL-g_{18}-PIB$_{3500}$Ag-3.30，相应抑菌圈直径增加至 8.9mm 和 8.5mm，抑菌率分别为 1.62 和 1.55。抑菌圈直径与 PZLL-*g*-PIB 中 AgNPs 含量呈正相关。

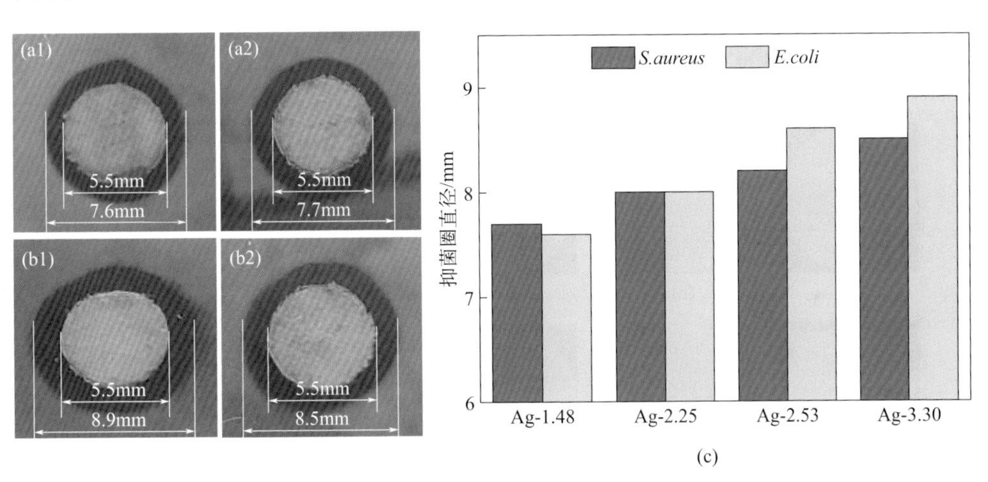

图4-124　PZLL-*g*-PIB/AgNPs抑菌圈照片:（a）PZLL-g_4-PIB$_{3500}$Ag-1.48,（b）PZLL-g_{18}-PIB$_{3500}$Ag-3.30（1—大肠杆菌, 2—金黄色葡萄球菌）；抑菌圈大小与PZLL-*g*-PIB的银含量的关系图（c）

对于 PLL-*g*-PIB 两亲性接枝共聚物，通过 PLL 链段电荷吸附作用附着到细菌细胞壁表面，破坏细胞壁，从而灭杀细菌。采用抑菌圈法研究了 PLL-*g*-PIB 接枝共聚物的抗菌性能，结果如图 4-125 所示，AgNPs 含量对两种细菌的抑菌圈直径相近，因抑菌圈法限制所致，不能充分显示其抗菌性能。

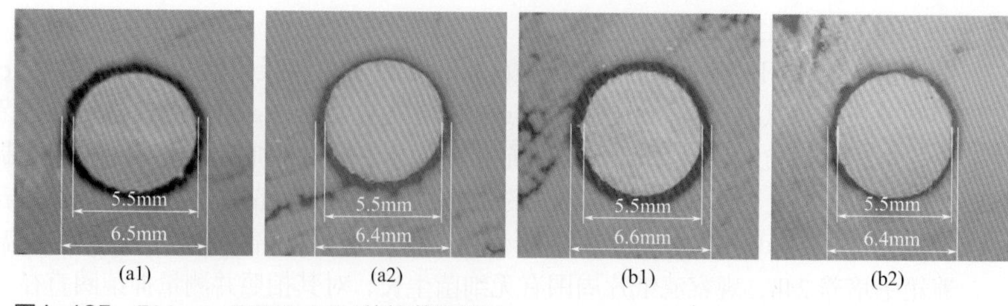

图4-125 PLL-*g*-PIB/AgNPs的抑菌圈照片

（a）PLL-g_4-PIB$_{3500}$Ag-1.48；（b）PLL-g_{18}-PIB$_{3500}$Ag-3.30
1—大肠杆菌；2—金黄色葡萄球菌

为了更好地展示 PLL-*g*-PIB/Ag 纳米复合材料的抗菌性能，使用平板涂布法进一步进行抗菌测试。在平板涂布法中，PLL-*g*-PIB/AgNPs 在菌液中部分溶解，直接与细菌接触，可以有效地避免样品与细菌接触不充分的问题。在琼脂板上菌落的生长情况直接反映出样品的抗菌能力。如图 4-126 所示，与未经任何样品处理的对照组相比，含有 AgNPs 的 PIB 共孵育的细菌生长的菌落数大幅减少，PLL-*g*-PIB/AgNPs 共孵育的细菌生长的菌落近乎不可见，表明细菌几乎被完全灭杀，以至短时间内 (24h) 无法生长出可见菌落。平板涂布抗菌测试的结果说明通过 PLL 与 AgNPs 两种抗菌物质的结合与协同作用，显著提高了 PLL-*g*-PIB/Ag 纳米复合材料的抗菌性能，对大肠杆菌和金黄色葡萄球菌的杀菌效果均明显。

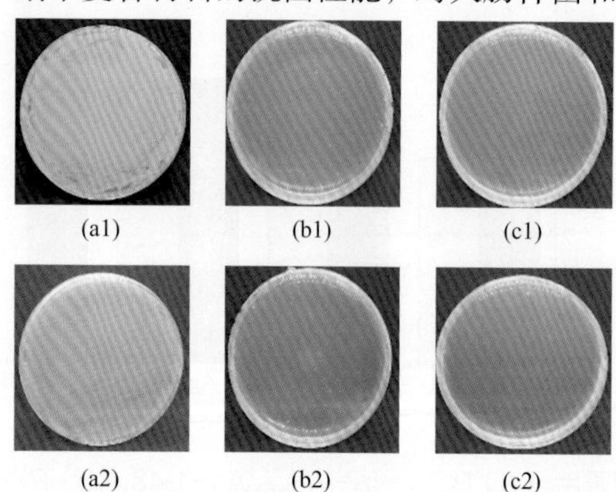

图4-126 PLL-*g*-PIB/AgNPs的细菌增殖照片

（a）对照组；（b）PIB/Ag-3.30；（c）PLL-g_{18}-PIB$_{3500}$Ag-3.30
1—大肠杆菌；2—金黄色葡萄球菌

进一步对 PZLL-*g*-PIB/Ag 和 PLL-*g*-PIB/Ag 纳米复合材料的抗菌能力进行量化，对活 / 死细菌进行染色观察，使用 SYTO 9/PI 染色活细胞 / 死细胞，基于活细胞 / 死细胞壁和膜的差异，活细菌呈绿色，死细菌呈红色。将样品与少量细菌悬液均匀混合后在37℃恒温振荡培养器中振荡培养6h，对照组为原始细菌悬液。在黑暗中向细菌悬液中加入10μL BacLight细菌活/死染色试剂，20min后使用TCS-SP8 CLSM观察。经样品处理的细菌的CLSM照片如图4-127所示。对活/死细菌进行计数，可计算出死细菌比例，可视为样品的杀菌率。

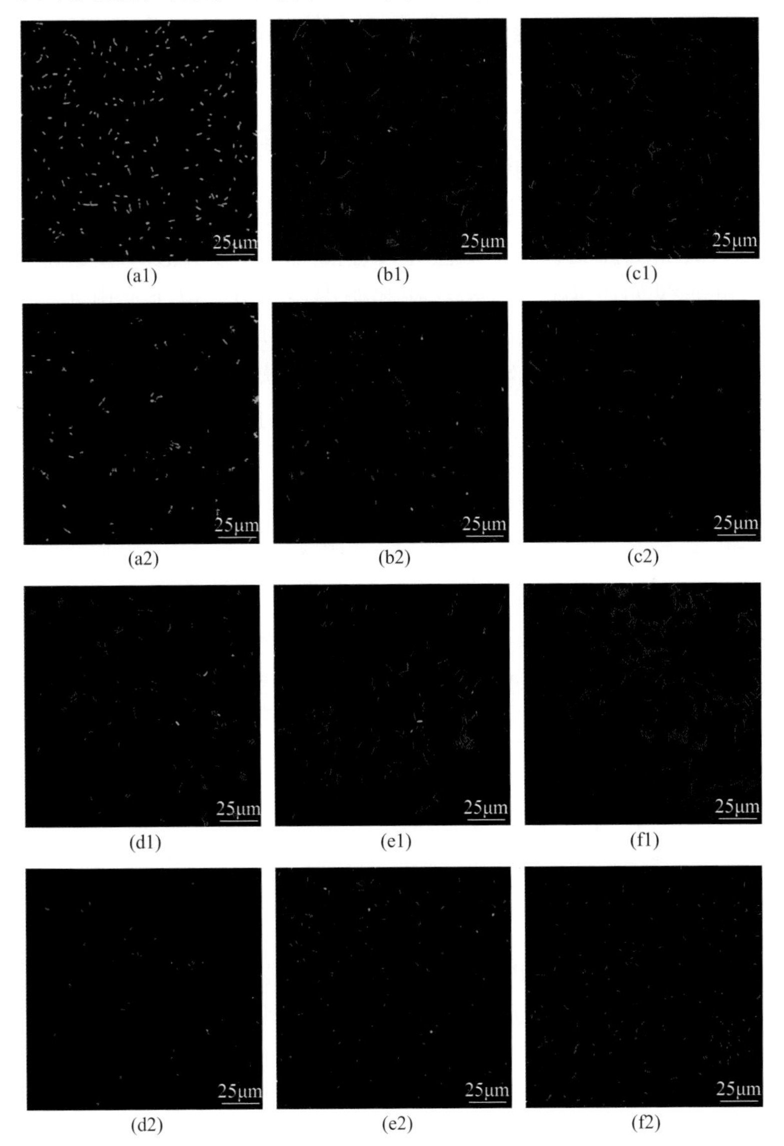

图4-127 SYTO 9/PI染色后的荧光照片（活细菌：绿色，死细菌：红色）

（a）PZLL；（b）PZLL-g_4-PIB_{3500}Ag-1.48；（c）PZLL-g_{18}-PIB_{3500}Ag-3.30；（d）PLL；（e）PIB/Ag-3.30；（f）PLL-g_{18}-PIB_{3500}Ag-3.30

1—大肠杆菌；2—金黄色葡萄球菌

PZLL 没有任何抗菌能力，PZLL-g_4-PIB_{3500}Ag-1.48 对 *E. coli* 和 *S. aureus* 的灭杀率分别为 90.5% 和 88.7%，PZLL-g_{18}-PIB_{3500}Ag-3.30 对 *E. coli* 和 *S. aureus* 的灭杀率则进一步提高到 98.5% 和 99.3%。PLL 本身具有很强的细菌灭杀能力，照片中绝大多数细菌已被灭杀，PIB/Ag-3.30 对 *E. coli* 和 *S. aureus* 的灭杀率分别为 96.8% 和 95.7%，PLL-g_{18}-PIB_{3500}Ag-3.30 细菌灭杀率高达 99.1% 和 99.8%。上述样品的抗菌能力量化数据与抑菌圈以及平板涂布抗菌测试的结果基本相符。

2．生物质多糖 -*g*- 聚异丁烯接枝共聚物

（1）纤维素 -*g*- 聚异丁烯接枝共聚物

① 热稳定性　热稳定性是评价纤维素及其共聚物应用性能的重要指标，对指导纤维素基材料的加工性能、成型工艺等具有较大的参考价值。HPC 和 HPC-*g*-PIB 样品热失重曲线如图 4-128 所示。在起始温度 100℃以下，由于残留在样品中少量水蒸气和溶剂的蒸发，HPC 和 HPC-*g*-PIB 均发生少量质量的损失。HPC 通过接枝 PIB 后 HPC-*g*-PIB 的起始分解温度、最大分解温度和最终分解温度分别为 280℃、390℃和 421℃，600℃残炭率为 0，HPC-*g*-PIB 具有更加优异的热稳定性。

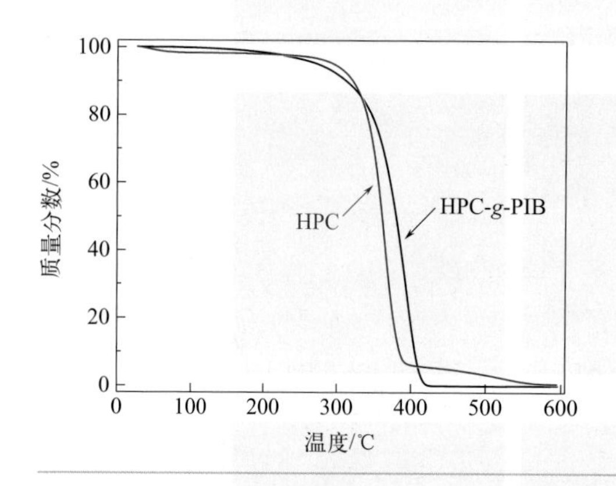

图4-128
HPC和HPC-*g*-PIB的热失重分析曲线

② 亲疏水性　富含羟基的 HPC 主链是一种亲水性刚性链，而 PIB 支链是一种典型的疏水性全饱和的柔性链，将两者相结合得到的 HPC-*g*-PIB 接枝共聚物膜材料表面表现出一些有趣的现象。HPC 和具有不同 PIB 支链长度与接枝数目的 HPC-*g*-PIB 接枝共聚物膜表面的静态水接触角 (WCA) 测量结果如图 4-129 所示 [176]。由图可以看出，HPC 膜表面的静态水接触角为 54.1°，在相同测试条件下，接枝疏水性的不同 PIB 支链长度和接枝数目的 HPC-*g*-PIB 接枝共聚物膜表面亲水性减弱、疏水性增强，水接触角范围为 78.1° ～ 96.7°。当 G_N 相同时，PIB 支链长度越大，对应接枝共聚物膜表面的静态水接触角越大。HPC-

g_{22}-$PIB_{2.4k}$ 接枝共聚物膜的静态水接触角为 78.1°，为亲水表面；而 HPC-g_{22}-$PIB_{4.8k}$ 接枝共聚物膜的静态水接触角为 96.7°，为疏水表面。当 PIB 支链长度相同时，G_N 越大，则对应接枝共聚物膜表面的静态水接触角越大，HPC-g_{11}-$PIB_{4.8k}$ 接枝共聚物膜的水接触角为 92.5°，HPC-g_{22}-$PIB_{4.8k}$ 接枝共聚物膜的水接触角为 96.7°。

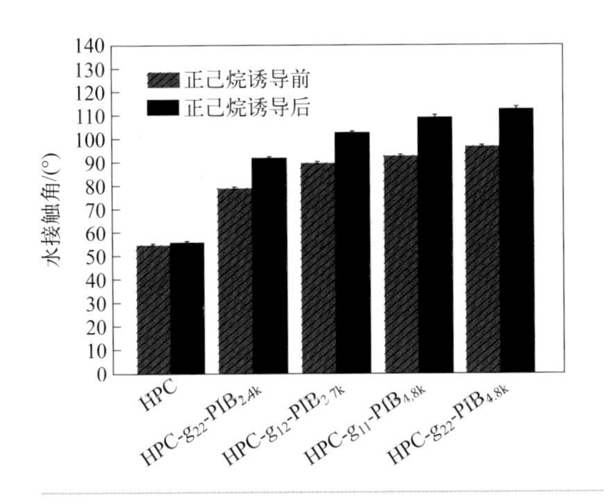

图4-129
正己烷诱导前后HPC及HPC-*g*-PIB接枝共聚物膜表面的水接触角变化

值得注意的是，HPC-*g*-PIB 接枝共聚物中 HPC 主链和 PIB 支链极性的差异导致二者不相容，在特定溶剂诱导条件下，HPC-*g*-PIB 接枝共聚物膜可能发生不同相区自组装重排的现象。正己烷 (*n*-hexane) 是主链 HPC 的不良溶剂，却是支链 PIB 的良溶剂，选用正己烷作为诱导剂对 HPC-*g*-PIB 接枝共聚物膜进行溶剂诱导 5h 后，通过链段运动和自组装，HPC-*g*-PIB 接枝共聚物膜表面的水接触角增大，增幅为 13° ～ 17° [175]。

③ 抗蛋白吸附性能　生物材料表面蛋白质非特异性吸附会诱发血栓的形成，进而造成感染，因而设计制备具有优异的抗蛋白吸附性能的生物材料是一个重要的研究任务。选择牛血清蛋白 (BSA) 作为模型蛋白质用于 HPC-*g*-PIB 接枝共聚物膜材料抗蛋白的防污评价分析，典型的 CLSM 图像如图 4-130 所示 [175]。$PIB_{3.7k}$-Br 大分子引发剂膜材料表面吸附有一定量的牛血清蛋白，可能的原因是 $PIB_{3.7k}$-Br 大分子引发剂膜表面还没有达到超疏水的性能，且膜材料表面粗糙度不够，难以抵抗牛血清蛋白的黏附 [176]。有意义的是牛血清蛋白在 HPC-*g*-PIB 接枝共聚物膜表面的吸附受到抑制，并且随着 PIB 支链长度和 G_N 的增加，HPC-*g*-PIB 接枝共聚物膜表面吸附的牛血清蛋白量大幅降低。

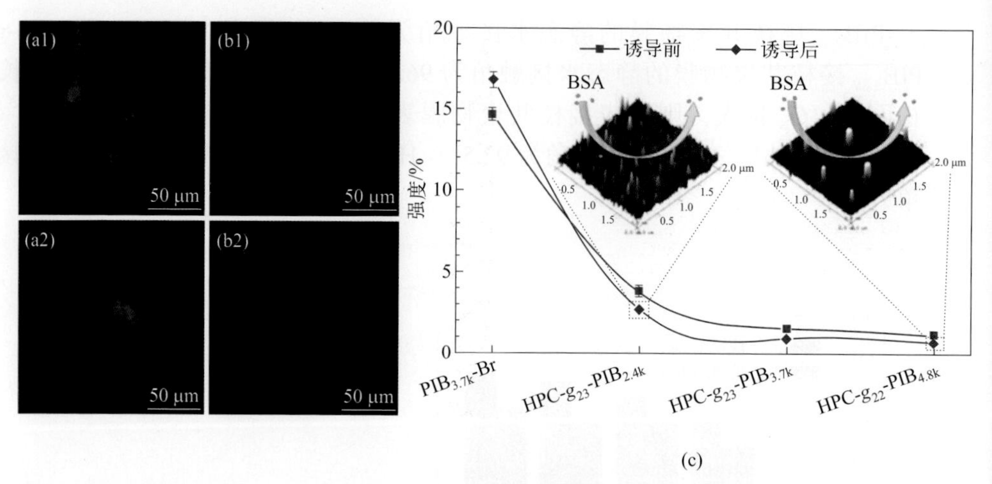

图4-130 典型的HPC-*g*-PIB膜CLSM照片（热诱导前）

(a1) HPC-g_{22}-$PIB_{2.4k}$，(b1) HPC-g_{22}-$PIB_{4.8k}$ 接枝共聚物膜和热诱导后[(a2)和（b2）]，以及相对应的HPC-*g*-PIB接枝共聚物膜与FITC标记的BSA蛋白培养2h后的荧光强度统计图（c）[嵌入图：50℃热诱导5h后HPC-g_{22}-$PIB_{2.4k}$ 和HPC-g_{22}-$PIB_{4.8k}$ 接枝共聚物膜表面抗蛋白吸附示意图]

荧光强度数据显示，$PIB_{3.7k}$-Br 大分子引发剂薄膜的相对荧光强度为 16.7%，随着 PIB 支链长度增加，HPC-*g*-PIB 接枝共聚物薄膜的相对荧光强度从约 2.6% 降低至 0.63%。在 50℃热诱导 5h 后，HPC-*g*-PIB 接枝共聚物薄膜的荧光强度进一步降低。这归因于疏水性表面和表面粗糙度的协同作用。HPC 主链接枝疏水性 PIB 支链后，接枝共聚物膜表面的疏水性增强，静态水接触角最高可达 112°；HPC-*g*-(THF_5-PIB) 接枝共聚物中极性的 HPC 刚性主链和非极性的 PIB 柔性支链之间的不相容性而产生微相分离结构，表面微结构独特，并增加表面粗糙度，增强了表面抗蛋白吸附的性能[175]。

（2）壳聚糖 -*g*- 聚异丁烯接枝共聚物

① 亲疏水性　ACS-*g*-PIB 接枝共聚物进行水接触角测试，如图 4-131 所示。酰化壳聚糖 (ACS) 水接触角为 38.4°；当接枝链 PIB 分子量为 3.7×10^3 时，ACS-g_4-$PIB_{3.7k}$ 接枝共聚物的水接触角增大到 46.8°，ACS-g_6-$PIB_{3.7k}$ 接枝共聚物的水接触角增大到 51.7°。当接枝链 PIB 分子量为 4.8×10^3 时，ACS-g_3-$PIB_{4.8k}$ 水接触角为 58.5°。当接枝链 PIB 分子量为 5.6×10^3 时，随着 PIB 支链接枝数目从 3 增大到 22，ACS-*g*-$PIB_{5.6k}$ 接枝共聚物的接触角从 73.8° 增大到 94.1°，材料表面由亲水性变为疏水性。经过比较发现，当支链 PIB 长度越长和 / 或接枝数目越大时，接枝共聚物材料亲水性能下降、疏水性能增强。

将 ACS-*g*-PIB 接枝共聚物在 50℃的条件下进行热诱导，观察其在自组装下的亲水 / 疏水性变化，见图 4-132。在热诱导过程中，水接触角逐渐变大。ACS-

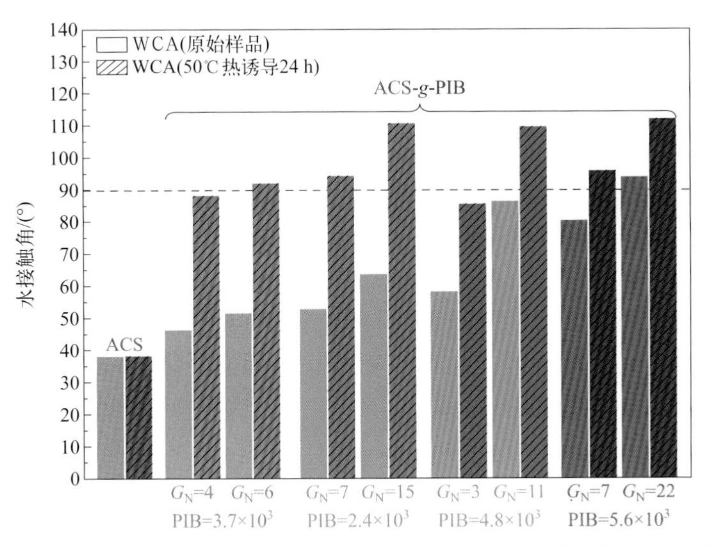

图4-131 不同ACS-*g*-PIB接枝共聚物材料表面的水接触角对比图

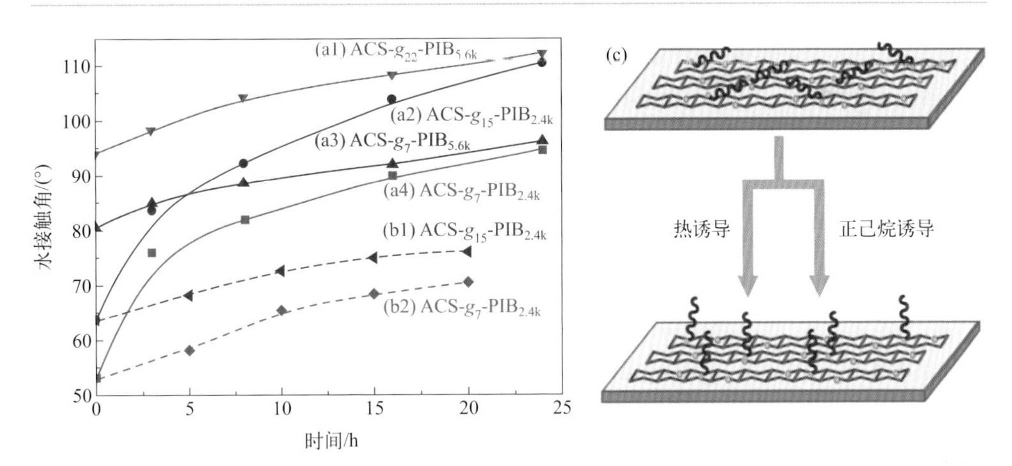

图4-132 ACS-*g*-$PIB_{2.4k}$与ACS-*g*-$PIB_{5.6k}$接枝共聚物在50℃热诱导下水接触角随时间的变化

g_7-$PIB_{2.4k}$ 接枝共聚物的水接触角从 53.1° 增大到 94.5°，增幅为 41.4°；ACS-g_{15}-$PIB_{2.4k}$ 从 63.8° 增大到 110.5°，由亲水表面转为疏水表面。在接枝数目相同的条件下，热诱导后，ACS-g_7-$PIB_{5.6k}$ 由 80.5° 增大到 96.2°，增幅为 15.7°。保持支链长度不变增大接枝数目后，热诱导后，ACS-g_{22}-$PIB_{5.6k}$ 由 94.1° 增大到 112.2°。说明当支链长度较短时，热诱导使水接触角变化幅度较大。这可能是由于当分子链短时，分子链间的缠结较松散，则在外界影响下低分子链具有更大的运动能力有关，则更多的 PIB 支链运动到材料表面导致水接触角变大。当 PIB 支链分子量较高时，分子链间作用力较强，分子链较难发生大幅度变化，则水接触角变化较小。

为观察溶剂对 ACS-g-PIB 接枝共聚物自组装行为的影响，将 ACS-g_4-$PIB_{3.7k}$ 与 ACS-g_6-$PIB_{3.7k}$ 接枝共聚物在正己烷中浸泡 20h 后（图 4-133）发现：ACS-g_4-$PIB_{3.7k}$ 接枝共聚物的水接触角由初始的 46.8° 增至 76.6°，ACS-g_6-$PIB_{3.7k}$ 接枝共聚物的水接触角由初始的 51.7° 至 75.7°。水接触角的增大说明正己烷对 ACS-g-PIB 接枝共聚物具有一定的溶剂诱导效果，使得 ACS-g-PIB 接枝共聚物链段发生自组装行为，支链 PIB 链段向表面运动，使得水接触角增大。在 80℃的环境下加热 20h 后，ACS-g_4-$PIB_{3.7k}$ 接枝共聚物的水接触角增至 85.9°，ACS-g_6-$PIB_{3.7k}$ 接枝共聚物的水接触角增至 82.9°，变化程度明显大于溶剂诱导的变化程度，说明溶剂诱导导致的链段运动相对较慢，这与 EDS 中由碳元素变化分析得到的结论一致。

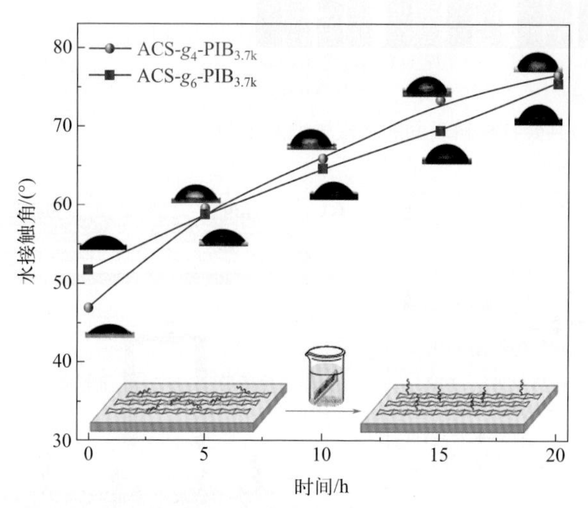

图4-133　ACS-g_4-$PIB_{3.7k}$与ACS-g_6-$PIB_{3.7k}$接枝共聚物在正己烷诱导下水接触角随时间的变化

ACS-g-PIB 接枝共聚物在热诱导前后的元素分布情况变化如图 4-134 所示。共聚物主要由 CH、O 和 N 元素构成，可以观察 C、O 和 N 元素分布来确定共聚物表面结构的变化。将 ACS-g-$PIB_{5.6k}$ 接枝共聚物在 50℃下加热 4h 之后，更容易摆脱空间位阻的束缚向外伸展，PIB 微相尺寸均增大。将上述三种接枝共聚物分别进行加热诱导后再次观察 C、O、N 三种元素的含量变化情况，在热诱导之后，材料表面 C 元素含量增大，N 元素比重下降。N 元素只存在于 ACS 主链上，其含量下降说明 ACS 主链被支链 PIB 包覆，支链 PIB 受到热诱导之后向材料表面运动。在热诱导之后，ACS-g_3-$PIB_{5.6k}$ 接枝共聚物表面 C 元素含量增加 10.85%，ACS-g_7-$PIB_{5.6k}$ 表面 C 元素含量增加 8.08%，ACS-g_{22}-$PIB_{5.6k}$ 表面 C 元素含量增加 2.07%。说明接枝密度较低时，支链 PIB 链段运动时受到的制约较小，易于运动到材料表面；当接枝密度增大，支链 PIB 链段运动受到限制。

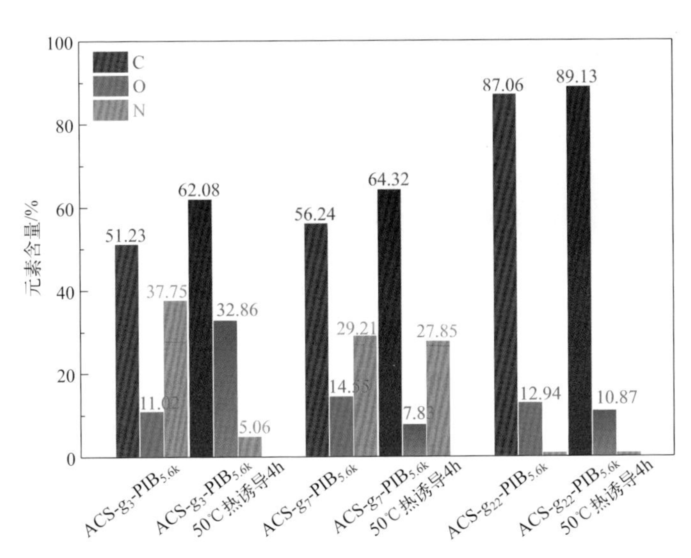

图4-134　不同ACS-*g*-PIB接枝共聚物表面在热诱导前后的元素含量对比图

② 抗蛋白吸附性能　将ACS、PIB以及ACS-*g*-PIB接枝共聚物分别进行抗蛋白吸附性能测试，结果表明主链ACS几乎不具有抗蛋白吸附性能。PIB的抗蛋白吸附效果略好于ACS，然而实验过程中也明显黏附蛋白质。ACS-*g*-PIB接枝共聚物表面具有良好的抗蛋白吸附，如图4-135所示，抗蛋白吸附效果随PIB接枝链数目增加而增强。在50℃下，进一步将ACS-g_3-PIB$_{5.6k}$接枝共聚物进行热诱导，随着热诱导时间延长，大分子链重新排布，PIB支链逐渐运动到共聚物表面使得表面疏水程度加大，粗糙度逐渐提高，表面性能的改变导致不利于蛋白质的吸附，因而表现出更好的抗蛋白吸附效果。

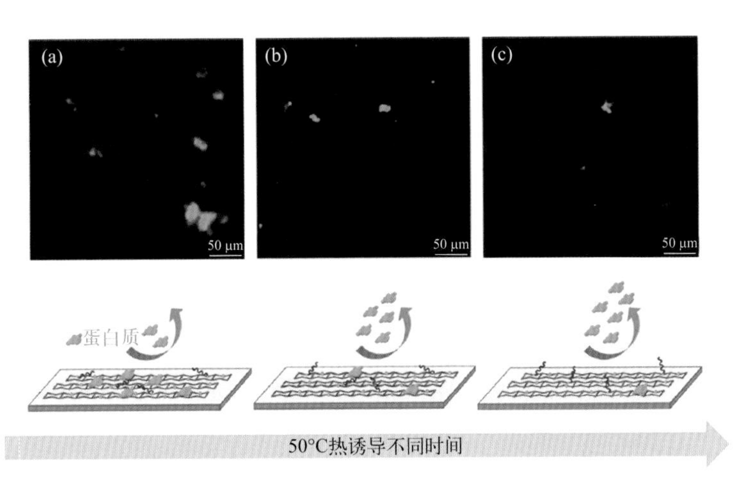

图4-135

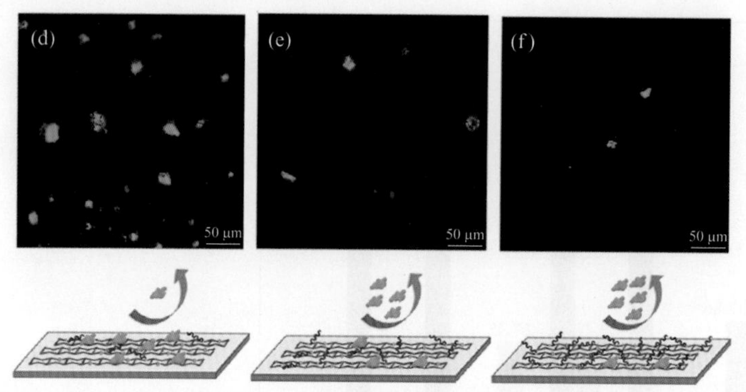

图 4-135　ACS-g_3-$PIB_{5.6k}$ 在 50℃热诱导 3h（a）、8h（b）、24h（c），以及 ACS-g_3-$PIB_{5.6k}$（d）、ACS-g_7-$PIB_{5.6k}$（e）、ACS-g_{22}-$PIB_{5.6k}$（f）的抗蛋白吸附性

③ 抗菌性能　ACS 和 PIB 本身均不具有抗菌性能，然而两者的接枝共聚物 / Ag纳米复合材料对革兰氏阳性菌（金黄色葡萄球菌）与革兰氏阴性菌（大肠杆菌）均呈现明显的抗菌性，见图 4-136 所示。ACS-g_6-$PIB_{3.7k}$/Ag 纳米复合材料抗大肠杆菌的抑菌圈大小为 11.5mm，对金黄色葡萄球菌的抑菌圈大小为 8.5mm，说明这种纳米复合材料抗大肠杆菌的效果更加明显。

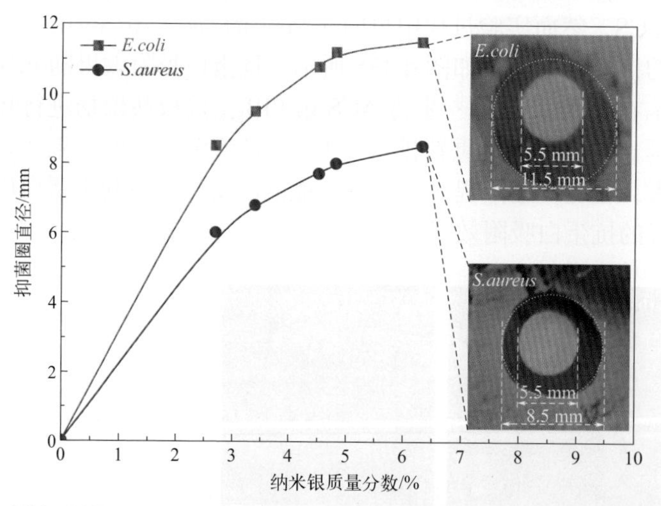

图4-136　ACS-g_6-$PIB_{3.7k}$/Ag纳米复合材料抗大肠杆菌效果图

④ 载药和释药性能　采用 ACS-*g*-PIB 接枝共聚物制备成载药微球，对药物布洛芬进行运载。随着接枝数目增加，接枝共聚物载药率由 17% 逐渐增加至 45%，说明 ACS-*g*-PIB 接枝共聚物的药物包覆能力提升，如图 4-137 所示。通过 SEM 观察载药微球形态发现，ACS-*g*-PIB 接枝共聚物 / 布洛芬载药微球为球形，并且在球体表面有褶皱存在。

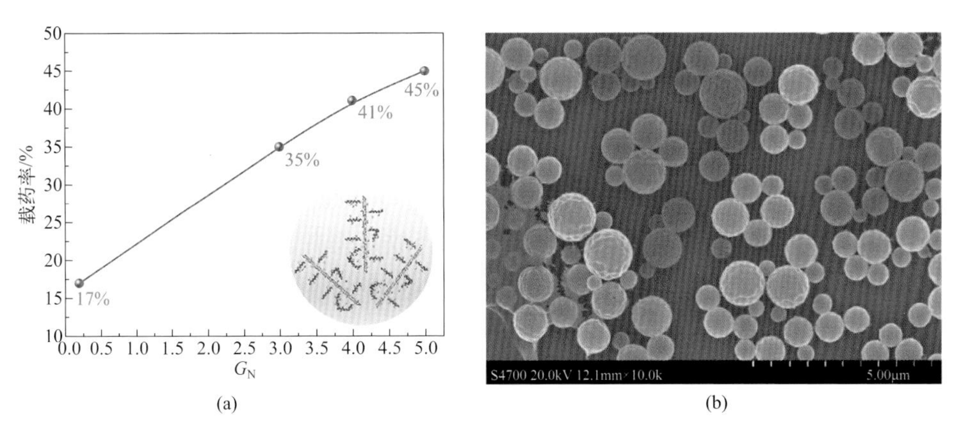

图4-137　ACS-*g*-PIB接枝共聚物载药率随接枝数目的变化及载药微球模型图（a）和ACS-*g*-PIB/布洛芬载药微球的SEM照片（b）

为模拟ACS-*g*-PIB药物载体在不同人体器官中的释放效果，以ACS-g_4-$PIB_{4.8k}$为例在不同pH环境下进行体外释药模拟实验，见图4-138。在pH = 6.3的环境中药物载体释放速率最快，在72h后药物可完全释放出来，药物释放过程分为以下三个阶段：在前12h（第一阶段），ACS-*g*-PIB载药微球释放速率

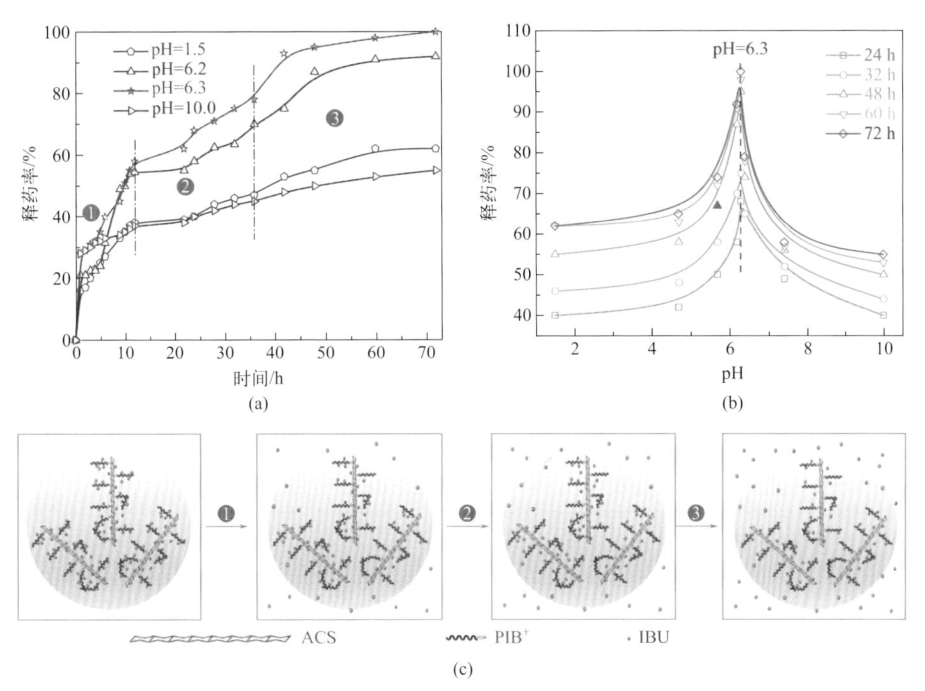

图4-138　ACS-*g*-PIB接枝共聚物/布洛芬载药微球在不同时间下（a）和在不同pH环境中（b）的药物释放效果及典型ACS-*g*-PIB药物载体的药物释放过程模型图（c）

最快，这是由于物理吸附在载体表面的布洛芬小分子最先进行释放，释药率可以达到58%；在12～36h范围内（第二阶段），药物释放速率减慢，药物布洛芬(—COOH)与药物载体(—OH, —NH_2)之间生成的酯基(—COO—)与酰胺键(—CONH—)发生水解反应，使得通过化学键包覆的布洛芬药物分子有被释放的可能性；在36～72h内（第三阶段），药物释放速率加快，水解出来的布洛芬药物分子被持续不断地释放出来，释放速率并没有第一阶段快，药物布洛芬分子需要穿过壳聚糖膜并摆脱PIB链段阻碍。ACS-g_4-$PIB_{4.8k}$接枝共聚物药物载体具有pH敏感性，在不同pH中具有不同释放速率。释放72h后，在pH = 1.5的模拟胃液当中累积释药率达到62%；在pH = 10.0时累积释药率达到55%；在pH = 6.3的弱酸环境中可完全释放。说明在过酸(pH = 1.5)或者过碱(pH = 10.0)的环境中，ACS-*g*-PIB接枝共聚物载药微球的释放效果均受到抑制。

将不同接枝数目的ACS-*g*-PIB接枝共聚物制成载药微球，进行药物释放效果对比，如图4-139所示。在pH = 6.2的环境中释放36h后，ACS-$g_{0.2}$-$PIB_{4.8k}$接枝共聚物载药微球的释放率达到92%，ACS-g_4-$PIB_{4.8k}$接枝共聚物载药微球释放率为64%，释放速率明显减慢。在支链PIB长度相同时，随着ACS-*g*-$PIB_{4.8k}$接枝密度的增大，载药微球的释放速率减慢，药物控释增强。

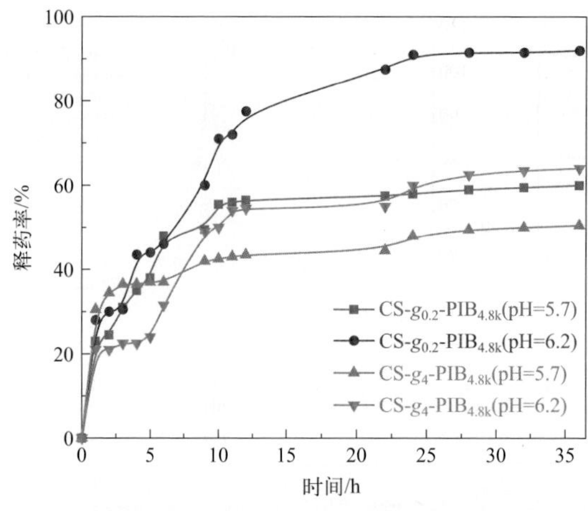

图4-139　接枝支链数目对ACS-*g*-PIB载体中药物释放曲线的影响

（3）葡聚糖-*g*-聚异丁烯接枝共聚物

① 表面亲疏水性　随着疏水性PIB支链的$\overline{M}_{n,PIB}$和G_N增加，AcyDex-*g*-PIB接枝共聚物的WCA从59.2°显著增加到106.9°，经历了从亲水性到疏水性的转变，如图4-140所示。当$\overline{M}_{n,PIB}$为$4.7×10^3$时，PIB支链的G_N从20增加到28，WCA从79.9°增加到93.2°，经历了接枝共聚物从亲水性到疏水性的转变。AcyDex-g_{21}-$PIB_{2.6k}$接枝共聚物经热诱导后，PIB短支链表现出良好的自组装行为，

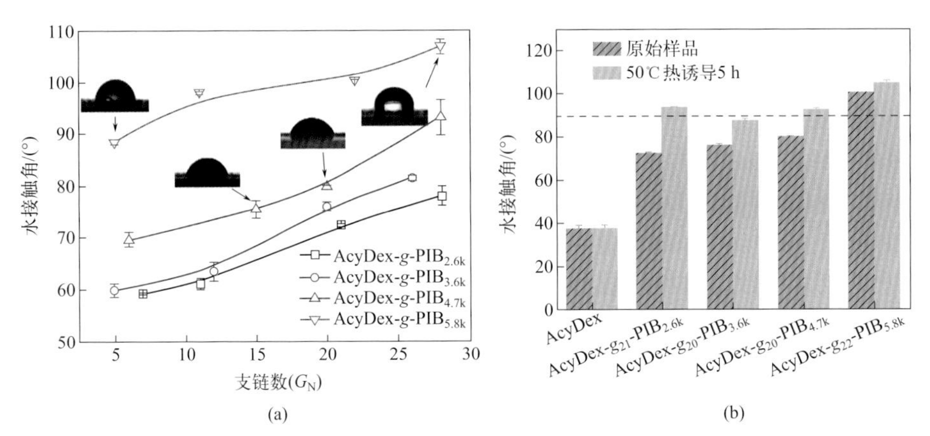

图4-140 AcyDex-*g*-PIB接枝共聚物中G_N对其膜表面WCA的影响（a）；AcyDex-*g*-PIB接枝共聚物在50℃热诱导5h前后的WCA变化（对比AcyDex）（b）

材料表面 WCA 从 72.3° 增加到 92.6°。说明通过热诱导也能使得接枝共聚物从亲水性到疏水性的明显转变。

② 生物相容性　使用 CCK-8 试剂盒测试 AcyDex-g-PIB 接枝共聚物对于 HeLa 细胞的细胞存活率。良好的生物相容性要求高细胞存活率，国际医学标准规定应大于 80%。从对照组中均未观察到明显的细胞毒性反应。培养 24h 后，与 Dex、AcyDex 和 AcyDex-*g*-PIB 接枝共聚物共同培养的 HeLa 细胞的存活率均高于 80%（图 4-141）。由于生物相容性 PIB 链段的存在，细胞活力随着 PIB 支链的 G_N 增加而增加，AcyDex-g_{20}-PIB$_{4.7k}$ 接枝共聚物表现出最好的生物相容性，甚至在高浓度下优于 Dex，在浓度为 100μg/mL 的情况下，仍然保持着接近 100%

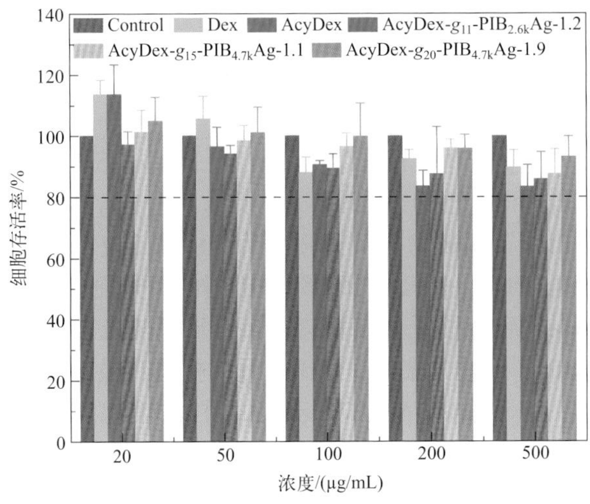

图4-141 AcyDex-*g*-PIB接枝共聚物处理HeLa细胞的细胞存活率（对比Dex和AcyDex）

的细胞存活率。AcyDex-*g*-PIB 接枝共聚物中低含量的 AgNPs 不会降低细胞活力，即使在 AgNPs 含量为 1.9%（质量分数）时，细胞生长依然没有受到抑制。

③ 血液相容性　良好的血液相容性还要求低的溶血率（HR），国际医学标准规定 HR＜5%。溶血过程示意图见图 4-142（a），RBC 溶血结果照片见图 4-142（b），Dex、AcyDex 和 AcyDex-*g*-PIB 胶束的 HR 如图 4-142（c）所示。Dex 仅引起轻微溶血现象，HR 为 0.86%，显示出极好的血液相容性。值得注意的是，由于形成不规则的胶束导致与血液接触不足，AcyDex 的 HR 与 Dex 相比显著增加。AcyDex-*g*-PIB 胶束可以均匀地分散在血浆中，并且在其自组装结构中接触血液的壳结构是 AcyDex 主链。AcyDex-*g*-PIB 胶束的 HR 均低于 5%，随着 PIB 支链数目增加而降低。AcyDex-g_{21}-$PIB_{2.6k}$ 接枝共聚物表现出优异的血液相容性，甚至可以跟 Dex 相媲美。

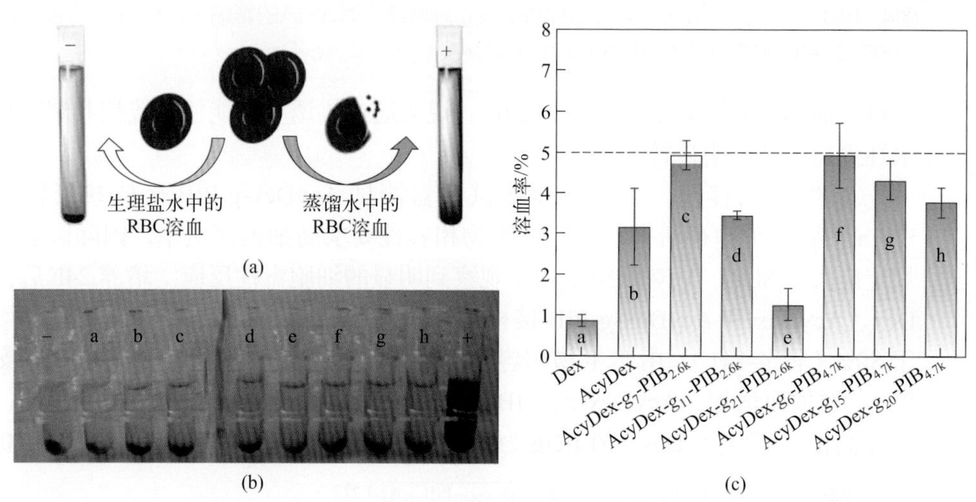

图4-142　溶血过程机理图（a），血红细胞溶解图片（b），以及Dex、AcyDex和AcyDex-*g*-PIB的溶血率（c）

④ 抗蛋白吸附性能　AcyDex-*g*-PIB 接枝共聚物的抗蛋白（以 BSA 作为生物污染物模型）吸附的 CLSM 图像和荧光强度见图 4-143 所示。将 AcyDex 蛋白吸附的荧光强度设定为 100%，PIB 蛋白吸附的荧光强度为 30.9%。随着 PIB 支链的 G_N 从 7 增加到 28，AcyDex-*g*-$PIB_{2.6k}$ 接枝共聚物蛋白吸附的荧光强度从 49.6% 降低到 17.4%。在 50℃热诱导 5h 后，接枝共聚物自组装重排，荧光强度显著降低。热诱导后的 AcyDex-g_{28}-$PIB_{2.6k}$ 接枝共聚物显示出优异的抗蛋白吸附性能，蛋白吸附的荧光强度仅为 4.7%。AcyDex 和 AcyDex-*g*-PIB 接枝共聚物蛋白吸附的荧光强度与 WCA 之间的关系见图 4-144 所示。荧光强度随着 WCA 的增加而降低，这表明表面 WCA 的增加有利于改善接枝共聚物的抗蛋白吸附性能。增加表面水接触角和粗糙度，均有利于提高其抗蛋白吸附性能。

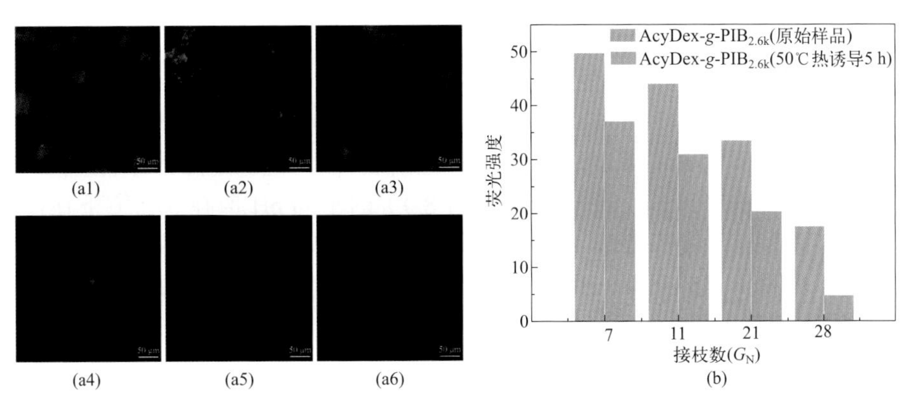

图4-143　AcyDex(a1)、PIB(a2)、AcyDex-g_7-$PIB_{2.6k}$(a3)、AcyDex-g_{28}-$PIB_{2.6k}$(a4)接枝共聚物和AcyDex-g_7-$PIB_{2.6k}$(a5)、AcyDex-g_{28}-$PIB_{2.6k}$(a6)接枝共聚物在50℃热诱导5h后的CLSM图像及G_N对AcyDex-g-$PIB_{2.6k}$接枝共聚物蛋白吸附的荧光强度的影响（b）

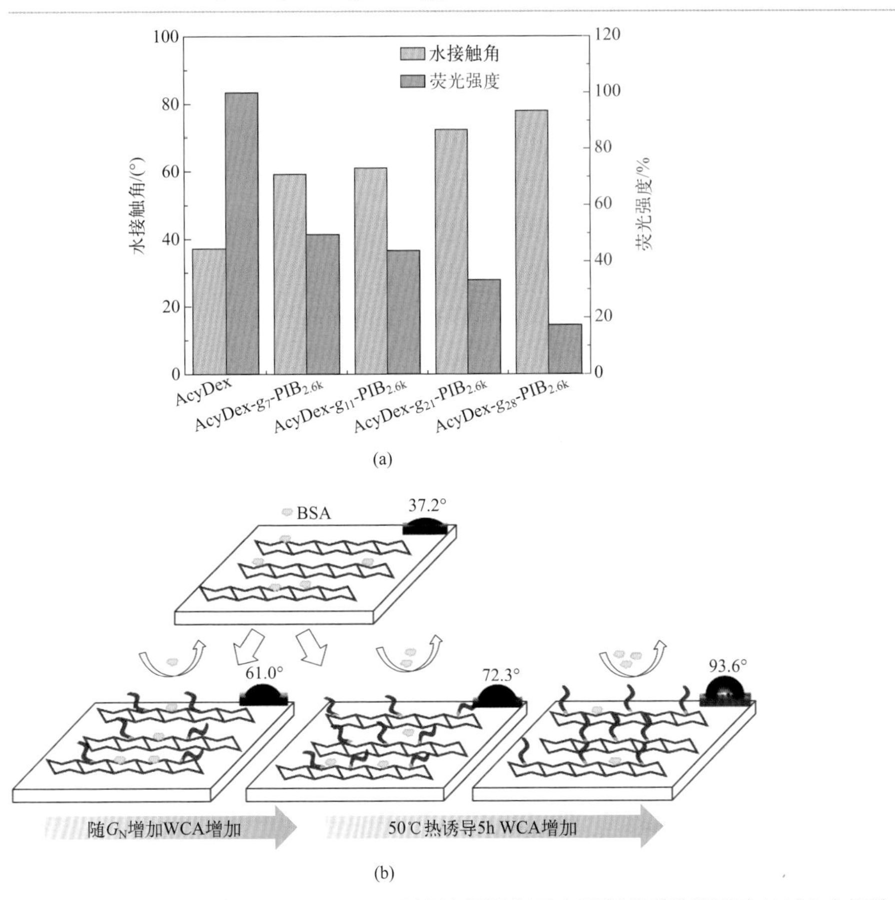

图4-144　AcyDex和AcyDex-g-PIB接枝共聚物蛋白吸附的荧光强度与WCA之间的关系（a）和抗蛋白吸附过程的示意图（b）

⑤ 载药和释药行为　两亲性 AcyDex-*g*-PIB 接枝共聚物可以在水溶液中自组装成纳米微球。将疏水性药物布洛芬（IBU）封装到 AcyDex-*g*-PIB 微球中，DLE 为 23.6% ～ 35.4%。将 IBU 物理负载到 AcyDex-*g*-PIB 微球的疏水核心中，并根据内分泌环境（pH 4.7）、肿瘤微环境（pH 5.0 ～ 6.5）、中性条件（pH 7.0）、血液和肠液（pH 7.4）及碱性条件（pH 8.0）的不同 pH 值在 37.5℃下在模拟溶液（PBS）中研究载药微球的药物释放行为，IBU 在不同时间和不同 pH 下释放的曲线，见图 4-145 所示。IBU 的释放行为很大程度上取决于 pH 值，并且在 pH 7.4 时能迅速释放。IBU 在 pH 7.4 时的释放速率明显高于任何其他 pH 值，并在 72h 内能达到完全释放。通过物理相互作用负载药物的行为，聚合物载药胶束具有出色的生物相容性和血液生物相容性，且具有 pH 敏感性的聚合物载药微球有望用于药物在血液（pH 7.4）中的靶向治疗。

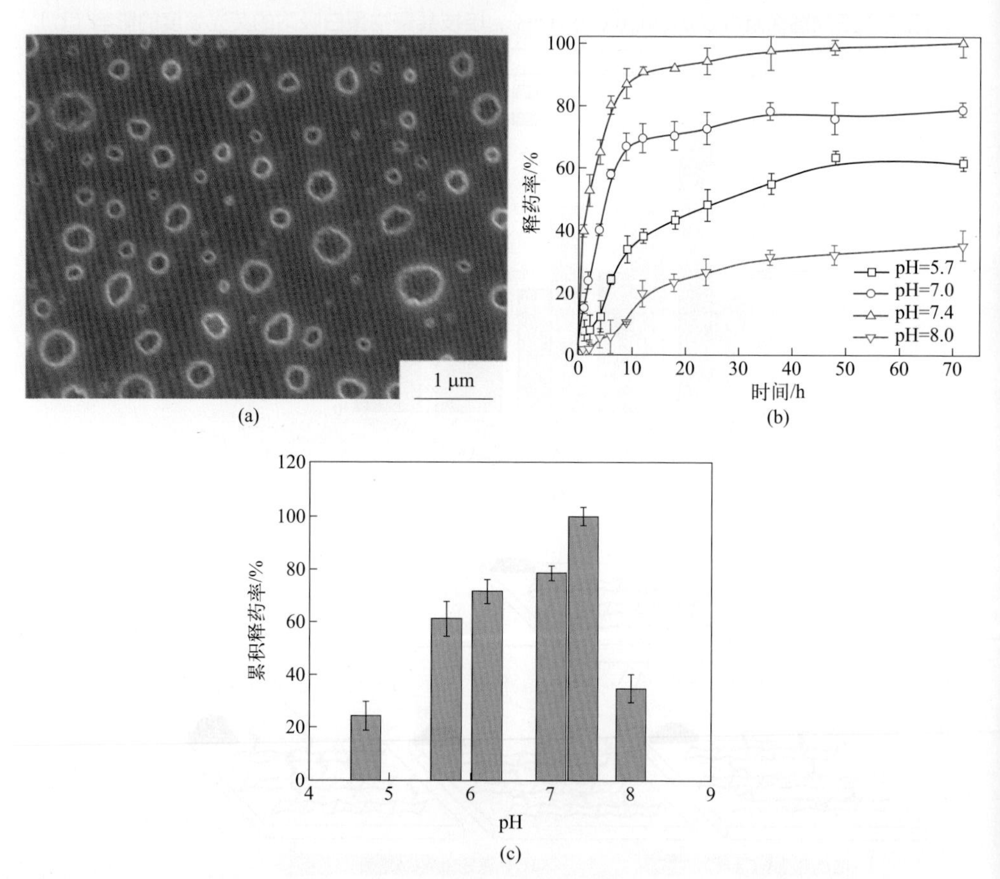

图4-145　AcyDex-g_{11}-$PIB_{2.6k}$接枝共聚物微球的SEM图像（a），负载布洛芬的AcyDex-g_{11}-$PIB_{2.6k}$微球在不同时间和不同pH下的药物释放曲线（b）及不同pH值布洛芬的累积药物释放率（c）

⑥ 抗菌性能　根据 K-B 法（抑菌圈法）测试含有 AgNPs 的 AcyDex-*g*-PIB 接枝共聚物对大肠杆菌和金黄色葡萄球菌的抗菌效果。抑菌圈的直径随 AgNPs 含量（即 PIB 支链的 G_N）的增加而增加（图 4-146）。与大肠杆菌和金黄色葡萄球菌共同培养的 AcyDex-g_{28}-PIB$_{2.6k}$Ag-2.2 接枝共聚物的抑菌圈直径分别为 7.9mm 和 7.5mm。通过荧光成像（细菌活 / 死染色）进一步观察用 AcyDex 和 AcyDex-*g*-PIB 接枝共聚物处理过的细菌的生长抑制情况（图 4-147）。用 AcyDex 培养的大肠杆菌和金黄色葡萄球菌几乎都还活着，而用 AcyDex-*g*-PIB 接枝共聚物培养的所有细菌几乎均已死亡。在 AgNPs 含量仅为 2.2%（质量分数）时就表现出出色的抗菌效果，说明 AcyDex-*g*-PIB 接枝共聚物具有良好的抗菌性能，可以用于防止医学领域的潜在感染。

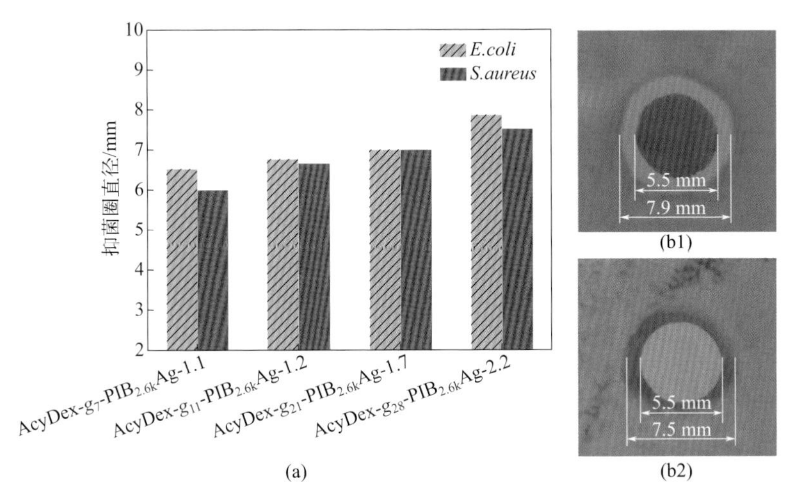

图4-146　具有不同AgNPs含量的AcyDex-*g*-PIB接枝共聚物的抑菌圈直径对比（a）和 AcyDex-g_{28}-PIB$_{2.6k}$Ag-2.2对大肠杆菌(b1)及金黄色葡萄球菌(b2)的抑菌圈照片

（4）海藻酸钠 -*g*- 聚异丁烯两亲性接枝共聚物

① 亲疏水性　ASA-*g*-PIB 两亲性接枝共聚物膜的水接触角如图 4-148 所示 [177]，随着疏水 PIB 支链长度和 G_N 的增加，接枝共聚物的疏水性逐渐增强，材料表面粗糙度逐渐增大。在 50℃下，经过 8h 退火，接枝共聚物在热诱导下发生自组装行为，导致膜表面的水接触角明显增大，展现良好的自组装能力和抗湿性能。

② 载药 / 释药性能　ASA-*g*-PIB 两亲性接枝共聚物具有优异的自组装行为，在 THF 中可以形成尺寸规则的球形纳米胶束，并实现对布洛芬 (IBU) 的包覆。IBU 释放行为随 pH 值不同而有显著的变化，具有 pH 值响应性，在 pH = 7.4 的 PBS 缓冲液中释放速率快，约 40h 后药物可以完全释放（图 4-149）[177]，在药物缓释和靶向治疗等领域具有潜在的应用价值。

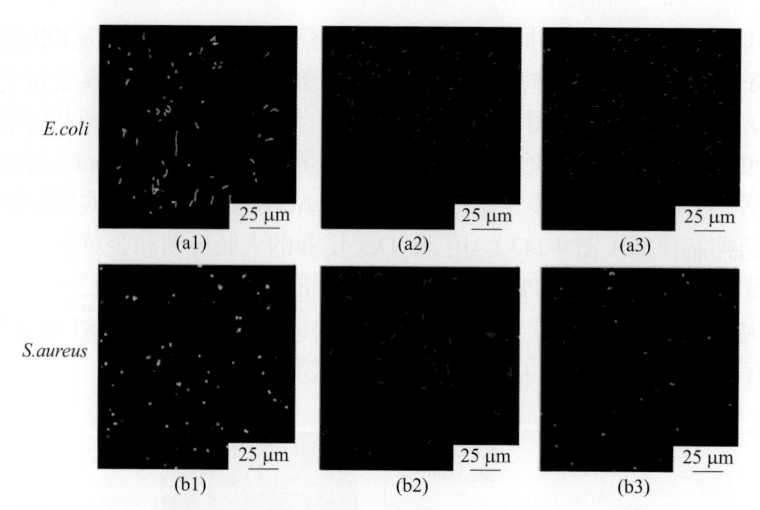

图4-147 AcyDex、AcyDex-g_{28}-$PIB_{2.6k}$Ag-2.2和AcyDex-g_{28}-$PIB_{4.7k}$Ag-2.9接枝共聚物对大肠杆菌［（a1）～（a3）］和金黄色葡萄球菌［（b1）～（b3）］的荧光SYTO 9-PI染色的CLSM图像

（活细菌：绿色，死细菌：红色）

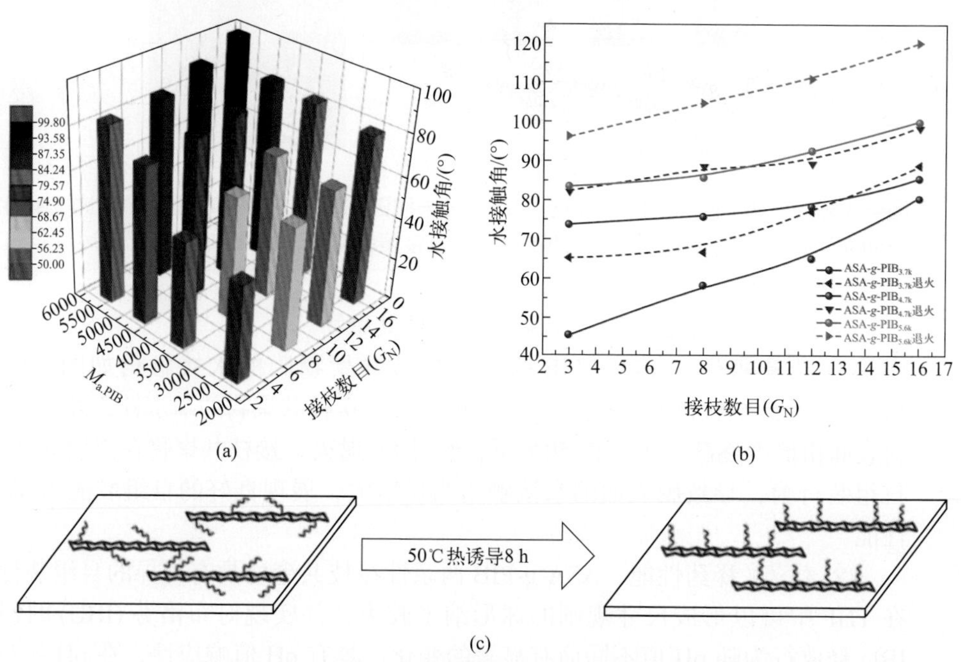

图4-148 ASA-*g*-PIB接枝共聚物的水接触角（a），热诱导(50℃, 8h)后ASA-*g*-PIB接枝共聚物的水接触角（b），ASA-*g*-PIB接枝共聚物热诱导下的自组装模型图（c）

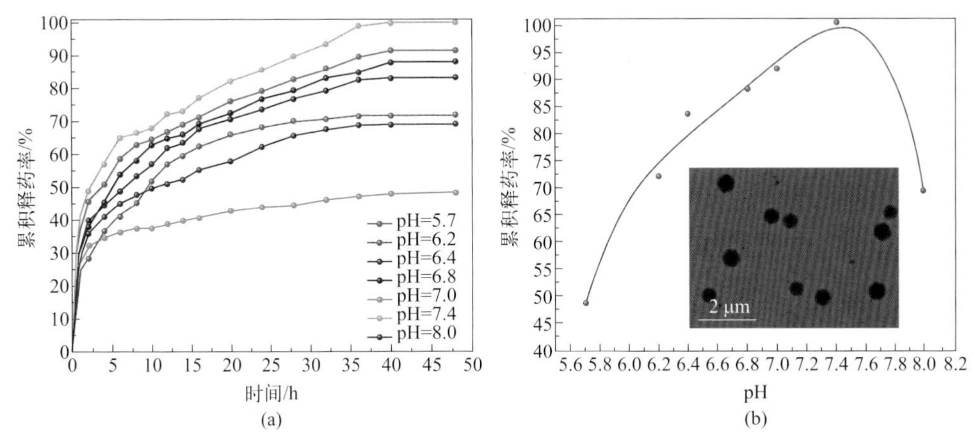

图4-149 ASA-g_{12}-PIB胶束在37℃、不同pH值下随时间释放IBU的曲线（a），ASA-g_{12}-$PIB_{3.7k}$胶束在不同pH下IBU的累积释放率和载药胶束的TEM图片（b）[175]

三、聚异丁烯基接枝共聚物弹性体的应用领域

天然橡胶与性能优异的丁基橡胶共混硫化胶，在保持天然橡胶优异性能的同时，提高天然橡胶的气密性及抗氧化性，可用作阻尼材料。天然橡胶与丁基橡胶普通机械共混时，由于二者结构差异，共混相容性相对较差，难以均匀混合。若通过聚合方法直接合成含聚 1,4- 异戊二烯链段和异丁烯基聚合物链段的共聚物，则可以达到两者以共价键方式的结合，达到分子水平的混合，形成一种新的综合性能优异的弹性材料，也可以作为丁基橡胶与天然橡胶共混相容剂，提高丁基橡胶与天然橡胶的共混效果。

PVC 熔融温度较高，熔体黏度很大，难以进行注塑挤出等加工成型，通过在 PVC 中加入增塑剂可以达到增塑改性效果，其中邻苯二甲酸酯类是使用最为广泛的一类 PVC 增塑剂，但是小分子增塑剂的迁移，对环境及人体健康造成危害，目前已经开始在服装包装、医疗用品以及儿童玩具等领域限制邻苯二甲酸酯类增塑剂的应用。因此，PVC-*g*-PIB 接枝共聚物，可以提高聚氯乙烯的韧性或作为 PVC 与聚烯烃的共混相容剂，在 PVC 改性及生物医用领域有潜在应用价值。

结合四氢呋喃以及异丁烯可控 / 活性阳离子聚合法与活性链端的亲核取代反应，可制备出一系列聚醚与聚异丁烯与聚氨基酸、壳聚糖和纤维素等生物大分子接枝共聚物，通过活性阳离子聚合和亲核取代反应分别可以控制支链长度和支链接枝密度，进而实现接枝共聚物材料从微观结构到宏观性能调控，赋予共聚物材料优异的疏水性能、药物控释性能、抗菌性能和抗蛋白吸附性能等，提升了聚氨基酸、壳聚糖纤维素、海藻酸钠和葡聚糖等材料的综合利用价值，有望作为一种潜在的生物医用材料应用于药物递送载体、抗菌包装材料、组织工程支架等领域。

接枝聚合物表现出优秀的生物相容性，并且因其两亲性结构以及类似聚合物刷的拓扑结构，具有抗蛋白吸附的防污性能，同时高氯酸银引入的银纳米粒子赋予其抗菌能力。在水溶液中两亲结构使接枝共聚物形成胶束，可负载布洛芬与姜黄素等药物，载药率 40% 左右，并且具有 pH 响应的释药能力。

第五节 聚异丁烯基共聚物网络弹性体

一、聚异丁烯基共聚物网络弹性体的合成原理

聚异丁烯具有优异的化学稳定性、耐老化性、气密性、水密性以及对酶惰性等一系列性质，将聚异丁烯链段引入两亲性聚合物中，如 PIB 与聚（甲基）丙烯酸酯类组成的两亲性聚合物网络，因水合作用而柔软富有弹性，与生物组织类似，赋予材料独特的性能，适用于生物医学领域。

聚合物交联网络，是指高分子链段间通过相互作用力链接的三维网络结构，与线型聚合物相比，具有交联网络的聚合物中的交联点限制了高分子链段解缠结、相对滑移以及其独特的立体结构，使其通常具有优异的回弹性、拉伸强度、耐磨性、耐热性等性能[196]。根据形成交联点的相对作用力不同，通常将交联方法分为化学交联和物理交联。化学交联网络是线型高分子链段间通过共价键相互连接形成三维网络，物理交联网络又被称为超分子网络，高分子链段间通过非共价键相互连接作用形成了动态三维网络。

1．聚丙烯酸酯 -*l*- 聚异丁烯共聚物网络

通过异丁烯活性阳离子聚合和 1,3- 丁二烯封端反应制备了双端烯丙基氯官能化聚异丁烯（allylCl-PIB-allylCl），进一步将 allylCl-PIB-allylCl 通过有机反应转化为双端甲基丙烯酸酯基的遥爪聚异丁烯（MA-PIB-MA），然后采用“macromonomer”的合成策略，将 MA-PIB-MA 与三甲基硅氧烷 - 甲基丙烯酸甲酯（TMSMA）或 *N*- 异丙基丙烯酰胺（N^{i}PAAm）进行自由基共聚合反应，得到相应的网络共聚物 PTMSMA-*l*-PIB 或 PN^{i}PAAm-*l*-PIB[197-198]，前者脱保护基后为

两亲性三维网络共聚物 PMAA-*l*-PIB。

用较低分子量的 MA-PIB-MA 与甲基丙烯酸 -2-(*N*,*N*- 二甲氨基) 乙酯（DMAEMA）或 *N*,*N*- 二甲基丙烯酰胺（DMAAm）进行自由基共聚反应，可以得到聚甲基丙烯酸 -2-(*N*,*N*- 二甲氨基) 乙酯（PDMAEMA）-*l*-PIB 或聚 *N*,*N*- 二甲基丙烯酰胺（PDMAAm）-*l*-PIB 两亲性聚合物网络 [198-200]。

采用原位共聚方法与大分子交联方法相结合，在氮气保护下于聚四氟乙烯模具中，由 AIBN 引发 MA-PIB-MA 与甲基丙烯酸 -2- 三甲基硅氧基乙酯（TMSEMA）进行自由基共聚，之后将硅醚基水解，制备纳米级微观相分离的聚甲基丙烯酸 -2- 羟乙酯（PHEMA）-*l*-PIB 两亲性聚合物网络 [201]，其在水和庚烷中均可溶胀。干燥的聚合物网络具有疏水与亲水相分离结构，两相的平均微区尺寸为 8 ～ 10nm。

由异丁烯和 3- 异丙烯基 -*α*,*α*- 二甲基苄基异氰酸酯的阳离子共聚物合成了由亲水性聚甲基丙烯酸 2- 羟乙酯 (PHEMA) 链段和疏水性聚异丁烯 (PIB) 链段组成的两亲聚合物网络 [202]，得到的异丁烯基无规共聚物通过异氰酸根与二甲基丙烯酸 2- 羟乙酯上的羟基反应，在侧链上形成了丙烯酸结构，进一步可以通过自由基聚合制备一系列两亲性 PIB 基网络聚合物 [203-207]。

2．纤维素 -*l*- 聚异丁烯共聚物网络

本书著者团队 [208] 采用与合成单端 PIB 活性链类似的方法，将双端引发剂 DCC 代替 TMPCl 在 $FeCl_3$ 共引发下进行 IB 活性阳离子聚合，加入 1,3- 丁二烯封端得到allylCl-PIB-allylCl，经过溴化反应转化为allylBr-PIB-allylBr，以此为大分子引发剂进一步引发 THF 阳离子开环加成反应，得到（THF）$_m^+$-PIB-（THF）$_m^+$ 双端活性链（m< 5）。在质子捕获剂 DMP 存在下，纤维素（HPC）与双端（THF）$_m^+$-PIB-（THF）$_m^+$ 活性链进行可控终止反应，制备出二者的共聚物网络 HPC-*l*-PIB，见图 4-150。

图4-150　HPC-*l*-PIB的合成策略

典型的 HPC-*l*-PIB 的 FTIR 谱图见图 4-151。1105cm^{-1} 处的吸收峰归属于 HPC 和 PTHF 短链中 C—O—C 的反对称伸缩振动，此峰与 1123cm^{-1} 处的峰基本

重合；与 HPC-*g*-PIB 类似，出现了 1260cm^{-1} 和 1274cm^{-1} 两处吸收峰归属于接点旁的—CH_2—面外剪切振动和 C—O 不对称伸缩振动的特征吸收峰，表明成功制备了 HPC-*l*-PIB 共聚物网络。

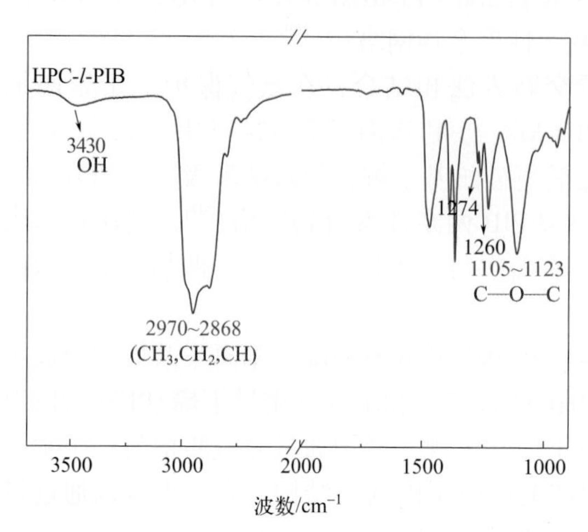

图4-151 HPC-*l*-PIB共聚物网络的FTIR谱图

3．聚异丁烯-*l*-（聚四氢呋喃-*b*-聚二甲基硅氧烷-*b*-聚四氢呋喃）共聚物网络

本书著者团队[208]以大分子链中含烯丙基溴结构的聚异丁烯(BIIR)作为大分子引发剂，与共引发剂高氯酸银($AgClO_4$)引发 THF 活性阳离子开环聚合，通过控制反应时间，获得具有不同支链长度的聚异丁烯-*g*-聚四氢呋喃活性链 PIB-*g*-PTHF$^+$，加入双端氨基官能化的聚二甲基硅氧烷(NH_2-PDMS-NH_2)，通过氨基与 PIB-*g*-PTHF$^+$ 活性中心氧鎓离子反应终止活性链，并获得化学交联的 PIB-*l*-(PTHF-*b*-PDMS-*b*-PTHF) 三元共聚物网络，可简记为 LBFM，合成反应式如图 4-152 所示。采用“一锅法”，利用“grafting-from”接枝方法和活性链端终止法相结合，设计合成了具有结晶性和化学交联结构的聚异丁烯基共聚物网络。此外，以 PIB 中的烯丙基溴官能团作为阳离子聚合引发活性位点，在反应后溴原子被脱除，提高了材料的热稳定性和生物相容性。共引发剂 $AgClO_4$ 在反应后生成易分解的溴化银，在光照下生成纳米银(AgNPs)，具有抗菌性能，体现化学合成的原子经济性。

通过 FTIR 表征 LBFM 三元共聚物交联网络的化学组成与结构，官能化 PIB 大分子引发剂、PIB-*g*-PTHF 接枝共聚物、LBFM 三元共聚物交联网络的 FTIR 谱图和 ^{1}H NMR 谱图，如图 4-153 所示。在 LBFM 的 FTIR 谱图中，2948cm^{-1} 处的

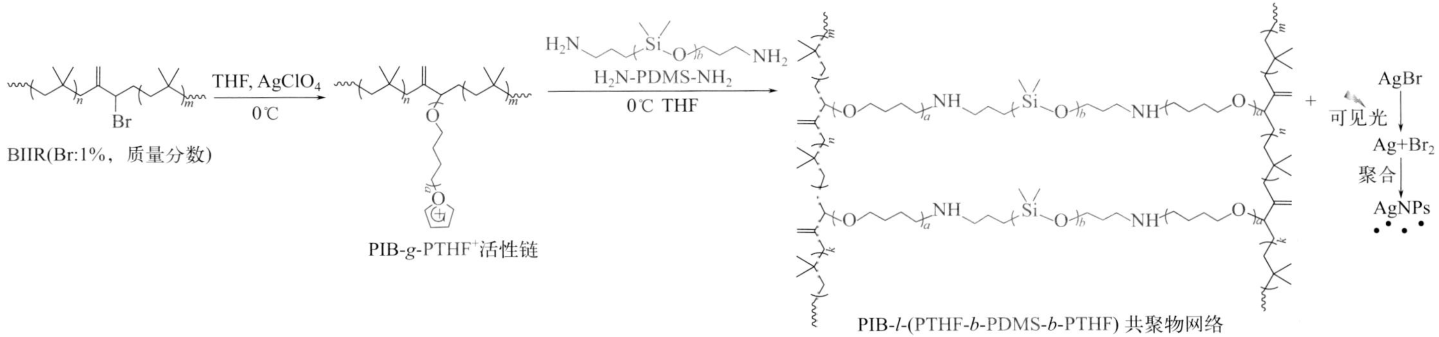

图4-152　聚异丁烯-*l*-(聚四氢呋喃-*b*-聚二甲基硅氧烷-*b*-聚四氢呋喃）共聚物网络的合成反应式

特征峰归属于 PIB 主链、PTHF 和 PDMS 链段的亚甲基 (—CH_2—) 中 C—H 的不对称伸缩振动峰，1463cm^{-1} 处的特征峰归属于 PIB 主链、PTHF 和 PDMS 链段的亚甲基 (—CH_2—) 中 C—H 的弯曲振动峰，1390cm^{-1} 和 1365cm^{-1} 处的特征峰归属于 PIB 主链和 PDMS 链段的甲基 (—CH_3) 中 C—H 的对称变形振动峰。与 PIB 主链的 FTIR 谱图相比，PIB-*g*-PTHF 接枝共聚物中，1097cm^{-1} 处出现新的特征峰，归属于 PTHF 链段中 C—O—C 的伸缩振动峰。双端氨基 PDMS 进行封端反应后，得到的 LBFM 三元共聚物交联网络中，在 1076cm^{-1} 处出现新的特征峰，归属于 PDMS 链段中 Si—O—Si 的特征吸收峰，1228cm^{-1} 处的特征峰归属于与 Si 相连的—CH_3 和—CH_2—中 Si—H 的弯曲振动峰，796cm^{-1} 处的特征峰归属于 Si—CH_3 中 Si—C 的弯曲振动峰，3334cm^{-1} 处的特征峰归属于 PDMS 中亚氨基 (—N—H—) 的弯曲振动峰。与 PDMS 均聚物的 FTIR 谱图进行对比，在 PIB-*l*-(PTHF-*b*-PDMS-*b*-PTHF) 的 FTIR 谱图中 2948cm^{-1} 处具有更宽的特征吸收峰，同时其峰强明显更强。通过 PIB 大分子引发剂引发 THF 活性阳离子开环聚合、PDMS 中氨基与 PIB-*g*-$PTHF^+$ 活性链的亲核取代反应，可设计合成 LBFM 三元共聚物交联网络。

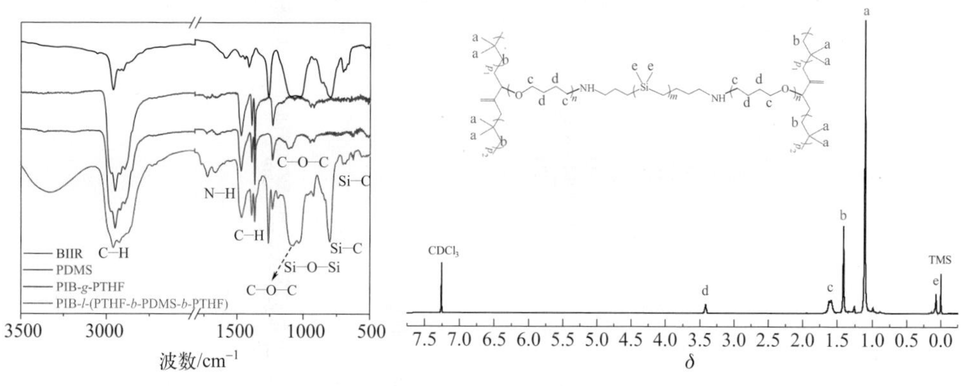

图4-153 PIB-*l*-(PTHF-*b*-PDMS-*b*-PTHF)共聚物网络的FTIR谱图和^{1}H NMR谱图

在 PIB-*l*-(PTHF-*b*-PDMS-*b*-PTHF) 共聚物网络的 ^{1}H NMR 谱图中，在 δ=1.11（a）和 1.41（b）处的单峰分别归属于 PIB 主链上的甲基 (2× —CH_3, PIB) 和亚甲基 (—CH_2—, PIB) 中的氢。在 δ=1.62（c）和 3.41（d）处的多重峰分别归属于 PTHF 链段上的亚甲基中的氢 (—CH_2—O—CH_2—, PTHF) 和 (2×—CH_2—, PTHF)，表明以官能化 PIB 作为大分子引发剂，成功引发 THF 活性阳离子开环聚合。在 δ=0.07（e）处的单峰，归属于 PDMS 链段中与硅原子相连的甲基中的氢 (Si—CH_3)，表明双端氨基 PDMS 作为大分子终止剂终止 THF 聚合反应活性链。提出了 LBFM 三元共聚物的结构模型，如图 4-154 所示，其中蓝色长链为 PIB 主链，粉色短链为 PTHF 链段，紫色短链为 PDMS 链段，椭圆微区结构是含 PDMS 链段的

PTHF 链段结晶微区。LBFM 三元共聚物具有较为松散的化学交联网络，由 PTHF-*b*-PDMS-*b*-PTHF 作为交联链段形成网络结构。由于交联链段较长，PDMS 具有良好的柔顺性，且 PTHF 链段与 PDMS 链段间可形成氢键，从而促使其聚集形成含 PDMS 链段的 PTHF 链段结晶微区，在低密度交联网络中形成了含氢键和结晶的物理交联网络，构筑了化学共价交联与物理交联协同作用的三元共聚物独特交联网络。

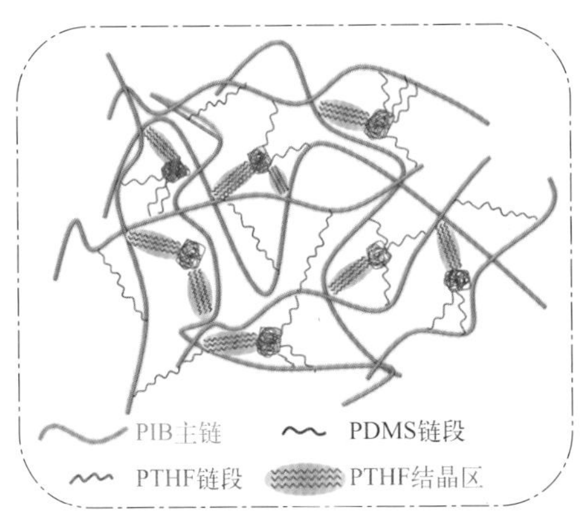

图4-154　聚异丁烯-*l*-（聚四氢呋喃-*b*-聚二甲基硅氧烷-*b*-聚四氢呋喃）共聚物网络结构模型

二、聚异丁烯基共聚物网络弹性体的结构特点、表征方法与性能

1. 聚丙烯酸酯-*l*-聚异丁烯共聚物网络

对聚丙烯酸酯与聚异丁烯共聚物网络的溶胀行为研究表明，其在水中的溶胀程度随 PIB 含量的增加而降低，在正己烷中的情况则相反。将烘干的两亲性网络聚合物浸入茶碱溶液中，恒重后干燥可以得到含有两亲网络的药物控释体系，而药物释放动力学研究表明菲克扩散或特殊行为依赖于 PIB 链段的分子量。由于聚异丁烯固有的优异的气密性和稳定性，赋予共聚物网络良好的性能。

对于 PDMAAm-*l*-PIB 两亲性聚合物网络，其中两个不同组分交联点间的 PDMAAm 的分子量（$\overline{M}_{c,PDMAAm}$）随 PIB 含量增加而降低，随 PIB 分子量增加而增加；交联度则随 PIB 含量增加而提高，随 PIB 分子量增加而降低。对其进行膨胀动力学研究表明，由于 $\phi(PIB\text{-}MA)_3$ 的两亲网络较 MA-PIB-MA 的网络有较短的 PDMAAm 链段（$\overline{M}_{c,PDMAAm}$小）和较高的交联度，在水中溶胀状态下仍具有较高的强度，这是使之成为生物材料的重要因素。在对血小板黏附与激活的实验结果表明，与 PE 和 PVC 等这些常用于和血液接触的材料相比，由 PIB 交联的 PDMAAm 的两亲网络聚合物材料具有明显的优越性，更不易产生血栓[209]。

2. 纤维素-*l*-聚异丁烯共聚物网络

HPC-*l*-PTHF 网络共聚物在不同溶剂中溶胀情况见图 4-155，其中 CH_2Cl_2 是主链 HPC 和支链 PTHF 的共溶剂；H_2O 和 DMF 是 HPC 的良溶剂和支链 PIB 的不良溶剂。

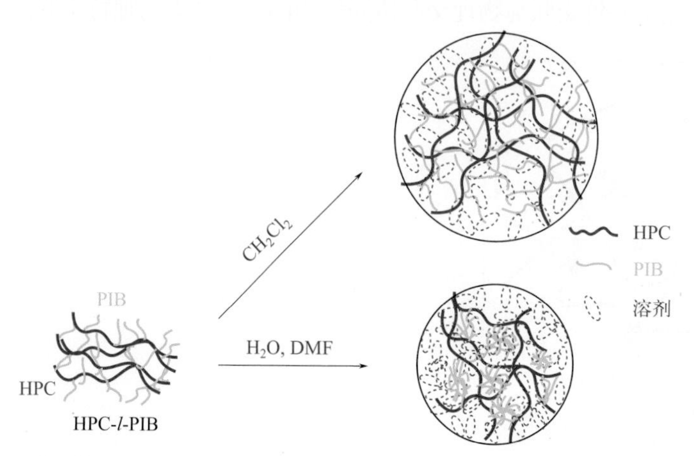

图4-155　HPC-*l*-PTHF共聚物网络在不同溶剂中的溶胀模型

与接枝共聚物 HPC-*g*-PIB 在 $CHCl_3$ 中的完全溶解现象不同，得到的 HPC-*l*-PTHF 共聚物网络在溶剂中只溶胀不溶解。25℃下网络共聚物 HPC-*l*-PIB 在 $CHCl_3$ 中溶胀，溶胀率达 200%。

将网络共聚物 HPC-*l*-PIB 在 H_2O 中充分溶胀，达到溶胀平衡后在液氮中淬冷，脆断后冷冻干燥，利用 SEM 观察其断面形貌，结果如图 4-156 所示。网络共聚物在 H_2O 中溶胀后的凝胶呈现清晰的三维孔状结构，说明聚合物内部形成了三维网络结构。

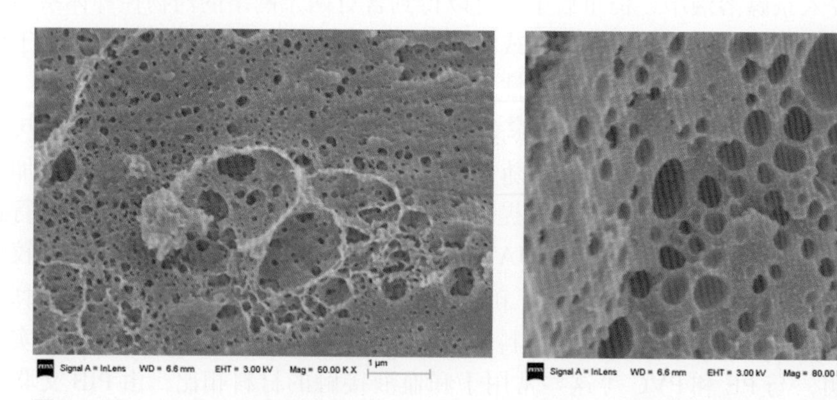

图4-156　HPC-*l*-PIB共聚物网络在H_2O中溶胀后冷冻干燥后断面的SEM照片

3．聚异丁烯-*l*-（聚四氢呋喃-*b*-聚二甲基硅氧烷-*b*-聚四氢呋喃）共聚物网络

（1）微相分离与微观形态

采用冷冻切片技术，使用四氧化钌对样品进行染色，进一步对样品的微观形态进行分析，其 TEM 照片如图 4-157 所示。由于各链段对于染色剂的吸附速率不同，提高了样品在电镜下的衬度，提高了 TEM 照片的清晰度。TEM 照片中深色"海岛状"区域是 PTHF 和 PDMS 链段，浅色区域为 PIB 链段，具有一定结晶性的 PTHF 链段和能形成氢键的 PDMS 链段固定 PIB 链段形成化学交联网络，表明材料具有明显的微相分离和网络结构。

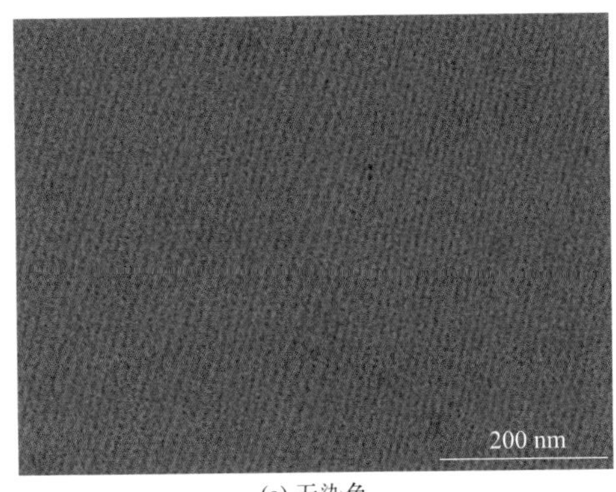

(a) 无染色

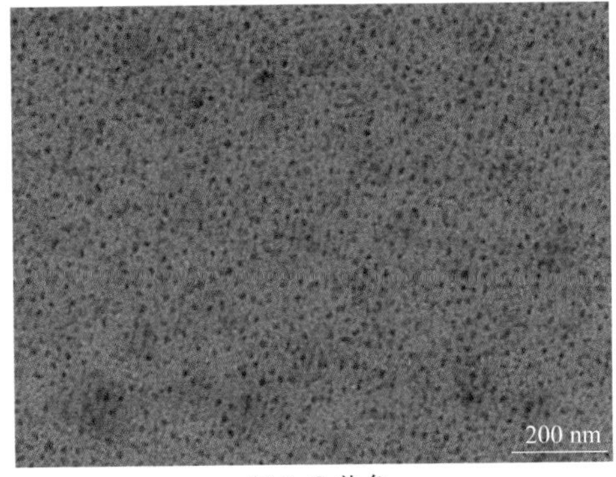

(b) RuO_4染色

图4-157　PIB-*l*-(PTHF-*b*-PDMS-*b*-PTHF)共聚物网络的TEM照片

（2）三维网络结构与弛豫特性

自旋-自旋弛豫 (t_2) 表征横截方向上的磁化量变化，是一种内部能量交换，受质子之间的差异性影响较大，当分子链运动越慢时，t_2 越小。利用低场时域核磁共振分析纵向弛豫时间 t_1 和横向弛豫时间 t_2，进一步研究 LBFM 三元共聚物三维交联网络结构，如图 4-158 所示。PIB 只有一个由主链的弛豫而产生的弛豫峰 (2.01ms)，由于异丁烯结构单元中的两个侧甲基形成分子链被甲基紧密包围的独特结构，其链节运动大大受限，呈现出较短的弛豫时间；LBFM 三元共聚物交联网络表现出两个弛豫峰，分别是 PIB 主链的弛豫峰和 PTHF-*b*-PDMS-*b*-PTHF 链段的弛豫峰。在测试温度为 50℃时，PTHF-*b*-PDMS-*b*-PTHF 链段具有良好柔顺性，链段运动能力较强，其 t_2 弛豫时间较长．对比 BIIR 和 LBFM 三元共聚物交联网络的 PIB 主链弛豫峰，由于引入 PTHF-*b*-PDMS-*b*-PTHF 链段作为交联点，化学交联进一步限制了 PIB 主链的运动，使 PIB 主链的弛豫峰向左偏移。LBFM-57/93 和 LBFM-165/82 的 PIB 主链的弛豫峰分别出现在 0.76ms 和

1.52ms 处，交联网络结构相对松散，主链 PIB 运动能力相对较高。LBFM-57/93、LBFM-165/82 和 LBFM-61/38 的 PTHF-*b*-PDMS-*b*-PTHF 链段的弛豫峰分别出现在 16.4ms、17.6ms 和 19.1ms 处，其弛豫峰峰宽与该链段分子量呈正相关，t_2 受不同质子的差异性影响较明显，当链段越长时，其质子种类越多，使弛豫峰越宽。LBFM-61/38 中 PDMS 的分子量 ($\overline{M}_n$ =500) 较低，使 PTHF-*b*-PDMS-*b*-PTHF 链段分子量相对较低，运动能力相对较高，其弛豫时间较长。

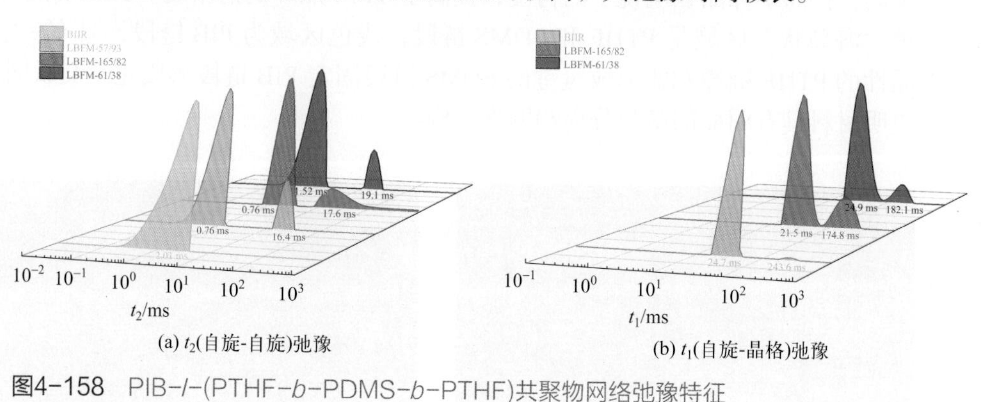

图4-158 PIB-/-(PTHF-*b*-PDMS-*b*-PTHF)共聚物网络弛豫特征

自旋 - 晶格弛豫时间 (t_1) 表征纵向的磁化矢量变化，是质子从高能级回到低能级过程中与周围质子的晶格间交换能量的过程，受周围分子的运动影响较大，当与周围系统的热运动频率相近时，弛豫时间越短，PIB 原料表现出两个 t_1 弛豫峰，分别对应 PIB 主链 (24.7ms) 和溴化的侧基基团 (243.6ms)，由于溴原子的影响，质子与周围系统的能量交换速率减缓，弛豫时间较长。对 LBFM-165/82 和 LBFM-61/38 这两个共聚物样品，同样表现两个 t_1 弛豫峰，其中 PIB 主链的弛豫峰峰位与 PIB 原料相差不大，由于 PTHF-*b*-PDMS-*b*-PTHF 交联链段的引入，与周围晶格的交换种类增多，使弛豫峰较宽。LBFM-165/82 和 LBFM-61/38 的对应于 PTHF-*b*-PDMS-*b*-PTHF 链段的 t_1 弛豫峰分别位于 174.8ms 和 182.1ms，前者由于 PTHF 链段分子量相对较大，同时引入的 PDMS 链段分子量较大 ($\overline{M}_n$ =1300)，其峰强和积分面积较大。由于 PDMS 链段中的二甲基硅氧烷单元与 PIB 主链中的异丁烯单元的结构和极性相似，使 PTHF- *b*-PDMS-*b*-PTHF 链段的自旋系统与周围系统的能量交换较快，从而弛豫时间 t_1 较短，峰位向左偏移。

（3）动态力学性能

PIB 和 LBFM 三元共聚物交联网络的损耗因子 (tanδ) 曲线如图 4-159 所示。PIB 原料的 tanδ 曲线在 −50℃处有一肩峰，对应为 PIB 的玻璃化转变温度 (T_g)，在 −20℃处有一宽且高的主峰，为 PIB 的 tanδ 曲线特征峰，材料的 G' 比 G'' 下降更快，即“液 - 液弛豫”，这可能是由于聚异丁烯独特的分子短程有序随着温度的升高被逐渐破坏。LBFM 三元共聚物交联网络的 tanδ 曲线只有一个峰，对应 T_g，引入 PTHF-b-PDMS-b-PTHF 链段作为交联链段，形成化学交联网络，阻碍 PIB 链段缠绕排列，破坏 PIB 原有的分子短程有序。PDMS 链段越短，形成的化学交联网络越紧密，从而使链段之间摩擦产生的内耗越大，其 tanδ 最大值越大。同时引入玻璃化转变温度较低的 PDMS 链段，使 tanδ 峰向低温移动，tan$\delta \geqslant 0.3$ 的温域下限从 −54℃下降至（−60 ± 1）℃，扩展了具有阻尼性能的温域，赋予了材料更优异的低温阻尼性能。

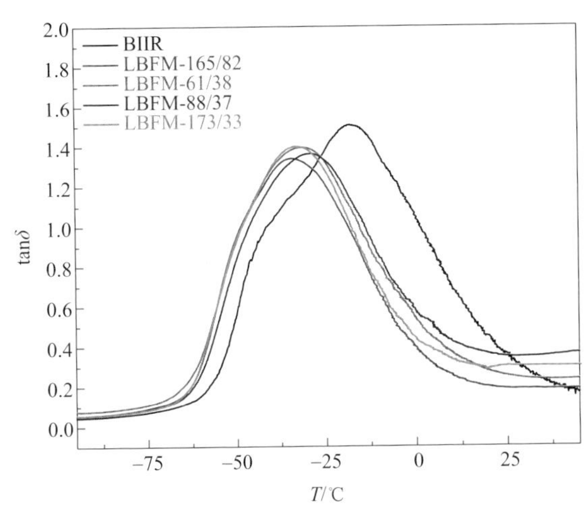

图4-159　PIB-/-(PTHF-b-PDMS-b-PTHF)共聚物网络的DMA曲线

（4）溶胀性能

选择环己烷作为溶剂进行溶胀实验，浸泡两周后的样品状态如图4-160所示，环己烷是 PIB 主链和 PDMS 链段的良溶剂，是 PTHF 链段的不良溶剂，LBFM 三元共聚物在环己烷中浸泡两周后只溶胀不溶解，证明材料具有化学交联结构。对溶胀样品进行冷冻干燥处理后，使用扫描电镜观察样品断面形貌，可以观察到样品内部有大量空穴存在，这是由于环己烷溶剂进入交联网络内，但由于交联网络的存在，无法溶解样品，从而使样品溶胀后留下的空穴。

进一步通过 DMA 剪切模式，在 30℃条件下测试不同频率下 LBFM 三元共聚物交联网络的储能模量 (G') 和损耗模量 (G'') 曲线。随频率的减小，G' 和 G'' 逐渐减小，但 G' 始终大于 G''，材料保持弹性状态，这是由于 LBFM 三元共聚物具有化学交联网络结构，在低频和高温状态下，不会发生黏流转变现象。

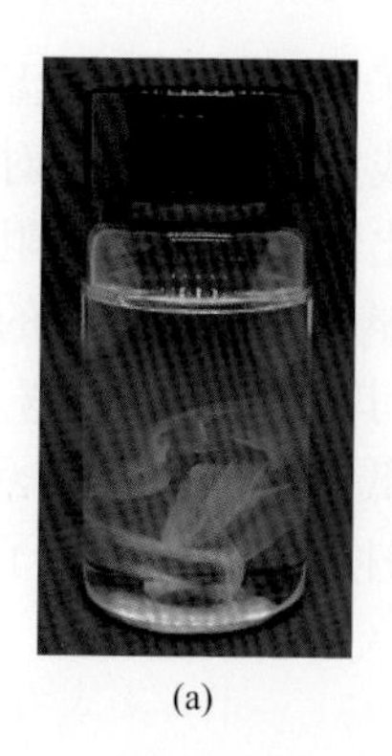

(a)

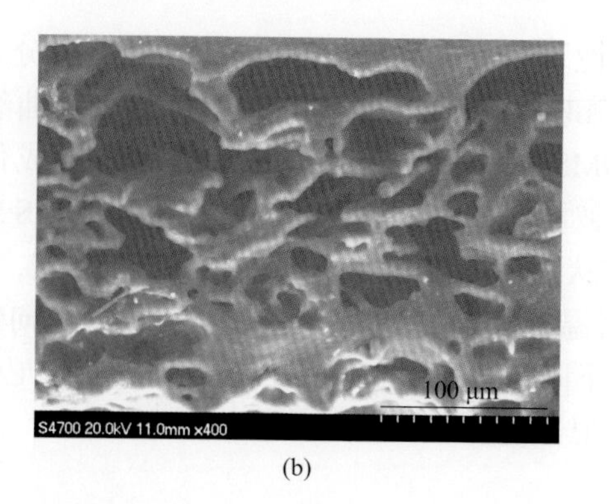

(b)

LBFM-57/93储能模量
LBFM-57/93损耗模量
LBFM-83/90储能模量
LBFM-83/90损耗模量
LBFM-165/82储能模量
LBFM-165/82损耗模量
模量/MPa
频率/Hz

(c)

图4-160 PIB-*l*-(PTHF-*b*-PDMS-*b*-PTHF)共聚物网络溶胀照片（a）和冷冻干燥后脆断表面SEM照片（b）及模量与频率的关系（c）

（5）力学性能

通过万能试验机测试 LBFM 三元共聚物交联网络的力学性能，PIB 原料的杨氏模量相对较大，随着应变的增加，由于生胶无交联，分子链间发生滑移，样品发生应变软化，在应变为 2500% 左右时，样品的应力开始升高，这是由于 PIB 橡胶可以发生应变诱导结晶。与 PIB 原料相比，LBFM 三元共聚物交联网络由于引入链柔性极佳的 PDMS，在低应变区，离散的化学交联网络不能限制链运动导致低应变下的应力较低、杨氏模量较低，使材料保持柔软性。随着应变增加，化学交联网络逐渐开始限制分子链运动，应力保持持续上升趋势，与原料 PIB 相比，无应变软化现象，在约 1500% 处达到最大值并断裂。经化学交联后，拉伸强度大大提高 . PIB-*l*-($PTHF_{17.3\%}$-*b*-$PDMS_{3.3\%}$-*b*-$PTHF_{17.3\%}$) 在保持韧性的同时（断裂伸长率为 1514%），拉伸强度达到 2.28MPa，比 PIB 原料提升至 3.3 倍。材料总体保持软而韧的特性，结合极佳的生物相容性等优势，未来有望应用于电子皮肤、人工敷料、皮肤贴膏等领域。进一步对比不同链段长度对于材料力学性能的影响，如图 4-161 所示。对比具有不同 PTHF 链段分子量和相同 PDMS 链段分子量的样品，其杨氏模量和拉伸强度随着 PTHF 链段长度的增加而增大。结合 DSC 数据可以发现，PTHF 链段越长，其结晶程度越高，样品的杨氏模量和拉伸强度也越大。PTHF 链段形成的结晶微区作为材料内部的物理交联点，对材料有增强增韧作用。PDMS 链段具有优异的柔性，引入较长的 PDMS 链段（$\overline{M}_n$ = 1300）的样品，其杨氏模量小于具有较短 PDMS 链段（$\overline{M}_n$ = 500）的样品。通过调节各链段的长度，可以调节材料的力学性能，从而获得与实际应用所需力学性能相符的产品。

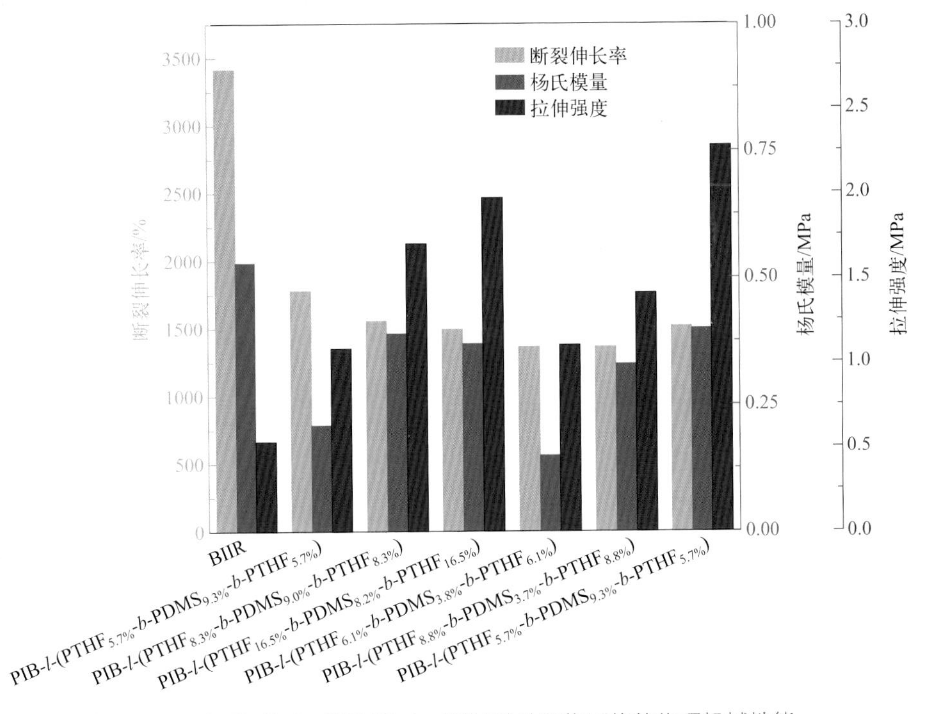

图4-161　PIB-*l*-(PTHF-*b*-PDMS-*b*-PTHF)共聚物网络的物理机械性能

（6）回弹性

采用不同测试程序的循环拉伸实验评价 LBFM 三元共聚物交联网络的回弹性。以 50mm/min 拉伸速率连续 5 次将样条拉伸至 300%，每次循环间隔 5min，PIB 和 LBFM-57/93 的循环拉伸曲线如图 4-162（a）和（b）所示。在较低的拉伸速率下，三元共聚物交联网络的拉伸强度明显大于 PIB 原料，且不会出现应变软化现象。在循环拉伸过程中，每一次加载和卸载循环对应的应力 - 应变曲线形成滞后环，其面积为加载 - 卸载过程中吸收的能量，记为 W_a。通过相邻两次循环拉伸过程的滞后环面积之比，可以反映样品的能量回复效率，记为 η_{energy}，与样品的回弹性相关。样品的 W_a 和 η_{energy} 如图 4-162（c）和（d）所示，在各次循环中，LBFM-57/93 的 W_a 和 η_{energy} 均大于原料 PIB 的，这是由于 PIB 为线型结构，在加载载荷后，分子链间发生滑移，无法恢复形状。LBFM 三元共聚物交联网络中的化学交联网络可以更好地耗散能量，并将能量储存于交联网络中，在移除载荷后，恢复形状。在第一次循环后，其 η_{energy} 较低，为 67.2%，弹性体中存在部分塑性形变和交联网络在间隔时间内无法恢复的弹性形变，随后增大，第五次循环后达最大，η_{energy} 为 97.3%，远远高于 BIIR 的 η_{energy} (20.9%)。上述结果表明样品在较低拉伸速率和应变过程中可以保持良好的弹性和拉伸应力大小。

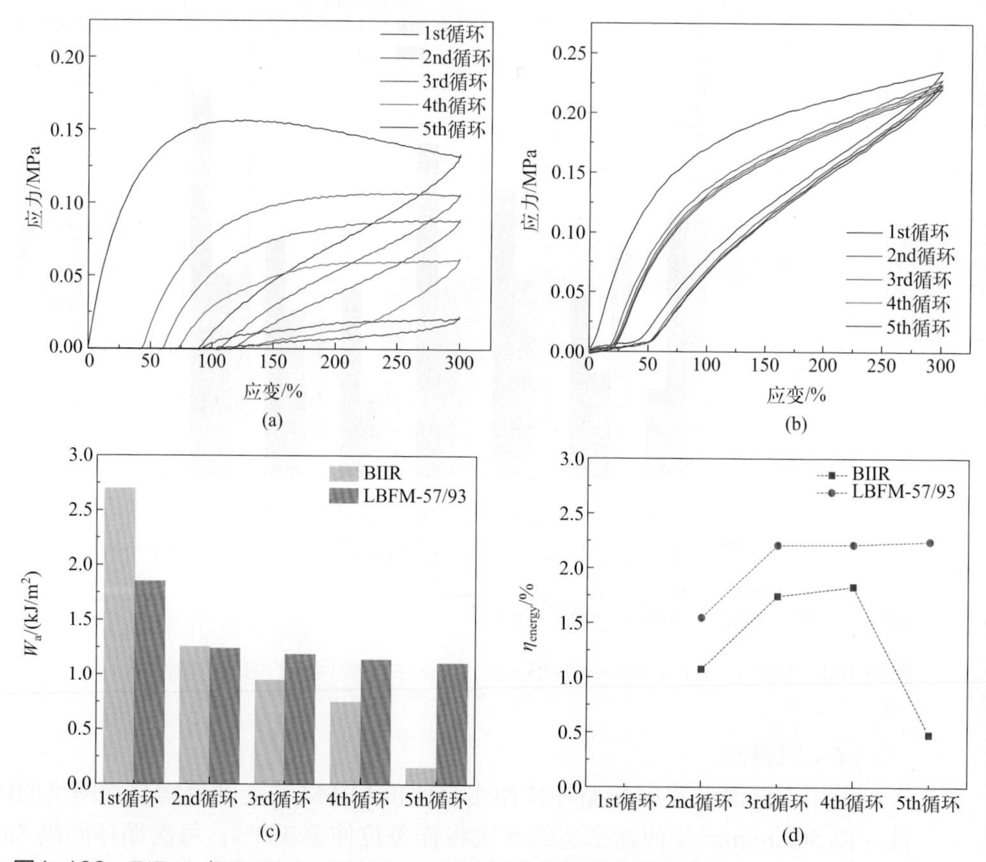

图4-162　PIB-*l*-(PTHF-*b*-PDMS-*b*-PTHF)共聚物网络的回弹性

（a）PIB 循环拉伸曲线；（b）LBFM-57/93 循环拉伸曲线；（c）加载 - 卸载过程中吸收能量；（d）能量回复效率

（7）抗蛋白性能

用于体外敷料时，蛋白吸附至人工敷料会导致形成生物膜，进而引发细菌感染，因此材料需具有一定的抗蛋白吸附能力。将三元共聚物网络薄膜置于黑暗环境并浸泡于异硫氰酸荧光牛血清蛋白 (BSA-FITC)，采用 CLSM 观察薄膜以表征抗牛血清蛋白吸附性能，结果如图 4-163（a）～（c）。采用 Image J 软件读取 CLSM 图像的荧光强度，以 PIB 原料为参照，将其 CLSM 图像的荧光强度设定为 100%，结果如图 4-163（d）所示。PIB 原料的荧光强度高，蛋白吸附较多。在引入 PTHF 支链后，荧光强度大幅下降至 28.4%，这是由于 PTHF 链段结晶从而阻碍了蛋白吸附，且随着 PTHF 链段长度增加，PTHF 链段结晶程度越高，蛋白吸附越少。引入 PDMS 交联链段后，荧光强度从 28.4% 进一步降低至 4.3%，具有很好的抗污性能，进一步提升了共聚物薄膜的抗蛋白吸附性能。

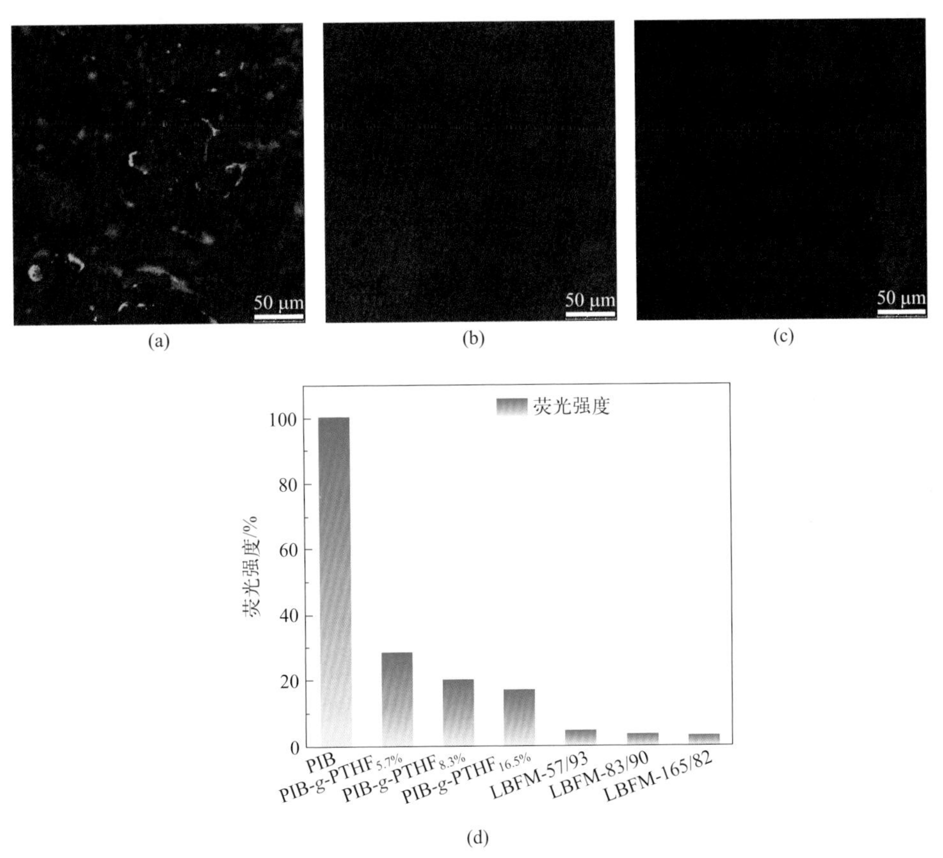

图4-163 PIB-/-(PTHF-*b*-PDMS-*b*-PTHF)共聚物网络抗蛋白性能

（a）BIIR的CLSM照片；（b）PIB-*g*-$PTHF_{16.5\%}$的CLSM照片；（c）LBFM-165/82的CLSM照片；（d）荧光强度

三、聚异丁烯基网络共聚物弹性体的应用领域

将 ϕ-(PIB-MA)$_3$ 通过共价键使橡胶与脆性的聚甲基丙烯酸甲酯（PMMA）基体相连接，以提高基体 / 改性体界面的强度，从而代替单纯的具有内在脆性的 PMMA，用作坚韧的骨骼黏合剂 [211]。

先合成带有氰基丙烯酸酯端基（CA-）的 PIB（CA-PIB，CA-PIB-CA 等），然后将这些预聚物注入脊骨的空隙，在水分与蛋白质的作用下发生原位聚合，成为空隙的填充材料和剩余组织的黏合剂。亲水性的（甲基）丙烯酸类 [如甲基丙烯酸 -2- 羟乙酯，甲基丙烯酸 -2-（*N*,*N*- 二甲氨基）乙酯] 与 MA-PIB-MA，ϕ-(PIB-MA)$_3$ 共聚交联可制备两亲性隔离膜。这种水凝胶态的两亲性隔离膜，具有独特的半透性，可用作免疫膜，尤其是开发人造胰腺，将人工合成胰腺植入到患高血糖的小鼠体内，人工胰腺开始释放胰岛素，从而小鼠血液中糖的浓度明显下降，可治疗糖尿病。当人工胰腺被取出后，小鼠体内血糖浓度又升高。由 DMAAm 与 MA-PIB-MA 在四氢呋喃中交联 / 共聚得到两亲性聚合物网络，在长 20 ～ 25cm、内径约 4.0mm 的玻璃管内于 63℃左右旋转，离心力将物料推向管壁，制备具有一定尺寸（内径约 0.25cm，壁厚约 0.02cm）的两亲性管膜，其上的小孔可使胰岛素与糖类迅速扩散入内，但可阻止球蛋白进入，适用于胰腺组织的移植与免疫 [209]。用 Stokes 半径（R_s）来评价膜的渗透性 [210]，这个参数较好地描述可渗透性分子的形状、尺寸及膜的空隙率。$M_{c,hydrophilic}$ 与膜的可渗透性分子量范围非常吻合，当 $M_{c,hydrophiphilic}>3000$ 时，两亲性膜对糖类与胰岛素表现出极好的渗透性。基于 ϕ(PIB-MA)$_3$ 的膜有较好的扩散与力学特性，可用它作为生物人造器官或包埋装置植入生物体内。将含有猪胰岛的 1% 藻酸盐溶液包在 A*-4.5-40 管膜中，管膜所在的介质环境中糖的正常浓度是 50mg/dL。当介质环境中糖浓度升高至 300mg/dL 时，管膜装置向外释放出胰岛素（大约 6pg/min），试验表明随环境中糖浓度的变化，管膜装置向外释放出胰岛素可以持续 4 个月。

由 DMAAm 与 ϕ-(PIB-MA)$_3$ 原位交联共聚制成一种厚度约为 200μm 的大分子胶囊式管膜 [211-212]，可以容纳约 280 个产生胰岛素的胰岛细胞，将这种装置植入皮下使用，具有非常好的生物相容性和机械强度，溶胀后，小孔可使氧、营养物质、代谢物质在膜的两侧进行交换，而免疫细胞、抗体等则被隔开，而且植入体内 1.5 个月后，膜仍然完好无损、表面清洁，包埋的细胞依然存活。

具有环境敏感性的含有磺酸基的两亲性聚合物网络聚（甲基丙烯酸 -2- 磺酸乙酯）-*l*-PIB[213]，与具有抗凝结作用的天然肝素相似，在生物医药装置、生物移植、凝胶提取、药物缓释等应用领域尤为重要。

第六节
结论与展望

聚异丁烯是异丁烯通过正（阳）离子聚合的产物，具有优异的气密性和水密性、化学稳定性、热稳定性、抗氧化性、抗臭氧性、耐辐射性能和耐紫外线（UV）性能、生物相容性及非炎性，其应用与分子量密切相关。异丁烯可以与其它单体共聚，典型的工业化产品是异丁烯与异戊二烯的无规共聚物——丁基橡胶和溴化丁基橡胶，是制备轮胎气密层和医用胶塞等的关键原材料。

基于聚异丁烯优异的性能，可将聚异丁烯与其它聚合物结合起来，形成具有优异性能的聚合物材料。聚醚是一种主链含有醚键、全饱和结构的、无毒的极性高分子材料，分子链具有可结晶性，可弥补聚异丁烯分子链非极性的不足，提高其与含有极性基团药物的作用，为其在生物医用材料领域的应用奠定了基础。此外，聚异丁烯分子链与聚醚分子链相结合，可以形成物理交联的结晶微区，起到自增强作用，有利于提高材料的性能。

除了将聚异丁烯与其它聚合物形成嵌段共聚物外，还可形成接枝共聚物和聚合物网络，通过改变主链和支链的化学结构、支链数目、支链长度等，构建具有独特的分子链结构与微观形态的接枝共聚物，从而综合主链和支链分子链段的性能，使得接枝共聚物得到广泛应用，可用作聚合物共混体系增容剂、气液分离膜、凝胶、药物载体、热塑性弹性体等。

参考文献

[1] Hunter W, Yoke R V. The polymerization of some unsaturated hydrocarbons. The catalytic action of aluminum chloride[J]. Journal of the American Chemical Society, 1933, 55(3): 1248-1252.

[2] Faust R, Kennedy J P. Living carbocationic polymerization. Demonstration of the living polymerization of isobutylene[J]. Polymer Bulletin, 1986, 15: 317-323.

[3] Miyamoto M, Sawamoto M, Higashimura T. Living polymerization of isobutyl vinyl ether with hydrogen iodide/iodine initiating system[J]. Macromolecules, 1984, 17: 265-268.

[4] Szwarc M. “Living” polymers [J]. Nature, 1956, 178:1168-1169

[5] Matyjaszewski K, Sigwalt P. Unified approach to living and non-living cationic polymerization of alkenes[J]. Polymer International, 1994, 35: 1-26.

[6] Matyjaszewski K. Cationic polymerization: Mechanism, synthesis and application[M]. New York: Marcell Dekker, 1996.

[7] Kunkel D, Mueller A H E, Janata M, et al. The role of association/complexation equilibria in the anionic polymerization of (meth)acrylates[J]. Makromolekulare Chemie Macromolecular Symposia, 1992, 60: 315-326.

[8] Matyjaszewski K, Lin C H. Exchange reactions in the living cationic polymerization[J]. Makromol Chem Makromolekulare Chemie Macromolecular Symposia,1991, 47: 221-237.

[9] Puskas J E, Kaszas G, Litt M. Chain carriers and molecular-weight distributions in living isobutylene polymerizations[J].Macromolecules, 1991, 24(19):5278-5282

[10] Matyjaszewski K. Carbenium ions, onium ions, and covalent species in the cationic polymerization of alkenes[J]. Makromolekulare Chemie Macromolecular Symposia, 1992, 60: 107

[11] Iván B, Kennedy J P. Living carbocationic polymerization. 31. A comprehensive view of the inifer and living mechanisms in isobutylene polymerization[J]. Macromolecules, 1990, 23(11): 2880-2885

[12] 吴一弦，周琦，杜杰，等. 烯烃可控 / 活性正离子聚合新方法与新工艺及其应用 [J]. 高分子学报，2017，7：1047-1057.

[13] Kaszas G, Puskas J E, Kennedy J P. Electron pair donors in carbocationic polymerization. Ⅰ. Introduction into the synthesis of narrow molecular weight distribution polyisobutylenes[J]. Polymer Bulletin, 1988, 20(5): 413-419

[14] Kaszas G, Puskas J E, Kennedy J P. Electron pair donors in carbocationic polymerization. Ⅲ. Carbocation stabilization by external electron-pair donors in isobutylene polymerization[J]. Journal of Macromolecular Science Part A: Pure and Applied Chemistry, 1989, A26: 1099-1114.

[15] Kaszas G, Puskas J, Chen C C, et al. Electron pair donors in carbocationic polymerization. Ⅱ. Mechanism of living carbocationic polymerizations and the role of in situ and external electron pair donors[J]. Macromolecules, 1990, 23(17): 3909-3915

[16] Zsuga M, Kennedy J P. Electron donors in carbocationic polymerization Ⅳ. Preparation of narrow-dispersitytert.-chlorine-capped polyisobutylene by thetrans-2,5-diacetoxy-2,5-dimethyl-3-hexene/BCl_3/dimethyl sulfoxide system[J]. Polymer Bulletin, 1989, 21: 5-12.

[17] Balogh L, Faust R. Living carbocationic polymerization of isobutylene with BCl_3 coinitiation in the presence of di-*tert*-butylpyridine as proton trap[J]. Polymer Bulletin, 1992, 28(4): 367-374.

[18] Gyor M, Wang H C, Faust R. Living carbocationic polymerization of isobutylene with blocked bifunctional initiators in the presence of di-*tert*-butylpyridine as a proton trap[J]. Journal of Macromolecular Science Part A: Pure and Applied Chemistry, 1992, 29(8): 639-653.

[19] Fodor Z, Gyor M, Wang H C, et al. Living carbocationic polymerization of styrene in the presence of proton trap[J]. Journal of Macromolecular Science Part A: Pure and Applied Chemistry, 1993, 30(5): 349-363.

[20] 裴少平，贺雁，徐瑞清，等. 第三组分在异丁烯阳离子聚合体系中的作用机理研究 [J]. 北京化工大学学报，1998，25(3): 28-33.

[21] 郭文莉，周涵，李树新，等. 亲核试剂在正离子聚合反应中的作用及其作用机理的研究 [J]. 高分子学报，2003(1): 44-51.

[22] Thomas L, Polton A, Tardi M, et al . "Living" cationic polymerization of indene. 1. Polymerization initiated with cumyl methyl ether/titanium tetrachloride and cumyl methyl ether/n-butoxytrichlorotitanium initiating systems[J]. Macromolecules, 1992, 25(17): 5886-5802.

[23] Thomas L, Tardi M, Polton A, et al. "Living" cationic polymerization of indene. 2. Polymerization initiated with cumyl chloride/titanium tetrachloride and cumyl chloride/*n*-butoxytrichlorotitanium initiating systems[J]. Macromolecules,

1993, 26(16): 4075-4082.

[24] Thomas L, Polton A, Tardi M, et al. "Living" cationic polymerization of indene. 3. Kinetic investigation of the polymerization of indene initiated with cumyl methyl ether and cumyl chloride in the presence of titanium derivatives[J]. Macromolecules, 1995, 28(7): 2105-2111.

[25] Storey R F, Curry C L, Hendry L K. Mechanistic role of lewis bases and other additives in quasiliving carbocationic polymerization of isobutylene[J]. Macromolecules, 2001, 34(16): 5416-5432.

[26] Storey R F, Maggio T L. Real-time monitoring of carbocationic polymerization of isobutylene via ATR-FTIR spectroscopy: the *t*-Bu-*m*-DCC/DMP/BCl_3 system[J]. Macromolecules, 2000, 33(3): 681-688.

[27] Wu Y X, Tan Y X, Wu G Y. Kinetic investigation of the carbocationic polymerization of isobutylene with the $H_2O/TiCl_4$/ED initiating system[J]. Macromolecules, 2002, 35(10): 3801-3805.

[28] Wu Y, Wu G. Competitive complexation in the cationic polymerization of isobutylene in a nonpolar medium[J]. Journal of Polymer Science Part A: Polymer Chemistry, 2002, 40(13): 2209-2214.

[29] Storey R F, Donnalley A B. Initiation effects in the living cationic polymerization of isobutylene [J]. Macromolecules, 1999, 32(21): 7003-7011.

[30] Faust R, Zsuga M, Kennedy J P. Living carbocationic polymerization XXVIII. Telechelic polyisobutylenes by bifunctional tert-dichloroacetate initiator[J]. Polymer Bulletin, 1989, 21: 125-131

[31] 刘原林．异丁烯阳离子聚合研究 [D]．北京：北京化工学院，1988.

[32] Wu G Y, Wu Y X, Liu Y L, et al. The role of complexation in cationic polymerization of isobutylene by lewis acids/esters system[J]. Vysokomolekulyarnye Soedineniya Seriya A & Seriya B, 1997, 39: 1237-1240.

[33] Lappert M F. 174. Co-ordination compounds having carboxylic esters as ligands. Part I. Stoicheiometry, structure, and stereochemistry[J]. Journal of the Chemical Society, 1961: 817-822.

[34] Kennedy J P, Huang S Y, Feinberg S C. Cationic polymerization with boron halides. III. BCl_3 coinitiator for olefin polymerization[J]. Journal of Polymer Science: Polymer Chemistry Edition, 1977, 15(12): 2801-2819.

[35] Storey R F, Chisholm B J, Brister L B. Kinetic study of the living cationic polymerization of isobutylene using a dicumyl chloride/$TiCl_4$/pyridine initiating system[J]. Macromolecules, 1995, 28(12): 4055-4061.

[36] Storey R F, Kim R, Choate J. Kinetic investigation of the living cationic polymerization of isobutylene using a *t*-Bu-*m*-DCC/$TiCl_4$/2,4-DMP initiating system[J]. Macromolecules, 1997, 30(17): 4799-4806.

[37] 吴一弦，武冠英 . 可控碳阳离子聚合方法：CN 1128162[P]. 2000-07-17.

[38] 吴一弦，叶晓琳．聚异丁烯的制备方法：CN 100506855[P]. 2006-04-29.

[39] Qiu Y X, Wu Y X, Gu X L, et al. Cationic polymerization of isobutylene with $H_2O/TiCl_4$ initiating system in the presence of electron pair donors[J]. European Polymer Journal, 2005, 41: 349-358.

[40] 马育红，赵宏岩，吴一弦，等. $TiCl_4$/ 三氯乙酸叔丁酯引发的异丁烯本体聚合研究 [J]. 北京化工大学学报，1999，26：34-37.

[41] 谭永霞，吴一弦，武冠英．含氮试剂调节异丁烯阳离子聚合中 $TiCl_4$ 的反应级数 [J]. 北京化工大学学报，2001，28：37-39.

[42] Xu X, Wu Y X, Qiu Y X, et al. Study on cationic polymerization of isobutylene using electrochemical method[J]. European Polymer Journal, 2006, 42: 2791-2800.

[43] 邱迎昕，吴一弦，崔宇，等．$H_2O/TiCl_4$/ED 体系引发异丁烯正离子聚合中的影响因素研究 [J]. 高分子学报，2007(2): 190-197.

[44] 梁立虎，吴一弦，李艳，等．HES/$TiCl_4$ 体系引发异丁烯控制正离子聚合 [J]. 高分子学报，2008(12): 1166-1174.

[45] 林涛，吴一弦，叶晓林，等. $TiCl_4$共引发异丁烯正离子聚合合成反应活性聚异丁烯[J]. 高分子学报，2008(2): 129-135.

[46] 吴一弦，杨小健，郭安儒，等. 一种高反应活性聚异丁烯的制备方法：CN 103965383[P]. 2014-08-06.

[47] Yang X J, Guo A R, Xu H C, et al. Direct synthesis of highly reactive polyisobutylenes via cationic polymerization of isobutylene *co*-initiated with $TiCl_4$ in nonpolar hydrocarbon media[J]. Journal of Applied Polymer Science, 2015: e42232.

[48] 郭文莉，李树新，马育红，等. 以$TiCl_4$为共引发剂的阳离子聚合体系的络合竞争[J]. 高等学校化学学报，1998，19(4): 642-646.

[49] Rath H P, Lange A, Mach H. Polyisobtene and polyisobytene derivatives for use in lubricant compositions: US 7071275[P]. 2006-07-04.

[50] Rath H P. Method for continuous production of polyisobytene:US6642329[P]. 2003-11-04.

[51] Rath H P, Hoffmann H, Reuter P, et al. Preparation of polyisobytene: US5191044[P]. 1993-03-02.

[52] Rath H P. Preparation of highly reactive polyisobutene: US5286823[P]. 1994-02-15.

[53] Rath H P. Fuel wobbler: US5408018[P]. 1995-04-18.

[54] Rath H P, Hahn D, Sandrock G, et al. Method for the production of highly reactive polyisobytenes: US 6753389[P]. 2004-06-22.

[55] 拉斯 H P. 高反应活性聚异丁烯：CN99807066[P].1999-06-02.

[56] C Edward Baxter Jr, Gilbert Valdez, Christopher Lobue, et al. Process for producing high vinylidene polyisobytylene: US6562913[P]. 2003-05-13.

[57] Hans Peter Rath. Preparation of medium molecular weight, highly reactive polyisobytene: US 5910550[P]. 1999-06-08.

[58] 李鹤春，王桂英，南村模，等. 合成低分子量高活性聚异丁烯所用的三氟化硼络合物催化剂及其制备方法：CN 1415634A[P]：2003-05-07.

[59] 吉文苏，崔华，陈可佳，等. 低分子量高活性聚异丁烯的制备方法：CN 1412210A[P]. 2003-04-23.

[60] 吴一弦. 一种用于制备反应活性聚异丁烯的引发体系：CN1176123[P]. 2000-05-12.

[61] 吴一弦，张来宝，周鹏. 用于制备高反应活性聚异丁烯的引发体系：CN101781377[P]. 2009-01-16.

[62] 吴一弦，周鹏，张来宝. 一种基于三氟化硼的引发体系及用于制备聚异丁烯的方法：CN 102807640[P]. 2011-06-02.

[63] 吴一弦，顾笑璐，邱迎昕，等. MeOH/BF_3体系引发异丁烯阳离子聚合反应中水含量及聚合温度的影响[J]. 高分子学报，2002 (4): 498-503.

[64] Zhang L B, Wu Y X, Zhou P, et al. Synthesis of highly reactive polyisobutylenes with BF_3 • cyclohexanol initiating system[J]. Chinese Journal of Polymer Science, 2011, 29: 360-367.

[65] 刘迅，吴一弦，张成龙，等. DCC/$AlCl_3$体系引发异丁烯正离子聚合[J]. 高分子学报，2007(3): 255-261.

[66] 张蓓，吴一弦，李艳，等. 含氮试剂对*p*-DCC/$AlCl_3$引发异丁烯正离子聚合的影响[J]. 高分子学报，2007(11): 1040-1046.

[67] 刘刚. 高反应活性聚异丁烯的合成研究[D]. 北京：北京化工大学，2006.

[68] 张来宝. 异丁烯可控阳离子聚合研究[D]. 北京：北京化工大学，2011.

[69] Li Y, Wu Y X, Liang L H, et al. Cationic polymerization of isobutylene coinitiated by $AlCl_3$ in the presence of ethyl benzoate[J]. Chinese Journal of Polymer Scienc, 2010, 28: 55-62.

[70] Li Y, Wu Y X, Xu X, et al. Electron-pair-donor reaction order in the cationic polymerization of isobutylene coinitiated by $AlCl_3$[J]. Journal of Polymer Science Part A: Polymer Chemistry, 2007, 45: 3053-3061.

[71] Huang Q, He P, Wang J, et al. Synthesis of high molecular weight polyisobutylene via cationic polymerization at elevated temperatures[J]. Chinese Journal of Polymer Scienc, 2013, 31: 1139-1147.

[72] 刘强. 异丁烯阳离子聚合与高活性聚异丁烯合成研究 [D]. 北京：北京化工大学，2011.

[73] 吴一弦，李艳，梁立虎，等. 一种阳离子聚合引发体系及其应用：CN 101602823[P]. 2009-12-16.

[74] 吴一弦，徐旭，李艳，等. 一种异烯烃聚合物或共聚物的制备方法：CN 1966537[P]. 2005-11-18.

[75] Zhang L B, Wu Y X, Zhou P, et al. Synthesis of highly reactive polyisobutylene by selective polymerization with *o*-cresol/$AlCl_3$ initiating system[J]. Polymers for Advanced Technology, 2012, 23: 522-528.

[76] 吴一弦，刘刚. 高反应活性聚异丁烯的制备方法 [P]. CN 101033275A. 2006-3-7

[77] 吴一弦，张来宝，刘强，周鹏. 一种用于合成高反应活性聚异丁烯的引发体系：CN101613423A[P]. 2008-06-27.

[78] 吴一弦，刘强，张瑜. 高反应活性聚异丁烯的制备方法 [P]. CN101613427A，2008-6-27

[79] Liu Q, Wu Y X, Zhang Y, et al. A cost-effective process for highly reactive polyisobutylenes via cationic polymerization coinitiated by $AlCl_3$[J]. Polymer, 2010, 51(25): 5960-5969.

[80] Sipos L, De P, Faust R. Effect of temperature, solvent polarity, and nature of lewis acid on the rate constants in the carbocationic polymerization of isobutylene[J]. Macromolecules, 2003, 36(22): 8282-8290

[81] Bahadur M, Shaffer T D, Ashbaugh J R. Dimethylaluminum chloride catalyzed living isobutylene polymerization[J]. Macromolecules, 2000, 33: 9548-9552.

[82] Hadjikyriacou S, Acar M, Faust R. Living and controlled polymerization of isobutylene with alkylaluminum halides as coinitiators[J]. Macromolecules, 2004, 37: 7543-7547.

[83] Liu Q, Wu Y X, Yan P F, et al. Polyisobutylene with high exo-olefin content via β-H elimination in the cationic polymerization of isobutylene with $H_2O/FeCl_3$/dialkyl ether initiating system[J]. Macromolecules, 2011, 44(7): 1866-1875.

[84] 吴一弦，刘强，严鹏飞. 制备高反应活性聚异丁烯及其共聚物的引发体系：CN 101955558[P]. 2009-07-15.

[85] Guo A R, Yang X J, Yan P F, et al. Synthesis of highly reactive polyisobutylenes with exo-olefin terminals via controlled cationic polymerization with $H_2O/FeCl_3$/*i*PrOH initiating system in nonpolar hydrocarbon media[J]. Journal of Polymer Science Part A: Polymer Chemistry, 2013, 51: 4200-4212.

[86] Yan P F, Guo A R, Liu Q, et al. Living cationic polymerization of isobutylene coinitiated by $FeCl_3$ in the presence of isopropanol[J]. Journal of Polymer Science Part A: Polymer Chemistry, 2012, 50: 3383-3392.

[87] Miln C D, Stewart Douglas. Cationic polymerisation of 1-olefins: EP 0489508A2[P]. 1992-12-11.

[88] Rudolf Lukáš, Luděk Toman, Jiří Spěváček. Polymerization of isobutylene initiated with the system 2,5-dichloro-2,5-dimethyihexane/$SnCl_4$[J]. Polymer Bulletin, 1992, 28: 167-174.

[89] Luděk Toman, Rudolf Lukáš, Jiří Spěváček. Isobutylene polymerization in the presence of *t*-BuCl/ $SnCl_4$[J]. Polymer Bulletin, 1992, 28: 175-180.

[90] Luděk Toman, Rudolf Lukáš, Petr Vlček Petr Holler. Thermally induced polymerization of isobutylene in the presence of $SnCl_4$: Kinetic study of the polymerization and NMR structural investigation of low molecular weight products[J]. Journal of Polymer Science Part A: Polymer Chemistry. 2000, 38: 1568-1579.

[91] 吴一弦，张瑜，刘强. 一种制备高反应活性聚异丁烯的引发体系及应用：CN201110124655[P]. 2011-05-13.

[92] 武冠英，吴一弦. 控制阳离子聚合及其应用 [M]. 北京：化学工业出版社，2005.

[93] 吴一弦，武冠英. 采用阳离子聚合制备异烯烃聚合物或共聚物的方法：CN 1177870[P]. 2001-11-08.

[94] 刘冲，王伟，吕丽丽，等. 超重力法制备高活性聚异丁烯工艺研究 [J]. 现代化工，2011，31：350-352.

[95] 陈建峰，吴一弦，吕丽丽，等. 制备聚异丁烯的工艺方法及聚合装置：CN 102464736[P]. 2010-11-19.

[96] Tripathy R, Crivello J V, Faust R. Photoinitiated polymerization of acrylate, methacrylate, and vinyl ether end-

functional polyisobutylene macromonomers[J]. Journal of Polymer Science Part A: Polymer Chemistry, 2013, 51(2): 305-317.

[97] Kempe M D, Dameron A A, Reese M O. Evaluation of moisture ingress from the perimeter of photovoltaic modules[J]. Progress in Photovoltaics: Research and Applications, 2014, 22(11): 1159-1171.

[98] Shi L, Young T L, Kim J, et al. Accelerated lifetime testing of organic-inorganic perovskite solar cells encapsulated by polyisobutylene[J]. ACS Appllied Material & Interfaces, 2017, 9(30): 25073-25081.

[99] Bag M, Banerjee S, Faust R, et al. Self-healing polymer sealant for encapsulating flexible solar cells[J]. Solar Energy Materials and Solar Cells, 2016, 145: 418-422.

[100] Heine J, Rodehorst U, Qi X, et al. Using polyisobutylene as a non-fluorinated binder for coated lithium powder (CLiP) electrodes[J]. Electrochimica Acta, 2014, 138: 288-293.

[101] Heine J, Rodehorst U, Badillo J P, et al. Chemical stability investigations of polyisobutylene as new binder for application in lithium air-batteries[J]. Electrochimica Acta, 2015, 155: 110-115.

[102] Priyadarshani N, Liang Y, Suriboot J, et al. Recoverable reusable polyisobutylene (PIB)-bound ruthenium bipyridine ($Ru(PIB\text{-}bpy)_3Cl_2$) photoredox polymerization catalysts[J]. ACS Macro Letters, 2013, 2(7): 571-574.

[103] Al-Hashimi M, Tuba R, Bazzi H S, et al. Synthesis of polypentenamer and poly (vinyl alcohol) with a phase-separable polyisobutylene-supported second-generation hoveyda-grubbs catalyst[J]. ChemCatChem, 2016, 8(1): 228-233.

[104] Suriboot J, Hu Y, Malinski T J, et al. Controlled ring-opening metathesis polymerization with polyisobutylene-bound pyridine-ligated Ru (Ⅱ) catalysts[J]. ACS Omega, 2016, 1(4): 714-721.

[105] Liang Y, Bergbreiter D E. Recyclable polyisobutylene (PIB)-bound organic photoredox catalyst catalyzed polymerization reactions[J]. Polymer Chemistry, 2016, 7(12): 2161-2165.

[106] Rackl D, Kreitmeier P, Reiser O. Synthesis of a polyisobutylene-tagged fac-Ir $(ppy)_3$ complex and its application as recyclable visible-light photocatalyst in a continuous flow process[J]. Green Chemistry, 2016, 18(1): 214-219.

[107] Chao C G, Kumar M P, Riaz N, et al. Polyisobutylene oligomers as tools for iron oxide nanoparticle solubilization[J]. Macromolecules, 2017, 50(4): 1494-1502.

[108] Banerjee S, Tripathy R, Cozzens D, et al. Photoinduced smart, self-healing polymer sealant for photovoltaics[J]. ACS Appllied Material & Interfaces 2015, 7(3): 2064-2072.

[109] Fu J L, Ayazi F. High-Q AIN-on-silicon resonators with annexed platforms for portable integrated VOC sensing[J]. Journal of Microelectromechanical Systems, 2014, 24(2): 503-509.

[110] Pejcic B, Crooke E, Doherty C M, et al. The impact of water and hydrocarbon concentration on the sensitivity of a polymer-based quartz crystal microbalance sensor for organic compounds[J]. Analytica Chimica Acta, 2011, 703: 70-79.

[111] Pejcic B, Boyd L, Myers M, et al. Direct quantification of aromatic hydrocarbons in geochemical fluids with a mid-infrared attenuated total reflection sensor[J]. Organic GeochemIstry, 2013, 55: 63-71.

[112] Trant J F, Sran I, de Bruyn J R, et al. Synthesis and properties of arborescent polyisobutylene derivatives and a paclitaxel conjugate: Towards stent coatings with prolonged drug release[J]. European Polymer Journal, 2015, 72: 148-162.

[113] Trant J F, McEachran M J, Sran I, et al. Covalent polyisobutylene-paclitaxel conjugates for controlled release from potential vascular stent coatings[J]. ACS Appllied Material & Interfaces, 2015, 7(26): 14506-14517.

[114] 吴一弦，孟晓燕，刘文红 . 一种阳离子聚合体系及高不饱和度异烯烃共聚物的制备方法: CN 105646757[P]. 2014-11-27.

[115] 何春，周涛，李刚 . 丁基橡胶合成研究进展与市场展望 [J]. 弹性体，2007，17（4）: 74-78.

[116] Bruzzone, Mario G, Silvano. New process for IIR production: WO21241[P]. 1993-05-18.

[117] Chen J F, Gao H, Wu Y X, et al. Method for synthesis of butyl rubber: US 7776976[P]. 2010-08-17

[118] 张雷，高花，邹海魁，等. 丁基橡胶聚合新型超重力反应器工艺 [J]. 化工学报，2008，59(1): 260-263.

[119] Chen J F, Gao H, Zou H K, et al. Cationic polymerization in rotating packed bed reactor: Experimental and modeling[J]. AIChE J, 2010, 56: 1053-1062.

[120] 吴一弦，黄强，周晗，等. 异烯烃聚合物及其制备工艺：CN 102597011 B[P]. 2010-09-21.

[121] 吴一弦，黄强，周晗，等. 阳离子聚合引发体系及聚合方法：CN 102597014[P]. 2010-09-21.

[122] Hackethal K, DöHler D, Tanner S, et al. Introducing polar monomers into polyisobutylene by living cationic polymerization: Structural and kinetic effects[J]. Macromolecules, 2010, 43(4): 1761-1770.

[123] Hackethal K, Binder W H. Polyisobutylene based supramolecular networks via living carbocationic polymerization[J]. Macromolecular Symposia, 2013, 323(1): 58-63.

[124] Yang S X, Fan Z Y, Zhang F Y, et al. Functionalized copolymers of isobutylene with vinyl phenol: Synthesis, characterization, and property[J]. Chinese Journal of Polymer Scienc, 2019, 37: 919-929.

[125] 杨诗煊. 官能化异丁烯基共聚物的合成、表征与性能研究 [D]. 北京：北京化工大学，2020.

[126] Dharmarajan N R, Puydak R C, Wang H C, et al. Thermoplastic blend containing engineering resin: US 6346571B[P]. 2002-02-12.

[127] 吴一弦，郭安儒，俞瑞，等. 异丁烯 / 四氢呋喃嵌段共聚物及其制备方法：CN102911369[P]. 2013-02-06.

[128] Espinosa E, Charleux B, D'Agosto F, et al. Di- and triblock copolymers based on polyethylene and polyisobutene blocks. toward new thermoplastic elastomers[J]. Macromoleculars 2013, 46(9): 3417-3424.

[129] Puskas J E, Foreman-Orlowski E A, Lim G T, et al. A nanostructured carbon-reinforced polyisobutylene-based thermoplastic elastomer[J]. Biomaterials, 2010, 31: 2477-2488.

[130] Jewrajka S K, Kang J, Erdodi G, et al. Polyisobutylene-based polyurethanes. Ⅱ. Polyureas containing mixed PIB/PTMO soft segments[J]. Journal of Polymer Science Part A: Polymer Chemistry, 2009, 47(11): 2787-2797.

[131] Herbst F, Seiffert S, Binder W H. Dynamic supramolecular poly(isobutylene)s for self-healing materials[J]. Polymer Chemistry, 2012, 3(11): 3084-3092.

[132] Malmsten M, Emoto K, Van Alstine J M. Effect of chain density on inhibition of protein adsorption by poly (ethylene glycol) based coatings[J]. Journal of Colloid and Interface Science, 1998, 202(2): 507-517.

[133] Michel R, Pasche S, Textor M, et al. Influence of PEG architecture on protein adsorption and conformation[J]. Langmuir, 2005, 21(26): 12327-12332.

[134] Magenau A J D, Martinez-Castro N, Savin D A, et al. Site transformation of polyisobutylene chain ends into functional RAFT agents for block copolymer synthesis[J]. Macromolecules, 2009, 42: 2353-2359.

[135] Mendrek B, Oleszko-Torbus N, Teper P, Kowalczuk A. Towards next generation polymer surfaces: Nano- and microlayers of star macromolecules and their design for applications in biology and medicine[J]. Progress in Polymer Science, 2023, 139：101657.

[136] Gragert M, Schunack M, Binder W H. Azide/alkyne-“click”-reactions of encapsulated reagents: Toward self-healing materials[J]. Macromolecular Rapid Communications, 2011, 32(5): 419-425.

[137] Schunack M, Gragert M, Döhler D, et al. Low-temperature Cu(Ⅰ)-catalyzed“click”reactions for self-healing polymers[J]. Macromolecular Chemistry and Physics, 2012, 213(2): 205-214.

[138] 李树新，郭文莉，商育伟，等. 四臂星型聚异丁烯的制备及应用 [J]. 石油化工高等学校学报，2005，18(2): 11-14.

[139] Schulz M, Tanner S, Barqawi H, et al. Macrocyclization of polymers via ring-closing metathesis and azide/alkyne-“click”-reactions: An approach to cyclic polyisobutylenes[J]. Journal of Polymer Science Part A: Polymer Chemistry, 2010, 48(3): 671-680.

[140] Askes S H C, Pomp W, Hopkins S L, et al. Imaging upconverting polymersomes in cancer cells: Biocompatible

antioxidants brighten triplet-triplet annihilation upconversion[J]. Small, 2016, 12(40): 5579-5590.

[141] Erdödi G, Iván B. Novel amphiphilic conetworks composed of telechelic poly(ethylene oxide) and three-arm star polyisobutylene[J]. Chemistry of Materials, 2004, 16(6): 959-962.

[142] 任锴，何金林，张明祖，等．酸敏感型嵌段共聚物 mPEG-acetal-PIB 的合成、表征及用于构筑水凝胶敷料 [J]．化学学报，2015，73(10): 1038-1046.

[143] 章琦，魏梦娟，邓金睿，等．聚二甲基硅氧烷与聚四氢呋喃三嵌段共聚物的合成表征与性能 [J]．高分子学报，2018(9): 1202-1211.

[144] Guo A R, Yang F, Yu R, et al. Real-time monitoring of living cationic ring-opening polymerization of THF and direct prediction of equilibrium molecular weight of polyTHF[J]. Chinese Journal of Polymer Science, 2015, 33(1): 23-35.

[145] Deng J R, Zhao C L, Wu Y X. Antibacterial and pH-responsive quaternized hydroxypropyl cellulose-*g*-poly(THF-*co*-epichlorohydrin) graft copolymer: Synthesis, characterization and properties[J]. Chinese Journal of Polymer Science, 2020, 38(7): 704-714.

[146] 张方，张航天，杨甜，等．官能化聚四氢呋喃 -*b*- 聚异丁烯 -*b*- 聚四氢呋喃三嵌段共聚物的合成与性能 [J]．高分子学报，2020，51(1): 98-116.

[147] Rother M, Barqawi H, Pfefferkorn D, et al. Synthesis and organization of three-arm-star PIB-PEO block copolymers at the air/water interface: Langmuir- and Langmuir-Blodgett film investigations[J]. Macromolecular Chemistry and Physics, 2010, 211(2): 204-214.

[148] Askes S H C, Bossert N, Bussmann J, et al. Dynamics of dual-fluorescent polymersomes with durable integrity in living cancer cells and zebrafish embryos[J]. Biomaterials, 2018, 168: 54-63.

[149] Beygi M, Oroojalian F, Hosseini S S, et al. Recent progress in functionalized and targeted polymersomes and chimeric polymeric nanotheranostic platforms for cancer therapy [J]. Progress in Materials Science, 2023, 140: e101209.

[150] 郭安儒，俞瑞，于建鹏，等．基于正离子聚合方法设计合成接枝共聚物的研究进展 [J]．高分子通报，2013(4): 51-86.

[151] Nguyen H A, Kennedy J P. Initiation of cationic polymerization with alcohol/Lewis acid systems 3. Polymerization of isobutylene[J]. Polymer Bulletin, 1983, 9(10-11): 507-514.

[152] Grasmüller M, Rueda-Sanchez J C, Voit B I, et al. Polyfunctional polyisobutenes as building blocks for amphiphilic graft polymers[J]. Macromolecular Symposia, 1998, 127(1): 109-114.

[153] Hong S C, Pakula T, Matyjaszewski K. Preparation of polyisobutene-graft-poly(methyl methacrylate) and polyisobutene-graft-polystyrene with different compositions and side chain architectures through atom transfer radical polymerization (ATRP)[J]. Macromolecular Chemistry and Physics, 2001, 202(17): 3392-3402.

[154] 吴一弦，周琦，王楠，等．一种聚异丁烯与聚异戊二烯的接枝共聚物及其制备方法：CN109134765[P]. 2019-01-04.

[155] Turowec B A, Gillies E R. Synthesis, properties and degradation of polyisobutylene-polyester graft copolymers[J]. Polymer International, 2017, 66(1): 42-51.

[156] Karamdoust S, Crewdson P, Ingratta M, et al. Synthesis and properties of arborescent polyisobutylene-poly(ethylene oxide) graft copolymers: a comparison of linear and arborescent graft copolymer architectures[J]. Polymer International, 2014, 64(5): 611-620.

[157] 黄丽，吴一弦，刘耀昌，等．聚醋酸乙烯酯和共聚物大分子引发剂引发异丁烯阳离子接枝共聚合反应 [J]. 高分子学报，2006，3：467-473.

[158] 刘耀昌，吴一弦，李狄，等．极性非极性接枝共聚物 PVIPA-*g*-PIB 的合成研究 [J]．高分子学报，2007，12：1127-1134.

[159] 张宇．异丁烯基接枝共聚物的合成与表征 [D]．北京：北京化工大学，2012.

[160] 吴一弦，冯丽，李庆元，等．一种异烯烃聚合物及其共聚物的制备方法：CN101602831A[P]. 2009-12-16.

[161] Ma W Y, Wu Y X, Feng L, et al. Synthesis of poly(styrene-*co*-isopropenyl acetate)-*g*-polyisobutylene graft copolymers via combination of radical polymerization with cationic polymerization[J]. Polymer, 2012, 53(15): 3185-3193.

[162] Li Q Y, Wu Y X, Ma W Y, et al. Synthesis of graft copolymers with polyisobutylene branch chains[J]. Chinese Journal of Polymer Science, 2010, 28(3): 449-456.

[163] 吴一弦，张彦君，杜杰，等．一种三元双接枝两亲性共聚物及其制备方法：CN 110041525A[P]. 2019-07-23.

[164] Donderer M, Langstein G, Schäfer M, et al. A combined radical/cationic synthetic route for poly(styrene-*g*-isobutylene) and poly(styrene-*g*-isobutylene-*co*-isoprene)[J]. Polymer Bulletin, 2002, 47(6): 509-516.

[165] Grasmüller M, Langstein G, Schäfer M, et al. Synthesis of poly(styrene-*co*-butadiene-*g*-isobutylene) and poly(styrene-*co*-isoprene-*g*-isobutylene) via a combined radical/cationic route[J]. Journal of Macromolecular Science, Part A Pure and Applied Chemistry, 2002, A39(122): 53-61.

[166] SchäFer M, Wieland P C, Nuyken O. Synthesis of new graft copolymers containing polyisobutylene by a combination of the 1,1-diphenylethylene technique and cationic polymerization[J]. Journal of Polymer Science Part A: Polymer Chemistry, 2002, 40(21): 3725-3733.

[167] Yang K, Wang S D, Zhou R F, et al. Synthesis of syndiotactic polystyrene-polyisobutylene graft copolymers by cationic half-sandwich scandium complex[J]. Polymer Engineering & Science, 2022, 62(10): 3412-3417.

[168] Martínez G, Santos E D, Millán J L. Stereoselective nature of graft copolymers based on poly(vinyl chloride): Synthesis of PVC-*g*-PMMA and PVC-*g*-PIB[J]. Macromolecular Chemistry and Physics, 2001, 202(12): 2592-2600.

[169] 吴一弦，杜杰，王楠，等．一种氯乙烯树脂复合物及其制备方法：CN 111303551[P]. 2018-12-12.

[170] 吴一弦，杜杰，王楠．一种异丁烯基聚合物功能高分子材料及其制备方法：CN201811517529.5[P]. 2018-12-12.

[171] 吴一弦，范子宇，杨诗煊，等．一种三元双接枝共聚物及其制备方法和应用：CN 114196004[P]. 2020-09-18.

[172] 吴一弦，郭安儒，卢聪杰，等．生物质多糖/聚异丁烯接枝共聚物及其制备方法：CN 201310388850.9[P]. 2013-08-30.

[173] 魏梦娟，郭安儒，吴一弦．聚谷氨酸苄酯-*g*-(聚四氢呋喃-*b*-聚异丁烯)共聚物的微观结构与形态 [J]. 高分子学报，2017(3): 506-515.

[174] 魏梦娟，章琦，张航天，等．通过阳离子聚合原位制备聚谷氨酸苄酯-*g*-(聚四氢呋喃-*b*-聚异丁烯)/银纳米复合材料及其性能研究 [J]．高分子学报，2018(4): 464-474.

[175] Chang T X, Wei Z T, Wu M Y, et al. Amphiphilic chitosan-*g*-polyisobutylene graft copolymers: Synthesis, characterization, and properties[J]. ACS Applied Polymer Materials, 2020, 2(2): 234-247.

[176] Deng J R, Zhao C L, Wei Z T, et al. Amphiphilic graft copolymers of hydroxypropyl cellulose backbone with nonpolar polyisobutylene branches[J]. Chinese Journal of Polymer Science, 2021, 39(8): 1029-1039.

[177] Gao Y Z, Chang T X, Wu Y X. In-situ synthesis of acylated sodium alginate-*g*-(tetrahydrofuran5-*b*-polyisobutylene) terpolymer/Ag-NPs nanocomposites[J]. Carbohydrate Polymers, 2019, 219: 201-209.

[178] Zhao C L, Gao Y Z, Wu M Y, et al. Biocompatible, hemocompatible and antibacterial acylated dextran-*g*-polyisobutylene graft copolymers with silver nanoparticles[J]. Chinese Journal of Polymer Science, 2021, 39(12): 1550-1561.

[179] Guo A R, Yang W X, Yang F, et al. Well-defined poly(*γ*-benzyl-*l*-glutamate)-*g*-polytetrahydrofuran: Synthesis, characterization, and properties[J]. Macromolecules, 2014, 47: 5450-5461

[180] Ushiyama A, Furuya H, Abe A, et al. The mechanism of the helix-sense inversion of polyaspartates as revealed

by the study of model block copolymers[J]. Polymer Journal, 2002, 34: 450-454

[181] Adler A J, Hoving R, Potter J et al. Poly(hydroxyethyl-L-glutamine) compared to poly(L-glutamic acid)[J]. Journal of the American Chemical Society, 1968, 90: 4736-4738.

[182] Myer Y P. The pH-induced helix-coil transition of poly-L-lysine and poly-L-glutamic acid and the 238-mμ dichroic band [J]. Macromolecules, 1969, 2: 624-628.

[183] Chen J C, Cui Z, Gao Y Z, et al. Amphiphilic graft copolymer of polylysine-*g*-polytetrahydrofuranand its biological properties[J]. ACS Appllied Polymer Materials, 2022, 4: 5840-5850.

[184] Patil T V, Patel D K, Dutta S D, et al. Nanocellulose, a versatile platform: From the delivery of active molecules to tissue engineering applications[J]. Bioactive Materials, 2021, 9: 566-589.

[185] Klemm D, Heublein B, Fink H P, et al. Cellulose: Fascinating biopolymer and sustainable raw material[J]. Angewandte Chemie International Edition, 2005, 44(22): 3358-3393.

[186] Garcia-Valdez O, Champagne P, Cunningham M F. Graft modification of natural polysaccharides via reversible deactivation radical polymerization[J]. Progress in Polymer Science, 2018, 76: 151-173.

[187] Joubert F, Musa O M, Hodgson D R W, et al. The preparation of graft copolymers of cellulose and cellulose derivatives using ATRP under homogeneous reaction conditions[J]. Chemical Society Reviews, 2014, 43(20): 7217-7235.

[188] Kang H, Liu R, Huang Y. Graft modification of cellulose: Methods, properties and applications[J]. Polymer, 2015, 70(23): A1-A16.

[189] Harsh D C, Gehrke S H. Controlling the swelling characteristics of temperature-sensitive cellulose ether hydrogels[J]. Journal of Controlled Release, 1991, 17(2): 175-185.

[190]Singh S, Gupta A, Sharma D, et al. Dextran based herbal nanobiocomposite membranes for scar free wound healing[J]. International Journal of Biological Macromolecules: Structure, Function and Interactions, 2018, 113: 227-239.

[191] Tang Y, Li Y, Xu R, et al. Self-assembly of folic acid dextran conjugates for cancer chemotherapy[J]. Nanoscale, 2018, 10(36): 17265-17274.

[192] Kennedy J P, Hiza M. Macromers by carbocationic polymerization. Ⅳ. Synthesis and characterization of polyisobutenyl methacrylate macromer and its homopolymerization and copolymerization with methyl methacrylate[J]. Journal of Polymer Science: Polymer Chemistry Edition, 1983, 21(4): 1033-1038.

[193] Takács A, Faust R. Synthesis of poly(methyl methacrylate-graft-isobutylene) copolymers by the combination of living carbocationic and group transfer polymerization[J]. Journal of Macromolecular Science Part A: Pure and Applied Chemistry, 1996, A33(2): 117-131.

[194] Kennedy J P, Carter J D. The synthesis, characterization, and copolymerization of the macromonomer alpha-(*p*-phenyl glycidyl ether)-omega-chloropolyisobutylene (PGE-PIB). 2. The synthesis of PGE-PIB and its copolymerization with epichlorohydrin and ethylene oxide[J]. Macromolecules, 1990, 23(5): 1238-1243.

[195] Gong W J, Qi R R. Graft copolymerization of maleic anhydride onto low-molecular-weight polyisobutylene through solvothermal method[J]. Journal of Applied Polymer Science, 2009, 113(3): 1520-1528.

[196] Seeman N C. DNA in a material world[J]. Nature, 2003, 421(6921): 427-431.

[197] Georgiou T K, Patrickios C S, Groh P W, et al. Amphiphilic model conetworks of polyisobutylene methacrylate and 2-(dimethylamino)ethyl methacrylate prepared by the combination of quasiliving carbocationic and group transfer polymerizations[J]. Macromolecules, 2007, 40, 7: 2335-2343.

[198] Haraszti M, Toth E, Ivan B. Poly(methacrylic acid)-*l*-polyisobutylene: A novel polyelectrolyte amphiphilic conetwork[J]. Chemistry of Materials, 2006, 18: 4952-4958.

[199] Kali G, Vavra S, Laszlo K, et al. Thermally responsive amphiphilic conetworks and gels based on poly(*n*-

isopropylacrylamide) and polyisobutylene[J]. Macromolecules, 2013, 46: 5337-5344.

[200] 关英，彭宇行．两亲聚合物网络的研究进展 [J]．化学进展，1999，11(1): 86.

[201] Šimkovic I, Pastýr J, Csomorová K, et al. Flame retardancy effect of crosslinking of lignocellulose materials[J]. Journal of Applied Polymer Science, 1990, 41(5-6): 1333-1337.

[202] Keszler B, Fenyvesi G, Kennedy J P. Amphiphilic networks. XIV Synthesis and characterization of poly(*N*,*N*-dimethylacryl-amide)-*l*-three-arm star polyisobutylene[J]. Polymer Bulletin, 2000, 43(6): 511-518.

[203] Scherble J, Thomann R, Béla I, et al. Formation of CdS nanoclusters in phase-separated poly (2-hydroxyethyl methacrylate)-*l*-polyisobutylene amphiphilic conetworks[J]. Journal of Polymer Science Part B: Polymer Physics, 2001, 39(12): 1429-1436.

[204] Toman L, Janata M, Spevacek J, et al. One-pot synthesis of isocyanate and methacrylate multifunctionalized polyisobutylene and polyisobutylene-based amphiphilic networks[J]. Journal of Polymer Science Part A: Polymer Chemistry, 2006, 44(9): 2891-2900.

[205] Toman L, Janata M, Spěváček J, et al. Amphiphilic conetworks. Ⅱ. Novel two-step synthesis of poly[2-(dimethylamino)ethyl methacrylate]—polyisobutylene, poly(*N*-isopropylacrylamide)-polyisobutylene, and poly(*N*,*N*-dimethylacrylamide)-polyisobutylene hydrogels[J]. Journal of Polymer Science Part A: Polymer Chemistry, 2006, 44(21): 6378-6384.

[206] Janata M, Toman L, Spěváček J, et al. Amphiphilic conetworks. Ⅲ. Poly(2,3-dihydroxypropyl methacrylate)-polyisobutylene and poly(ethylene glycol) methacrylate-polyisobutylene based hydrogels prepared by two-step polymer procedure[J]. Journal of Polymer Science Part A: Polymer Chemistry, 2007, 45(17): 4074-4081.

[207] Toman L, Janata M, Spěváček J, et al. Amphiphilic conetworks. Ⅳ. Poly(methacrylic acid)-*l*-polyisobutylene and poly(acrylic acid)-*l*-polyisobutylene based hydrogels prepared by two-step polymer procedure. New pH responsive conetworks[J]. Journal of Polymer Science Part A: Polymer Chemistry, 2009, 47(5): 1284-1291.

[208] 马婧伊．聚异丁烯基网络共聚物的设计合成与性能研究 [D]．北京：北京化工大学，2022.

[209] Blezer R, Lindhout T, Keszler B, et al. Amphiphilic networks Ⅷ. Reduced in vitro thromboresistance of amphiphilic networks[J]. Polymer Bulletin, 1995, 34(1): 101-107.

[210] Kennedy J P. Designed rubbery biomaterials[C]. Macromolecular Symposia., 2001, 175(1): 127-132.

[211] Kennedy J P, Fenyvesi G, Levy R P, et al. Amphiphilic membranes with controlled mesh dimensions for insulin delivery [C]. Macromolecular Symposia. 2001, 172(1): 56-66.

[212] Isayeva I S, Kasibhatla B T, Rosenthal K S, et al. Characterization and performance of membranes designed for macroencapsulation/implantation of pancreatic islet cells[J]. Biomaterials, 2003, 24(20): 3483-3491.

[213] Keszler B, Kennedy J P. Amphiphilic networks. Ⅶ. Synthesis and characterization of pH-sensitive poly (sulfoethyl methacrylate)-*l*-polyisobutylene networks[J]. Journal of Polymer Science Part A: Polymer Chemistry, 1994, 32(16): 3153-3160.

第五章

高性能聚氨酯热塑性弹性体

聚氨酯 (polyurethane, PU) 是主链上含有重复氨基甲酸酯基团的大分子化合物的统称，是由软段 / 硬段交替形成的一种多嵌段共聚物。德国化学家 O. Bayer 等首次采用六亚甲基二异氰酸酯 (HDI) 和 1,4- 丁二醇 (BDO) 反应合成 PU。1937 年，DuPont 公司和 ICI 公司开发出聚氨酯弹性体 [1]。聚氨酯热塑性弹性体 (thermoplastic polyurethane elastomer, TPU) 是聚氨酯中最重要的类别之一，包括聚氨酯、聚脲氨酯和聚脲等。TPU 弹性体需要其软段部分具有高度柔性，通过含氨基甲酸酯基团以共价键与氢键将柔性链段与硬段部分连接在一起，形成三维网络结构，具有优异的物理机械性能并得到广泛应用。新结构高性能功能化 TPU 是该领域的重要发展方向。

第一节 聚氨酯热塑性弹性体基本概念与分类

一、聚氨酯热塑性弹性体基本概念

聚氨酯热塑性弹性体由软的链段（软段，soft segment, SS）和硬的链段（硬段，hard segment，HS）组成，如图 5-1 所示。其中，多元醇组成 TPU 软段 (SS) 部分，软段可以视为具有弹性的“弹簧”，其玻璃化转变温度 (T_g) 远低于服役温度或环境温度，室温下为橡胶相；异氰酸酯与小分子扩链剂组成 TPU 硬段 (HS) 部分，硬段通常是通过二异氰酸酯与二醇或二胺扩链剂反应而获得含有氨基甲酸酯、脲和氨基甲酸酯 - 脲基团的化学结构，具有很大的内聚能，视为相对较短的“刚性单元”，其玻璃化转变温度 (T_g) 或结晶熔融温度 (T_m) 远高于服役温度或环境温度，在室温下为玻璃态或准晶态或微晶态 [2-3]。当软段和硬段交替排列相连接时，表现出热塑性弹性体的性质。

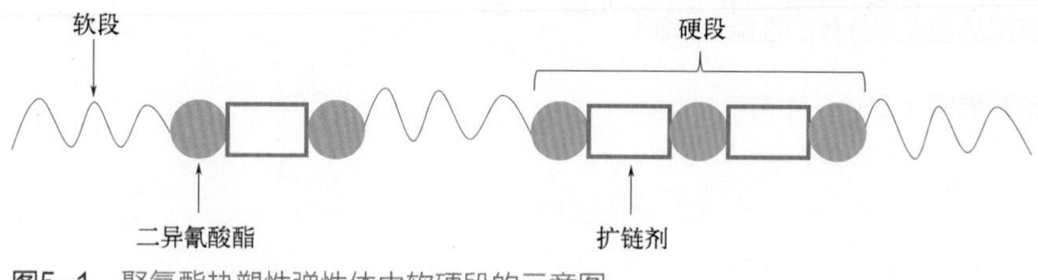

图5-1 聚氨酯热塑性弹性体中软硬段的示意图

通过对硬段和软段进行适当的设计、选择和化学组合，可以获得兼具柔韧性、机械强度以及各种其他特性的聚氨酯热塑性弹性体[4]。软段包括聚乙二醇或聚四氢呋喃[5-9]、聚环氧丙烷[10-12]等聚醚链段，聚碳酸酯、聚己内酯[13-15]、聚丙交酯、聚丙烯酸丁酯、聚己二酸乙二醇酯[16]等聚酯链段，聚丁二烯[17-18]、聚异丁烯[19-20]、聚(乙烯-*co*-丁烯)(PEB)[21]、丁苯橡胶[22]、聚二甲基硅氧烷[23-27]、聚丙烯腈[28-31]、聚硫橡胶[32]等弹性链段和环氧大豆油[33]、蓖麻油[34]、木质素[35]、聚乳酸[36]等生物基材料。硬段二异氰酸酯以及小分子扩链剂的化学结构也具有多样选择性。

通过调节硬段（HS）和软段（SS）的化学结构与比例，可以有效调节 TPU 材料的宏观性能[37]。

二、聚氨酯热塑性弹性体分类

聚氨酯热塑性弹性体的分类方法有很多，但通常根据 HS 和 SS 的化学结构进行分类。

1．按软段（SS）化学结构分类

根据软段化学结构的不同，可将聚氨酯热塑性弹性体分为聚醚型聚氨酯热塑性弹性体、聚酯型聚氨酯热塑性弹性体、乙烯基聚合物型聚氨酯热塑性弹性体、聚二甲基硅氧烷型聚氨酯热塑性弹性体、生物基聚氨酯热塑性弹性体、混合软段型聚氨酯热塑性弹性体和以三嵌段共聚物为软段的聚氨酯热塑性弹性体等。

在聚醚型聚氨酯热塑性弹性体中，其软段为聚醚多元醇，目前以聚四氢呋喃(PTHF，又名聚四亚甲基醚二醇，PTMEG，PTMG 或 PTMO)、聚乙二醇 (PEG，又名聚环氧乙烷，PEO)、聚丙二醇 (PPG) 或聚环氧丙烷（PPO）和环氧乙烷 - 环氧丙烷共聚醚 [P(EO-*co*-PO)] 为主。

在聚酯型聚氨酯热塑性弹性体中，其软段为聚酯多元醇，主要包括聚碳酸酯(PC) 多元醇和聚内酯多元醇。按化学结构不同，聚碳酸酯多元醇软段又分为脂肪族聚酯多元醇和芳香族聚酯多元醇；聚内酯多元醇以聚丙交酯（又名聚乳酸，PLA）多元醇和聚己内酯 (PCL) 多元醇为主。

在乙烯基聚合物型聚氨酯热塑性弹性体中，其软段主要包括聚烯烃多元醇和聚丙烯酸酯多元醇，其中聚烯烃多元醇主要为双端羟基聚丁二烯 (HTPB) 和双端羟基聚异丁烯 (HTPIB)。

在聚二甲基硅氧烷型聚氨酯热塑性弹性体中，其软段主要为双端羟基或氨基聚二甲基硅氧烷。

在生物基聚氨酯热塑性弹性体中，软段主要为植物油和木质素及其衍生物。植物油种类较多，包括蓖麻油、环氧大豆油、菜籽油、甘油等。木质素含有大量芳香环和大量酚羟基、醇羟基、甲氧基等活性基团，在聚氨酯合成中很有价值，在一定程度上提高生物基聚氨酯的力学性能，并赋予聚氨酯材料一些木质素特定的性能，如抗紫外性能、阻燃性和疏水性能等。

此外，可通过上述不同种类的软段制备混合软段型聚氨酯热塑性弹性体，也可通过设计合成的双端羟基、氨基或巯基官能化的三嵌段或多嵌段共聚物作为软段，制备新结构功能化聚氨酯热塑性弹性体。

2．按硬段（HS）化学结构分类

按硬段的化学结构将聚氨酯热塑性弹性体分为芳香性聚氨酯热塑性弹性体和非芳香性聚氨酯热塑性弹性体。

（1）芳香性聚氨酯热塑性弹性体

在合成聚氨酯热塑性弹性体的过程中，若使用的异氰酸酯和 / 或扩链剂中含芳香环结构，则聚氨酯热塑性弹性体产品为芳香性聚氨酯热塑性弹性体。

常用的含芳香环结构的异氰酸酯主要有：对苯基二异氰酸酯、2,4- 甲苯二异氰酸酯、2,6- 甲苯二异氰酸酯、4,4′- 二苯基甲烷二异氰酸酯、1,5- 萘二异氰酸酯、多苯基甲烷多异氰酸酯、苯二亚甲基二异氰酸酯、间 / 对 -1,4- 甲基苯亚甲基二异氰酸酯、3,5′- 二甲基 -4,4′- 二苯基二异氰酸酯、2,4- 乙苯二异氰酸酯、3,3′- 二甲氧基 -4,4′- 二苯基二异氰酸酯、戊基 - 苯基 -3- 庚烯 -2,4- 二壬基异氰酸酯、间 / 对 - 异丙烯基 -*α*,*α*- 二甲基苯基异氰酸酯 (*m*/*p*-TMI)、单溴化甲苯二异氰酸酯、二异氰酸酯苯基膦酸酯、1,5- 萘次磺酸二异氰酸酯等。在 *m*/*p*-TMI 分子结构中，既含有—NCO 基官能团，又含有可进行聚合反应的乙烯基官能团，可以先通过—NCO 基官能团与多元醇反应合成出含有不饱和双键结构的聚氨酯预聚体，再通过乙烯基进行均聚或共聚；或者，先通过乙烯基官能团进行聚合反应，再通过—NCO 基团进行交联反应，制备新结构高性能聚氨酯热塑性弹性体。常用的含芳香环结构的扩链剂主要有：对苯二胺、4,4′- 联苯二胺、3,3′- 二甲基 -4,4′- 联苯二胺、3,3′- 二氯 -4,4′- 联苯二胺、多亚甲基多苯胺、4,4′- 二氨基二苯甲烷、3,3′- 二甲氧基 -4,4′- 二氨基二苯甲烷、3,3′- 二氯 -4,4′- 二氨基二苯甲烷等。

（2）非芳香性聚氨酯热塑性弹性体

在合成非芳香性聚氨酯热塑性弹性体的过程中，使用的异氰酸酯和扩链剂中均不含芳香环结构。异氰酸酯主要包含脂肪族和脂环族异氰酸酯，常用的脂肪族异氰酸酯有六亚甲基二异氰酸酯、2,2,4- 三甲基己烷二异氰酸酯、甲酸甲酯五亚甲基二异氰酸酯等。常用的脂环族异氰酸酯有甲基环己基二异氰酸酯、二环己基亚甲基二异氰酸酯、异佛尔酮二异氰酸酯、亚异丙基双(环己基异氰酸酯)、环己基-1,3-二亚甲基二异氰酸酯等。此外，还有一些特殊化学结构的异氰酸酯，如呋喃二异氰酸酯、含二烯酮的二异氰酸酯、亚丁基双次磺酸二异氰酸酯等。常用的脂肪族扩链剂有乙二醇、1,4-丁二醇、1,6-己二醇、2,5-二甲基-3-己基-2,5-二醇、1,6-己二胺等。此外，采用多臂化合物，如六甘醇、甘油或蓖麻油作扩链剂，可形成更大的聚合物网络，有利于提高聚氨酯的力学性能。

3. 按反应官能团分类

按聚氨酯合成过程中参与反应的官能团种类可将聚氨酯热塑性弹性体分为聚氨酯、聚脲和聚脲氨酯热塑性弹性体，统称为聚氨酯热塑性弹性体。

（1）聚氨酯热塑性弹性体

聚氨酯热塑性弹性体一般是由二异氰酸酯和二元醇通过逐步聚合得到的分子链中含有氨基甲酸酯官能团的聚合物，其合成反应式如图5-2所示。

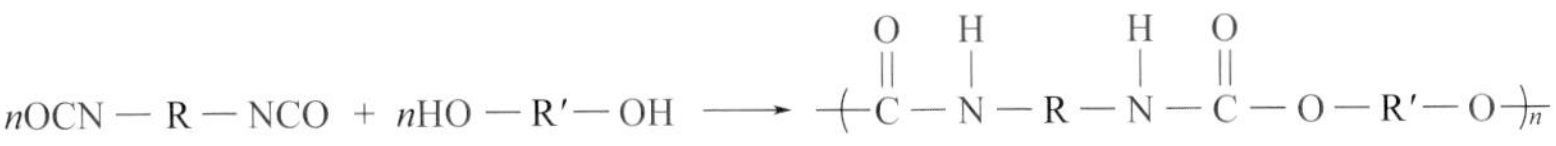

$$n\mathrm{OCN-R-NCO} + n\mathrm{HO-R'-OH} \longrightarrow \left[\overset{\overset{\mathrm{O}}{\|}}{\mathrm{C}}-\overset{\overset{\mathrm{H}}{|}}{\mathrm{N}}-\mathrm{R}-\overset{\overset{\mathrm{H}}{|}}{\mathrm{N}}-\overset{\overset{\mathrm{O}}{\|}}{\mathrm{C}}-\mathrm{O}-\mathrm{R'}-\mathrm{O}\right]_n$$

图5-2 聚氨酯的合成反应式

（2）聚脲热塑性弹性体

聚脲热塑性弹性体一般是由二异氰酸酯和二元胺通过逐步聚合得到的分子链中含有脲基官能团的聚合物，其合成反应式如图5-3所示。

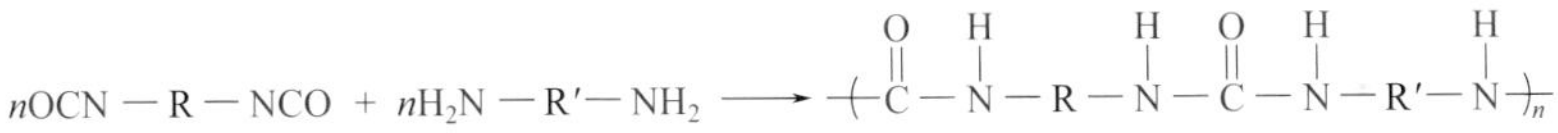

$$n\mathrm{OCN-R-NCO} + n\mathrm{H_2N-R'-NH_2} \longrightarrow \left[\overset{\overset{\mathrm{O}}{\|}}{\mathrm{C}}-\overset{\overset{\mathrm{H}}{|}}{\mathrm{N}}-\mathrm{R}-\overset{\overset{\mathrm{H}}{|}}{\mathrm{N}}-\overset{\overset{\mathrm{O}}{\|}}{\mathrm{C}}-\overset{\overset{\mathrm{H}}{|}}{\mathrm{N}}-\mathrm{R'}-\overset{\overset{\mathrm{H}}{|}}{\mathrm{N}}\right]_n$$

图5-3 聚脲的合成反应式

聚氨酯和聚脲之间区别：一是它们的氢键键合能力[16,38]，量子力学计算结果表明，氨基甲酸酯之间的氢键结合能(46.5kJ/mol)低于脲基之间的氢键结合能(58.5kJ/mol)[38]，氨基甲酸酯基团可以形成“单齿”或“单”分子间氢键，脲基团可以形成更强、更稳定的“双齿”或“双”分子间氢键，因而对获得的聚氨酯热塑性弹性体的微观形态和宏观性能产生很大影响；二是分子极性，这主要影响聚氨酯热塑性弹性体微观相分离结构以及溶解性。聚脲中硬段由于双齿氢键结合更紧密，具有与聚氨酯中氨基甲酸酯不同的堆积方式。

（3）聚脲氨酯热塑性弹性体

聚脲氨酯热塑性弹性体是由二异氰酸酯与二元醇和二元胺通过逐步聚合得到

的分子链中同时含有氨基甲酸酯和脲基官能团的聚合物，其合成反应式如图 5-4 所示。当软段为二元醇时，扩链剂可为二元胺；当软段为二元胺时，扩链剂可为二元醇。

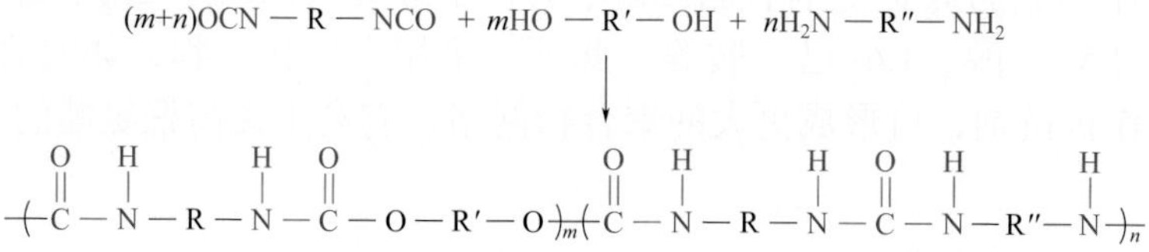

$$(m+n)OCN-R-NCO + mHO-R'-OH + nH_2N-R''-NH_2$$

$$\downarrow$$

$$\left[\overset{O}{\overset{\|}{C}} - \overset{H}{\overset{|}{N}} - R - \overset{H}{\overset{|}{N}} - \overset{O}{\overset{\|}{C}} - O - R' - O \right]_m \left[\overset{O}{\overset{\|}{C}} - \overset{H}{\overset{|}{N}} - R - \overset{H}{\overset{|}{N}} - \overset{O}{\overset{\|}{C}} - \overset{H}{\overset{|}{N}} - R'' - \overset{H}{\overset{|}{N}} \right]_n$$

图5-4　聚脲氨酯的合成反应式

第二节 聚氨酯热塑性弹性体的合成原理与工艺流程

一、聚氨酯热塑性弹性体的合成原理

1．异氰酸酯与含活泼氢化合物的反应

以异氰酸酯与含活泼氢化合物的化学反应为基础，由含活泼氢化合物的亲核中心进攻异氰酸酯中亲电的碳原子引起，通过活泼氢化合物中的氢原子转移到异氰酸酯基中的氮原子上，活泼氢化合物中剩余的基团和异氰酸酯基中羰基的碳原子相结合，生成氨基甲酸酯或脲基团，属于氢转移的逐步加成聚合反应。在合成聚氨酯或聚脲中，最常用的活泼氢化合物为醇类 (R—OH) 和胺类 (R—NH_2) 化合物。反应温度是制备聚氨酯热塑性弹性体过程中的一个重要影响因素，一般随着反应温度提高，异氰酸酯与含活泼氢化合物的反应速率加快。但并不是反应温度越高越好，当反应温度达到 130℃以上时，异氰酸酯与氨基甲酸酯或脲基团发生交联反应，生成的脲基甲酸酯或缩二脲很不稳定，会发生分解。

异氰酸酯和醇的化学反应，即异氰酸酯基与羟基反应生成氨基甲酸酯基的化学反应。在无催化剂存在时，需在 70 ～ 120℃才能完成反应。当其中一个组分明显过量时，反应可在 70 ～ 90℃的温度条件下进行；当异氰酸酯基与羟基的摩尔比接近 1 时，在反应后期需要将温度提高至 100 ～ 120℃，使异氰酸酯基充分反应。

异氰酸酯和胺的化学反应，即异氰酸酯基与氨基反应生成脲基的化学反应，反应活性很高，在 0 ～ 25℃就能讯速反应，凝胶化速率也快。

2．反应速率及其影响因素

醇或胺与异氰酸酯的化学反应属于二级反应，反应速率取决于反应物中异氰酸酯基与羟基或氨基的浓度，还受许多因素的影响，如含活泼氢化合物结构、异氰酸酯结构、催化剂、溶剂和反应温度等。

（1）含活泼氢化合物与异氰酸酯的化学结构

含活泼氢化合物 (R—OH 或 R—NH_2) 的反应活性与 R 基团的性质有关。若 R 基团的电负性低或 R 基团为吸电子取代基，则氢原子转移困难，活泼氢化合物与异氰酸酯的反应困难；若 R 基团的电负性高或 R 基团为推电子取代基，则活泼氢化合物与异氰酸酯的反应活性高。下面列出了几种含活泼氢官能团与异氰酸酯的反应活性顺序：

脂肪族氨基＞芳香族氨基＞伯羟基＞水＞仲羟基＞酚羟基＞羧基＞取代脲＞酰胺；

伯羟基＞仲羟基＞叔羟基，与异氰酸酯反应的相对速率分别为 1.0、0.3 和 0.01。

异氰酸酯与氨基化合物的反应活性与胺类化合物的结构有关，碱性越强，胺的活性越高。脂肪族胺与异氰酸酯的反应最快，其次为芳香族胺，在常温下即可快速反应。某些活泼氢官能团失去质子的能力相对较弱，如醇，需要在加热条件下才能和异氰酸酯发生反应。当低聚物二醇的分子量相近时，端伯羟基聚酯二醇和聚四氢呋喃二醇的反应速率是端仲羟基聚氧化丙烯二醇的 10 倍左右，如表 5-1 所示 [39]。当多元醇的官能度相同时，分子量小的多元醇的反应速率快。当醇的羟基含量相同时，官能度大的醇的反应速率快，反应过程中体系黏度增加速率快。

表5-1　低分子量聚合物二醇与4,4′-二苯基甲烷二异氰酸酯反应速率常数及活化能

低分子量聚合物二醇（分子量）	反应速率常数k/[10^{-4}L/(mol・s)]		活化能/(kcal/mol)
	100℃	130℃	
聚己二酸乙二醇酯二醇(2000)	34	108	47.8
聚四氢呋喃二醇(1000)	38	81	32.2
聚氧化丙烯二醇(2000)	3.5	8.4	38
聚氧化丙烯二醇(1090)	4.2	9.9	36
聚氧化丙烯二醇(424)	8.7	14	20
蓖麻油(f=2.8, M=930)	4.8	9.6	28.8

活泼氢化合物与异氰酸酯的反应活性还与异氰酸酯化学结构类型、芳香族结构种类及取代基结构与位置有关。芳香族二异氰酸酯的反应活性高于脂肪族二异氰酸酯。

（2）催化剂

异氰酸酯与羟基化合物反应的催化机理至今仍不是完全清楚，一般认为异氰酸酯被亲核的催化剂进攻，生成不稳定的中间络合物，然后再和羟基化合物发生反应，生成聚氨酯。在聚氨酯的合成过程中常采用有机叔胺类和有机金属化合物作催化剂。

对二苯基甲烷二异氰酸酯 (MDI) 和羟基的化学反应来说，当不使用催化剂时，不可避免地会发生生成脲基甲酸酯的副反应。若选择对此副反应有高度抑制作用的催化剂，可以减少甚至避免脲基甲酸酯的生成。此外，在体系中加入少量的酰氯（如苯甲酰氯等）或酸（如磷酸等）等催化剂，可以促进主反应，从而抑制生成氨基甲酸酯和缩二脲的副反应。

（3）溶剂

常用溶液法制备聚氨酯热塑性弹性体，其反应速率与溶剂的极性以及溶剂与醇形成氢键的能力有关。随着溶剂极性增加，更容易与醇形成氢键缔合，从而使醇与异氰酸酯的反应速率降低，异氰酸酯与羟基的反应变慢。

一般情况下，采用烃类溶剂如甲苯制备聚氨酯热塑性弹性体，其反应速率比采用酯或酮类溶剂快。为了提高聚合产物的分子量，一般先使二异氰酸酯与低聚物二醇液体在加热条件下进行本体聚合，当黏度增加到搅拌困难时，加入适量溶剂进行稀释，使黏度降低，提高反应的均匀性，缩短反应时间，并在一定程度上降低溶剂对反应的影响。

二、聚氨酯热塑性弹性体的生产工艺

聚氨酯是主链含有氨基甲酸酯基 (—NHCOO—) 的柔性链段与刚性链段交替出现的 $(AB)_n$ 型嵌段聚合物，一般由二异氰酸酯、聚多元醇与小分子扩链剂通过逐步聚合方法来合成[40]。通常，聚氨酯热塑性弹性体可通过预聚体法（两步法）工艺和一步法工艺来制备，工业生产中一般采用一步法。生产工艺主要有间歇本体法、连续本体法和溶液聚合法。其中，本体聚合法是合成聚氨酯热塑性弹性体的主要方法，连续本体法是较先进的生产工艺。通过两步法合成 TPU 的工艺路线如图 5-5 所示，首先得到异氰酸酯封端的 PU 预聚物，再加入小分子扩链剂进一步反应得到 TPU。

1. 间歇本体法

在间歇本体法中，可分为手工计量混合和机械计量混合两种。手工计量混合适用于小批量生产，设备、工艺和操作均十分简单，但生产的聚氨酯热塑性弹性体产品的加工性能和力学性能不稳定；机械计量混合适用于大批量生产，计量准确，混合均匀，生产的聚氨酯热塑性弹性体产品的加工性能和力学性能相对比较稳定，但生产设备的投资高，操作相对复杂。

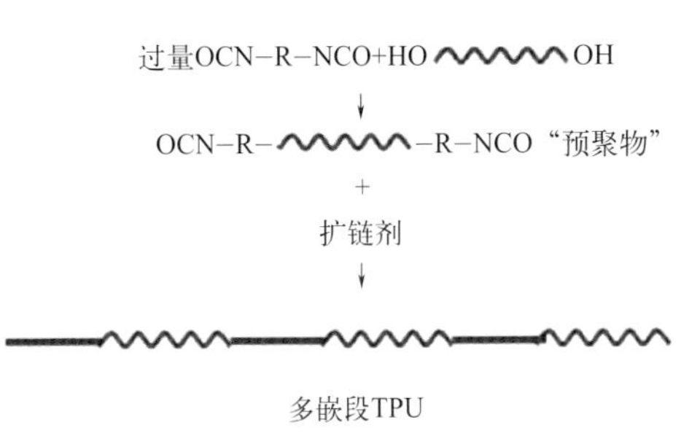

图5-5
两步法合成TPU的工艺路线

（1）预聚体法生产工艺

将计量的经过预干燥的聚酯二醇（或聚醚二醇）和二异氰酸酯加入反应容器中，在持续搅拌作用下升温至 80℃，抽真空，反应 30 ～ 60min，通入氮气解除真空状态，加入计量的小分子二醇扩链剂，快速持续搅拌，抽真空脱气，将物料温度逐渐升高至 120℃，黏度明显增加，停止搅拌，解除真空状态，迅速将仍具有流动性的反应混合物注入预备的聚四氟乙烯模具中，放入烘箱中，在 110 ～ 130℃下熟化 2 ～ 3h，得到聚氨酯热塑性弹性体。

（2）一步法生产工艺

将计量的聚酯二醇（或聚醚二醇）和小分子二醇扩链剂加入反应釜中，将温度升高至 100 ～ 120℃，真空脱水 2h 左右，使真空度达到 665 ～ 1330Pa，水分含量低于 0.05%，通入氮气解除真空状态，将温度冷却至 80℃左右，将二异氰酸酯快速加入并持续搅拌（若二异氰酸酯为固态，需预热至液态），然后抽真空脱气，在 90 ～ 120℃条件下搅拌反应，当黏度显著增加后，迅速将仍具有流动性的反应混合物注入预备的聚四氟乙烯模具中，在 110 ～ 120℃下熟化 2 ～ 4h，得到聚氨酯热塑性弹性体。

间歇法生产工艺的反应速率难以控制，产物出料比较困难，生产效率低，产品质量不够稳定。因此，对于大规模工业化生产聚氨酯热塑性弹性体，一般采用连续法工艺、机械化生产。

2．连续本体法

在连续本体法中，合成聚氨酯热塑性弹性体的计量、输送、混合、反应和造粒等工序是在浇注机、双螺杆反应挤出机以及切粒机中连续不断地进行，其聚合工艺流程如图 5-6 所示[39]。工艺流程包括四部分：一是化料罐，即保持一定温度的原料贮存罐；二是浇注机，即完成计量、输送和初混等过程；三是双螺杆挤出机，即完成物料输送、混合和化学反应等过程；四是高压水下切粒机，即完成离心干燥、分级筛和自动包装等过程。

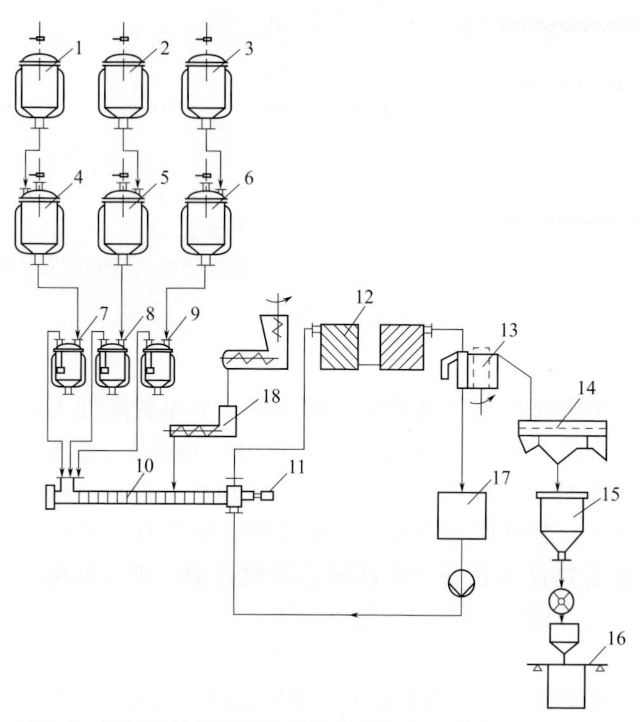

图5-6 聚氨酯热塑性弹性体的连续聚合工艺流程

1—低聚物二醇化料罐；2—二异氰酸酯化料罐；3—小分子二醇扩链剂化料罐；4—低聚物二醇高位槽；5—二异氰酸酯高位槽；6—小分子二醇扩链剂高位槽；7—低聚物二醇计量罐；8—二异氰酸酯计量罐；9—小分子二醇扩链剂计量罐；10—双螺杆挤出机；11—水下切粒机；12—冷水塔；13—离心干燥机；14—分级筛；15—贮料罐；16—自动包装机；17—贮水槽；18—侧喂料机

连续本体法适用于大批量生产，具有生产效率高、计量精确、产品美观、质量稳定、加工性能和力学性能均可靠的优点。

将预干燥的聚酯二醇（或聚醚二醇）、小分子二醇扩链剂和二异氰酸酯从贮槽中经过计量泵抽出，输送入混合头，物料在混合头汇总经过剧烈混合、快速反应，在经过很短的停留时间后送出。可通过浇注加工或熔融加工来制备聚氨酯热塑性弹性体。连续化生产工艺一般可分为传送床生产工艺和双螺杆生产工艺。

（1）传送床生产工艺

将低聚物二醇和小分子二醇扩链剂加热、减压脱水干燥，若二异氰酸酯为固体，需加热熔化，分别用计量泵按比例准确计量后输送入反应器中，在氮气保护下，于 80℃快速搅拌反应 5min，然后将熔融状态的反应物料浇注到载于输送带上的聚四氟乙烯模具或预先涂有脱模剂的钢盘中，将该输送带置于 100℃的熟化炉中，连续浇注后的物料在传送带上移动的同时进行熟化。物料冷却至一定温度并保持一定时间后，输送至造粒装置中进行造粒。固化后的胶块自动进入粉碎机中，使大块的片料破碎成小颗粒，经过干燥后包装。破碎后的小颗粒也可以再通过挤出机造粒，从而制得均匀的颗粒状产品。

（2）双螺杆生产工艺

将经过预脱水干燥的低聚物二醇和小分子二醇扩链剂以及液体的二异氰酸酯（若二异氰酸酯为固体，则需提前加热使其熔融为液态）分别通过计量泵准确计量后，输送入高速混合器进行混合，混合物料进入温度为 100℃左右的双螺杆反应器中，混合物料在一定的螺杆转速下进行连续反应和移动，速率梯度可达到 $2000s^{-1}$ 以上，捏合次数可达到 7 ～ 15 次 /s，通过双螺杆反应器的不同分段温度区反应一定时间后，胶条从机头挤出，然后被牵引进入水槽冷却。冷却后的胶条通过造粒机切粒，并在 100 ～ 110℃的烘箱中干燥，冷却后进行包装。

双螺杆连续反应挤出机是生产聚氨酯热塑性弹性体较理想的反应装置。双螺杆生产工艺流程具有以下特点：

① 减少副反应的发生，抑制带有气体引起的分解反应；

② 可将低分子聚合物（分子量约 1500）的含量降低至 0.36%；

③ 防止反应物在杆轴和筒壁上黏结，避免因停留时间过长产生硬结而导致产品表面不光滑。

3．溶液聚合法

溶液聚合法生产聚氨酯热塑性弹性体，具有反应缓慢、均匀、平稳、易控制和副反应少的特点，能获得线型结构产品，产品具有较好的力学性能、加工性能和溶解性能，但其强度比本体聚合法产品的强度低。但溶液聚合法也有一定的局限性，对溶剂纯度要求高，要求溶剂不含水、醇、胺、碱等杂质，需要进行溶剂处理及回收的设备，成本高；一般采用极性溶剂，如二甲基甲酰胺、二甲基乙酰胺、二氧六环、四氢呋喃、甲乙酮、甲基异丁酮、二甲基亚砜、甲苯等，若溶剂易挥发，还可能导致环境污染；溶液聚合法还需要加入适量的催化剂，主要为锡类和叔胺类催化剂。

采用溶液聚合法生产的聚氨酯热塑性弹性体产品可以是溶液，也可以是将溶剂去除后得到的固体，还可以用搅拌破碎机将其粉碎成粉末。

第三节
聚氨酯热塑性弹性体的设计合成

聚氨酯热塑性弹性体按其软段结构不同，可分为聚醚型聚氨酯热塑性弹性体、聚酯型聚氨酯热塑性弹性体[41]、聚硅氧烷型聚氨酯热塑性弹性体等，具体有聚羧酸酯型(聚己内酯、聚乳酸、聚丙烯酸酯等)聚氨酯热塑性弹性体[42-46]、聚异丁烯型聚氨酯热塑性弹性体、聚醚-聚异丁烯-聚醚型聚氨酯热塑性弹性体、聚乳酸-聚异丁烯-聚乳酸型聚氨酯热塑性弹性体[47]、聚苯乙烯-聚异丁烯-聚苯乙烯型聚氨酯热塑性弹性体、聚丁二烯型聚氨酯热塑性弹性体[48-50]、聚乙烯型聚氨酯热塑性弹性体[49]、聚乙烯/聚四氢呋喃复合型聚氨酯热塑性弹性体[51]、聚丙烯/聚四氢呋喃复合型聚氨酯热塑性弹性体[52]、丁腈橡胶型聚氨酯热塑性弹性体[4,17,23,53]、丁苯橡胶型聚氨酯热塑性弹性体[22]、聚硫橡胶型聚氨酯热塑性弹性体[54-55]、生物基聚氨酯热塑性弹性体[29-33,56]等。

在硬段结构设计上，还可以引入动态可逆共价键的体系，包括二硒键、二碲键、多重氢键、硼酸酯键、DA键、离子键、金(Ⅰ)-烃硫基键、金属铝与脲基配位键、金属铜与丁二酮肟配位键、螺吡喃基团、偶氮苯光响应基团等，都可以赋予TPU优异的物理机械性能、自修复功能、光反应变色功能、光响应形状记忆功能、导电性等。

下面将详细讨论五种不同软段结构类型的聚氨酯热塑性弹性体的设计合成，包括聚醚型TPU、聚异丁烯型TPU、聚醚-聚异丁烯-聚醚型TPU、聚苯乙烯-聚异丁烯-聚苯乙烯型TPU及聚硅氧烷及其与聚醚复合型TPU。

一、聚醚型聚氨酯热塑性弹性体

聚醚型聚氨酯热塑性弹性体中的软段一般为聚乙二醇(PEG)或聚四氢呋喃(PTHF)。PEG大分子链柔性好、亲水性强，具有生物相容性和血液相容性。以PEG为软段、HMDI为硬段，一步法制备姜黄素(CUR)掺入的PU-CUR共聚物，其中，姜黄素通过共价键连接到聚合物中，明显提高机械强度[57]。以PEG（$\overline{M}_n=3400$）为软段，异佛尔酮二异氰酸酯(IPDI)及小分子扩链剂1,4-丁二醇(BDO)为硬段，通过两步法本体聚合制备具有高潜热存储能力的聚氨酯热塑性弹性体相变材料[58]。以二官能度和三官能度的聚丙二醇为软段，IPDI及二(4-氨基苯基)

二硫化物扩链剂为硬段，引入芳香二硫键形成可逆交换动态交联网络，制备具有超过 3000% 拉伸应变的可重塑的自愈合聚脲氨酯 [47]。以 PTHF 为软段，以二环己基甲烷二异氰酸酯 (HMDI) 和二苯基甲烷二异氰酸酯 (MDI) 为硬段 [59]，制备具有高硬度、耐磨和抗降解的聚氨酯热塑性弹性体。以 PTHF 为软段，合成一种可注射聚氨酯温敏水凝胶，通过 PTHF 软段调节聚氨酯聚合物的热凝胶性能 [60]。以 PTHF 为软段、HMDI 和二 (2- 羟乙基) 二硫化物扩链剂为硬段，将动态二硫键嵌入到硬相中，通过锁相机制制备自修复弹性体 [47]。采用原位聚合和冷冻干燥的方法制备了基于 PEG 和 PTHF 的聚氨酯多孔三维支架 [61]；采用不同组成的聚环氧乙烷 -*b*- 聚环氧丙烷 -*b*- 聚环氧乙烷为软段制备了一系列聚氨酯热塑性弹性体 [62-63]。

本书著者团队 [64-65] 以分子量为 1000 和 2000 的 PTHF 为软段，分别与 4 种典型的具有不同化学结构的二异氰酸酯 (六亚甲基二异氰酸酯，HDI；二苯基甲烷二异氰酸酯，MDI；二环己基甲烷二异氰酸酯，HMDI；异佛尔酮二异氰酸酯，IPDI) 及小分子扩链剂 1,4- 丁二醇 (BDO) 在 100℃和氮气保护下进行逐步聚合反应，通过两步法设计合成了具有不同硬段结构的聚氨酯热塑性弹性体，如图 5-7 所示，不同化学结构的二异氰酸酯与 1,4- 丁二醇形成的硬段氨基甲酸酯及氢键结构式如图 5-8 所示。

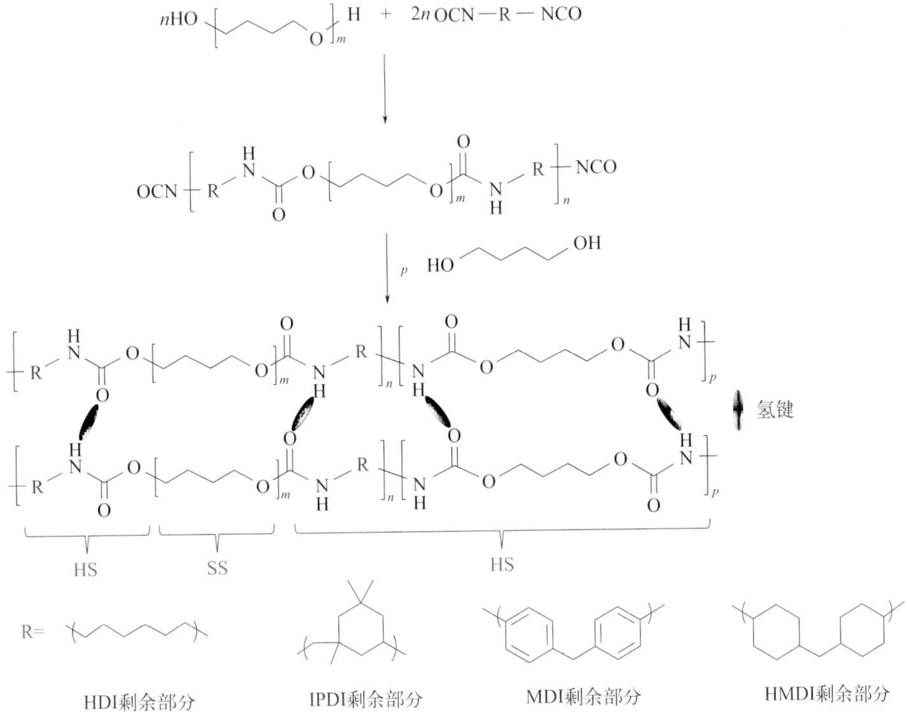

nHO [~~~O]m H + 2n OCN—R—NCO

OCN [R–NH–C(=O)–O [~~~O]m C(=O)–NH–R]n NCO

p HO~~~OH

HS SS HS

氢键

R= HDI剩余部分 IPDI剩余部分 MDI剩余部分 HMDI剩余部分

图5-7 具有不同二异氰酸酯化学结构的聚四氢呋喃基聚氨酯热塑性弹性体的合成反应式

硬段和硬段之间以及硬段和软段之间均可形成氢键[66]。硬段之间的氢键在氨基甲酸酯和脲官能团之间形成。由于空间位阻，软段与硬段不完全分离，硬段分散在软段上。氢键也可存在于软段与硬段之间，软段与硬段的相界面提供了足够的表面积。

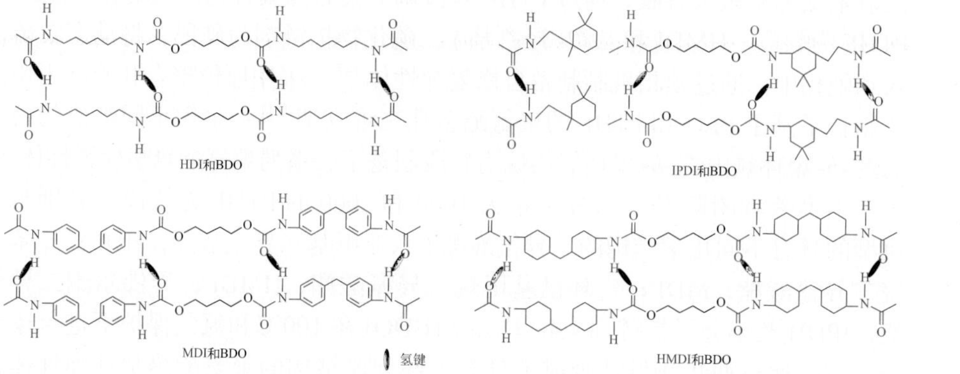

HDI和BDO

IPDI和BDO

MDI和BDO

氢键

HMDI和BDO

图5-8　不同化学结构的二异氰酸酯与1,4-丁二醇形成的硬段氨基甲酸酯及氢键结构式

氢键通过氨基甲酸酯官能团中 N−H 基团（质子供体）和 C═O 基团（质子受体）之间的相互作用形成。HDI 具有高度对称性，中间结构为含有六个碳原子且空间位阻较小的直链烷烃。与 HDI 相比，IPDI 具有相对较大的空间位阻，六元脂肪环上与异氰酸酯官能团相邻的甲基取代基导致不对称氨基甲酸酯键的形成从而使其具有高度的不对称性。HMDI 和 MDI 的对称性介于 HDI 和 IPDI 之间。具有两个脂肪环的 HMDI 比具有一个脂肪环的 IPDI 具有更大的空间位阻。具有两个芳环的 MDI 比具有两个脂肪环的 HMDI 具有更小的空间位阻和更强的刚性。

氢键按排列方式分为有序氢键和无序氢键，其结构示意图如图 5-9 所示。

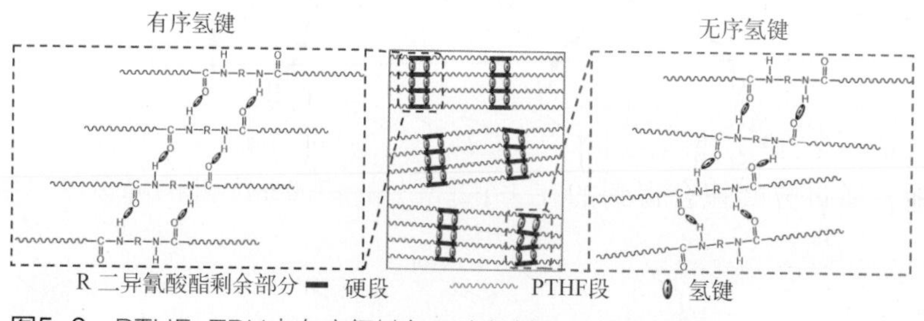

图5-9　PTHF-TPU中有序氢键与无序氢键的结构示意图

通过 FTIR 的方法可以测定 PTHF-TPU 中氢键的种类和含量。该方法主要是

通过对 C═O 基团的伸缩振动峰进行分峰拟合，根据有序氢键结合的 C═O 基团、无序氢键结合的 C═O 基团和自由态的 C═O 基团的峰进行积分面积计算，从而得到氢键种类及对应的含量。PTHF 分子量为 2×10^3，二异氰酸酯与 PTHF 的摩尔比为 2.5 的四种 PTHF-TPU 的 FTIR 谱图如图 5-10 所示。在 $1110cm^{-1}$ 处的特征峰对应于 PTHF 中醚键 (C—O—C) 的伸缩振动，在 $1531cm^{-1}$ 处的特征峰对应于氨基甲酸酯官能团中仲酰胺 (—HN—CO—) 上 N—H 的弯曲振动，在 $1600 \sim 1800cm^{-1}$ 处的特征峰对应于氨基甲酸酯官能团中羰基 (C═O) 的伸缩振动，在 $2800 \sim 3010cm^{-1}$ 处的特征峰对应于 PTHF 中亚甲基 ($—CH_2—$) 的伸缩振动，在 $3200 \sim 3600cm^{-1}$ 处的特征峰对应于氨基甲酸酯官能团中仲酰胺 (—HN—CO—) 上 N—H 的伸缩振动。

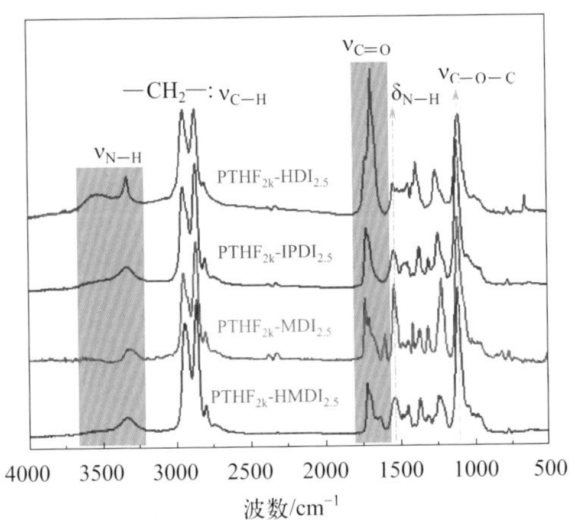

图5-10　四种PTHF-TPU的FTIR谱图（PTHF：二异氰酸酯：BDO的摩尔比为1：2.5：1.5）

通过 Gauss-Lorentz 曲线对 $1600 \sim 1770cm^{-1}$ 处的氨基甲酸酯官能团中羰基 (C═O) 的伸缩振动特征峰进行分峰拟合，结果如图 5-11 所示。通过分峰拟合得到的在 $1684cm^{-1}$ 和 $1709cm^{-1}$ 处的峰分别对应于 $PTHF_{2k}$-$HDI_{2.5}$ 和 $PTHF_{2k}$-$MDI_{2.5}$ 中有序氢键结合的 C═O 基团的伸缩振动，在 $1723cm^{-1}$ 和 $1735cm^{-1}$ 处的峰分别对应于 $PTHF_{2k}$-$HDI_{2.5}$ 和 $PTHF_{2k}$-$MDI_{2.5}$ 中自由的 C═O 基团的伸缩振动。同样地，通过分峰拟合得到的在 $1702cm^{-1}$ 和 $1700cm^{-1}$ 处的峰分别对应于 $PTHF_{2k}$-$IPDI_{2.5}$ 和 $PTHF_{2k}$-$HMDI_{2.5}$ 中有序氢键结合的 C═O 基团的伸缩振动，在 $1730cm^{-1}$ 和 $1738cm^{-1}$ 处的峰分别对应于 $PTHF_{2k}$-$IPDI_{2.5}$ 和 $PTHF_{2k}$-$HMDI_{2.5}$ 中自由的 C═O 基团的伸缩振动。此外，在 $1723cm^{-1}$ 和 $1721cm^{-1}$ 处的峰分别对应于 $PTHF_{2k}$-$IPDI_{2.5}$ 和 $PTHF_{2k}$-$HMDI_{2.5}$ 中无序氢键结合的 C═O 基团的伸缩振动[47]。

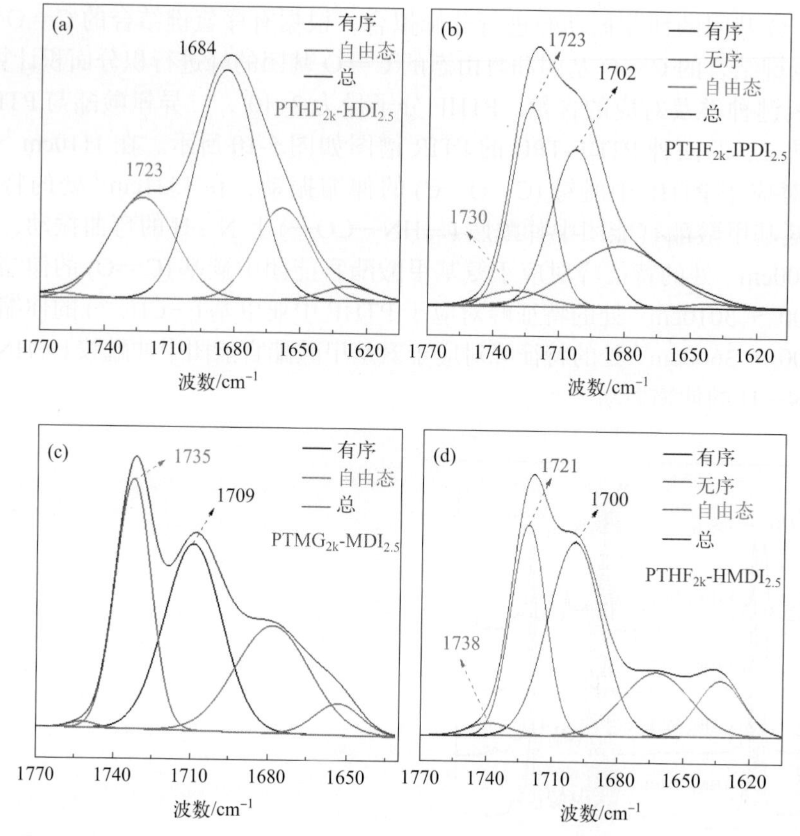

图5-11 分峰拟合PTHF-TPU中C═O基团伸缩振动波段的FTIR谱图

根据式（5-1）～式（5-3）分别从峰面积计算有序氢键含量(X_O)、无序氢键含量(X_D)和总氢键含量(X_H)。计算结果如图5-12所示。

$$X_O = \frac{A_O}{A_O + A_D + A_F} \times 100\% \quad (5\text{-}1)$$

$$X_D = \frac{A_D}{A_O + A_D + A_F} \times 100\% \quad (5\text{-}2)$$

$$X_H = X_O + X_D \quad (5\text{-}3)$$

式中，A_O为有序氢键结合C═O的分峰积分面积；A_D为无序氢键结合C═O的分峰积分面积；A_F为自由C═O的分峰积分面积。

二异氰酸酯结构的对称性、空间位阻和取代基对吸光度特征峰位置和形成的氢键含量都有影响。通过提高PTHF-TPU中硬段的规整性，可以增加其有序氢

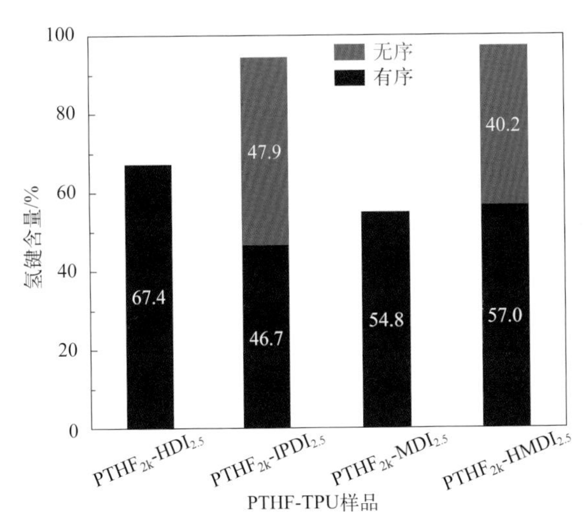

图5-12　四种PTHF-TPU样品中的有序氢键含量(X_O)和无序氢键含量(X_D)

键含量。对于 $PTHF_{2k}$-$HDI_{2.5}$ 和 $PTHF_{2k}$-$MDI_{2.5}$ 两种 TPU，由于相邻二异氰酸酯结构单元间的排斥作用较弱，只存在有序氢键。通过高对称性和小空间位阻的协同作用，在 $PTHF_{2k}$-$HDI_{2.5}$ 的 TPU 中的有序氢键含量为 67.4%，明显高于 $PTHF_{2k}$-$IPDI_{2.5}$ 的 TPU 中的有序氢键含量 (46.7%)。对于 $PTHF_{2k}$-$MDI_{2.5}$ 和 $PTHF_{2k}$-$HMDI_{2.5}$ 两种 TPU，其中有序氢键的含量相差不大，MDI 和 HMDI 具有相近的空间位阻，而它们的有序氢键含量低于 $PTHF_{2k}$-$HDI_{2.5}$，这归因于 MDI 和 HMDI 均比 HDI 具有相对更高的不对称性和更大的空间位阻。对于 $PTHF_{2k}$-$IPDI_{2.5}$ 和 $PTHF_{2k}$-$HMDI_{2.5}$ 两种 TPU，其中有序氢键和无序氢键的总氢键含量分别达到 94.6% 和 97.2%。

自由或无序氢键向有序氢键的转变有利于硬段的微晶化过程。聚合物冷却过程中硬段微区中的强结晶也可能加速这种转变过程。PTHF-TPU 中硬段微区的结晶和有序氢键的形成均有助于维持物理交联网络。

PTHF-TPU 中硬段含量也是影响氢键含量的一个重要因素。不同 HMDI 含量的 PTHF-TPU 的红外光谱图和 C═O 的伸缩振动峰谱带分峰拟合计算的氢键含量，如图 5-13 所示。随着 HMDI/PTHF 摩尔比值的增加，有序氢键和总氢键含量增加，无序氢键含量降低。

本书著者团队[67]以分子量为 1000 和 2000 的 PTHF 为软段，分别与二环己基甲烷二异氰酸酯（HMDI）、小分子扩链剂 1,4- 丁二醇（BDO）及 4,4′- 二羟基偶氮苯（DHAB）反应，利用两步法设计合成硬段中含偶氮苯 (AZO) 官能基团的新结构功能化 TPU（$PTHF_{1k}$-AZO-TPU、$PTHF_{2k}$-AZO-TPU），反应温度为 60℃，预聚合反应时间为 4h，扩链反应为 4h，其合成反应式如图 5-14 所示。

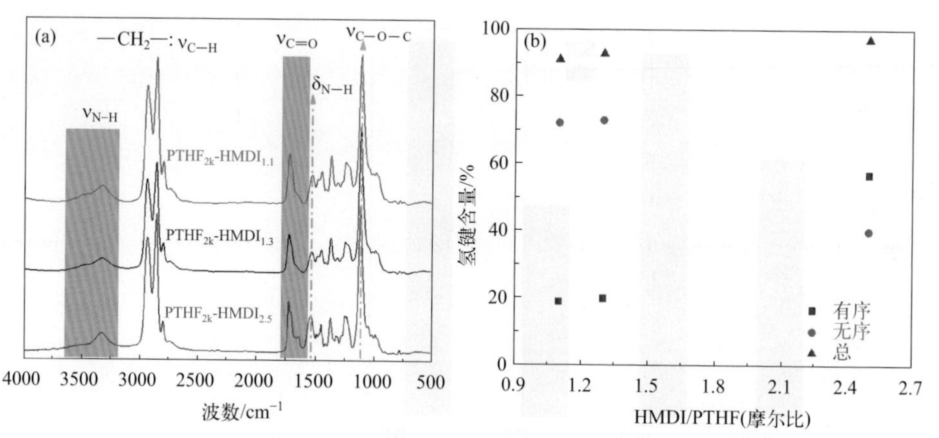

图5-13 三种不同摩尔比的PTHF-TPU（PTHF：HMDI：BDO=1：1.1：0.1；1：1.3：0.3；1：2.5：1.5）的FTIR谱图（a）；不同HMDI含量的PTHF-TPU的有序氢键含量(X_O)和无序氢键含量(X_D)及总氢键含量（b）

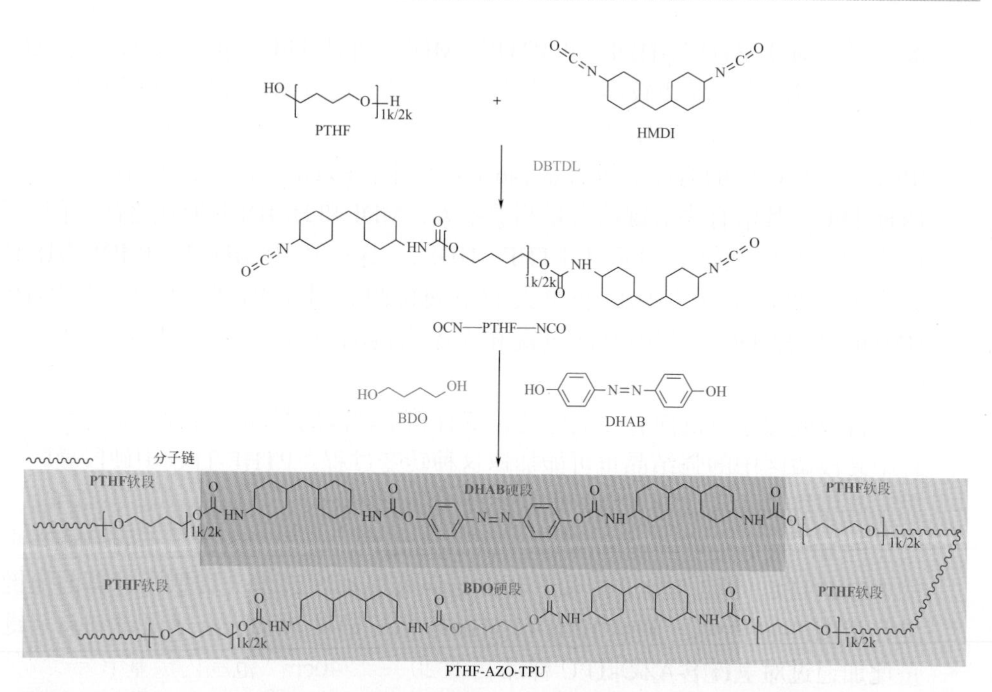

图5-14 硬段含偶氮苯基团的聚四氢呋喃基聚氨酯热塑性弹性体的合成反应式

硬段含偶氮苯基团的聚四氢呋喃基聚氨酯热塑性弹性体 ($PTHF_{1k}$-AZO-TPU) 的 FTIR 谱图见图 5-15 所示，可以看出：① 在 3320cm^{-1} 处特征峰归属于亚氨基 (—NH—) 的伸缩振动，1695cm^{-1} 处特征峰归属于羰基 (C═O) 的伸缩振动，

1240cm^{-1} 处特征峰归属于亚氨基 (N—H) 的弯曲振动与碳 - 氮 (C—N) 的伸缩振动的偶合峰，说明聚合物中氨基甲酸酯 (—NHCOO—) 的存在，且没有观察到异氰酸酯基 (—NCO) 在 2270cm^{-1} 处的吸收振动峰，说明 HMDI 全部参与了聚合反应；②在 1587cm^{-1} 和 1504cm^{-1} 处特征峰归属于 DHAB 官能结构单元中苯环骨架上共轭的碳碳双键 (C═C) 的伸缩振动，在 842cm^{-1} 处特征峰归属于 DHAB 官能结构单元中苯环上碳氢键 (C—H) 的面外弯曲振动，这说明 DHAB 偶氮苯官能基团嵌入 PTHF-AZO-TPU 共聚物中；③在 2930cm^{-1} 和 2850cm^{-1} 处的特征峰，分别归属于 PTHF-AZO-TPU 共聚物主链中软段 PTHF 和 BDO 中的亚甲基 (—CH_2—) 对称伸缩振动和不对称伸缩振动，在 1110cm^{-1} 处的特征峰归属于聚合物主链醚键 (C—O—C) 的伸缩振动。因此，通过上述高效的逐步聚合反应，设计合成硬段含偶氮苯基团的聚四氢呋喃基聚氨酯热塑性弹性体（PTHF-AZO-TPU）系列产物。

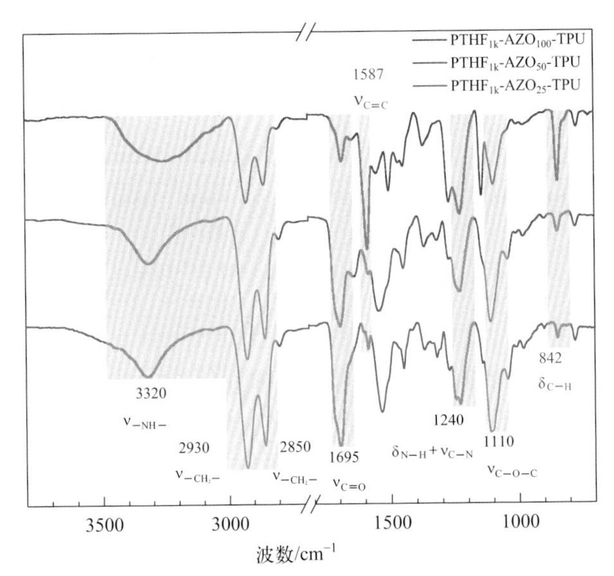

图5-15 硬段含偶氮苯基团的聚四氢呋喃基聚氨酯热塑性弹性体($PTHF_{1k}$-AZO-TPU)的FTIR谱图

聚合物中不同类型的氢键可以由其羰基 (C═O) 伸缩振动峰的差异进行区分。因此，通过对 PTHF-AZO-TPU 样品在 1620 ～ 1740cm^{-1} 范围内羰基 (C═O) 伸缩振动特征峰的 FTIR 谱图拟合分峰来研究聚合物内部的氢键结构，如图 5-16 所示。在 1687cm^{-1} 处特征峰归属于有序氢键中羰基 (C═O) 的伸缩振动；在 1710cm^{-1} 处特征峰归属于无序氢键中羰基 (C═O) 的伸缩振动；在 1721cm^{-1} 处特征峰归属于自由态氢键中羰基 (C═O) 的伸缩振动。以各特征峰的积分面积来代表各个种类氢键的含量，根据每种氢键特征峰的积分面积占三种氢键特征峰积分面积之和的百分比来代表该种氢键占总氢键的比例。在 PTHF-AZO_{100}-TPU 中，存在有序、无序、自由态三种氢键，聚合物中的氢键为聚合物分子链间提供了物理交联点，使得聚合物形成了三维网络。在 PTHF-AZO_{100}-TPU 中，PTHF 软段的分子量会影响硬段形成氢键相互作用，$PTHF_{1k}$-AZO_{100}-TPU 有序氢键含量为 86.7%，高于 $PTHF_{2k}$-AZO_{100}-TPU 有序氢键含量（77.5%），说明分子量为 1000 的 PTHF 为 PTHF-AZO-TPU 软段时，有利于形成有序氢键。

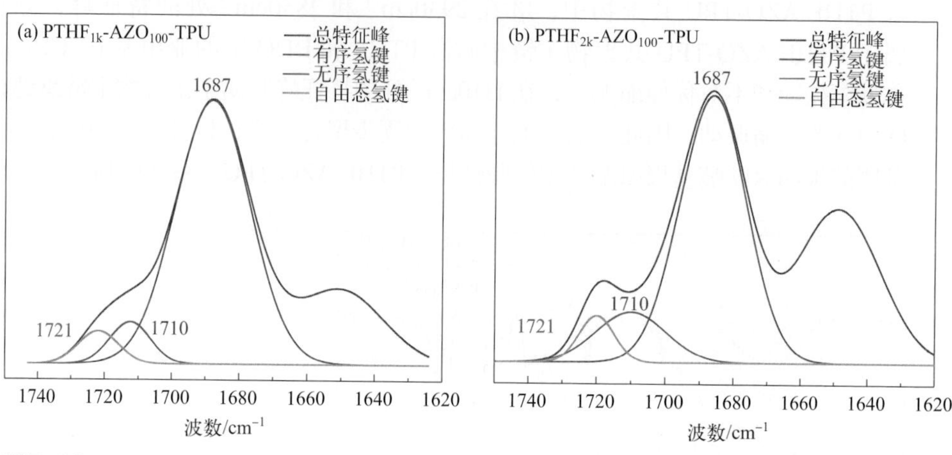

图5-16 $PTHF_{1k}$-AZO_{100}-TPU（a）和$PTHF_{2k}$-AZO_{100}-TPU（b）中羰基(C═O)官能团伸缩振动峰的FTIR谱图拟合分峰

硬段含偶氮苯基团的聚四氢呋喃基聚氨酯热塑性弹性体 (PTHF-AZO-TPU) 的 UV-Vis 谱图如图 5-17 所示，由于偶氮苯结构的存在，使 PTHF-AZO-TPU 对紫外线具有一定的吸收作用。在 245nm 处出现的紫外吸收峰归属于 DHAB 结构单元中苯环的 π-π* 跃迁；在 358nm 处出现的紫外吸收峰归属于偶氮苯结构单元的 π-π* 跃迁，属于 S_2 激发态，偶氮苯可以由反式异构体转变为顺式异构体；在 389nm 处出现的吸收峰归属于偶氮苯结构单元的 n-π* 跃迁，属于 S_1 激发态，偶氮苯可以由顺式异构体转变为反式异构体；π-π* 跃迁（反式 - 顺式转变）与 n-π* 跃迁（顺式 - 反式转变）的吸收谱图的重叠程度可以代表顺式异构体的寿命 [68]，PTHF-AZO-TPU 样品中在 S_1 激发态的吸收峰与 S_2 激发态的吸收峰位置出现高度重叠，因此 PTHF-AZO-TPU 样品中偶氮苯顺式异构体的寿命较短。硬段含偶氮苯基团的 PTHF-AZO-TPU 样品可以在相应波长的紫外线下发生顺式 - 反式异构体的结构转变。

进一步研究 PTHF-AZO-TPU 固体薄膜在相应波长的紫外线照射后发生顺 - 反异构的结构转变情况，以 $PTHF_{1k}$-AZO_{25}-TPU 为例，将聚合物配成 0.1mg/mL 的 THF 溶液，石英池外侧表面形成一层薄膜，其 UV-Vis 谱图见图 5-18 所示。

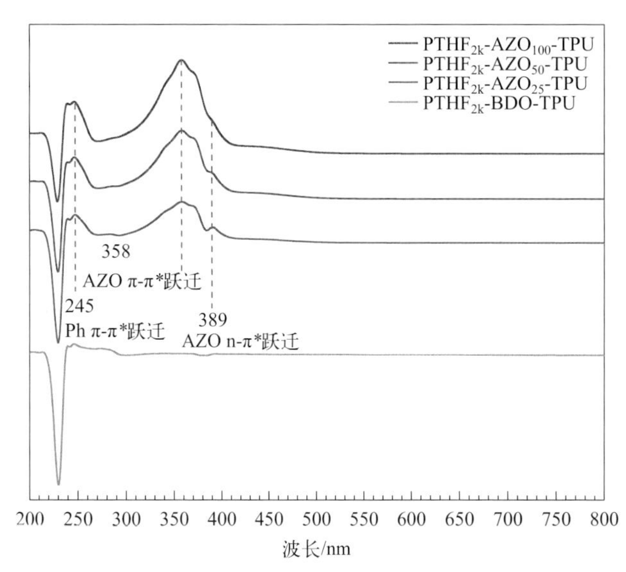

图5-17 硬段含偶氮苯基团的聚四氢呋喃基聚氨酯热塑性弹性体(PTHF-AZO-TPU)的UV-Vis谱图

THF溶剂的紫外光截止波长为225nm

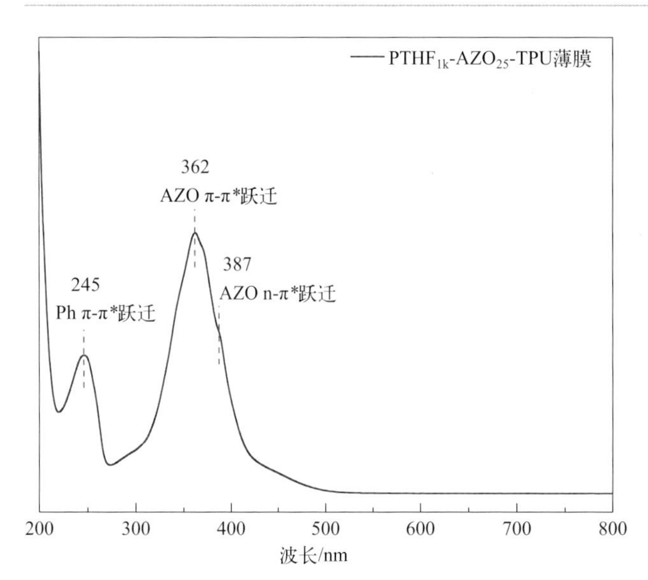

图5-18 $PTHF_{1k}$-AZO_{25}-TPU薄膜样品的UV-Vis谱图

在245nm处出现的紫外吸收峰归属于DHAB结构单元中苯环的π-π*跃迁；在362nm处出现的吸收峰归属于偶氮苯结构单元的π-π*跃迁，属于S_2激发态，偶氮苯可以由反式异构体转变为顺式异构体；在387nm处出现的吸收峰归属于偶氮苯结构单元的 n-π* 跃迁，属于 S_1 激发态，偶氮苯可以由顺式异构体转变为反式异构体；$PTHF_{1k}$-AZO_{25}-TPU 在薄膜状态下 S_1 激发态与 S_2 激发态的吸收峰位置出现高度重叠，其重叠程度比溶液状态下更大，偶氮苯顺式异构体的寿命更短，此时聚合物中既能发生“反式 - 顺式”的异构化转变，又能发生“顺式 - 反式”的异构化转变。

偶氮苯结构单元的这种顺 - 反异构转变，赋予了聚合物在宏观尺度上经特定波长紫外线照射后发生光驱动的能力。将 $PTHF_{1k}$-AZO_{25}-TPU 的薄膜裁成 40mm×5mm 的长方形样条，将样条缠绕在玻璃棒上并用封口膜将其固定，使得样品保持一种近似于螺旋的形状，形状稳定后将封口膜拆除。将其置于波长为 365nm 的紫外灯下照射，并用相机录影样条的形状变化。从录影中剪辑显示样条在 365nm 的紫外灯照射下变化情况，如图 5-19 所示。样条受紫外线照射后，样条的启动形变过程需要时间；随着样条被紫外线照射的时间延长，样条形变程度增大，螺旋样条上端逐渐向右折叠，螺距变小。

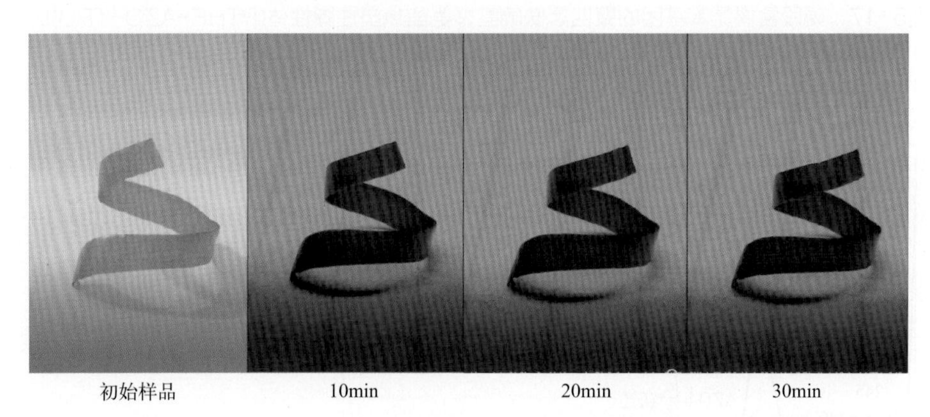

图5-19 $PTHF_{1k}$-AZO_{25}-TPU的薄膜样条在365nm紫外线照射下变化情况

本书著者团队 [69] 以 $PTHF_{2k}$ 为软段，在硬段中引入 HMDI、BDO、1,4- 苯醌二肟 (BQDO) 和氨基官能化 UPy 等扩链剂，设计合成硬段含动态肟键与多重氢键的功能聚氨酯热塑弹性体，合成反应式见图 5-20 所示。

硬段含动态肟键与多重氢键的聚四氢呋喃基聚氨酯弹性体 (TPU-BQDO-UPy) 的 FTIR 谱图见图 5-21 所示。对于不同扩链剂含量的 TPU-$BQDO_m$-UPy_n 弹性体，在 3330 ～ 3350cm^{-1} 处出现的吸收峰归属于聚氨酯分子链中 N—H…O 形成的分子内氢键，表明在聚氨酯的硬段中自发形成了分子间氢键；在 2935cm^{-1} 与 2857cm^{-1} 出现的吸收峰归属于软段 PTHF 骨架结构中的亚甲基的对称以及反对称伸缩振动 $\nu_{—CH_2—}$；在 1720cm^{-1} 与 1699cm^{-1} 处出现的吸收峰分别归属于聚合物硬段结

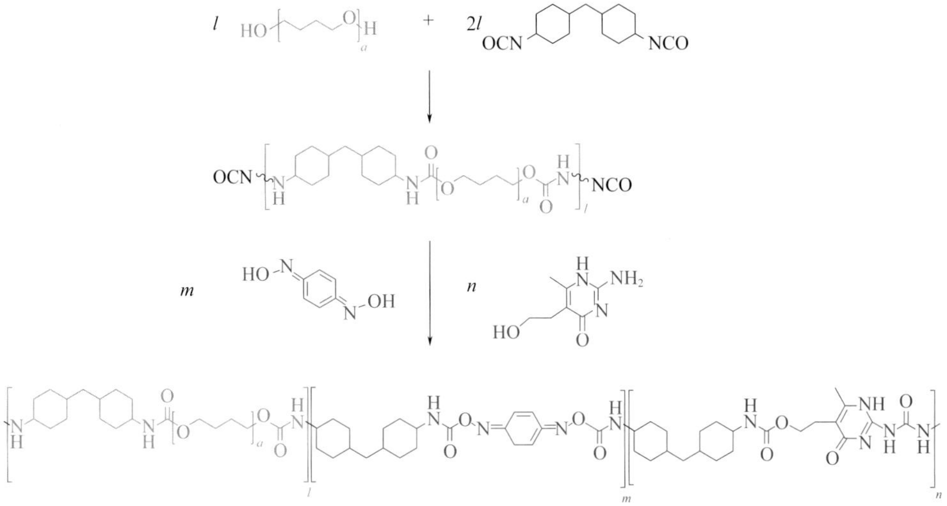

图5-20 硬段含动态肟键与多重氢键的聚四氢呋喃基聚氨酯弹性体(TPU-BQDO-UPy)的合成反应式

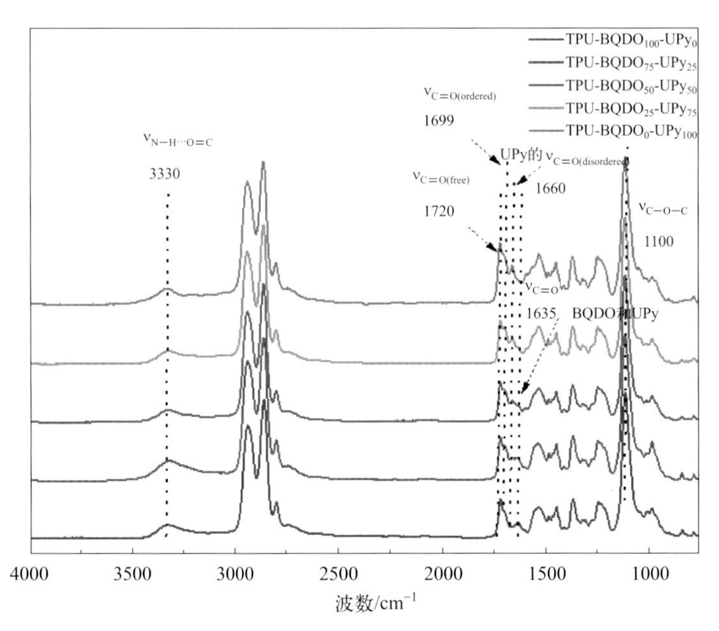

图5-21 硬段含动态肟键与多重氢键的聚四氢呋喃基聚氨酯弹性体(TPU-BQDO-UPy)的FTIR谱图

构中的游离羰基 [$\nu_{C=O(free)}$] 以及缔合羰基 [$\nu_{C=O(ordered)}$] 的伸缩振动；在 1530cm^{-1} 处的红外吸收峰归属于酰胺基的弯曲振动 ($\delta_{—NH—}$)；在 1445cm^{-1} 与 1368cm^{-1}

处的红外吸收峰分别归属于亚甲基的对称以及反对称弯曲振动 (δ_{-CH_2-})；在 1100cm^{-1} 处的红外吸收峰归属于聚四氢呋喃软段中醚键的反对称伸缩特征峰 (ν_{C-O-C})；在 1635cm^{-1} 处的吸收峰归属于由 BQDO 与异氰酸酯所形成氨基甲酸酯中的 $\nu_{C=O}$ 峰以及功能化 UPy 扩链剂与异氰酸酯所形成脲基中的有序 $\nu_{C=O(ordered)}$ 峰，在 1660cm^{-1} 处吸收峰归属于脲基中的无序 $\nu_{C=O(disordered)}$ 峰；随着 BQDO 含量减少及功能化 UPy 扩链剂含量增多，在 1660cm^{-1} 处的吸收峰增强，在 1635cm^{-1} 处的吸收峰减弱，对应于两种扩链剂的比例变化。

此外，本书著者团队 [69] 通过以聚四氢呋喃（PTHF）为软段，以 1,4- 丁二醇（BDO）和 2,6- 二氨基嘌呤（DAP）为双组分扩链剂与二环己基甲烷二异氰酸酯（HMDI）反应形成硬段，采用溶液聚合法制备了一系列多重氢键荧光自修复聚氨酯弹性体。通过以 PTHF 为软段，采用 BDO 和 4,4- 二硫代二苯胺（DTDA）为双组分扩链剂与 HMDI 反应形成硬段，制备了一系列多重动态氢键与动态二硫键形成多重可逆动态网络协同自修复的聚氨酯热塑性弹性体。

二、聚异丁烯型聚氨酯热塑性弹性体

聚异丁烯 (PIB) 是一种主链全饱和线型聚烯烃，其结构单元中连接在同一个碳原子上的两个甲基侧基决定了其独特的性质，具有优异的气密性、水密性、化学稳定性、热氧稳定性、耐酸碱性、减振阻尼性、电绝缘性、生物稳定性和生物相容性等。以双端羟基官能化聚异丁烯 (HO-PIB-OH) 为软段的聚氨酯兼具 PIB 与 PU 的优异性能，如耐水解性、耐氧化性和生物稳定性，聚异丁烯基聚氨酯热塑性弹性体实现商业化的主要难点在于 HO-PIB-OH 的末端官能度的控制。图 5-22 给出了 HO-PIB-OH 的合成方法，到目前为止，合成 HO-PIB-OH 的主要方法有以下四种：

① 亲核取代反应　在异丁烯（IB）进行活性阳离子聚合时，通过加入丁二烯或叔丁基二甲基 -(4- 甲基 - 戊 -4- 烯氧基)- 硅烷进行封端，分别得到末端为氯代烯丙基 / 溴代烯丙基或叔丁基二甲基 -(4- 甲基 - 戊 -4- 烯氧基)- 硅烷封端的 PIB，再分别经过水解反应制得 HO-PIB-OH[1,70-71]。

② 点击化学反应　通过高活性 PIB 的末端烯丙基官能团与巯基乙醇之间发生巯基 - 烯的点击化学反应制得 HO-PIB-OH[72-73]。

③ 氧化还原反应　通过硼氢化 / 氧化反应使高反应活性 PIB 的末端烯丙基或甲基烯丙基官能团转变为羟基官能团 [74-75]。

④ 丁基橡胶臭氧化断链　将丁基橡胶在 0℃下进行臭氧化处理，然后将裂解产物经过两级加氢反应制得 HO-PIB-OH[76]。

与 HO-PIB-OH 相比，目前文献报道的双端氨基官能化聚异丁烯 (H_2N-PIB-

NH_2) 的合成方法相对较少，如图 5-23 所示，合成 H_2N-PIB-NH_2 的方法主要有亲核取代反应和点击化学反应。

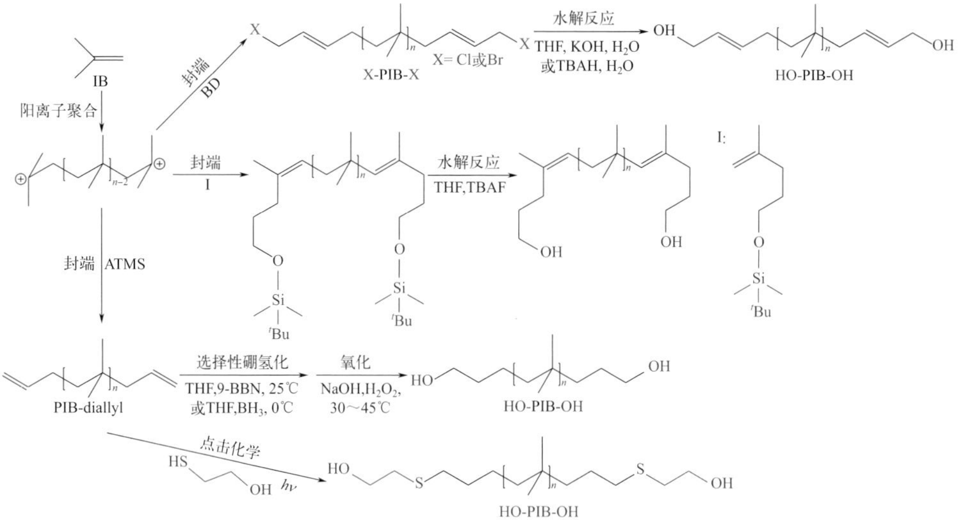

IB
阳离子聚合
封端 BD
X-PIB-X
X= Cl或Br
水解反应
THF, KOH, H_2O
或TBAH, H_2O
HO-PIB-OH
封端 I
水解反应
THF,TBAF
I:
封端 ATMS
PIB-diallyl
选择性硼氢化
THF,9-BBN, 25℃
或THF,BH_3, 0℃
氧化
NaOH,H_2O_2,
30～45℃
HO-PIB-OH
点击化学
$h\nu$
HO-PIB-OH

图5-22 双端羟基官能化聚异丁烯的合成反应式

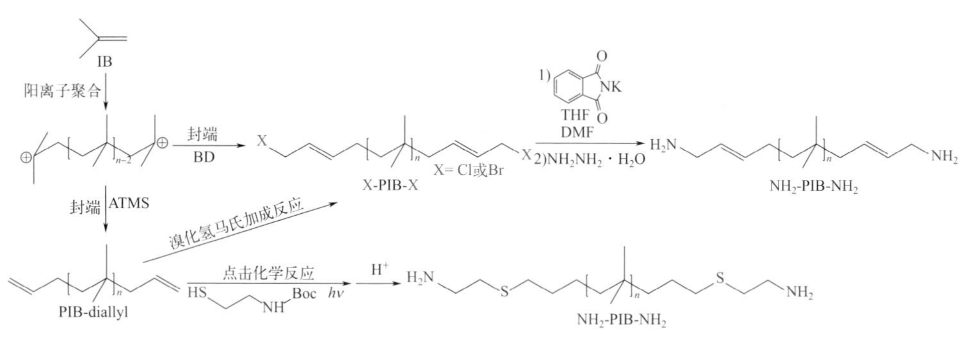

图5-23 双端氨基官能化聚异丁烯的合成反应式

① 亲核取代反应　在 IB 进行活性阳离子聚合时，通过加入丁二烯进行封端，或通过高活性 PIB 与卤化氢进行马氏加成反应，得到末端为氯代烯丙基 / 溴代烯丙基封端的 PIB，再与酞酰亚胺钾进行亲核取代反应以及水合肼还原反应制得双端氨基官能化聚异丁烯（H_2N-PIB-NH_2）[77-78]。

② 点击化学反应　通过高活性 PIB 的末端烯丙基官能团与叔丁氧羰基 (Boc) 保护的巯基乙胺之间发生巯基 - 烯的点击化学反应，然后在酸性条件下脱去 Boc 基团，制得双端氨基官能化聚异丁烯（NH_2-PIB-NH_2）[79]。

以双端羟基封端 PIB、MDI 与 1,4- 丁二醇 (BDO) 为原料，通过一步法与两步法均可合成 PIB 基 TPU(PIB-TPU)[80]。

在优化的合成条件下制备拉伸强度为 32MPa、断裂伸长率为 630% 的聚异丁烯基聚氨酯 (PIB-PU)，其中 PIB 软段含量为 70%，赋予材料生物惰性、抗钙化性能和抗疲劳性能，是一种完全合成的生物人工心脏瓣膜的候选材料 [81]。

以双端氨基封端 PIB(H_2N-PIB-NH_2，$\overline{M}_n$ = 2500 ～ 6200) 为软段，设计合成了一系列不同硬段组成的新型的非扩链和扩链的 PIB 基聚脲氨酯 [82]。

通过双端羟基封端的聚异丁烯引发 L- 丙交酯开环聚合合成了聚丙交酯 -*b*- 聚异丁烯 -*b*- 聚丙交酯 (PLLA-*b*-PIB-*b*-PLLA)，然后与 MDI 反应合成了 PLLA-*b*-PIB-*b*-PLLA 基聚氨酯热塑性弹性体 [83]。

本书著者团队 [84] 通过分子链相对较长 ($\overline{M}_{n,PIB}$ = 12000) 的双端羟基聚异丁烯 (HO-PIB-OH) 与 4,4′- 二环己基甲烷二异氰酸酯 (HMDI) 及小分子扩链剂 1,4- 丁二醇 (BDO) 反应，设计合成了一系列具有不同聚氨基甲酸丁二酯硬段长度的聚异丁烯基聚氨酯热塑性弹性体，合成过程如图 5-24 所示，通过可结晶的聚氨基甲酸丁二酯硬段来提高聚异丁烯基聚氨酯热塑性弹性体的分子链极性和服役温度。

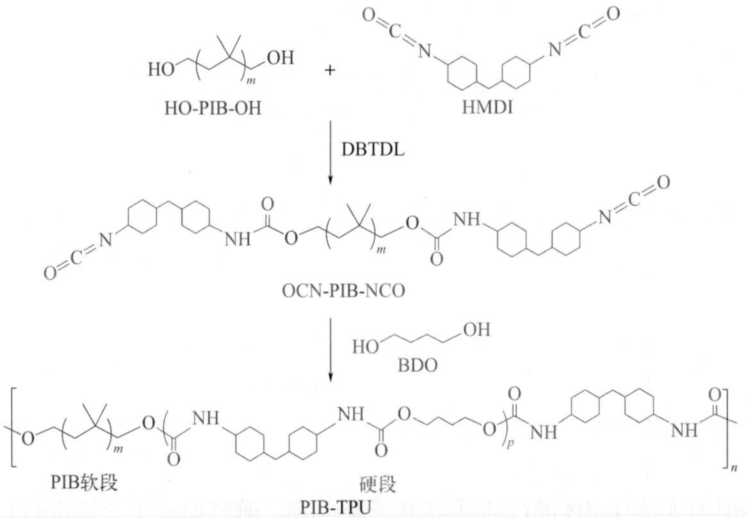

图5-24 聚异丁烯基聚氨酯热塑性弹性体的合成反应式

采用红外光谱 (FTIR) 表征 PIB-TPU 的化学结构，其典型的 FTIR 谱图如图 5-25 所示。在 2960cm^{-1} 处的特征吸收峰归属于 PIB 和 HMDI 结构单元中亚甲基 (—CH_2—) 的伸缩振动，在 2872cm^{-1} 处的特征吸收峰归属于 PIB 中侧甲基 (—CH_3) 的伸缩振动，在 1470cm^{-1} 处的特征吸收峰归属于 PIB 中亚甲基 (—CH_2—)

的弯曲振动，在 1389cm^{-1} 和 1366cm^{-1} 处的特征吸收峰归属于 PIB 中侧甲基 (—CH_3) 的对称变形振动。在 2988cm^{-1} 处出现归属于 HMDI 结构单元中两个脂肪六元环上次甲基 (—CH<) 的伸缩振动；在 1703cm^{-1} 处出现新的特征吸收峰，归属于聚氨基甲酸丁二酯硬段中羰基 (C═O) 的伸缩振动；在 3394cm^{-1} 处的特征吸收峰归属于聚氨基甲酸丁二酯硬段中亚氨基 (—NH—) 的伸缩振动，初步表明 PIB-TPU 的成功合成。

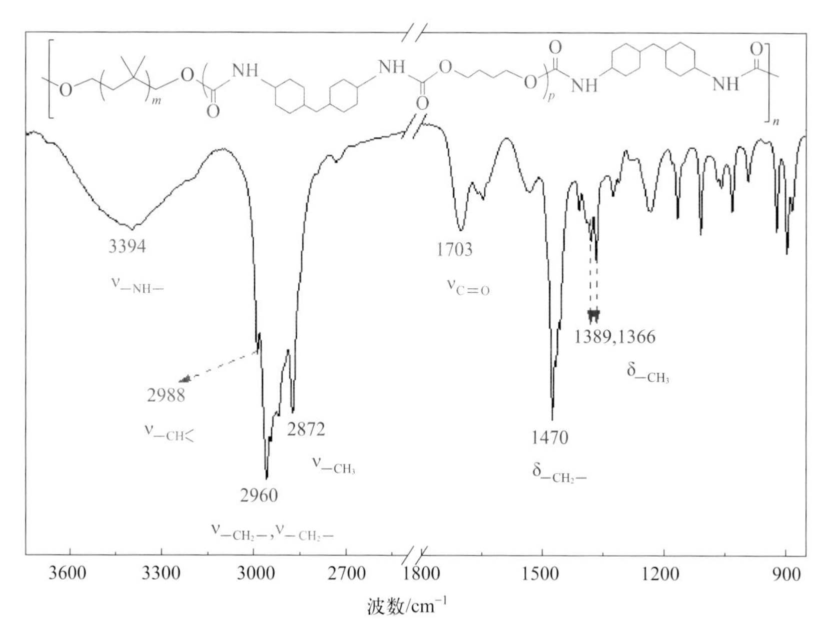

图5-25　典型PIB-TPU的红外光谱谱图

选择长链双端羟基 PIB($\overline{M}_{n,PIB}$ =12000) 为软段，以 HMDI 与 BDO 反应形成的可结晶极性聚氨基甲酸丁二酯为硬段，共同构建非极性 PIB 软段与聚氨基甲酸丁二酯极性硬段组成的多嵌段共聚物热塑性弹性体 PIB-TPU，以期提高聚异丁烯基热塑性弹性体的分子链极性和服役温度。

根据氢键排列规整性的不同，将其分为三种形式 (图 5-26):

① 有序氢键　在硬段微区中，连续多个 HMDI 与 BDO 结构单元形成规整序列的氢键为有序氢键，对应的羰基伸缩振动峰峰位为 1694cm^{-1}；氢键排列有序，有利于形成结晶区域，提高硬段结晶的熔融温度。

② 无序氢键　在硬段微区中，不连续的 HMDI 与 BDO 结构单元形成不规整排列的氢键为无序氢键，对应的羰基伸缩振动峰峰位为 1717cm^{-1}；无序氢键的存在，形成了硬段微区中的非晶区域，使硬段结晶的熔融温度降低。

③ 自由态　在硬段微区中，仅有一个 HMDI 与 BDO 结构单元相连的微区中的亚氨基 (-NH-) 未形成氢键，处于自由态，微区中包含的羰基为自由羰基，在红外光谱中对应的伸缩振动峰出现在 1738cm^{-1} 处，也导致硬段的结晶度降低。

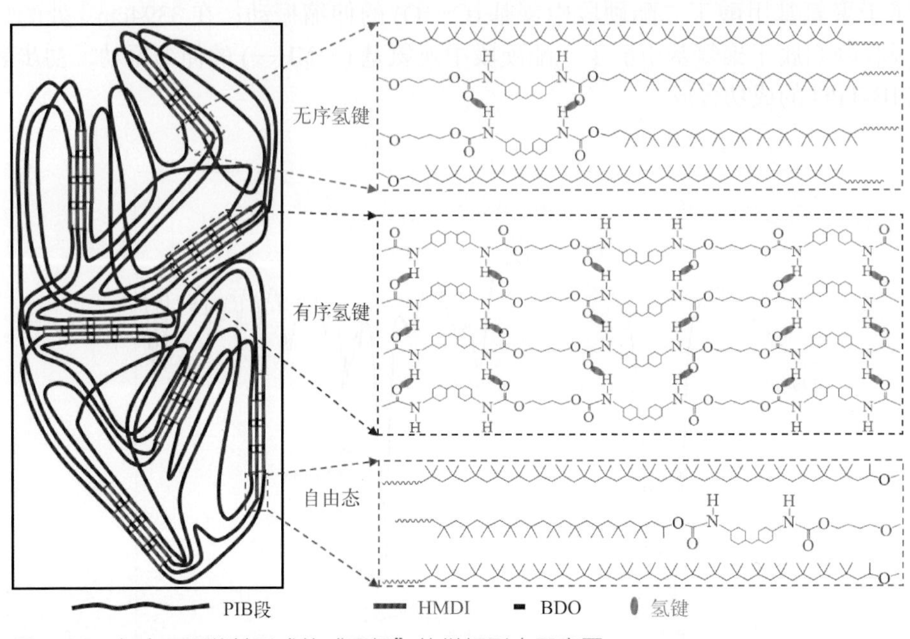

图5-26　包含不同羰基形式的“理想”的微相形态示意图

在 PIB-TPU 材料储存过程中，由于链段运动，热塑性弹性体中硬段排列的有序性不断提高，使得无序氢键向有序氢键逐渐转变，当储存时间由 1 个月延长至 12 个月时，$PIB\text{-}TPU_{21}$ 热塑性弹性体中的有序氢键含量从 65% 提高到 84%，见图 5-27 所示。

本书作者团队 [67] 进一步以双端氨基官能化 PIB（$H_2N\text{-}PIB\text{-}NH_2$，$\overline{M}_{n,PIB}=6000$）为软段，以含偶氮官能基 DHAB 为扩链剂，与 HMDI 反应，反应温度为 60℃，预聚合反应时间为 4h，扩链反应为 4h，设计合成了一系列软段为全饱和聚异丁烯、硬段含偶氮官能团的聚脲热塑性弹性体。其合成反应式如图 5-28 所示，典型的 FTIR 谱图如图 5-29 所示。

由图 5-29 可以看出：①在 2270cm^{-1} 处并没有观察到异氰酸酯基 (—NCO) 的吸收振动峰，说明 DHAB 中的羟基、$NH_2\text{-}PIB\text{-}NH_2$ 末端的氨基、HMDI 中的异氰酸酯已经全部参与反应，反应效率达到 100%；②在 2952cm^{-1} 处特征峰归属于 PIB-AZO-TPU 系列样品 PIB 主链中亚甲基 (—CH_2—) 伸缩振动，在 2900cm^{-1} 处特征峰归属于 PIB 主链中侧甲基 (—CH_3) 伸缩振动，在 1471cm^{-1} 处特征峰归属于 PIB 主链中亚甲基 (—CH_2—) 弯曲振动，在 1388cm^{-1} 和 1365cm^{-1} 处特征峰

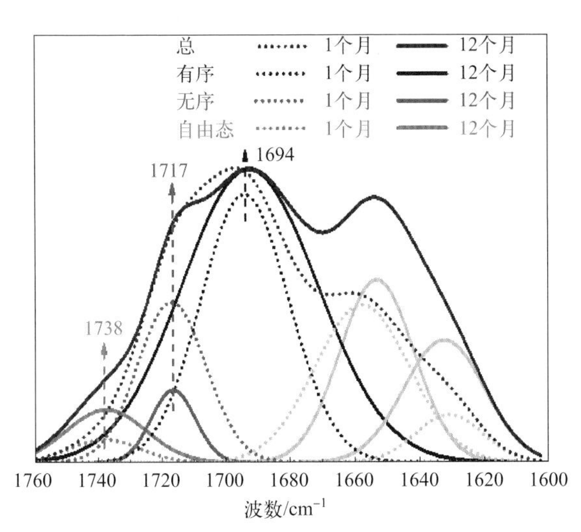

图5-27　PIB-TPU_{21}在常温下放置1个月和12个月后的红外光谱中羰基伸缩振动谱带的分峰归属

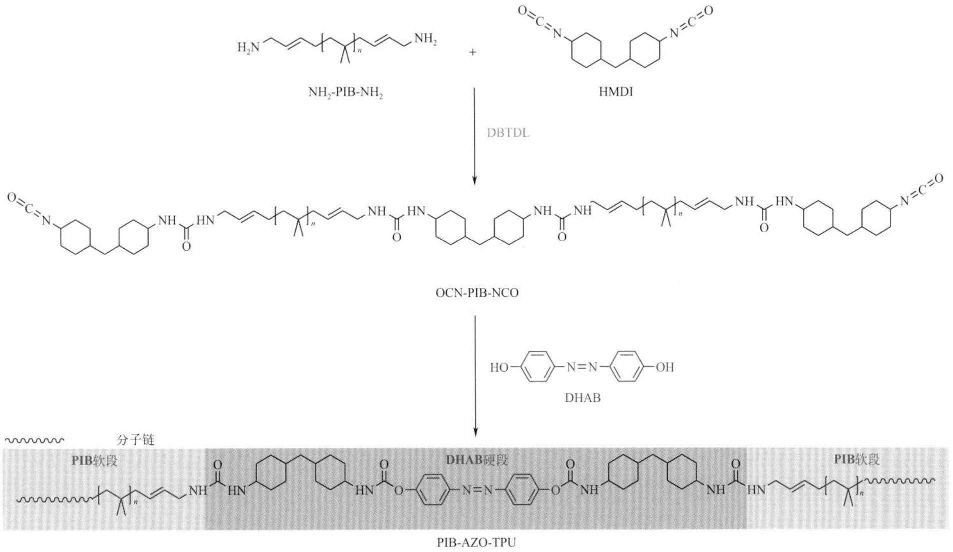

NH_2-PIB-NH_2 + HMDI

DBTDL

OCN-PIB-NCO

DHAB

分子链　PIB软段　DHAB硬段　PIB软段

PIB-AZO-TPU

图5-28　PIB-AZO-TPU的合成反应式

归属于 PIB 中侧甲基 (—CH_3) 的弯曲振动，这说明 PIB 已经成功接入到聚合物中；③在 3385cm^{-1} 附近的特征峰归属于亚氨基 (—NH—) 的伸缩振动，1630cm^{-1} 附近的特征峰归属于羰基 (C═O) 的伸缩振动，1230cm^{-1} 附近的特征峰归属于亚氨基

(N—H) 的弯曲振动与碳 - 氮 (C—N) 的伸缩振动的偶合，这说明聚合物链中脲基 (—NHCONH—) 和氨基甲酸酯基 (—NHCOO—) 的存在；④ 1587cm^{-1} 处特征峰归属于 DHAB 官能结构单元中苯环骨架上共轭的碳碳双键 (C═C) 的伸缩振动，在 844cm^{-1} 处特征峰归属于 DHAB 官能结构单元中苯环上碳氢键 (C—H) 的面外弯曲振动，这说明 DHAB 中偶氮苯官能基团已经成功接入到聚合物中。

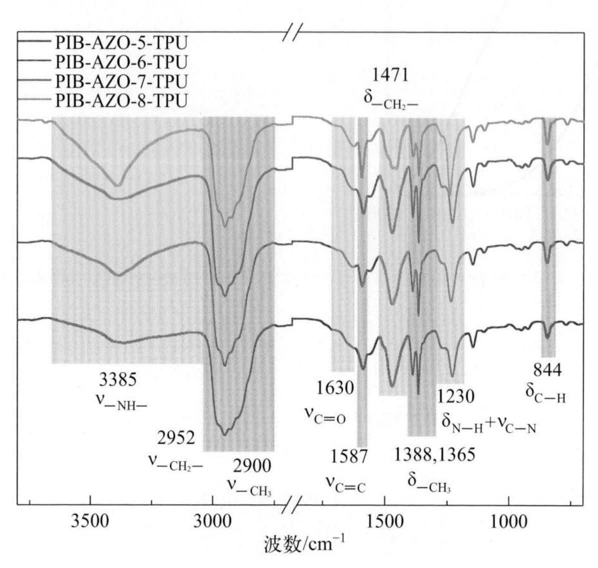

图5-29 PIB-AZO-TPU系列样品的FTIR谱图

由于 PIB-AZO-TPU 系列样品中的偶氮苯结构的存在，使得系列样品对于紫外线具有一定的吸收作用。使用紫外 - 可见光分光光度计（UV-Vis）对该系列样品的 THF 溶液进行表征，实验结果如图 5-30 所示。

由图 5-30 可以看出：①在 245nm 处出现的紫外吸收峰，归属于 DHAB 结构单元中苯环的 π-π* 跃迁，说明 DHAB 成功接入到聚合物中；②在 358nm 处出现紫外吸收峰，归属于偶氮苯结构单元的 π-π* 跃迁，属于 S_2 激发态，偶氮苯可以由反式异构体转变为顺式异构体；③在 392nm 处出现紫外吸收峰归属于偶氮苯结构单元的 n-π* 跃迁，属于 S_1 激发态，偶氮苯可以由顺式异构体转变为反式异构体；④ PIB-AZO-TPU 系列样品的 S_1 激发态与 S_2 激发态的吸收峰位置没有出现大面积重叠，因此偶氮苯顺式异构体具有较长的寿命。上述结果表明：DHAB 偶氮苯官能基团成功接入聚合物硬段结构单元中，并且由于偶氮苯结构单元的存在，PIB-AZO-TPU 系列样品可以在相应波长的紫外线照射下发生顺 - 反异构的结构转变。

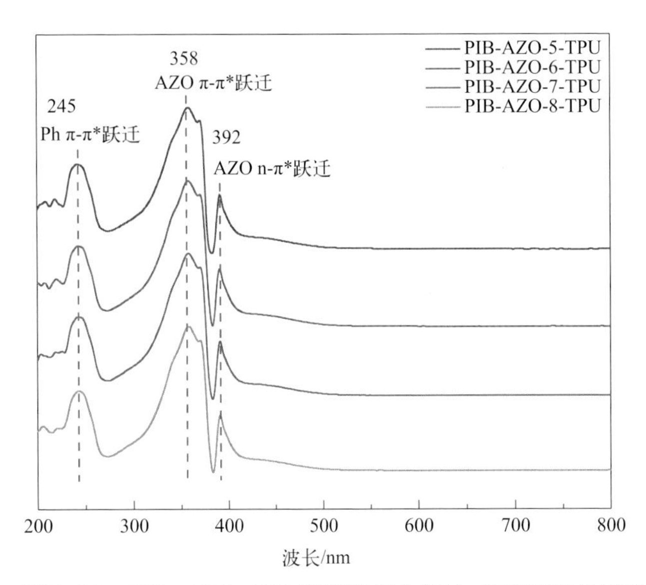

图5-30 PIB-AZO-TPU系列样品的紫外-可见光吸收光谱

PIB-AZO-TPU 中脲基硬段中的亚氨基 (—NH—) 中的氢原子作为氢键的质子供体，脲基硬段中的羰基 (C═O) 作为氢键的质子受体，两者间可以形成氢键；同样地，氨基甲酸酯之间也可以形成氢键。为了研究 PIB-AZO-TPU 系列样品中的氢键结构，对 PIB-AZO-5-TPU、PIB-AZO-8-TPU 两个样品 FTIR 图的羰基 (C═O) 伸缩振动特征峰进行拟合，根据不同类型的氢键羰基 (C═O) 伸缩振动峰的差异，得到有序氢键、无序氢键、自由态氢键在聚合物中的存在情况，其结果如图 5-31 所示。

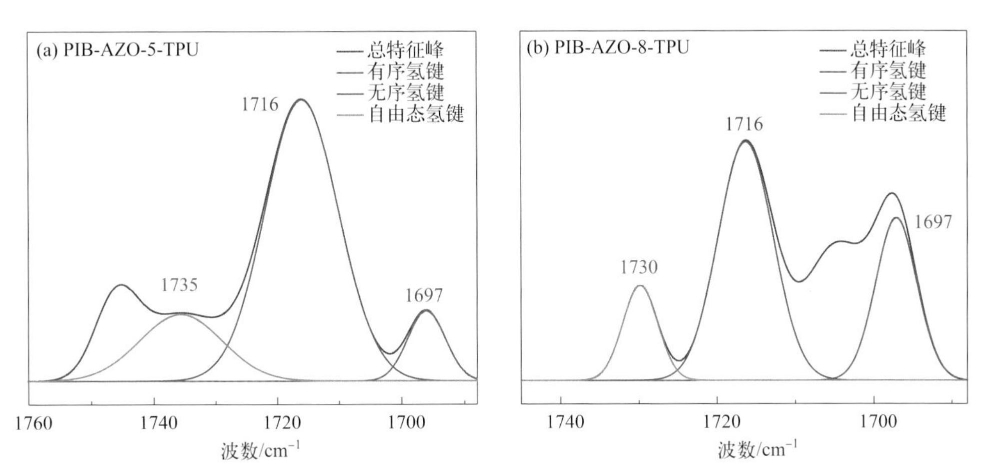

图5-31 PIB-AZO-5-TPU（a）和PIB-AZO-8-TPU（b）中羰基(C=O)官能团伸缩振动特征峰拟合结果

由图 5-31 可以看出：①在 1697cm^{-1} 处特征峰归属于有序氢键中羰基 (C═O) 的伸缩振动；② 在 1716cm^{-1} 处特征峰归属于无序氢键中羰基 (C═O) 的伸缩振动；③在 1730cm^{-1} 和 1735cm^{-1} 处的特征峰归属于自由态氢键中羰基 (C═O) 的伸缩振动；④无序氢键在三种氢键中所占比例最高；⑤ PIB-AZO-5-TPU 中有序氢键含量为 9%，PIB-AZO-8-TPU 中有序氢键含量为 77.5%，说明硬段含量较高时，有利于有序氢键的形成；⑥不相连的 HMDI 与 DHAB 结构单元、HMDI 与 PIB 两端的氨基结构单元形成无序氢键，PIB 软段分子量较大，软段与硬段间距离较长，硬段排列稀疏，因此无序氢键含量最高；⑦聚合物内部存在有序、无序、自由态三种氢键，聚合物中的氢键向聚合物链提供了物理交联点，使得聚合物形成了三维网络。

三、聚醚-聚异丁烯-聚醚型聚氨酯热塑性弹性体

本书著者团队[85-86]采用异丁烯阳离子聚合、四氢呋喃阳离子开环聚合以及亲核取代反应，设计合成了双端羟基官能化聚四氢呋喃 -*b*- 聚异丁烯 -*b*- 聚四氢呋喃 (HO-PTHF-*b*-PIB-*b*-PTHF-OH) 三嵌段共聚物。以甲苯为溶剂、二月桂酸二丁基锡作为催化剂，在反应温度为 80℃的条件下，HO-PTHF-*b*-PIB-*b*-PTHF-OH 与 HMDI 反应，得到异氰酸酯官能团封端的预聚体，然后与小分子二醇扩链剂 BDO 反应，生成 PTHF-*b*-PIB-*b*-PTHF 基聚氨酯新型热塑性弹性体，其典型的 FTIR 谱图如图 5-32 所示，其合成反应式如图 5-33 所示。

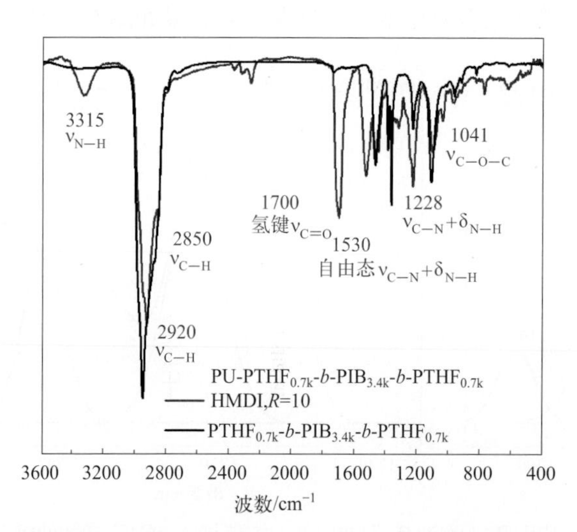

图5-32 PTHF-*b*-PIB-*b*-PTHF基聚氨酯热塑性弹性体的FTIR谱图
R—软段与硬段的比值

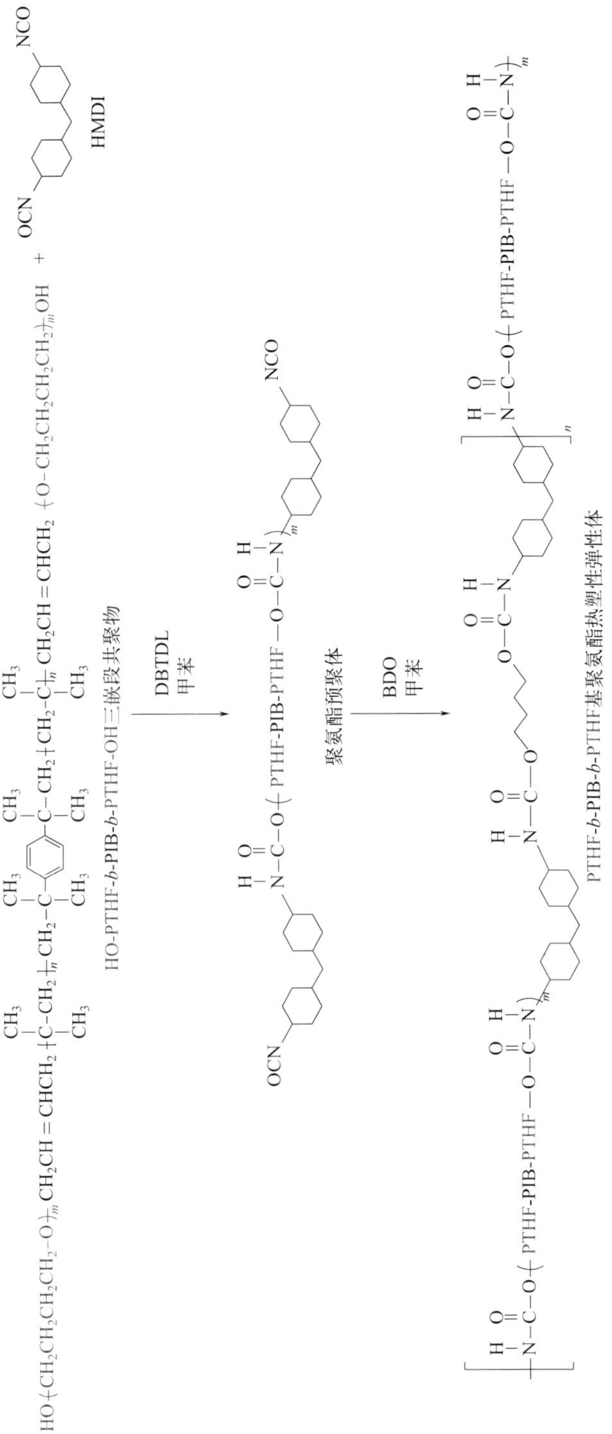

HO-PTHF-*b*-PIB-*b*-PTHF-OH三嵌段共聚物

HMDI

DBTDL
甲苯

聚氨酯预聚体

BDO
甲苯

PTHF-*b*-PIB-*b*-PTHF基聚氨酯热塑性弹性体

图5-33 PTHF-*b*-PIB-*b*-PTHF基聚氨酯热塑性弹性体的合成反应式

在 PTHF-*b*-PIB-*b*-PTHF 基聚氨酯（FIBF-TPU）的 FTIR 谱图（图 5-32）中，表现出两处明显的特征峰区域：在 3200 ～ 3500cm^{-1} 的特征吸收峰对应于 N—H 伸缩振动，在 1690 ～ 1730cm^{-1} 的特征吸收峰对应于羰基 C═O 伸缩振动，给电子体 N—H 基团与受电子体 C═O 基团可形成氢键作用。在 3315cm^{-1} 处的特征吸收峰归属于键合 N—H 的伸缩振动；在 1700cm^{-1} 处的特征峰归属于键合 C═O 伸缩振动。在 2920cm^{-1} 与 2850cm^{-1} 处的特征吸收峰分别归属于—CH_3、—CH_2 中的饱和 C—H 的伸缩振动；在 1041cm^{-1} 处特征峰归属于 PTHF 链段中 C—O—C 的伸缩振动。

PTHF-*b*-PIB-*b*-PTHF 软段不同嵌段组成的 FIBF-TPU 红外光谱图如图 5-34 所示。

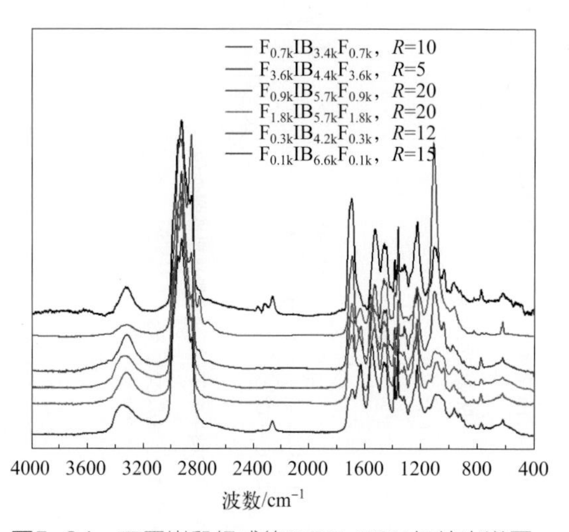

图5-34 不同嵌段组成的FIBF-TPU红外光谱图

氢键通过 PU 主链中 NH 基团和 C═O 基团之间的相互作用形成，由于氢键作用，各组样品的 C═O 基团的拉伸振动在约 1700cm^{-1} 和 1720cm^{-1}。1700cm^{-1} 处相应的吸收峰归属于有序氢键键合的 C═O，1720cm^{-1} 处相应的吸收峰归属于无序氢键键合的 C═O。使用高斯 - 洛伦兹曲线，可以从 1600 ～ 1800cm^{-1} 之间的氨基甲酸酯键形成的氢键特征区域中拟合出无序氢键 C═O 和有序氢键 C═O。为了进一步研究软段三嵌段共聚组成对 PU 主链结构中氢键作用的影响，采用分峰法对 PU 主链中 C═O 振动峰进行归属，分峰结果如图 5-35 所示，得到的 FIBF 基 PU 中有序氢键含量如图 5-36 所示。

可以看出，软段 $PTHF_{3.6k}$-*b*-$PIB_{4.4k}$-*b*-$PTHF_{3.6k}$($F_{3.6k}IB_{4.4k}F_{3.6k}$) 中主要存在无序氢键。而在其他样品中，均是有序氢键占主导。三嵌段中 PIB 分子量相同时，PTHF 链段分子量增大，有序氢键含量降低。从自由 / 无序氢键到有序氢键的转变对微晶化过程是有益的。将 PTHF-*b*-PIB-*b*-PTHF 三嵌段共聚物链段引入至 PU

主链中，PTHF 链段由单端受限转为双端受限，结晶进一步受限。

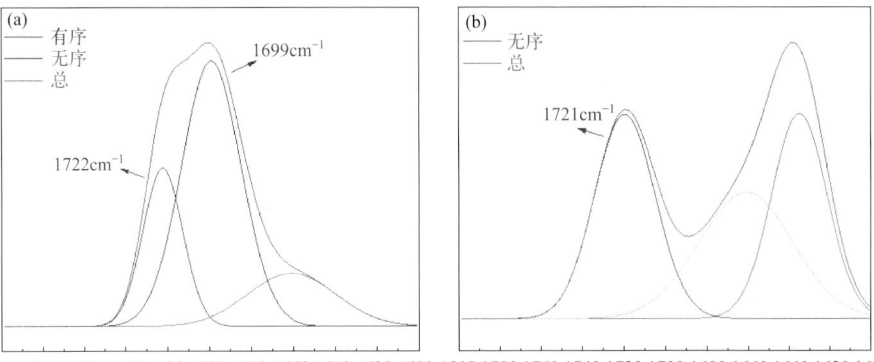

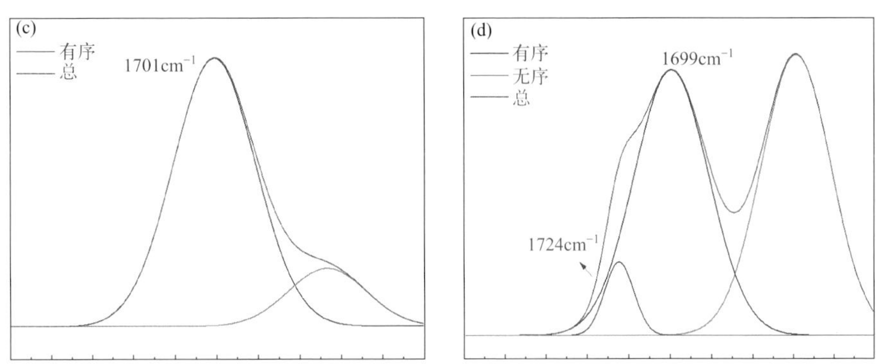

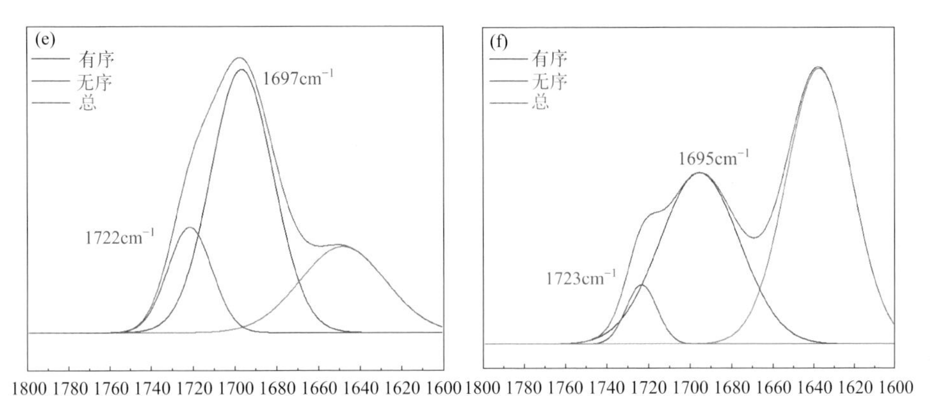

图5-35 通过分峰法得到FIBF-TPU中C═O振动峰的归属

(a) $PTHF_{0.7k}$-*b*-$PIB_{3.4k}$- *b*-$PTHF_{0.7k}$-PU；(b) $PTHF_{3.6k}$-*b*-$PIB_{4.4k}$-*b*-$PTHF_{3.6k}$-PU；(c) $PTHF_{0.9k}$-*b*-$PIB_{5.7k}$-*b*-$PTHF_{0.9k}$-PU；(d) $PTHF_{1.8k}$-*b*-$PIB_{5.7k}$-*b*-$PTHF_{1.8k}$-PU；(e) $PTHF_{0.3k}$-*b*-$PIB_{4.2k}$-*b*-$PTHF_{0.3k}$-PU；(f) $PTHF_{0.1k}$-*b*-$PIB_{6.6k}$-*b*-$PTHF_{0.1k}$-PU

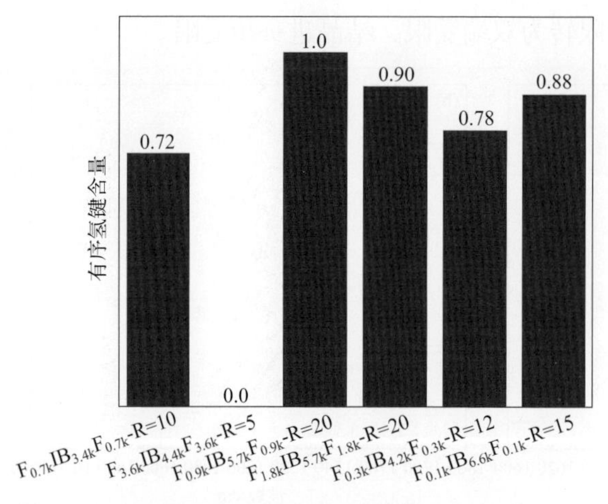

图5-36　FIBF-TPU的有序氢键含量

为了进一步验证 FIBF-TPU 的微观结构，采用 XRD 对样品进行表征，得到的 XRD 谱图如图 5-37 所示。从图 5-37 中可看出，各组样品在 16° ～ 18° 间均出现特征宽峰，对应 PTHF 软段无定形部分。

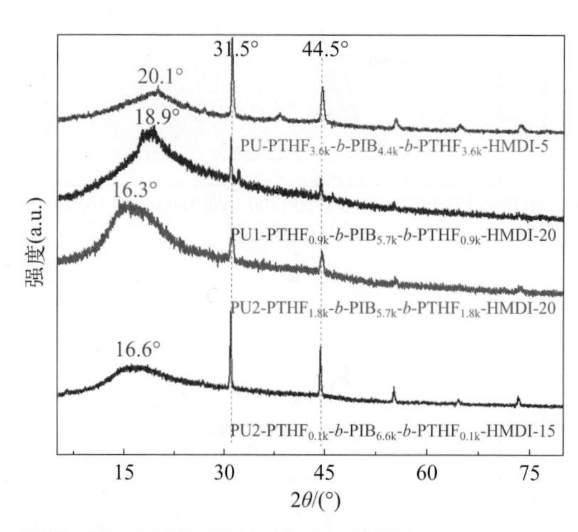

图5-37　FIBF-TPU的XRD谱图

四、聚苯乙烯-聚异丁烯-聚苯乙烯型聚氨酯热塑性弹性体

本书著者团队[65]利用异丁烯与苯乙烯和对甲基苯乙烯进行顺序活性阳离子嵌段共聚合合成聚 [(苯乙烯 -*co*- 对甲基苯乙烯)-*b*- 异丁烯 -*b*-(苯乙烯 -*co*- 对甲基苯乙烯)](M-SIBS) 三嵌段共聚物，通过 M-SIBS 三嵌段共聚物中对甲基苯乙烯

结构单元上甲基与溴素之间的亲核取代反应合成 BM-SIBS 三嵌段共聚物，进一步通过 BM-SIBS 三嵌段共聚物的苄基溴官能团与 KOH 进行亲核取代反应，得到苄羟基官能化 SIBS 三嵌段共聚物 (HO-SIBS-OH)。

通过 ^{1}H NMR 表征 HO-SIBS-OH 三嵌段共聚物的化学结构，如图 5-38 所示。归属于PIB骨架上的氢对应于δ = 0.78[12H, a, —$(CH_3)_2$C—Ph—C$(CH_3)_2$—, PIB链段中二异丙基结构]、1.41 (2H, d, —CH_2—, PIB) 和 1.11(6H, c, 2× —CH_3, PIB) 处的特征峰；归属于 PS 链段上的氢对应于 δ = 1.70 ～ 1.96 (2H, e, —CH_2—, St、*p*-MSt 和 *p*-BMSt 单元)、1.41 (1H, f, —CH<, St、*p*-MSt 和 *p*-BMSt 单元) 和 6.20 ～ 7.25 (5H, g_1、h_1, 5×—Ph—H, St 单元；4H, g_2、h_2, 4× —Ph—H, *p*-MSt 单元和 *p*-BMSt 单元)。在 δ = 4.82 处的特征峰归属于水解后生成的苄基醇上的氢 (2H, r, —CH_2—)，进一步证明了水解反应。据此可计算 HO-SIBS-OH 三嵌段共聚物中每个 M-SIBS 分子链上的苄羟基的数目 ($N_{—OH}$)。

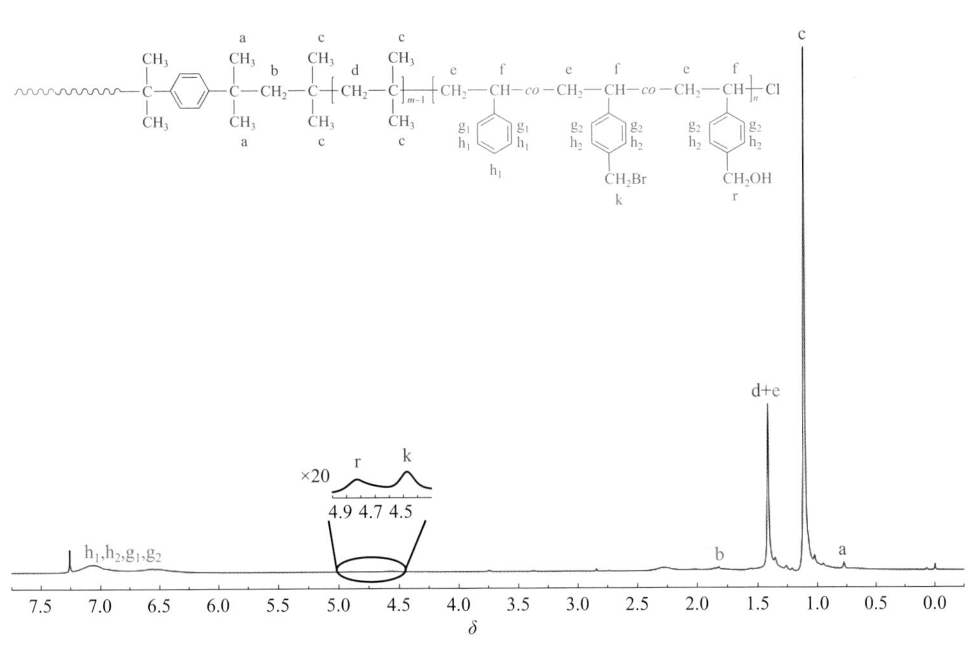

图5-38 典型的HO-SIBS-OH三嵌段共聚物的^{1}H NMR谱图

如图 5-39 所示，以甲苯为溶剂，在二月桂酸二丁基锡作为催化剂和反应温度为 100℃的条件下，进行 HO-SIBS-OH 与 HMDI 的反应，得到异氰酸酯官能团封端的预聚体，再与小分子二醇扩链剂 BDO 反应，生成由 PIB 软段和 PS、HMDI 与 BDO 形成的硬段组成的 SIBS 基聚氨酯热塑性弹性体（SIBS-TPU）。

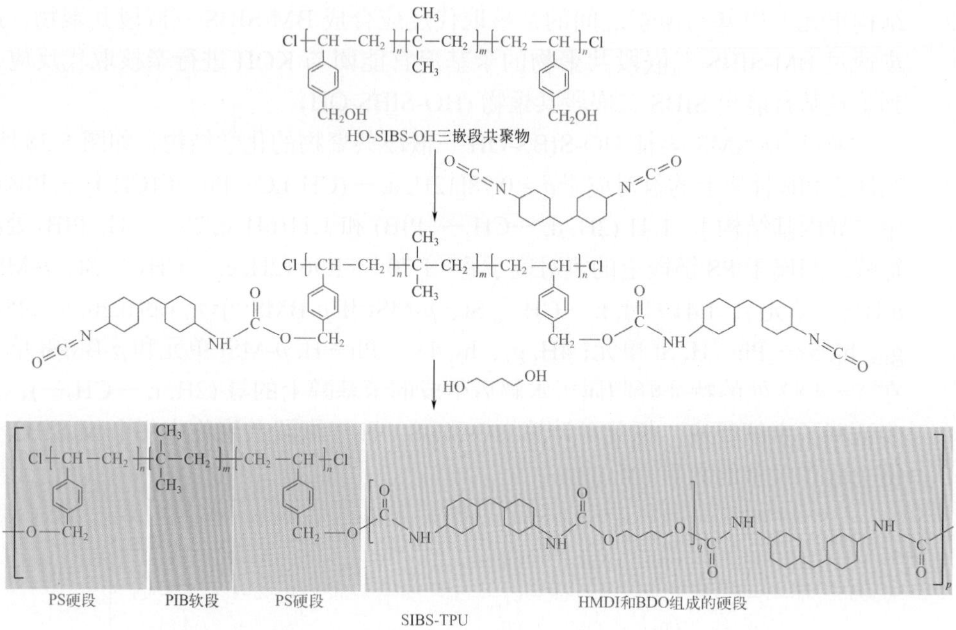

HO-SIBS-OH三嵌段共聚物

HO-SIBS-OH

PS硬段　PIB软段　PS硬段　HMDI和BDO组成的硬段

SIBS-TPU

图5-39　新型SIBS基聚氨酯热塑性弹性体（SIBS-TPU）的合成反应式

HO-SIBS-OH 为黏性的胶状物，当 HMDI/HO-SIBS-OH 摩尔比值分别为 7、9 和 10 时，制备 SIBS-TPU 产物，分别记为 $SIBS-TPU_7$、$SIBS-TPU_9$ 和 $SIBS-TPU_{10}$，通过反应溶液铸膜制备的 $SIBS-TPU_9$ 和 $SIBS-TPU_{10}$ 膜具有优良的透明度，且 $SIBS-TPU_9$ 的透明度明显高于 $SIBS-TPU_{10}$。

典型 $SIBS-TPU_9$ 的 ATR-FTIR 谱图（4000 ～ 800cm^{-1}）如图 5-40 所示。在

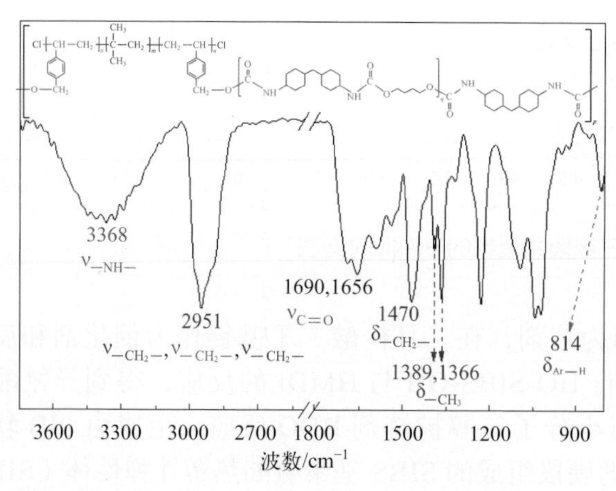

图5-40　典型$SIBS-TPU_9$的ATR-FTIR谱图

2951cm^{-1}处的特征吸收峰归属于PIB、PS和HMDI结构单元中的亚甲基(—CH$_2$—)的伸缩振动，由于—CH$_2$—的伸缩振动峰太强，其谱带包含了归属于PIB中侧甲基(—CH$_3$)和HMDI结构单元中两个脂肪六元环上次甲基(—CH<)的伸缩振动；在1470cm^{-1}处的特征吸收峰归属于PIB中亚甲基(—CH$_2$—)的弯曲振动；在1389cm^{-1}和1366cm^{-1}处的特征吸收峰归属于PIB中侧甲基(—CH$_3$)的对称弯曲振动，在814cm^{-1}处的特征吸收峰归属于PS中1,4-二取代苯(Ar—H)的弯曲振动；在1690cm^{-1}和1656cm^{-1}处出现新的特征吸收峰，归属于氨基甲酸酯特征基团中羰基(C═O)的伸缩振动；在3368cm^{-1}处的特征吸收峰归属于氨基甲酸酯基团中亚氨基(—NH—)的伸缩振动。

五、聚硅氧烷及其与聚醚复合型聚氨酯热塑性弹性体

以双端羟基官能化聚二甲基硅氧烷（$\overline{M}_{n,PDMS}=2000$）为软段，HDI或IPDI以及扩链剂BDO为硬段，以DBTDL为催化剂，在50℃反应，合成两种聚二甲基硅氧烷基聚氨酯热塑性弹性体[28]。以端羟基聚二甲基硅氧烷、4,4′-二环己基甲烷二异氰酸酯(HMDI)和1,4-丁二醇为原料，通过化学共聚法合成了聚硅氧烷基聚氨酯（PDMS-TPU）[87]。

将双端羟基聚醚(PEO和PPO)与双端氨基PDMS（$\overline{M}_{n,PDMS}=2500$）与HMDI和间苯二胺(MPDA)进行逐步聚合反应，合成聚脲氨酯(PUU)[34-35]。采用二苯甲烷二异氰酸酯(MDI)或六亚甲基二异氰酸酯(HDI)、1,4-丁二醇(BDO)和α,ω-二羟基-[聚(ε-己内酯)-*b*-聚(二甲基硅氧烷)-*b*-聚(ε-己内酯)]或聚(L-丙交酯)-*b*-聚(二甲基硅氧烷)-*b*-聚(L-丙交酯)合成了新型聚氨酯嵌段共聚物[88-90]，随着PDMS质量分数增加，共聚物的表面变得更疏水。以IPDI、PDMS、聚己内酯(PCL)二元醇和3-氨丙基三乙氧基硅烷为原料，采用溶胶-凝胶法合成了具有交联结构的聚硅氧烷基聚氨酯薄膜[91]。以端羟基聚二甲基硅氧烷(PDMS)和聚乙二醇(PEG)为软段，采用两步加成反应合成了分子量分别为2000和1000的两亲性抗菌聚氨酯弹性体[92]。以硅氧烷多元醇聚二甲基硅氧烷(PDMS)和聚酯多元醇聚己二酸四亚甲基二醇酯为软段，采用预聚合工艺制备水性聚氨酯(WBPU)分散液[93]。

本书作者团队[67]设计合成了聚二甲基硅氧烷基软段和含偶氮苯官能基硬段的聚氨酯热塑性弹性体（PDMS-AZO-TPU），其合成反应式如图5-41所示。首先以双端氨基官能化的PDMS($\overline{M}_{n,PDMS}=1300$)为软段，HMDI为硬段，4,4′-二羟基偶氮苯(DHAB)为扩链剂合成R=5的热塑性聚氨酯功能高分子材料(PDMS-AZO-5-TPU)。

本书作者团队[67]进一步设计含聚二甲基硅氧烷-聚四氢呋喃复合软段和含偶氮苯官能基硬段的热塑性聚氨酯功能高分子(PDMS-PTHF-AZO-TPU)，其合成反应式如图5-42所示。以双端氨基官能化PDMS($\overline{M}_{n,PDMS}=1300$)和双端羟基

PTHF($\overline{M}_{n,PTHF1}=1000$； $\overline{M}_{n,PTHF2}=2000$) 为软段，$R=5$，含偶氮官能团的 DHAB 作为扩链剂，反应温度为 60℃，预聚合反应时间为 4h，扩链反应为 4h，设计合成 PDMS-$PTHF_{1k}$-AZO-5-TPU 与 PDMS-$PTHF_{2k}$-AZO-5-TPU。

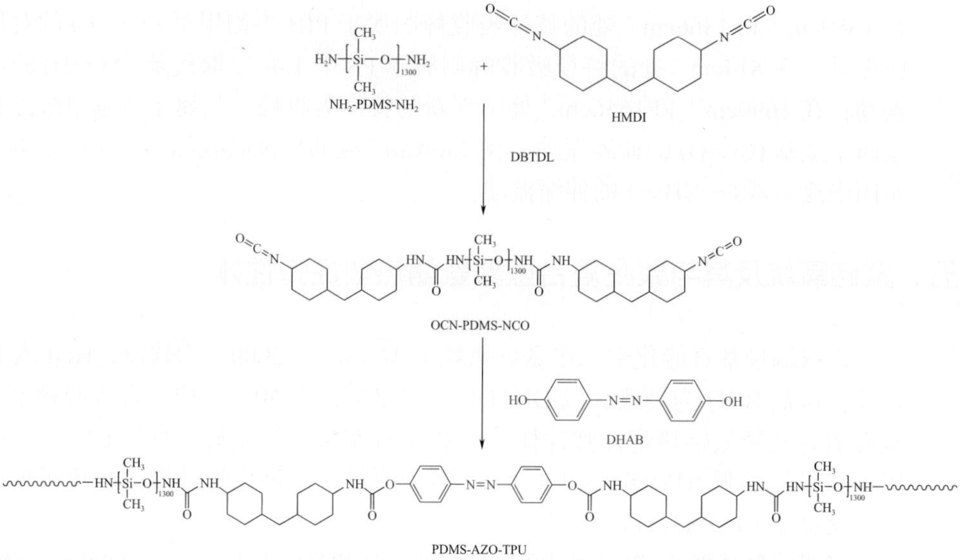

图5-41 PDMS-AZO-TPU合成反应式

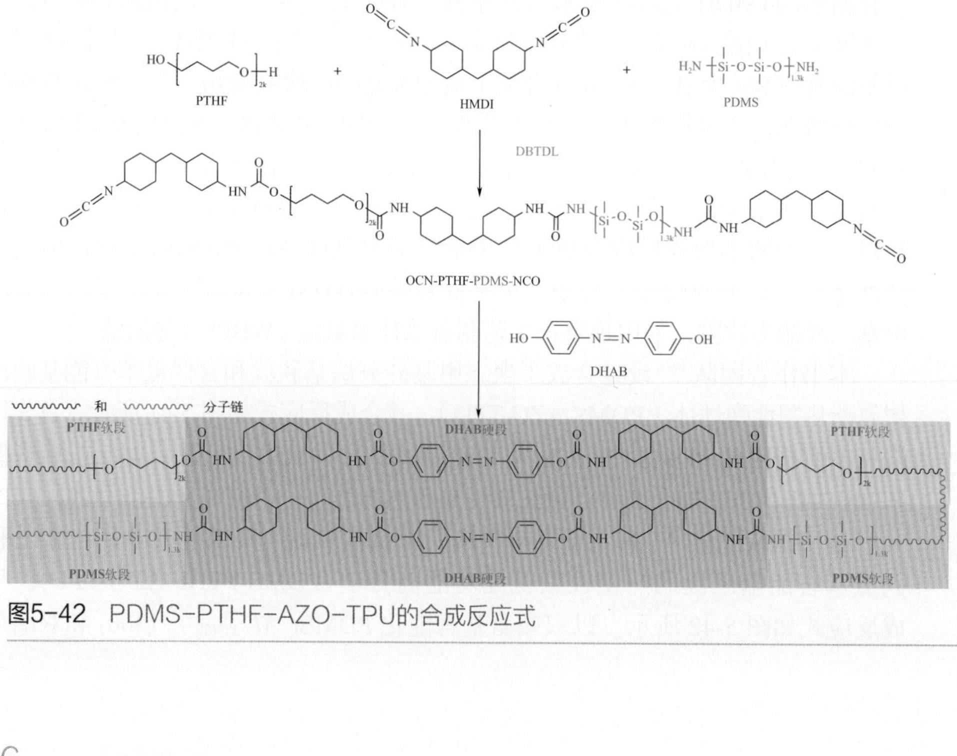

图5-42 PDMS-PTHF-AZO-TPU的合成反应式

由图 5-43 可见：在 2270cm^{-1} 处并没有观察到异氰酸酯基 (—NCO) 的吸收振动峰，说明 PDMS 末端的氨基官能团、PTHF 末端的羟基官能团、DHAB 中的羟基官能团、HMDI 中的异氰酸酯已经全部参与反应；在 2925cm^{-1} 和 2854cm^{-1} 处特征吸收峰分别归属于聚合物 PTHF 主链中亚甲基 (—CH_2—) 对称伸缩振动和不对称伸缩振动，这说明 PTHF 已接入共聚物中；PDMS 软段中硅 - 氧 (Si—O—Si) 的特征吸收峰与 PTHF 软段中醚键 (C—O—C) 的特征吸收峰在 1170 ～ 900cm^{-1} 范围内发生了重叠，在 800cm^{-1} 处特征峰归属于二甲基硅氧烷中甲基 [Si—$(CH_3)_2$] 的不对称伸缩振动，说明 PDMS 已接入共聚物中；在 1592cm^{-1} 处特征峰归属于 DHAB 官能结构单元中苯环骨架上共轭的碳碳双键 (C═C) 的伸缩振动，在 846cm^{-1} 的特征峰归属于苯环上碳氢键 (C—H) 的面外弯曲振动，说明 DHAB 官能团也已接入到共聚物中。

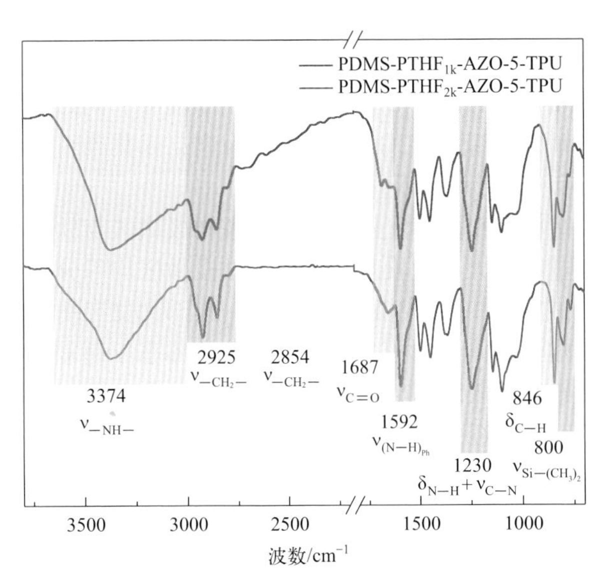

图5-43 PDMS-PTHF$_{1k}$-AZO-5-TPU与PDMS-PTHF$_{2k}$-AZO-5-TPU的FTIR谱图

第四节 聚氨酯热塑性弹性体的聚集态结构

聚氨酯热塑性弹性体是由软硬段交替排列的一种嵌段共聚物，其中，硬段通过氢键相互连接并规整排列，形成硬段结晶微区，从而作为交联点形成三维交联网络。由于氢键是一种非共价键相互作用，在一定的温度条件下可实现解离 - 缔合的可逆过程，从而使聚氨酯具有可逆的三维交联网络。由于软硬段热力学不相容以及在氢键的驱动作用下，聚氨酯呈现出微相分离现象。TPU 中的硬段是通过二异氰酸酯与有机二醇或二胺小分子扩链剂反应而获得的，它们分别产生氨基甲酸酯或脲硬段。也可以使用水作为扩链剂，先与异氰酸酯反应，将其转化为胺并释放出二氧化碳分子；然后形成的胺再与另一个异氰酸酯反应，形成脲硬段。硬段中二异氰酸酯的化学结构，包括对称性、空间位阻和取代基等，以及小分子扩链剂的长度等因素影响了 TPU 中的氢键含量及聚集态结构，影响材料的热力学性能、力学性能、热稳定性等宏观性能。

聚氨酯热塑性弹性体的结构、形态和特性受其化学结构和物理特性控制，包括：①合成过程中的聚合步骤和使用的反应条件；②硬段的化学结构，氢键强度，结构对称性，平均链长和共聚物中硬段的长度分布；③软段的化学结构，溶解度参数和在共聚物中所占的质量分数；④分子间相互作用的程度，例如硬段与硬段之间、硬段和软段之间的氢键以及它们的堆积 / 结晶因素；⑤共聚组成或硬软段的体积分数；⑥加工方法和热历史；⑦化学交联。

硬段分子结构与软段分子结构在热力学上不相容，导致硬段微区与软段微区不相容，且因聚氨酯中软段含量明显大于硬段含量，导致硬段微区均匀分布在软段基体中，并起着弹性连接点的作用，形成微相分离现象 [94]。软段与硬段的结构和含量以及热历史影响聚氨酯弹性体的微相分离过程及微观形态。通常，软段的柔性越高，玻璃化转变温度越低；硬段部分越强、含量越高，发生微相分离的可能性就越大 [95]。通过小角 X 射线散射 (SAXS)、原子力显微镜 (AFM)、差示扫描量热仪 (DSC) 和动态机械仪 (DMA) 表征结果分析确定，二异氰酸酯对称性更高的以及脲硬段的 TPU 表现出更好的微观相分离和结晶性 [96-97]。对称二异氰酸酯 (*p*PDI，CHDI 和 HDI) 基 TPU，形成有序硬段主体结构，可形成明显的微相分离结构。

通过 SAXS、AFM、DSC 和 FTIR 等表征方法研究了平均分子量均为 1000 的不同软段，包括聚四氢呋喃 (PTHF)、聚二甲基硅氧烷 (PDMS)、聚环氧己烷 (PHMO) 和聚 (1,6- 己基 -1,2- 碳酸乙酯)(PHEC)，分别与二苯甲烷二异氰酸酯 (MDI) 和 1,4- 丁二醇 (BDO) 作为硬段形成的 TPU 的结构与性能。在所有嵌段 TPU 中均表现出软段连续相与硬段非连续相的微观相分离结构，但微观相分离程度、微相形态和尺寸明显不同。硬段含量增加，微观相分离程度提高。硬段质量分数为 40% 的 TPU 具有 9 ～ 13nm 的相间距，PDMS 基 TPU 具有最大的微观相分离程度值，这是由于氨基甲酸酯硬段和 PDMS 软段的溶解度参数之间存在明显差异以及两者之间几乎没有分子间相互作用。

一、聚醚型聚氨酯热塑性弹性体

采用商业化的具有窄分子量分布（分子量分布系数小于 1.1）的 PPO 合成的 TPU，表现出优异的微观相分离，相间厚度在 0.4 ～ 0.6nm 范围内，相间距离在 0.4 ～ 0.6nm 范围内[98-100]。所有基于 PTHF($\overline{M}_n$ = 1000) 与各种二异氰酸酯之间按化学计量反应的嵌段聚脲，不使用扩链剂，因脲硬段之间的氢键较强，导致微观相分离形态。对称二异氰酸酯 (*p*PDI，CHDI 和 HDI) 基嵌段聚脲比不对称二异氰酸酯 (MDI，*m*PDI 和 TDI) 基聚脲表现出相对更好的微观相分离[7,101]。以聚四氢呋喃 (PTHF) 为软段、线型对称的对苯二异氰酸酯 (*p*PDI) 和小分子扩链剂 1,4-丁二醇为硬段，合成了 PTHF 基聚氨酯热塑性弹性体，通过 SAXS 研究了软段和硬段分子量以及硬段含量对弹性体微相分离结构的影响，结果表明：当 PTHF 分子量不低于 2000 时，随着软段分子量增加，聚氨酯热塑性弹性体的相间距逐渐增大；分子量为 1000 的聚氨酯热塑性弹性体的相间距明显高于分子量为 2000 的聚氨酯热塑性弹性体[102]。通过不同分子量的 PTHF(1000、2000、2900 和 3500) 与 *p*PDI 和 BDO 合成系列 PTHF-TPU，发现微观相分离程度随着 PTHF 软段分子量的提高而改善，且除了 $PTHF_{1k}$-TPU 外，所有其他共聚物的 PTHF 软段均产生部分结晶[102-105]。具有较宽分布的软段合成的聚氨酯的微观相分离程度较低，这是由于其中含有的低分子量聚合物更容易与硬段发生相混合所致[106]。

在聚氨酯热塑性弹性体中，二异氰酸酯及小分子二元醇反应生成的氨基甲酸酯结构单元通过亚氨基官能团与羰基官能团之间氢键聚集形成硬段结晶极性微区，且二异氰酸酯的分子结构对氢键形成、聚集态结构及材料性能非常重要[64,107-109]。具有饱和结构、较大位阻且半对称结构的 HMDI 形成的硬段结构具有优良的光稳定性、热稳定性和生物安全性[110-111]，其与 BDO 反应生成的硬段微区，可以抑制聚四氢呋喃软段结晶而提高弹性，赋予材料优良的力学性能[64]。

随着硬段含量增大，聚氨酯中的氢键含量与拉伸强度、杨氏模量与流动温度均会增大[112]。通过 1,4- 丁烷二异氰酸酯 (BDI) 与 PTHF 低聚物合成了单个脲硬段分别含 1 ～ 4 个脲基的聚脲，含有 1 个和 2 个脲基硬段的聚脲共聚物是可溶和可熔融的，含有 3 个和 4 个脲基硬段的聚脲共聚物形成了坚固的物理凝胶，不溶、不熔[113]。硬段含量对 PTHF-TPU 的微观形态影响明显，随着硬段含量增加，氢键结合的羰基含量逐渐增加[114]。

二异氰酸酯的对称性和硬段氢键的强度会使嵌段聚氨酯和聚脲的模量 - 温度行为发生显著差异。四种 TPU 均在 −65℃附近显示出 PTHF 软段的玻璃化转变温度。PTHF 玻璃化转变后，其模量 - 温度行为截然不同。基于对称二异氰酸酯的 *p*PDI 基聚脲表现出极长且对温度不敏感的橡胶态平台，在从 −50 ～ 200℃的范围内，具有 10^8Pa 的高模量。*p*PDI 基聚氨酯也显示出微观相分离，并且模量与 *p*PDI 基聚脲的模量相当，但显示的橡胶态平台相当短。氢键弱得多的不对称或扭结的间苯二异氰酸酯（*m*PDI）基聚脲也表现出与前两种材料相当的模量，并且在 −65 ～ 75℃之间具有明确的橡胶态平台，在软链段玻璃化转变后模量急剧下降至约 5×10^6Pa，随后发生流动。

本书著者团队 [64] 通过透射电镜观察了具有不同硬段结构的聚氨酯热塑性弹性体的微观相分离结构。PTHF-TPU 中软段和硬段的热力学不相容导致微观相分离结构的形成，同时氢键也是形成微观相分离结构的驱动力。采用透射电镜观察 PTHF-TPU 的微观相分离结构，结果如图 5-44 所示。氢键含量较高的 PTHF-$IPDI_{1.2}$(氢键含量为 93.1%) 和 PTHF-$HMDI_{1.3}$(氢键含量为 92.9%) 具有明显的微观相分离结构，而 PTHF-$HDI_{1.2}$(氢键含量为 36.1%) 和 PTHF-$MDI_{1.3}$(氢键含量为 35.7%) 由于氢键含量较低，因此微观相分离结构不明显，说明 PTHF-TPU 中硬段化学结构影响了微观相分离程度。

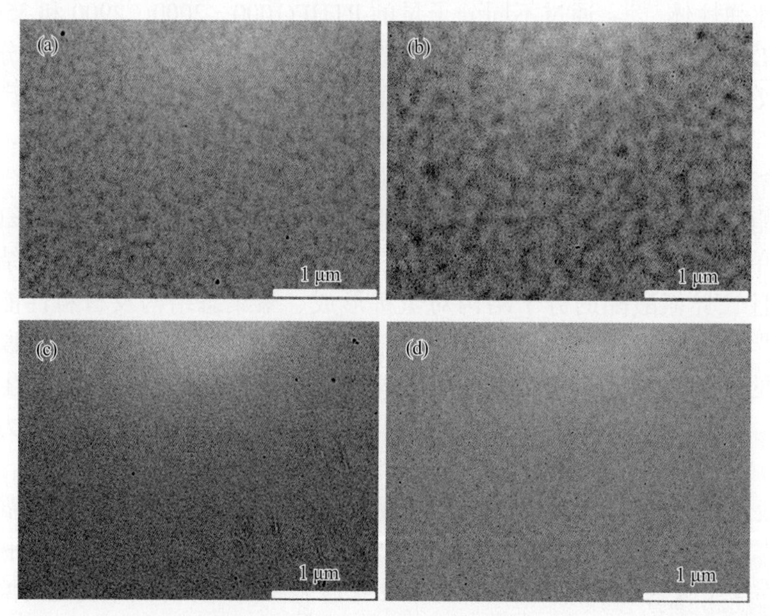

图5-44 $PTHF_{2k}$-$IPDI_{1.2}$（a）、$PTHF_{2k}$-$HMDI_{1.3}$（b）、$PTHF_{2k}$-$HDI_{1.2}$（c）和$PTHF_{2k}$-$MDI_{1.3}$（d）的TEM照片

PTHF-TPU 中硬段之间通过氢键作用聚集在一起，形成了纳米尺度的硬段微区，采用高分辨透射电镜观察 PTHF-TPU 的硬段结晶微区，结果如图 5-45 所示。由于样品在测试时所处的环境温度高于 PTHF-TPU 中软段结晶的熔限的最大值 (24℃)，因此在高分辨透射电镜照片中出现的结晶是硬段形成的结晶。从图 5-45

中可以看出，二异氰酸酯结构的空间位阻越大，形成的硬段结晶微区的尺寸越大，从大到小可依次排列为：HMDI＞MDI＞IPDI＞HDI。HDI 所形成的硬段结晶微区的尺寸最小，这是由于 HDI 的空间位阻最小，堆积最紧密。

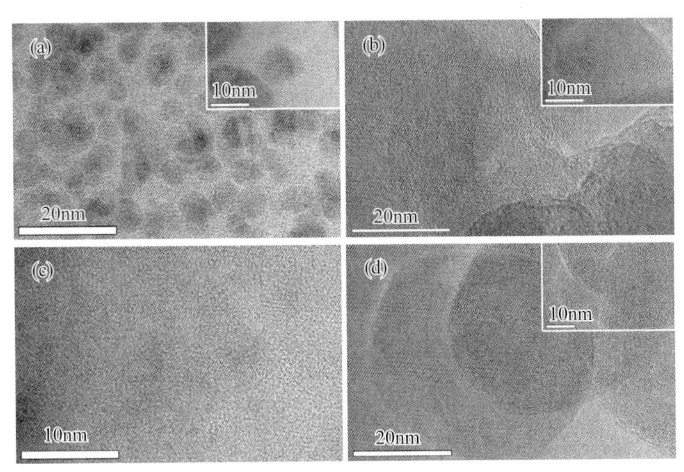

图5-45　$PTHF_{2k}$-$IPDI_{1.2}$（a）、$PTHF_{2k}$-$HMDI_{1.3}$（b）、$PTHF_{2k}$-$HDI_{1.2}$（c）和$PTHF_{2k}$-$MDI_{1.3}$（d）的高分辨透射电镜照片

使用具有较大位阻且立体半对称结构的 HMDI 与 BDO 形成的氨基甲酸酯硬段中的有序氢键含量和总氢键含量最高，有利于形成微观相分离结构以及较大尺寸的硬段结晶微区。具有大空间位阻且立体半对称结构的 HMDI 有利于氢键、相对较大尺寸的硬段结晶微区和微相分离结构的形成。

在 PTHF-TPU 中，PTHF 软段的分子量对微观相分离有影响，其典型 TEM 照片如图 5-46 所示。从图 5-46 中可以看到明显的微相分离结构，软段 PTHF 分子量由 1000 增大为 2000，有利于软段结晶，促进微相分离，导致微相分离程度变大。

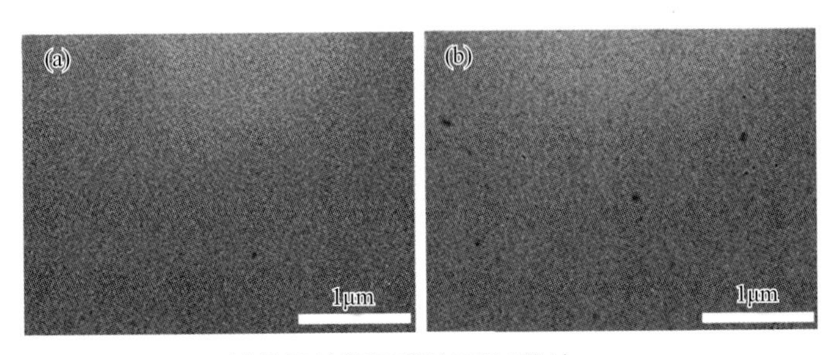

图5-46　PTHF基热塑性聚氨酯的TEM照片

（a）$PTHF_{1k}$-HMDI-TPU；（b）$PTHF_{2k}$-HMDI-TPU

本书著者团队[64]研究二异氰酸酯化学结构及硬段含量对聚氨酯热塑性弹性体软段结晶性的影响，结果如图 5-47 所示。$PTMG_{2k}$ 或称 $PTHF_{2k}$ 本身是结晶的，使得材料不透明且发白。$PTHF_{2k}$-$HDI_{2.5}$ 和 $PTHF_{2k}$-$MDI_{2.5}$ 中只含有有序氢键，软段规整排列产生结晶，材料也不透明。其中 HDI 具有高对称性和小的空间位阻，其紧密堆积使 PTHF 软段规则排列，从而使 $PTHF_{2k}$-$HDI_{2.5}$ 具有较宽的结晶熔融吸热峰。MDI 位阻大，结晶速率慢使其在降温过程中未完全结晶，当升温时，发生冷结晶现象。随着 $PTHF_{2k}$-HMDI 中的硬段比值由 1.1 增加至 2.5，软段 $PTHF_{2k}$ 的结晶熔融吸热峰逐渐减弱并消失。$PTHF_{2k}$-$HMDI_{2.5}$ 和 $PTHF_{2k}$-$IPDI_{2.5}$ 中含有的大位阻脂环结构以及 IPDI 中含有不对称甲基取代基，阻碍了软段的规整排列，因此在升温过程中未出现结晶峰，使得材料具有优异的透明性，如 $PTHF_{2k}$-$HMDI_{2.5}$ 的透光率可达 95%。

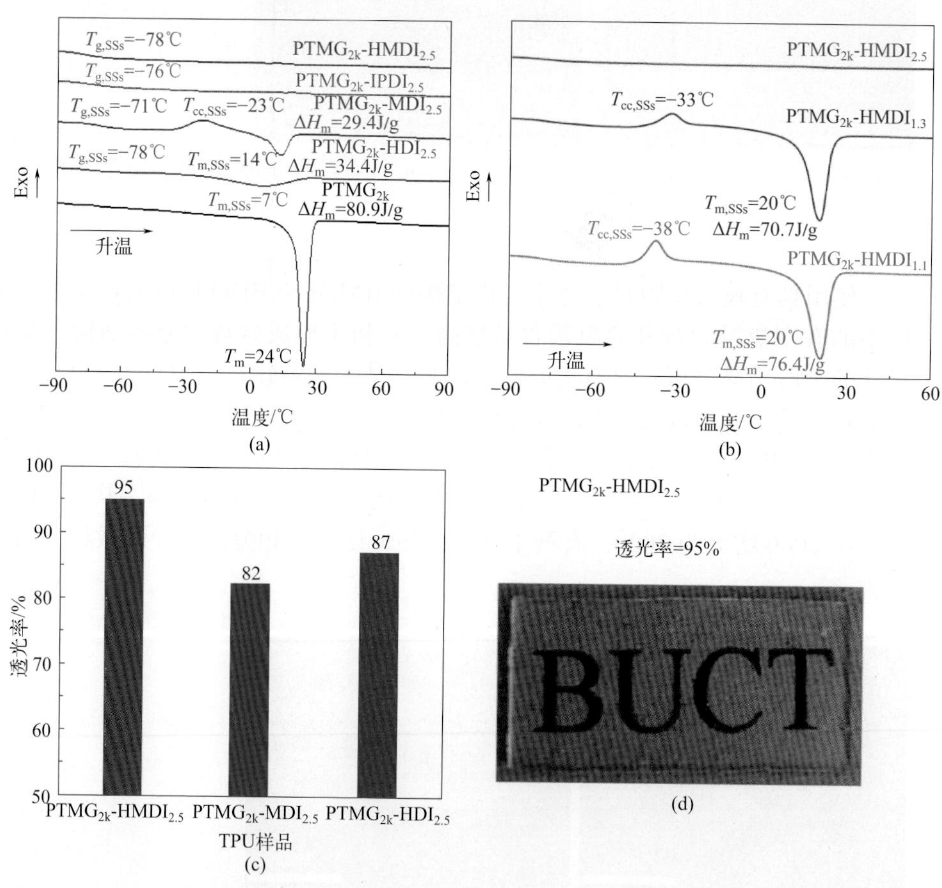

图5-47 不同二异氰酸酯化学结构PTHF-TPU的DSC升温曲线和透明度

为了研究在 HMDI 硬段中引入偶氮苯官能基团后对 PTHF-AZO-TPU 聚合物

的微观聚集态结构，对其进行透射电镜 (TEM) 表征。为了更加清晰地分辨聚合物中的软相与硬相，退火后使用四氧化钌对其进行染色，深色部分为氨基甲酸酯硬段间在氢键作用下相连并排列下形成的硬相区域；浅色部分为 PTHF 形成的软相区域，见图 5-48 所示。PTHF-AZO-TPU 存在明显的微相分离结构。氨基甲酸酯硬段在氢键作用下相连并排列形成的硬相区域以“海 - 岛”相分离结构分散在 PTHF 形成的软相区域。其中，作为“岛状”的硬相微区的尺寸约为 2 ～ 3nm，各样品中的硬相微区的尺寸大小基本一致。

图5-48 PTHF-AZO-TPU系列样品的TEM照片

PTHF-AZO-TPU 系列样品通过硬段之间的氢键和 π-π 堆叠作用形成物理交联网络，在宏观尺度下通过表征其在振荡剪切变频模式下（设置剪切应变为 0.1%，频率范围为 0.1 ～ 100Hz）的流变行为来研究网络结构的稳定性。PTHF-AZO$_{100}$-TPU 在不同温度和频率下的储能模量 (G') 与损耗模量 (G'') 见图 5-49 所示。对于材料而言，当 $G'<G''$ 时，材料处于黏流态，当 $G'>G''$ 时，材料处于高弹态，网络结构稳定。

对于 PTHF$_{1k}$-AZO$_{100}$-TPU，在 90℃或 120℃下，随着剪切频率升高，其储能模量 (G') 与损耗模量 (G'') 均呈现出增大的趋势，且在整个剪切频率范围内 $G'>G''$，材料处于高弹态，内部网络结构稳定，缔合氢键和 π-π 堆叠几乎发生解离。

对于 PTHF$_{2k}$-AZO$_{100}$-TPU，在 90℃下，随着剪切频率升高，其储能模量 (G') 与损耗模量 (G'') 均呈现出增大的趋势，且在整个剪切频率范围内 $G'>G''$，材料处于高弹态，内部网络结构稳定，缔合氢键和π-π堆叠几乎发生解离。但是，在120℃下，在0.1～0.3Hz的低频区$G'<G''$，呈现黏流态，缔合氢键和π-π堆叠发生解离，物理交联网络解散，聚合物分子链可以运动。

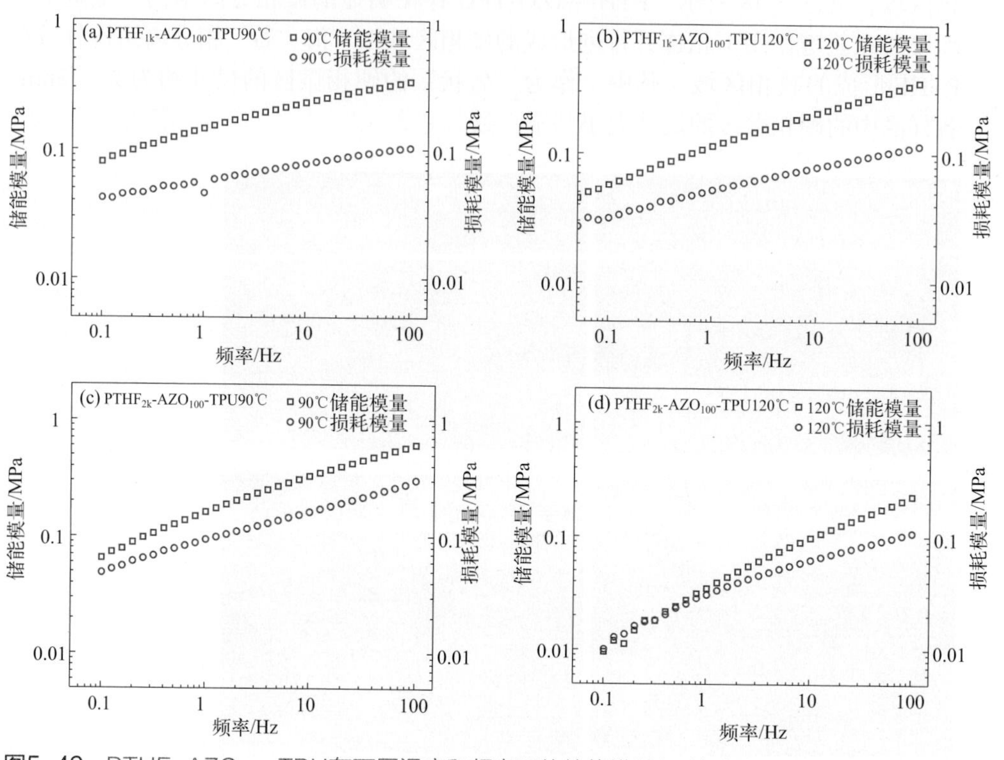

图5-49　PTHF-AZO$_{100}$-TPU在不同温度和频率下的储能模量(G')与损耗模量(G'')

在PTHF-AZO-TPU聚合物中，氨基甲酸酯硬段通过氢键作用聚集排列成硬相微区，进一步通过低场弛豫核磁共振仪(LF-NMR)来表征链段之间的相互作用，测定纵向弛豫时间(t_1)与横向弛豫时间(t_2)。t_1（自旋-晶格弛豫）是观察纵向的磁化矢量变化，是质子从高能级回到低能级过程中与周围质子的晶格间交换能量的过程，受周围分子的运动影响较大，当与周围系统的热运动频率相近时，t_1越短。t_1可以用以说明聚合物链段间的相互作用能。t_2（自旋-自旋弛豫）是观察横截方向上的磁化量变化，是一种内部能量交换过程，受质子之间的差异性影响较大，当分子链运动越慢时，t_2越小。

在确定PTHF软段分子量为1000及相同R值的前提下，不同DHAB/BDO比例的PTHF$_{1k}$-AZO-TPU系列样品的横向弛豫时间(t_2)和纵向弛豫时间(t_1)谱图如图5-50所示。

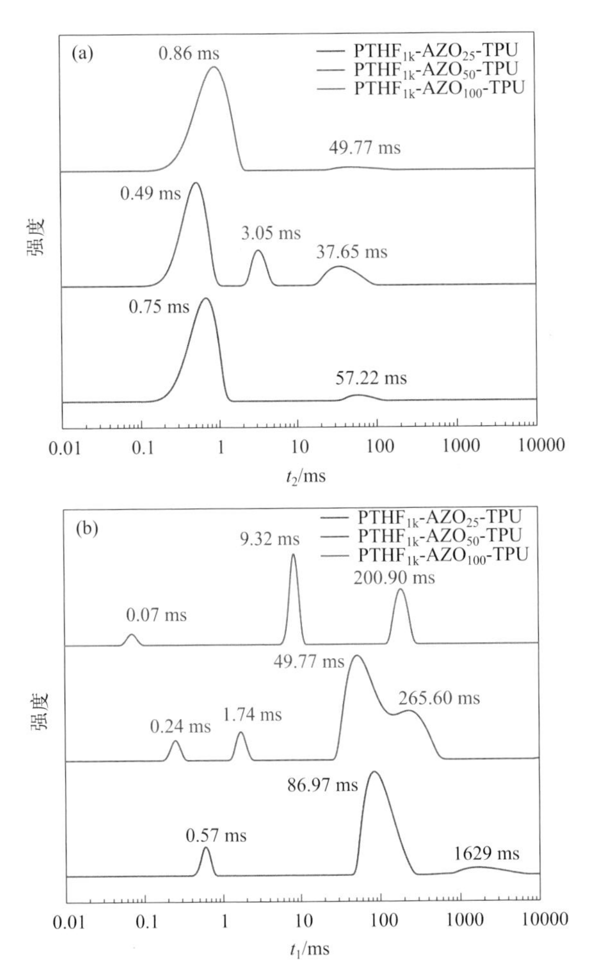

图5-50 PTHF$_{1k}$-AZO-TPU系列样品的弛豫时间t_2和t_1谱图

对于 PTHF$_{1k}$-AZO-TPU，随着其硬段结构中 DHAB 含量由 25% 增加至 50% 再增加至 100%，聚合物网络链段 t_2 值先从 0.75ms 减小至 0.49ms 后再上升至 0.86ms，表明少量的 DHAB 引入在一定程度上会提升物理交联网络的紧密程度，随着 DHAB 含量超过某一阈值，硬段有序排列大幅受限，导致网络又会发生轻微的松弛。由缔合氢键的 t_2 值可以进一步阐述这一结果，随着 DHAB 含量增加，主要的缔合氢键峰从 57.22ms 先降低至 37.65ms 后又提升至 49.77ms，说明硬段的刚性显著提高，聚合物先形成更为紧密的交联网络，但是过硬的链段又会反过来限制动态交联网络的形成，导致网络发生松弛。用弛豫时间 t_1 表明 PTHF$_{1k}$-AZO-TPU 聚合物的链段相互作用力，随着 DHAB 含量上升，硬段相互作用峰、软段相互作用峰还是游离氢键峰的 t_1 值均有所下降，分别从 0.57ms、86.97ms 和

1629ms 下降至 0.07ms、9.32ms 和 200.9ms，链段相互作用力显著上升。虽然硬段相互作用显著增强，但游离氢键峰面积的逐步扩大，导致整体网络呈现出松弛趋势。因此，当 PTHF 软段分子量为 1000 时，DHAB 官能基团的存在可以增大链段之间的相互作用力，使得链段的刚性增大，但是这种增大会限制链段运动的能力，不利于硬段的有序排列，导致 DHAB 含量超过某一阈值时，$PTHF_{1k}$-AZO-TPU 聚合物的缔合氢键减少，聚合物网络发生轻微的松弛。

为了进一步研究链段间的相互作用以及聚合物的网络结构，在确定 PTHF 软段分子量为 2000 及相同 R 值的前提下，不同 DHAB/BDO 比例的 $PTHF_{2k}$-AZO-TPU 系列样品的横向弛豫时间 (t_2) 谱图和纵向弛豫时间 (t_1) 如图 5-51 所示。与 $PTHF_{1k}$-AZO-TPU 系列样品不同，$PTHF_{2k}$-AZO-TPU 缔合氢键的 t_2 值先从 8.11ms 增大至 28.48ms 后再减少至 12.33ms，其峰面积也呈现出先减小后增大的趋势。

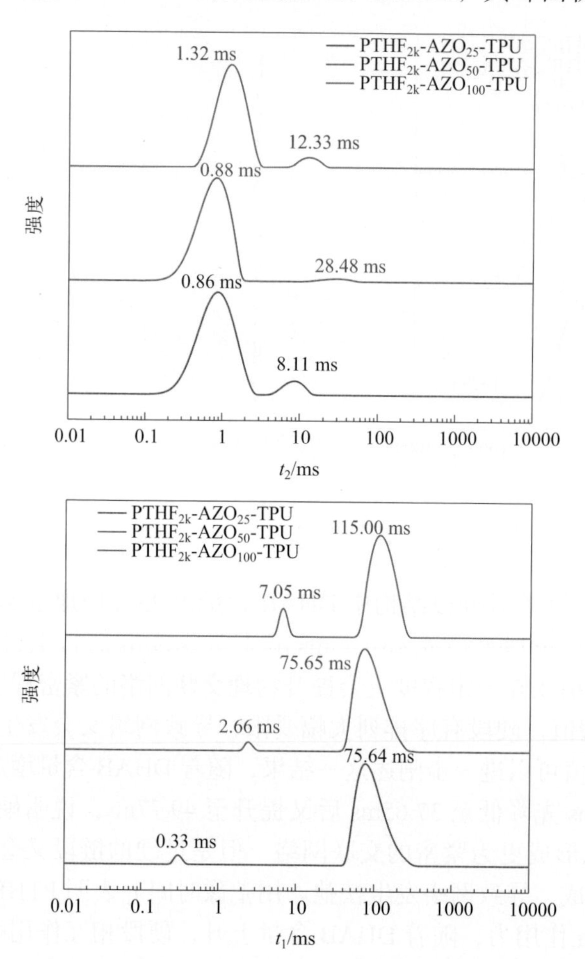

图5-51 $PTHF_{2k}$-AZO-TPU系列样品的弛豫时间t_2和t_1谱图

这说明随着 DHAB 的逐步引入，缔合氢键的强度与数量会出现一定程度的下降，但当 DHAB 含量超过某一阈值时，缔合氢键的强度与数量又出现了一定程度的增大。随着 DHAB 含量的增加聚合物的网络链段 t_2 值呈现出了单一的变化规律，即从 0.86ms 增大至 1.32ms，这表明当 PTHF 软段分子量为 2000 时，DHAB 的逐步引入会直接诱发网络的轻微松弛。表征软段间相互作用能的 t_1 值从 75.64ms 增大至 115.00ms，硬段间相互作用能的 t_1 值从 0.33ms 增大至 7.05ms，这表明当 PTHF 软段分子量为 2000 时，DHAB 的逐步引入则不利于硬段的有序排列，从而降低链段间的相互作用能。

PTHF 软段分子量变化引起的链段间相互作用的差异，归因于 DHAB 官能基团间的 π-π 堆积作用。在聚合物的网络结构中，DHAB 结构单元之间会出现如图 5-52 所示的 π-π 堆积，包括 F- 型堆积和 T- 型堆积，这种相互作用在一定程度上有利于增强硬段间的相互作用。当 PTHF 软段分子量较低（1000）时，聚合物的网络结构较为紧密，随着 DHAB 的逐步引入，虽然在一定程度上链段的运动能力减弱，硬段的有序排列受到一定程度的影响，但 DHAB 间的 π-π 堆积作用会对硬段间相互作用产生一定的补强，此时 DHAB 含量的增大，补强作用明显，足以弥补硬段有序排列受限所带来的网络松弛，此时聚合物网络结构反而变得更加紧密。但当 DHAB 含量继续增加时，过于密集的苯环排列导致 DHAB 结构单元之间的排斥力增大，硬段的刚性也继续增大，硬段有序排列的受限程度变大，聚合物网络出现松弛。当 PTHF 软段分子量较高（2000）时，聚合物网络结构较为稀疏，π-π 堆积作用的补强效果相对于网络结构的整体贡献不够明显，硬段排列受限程度的影响较大，因此随着 DHAB 含量的增大，聚合物网络结构的松弛变得明显。

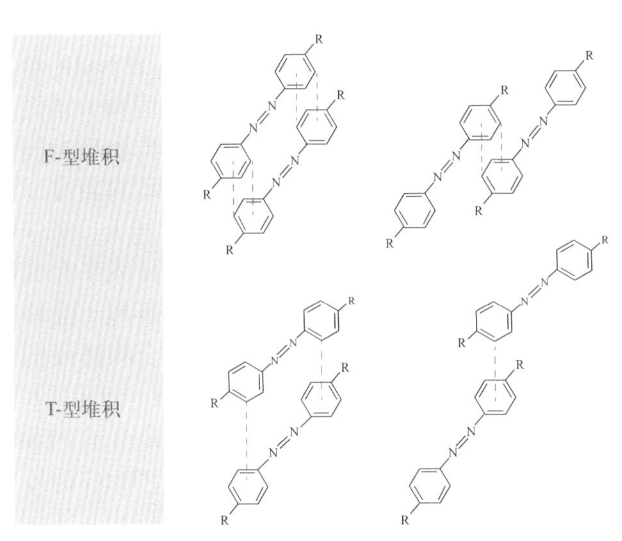

图5-52 PTHF-AZO-TPU系列样品中的 π-π 堆积模型

在 PTHF-AZO-TPU 中，聚合物链段通过氢键和偶氮苯官能基团间 π-π 堆积形成物理交联网络结构，存在三种影响机制：① DHAB 对于硬段有序排列的影响，即 DHAB 官能基团的引入可以增加硬段的刚性，却会一定程度限制硬段间的有序排列；② DHAB 结构单元的 π-π 堆积作用的影响，即 DHAB 结构单元之间的 π-π 堆积作用可以一定程度上增强链段间的相互作用，对聚合物的网络结构进行补强；③ PTHF 软段对于网络紧密程度的影响，即在 R 值相同的情况下，软段分子量的增大，聚合物网络结构的紧密程度下降，导致 DHAB 间的对于聚合物网络的补强作用下降。

本书著者研究团队[69]为了研究 PTHF-HMDI-DAP_1 中所形成的微相分离，对聚合物薄膜表面进行 AFM 表征，如图 5-53 所示。从 PTMG-HMDI-DAP_1 的相图以及高度图可见，聚合物薄膜表面形貌的相畴边界清晰，相图反映出微相差异明显，表明聚合物中形成了由氢键网络增强的软硬段相分离结构，说明 DAP 的引入使得链段之间因多重氢键作用而相互聚集，促进微相分离的形成。

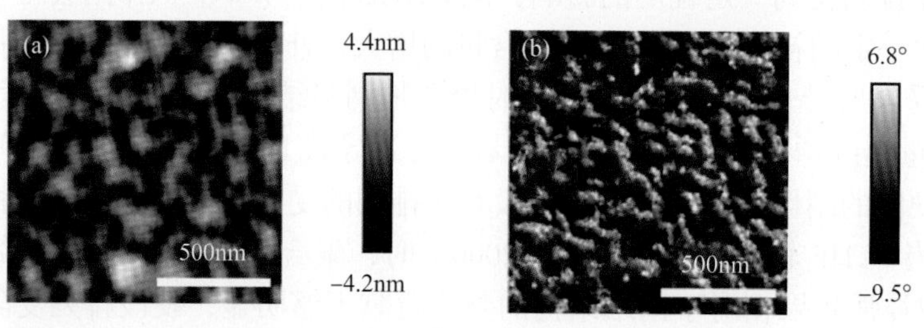

图5-53　PTMG-HMDI-DAP_1的2D高度图（a）和相图（b）

聚氨酯的微相分离结构与其硬段具有密切关系，采用 LF-^{1}H NMR 对不同 DAP 含量的聚氨酯样品进行测试分析，根据低场时域核磁 t_1 谱图和 t_2 谱图分析不同扩链剂含量聚氨酯的软硬段结构的变化。其中 t_2 被称为横向弛豫时间或者自旋 - 自旋弛豫时间，可以被用来描述待测样品中 H 原子的平均自由度。对于聚合物而言，t_2 值的大小可以用来表达聚合物链段的柔性，t_2 值越大，分子链柔性越好。t_1 被称为纵向弛豫时间或者自旋 - 晶格弛豫时间，即 H 原子在共振环境中的半衰期，该物理量定义了化学环境中的受激氢原子与微环境（晶格）之间的相互作用。对于聚合物而言，t_1 值的大小可以用来表达聚合物链段的相互作用强度，高 t_1 值代表弱的分子链间的相互作用。如图 5-54（a）所示，t_2 谱图中 0.5 ～ 100ms 的大信号峰归属于聚氨酯主链上 PTMG 的质子，由于 PTMG 的柔性受到硬段链段的相互作用强度影响，硬段相互作用越强则 PTMG 链段柔性越差。100 ～ 1000ms 的信号峰则归属于聚氨酯主链上形成的氢键相互作用。随着 DAP 含量的增加，分子链氢键相互作用增强，链段的运动大幅受限，氢键相互作用的特征峰也随之增大，并向低 t_2 值移动。如图 5-54（b）所示，t_1 谱图中 10 ～ 1000ms 的信号峰归属于主链上 PTMG 上的氢原子，由于其和相邻分子链相互作用较低，因此 t_1 较大。在 0.01 ～ 10ms 之间的信号峰归属于聚氨酯分子链的硬段间产生的相互作用的氢，因此 t_1 较小。随着 DAP 含量的增加，t_1 谱图中的两个信号峰均向低 t_1 值方向移动，并且 0.01 ～ 10ms 之间的信号峰强度逐渐增加。总而言之，结合 t_1 谱图和 t_2 谱图分析可以发现 DAP 含量的变化对分子链的相互作用产生了显著的影响。DAP 含量上升，聚氨酯硬段区域中氢键相互作用增强，软段分子链的柔性也随之下降，硬段之间的堆积也促进了聚氨酯微相分离结构的形成。

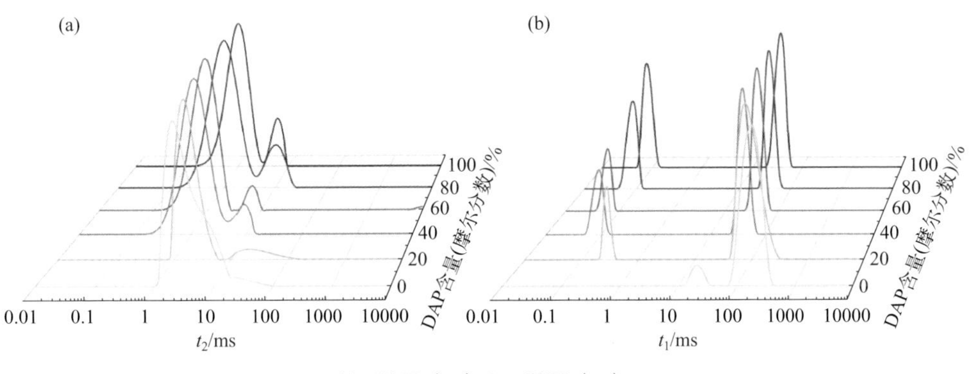

图5-54　PTMG-HMDI-DAP_x的t_2谱图（a）和t_1谱图（b）

通过对 PTMG-HMDI-DAP_x 进行 XRD 衍射测试，对聚氨酯软硬段进行表征，分析软硬段的取向和结晶性。如图 5-55 所示，所有聚氨酯样品的测试结果均没有出现尖锐的结晶峰，而是在 2θ=20° 左右处呈现出无定形的衍射峰，主要来自

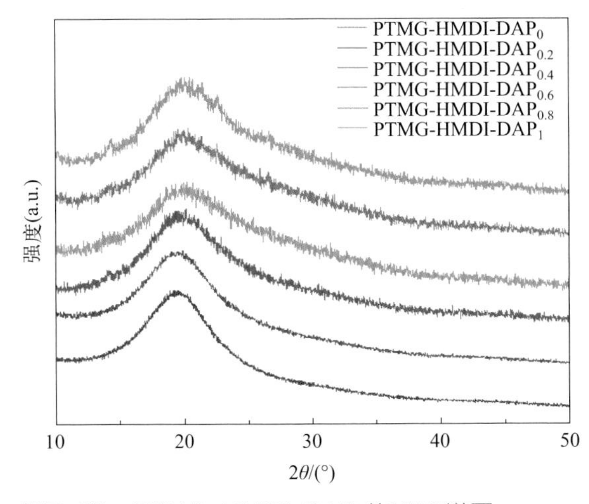

图5-55　PTMG-HMDI-DAP_x的XRD谱图

于聚氨酯硬段中的有序部分。DAP 在聚氨酯结构中形成了大量的多重氢键网络，增强了分子间作用力，限制了链段的运动，进而影响了软段 PTMG 的结晶性。随着氢键含量的提高，聚氨酯硬段堆积，有利于促进聚氨酯的微相分离。

对于硬段含动态肟键与多重氢键的聚四氢呋喃基聚氨酯弹性体 (TPU-BQDO-UPy)[69]，其软段 / 硬段存在明显的热力学不相容性，硬段相互聚集并均匀分散在软段中，出现清晰的微观相分离结构，其 TEM 照片见图 5-56 所示。对于 TPU-$BQDO_{100}$-UPy_0 样品，硬段中 BQDO 结构对称性好并且含有刚性基团苯环结构的有序堆叠，形成良好的相分离结构，相分离尺寸相对大，相分离边界清晰。随着功能化 UPy 扩链剂的加入，在硬段中形成了多重氢键结构，影响了含有 BQDO 的硬段有序堆叠，相分离尺寸相对减小。

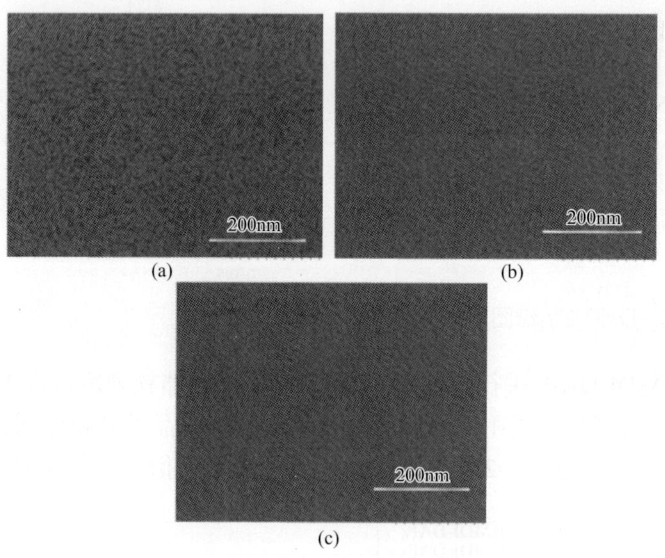

图5-56 TPU-$BQDO_{100}$-UPy_0（a）、TPU-$BQDO_{50}$-UPy_{50}（b）及TPU-$BQDO_0$-UPy_{100}（c）的TEM照片

聚氨酯结构中含有的氨基甲酸酯或者脲基会在硬段之间形成氢键物理交联网络，将 TPU-$BQDO_m$-UPy_n 的薄膜浸泡于 DMSO 中溶胀后，进行冻干处理和淬断，采用 SEM 观察其断面结构的微观形貌和表征材料内部的网络结构。如图 5-57 所示，随着聚氨酯硬段中扩链剂组分发生变化，样品的断面外观形貌也发生了明显改变，主要原因是聚氨酯硬段的结构发生了改变。TPU-$BQDO_{100}$-UPy_0 的断面形貌并没有出现明显的网络状结构，表面仅呈现溶剂侵蚀的痕迹；随着 BQDO 在硬段中含量减少及功能化 UPy 含量增加，对于 TPU-$BQDO_{75}$-UPy_{25} 及 TPU-$BQDO_{50}$-UPy_{50}，其断面均呈现“蜂窝”状的微观形貌，并且“蜂窝”尺寸不断增大，结构越来越清晰；对于 TPU-$BQDO_{25}$-UPy_{75} 和 TPU-$BQDO_{75}$-UPy_{25}，在聚氨酯硬段中能够形成稳定的四

重氢键结构和构建稳定的物理交联网络，其断面形貌呈现出三维网络状结构。

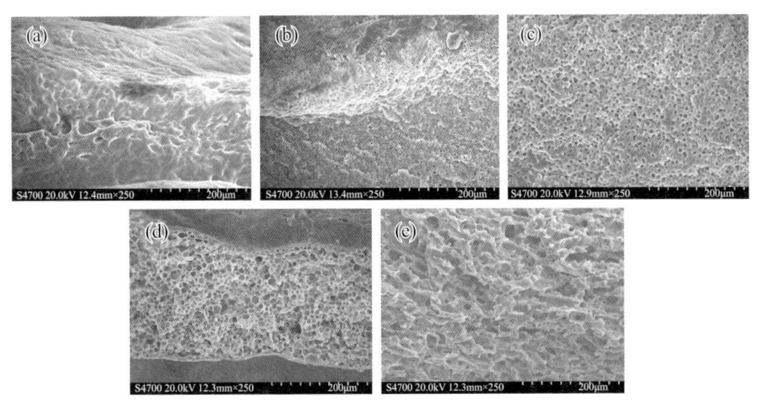

图5-57　TPU-BQDO$_m$-UPy$_n$样品在溶胀-冷冻干燥后断面的SEM照片

（a）TPU-BQDO$_{100}$-UPy$_0$；（b）TPU-BQDO$_{75}$-UPy$_{25}$；（c）TPU-BQDO$_{50}$-UPy$_{50}$；（d）TPU-BQDO$_{25}$-UPy$_{75}$；（e）TPU-BQDO$_0$-UPy$_{100}$

为了研究聚氨酯软硬段聚集态结构，分析聚合物链段的结晶性，采用 XRD 衍射法对 TPU-BQDO$_m$-UPy$_n$ 进行表征，五组样品的 XRD 谱图见图 5-58 所示。所有 TPU-BQDO$_m$-UPy$_n$ 样品的测试谱图中均没有出现尖锐的结晶峰，在 2θ=20° ～ 22° 的范围内均呈现出较宽的衍射峰，说明聚氨酯硬段区域的有序性，有序的硬段结构有利于硬段聚集，促进聚氨酯软硬段形成相分离结构，但是，硬段中的很强的刚性基团和多重氢键相互作用，束缚了链段运动，抑制了软段 PTHF$_{2k}$ 的结晶性，使得 TPU-BQDO$_m$-UPy$_n$ 聚氨酯处于无定形态。

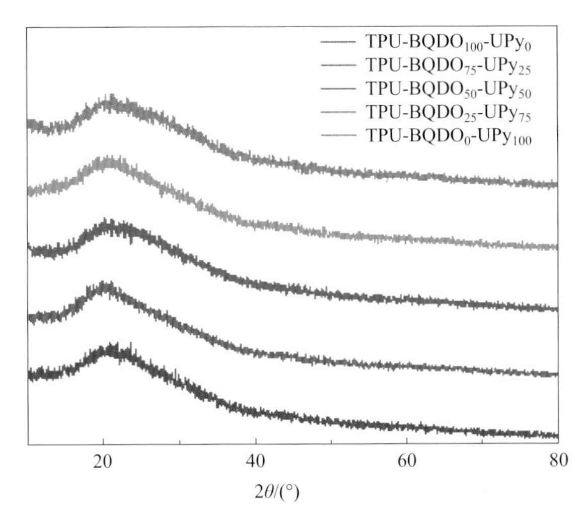

图5-58　TPU-BQDO$_m$-UPy$_n$的XRD谱图

TPU-BQDO$_m$-UPy$_n$ 的网络稳定性与其链段运动能力具有密切关系。通过平板流变仪对样品进行变温流变测试，可以表征材料氢键交联网络的稳定性，如图 5-59 所示。在 25 ～ 150℃温度区间，TPU-BQDO$_{100}$-UPy$_0$、TPU-BQDO$_{75}$-UPy$_{25}$、TPU-BQDO$_{50}$-UPy$_{50}$、TPU-BQDO$_{25}$-UPy$_{75}$ 及 TPU-BQDO$_0$-UPy$_{100}$ 五组聚合物样品均出现了储能模量 (G') 和损耗模量 (G'') 的交点，该点为聚氨酯氢键网络解离点，即黏流转变点。在黏流转变点之前，$G'>G''$，说明聚合物网络保持稳定；在黏流

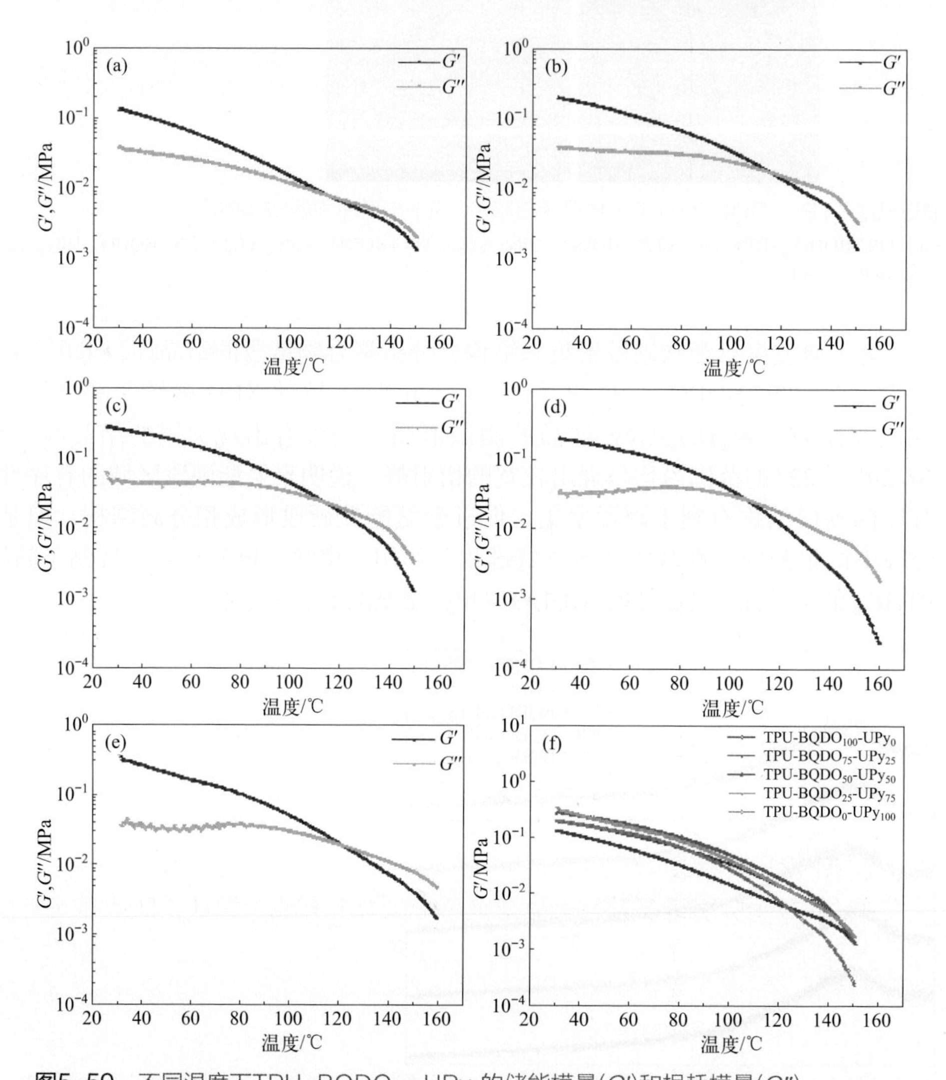

图5-59 不同温度下TPU-BQDO$_m$-UPy$_n$的储能模量(G')和损耗模量(G'')

(a) TPU-BQDO$_{100}$-UPy$_0$；(b) TPU-BQDO$_{75}$-UPy$_{25}$；(c) TPU-BQDO$_{50}$-UPy$_{50}$；(d) TPU-BQDO$_{25}$-UPy$_{75}$；(e) TPU-BQDO$_0$-UPy$_{100}$；(f) G'汇总

转变点之后，聚氨酯物理交联网络被破坏，$G'<G''$。TPU-BQDO$_{100}$-UPy$_0$、TPU-BQDO$_{75}$-UPy$_{25}$、TPU-BQDO$_{50}$-UPy$_{50}$ 及 TPU-BQDO$_{25}$-UPy$_{75}$ 的网络解离温度在 114℃左右，TPU-BQDO$_0$-UPy$_{100}$ 的网络解离温度在 99℃左右。

为了进一步研究多重氢键与肟氨酯键构成的可逆动态网络的稳定性，通过变应变循环拉伸测试，表征材料在不同拉伸状态下聚合物网络的变化情况。以 TPU-BQDO$_{50}$-UPy$_{50}$ 为例进行变应变循环拉伸测试，循环拉伸的应变从 50% 逐渐增加至 500%，每次循环增加 50% 的应变量。如图 5-60 所示，在样品 9 次循环拉伸过程中，保持拉伸应力随拉伸应变增大而增大的规律，通过滞后环面积计算出的耗散能量也随之增大。这说明在材料循环拉伸过程中，一部分动态氢键充当牺牲键耗散了能量，提高了聚氨酯网络抵抗外界破坏的能力，聚合物的交联网络在测试范围内仍然保持稳定，并没有发生不可逆破坏。

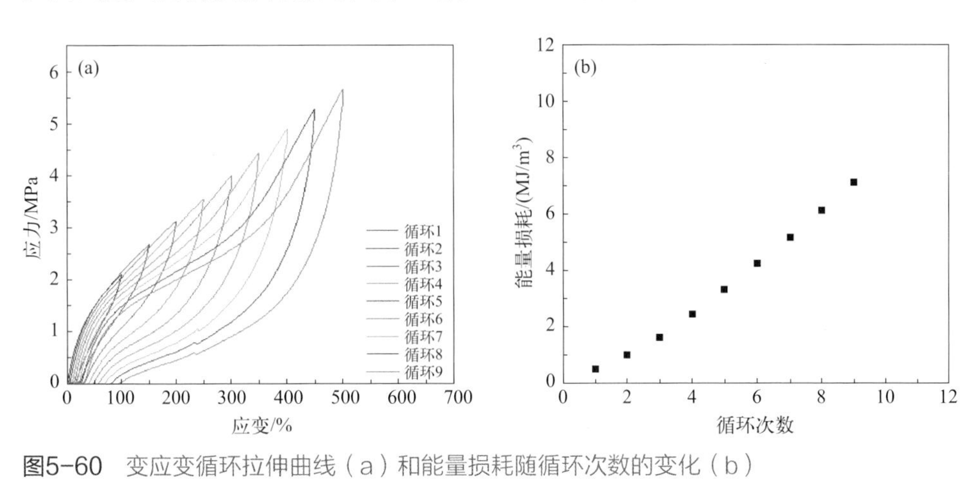

图5-60　变应变循环拉伸曲线（a）和能量损耗随循环次数的变化（b）

二、聚异丁烯型聚氨酯热塑性弹性体

以聚异丁烯 (PIB) 为软段合成的聚氨酯热塑性弹性体 (PIB-TPU) 具有比以聚醚或聚酯作为软段的聚氨酯更优异的耐氧化性和耐水解性。PIB 软段是非极性的，不会通过偶极子吸引或氢键与聚氨酯或脲硬段相互作用。因此，即使在非常低的硬段质量分数（小于 10%）时 PIB 基嵌段聚氨酯和聚脲也表现出优异的微观相分离结构。具有较宽分子量分布的 PIB 软段合成的聚氨酯的微观相分离程度更低，这是由于其中含有的低分子量聚合物更容易与硬段发生相混合。通过分别将 10% ～ 35% 的 PTHF 软段 ($\overline{M}_{n,PTHF}=1000$) 或聚六亚甲基碳酸酯 (PHMC, $\overline{M}_{n,PHMC}=900$) 软段掺入到 PIB($\overline{M}_{n,PIB}=1500\sim11000$) 基聚氨酯或聚脲中，对其进行改性，混合双软段聚氨酯中硬段的长度更短，这是由于掺入的 PTHF 或 PHMC 在硬段堆积过程中参与竞争，从而影响硬段的堆积[36,82,115]。

基于 HMDI 的硬段长度增加，有利于提高 PIB-TPU 硬段结晶微区的熔融温度[116-117]，当 PIB 软段分子量（$\overline{M}_{n,PIB}$）为 4050 时，HMDI 与 PIB 的摩尔比值从 3.7 增加到 10，硬段长度增加，其结晶微区的熔融温度从 65℃提高到 82℃。

本书著者团队[64-65]研究在 PIB-TPU 中非极性软段与极性硬段之间的热力学不相容性及产生的微观相分离现象。将聚异丁烯基聚氨酯热塑性弹性体进行超薄切片，不经过染色处理即可通过透射电镜 (TEM) 观察到明显的微相分离结构微观形态，TEM 照片如图 5-61（a）所示。从图中可以看出，$PIB\text{-}TPU_{20}$ 具有明显的微相分离结构，即使在未经染色的情况下仍能观察到硬段之间通过氢键相连并进行排列形成的硬段结晶微区，并均匀地分散在软段连续相中。对硬段结晶微区的尺寸进行测量并统计，结果如图 5-61（c）所示。硬段结晶微区的尺寸为（3.6 ± 0.5）nm，表明硬段具有良好的、均一的结晶性。采用高分辨透射电镜 (HRTEM) 观察 $PIB\text{-}TPE_{20}$ 超薄切片样品中的硬段结晶微区，HRTEM 照片如图 5-61（b）所示，从图中可以观察到尺寸小于 5nm 的晶格衍射条纹。

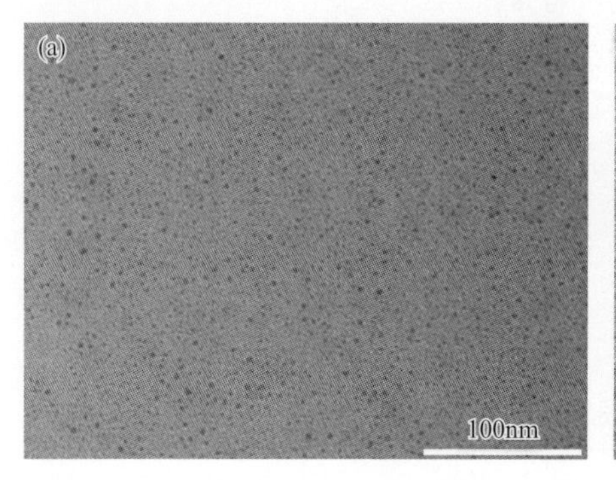

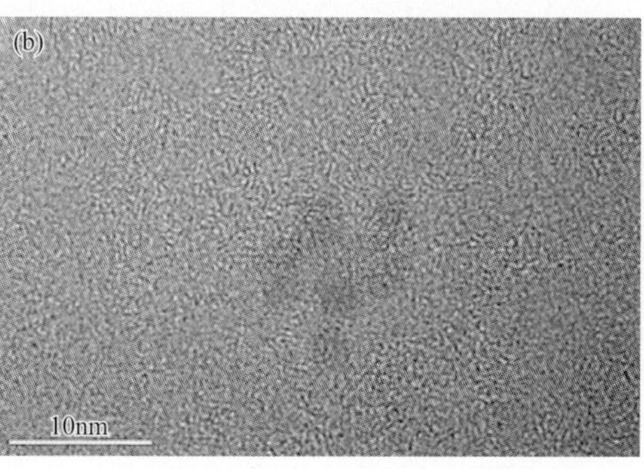

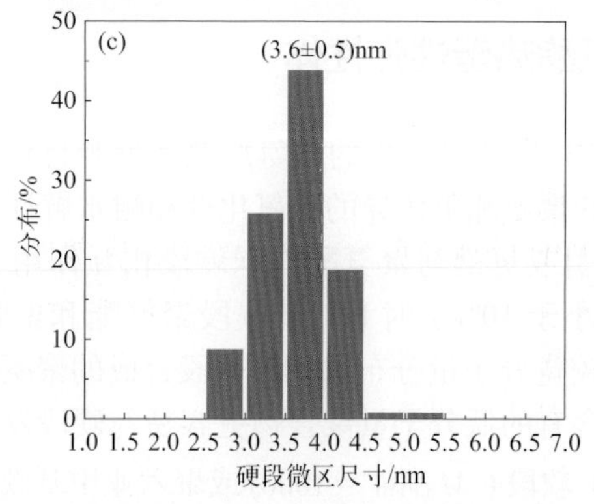

图5-61 室温下储存一个月后$PIB\text{-}TPU_{20}$超薄切片的透射电镜照片（a）和高分辨透射电镜照片（b）以及$PIB\text{-}TPU_{20}$中硬段微区的尺寸分布直方图（c）

在 PIB-TPU 中，PIB 链段不参与硬段相互作用和结晶，因此根据热塑性弹性体中硬段化学结构分析硬段结晶微区形成及微观相分离三维网络结构。热塑性弹性体的软硬段形成微观相分离结构，其中聚氨基甲酸丁二酯硬段通过亚氨基官能团与羰基官能团之间形成的氢键相连，从而聚集形成硬相微区。

本书著者团队[84]还研究了 HMDI/PIB 摩尔比对聚氨酯热塑性弹性体的硬段结晶性的影响。采用 DSC 来研究不同硬段 / 软段比值的 PIB-TPU 的硬段结晶性，DSC 升温曲线如图 5-62（a）所示。随着硬段 / 软段比例增大，硬段结晶的熔融峰向低温移动。PIB-TPU 中硬段结晶的熔融温度和熔融焓如图 5-62（b）所示。随着硬段 / 软段比例增加，硬段结晶的熔融峰温度 (T_m) 逐渐减小，熔融焓 (ΔH_m) 逐渐增加。硬段含量增加，使其更容易通过氢键相连，导致硬段结晶度提高，有利于提高热塑性弹性体的强度，但同时硬段排列的规整度降低导致 T_m 降低。当 HMDI/PIB 摩尔比小于 19 时，T_m 可达 119℃以上；当 HMDI/PIB 摩尔比为 6 时，T_m 能达到 162℃，使热塑性弹性体在高温下保持形态稳定，提高了 PIB-TPU 的服役温度。

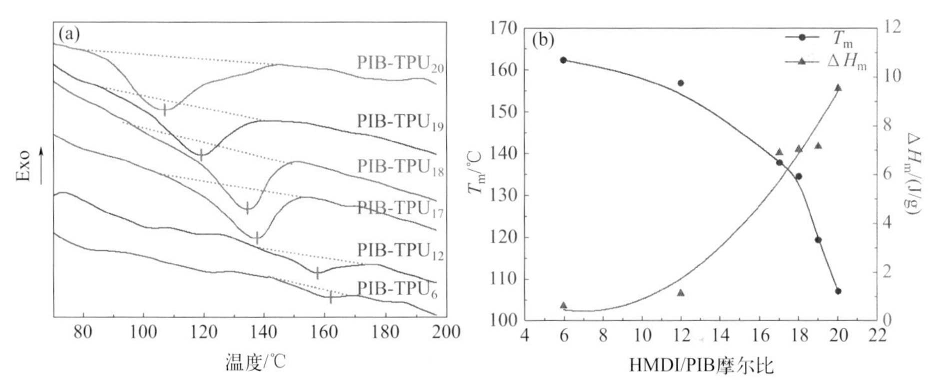

图5-62　不同HMDI/PIB摩尔比的聚氨酯热塑性弹性体的DSC升温曲线（a），硬段结晶的熔融温度(T_m)和熔融焓(ΔH_m)与HMDI/PIB摩尔比的关系（b）

PIB-TPU 通过硬段之间的氢键作用形成物理交联网络，表征 PIB-TPU 的流变行为来研究 PIB-TPU 的网络结构。$PIB\text{-}TPU_{12}$ 热塑性弹性体在 90 ～ 170℃范围内的动态升温曲线如图 5-63 所示。储能模量 (G') 与损耗模量 (G'') 均随着温度升高而降低。当温度低于 159℃时，$G'>G''$，表明材料处于高弹态；在 159℃时，$G' = G''$，表明此时材料发生黏流转变；在高于 159℃之上，$G'<G''$，表明材料处于黏流态，有利于材料加工。

以相对长链 PIB($\overline{M}_n$ = 12000) 为软段，以多个 HMDI 与 BDO 交替相连形成的聚氨基甲酸丁二酯短链为硬段，合成了一系列不同硬段 / 软段摩尔比的 PIB-

TPU。PIB-TPU 具有明显的微观相分离结构，通过 HMDI 与 BDO 形成的硬段结晶微区 [尺寸为 (3.6 ± 0.5)nm] 作为交联点，形成三维超分子网络结构。这种超分子网络结构取决于氢键的形成与解离，对于 $PIB-TPU_{12}$ 热塑性弹性体，在温度高于 159℃时，超分子网络随氢键解离而解散，热塑性弹性体从高弹态向黏流态转变。随着 HMDI/PIB 摩尔比的增加，硬段结晶微区的熔融温度逐渐减小，熔融焓逐渐增大，结晶度提高。当 HMDI/PIB 摩尔比小于 19 时，熔融峰温度可达 119℃以上，提高了 PIB-TPU 的服役温度。

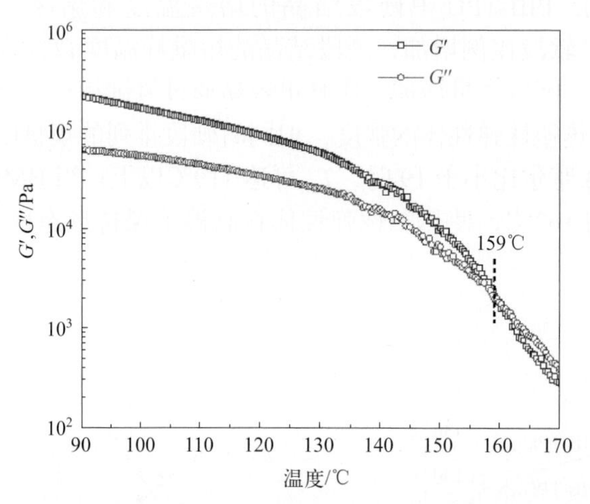

图5-63 $PIB-TPU_{12}$在动态升温过程中的储能模量与损耗模量（f = 1Hz）

本书著者团队[67]还研究了在 PIB-TPU 硬段中引入偶氮苯官能基团对微相分离和硬段结晶的影响，将 PIB-AZO-TPU 系列样品配制成 0.025mg/mL 的 THF 溶液，待其充分溶解后，用移液枪吸取 20μL 溶液滴于铜网上待溶剂挥发后，60℃下 6h 退火，进行透射电镜 (TEM) 表征。为了更加清晰地分辨聚合物中的软相与硬相，退火完成后使用四氧化钌对其进行染色，深色区域为硬段在氢键作用下相连或结晶形成的硬相区域；浅色部分为 PIB 形成的软相区域，其结果如图 5-64 所示。对于 PIB-AZO-5-TPU，呈现出“双连续”的相分离结构，可以看到少量的硬段聚集成的硬相微区；对于 PIB-AZO-7-TPU，随着硬段含量的增大，硬段部分逐渐聚集形成球形的区域，硬段含量越大，形成的硬相微区越多，硬相微区尺度越大。

随着硬段含量的增大，有序氢键的数量提高，有序氢键越多，硬段聚集形成硬相微区的能力越强，硬相微区的数量及尺寸越大。由于聚合物中的无序氢键占据主要地位，其含量远高于有序氢键，无序氢键虽然可以为聚合物链提供交联点，但不利于硬段的有序排列形成硬相微区，所以硬段含量较低时，聚合物的微观聚集态结构趋向于双连续相，硬段含量较高时聚合物聚集态结构倾向于形成圆形的聚集区域。

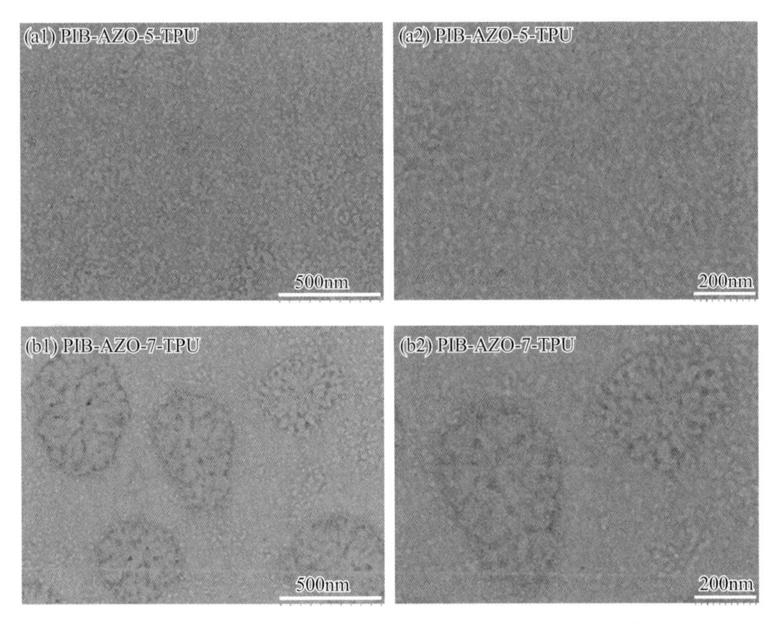

图5-64　PIB-AZO-5-TPU（a）和PIB-AZO-7-TPU（b）的TEM照片（RuO_4染色）

PIB-AZO-TPU 内部存在氢键的物理交联可以形成网络结构，硬段的含量可以通过改变有序氢键的含量来影响。聚合物的微观聚集态结构，可以通过使用平板流变仪，以 3℃ /min 的升温速度从 50℃加热至 160℃进行变温扫描测试，其中振幅为应变的 0.1%，测试频率为 1Hz，对聚合物储能模量 (G')、损耗模量 (G'')、tanδ 的变化情况进行表征，研究其在宏观尺度下网络结构的变化情况与流变性能，并比较硬段含量不同对聚合物流变性能的影响，如图 5-65 所示。

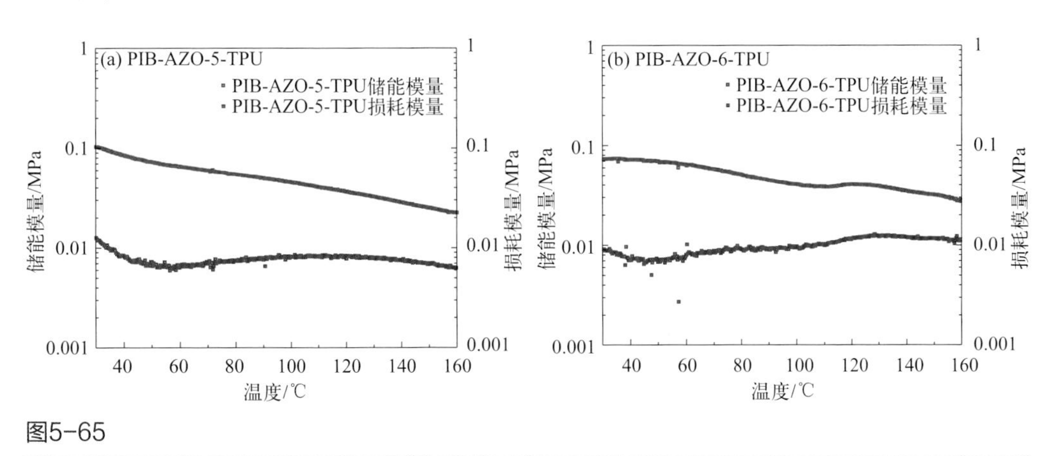

图5-65

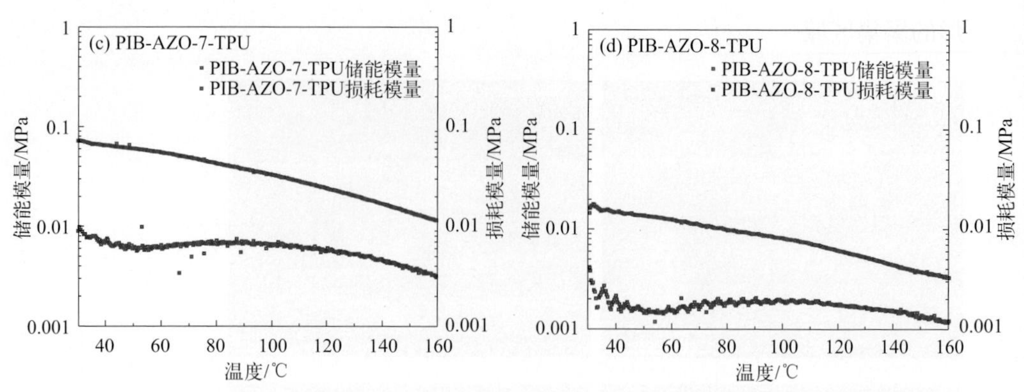

图5-65 PIB-AZO-TPU系列样品在30～160℃温度区间内储能模量(G')、损耗模量(G'')、$\tan\delta$ 的变温流变谱图

对PIB-AZO-TPU系列样品在30～160℃的温度区间内，随着温度的升高，其储能模量(G')与损耗模量(G'')基本呈现出减小的趋势，网络结构发生松弛，但储能模量大于损耗模量，样品始终处于高弹态，其内部的网络结构始终存在。

将不同硬段含量样品的变温流变曲线叠图比较，其结果如图5-66所示。可以看出：①当硬段含量增大时，聚合物储能模量(G')减小；②当聚合物硬段含量$R>5$时，随着硬段含量增大，聚合物损耗模量(G'')减小，PIB-AZO-6-TPU的损耗模量(G'')大于其余样品；③PIB-AZO-5-TPU的$\tan\delta$值小于其余各样品，这说明PIB-AZO-5-TPU的网络结构在系列样品中最为紧密。

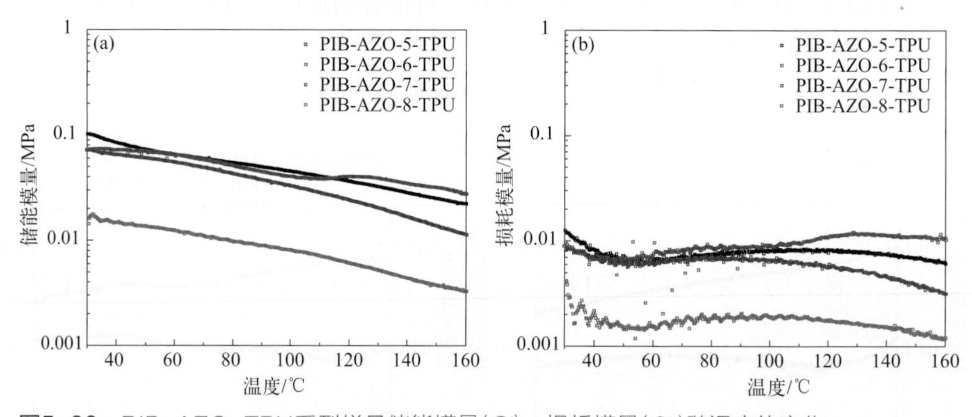

图5-66 PIB-AZO-TPU系列样品储能模量(G')、损耗模量(G'')随温度的变化

上述结果表明，PIB-AZO-TPU系列样品具有可靠的网络结构，即使在160℃下依然是紧密的网络，随着温度的升高网络结构会发生松弛。硬段含量可以通过

改变聚合物的微观聚集态结构来影响网络结构的强度，当聚合物在双连续相的相分离结构下的网络强度高于链段聚集成圆形区域相分离结构下的网络结构，聚合物抵抗剪切形变的能力增强。

三、聚醚-聚异丁烯-聚醚型聚氨酯热塑性弹性体

对于聚异丁烯型聚氨酯热塑性弹性体，软段全饱和聚异丁烯不产生结晶，结晶来自硬段聚集区域。对于聚异丁烯型聚氨酯热塑性弹性体，全饱和聚醚（如聚四氢呋喃）软段可产生结晶，主要受到其分子链段长度及硬段结构的影响，硬段也可结晶。因此，不同的软段化学结构及分子链段长度对聚氨酯热塑性弹性体的微相分离现象和结晶行为有明显的影响。那么，聚氨酯中软段为聚醚与聚异丁烯通过化学键键合的三嵌段共聚物（FIBF）链段，聚氨酯热塑性弹性体的微观形态会是怎样的？本书著者团队[85-86]采用DSC表征对PTHF基TPU与FIBF三嵌段基TPU进行了分析，得到的升温过程中DSC曲线如图5-67所示。

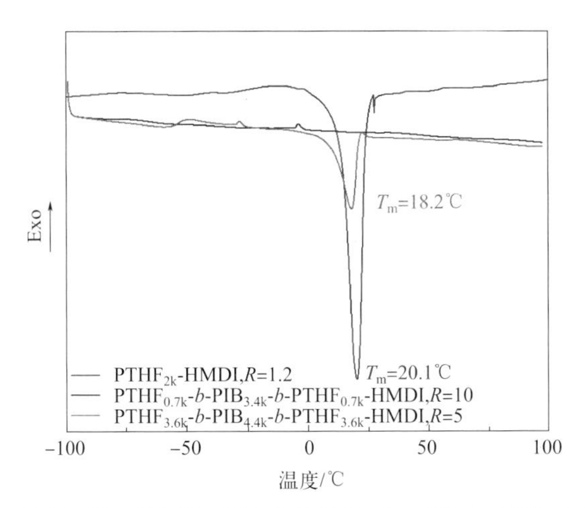

图5-67 PTHF-TPU及PTHF-b-PIB-b-PTHF-TPU的DSC曲线

PTHF的熔融峰主要与其链长有关，一般来说，PTHF分子量高于1000，即会出现熔融吸收峰。在PTHF$_{2k}$-HMDI中，软段PTHF的分子量为2000，可以产生明显的结晶现象，其熔点T_m = 20.1℃，结晶熔融峰强；在PTHF-b-PIB-b-PTHF-HMDI中，PTHF链段分子量小于2000时，软段基本不产生结晶，需相应提高PTHF链段分子量，如当PTHF链段分子量为3600时才产生结晶现象，T_m = 18.2℃，结晶熔融峰明显减弱，说明在三嵌段共聚物链段中PIB链段对PTHF链段结晶的限制作用。FIBF三嵌段共聚物基PU的T_m较纯PTHF基PU降低。

四、聚苯乙烯-聚异丁烯-聚苯乙烯型聚氨酯热塑性弹性体

SIBS-TPU 在室温下储存一个月后经超薄切片，非极性 PIB 软段与 PS 硬段以及极性氨基甲酸酯硬段之间是热力学不相容的，可产生微观相分离。SIBS-TPU 在室温下储存一个月后经超薄切片，采用透射电镜 (TEM) 观察未染色的 SIBS-TPU$_9$ 超薄切片样品的微观形态，其 TEM 照片及硬段微区尺寸分布如图 5-68 所示。SIBS-TPU 样品未经染色，因此观察到 HMDI 与 BDO 组成的硬段通过氢键作用相连形成的结晶微区，结晶微区尺寸小 [(3.8 ± 0.9)nm]，高分辨透射电镜 (HRTEM) 中也显示尺寸小于 5nm 的晶格衍射条纹，这与 PIB-TPU 中硬段结晶微区尺寸 [(3.6 ± 0.5)nm] 相差不大，但结晶微区尺寸分布相对宽，这是由于部分氨基甲酸酯官能团与苯环相连，较大位阻的苯环破坏了氢键的有序性所致。

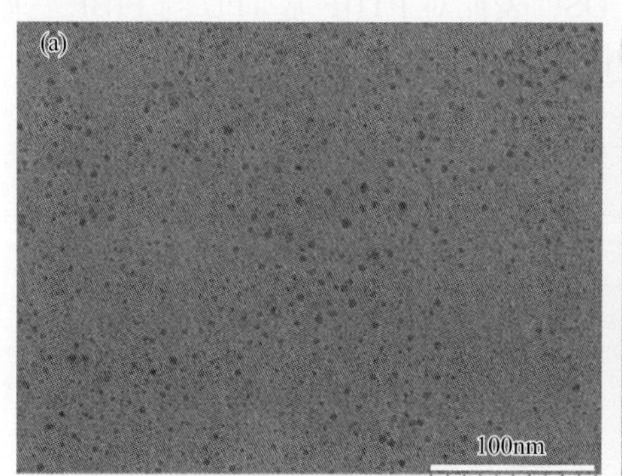

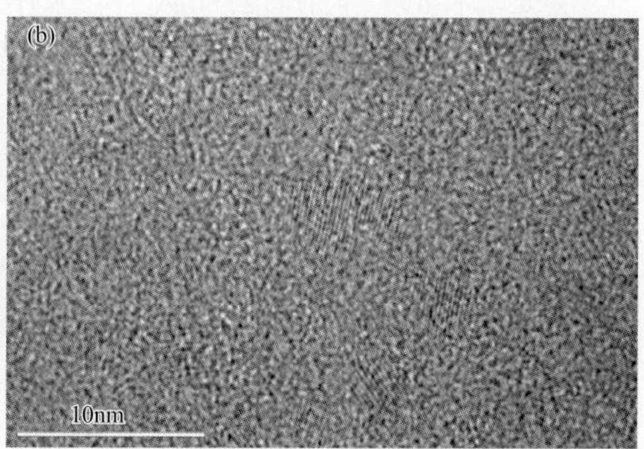

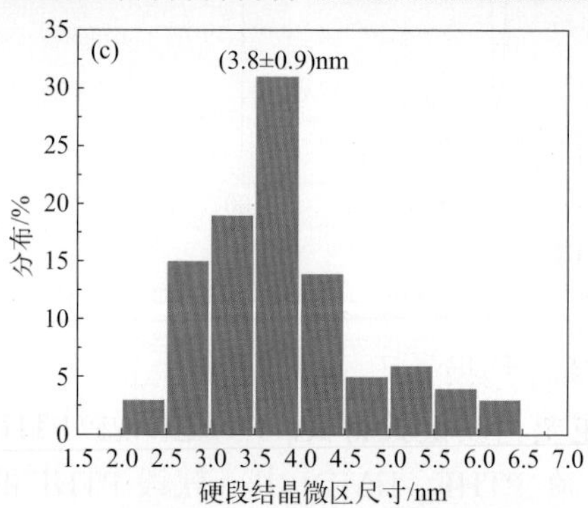

图5-68 SIBS-TPU$_9$的TEM照片（a）和HRTEM照片（b），以及硬段结晶微区的尺寸分布直方图（c）

在 SIBS-TPU 中，软段和硬段之间的热力学不相容使其表现出明显的微观相分离结构，HMDI 和 BDO 形成的结晶微区与 SIBS 中的 PS 硬段相连，组成

一个更大尺寸的硬段微区。为了观察两种硬段微区的区别，将 SIBS-TPU_9 超薄切片经过四氧化钌 (RuO_4) 染色后再进一步观察其微观形态，其 TEM 照片如图 5-69（a）所示。由图可见，经过 RuO_4 染色，能够观察硬段微区为 HMDI 和 BDO 形成的结晶微区与 PS 链段共同组成的硬段微区 [(3.9 ± 0.8)nm]。由于具有 π-π 作用堆叠的 PS 链段的加入，硬段微区的尺寸增加，且两个硬段微区之间的界限并不明显。为了对比，所用的 SIBS 原料经溶液成膜后也用 RuO_4 染色，其 TEM 照片如图 5-69（b）所示，SIBS 中 PS 链段太短，难以观察到微观相分离结构。

图5-69　SIBS-TPU_9超薄切片（a）与对应SIBS原料（b）的透射电镜照片（RuO_4染色）

五、聚硅氧烷及其与聚醚复合型聚氨酯热塑性弹性体

对于 PDMS 基聚氨酯或聚脲，PDMS 软段不会通过偶极子吸引或氢键与聚氨酯或脲硬段相互作用，即使在非常低的硬段质量分数（小于 10%）时，也表现出优异的微观相分离。分别将分子量为 450 和 2000 的 PPO 掺入分子量分别为 3000 和 7000 的 PDMS-TPU 中，进行改性 PPO 的醚基团与脲硬段之间通过氢键结合，形成中间梯度相 [35]。

本书著者团队 [67] 研究了 PDMS/PTHF 复合软段对 PDMS/PTHF-AZO-TPU 共聚物聚集态结构的影响，结果如图 5-70 所示。

从图 5-70 可以看出：① PDMS-PTHF-AZO-TPU 系列样品明显的相分离结构，硬段在氢键作用下相连并排列形成的硬相区域以类似“海 - 岛”相分离结构分散在 PDMS-PTHF 形成的软相区域；② 相较于 PTHF-AZO-TPU 样品，PDMS/PTHF-AZO-TPU 样品的硬相微区尺寸增大。

因此，PDMS-PTHF 复合软段引入共聚物后，其柔性增大，聚合物链运动能力提高，有利于形成更加密集的氢键，使得更多的硬段得以聚集成为更大尺寸的硬相微区，改变了聚合物的微观聚集态结构和微观三维网络结构。

图5-70 PTHF$_{1k}$-AZO$_{100}$-TPU（a）、PDMS-PTHF$_{1k}$-AZO-5-TPU（b）、PTHF$_{2k}$-AZO$_{100}$-TPU（c）和PDMS-PTHF$_{2k}$-AZO-5-TPU（d）的TEM照片

通过使用平板流变仪，对 PDMS-PTHF-AZO-TPU 系列样品的储能模量 (G')、损耗模量 (G'')、tanδ 的变化情况进行表征，研究其在宏观尺度下网络结构的变化情况与流变性能，并与 PTHF-AZO$_{100}$-TPU 系列样品的流变表征结果进行比较，研究 PDMS-PTHF 复合软段对聚合物流变性能的影响。其表征结果如图 5-71 所示。

从图 5-71 可以看出：① PDMS-PTHF$_{1k}$-AZO-5-TPU 的储能模量 (G') 与损耗模量 (G'') 均大于 PTHF$_{1k}$-AZO$_{100}$-5-TPU，这表明 PTHF$_{1k}$-AZO$_{100}$-5-TPU 相比而言抵抗剪切形变的能力更强；② 在 80℃以下，PDMS-PTHF$_{2k}$-AZO-5-TPU 的储能模量 (G') 与损耗模量 (G'') 均小于 PTHF$_{2k}$-AZO$_{100}$-5-TPU，而当温度高于 80℃时，由于 PTHF$_{2k}$-AZO$_{100}$-5-TPU 聚合物中网络结构松弛，其储能模量 (G') 与损耗模量 (G'') 均小于 PDMS-PTHF$_{2k}$-AZO-5-TPU；③ PDMS-PTHF-AZO-TPU 系列样品的 tanδ 值始终小于 PTHF-AZO$_{100}$-5-TPU 系列样品的 tanδ 值，这说明 PDMS-PTHF-AZO-5-TPU 相比而言具有更为紧密的网络结构。

通过 PDMS-PTHF 复合软段，可以增大聚合物的柔性，提高聚合物链运动的能力，使得聚合物抵抗剪切形变的能力降低，聚合物中脲基的存在，为聚合物提供了更强的氢键作用，有利于聚合物内部硬段的有序排列，聚合物网络结构变得更加紧密。

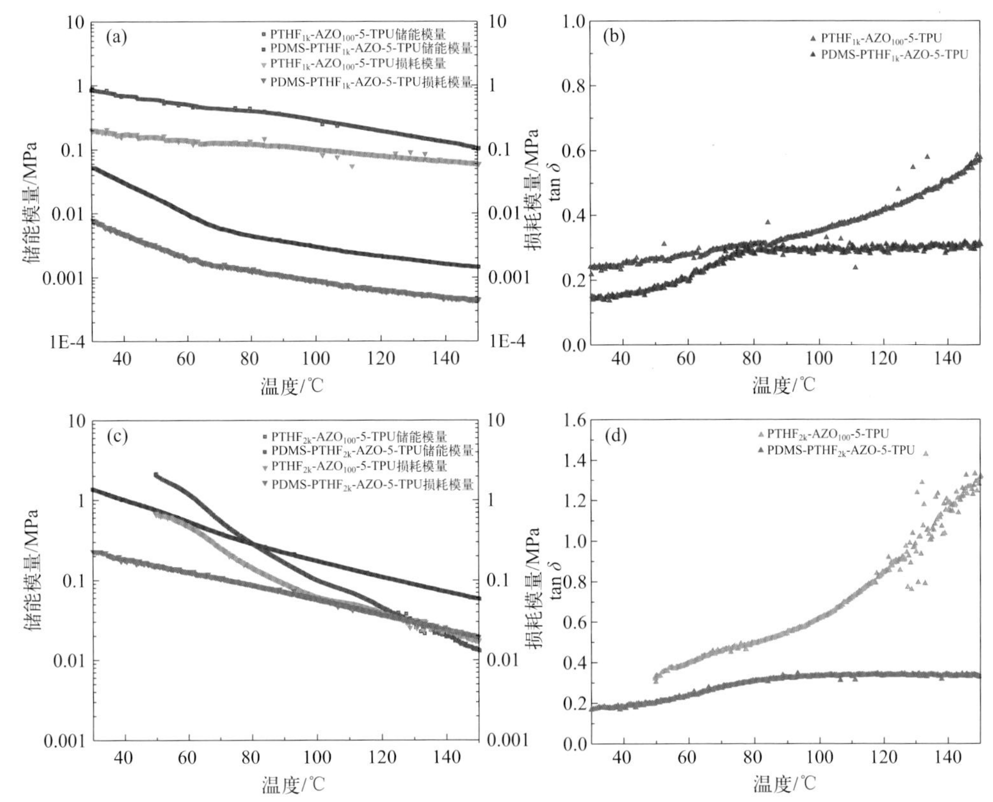

图5-71 PDMS-$PTHF_{1k}$-AZO-5-TPU与$PTHF_{1k}$-AZO_{100}-5-TPU在30～150℃温度区间内的变温流变谱图［（a）储能模量(G')与损耗模量(G'')；（b）tan δ］和PDMS-$PTHF_{2k}$-AZO-5-TPU与$PTHF_{2k}$-AZO_{100}-5-TPU在30～150℃温度区间内的变温流变谱图［（c）储能模量(G')与损耗模量(G'')；（d）tan δ］

升温速度为3℃ /min，从50℃加热至160℃进行变温扫描测试，振幅为应变的0.1%，测试频率1Hz

第五节 聚氨酯热塑性弹性体的性能

众所周知，高分子量脂肪族聚醚和聚酯是可结晶的，熔点通常在 40 ～ 60℃的范围内[118]。目前文献报道的大多数 TPU 使用数均分子量在 1000 ～ 3000 范围内的脂肪族聚醚二醇或脂肪族聚酯二醇为原料来合成。使用较低分子量的软段主要是为了防止聚醚或聚酯软段的结晶，并在其服役温度范围内为 TPU 提供更好的弹性。但是，当材料发生取向时，它们可能会发生应变诱导结晶，在拉伸时提高材料的强度[24]。软段的化学结构、分子量与质量分数对聚氨酯的刚度、模量、回复率和物理机械性能有很大的影响。

硬段中氢键形成带来的软链段和硬链段之间增强的相容性对于良好的物理机械性能至关重要。通常，硬段含量增加，TPU 室温下的杨氏模量与拉伸强度增加。以对苯二异氰酸酯 (*p*PDI) 为原料，随着硬段含量增加，硬段部分的熔融温度提高，扩大了储能模量平台。

一、聚醚-聚酯型聚氨酯热塑性弹性体

1．物理机械性能

通过不同分子量的 PTHF(1000、2000、2900 和 3500) 与 *p*PDI、BDO 合成一系列 PTHF-TPU，其拉伸强度随 PTHF 软段分子量的增加而增加[102]。

嵌段 TPU 的应力 - 应变行为明显与对苯二异氰酸酯对称性和硬段类型有关[119]。随着硬段含量的增大，聚氨酯中的氢键含量与拉伸强度、杨氏模量与流动温度均会增大[114]。在未使用扩链剂的情况下，硬段含量低的 TPU 也表现出良好的物理机械性能。不对称二异氰酸酯 (MDI，HMDI 和 *m*PDI) 基聚氨酯在环境温度下仅形成黏膜，不显示任何机械强度。由于更强的氢键，嵌段聚脲始终表现出比嵌段聚氨酯高得多的杨氏模量和拉伸强度。

通过二苄基二异氰酸酯 (DBDI) 与聚己二酸乙二醇酯 (分子量 2000) 低聚物以及不同的小分子扩链剂，包括乙二醇 (EG)、1,3- 丙二醇 (PG)、1,4- 丁二醇 (BDO)、1,5- 戊二醇 (PD) 和 1,6- 己二醇 (HD)，合成聚酯型聚氨酯，使用偶数个亚甲基扩链剂制备的聚氨酯弹性体显示出更好的力学性能，其中聚氨酯硬段堆积更好。

由于聚酯型 PU 软段中—COO—与—NH—间氢键作用更明显，聚酯型 PU 软 / 硬段的相容性高于聚醚型[120]。酯基极性大，内聚能比醚键内聚能高，软段分子间作用力大，内聚强度高，因此机械强度高[121]。

本书著者团队[64] 研究二异氰酸酯化学结构对聚氨酯热塑性弹性体力学性能的影响，如图 5-72 所示。由于 $PTMG_{2k}$-$HDI_{2.5}$ 中硬段体积小，有序氢键含量高，在较低的伸长率 (10%) 即发生断裂，表现出脆性。由于 IPDI 中的不对称甲基取代基，$PTMG_{2k}$-$IPDI_{2.5}$ 具有较高的无序氢键含量，拉伸强度较低，为 0.2MPa；断裂伸长率最大，为 1930%。$PTMG_{2k}$-$HMDI_{2.5}$ 中 HMDI 具有半对称性、立体结构的较大位阻，具有较高的有序氢键和无序氢键含量，使其具有较高的拉伸强度 (32.0MPa) 和断裂伸长率 (1378%)。

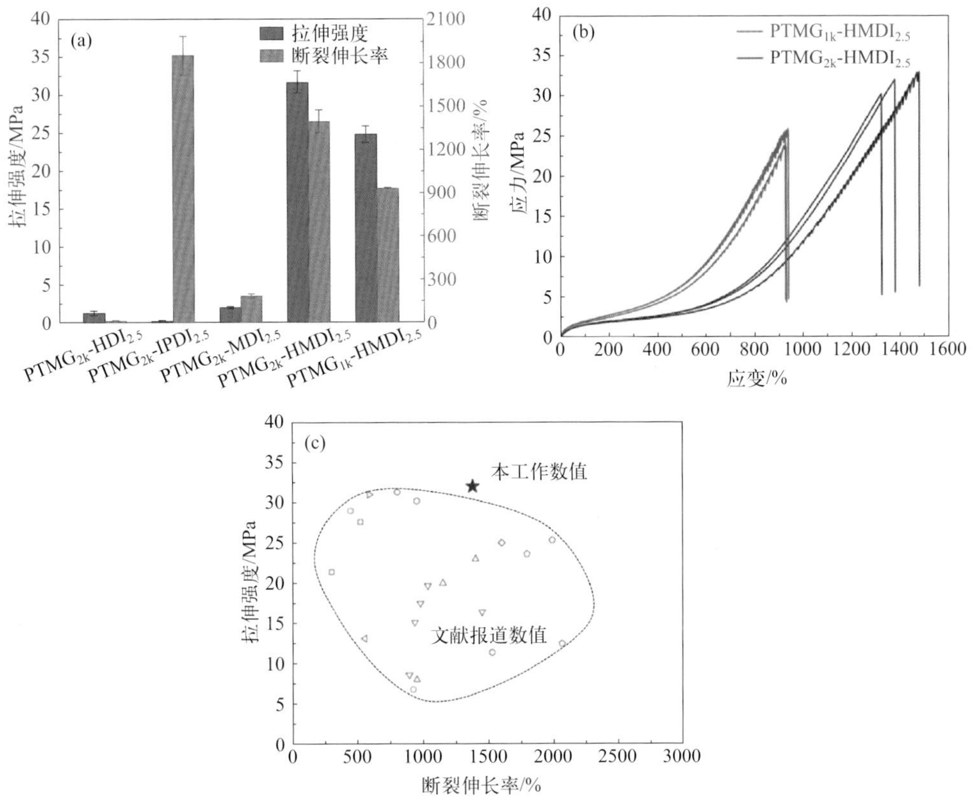

图5-72　不同二异氰酸酯化学结构的聚氨酯热塑性弹性体的力学性能

本书著者研究团队[69]进一步在PTMG-HMDI/BDO-TPU硬段中引入可形成多重氢键的结构单元2,6-二氨基嘌呤（DAP），在硬段HMDI、BDO和DAP总量确定的情况下研究DAP含量比例对PTMG-HMDI/BDO-DAP-TPU物理机械性能的影响，其应力-应变曲线如图5-73所示。随着DAP在聚氨酯结构中含量的提高，PTMG-HMDI-DAP-TPU物理机械性能明显得到改善，达到既增强又增韧的特别效果，得到强而韧的TPU材料。

本书著者研究团队[69]进一步在PTHF-HMDI -TPU硬段中引入可形成多重氢键的结构单元功能化UPy和含有双硫键的4,4-二硫代二苯胺（DTDA）为双组分扩链剂，在UPy与DTDA总量保持不变的前提下研究UPy/DTDA比例对所制备的TPU物理机械性能的影响，其应力-应变曲线如图5-74所示。UPy与DTDA两者具有一定的协同作用，当UPy/DTDA比例为1∶1～3∶1范围内，所制备的PTHF-HMDI-DTDA-UPy-TPU同样具有优异的物理机械性能，是一种强而韧的TPU材料，拉伸强度可达24.63MPa，断裂伸长率可达1073%。

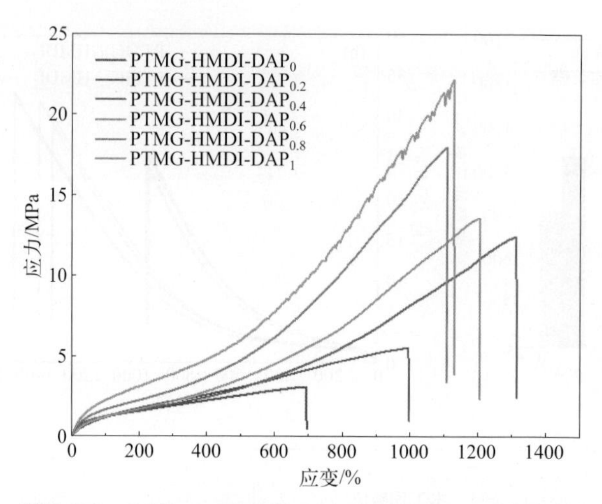

图5-73 不同DAP含量的PTMG-HMDI-DAP的应力-应变曲线

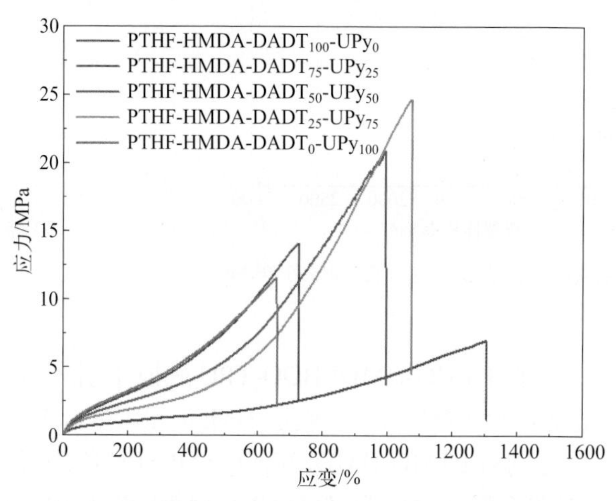

图5-74 PTHF-HMDA-DTDA-UPy-TPU的应力-应变曲线

通过UPy与DTDA两者的协同作用，构筑不同的多重氢键及物理交联网络结构。从如图5-75所示的冻干后TPU-DTDA$_m$-UPy$_n$薄膜的淬断后断面形貌的SEM照片可见，TPU-DTDA$_{100}$-UPy$_0$的断面形貌并没有出现明显的网络结构，可能是DTDA在硬段中形成的氢键密度较低的缘故。TPU-DTDA$_{75}$-UPy$_{25}$在其硬段中引入了一部分可形成四重氢键的UPy结构后，其断面的微观形貌结构粗糙度明显增加。随着功能化UPy在聚氨酯中硬段中含量的进一步提高，聚氨酯断面的微观形貌逐渐转变为三维网络结构。

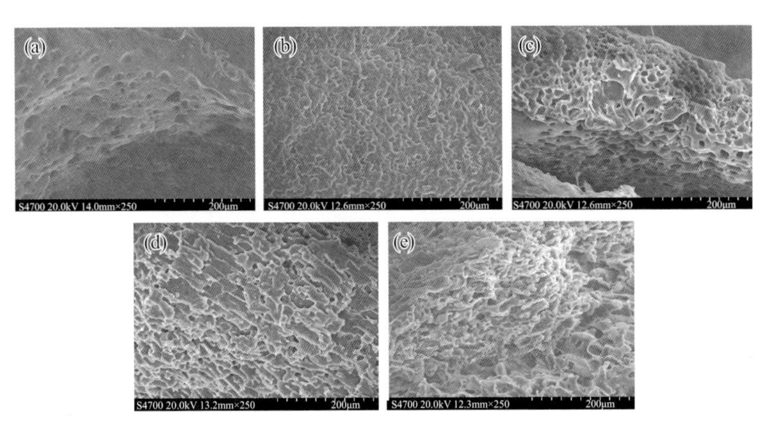

图5-75 不同UPy/DTDA下TPU-DTDA$_m$-UPy$_n$的断面SEM照片

(a) TPU-DTDA$_{100}$-UPy$_0$；(b) TPU-DTDA$_{75}$-UPy$_{25}$；(c) TPU-DTDA$_{50}$-UPy$_{50}$；(d) TPU-DTDA$_{25}$-UPy$_{75}$；(e) TPU-DTDA$_0$-UPy$_{100}$

本书著者研究团队[69]进一步在PTHF-HMDI -TPU硬段中引入可形成功能化UPy和1,4-苯醌二肟(BQDO)为双组分扩链剂，在UPy与BQDO总量保持不变的前提下研究UPy/BQDO比例对所制备的PTHF-HMDI-BQDO-UPy-TPU物理机械性能的影响，其应力-应变曲线如图5-76所示。对于PTHF-HMDI-UPy-TPU，在链段之间形成了四重氢键结构，分子间作用力强，抑制了链段在受到外力时的滑移，拉伸强度为11.58MPa，断裂伸长率为658%；对于PTHF-HMDI-BQDO TPU，其中含有肟氨酯键组成的氢键，当材料受到拉伸时，一部分弱氢键充当“牺牲键”首先断裂耗散能量，因而其具有良好的拉伸应变，加上BQDO中含有刚性结构苯环，提高了材料的拉伸应力，拉伸强度为15.40MPa，断裂伸长率为1072%；对于使用UPy/BQDO双组分扩链剂制备的TPU，即PTHF-HMDI-BQDO$_{75}$-UPy$_{25}$、PTHF-HMDI-BQDO$_{50}$-UPy$_{50}$和PTHF-HMDI-BQDO$_{25}$-UPy$_{75}$，其拉伸强度分别为24.14MPa、23.62MPa以及21.58MPa；拉伸应变分别为1052%、943%以及758%。在相同拉伸应变下拉伸应力的大小顺序为PTHF-HMDI-BQDO$_{75}$-UPy$_{25}$>PTHF-HMDI-BQDO$_{50}$-UPy$_{50}$>PTHF-HMDI-BQDO$_{25}$-UPy$_{75}$。UPy与BQDO两者具有一定的协同作用，当UPy/ BQDO比例为1∶3～1∶1范围内，所制备的PTHF-HMDI-BQDO-UPy TPU同样具有优异的物理机械性能，是一种强而韧的PTHF-TPU材料。

2. 动态力学性能

通过聚己内酯(PCL)软段与不同结构的二异氰酸酯(MDI，HMDI，*p*PDI，TDI和*trans*-1,4-CHDI)以及小分子扩链剂1,4-丁二醇(BDO)合成一系列不同硬段结构的PCL-TPU，研究二异氰酸酯的对称性对热力学性能有明显影响，对于硬段质量分数为20%的对称的*p*PDI和CHDI基TPU表现出相对平缓、对温度不敏感的橡胶态平台，范围从−20～180℃以上，且平台处模量为10^7Pa，比MDI、HMDI和TDI基TPU的模量高出一个数量级。模量急剧下降时对应的温度由高到低的顺序为：CHDI＞*p*PDI＞MDI＞TDI＞HMDI[13-14]。

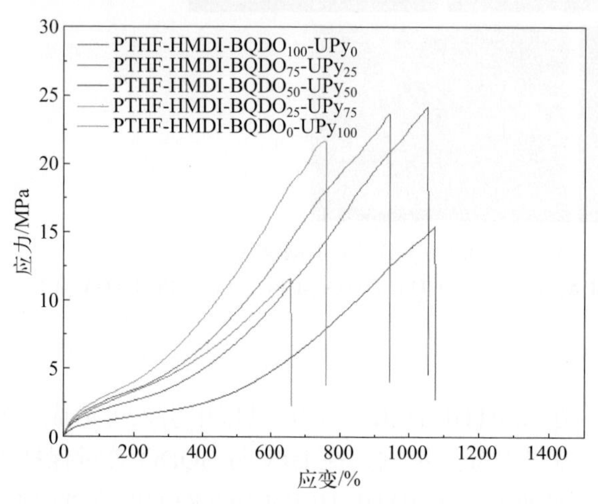

图5-76 PTHF-HMDI-BQDO-UPy-TPU的应力-应变曲线

二异氰酸酯的对称性和硬段氢键的强度会使嵌段聚氨酯和聚脲的模量-温度行为发生显著差异[15,122-125]。基于对称二异氰酸酯的*p*PDI基聚脲，表现出极长且对温度（−50～200℃）不敏感的橡胶态平台，具有10^8Pa的高模量。*p*PDI基聚氨酯也显示出微观相分离，并且模量与*p*PDI基聚脲的模量相当，但显示的橡胶态平台相当短。氢键弱的不对称或扭结的*m*PDI基聚脲也表现出与前两种材料相当的模量，并且在−65～75℃之间具有明确的橡胶态平台。*m*PDI基聚氨酯在软链段玻璃化转变后模量急剧下降至约5×10^6Pa，随后发生流动。*m*PDI基聚氨酯在相当窄的温度范围内，储能模量出现大幅下降，还表现出tanδ峰急剧锐化，达到了1.0，而其他TPU的tanδ峰仅在0.2～0.3之间。

本书著者团队[64]研究了二异氰酸酯化学结构对聚氨酯热塑性弹性体动态力学性能的影响，如图5-77所示。$PTMG_{2k}$-$HDI_{2.5}$和$PTMG_{2k}$-$HMDI_{2.5}$均具有高的储能模量和刚性。在储能模量和损耗模量曲线中，$PTMG_{2k}$-$MDI_{2.5}$呈现弱的松弛峰，这是由于其在−40～15℃范围内出现冷结晶的缘故。通常，在损耗模量曲线中出现强的松弛峰与软段$PTMG_{2k}$的玻璃化转变温度（T_g）有关，而$PTMG_{2k}$的T_g又依赖于硬段结构，其T_g值的顺序如下：

PTMG-MDI (−58℃)＞PTMG-IPDI (−62℃)＞PTMG-HDI (−63℃)＞PTMG-HMDI (−66℃)

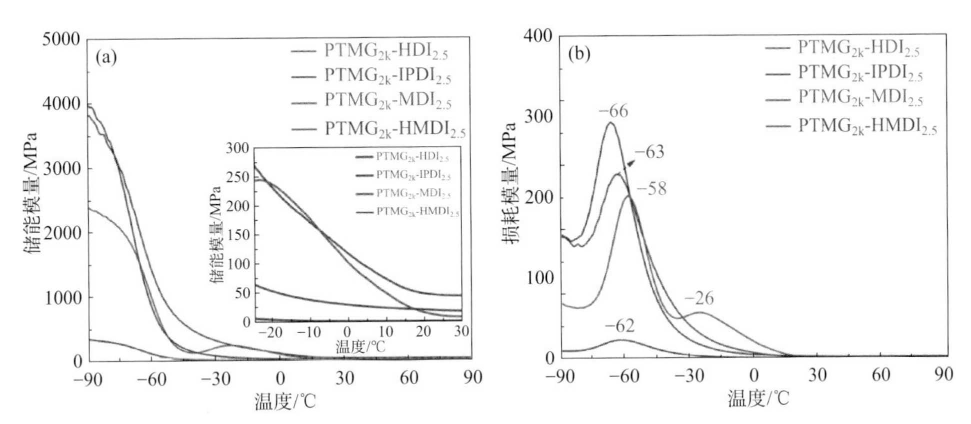

图5-77 不同二异氰酸酯结构聚氨酯热塑性弹性体的DMA曲线

（a）储能模量；（b）损耗模量

本书著者团队[67]在PTHF-HMDI-TPU材料硬段中引入带有偶氮苯结构单元对PTHF-AZO-TPU动态力学性能的影响，$PTHF_{1k}$-AZO-TPU和$PTHF_{2k}$-AZO-TPU系列样品的DMA曲线分别见图5-78和图5-79所示。可以看出：随着DHAB含量提高，PTHF-AZO-TPU样品的储能模量与损耗模量均增大，DHAB含量的提高有助于提升弹性性能和阻尼性能；损耗模量曲线均出现两个峰，并且随着DHAB含量的减少，出现两个峰的趋势也在减弱。DHAB对硬段刚性的提升与对硬段间有序排列和有序氢键形成的削弱之间存在竞争，在$PTHF_{1k}$-AZO-TPU系列样品中，硬段刚性的提升对于力学性能提升的贡献占据主导地位。

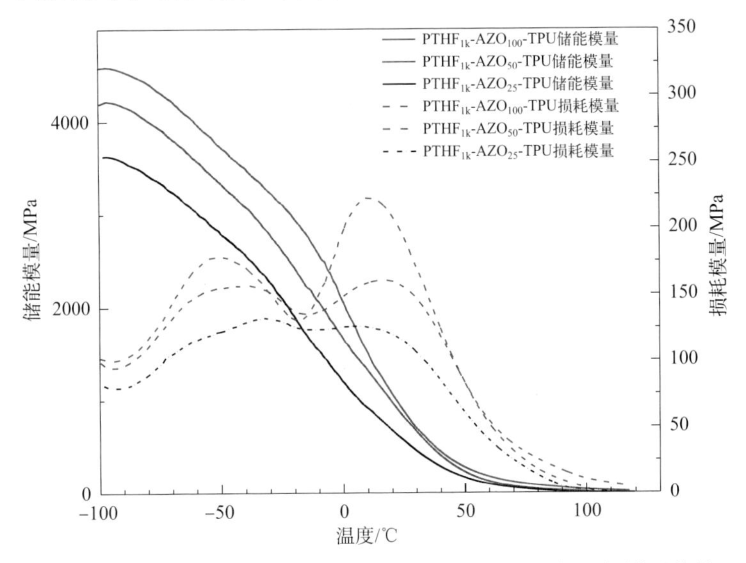

图5-78 $PTHF_{1k}$-AZO-TPU系列样品的储能模量与损耗模量曲线

频率=1Hz，振幅=0.1%

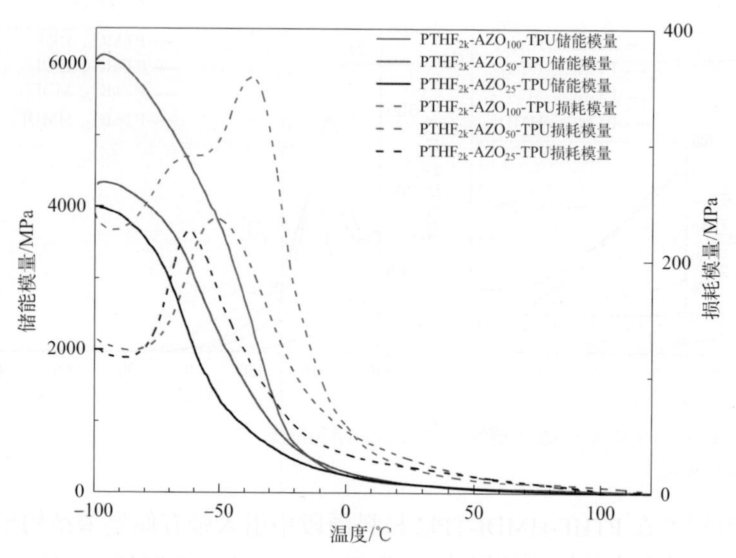

图5-79 $PTHF_{2k}$-AZO-TPU系列样品的储能模量与损耗模量曲线

软段 PTHF 分子量对于聚氨酯热塑性弹性体动态力学性能的影响如图 5-80 所示。当 DHAB 含量相同时，低温下随着 PTHF 软段分子量的增大，样品的储能模量与损耗模量均增大，PTHF 软段分子量的增大使得聚合物的柔性增大，有助于改善样品的低温性能。常温下，样品的储能模量与损耗模量均减小，这是软段分子量的增大使得聚合物网络的紧密程度降低所导致的。

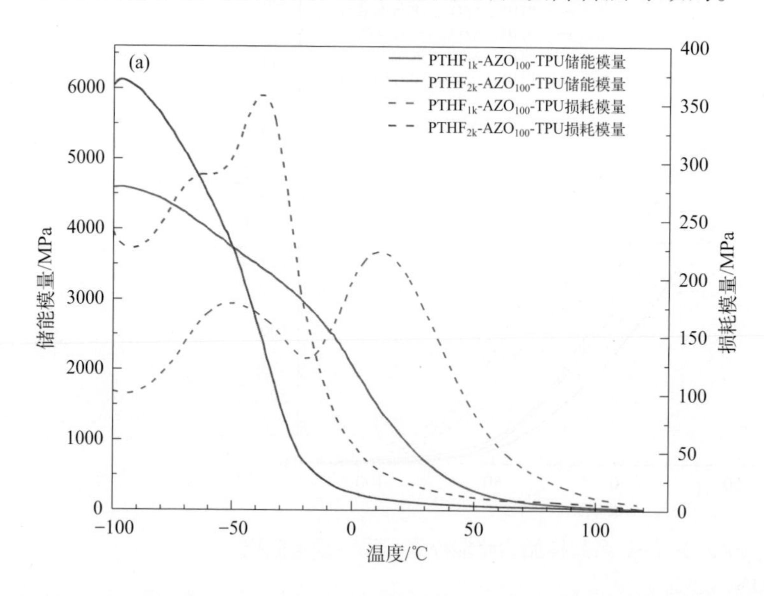

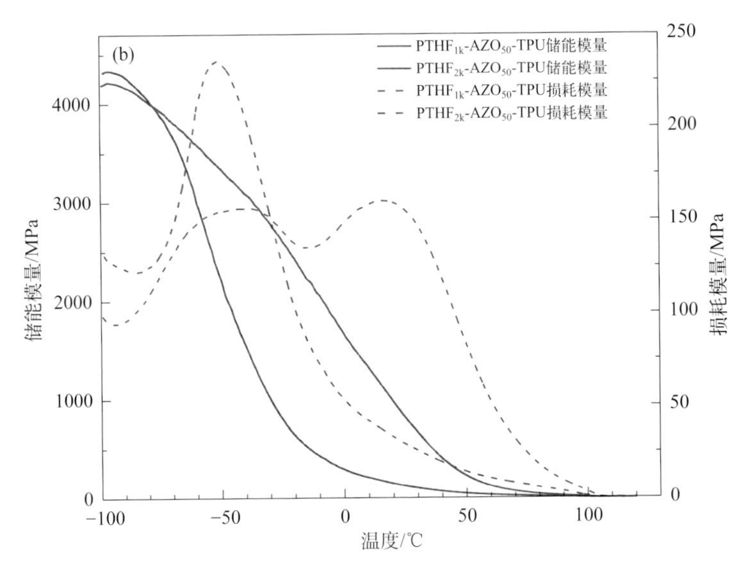

图5-80 不同软段分子量对PTHF-AZO-TPU储能模量（a）与损耗模量（b）的影响

（a）AZO/BDO=100/0；（b）AZO/BDO=50/50

本书著者团队[69]在PTHF-HMDI-TPU材料引入可产生四重氢键的UPy结构单元和含动态共价键单元BQDO，其DMA曲线如图5-81所示。在−100～100℃的温度范围内，PTHF-HMDI-BQDO-UPy-TPU的储能模量（G'）始终大于材料的损耗模量（G''），说明在测试温度范围内聚氨酯的网络保持整体稳定。在−100～−70℃温度范围，PTHF-HMDI-BQDO-UPy-TPU处于玻璃态，材料呈现出刚性状态；在−70～−20℃温度范围，PTHF-HMDI-BQDO-UPy-TPU的T_g在此区域，当温度高于T_g后，聚合物中的链段开始运动，G'相对于玻璃态时快速

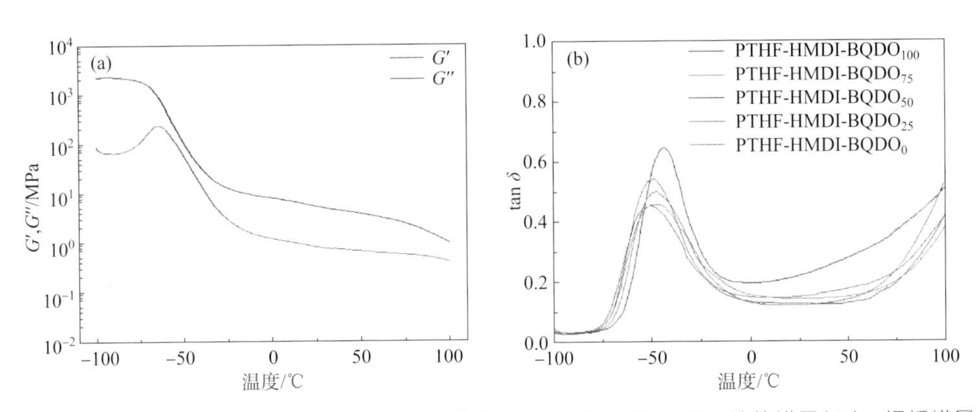

图5-81 不同硬段结构分子量对PTHF-HMDI-BQDO-UPy-TPU储能模量(G')、损耗模量(G'')及损耗因子($\tan\delta$)的影响

减小；在 −20 ～ 50℃温度范围，此时聚氨酯的 G' 和 G'' 相对保持稳定，聚氨酯处于橡胶态；在 50 ～ 100℃温度范围，材料的模量又开始不同程度下降，主要是聚氨酯网络中氢键与肟氨酯键开始发生解离导致的。根据损耗因子（tanδ）与温度的关系，可以观察到聚氨酯的 T_g 集中在 −51 ～ −43℃之间。tanδ 值在 0℃以上快速增加，随温度上升变化幅度较大，说明其分子链间相互作用力小，链段受热运动能力增强，造成了能量损耗。

采用 DMA 对 PTHF-HMDI-BQDO$_m$ 在不同温度下进行恒定应变的应力松弛测试，计算聚合物网络的松弛活化能 (E_a)，如图 5-82 所示，聚氨酯样条在 60min 内都能够达到完全松弛。PTHF-HMDI-BQDO$_0$［图 5-82（c）］在 70 ～ 80℃之间应力松弛时间出现明显的大幅度下降，80℃时已经基本降低至 12.33min。随着温度的升高，聚氨酯硬段中的四重氢键结构发生解离，聚合物氢键交联网络被破坏，链段运动能力提高，导致应力松弛时间快速减小。PTHF-HMDI-BQDO$_{100}$

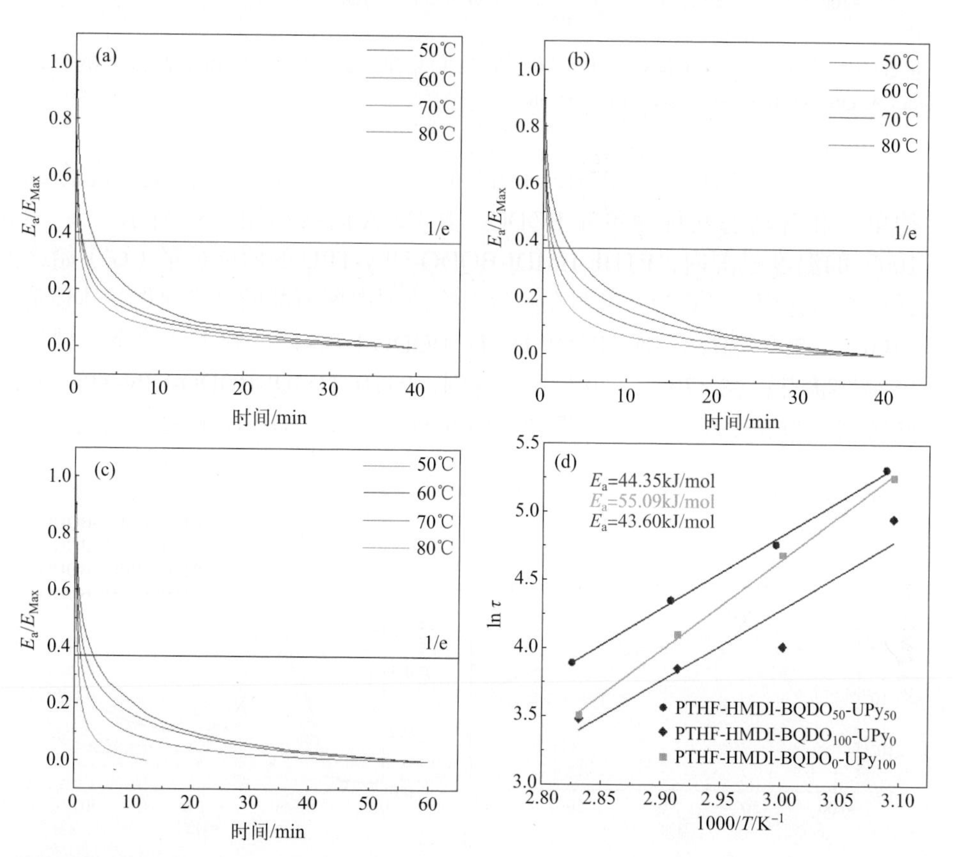

图5-82 PTHF-HMDI-BQDO$_m$（m=100、50、0）的应力松弛曲线［（a）～（c）］和特征松弛时间-1000/T拟合曲线（d）

[图 5-82（a）] 与 PTHF-HMDI-BQDO$_{50}$ [图 5-82（b）] 中含有氢键与动态肟氨酯键，并且主链含有刚性基团苯环结构，在升温时氢键断裂耗散能量，肟氨酯键以及苯环结构维持聚合物网络稳定抑制链段运动，因此样品的应力松弛时间并未出现大幅度下降的现象。特征松弛时间 τ^* 对温度具有依赖性，利用阿伦尼乌斯方程对特征松弛时间 τ 与温度进行拟合，可以计算出 PTHF-HMDI-BQDO$_{100}$-UPy$_0$、PTHF-HMDI-BQDO$_{50}$-UPy$_{50}$、PTHF-HMDI-BQDO$_0$-UPy$_{100}$ 网络的松弛活化能分别为 43.60kJ/mol、44.35kJ/mol 以及 55.09kJ/mol，说明 UPy 在聚氨酯中形成的多重氢键结构有利于提高聚氨酯网络的松弛活化能 [图 5-82（d）]。

3．自修复性能

以 PTHF($\overline{M}_n$ =1000) 为软段，加入不同比例的二 (2- 羟乙基) 二硫化物扩链剂（HEDS）和 HMDI 的混合物进行扩链反应，将动态二硫键嵌入到硬相中，通过硬相锁定动态二硫键的锁相设计，提高 PTHF-HMDI-TPU 的力学性能，当温度高于 T_g 时，锁相二硫键被激活，赋予 PTHF-TPU 高效的自修复能力。

本书著者团队 [69] 在 PTHF-HMDI-TPU 材料的硬段中引入可产生多重氢键的 DAP 结构单元，制备的 PTHF-HMDI-DAP-TPU 具有优良的自修复性能。利用万能拉伸测试机对 PTHF-HMDI-DAP-TPU（DAP = 0.2）聚合物样条进行恒定保持时间以及应变的循环拉伸测试，测试 7 次循环，拉伸应变范围 0 ～ 100%，每两次循环之间保持 600s，研究材料在同一状态下，聚合物网络的动态修复特性，见图 5-83(a) 所示。对于 PTHF-HMDI-DAP-TPU(DAP = 0.2)，在 7 次拉伸过程中，100% 定伸强度基本稳定在 0.60 ～ 0.65MPa。循环拉伸所形成的拉伸环面积为滞后环，滞后环面积代表了聚合物在往复拉伸 - 回复过程中产生的能量损耗，并对

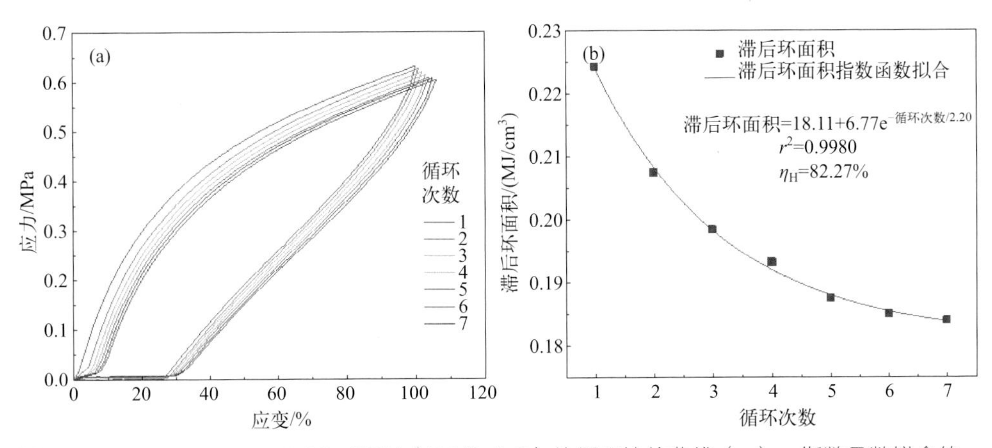

图5-83　PTHF-HMDI-DAP-TPU（DAP=0.2）的循环拉伸曲线（a）；指数函数拟合的 PTHF-HMDI-DAP-TPU（DAP=0.2）滞后环面积曲线（b）

积分所得损耗环面积进行函数拟合，拟合后的曲线符合指数衰减趋势。在 PTHF-HMDI-DAP-TPU（DAP = 0.2）中含有相对少量的来自 DAP 的动态氢键组成的物理交联网络，在拉伸过程中伴随着动态网络的破坏与重组，这种破坏重组过程是可逆的。通过指数衰减函数拟合，得到无限循环的理论极限滞后面积，确定极限自愈效率为 82.27%。对于没有任何动态共价键的聚合物多重氢键网络来说，这是一个比较高的值，表明这种基于超分子作用的弹性体是一种优良的自修复材料。

为探究 DAP 含量变化对聚合物网络循环拉伸性能的影响以及在更高拉伸应变经循环测试的稳定性，对 $PTMG\text{-}HMDI\text{-}DAP_{0.2}$、$PTMG\text{-}HMDI\text{-}DAP_{0.6}$ 以及 $PTMG\text{-}HMDI\text{-}DAP_{1}$ 进行最大拉伸应变为 200% 的循环拉伸测试。随着拉伸应变的增大，在拉伸过程中越来越多的氢键网络被破坏。由上述拟合公式［图 5-83（b）］可知，破坏的氢键越多，在循环结束后氢键恢复到饱和水平所需要的时间也就越长。正因如此，每次循环拉伸的 200% 定伸应力在不断减小。如图 5-84 所示，相比 $PTMG\text{-}HMDI\text{-}DAP_{0.2}$ 在 100% 拉伸应变 7 次循环拉伸的表现，其在

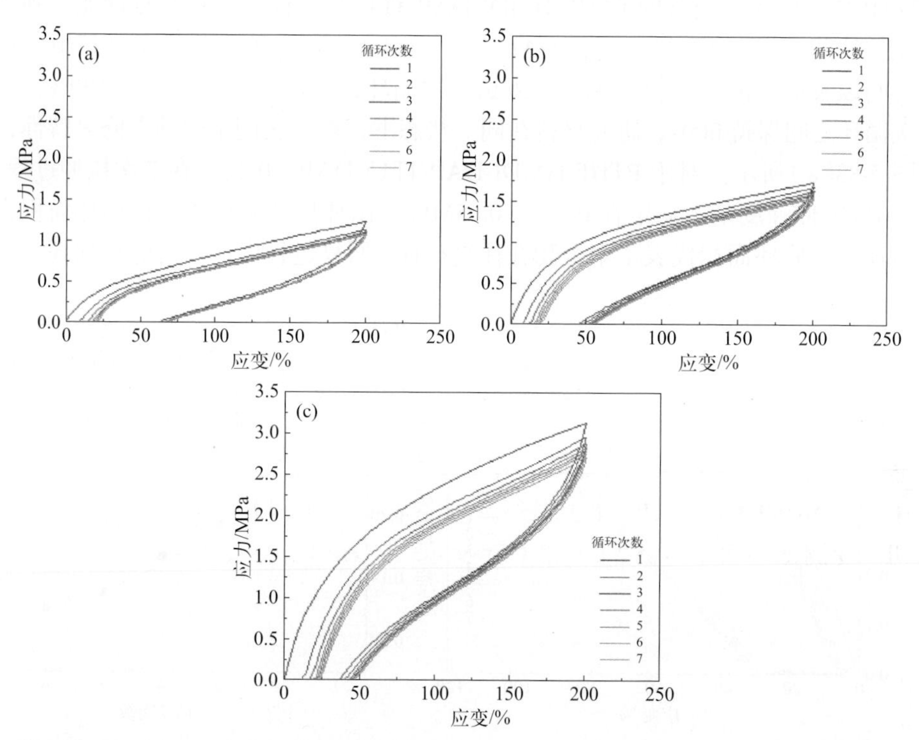

图5-84 不同DAP比例下PTMG-HMDI-DAP-TPU的循环拉伸曲线（拉伸应变=200%）
（a）DAP = 0.2；（b）DAP = 0.6；（c）DAP = 1.0

200% 循环拉伸中由第一次循环拉伸到第 7 次循环拉伸应力的强度明显降低。这是因为拉伸应变在 100% 时，聚合物网络本身氢键网络受到的破坏不多，被破坏的氢键可以很快重新形成。随着 DPA 含量的进一步提高，PTMG-HMDI-$DAP_{0.6}$ 的循环拉伸测试结果显示第一次循环拉伸应力到第 7 次循环拉伸，200% 定伸应力变为原来的 89%，高于 PTMG-HMDI-$DAP_{0.2}$ 的 86.9%。这说明聚合物的动态网络更加稳定，原因在于 DAP 含量的增多形成了更强劲的氢键，使得聚合物抵抗外力破坏的能力增强。PTMG-HMDI-DAP_1 在经过 7 次循环之后，200% 定伸应力变为初始的 86.8%，说明聚合物网络结构稳定，在拉伸过程中较弱的氢键解离后，伴随部分强氢键解离，因而所需要的网络恢复时间更长，表现出的 200% 定伸应力相比其他样品总体增大，但循环多次后相比初次循环还是会下降。三组样品的初次循环的滞后环面积损耗分别为 0.96MJ/m^3、1.34MJ/m^3、2.20MJ/m^3，通过提高 DAP 含量，可增强多重氢键网络结构，使聚合物网络在受到外力时的能量耗散更高，循环拉伸回复能力增强，回复应变值减小。

对 PTHF-HMDI-DAP-TPU 样品于 80 ℃下保持剪切频率 1Hz 不变，在 0.01% ～ 1000% 的应变范围内进行流变测试。如图 5-85（a）所示，PTHF-HMDI-DAP-TPU（DAP = 0.2）样品在剪切应变为 5% 左右时聚合物网络发生破坏，该点之后的 G' 小于 G''。为测试 PTHF-HMDI-$DAP_{0.2}$ 的动态修复性能，根据剪切应变测试结果，选取低剪切应变 0.1% 以及高剪切应变 200%，在 80℃下进行高低剪切循环流变测试，一次循环结束后保持 10min 进入下一循环。图 5-85（b）结果表明，在低剪切应变时，聚合物 G' 略大于 G''，80℃接近 PTHF-HMDI-$DAP_{0.2}$ 的网络解离温度；高剪切应变下氢键网络发生破坏，聚合物的 G'' 大于 G'。三次循环剪切结束后，其 G' 和 G' 变化不大。如图 5-85（c）和（d）所示，PTHF-HMDI-DAP-TPU（DAP = 1.0）样品在应变 1% ～ 100% 之间发生聚合物网络破坏，其破坏点明显高于 PTHF-HMDI-DAP-TPU（DAP = 0.2）样品。在经过三次高低应变循环剪切后，PTHF-HMDI-DAP-TPU（DAP = 1.0）材料 G' 和 G'' 并没有发生明显的变化，说明 PTHF-HMDI-DAP_1 在 80℃下，也具有良好的动态自修复能力。在 60℃时聚合物的氢键网络开始出现明显解离。进一步在 60℃对 PTHF-HMDI-DAP-TPU（DAP = 0.2）进行更高的剪切应变以及更低保持时间的循环剪切流变测试。如图 5-85（e）和（f）所示，PTHF-HMDI-DAP-TPU（DAP = 0.2）在 60℃时氢键网络破坏剪切应变值相比 80℃下提高了 66%，G' 明显大于 G''，说明 60℃下网络稳定性相比 80℃时更好。聚合物网络经过 0.1% 和 500% 的高低应变循环剪切测试后，与初始的模量相比较，G' 略有提高为原来的 100%，G'' 恢复至原来的大约 99.5%。这说明在 60℃，材料仍然保持优异的动态修复性能。基于多重氢键网络的动态可逆性能，PTHF-HMDI-DAP_x 表现出敏感的弹性和黏性响应，具有可重复、快速、高效的动态自修复性能。

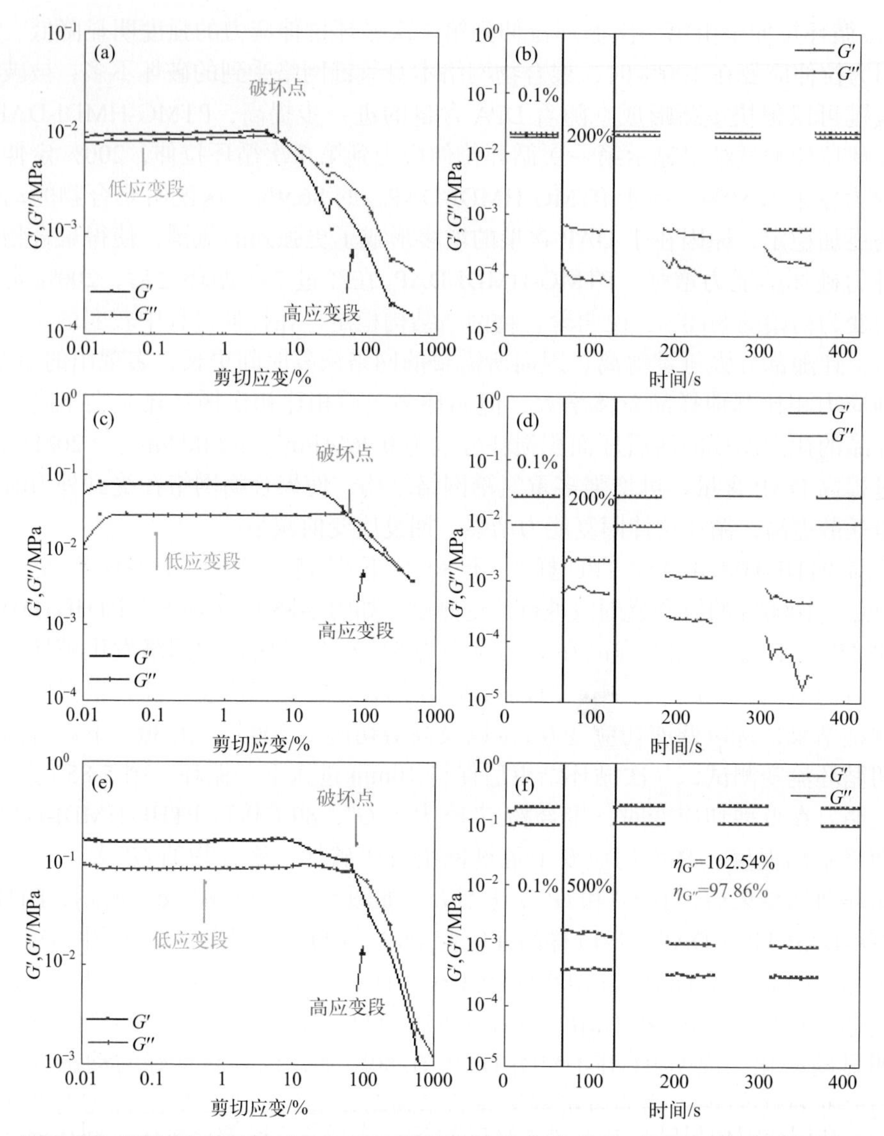

图5-85 PTHF-HMDI-DAP-TPU的应变流变［（a）、（c）、（e）］和循环剪切流变［（b）、（d）、（f）］的测试

利用显微镜观察材料表面十字划痕的自修复过程和评价自修复性能。如图 5-86（a）所示，PTMG-HMDI-$DAP_{0.2}$ 的初始十字划痕在 10 ～ 30μm 之间，在 60℃下经过 120min 的修复过程，划痕基本消失不见。图 5-86（b）表示将 PTMG-HMDI-$DAP_{0.2}$ 的修复温度提高至 80℃，温度升高促进了链段运动，即使初始划痕更大，在 120min 内也能完成划痕修复。图 5-86（c）是 PTMG-HMDI-

$DAP_{0.4}$ 在 60℃下的划痕修复过程，划痕宽度范围在 10 ～ 25μm 之间，在 90min 内完成修复。图 5-86（d）则是 PTMG-HMDI-DAP_1 在 60℃下的划痕修复过程，划痕宽度范围也在 10 ～ 25μm 之间，在 180min 内完成修复。PTMG-HMDI-DAP_1 的修复时间变长，因为硬段中 DAP 含量增大，聚氨酯氢键网络更强劲稳定，抑制了链段运动，从而减缓了氢键的动态交换过程。

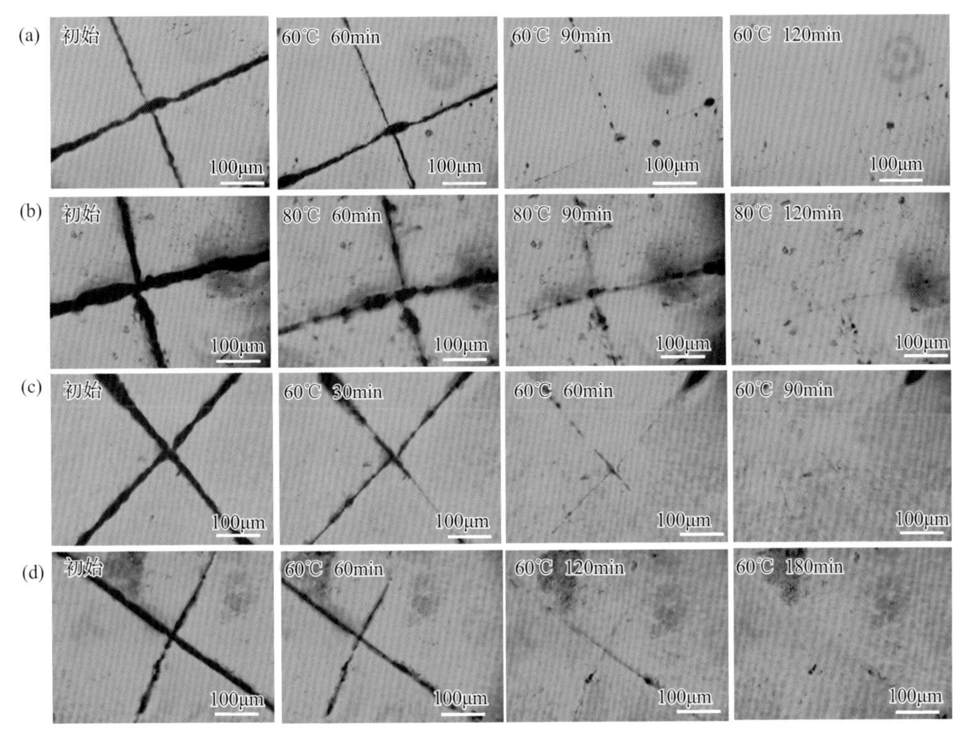

图5-86 在不同温度下PTMG-HMDI-DAP_x的划痕修复过程

（a）DPA =0.2;（b）DPA =0.2;（c）DPA =0.4;（d）DPA =1.0

本书著者团队[69]为了研究二硫键与氢键协同自修复聚氨酯的可逆动态网络性能，利用变温傅里叶变换红外（VT- FTIR）表征了二硫键与氢键协同自修复聚氨酯的红外吸收峰在变温过程中发生的变化。图 5-87 为 TPU-$DTDA_{50}$-UPy_{50} 变温红外测试结果，升温范围 30 ～ 120℃，降温范围 120 ～ 60℃。$\nu_{N—H\cdots O}$ 在 3350cm^{-1} 处的特征峰强度随着温度的升高出现明显的衰减。与此同时，在 1699cm^{-1} 处的缔合羰基峰 $\nu_{C=O(ordered)}$ 的吸收峰强度也在发生衰减，并且 1720cm^{-1} 处的游离羰基峰 $\nu_{C=O(free)}$ 强度在不断增强。当温度达到 120℃时，1699cm^{-1} 处的缔合羰基特征峰 $\nu_{C=O(ordered)}$ 基本消失。这说明材料中形成的氢键随着环境温度的提高发生了解离。当温度开始降低，3350cm^{-1} 与 1699cm^{-1} 处代表 $\nu_{N—H\cdots O}$ 以及缔合羰基特征峰

$\nu_{C=O(ordered)}$ 强度又重新增大，并且 1720cm^{-1} 处的游离羰基特征峰 $\nu_{C=O(free)}$ 强度在减小。这说明原本断裂的氢键又重新结合。通过对 TPU-DTDA$_{50}$-UPy$_{50}$ 原位变温傅里叶变换红外光谱分析，说明其氢键网络具有动态热可逆性，这是聚合物材料自修复性能的基础。

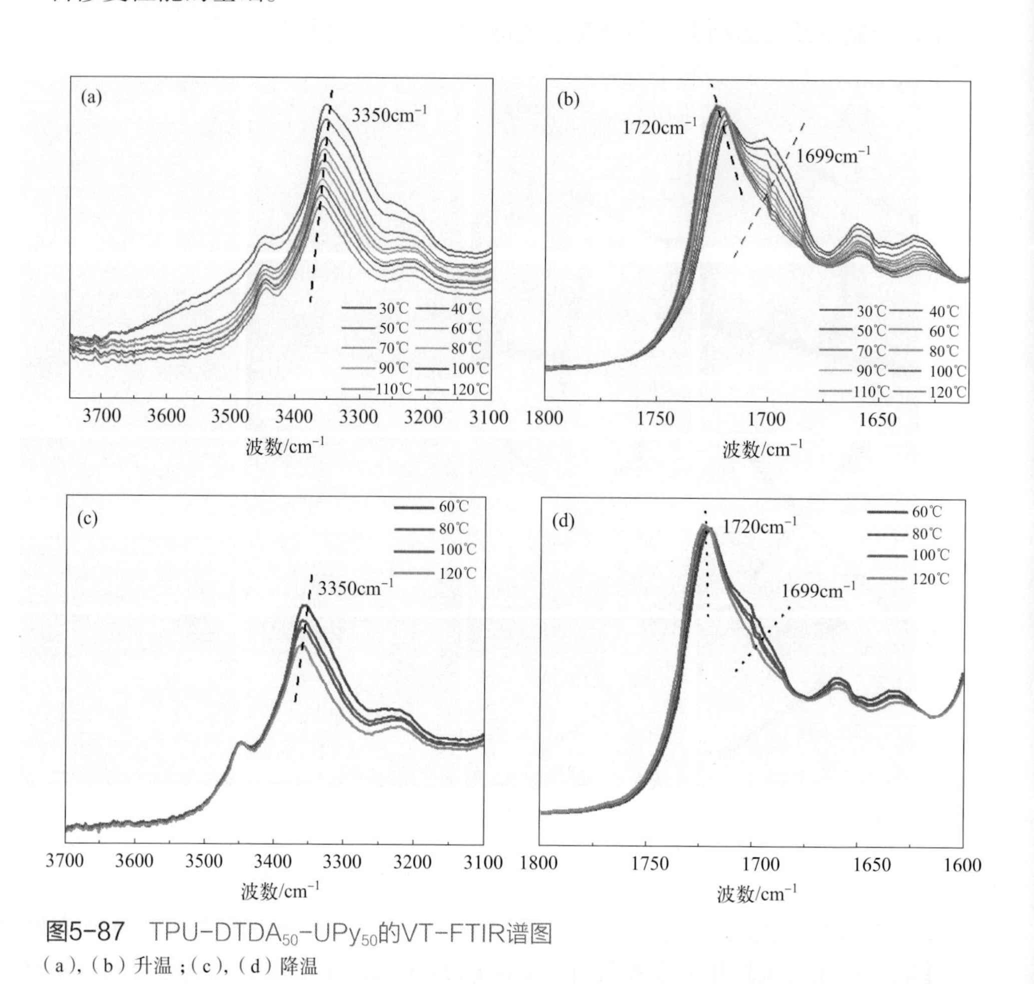

图5-87 TPU-DTDA$_{50}$-UPy$_{50}$的VT-FTIR谱图

(a)，(b) 升温；(c)，(d) 降温

为了研究聚氨酯网络中二硫键与多重氢键在受到外力作用时动态交换情况并描述聚合物网络的能量损耗情况，对 TPU-DTDA$_m$-UPy$_n$ 进行变应变循环拉伸测试。循环拉伸的应变从 100% 逐渐增加至 500%，每次循环增加 50% 的应变量。如图 5-88（a）～（c）所示，TPU-DTDA$_{100}$-UPy$_0$、TPU-DTDA$_{50}$-UPy$_{50}$ 以及 TPU-DTDA$_0$-UPy$_{100}$ 的定伸强度随着每次循环拉伸应变的提高而提高，TPU-DTDA$_{100}$-UPy$_0$ 的定伸强度从 0.93MPa 提高至 2.60MPa；TPU-DTDA$_{50}$-UPy$_{50}$ 的定

伸强度则是从 1.80MPa 提高至 5.69MPa；TPU-DTDA$_0$-UPy$_{100}$ 的定伸强度则是从 3.18MPa 提高至 10.84MPa。这说明在 9 次循环过程中，材料仍然保持拉伸强度随拉伸应变增大的规律；聚合物内部的网络仍然保持稳定，并没有出现不可逆破坏。三组样品在拉伸应变为 50% 时的损耗能量分别是 0.31MJ/m^3、0.37MJ/m^3 以及 0.60MJ/m^3；在拉伸应变为 500% 时的损耗能量分别是 3.45MJ/m^3、6.73MJ/m^3 以及 12.92MJ/m^3。材料能量损耗的提高在于拉伸应变增大，使得聚合物网络中更多的氢键发生断裂，内部氢键含量的不同也导致材料同一应变下耗散能的差别。三组样品 9 次循环拉伸的耗散能与循环对应周期的关系，如图 5-88（d）所示。TPU-DTDA$_0$-UPy$_{100}$ 的四重氢键结构在三组样品中最为丰富，因此在同一周期下的该样品的能量损耗明显大于 TPU-DTDA$_{100}$-UPy$_0$ 与 TPU-DTDA$_{50}$-UPy$_{50}$。另外 TPU-DTDA$_{100}$-UPy$_0$ 的能量损耗基本呈线性增长，而 TPU-DTDA$_{50}$-UPy$_{50}$ 与 TPU-

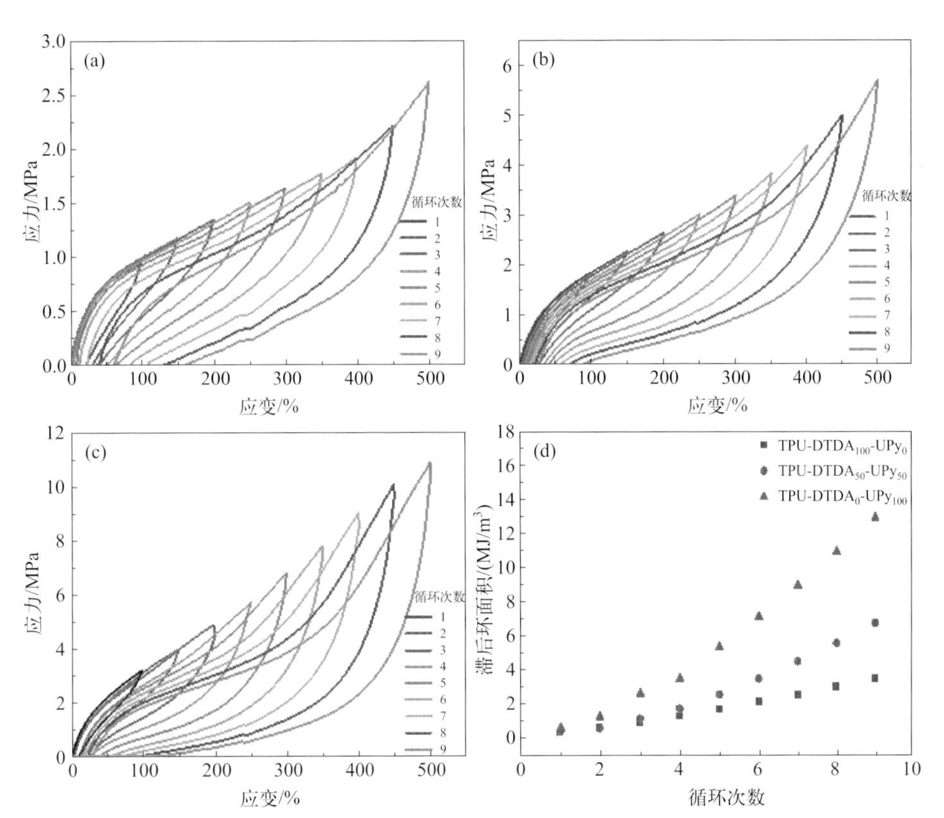

图5-88 不同UPy/DTDA比值下TPU-DTDA$_m$-UPy$_n$的循环拉伸应力-应变曲线［（a）~（c）］和滞后环面积随循环次数的变化（d）

（a）0/100;（b）50/50;（c）100/0

DTDA$_0$-UPy$_{100}$ 的损耗能量相对于 TPU-DTDA$_{100}$-UPy$_0$ 则呈现指数增长。该结果表明在 0 ～ 500% 的应变范围内，两种网络均无法被完全破坏，而是随着应变量的增加出现了牺牲键贡献逐步增加的情况。动态二硫键在应变值变化过程中呈现出线性变化的趋势，即网络破坏程度与二硫键的断裂 - 重组程度呈正比；四重氢键网络的重排过程则随着应变值的增加而越来越剧烈，即证明聚合物内应力的增加促进了四重氢键网络的重排，使其成为了一种受到内应力作用而活化的动态网络。因此随着内部多重氢键网络含量的增加，聚合物网络在受到外力破坏后能更为迅速地耗散能量，从而提升网络的整体稳定性，并提高材料的力学性能与动态性能。

通过改变 TPU-DTDA$_{50}$-UPy$_{50}$ 材料循环拉伸结束后的保持时间（20min、15min、10min 以及 5min）研究聚合物自修复效果与时间的关系，如图 5-89 所示。随着每次循环结束后保持时间的缩短，聚合物的 200% 定伸强度随之降低，另外材料在循环拉伸过程中产生的能量损耗也在不断减小。初始循环的拉伸强度最大为 2.48MPa，能量损耗为 1.16MJ/m^3。第二次循环开始前经过了 20min 的时间修复，聚合物的拉伸强度以及滞后环面积与初次循环的结果最为接近，分别为 2.47MPa 与 1.05MJ/m^3，恢复效率分别为 99.6% 与 91.0%。聚合物在进行循环拉伸时会伴随部分二硫键以及氢键的断裂，这种网络的破坏机制需要时间来重新修复。随着每次循环保持时间的缩短，网络破坏恢复的程度越来越差，材料的定伸强度以及滞后环面积也就随之越来越小。

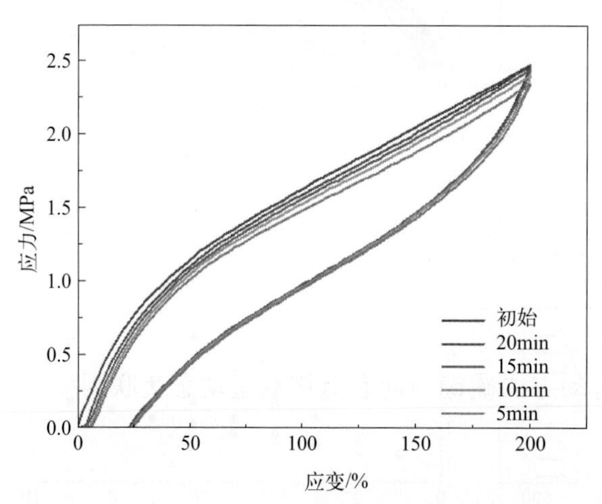

图5-89　TPU-DTDA$_{50}$-UPy$_{50}$的变时循环拉伸测试

为了研究聚氨酯中氢键网络和动态二硫键的协同修复性能，对 TPU-DTDA$_{50}$-UPy$_{50}$ 样品进行恒定保持时间以及应变的循环拉伸测试，并计算样品拉伸过程中的能量损耗。如图 5-90（a）所示，对 TPU-DTDA$_{50}$-UPy$_{50}$ 测试 7 次循环，拉伸应变范围 0 ～ 200%，每两次循环之间保持 300s 的时间恢复。TPU-DTDA$_{50}$-UPy$_{50}$ 在 7 次拉伸过程中，200% 定伸强度略微降低，这是由于每次拉伸时一部分弱氢键和二硫键会发生一定的破坏。这部分氢键与二硫键在循环拉伸过程中始终处于动态交换的状态，其中一部分氢键与二硫键来不及恢复时，聚氨酯网络的稳定性受到一定的影响，材料的定伸应力下降。TPU-DTDA$_{50}$-UPy$_{50}$ 的 200% 定伸应力可以基本稳定在 2.3MPa 左右，表明聚氨酯中二硫键以及氢键在外力作用下可以很快实现动态交换，并且保持聚合物动态网络的整体稳定性。如上一章节所述，聚合物在交变应力作用下会出现应变落后于应力的滞后现象。可根据拉伸环（即滞后环）面积计算聚合物的能量损耗。计算各个循环的能量损耗并分析能量损耗的衰减趋势，可得到如图 5-90（b）所示的散点图，表明 TPU-DTDA$_{50}$-UPy$_{50}$ 在循环拉伸过程中的能量损耗与循环次数的关系。随着循环次数的提高，聚合物网络的耗散能越来越小，下降的趋势也越来越平缓。说明多次循环之后，聚合物网络达到动态回复平衡状态，其动态回复率大约为 77.14%。

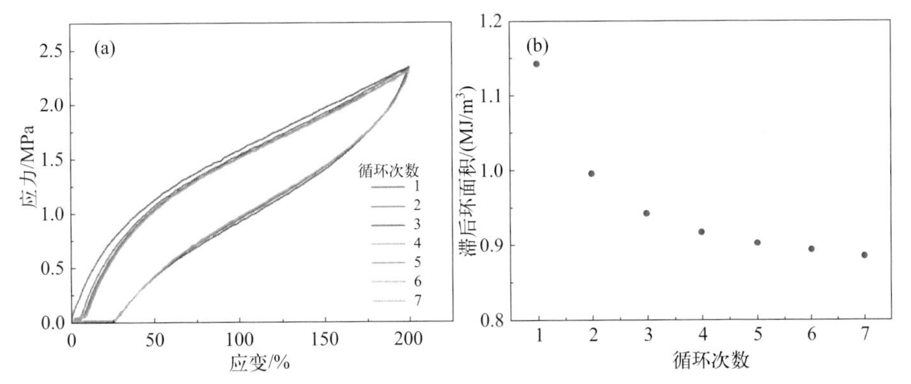

图5-90　TPU-DTDA$_{50}$-UPy$_{50}$的循环拉伸应力-应变曲线（a）和滞后环面积随循环次数的变化（b）

TPU-DTDA$_{m}$-UPy$_{n}$ 中含有动态二硫键与动态氢键双重动态交联网络，通过对聚氨酯样品进行高低应变交替循环剪切破坏测试，可以直观反映出其动态交联网络在外力破坏下的动态解离与重组，研究聚合物的动态修复性能。首先，对 TPU-DTDA$_{50}$-UPy$_{50}$ 进行流变变应变破坏测试，寻找聚合物交联网络的破坏点。如图 5-91 所示，根据 TPU-DTDA$_{50}$-UPy$_{50}$ 在常温下的流变变应变测试结果显示，材料在应变 78% ～ 147% 之间出现了交联网络破坏点，在该点之前储能模量（G'）大于损耗模量（G''），该点之后损耗模量大于储能模量。

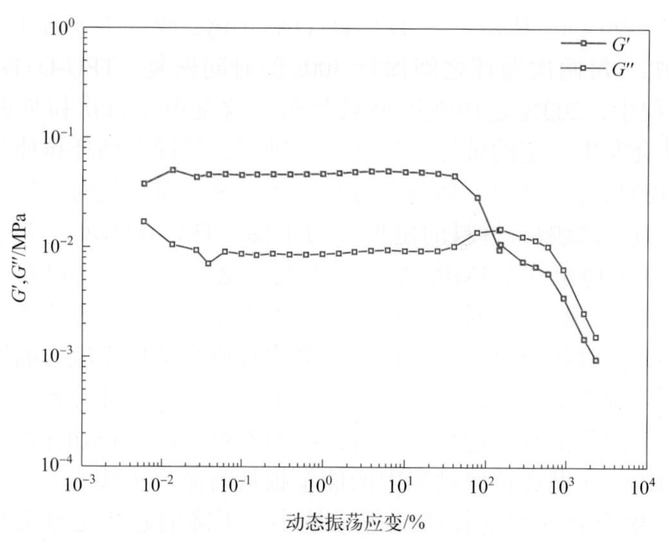

图5-91 TPU-DTDA$_{50}$-UPy$_{50}$的流变曲线

根据交联网络破坏点出现的位置，选取 γ=400% 为破坏区间（高应变区间）应变与 γ = 0.1% 为修复区间（低应变区间）应变，对 TPU-DTDA$_{50}$-UPy$_{50}$ 在不同温度下进行高低应变循环剪切流变测试，每次循环之间保留 300s 的修复时间。如图 5-92 所示，聚合物网络在低应变剪切测试的过程中，G' 始终大于 G''，聚合物动态交联网络的稳定性与完整性保持不变；当聚合物网络以 400% 的高应变进行剪切流变测试时，聚合物的 G'' 始终大于 G'，聚合物动态交联网络发生破坏。在 60℃时测试结果显示，第一次低应变剪切材料的 G' 和 G'' 大约在 0.070MPa 和 0.017MPa 上下浮动。经过四次高低剪切循环流变测试，最后一次低应变剪切材料的 G' 和 G'' 大约在 0.062MPa 和 0.014MPa 上下浮动，聚合物网络的 G' 和 G'' 修复效率大约分别为 88.6% 和 82.4%。进一步提高测试温度至 80℃，聚氨酯分子间作用力下降，促进了聚合物链段的运动，导致低剪切模式下 G' 和 G'' 呈现出小于 60℃时的 G' 和 G'' 测试结果，在 80℃时第一次低应变剪切的 G' 和 G'' 分别约为 0.044MPa 和 0.018MPa。经过四次高低剪切循环流变测试，最后一次低应变剪切聚合物网络的 G' 和 G'' 大约在 0.051MPa 和 0.021MPa，聚合物网络的 G' 和 G'' 不减小反而增加，分别是原来的 115.9% 和 116.7%。在 60℃测试时，聚合物链段运动相对困难，限制了链段间可逆键的动态交换，因而 G' 和 G'' 恢复效率相对不高。在 80℃测试时，聚合物链段在外力和温度的作用下运动速度加快，动态二硫键和动态氢键解离后能够快速重排，因此 G' 和 G'' 恢复完全并略有提高。根据上述分析可知，TPU-DTDA$_{50}$-UPy$_{50}$ 因为具有的双重动态交联网络而因此获得了良好的温度响应修复性能。

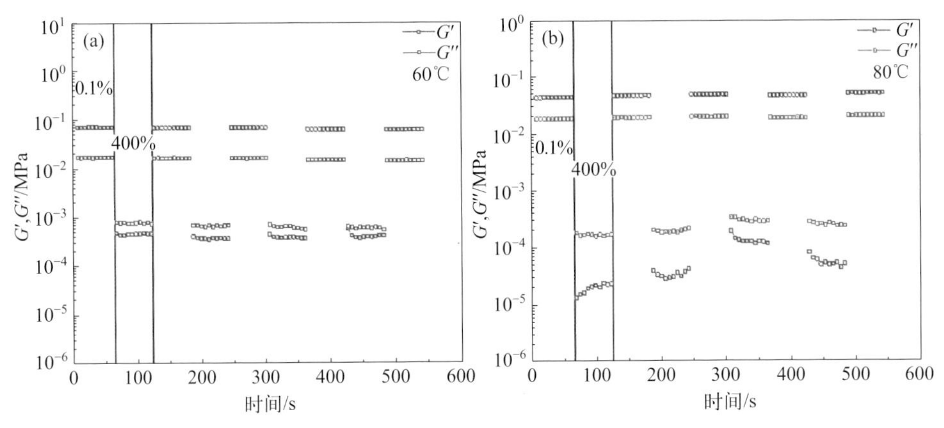

图5-92 TPU-DTDA$_{50}$-UPy$_{50}$的循环剪切流变测试

采用热台显微镜观察 TPU-DTDA$_m$-UPy$_n$ 薄膜表面划痕在不同温度下的愈合过程，直观地描述聚合物对表面划痕的自修复能力。为了研究二硫键与动态氢键的协同自修复作用，选取扩链剂组分中 DTDA 与功能化 UPy 比例相同的 TPU-DTDA$_{50}$-UPy$_{50}$ 与只含有单一组分扩链剂的 TPU-DTDA$_{100}$-UPy$_0$ 以及 TPU-DTDA$_0$-UPy$_{100}$ 进行测试。在待测样品薄膜表面上用干净的小刀画一个十字划痕，将样品置于 POM 配件加热台上，通过 POM 观察恒定温度下表面划痕随时间的变化情况。如图 5-93（a）～（c）所示分别为 TPU-DTDA$_{100}$-UPy$_0$、TPU-DTDA$_{50}$-UPy$_{50}$、TPU-DTDA$_0$-UPy$_{100}$ 三组样品在 80℃下的划痕修复过程，表面的初始划痕宽度均在 10 ～ 30μm 之间。TPU-DTDA$_{100}$-UPy$_0$ 的表面划痕在 90min 基本消失，TPU-DTDA$_{50}$-UPy$_{50}$ 的表面划痕也能在 90min 内完全消失，TPU-DTDA$_{100}$-UPy$_0$ 的表面划痕则经过 3h 才基本消失，但是仍有明显痕迹。该结果说明聚合物的修复效率与聚氨酯中动态键的比例含量有关，由于芳香族二硫键键能较低，因此 TPU-DTDA$_{100}$-UPy$_0$ 的修复速度快，而聚氨酯中 UPy 所构筑的四重氢键结构一定程度上限制了链段运动，因此 TPU-DTDA$_0$-UPy$_{100}$ 的修复所需时间最长。TPU-DTDA$_{50}$-UPy$_{50}$ 含有二硫键与氢键双重动态网络，二硫键在进行动态交换时也驱动了分子链的运动，促进了氢键的解离与重组，因而修复时间也较短。考虑到 TPU-DTDA$_{50}$-UPy$_{50}$ 具有良好的力学性能，因此进一步表征其在 60℃以及室温下的自修复过程。如图 5-93（d）和（e）所示，样品表面划痕在室温下需要 12h 才能实现基本消失，在 60℃下只需要 4h 就能实现划痕消失。二者的明显差距在于，聚合物由于内部结构稳定，需要一定外界能量驱动聚合物链段的运动和可逆键的动态交换。在室温下，材料虽然能够凭借部分断裂的二硫键和氢键实现划痕修复，但是所需要的时间很长，并且这种修复仅适应样品表面划痕这种轻微破坏。综合上述分析，TPU-DTDA$_{50}$-UPy$_{50}$ 在二硫键与氢键的协同作用下，在具备良好力学性能的同时还兼具优良的自修复性能，能够在相对温和环境条件下实现聚合物的自修复。

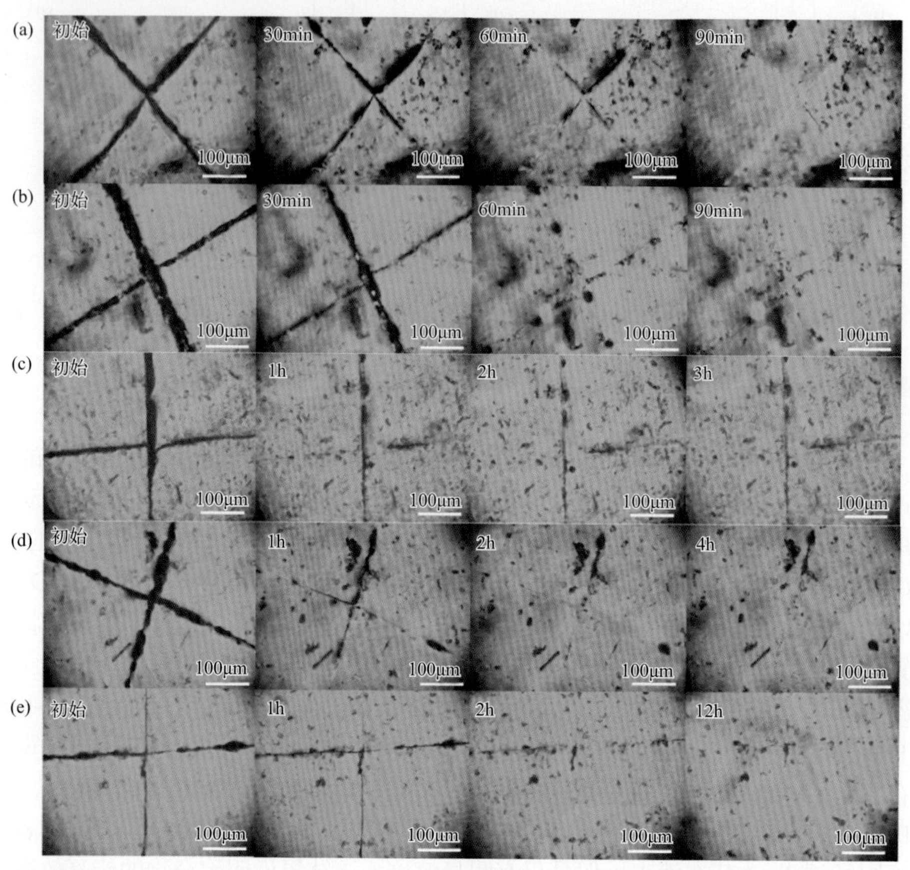

图5-93 TPU-DTDA$_{100}$-UPy$_{0}$、TPU-DTDA$_{50}$-UPy$_{50}$、TPU-DTDA$_{0}$-UPy$_{100}$在80℃下的表面划痕修复［（a）～（c）］,TPU-DTDA$_{50}$-UPy$_{50}$在60℃（d）和室温（e）下的表面划痕修复

采用划痕修复表征材料的自修复性能可能会受到划痕大小的影响，因此对材料进行断裂拉伸修复测试，比较材料拉伸强度与断裂伸长率的恢复情况。考虑到 TPU-DTDA$_{50}$-UPy$_{50}$ 和 TPU-DTDA$_{25}$-UPy$_{75}$ 在五组样品中力学性能相对比较优异，因此对两组断裂的样条在 80℃下进行修复测试，测试结果如图 5-94 所示。TPU-DTDA$_{50}$-UPy$_{50}$ 的原始拉伸强度以及拉伸应变分别为 20.91MPa 和 992%。在经过 24h 的修复后，其拉伸强度恢复至原来的 82.53%，断裂伸长率恢复至原来的 92.71%。TPU-DTDA$_{25}$-UPy$_{75}$ 的原始拉伸强度以及拉伸应变分别为 24.63MPa 和 1073%。在经过 24h 的修复后，其拉伸强度恢复至原来的 93.75%，断裂伸长率恢复至原来的 92.32%。这说明含有二硫键和多重氢键的聚氨酯在保持良好力

学性能的同时具备良好的温度响应自修复能力。在修复过程中，二硫键和氢键在进行重排时带动链段运动，促进彼此进行动态交换，发挥了协同修复作用。

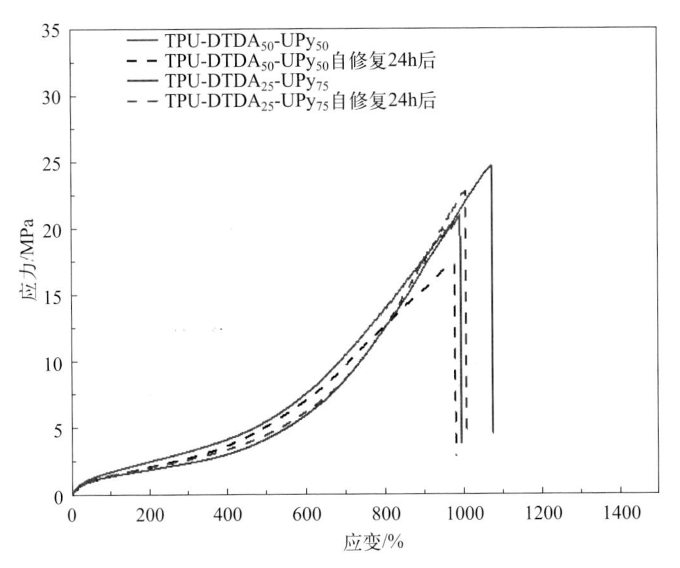

图5-94　TPU-DTDA$_{50}$-UPy$_{50}$和TPU-DTDA$_{25}$-UPy$_{75}$断裂自修复后的应力-应变曲线

改变循环拉伸结束后的保持时间，可以研究聚合物自修复性能与时间的关系。如图 5-95 所示，展示了 TPU-BQDO$_{50}$-UPy$_{50}$ 的变时循环拉伸测试结果以及每次循环产生的能量损耗，每次循环拉伸结束后的保持时间分别为 20min、15min、10min 以及 5min。随着拉伸次数的增加，材料在拉伸应变 200% 的拉伸应力不断减小。聚合物网络中一部分动态氢键在应力作用下发生断裂，使得聚氨酯动态网络强度下降。随着保持时间的缩短，被破坏的动态氢键来不及恢复，因而

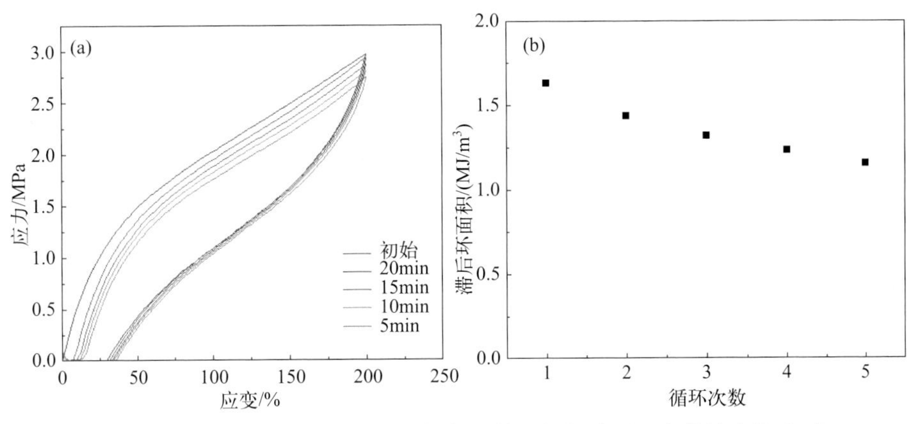

图5-95　变时循环拉伸应力-应变曲线（a）和能量损耗随循环次数的变化（b）

出现拉伸应力减小的情况。动态氢键在拉伸过程中能够充当牺牲键耗散能量，循环拉伸耗散能的降低也说明其在拉伸过程中部分动态氢键发生了解离。材料在保持时间 5min 后的测试结果显示其能量损耗为 1.16MJ/m^3，为初始循环拉伸能量损耗的 70.9%。当材料在保持时间 20min 后的测试结果显示其能量耗散为 1.43MJ/m^3，为初始循环拉伸能量损耗的 87.4%。以上结果表明，TPU-BQDO$_{50}$-UPy$_{50}$ 具有良好的动态修复能力，能够在较短时间内实现动态网络的部分修复。

我们选取物理机械性能较优的 TPU-BQDO$_{50}$-UPy$_{50}$ 与 TPU-BQDO$_{75}$-UPy$_{25}$ 进行流变循环剪切测试，分析肟氨酯键和多重氢键对材料自修复性能的具体影响。首先对 TPU-BQDO$_{50}$-UPy$_{50}$ 与 TPU-BQDO$_{75}$-UPy$_{25}$ 进行变应变流变测试，表征聚合物剪切破坏点应变，为后面对材料制定循环剪切测试程序提供参考。如图 5-96 所示，分别为 TPU-BQDO$_{75}$-UPy$_{25}$ 与 TPU-BQDO$_{50}$-UPy$_{50}$ 的测试结果，其破坏点均出现在 1% ～ 100%，其中 TPU-BQDO$_{50}$-UPy$_{50}$ 剪切破坏点应变略大于 TPU-BQDO$_{75}$-UPy$_{25}$ 的，硬段中含有更多的 UPy 结构，在分子间形成更多的氢键结构，增强了聚合物网络的稳定性。

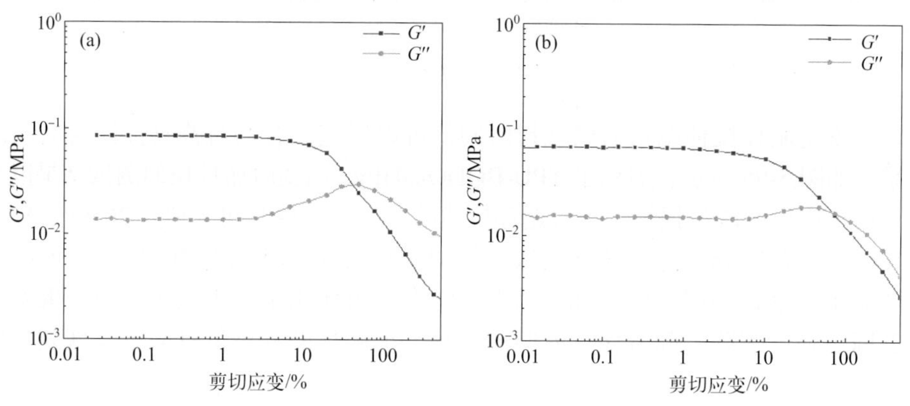

图5-96 TPU-BQDO$_{75}$-UPy$_{25}$（a）与TPU-BQDO$_{50}$-UPy$_{50}$（b）的变应变剪切测试

TPU-BQDO$_{75}$-UPy$_{25}$ 与 TPU-BQDO$_{50}$-UPy$_{50}$ 的聚合物网络中均含有动态肟氨酯键以及多重氢键结构，这两种动态键都具有对温度响应的特点。因此，在 80℃下进行高低应变循环测试，充分促进了双重动态网络的解离与重组，提高了自修复性能。

根据交联网络破坏点出现的位置，选取 γ=500% 为破坏区间（高应变区间）应变与 γ = 0.1% 为修复区间（低应变区间）应变，对 TPU-BQDO$_{75}$-UPy$_{25}$ 和 TPU-BQDO$_{50}$-UPy$_{50}$ 进行高低应变循环剪切流变测试，每次循环之间保持 300s 的修复时间。如图 5-97 所示，低剪切下 G' 大于 G''，聚合网络保持稳定；高剪切下 G'' 大于 G'，聚合物网络发生破坏。在经过三次循环剪切流变测试后，TPU-BQDO$_{75}$-UPy$_{25}$ 的 G' 在 0.027MPa 附近上下浮动，相比于初次循环 G' 的 0.025MPa,

材料恢复至原来的 108%。TPU-$BQDO_{50}$-UPy_{50} 经过三次循环剪切流变测试后，G' 在 0.064MPa 附近上下浮动，大约为初次循环 G' 的 97%。因此，含有动态肟键和四重氢键的聚氨酯弹性体，具有良好的动态修复性能。

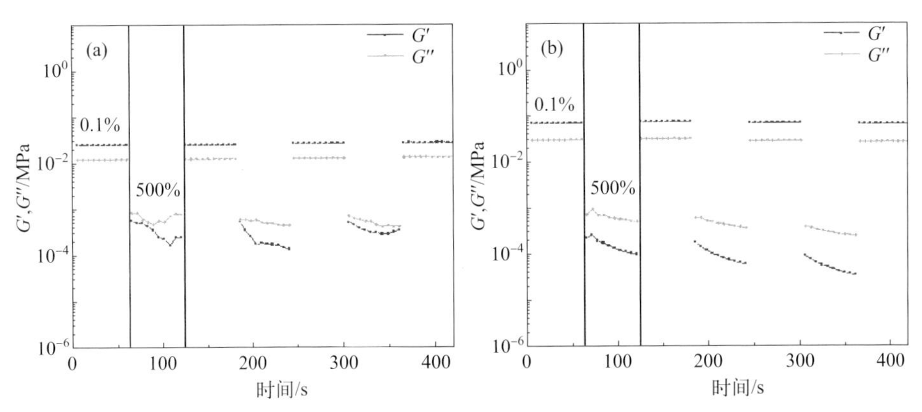

图5-97 TPU-$BQDO_{75}$-UPy_{25}（a）与TPU-$BQDO_{50}$-UPy_{50}（b）的循环剪切流变测试

BQDO 是一种具有特殊共轭结构的类似聚苯胺及黑色素的黑色化合物，可为 TPU 带来光热效应。为此，本书著者团队[69]对 BQDO 溶液、TPU-$BQDO_{100}$ 溶液及 TPU-$BQDO_{100}$ 固体薄膜进行 UV-Vis 测试。如图 5-98 所示，BQDO 的 DMF 溶液以及 TPU-$BQDO_{100}$ 的 DMF 溶液在谱图 808nm 左右并没有出现吸收峰，但是 TPU-$BQDO_{100}$ 在溶液中的特征吸收峰范围相比 BQDO 小分子的吸收峰明显变宽。由于 BQDO 作为扩链剂在聚氨酯中形成了大量的氨基甲酸酯结构，氨基甲酸酯

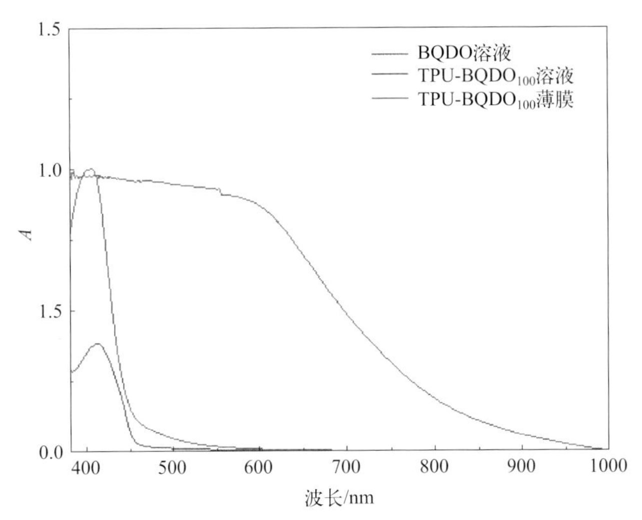

图 5-98 BQDO 溶液、TPU-$BQDO_{100}$ 溶液及 TPU-$BQDO_{100}$ 薄膜的 UV-Vis 谱图

结构作为吸电子基团可以延长 BQDO 的共轭结构并转移到更长的波数区域[126]。$TPU-BQDO_{100}$ 薄膜的测试结果显示谱图中呈现出更宽的吸收峰，并且在 808nm 左右处出现了较强吸收。

如图 5-99 所示，结构中含有 BQDO 的聚氨酯样品在 808nm 的近红外激光照射下具有良好的光热转换性能，不含有 BQDO 的 $TPU-BQDO_m-UPy_n$ 不具备光热转换能力。有趣的是，$TPU-BQDO_m-UPy_n$ 的合成路线中并不涉及传统光热剂的掺杂，因此可被视为一种本征型的光热转换聚氨酯材料。

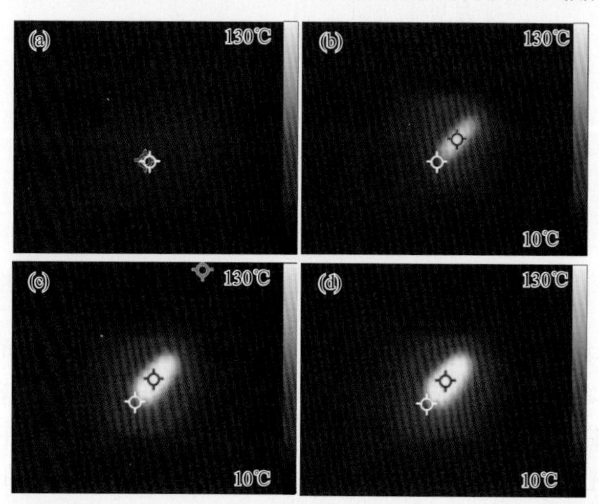

图5-99　808nm近红外激光辐照，$TPU-BQDO_{100}$的表面温度变化

（a）$TPU-BQDO_{100}-UPy_0$；（b）$TPU-BQDO_{75}-UPy_{25}$；（c）$TPU-BQDO_{50}-UPy_{50}$；（d）$TPU-BQDO_{25}-UPy_{75}$

为了进一步研究聚合物薄膜的光热转换行为，采用激光功率密度分别为 $1.7W/cm^2$ 和 $3.6W/cm^2$ 的 808nm 近红外激光对 $TPU-BQDO_{100}-UPy_0$、$TPU-BQDO_{75}-UPy_{25}$、$TPU-BQDO_{50}-UPy_{50}$ 以及 $TPU-BQDO_{25}-UPy_{75}$ 的正方形薄膜进行辐照，并记录薄膜表面温度随时间的变化情况。如图 5-100（a）和（b）所示，四组聚合物薄膜样品经过 60s 的近红外灯照射，其表面温度不断升高并逐渐趋于稳定，升温速率呈现出典型光热材料先快后慢的特点，最终各组样品在不同功率近红外灯照射下所能达到的稳态温度也各不相同。采用 $1.7W/cm^2$ 的近红外激光照射 60s 四组样品薄膜，$TPU-BQDO_{100}-UPy_0$ 在四组样品中能够达到最高的稳态温度，约为 130℃；$TPU-BQDO_{25}-UPy_{75}$ 的稳态温度最低，约为 44.5℃。更换 $3.6W/cm^2$ 的近红外激光照射 60s 四组样品薄膜，同样 $TPU-BQDO_{100}-UPy_0$ 在四组样品中能够达到最高的稳态温度，而 $TPU-BQDO_{25}-UPy_{75}$ 的稳态温度最低。虽然 $TPU-BQDO_{100}-UPy_0$ 在激光照射下达到的温度最高，但是在照射过程中出现烧穿样品表面的现象。$TPU-BQDO_{50}-UPy_{50}$ 与 $TPU-BQDO_{75}-UPy_{25}$ 则表现得比较稳定，其内部结构中含有多重氢键结构，提高了材料的稳定性。通过以上分析可以证明 TPU-

$BQDO_m$ 的光热转换能力与硬段中 BQDO 的含量有关，BQDO 在聚氨酯硬段中含量越多，材料对近红外激光的响应性越好，从而具备更优异的光热转换性能。

为了进一步研究 TPU-$BQDO_m$-UPy_n 的光热转换稳定性，对聚氨酯薄膜进行循环光热曲线测试。采用 3.6W/cm^2 的近红外激光照射聚氨酯薄膜样品表面 60s，随即关闭激光器让样品自然冷却 60s，重复这一循环进行四次并记录聚合物薄膜表面温度的变化情况。如图 5-100（c）所示，TPU-$BQDO_{50}$-UPy_{50} 与 TPU-$BQDO_{75}$-UPy_{25} 两组样品其各循环内的升温曲线与自然冷却曲线并没有发生明显变化。聚氨酯样品在每次循环所能达到的最高稳态温度以及自然冷却时的最低稳态温度大致相同。这说明聚氨酯材料具有稳定的光热转换性能。

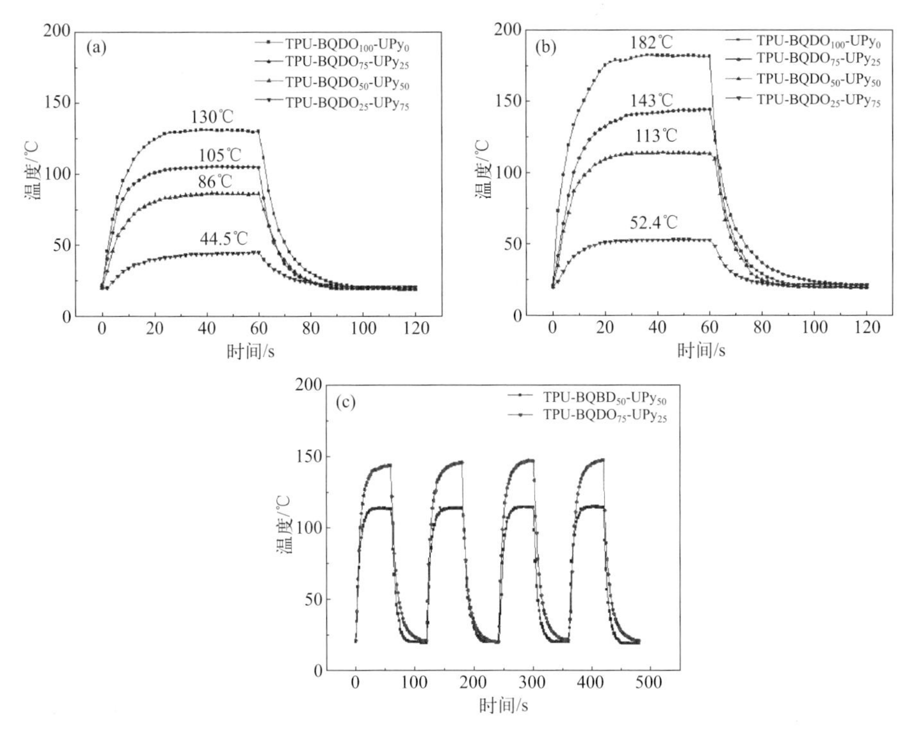

图5-100　TPU-$BQDO_m$-UPy_n在1.7W/cm^2（a）和3.6W/cm^2（b），以及TPU-$BQDO_{50}$-UPy_{50}和TPU-$BQDO_{75}$-UPy_{25}在3.6W/cm^2（c）辐照强度下的光热转换曲线

TPU-$BQDO_m$-UPy_n 具有良好的光热转换能力，在 808nm 近红外激光照射下，材料表面可以在很短时间内达到较高温度。因此，我们可以利用聚氨酯光热转换性能辅助材料的修复。如图 5-101（a）所示，为 TPU-$BQDO_{50}$-UPy_{50} 的断裂样条在 808nm 近红外激光照射下的修复过程。首先，将一长方形样条从中间剪断，然后将断裂的样条在断口处拼接在一起。采用 3.6W/cm^2 的近红外激光照射样品断裂处，其间移动光源使断裂处均匀升温。当样品正面断裂处修复完毕后，翻转

样品按照同样的步骤修复背面断裂处。样条经过 4min 的修复后，断裂基本消失不见，并且恢复了一定拉伸性能。

用剪刀将 TPU-BQDO$_{50}$-UPy$_{50}$ 的哑铃形样条剪断。将断裂的样条重新拼接完整使之紧密贴合，用 1.7W/cm^2 的近红外激光照射 10min，然后对断裂处背面照射 10min。按照该过程进行两次循环，其间移动光源保证断裂处被激光均匀照射，并防止局部过热对材料造成损伤。如图 5-101（b）所示，经过激光照射修复后，样条能够提起 1500g 的矿泉水。增大照射激光的功率至 3.6W/cm^2，按照相同的步骤修复断裂样条。断裂修复的样条能够提起约 2500g 的矿泉水。以上结果，直观地说明材料具备的光热转换性能可以有效驱动并加速该聚氨酯自修复。

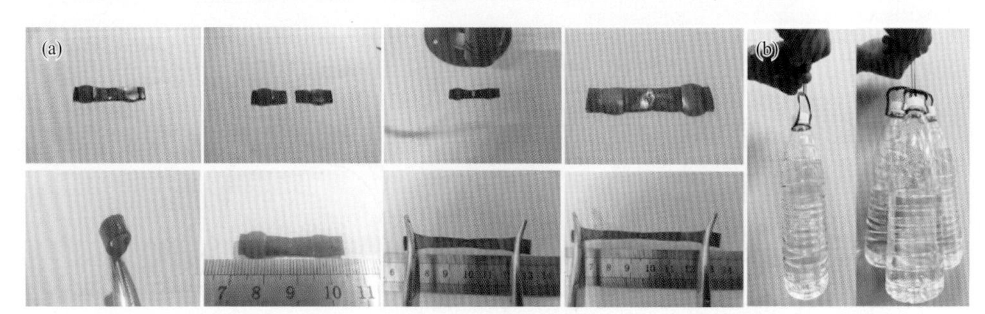

图5-101　断裂样条在近红外激光照射下的修复过程（a）和修复后样条的挂重试验（b）

采用万能拉伸机对 TPU-BQDO$_{75}$-UPy$_{25}$ 与 TPU-BQDO$_{50}$-UPy$_{50}$ 断裂修复后的样条进行测试，评价其断裂伸长率和拉伸应力的恢复情况。两组样品的断裂样条分别用 1.7W/cm^2 和 3.6W/cm^2 的近红外激光照射 10min，照射过程中注意移动激光器，使断裂处被均匀照射，避免在同一处照射时间过长，导致局部过热，损伤材料。如图 5-102 所示，为 TPU-BQDO$_{75}$-UPy$_{25}$ 与 TPU-BQDO$_{50}$-UPy$_{50}$ 的断裂

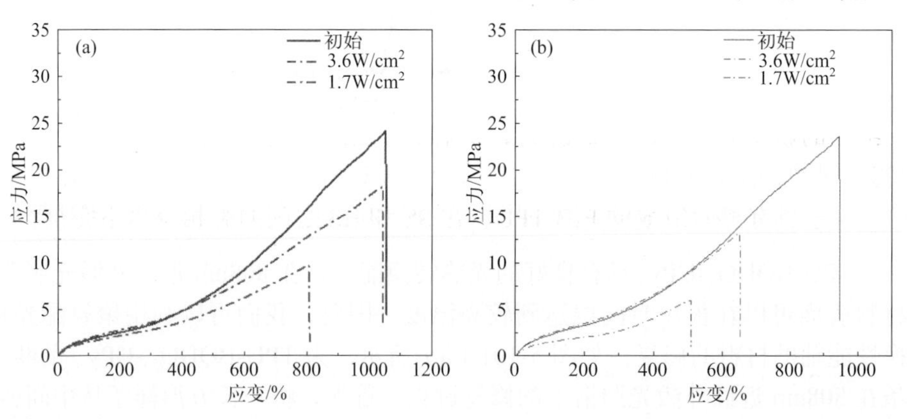

图5-102　TPU-BQDO$_{75}$-UPy$_{25}$（a）与TPU-BQDO$_{50}$-UPy$_{50}$（b）断裂样条修复后的应力-应变曲线

样条修复后的应力 - 应变曲线。两组样条的测试结果显示，采用 3.6W/cm^2 的激光器照射断裂样条相同时间产生的修复效果，明显高于 1.7W/cm^2 激光器照射样条产生的效果。高功率密度激光器能够让样条在固定时间里达到较高的稳态温度，高温产生的能量促进聚氨酯网络中动态肟氨酯键以及氢键的动态交换，并促进分子链的运动，因而实现较好的修复效果。对比 TPU-BQDO$_{75}$-UPy$_{25}$ 与 TPU-BQDO$_{50}$-UPy$_{50}$ 在 3.6W/cm^2 的激光器照射后的样条的修复效果，TPU-BQDO$_{75}$-UPy$_{25}$ 的修复效果明显高于 TPU-BQDO$_{50}$-UPy$_{50}$，硬段中 BQDO 含量高的样品光热性能好，达到更高的稳态温度。其中断裂修复后 TPU-BQDO$_{75}$-UPy$_{25}$ 的断裂伸长率达到 1041%，其修复效果为原来的 98.9%，拉伸应力可达 18.25MPa，其修复效果为原来的 86.3%。利用光热转换性能可以大幅度缩短自修复过程，提高材料的自修复效率，能够在较短时间使材料恢复较高的力学性能。

二、聚异丁烯型聚氨酯热塑弹性体

以聚异丁烯作为软段，软段主链部分以烃基为主，没有带极性的酯基和醚键，因此合成的 PIB-TPU 制品水解稳定性强、透气性低、耐湿、耐化学试剂[127]。PIB-TPU 的热稳定性高，在 378℃时的稳定性是其他商用 TPU 的 4 ～ 8 倍，这可能归因于大量的相混合以及高的 PIB 防潮层而保护了软链段和硬链段交界处的聚氨酯键的属性[128]。以 PIB($\overline{M}_n$ = 2500)、MDI 和 1,6- 己二醇为原料，硬段含量为 45% 时，拉伸强度可达 19.5MPa，具有优良的力学性能。由于连续的非极性 PIB 基质的存在，基于 PIB 的聚脲氨酯也表现出优异的水解和氧化稳定性。

PIB-TPU 膜表面的亲疏水性可以通过增加 HMDI/PIB 摩尔比值或正己烷蒸气诱导表面自组装来调节。PIB-TPU 还具有优良的减振阻尼性能。

1．物理机械性能

双端氨基封端 PIB($\overline{M}_n$ = 2500 ～ 6200) 为软段，设计合成了一系列不同硬段组成的新型的非扩链和扩链的 PIB 基聚脲氨酯，其拉伸强度与硬段含量呈线性关系[129]。

对于具有相同组成的 PIB-TPU，在 SS 和 HS 之间的微相分离不完全，2- 乙基己酸锡 (Ⅱ) 催化剂浓度对这些 TPU 的物理机械性能产生了巨大影响。当催化剂浓度（摩尔分数）等于或低于 0.1% 时，TPU 的拉伸强度为 20 ～ 21MPa，催化剂浓度≥0.4% 时，拉伸强度为 10MPa[130]。

在 PIB-TPU 设计合成中，软段与硬段之间相互作用力弱，微观相分离程度较高，但因为软硬相之间的界面粘接力弱，应力传递受阻导致物理机械性能差，因此常用引入聚醚型 (PTHF，PEO 和 PPO) 软段形成混合双软段 TPU 的设计方法来改善 TPU 的物理机械性能。

以 PIB、PTHF 和聚碳酸酯 (PC) 为混合软段，设计合成了一系列 PIB/PTHF 基聚氨酯 / 聚脲氨酯与 PIB/PC 基聚氨酯 [131]。与单一软段 PIB 基 PU 相比，PTHF/PC 与硬段部分形成的氢键使得软段与硬段间的相容性增强，使 PIB/(PTHF/PC) 基聚氨酯物理机械性能极大提高，拉伸强度可达 31MPa，断裂伸长率可达 700%。从而保留了耐氧化 / 水解的优异性能。力学性能随 PTHF 掺入量增加而明显提高 [36]。PIB/PTHF 基 TPU 表现出优异的生物相容性 [132]，有望用于长期血液接触材料。

本书著者团队 [64] 研究发现，在 PIB-TPU 材料储存过程中，由于链段运动，热塑性弹性体中硬段排列的有序性不断提高，使得无序氢键向有序氢键逐渐转变，当储存时间由 1 个月延长至 12 个月时，$PIB\text{-}TPU_{21}$ 热塑性弹性体中的有序氢键含量从 65% 提高到 84%，见图 5-103 所示。

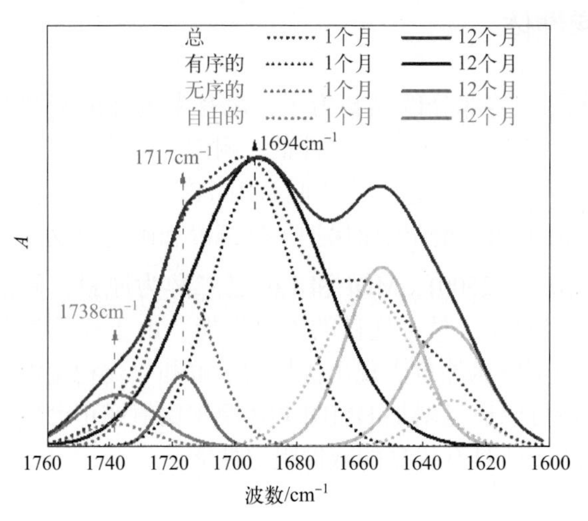

图5-103 $PIB\text{-}TPU_{21}$在常温下放置1个月和12个月后的红外光谱中羰基伸缩振动谱带的分峰归属

通过聚合物溶液铸膜得到的 PIB-TPU 膜放置 12 个月后仍具有很好的透明度，如图 5-104（a）所示。对应地，在不同储存时间下的 $PIB\text{-}TPU_{21}$ 材料的应力 - 应变曲线如图 5-104（b）所示。由图可见，$PIB\text{-}TPU_{21}$ 热塑性弹性体材料在常温下放置 1 个月和 12 个月后，其拉伸强度和断裂伸长率均有不同程度的提高，其拉伸强度由 5.5MPa 提高到 10.2MPa，断裂伸长率由 258% 提高到 358%，进一步从宏观性能上证明了微观上三维网络结构中有序氢键的重要贡献。HMDI/PIB 摩尔比值对 PIB-TPU 中氢键相互作用形成三维超分子网络结构有明显影响，完全饱和结构的 PIB 柔性链段通过硬段中氢键相互作用形成三维超分子网络结构，赋予材料良好的弹性回复和自修复性能，有序氢键有利于提高材料的力学强度。

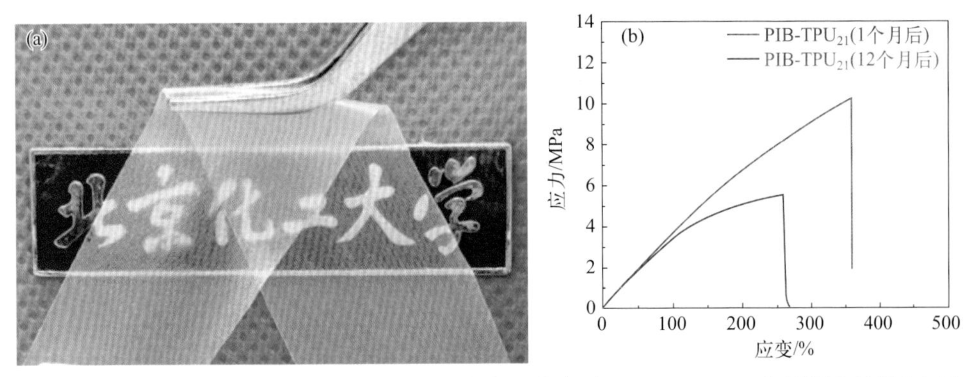

图5-104　厚度为430μm的透明PIB-TPU膜的照片（a）；$PIB-TPU_{21}$在常温下放置1个月和12个月后的应力-应变曲线（b）

2．动态力学性能

本书著者团队[64]采用动态力学分析仪(DMA)表征PIB-TPU的动态力学性能，在拉伸模式下的储能模量(G')曲线与损耗模量(G'')曲线如图5-105所示。随着温度升高，PIB链段运动，G'逐渐减小。当HMDI/PIB摩尔比值为12或15时，PIB-TPU同时具有较高的G'和G''。G'和G''均随着硬段/软段比例增大而逐渐减小，这是由于硬段中氢键排列有序性降低，无序氢键含量较高导致交联网络的强度降低，同时随着柔性PIB软段含量降低，PIB-TPU的弹性和耗散能量的能力均减弱。

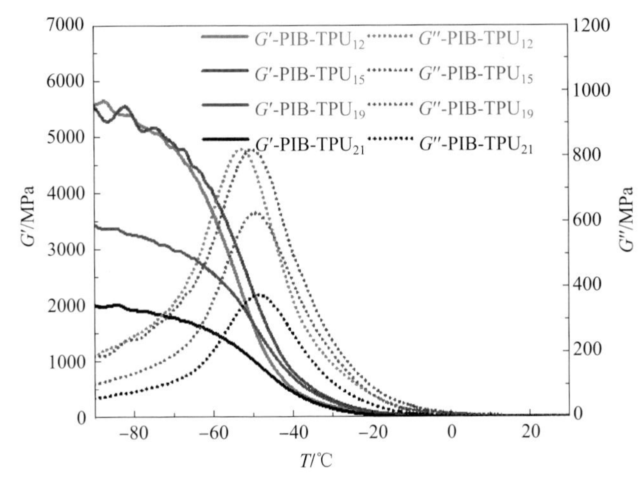

图5-105　不同HMDI/PIB摩尔比值的PIB-TPU的储能模量(G')和损耗模量(G'')曲线

材料的阻尼性能，通常与其动态机械测试中的损耗因子 (tanδ) 峰成正比，可以通过提高 tanδ 峰的强度或宽度来提高阻尼性能，当 tanδ 大于 0.3 时，材料可以被认为是阻尼材料。不同硬段 / 软段比值的 PIB-TPU 的损耗因子 (tanδ) 曲线如图 5-106 所示。从图中可以看出，PIB-TPU 均具有很高的 tanδ 值。比较不同 HMDI/PIB 摩尔比值的 PIB-TPU 在 tanδ 值大于 0.3 的温域范围，结果表明，PIB-TPU 具有宽的可用作减振阻尼材料的温域，其中 PIB-TPU$_{15}$ 的最高使用温度可达到 25℃。不同 HMDI/PIB 摩尔比值的 PIB-TPU 的 tanδ 最大值 (tanδ_{max}) 可达 1.05。因此，PIB-TPU 中全饱和柔性 PIB 软段赋予其更加优异的低温减振阻尼性能，在降低噪声、防弹、基材保护等应用领域具有应用前景。

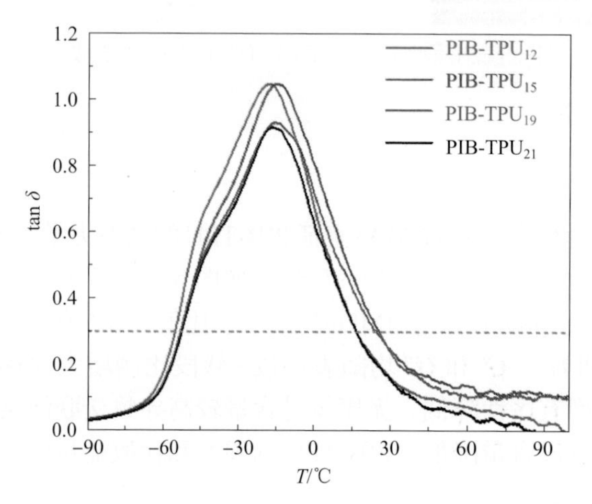

图5-106 不同HMDI/PIB摩尔比值的PIB-TPU的损耗因子(tanδ)曲线

3．弹性回复与自修复性能

本书著者团队[84]所制备的聚异丁烯基热塑性聚氨酯弹性体中的超分子网络结构赋予其优良的弹性回复性能。在 PIB-TPU 形成的结晶物理交联三维超分子网络结构中，具有低玻璃化转变温度的柔性 PIB 链段在常温时处于高弹态，其链段运动会使热塑弹性体进行弹性回复。通过循环拉伸测试来表征热塑弹性体的弹性回复性能。以 PIB-TPU$_{12}$ 为例，固定应变分别为 30% 和 100%，在不同间隔时间下的循环拉伸曲线如图 5-107 所示。与最初的循环过程产生的滞后环相比，在间隔 5min 后的第一次加载卸载循环过程中，产生的滞后环面积均明显降低，这是由于热塑弹性体网络中的氢键断裂以及柔性 PIB 链段运动耗散能量引起的滞后现象。热塑弹性体在不同间隔时间后的循环拉伸曲线形状相似，表明其具有稳定的弹性回复性能。

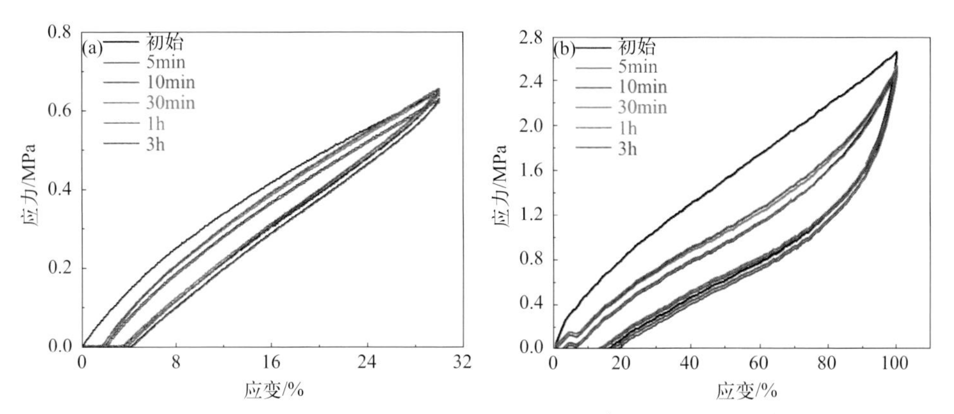

图5-107 典型的PIB-TPU$_{12}$在固定应变分别为30%（a）和100%（b）时，随着间隔时间从5min到3h的连续负载卸载循环过程的循环拉伸曲线

不同硬段 / 软段比值的 PIB-TPU 在固定应变为 100% 的最初的循环拉伸曲线如图 5-108 所示。由图可见，最初的循环过程产生的滞后环面积随着硬段含量增加逐渐增大，表明硬段之间的氢键断裂耗散能量，促进 PIB-TPU 弹性回复。

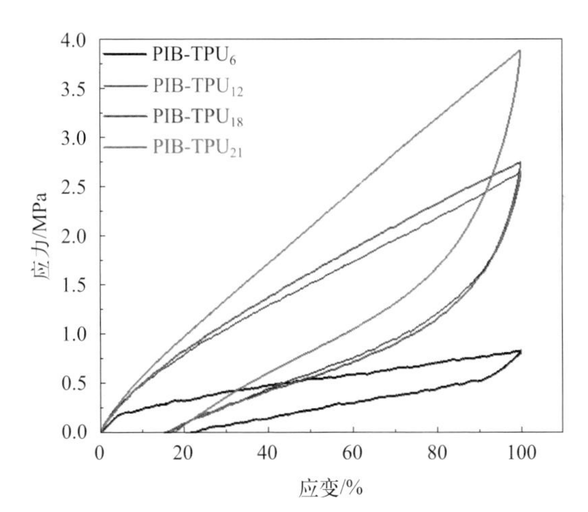

图5-108 在固定应变为100%时不同HMDI/PIB摩尔比值的PIB-TPU的第一次拉伸循环

根据不同间隔时间 (5min、10min、30min、1h 和 3h) 的相邻两次循环拉伸测试得到的滞后环面积比值可得到能量耗散比，其大小表示了相邻两次循环拉伸过程能量耗散量的比值。固定应变分别为 30% 和 100%，不同硬段 / 软段比值的 PIB-TPU 在不同间隔时间后的能量耗散比分别如图 5-109 所示。在两种固定应变且保持 10min 以上的间隔时间的条件下，能量耗散比始终保持在 1.0 左右，表明 PIB-TPU 具有稳定的弹性回复性能。

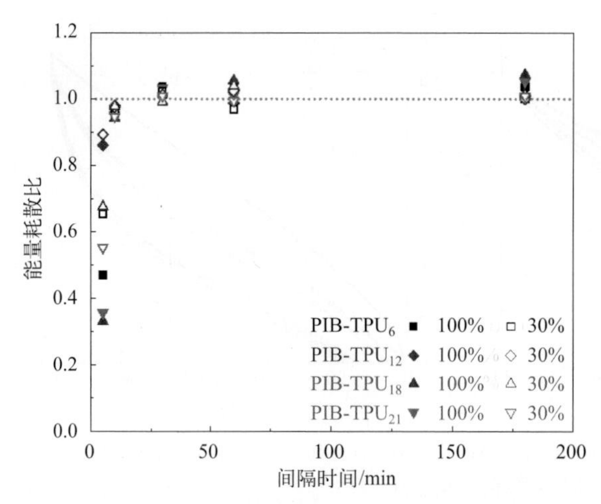

图5-109 在固定应变为30%和100%时，不同HMDI/PIB摩尔比值的PIB-TPU的能量耗散比与上一次循环间隔时间的关系

为了表征热塑性弹性体材料的自修复性能，采用原位相差显微镜 (PCM) 观察厚度为 250μm 的 $PIB\text{-}TPU_{12}$ 膜表面较深的切痕在 120℃、无外力作用的条件下放置不同时间的自修复状态，结果如图 5-110 所示。表面切痕的初始宽度为 10μm，由于 PIB-TPU 的超分子网络结构赋予其优良的弹性回复性能，通过 PIB 链段运动使表面部分切痕的宽度和深度在 10min 后明显减小。随着修复时间的延长，超分子网络结构中的氢键不断发生解离和重组，促进其自修复过程，在 6h 后弹性体膜表面切痕基本修复。继续延长修复时间，表面切痕在 12h 后完全修复。上述结果表明，PIB-TPU 中形成的超分子网络结构及氢键作用赋予材料良好的自修复性能。

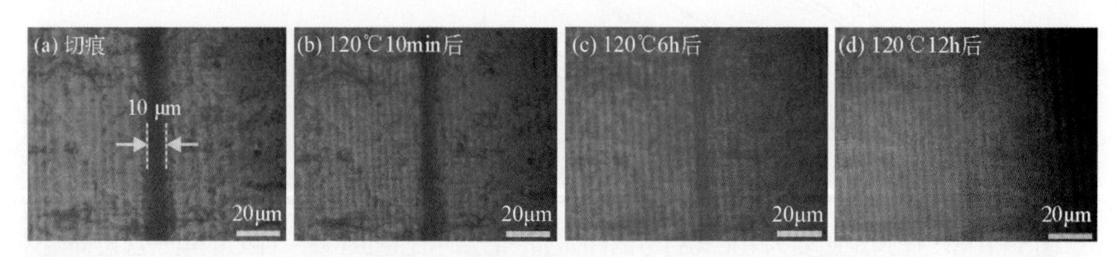

图5-110 $PIB\text{-}TPU_{12}$在120℃时的自修复过程

4．表面亲 / 疏水性

本书著者团队 [84] 研究了 HMDI/PIB 摩尔比值对聚氨酯热塑性弹性体的表面亲疏水性的影响。如图 5-111 所示，通过 HMDI/PIB 摩尔比值或正己烷蒸气常温下诱导表面自组装来调节，当 HMDI/PIB 摩尔比值从 6 增加至 21，PIB-TPU 膜表面的水接触角由 98.7° 降低至 77.8°，即由疏水性转变为亲水性。通过正己烷诱

导表面自组装，疏水性 PIB 链段运动到表面，HMDI/PIB 摩尔比值为 21 的 PIB-TPU 膜表面水接触角从 77.8° 提高至 90.6°，PIB-TPU 膜从亲水表面向疏水表面转变。

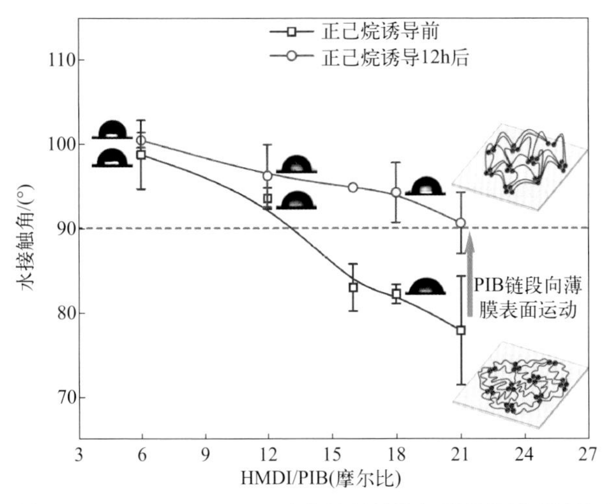

图5-111　不同HMDI/PIB摩尔比值的聚氨酯热塑性弹性体表面经过己烷蒸气诱导前后的水接触角

三、聚醚-聚异丁烯-聚醚型聚氨酯热塑性弹性体

1．物理机械性能

本书著者团队[84] 研究所合成的聚醚 - 聚异丁烯 - 聚醚型聚氨酯 FIBF-TPU 材料的力学性能，及对不同嵌段组成的 FIBF-TPU 力学性能的影响，如图 5-112 所示。三个样品的拉伸强度变化在 0.4 ～ 2.0MPa 之间。其中，软段含量为 87.8% 的 $PTHF_{3.6k}$-

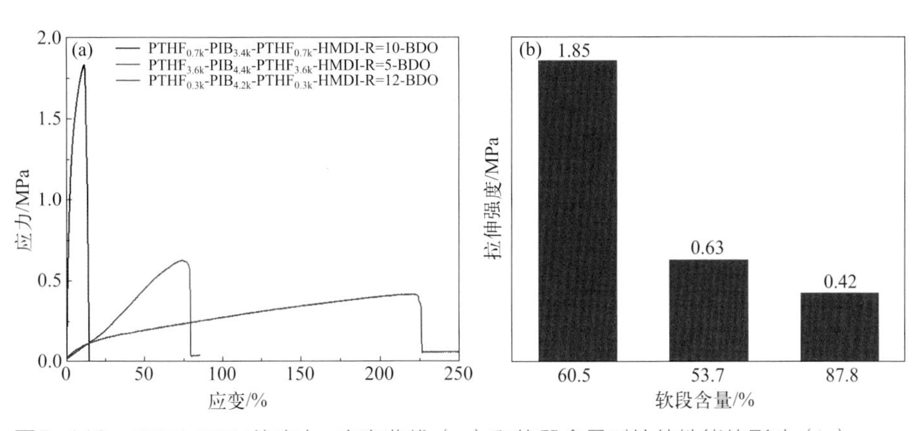

图5-112　FIBF-TPU的应力-应变曲线（a）和软段含量对拉伸性能的影响（b）

$PIB_{4.4k}$-$PTHF_{3.6k}$-HMDI-*R*=5-BDO 号样品拉伸应变 (219%) 最高，拉伸强度 (0.42MPa) 最低。$PTHF_{0.7k}$-$PIB_{3.4k}$-$PTHF_{0.7k}$-HMDI-*R*=10-BDO 号与 $PTHF_{0.3k}$-$PIB_{4.2k}$-$PTHF_{0.3k}$-HMDI-*R*=12-BDO 号样品软段含量近似，但 FIBF 三嵌段组成有较大的差异，$PTHF_{0.7k}$-$PIB_{3.4k}$-$PTHF_{0.7k}$ 中 PTHF 质量分数为 29.2%，$PTHF_{0.3k}$-$PIB_{4.2k}$-$PTHF_{0.3k}$ 中 PTHF 质量分数为 12.5%。研究发现，适当添加 PTHF 链段，可以提高 FIBF-TPU 的拉伸强度。

2．动态力学性能

本书著者团队[84] 研究所合成的聚醚 - 聚异丁烯 - 聚醚型聚氨酯 FIBF-TPU 材料的力学性能，其 DMA 曲线如图 5-113 所示。FIBF 三嵌段基 TPU 的低温储能模量明显高于 $PTHF_{1k}$ 与 $PTHF_{2k}$ 基 TPU。由于三嵌段共聚物软段中引入了 PIB 链段，有利于提高低温储能模量。由损耗模量峰值得到的玻璃化转变温度 T_g 大小排序为：

$PTHF_{1k}$(−36.6 ℃)＞$PTHF_{0.3k}$-*b*-$PIB_{4.2k}$-*b*-$PTHF_{0.3k}$ (−38.6 ℃)＞$PTHF_{2k}$ (−41.8 ℃)＞$PTHF_{3.6k}$-*b*-$PIB_{4.4k}$-*b*-$PTHF_{3.6k}$ (−63.4℃)

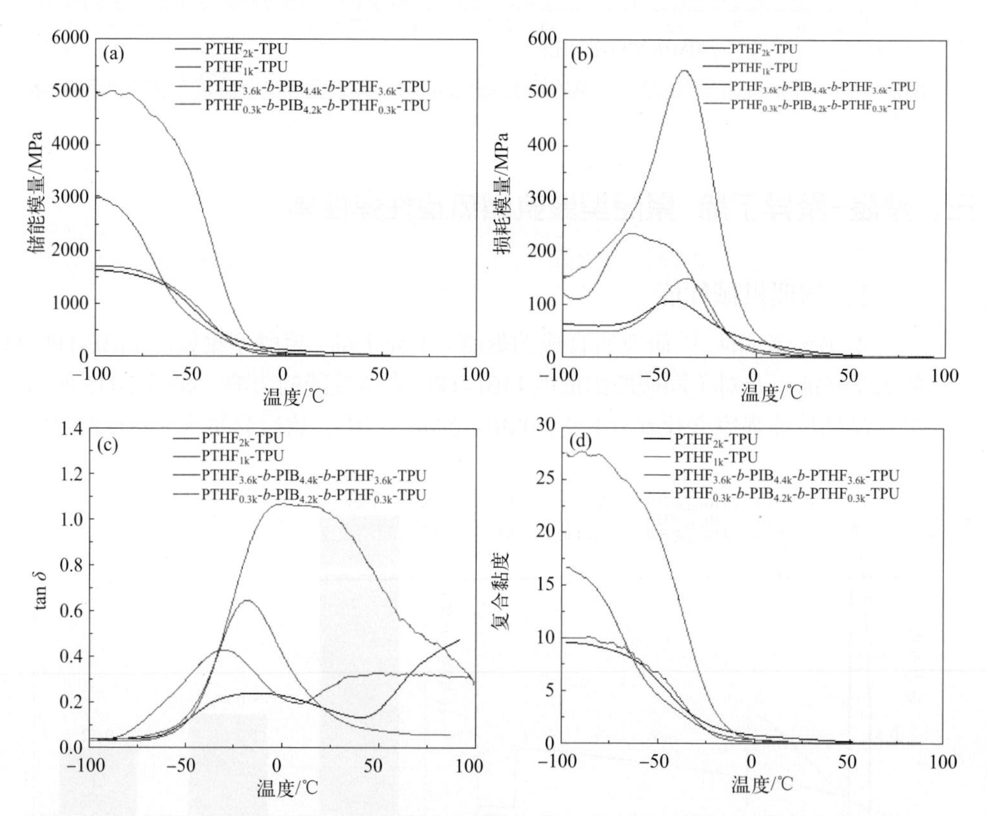

图5-113　PTHF基与FIBF基TPU的DMA曲线

(a) 储能模量随温度变化关系；(b) 损耗模量随温度变化关系；(c) 损耗因子随温度变化关系；(d) 复合黏度随温度变化关系

对于 $PTHF_{3.6k}$-b-$PIB_{4.4k}$-b-$PTHF_{3.6k}$ 基 TPU 样品，在 −51 ～ −11 ℃区间内，tanδ 大于 0.3，具有低温阻尼性能。$PTHF_{0.3k}$-$PIB_{4.2k}$-$PTHF_{0.3k}$ 基 TPU，温度高于 −32℃区域内，tanδ 大于 0.3，在较宽温域范围均可以实现优异的阻尼性能。

四、聚苯乙烯-聚异丁烯-聚苯乙烯型聚氨酯热塑性弹性体

1．物理机械性能

本书著者团队[64-65]通过拉伸测试表征所合成的不同硬段含量的 SIBS-TPU 的力学性能，其在分别放置 1 个月和 24 个月后的应力 - 应变曲线如图 5-114 所示。当 HMDI/SIBS-OH 的摩尔比值从 9 增加到 10 时，硬段含量增大，拉伸强度提高，断裂伸长率明显降低，这是由于大量硬段结晶微区的存在造成的。$SIBS-TPU_9$ 和 $SIBS-TPU_{10}$ 在放置时间延长到 24 个月后，拉伸强度明显提高，这与 PIB-TPU 中得到的结论相一致。

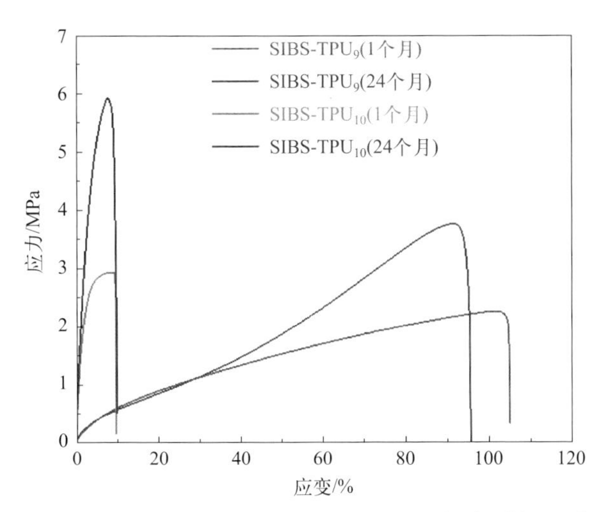

图5-114　$SIBS-TPU_9$和$SIBS-TPU_{10}$在分别放置1个月和24个月后的应力-应变曲线

通过 SEM 观察 SIBS-TPU 在放置 1 个月后拉伸测试的断面形貌，如图 5-115 所示。两个 SIBS-TPU 样品由于硬段的存在，拉断断面具有很高的粗糙度，表现为韧性断裂。在硬段结晶微区更多的 $SIBS-TPU_{10}$ 的拉断断面中，粗糙度更高。

随着 SIBS-TPU 中硬段含量提高，拉伸强度增大，断裂伸长率减小；断裂方式均呈现韧性断裂。随着放置时间的延长，SIBS-TPU 的拉伸强度明显提高。SIBS-TPU 放置时间从 1 个月延长到 12 个月后，硬段微区中无序氢键向有序氢键转变，硬段结晶有序性提高，有利于提高材料的拉伸强度和断裂伸长率。

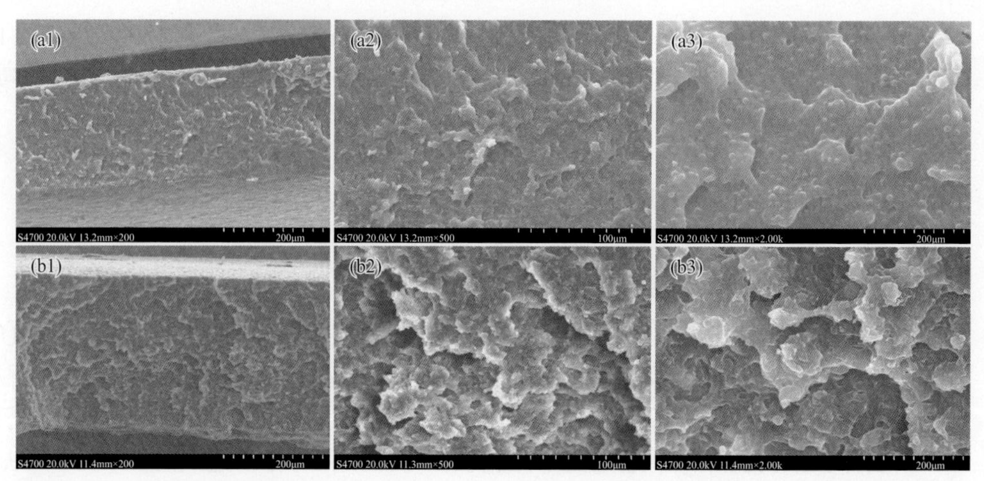

图5-115　不同放大倍数下的SIBS-TPU$_9$（a）和SIBS-TPU$_{10}$（b）的拉断断裂横截面的扫描电镜照片

2．动态力学性能

通过动态力学分析仪表征 SIBS-TPU 的热力学性能，测试得到的储能模量 (G') 如图 5-116 所示。PIB 软段含量相对较高的 SIBS-TPU$_9$ 在低温时的储能模量更高，在高温时的储能模量更低，这是由于在高于 PIB 软段玻璃化转变温度 (T_g) 时，硬段含量越高，材料的刚性越强。此外，SIBS-TPU 在高温区域仍保持有一定的模量，其中 SIBS-TPU$_9$ 在温度为 177℃时的 G' 为 1MPa，表明其具有坚固的物理交联网络。

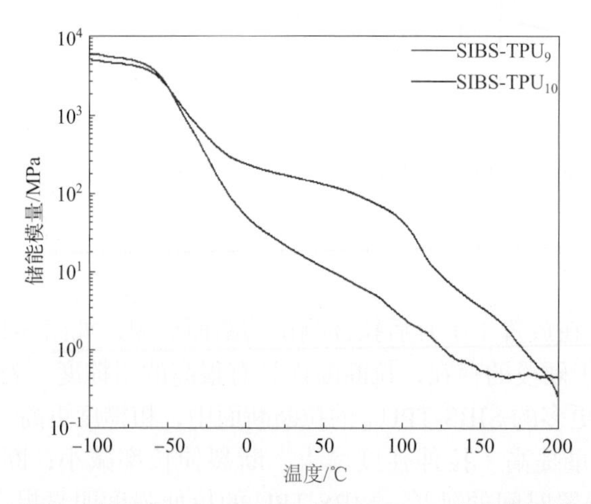

图5-116　SIBS-TPU$_9$和SIBS-TPU$_{10}$的储能模量曲线

在 SIBS-TPU 中，将氢键引入 PS 硬链段，使 HMDI 与 BDO 形成的氨基甲酸酯硬段与 PS 链段相连，提高了物理交联网络的强度，$SIBS-TPU_9$ 分别在 120℃、140℃和 160℃时的频率扫描曲线如图 5-117 所示。在 120 ～ 160℃范围内，储能模量（G'）与损耗模量（G''）基本无变化。说明在此温度范围内，SIBS-TPU 中的物理交联网络未受影响，氢键的引入同样提高了 SIBS 的服役温度。

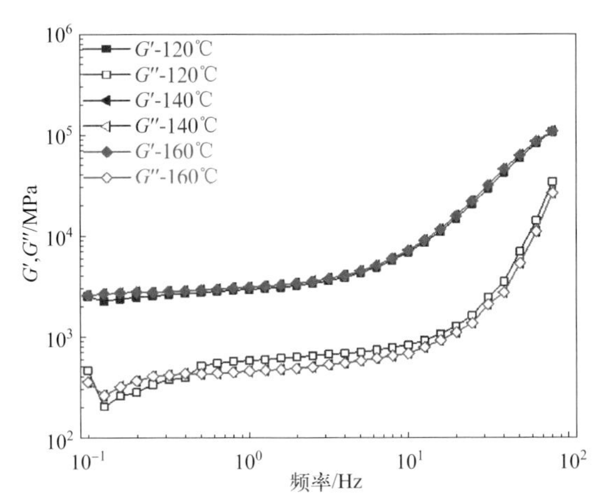

图5-117　$SIBS-TPU_9$分别在120℃、140℃和160℃下的频率扫描测试

SIBS-TPU 中两种结构的硬段与软段形成坚固的物理交联网络，使其在高温时仍能保持一定的储能模量。

3．表面亲 / 疏水性

SIBS-TPU 的静态 WCA 测量照片及 WCA 测量平均值如图 5-118 所示。当 HMDI/SIBS-OH 摩尔比值从 9 增加到 10 时，WCA 从 86.5° 减小到 79.2°，这是由于 HMDI 与 BDO 形成的亲水性硬段含量增加导致表面亲水性提高。

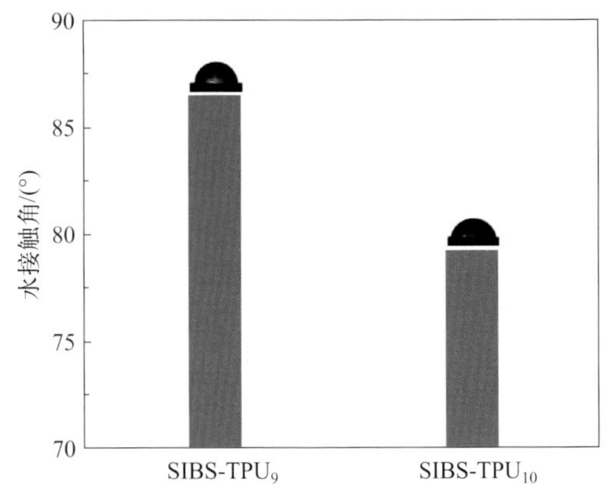

图5-118　$SIBS-TPU_9$和$SIBS-TPU_{10}$的水接触角

五、聚硅氧烷及其与聚醚复合型聚氨酯热塑性弹性体

1．物理机械性能

以聚二甲基硅氧烷链段为软段的聚氨酯中，软段缺乏氢键受体，与硬段之间缺乏相互作用力，因此不能很好地承受应力的传递导致弹性体材料发生断裂。在PDMS-TPU的设计合成中，软段与硬段之间相互作用力弱，微观相分离程度较高，软硬相之间的界面粘接力弱，应力传递受阻导致物理机械性能差，因此通过引入聚醚型(PTHF，PEO和PPO)软段形成混合双软段TPU的设计方法来改善PDMS-TPU的物理机械性能。将聚醚(PEO和PPO)作为改性共混软段引入有机硅聚脲研究对物理机械性能的影响。将分子量分别为600、900和2000的氨基封端的PEO低聚物掺入分子量为2500的PDMS中，与HMDI和间苯二胺(MPDA)合成聚脲氨酯(PUU)。加入PEO软段后的PDMS基PUU的拉伸强度与断裂伸长率均提高，且随着加入的PEO的分子量增大，拉伸强度减小，断裂伸长率提高。将分子量分别为450和2000的PPO掺入分子量分别为3000和7000的PDMS中进行改性，结果发现相间距随加入PPO的分子量增大而增大。PPO的醚基团与脲硬段之间通过氢键结合，形成中间梯度相[23]。

可以通过PDMS与PCL或PLLA形成三嵌段共聚物软段来制备PCL-*b*-PDMS-*b*-PCL -TPU或PLLA-*b*-PDMS-*b*-PLLA-TPU。

2．动态力学性能

本书著者团队[67]通过在制备TPU时引入PDMS/PTHF复合软段，改变聚合物的微观聚集态结构，聚合物的网络结构变得更加紧密，因此进一步研究PDMS/PTHF复合软段对聚合物的动态学性能的影响。

对PDMS-PTHF-AZO-TPU系列样品从−100℃加热至150℃进行变温扫描DMA，选用的测试频率为1Hz，振幅为0.1%的应变进行DMA表征，并与PTHF-AZO_{100}-TPU系列样品的动态力学性能表征结果进行比较，其测试结果如图5-119所示。PDMS-PTHF复合软段的柔性较高，在较低的温度范围内，其模量较低改善了聚合物的低温性能，PDMS-PTHF复合软段引入后聚合物的网络结构变得更加紧密，其模量较高。

3．硬段偶氮官能团的光敏性

为了研究PDMS-PTHF复合软段引入聚合物后对DHAB官能基团紫外线照射下发生结构转变的影响，将PDMS-PTHF-AZO-TPU系列样品配制成THF溶液，使用紫外-可见光分光光度计进行紫外-可见光光谱(UV-Vis)表征，并与PTHF-

AZO-TPU 系列样品的结果进行对比。其紫外 - 可见光光谱 (UV-Vis) 表征结果如图 5-120 所示。

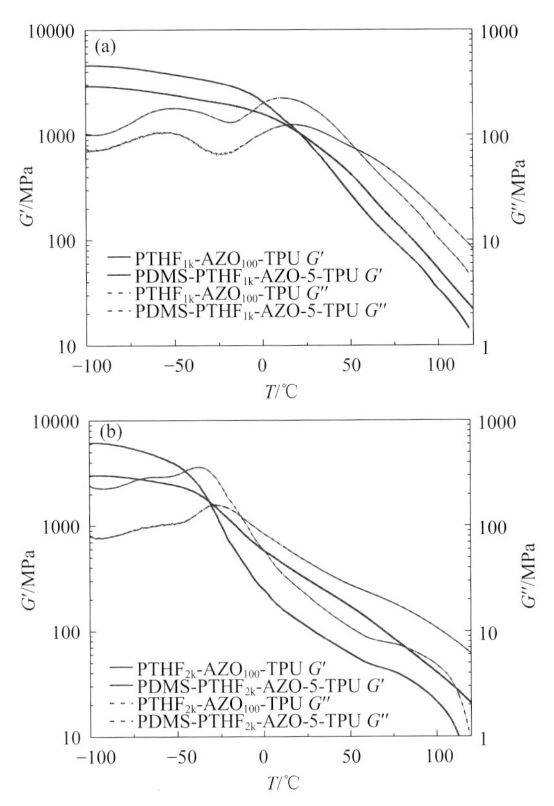

图5-119 样品储能模量(G')与损耗模量(G'') DMA谱图

(a) PDMS-PTHF$_{1k}$-AZO-5-TPU 与 PTHF$_{1k}$-AZO$_{100}$-TPU ;(b) PDMS-PTHF$_{2k}$-AZO-5-TPU 与 PTHF$_{2k}$-AZO$_{100}$-TPU

从图 5-120 可以看出：① 245nm 出现的紫外吸收峰归属于 DHAB 结构单元中苯环的 π-π* 跃迁；② 358nm 出现紫外吸收峰归属于偶氮苯结构单元的 π-π* 跃迁，属于 S_2 激发态，偶氮苯可以由反式异构体转变为顺式异构体；③ 392nm 出现紫外吸收峰归属于 PDMS-PTHF-AZO-TPU 系列样品中偶氮苯结构单元的 n-π* 跃迁，属于 S_1 激发态，偶氮苯可以由顺式异构体转变为反式异构体；④ PDMS-PTHF-AZO-TPU 系列样品的 S_1 激发态与 S_2 激发态的吸收峰位置没有出现大面积重叠，因此偶氮苯顺式异构体具有较长的寿命；⑤ PDMS-PTHF-AZO-TPU 系列样品在 S_1 激发态与 S_2 激发态的吸收峰峰强高于 PTHF-AZO$_{100}$-TPU 系列样品。因此，PDMS-PTHF-AZO-TPU 系列样品中的偶氮苯结构单元可以在特定的紫外线波长照射下发生顺反异构结构转变。PDMS-PTHF 复合软段引入聚合物后提高了偶氮苯结构单元顺式异构体的寿命，偶氮苯结构单元顺反异构结构转变能力增大。

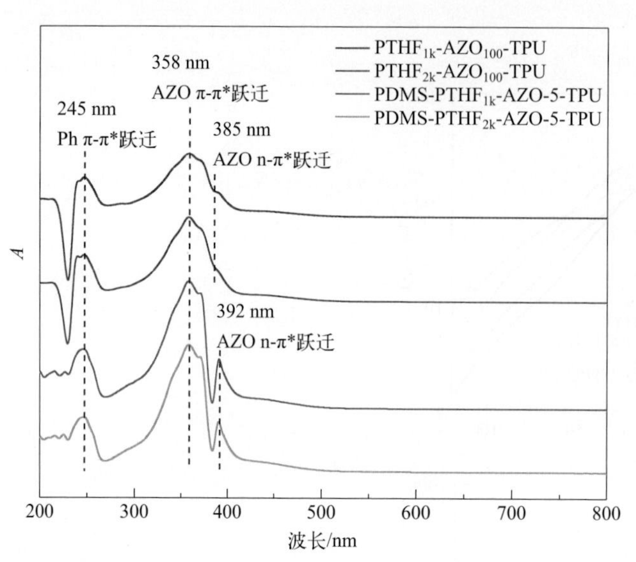

图5-120 PDMS-PTHF-AZO-TPU系列样品与PTHF-AZO-TPU系列样品的紫外-可见光吸收光谱

第六节 结论与展望

聚氨酯热塑性弹性体在软硬段结构设计上具有多样性，广泛地来说，只要向聚合物链端引入羟基或氨基，均可用作合成聚氨酯热塑性弹性体的软段，这就从结构设计上决定了聚氨酯热塑性弹性体种类层出不穷的发展趋势；另外，硬段所包含的二异氰酸酯与扩链剂也具有选择多样性，脂肪族、脂环族与芳香族的二异氰酸酯为聚氨酯热塑性弹性体赋予不同的性能特点，小分子二醇与小分子二胺扩链剂影响聚氨酯热塑性弹性体中的氢键种类及强度。此外，利用软段中的不饱和键或官能团，可以对聚氨酯进行进一步官能化，或在小分子扩链剂中引入其他官能团，或将二者相结合，可进一步实现聚氨酯热塑性弹性体功能材料的设计与开发。

本书著者团队通过研究以不同化学结构的二异氰酸酯和 1,4- 丁二醇组成硬段的聚氨酯热塑性弹性体的结构和性能，确定了以二环己基甲烷二异氰酸酯为硬段时有利于制备兼具强度和韧性的聚氨酯热塑性弹性体。并在此基础上，开发了合成以聚异丁烯为软段的聚氨酯热塑性弹性体的新方法，研究了二环己基甲烷二异氰酸酯含量对聚氨酯热塑性弹性体的结构和性能的影响。此外，还设计合成了以聚四氢呋喃 -*b*- 聚异丁烯 -*b*- 聚四氢呋喃、聚苯乙烯 -*b*- 聚异丁烯 -*b*- 聚苯乙烯等三嵌段共聚物为软段的新型聚氨酯热塑性弹性体。

我国的聚氨酯热塑性弹性体产业发展十分迅速，目前已成为全球聚氨酯生产大国，具有十分完备的关键原料生产和配套设备，且市场规模在热塑性弹性体市场中仅次于聚苯乙烯类热塑性弹性体和聚烯烃类热塑性弹性体。目前国内对聚氨酯热塑性弹性体的主要需求体现在生活用品领域，如制鞋业、服装业和运动器材等方面消耗较大。其性能接近于工程塑料，但综合性价比高，在高端应用领域还需要进一步拓展市场需求。

参考文献

[1] Wu K D, Wu Y B, Huang S, et al. Synthesis and characterization of hydroxyl-terminated butadiene-end-capped polyisobutylene and its use as a diol for polyurethane preparation[J]. RSC Advances, 2020, 10(16): 9601-9609.

[2] Yilgor I, Yilgor E, Wilkes G L. Critical parameters in designing segmented polyurethanes and their effect on morphology and properties: A comprehensive review[J]. Polymer, 2015, 58: A1-A36.

[3] Xu Y, Petrovi Z, Das S, et al. Morphology and properties of thermoplastic polyurethanes with dangling chains in ricinoleate-based soft segments[J]. Polymer, 2008, 49(19): 4248-4258.

[4] Xiang D, Liu L, Liang Y R. Effect of hard segment content on structure, dielectric and mechanical properties of hydroxyl-terminated butadiene-acrylonitrile copolymer-based polyurethane elastomers[J]. Polymer, 2017, 132: 180-187.

[5] Bailey Jr F E, Koleske J V. Poly(ethylene oxide)[M]. New York: Academic Press, 1976.

[6] Versteegen R M, Sijbesma R P, Meijer E W. Synthesis and characterization of segmented copoly(ether urea)s with uniform hard segments[J]. Macromolecules, 2005, 38(8): 3176-3184.

[7] 杨文会，覃新林．热塑性聚氨酯弹性体 (TPU) 研究及应用 [J]．塑料制造，2015，7：70-77.

[8] Akindoyo J O, Beg M D H, Ghazali S, et al. Polyurethane types, synthesis and applications a review[J]. RSC Adv,2016,6: 114453-114482.

[9] Richard B F, Edmund B A R D. Mechanically frothed gel elastomers and methods of making and using them: US 20160017084 A1[P]. 2016-01-21.

[10] Petrović Z S. Polyurethanes from vegetable oils[J]. Polym Rev, 2008, 48: 109-155.

[11] Meng Q B, Lee S I, Nah C, et al. Preparation of waterborne polyurethanes using an amphiphilic diol for breathable waterproof textile coatings[J]. Progress in Organic Coating, 2009, 66(4): 382-386.

[12] Darensbourg D J, Yeung A D. A concise review of computational studies of the carbon dioxide-epoxide copolymerization reactions[J]. Polymer Chemistry, 2014, 5 (13): 3949-3962.

[13] Barikani M, Hepburn C. The relative thermal-stability of polyurethane elastomers. 2. Influence of polyol-

diisocyanate molar block ratios with a single and mixed diisocyanate system[J]. Cellular Polymers, 1987, 6(1): 29-36.

[14] Barikani M, Hepburn C. The relative thermal-stability of polyurethane elastomers effect of diisocyanate structure[J]. Cellular Polymers, 1987, 6(3): 41-54.

[15] Sheth J P, Klinedinst D B, Wilkes G L, et al. Role of chain symmetry and hydrogen bonding in segmented copolymers with monodisperse hard segments[J]. Polymer, 2005, 46(18): 7317-7322.

[16] Prisacariu C, Scortanu E. Influence of the type of chain extender and urethane group content on the mechanical properties of polyurethane elastomers with flexible hard segments[J]. High Performance Polymers, 2011, 23(4): 308-313.

[17] Xiang D, Liu M, Chen G L, et al. Optimization of mechanical and dielectric properties of poly(urethane-urea)-based dielectric elastomers via the control of microstructure[J]. RSC Advances, 2017, 7(88): 55610-55619.

[18] Ying W B, Yu Z, Kim D H, et al. Waterproof, highly tough, and fast self-healing polyurethane for durable electronic skin[J]. ACS Applied Materials & Interfaces, 2020, 12: 11072-11083.

[19] Toth K, Nugay N, Kennedy J P. Polyisobutylene-based polyurethanes: Ⅶ. Structure/property investigations for medical applications[J]. Journal of Polymer Science Part A: Polymer Chemistry, 2016, 54 (4): 532-543.

[20] Toth K, Nugay N, Kennedy J P. Polyisobutylene-based polyurethanes. Ⅸ. Synthesis, characterization, and properties of polyisobutylene-based poly(urethane-ureas)[J]. Journal of Polymer Science Part A: Polymer Chemistry, 2016, 54 (15): 2361-2369.

[21] Cui R, Tota R, Faust R. Synthesis, characterization and biostability of poly(ethylene-*co*-butylene) polyurethanes[C]. 256th National Meeting and Exposition of the American-Chemical-Society, 2018-8-19.

[22] Qin X, Han B Y, Lu J M, et al. Rational design of advanced elastomer nanocomposites towards extremely energy-saving tires based on macromolecular assembly strategy[J]. Nano Energy, 2018, 48: 180-188.

[23] Xiang D, He J J, Cui T T, et al. Multiphase structure and electromechanical behaviors of aliphatic polyurethane elastomers[J]. Macromolecules, 2018, 51(16): 6369-6379.

[24] Aguirresarobe R H, Nevejans S, Reck B, et al. Healable and self-healing polyurethanes using dynamic chemistry[J]. Progress in Polymer Science, 2021, 114: e101362.

[25] Park D B, Kim D H, Lee W K. Study on synthesis and abrasion resistance of thermoplastic polyurethanes using hydroxyl-terminated polydimethylsiloxane and polyether polyols[J]. Molecular Crystals and Liquid Crystals, 2020, 707 (1): 94-100.

[26] Bai C Y, Zhang X Y, Dai J B. Synthesis and characterization of PDMS modified UV-curable waterborne polyurethane dispersions for soft tact layers[J]. Progress in Organic Coating, 2007, 60 (1): 63-68.

[27] Li Z, Yang J, Ye H, et al. Simultaneous improvement of oxidative and hydrolytic resistance of polycarbonate urethanes based on polydimethylsiloxane/poly(hexamethylene carbonate) mixed macrodiols[J]. Biomacromolecules, 2018, 19(6): 2137-2145.

[28] Erceg T, Tanasić J, Banjanin B, et al. Surface, structural, and thermal properties of polydimethylsiloxane-based polyurethanes and their blends with thermoplastic polyurethane elastomer[J]. Polymer Bulletin, 2022, 79 (12): 10909-10929.

[29] Chen J H, Hu D D, Li Y D, et al. Castor oil derived poly(urethane urea) networks with reprocessibility and enhanced mechanical properties[J]. Polymer, 2018, 143: 79-86.

[30] Feng Y C, Liang H Y, Yang Z M, et al. A solvent-free and scalable method to prepare soybean-oil-based polyols by thiol-ene photo-click reaction and biobased polyurethanes therefrom[J]. ACS Sustainable Chemistry & Engineering, 2017, 5(8): 7365-7373.

[31] Zhang C, Madbouly S A, Kessler M R. Biobased polyurethanes prepared from different vegetable oils[J]. ACS

Applied Materials & Interfaces, 2015, 7(2): 1226-1233.

[32] Jayavani S, Sunanda S, Varghese T O, et al. Synthesis and characterizations of sustainable polyester polyols from non-edible vegetable oils: Thermal and structural evaluation[J]. Journal of Cleaner Production, 2017, 162: 795-805.

[33] Li H, Wang C, Liu S L, et al. High modulus, strength, and toughness polyurethane elastomer based on unmodified lignin[J]. ACS Sustainable Chemistry & Engineering, 2017, 5(9): 7942-7949.

[34] Yilgör I, Yilgör E. ACS Symposium series: Science and technology of silicones and silicone-modified materials, August 2, 2007[C]. 2007, 964: 100-115.

[35] Sheth J P, Yilgör E, Erenturk B, et al. Structure-property behavior of poly(dimethylsiloxane) based segmented polyurea copolymers modified with poly(propylene oxide)[J]. Polymer, 2005, 46(19): 8185-8193.

[36] Erdodi G, Kang J M, Kennedy J P, et al. Polyisobutylene-based polyurethanes. Ⅲ. Polyurethanes containing PIB/PTMO soft *co*-segments[J]. Journal of Polymer Science Part A: Polymer Chemistry, 2009, 47(20): 5278-5290.

[37] Kulkarni P, Ojha U, Wei X, et al. Thermal and mechanical properties of polyisobutylene based thermoplastic polyurethanes[J]. Journal of Applied Polymer Science, 2013, 130(2): 891-897.

[38] Versteegen R M, Kleppinger R, Sijbesma R P, et al. Properties and morphology of segmented copoly(ether urea)s with uniform hard segments[J]. Macromolecules, 2006, 39(2): 772-783.

[39] 刘厚钧. 聚氨酯弹性体手册 [M]. 2 版. 北京：化学工业出版社，2012.

[40] Yilgor I, Yilgor E. Structure-morphology-property behavior of segmented thermoplastic polyurethanes and polyureas prepared without chain extenders[J]. Polymer Reviews, 2007, 47(4): 487-510.

[41] Rogulska M. Polycarbonate-based thermoplastic polyurethane elastomers modified by DMPA[J]. Polymer Bulletin, 2019, 76(9): 4719-4733.

[42] Wang H L, Yu J T, Fang H G, et al. Largely improved mechanical properties of a biodegradable polyurethane elastomer via polylactide stereocomplexation[J]. Polymer, 2018, 137: 1-12.

[43] Liu Y J, Jia Q, Ding Y S, et al. Synthesis of polyacrylate-based polyurethane by organocatalyzed group transfer polymerization and polyaddition[J]. Macromolecular Chemistry and Physics, 2020, 221(18): 2000217.

[44] He Shaoyun, Hu Shikai, Wu Yaowen, et al. Polyurethanes based on polylactic acid for 3D printing and shape-memory applications[J]. Biomacromolecules, 2022.

[45] Chen K, Yu X, Tian C, et al. Preparation and characterization of form-stable paraffin/polyurethane composites as phase change materials for thermal energy storage[J]. Energy Conversion and Management,2014,77:13-21.

[46] Mi Hao-Yang, Jing Xin, Napiwocki Brett N, et al. Biocompatible, degradable thermoplastic polyurethane based on polycaprolactone-block-polytetrahydrofuran-block-polycaprolactone copolymers for soft tissue engineering[J]. Journal of materials chemistry. B, 2017, 5(22):4137-4151.

[47] Ojha U, Kulkarni P, Cozzens D, et al. Hydrolytic degradation of polyisobutylene and poly-L-lactide-based multiblock copolymers[J]. Journal of Polymer Science Part A: Polymer Chemistry, 2010, 48(17): 3767-3774.

[48] Sikder B K, Jana T. Effect of solvent and functionality on the physical properties of hydroxyl-terminated polybutadiene (HTPB)-based polyurethane[J]. ACS Omega, 2018, 3(3): 3004-3013.

[49] He Y N, Li Q, Zhu C J, et al. Synthesis and properties of thermoplastic polyethylene based polyurethanes (PE-PUs)[J]. Journal of Polymer Research, 2018, 25(5): 122.

[50] Ahmad N,Khan M B,Ma X,et al.The influence of cross-linking/chain extension structures on mechanical properties of HTPB-based polyurethane elastomers[J].Arabian Journal for Science and Engineering,2014,39(1):43-51.

[51] Zhao B J, Mei H G, Hang G H, et al. Polyurethanes reinforced with polyethylene nanocrystals: Synthesis, triple shape memory, and reprocessing properties[J]. Macromolecules, 2022, 55(10): 4076-4090.

[52] Jiang H Q, Ye L, Wang Y H, et al. Synthesis and characterization of polypropylene-based polyurethanes[J]. Macromolecules 2020, 53(9), 3349-3357.

[53] Chen G L, Liang Y R, Xiang D, et al. Relationship between microstructure and dielectric property of hydroxyl-terminated butadiene—acrylonitrile copolymer-based polyurethanes[J]. Journal of Materials Science, 2017, 52(17): 10321-10330.

[54] Dong W Z, Quan Y W, Zhang J S, et al. The structural and mechanical properties of polysulfide-based polyurea[J]. Polymer International, 2003, 52(12): 1925-1929.

[55] 张俊生，全一武，陈庆民. 聚硫聚氨酯(脲)的热稳定性 [J]. 高分子材料科学与工程，2008，24(001): 113-115，119.

[56] Sun Y L, Tian X X, Xie H P, et al. Reprocessable and degradable bio-based polyurethane by molecular design engineering with extraordinary mechanical properties for recycling carbon fiber[J]. Polymer, 2022, 258.

[57] Divakaran A V, Azad L B, Surwase S S, et al. Mechanically tunable curcumin incorporated polyurethane hydrogels as potential biomaterials[J]. Chemistry of Materials, 2016, 28(7): 2120-2130.

[58] Meng Q H, Hu J L. A poly(ethylene glycol)-based smart phase change material[J]. Solar Energy Materials and Solar Cells, 2008, 92(10): 1260-1268.

[59] Domańska A, Boczkowska A, Izydorzak-Woźniak M, et al. Polyurethanes from the crystalline prepolymers resistant to abrasive wear[J]. Polish Journal of Chemical Technology, 2014, 16(4): 14-20.

[60] Zhang K , Liu Z , Lin Q , et al. Injectable PTHF-based thermogelling polyurethane implants for long-term intraocular application[J]. Biomaterials research, 2022, 26(1):70.

[61] Luo K , Wang L , Chen X , et al. Biomimetic polyurethane 3D scaffolds based on polytetrahydrofuran glycol and polyethylene glycol for soft tissue engineering[J]. Polymers, 2020(11).

[62] Korley L T J, Pate B D, Thomas E L, et al. Effect of the degree of soft and hard segment ordering on the morphology and mechanical behavior of semicrystalline segmented polyurethanes[J]. Polymer, 2006, 47(9): 3073-3082.

[63] Waletzko R S, Korley L T J, Pate B D, et al. Role of increased crystallinity in deformation-induced structure of segmented thermoplastic polyurethane elastomers with PEO and PEO-PPO-PEO soft segments and hdi hard segments[J]. Macromolecules, 2009, 42(6): 2041-2053.

[64] Zhang H T, Zhang F, Wu Y X. Robust stretchable thermoplastic polyurethanes with long soft segments and steric semisymmetric hard segments[J]. Industrial & Engineering Chemistry Research, 2020, 59(10): 4483-4492.

[65] 张航天. 聚异丁烯基热塑性弹性体的设计合成与性能研究 [D]. 北京：北京化工大学，2021.

[66] Yilgor E, Yilgor I, Yurtsever E. Hydrogen bonding and polyurethane morphology. Ⅰ. Quantum mechanical calculations of hydrogen bond energies and vibrational spectroscopy of model compounds[J]. Polymer, 2002, 43(24): 6551-6559.

[67] 金宥光. 光响应软段全饱和热塑弹性体智能材料的设计合成与性能研究 [D]. 北京：北京化工大学，2023.

[68] 罗龙飞. 偶氮苯液晶高分子 - 聚离子液体嵌段共聚物的自组装及功能化研究 [D]. 北京：北京大学，2021.

[69] 李嘉乐. 自修复热塑性聚氨酯的设计合成与性能研究 [D]. 北京：北京化工大学，2024.

[70] Deodhar T J, Keszler B L, Kennedy J P. Quantitative preparation of allyl telechelic polyisobutylene under reflux conditions[J]. Journal of Polymer Science Part A: Polymer Chemistry, 2017, 55(10): 1784-1789.

[71] Li J, Wu K D, Shan H, et al. Synthesis and properties of hydroxytelechelic polyisobutylenes by end capping with *tert*-butyl-dimethyl-(4-methyl-pent-4-enyloxy)-silane[J]. Chinese Journal of Polymer Science, 2019, 37(9): 936-942.

[72] Toth K, Kekec N C, Nugay N, et al. Polyisobutylene-based polyurethanes. Ⅷ. Polyurethanes with -O-S-PIB-S-O- soft segments[J]. Journal of Polymer Science Part A: Polymer Chemistry, 2016, 54(8): 1119-1131.

[73] Castano M, Becker M L, Puskas J E. New method for the synthesis of fully aliphatic telechelic α,ω-dihydroxy-polyisobutylene[J]. Polymer Chemistry, 2014, 5(18): 5436-5442.

[74] Kang J, Erdodi G, Kennedy J P. Polyisobutylene-based polyurethanes with unprecedented properties and how they came about[J]. Journal of Polymer Science Part A: Polymer Chemistry, 2011, 49(18): 3891-3904.

[75] Banerjee S, Shah P N, Jeong Y, et al. Structural characterization of telechelic polyisobutylene diol[J]. Journal of Chromatography A, 2015, 1376: 98-104.

[76] 雅各宾 A F，梅萨纳 A D，斯里哈 L，伯德齐 S M. 官能化的聚异丁烯的合成：CN201680053876.X[P]. 2018-08-24.

[77] Ummadisetty S, Kennedy J P. Quantitative syntheses of novel polyisobutylenes fitted with terminal primary—Br, —OH, —NH_2, and methacrylate termini[J]. Journal of Polymer Science Part A: Polymer Chemistry, 2008, 46(12): 4236-4242.

[78] Bergbreiter D E, Priyadarshani N. Syntheses of terminally functionalized polyisobutylene derivatives using diazonium salts[J]. Journal of Polymer Science Part A: Polymer Chemistry, 2011, 49(8): 1772-1783.

[79] Magenau A J D, Chan J W, Hoyle C E, et al. Facile polyisobutylene functionalization viathiol-ene click chemistry[J]. Polymer Chemistry, 2010, 1(6): 831-833.

[80] Ojha U, Kulkarni P, Faust R. Syntheses and characterization of novel biostable polyisobutylene based thermoplastic polyurethanes[J]. Polymer, 2009, 50(15): 3448-3457.

[81] Deodhar T, Nugay N, Nugay T, et al. Synthesis of high molecular weight and strength polyisobutylene-based polyurethane and its use for the development of a synthetic heart valve[J]. Macromolecular Rapid Communications, 2023, 44(1): e2200147.

[82] Toth K, Nugay N, Kennedy J P. Polyisobutylene-based polyurethanes. Ⅸ. Synthesis, characterization, and properties of polyisobutylene-based poly(urethane-ureas)[J]. Journal of Polymer Science Part A: Polymer Chemistry, 2016, 54(15): 2361-2369.

[83] Ojha U, Kulkarni P, Singh J, et al. Syntheses, characterization, and properties of multiblock copolymers consisting of polyisobutylene and poly(L-lactide) segments[J]. Journal of Polymer Science Part A: Polymer Chemistry, 2009, 47 (14): 3490-3505.

[84] 张航天，马婧伊，杨甜，等. 聚异丁烯基热塑弹性体设计合成与性能 [J]. 高分子学报，2022，53(1): 56-66.

[85] 张方，张航天，杨甜，等. 官能化聚四氢呋喃 -*b*- 聚异丁烯 -*b*- 聚四氢呋喃三嵌段共聚物的合成与性能 [J]. 高分子学报，2020，51(1): 98-116.

[86] 张方. 软段结构调控聚氨酯性能研究 [D]. 北京：北京化工大学，2020.

[87] Wang Wencai, Bai Xueyang, Sun Siao, et al. Polysiloxane-based polyurethanes with high strength and recyclability[J]. International Journal of Molecular Sciences, 2022, 23(20).

[88] Pergal M V, Antic V V, Govedarica M N, et al. Synthesis and characterization of novel urethane-siloxane copolymers with a high content of PCL-PDMS-PCL segments[J]. Journal of Applied Polymer Science, 2011, 122(4): 2715-2730.

[89] Pergal M V, Antic V V, Ostojic S, et al. Influence of the content of hard segments on the properties of novel urethane-siloxane copolymers based on a poly(ε-caprolactone)-*b*-poly(dimethylsiloxane)-*b*-poly(ε- caprolactone) triblock copolymer[J]. Journal of the Serbian Chemical Society, 2011, 76(12): 1703-1723.

[90] Ho C H, Wang C H, Lin C I, et al. Synthesis and characterization of $(AB)_n$-type poly(L-lactide)-poly(dimethyl

siloxane) multiblock copolymer and the effect of its macrodiol composition on urethane formation[J]. European Polymer Journal, 2009, 45(8): 2455-2466.

[91] Xu C A , Qu Z , Tan Z , et al. High-temperature resistance and hydrophobic polysiloxane-based polyurethane films with cross-linked structure prepared by the sol-gel process[J]. Polymer Testing, 2020:106485.

[92] Lin Yinlei, He Deliu, Hu Huawen, et al. Preparation and properties of polydimethylsiloxane (PDMS)/ polyethylene glycol (PEG)-based amphiphilic polyurethane elastomers[J]. ACS Applied Bio Materials, 2019, 2(10).

[93] Mohammad Mizanur Rahman, Aleya Hasneen, Han-Do Kim, et al. Preparation and properties of polydimethylsiloxane (PDMS)/polytetramethyleneadipate glycol (PTAd)-based waterborne polyurethane adhesives: Effect of PDMS molecular weight and content[J]. Journal of Applied Polymer Science, 2012, 125(1):88-96.

[94] Sudaryanto, Nishino T, Asaoka S, et al. Incorporation of methyl groups into hard segments of segmented polyurethane: Microphase separation and adhesive properties[J]. International Journal of Adhesion & Adhesives, 2001, 21(1): 71-75.

[95] 赵孝彬，杜磊，张小平．聚氨酯的结构与微相分离 [J]．聚氨酯工业，2001，16(1): 4-8.

[96] Das S, Yilgör I, Yilgör E, et al. Structure-property relationships and melt rheology of segmented, non-chain extended polyureas: Effect of soft segment molecular weight[J]. Polymer, 2007, 48(1): 290-301.

[97] Aneja A, Wilkes G L. A systematic series of ‘model’ PTMO based segmented polyurethanes reinvestigated using atomic force microscopy[J]. Polymer, 2003, 44(23): 7221-7228.

[98] Ósickey M J, Lawrey B D, Wilkes G L. Structure-property relationships of poly(urethane-urea)s with ultra-low monol content poly(propylene glycol) soft segments. Part Ⅱ. Influence of low molecular weight polyol components[J]. Polymer, 2002, 43(26): 7399-7408.

[99] Ósickey M J, Lawrey B D, Wilkes G L. Structure-property relationships of poly(urethane urea)s with ultra-low monol content poly(propylene glycol) soft segments. Ⅰ. Influence of soft segment molecular weight and hard segment content[J]. Journal of Applied Polymer Science, 2002, 84(2): 229-243.

[100] Ertem S P, Yilgör E, Kosak C, et al. Effect of soft segment molecular weight on tensile properties of poly(propylene oxide) based polyurethaneureas[J]. Polymer, 2012, 53(21): 4614-4622.

[101] Lai Y, Kuang X, Zhu P, et al. Colorless, transparent, robust, and fast scratch-self-healing elastomers via a phase-locked dynamic bonds design[J]. Adv Mater, 2018, 30: 1802556.

[102] Klinedinst D B, Yilgör I, Yilgör E, et al. The effect of varying soft and hard segment length on the structure-property relationships of segmented polyurethanes based on a linear symmetric diisocyanate, 1,4-butanediol and PTMO soft segments[J]. Polymer, 2012, 53(23): 5358-5366.

[103] Velankar S, Cooper S L. Microphase separation and rheological properties of polyurethane melts. 1. Effect of block length[J]. Macromolecules, 1998, 31(26): 9181-9192.

[104] Velankar S, Cooper S L. Microphase separation and rheological properties of polyurethane melts. 2. Effect of block incompatibility on the microstructure[J]. Macromolecules, 2000, 33(2): 382-394.

[105] Velankar S, Cooper S L. Microphase separation and rheological properties of polyurethane melts. 3. Effect of block incompatibility on the viscoelastic properties[J]. Macromolecules, 2000, 33(2): 395-403.

[106] Saralegi A, Rueda L, Fernandez-D'arlas B, et al. Thermoplastic polyurethanes from renewable resources: Effect of soft segment chemical structure and molecular weight on morphology and final properties[J]. Polymer International, 2013, 62(1): 106-115.

[107] Yilgör I, Yilgör E. Structure-morphology-property behavior of segmented thermoplastic polyurethanes and polyureas prepared without chain extenders[J]. Polym Rev, 2007, 47: 487-510.

[108] Sheth J P, Klinedinst D B, Wilkes G L, et al. Role of chain symmetry and hydrogen bonding in segmented copolymers with monodisperse hard segments[J]. Polymer, 2005, 46: 7317-7322.

[109] Das S, Cox D F, Wilkes G L, et al. Effect of symmetry and H-bond strength of hard segments on the structure-property relationships of segmented, nonchain extended polyurethanes and polyureas[J]. J Macromol Sci Part B Phys, 2007, 46: 853-875.

[110] Rueda-Larraz L, d'Arlas B F, Tercjak A, et al. Synthesis and microstructure-mechanical property relationships of segmented polyurethanes based on a PCL-PTHF-PCL block copolymer as soft segment[J]. Eur Polym J, 2009, 45(7): 2096-2109.

[111] Zhang C, Jiang X J, Zhao Z Y, et al. Effects of wide-range γ-irradiation doses on the structures and properties of 4,4′-dicyclohexyl methane diisocyanate based poly(carbonate urethane)s[J]. J Appl Polym Sci, 2014, 131(22): e41049.

[112] 李汾．聚氨酯弹性体的新进展 [J]．化学推进剂与高分子材料，2016，14(1): 1-10.

[113] 刘菁，李汾．聚氨酯弹性体新进展 [J]．化学推进剂与高分子材料，2018，16(5): 26-31,43

[114] Hernandez R, Weksler J, Padsalgikar A, et al. A comparison of phase organization of model segmented polyurethanes with different intersegment compatibilities[J]. Macromolecules, 2008, 41(24): 9767-9776.

[115] Jewrajka S K, Kang J M, Erdodi G, et al. Polyisobutylene-based polyurethanes. Ⅱ. Polyureas containing mixed PIB/PTMO soft segments[J]. Journal of Polymer Science Part A: Polymer Chemistry, 2009, 47(11): 2787-2797.

[116] Solís-Correa R E, Vargas-Coronado R, Aguilar-Vega M, et al. Synthesis of HMDI-based segmented polyurethanes and their use in the manufacture of elastomeric composites for cardiovascular applications[J]. J. Biomater Sci., Polym. Ed., 2007, 18(5)：561-578.

[117] Erdodi G, Kang J, Kennedy J P, et al. Polyisobutylene-based polyurethanes. Ⅲ. Polyurethanes containing PIB/PTMO soft Co-segments[J]. J Polym Sci PartA Polym Chem, 2009, 47(20): 5278-5290.

[118] Dreyfuss P. Poly(tetrahydrofuran)[M]. New York: Gordon and Breach Science Publishers, 1982.

[119] Das S, Cox D F, Wilkes G L, et al. Effect of symmetry and H-bond strength of hard segments on the structure-property relationships of segmented, nonchain extended polyurethanes and polyureas[J]. Journal of Macromolecular Science Part B: Physics, 2007, 46(5): 853-875.

[120] Wang H R, Zhang L, Peh K W E, et al. Effect of phase separation and crystallization on enthalpy relaxation in thermoplastic polyurethane[J]. Macromolecules, 2022, 55(19): 8566-8576.

[121] 江治，袁开军，李疏芬，等．聚氨酯的 FTIR 光谱与热分析研究 [J]．光谱学与光谱分析，2006，26(4): 624-628.

[122] Klinedinst D B, Yilgör I, Yilgör E, et al. The effect of varying soft and hard segment length on the structure–property relationships of segmented polyurethanes based on a linear symmetric diisocyanate, 1,4-butanediol and PTMO soft segments[J]. Polymer 2012, 53: 5358–5366.

[123] Zhao H, Gao W C, Li Q, et al. Recent advances in superhydrophobic polyurethane: preparations and applications[J]. Advances in Colloid and Interface Science, 2022, 303: e 102644.

[124] Yeh I C, Hsieh A J. Molecular dynamics simulation study of thermomechanical properties and hydrogen bonding structures of two-component polyurethanes [J]. Journal of Polymer Science, 2023, 61: 3095-3104.

[125] Das S, Cox D F, Wilkes G L,et al. Effect of symmetry and H-bond strength of hard segments on the structure-property relationships of segmented, nonchain extended polyurethanes and polyureas[J]. J. Macromol Sci Part B: Phys, 2007, 46: 853-875.

[126] Chen X X, Wang R Y, Cui C H, et al. NIR-triggered dynamic exchange and intrinsic photothermal-responsive covalent adaptable networks[J]. Chemical Engineering Journal, 2022, 428: 131212.

[127] 李裕琪，焦宏宇，王齐华，等. 氧化 / 水解稳定性优异的聚异丁烯基聚氨酯的合成与表征 [J]. 合成橡胶工业，2015，38(4): 279-285.

[128] Mishra A, Seethamraju K, Delaney J, et al. Long-term in vitro hydrolytic stability of thermoplastic polyurethanes[J]. Journal of Biomedical Materials Research Part A, 2015, 103(12): 3798-3806.

[129] Jewrajka S K, Yilgör E, Yilgör I, et al. Polyisobutylene-based segmented polyureas. Ⅰ. Synthesis of Hydrolytically and Oxidatively Stable polyureas[J]. Journal of Polymer Science Part A: Polymer Chemistry, 2009, 47(1): 38-48.

[130] Wei X Y, Shah P N, Bagdi K, et al. Effects of catalyst concentration on the morphology and mechanical properties of polyisobutylene-based thermoplastic polyurethanes[J]. Journal of Macromolecular Science Part A: Pure and Applied Chemistry, 2014, 51: 6-15.

[131] Kang J, Erdodi G, Kennedy J P, et al. PIB-Based Polyurethanes. Ⅳ. The Morphology of Polyurethanes Containing Soft Co-Segments[J]. Journal of Polymer Science Part A: Polymer Chemistry, 2009, 47(22): 6180-6190.

[132] Cozzens D, Luk A, Ojha U, et al. Surface characterization and protein interactions of segmented polyisobutylene-based thermoplastic polyurethanes[J]. Langmuir, 2011, 27(23): 14160-14168.

第六章

高性能离子型弹性体

离子型弹性体是一类较为特殊的弹性体材料，在其分子链中含有离子官能团，且官能团相互作用，使弹性体材料的性能发生变化。在离子型弹性体中，如果离子含量较高，则表现出极度亲水的特性，吸水率高，遇水溶胀破碎，甚至溶解。如果离子基团摩尔分数较低（≤10%），则表现出离聚体和弹性体二者相结合的高延展性和低永久变形特性，同时还可以进行热塑性加工。

离子型弹性体可以通过挤出、吹塑、热成型和注塑等各种方法进行加工，并且具有快速混合、加工周期短和低能耗等特点，其废料可以回收利用。几乎不需要配合，并且通过改变组分的比例可以容易地调整它们的性能。

离子型弹性体也有一些缺点，例如随温度升高而软化或熔化，并且在延长使用时显示蠕变。此外，离子型弹性体中的离子官能团有很强的亲水性，导致在水存在条件下会发生吸水溶胀，直接影响力学性能。

第一节 离子型弹性体基本概念与分类

一、离子型弹性体基本概念

聚合物通常指小分子单体通过共价键结合而成的具有链状结构的高分子化合物。在一定条件下，聚合物链分子可通过离子键相互作用形成更高级的结构[1]。离子型弹性体含有柔性主链和离子基团，是大分子主链的结构单元中、链端基和/或侧基位置通过化学键连接有离子基团的一类聚合物弹性体。离子基团所处的位置会对聚合物的性能产生显著影响。例如，当离子基团含量基本相同时，离子基团位于主链上的紫罗烯是热塑性弹性体，而离子基团位于侧链上的聚烯烃离子型弹性体则是半结晶的[2]。离子型弹性体的聚合物分子链中既包含有弹性链又包含离子官能团，离子基团由于静电作用相互聚集，同时与柔性主链不相容，因此会产生微相分离结构，这就导致离子型弹性体形成其特有的聚集态结构，由此产生集中理论结构模型，如Eisenberg模型、Forsman模型、Dreyfus模型、Bonner模型和核-壳模型等[3]，但仍存在争议。目前，最常见的适用于离子型弹性体的聚集态结构模型主要包括以下三种。

第一种模型适用于当离子型弹性体中离子基团含量低，聚集区域小，无离子簇存在的情况。聚集区域中离子对数量不超过7个[4]，且离聚体中只存在多重离子对而不存在离子簇。这种模型仅适用于低离子浓度状态，不能合理地解释在离子型弹性体中出现的相分离现象，因此具有很大的局限性。

第二种是多重离子对 - 离子簇模型 [5]，如图 6-1 所示，认为离子基团的聚集形式由二聚体变为三聚体和四聚体，随离子含量增加，离子对之间距离缩短，当离子对含量达到某一浓度时，会聚集形成多重离子对，多重离子对会影响甚至约束在其周围的分子链运动，形成限制区域，此时限制区域的厚度小于 50Å（$1Å=10^{-10}m$），这些限制区域会像交联结构一样，导致材料玻璃化转变温度升高。这个区域的厚度同时受到聚合物基体自身的影响，一般来说，弹性体分子链较为柔顺，因此形成的限制区域厚度也较小。多重离子对及其周围的运动限制区域数量增加，距离继续缩短，这些区域就会交织在一起，形成大面积连续的限制区域，最终形成离子簇区域，厚度在 50 ～ 100Å 之间，形成相分离结构。这就不会简单地导致材料原有的玻璃化转变温度升高，而是会形成一个新的玻化转变温度。

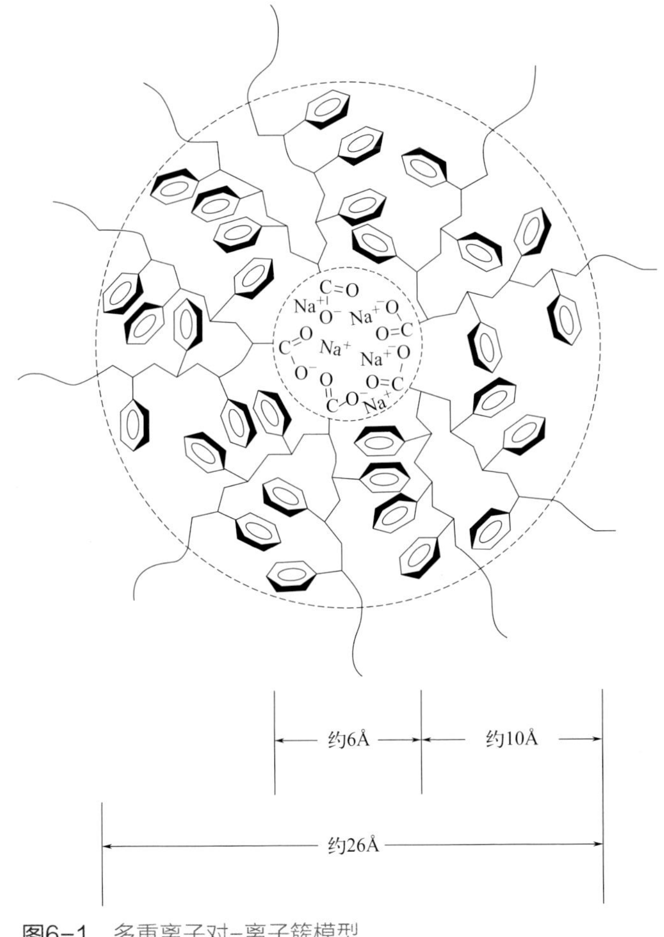

图6-1　多重离子对-离子簇模型

第三种是配位结构模型，尽管多重离子对 - 离子簇模型的提出获得了大量研究成果的支持，但是随着研究的不断深入，在一些实验过程中并没有发现离子簇结构，因此发展了配位结构模型。碱金属离子 Na^{+}、K^{+} 直接形成离子簇，碱土金属离子 Mg^{2+}、Ca^{2+} 则先形成多重离子对，再由离子对相互结合形成离子簇。Zn^{2+} 作为过渡金属不同于上述两种金属离子，Zn^{2+} 有很强的配位能力，锌离聚体中每个锌离子能与 4 个氧原子形成四面体的配位化合物。配位化合物的形成是 Lewis 碱 (配体) 和 Lewis 酸 (金属或者金属离子) 间的反应，生成的是金属配位化合物结构。可认为多重离子对 - 离子簇模型适合于碱金属和碱土金属形成的离聚体，配位结构模型只适合于过渡金属形成的离聚体。

当侧基含离子基团的聚合物聚集成簇时，在离子型弹性体内部形成离子聚集的网络结构；离子型嵌段共聚物由于分子间相互作用形成的微观形态中，以中间柔性链段为连续相，少量的离子相均匀地分散在碳氢化合物的基质中，三嵌段共聚物形成由离散的离子分散相连接的无终止的聚合物网络，三臂星形嵌段聚合物可自组装成由两种不同交联点相连接的聚合物网络。不同结构的离子型弹性体的聚集形态如图 6-2 所示，从而导致邻近的聚合物运动受到限制 [6-8]。离子基团在常温下形成物理交联结构，离聚体具有弹性，在高温下离子基团解离，离聚体可以熔融流动 [9]。最早的离子型弹性体可以追溯到 McAlevy 发现氯磺化聚乙烯离聚体和 Goodrich 研究中心制备出羧基化弹性体材料 [10]。离子含量对离子型弹性体聚集态结构及网络结构的影响规律 [11] 等离子型弹性体的研究越来越受人们的关注。

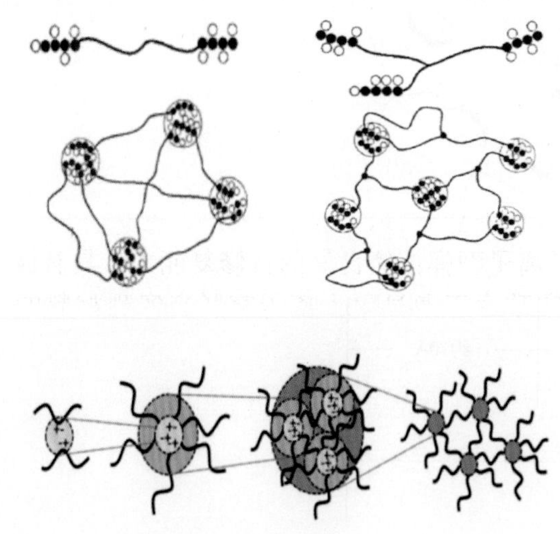

图6-2　离子型弹性体聚集形态

离子基团的位置同样也会直接影响离子型弹性体的性能。如图 6-3 所示，离子基团的位置包括三种情况：一是离子基团接枝在侧链烷基链端；二是离子基团接枝在主链上；三是离子基团接枝在部分烷基端[12]。

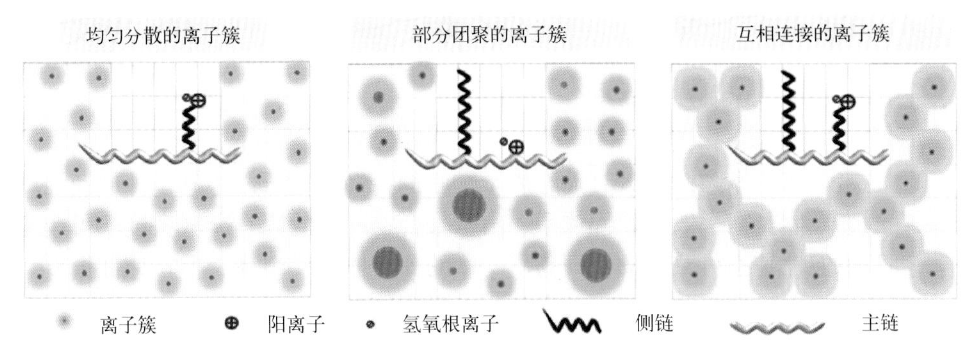

图6-3 离子基团在离子型弹性体分子链上的位置分布及形成的离子簇示意图

在第一种情况中，主链与离子基团之间通过长度为 $C_6 \sim C_{12}$ 的烷基链连接，形成亲水刷状结构[13-15]。这种结构可以同时调控离子含量和微观相形态，但是离子簇是分布在疏水相之间，形成的离子通道较小，离子传导也会受到疏水结构的影响。在第二种情况中，主链直接与离子基团连接，因此烷基侧链则形成疏水刷结构。这种结构会由于自由体积的影响，而导致形成大小尺寸不均匀的离子簇，同时可能会形成过大的离子簇，虽然会导致离子通道变大、数量减少，但同样也不利于离子导通[16-17]。在第三种情况中，离子基团接枝在部分烷基侧链上，这样既可以形成疏水刷结构又可以形成亲水刷结构，两种结构共同作用可以提供更大的自由体积、更多的离子通道、更好的吸水效果和更高的离子导通能力[12,18]。

离子型弹性体内部的离子相互作用具有一定的动态可逆性，在离子型弹性体发生形变的过程中，离子交联会发生滑移，形变恢复后，被破坏的离子交联键还会重新组合，这就赋予了离子型弹性体良好的自修复能力，具有极大的商业应用潜力，越来越多的研究致力于通过引入离子交联来实现材料的自修复。离子型弹性体在较为温和的条件下就能实现自修复，当离子型弹性体被剪断时，动态的离子交联首先被破坏，当切口相互接触时，被破坏的交联可以重新形成并且柔性的聚合物链又会运动扩散，从而使得两个断面重新连接在一起（图 6-4），即使在扭曲和拉伸的作用下，修复好的样品也不会在之前的切口处发生破裂。基于离子型弹性体的自修复材料可以提高制品的功能性、安全性、能效和寿命[19]。

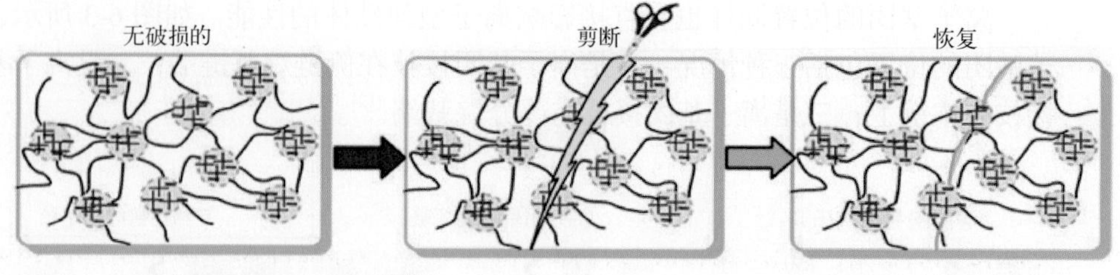

图6-4　离子交联的破坏与重组[19]

鉴于离子型弹性体具有动态离子交联的特性，还可以将其设计成高强度高韧性的弹性体。在一般的弹性体中，由于聚合物网络的固有交联密度不可改变，强度和拉伸性是不可兼得的，即高度交联的弹性体强度很高，但拉伸性很差。与常规的化学和物理交联不同，动态离子交联可使弹性体同时具有高断裂强度和拉伸性，动态交联的“有效”交联密度对外部刺激存在响应，取决于试样的变形速度。在快速拉伸时，聚合物是高度交联的并且网络是弹性的；相反，在缓慢变形时，聚合物链发生扩散并且表现出黏弹性行为。

离子聚合物可分为三类，即离子水凝胶、聚合物电解质以及离聚体[20]，可应用于生物医用材料、柔性机械器材、自修复材料、包装材料、电池器件、薄膜材料等领域。

含酸根或离子的聚合物通常被称为离聚物[21]，这些富酸或富离子聚集体呈纳米级分布[22]，一般为金属或铵离子中和的磺酸或羧酸型离聚体。离聚体最早出现于20世纪50年代，由杜邦公司生产的氯磺化聚乙烯(Hypalon)、乙烯-甲基丙烯酸共聚物(Surlyn)两种离聚体实现商业化，由Na^{+}或Zn^{2+}中和制得[23]。离聚体应用领域包括增容剂、薄膜材料、包装材料、形状记忆材料、电池电解质，离聚体的聚集程度对材料的微观结构及性能有至关重要的作用。

二、离子型弹性体分类

离子型弹性体发展至今已有很多种，可以根据附着到链上的聚合物主干的化学结构、离子结构与性质、离子基团的位置与分布和反离子结构来分类。

按离子基团的位置和分布划分，离子型弹性体可以分为遥爪型离子型弹性体、接枝型离子型弹性体和嵌段型离子型弹性体等。

按离子基团的性质划分，离子型弹性体可分为阳离子型弹性体、阴离子型弹性体和两性离子型弹性体。

按离子基团结构进行划分，离子型弹性体可分为羧酸型弹性体、磺酸型弹性体、季铵型弹性体和咪唑𬭩型弹性体等。将通过共价键与高分子链结合的离子称为结合离子，伴随结合离子的离子性相反的非结合离子称为反离子。对于阴离子型弹性体，比较典型的结合阴离子（反离子）包括羧酸根阴离子、磺酸根阴离子和磷酸根阴离子等。通常，羧酸型弹性体包括丁二烯 - 丙烯腈 - 丙烯酸弹性体、丁二烯 - 甲基丙烯酸弹性体和丁二烯 - 苯乙烯 - 丙烯酸弹性体等，磺酸型弹性体包括有磺化三元乙丙橡胶弹性体、磺化聚丁二烯弹性体、磺化聚异戊二烯弹性体、磺化 SBS、磺化 SEBS 和磺化 SIBS 等。磷酸型弹性体包括有磷酸化 SBS、磷酸化 SEBS 和磷酸化 SIBS 等。对于阳离子型弹性体，结合阳离子包括铵离子、𬭸离子和咪唑𬭩离子等，主链主要包括乙烯 - 丙烯共聚弹性体、异丁烯 - 异戊二烯共聚弹性体、SBS、SEBS 和 SIBS 等。

按照离子基团中金属离子类型不同进行划分，离子型弹性体可分为锌（Zn）离子型弹性体、钠（Na）离子型弹性体、铝（Al）离子型弹性体等，金属离子的不同会对离子型弹性体制备的工艺流程、离子型弹性体内部的聚集体结构与综合性能造成很大的影响。一种羧酸钠结构离子交联的聚异戊二烯弹性体，在室温下，离子可以在离子聚集体之间连续跳跃，并且跳跃的速率可以通过中和程度来控制。这种弹性体在快速变形下表现为一种强弹性材料，但在缓慢变形下表现为高度可拉伸的黏弹性材料[24]。羧酸钠离子基团由于静电相互作用，且与聚异戊二烯主链不相容，因此会聚集在一起，形成动态物理交联。

按聚合物基体种类的不同，离子型弹性体可以分为更多种类型，比如聚烯烃类离子型弹性体、苯乙烯嵌段共聚物类离子型弹性体、聚氨酯类离子型弹性体、聚硅氧烷类离子型弹性体等。聚合物基体的特性不同，使得不同基体制备的离子型弹性体的结构和性能也存在很大差异。已经工业化的离子型弹性体包括磺化乙烯 - 丙烯共聚离子型弹性体（牌号：Ionic Elastomer，生产商：Uniroyal）、丁二烯 - 丙烯酸共聚物离子型弹性体（牌号：Hycar，生产商：Goodrich）、乙烯 - 甲基丙烯酸共聚物离子型弹性体（牌号：Surlyn，生产商：Dupond）和乙烯 - 丙烯酸共聚物离子型弹性体（牌号：Aclyn，生产商：Honeywell）等。

第二节 离子型弹性体的合成原理

离子型弹性体的合成，主要包括烯烃单体与官能化单体的共聚反应、聚合物官能化反应两种方法。

一、烯烃与官能化单体共聚反应

自 20 世纪中叶以来，学术界和工业界对官能化烯烃聚合物兴趣浓厚，根据单体结构不同，可以选择不同的聚合方法，如自由基聚合、配位共聚、开环易位聚合 (ROMP) 和非环二烯烃易位聚合 (ADMET) 等，进一步进行官能团转化等，如图 6-5 所示。

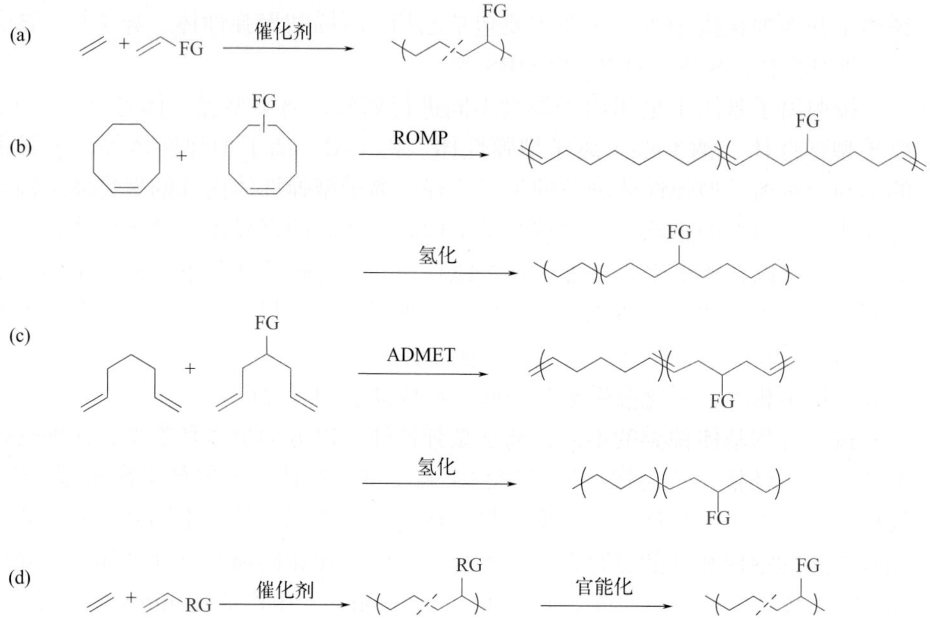

图6-5 官能化聚烯烃的合成反应式

RG—反应基团；FG—官能团

（a）烯烃与极性单体配位共聚；（b）开环易位聚合(ROMP)/氢化；（c）非环二烯烃易位(ADMET)聚合/氢化；（d）聚烯烃官能团转化

将烯烃类单体（如乙烯、丁二烯、苯乙烯等）与带碳 - 碳双键的羧酸酯或磺酸酯进行自由基无规共聚反应，对生成的共聚物中的酯基进行部分水解或皂化，生成侧基含羧酸或羧酸盐的共聚物离子型弹性体，进一步将该共聚物离子型弹性体与金属离子（金属氧化物、金属氢氧化物或金属盐）等在溶液中或在熔融状态下进行配位化合反应，生成侧基含离子配位键的离子型弹性体。乙烯和丙烯酸甲酯在 70℃和 7.09MPa 条件下，进行溶液法自由基共聚合反应 10h，将共聚产物溶于丙酮中，加热搅拌与碱金属氢氧化物反应，制得乙烯和丙烯酸碱金属盐离子型弹性体。

将烯烃与含有咪唑鎓离子的非环二烯（如：咪唑鎓离子的紫罗烯）进行易位共聚合来制备结构明确的聚烯烃离子型弹性体。通过易位聚合所得到的离子型弹性体大分子主链中含有双键，通常还需要对双键进行进一步氢化反应。

利用活性阳离子聚合与原子转移自由基聚合相结合的方法[7-8]，疏水性聚异丁烯与可电离的水溶性甲基丙烯酸（MAA）或甲基丙烯酸-2-(*N*,*N*-二甲氨基)乙酯（DMAEMA）聚合物通过化学键结合，制备阴离子型两亲性三嵌段共聚物 $PMAA^-$-PIB-$PMAA^-$ 或三臂星形嵌段共聚物 $C_6H_3(PIB\text{-}b\text{-}PMAA^-)_3$ 离子型弹性体，也可以制备阳离子型两亲性嵌段共聚物 $PDMAEMA^+$-PIB-$PDMAEMA^+$ 和 $C_6H_3(PIB\text{-}b\text{-}DMAEMA^+)_3$ 离子型弹性体。

将含有乙烯基类单体（如乙烯、丙烯、丁二烯等）和含有离子基团的单体进行配位共聚反应，采用对功能性离子基团不敏感的聚合方法，大部分聚烯烃是通过配位聚合来制备的，极性离子基团容易使 Ziegler-Natta 催化剂和茂金属催化剂失活。对于配位聚合中的非茂金属催化剂而言，后过渡金属催化剂的亲氧性较弱，能够耐受极性基团，利用后过渡金属催化剂可能实现烯烃与含有离子基团单体的直接共聚。采用二亚胺钯催化剂可以催化乙烯和丙烯酸酯型单体直接配位共聚合，制备一系列带有季铵盐阳离子以及不同反离子的超支化聚乙烯离子型弹性体[25]。

通过乙烯、亚乙基降冰片烯与十一烯酸进行配位共聚反应制备官能化三元共聚物，进一步与有机碱反应后，再加入柠檬酸和氯化铁，形成具配位键和氢键的双重可逆交联聚烯烃网络[26]。

二、聚合物官能化反应

1．端基官能化反应

聚合物端基磺化反应见图6-6。

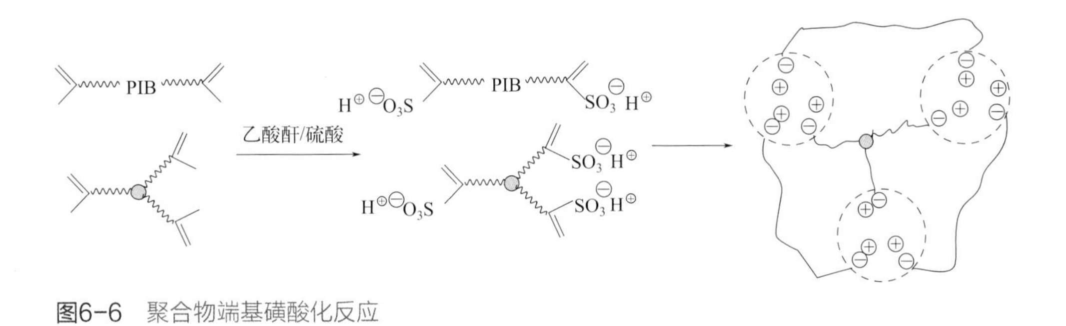

图6-6 聚合物端基磺酸化反应

2. 侧基官能化反应

通过硫酸与有机酸酐合成的酰基硫酸作为磺化试剂对弹性体进行磺化改性，经乙胺中和后制得性能优异的磺化聚合物离聚体，优选的酰基硫酸磺化试剂是乙酰硫酸盐[27]。

对于含碳 - 碳双键结构的弹性体而言，乙酰磺酸是一种较为常用的磺化试剂，可对三元乙丙橡胶和丁基橡胶等进行磺化。乙酰磺酸与聚合物磺化反应过程见图 6-7。

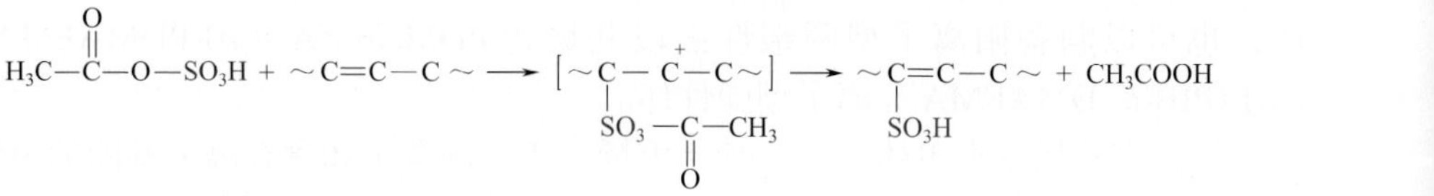

$$H_3C—\overset{\overset{O}{\|}}{C}—O—SO_3H + \sim C{=}C—C\sim \longrightarrow \left[\sim \underset{\underset{SO_3—\underset{\underset{O}{\|}}{C}—CH_3}{|}}{C}—\overset{+}{C}—C\sim\right] \longrightarrow \sim\underset{\underset{SO_3H}{|}}{C}{=}C—C\sim + CH_3COOH$$

图6-7　乙酰磺酸与聚合物磺化反应过程

采用酸酐和硫酸原位形成的乙酰磺酸为磺化剂，直接与溶解在非极性溶剂中的三元乙丙橡胶进行侧基磺酸反应，如图 6-8 所示。相比于三元乙丙橡胶，侧基磺化乙丙橡胶的拉伸强度提高了 5 倍，断裂伸长保持不变，对金属或纤维的黏着力明显高[28]。

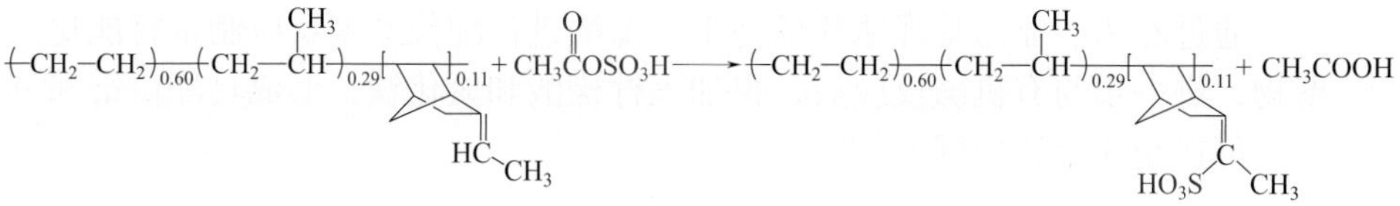

$$\text{-}(CH_2—CH_2)_{0.60}\text{-}(CH_2—\overset{CH_3}{\overset{|}{CH}})_{0.29}\text{-}[\;]_{0.11}\;(=CH—CH_3) + CH_3\overset{O}{\overset{\|}{C}}OSO_3H \longrightarrow \text{-}(CH_2—CH_2)_{0.60}\text{-}(CH_2—\overset{CH_3}{\overset{|}{CH}})_{0.29}\text{-}[\;]_{0.11}\;(=C(SO_3H)—CH_3) + CH_3COOH$$

图6-8　三元乙丙橡胶（EPDM）磺化反应式

磺化三元乙丙橡胶的热稳定性因聚合物主链中存在磺酸基而降低。同时通过硫酸 / 乙酸酐进行磺化时，产物中极性基团以磺酸的形式存在，缺乏稳定性。在磺化后加入碱性化合物以中和磺酸基团，转化为磺酸盐。中和后形成的磺酸盐通过离子相互作用形成离聚体，导致在常温下发生物理交联，无法溶于非极性溶剂[29]。可在乙烯 / 丙烯 / 月桂烯共聚物中，通过巯基 - 烯“点击化学”反应，引入硫代乙酰基，进一步通过双氧水氧化转化为磺酸基团，磺化度达 3.78mol/kg[30]。官能化聚乙烯合成反应式见图 6-9[31]。

聚丁二烯通过 thiol-ene 反应进行羧基化改性，并与多元胺进行离子交联反应，制备的聚丁二烯离子型弹性体的韧性显著上升[32]。拉伸时，离子交联键可以不断进行断裂和形成，在这个过程中就会不断地释放和衰减应力，这种有效的能量耗散过程将使聚合物链沿拉伸方向重新排列，使聚合物网络均匀化，从而获得具有高韧性和高拉伸性能的优异力学性能。

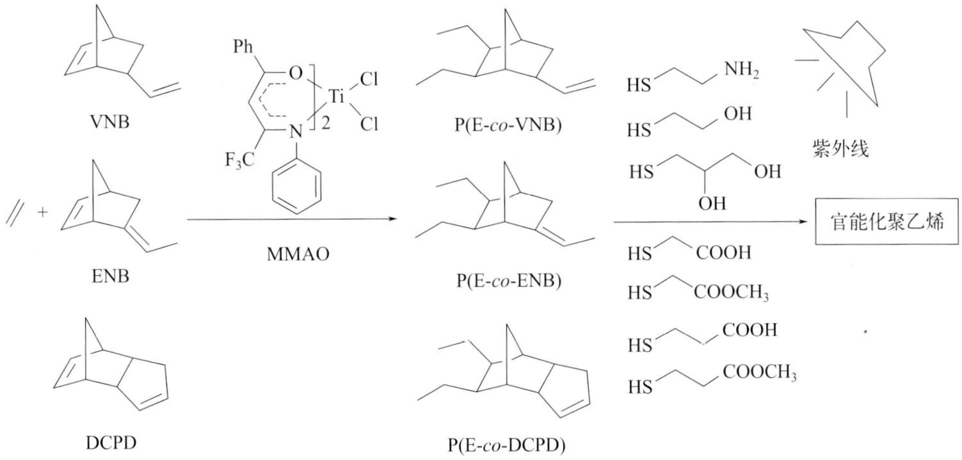

图6-9　官能化聚乙烯合成反应式[31]

通过溴化丁基橡胶进行咪唑鎓离子化改性，制备的离子型弹性体，玻璃化转变温度低、柔顺性好，在被剪断后，通过离子相互作用在室温即可实现自修复[33]。天然橡胶通过接枝二甲基丙烯酸锌，形成天然橡胶离子型弹性体[19]。

第三节
乙烯基共聚物离子型弹性体

聚烯烃离子型弹性体可以通过离子官能接枝或者含有离子官能团的单体聚合方法进行制备。聚烯烃离子型弹性体中的离子官能团主要包括磺酸基团、羧酸基团、季铵基团和咪唑鎓离子基团。这些离子官能团相互作用形成离子簇，导致在常温下发生物理交联，在应力作用下离子交联结构会发生交换和滑移，能够有效传递应力，同时增强了分子间作用力，提高了弹性体的力学拉伸性能。另外，形变恢复后，被破坏的离子交联键还会重新组合成新的离子键，表现出很好的自修复能力。

根据其结构特点，聚烯烃离子型弹性体可用作相容剂，增加不相容或者相容性较差的聚合物的共混效果。另外还可以作为树脂的增韧剂使用，降低树脂分子链的规整性和固有的堆积排列形式，同时影响结晶尺寸，消除应力过程中的不利因素，以起到提高韧性的作用。离子基团可以起到抗静电的作用，因此聚烯烃离子型弹性体膜表面电阻小，而且耐油污抗腐蚀，非常适合作为抗静电食品包装材料使用。

一、乙烯基共聚物离子型弹性体的合成与表征

1．阴离子型乙烯基共聚物离子型弹性体

由于工业生产的三元乙丙橡胶中 ENB 结构单元含量低（质量分数小于 12%），用于巯基 - 烯点击反应的反应位点少，采用工业化乙丙橡胶为原料很难制备高官能基团含量的官能化乙丙橡胶。本书著者团队[34]以含咪唑啉亚胺配体的单茂钛配合物为主催化剂、甲基铝氧烷为助催化剂，催化乙烯、丙烯与 ENB 高效共聚，制备了一系列不同 ENB 结构单元（质量分数在 7.1% ～ 20.8% 范围）的三元乙丙橡胶，且 ENB 结构单元含量可通过单体投料比进行调控。进一步采用不同 ENB 结构单元含量的三元乙丙橡胶为原料，通过其与巯基丙酸的巯基 - 烯点击反应，制备了不同官能化度的羧基官能化乙丙橡胶，如图 6-10 和图 6-11 所示。

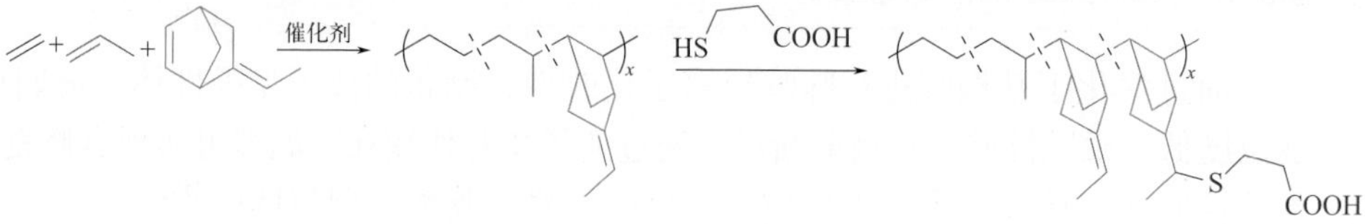

催化剂　HS　COOH　COOH

图6-10　巯基-烯点击反应制备官能化乙丙橡胶

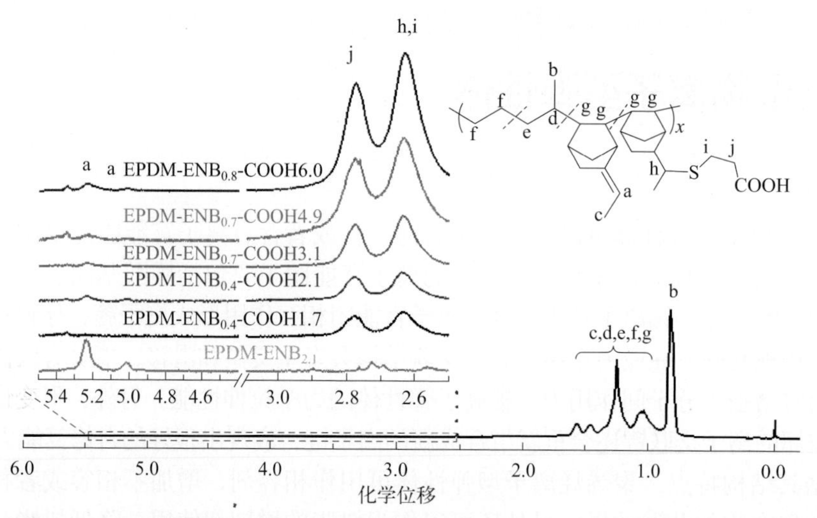

图6-11　不同羧基官能化乙丙橡胶的^{1}H NMR谱图

本书著者研究团队进一步通过共聚物侧基羧基与有机碱（如四丁基氢氧化铵，TBAH）反应制备含羧酸季铵盐的官能化乙丙橡胶弹性体，反应式见图 6-12 所示。

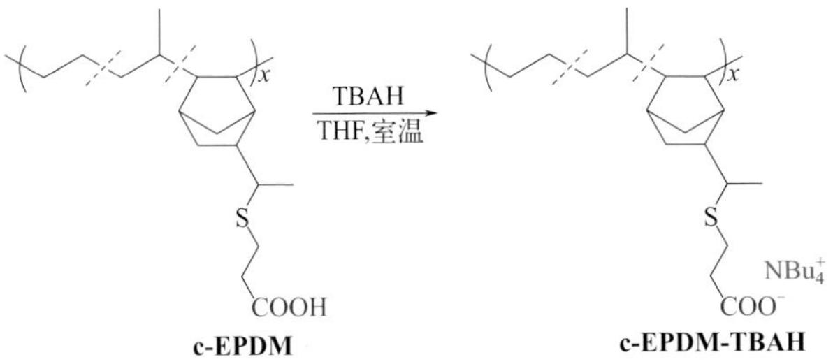

TBAH

THF,室温

COOH

c-EPDM

NBu_4^+

COO^-

c-EPDM-TBAH

图6-12　不同羧酸盐官能化乙丙橡胶弹性体的合成反应式

由于加入的碱结构不同，导致羧基与碱反应程度不同，且形成的离子键强度也不相同。为考察不同结构的碱对性能的影响，采用叔胺——三乙胺(TEA)、四甲基己二胺(TMHDA)、四丁基氢氧化铵(TBAH)、甲醇钠(MeONa)等化合物与c-EPDM进行反应，所得样品命名为EPDM-COO-TEA1.0，EPDM-COO-TMHDA0.5，EPDM-COO-MeONa1.0，EPDM-COO-TBAH1.0。

在c-EPDM溶液中加入碱后室温下反应6h，对产物进行红外光谱测试，结果见图6-13。在与四丁基氢氧化铵反应后，1712cm^{-1}羧基振动吸收峰几乎完全消失，在1589cm^{-1}出现羧酸根振动吸收峰，说明四丁基氢氧化铵与羧酸完全反应形成离子。加入双官能化的四甲基己二胺和三乙胺后，仍存在1712cm^{-1}羧基振动吸收峰，同时1589cm^{-1}处出现较弱的振动吸收峰，说明加入叔胺后仅部分与羧基反应。加入含有金属阳离子的碱，如甲醇钠，可较为充分地与羧基反应，但羧酸根与钠离子间相互作用较为强烈，使得离子聚集体快速形成，进而析出，无法形成均匀的交联网络。

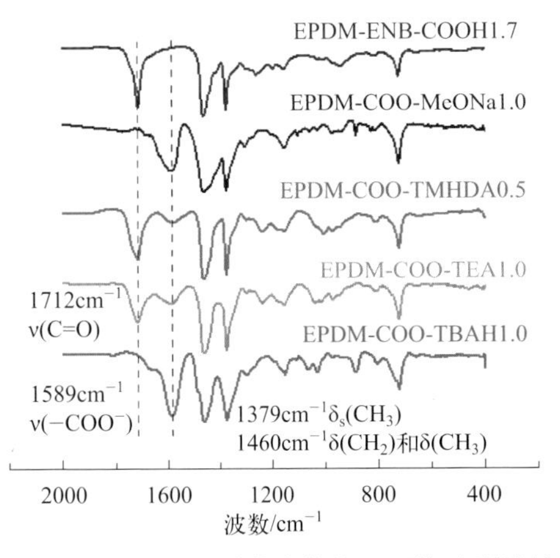

图6-13　不同羧酸盐官能化乙丙橡胶弹性体的FTIR谱图

在所得含羧基季铵盐离子的官能化乙丙橡胶的 ^{1}H NMR 谱图（图 6-14）中，出现化学位移位于 3.3 的特征吸收峰，归属于与氮原子相邻的亚甲基，羧基官能化乙丙橡胶与四丁基氢氧化铵的反应效率几乎为 100%。

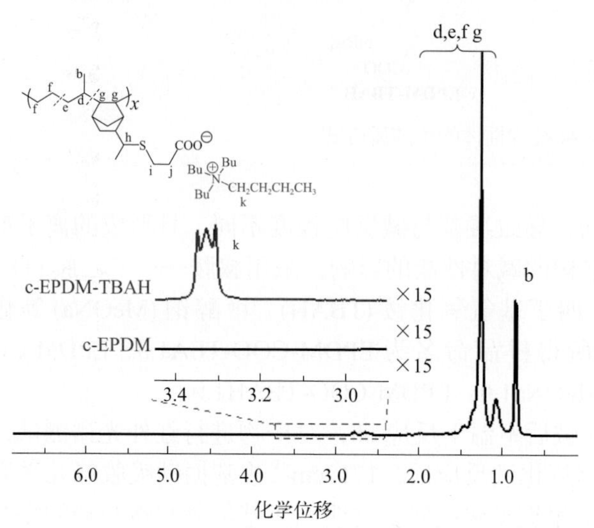

图6-14　羧酸铵盐官能化乙丙橡胶的 ^{1}H NMR谱图

通过调控四丁基氢氧化铵的加入量，合成了一系列具有不同离子含量的官能化乙丙橡胶。命名为 EPDM-COO-TBAH*x*，*x* 为相对于羧基的加入当量。所得官能化乙丙橡胶的红外谱图含量分析如图 6-15 所示。

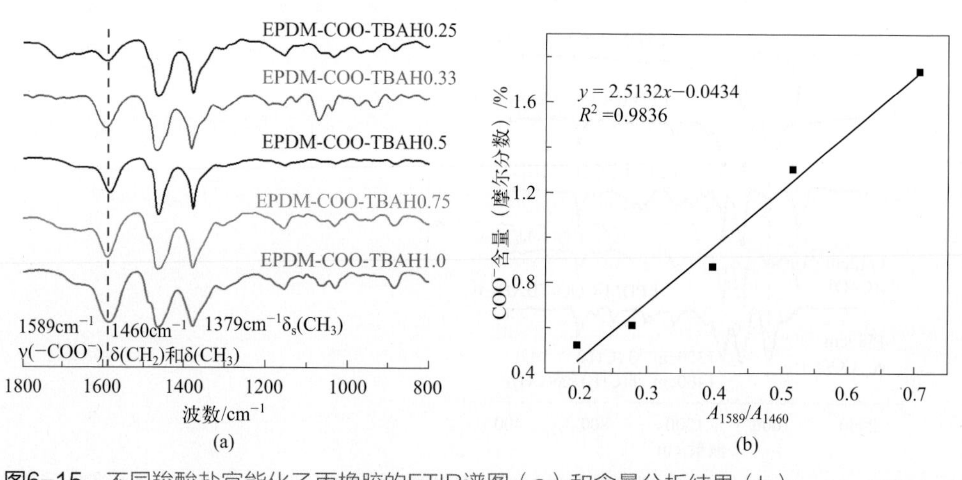

图6-15　不同羧酸盐官能化乙丙橡胶的FTIR谱图（a）和含量分析结果（b）

以聚合物乙烯、丙烯结构单元中 CH_2 作为内标，计算 A_{1589}/A_{1460} 的值，并建立羧酸根的实际含量与理论含量关系。羧酸根的实际含量与理论含量成线性关系，表明强碱四丁基氢氧化铵与羧基可按投料比完全反应，形成羧酸根。

在三元乙丙橡胶中引入极性基团后，由于极性基团之间的相互作用，可在一定程度上提高聚合物物理机械性能，但其机械强度较低，难以满足使用需求。进一步加入有机碱形成离子键，达到提高材料机械性能的目的。由于有机碱和羧基反应程度不同，所得交联乙丙橡胶中离子簇含量不同，力学性能差异较大。采用双官能化的胺与羧基反应，可能形成基于离子相互作用的交联键，并存在一定离子簇。而与四丁基氢氧化铵反应后，所得材料中仅可形成离子簇作为物理交联点。

金属反离子含量对于离子型弹性体的性能有着十分重要的影响。反离子含量越高，离子弹性体中和度越大，各种离子型弹性体的拉伸强度随理论中和度的增加上升得很明显，因为形成的离子簇物理交联结构能够有效传递应力，减少分子链间的移动，提高材料的拉伸强度。聚合物的熔体黏度是加工成型过程中非常重要的影响因素，对于离子型弹性体而言，金属反离子的含量对熔体黏度也有一定影响。未中和羧酸基团会降低离子型弹性体的黏度。中和程度越高，弹性体黏度越大，而且不同类型的金属反离子也会对体系黏度产生一定影响[35-38]。

本书著者团队[39]在上述侧基含羧酸季铵盐官能侧基的基础上引入金属离子（Zn^{2+} 和 Ni^{2+}），与侧基羧基官能基团进行配位，形成金属离子配位结构，其典型的FTIR谱图见图 6-16 所示，典型的化学结构式见图 6-17 所示。

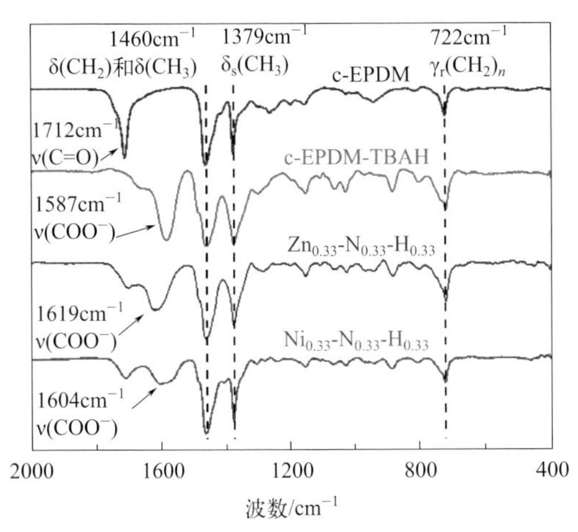

图6-16 含配位键、离子键和氢键的乙烯-丙烯共聚弹性体的FTIR谱图

聚合物骨架的甲基（在 1460cm^{-1} 和 1379cm^{-1} 处）和亚甲基（在 1460cm^{-1} 和 722cm^{-1} 处）的拉伸振动强度在所有样品中都保持其原始强度。在 c-EPDM、$Zn_{0.33}$-$N_{0.33}$-$H_{0.33}$ 和 $Ni_{0.33}$-$N_{0.33}$-$H_{0.33}$ 样品的 FTIR 谱图中观察到 1712cm^{-1} 处的吸收峰，属于羧基 C═O 的伸缩振动。与 c-EPDM 相比，$Zn_{0.33}$-$N_{0.33}$-$H_{0.33}$ 和 $Ni_{0.33}$-$N_{0.33}$-$H_{0.33}$ 的光谱中羧基拉伸振动特征峰强度减小，表明羧基在交联反应中消耗。$Zn_{0.33}$-$N_{0.33}$-$H_{0.33}$ 样品光谱中 1619cm^{-1} 处出现的吸收带属于 Zn(Ⅱ)- 羧酸配位键和羧酸铵的振动。这些结果表明 EPDM 的聚合物链之间形成了离子相互作用和配位相互作用。$Ni_{0.33}$-$N_{0.33}$-$H_{0.33}$ 的 FTIR 变化规律与 $Ni_{0.33}$-$N_{0.33}$-$H_{0.33}$ 的 FTIR 变化规律相似，也说明成功合成了含有镍离子和多种非共价相互作用的交联 EPDM。

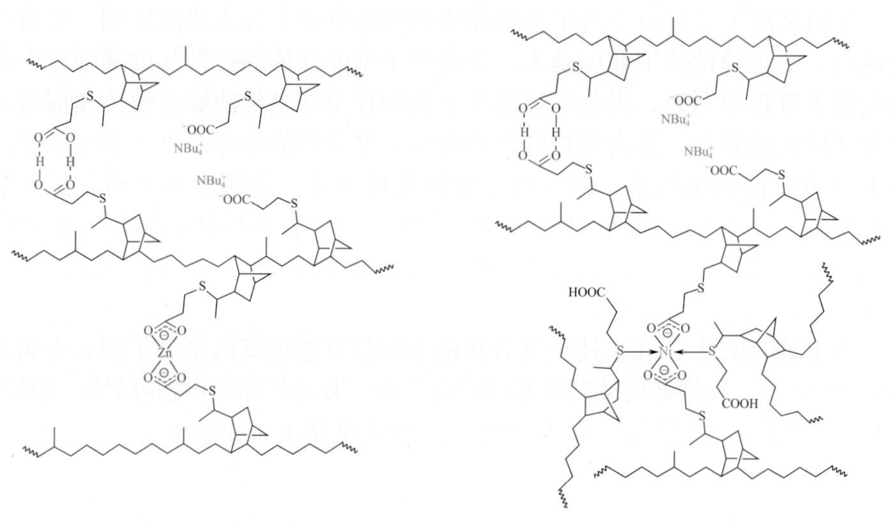

图6-17　含配位键、离子键和氢键的乙烯-丙烯共聚弹性体的化学结构式

通过配位相互作用、离子相互作用和氢键的动态协同作用，构建了具有多重非共价相互作用的交联 EPDM。配位相互作用是羧酸盐或羧基在 TBAH 存在下与金属离子相互作用形成的。羧酸基不仅具有与金属离子配位的潜力，而且具有形成离子团簇的潜力，多余的羧基可形成氢键。

利用密度泛函理论 (DFT) 对羧基与金属离子配位情况进行模拟计算。对简化模型化合物进行计算所得的标准吉布斯自由能如图 6-18 所示。锌离子和镍离子的配位数分别为 4 和 6。优化后的锌配合物结构为桥接双齿结构。对于镍配合物，镍离子在配位时，存在高自旋或低自旋两种状态，分别计算不同自旋状态下的标准吉布斯自由能 (ΔG^0)。结果表明，在最稳定的结构中，羧酸配体与中心镍金属离子配位，另一个聚合物链上的两个硫原子也可与镍配位。这一配位结构吉布斯自由能变最大，产物最为稳定。在这种构型中，多个配体与镍离子配位，这可能导致形成更密集的交联网络。最稳定的镍配合物 ΔG^0 值为 −702.1kcal/mol，显著高于锌配合物和仅与羧基配位的结构，说明镍离子比锌离子反应性更强，形成的相互作用比锌离子更强，并在形成配位时以多配位结构为主。

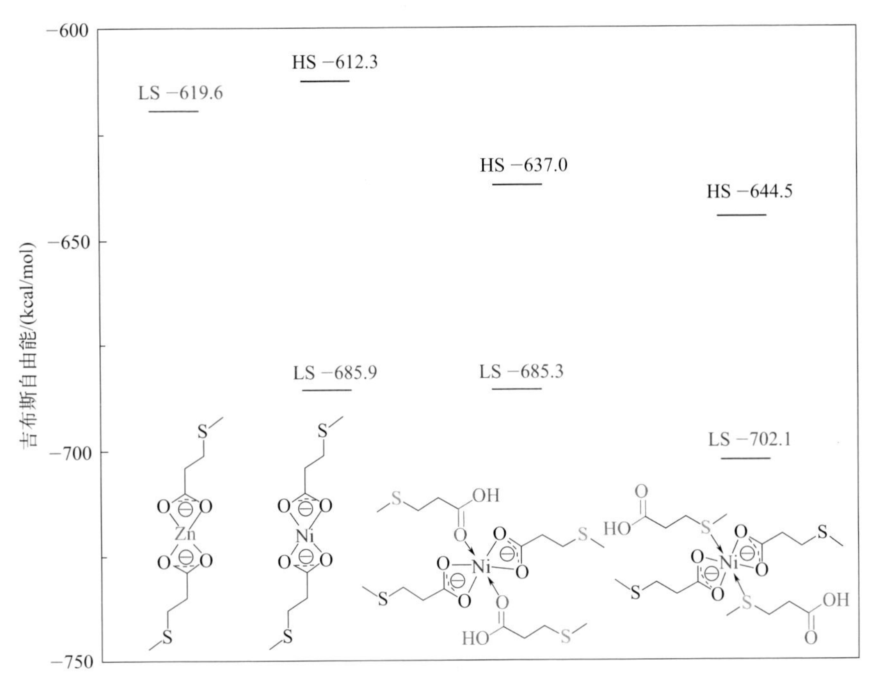

图6-18　利用密度泛函理论(DFT)计算结果

为了更深入地了解所得聚合物段之间的相互作用，对 $Ni_{0.33}$-$N_{0.33}$-$H_{0.33}$ 和 $Zn_{0.33}$-$N_{0.33}$-$H_{0.33}$ 样品进行了低场 ^1H NMR 表征。两种样品在 30℃下的纵向弛豫时间（t_1）和横向弛豫时间（t_2）分别如图 6-19（a）和（b）所示。纵向弛豫时间的值是表征激发后纵向磁化恢复到平衡状态的速率的基本参数，它与链段的能量交换能力有关。可以清楚地观察到，在 28.5ms 时，$Zn_{0.33}$-$N_{0.33}$-$H_{0.33}$ 样品的 t_1 弛豫曲线上出现了一个单峰，对应于主链上质子的弛豫信号。对于 $Ni_{0.33}$-$N_{0.33}$-$H_{0.33}$, EPDM 主链在 24.8ms 处出现特征峰，表明含羧酸 - 镍配位键的聚合物网络中 EPDM 主链的分子间相互作用更强，受到的限制更大。在 $Zn_{0.33}$-$N_{0.33}$-$H_{0.33}$ 样品的 t_2 弛豫曲线中，0.9ms 左右的主峰归属于 EPDM 主链，而 132.2ms 处的第二个峰可归因于交联键或附近受限段的质子弛豫信号。值得注意的是，与 $Zn_{0.33}$-$N_{0.33}$-$H_{0.33}$ 相比，$Ni_{0.33}$-$N_{0.33}$-$H_{0.33}$ 的 t_2 弛豫曲线在 18.7ms 处的第二峰强度显著增加，

表明羧基 - 镍配位交联结构对聚合物链段的约束更强。

通过二维谱图进一步证实了交联 EPDM 中多重非共价相互作用的形成。如图 6-19（c）所示，$Zn_{0.33}$-$N_{0.33}$-$H_{0.33}$ 样品的 T_1-T_2 相关图显示出三个明显的峰 :EPDM 主链低 t_1/t_2 比 (51.21)，Zn(Ⅱ)- 羧酸盐相互作用低 t_1/t_2 比 (0.08)，自由氢键低 t_1/t_2 比 (0.07)。在图 6-19（d）中，与 $Zn_{0.33}$-$N_{0.33}$-$H_{0.33}$ 样品的 t_1-t_2 相关图相比，较强的峰属于 Ni(Ⅱ)- 羧酸盐相互作用，t_1/t_2 比较低 (0.03)。这一结果表明，Ni(Ⅱ)- 羧酸盐配位键附近的受限链段与 Zn(Ⅱ)- 羧酸盐配位键附近的受限链段相比，流动性明显降低，从而起到了强交联的作用。这些结果表明，在聚合物链中引入配位相互作用、离子相互作用和氢键是一种简单有效的途径，可以获得具有多种非共价相互作用的交联网络。

为了进一步研究配位相互作用对网络交联结构的影响，在室温下、二甲苯中进行了 7d 的平衡溶胀实验，各试样的溶胀比如图 6-20（a）所示。随着 TBAH 含量的增加，形成的配位交联网络完善，离子聚集体增加，Zn-N-H 溶胀率从

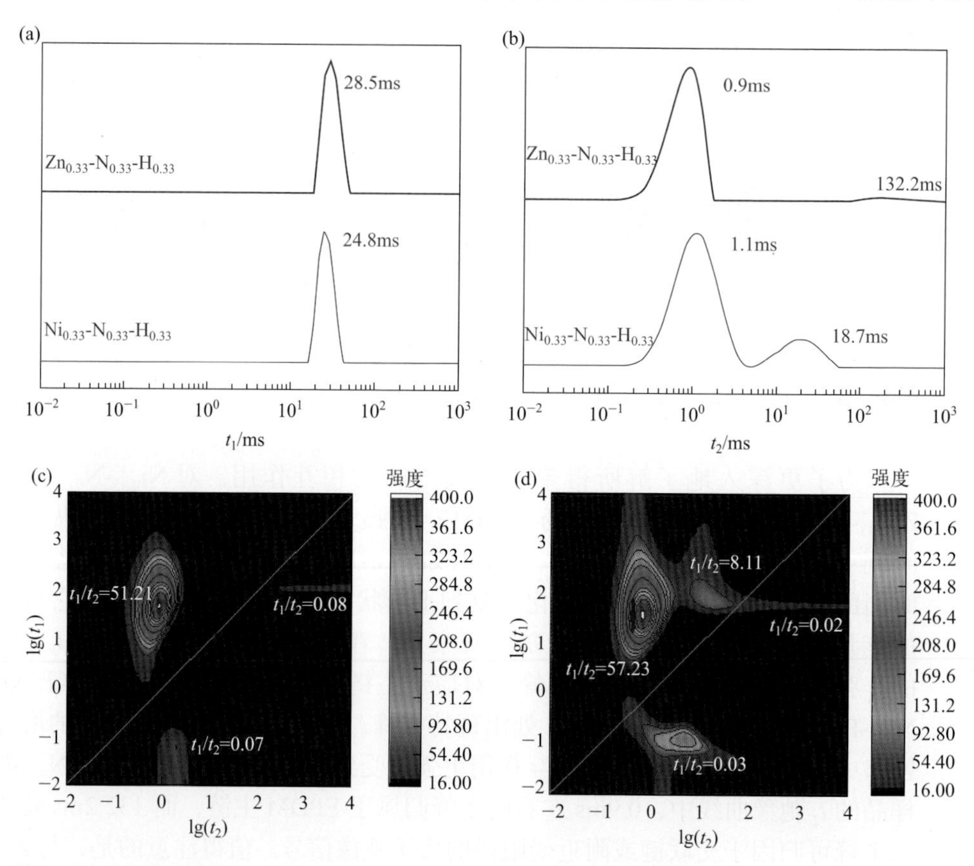

图6-19　含金属离子配位结构乙烯-丙烯共聚物低场^{1}H NMR谱图

921% 增加到 1318%。对于 Ni-N-H 样品，溶胀率始终小于 700%，明显低于 Zn-N-H-H 网络，表明其具有更高的交联密度。根据溶胀实验，可以计算交联密度。如图 6-20（b）所示，随着 TBAH 含量的增加，Zn-N-H 样品的交联密度从 1.63×10^{-5}mol/cm^3 持续增加到 3.06×10^{-5}mol/cm^3。与 Zn-N-H 相比，Ni-N-H 样品表现出更高的交联密度值，均大于 5.55×10^{-5}mol/cm^3，表明形成了更为紧密的网络。主要原因在于：一方面 Ni 配位键更容易形成，另一方面由于镍具有多个配位数，可同时与更多的配位原子结合，使得交联点链接的聚合物链数量更多，形成更为紧密的网络。

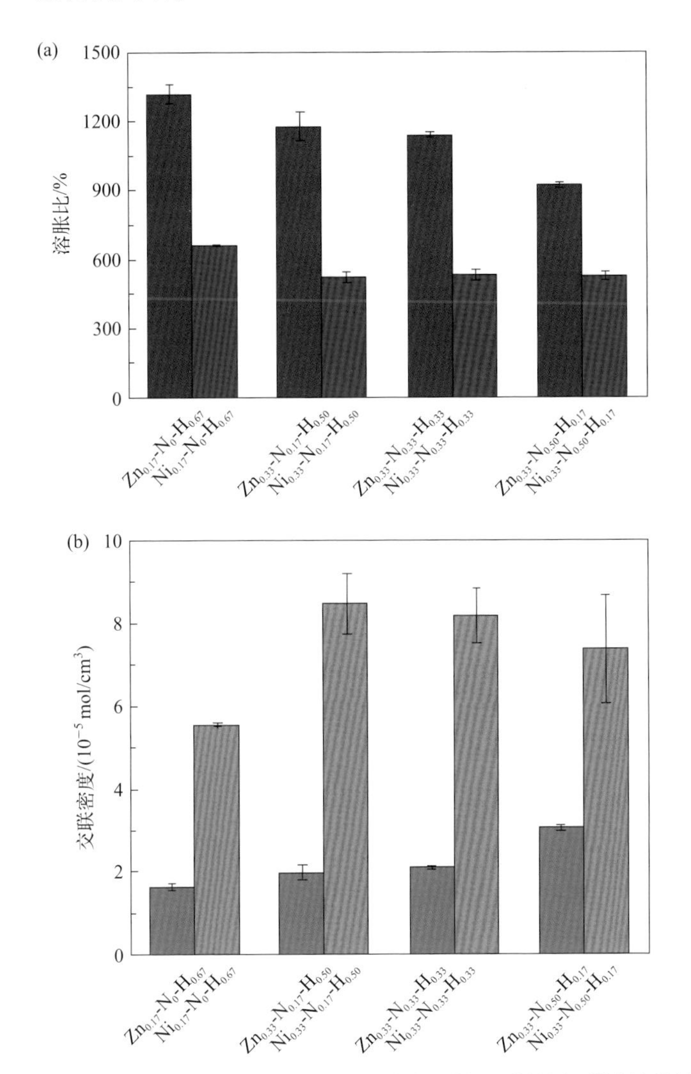

图6-20 含配位键、离子键和氢键的乙烯-丙烯共聚弹性体的溶胀比和交联密度

所得的Zn-N-H样品也在环己烷中进行平衡溶胀实验，随后将样品在低温下淬断。$Zn_{0.33}$-$N_{0.17}$-$H_{0.50}$和$Zn_{0.33}$-$N_{0.50}$-$H_{0.17}$样品的断面SEM照片分别如图6-21（a）和（b）所示。$Zn_{0.33}$-$N_{0.17}$-$H_{0.50}$和$Zn_{0.33}$-$N_{0.50}$-$H_{0.17}$样品的断面SEM照片观察到柱状孔隙。$Zn_{0.33}$-$N_{0.50}$-$H_{0.17}$样品的孔径明显小于$Zn_{0.33}$-$N_{0.17}$-$H_{0.50}$。这一现象表明增加TBAH的含量导致交联密度增加，EPDM链段运动的限制增加。这一结果与溶胀实验结果一致。但由于Ni离子的顺磁性，使得含有镍离子的Ni-N-H系列样品无法进行测试。

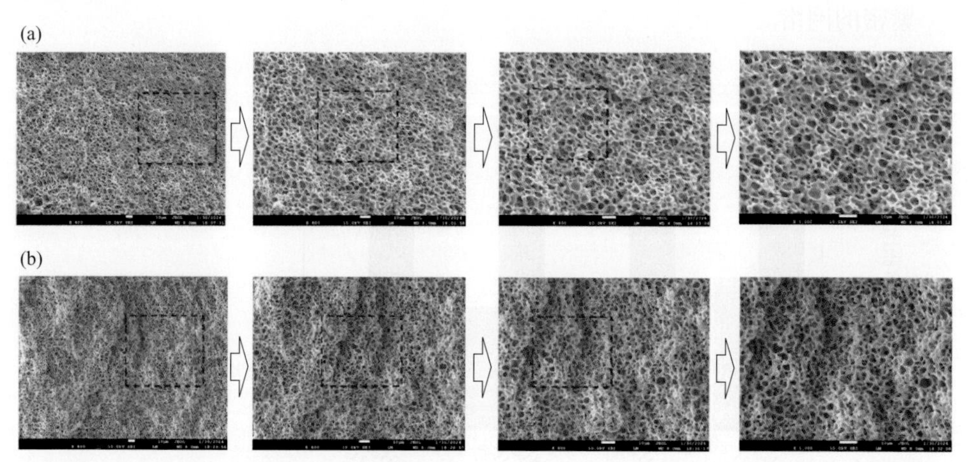

图6-21　样品冷冻干燥后断面的SEM照片

（a）$Zn_{0.33}$-$N_{0.17}$-$H_{0.50}$；（b）$Zn_{0.33}$-$N_{0.50}$-$H_{0.17}$

2．阳离子型乙烯基共聚物离子型弹性体

本书著者团队通过乙烯、丙烯、乙烯基降冰片烯（VNB）与6-溴-1-己烯进行配位共聚合反应，得到乙烯-丙烯-VNB-6-溴-1-己烯四元共聚物，进一步加入吡啶反应，制备侧基含吡啶鎓离子官能化的乙烯-丙烯共聚弹性体，其合成反应式见图6-22所示。典型的FTIR谱图见图6-23所示。

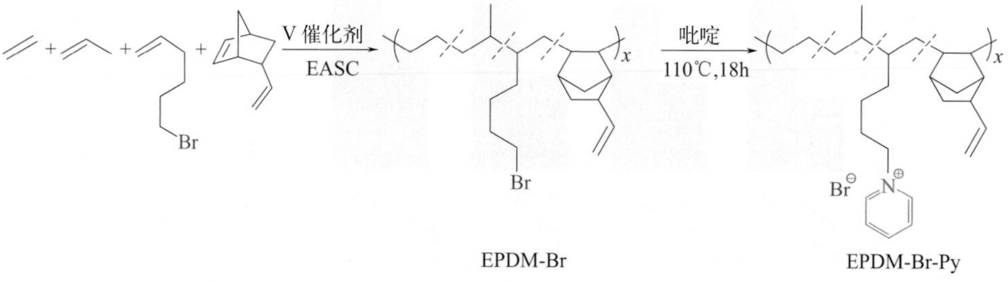

V催化剂
EASC
吡啶
110℃,18h
Br
EPDM-Br
EPDM-Br-Py

图6-22　侧基含吡啶鎓离子的乙烯-丙烯共聚弹性体的合成反应式

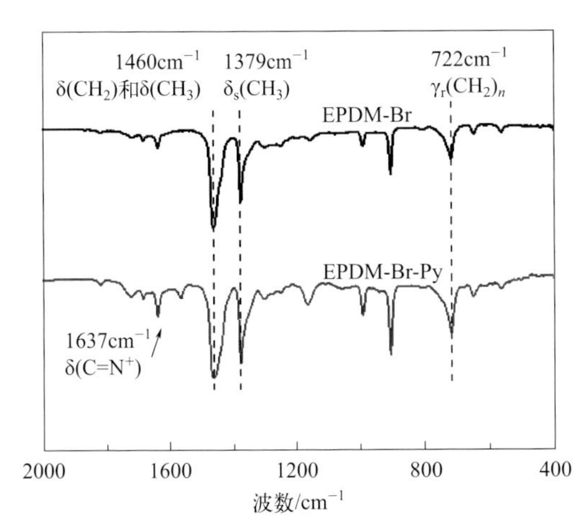

图6-23 侧基含溴及吡啶鎓离子的乙烯-丙烯共聚弹性体的FTIR谱图

二、乙烯基共聚物离子型弹性体的基本性能

1. 物理机械性能

（1）阴离子型乙烯 - 丙烯共聚弹性体

在三元乙丙橡胶中引入极性基团后，由于极性基团之间的相互作用，可在一定程度上提高聚合物的物理机械性能，但其机械强度较低，难以满足使用需求。进一步加入有机碱形成离子键，达到提高材料的物理机械性能的目的。由于有机碱和羧基反应程度不同，所得交联乙丙橡胶中离子簇含量不同，力学性能差异较大。

加入不同有机胺的交联乙丙橡胶的应力 - 应变曲线，结果如图 6-24 所示。在加入四丁基氢氧化铵后，由于形成了离子键，材料强度获得了明显的提升，拉伸强度率从 3.3MPa 提升至 11.4MPa，提高了 2.5 倍；断裂伸长率为 837%，约下降了 50%。相比于四丁基氢氧化铵，由于三乙胺碱性弱，形成的离子键强度低，因此对材料性能提升较小。而当加入双官能化的四甲基己二胺后，由于可直接连接两高分子链而形成交联结构，使得其力学性能从 3.3MPa 提高到 6.2MPa，提高了约 88%，断裂伸长率为 678%。

加入不同量的四丁基氢氧化铵中和羧基得到系列离子交联乙丙橡胶，其应力 - 应变曲线如图 6-25 所示。相比于羧基官能化的 EPDM，在聚合物网络中引入离子相互作用，建立物理交联网络，使得材料强度均获得了明显的提升，但断裂伸长率下降。随着四丁基氢氧化铵加入量的提高，拉伸强度和杨氏模量逐渐增加。TBAH 的加入量（摩尔分数）为 0 ～ 1.7%，拉伸强度从 3.3MPa 增加到 11.4MPa，增加了 2.5 倍。而杨氏模量从羧基官能化 EPDM 的 2.4MPa 提高至

3.8MPa，增加了58%。由于交联密度提高导致聚合物链运动受阻，断裂伸长率有所下降。

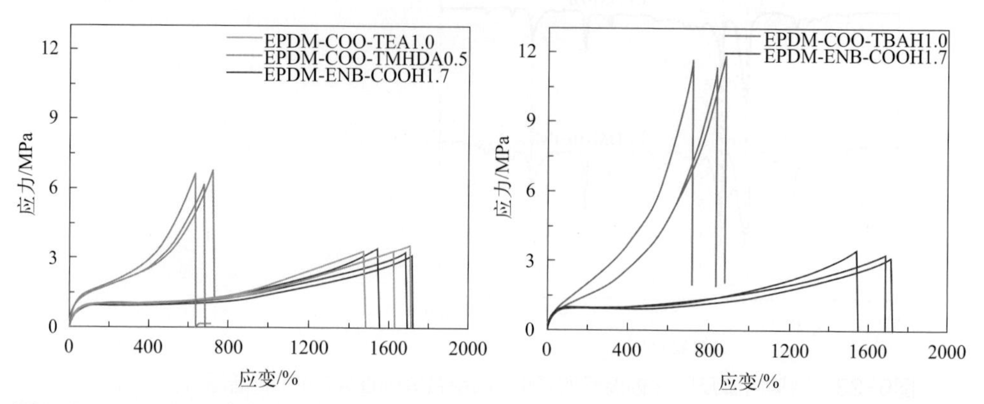

图6-24 EPDM-ENB-COOH1.7、EPDM-COO-TEA1.0、EPDM-COO-TMHDA 0.5和EPDM-COO-TBAH1.0的应力-应变曲线

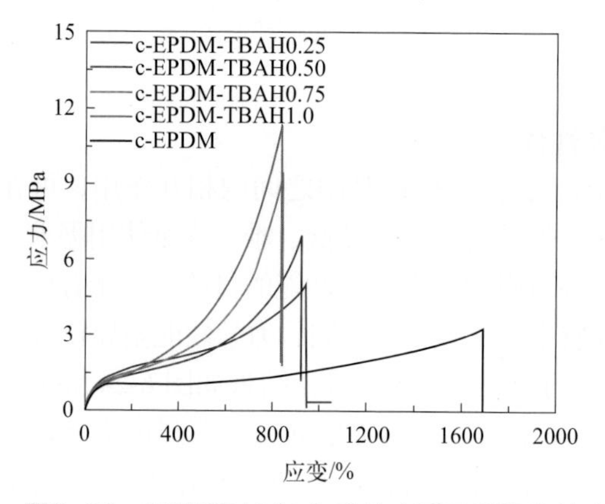

图6-25 不同TBAH加入量的交联乙丙橡胶的应力-应变曲线

采用双官能化的胺与羧基反应，可能形成基于离子相互作用的交联键，并存在一定离子簇。与四丁基氢氧化铵反应后，所得材料中仅可形成离子簇作为物理交联点。为探究有机胺结构对力学性能的影响。对不同结构羧酸官能化乙丙共聚弹性体进行力学性能测试[34]，如图6-26所示，加入四丁基氢氧化铵形成了离子键，材料强度获得了明显的提升，相较于羧基官能化乙丙橡胶，拉伸强度从3.3MPa提升至11.4MPa，提高了2.5倍。相比于四丁基氢氧化铵，由于三乙胺碱性弱，形成的离子键强度低，因此对材料性能提升较小。而当加入双官能化的四甲基己二胺后，由于可直接连接两高分子链而形成交联结构，使得其

力学性能从 3.3MPa 提高到 6.2MPa，相较于羧基官能化乙丙橡胶提高了 88%。

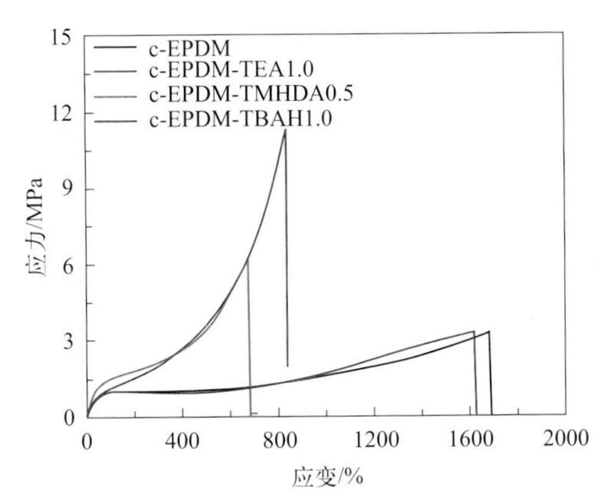

图6-26 不同结构羧酸铵官能化乙丙共聚弹性体的应力-应变曲线

本书著者研究团队[40]制备的非共价可逆交联烯烃基聚合物具有优良的力学性能，与不含可逆交联键的聚烯烃弹性体相比，杨氏模量提高幅度可达 5.3 倍，100% 定伸应力提高幅度可达 2.3 倍，300% 定伸应力提高幅度可达 13.3 倍，拉伸强度提高幅度可达 63.3 倍，断裂能提高幅度可达 16.9 倍；与含有单一氢键交联网络的聚烯烃弹性体相比，三重可逆交联的聚烯烃弹性体网络，其杨氏模量提高幅度可达 3.7 倍，100% 定伸应力提高幅度可达 1.0 倍，300% 定伸应力提高幅度可达 4.7 倍，拉伸强度提高幅度可达 4.9 倍，断裂能提高幅度可达 20%；与由氢键和离子键两种非共价键构成的二重可逆交联聚烯烃弹性体网络相比，三重可逆交联的聚烯烃弹性体网络，其杨氏模量提高幅度可达 3.9 倍，100% 定伸应力提高幅度可达 82%，300% 定伸应力提高幅度可达 3.8 倍，拉伸强度提高幅度可达 4.1 倍，断裂能提高幅度可达 37%。

（2）阳离子型乙烯 - 丙烯共聚弹性体

本书著者研究团队在含溴官能化三元乙丙橡胶中引入阳离子，通过离子聚集与相互作用，建立物理交联网络，使得材料强度均获得了明显的提升。含溴官能化三元乙丙橡胶缺乏交联点，无法形成交联网络，其拉伸强度仅为 0.5MPa。通过溴与吡啶反应后，形成吡啶基阳离子。离子聚集形成聚集体作为交联键，可在拉伸中作为牺牲键大幅耗散能量，提高材料的力学性能。所制备的含吡啶鎓离子官能化三元乙丙橡胶，拉伸强度为 5.9MPa，相比于原料含溴官能化乙丙橡胶提高了 10.8 倍。同时具有高断裂伸长率，可达到 2409%，相比于原料含溴官能化乙丙橡胶提高了 84%。含吡啶盐官能化三元乙丙橡胶的应力 - 应变曲线见图 6-27。

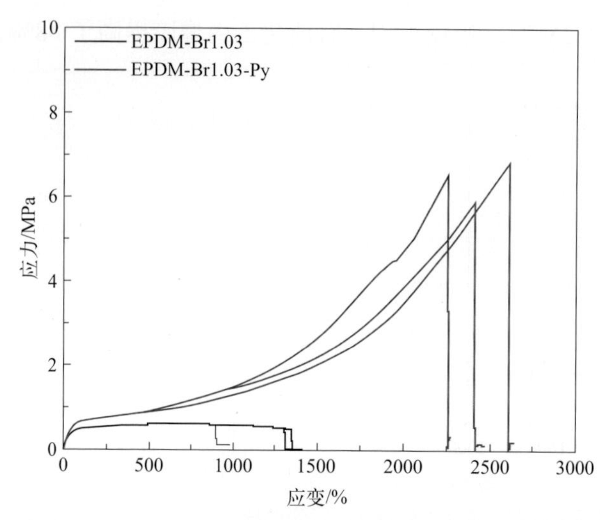

图6-27 含吡啶盐官能化三元乙丙橡胶的应力-应变曲线

向弹性体大分子内添加一个致密的离聚体阵列可以显著增加材料的交联密度，提高其力学性能或者刚性[41]，若将化学交联网络或者其他非共价键聚集作用与离聚体网络结构结合可构筑双网络弹性体。

交联 EPDM 的力学性能包括配位相互作用、离子相互作用和氢键的拉伸性能，得到的交联 EPDM 的应力 - 应变曲线如图 6-28（a）和（b）所示，相应的力学性能如图 6-28（c）和（d）所示。Zn-N-H 和 Ni-N-H 样品都表现出优异的拉伸性能，$Zn_{0.33}$-$N_{0.33}$-$H_{0.33}$ 的杨氏模量为 5.0MPa，拉伸强度为 10.5MPa。$Ni_{0.33}$-$N_{0.17}$-$H_{0.50}$ 的杨氏模量值达到 7.2MPa，拉伸强度达到 19.0MPa。$Zn_{0.33}$-$N_{0.33}$-$H_{0.33}$ 和 $Ni_{0.33}$-$N_{0.33}$-$H_{0.33}$ 的断裂伸长率分别为 764% 和 604%，这是因为交联相互作用而形成的约束网络和限制链的流动性。Ni-N-H 试样的拉伸强度和断裂伸长率分别超过 15MPa 和 200%，可以满足实际应用的要求。同时，与 Zn-N-H 相比，在相同的 TBAH 加入量下的 Ni-N-H 样品的杨氏模量和拉伸强度有明显提高。例如，$Ni_{0.33}$-N_{0}-$H_{0.67}$ 的杨氏模量值为 7.2MPa，拉应力值为 15.5MPa；$Zn_{0.33}$-N_{0}-$H_{0.67}$ 的杨氏模量为 1.2MPa，拉应力值为 4.8MPa。这一现象表明配位相互作用对交联 EPDM 的力学性能有显著影响，这可能是由于两种网络中交联密度和牺牲键性质的差异所致。

为了进一步评价配位相互作用对交联网络的贡献，采用 Mooney - Rivlin 方程分析了 Ni-N-H 和 Zn-N-H 网络的应力 - 应变曲线。

$$\sigma_{\text{red, coor}}=\frac{\sigma}{\lambda_{\text{coor}}-\lambda_{\text{coor}}^{-2}}=2C_1+\frac{2C_2}{\lambda_{\text{coor}}}$$

$$\lambda_{coor} = \lambda - \Delta\lambda$$

式中，C_1、C_2 为常数；λ 为拉伸比；λ_{coor} 为修正拉伸比 ($\Delta\lambda = 0.01$)；σ 为应力；$\sigma_{red,coor}$ 为修正后应力。在拉伸比为 1.3 ～ 2.0 的范围内，用 $\sigma_{red,coor}$ 与 $1/\lambda$ 的关系可以确定 $2C_1$ 和 $2C_2$ 的常数。常数 C_1 和 C_2 分别与交联和纠缠有关。

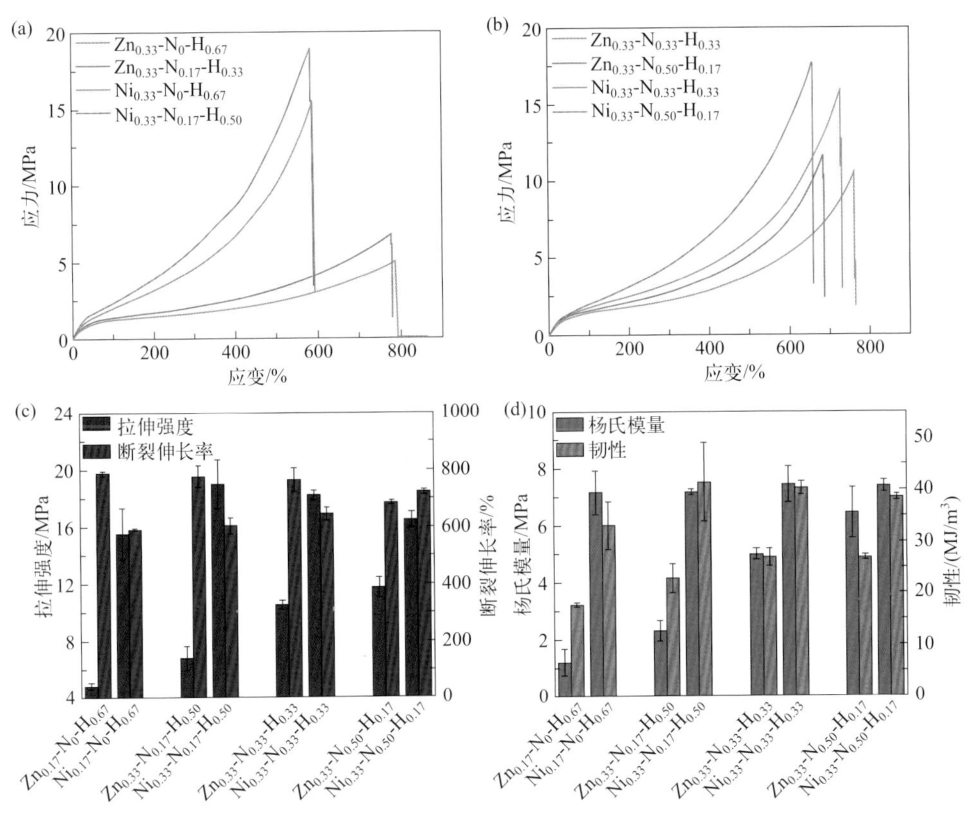

图6-28　三元乙丙橡胶的应力-应变曲线和相应力学性能

（a）Zn-N-H应力-应变曲线；（b）Ni-N-H应力-应变曲线；（c）拉伸强度与断裂伸长率；（d）杨氏模量与韧性

Zn-N-H 和 Ni-N-H 样品的 $\sigma_{red,coor}$ 与 λ^{-1} 的关系曲线如图 6-29 所示。Zn-N-H 系列样品中，$\sigma_{red,coor}$ 与 λ^{-1} 呈线性关系。而 Ni-N-H 样品中，在 λ^{-1} 小于 0.5 时，则偏离线性关系。这一现象可能是由于聚合物中形成的多配位结构，在拉伸过程中断裂大幅耗散能量，使得在大拉伸比下应力高，进而 $\sigma_{red,coor}$ 与 $1/\lambda$ 在大拉伸比下偏离线性关系。

对 λ^{-1} 在 0.5 ～ 2 之间的部分进行线性拟合，并计算 C_1、C_2。对于 Zn-N-H 样品，随着 TBAH 的加入量增加，配位交联网络逐渐完善同时形成更多的离子聚集体，C_1 从 0.0377 增加至 0.1125。对于 Ni-N-H 样品，C_1 从 0.2619 增加至 0.3289，显著高于 c-EPDM-TBAH 和 Zn-N-H 样品。这一结果表明，C_1 的增加主要来源于配位相互作用的贡献。同时，在高 TBAH 含量下，C_1 呈下降趋势，这与溶胀实验结果一致。这可能是由于在较高的 TBAH 加入量时，过多的羧基被中和，形成不饱和的配位结构，使得交联密度降低。

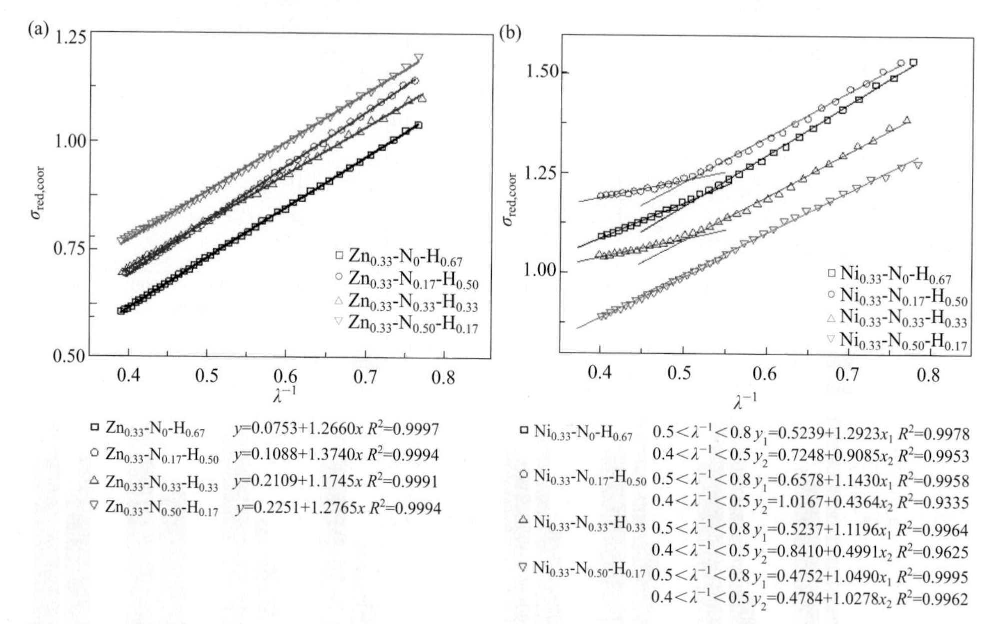

图6-29 基于Mooney-Rivlin方程Zn-N-H（a）和Ni-N-H（b）样品的 $\sigma_{red,coor}$ 与 λ^{-1} 的关系曲线

2．弹性回复与自修复性能

通过变循环拉伸实验，研究了含配位相互作用、离子相互作用和氢键的交联 EPDM 网络的能量耗散机制。交联 EPDM 的应力 - 应变曲线如图 6-30 所示。结果表明，随着应变的增加，所有样品的滞后圈都明显增大。Zn-N-H 试样的滞后圈随应变增大幅度较小，而 Ni-N-H 试样的磁滞回线随应变增大幅度较大，说明配位相互作用在能量耗散中起重要作用。弹性回复与能量耗散实验结果如图 6-31 所示。如图 6-31（a）所示，对于 $Zn_{0.33}$-N_0-$H_{0.67}$ 和 $Ni_{0.33}$-N_0-$H_{0.67}$，弹性回复率均大于 85%。在整个拉伸变形周期中，$Zn_{0.33}$-$N_{0.33}$-$H_{0.33}$ 在应变为 400% 时的弹性回复率最高，达到 96%。此外，随着施加应力的增加，所有样品都保持较高的弹性回复率。

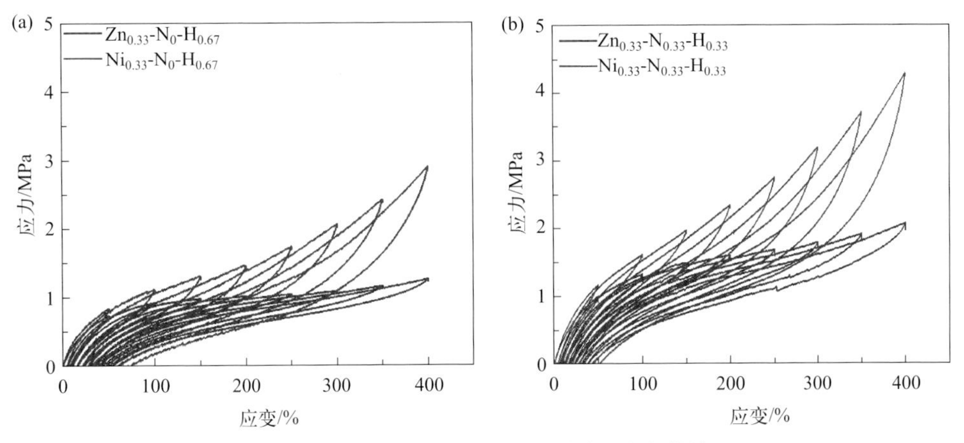

图6-30 乙烯-丙烯共聚物离子型弹性体的循环拉伸应力-应变曲线

如图 6-31（b）所示，当应变从 50% 增加到 400% 时，Ni-N-H 样品的韧性（能量耗散）比 Zn-N-H 样品更显著。在 400% 应变下，$Ni_{0.33}$-$N_{0.33}$-$H_{0.33}$ 的有效能量耗散高达 2.3MJ/m^3，韧性高于 $Zn_{0.33}$-$N_{0.33}$-$H_{0.33}$，这归因于多种非共价相互作用的协同效应。对于 $Zn_{0.33}$-$N_{0.33}$-$H_{0.33}$，当应变从 50% 增加到 400% 时，Zn(Ⅱ)- 羧酸盐配位相互作用被打破，离子相互作用和氢键协同作用耗散能量。对于 $Ni_{0.33}$-$N_{0.33}$-$H_{0.33}$，在施加小应变的情况下，离子相互作用和氢键被拉出，成为能量耗散点。当应变扩展到 200% 以上时，Ni(Ⅱ)- 羧酸盐相互作用被破坏，同时较弱的离子相互作用和氢键也被破坏，这意味着最初坚固的交联点，转变为能量耗散点，并作为牺牲键被破坏，以最大限度地耗散能量。

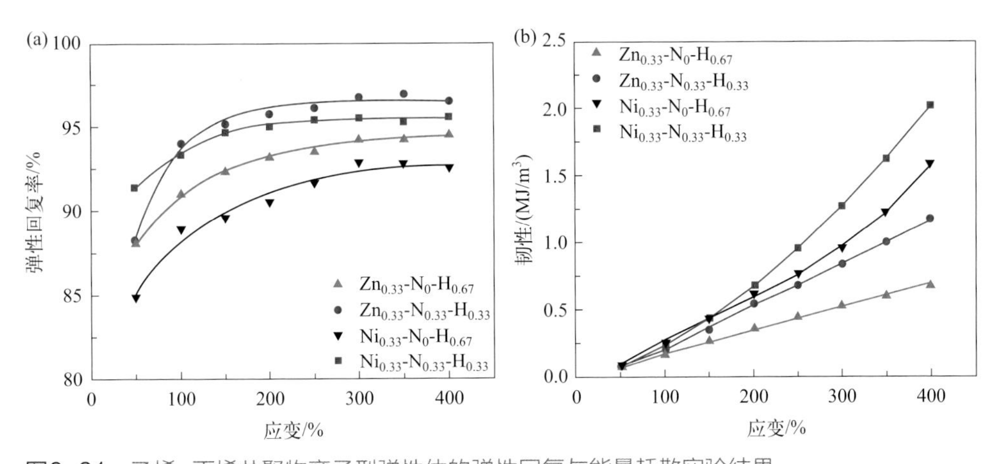

图6-31 乙烯-丙烯共聚物离子型弹性体的弹性回复与能量耗散实验结果

在聚合物中采用强键和弱键结合的方式构建动态键交联网络，其中的弱键受力率先发生断裂，充当“牺牲键”耗散大量能量，提升材料的韧性，强键不易断裂，可用于稳定聚合物网络结构，保证交联网络的完整性，达到增强、增韧的双重效果。所制备的非共价可逆交联聚烯烃弹性体网络具有可循环使用和自修复性能。

第四节 异丁烯基无规共聚物离子型弹性体

异丁烯与异戊二烯进行阳离子共聚反应合成两者无规共聚物，即丁基橡胶（IIR），是阳离子聚合的最大工业化产品，再通过氯化或溴化反应制备相应的氯化丁基橡胶（CIIR）或溴化丁基橡胶（BIIR）；异丁烯也可与对甲基苯乙烯进行阳离子共聚反应，合成异丁烯 - 对甲基苯乙烯无规共聚物（IMS）特种弹性体，再通过溴化反应制备溴化异丁烯 - 对甲基苯乙烯无规共聚物（BIMS）。

一、异丁烯基无规共聚物离子型弹性体的合成与表征

通过异丁烯阳离子聚合可以制备丁基橡胶和其他异丁烯基无规共聚物弹性体，对异丁烯基弹性体进行进一步卤化可以得到卤化的异丁烯基共聚弹性体，卤化的异丁烯基共聚弹性体与不同类型的亲核试剂在高温下经亲核取代反应制得异丁烯基离子型弹性体（IPIB），形成具有离子键型可逆交联网络的异丁烯基热塑性弹性体。在异丁烯基离子型弹性体中，离子对相互簇集，形成离子簇，起到了物理交联点的作用，这使得异丁烯基离子型弹性体与传统丁基橡胶（IIR）和卤化丁基橡胶（HIIR）相比，在物理机械性能和流变性能方面都有明显的不同，既保留了 IIR 良好的气密性、抗氧性、耐老化性，又具有热塑性弹性体及自修复的特点[42]。

异丁烯基共聚弹性体离聚体包括阴离子型离子弹性体（磺酸离聚体）和阳离子型离子弹性体（氮类离聚体以及膦类离聚体），其中含氮类离聚体包括胺类、吡啶类及咪唑类。

1．阴离子型异丁烯基共聚物离子型弹性体

在异丁烯 - 异戊二烯共聚物胶液中合成乙酰硫酸磺化试剂，一步法制备磺化

丁基橡胶离聚体，磺化试剂成分及配比、胶液浓度、相转移催化剂、反应温度和反应时间对异丁烯 - 异戊二烯共聚物磺化反应有明显影响。进一步通过不同金属离子或有机胺来中和磺化异丁烯 - 异戊二烯共聚物，得到侧基带有磺酸盐的异丁烯 - 异戊二烯共聚物离子型弹性体 [43-44]。随着硬脂酸锌含量增加，磺化丁基橡胶的熔体黏度减小、拉伸强度增大；随着离子电位降低，由一价金属离子中和制得的丁基橡胶离聚体的熔体黏度、拉伸强度减小，由二价金属离子中和制得的丁基橡胶离聚体的熔体黏度减小、拉伸强度增加；随着中和剂胺的碳数增加，其拉伸强度逐渐降低 [44]。磺化丁基橡胶离聚体是将丁基橡胶溶液与磺化试剂，如硫酸及乙酸酐或乙酰硫酸，进行磺化反应来制备，然后用过量的中和剂（乙酸锌、乙酸锰或铵）对反应体系进行中和反应，工艺过程相对复杂。

2．阳离子型异丁烯基共聚物离子型弹性体

（1）含氮离子型弹性体

通过对 2,2,4,8,8- 五甲基 -4- 壬烯小分子模型化合物与胺的反应及流变学研究来验证 BIIR 与伯胺、仲胺、叔胺的亲核取代反应可行性。通过 BIIR 的胺类取代反应，具有亲核性的胺与 BIIR 中烯丙基溴官能团发生取代反应 [45]，合成侧基带有铵离子的离子性异丁烯基共聚物弹性体。在反应初期的加热过程中，BIIR 中烯丙基溴官能团发生重排，转化为更稳定的伯位结构；BIIR 与胺类亲核取代反应是可逆的，反应过程中伴随着 *N*- 烷基化及质子转移，叔胺的反应活性依次优于仲胺、伯胺，质子转移所消耗的胺不能进行亲核取代反应，需使用过量的胺类亲核试剂来提高反应效率。通过叔胺中心小分子与 BIIR 亲核取代策略，BIIR 与脂肪烃胺、醇胺以及硅基胺分子反应，包括辛胺、醇胺、氨基醇及硅氮烷分子等，成功合成具有羟基、硅烷烃基侧基的丁基橡胶离聚体 [46]。

采用吡啶类衍生物与 BIIR 进行亲核取代反应合成具有动态离子交联键的丁基橡胶离聚体，通过改变吡啶分子取代基的空间位阻效应以及吸电子、给电子效应调控离聚体的结合能，从而实现产物的力学性能、自修复性能的可调性。吡啶类丁基橡胶离聚体产物拉伸强度在 4.0 ～ 8.1MPa，材料于 60℃愈合 24h 后力学性能自修复效率在 70% 以上 [47]。

采用固相自催化反应策略，首次发现了丁基咪唑与 BIIR 的高效亲核取代反应 [48-50]。还选用乙烯基咪唑、双咪唑分子合成丁基橡胶离聚体，由于烯烃侧基的高反应性，产物可通过自由基反应或过氧化物固化等方法被进一步修饰，含有离聚体与共价键双重网络结构的弹性体展示了独特的应力松弛特性、力学性能、黏合性以及抗菌性 [33,51]。

采用亲核取代反应策略，通过丁基咪唑与 BIIR 固相原位合成咪唑类离子型弹性体 BIIR-i，将分子链的溴官能团转化为咪唑鎓离子基团，反应在 80 ～ 160℃

于 Haake 混合器中持续 10min，最佳反应温度为 100℃，溴取代率达 74%[33]。

采用多种烃基咪唑与 BIIR 进行亲核取代反应，包括 1- 甲基咪唑、1- 丁基咪唑、1- 己基咪唑、1- 壬基咪唑和 1-(6- 氯己基)-1*H*- 咪唑等，原位制备离子基团修饰 BIIR[52-54]。本书著者研究团队 [55-57] 设计合成了不同取代基咪唑鎓盐侧基官能化异丁烯基弹性体，其冷冻淬断表面的 SEM 照片见图 6-32 所示。

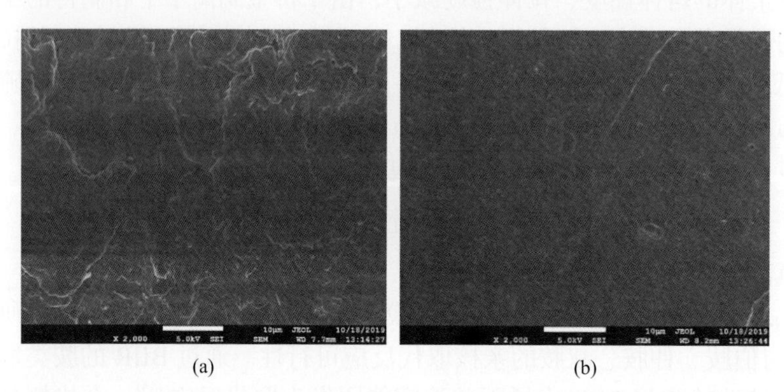

图6-32 侧基官能化异丁烯基弹性体IMS-MI-1.1（a）和IMS-BI-1.1（b）冷冻淬断表面的SEM照片

（2）含磷离子型弹性体

由于胺类离聚体反应的非均相性、反应效率低等问题，采用三苯基膦 (PPh_3) 及二甲基正辛胺（DMOA）与 BIIR 原位固相反应，成功合成了异丁烯基离子交联聚合物 [53]。所得的溴化胺盐离聚体 (IIR-NR_3Br)、溴化膦盐离聚体 (IIR-PPh_3Br) 与热固性硫化橡胶的动态力学性能相当，离子对聚集形成弹性网络结构。BIIR 与 PPh_3 的亲核反应不可逆，且反应产物具有高度稳定性，而 BIIR 与 DMOA 的 *N*-烷基化反应为可逆反应，导致 BIIR 中烯丙基溴结构转化率降低且产物结构不稳定，可通过添加过量胺来克服 IIR-NR_3Br 的不稳定性。通过亲核取代反应和引入双键的过氧化物交联反应，合成了具有优异的光学性能、气密性、水密性的季鳞化丁基橡胶离聚体 (T-IIR) [54]。德国 Lanxess（Arlanxeo）公司开发了丁基橡胶离聚体产品，其分子结构中含有约 0.4%（摩尔分数）的离子结构、约 0.5%（摩尔分数）的烯丙基溴结构和约 0.6%（摩尔分数）的不饱和双键结构。

本书著者研究团队 [55-57] 选择溴化丁基橡胶或溴化异丁烯 - 对甲基苯乙烯为原料，采用高温本体混合反应方式，与官能化膦化合物进行高效反应，侧基烯丙基溴或苄基溴官能团的反应转化率可以达到近 100%。设计合成侧基含季鳞盐官能化的异丁烯基无规共聚物离聚体，其典型的 FTIR 和 ^{1}H NMR 谱图见图 6-33 和图 6-34 所示。

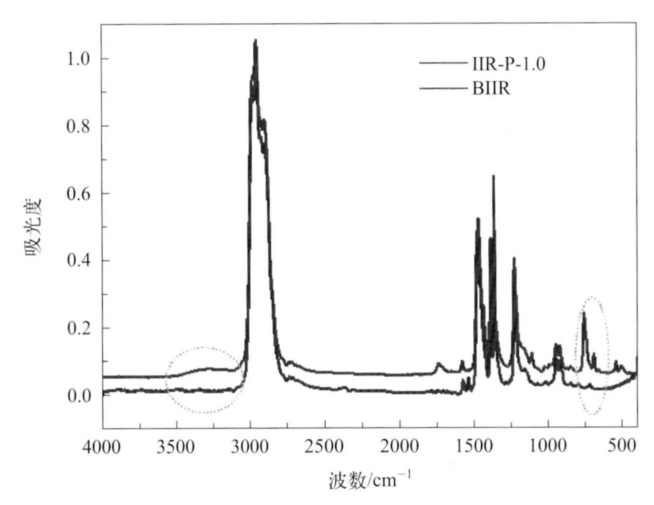

图6-33 侧基含季鏻盐官能化异丁烯基无规共聚物离聚体的FTIR谱图

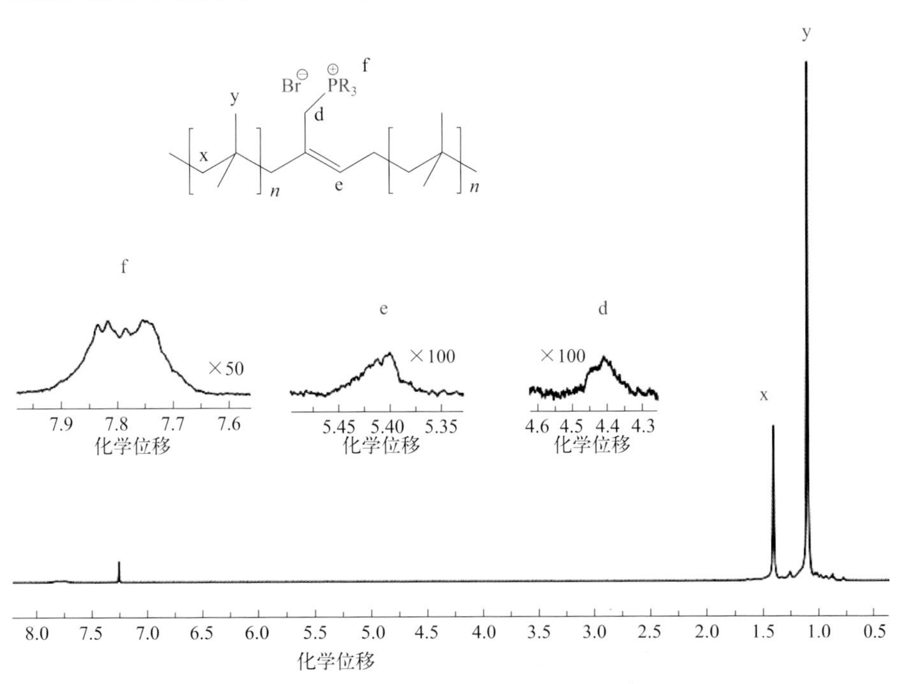

图6-34 侧基含季鏻盐官能化异丁烯基无规共聚物离聚体的^{1}H NMR谱图

如图 6-33 所示，除了聚异丁烯结构单元中—CH_2—和—CH_3 的特征吸收峰外，在 BIIR 的 FTIR 谱图中观察到在 763cm^{-1} 处归属于 C—Br 的特征吸收峰，在 IIR-P-1.0 的 FTIR 谱图中观察到在 1700 ～ 1500cm^{-1} 之间归属于侧基官能团的特征吸收峰，观察不到在 763cm^{-1} 处归属于 C—Br 的特征吸收峰，说明 C—Br

基本参与反应，且在 3600 ～ 3100cm^{-1} 之间出现了一个新的宽峰，这个宽峰可能与 IIR-P-1.0 分子链间官能团之间相互作用产生的特征吸收峰有关。

丁基橡胶离聚体内部存在的离子聚集区域交联三维网络结构限制了聚合物分子链运动，抑制了丁基橡胶的冷流现象的发生，且丁基橡胶离聚体的储能模量也随其官能度增加而提高，材料刚性增大，见图 6-35 所示 [55-57]。

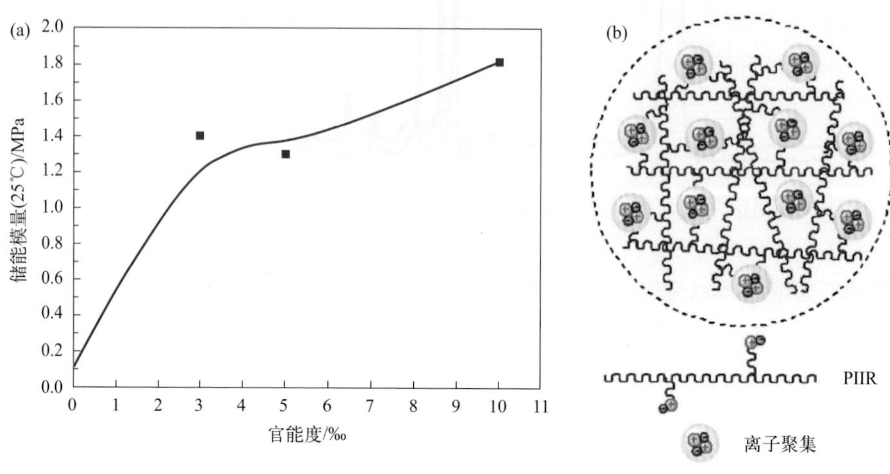

图6-35　丁基橡胶离聚体官能度对其储能模量的影响

为了探究引入少量官能团对侧基官能化异丁烯基弹性体材料内部微观形态的影响，将所合成的不同官能化结构的侧基官能化异丁烯基弹性体样品直接用液氮冷冻，低温下脆断后立即喷金，采用扫描电镜对其断面形貌进行观察，其典型的 SEM 照片如图 6-36 所示 [55-57]。

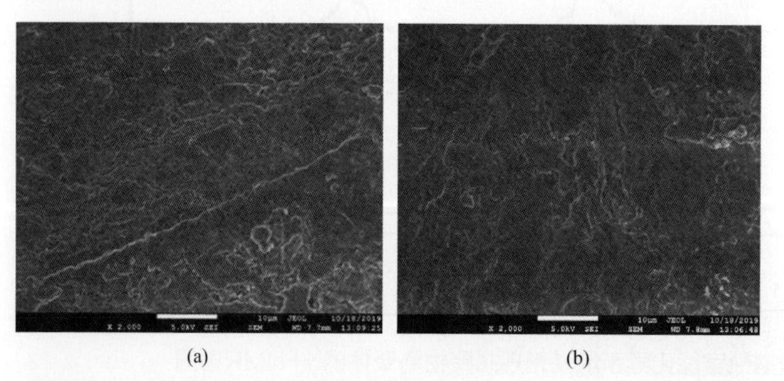

图6-36　侧基官能化异丁烯基弹性体IMS-P-1.1（a）和IIR-P-1.1（b）冷冻淬断表面的SEM照片

为了进一步研究官能化基团对侧基官能化异丁烯基弹性体分子链相互作用及自组装行为的研究，将侧基官能化异丁烯基弹性体样品溶液旋涂到硅片上，在

40℃下进行退火处理4h，采用原子力显微镜（AFM）观察形成的聚合物表面形貌，见图6-37所示[55-57]。官能团结构和不同官能度对分子链相互作用及形成的微观形态有明显影响，随着官能团增大，分子链之间相互作用更为明显，表面的结构更加精细，一定程度上会牵制聚异丁烯链段运动，表面粗糙度下降，表面高度差也明显下降，由IMS-P-0.6样品的17.0nm降至IIR-P-1.1样品的3.1nm。

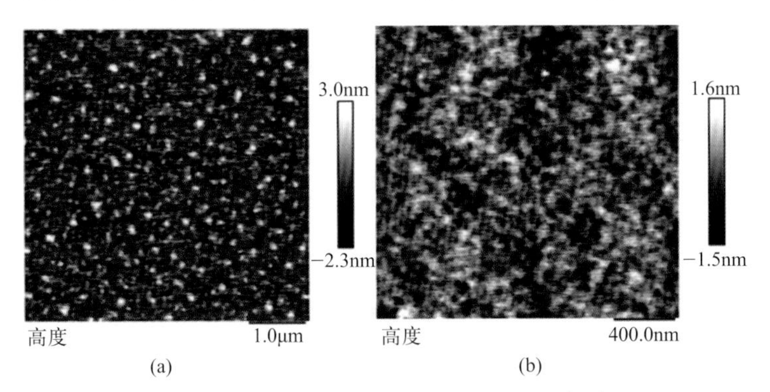

图6-37 侧基官能化异丁烯基弹性体IMS-P-0.6（a）和IIR-P-1.1（b）的AFM照片

因此，由侧基官能化异丁烯基弹性体样品的液氮冷冻淬断表面形貌的SEM照片和溶液旋涂形成的膜表面形貌的AFM照片，进一步体现了少量的侧基官能团的相互作用导致分子链的自组装行为，为材料的微观形态带来明显的影响。

溴化丁基橡胶可溶解于环己烷溶剂，但丁基橡胶离聚体因其内部非共价交联三维网络结构致使其在环己烷中只溶胀不溶解，将环己烷溶胀的丁基橡胶离聚体进行冷冻干燥，对断面进行SEM表征，结果表明其形成的网络结构。典型官能化丁基橡胶离聚体在环己烷中溶胀、冷冻干燥后的内部网络结构见图6-38所示。因此，

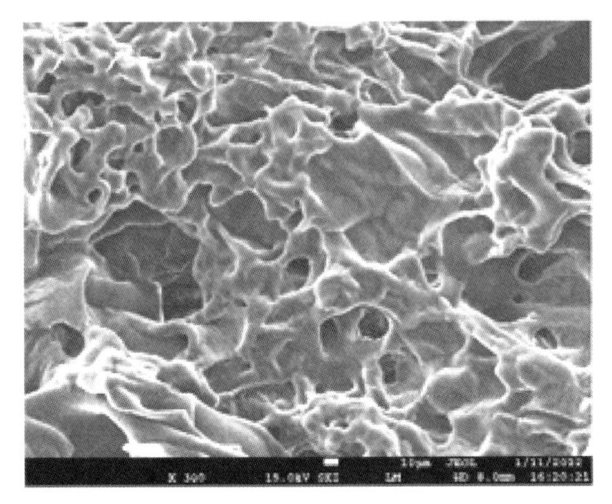

图6-38 典型官能化丁基橡胶离聚体在环己烷中溶胀、冷冻干燥后的内部网络结构

丁基橡胶离聚体的微观结构对其微观相分离形态及形成的网络结构有明显影响。

二、异丁烯基无规共聚物离子型弹性体的基本性能

1．物理机械性能

利用丁基 - 丙烯酸盐和磺基三甲胺乙内酯单体制备的两性离子型弹性体，在SAXS 谱图的 q=1.5nm^{-1} 处出现很明显的特征离子峰，证明该离子型弹性体中离子微区的存在[58]。该两性离子型弹性体内部有很多稳定的离子簇，提高了交联程度，在应力作用下离子交联结构会发生交换和滑移，能够有效传递应力，同时增强了分子间作用力，表现出较好的物理机械性能[59]。

本书著者研究团队[57]研究了不同官能结构对丁基橡胶离聚体拉伸性能的影响，其拉伸强度及断裂能结果见图 6-39 所示，并与溴化丁基橡胶相应性能进行对比。研究发现：溴化丁基橡胶的拉伸强度为 0.32MPa，断裂能为 6.7MJ/m^3；两种不同官能团的丁基橡胶离聚体因其离子键相互作用以及自组装过程不同，丁基橡胶离聚体 NIIR-P 的拉伸强度为 1.46MPa、断裂能为 24.2MJ/m^3，与溴化丁基橡胶相比，拉伸强度提高了约 3.6 倍、断裂能提高了约 2.6 倍。

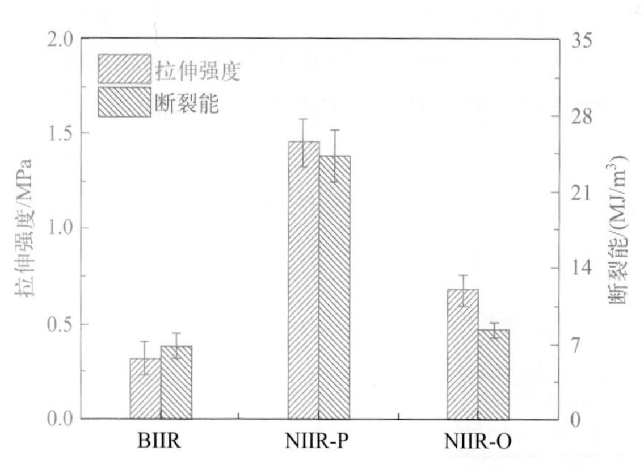

图6-39　不同官能化丁基橡胶离聚体的拉伸强度及断裂能

此外，选择相同官能团、不同官能度的丁基橡胶离聚体进行拉伸性能测试，结果见图 6-40 所示[57]。与溴化丁基橡胶相比，随着丁基橡胶离聚体中的离子官能化程度提高，材料的拉伸强度和断裂能均提高；当官能度为 1.0% 时，丁基橡胶离聚体的拉伸强度为 8.46MPa、断裂能为 44.1MJ/m^3，与溴化丁基橡胶相比，拉伸强度提高了 25.4 倍、断裂能提高了 5.6 倍，说明丁基橡胶离聚体的强度和韧性均明显提高。

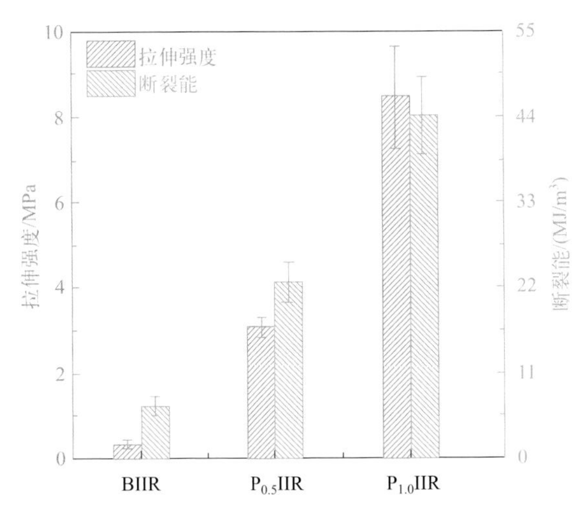

图6-40 不同官能化程度丁基橡胶离聚体的拉伸强度及断裂能

在上述研究基础上，确定官能化程度，本书著者团队[55-57]进一步从离聚体分子结构上调控离子官能团及自组装网络结构，见图6-41所示。研究发现：与丁基橡胶离聚体PIIR-1相比，丁基橡胶离聚体PIIR-2具有更高的拉伸模量、拉伸强度、断裂伸长率和断裂能，拉伸强度达16.5MPa，断裂能达97.9MJ/m^3。因此，通过引入优化结构的离子官能团和调控离子簇网络结构，可以制备强而韧的丁基橡胶离聚体新材料。

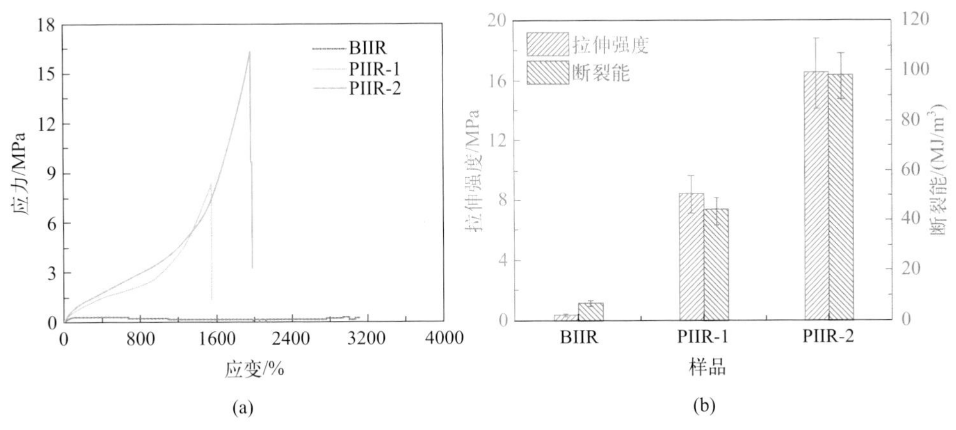

图6-41 不同网络结构丁基橡胶离聚体的应力-应变曲线（a）和拉伸强度及断裂能（b）

2．弹性回复性与自修复性能

为了研究不同官能化侧基对丁基橡胶弹性体的能量耗散及分子链弛豫机制的

影响，选择不同网络结构丁基橡胶离聚体 PIIR-1 和 PIIR-2 分别进行单轴多应变程序的循环拉伸测试，并与溴化丁基橡胶进行比较，结果见图 6-42~ 图 6-45 所示 [55-57]。

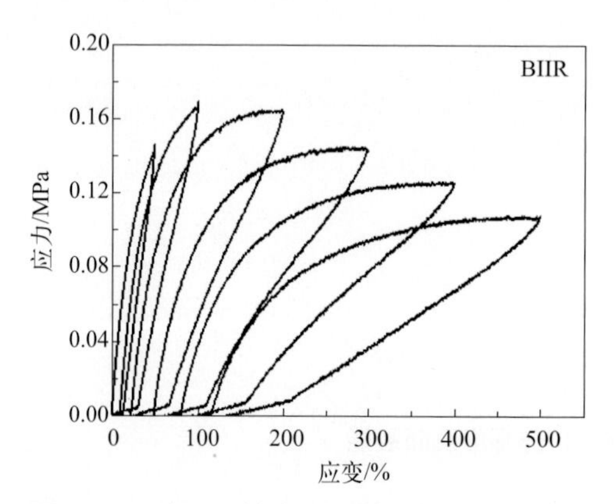

图6-42 溴化丁基橡胶的单轴多应变循环拉伸应力-应变曲线

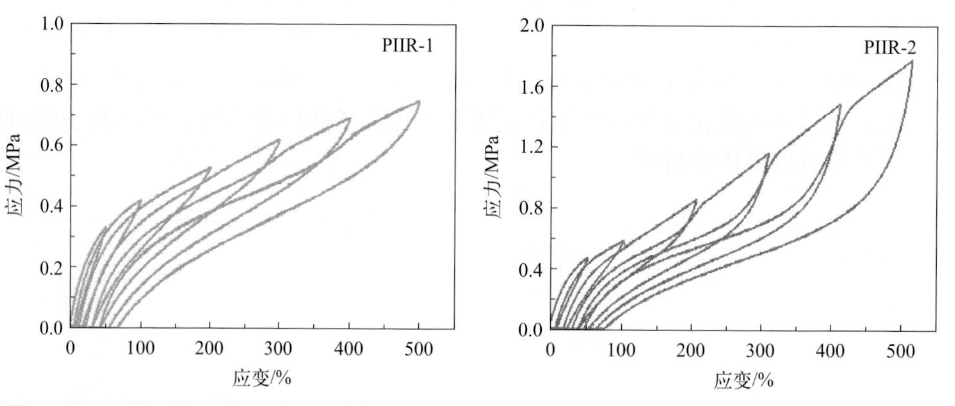

图6-43 不同网络结构丁基橡胶离聚体的单轴多应变循环拉伸应力-应变曲线

溴化丁基橡胶（BIIR）样品在单轴多应变循环拉伸过程中，出现应力随应变增加而降低的现象，表现出典型的应力软化现象，且具有永久残余应变和滞后行为，Mullins 效应明显，经过 5 次拉伸后残余变形约为 210%。丁基橡胶离聚体 PIIR-1 和 PIIR-2 样品在单轴多应变循环拉伸过程中，均出现应力随应变增加而增加的现象，且弹性回复性能提高，经过 5 次拉伸后残余变形约为 70%，这一点与 BIIR 样品不同。丁基橡胶离聚体 PIIR-1 和 PIIR-2 样品在单轴多应变循环拉伸过程中的能量耗散随拉伸应变增加而增大，体现了更强的离子簇交联网络在材料拉伸过程中可以更多地减少材料的能量损失，揭示了其分子弛豫机制和物理交联网络的贡献。

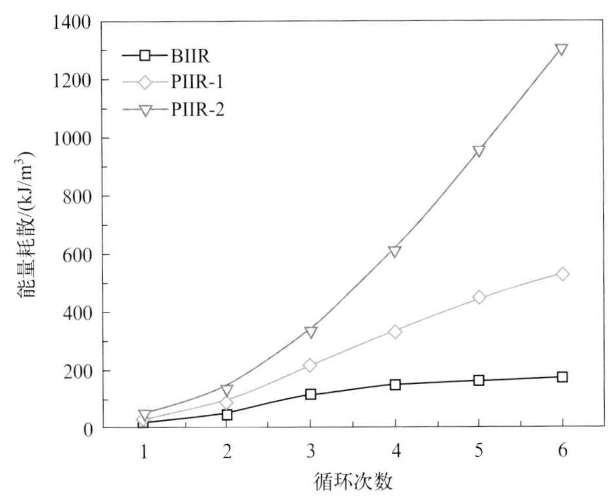

图6-44　溴化丁基橡胶及不同网络结构丁基橡胶离聚体在各循环周期的能量耗散

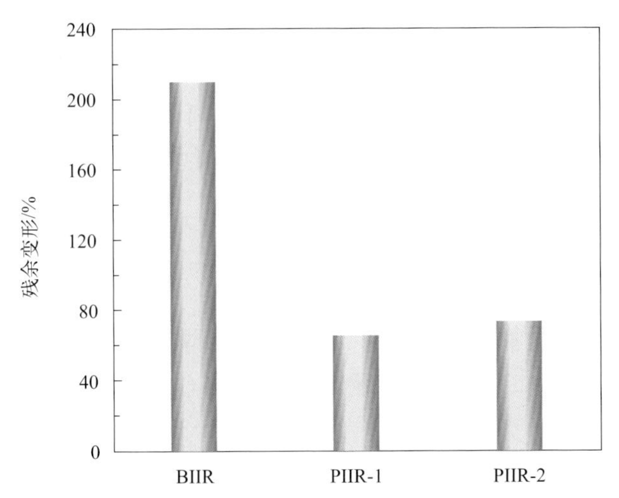

图6-45　溴化丁基橡胶及不同网络结构丁基橡胶离聚体各循环周期的残余变形

3. 自修复性能

丁基橡胶咪唑鎓离子基团聚集并在弹性体内部形成离子簇交联点，赋予BIIR-i优异的力学性能，在1000%大应变下拉伸强度可达9MPa。通过DSC表明咪唑离子聚集体在130℃发生解离，咪唑离子基团热效应使BIIR-i具有一定的自修复性能，置于室温愈合192h后力学自修复效率可达57%[33]

不同结构咪唑鎓离子基团修饰BIIR材料力学性能与自修复性能呈负相关，

由于各离子簇基团聚集效应不同，致使各改性 BIIR 的力学性能及自修复性能存在较大差异，1- 甲基咪唑修饰 BIIR 的拉伸强度可达 16.9MPa，远大于硫化橡胶（BIIR-s）的 7.0MPa，但 70℃愈合 16h 后力学角度的自修复效率仅 18%，而 1- 己基咪唑修饰 BIIR 的拉伸强度为 10.7MPa，由于咪唑脂肪烃侧基碳数增加，分子链运动能力增加，70℃愈合 16h 后力学自修复效率可提高至 74%[52]。采用 SAXS、BDS（宽频介电阻抗谱）表征手段研究离聚体的尺径分布以及动力学特征，构建黏性动力学的微观模型，并通过 NMR、DMA 等方法描述基于恒定密度的丁基橡胶离聚体的黏性动力学性质，以及咪唑离子侧基表面亲疏水性的变化[60]。

离聚体分子间离子相互作用是一种超分子自组装过程，正负离子之间形成非特异性的离子对，通过离子键作用和离子偶极相互作用，聚集形成较强的物理相互作用，有利于形成超分子聚合物的交联网络，使材料具有独特的性质。

离聚体的离子基团聚集成离子簇物理交联区域，可以使聚合物主链形成非共价交联的物理交联网络，该网络结构可以经历形成、解离、重构和改变等过程。在较高温度下或特定的极性溶剂体系中，离子簇交联网络才发生解离，但是在降低温度或除去极性溶剂后，恢复离子键作用和离子偶极相互作用，产生离子簇交联网络的重构。

离聚体中的离子键适合自修复或自愈合的可逆交联体系。在外力作用下将离聚体切开，材料界面通过大分子链运动和离子键作用，产生离子簇交联网络的重构，促使材料自愈合或自修复，这是一个自发过程，存在离子聚集驱动力，其示意图见图 6-46 所示。

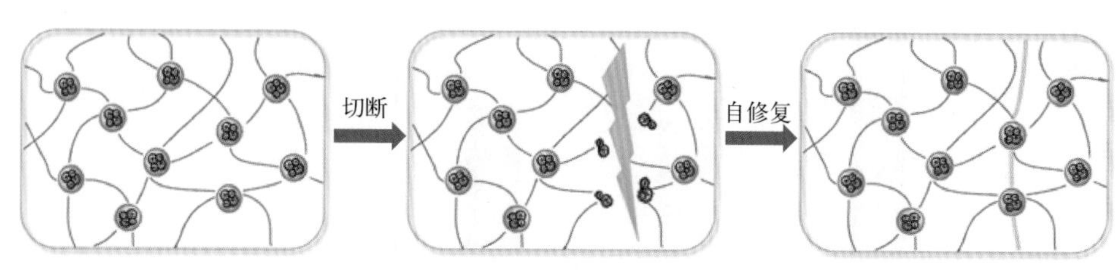

图6-46　聚合物离聚体的自愈合或自修复过程示意图

如图 6-47 所示，在丁基橡胶离聚体 PIIR-1 和 PIIR-2 表面用小刀划出深痕，观察材料表面自修复或自愈合过程，PIIR-1 样品经过 9h 后可完成表面划痕的自愈合过程，PIIR-2 样品经过 17h 后可完成材料表面的划痕自愈合过程。此外，升高温度或提高官能度，均可加快材料的自愈合过程。

为了研究官能化异丁烯基弹性体材料的自修复性能，首先将 IIR-P-1.0 样品用小刀在其膜表面划痕（长度 500μm，宽度 10 ～ 25μm，深度约 20μm），在显微镜下观察其自修复过程及划痕尺寸的变化，见图 6-48 所示。官能化异丁烯基弹性体材料表面划痕在 50℃下可以相对比较快地产生自愈合现象，划痕的长度、宽度和深度都明显减小，其中长度从起初的 500μm 到 20min 时的 150μm，长度自愈合程度达到 70%。

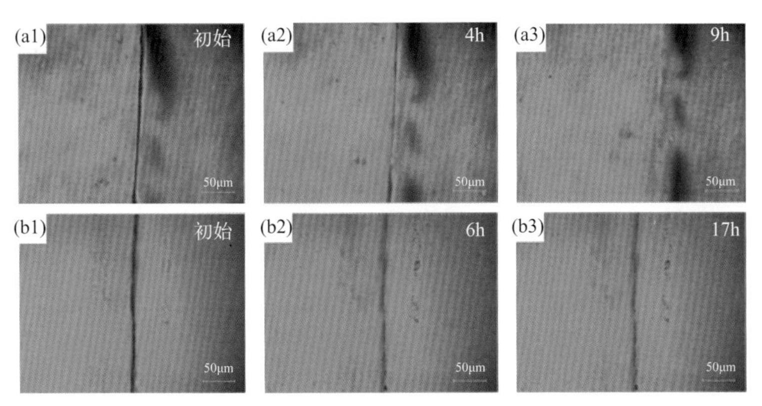

图6-47 丁基橡胶离聚体PIIR-1（a）和PIIR-2（b）材料表面划痕自愈合过程的显微镜照片

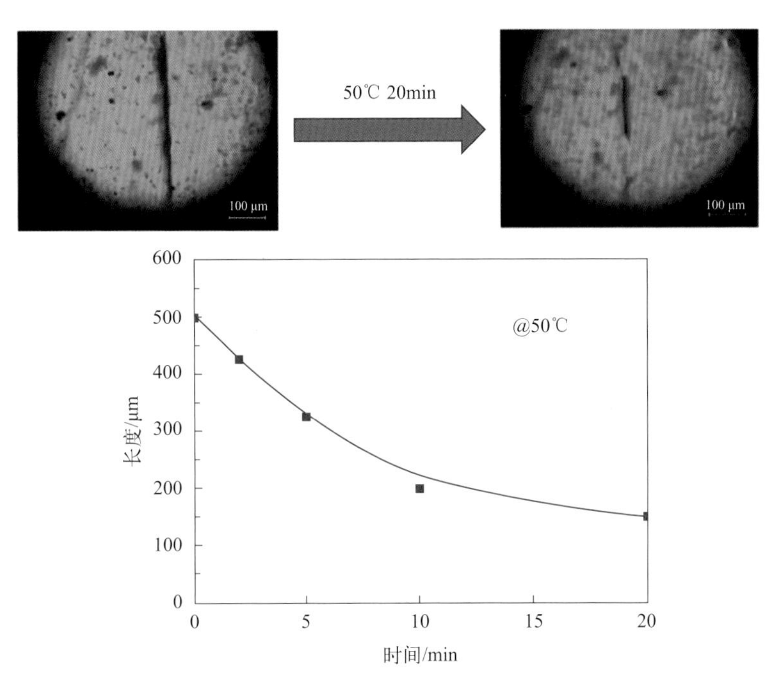

图6-48 官能化异丁烯基弹性体(IIR-P-1.0)表面划痕自愈合过程及表面划痕长度随时间变化

为了进一步研究丁基橡胶离聚体的自愈合过程，在外力作用下分别将 IIR-P 样品和 IIR-P-1.0 样品分成两部分，沿断面将两段样品不施加外力静置在一起。

将处理后的 IIR-P 样品在常温下放置 12h 后，材料两个断面完全修复，连接成一个材料整体，几乎看不到断面痕迹，见图 6-49 所示。经过自愈合后的丁基橡胶离聚体材料，在拉伸伸长率为 400% 时仍不断裂，说明丁基橡胶离聚体材料具有优良的自愈合性能。将 IIR-P-1.0 样品在室温下放置 20h 后，重构分子链间相互作用聚集网络，断面完全自愈合，并连接成一个整体，如图 6-50 所示。

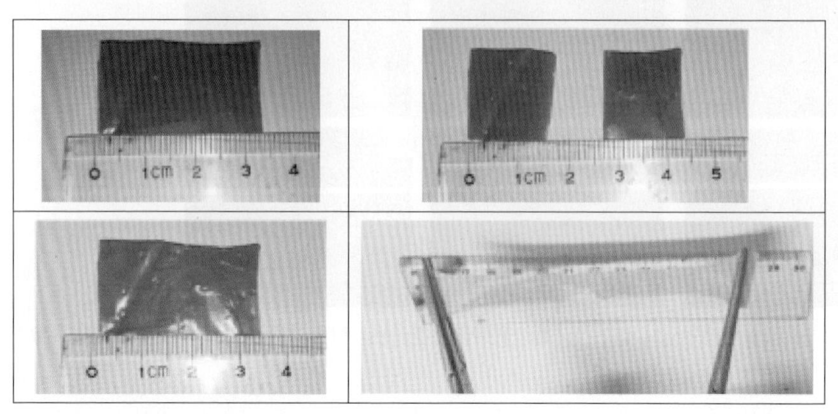

图6-49　丁基橡胶离聚体材料切断后断面自愈合过程的照片

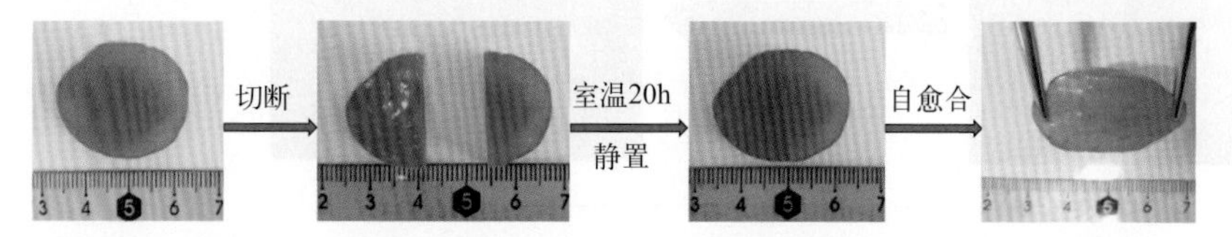

图6-50　官能化异丁烯基弹性体(IIR-P-1.0) 切断后断面自愈合过程的照片

官能化异丁烯基弹性体 (IIR-P) 切断后断面自愈合与其官能度有关，在相同条件下将官能化异丁烯基弹性体切断，官能度越高，断面自愈合越快，所需要的自愈合时间越短。

4．减振阻尼性能

丁基橡胶具有优良的减振阻尼特性。与溴化丁基橡胶相似，丁基橡胶离聚体也具有优良的阻尼性能，tanδ 最大值在 1.4 左右，表征阻尼性能的 tan$\delta \geqslant 0.3$ 的温度范围有所不同，见图 6-51 所示。溴化丁基橡胶的阻尼温域范围为 −56.2 ～ 24.7℃，温差 80.9℃；丁基橡胶离聚体 NIIR-P 的阻尼温域范围为 −57.3 ～ 27.3℃，温差 84.6℃；丁基橡胶离聚体 NIIR-O 的阻尼温域范围为 −61.2 ～ 32.4℃，温差 93.6℃。因此，与溴化丁基橡胶相比，丁基橡胶离聚体具有更宽温域下的减振阻尼性能。

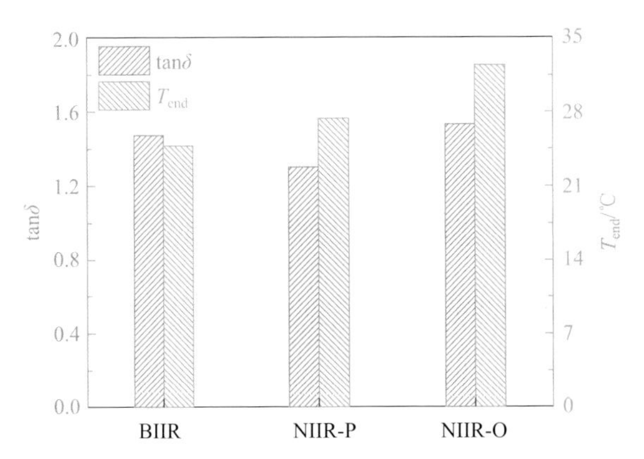

图6-51 溴化丁基橡胶及不同官能结构丁基橡胶离聚体的tan δ 最大值和最高阻尼温度

5．气体阻隔性能

丁基橡胶主链上异丁烯结构单元中两个对称取代的甲基使其分子链结构紧密，限制了聚合物分子链的热运动，因而具有优异的气密性。本书著者研究团队为了研究丁基橡胶离聚体的气密性，选择丁基橡胶离聚体 PIIR-1 和 PIIR-2 样品制膜并进行氧气透气系数（OTR）测试。OTR 是表征材料气密性的重要参数，小分子气体在高分子材料中的扩散对自由体积极为敏感。丁基橡胶离聚体 PIIR-1 和 PIIR-2 样品的 OTR 试验结果见图 6-52 所示，并对比测试了溴化丁基橡胶。丁基橡胶离聚体的 OTR 值与溴化丁基橡胶的 OTR 值相近，表明溴化丁基橡胶和丁基橡胶离聚体均具有优异的气密性。

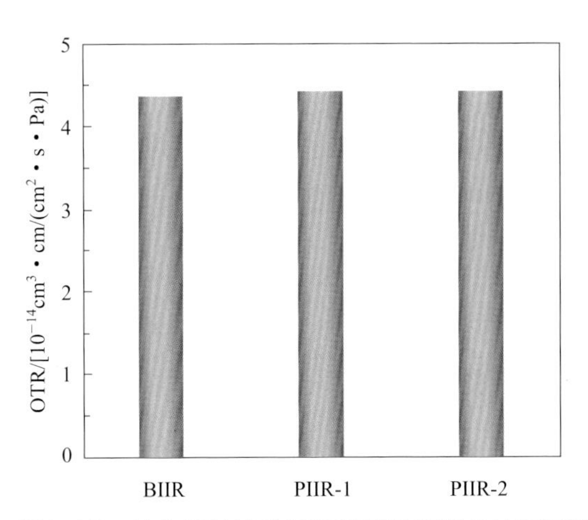

图6-52 溴化丁基橡胶及丁基橡胶离聚体的氧气透气系数

6．可回收循环使用的丁基橡胶离聚体

通过化学硫化交联后的丁基橡胶或溴化丁基橡胶，在切断剪开后，断面无法自愈合，材料遭到破坏后无法回收循环使用，见图 6-53 所示。

图6-53　丁基橡胶硫化胶切断后断面无法自愈合或不可回收循环使用的照片

与上述化学硫化交联后的丁基橡胶或溴化丁基橡胶不同，丁基橡胶离聚体材料在切断后，成为小块状，再根据需要进行熔融加工成型，可回收循环使用，见图 6-54 所示，且材料的基本性能几乎不产生变化。

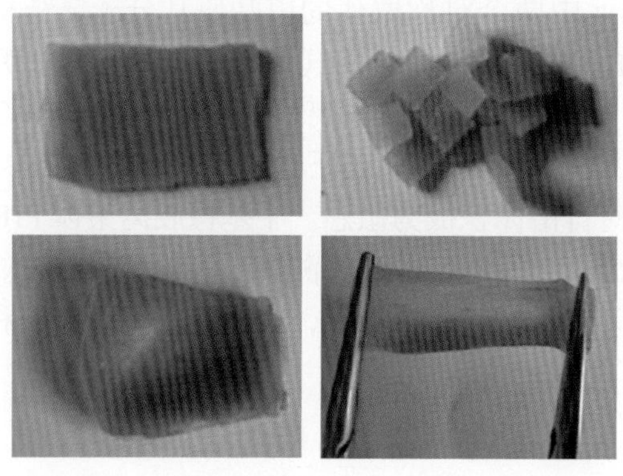

图6-54　丁基橡胶离聚体切断后可重塑成型及可回收循环使用的照片

丁基橡胶离聚体实质上显示了热塑性弹性体绿色橡胶特征，这为实现丁基橡胶离聚体的热塑性可重复加工与循环使用提供技术基础。

第五节
苯乙烯类嵌段共聚物离子型弹性体

苯乙烯类嵌段共聚物离子型弹性体的种类和结构较多，按照离子种类可分离

阳离子型和阴离子型两大类。阴离子型苯乙烯类嵌段共聚物弹性体主要有磺化SIBS和磺化SEBS，二者分子结构相类似，通过PS链段与磺化试剂进行反应，在苯乙烯结构单元中苯环的对位接枝磺酸基团，通过调控反应条件可以控制磺化程度。值得注意的是磺化SIBS中的PIB链段具有更好的气液阻隔能力，可以有效地阻隔氢气、氧气或者醇类液体的渗透。

阳离子型苯乙烯类嵌段共聚物弹性体，由于其内部含有大量的离子基团，而离子交换材料就是利用H^+或者OH^-在离子基团之间传导，从而实现离子交换的目的，因此离子型弹性体非常适合作为燃料电池用离子交换膜的基体材料。目前，最广泛使用的一类离子交换膜材料是以杜邦公司的Nafion膜为代表的全氟磺酸聚合物（PFSAs）。它们由疏水的聚四氟乙烯主链和含有超酸性磺酸基的亲水性全氟醚侧链组成[61]。然而，PFSAs的玻璃化转变温度较低，燃料渗透性较高而且价格昂贵，因此国内外开展了大量的工作研发可以替代全氟磺酸聚合物的离子型聚合物。明确的微观形态对于高性能离子交换膜材料是必不可少的，因此设计和控制离子型聚合的微观形态以获得期望的性质是非常有意义的。SIBS和SEBS均为三嵌段共聚物，具有微相分离，离子基团的引入和离子基团含量的变化会直接导致相分离结构发生变化，形成离子官能团组成的亲水域和饱和烷基链组成的疏水域。亲水域促进离子、液体或气体的运输，而疏水域则赋予力学、化学或热稳定性。因此，控制形态（例如尺寸、形状、连续性等）已被认为是改善离子交换膜材料离子导通性和稳定性最有效方法之一[62-63]。聚合物骨架的大小、刚度、疏水性和电子吸引或湮没效应等特征影响着疏水区的结构。疏水性结构区域负责膜的力学性能，并防止膜在水中溶解或在水中过度溶胀。官能团的柔韧性、酸性或碱性以及在链上的位置（例如主链、悬挂单位、侧链等）等在微观形态的形成中也起到重要作用，例如二元叔胺可以构建交联型结构，可以有效降低离子型弹性体由于离子化程度高所导致的在高湿度环境下的吸水溶胀，提高力学和尺寸稳定性。

苯乙烯类热塑性弹性体作为既具有塑料的热塑性又具有橡胶的弹性的一类特殊嵌段共聚物，由提供力学性能与改性位点的较硬的聚苯乙烯链段和为材料提供弹性及韧性的较软的橡胶链段组成。苯乙烯类嵌段共聚物离子型弹性体，能够发生相分离行为，并且通过调控离子基团在聚合物中的含量，能够改变聚合物微相分离的结构形态，形成“海岛”结构和双连续相结构。这类离子型聚合物非常适合作为离子交换膜的基体材料。良好的柔性和密封阻隔性，在制作膜电极的过程中可以保证与催化剂和碳支撑材料的紧密接触，同时还能有效地阻隔氢气或者甲醇的泄漏。对于这方面的研究，国内外开展了大量的工作，离子型弹性体基离子交换膜非常具有应用潜能。

一、阴离子型苯乙烯类嵌段共聚物弹性体

1．阴离子型苯乙烯类嵌段共聚物弹性体的合成原理

对于含有芳环结构的弹性体而言，主要是在芳环上进行离子官能化反应。例如聚（苯乙烯 -*b*- 异丁烯 -*b*- 苯乙烯）三嵌段共聚物（SIBS）的磺化改性，反应完成后，磺酸基接枝到苯乙烯结构单元的芳环上，芳环结构由一取代变为二取代[64]。

通过对苯乙烯结构单元进行氯甲基化，然后与硫脲进行反应，生成异硫脲基团；再在碱性环境下水解，生成硫醇结构；最后加入甲酸和过氧化氢混合溶液，可将硫醇氧化为磺酸基离子[65]。

本书著者研究团队[66-67]以乙酰硫酸酯作为磺化试剂与 SIBS 的聚苯乙烯嵌段发生反应，将磺酸基团接在 SIBS 的苯环对位，如图 6-55 所示。

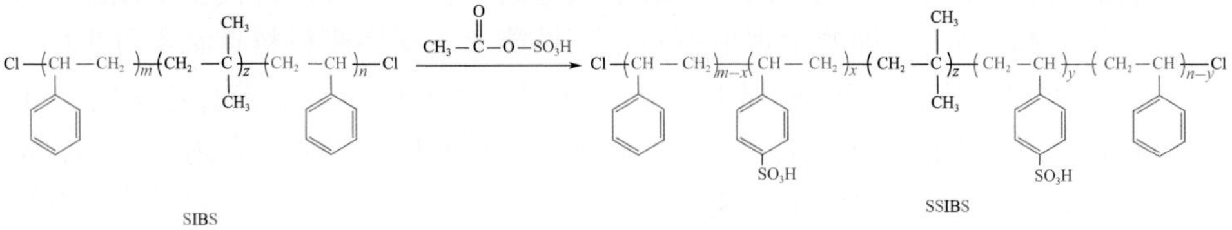

图6-55　SIBS磺化反应式

对 SIBS 进行官能化是在 PS 嵌段的苯环的对位上接枝磺酸基团。在未进行官能化改性前，苯环上只有两种化学环境的氢原子，在核磁共振谱谱图上显示两种化学位移峰，命名为 a 峰和 b 峰。苯环对位引入磺酸基团后，使得原来的化学环境改变了，出现了新的化学位移峰 c 峰。

不同化学环境的氢原子的个数比可以由相应化学位移峰积分面积比计算得到。因此可以通过峰面积的比值，来定量计算磺化程度。A_b 和 A_c 分别表示官能化聚苯乙烯段结构单元上 b 位置和 c 位置的氢在核磁谱图中峰的积分面积。

在磺化反应中保持 SIBS 质量不变，改变乙酰硫酸酯的添加量，可以制备出磺化度分别为 14.2%、22.7%、32.5%、42.0%、50.0%、76.9%、88.0%、89.0% 和 92.0% 的 SSIBS。将乙酰硫酸酯与 SIBS 中苯环的摩尔比定义为反应摩尔比，磺化度与反应结构单元摩尔比的关系如图 6-56 所示，磺化度随反应摩尔比增加而增大。当反应摩尔比少于 2.5 时，磺化度随着反应摩尔比的增大而显著提高；当反应摩尔比在 2.5 ～ 5 之间时，随反应摩尔比的增加，磺化度增长速率变慢。这是因为反应摩尔比为 2.5 时，磺化度达到了 76.9%，体系中大量苯环已经接枝上磺酸基团，少量的未反应的苯乙烯单元由于位阻作用，与磺化试剂反应的效率降低，进一步增加磺化度较为困难，但磺化度仍可达到 92%。通过改变磺化试剂的用量可以调控磺酸根离子基团的接枝量。

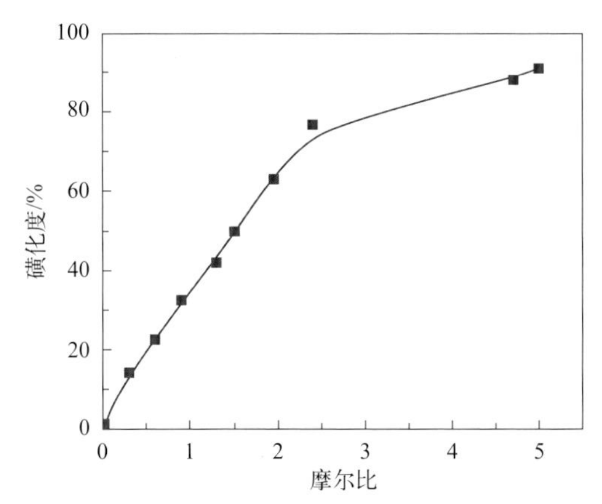

图6-56　磺化试剂与SIBS中苯乙烯结构单元摩尔比与磺化度的关系

聚（苯乙烯 - 丁二烯 - 苯乙烯）（SBS）和氢化聚（苯乙烯 - 丁二烯 - 苯乙烯）（SEBS）与 SIBS 结构类似，都具有苯乙烯单元，可以采用相同的方法进行磺化，制备磺化 SBS 和磺化 SEBS 弹性体材料。

采用 FTIR 对 SIBS 与 SSIBS89.0 进行化学结构表征，如图 6-57 所示，在 1230cm^{-1} 处的特征峰归属于聚异丁烯链段中—C—C$(CH_3)_2$—的拉伸振动，在 540cm^{-1} 处出现聚苯乙烯链段的特征峰，同时在 700cm^{-1} 处出现归属于聚苯乙烯段的苯环特征峰。

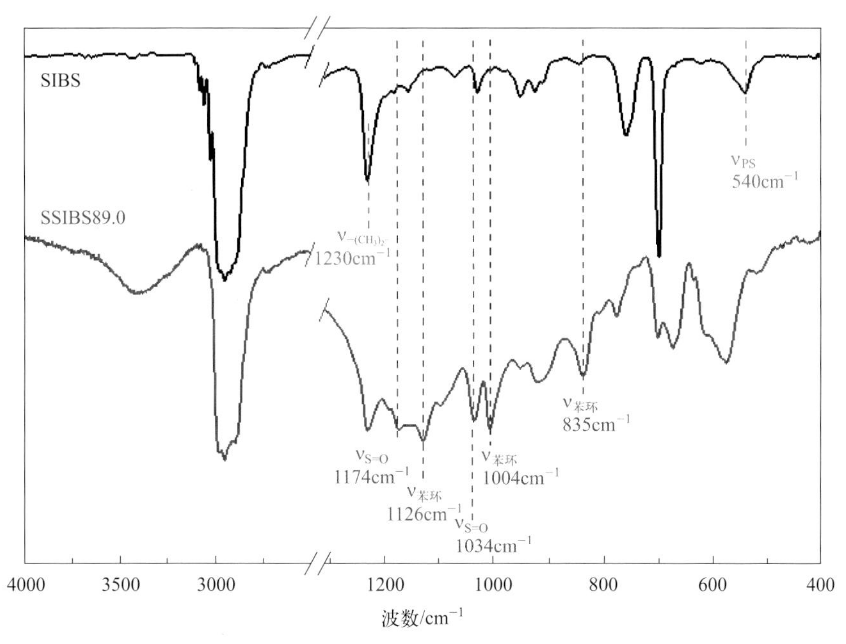

图6-57　SIBS和SSIBS89.0的红外光谱图

对 SIBS 进行磺化改性，苯环接枝了磺酸基团后，位于 835cm^{-1} 处苯环的 C—H 面外弯曲振动峰强度增加。在 SSIBS89.0 的 FTIR 谱图中，在 1034cm^{-1}、1174cm^{-1} 处的特征峰归属于磺酸基团的 S═O 键的对称伸缩振动和不对称伸缩振动。同时，苯环被取代后产生了平面内弯曲振动，因此在 1004cm^{-1}、1126cm^{-1} 处出现苯环的弯曲振动峰。FTIR 表征结果表明，采用乙酰硫酸酯作为磺化试剂成功合成了磺化 SIBS。

采用 ^{1}H NMR 对 SSIBS 结构进行表征并计算其磺化度（D_S），如图 6-58 所示，化学位移（δ）在 6.5 ～ 8.0 归属于 SSIBS 上苯环上的质子特征峰。SIBS 的苯环上质子特征峰出现在 6.5 ～ 7.5 处，磺酸基团接枝在苯环对位后，苯环间位的氢的特征峰的化学位移为 7.9。随着磺化度的提高，聚苯乙烯链段的苯环的对位被大量磺酸基团取代，核磁氢谱中苯环对位的质子特征峰（δ = 7.34, b 峰）的峰面积逐渐减少，苯环间位的质子特征峰（δ = 7.85, c 峰）的峰面积逐渐增大。结合 ^{1}H NMR 与 FTIR 的分析可知，采用乙酰硫酸酯可以将磺酸基团接枝在 SIBS 的聚苯乙烯链段的苯环的对位上。

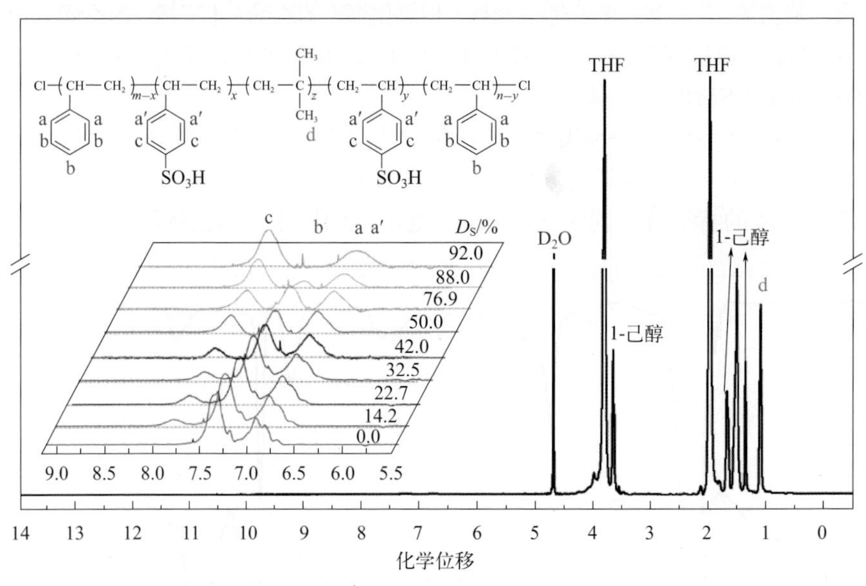

图6-58 不同磺化度的SSIBS的^{1}H NMR谱图

磺酸基团聚集形成的离子团簇的结构会影响 SSIBS 膜的质子传导性能。SSIBS 中含有磺酸基团，可以采用醋酸铅染色。SIBS 中无可吸附 Pb^{2+} 的离子基团，因此采用四氧化钌染色剂对苯环进行染色，如图 6-59（a）所示，暗区是被染色的聚苯乙烯链段，亮区是未被染色的聚异丁烯链段，SIBS 中聚苯乙烯链段与聚异丁烯链段呈现明显的微观相分离，聚苯乙烯链段呈球状或带状分布在聚异丁烯链段的基体之中，这是由于聚苯乙烯链段与聚异丁烯链段的热力学不相容性导致的。

采用醋酸铅对 SSIBS 膜进行染色，利用醋酸铅中 Pb^{2+} 与磺酸基团的 H^{+} 进行交换，从而可以更直接地观察 SSIBS 中磺酸基团的分布情况，其原理如图 6-59（e）所示。如图 6-59（b）所示，SSIBS14.2 中深色区域代表含有磺酸基团的离子域，浅色区域代表未被染色的聚异丁烯相与未被磺化的聚苯乙烯相。如图 6-59（c）和（d）所示，SSIBS32.5 和 SSIBS76.9 均呈现明显的狭长的离子传输通道，这是由于 SSIBS 基体存在两种相互作用力：① PS 链段与 PIB 链段之间的排斥力；②磺酸基团之间的静电吸引力。在这两种力的共同作用下 SSIBS 基体自组装形成长程有序的相分离结构。SSIBS32.5 的非离子域呈现球状而 SSIBS76.9 的非离子域呈现条状。

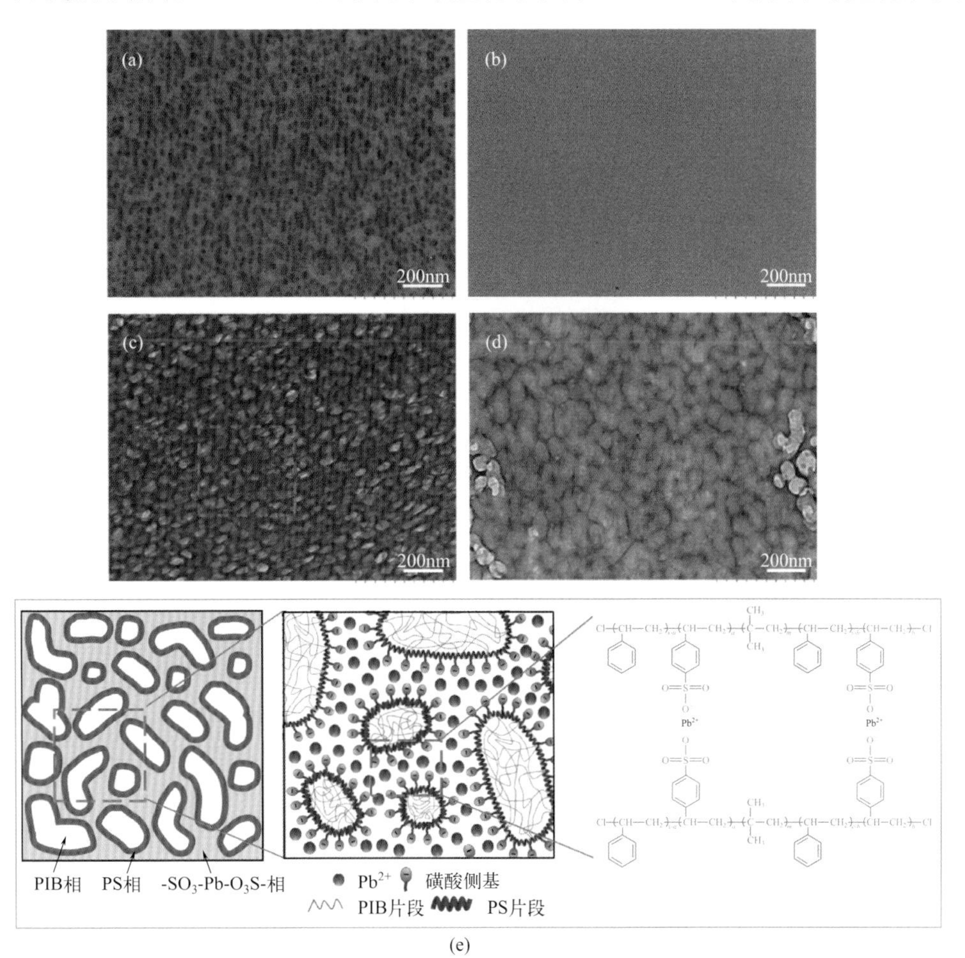

图6-59 用四氧化钌染色的SIBS的TEM图（a）；用醋酸铅染色的SSIBS14.2（b）、SSIBS32.5（c）、SSIBS76.9的TEM图（d）；以及醋酸铅染色的原理图（e）

SSIBS 三嵌段的化学结构使其在不同磺化度下均能形成有序的亲水 / 疏水相分离结构，伴随着磺化度的提高，亲水相的尺寸不断增加，并由分散相逐步转变为连续相。更大尺寸和更连续的亲水相结构有利于质子的传导，但也会导致膜材料过度吸水溶胀。对 SSIBS 膜相分离结构的充分认识是设计高性能质子交换膜的基础。

离子型弹性体中的物理交联键会增加分子链之间的相互缠绕，极大地阻碍了分子链的运动，进而增加了分子间的作用力。相较于原基体，离子型弹性体的微相分离结构会由于离子簇的存在而发生变化，导致玻璃化转变温度、热稳定性和力学性能等随之提高。在磺化 SIBS 弹性体中，即使磺化程度很低仅为 3.4%（摩尔分数），也会对相分离形态产生影响，使用透射电子显微镜（TEM）进行分析，SIBS 嵌段共聚物的相分离结构图，具有比较规整的六边形填充圆柱形结构，SSIBS 由于磺酸根离子的离聚作用，导致离聚物的迁移率降低，其规整程度也低于 SIBS。

采用原子力显微镜观察不同磺化度离子交换膜的表面形貌，如图 6-60（a）

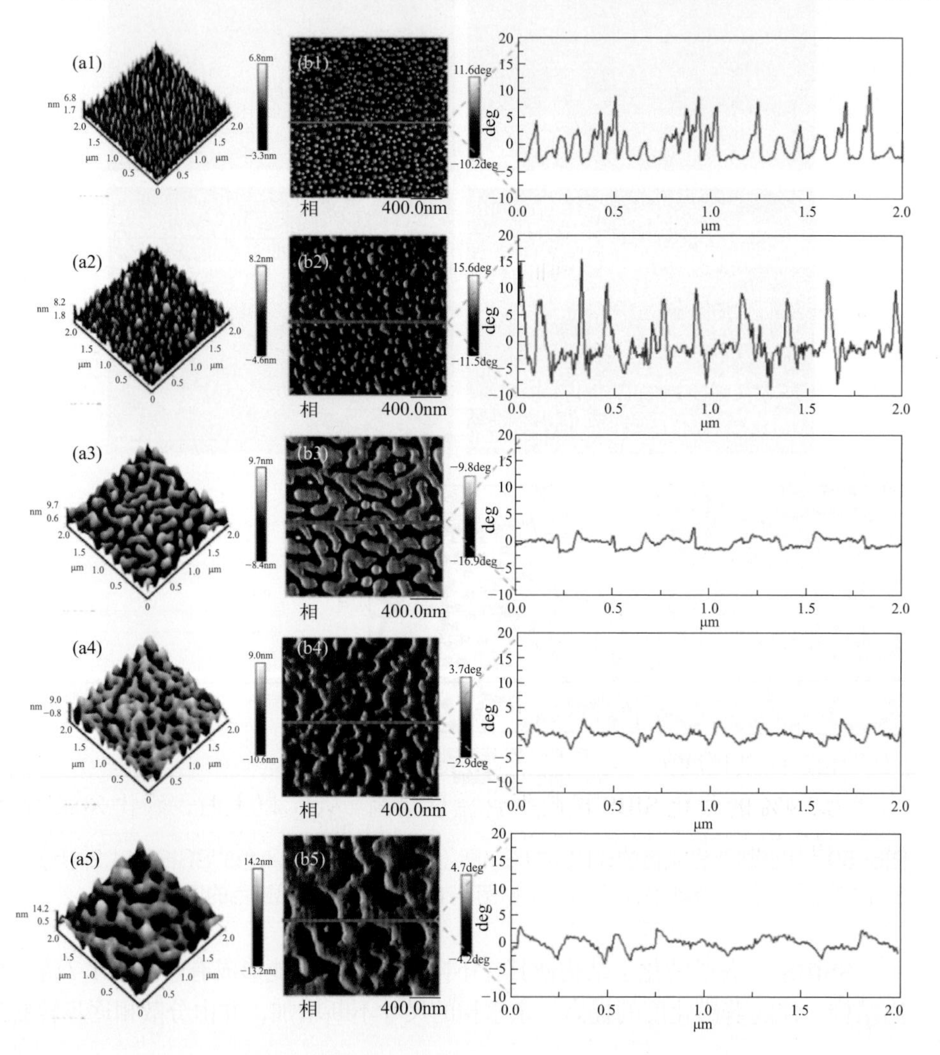

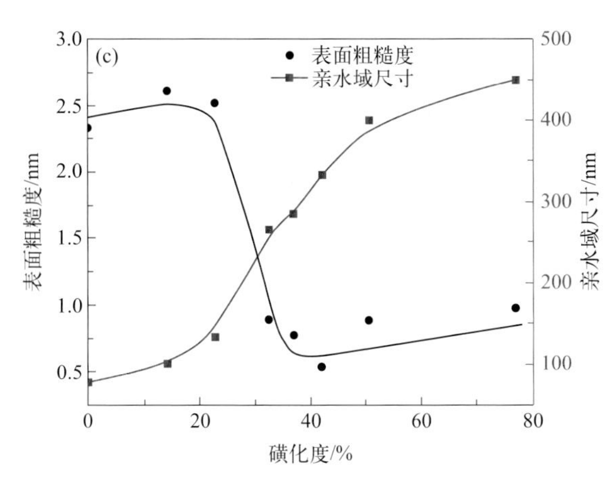

图6-60 SSIBS的AFM照片[(a)和(b)]及表面粗糙度与磺化度(c)的关系

(a1),(b1)SSIBS14.2;(a2),(b2)SSIBS22.7;(a3),(b3)SSIBS32.5;(a4),(b4)SSIBS37.0;(a5),(b5)SSIBS50.0

和(b)所示，其亮区代表含有磺酸基团的磺化聚苯乙烯链段的亲水域，暗区代表含有异丁烯链段的疏水域。SSIBS 有明显的亲水 - 疏水两相结构，且亲水 / 疏水两相结构会因磺化度的不同而存在明显差异。SSIBS14.2 和 SSIBS22.7 均呈现海岛结构，亲水区域为岛状，彼此相互独立，亲水区域的尺寸大小与磺化度正相关，从 SSIBS14.2 的 100nm 提升至 SSIBS22.7 的 142nm。磺化度进一步提高，SSIBS32.5 的亲水域的尺寸增加至约 150nm 且相互连接，相结构由海岛结构变为双连续结构。与 SSIBS32.5 相比，SSIBS37.0 的亲水域变得长程有序，与疏水域形成互嵌的结构。SSIBS50.0 的亲水域的尺寸进一步增大至 400nm 左右。亲水域尺寸增大有利于质子的传导，但也会面临膜材料溶胀度过大的问题。采用 AFM 的相图可计算样品的表面粗糙度（R_a），磺化度与表面粗糙度、亲水域尺寸的关系如图 6-60(c)所示，当磺化度从 22.7% 增加至 32.5% 时，表面粗糙度从 2.5nm 剧烈下降至 0.75nm 左右，SSIBS 的尖锐的亲水域不断扩大并与相邻的亲水域合并，形成尺寸更大的连续亲水通道。

对磺化度 3.4% 和 4.7% 的磺化 SIBS 进行动态力学分析[68]，当温度低于 90℃时，SIBS 和磺化度为 3.4% 的磺化 SIBS 表现出几乎相同的储能模量，只不过磺化度为 3.4% 的磺化 SIBS 橡胶平台模量稍高。90℃以上时，磺化 SIBS 则表现出更高的储能模量，当温度升高至 250℃时，磺化 SIBS 的储能模量可以保持在 10^6Pa，而 SIBS 的储能模量则降低至 10^4Pa。从 tanδ 与温度的关系可以看出，磺酸基团对 PIB 链段的玻璃化转变温度几乎没有影响，而对于 PS 链段的玻璃化转变温度却影响显著，这是由于磺酸基团接枝在 PS 链段，由于离聚作用会提高 PS 链段的玻璃化温度。

对于磺化 SEBS 而言，首先对苯乙烯结构单元进行磺化处理，然后用三氯化铝进行中和，可以形成交联结构[69]。未进行磺化的 SEBS 其 PS 段的玻璃化转变温度约为 105℃，随着磺化程度增加，PS 段的玻璃化转变温度可升高至约 150℃。而对于胺化的 SEBS 而言，可以通过引入二元叔胺，一方面进行季铵离子官能化，形成离子簇型物理交联；另一方面还可以形成化学交联结构，两种交联作用共同影响，可以将 PS 段的玻璃化转变温度提升至约 220℃。

SEBS 还可与二乙烯基苯（DVB）进行共混，先后通过紫外线交联和磺化的方式制备交联型磺化 SEBS 材料[70]。

通过控制 DVB 的用量来控制磺化 SEBS 的交联程度，进而缓解高磺化程度所造成的过度吸水膨胀力学性能下降的问题。与此同时通过研究发现，交联程度和磺化程度共同作用会改变大分子纳米结构的尺寸和几何形状，随后改变分子链的迁移率，直接影响质子传导性。

本书著者研究团队[66-67]设计合成了一系列磺化 SIBS 及其与 EVOH 或磷酸化 EVOH 的复合物。

2．阴离子型苯乙烯类嵌段共聚物弹性体的基本性能

（1）光学性能

如图 6-61 所示为 SSIBS 膜在干燥和湿润状态下的雾度（haze）和透过率（transmittance），磺化度在 14.2% ～ 42.0% 的 SSIBS 膜在干燥或湿润状态下都具有比较高的透过率（87% ～ 92%），湿膜的透过率略高于干膜的透过率。SSIBS 膜在干燥和湿润状态下的雾度均随着磺化度的增大而增加，干膜的雾度要高于湿膜的雾度。

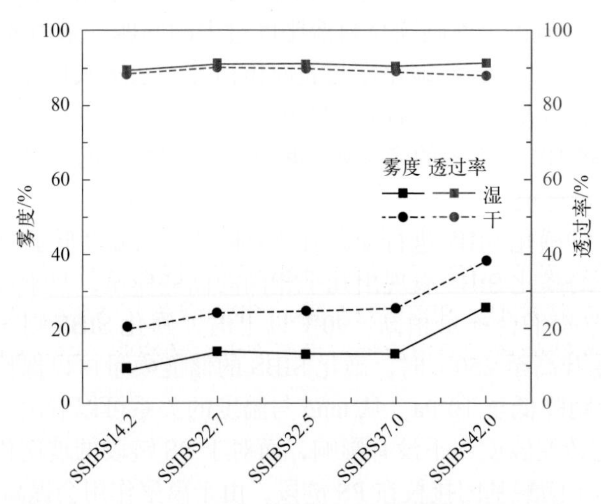

图6-61 具有不同磺化度的SSIBS膜的雾度和透过率

（2）吸水率和 IEC

SSIBS 膜的吸水率（water uptake，WU）和离子交换容量（IEC）如图 6-62 所示。WU 和 IEC 都随着磺化度的增加而增加。当磺化度达到 42.0% 时，SSIBS42.0 溶胀变白，湿膜的尺寸稳定性较差；当磺化度达到 50.0% 时，SSIBS50.0 在水中剧烈溶胀，吸水率达到 92.2%。提高膜的 IEC 值是提升质子传导率的有效方法，但高的 IEC 值会导致膜的吸水率增大，过高的 WU 会导致膜材料的力学性能和尺寸稳定性变差，无法在液态水或高湿度环境中稳定存在。对于应用于燃料电池的质子交换膜，平衡电化学性能和吸水率的关系是无法避免的挑战。

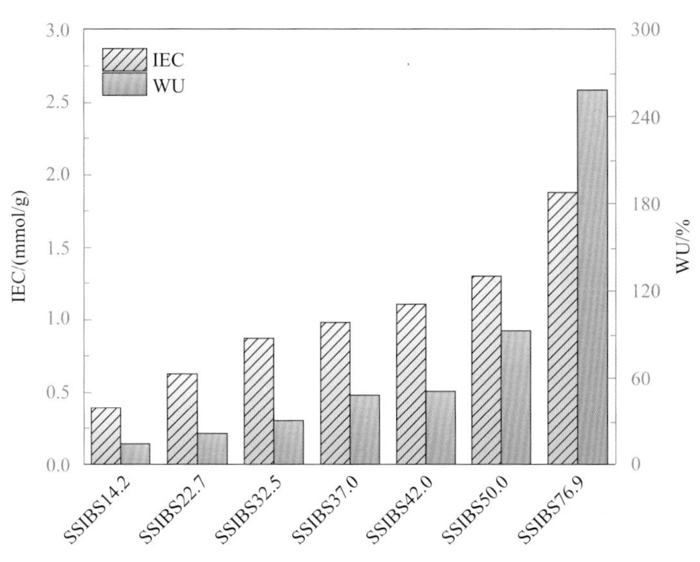

图6-62 具有不同磺化度的SSIBS膜的WU和IEC

（3）溶胀率

膜的溶胀率一般与吸水率正相关，合适的溶胀率是保持薄膜尺寸稳定性和机械耐久的基础。不同磺化度的 SSIBS 膜的平面溶胀率（SRL）和厚度溶胀率（SRT）如图 6-63 所示。SRL 和 SRT 均随着磺化度的增加而增大。SSIBS22.7 膜的 SRT 为 3.3%、SRL 为 15.2%，表现出明显的各向异性。SSIBS32.5 膜的 SRT 为 8.5%，SRL 为 20.0%，与 SSIBS22.7 膜相比，SSIBS32.5 膜的 SRT 增长了 5.2%，结合 SSIBS 膜相分离结构可知，连续的离子通道更加促进厚度方向的溶胀。SSIBS42.0 膜的 SRL 和 SRT 分别为 21.9% 和 18.5%。

（4）物理机械性能

如图 6-64（a）是膜在干燥状态下的应力 - 应变曲线。随着磺化程度由 7.6% 提高至 33.0%，即官能化度（SP）由 3.2% 增加至 15.7%，膜的杨氏模量从 102MPa

降低至 35MPa，拉伸强度从 21.9MPa 降低至 5.8MPa, 以及断裂伸长率从 167% 降低至 86%。各项力学性能均出现降低的原因可能在于磺酸基团的引入打破了相对稳定的 SIBS 嵌段聚合物的微相分离结构，吸水性也增大，随着磺酸基团的增加，聚合物的稳定性被破坏得更加严重，进而导致力学性能的降低。干膜具有较高的拉伸强度与一定的断裂伸长率，柔韧性较好。SSIBS 干膜的力学性能虽然呈现降低趋势，但其仍拥有良好的物理机械性能。

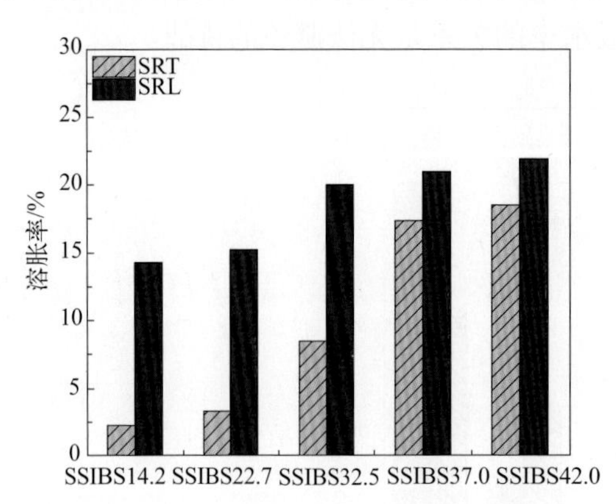

图6-63　具有不同磺化度的SSIBS膜的溶胀率

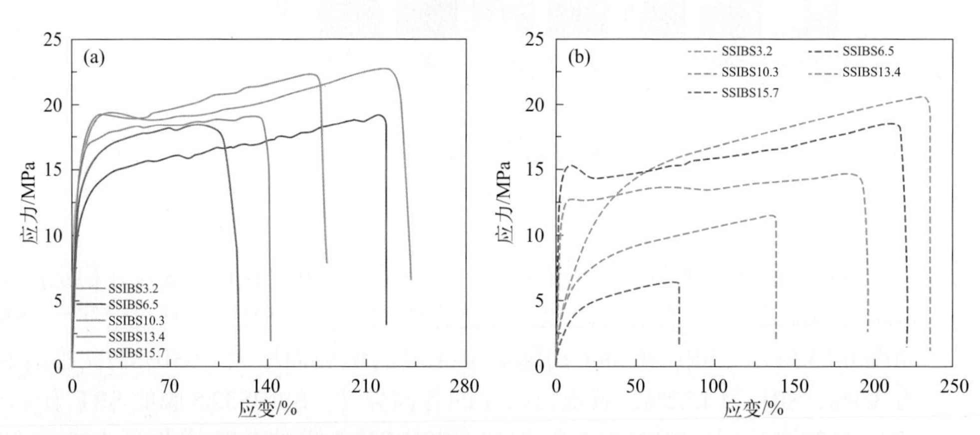

图6-64　SSIBS系列质子交换膜的力学性能

(a) 干膜；(b) 湿膜

图 6-64（b）是膜在完全水合状态下力学性能的测试结果。与干膜测试结果相似，随着磺化程度由 7.6% 提高至 33.0%，膜的整体力学性能呈现下降的情况。磺化度对湿膜的影响幅度要比干膜大得多，SSIBS 系列质子交换膜的磺化程度由

7.6% 提高至 33.0%，膜的杨氏模量从 91MPa 降低至 6MPa，拉伸强度从 20.1MPa 降低至 3.0MPa，以及断裂伸长率从 165% 降低至 126%。湿膜具有足够的拉伸强度和较好的柔韧性、延展性。SSIBS6.5 湿膜的整体力学性能与干膜的基本一致，而 SSIBS33.0 湿膜的杨氏模量和拉伸强度要明显低于干燥条件下膜对应的力学性能。影响因素在于质子交换膜不同的吸水情况。一方面，磺化反应后，原始聚合物结构中引入了活性较大的磺酸基团，破坏了相对稳定的 SIBS 嵌段聚合物的结构。另一方面，磺化程度的提高，亲水性的磺酸基团增加，吸水增多，在水的作用下，膜发生膨胀，吸水越多膨胀越厉害，使膜体结构变得疏松，所以湿膜的力学性能低于对应的干膜的力学性能。质子膜由于吸水使得膜变得更加柔韧，杨氏模量的降低也说明了该问题，故而湿膜的断裂伸长率要优于干膜的。在磺化度达到 35% 以上后，膜在水中几乎成水溶性，几乎无力学性能，不再适用于质子交换膜。

（5）动态力学性能

SSIBS 膜及 Nafion117 膜在干燥状态的动态力学性能如图 6-65 所示，随着磺化度从 22.7% 提高至 32.5%，SSIBS 膜的弹性模量有所提高，说明磺酸与磺酸之间氢键作用能增强膜的弹性模量。在 25 ～ 100℃范围内，SSIBS22.7 的弹性模量低于 Nafion117，SSIBS32.5 和 SSIBS37.0 的弹性模量与 Nafion117 的相当；Nafion117 在 125℃之后弹性模量下降为零，而此时 SSIBS 膜仍具有较好的弹性模量，说明 SSIBS 膜比 Nafion117 具有宽的使用温域。

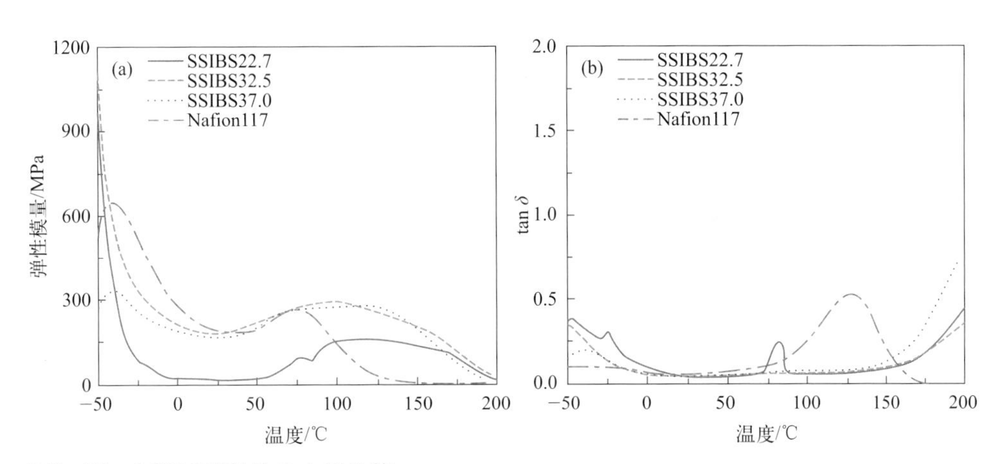

图6-65 SSIBS膜的动态力学性能

（a）弹性模量；（b）损耗因子

（6）电化学性能——质子传导率与传导活化能

采用二电极法测试 SSIBS 膜的穿透质子传导率，如图 6-66 所示，在 30 ～

80℃质子交换膜的穿透质子传导率（$\sigma_{\perp}$）随着温度升高而增大，这是因为高温有利于提高水合氢离子的运动速率；另外，在相同温度下，通过增加 SSIBS 的磺化度也可以提高 SSIBS 膜的质子传导性。在 60℃下，SSIBS14.2 膜的 $\sigma_{\perp}$ 仅为 2.7mS/cm，随着磺化度增大，SSIBS37.0 膜的 $\sigma_{\perp}$ 增大至 22.4mS/cm，这是由于磺酸基团数量增加使孤立的离子域变成了相互连接的离子通道，发达的离子传输通道有助于提升膜的穿透质子传导率。SSIBS42.0 膜在 60℃的穿透质子传导率为 25.31mS/cm。这些结果有力地表明，SSIBS 膜中的连续亲水域有助于增强 H^+ 传输能力以提高 SSIBS 膜的穿透质子传导率。

穿透质子传导率的活化能（$E_{a,\perp}$）是 H^+ 在膜中传输所需的最小能量，是理解质子转移机制的重要参数。$E_{a,\perp}$ 及与磺化度的关系如图 6-67 所示。在 SSIBS 膜中，磺化度从 14.2% 增加到 42.0%，质子传输的 $E_{a,\perp}$ 从 11.29kJ/mol 降低到 3.35kJ/mol。磺化度越高，$E_{a,\perp}$ 值越低，这表明磺酸基团与水结合形成亲水域越多越有利于减少质子传输的能量，结合 SSIBS 的微相结构分析可知，高磺化度 SSIBS 膜所具备的长程有序的离子传输通道在降低穿透质子传导率的活化能方面起着重要作用。

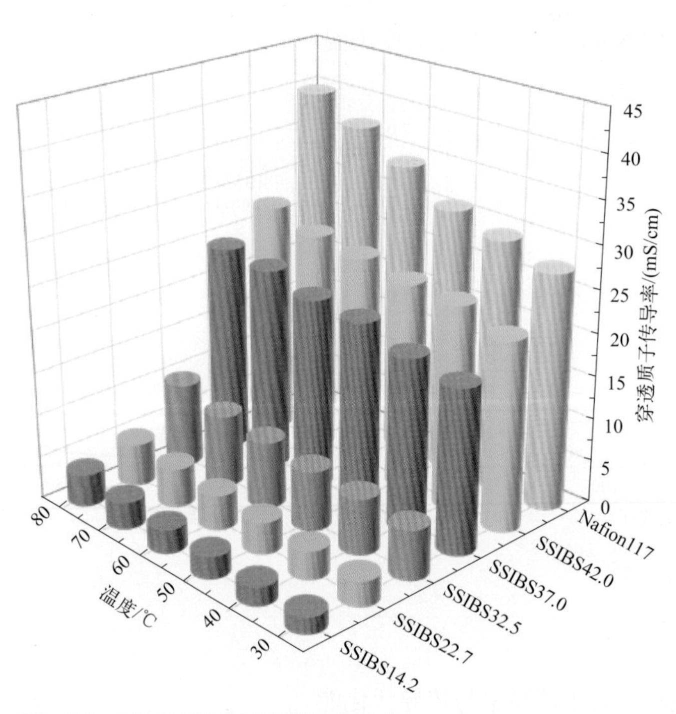

图6-66　SSIBS膜的穿透质子传导率

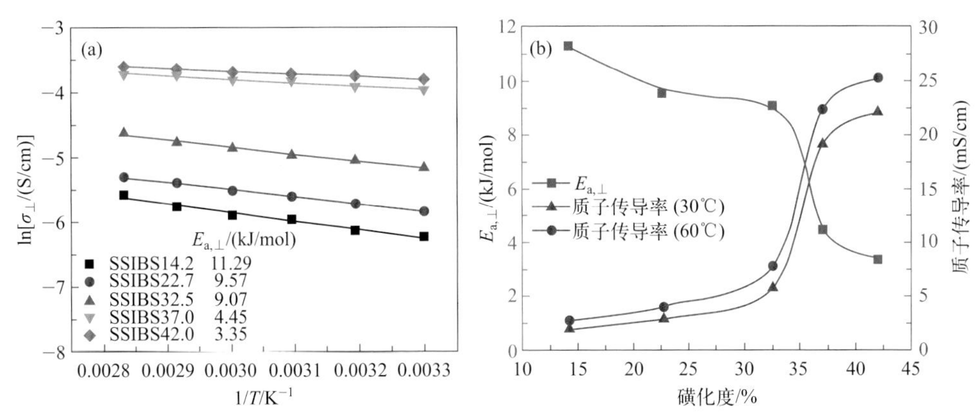

图6-67 SSIBS膜的穿透质子传导率的活化能（a）；穿透质子传导率的活化能与磺化度的关系（b）

（7）甲醇渗透率与选择透过性

在直接甲醇燃料电池中，甲醇燃料的跨膜渗透会影响燃料电池的稳定运行，因此膜的甲醇渗透率是直接甲醇燃料电池的重要指标之一。甲醇渗透率低说明膜对甲醇的阻隔性好。SSIBS 膜和 Nafion117 膜的甲醇渗透率如图 6-68 所示，甲醇渗透率随着磺化度的增加而增大，这是由于相互连接的离子通道使甲醇分子伴随着水分子扩散所导致的。虽然 SSIBS37.0 膜是甲醇渗透率（$3.0\times10^{-6}cm^2/s$）最高的 SSIBS 膜，但仍低于 Nafion117 的甲醇渗透率 ($4.42\times10^{-6}cm^2/s$)，这归因于 SSIBS 基体中的聚异丁烯链段，聚异丁烯链段优异的阻隔性能使 SSIBS 具有良好的甲醇阻隔性。

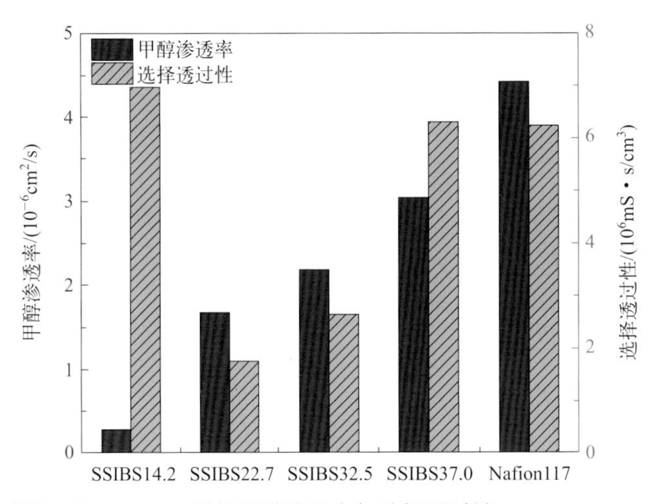

图6-68 SSIBS膜的甲醇渗透率与选择透过性

选择透过性是质子交换膜在30℃的穿透质子传导率与甲醇渗透率之比，选择透过性高说明质子交换膜兼具高的穿透质子传导率与低的甲醇渗透率。如图6-68所示，SSIBS14.2膜具有最高的选择透过性（6.9×10^{6}mS • s/cm^{3}），归因于具有最低的甲醇渗透率；SSIBS37.0膜的较高的选择透过性（6.3×10^{6}mS • s/cm^{3}）归因于其具有相对高的穿透质子传导率（30℃，$\sigma_{\perp}$ = 19.1mS/cm）。二者的选择透过性均高于Nafion117的选择透过性（6.2×10^{6}mS • s/cm^{3}）。因为SSIBS14.2膜穿透质子传导率太低（30℃，$\sigma_{\perp}$ = 1.96mS/cm），所以不适合应用于燃料电池。

在水中尺寸稳定的SSIBS膜的甲醇渗透率均低于Nafion117，对甲醇具有良好的阻隔作用，其中SSIBS37.0膜兼具良好的质子传导率和高的选择透过性，具备最佳的综合性能。

（8）耐氧化稳定性

燃料电池在运行过程中会产生氢氧自由基或过氧自由基，这些自由基会攻击质子交换膜造成膜材料的降解。采用芬顿试剂模拟自由基产生的环境，对质子交换膜进行加速自由基氧化测试，测试结果如图6-69所示。SSIBS膜的质量保留率随着磺化度的升高而降低，这是因为膜的吸水率随着磺化度增加而增大，膜内含水量越多，自由基越容易在膜内扩散。在30℃、3% H_2O_2的芬顿试剂中浸泡10h，SSIBS14.2的RW值（97.5%）最高，SSIBS37.0的RW（96.5%）最低，但所有的SSIBS膜的RW均保持在95%以上。

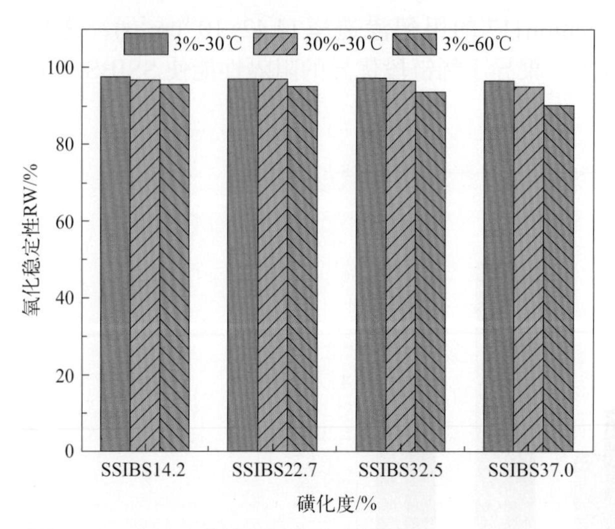

图6-69 SSIBS膜的耐氧化稳定性

将SSIBS膜在30℃、30% H_2O_2的芬顿试剂中浸泡10h，在更强的氧化性环境中，SSIBS膜的总体趋势仍旧是RW随磺化度的增加而降低，但RW与低浓度的芬顿试剂相比均有所降低，其中 SSIBS14.2 的 RW（96.9%）最高，SSIBS37.0 的 RW（95.1%）最低。在 60℃、3% H_2O_2 的芬顿试剂浸泡 10h，SSIBS 膜的质量保留率与 30℃相比明显降低，其中 SSIBS37.0 膜具有最多的磺酸基团，吸水率最高，RW 下降至 90.3%。

在芬顿试剂模拟的自由基加速氧化条件下，SSIBS 膜的磺化度越高、氧化环境的温度越高，降解程度越高，耐氧化稳定性越差。

二、阳离子型苯乙烯类嵌段共聚物弹性体

1．阳离子型苯乙烯类嵌段共聚物弹性体的合成原理与工艺流程

（1）氯甲基化苯乙烯类嵌段共聚物弹性体

除了接枝磺酸基等阴离子外，芳环结构还可以接枝阳离子官能团。阳离子官能团多为铵离子和咪唑离子基团。较为成熟的制备方法是首先对苯乙烯单元进行氯甲基化反应，制得氯甲基化弹性体材料，然后与叔胺、咪唑等进行反应，制备含有季铵基团、咪唑鎓离子基团的离子型弹性体材料。

芳环的氯甲基化反应是合成离子型弹性体过程中非常重要的中间步骤。较为常用的氯甲基化方法主要包括以下四种。

① 氯甲醚作为氯甲基化剂，Lewis 酸作催化剂直接在苯环的对位上实现氯甲基化反应，但是氯甲醚是一种强致癌物，所以逐渐被其他的试剂和方法取代[71]。

② 采用多聚甲醛和 HCl 作氯甲基化剂，前者可抑制氯甲醚的形成；后者则不产生此类毒物。多聚甲醛在酸中加热，解聚释放出甲醛，与催化剂形成复盐成为对树脂的进攻试剂，在苯环的对位引入羟甲基，再与氯化氢气体反应生成氯甲基，反应过程如图 6-70 所示，反应缓和易于控制，是一种有效安全的氯甲基化剂[72]。

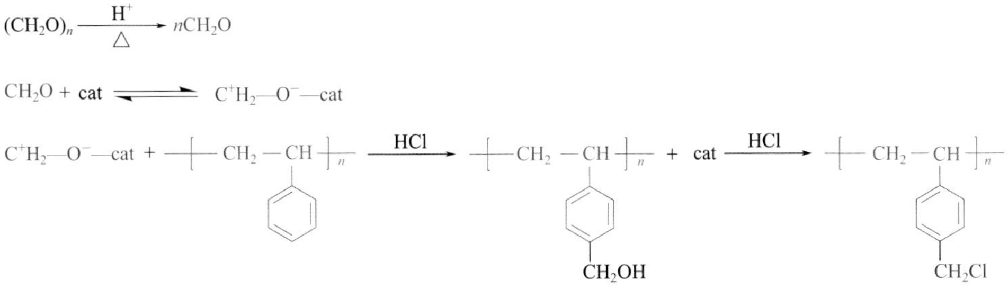

$$(CH_2O)_n \xrightarrow[\triangle]{H^+} nCH_2O$$

$$CH_2O + cat \rightleftharpoons C^+H_2—O^-—cat$$

$$C^+H_2—O^-—cat + \left[CH_2-CH(C_6H_5) \right]_n \xrightarrow{HCl} \left[CH_2-CH(C_6H_4CH_2OH) \right]_n + cat \xrightarrow{HCl} \left[CH_2-CH(C_6H_4CH_2Cl) \right]_n$$

图6-70 以多聚甲醛和HCl作为氯甲基化试剂，芳环的氯甲基化反应式

③ 目前使用的氯甲基化方法是采用三聚甲醛和三甲基氯硅烷作为氯甲基化试剂，四氯化锡作为催化剂，在室温下即可进行芳环的氯甲基化接枝反应[71, 73]，

反应过程如图 6-71 所示。三聚甲醛与四氯化锡形成路易斯酸配体，与三甲基氯硅烷反应，生成反应产物 **1**。**1** 具有与氯甲醚类似的分子结构，进而与芳环反应，接枝氯甲基官能团。

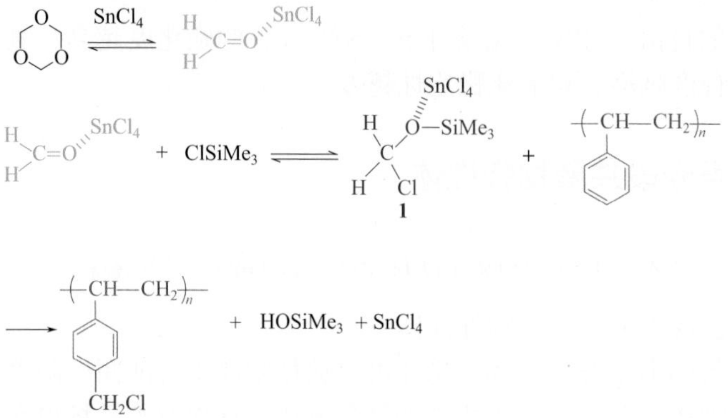

$SnCl_4$ $H_2C{=}O \cdots SnCl_4$

$H_2C{=}O \cdots SnCl_4$ + $ClSiMe_3$ ⇌ $SnCl_4$ $O{-}SiMe_3$ H C H Cl **1** + $\text{-}[CH{-}CH_2]_n\text{-}$

→ $\text{-}[CH{-}CH_2]_n\text{-}$ CH_2Cl + $HOSiMe_3$ + $SnCl_4$

图6-71 三聚甲醛和三甲基氯硅烷作为氯甲基化试剂，芳环的氯甲基化反应式

④ 采用间接氯甲基化的方法，以二甲氧基甲烷 / 氯化亚砜或 1,4- 二氯甲氧基丁烷（BCMB）为原料[74-75]，以 Lewis 酸作催化剂。首先在 Lewis 酸催化剂作用下，发生苯环上的亲电取代反应（烷基正碳离子为进攻物种），然后发生亲核取代反应（Cl 离子为进攻物种），使醚键断裂，最终形成产物，如图 6-72 所示。

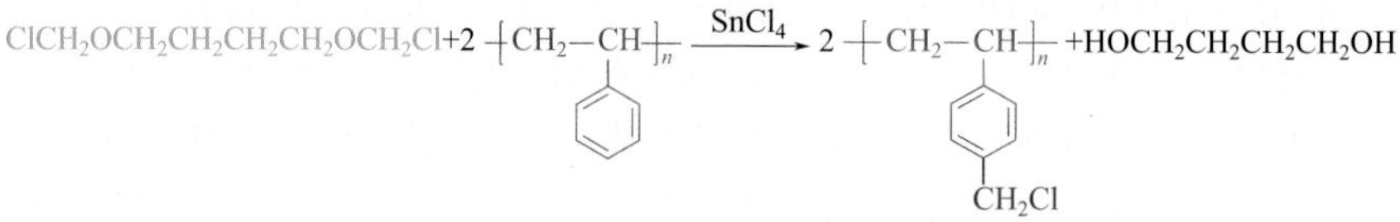

$$ClCH_2OCH_2CH_2CH_2CH_2OCH_2Cl + 2\ \text{-}[CH_2{-}CH]_n\text{-} \xrightarrow{SnCl_4} 2\ \text{-}[CH_2{-}CH]_n\text{-} + HOCH_2CH_2CH_2CH_2OH$$

CH_2Cl

图6-72 1, 4-二氯甲氧基丁烷作为氯甲基化试剂，芳环的氯甲基化反应式

根据上述反应机理，如果一次性将 BCMB 加入反应体系中，在 Lewis 酸催化剂的作用下，在很短时间内便会产生大量的高活性烷基正离子，进攻苯环的活性部位，快速进行亲电取代反应，导致整个氯甲基化反应的速率过快（可见亲电取代反应是控制步骤），短时间内 PS 链段苯环对位大量地被氯甲基化，这时通过 Friedel-Crafts 反应，大分子链之间极容易发生交联。采用缓慢滴加氯甲基化试剂的方式，控制亲电取代反应的速率，可降低大分子链间交联现象的发生。

高氯甲基官能化程度可以提供更多的氯甲基，为后续离子化反应做基础。如何准确地计算出氯甲基官能化程度，本章节提供了一种通过核磁（^{1}H NMR）表征计算氯甲基化程度的方法。以氯甲基化 SEBS（CSEBS）为例，利用氯甲基上的 H 化学位移与苯环上的 H 的化学位移的峰面积的比例进行计算，氯甲基官能化程度表示为 F_{CH_2Cl}。通过核磁的方法得到的计算结果较为准确，这样就为氯甲基化产物的氯甲基官能化程度提供了精确的表征方法，同时也为接下来的离子化反应提供了基础。

根据 CSEBS 的核磁谱图（图 6-73），δ=4.5 处为—CH_2Cl 上的 H 的化学位移。δ=6.6 ～ 7.4 处为苯环上的 H 的化学位移，可以发现反应前后其峰面积无变化，因此通过将—CH_2Cl 的峰面积 A_d 与苯环面积 $A_{a'-c}$ 代入下式，即可计算得到氯甲基官能化程度：

$$F_{CH_2Cl}=\frac{\dfrac{A_d}{2}}{\dfrac{A_d}{2}+\dfrac{A_{a'-c}-2A_d}{5}}\times 100\%$$

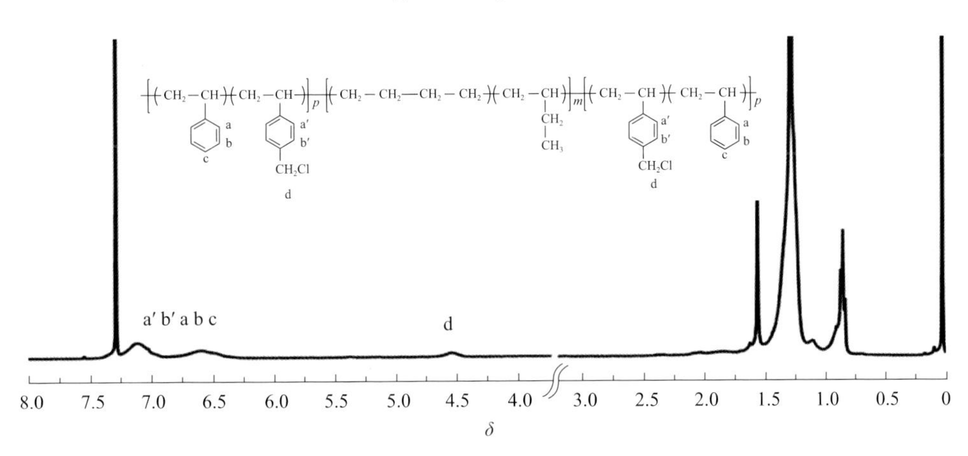

图6-73　CSEBS的¹H NMR谱图

（2）铵化苯乙烯类嵌段共聚物弹性体

氯甲基化的苯乙烯类嵌段共聚物中的苄基氯结构可以与叔胺反应，形成季铵阳离子，制备苯乙烯类嵌段共聚物弹性体。以氯甲基化 SEBS 为例，将其与三乙胺进行反应，可制备铵化 SEBS 基离子型弹性体，如图 6-74 所示[77]。

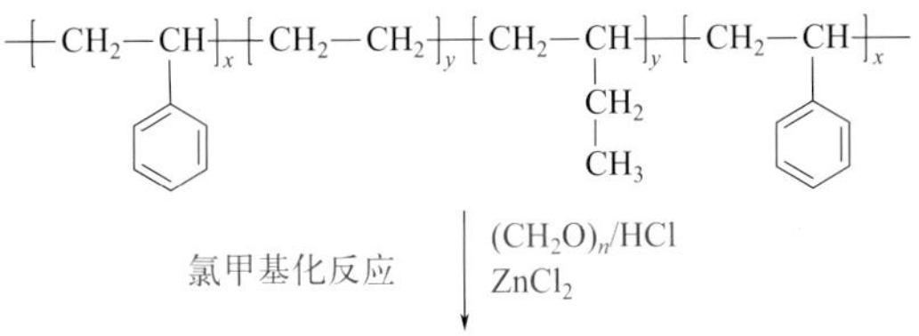

$-[CH_2-CH(C_6H_5)]_x-[CH_2-CH_2]_y-[CH_2-CH(CH_2CH_3)]_y-[CH_2-CH(C_6H_5)]_x-$

氯甲基化反应　$(CH_2O)_n/HCl$，$ZnCl_2$

图6-74

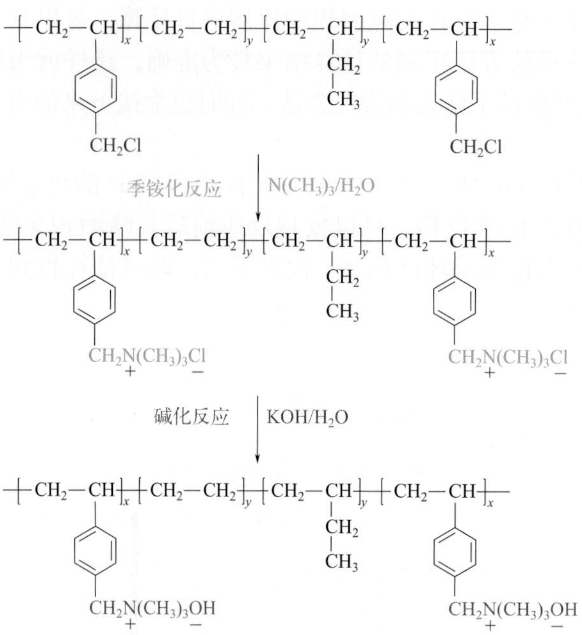

$$-\!\!\left[CH_2-\underset{\substack{|\\ C_6H_4\\ |\\ CH_2Cl}}{CH}\right]_x\!\!\left[CH_2-CH_2\right]_y\!\!\left[CH_2-\underset{\substack{|\\ CH_2\\ |\\ CH_3}}{CH}\right]_y\!\!\left[CH_2-\underset{\substack{|\\ C_6H_4\\ |\\ CH_2Cl}}{CH}\right]_x\!\!-$$

季铵化反应 $N(CH_3)_3/H_2O$

$$-\!\!\left[CH_2-\underset{\substack{|\\ C_6H_4\\ |\\ CH_2\overset{+}{N}(CH_3)_3\overset{-}{Cl}}}{CH}\right]_x\!\!\left[CH_2-CH_2\right]_y\!\!\left[CH_2-\underset{\substack{|\\ CH_2\\ |\\ CH_3}}{CH}\right]_y\!\!\left[CH_2-\underset{\substack{|\\ C_6H_4\\ |\\ CH_2\overset{+}{N}(CH_3)_3\overset{-}{Cl}}}{CH}\right]_x\!\!-$$

碱化反应 KOH/H_2O

$$-\!\!\left[CH_2-\underset{\substack{|\\ C_6H_4\\ |\\ CH_2\overset{+}{N}(CH_3)_3\overset{-}{OH}}}{CH}\right]_x\!\!\left[CH_2-CH_2\right]_y\!\!\left[CH_2-\underset{\substack{|\\ CH_2\\ |\\ CH_3}}{CH}\right]_y\!\!\left[CH_2-\underset{\substack{|\\ C_6H_4\\ |\\ CH_2\overset{+}{N}(CH_3)_3\overset{-}{OH}}}{CH}\right]_x\!\!-$$

图6-74 SEBS氯甲基化和铵化反应式

本书著者团队[77]将一定量的三乙胺与CSEBS进行反应，并将得到的反应产物进行核磁表征，如图6-75所示。在$\delta=4.5$处的—CH_2Cl上的^1H的化学位移的峰面积A_{CH_2Cl}

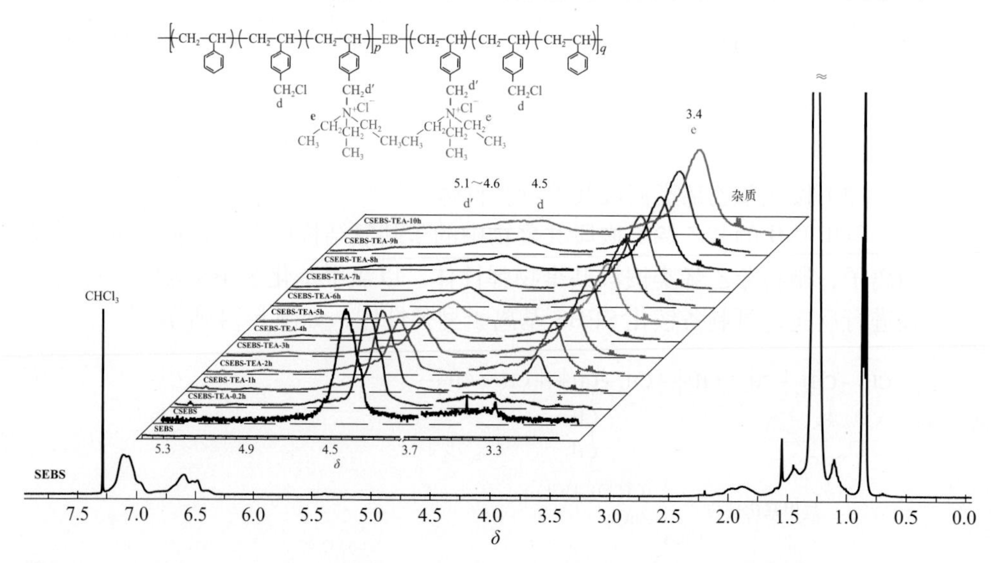

图6-75 CSEBS与TEA在氘代氯仿中于25℃下反应不同时间的^1H NMR谱图

随着反应时间的延长而逐渐减小，与此同时，在 $\delta = 3.4$ 处 $N^+(CH_2—CH_3)_3$ 中的 $—CH_2—$ 上的 ^1H 的化学位移的峰面积 $A_{N^+(CH_2—CH_3)_3}$ 逐渐增大，这就说明氯甲基与三乙胺在反应过程中逐渐生产季铵离子基团。

对于铵化反应，可以通过考察其反应动力学过程，了解铵化反应的影响因素。根据二级反应动力学反应特点，以 $\ln \frac{c_{TEA,0}(c_{CH_2Cl,0} - c_{CH_2Cl,t})}{c_{CH_2Cl,0}(c_{TEA,0} - c_{TEA,0})}$（$\ln Y$）与反应时间作图，得到线性关系，如图 6-76（a）所示。可以看出，在不同 TEA 用量下，$\ln Y$ 与时间的线性关系均过原点，通过直线的斜率可以求出铵化反应的表观速率常数（k_q^A）。在 25℃下伴随着 TEA/—CH_2Cl 的摩尔比的增加，k_q^A 从 $0.17×10^{-2}h^{-1}$ 增加到 $14.98×10^{-2}h^{-1}$。如图 6-76（b）所示，当 TEA/—CH_2Cl 的摩尔比为 1/1 时，60℃下的 k_q^A 为 $0.31×10^{-2}h^{-1}$。不难发现，TEA/—CH_2Cl 的摩尔比和反应温度，是影响铵化反应的关键因素。随着 TEA 用量增加或铵化反应温度提高，铵化反应速率加快，其中 TEA 用量的影响更为明显。因此，在室温下进行铵化反应时，可以选择提高 TEA 用量，以提高嵌段共聚物的铵化反应速率，并达到较高的铵化反应程度。

上文所选用的三乙胺为一元叔胺，制备得到的铵化 SEBS 为线型分子结构，随着铵化程度的增加，其在水中的稳定性变差，会溶胀或者溶解在水中，导致力学性能下降。为了提高铵化 SEBS 的稳定性和力学强度，在进行铵化反应时，可选用二元叔胺代替一元叔胺，如图 6-77 所示，二元叔胺与氯甲基化 SEBS 反应形成交联结构。另外，通过选择不同的二元叔胺，例如 *N*,*N*,*N*′,*N*′- 四甲基甲二胺、*N*,*N*,*N*′,*N*′- 四甲基乙二胺、*N*,*N*,*N*′,*N*′- 四甲基丙二胺、*N*,*N*,*N*′,*N*′- 四甲基己二胺，可以调控间隔基—CH_2—的数量，进而影响铵化 SEBS 的力学性能和热性能 [77]。

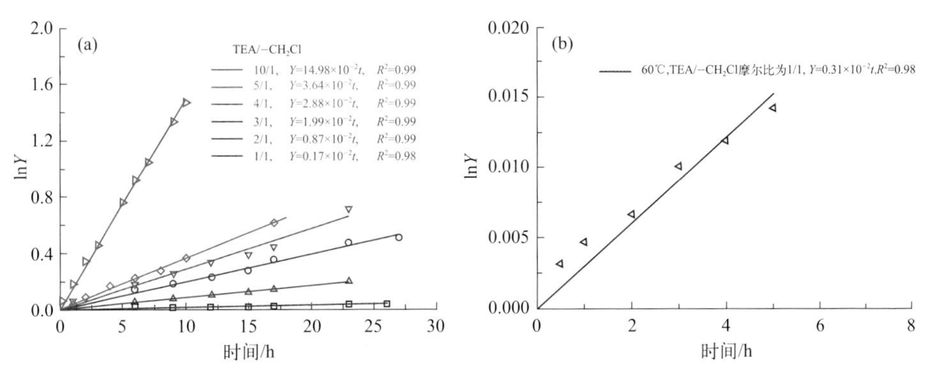

图6-76　25℃下不同TEA / —CH_2Cl摩尔比，$\ln Y$与时间的关系图（a）；60℃下TEA / —CH_2Cl摩尔比为1/1，$\ln Y$与时间的关系图（b）

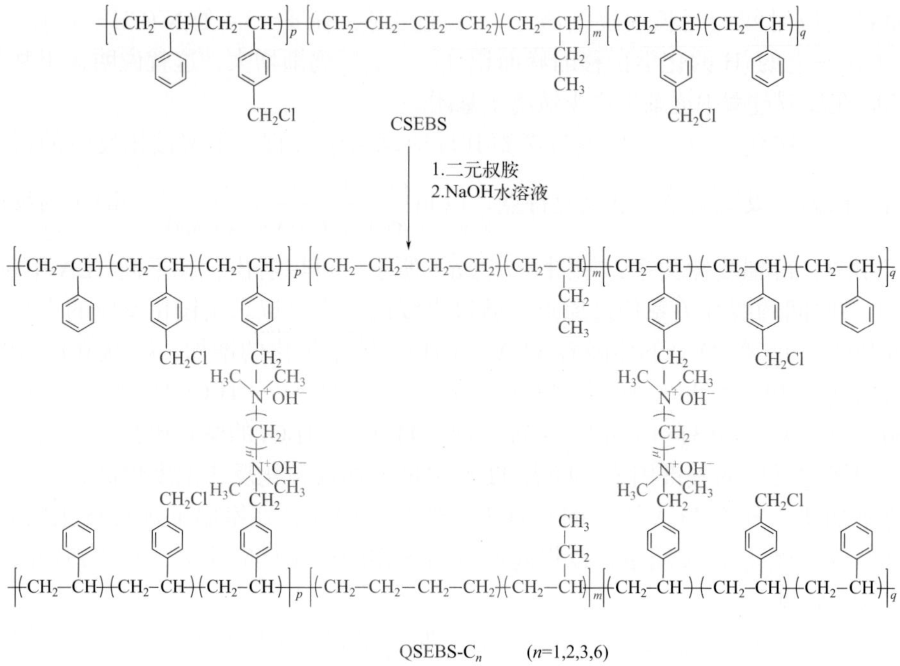

CSEBS

1.二元叔胺
2.NaOH水溶液

QSEBS-C_n (n=1,2,3,6)

图6-77 季铵交联型SEBS的合成反应式

对于有机聚合物和无机材料的结合，可将二者自身的优点统一在一起，并一定程度上克服各自的缺点，因此有机-无机复合材料的研究越来越吸引了人们的注意。目前已报道的无机杂化填料多为金属氧化物、纳米碳材料（石墨烯类和碳纳米管类）和金属-有机框架材料等。金属氧化物如二氧化钛和二氧化锆等可以在一定程度上增强离子型弹性体的电导率、阻隔性以及热和力学性能。氧化石墨烯具有以下四个特点：大的表面积，表面具有大量的官能团，高的机械稳定性，高的热稳定性。氧化石墨烯可以有效地对聚合物主体进行物理化学改性。

本书著者团队通过将聚氯甲基苯乙烯改性氧化石墨烯（GN-*g*-PVBC）与基体进行共价交联定向引入到 QSIBS 中离子所在的 PS 链段中，反应过程如图 6-78 所示 [78]。将二元叔胺加入到 GN-*g*-PVBC 与氯甲基化 SIBS 的三氯甲烷溶液中反应后，再加入过量二甲基丁胺，最后将混合液倒入培养皿中铺膜，在适当温度下原位反应一定时间后，用 2mol/L NaOH 溶液将氯离子置换成氢氧根离子得到共价键合 QSIBS-*cb*-(GN-*g*-PVBC) 杂化离子型弹性体。

（3）吡咯烷离子苯乙烯类嵌段共聚物弹性体

吡咯烷为氮杂环结构，可与氯甲基化的 SEBS 进行反应。设计了两种分子结构，分别为二元吡咯烷及其含有柔性环氧结构的二元吡咯烷，分别与氯甲基化 SEBS 进行反应，反应条件温和，为了制备单端刷形聚合物，首先将二元氮杂环与适量的碘甲烷反应，然后再与氯甲基化的 SEBS 混合，进行离子化反应 [79]。

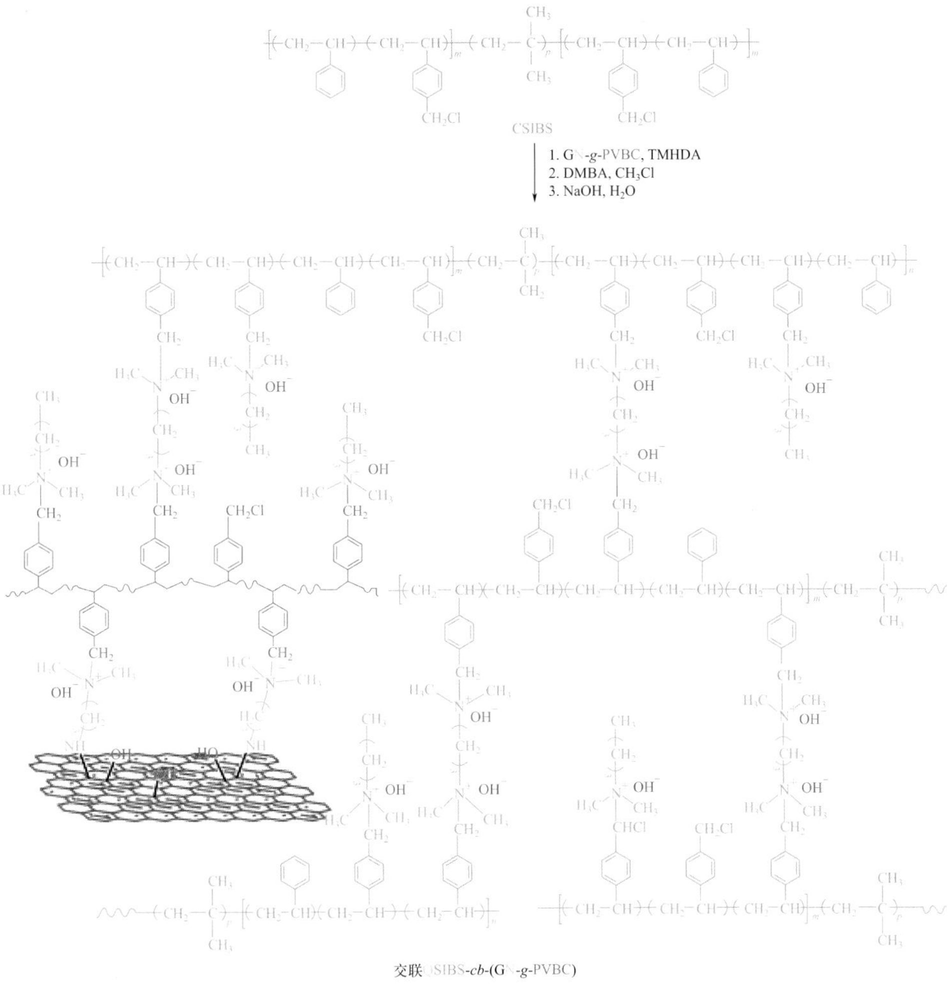

CH_3
$-[(CH_2-CH)-(CH_2-CH)]_m-(CH_2-C)_p-[(CH_2-CH)-(CH_2-CH)]_m-$
CH_3
CH_2Cl　CH_2Cl
CSIBS
1. GN-*g*-PVBC, TMHDA
2. DMBA, CH_3Cl
3. NaOH, H_2O

CH_3
$-[(CH_2-CH)-(CH_2-CH)-(CH_2-CH)-(CH_2-CH)]_m-(CH_2-C)_p-[(CH_2-CH)-(CH_2-CH)-(CH_2-CH)-(CH_2-CH)]_n-$
CH_3
CH_2　CH_2　CH_2Cl　CH_2　CH_2Cl　CH_2
H_3C　N^+　CH_3　OH^-
CH_2　CH_3　CH_2Cl　$CHCl$
NH　OH　HO　NH

交联QSIBS-*cb*-(GN-*g*-PVBC)

图6-78　共价交联QSIBS-*cb*-(GN-*g*-PVBC)的合成路线

（4）咪唑鎓离子苯乙烯类嵌段共聚物弹性体

季铵离子在碱性环境中稳定性较差，容易发生霍夫曼降解。而咪唑鎓离子，由于其具有共轭的结构特点，因此相较于季铵离子，具有较好的耐碱性。例如将氯甲基化 SIBS 与 *N*- 甲基咪唑进行反应，以 1,2- 二氯乙烷为溶剂，可制备咪唑鎓离子 SIBS 基离子型弹性体（ISIBS），如图 6-79 所示 [80]。

1. N-甲基咪唑, 1, 2-二氯乙烷
2. NaOH水溶液

图6-79 ISIBS的制备示意图

ISIBS 由氯甲基化 SIBS 与 N- 甲基咪唑之间的亲核取代反应一步制备得到。以氘带氯仿为氘带试剂，与正己醇配制混合溶液，通过核磁对其结构进行表征。如图 6-80 所示是 CSIBS 与 ISIBS 膜的 ^{1}H NMR 谱图。对于 CSIBS 的核磁氢谱，化学位移在 4.5 的峰为氯甲基上氢的特征峰，但是在 ISIBS 核磁谱图中，该峰移动至 5.1 ～ 5.5 处，同时，在化学位移为 10.0 处出现了新峰。这个峰归属于两个

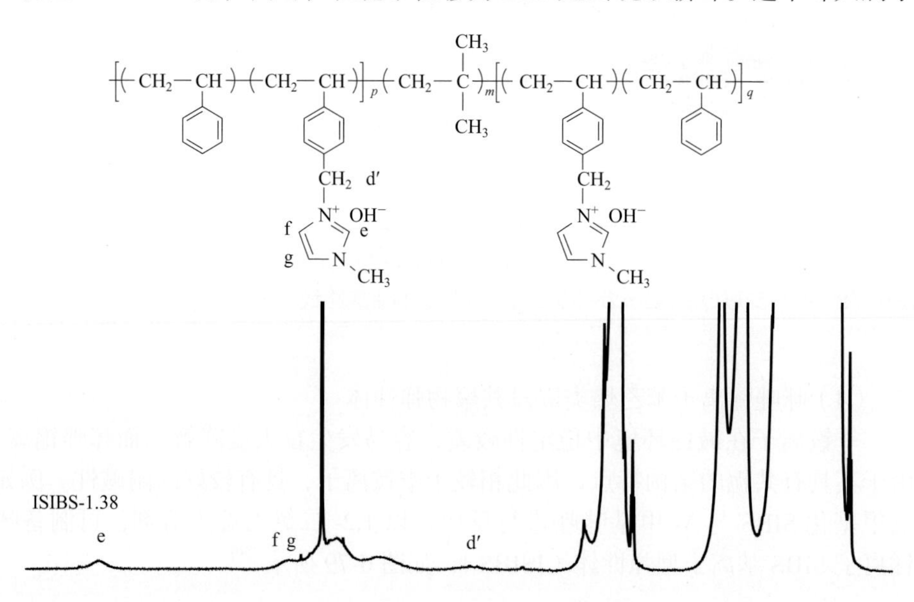

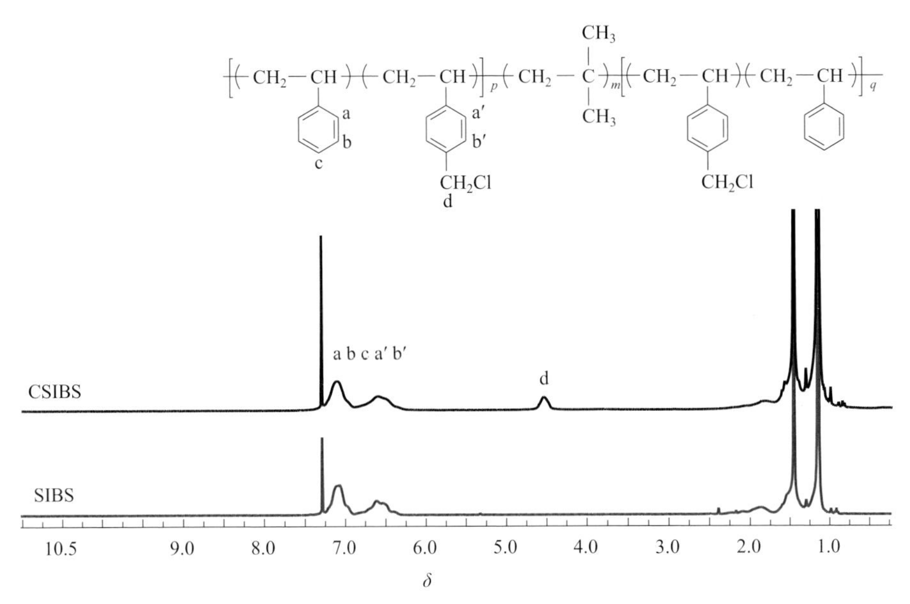

图6-80　CSIBS与ISIBS的^{1}H NMR谱图

N之间C2位上的氢，这是咪唑环上的特征峰，这说明*N*-甲基咪唑基团已经接枝到了SIBS侧链上，同时氯甲基的特征峰消失，这说明反应程度接近100%。

同时也可以通过红外表征结构，图6-81是CSIBS与ISIBS膜的FTIR谱图。对于CSIBS，1265cm^{-1}处的峰为—CH_2—Cl的摇摆振动引起的，该峰在ISIBS的红外图

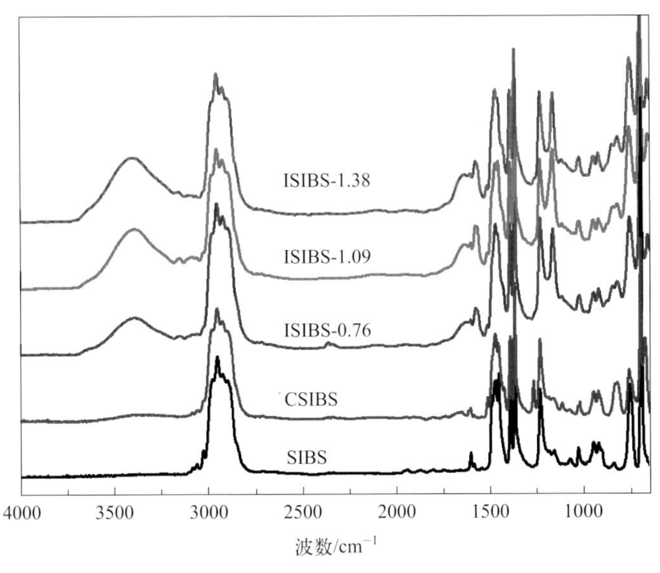

图6-81　CSIBS与ISIBS的FTIR谱图

中消失，表明氯甲基几乎全被 *N*- 甲咪唑阳离子取代。同时 ISIBS 谱图中在 1571cm^{-1}处的强吸收反映了咪唑分子中 C═N 的伸缩振动。总体来说，通过 ^{1}H NMR 和 FTIR 测试，证明了 *N*- 甲基咪唑基团已经被接枝在 SIBS 侧基上，且反应程度为 100%。

咪唑鎓离子化与铵化类似，如果离子含量较高，则难以保证弹性体材料在水中的尺寸稳定性和力学性能，因此也可以采用交联的方法，以二元咪唑代替一元咪唑。二元咪唑的合成方法简单高效，将咪唑与二溴已烷在氢化钠中进行反应，制备得到二元咪唑再与氯甲基官能团进行反应，制备如图 6-82 所示的咪唑鎓离子型 SIBS 交联结构，该结构的优势在于不但可以提高尺寸稳定性还可以提高在碱性环境中的稳定性能 [80]。未能与二元咪唑反应的氯甲基则可以与一元咪唑（*N*-甲基咪唑）进行反应，进而保证反应程度，通过调控一元咪唑和二元咪唑的用量，可以制备咪唑鎓离子含量为 1.34mmol/g 的交联型 ISIBS。

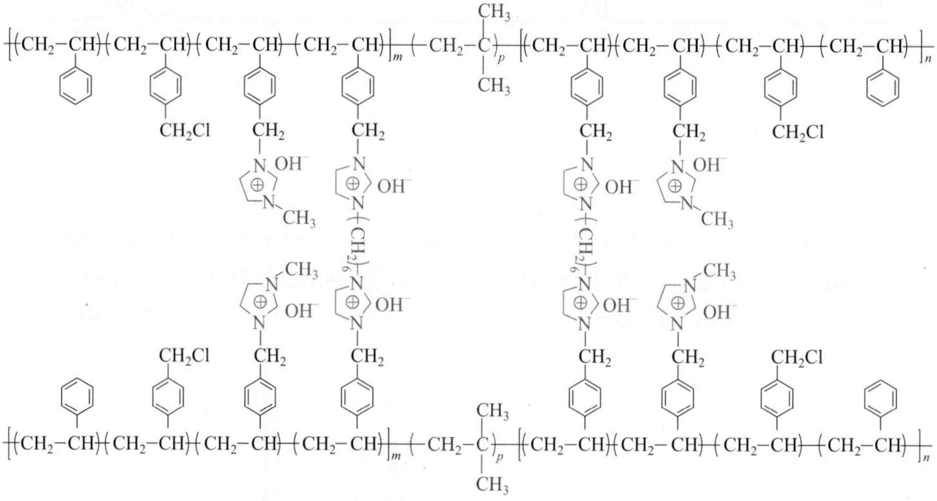

交联型 ISIBS

图6-82 咪唑交联型SIBS离子交换膜的分子结构

（5）季鏻离子苯乙烯类嵌段共聚物弹性体

本书著者团队采用阳离子可控活性聚合技术，首先将异丁烯、苯乙烯和对甲基苯乙烯在阳离子引发剂存在下通过顺序活性阳离子共聚合反应得到聚 [(苯乙烯 -*co*- 对甲基苯乙烯)-*b*- 异丁烯 -*b*-(苯乙烯 -*co*- 对甲基苯乙烯)] 三嵌段共聚物。然后将嵌段共聚物和氯化试剂进行氯化反应，使对甲基苯乙烯结构单元中的甲基发生取代反应，得到含苄基氯官能团的三嵌段共聚物。最后将氯化嵌段共聚物进行侧基季鏻离子官能化，得到离子型弹性体，如图 6-83 所示。侧基离子官能团之间相互作用，可以形成热可逆物理交联点及三维网络结构，赋予材料在一定温度下具有优良的自修复性能，有利于提高材料的使用温度和热稳定性以及亲水性，改善力学性能，既增强又增韧[81]。

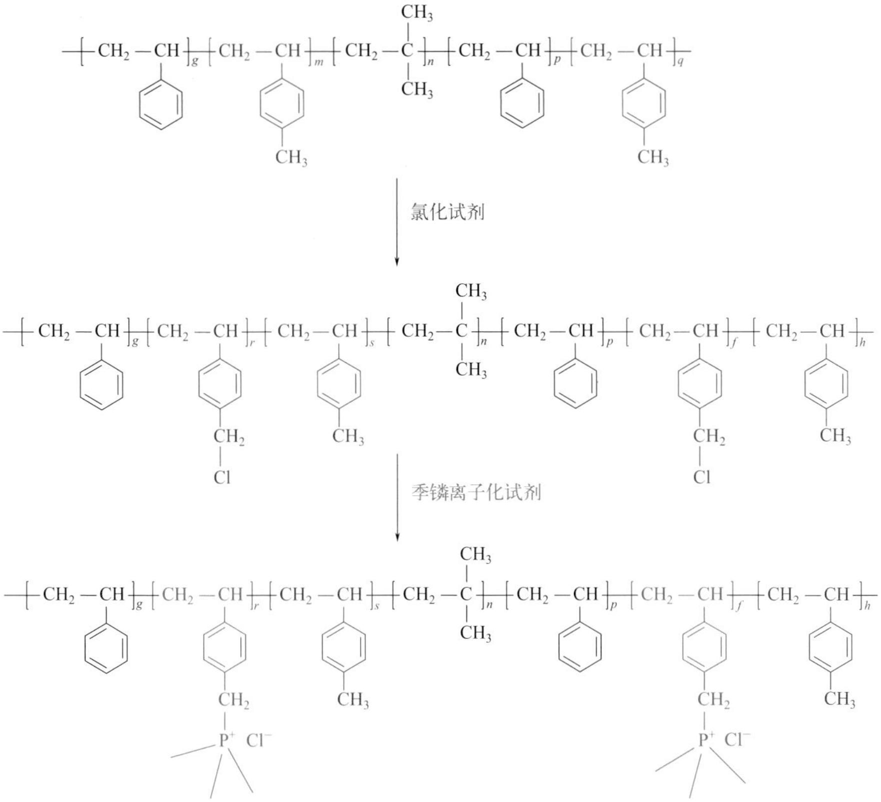

$$-[CH_2-CH]_g-[CH_2-CH]_m-[CH_2-C(CH_3)_2]_n-[CH_2-CH]_p-[CH_2-CH]_q-$$

氯化试剂

$$-[CH_2-CH]_g-[CH_2-CH]_r-[CH_2-CH]_s-[CH_2-C(CH_3)_2]_n-[CH_2-CH]_p-[CH_2-CH]_f-[CH_2-CH]_h-$$

CH_3　CH_2　Cl

季鏻离子化试剂

$$-[CH_2-CH]_g-[CH_2-CH]_r-[CH_2-CH]_s-[CH_2-C(CH_3)_2]_n-[CH_2-CH]_p-[CH_2-CH]_f-[CH_2-CH]_h-$$

CH_3　CH_2　P^+　Cl^-

图6-83　季鏻离子化离子型弹性体的制备反应式[81]

2．阳离子型苯乙烯类嵌段共聚物弹性体的结构特点与基本性能

（1）铵化苯乙烯类嵌段共聚物弹性体

苯乙烯类热塑性弹性体作为既具有塑料的热塑性又具有橡胶的弹性的一类特殊嵌段共聚物，由提供力学性能与改性位点的较硬的苯乙烯链段和为材料提供弹性及韧性的较软的橡胶链段组成。和其他嵌段共聚物一样，苯乙烯类热塑性弹性体能够发生相分离行为，并且通过调控软段和硬段在聚合物中的比例，能够改变聚合物微观相分离的结构形态，形成“海岛”结构和“双连续”结构。

季铵离子化 SEBS 制备的离子型弹性体的化学结构和微观相分离形貌如图 6-84 所示[77]。从图 6-84 中可以看到明显的相分离结构。特别是随着离子基团含量的增加，代表含有季铵基团的硬的苯乙烯嵌段（亮的体积分数）逐渐增加。而且，这些离子域的连续性也随着离子基团含量的增加得到改善。

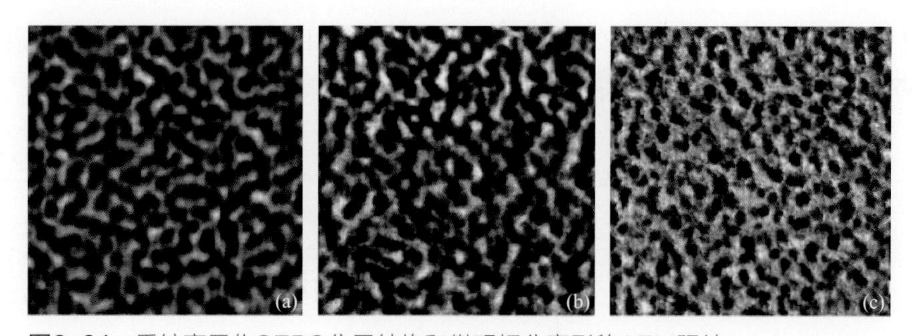

图6-84　季铵离子化SEBS分子结构和微观相分离形貌AFM照片

（a）低季铵化程度（铵离子含量=0.66mmol/g）；（b）中季铵化程度（铵离子含量=1.30mmol/g）；（c）高季铵化程度（铵离子含量= 1.54mmol/g）

一元叔胺与氯甲基化 SEBS 反应，可制备 SEBS 离子型弹性体，形成物理交联的离子簇结构，二元叔胺的加入不但可以形成物理交联，还可以形成化学交联结构[77]，季铵交联后的离子型弹性体可以保持层状的微观相分离形态，通过调节二元叔胺的长度，可以控制离子型弹性体的聚集态离子结构。随着间隔基长度的增加，这种层状的相分离结构越来越不规整，与此同时相尺寸也由 27.5nm 缩小至 20.6nm，如图 6-85 和图 6-86 所示[77]。当以己二胺为铵化试剂时，微观相分离结构从层状相变为了双连续结构。说明以二元胺为铵化交联试剂，不但可

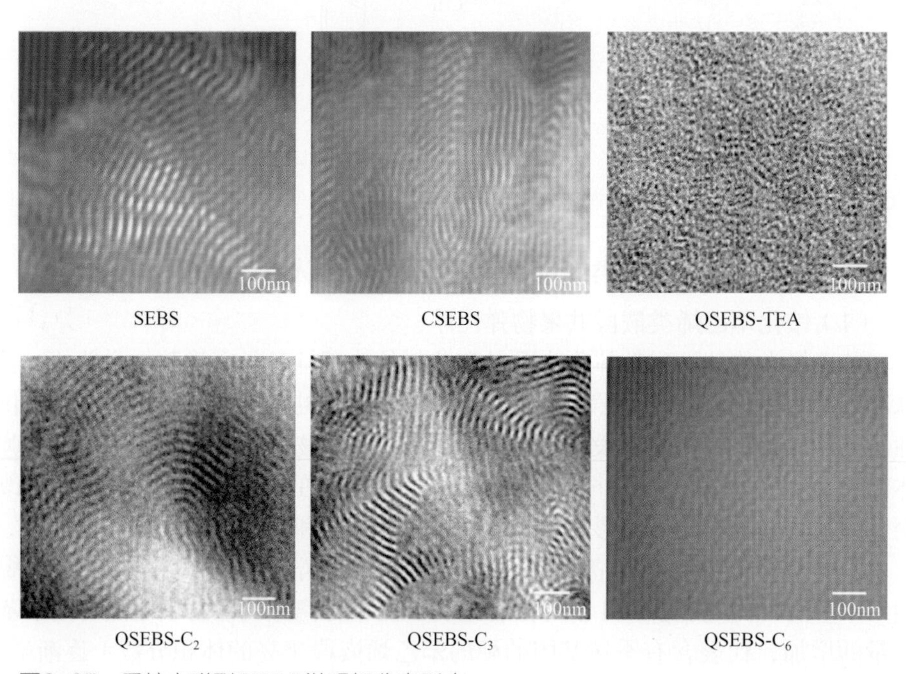

图6-85　季铵交联型SEBS微观相分离形态

以保持相分离结构，而且可以缩小相尺寸，不同间隔基长度会导致不同的微观相分离结构。

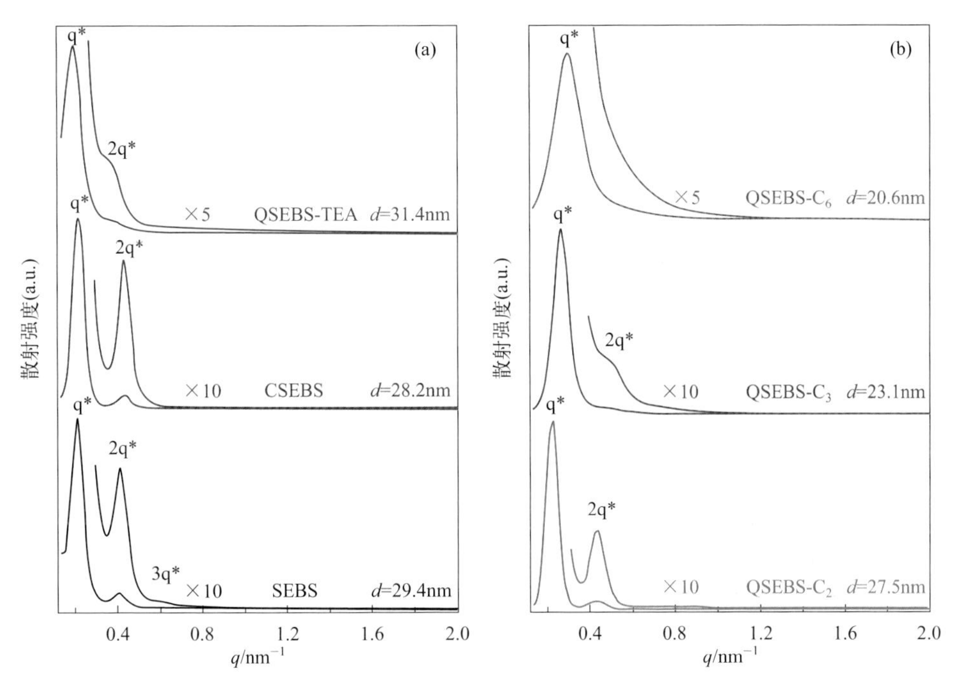

图6-86 SEBS、CSEBS、QSEBS-TEA（a）及QSEBS-C_2、QSEBS-C_3和QSEBS-C_6（b）膜的小角X射线衍射图

物理交联与化学交联协同作用，可以提高材料的力学性能和热稳定性。季铵化反应会导致 QSEBS 的聚苯乙烯（PS）相发生运动。由于铵化试剂间隔基长度的不同所造成的 PS 相和氢化聚丁二烯（EB）相的玻璃化转变温度的变化。通过 DMTA（动态力学热分析）测试，tanδ 的峰值温度即为玻璃化转变温度。图 6-87（a）和（b）分别表示弹性模量和损耗因子随温度变化的关系 [77]。从图 6-87（b）中可以看出季铵化反应对 EB 段的玻璃化转变温度影响不明显，但是对 PS 段就有非常显著的影响。这主要是由于季铵化反应发生在 PS 链段上，发生了交联反应，致使 PS 段的玻璃化转变温度从最初的 84℃上升至 227℃。对于没有发生交联反应的 QSEBS-TEA 膜，其 PS 段的玻璃化转变温度也有较大增加（160℃），这主要是由于季铵基团之间的相互作用形成离子簇。因此对于季铵交联 SEBS 离子型弹性体来说，玻璃化转变温度的提高是由离子簇的相互作用和交联结构共同导致的。在弹性模量上也可以表现出来，如图 6-87（a）所示，交联结构也会使材料的弹性模量增加（但离子间相互作用破坏了 SEBS 原有的微观相分离结构，使

膜的弹性模量有所下降）。SEBS在温度高于100℃后，其储能模量几乎为0MPa，无法维持力学性能，而通过改性之后的QSEBS-TEA在160℃之后储能模量才会降至0MPa，更值得注意的是交联型QSEBS的储能模量在220℃之前都可维持在较高的水平，所以交联型的QSEBS在力学稳定方面无疑也具有相当明显的优势。

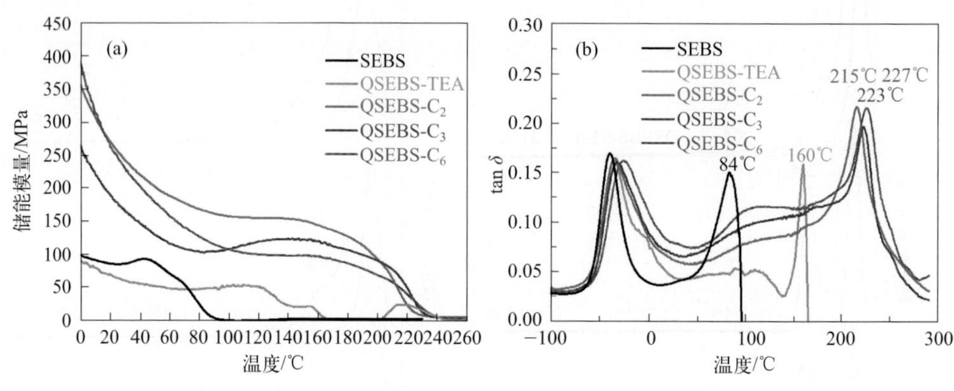

图6-87　QSEBS离子型弹性体的DMA曲线

图6-88为四种铵化SEBS离子型弹性体的热失重曲线[77]，通过热重分析可以看出，离子型弹性体的失重分为三段，第一段在100℃之前的失重为QSEBS吸收空气中的水分所致，第二段失重190℃左右为季铵基团热降解所致，第三段失重约为400℃，是SEBS主体失重。制备得到的交联型QSEBS比主链型的QSEBS有更高的稳定性，同时也可以看出交联度越高，得到的膜的热稳定性越好。

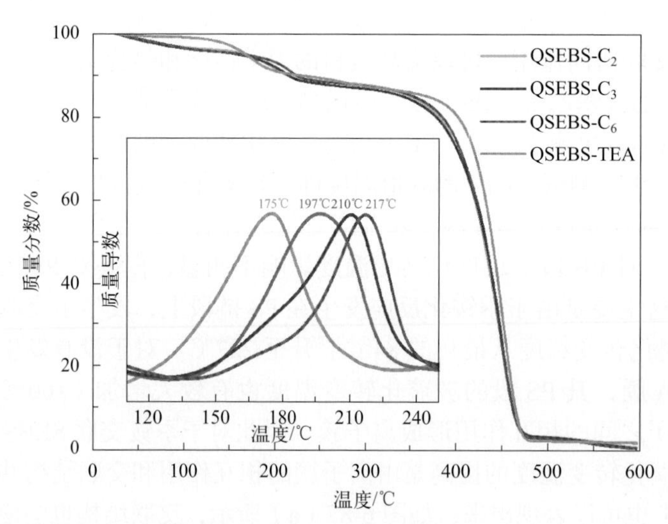

图6-88　QSEBS阴离子交换膜的TGA图

将氧化石墨烯引入到离子型弹性体中可增加离子型弹性体的离子传导能力和阻隔能力，但是氧化石墨烯随机分布在弹性体基体中，且与基体的相互作用较差，没有将氧化石墨烯的引入效果很好地发挥出来。因此，通过杂化反应，制得的 QSIBS-*cb*-(GN-*g*-PVBC) 离子型弹性体，提高了石墨烯与基体的相容性和相互作用，拓宽离子通道和增加 PS 相的连续性，提高离子电导率和化学稳定性。

将不同 GN-*g*-PVBC 含量的杂化膜在液氮中脆断后用 SEM 观察 GN-*g*-PVBC 在杂化膜中的分散情况和与基体的相容性。从图 6-89 中可以看到杂化膜的断面平整，在其上有少量由 GN-*g*-PVBC 形成的亮线或点，且随着 GN-*g*-PVBC 含量的增加亮线增加。观察局部放大图可以发现 GN-*g*-PVBC 与基体紧密结合无明显相界面，说明石墨烯与基体相容性良好[78]。

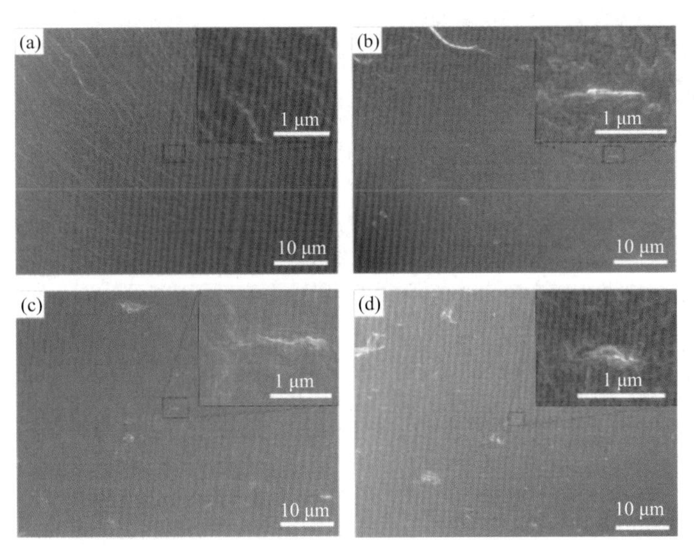

图6-89 QSIBS（a）和不同GN-*g*-PVBC含量［（b）～（d）］的QSIBS-*cb*-(GN-*g*-PVBC)交联杂化阴离子交换膜断面SEM照片

（a）QSIBS；（b）质量分数0.3%；（c）质量分数0.55%；（d）质量分数1.0%

测试 QSIBS-*cb*-(GN-*g*-PVBC) 膜离子导通率，结果表明当加入质量分数 0.55% GN-*g*-PVBC 时离子电导率达到最大且为 QSIBS 的 1.53 倍。为了进一步了解加入少量 GN-*g*-PVBC 对阴离子交换膜离子电导率提高的机理，对 QSIBS 和 QSIBS-*cb*-(GN-*g*-PVBC) 杂化膜进行冷冻切片并测试，TEM 观察内部相结构的变化。如图 6-90 所示，从 TEM 照片中能清晰地观察到膜内部的微观相分离结构。照片中的亮区域为聚异丁烯（PIB）软段所形成的相结构，暗色区域为聚苯乙烯（PS）硬链段所形成的相结构，由于铵基团都在 PS 段上因此也可认为暗色区域为铵离子簇的区域。对比 QSIBS 的微相分离，可看出 PIB 相在 QSIBS-*cb*-(GN-*g*-PVBC)中比在 QSIBS 相中更小，这就使得 PS 相在 QSIBS-*cb*-(GN-*g*-PVBC) 中形成更多的连续区域。另外，从图 6-90（b）和（d）中可以看到 GN-*g*-PVBC 纳米片主要分散在 PS 区域，这就使得其在不同的 PS 区域中起到桥连的作用，使离子通道更连续和被拓宽。在图 6-90（d）的局部放大图中并没有观察到 GN-*g*-PVBC 纳米片与 QSIBS 基体的界面，说明由于 GN-*g*-PVBC 与 QSIBS 基体的共价键作用使石墨烯与 QSIBS 基体间表现良好的相容性和内部作用。GN-*g*-PVBC 的加入使离子通道由原来的线型通道变为围绕石墨烯表面的面型通道，通道面积大大增加；另外，石墨烯的存在也使得苯乙烯相被石墨烯片层扩大，从而增加了离子传输通道面积[79]。

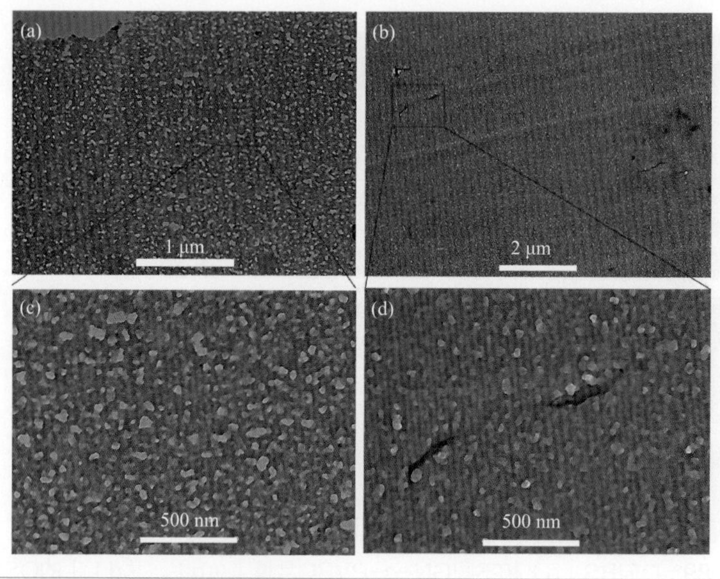

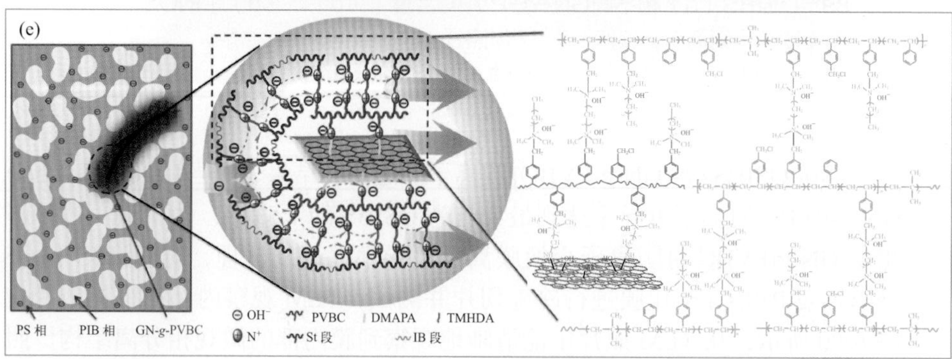

图6-90 QSIBS［（a）、（c）］、QSIBS-*cb*-(GN-*g*-PVBC)杂化膜［（b）、（d）］TEM照片以及QSIBS-*cb*-(GN-*g*-PVBC)杂化膜中的离子传输通道示意图（e）

氧化石墨烯表面聚合物可以提高弹性离子交换膜的综合性能。因此石墨烯接枝聚合物的拓扑结构会如何影响离子型弹性体膜的性能，是非常重要的研究内容。若聚合物的一端连接在GO表面，则一方面会形成类似GN-*g*-PVBC的非刷状结构，另一方面会形成如图6-91所示的刷状结构[83]。

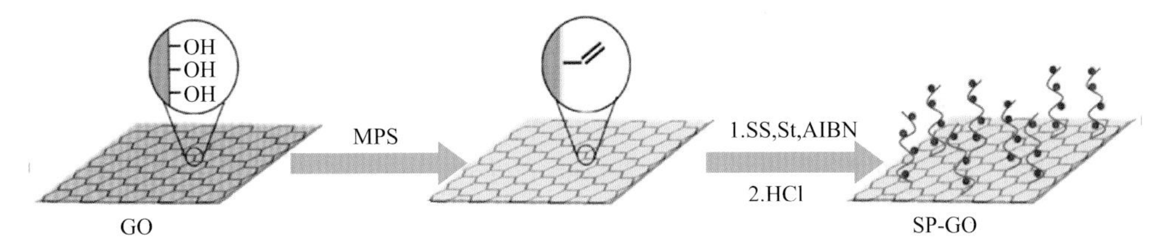

图6-91　氧化石墨烯表面接枝刷状聚合物

若聚合物的两端均连接在GO表面，则形成一种拱形大分子桥（arc bridge）结构，此类结构较为新颖。双氨基封端的聚硅氧烷（NH_2-PDMS-NH_2）是一种可实现在GO表面接枝拱形大分子桥的理想材料。巧妙地采用水/油（W/O）法，如图6-92所示[84]，可以简单而高效地合成这种结构。NH_2-PDMS-NH_2 的 α,ω-

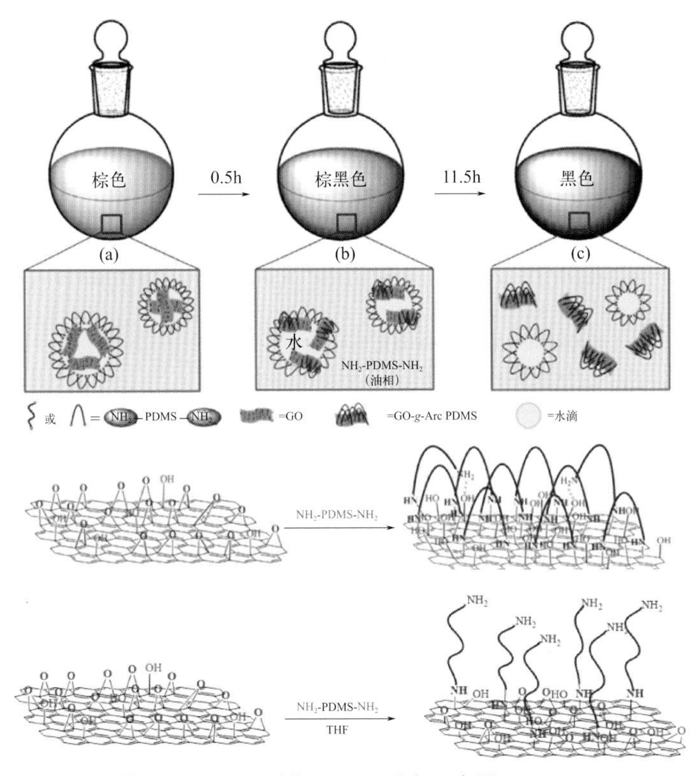

图6-92　拱形PDMS和刷状PDMS反应示意图

NH_2 将在水 / 油界面的受限空间与 GO 上的环氧基和羧基快速反应从而合成拱形 PDMS 接枝 GO 的杂化材料（GO-*g*-Arc PDMS）[84]。为了对比拱形结构 PDMS 接枝 GO 的特点，同时采用 THF 溶液法制备了刷状接枝 PDMS 到 GO 上。

将制备的含有拱形大分子桥结构的氧化石墨烯与铵化交联试剂一同加入 SIBS 溶液中，搅拌混合，一步法制备 QSIBS/GO-*g*-Arc PDMS 杂化离子型弹性体，如图 6-93 所示 [85]。

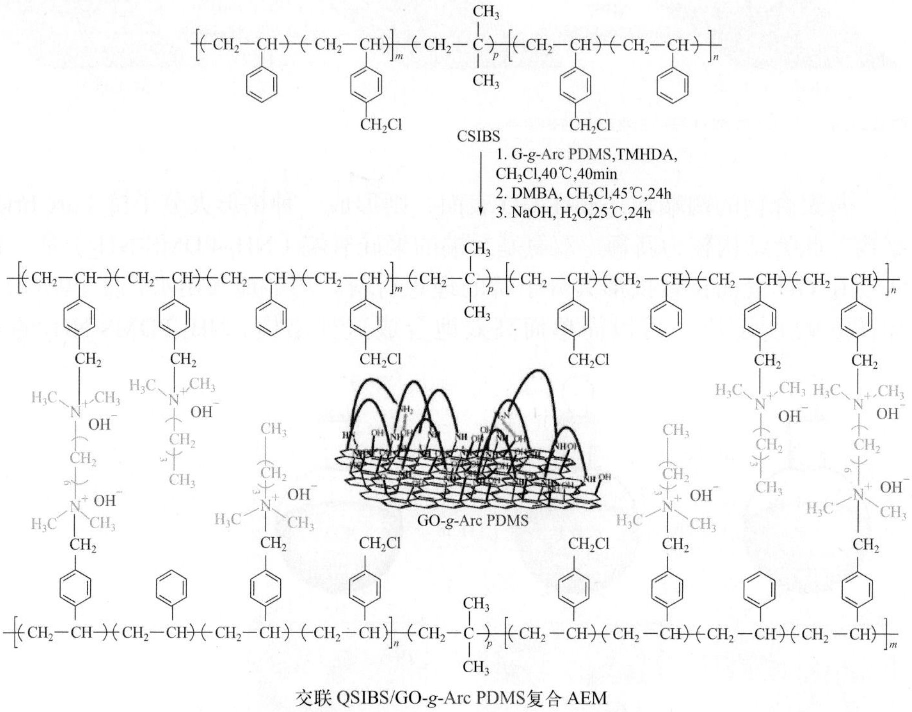

图6-93 QSIBS/GO-*g*-Arc PDMS交联复合膜的分子结构示意图

为了观察改性石墨烯在基体中的分散情况以及了解石墨烯表面接枝 PDMS 的拓扑结构对离子型弹性体性能的影响机制，通过 SEM 以及 EDS 观察 QSIBS/GO-*g*-Arc PDMS 膜的断面微观形貌，可以观察到氧化石墨烯在离子型弹性体中出现部分聚集。用 X 射线能谱图（EDS）mapping 测试观察交联复合膜中石墨烯接枝 PDMS 中硅元素和氧元素在 QSIBS 基体中的分布情况。图 6-94 中可以观察到接枝少量拱形程度的 PDMS 的石墨烯在 QSIBS 基交联复合 AEM 中发生了聚集。通过 SEM 和 EDS mapping 表征可以间接地预测石墨烯上接枝 PDMS 链的拱形拓扑结构在 QSIBS/GO-*g*-Arc PDMS 交联复合离子型弹性体的综合性能上的积极影响 [85]。

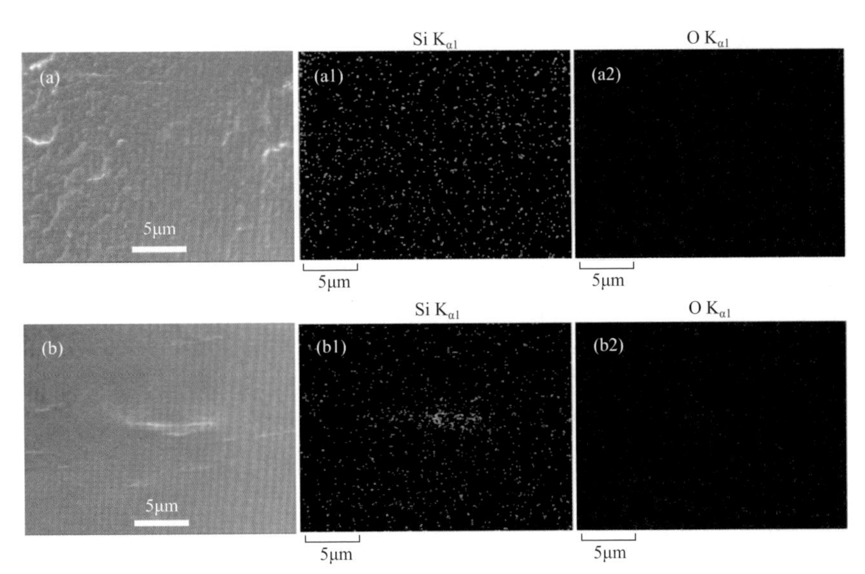

图6-94 QSIBS/GO-*g*-Arc PDMS的断面SEM照片和对应的EDS mapping：硅元素的分布图和氧元素分布图

QSIBS/GO-*g*-Arc PDMS 中，PDMS 的拱形程度会对膜的性能有直接的影响。从图 6-95 中可以看出随着拱形程度的增加吸水率缓慢地增加，而离子导通率则增加近一倍。而甲醇透过率则随着 PDMS 拱形程度的增加而逐渐降低，结合离子导通率，QSIBS/GO-*g*-PDMS 交联复合膜的选择性提高了两倍，如图 6-96 所示。这些结果说明石墨烯上 PDMS 的拱形结构增加，石墨烯与基体缠结减弱，使石墨烯分散均匀，促进离子通道的形成使离子电导率提高，而疏水的拱形 PDMS 则进一步阻碍了甲醇的渗透从而降低了甲醇透过率[85]。

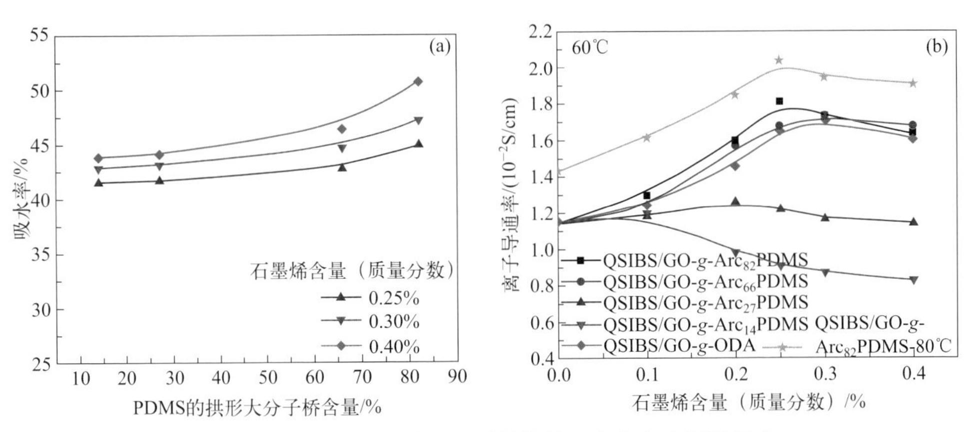

图6-95 QSIBS/GO-*g*-Arc PDMS离子型弹性体的吸水率和离子导通率

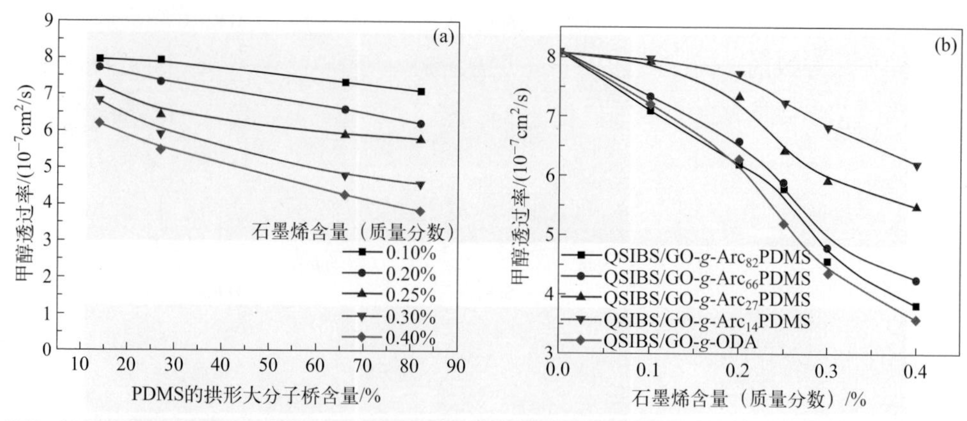

图6-96 QSIBS/GO-*g*-Arc PDMS离子型弹性体的甲醇透过率

图 6-97 为不同拱形程度的 QSIBS/GO-*g*-Arc PDMS 离子型弹性体储能模量随温度的变化及在 60℃和 150℃下的储能模量，氧化石墨烯上 PDMS 的拱形程度从 14% 增加到 82%，交联复合膜的储能模量逐渐增加。这归因于随着拱形程度的增加反应程度明显增加使得离子型弹性体和化学交联增加，从而加强了石墨烯在基体中的作用。同时对比了 Nafion115 的储能模量，在 60℃下，Nafion115 的储能模量为 70MPa 左右，远低于 QSIBS/GO-*g*-Arc PDMS。另外当温度为 150℃时，Nafion115 几乎没有力学强度，这也说明其耐高温能力较弱。

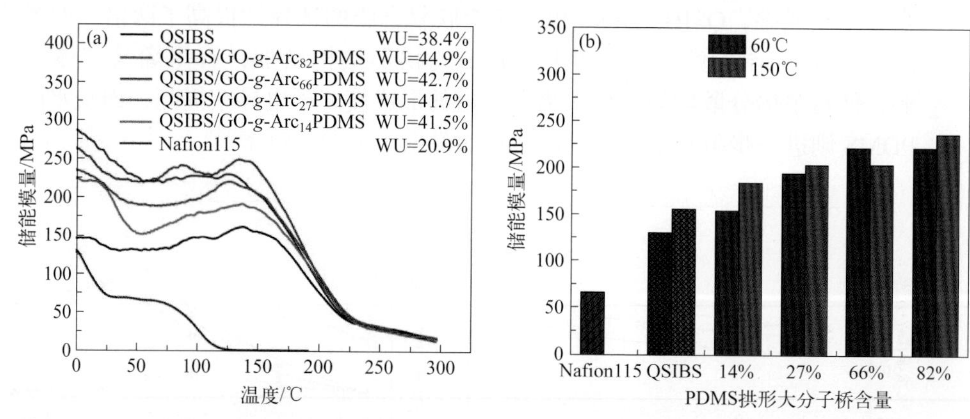

图6-97 不同PDMS拱形程度下QSIBS/GO-*g*-Arc PDMS离子型弹性体储能模量随温度的变化及60℃和150℃时的储能模量

（2）咪唑鎓离子苯乙烯类嵌段共聚物弹性体

SIBS 和 CSIBS 有明显的类似网络状的相分离结构，这说明氯甲基的引入并没有对材料原始的相分离结构起到作用，如图 6-98 所示，ISIBS 的相分离结构则与前两者有较大不同，呈现椭圆柱状相分离结构可能是由于咪唑鎓离子基团的相互作用导致的，同时相的尺寸也有所增加。ISIBS 的相形态更加连续，可以形成更为连续的含有咪唑鎓离子基团的相区域。

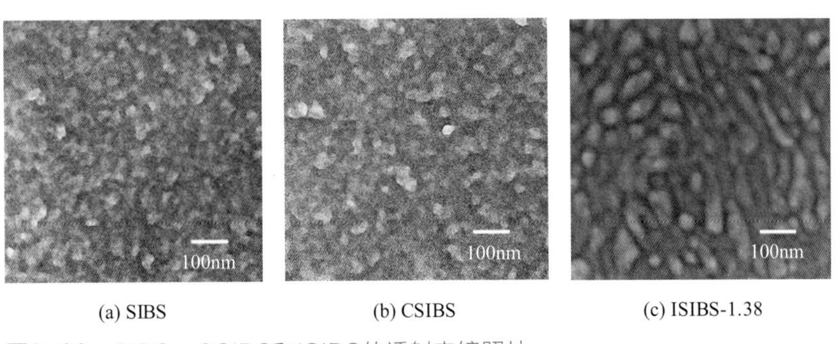

图6-98　SIBS、CSIBS和ISIBS的透射电镜照片

咪唑鎓离子与季铵离子作为两种比较主要的离子种类，在制备苯乙烯类嵌段共聚物离子型弹性体时被广泛应用。本部分对离子含量近似的接枝季铵离子的 SIBS（QSIBS-TEA）和接枝咪唑鎓离子的 SIBS（ISIBS）进行了性能的对比。

离子导通率是反映离子型弹性体的离子传输能力的重要性能指标。通过图 6-99 可以得出三条结论：第一，无论是 QSIBS-TEA 膜还是 ISIBS 膜，其离子导通率随温度上升而上升，因为随着温度的升高，分子链的热运动也增加，OH^- 的扩散速度增加。第二，随着离子交换容量的提高，膜内的离子密度增加，可以形成更多的离子水通道，因此离子交换容量的增加对膜的离子导通率的增加有直接的决定作用。同时离子交换容量高导致吸水率高，OH^- 的传导是以水为载体，

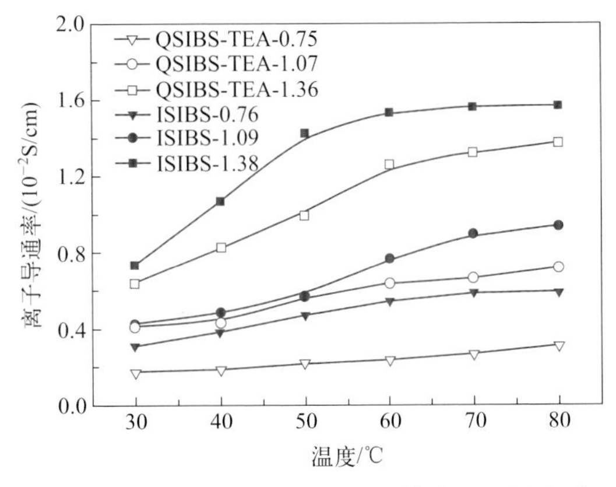

图6-99　QSIBS-TEA和ISIBS的离子导通率（QSIBS-TEA-*a*中的*a*为QSIBS-TEA膜的离子交换容量，ISIBS-*b*的*b*为ISIBS膜的离子交换容量）

因此吸水率的提高也有利于离子的传导。第三，在相同温度和近似离子交换容量的前提下，通过对比可以看出，ISIBS 型阴离子交换膜的离子导通率均要高于 QSIBS-TEA 型阴离子交换膜。这是由于两种类型膜的微观相形态不同所导致的，与 QSIBS-TEA 相比，咪唑型阴离子交换膜的亲水相与疏水相有更为连续的相结构可以形成更多的离子通道，不同的微观相形态势必会影响到离子交换膜的性能，制备的 ISIBS 阴离子交换膜就可以形成更为连续的离子通道来传导离子，因此在相同的 IEC 前提下，其离子导通率要高于 QSIBS-TEA 型阴离子交换膜。

将两种离子型弹性体制备成膜，对膜的甲醇透过性能进行测试。结果如图 6-100 所示，随着离子交换容量的增大，膜的甲醇透过率也会有所升高。ISIBS 膜的甲醇透过率整体低于 QSIBS-TEA 膜，甲醇分子伴随着水分子在亲水的 PS 相中进行渗透，但是由于疏水的 PIB 链段优异的阻隔性能，使得两种膜的甲醇透过率虽然都高于 $1.0\times10^{-7}cm^2/s$，但是低于相同条件下 Nafion115 膜的甲醇透过率。

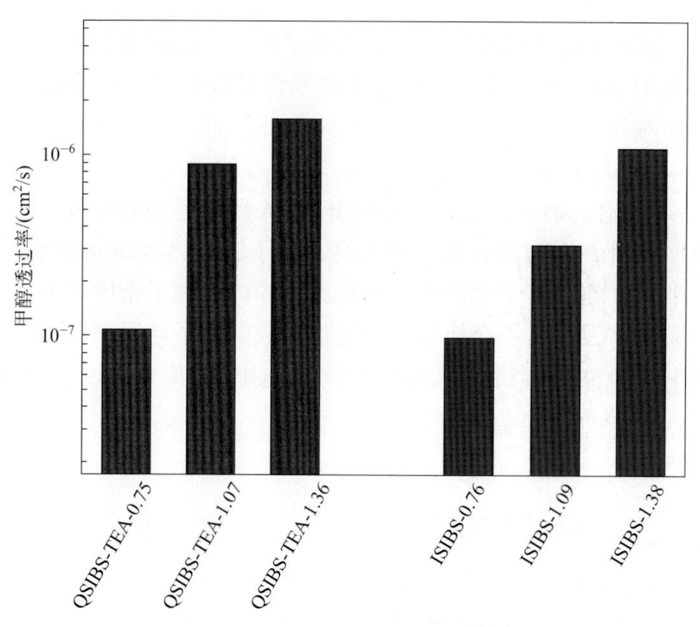

图6-100 QSIBS-TEA和ISIBS的甲醇透过率

结合季铵交联型 SEBS 弹性体的性能研究结果与 QSIBS-TEA 和 ISIBS 的性能对比结果。可以得出结论，交联结构和咪唑鎓离子对提高离子型弹性体的离子传导能力和甲醇阻隔能力有积极的促进作用。因此联合咪唑和交联的双重作用，采用双咪唑对苯乙烯链段进行鎓离子化交联反应，在 ISIBS 的基础上进一步交联，形成类似季铵交联型 SEBS 弹性体的结构。

将咪唑鎓离子交联型SIBS弹性体制备成膜，其化学稳定性更高，如图6-101所示，将其浸泡在2mol/L的NaOH水溶液（60℃）中，浸泡500h后，离子导通率仍可保持将近初始值的80%，这是由于咪唑鎓离子形成的离子簇物理交联和双咪唑形成的化学交联的共同作用导致的。同时，膜的动态力学性能的测试结果如图6-102所示，通过两种交联作用，可以有效地弥补离子改性后储能模量降低的缺点，交联型ISIBS在60℃时的储能模量约为300MPa，而且高于ISIBS的储能模量（84MPa）。不但如此，ISIBS在150℃以后储能模量急剧下降，在200℃时储能模量几乎降到0。这说明150℃后ISIBS将无法使用，而交联型ISIBS膜的储能模量在150℃后也会发生降低，但是在200℃时，仍可保持100MPa的储能模量，仍然可以使用[80]。

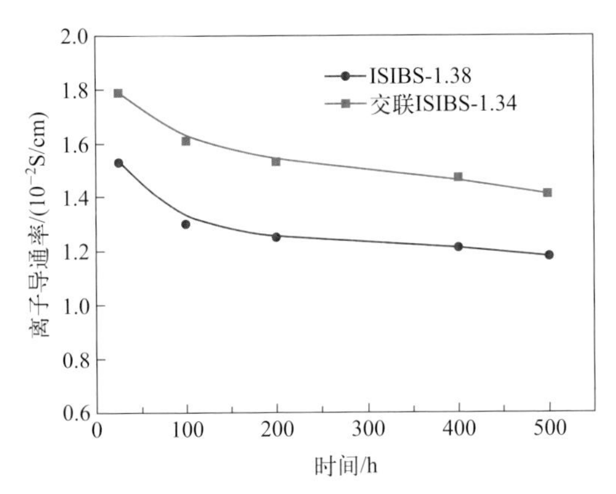

图6-101 咪唑鎓离子交联型SIBS弹性体膜的化学稳定性

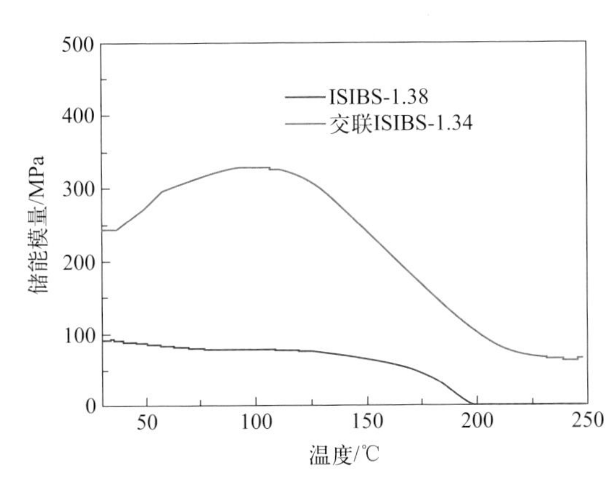

图6-102 咪唑鎓离子交联型SIBS弹性体膜的储能模量

（3）吡咯烷鎓离子苯乙烯类嵌段共聚物弹性体

相分离结构直接影响着离子型苯乙烯类嵌段共聚物的性能，含有二元氮杂环鎓离子结构的 SEBS 离子型弹性体的相分离结构会受到二元氮杂环分子间的烷基链和烷氧基链影响，表现出不同的亲疏水结构。

在 AFM 图像中，亮（较硬）区域对应于疏水性聚合物主链，而暗区域代表亲水性侧链。可以判断不论是否含有柔性的烷氧链段，两种材料的亲水相和疏水相相分离明显。而烷氧基团的引入可以提高分子链的柔性和亲水性。形成更宽和更好互连的亲水结构域使离子通道更好地嵌入相对恒定的尺寸。通过 ACD 3D Viewer 软件使能量最小化以在至少 50 次迭代后达到局部最小值之后可获得三甲基铵、不含烷氧基的双吡咯烷基团（Py2C6）和含烷氧基的双吡咯烷基团（Py2O6）的单体单元的长度，含有烷氧基的二元吡咯烷鎓离子化 SEBS（SEBS-Py2O6）的层状结构的宽度尺度为约 13nm，从而实现有效的离子传输。

氮杂环离子具有较高的化学稳定性，在碱性环境中能够较为稳定的存在，在 1mol/L KOH 溶液中，温度为 90℃浸泡 700h，具有苄基三甲基铵基团的 AEM 显示出低电导率保持率，这可归因于苄基三甲基铵在热碱性环境中的降解。同时，当向侧链中添加环氧乙烷间隔物时，膜稳定性没有显著损失，电导率仅从 27.8mS/cm 降至 26.4mS/cm，仍保持着初始电导率的 95%，表现出很好的化学稳定性。

第六节
离子型弹性体的应用

1．相容剂

用作相容剂是聚烯烃离子型弹性体的一个重要应用领域，在混合体系中，离子型弹性体与基体之间会通过离子对吸引、氢键、配位、多重离子对或离子簇形成的物理交联等特殊的相互作用来提高共混物的相容性[86]。

聚丙烯接枝马来酸钠（PP-*g*-MANa）可以作为聚丙烯（PP）/ 乙烯 - 醋酸乙烯酯（EVA）复合材料的增溶剂[87]，这一方面是由于 EVA 的正负电荷重心分布不重合，使得正负极性各偏在某一侧，负电荷重心容易和 PP-*g*-MANa 离子键中的 Na^+ 吸引，互相作用而形成配位键；另一方面，PP-*g*-MANa 与 PP 具有良好的相容性。因此 PP-*g*-MANa 具有良好的增容、增韧、增强的作用，可以提高复合材料的力学性能和加工性能。当 PP-*g*-MANa 用量为 8 份时，共混体系的力学性能最好，拉伸强度、弯曲强度、冲击强度和熔体流动速率都有显著的提升。

2．增韧剂

热塑性离子聚合物弹性体聚乙烯 - 甲基丙烯酸甲酯 - 钠离子型弹性体（EMMA-Na）、聚乙烯 - 甲基丙烯酸甲酯 - 锌离子型弹性体（EMMA-Zn）和聚甲基丙烯酸甲酯共聚马来酸酐 - 钠离子型弹性体 [P(MAA-*co*-MAH-Na)] 可作为聚甲醛（POM）增韧剂。力学性能研究显示离子型弹性体 EMMA-Na、EMMA-Zn、P（MAA-*co*-MAH-Na）以一定的含量与 POM 共混时，冲击强度提高、拉伸强度降低、断裂伸长率增加呈现出典型的弹性体增韧塑料的特性。另外，分散相粒子与 POM 基体间的界面黏结性也非常重要，界面黏结性不好，材料在受力过程中，粒子与基体首先脱离，则无法引发粒子周围基体的银纹和剪切屈服。POM 易形成大球晶结构的特性是造成 POM 高分子材料的冲击性能较差的重要原因。但在加入离子型弹性体后，离子型弹性体与 POM 间分子链及链段相互作用，影响了 POM 分子链的规整性，因而使得 POM 分子链难以自由运动形成规整的球晶；同时，离子型弹性体作为小分子聚合物进入 POM 分子链段间可以成为成核剂，这也导致 POM 共混物球晶直径减小。改变了 POM 分子链固有的堆积和排列形式，达到破坏 POM 球晶并消除材料内在的不利于冲击性能的因素，为 POM 工程塑料的增韧提供了有效的方法。

将含不同烷基侧链碳数的咪唑鎓离子型 IIR 作为增韧剂引入聚乳酸 (PLA) 中，两相具有良好的界面黏合性，在复合材料断裂时界面空化效应引发 PLA 基体发生大量的剪切屈服，使材料的韧性显著增加；*i*-BIIR-12/PLA 复合材料的柔韧性明显增加，断裂伸长率可达 235%，当 *i*-BIIR-12 含量为 10% 时，*i*-BIIR-12/PLA 复合材料的冲击强度由原料 PLA 的 1.9kJ/m^2 增加至 4.1kJ/m^2 [88]。随着烷基侧链碳数增加，*i*-BIIR 的拉伸强度降低、断裂伸长率增加，在具有相同烷基侧链条件下，含极性基团的 *i*-BIIR 拉伸强度更大，其侧基的咪唑离聚体与极性基团易形成离子簇和氢键协同相互作用，在弹性体网络中作为物理交联点存在，*i*-BIIR-2-OH 的拉伸强度可达 13MPa 以上；但含有大量极性侧基基团及长烷基侧链的 *i*-BIIR 为 PLA 提供更优异的相容性及力学性能，当 *i*-BIIR-11-OH 含量为 20% 时，*i*-BIIR-11-OH/PLA 复合材料的冲击强度高达 17.1kJ/m^2 [89]。

3．包装材料

以乙烯 - 丙烯酸共聚物、硬脂酸和氢氧化钾为主要成分制备的离子型弹性体，与线型低密度聚乙烯通过挤出、注塑和流延后得到抗静电包装材料 [90]。随着离子型弹性体含量的增加，包装材料的拉伸强度和弹性模量略有降低。虽然离子型弹性体的加入可以在包装材料中形成一定的交联网络结构，但是硬脂酸等小分子添加剂会起润滑和分散作用，使得材料拉伸性能略有下降 [91]。对包装材料进行自然放置、水洗及擦拭处理后，样品的表面电阻率仅下降一个数量级，仍具有良好的抗静电能力，充分说明了该离聚物可以起到永久性抗静电的效果。除此之外，与其它种类的包装材料相比，羧酸型弹性体薄膜的透明性好且具有耐油、耐腐蚀等优点，很适合用作食品包装材料。

4．形状记忆材料

离子型弹性体也可以用作形状记忆材料，比较常见的就是热致型形状记忆高分子材料，即将具有一定初始固定形状的聚合物加热到临界温度以上，同时施加外力，材料发生形变，从而得到一个临时的形状，再将温度降到临界温度以下，并撤去外力，在高温时产生的临时形状可维持不变，当再次升温时，材料恢复到初始形状。热致型形状记忆材料通常是由一个可以提供固定形状的永久交联网络和一个可以提供临时形状的热可逆网络组成，在离子型弹性体中，当离子交联网络的松弛时间足够长时，其适合于用作永久交联网络，同时离子交联也是热不稳定的，也适用于可逆的临时交联网络。不仅如此，离子型弹性体还可以为形状记忆材料引入其他有利的特性，如宽的玻璃化转变温度范围、耐高温性、抗菌能力等。

5．抗菌材料

通过环烯烃开环易位聚合制备了侧基含有季铵盐离子的聚降冰片烯，其对金黄色葡萄球菌和大肠杆菌的抑制率超过 90%。亦可通过烯烃单体与含有卤素的单体共聚，随后通过卤素与胺、咪唑等含氮有机碱反应形成铵离子或咪唑𬭩离子，达到在聚合物侧基引入离子基团的目的。例如将侧基含氯的官能化聚乙烯与咪唑反应，制备侧基含有咪唑𬭩离子的官能化聚乙烯，可使其对金黄色葡萄球菌和大肠杆菌具有良好的抗菌能力。或通过乙烯和 11- 碘 -1- 十一烯共聚，随后以所得共聚物为中间体，进一步与咪唑反应获得离聚物。由于离聚体在拉伸过程中可作为牺牲键，所得离聚物的力学性能大幅提高，同时表现出良好的抗菌活性。还可在乙烯 / 内酰胺类单体共聚物的基础上在酸性条件下水解形成铵离子基团。例如可通过乙烯 / 双环 γ- 内酰胺极性单体共聚制备聚烯烃材料。随后所得共聚物在酸性条件下水解，可在聚合物侧基形成季铵盐离子，使得材料对金黄色葡萄球菌具有良好的抗菌活性。

本书著者团队近年来研制了一系列侧基含有离子基团的乙烯 / 丙烯共聚物的离子弹性体，离子弹性体材料具有良好的机械强度、耐热性能和抑制细菌能力，使其在包装、医疗等领域具有广阔的应用潜力。

6．质子交换膜

质子交换膜 (proton exchange membrane，PEM) 是质子交换膜燃料电池的关键材料之一。商业化的全氟磺酸膜成本过高，替代膜的研究开发已经成为必然。磺化的苯乙烯类嵌段共聚物弹性体如磺化 SIBS[92-94]、磺化 SEBS[95] 和磺化 SBS[96] 都可以作为 PEM 的基体材料。美国陆军研究院 (US Army Research Laboratory)[92,94] 和 DAIS-Analytic 公司 [97-98] 对磺化苯乙烯类嵌段共聚物弹性体基质子交换膜都进行了深入的研究，前者主要是磺化 SIBS，后者已对磺化 SEBS 进行了一定程度的商业化。

最早把高磺化度的 SEBS 用作质子交换膜的是 DAIS 公司 [99]，他们选用壳牌公司的 SEBS 为原料，溶解到 DCE/ 环己烷的混合溶剂中，然后进行磺化反应，可将磺化度提高至 60% 左右。磺化 SEBS 膜有良好的力学加工性能、高的质子传导性、独特的微相结构、低的价格等特点，引起了世人的广泛关注。

相较于 SEBS 而言，SIBS 的 PIB 链段具有优异的阻隔性能，可以有效地阻隔氢气、氧气和醇类（甲醇、乙醇等）的渗透，因此越来越成为质子交换膜研究的对象。利用乙酰硫酸对 SIBS($\overline{M}_n$ =48850，苯乙烯结构单元质量分数为 30.84%) 进行磺化，得到了一系列不同 IEC 值的 S-SIBS，并对其微相结构、阻醇性能和质子导电性进行研究后认为，S-SIBS 的甲醇渗透性和质子导电性随 IEC 值的变化关系遵循渗流理论，IEC 值为 0.04mmol/g 达到渗流的开始，甲醇渗透和电导率开始猛增，IEC 为 0.06mmol/g 时两者增加逐渐减缓，由于其 PIB 嵌段（质量分数约占 70%）对水和甲醇的有极低的透过性，磺化 SIBS 膜随着 IEC 值的增加，其选择性是 Nafion117 膜的 5 ～ 10 倍。

7．阴离子交换膜

苯乙烯类热塑性弹性体可以通过热塑或流延的方式成膜，成膜厚度在几十微米至几百微米，膜材料已经广泛进入各科学研究和工业应用领域，在食品加工、废水处理、生物医药和能源等方面尤为突出。在众多种类的膜当中，离子交换膜由于其独特的离子选择迁移功能使其在清洁能源领域占据了不可或缺的地位。苯乙烯类热塑性弹性体通过铵化改性，形成季铵离子型弹性体，进而制备阴离子交换膜。商品化的离子交换膜中性能较优异的是由杜邦公司生产的 Nafion 膜系列产品，但是 Nafion 膜价格昂贵且燃料阻隔性能差，不但造成了甲醇燃料的浪费，而且会使阴极催化剂中毒，导致电池性能下降。而铵化苯乙烯类嵌段共聚物弹性体制备的阴离子交换膜离子的迁移方向与燃料的渗透方向相反，抑制了燃料的透过。苯乙烯类嵌段共聚物的分子链较为柔顺，有利于离子簇形成的物理交联结构，诱导离子交换膜内部进一步形成亲水相和疏水相的微观相分离的聚集形态，促使连续的亲水离子传输通道形成，进而提高离子导通能力，所以这类离子交换膜具备热塑性弹性体的加工性、弹性、韧性及强度等优异性能。氢化聚（苯乙烯 - 丁二烯）嵌段共聚物（SEBS）是典型的热塑性弹性体材料，通过对 SEBS 先氯甲基化后胺化的方式，可制备季铵型阴离子交换膜。与 SEBS 相比，SIBS 中间链段化学结构完全饱和，具有优异的热氧稳定性、阻隔性能和黏弹性。通过对 PS 段进行改性，制备 SIBS 基阴离子交换膜，将赋予更加优异的性能。

为了提高膜的稳定性、减少吸水后导致的溶胀，可加入二元胺制备交联型离子交换膜，同时可以起到维持膜力学性能和稳定性的作用。在铵化反应的同时进行交联反应，原位生成具有网络结构的离子交换膜，避免了较高的离子化程度后线型分子结构在碱液中不稳定的缺点。通过调控二元胺的间隔基长度来控制微相分离，形成贯通的亲疏水聚集相，其中亲水相为含有季铵离子基团的聚苯乙烯链段聚集区，为 OH^- 的快速传递通道；疏水相为聚异丁烯的聚集区，保证离子交换膜具有一定的弹性。该类阴离子交换膜离子导通率可达 4.0×10^{-2}S/cm，甲醇透过率低至 $7.4\times10^{-7}cm^2/s$，60℃下的弹性模量可达 555MPa。采用原位生成的方法，制备的铵化交联型 SIBS 阴离子交换膜具有较高的气液阻隔性、较高离子导通性和较高弹性模量，且制备方法简便高效 [100]。

杂化离子型弹性体基离子交换膜是在离子型弹性体基离子交换膜的基础上，通过向材料中引入无机填料，起到提高离子型弹性体性能、提高膜材料电化学性能的效果 [101-102]。但一般情况下无机物与有机聚合物之间存在分散性和相容性差的问题，从而使复合材料的内部产生缺陷导致膜的产期稳定性降低，导致燃料电池的寿命缩短 [103]。

石墨烯是由碳原子以 sp^2 杂化轨道组成六角形呈蜂巢晶格的二维结构材料，具有高的比表面积、高的导热导电性以及优异的力学性能，可应用于超级电容器和锂离子电池电极材料等。氧化石墨烯具有丰富的官能团，有利于其在有机溶剂及聚合物中的分散，同时提供大量的改性位点，可以根据需要对其进行改性，使其在聚合物中具有较高的相容性，拓展了其在聚合物材料中的应用。将氧化石墨烯与 Nafion 液混合制备石墨烯复合型 Nafion 膜，其甲醇阻隔能力有所提高，可以有效改善 Nafion 膜燃料阻隔能力差的问题。但同时也是由于其片层的阻隔效应，阻碍了质子的传输，降低了其质子导通率。在充分利用氧化石墨烯良好阻隔能力的前提下，同时为了不影响离子导通效果，可将氧化石墨烯表面进行胺化官能化，制备改性氧化石墨烯（GOA）[104]。改性的氧化石墨烯均匀分散在季铵交联型 SIBS 阴离子交换膜中，如图 6-103 所示。一方面，当 GOA 质量分数为 0.5% 左右时，在 60℃时离子导通率达到最大值为 1.88×10^{-2}S/cm，质量分数超过 0.5% 后，膜的离子导通率会下降，但是仍比未加石墨烯的膜离子导通率高，当 GOA 的质量分数超过 0.7% 后，离子导通率低于未加石墨烯的膜，且会有较大幅度的下降。可能的原因是 GOA 表面含有大量的羟基，这些羟基由于氢键作用会直接参与 OH^- 的传导，也就是说在膜内部会形成更多的离子通道来传导 OH^-，因此起初随着 GOA 含量的增加，离子导通率也随之增加。但是大量 GOA 的加入，一则由于其较大的 2D 片层结构影响分子链运动，进而影响离子传输，二则其片层结构使膜内部的离子通道变得迂回复杂，不利于离子的导通。因此制备得到的复合交联型阴离子交换膜的离子导通能力不但不降低，反而有一定程度的提高，但是添加量不可过量，过量的 GOA 会聚集影响离子传输，导致离子导通率下降，如图 6-104（a）所示。另一方面，甲醇透过率则表现为随 GOA 含量的增加而逐渐减小的趋势，如图 6-104（b）所示，这说明 GOA 的加入完全对甲醇透过率只有阻碍作用没有促进作用，因为甲醇和水一起在膜内部的扩散不会像 OH^- 一样靠氢键来运动，因此对甲醇的渗透来说 GOA 的二维平面片层结构完全起了阻挡作用，增大了甲醇渗透的阻力[104]。

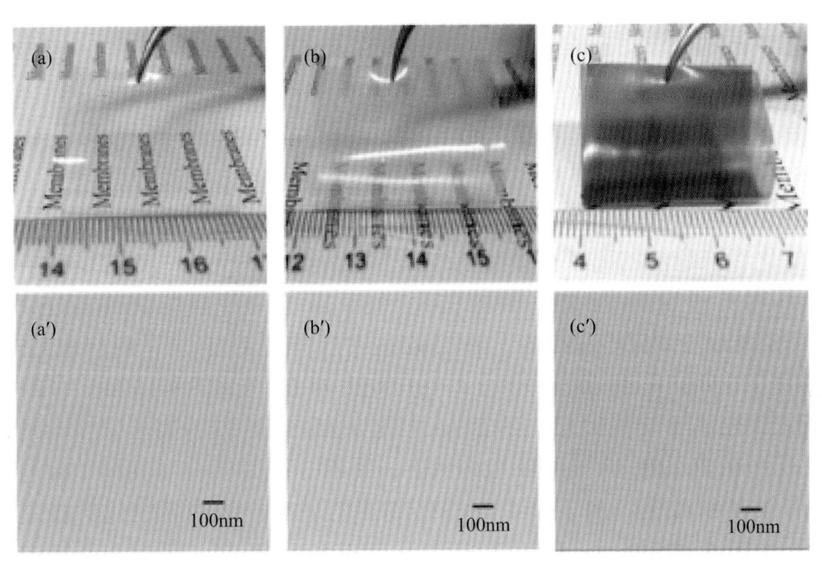

图6-103　Nafion115膜的照片（a）与SEM照片（a'）；季铵交联型SIBS阴离子交换膜照片（b）与SEM照片（b'）；改性氧化石墨烯杂化的季铵交联型SIBS阴离子交换膜照片（c）与SEM照片（c'）

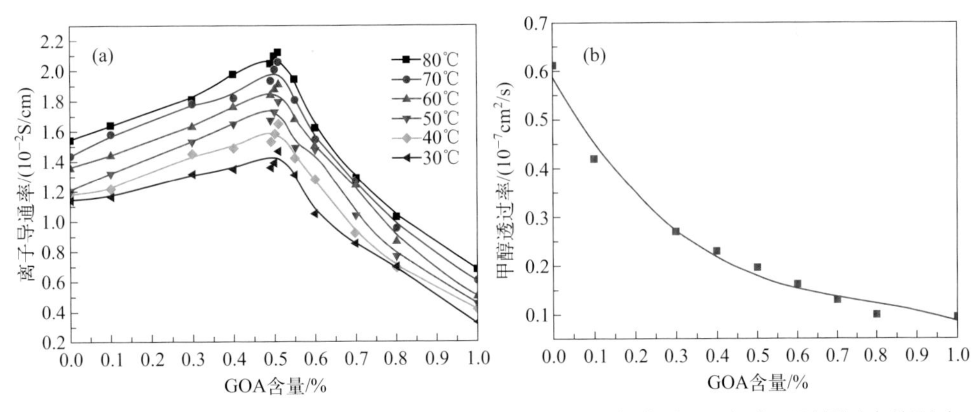

图6-104　GOA添加量对复合SIBS阴离子交换膜离子导通率（a）和（b）甲醇透过率的影响

在氧化石墨烯表面进行离子化改性，可以进一步引入季铵离子，氯甲基化苯乙烯类嵌段共聚物热塑性弹性体与双官能团或三官能团有机叔胺化合物及改性后的氧化石墨烯在有机介质中混合、原位反应，再在碱性溶液中进行负离子交换制备而成。离子改性的氧化石墨烯可以提供更多的离子通道，实现离子导通率的进一步提高，优化了复合材料的综合性能，可适用于制造燃料电池电解质膜材料，其中离子导通率可达 2.1×10^{-2}S/cm[105]。

阴离子交换膜在碱性环境中必须有良好的耐碱性，才能满足在强碱性环境中工作的要求。季铵离子耐碱性较差，为了克服这一问题，可采用咪唑鎓离子等不易降解的离子基团对聚合物的侧链进行离子化改性，制备弹性离子交换膜，是目前研究者制备高稳定性侧链型阴膜最常用的策略。聚（苯乙烯 - 异丁烯 - 苯乙烯）嵌段共聚物（SIBS）与 SEBS 类似，是一种三嵌段的热塑性弹性体材料，SIBS 分子链中的聚异丁烯链段具有更好的气液阻隔能力。通过接枝咪唑鎓离子可以制备具有良好化学稳定性的离子交换膜。

下面将对离子交换容量近似的铵化 SIBS 离子交换膜（QSIBS-TEA）和咪唑化 SIBS 离子交换膜（ISIBS）的耐碱性进行分析对比。分别选取 QSIBS-TEA-1.36 膜和 ISIBS-1.38 膜进行化学稳定性测试。QSIBS-TEA-*a* 中的 *a* 为 QSIBS-TEA 膜的离子交换容量，ISIBS-*b* 中的 *b* 为 ISIBS 膜的离子交换容量。将其于 60℃浸泡在 2mol/L 的 NaOH 水溶液中，每隔一段时间，对其离子导通率进行测试，考察其耐碱性。由于 OH^- 对季铵基团的进攻，两种膜的化学稳定性都有所下降，如图 6-105 所示。QSIBS-TEA 膜在浸泡 100h 时，膜的离子导通率下降了 12% 左右；当浸泡 400h 后，膜的离子导通率仅为起始值的 40% 左右。这是由于季铵基团在强碱性溶液中易发生霍夫曼降解反应，这也是季铵型阴离子交换膜的普遍存在问题。在相同碱性条件下，ISIBS 膜浸泡 500h 后，离子导通率

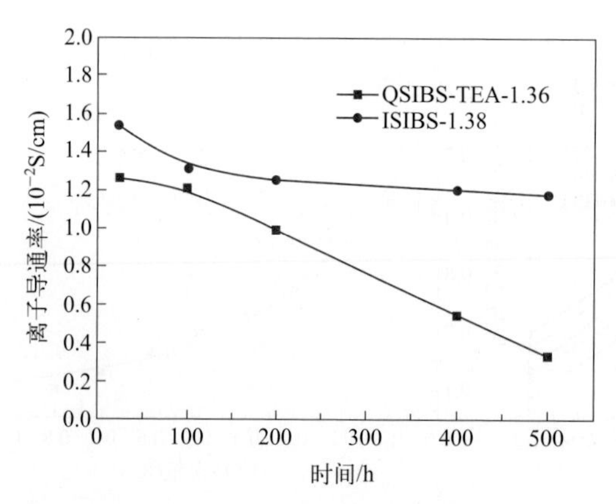

图6-105 在2mol/L的碱液中浸泡不同时间后QSIBS-TEA和ISIBS的离子导通率

仍可达到起始值的76.6%，这说明ISIBS膜的耐碱性要明显优于QSIBS-TEA膜，因为在OH^-进攻时，咪唑环由于共轭效应，不会迅速降解开环。

8．胶黏剂

SBS胶黏剂具有弹性好、强度高、耐低温等优点，对于非极性物质具有良好的粘接效果，但是由于SBS极性小，将其用于聚氯乙烯薄膜、聚氯乙烯人造革、金属、水泥等极性材料的粘接时效果不够理想，特别是初黏力很低[106]。由于SBS分子链中含有化学活性的丁二烯链段和苯乙烯链段，可对其进行磺化改性，通过引进极性较高的磺酸基，使SBS内聚强度增加、极性增加，以解决SBS因极性小对极性材料粘接效果差的问题，从而提高了其剪切强度和剥离强度[107]。

第七节 结论与展望

离子型聚合物是一类特殊的聚合材料，在其烃主干上含有侧羧基，再经部分或全部中和形成盐。而低离子含量和低极性主干的结合结果，会生成高伸长性和低永久变形的弹性体，即离子型弹性体。自20世纪中叶，离子型弹性体被研制出来后，就越来越受到人们关注，并且已经得到了迅速的发展。至今研究者已经对离子型弹性体的合成制备、聚集态结构和性能进行了大量的研究工作。已经研发出很多不同种类的离子型弹性体，其力学性能、热性能，尤其电学性能与普通高分子聚合物有着很大的差异。

离子型弹性体通常通过官能化单体与烯烃不饱和单体的共聚，或通过预成型聚合物的直接官能化来制备。可通过自由基共聚将丙烯酸或甲基丙烯酸与乙烯、苯乙烯等单体进行共聚，再用金属氧化物、乙酸盐或者胺中和；另外，是通过聚合物的离子化改性。对于含碳碳双键结构的弹性体而言，通过乙酰硫酸的磺化作用，可以磺化三元乙丙橡胶和丁基橡胶等弹性体。对于含有芳环结构的弹性体而言，主要是在芳环上进行离子官能化反应。常见的如苯乙烯类嵌段共聚物的离子型弹性体，包括磺酸型、羧酸型、季铵型、咪唑鎓离子型等。

以氢化聚（苯乙烯-*b*-丁二烯-*b*-苯乙烯）嵌段共聚物（SEBS）和聚（苯乙烯-*b*-异丁烯-*b*-苯乙烯）（SIBS）热塑性弹性体为原料，通过对聚苯乙烯链段进行官能化改性及交联反应可原位制备季铵交联型苯乙烯类嵌段共聚物离子型弹性体材料。双端二元叔胺分子中间隔基$(—CH_2—)_n$的长度对季铵化/交联反应、材料的微观形态及宏观性能均有一定的影响。当间隔基长度过短（$n=1$）时，季铵化反应程度低；当 $n=2, 3$ 或 6 时，季铵化反应程度相近。随着间隔基长度增加，导致由相分离、离子聚集及交联结构共同作用产生的微观形态发生变化，由层状微观形态逐渐转为双连续网络微观形态，吸水率、离子导通率和甲醇透过率显著增加。一方面，为了提高吸水状态下的力学性能，将 PVBC 大分子链引入到氯甲基化 SIBS 并与单胺、双胺进行原位季铵化和交联反应，将 PVBC 键合进入季铵化聚苯乙烯链段硬相微区中，制备出高性能化的共价键合 QSIBS/PVBC 季铵离子型弹性体，其化学稳定性良好，在吸水状态下，储能模量明显高于相同条件下的 Nafion115。另一方面，为了保持在碱性环境下的性能，进一步以二元咪唑鎓离子代替二元季铵离子，提高了苯乙烯类嵌段共聚物离子型弹性体的化学稳定性，同时表现出了良好的离子导通能力。

通过铵化改性的氧化石墨烯材料，可原位制备杂化苯乙烯类嵌段共聚物的离子型弹性体，既提高了离子导通率又降低了甲醇透过率。通过在 CSIBS 季铵化反应中引入石墨烯表面接枝非刷状 PVBC 杂化材料（GN-*g*-PVBC），石墨烯通过共价键合进入季铵化聚苯乙烯链段硬相微区，使石墨烯与基体的相互作用增强以及在硬相中起到桥连离子簇的作用，制备出集高离子导电性、甲醇阻隔性、选择性、化学稳定性和动态热力学性能于一体的共价键合 QSIBS-*cb*-(GN-*g*-PVBC) 离子型弹性体。设计合成一种新型的具有超疏水特性的 GO 表面接枝拱形 PDMS 大分子链的杂化材料（GO-*g*-Arc PDMS），并将其引入到 CSIBS 季铵化材料体系，GO-*g*-Arc PDMS 表面的拱形拓扑结构使其与聚合物基体之间的弱相互作用，有效降低离子迁移活化能，提高离子导电率，降低甲醇渗透率及提高选择性，得到 QSIBS/GO-*g*-Arc PDMS 离子型弹性体材料。

通过对离子型弹性体的聚集态结构和宏观性质的研究，明确了离子型弹性体中存在两种聚集结构：多重离子对和离子簇。多重离子对被认为是由少量离子偶极子（可能多达六个或八个）组成的，以形成更高的多极，即板、六极、八极等。这些多重离子对无规分布于基体中，不呈现相分离。因此，除了作为子交联之外，它们还影响基体的一些性质，如玻璃化转变温度、对水敏感性等。离子簇被认为是富含离子对的小微相分离区 (<5nm)，但也含有大量的烃类化合物。它们至少具有独立相的一些性质，包括与玻璃化转变温度有关的松弛行为，并且它们对烃类基体的性质影响很小。在特定离子型弹性体中，两种环境中存在的盐基的比例由主链的性质、盐基的总浓度及其化学性质决定。离子型弹性体结构因素对聚合物的性质和离子基团的相互作用有显著影响，能够在较大范围内调节离子型弹性体的性能，但在某些方面还有待于进行深入的研究。有关离子簇局部结构的细节未清楚，并且离子簇与低分子量极性杂质相互作用的机理也不清楚。目前还无一个能普遍适用于离子型弹性体的模型来准确描述离子基团、多重离子对、离

子簇、微观相分离形态的尺寸、形状和分布状况。随着人们对离子型弹性体的研究越来越深入，离子聚集状态和结构模型理论会日趋完善。

离子型弹性体作为一种新型高分子材料，目前对它的研究还处在初级阶段，并不是所有的弹性体都能够通过化学方法制备，而所制得的离子型弹性体的特殊性质也还未完全开发利用。今后通过大量的研究工作以及对离子型弹性体越来越准确的认识，可以充分利用其特点开发新型的功能材料，相信离子型弹性体的应用价值也会扩展到更多领域。

参考文献

[1] 陈全．含离子聚合物体系的动力学 [J]．高分子学报，2017 (8): 1220-1233.

[2] Aitken B S, Lee M, Hunley M T, et al. Synthesis of precision ionic polyolefins derived from ionic liquids[J]. Macromolecules, 2010, 43(4): 1699-1701.

[3] 包永忠，翁志学．离聚体的聚集态结构模型 [J]．高分子通报，1996，4：221-225.

[4] Marx C L, Caulfield D F, Cooper S L. Morphology of ionomers[J]. Macromolecules, 1973, 7(3): 294.

[5] Eisenberg A, Hird B, Moore R B. A new multiplet-cluster model for the morphology of random ionomers[J]. Macromolecules, 1990, 23(18): 4098-4107.

[6] Bose R K, Hohlbein N, Garcia S J, et al. Relationship between the network dynamics, supramolecular relaxation time and healing kinetics of cobalt poly(butyl acrylate) ionomers[J]. Polymer, 2015, 69: 228-232.

[7] Fang Z, Kennedy J P. Novel block ionomers. Ⅰ. Synthesis and characterization of polyisobutylene-based block anionomers[J]. J Polym Sci Part A: Polym Chem, 2002, 40: 3662-3678.

[8] Fang Z, Kennedy J P. Novel block ionomers. Ⅱ. Synthesis and characterization of polyisobutylene-based block cationomers[J]. J Polym Sci Part A: Polym Chem, 2002, 40: 3679-3691.

[9] Macknight W J, Earnest T R. The structure and properties of ionomers[J]. Journal of Polymer Science: Macromolecular Reviews, 1981, 16(1): 41-57.

[10] Brown H P. Carboxylic elastomers [J]. Rubber Chemistry and Technology, 1957, 30(5): 1347-1386.

[11] Forsman W C, Macknight W J, Higgins J S. Aggregation of ion pairs in sodium poly(styrenesulfonate) ionomers: Theory and experiment[J]. Macromolecules, 1984, 17(3): 490-494.

[12] Munsur A Z A, Hossain I, Nam S Y, et al. Hydrophobic-hydrophilic comb-type quaternary ammonium-functionalized SEBS copolymers for high performance anion exchange membranes [J]. Journal of Membrane Science, 2020, 599: 117829.

[13] Chen X L, Xiao L H, Dong G, et al. Side-chain-type anion exchange membranes bearing pendant quaternary ammonium groups via flexible spacer for fuel cells [J]. Journal of Materials Chemistry A, 2016, 4(36): 13938-13948.

[14] Dang H S, Weiber E A, Jannasch P. Poly(phenylene oxide) functionalized with quaternary ammonium groups via flexible alkyl spacers for high-performance anion exchange membranes[J]. Journal of Materials Chemistry A, 2015, 3(10): 5280-5284.

[15] Lee W H, Mohanty A D, Bae C. Fluorene-based hydroxide ion conducting polymers for chemically stable anion

exchange membrane fuel cells[J]. ACS Macro Letters, 2015, 4(4): 453-457.

[16] Jing P, Chen C, Yao L, et al. Constructing ionic highway in alkaline polymer electrolytes[J]. Energy & Environmental Science, 2013, 7(1): 354-360.

[17] Lim H, Kim T H. Hydrophobic comb-shaped polymers based on PPO with long alkyl side chains as novel anion exchange membranes[J]. Macromolecular Research, 2017, 25: 1220-1229.

[18] Chen X L, Xiu Q W, Hu E N, et al. Quaternized triblock polymer anion exchange membranes with enhanced alkaline stability[J]. Journal of Membrane Science, 2017, 541: 358-366

[19] Xu C, Cao L, Lin B, et al. Design of self-healing supramolecular rubbers by introducing ionic cross-links into natural rubber via a controlled vulcanization[J]. ACS Applied Materials & Interfaces, 2016, 8(27): 17728-17737.

[20] Potaufeux J E, Odent J, Notta-cuvier D, et al. A comprehensive review of the structures and properties of ionic polymeric materials[J]. Polymer Chemistry, 2020, 11(37): 5914-5936.

[21] Eisenberg A, Kim J, Ratner M. Introduction to ionomers[J]. Physics Today, 1999, 51(2):1023-1032.

[22] Middleton L R, Winey K I. Nanoscale aggregation in acid- and ion-containing polymers[J]. Annual Review of Chemical and Biomolecular Engineering, 2017, 8(1):499-523.

[23] Zhang K, Fahs G B, Drummey K J, et al. Doubly-charged ionomers with enhanced microphase-separation[J]. Macromolecules, 2016, 49(18):6965-6972.

[24] Miwa Y, Kurachi J, Kohbara Y, et al. Dynamic ionic crosslinks enable high strength and ultrastretchability in a single elastomer[J]. Communications Chemistry, 2018, 1(1): 6026-6039.

[25] Xiang P, Ye Z. Hyperbranched polyethylene ionomers containing cationictetralkylammonium ions synthesized by Pd-diimine-catalyzeddirect ethylene copolymerization with ionic liquid comonomers[J]. Macromolecules, 2015, 48(17): 6096-6107.

[26] Zou C, Chen C L. Polar-functionalized, crosslinkable, self-healing and photoresponsive polyolefins. [J]. Angew Chem Int Ed, 2020, 59: 395-402.

[27] O'farrell C P, Serniuk G E. Process for sulfonating unsaturated elastomers: US3836511 A[P]. 1974-09-17.

[28] Marques M M, Correia S G, Ascenso J R, et al. Polymerization with TMA-protected polar vinyl comonomers. Ⅰ. Catalyzed by group 4 metal complexes with η5-type ligands[J]. Journal of Polymer Science Part A: Polymer Chemistry, 1999, 37: 2457-2469.

[29] Mu H, Zhou G, Hu X, et al. Recent advances in nickel mediated copolymerization of olefin with polar monomers[J]. Coordination Chemistry Reviews, 2021, 435: 213802.

[30] Barroso-Bujans F, Verdejo R, Lozano A, et al. Sulfonation of vulcanized ethylene-propylene-diene terpolymer membranes[J]. Acta Materialia, 2008, 56: 4780-4788.

[31] Hong M, Liu S, Li B, et al. Application of thiol-ene click chemistry to preparation of functional polyethylene with high molecular weight and high polar group content: Influence of thiol structure and vinyl type on reactivity[J]. J Polym Sci, Part A: Polym Chem, 2012, 50: 2499 - 2506.

[32] Wang D, Zhang H, Cheng B, et al. Dynamic cross-links to facilitate recyclable polybutadiene elastomer with excellent toughness and stretchability[J]. Journal of Polymer Science Part A: Polymer Chemistry, 2016, 54: 1357-1366.

[33] Das A, Sallat A, Böhme F, et al. Ionic modification turns commercial rubber into a self-healing material[J]. ACS Applied Material and Interfaces, 2015, 7(37): 20623-20630.

[34] Wang Y C, Cheng P Y, Zhang Z Q, et al. Highly efficient terpolymerizations of ethylene/propylene/ENB with a half-titanocene catalytic system[J]. Polymer Chemistry, 2021, 12(44): 6417-6425.

[35] Vanhoorne P, Register R A. Low-shear melt rheology of partially-neutralized ethylenemethacrylic acid

ionomers[J]. Macromolecules, 1996, 29(2): 598-604.

[36] Yan G, Choudhury N R, Dutta N K. Tailoring the ionic association and microstructure of ionomers with various metal salts[J]. Journal of Appied Polymer Science, 2012, 126(S2): E130-E141.

[37] Rousseaux D, Drooghaag X, Sclavons M, et al. Polypropylene ionic thermoplastic elastomers: Synthesis and properties[J]. Polymer Degradation & Stability, 2010, 95(3): 363-368.

[38] Van D, L'abee R, Portale G, et al. Synthesis, structure, and properties of ionic thermoplastic elastomers based on maleated ethylene/propylene copolymers[J]. Macromolecules, 2008, 41(14): 5493-5501.

[39] 王毅聪. 官能化乙丙橡胶的设计合成与性能研究 [D]. 北京：北京化工大学，2022.

[40] 吴一弦，王毅聪，张树，等. 一种可逆交联聚烯烃弹性体及其制备方法：CN 202311855023.6[P]. 2023-12-29.

[41] Winey K I. Designing tougher elastomers with ionomers[J]. Science, 2017, 358(6362):449-450.

[42] 姜伟威，陈光泽，吴一弦. 异丁烯正离子聚合及其聚合物离聚体性能研究 [C]. 中国化学会 2017 全国高分子学术论文报告会摘要集——主题 A: 高分子化学 (1)，2017.

[43] 徐际庚，谢洪泉. 丁基橡胶的磺化反应 [J]. 弹性体，1992，2(2):9-12.

[44] 徐际庚，谢洪泉. 不同金属离子及胺中和的磺化丁基橡胶离聚体的性能 [J]. 合成橡胶工业，2004，27(4):217-220.

[45] Parent J S, White G D F, Whitney R A. Amine substitution reactions of brominated poly(isobutylene-*co*-isoprene): New chemical modification and cure chemistry[J]. Macromolecules, 2002, 35(9): 3374-3379.

[46] Parent J S, Liskova A, Whitney R A, et al. Ion-dipole interaction effects in isobutylene-based ammonium bromide ionomers[J]. Journal of Polymer Science Part A: Polymer Chemistry, 2005, 43(22):5671-5679.

[47] Zhang L, Wang H, Zhu Y, et al. Electron-donating effect enabled simultaneous improvement on the mechanical and self-healing properties of bromobutyl rubber ionomers[J]. ACS Applied Materials & Interfaces, 2020, 12(47): 53239-53246.

[48] Parent J S, Malmberg S M, Whitney R A. Auto-catalytic chemistry for the solvent-free synthesis of isobutylene-rich ionomers[J]. Green Chemistry, 2011, 13(10):2818-2824.

[49] Parent J S, Porter A M J, Kleczek M R, et al. Imidazolium bromide derivatives of poly(isobutylene-*co*-isoprene): A new class of elastomeric ionomers[J]. Polymer, 2011, 52(24):5410-5418.

[50] Ozvald A, Parent J S, Whitney R A. Hybrid ionic/covalent polymer networks derived from functional imidazolium ionomers[J]. Journal of Polymer Science Part A: Polymer Chemistry, 2013, 51(11):2438-2444.

[51] Kleczek M R, Whitney R A, Daugulis A J, et al. Synthesis and characterization of thermoset imidazolium bromide ionomers[J]. Reactive & Functional Polymers, 2016, 106:69-75.

[52] Suckow M, Mordvinkin A, Roy M, et al. Tuning the properties and self-healing behavior of ionically modified poly(isobutylene-*co*-isoprene) rubber[J]. Macromolecules, 2018, 51(2):468-479.

[53] Parent J S, Penciu A, Guillén-Castellanos S A, et al. Synthesis and characterization of isobutylene-based ammonium and phosphonium bromide ionomers[J]. Macromolecules, 2004, 37(20):7477-7483.

[54] Vohra A, Filiatrault H L, Amyotte S D, et al. Reinventing butyl rubber for stretchable electronics[J]. Advanced Functional Materials, 2016, 26(29):5222-5229.

[55] 姜伟威. 异丁烯基弹性体改性材料及其性能研究 [D]. 北京：北京化工大学，2018.

[56] 陈光泽. 异丁烯基弹性体复合材料制备与性能研究 [D]. 北京：北京化工大学，2020.

[57] 钱昊玥. 侧基官能化异丁烯基热塑性弹性体的制备与性能研究 [D]. 北京：北京化工大学，2022.

[58] Brown R H, Duncan A J, Choi J H, et al. Effect of ionic liquid on mechanical properties and morphology of zwitterionic copolymer membranes[J]. Macromolecules, 2010, 43(2): 790-796.

[59] 谢洪泉．作为弹性体的含离子聚合物 [J]．合成橡胶工业，1986，2：59-66.

[60] Mordvinkin A, Suckow M, Böhme F, et al. Hierarchical sticker and sticky chain dynamics in self-healing butyl rubber ionomers[J]. Macromolecules, 2019, 52(11):4169-4184.

[61] Mauritz K A, Moore R B. State of understanding of nafion[J]. Chemical Review, 2004, 104(10): 4535-4585.

[62] Peckham T J, Holdcroft S. Structure-morphology-property relationships of non-perfluorinated proton-conducting membranes [J]. Advanced Materials, 2010, 22(42): 4667-4690.

[63] Fan Y F, Zhang M Q, Moore R B, et al. Structure, physical properties, and molecule transport of gas, liquid, and ions within a pentablock copolymer [J]. Journal of Membrane science, 2014, 464: 179-187.

[64] 何三雄，吴唯，陈玉洁，等．极性化苯乙烯 - 丁二烯 - 苯乙烯三嵌段共聚物的磺化改性及其纳米复合材料的制备 [J]．合成橡胶工业，2010，33(6): 468-472.

[65] Mauricio S, Miroslav O, Libor K, et al. Indirect sulfonation of telechelic poly(styrene-ethylene-butylene-styrene) via chloromethylation for preparation of sulfonated membranes as proton exchange membranes [J]. Express Polymer Letters, 2022, 16: 171-183.

[66] 张泽天．苯乙烯类热塑弹性体基复合膜材料的制备及性能研究 [D]. 北京：北京化工大学，2020.

[67] Zhu S H, Zhang Y Y, Zhang J, et al. High-performance proton exchange membrane of sulfonated polystyrene-*b*-polyisobutylene-*b*-polystyrene[J]. ACS Appl polym Mater, 2024, 6: 3930-3941.

[68] Storey R F, Baugh D W. Poly(styrene-*b*-isobutylene-*b*-styrene) block copolymers produced by living cationic polymerization. Part ⅲ. Dynamic mechanical and tensile properties of block copolymers and ionomers therefrom [J]. Polymer, 2001, 42(6): 2321-2330.

[69] Yan J, Yan S, Tilly J C, et al. Ionic complexation of endblock-sulfonated thermoplastic elastomers and their physical gels for improved thermomechanical performance [J]. Journal of Colloid and Interface Science, 2020, 567: 419-428.

[70] Teruel-Juanes R, Pascual-Jose B, del Rio C, et al. Dielectric analysis of photocrosslinked and post-sulfonated styrene-ethylene-butylene-styrene block copolymer based membranes [J].Reactive & functional polymers, 2020, 155: 104715.

[71] Itsuno S, Uchikoshi K, Ito K. Novel method for halomethylation of cross-linked polystyrenes [J]. Journal of the American Chemical Society, 1990, 112(22): 8187-8188.

[72] 陈锡如，严强．高交联聚苯乙烯微球的氯甲基化反应研究 [J]．成都科技大学学报，1993，6：44-50.

[73] Niu M S, Xu R W, Dai P, et al. Novel hybrid copolymer by incorporating POSS into hard segments of thermoplastic elastomer SEBS via click coupling reaction[J]. Polymer, 2013, 54(11): 2658-2667.

[74] 李礼，韩利志，周涛，等．SEBS 的间接氯甲基化研究 [J]．化学学报，2007，65(20): 2331-2335.

[75] 申艳玲，杨云峰，高保娇，等．以 1,4- 二氯甲氧基丁烷为氯甲基化试剂合成线型氯甲基化聚苯乙烯 [J]．高分子学报，2007，6：559-565.

[76] Zeng Q H, Liu Q L, Broadwell I, et al. Anion exchange membranes based on quaternized polystyrene-block-poly(ethylene-ran-butylene)-block-polystyrene for direct methanol alkaline fuel cells [J]. Journal of Membrane Science, 2009, 349(1-2): 237-243.

[77] Dai P, Mo Z H, Xu R W, et al. Cross-linked quaternized poly(styrene-*b*-(ethylene-*co*-butylene)-*b*-styrene) for anion exchange membrane: Synthesis, characterization and properties [J]. ACS Applied Materials & Interfaces, 2016, 8(31): 20329-20341.

[78] Mo Z H, Yang R, Hong S, et al. In-situ preparation of cross-linked hybrid anion exchange membrane of quaternized poly (styrene-*b*-isobutylene-*b*-styrene) covalently bonded with graphene [J]. International Journal of Hydrogen Energy, 2018, 43(3): 1790-1804.

[79] Xu Z, Delgado S, Atanasov V, et al. Novel pyrrolidinium-functionalized styrene-*b*-ethylene-*b*-butylene-*b*-styrene copolymer based anion exchange membrane with flexible spacers for water electrolysis[J]. Membranes, 2023, 13: 328.

[80] Yang R, Dai P, Zhang S, et al. In-situ synthesis of cross-linked imidazolium functionalized poly(styrene-*b*-isobutylene-*b*-styrene) for anion exchange membranes [J]. Polymer, 2021, 224(14): 123682.

[81] 吴一弦，魏志涛，张航天．一种苯乙烯类嵌段共聚物及其制备方法：CN112608402A[P]. 2021-04-06.

[82] Sun L, Guo J, Zhou J, et al. Novel nanostructured high-performance anion exchange ionomers for anion exchange membrane fuel cells [J]. Journal of Power Sources, 2012, 202: 70-77.

[83] Zhao L, Li Y, Zhang H, et al. Constructing proton-conductive highways within an ionomer membrane by embedding sulfonated polymer brush modified graphene oxide [J]. Journal of Power Sources, 2015, 286: 445-457.

[84] Mo Z H, Luo Z, Huang Q, et al. Superhydrophobic hybrid membranes by grafting arc-like macromolecular bridges on graphene sheets: Synthesis, characterization and properties [J]. Applied Surface Science, 2018, 440: 359-368.

[85] Mo Z, Wu Y. Arc-bridge polydimethylsiloxane grafted graphene incorporation into quaternized poly(styrene-isobutylene-styrene) for construction of anion exchange membranes[J]. Polymer, 2019, 177: 290-297.

[86] 孙东成，王志，沈家瑞．离聚体增容剂研究进展 [J]．高分子材料科学与工程，2016，18(3): 26-29.

[87] 夏英，王爽，贾腾，等．离聚物的制备及其在 PP/EVA 复合材料中的应用研究 [J]．现代塑料加工应用，2013，25(4): 33-36.

[88] Chen L, Hu K, Sun S, et al. Toughening poly(lactic acid) with imidazolium-based elastomeric ionomers[J]. Chinese Journal of Polymer Science, 2018, 36(12):1342-1352.

[89] Huang D, Ding Y, Jiang H, et al. Functionalized elastomeric ionomers used as effective toughening agents for poly(lactic acid): Enhancement in interfacial adhesion and mechanical performance[J]. ACS Sustainable Chemistry & Engineering, 2020, 8(1):573-585.

[90] 张玡珂，李彩利，杜程，等．离聚体型永久性抗静电剂的制备及性能测试 [J]．现代塑料加工应用，2018，30(6): 1-4.

[91] Morris B A. New developments in ionomer technology for film applications[J]. Journal of Plastic Film & Sheeting, 2007, 23(2): 97-108.

[92] Elabd Y A, Napadensky E, Sloan J M, et al. Triblock copolymer ionomer membranes: Part ⅰ. Methanol and proton transport [J]. Journal of Membrane science, 2003, 217: 227-242.

[93] Elabd Y A, Napadensky E. Sulfonation and characterization of poly(styrene-isobutylene-styrene) triblock copolymers at high ion-exchange capacities [J]. Polymer, 2004, 45(9): 3037-3043.

[94] Walker C W, Beyer F L. Triblock copolymer ionomer membranes: Part ⅱ. Structure characterization and its effects on transport properties and direct methanol fuel cell performance [J]. Journal of Membrane Science, 2004, 231: 181-188.

[95] 李笑晖，罗志平，唐浩林，等．磺化 SEBS 质子交换膜制备和性能的研究 [J]．功能材料，2005，36(8): 1213-1216.

[96] 杨新胜，潘牧，沈春晖，等．纤维复合磺化 SBS 质子交换膜的制备和性能 [J]．武汉理工大学学报，2003，25(9): 22-25.

[97] Edmondson C A, Fontanella J J, Chung S H, et al. Complex impedance studies of S-SEBS block polymer proton-conducting membranes [J]. Electrochimica Acta, 2001, 46(10): 1623-1628.

[98] Fontanella J J, Edmondson C A. Free volume and percolation in S-SEBS and fluorocarbon proton conducting membranes [J]. Solid State Ionics, 2002, 152-153: 355-361.

[99] Marsh G. Membranes fit for a revolution [J]. Materials Today, 2003, 6(3): 38-43.

[100] 吴一弦，代培，修健，等. 一种含软段和硬段共聚物铵化交联型阴离子交换膜及其制备方法：CN105642136A[P]. 2016-06-08.

[101] Nagarale R K, Gohil G S, Shahi V K, et al. Organicinorganic hybrid membrane: Thermally stable cation-exchange membrane prepared by the solgel method [J]. Macromolecules, 2004, 37(26): 10023-10030.

[102] Jheng L C, Cheng C W, Ho K S, et al. Dimethylimidazolium-functionalized polybenzimidazole and its organic-inorganic hybrid membranes for anion exchange membrane fuel cells [J]. Polymers, 2021, 13(17): 2864.

[103] Cozzi D, Bonis C D, D'epifanio A, et al. Organically functionalized titanium oxide/nafion composite proton exchange membranes for fuel cells applications [J]. Journal of Power Sources, 2014, 248: 1127-1132.

[104] Dai P, Mo Z H, Xu R W, et al. Development of a cross-linked quaternized poly(styrene-*b*-isobutylene-*b*-styrene)/graphene oxide composite anion exchange membrane for direct alkaline methanol fuel cell application [J]. RSC Advances, 2016, 6: 52122-52130.

[105] 吴一弦，莫肇华，代培，等. 一种铵化交联型嵌段共聚物/石墨烯复合材料及其制备方法：CN106398080B[P]. 2018-12-04.

[106] 谈晓宏，曾繁涤. 磺化SBS胶粘剂的合成及粘接性能的研究 [J]. 中国胶粘剂，1998，7(2): 10-12.

[107] 韦异，陈薇，赵文锋，等. SBS的磺化改性 [J]. 精细石油化工，2002，5：23-25.

索引

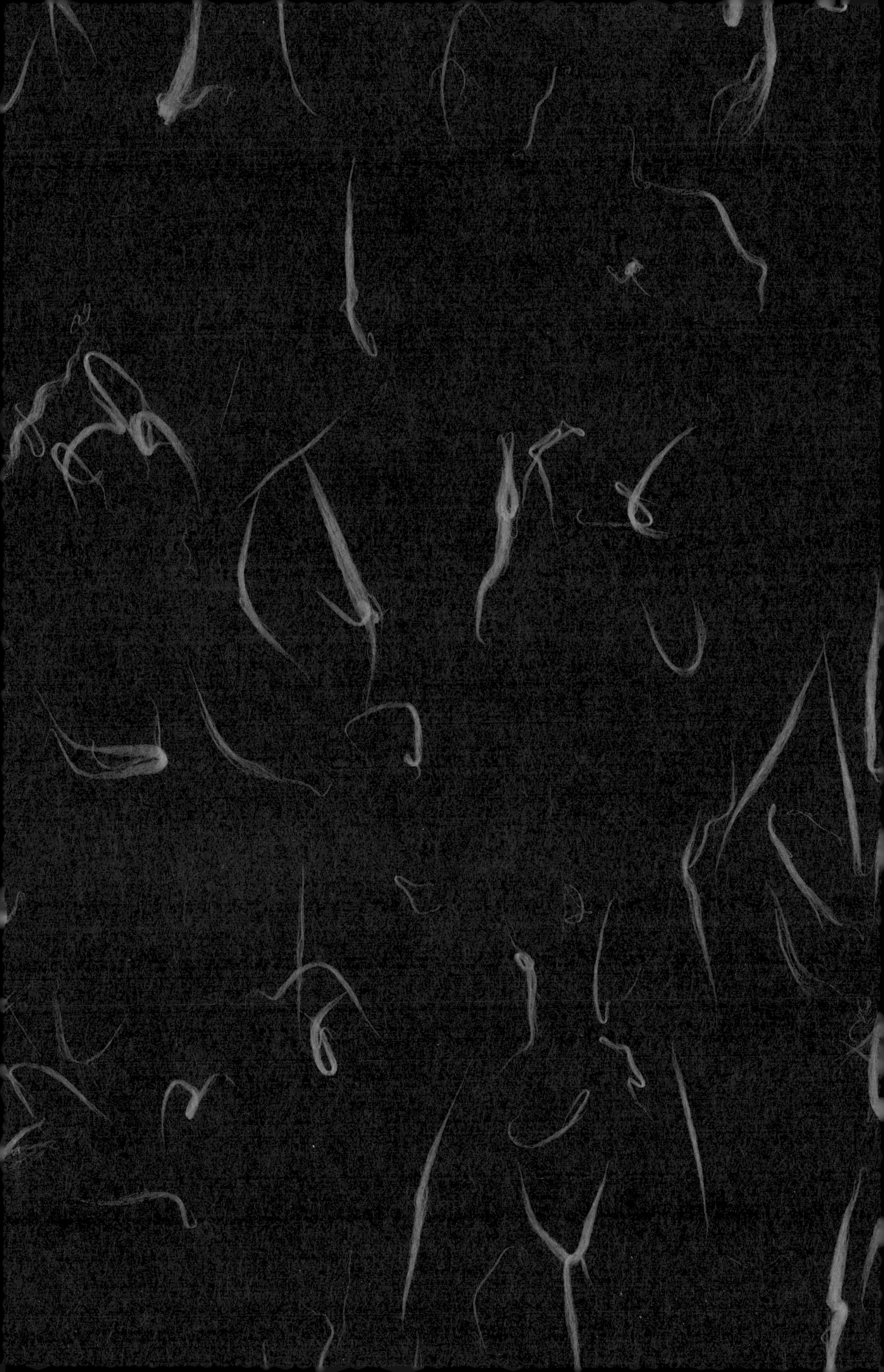